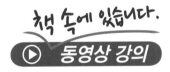

책 속에 있습니다.

▶ 동영상 강의

건설안전
기사 필기
과년도 출제문제

이광수 편저

 일진사

이 책은 건설안전기사 자격증 필기 시험에 대비하는 수험생들이 효과적으로 공부할 수 있도록 과년도 출제문제를 과목별, 단원별로 세분화하였다.

1. 과년도 출제문제를 과목별로 분류

14년 동안 출제되었던 문제들을 철저히 분석하여 과목별로 분류하고 정리했으며 과목마다 기본 개념과 문제를 익힐 수 있도록 하였다.

2. 핵심 문제와 유사 문제

각 과목의 단원별로 핵심 문제(1, 2, …로 표시)와 유사 문제(1-1, 2-1, …로 표시)를 함께 배치하였다. 이를 통해 수험자는 유형별 문제를 반복적으로 연습할 수 있다.

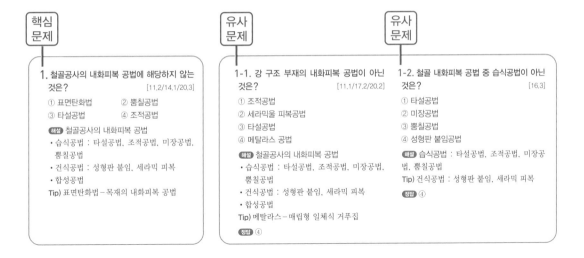

3. 모든 문제에 대한 무료 동영상 강의

QR 코드를 넣어 각 단원과 부록의 모든 문제에 대한 풀이와 해설을 동영상 강의로 제공하였다. 책 속의 QR 코드를 통해 편리하게 동영상 강의로 연결된다.

4. 과년도(2020~2022) 출제문제와 CBT 실전문제

부록에는 과년도 출제문제와 CBT 실전문제 3회분을 수록하여 스스로 점검하고 출제경향을 파악할 수 있도록 하였다.

건설안전기사 출제기준(필기)

직무 분야	안전관리	중직무 분야	안전관리	자격 종목	건설안전기사	적용 기간	2021. 1. 1. ~ 2025. 12. 31.

○ 직무 내용 : 건설현장의 생산성 향상과 인적 · 물적손실을 최소화하기 위한 안전계획을 수립하고, 그에 따른 작업
환경의 점검 및 개선, 현장 근로자의 교육계획 수립 및 실시, 작업환경 순회감독 등 안전관리 업무를
통해 인명과 재산을 보호하고, 사고 발생 시 효과적이며 신속한 처리 및 재발방지를 위한 대책 안을
수립, 이행하는 등 안전에 관한 기술적인 관리업무를 수행하는 직무이다.

필기검정방법	객관식	문제 수	120	시험시간	3시간

필기과목명	문제 수	주요항목	세부항목	세세항목
산업안전 관리론	20	1. 안전보건관리 개요	1. 기업경영과 안전관리 및 안전의 중요성	1. 안전과 위험의 개요 2. 안전의 가치 3. 안전의 목적 4. 생산성 및 경제적 안전도 5. 제조물 책임과 안전
			2. 산업재해 발생 메커니즘	1. 재해 발생의 형태 2. 재해 발생의 연쇄이론
			3. 사고예방 원리	1. 산업안전의 원리 2. 사고예방의 원리
			4. 안전보건에 관한 제반 이론 및 용어해설	1. 안전보건관리 제반이론 2. 안전보건 관련 용어
			5. 무재해운동 등 안전 활동 기법	1. 무재해의 정의 2. 무재해운동의 목적 3. 무재해운동 이론 4. 무재해 소집단 활동 5. 위험예지훈련 및 진행방법
		2. 안전보건관리 체제 및 운영	1. 안전보건관리조직 형태	1. 안전보건관리조직의 종류 2. 안전보건관리조직의 특징
			2. 안전업무 분담 및 안전 보건관리규정과 기준	1. 산업안전보건위원회 등의 법적 체제
			3. 안전보건관리 계획수 립 및 운영	1. 운용요령 2. 안전보건경영 시스템
			4. 안전보건개선계획	1. 안전보건관리규정 2. 안전보건관리계획 3. 안전보건개선계획
		3. 재해조사 및 분석	1. 재해조사 요령	1. 재해조사의 목적 2. 재해조사 시 유의사항 3. 재해 발생 시 조치사항
			2. 원인 분석	1. 재해의 원인 분석 2. 재해조사 기법 3. 재해사례 분석 절차

필기과목명	문제 수	주요항목	세부항목	세세항목
			3. 재해 통계 및 재해 코스트	1. 재해율의 종류 및 계산 2. 재해손실비의 종류 및 계산 3. 재해 통계 분류방법
		4. 안전점검 및 검사	1. 안전점검	1. 안전점검의 정의 2. 안전점검의 목적 3. 안전점검의 종류 4. 안전점검 기준의 작성 5. 안전진단
			2. 안전검사 · 인증	1. 안전검사 2. 안전인증
		5. 보호구 및 안전보건표지	1. 보호구	1. 보호구의 개요 2. 보호구의 종류별 특성 3. 보호구의 성능기준 및 시험방법
			2. 안전보건표지	1. 안전보건표지의 종류 2. 안전보건표지의 용도 및 적용 3. 안전표지의 색채 및 색도기준
		6. 안전 관계 법규	1. 산업안전보건법령	1. 법에 관한 사항 2. 시행령에 관한 사항 3. 시행규칙에 관한 사항 4. 관련 기준에 관한 사항
			2. 건설기술진흥법령	1. 건설안전에 관한 사항
			3. 시설물의 안전 및 유지관리에 관한 특별법령	1. 시설물의 안전 및 유지관리에 관한 사항
			4. 관련 지침	1. 가설공사 표준 안전작업지침 등 각종 지침에 관한 사항
산업심리 및 교육	20	1. 산업심리 이론	1. 산업심리 개념 및 요소	1. 산업심리의 개요 2. 심리검사의 종류 3. 산업안전 심리의 요소
			2. 인간관계와 활동	1. 인간관계 2. 인간관계 메커니즘 3. 집단행동
			3. 직업적성과 인사심리	1. 직업적성의 분류 2. 적성검사의 종류 3. 적성발견 방법 4. 인사관리
			4. 인간행동 성향 및 행동과학	1. 인간의 일반적인 행동 특성 2. 사회행동의 기초 3. 동기부여 4. 주의와 부주의
		2. 인간의 특성과 안전	1. 동작 특성	1. 사고경향 2. 안전사고 요인
			2. 노동과 피로	1. 피로의 증상 및 대책 2. 피로의 측정법 3. 작업강도와 피로 4. 생체리듬
			3. 집단관리와 리더십	1. 리더십의 유형 2. 리더십의 기법 3. 헤드십 4. 사기와 집단역학

필기과목명	문제 수	주요항목	세부항목	세세항목
			4. 착오와 실수	1. 착상심리 2. 착오 3. 착시 4. 착각 현상
		3. 안전보건교육	1. 교육의 필요성	1. 교육의 개념 2. 교육의 목적 3. 학습지도 이론 4. 학습 목적의 3요소
			2. 교육의 지도	1. 교육지도의 원칙 2. 교육지도의 단계 3. 교육훈련의 평가방법
			3. 교육의 분류	1. 교육훈련기법에 따른 분류 2. 교육방법에 따른 분류
			4. 교육심리학	1. 교육심리학의 정의 2. 교육심리학의 연구방법 3. 성장과 발달 4. 학습이론 5. 학습조건 6. 적응기제
		4. 교육방법	1. 교육의 실시방법	1. 교육법의 4단계 2. 강의법 3. 토의법 3. 실연법 4. 기타 교육 실시방법
			2. 교육대상	1. 교육대상별 교육방법
			3. 안전보건교육	1. 안전보건교육의 기본 방향 2. 안전보건교육 계획 3. 안전보건교육 내용 4. 안전보건교육의 단계별 교육과정
인간공학 및 시스템 안전공학	20	1. 안전과 인간공학	1. 인간공학의 정의	1. 정의 및 목적 2. 배경 및 필요성 3. 작업관리와 인간공학 4. 사업장에서의 인간공학 적용분야
			2. 인간-기계체계	1. 인간-기계 시스템의 정의 및 유형 2. 시스템의 특성
			3. 체계설계와 인간요소	1. 목표 및 성능 명세의 결정 2. 기본 설계 3. 계면 설계 4. 촉진물 설계 5. 시험 및 평가 6. 감성공학
		2. 정보 입력 표시	1. 시각적 표시장치	1. 시각과정 2. 시식별에 영향을 주는 조건 3. 정량적 표시장치 4. 정성적 표시장치 5. 상태표시기 6. 신호 및 경보등 7. 묘사적 표시장치 8. 문자-숫자 표시장치 9. 시각적 암호 10. 부호 및 기호
			2. 청각적 표시장치	1. 청각과정 2. 청각적 표시장치 3. 음성통신 4. 합성음성
			3. 촉각 및 후각적 표시장치	1. 피부감각 2. 조종장치의 촉각적 암호화 3. 동적인 촉각적 표시장치 4. 후각적 표시장치

필기과목명	문제 수	주요항목	세부항목	세세항목
			4. 인간요소와 휴먼 에러	1. 인간 실수의 분류 2. 형태적 특성 3. 인간 실수 확률에 대한 추정 기법 4. 인간 실수 예방 기법
		3. 인간계측 및 작업 공간	1. 인체계측 및 인간의 체계제어	1. 인체계측 2. 인체계측자료의 응용원칙 3. 신체반응의 측정 4. 표시장치 및 제어장치 5. 제어장치의 기능과 유형 6. 제어장치의 식별 7. 통제표시비 8. 특수 제어장치 9. 양립성 10. 수공구
			2. 신체활동의 생리학적 측정법	1. 신체반응의 측정 2. 신체역학 3. 신체활동의 에너지 소비 4. 동작의 속도와 정확성
			3. 작업 공간 및 작업 자세	1. 부품배치의 원칙 2. 활동 분석 3. 부품의 위치 및 배치 4. 개별 작업 공간 설계지침 5. 계단 6. 의자설계 원칙
			4. 인간의 특성과 안전	1. 인간 성능 2. 성능 신뢰도 3. 인간의 정보처리 4. 산업재해와 산업인간공학 5. 근골격계 질환
		4. 작업환경 관리	1. 작업 조건과 환경 조건	1. 조명기계 및 조명수준 2. 반사율과 휘광 3. 조도와 광도 4. 소음과 청력손실 5. 소음노출한계 6. 열교환과정과 열압박 7. 고열과 한랭 8. 기압과 고도 9. 운동과 방향감각 10. 진동과 가속도
			2. 작업환경과 인간공학	1. 작업별 조도 및 소음기준 2. 소음의 처리 3. 열교환과 열압박 4. 실효온도와 Oxford 지수 5. 이상환경 노출에 따른 사고와 부상
		5. 시스템 위험분석	1. 시스템 위험분석 및 관리	1. 시스템 위험성의 분류 2. 시스템 안전공학 3. 시스템 안전관리 4. 위험분석과 위험관리
			2. 시스템 위험분석 기법	1. PHA 2. FHA 3. FMEA 4. ETA 5. CA 6. THERP 7. MORT 8. OSHA 등

필기과목명	문제 수	주요항목	세부항목	세세항목
		6. 결함수 분석법	1. 결함수 분석	1. 정의 및 특징 2. 논리기호 및 사상기호 3. FTA의 순서 및 작성방법 4. cut set & path set
			2. 정성적, 정량적 분석	1. 확률사상의 계산 2. minimal cut set & path set
		7. 위험성 평가	1. 위험성 평가의 개요	1. 정의　　　　2. 안전성 평가의 단계 3. 평가 항목
			2. 신뢰도 계산	1. 신뢰도 및 불신뢰도의 계산
		8. 각종 설비의 유지관리	1. 설비관리의 개요	1. 중요 설비의 분류 2. 설비의 점검 및 보수의 이력관리 3. 보수자재관리 4. 주유 및 윤활관리
			2. 설비의 운전 및 유지관리	1. 교체주기　　　2. 청소 및 청결 3. MTBF　　　4. MTTF 5. MTTR
			3. 보전성 공학	1. 예방보전　　　2. 사후보전 3. 보전예방　　　4. 개량보전 5. 보전 효과 평가
건설 재료학	20	1. 건설재료 일반	1. 건설재료의 발달	1. 구조물과 건설재료 2. 건설재료의 생산과 발달과정
			2. 건설재료의 분류와 요구성능	1. 건설재료의 분류 2. 건설재료의 요구성능
			3. 새로운 재료 및 재료 설계	1. 신재료의 개발 2. 재료의 선정과 설계
			4. 난연재료의 분류와 요구성능	1. 난연재료의 특성 및 종류 2. 난연재료의 요구성능
		2. 각종 건설재료 의 특성, 용도, 규격에 관한 사항	1. 목재	1. 목재일반　　　2. 목재제품
			2. 점토재	1. 일반적인 사항　　2. 점토제품
			3. 시멘트 및 콘크리트	1. 시멘트의 종류 및 성질 2. 시멘트의 배합 등 사용법 3. 시멘트 제품 4. 콘크리트 일반사항 5. 골재
			4. 금속재	1. 금속재의 종류, 성질 2. 금속제품
			5. 미장재	1. 미장재의 종류, 특성 2. 제조법 및 사용법

필기과목명	문제 수	주요항목	세부항목	세세항목
			6. 합성수지	1. 합성수지 및 관련 제품 2. 실런트 및 관련 제품
			7. 도료 및 접착제	1. 도료　　　　2. 접착제
			8. 석재	1. 석재의 종류 및 특성 2. 석재제품
			9. 기타재료	1. 유리　　　　2. 벽지 및 휘장류 3. 단열 및 흡음재료
			10. 방수	1. 방수재료의 종류와 특성 2. 방수재료별 용도
건설 시공학	20	1. 시공일반	1. 공사시공 방식	1. 직영공사　　　2. 도급의 종류 3. 도급방식　　　4. 도급업자의 선정 5. 입찰집행　　　6. 공사계약 7. 시방서
			2. 공사계획	1. 제반확인 절차　　2. 공사기간의 결정 3. 공사계획　　　4. 재료계획 5. 노무계획
			3. 공사현장 관리	1. 공사 및 공정관리 2. 품질관리 3. 안전 및 환경관리
		2. 토공사	1. 흙막이 가시설	1. 공법의 종류 및 특성 2. 흙막이 지보공
			2. 토공 및 기계	1. 토공기계의 종류 및 선정 2. 토공기계의 운용계획
			3. 흙파기	1. 기초 터파기 2. 배수 3. 되메우기 및 잔토처리
			4. 기타 토공사	1. 흙깎기, 흙쌓기, 운반 등 기타 토공사
		3. 기초공사	1. 지정 및 기초	1. 지정　　　　2. 기초
		4. 철근콘크리트 공사	1. 콘크리트 공사	1. 시멘트　　　2. 골재 3. 물　　　　4. 혼화재료
			2. 철근공사	1. 재료시험　　　2. 가공도 3. 철근가공 4. 철근의 이음, 정착길이 및 배근 간격, 피복 두께 5. 철근의 조립　　6. 철근 이음방법
			3. 거푸집 공사	1. 거푸집, 동바리 2. 긴결재, 격리재, 박리제, 전용횟수 3. 거푸집의 종류 4. 거푸집의 설치 5. 거푸집의 해체

필기과목명	문제 수	주요항목	세부항목	세세항목
		5. 철골공사	1. 철골작업 공작	1. 공장작업 2. 원척도, 본뜨기 등 3. 절단 및 가공 4. 공장조립법 5. 접합방법 6. 녹막이 칠 7. 운반
			2. 철골세우기	1. 현장세우기 준비 2. 세우기용 기계설비 3. 세우기 4. 접합방법 5. 현장 도장
		6. 조적공사	1. 벽돌공사	1. 벽돌쌓기
			2. 블록공사	1. 블록쌓기 2. 콘크리트 보강블록 쌓기, 거푸집 블록공사
			3. 석공사	1. 돌쌓기 2. 대리석, 인조석, 테라조 공사
건설안전 기술	20	1. 건설공사 안전 개요	1. 공정계획 및 안전성 심사	1. 안전관리계획 2. 건설재해예방 대책 3. 건설공사의 안전관리 4. 도급인의 안전보건조치
			2. 지반의 안정성	1. 지반의 조사 2. 토질시험 방법 3. 토공계획 4. 지반의 이상 현상 및 안전 대책
			3. 건설업 산업안전보건 관리비	1. 건설업 산업안전보건관리비의 계상 및 사용 2. 건설업 산업안전보건관리비의 사용기준 3. 건설업 산업안전보건관리비의 항목별 사용 내역 및 기준
			4. 사전안전성 검토 (유해 · 위험방지 계획서)	1. 위험성 평가 2. 유해 · 위험방지 계획서를 제출해야 될 건설공사 3. 유해 · 위험방지 계획서의 확인사항 4. 제출 시 첨부서류
		2. 건설공구 및 장비	1. 건설공구	1. 석재가공 공구 2. 철근가공 공구 등
			2. 건설장비	1. 굴삭장비 2. 운반장비 3. 다짐장비 등
			3. 안전수칙	1. 안전수칙
		3. 양중 및 해체 공사의 안전	1. 해체용 기구의 종류 및 취급안전	1. 해체용 기구의 종류 2. 해체용 기구의 취급안전
			2. 양중기의 종류 및 안전 수칙	1. 양중기의 종류 2. 양중기의 안전수칙

필기과목명	문제 수	주요항목	세부항목	세세항목
		4. 건설재해 및 대책	1. 떨어짐(추락)재해 및 대책	1. 분석 및 발생 원인 2. 방호 및 방지설비 3. 개인보호구
			2. 무너짐(붕괴)재해 및 대책	1. 토석 및 토사붕괴 위험성 2. 토석 및 토사붕괴 시 조치사항 3. 붕괴의 예측과 점검 4. 비탈면 보호공법 5. 흙막이공법 6. 콘크리트 구조물 붕괴 안전 대책, 터널 굴착
			3. 떨어짐(낙하), 날아옴(비래)재해 대책	1. 발생 원인 2. 예방 대책
			4. 화재 및 대책	1. 발생 원인 2. 예방 대책
		5. 건설 가시설물 설치기준	1. 비계	1. 비계의 종류 및 기준 2. 비계작업 시 안전조치사항
			2. 작업통로 및 발판	1. 작업통로의 종류 및 설치기준 2. 작업통로 설치 시 준수사항 3. 작업발판 설치기준 및 준수사항 4. 가설발판의 지지력 계산
			3. 거푸집 및 동바리	1. 거푸집의 필요조건 2. 거푸집 재료의 선정방법 3. 거푸집 동바리 조립 시 안전조치사항 4. 거푸집 존치기간
			4. 흙막이	1. 흙막이 설치기준 2. 계측기의 종류 및 사용 목적
		6. 건설 구조물 공사 안전	1. 콘크리트 구조물 공사 안전	1. 콘크리트 타설작업의 안전
			2. 철골공사 안전	1. 철골공사 작업의 안전
			3. PC(Precast Concrete)공사 안전	1. PC 운반 · 조립 · 설치의 안전
		7. 운반, 하역 작업	1. 운반작업	1. 운반작업의 안전수칙 2. 취급운반의 원칙 3. 인력운반 4. 중량물 취급운반 5. 요통방지 대책
			2. 하역작업	1. 하역작업의 안전수칙 2. 기계화해야 될 인력작업 3. 화물취급작업 안전수칙 4. 고소작업 안전수칙

차 례

과목별 과년도 출제문제

차 례

5과목   건설재료학

6과목   건설안전기술

부 록

1. 과년도 출제문제와 해설

2. CBT 실전문제와 해설

과목별
과년도 출제문제

1   안전보건관리 개요

기업경영과 안전관리 및 안전의 중요성

1. 하인리히의 도미노 이론에서 재해의 직접원인에 해당하는 것은?   [14.3/21.3]

① 사회적 환경
② 유전적 요소
③ 개인적인 결함
④ 불안전한 행동 및 불안전한 상태

해설 하인리히 재해 발생 도미노 5단계

1단계 (간접원인)	2단계 (1차원인)	3단계 (직접원인)	4단계	5단계
선천적 (사회적 환경 및 유전적) 결함	개인적 결함	불안전한 행동· 상태	사고	재해

1-1. 하인리히(H.W. Heinrich)의 재해 발생과 관련한 도미노 이론에 포함되지 않는 단계는?   [16.1]

① 사고
② 개인적 결함
③ 제어의 부족
④ 사회적 환경 및 유전적 요소

해설 하인리히 재해 발생 도미노 5단계

1단계 (간접원인)	2단계 (1차원인)	3단계 (직접원인)	4단계	5단계
선천적 (사회적 환경 및 유전적) 결함	개인적 결함	불안전한 행동· 상태	사고	재해

정답 ③

2. 하인리히의 사고예방 대책 5단계 중 각 단계와 기본원리가 잘못 연결된 것은?   [10.1]

① 제1단계-안전조직
② 제2단계-사실의 발견
③ 제3단계-점검 및 검사
④ 제4단계-시정방법의 선정

해설 하인리히 사고예방 대책 기본원리 5단계

• 1단계 : 안전관리조직
  ㉠ 경영층의 안전 목표 설정
  ㉡ 조직(안전관리자 선임 등)
  ㉢ 안전계획수립 및 활동
• 2단계 : 사실의 발견(현상파악)
  ㉠ 사고 및 안전 활동 기록 검토
  ㉡ 작업 분석
  ㉢ 안전점검 및 검사
  ㉣ 사고 조사
  ㉤ 각종 안전회의 및 토의
  ㉥ 애로 및 건의사항
• 3단계 : 원인 분석·평가
  ㉠ 사고 조사 결과의 분석

ⓛ 불안전 상태와 행동 분석
ⓒ 작업공정과 형태 분석
ⓔ 교육 및 훈련 분석
ⓜ 안전기준 및 수칙 분석
• 4단계 : 시정책의 선정
㉠ 기술의 개선
㉡ 인사 조정(작업배치의 조정)
㉢ 교육 및 훈련 개선
㉣ 안전규정 및 수칙 등의 개선
㉤ 이행, 감독, 제재 강화
• 5단계 : 시정책의 적용
㉠ 안전 목표 설정
㉡ 3E(기술, 교육, 관리)의 적용

2-1. 사고예방 대책의 기본원리 5단계 중 제 2단계의 사실의 발견에 관한 사항에 해당되지 않는 것은? [11.2/17.1/18.1/19.2]

① 사고 조사
② 안전회의 및 토의
③ 교육과 훈련의 분석
④ 사고 및 안전 활동 기록의 검토

해설 2단계 : 사실의 발견(현상파악)
• 사고 및 안전 활동 기록 검토
• 작업 분석
• 안전점검 및 검사
• 사고 조사
• 각종 안전회의 및 토의
• 애로 및 건의사항

정답 ③

2-2. 다음 중 하인리히의 사고예방 대책 기본원리 5단계에 있어 "시정방법의 선정" 바로 이전 단계에서 행하여지는 사항으로 옳은 것은? [15.1/21.2]

① 분석   ② 사실의 발견
③ 안전조직 편성   ④ 시정책의 적용

해설 하인리히 사고예방 대책 기본원리 5단계

1단계	2단계	3단계	4단계	5단계
조직	사실(현상) 발견	분석·평가	시정책(대책) 선정	시정책(대책) 적용

정답 ①

2-3. 사고예방 대책의 기본원리 5단계 중 3단계의 분석 평가에 관한 내용으로 옳은 것은? [10.2/10.3/21.3]

① 현장 조사
② 교육 및 훈련의 개선
③ 기술의 개선 및 인사 조정
④ 사고 및 안전 활동 기록 검토

해설 3단계 : 원인 분석·평가
• 사고 조사 결과의 분석
• 불안전 상태와 행동 분석
• 작업공정과 형태 분석
• 교육 및 훈련 분석
• 안전기준 및 수칙 분석

정답 ①

2-4. 사고예방 대책의 기본원리 5단계 중 3단계의 분석 평가에 대한 내용으로 옳은 것은? [16.2/19.1/20.1]

① 위험 확인
② 현장 조사
③ 사고 및 활동 기록 검토
④ 기술의 개선 및 인사 조정

해설 3단계 : 원인 분석·평가
• 사고 조사 결과의 분석
• 불안전 상태와 행동 분석
• 작업공정과 형태 분석
• 교육 및 훈련 분석
• 안전기준 및 수칙 분석

정답 ②

2-5. 사고예방 대책의 기본원리 중 "시정책의 선정"에 관한 사항으로 적절하지 않은 것은? [09.1/15.2/22.1]

① 기술의 개선
② 사고 조사 및 점검
③ 안전관리 행정업무의 개선
④ 기술교육을 위한 훈련의 개선

해설 4단계 : 시정책의 선정
• 기술의 개선
• 인사 조정(작업배치의 조정)
• 교육 및 훈련 개선
• 안전규정 및 수칙 등의 개선
• 이행, 감독, 제재 강화

정답 ②

2-6. 하베이(Harvey)가 제창한 3E 대책은 하인리히(Heinrich)의 사고예방 대책의 기본원리 5단계 중 어느 단계와 연관이 되는가?

① 조직 [09.3/16.2]
② 사실의 발견
③ 분석 및 평가
④ 시정책의 적용

해설 5단계 : 시정책의 적용
• 안전 목표 설정
• 3E[교육적 측면(Education), 기술적 측면(Engineering), 관리적 측면(Enforcement)]의 적용

정답 ④

2-7. 사고예방 대책의 기본원리 5단계 시정책의 적용 중 3E에 해당하지 않는 것은 어느 것인가? [11.1/12.1/13.3/14.3/19.1/20.1]

① 교육(Education) ② 관리(Enforcement)
③ 기술(Engineering) ④ 환경(Environment)

해설 3E : 교육적 측면(Education), 기술적 측면(Engineering), 관리적 측면(Enforcement)

정답 ④

2-8. 다음 중 재해방지를 위한 대책 선정 시 안전 대책에 해당하지 않는 것은? [12.2/15.3]

① 경제적 대책 ② 기술적 대책
③ 교육적 대책 ④ 관리적 대책

해설 3E : 교육적 측면(Education), 기술적 측면(Engineering), 관리적 측면(Enforcement)

정답 ①

2-9. 재해예방을 위한 대책을 기술적 대책, 교육적 대책, 관리적 대책으로 구분할 때 다음 중 관리적 대책에 속하는 것은?[13.2/22.2]

① 적합한 기준 설정
② 작업공정의 개선
③ 점검, 보존의 확립
④ 안전교육 실시

해설 3E(기술, 교육, 관리)의 적용
• 기술적 대책 : 안전기준의 설정, 작업행정의 개선, 환경설비의 개선, 안전 설계, 점검 및 보존의 확립
• 교육적 대책 : 안전교육 및 훈련 시행
• 관리적 대책 : 적합한 기준 설정, 규정과 안전수칙의 준수, 안전기준 이해, 안전감독의 철저, 동기부여와 사기 향상

정답 ①

3. 다음 중 산업재해발견의 기본원인 4M에 해당하지 않는 것은? [11.3/14.3/20.1]

① Media ② Material
③ Machine ④ Management

해설 4M : 인간(Man), 기계(Machine), 작업매체(Media), 관리(Management)

4. 매슬로우의 욕구 5단계 이론 중 2단계에 해당하는 것은? [17.1]

① 생리적 욕구
② 사회적(애정적) 욕구
③ 안전에 대한 욕구
④ 존경과 긍지에 대한 욕구

해설 매슬로우(Maslow)가 제창한 인간의 욕구 5단계

• 1단계(생리적 욕구) : 기아, 갈등, 호흡, 배설, 성욕 등 인간의 기본적인 욕구
• 2단계(안전 욕구) : 안전을 구하려는 자기 보존의 욕구
• 3단계(사회적 욕구) : 애정과 소속에 대한 욕구
• 4단계(존경의 욕구) : 인정받으려는 명예, 성취, 승인의 욕구
• 5단계(자아실현의 욕구) : 잠재적 능력을 실현하고자 하는 욕구(성취 욕구)

5. 다음 중 버드(Bird)가 발표한 새로운 사고연쇄예방 이론에서 사건을 방지하기 위해 제기한 직전의 사상은? [14.2]

① 기준 이하의 행동(substandard acts) 및 기준 이하의 조건(substandard conditions)
② 기준 이하의 행동(substandard acts) 및 작업 관련 요소(job factor)
③ 사람 관련 요소(personal factor) 및 작업 관련 요소(job factor)
④ 사람 관련 요소(personal factor) 및 기준 이하의 조건(substandard conditions)

해설 버드(Bird)의 5단계 이론

• 1단계(제어부족) : 관리부족
• 2단계(기본원인) : 개인적인 요인, 작업상의 요인
• 3단계(직접원인) : 불안전한 행동 및 상태

• 4단계(사고) : 기준 이하의 행동 및 조건
• 5단계(상해) : 재해(손해)

5-1. 버드의 재해 발생에 관한 연쇄이론 5단계 중 "기본적인 원인"은 몇 단계에 해당되는가? [09.1/18.2/21.3/22.1]

① 1단계
② 2단계
③ 3단계
④ 4단계

해설 버드(Bird)의 최신 연쇄성 이론

1단계	2단계	3단계	4단계	5단계
제어 부족 (관리)	기본 원인 (기원)	직접 원인 (징후)	사고 (접촉)	상해 (손해)

정답 ②

5-2. 버드(Frank Bird)의 새로운 도미노 이론으로 연결이 옳은 것은? [11.2/12.3/17.1]

① 제어의 부족 → 기본원인 → 직접원인 → 사고 → 상해
② 관리구조 → 작전적 에러 → 전술적 에러 → 사고 → 상해
③ 유전과 환경 → 인간의 결함 → 불안전한 행동 및 상태 → 재해 → 상해
④ 유전적 요인 및 사회적 환경 → 개인적 결함 → 불안전한 행동 및 상태 → 사고 → 상해

해설 버드(Bird)의 최신 연쇄성 이론

1단계	2단계	3단계	4단계	5단계
제어 부족 (관리)	기본 원인 (기원)	직접 원인 (징후)	사고 (접촉)	상해 (손해)

정답 ①

5-3. 버드(F. Bird)의 사고 5단계 연쇄성 이론에서 제3단계에 해당하는 것은? [20.1/21.1]

① 상해(손실)   ② 사고(접촉)

③ 직접원인(징후)   ④ 기본원인(기원)

해설 버드(Bird)의 최신 연쇄성 이론

1단계	2단계	3단계	4단계	5단계
제어 부족 (관리)	기본 원인 (기원)	직접 원인 (징후)	사고 (접촉)	상해 (손해)

정답 ③

6. 재해손실비의 산정방식 중 버드(Frank Bird) 방식의 구성 비율로 옳은 것은? (단, 구성은 보험비 : 비보험 재산비용 : 기타 재산비용이다.)   [10.2/18.2]

① 1 : 5~50 : 1~3

② 1 : 1~3 : 7~15

③ 1 : 1~10 : 1~5

④ 1 : 2~10 : 5~50

해설 버드 방식의 구성 비율

보험비 : 비보험 재산비용 : 기타 재산비용
= 1 : 5~50 : 1~3

7. 하인리히(H.W. Heinrich)의 사고 발생 연쇄성 이론에서 "직접원인"은 아담스(E. Adams)의 사고 발생 연쇄성 이론의 무엇과 일치하는가?   [09.3/15.3]

① 작전적 에러   ② 전술적 에러

③ 유전적 요소   ④ 사회적 환경

해설 • 하인리히의 사고 발생 연쇄성 이론

1단계 (간접원인)	2단계 (1차원인)	3단계 (직접원인)	4단계	5단계
사회적 환경과 유전적 요소	개인적 결함	불안전한 행동 · 상태	사고	재해

• 아담스의 사고연쇄반응 이론

1단계	2단계 (작전적 에러)	3단계 (전술적 에러)	4단계 (사고)	5단계 (손실)
관리 조직	관리자 에러	불안전한 행동	물적 사고	상해

7-1. 아담스(Adams)의 재해연쇄 이론에서 작전적 에러(operational error)로 정의한 것은?   [12.1/19.1]

① 선천적 결함

② 불안전한 상태

③ 불안전한 행동

④ 경영자나 감독자의 행동

해설 아담스의 사고연쇄반응 이론

1단계	2단계 (작전적 에러)	3단계 (전술적 에러)	4단계 (사고)	5단계 (손실)
관리 조직	관리자 에러	불안전한 행동	물적 사고	상해

정답 ④

7-2. 아담스(Edward Adams)의 사고연쇄 이론의 단계로 옳은 것은? [13.1/15.1/18.1/18.3]

① 사회적 환경 및 유전적 요소 → 개인적 결함 → 불안전 행동 및 상태 → 사고 → 상해

② 통제의 부족 → 기본원인 → 직접원인 → 사고 → 상해

③ 관리구조 결함 → 작전적 에러 → 전술적 에러 → 사고 → 상해

④ 안전정책과 결정 → 불안전 행동 및 상태 → 물질에너지 기준 이탈 → 사고 → 상해

해설 아담스의 사고연쇄반응 이론

1단계	2단계 (작전적 에러)	3단계 (전술적 에러)	4단계 (사고)	5단계 (손실)
관리 조직	관리자 에러	불안전한 행동	물적 사고	상해

정답 ③

8. 다음 중 웨버(D.A. Weaver)의 새로운 도미노 이론으로 올바르게 나열된 것은? [22.2]

① 관리구조 → 작전적 에러 → 전술적 에러 → 사고 → 상해
② 유전과 환경 → 인간의 결함 → 불안전한 행동 및 상태 → 재해 → 상해
③ 제어의 부족 → 기본원인 → 직접원인 → 사고 → 상해
④ 유전적 요인 및 사회적 환경 → 개인적 결함 → 불안전한 행동 및 상태 → 사고 → 상해

해설 웨버(D.A. Weaver)의 도미노 이론

1단계	2단계	3단계	4단계	5단계
유전과 환경	인간의 결함	불안전한 행동 및 상태	재해	상해

8-1. 다음 중 웨버(D.A. Weaver)의 사고 발생 도미노 이론에서 "작전적 에러"를 찾아내기 위한 질문의 유형과 가장 거리가 먼 것은? [15.2/20.3]

① what
② why
③ where
④ whether

해설 웨버의 작전적 에러를 찾아내기 위한 질문유형으로 what → why → whether의 과정을 도표화하여 제시하였다.

Tip) 재해 발생 시 조치 순서 중 재해조사 단계
- 누가(who)
- 발생일시(언제 : when)

- 발생장소(어디서 : where)
- 재해 관련 작업유형(왜 : why)
- 재해 발생 당시 상황(어떻게 : how)
- 무엇을(무엇 : what)

정답 ③

9. 버드(Bird)에 의한 재해 발생 비율 1 : 10 : 30 : 600 중 10에 해당되는 내용은? [16.2]

① 중상 및 폐질
② 물적만의 사고
③ 인적만의 사고
④ 물적, 인적사고

해설 버드의 법칙

9-1. A사업장에서 중상이 10명 발생하였다면 버드(Bird)의 재해 구성 비율에 의한 경상해자는 몇 명인가? [17.3/21.3]

① 50명
② 100명
③ 145명
④ 300명

해설 버드의 법칙

버드 이론(법칙)	1 : 10 : 30 : 600
$X \times 10$	10 : 100 : 300 : 6000

정답 ②

9-2. 어떤 사업장에서 상해 또는 질병이 5명 발생하였다면 버드(Frank Bird)의 재해 구성 비율에 의한 경상해자는 몇 명 정도 발생하겠는가? [22.2]

① 50명
② 100명
③ 145명
④ 300명

해설 버드의 법칙

버드 이론(법칙)	1 : 10 : 30 : 600
$X \times 5$	5 : 50 : 150 : 3000

정답 ①

9-3. B사업장에서 무상해, 무사고, 고장이 300건 발생하였다면 버드(Frank Bird)의 재해 구성 비율에 따를 경우 경상은 몇 건이 발생하였겠는가? [09.1/11.1/17.2/22.1]

① 5   ② 10   ③ 15   ④ 20

해설 버드의 법칙

버드 이론(법칙)	1 : 10 : 30 : 600
$X \times 0.5$	0.5 : 5 : 15 : 300

정답 ①

10. 다음 설명에 해당하는 법칙은? [16.3/19.3]

> 어떤 공장에서 330회의 전도사고가 일어났을 때, 그 가운데 300회는 무상해사고, 29회는 경상, 중상 또는 사망 1회의 비율로 사고가 발생한다.

① 버드 법칙   ② 하인리히 법칙
③ 더글라스 법칙   ④ 자베타키스 법칙

해설 지문은 하인리히의 1 : 29 : 300의 법칙에 대한 설명이다.

10-1. 하인리히의 1 : 29 : 300 법칙에서 "29"가 의미하는 것은? [21.2]

① 재해   ② 중상해
③ 경상해   ④ 무상해사고

해설 하인리히의 1 : 29 : 300의 법칙
- 잠재된 위험상태$(\alpha) = \dfrac{1}{1+29+300} = \dfrac{1}{330}$
- 재해 건수 $= 1+29+300 = 330$건

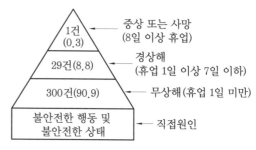

정답 ③

10-2. 어느 사업장에서 해당 연도에 600건의 무상해사고가 발생하였다. 하인리히의 재해 발생 비율 법칙에 의한다면 경상해의 발생 건수는 몇 건이 되겠는가? [10.1/10.2/13.2]

① 29건   ② 58건
③ 300건   ④ 330건

해설 하인리히의 법칙

하인리히의 법칙	1 : 29 : 300 = 330
$X \times 2$	2 : 58 : 600 = 660

정답 ②

11. 다음 중 재해예방의 4원칙과 관련된 설명으로 틀린 것은? [11.1]

① 사고와 손실과의 관계는 필연적이다.
② 재해 발생은 반드시 그 원인이 존재한다.
③ 재해는 원칙적으로 원인만 제거되면 예방이 가능하다.
④ 재해예방을 위한 가능한 대책은 반드시 존재한다.

해설 하인리히 산업재해예방의 4원칙
- 손실우연의 원칙 : 사고의 결과 손실 유무 또는 대소는 사고 당시 조건에 따라 우연적으로 발생한다.
- 원인계기(연계)의 원칙 : 재해 발생은 반드시 원인이 있다.
- 예방가능의 원칙 : 재해는 원칙적으로 원인만 제거하면 예방이 가능하다.

- 대책선정의 원칙 : 재해예방을 위한 가능한 안전 대책은 반드시 존재한다.

11-1. 다음 중 재해예방의 4원칙에 속하지 않는 것은? [09.3/12.3/13.1/ 14.1/16.2/17.3/18.1/18.2/19.3/20.2/20.3/22.1]

① 손실우연의 원칙　② 예방교육의 원칙
③ 원인계기의 원칙　④ 예방가능의 원칙

해설 하인리히 산업재해예방의 4원칙 : 손실우연의 원칙, 원인계기(연계)의 원칙, 예방가능의 원칙, 대책선정의 원칙

정답 ②

11-2. 다음 중 재해예방의 4원칙에 해당하지 않는 것은? [09.1/16.3]

① 예방가능의 원칙　② 원인계기의 원칙
③ 손실필연의 원칙　④ 대책선정의 원칙

해설 손실우연의 원칙 : 사고의 결과 손실 유무 또는 대소는 사고 당시 조건에 따라 우연적으로 발생한다.

정답 ③

산업재해 발생 메커니즘

12. 산업안전보건법상 고용노동부장관이 안전·보건진단을 명할 수 있는 사업장이 아닌 것은? [16.3]

① 2년간 사업장의 연간 산업재해율이 같은 업종의 규모별 평균 산업재해율보다 낮은 사업장
② 사업주가 안전·보건조치의무를 이행하지 아니하여 발생한 중대재해 발생 사업장

③ 안전보건개선계획 수립·시행명령을 받은 사업장
④ 추락·폭발·붕괴 등 재해 발생 위험이 현저히 높은 사업장으로서 지방고용노동관서의 장이 안전·보건진단이 필요하다고 인정하는 사업장

해설 고용노동부장관이 안전·보건진단을 명할 수 있는 사업장

- 산업재해율이 같은 업종 평균 산업재해율의 2배 이상인 사업장
- 사업주가 필요한 안전조치 또는 보건조치를 이행하지 아니하여 중대재해가 발생한 사업장
- 직업성 질병자가 연간 2명(상시근로자 1000명 이상 사업장의 경우 3명) 이상 발생한 사업장
- 그 밖에 작업환경 불량, 화재·폭발 또는 누출사고 등으로 사업장 주변까지 피해가 확산된 사업장으로서 고용노동부령으로 정하는 사업장

12-1. 산업안전보건법령상 안전보건진단을 받아 안전보건개선계획을 수립하여야 하는 대상을 모두 고른 것은? [21.3]

> ㉠ 산업재해율이 같은 업종 평균 산업재해율의 2배 이상인 사업장
> ㉡ 사업주가 필요한 안전조치 또는 보건조치를 이행하지 아니하여 중대재해가 발생한 사업장
> ㉢ 상시근로자 1천 명 이상 사업장에서 직업성 질병자가 연간 2명 이상 발생한 사업장

① ㉠, ㉡　　　　② ㉠, ㉢
③ ㉡, ㉢　　　　④ ㉠, ㉡, ㉢

정답 12. ①

해설 안전보건개선계획의 수립 · 시행을 명할 수 있는 사업장

- 사업주가 필요한 안전 · 보건조치의무를 이행하지 아니하여 중대재해가 발생한 사업장
- 산업재해율이 같은 업종 평균 산업재해율의 2배 이상인 사업장
- 직업성 질병자가 연간 2명(상시근로자 1000명 이상 사업장의 경우 3명) 이상 발생한 사업장
- 산업안전보건법 제106조에 따른 유해인자 노출기준을 초과한 사업장
- 그 밖에 작업환경 불량, 화재 · 폭발 또는 누출사고 등으로 사회적 물의를 일으킨 사업장

정답 ①

12-2. 산업안전보건법령상 안전보건진단을 받아 안전보건개선계획을 수립 · 제출하도록 명할 수 있는 사업장이 아닌 것은? [18.2]

① 근로자가 안전수칙을 준수하지 않아 중대재해가 발생한 사업장
② 산업재해율이 같은 업종 평균 산업재해율의 2배 이상인 사업장
③ 작업환경 불량, 화재 · 폭발 또는 누출사고 등으로 사회적 물의를 일으킨 사업장
④ 직업병에 걸린 사람이 연간 2명 이상(상시 근로자 1천 명 이상 사업장의 경우 3명 이상) 발생한 사업장

해설 ① 사업주가 필요한 안전 · 보건조치의무를 이행하지 아니하여 중대재해가 발생한 사업장

정답 ①

12-3. 산업안전보건법령상 고용노동부장관이 사업주에게 안전보건진단을 받아 안전보건개선계획을 수립 · 제출하도록 명할 수 있는 사업장의 기준 중 틀린 것은? [17.3]

① 작업환경 불량, 화재 · 폭발 또는 누출사고 등으로 사회적 물의를 일으킨 사업장
② 산업재해율이 같은 업종 평균 산업재해율의 2배 이상인 사업장
③ 유해인자의 노출기준을 초과한 사업장 중 중대재해(사업주가 안전 · 보건조치의무를 이행하지 아니하여 발생한 중대재해만 해당) 발생 사업장
④ 상시근로자 1천 명 이상 사업장의 경우 직업병에 걸린 사람이 연간 2명 이상 발생한 사업장

해설 ④ 상시근로자 1천 명 이상 사업장의 경우 직업병에 걸린 사람이 연간 3명 이상 발생한 사업장

정답 ④

12-4. 산업안전보건법령상 안전보건개선계획에 관한 설명으로 틀린 것은? [13.3/15.1]

① 지방고용노동관서의 장은 안전보건개선계획서의 적정 여부를 검토하여 그 결과를 사업주에게 통보하여야 한다.
② 지방고용노동관서의 장은 안전보건개선계획의 적정 여부 검토 결과에 따라 필요하다고 인정하면 해당 계획서의 보완을 명할 수 있다.
③ 안전보건개선계획서에는 시설, 안전 · 보건관리체제, 안전 · 보건교육, 산업재해예방 및 작업환경의 개선을 위하여 필요한 사항이 포함되어야 한다.
④ 안전보건개선계획의 수립 · 시행 명령을 받은 사업주는 고용노동부장관이 정하는 바에 따라 안전보건개선계획서를 작성하여 그 명령을 받은 날부터 30일 이내에 관할 지방고용노동관서의 장에게 제출하여야 한다.

해설 ④ 명령을 받은 날부터 60일 이내에 관할 지방고용노동관서의 장에게 제출하여야 한다.

정답 ④

13. 다음 중 안전관리의 근본이념에 있어 그 목적으로 볼 수 없는 것은? [10.3/19.2]
① 사용자의 수용도 향상
② 기업의 경제적 손실 예방
③ 생산성 향상 및 품질 향상
④ 사회복지의 증진

해설 안전관리의 근본이념
• 인간존중
• 기업의 경제적 손실 예방
• 생산성 향상 및 품질 향상
• 사회복지의 증진
• 기업의 이미지 향상 및 사회인식의 변화
• 바람직한 노사관으로 기업이미지 향상

14. 다음 중 사고 조사의 본질적 특성과 거리가 가장 먼 것은? [14.1]
① 사고의 공간성
② 우연 중의 법칙성
③ 필연 중의 우연성
④ 사고의 재현 불가능성

해설 사고 조사의 본질적 특성
• 사고의 시간성
• 우연 중의 법칙성
• 필연 중의 우연성
• 사고의 재현 불가능성

15. 다음 중 산업안전보건법에서 정의한 용어에 대한 설명으로 틀린 것은? [15.3]

① "사업주"란 근로자를 사용하여 사업을 하는 자를 말한다.
② "근로자 대표"란 근로자와 사업주로 조직된 노동조합이 있는 경우에는 그 노동조합을, 근로자와 사업주로 조직된 노동조합이 없는 경우에는 사업주가 지정한 근로자를 대표하는 자를 말한다.
③ "작업환경 측정"이란 작업환경 실태를 파악하기 위하여 해당 근로자 또는 작업장에 대하여 사업주가 측정계획을 수립한 후 시료(試料)를 채취하고 분석·평가하는 것을 말한다.
④ "산업재해"란 근로자가 업무에 관계되는 건설물·설비·원재료·가스·증기·분진 등에 의하거나 작업 또는 그 밖의 업무로 인하여 사망 또는 부상하거나 질병에 걸리는 것을 말한다.

해설 ② "근로자 대표"란 근로자의 과반수로 조직된 노동조합이 없는 경우에는 근로자의 과반수를 대표하는 자를 말한다.

15-1. 다음 중 산업안전보건법에서 정의한 용어에 대한 설명으로 틀린 것은? [10.2]
① "사업주"란 근로자를 사용하여 사업을 행하는 자를 말한다.
② "근로자 대표"란 근로자의 과반수로 조직된 노동조합이 있는 경우에는 그 노동조합을 말한다.
③ "중대재해"란 산업재해 중 부상자 또는 직업성 질병자가 동시에 5인 이상 발생한 재해를 말한다.
④ "산업재해"란 근로자가 업무에 관계되는 건설물·설비·원재료·가스·증기·분진 등에 의하거나 작업 또는 그 밖의 업무로 인하여 사망 또는 부상하거나 질병에 걸리는 것을 말한다.

해설 ③ "중대재해"란 산업재해 중 부상자 또는 직업성 질병자가 동시에 10명 이상 발생한 재해를 말한다.

정답 ③

16. 다음 중 안전사고와 생산공정과의 관계를 가장 적절히 표현한 것은? [12.2]

① 안전사고란 생산공정과는 별개의 사건이다.

② 안전사고는 생산공정에 별 영향을 주지 않는다.

③ 안전사고는 생산공정의 잘못을 입증하는 근거가 된다.

④ 안전사고란 생산공정이 잘못되었다는 것을 암시하는 잠재적 정보지표이다.

해설 안전사고 : 공장이나 공사장 등의 안전 미비, 또는 부주의 따위로 일어나는 사고를 암시하는 잠재적 정보지표이다.

17. 다음 중 산업안전보건법령상 사업장의 산업재해 발생 건수, 재해율 또는 그 순위를 공표할 수 있는 공표대상 사업장의 기준으로 틀린 것은? (단, 고용노동부장관이 산업재해를 예방하기 위하여 필요하다고 인정할 때이다.) [17.3]

① 중대 산업사고가 발생한 사업장

② 산업재해의 발생에 관한 보고를 최근 3년 이내 2회 이상 하지 않은 사업장

③ 중대재해가 발생한 사업장으로서 해당 중대재해 발생연도의 연간 산업재해율이 규모별 같은 업종의 평균재해율 이상인 사업장 중 상위 20% 이내에 해당되는 사업장

④ 산업재해로 연간 사망재해자가 2명 이상 발생한 사업장으로서 사망만인율이 규모별 같은 업종의 평균 사망만인율 이상인 사업장

해설 산업재해 발생 건수, 재해율 공표대상 사업장의 기준

• 중대 산업사고가 발생한 사업장

• 산업재해 발생 사실을 은폐한 사업장

• 산업재해로 인한 사망자가 연간 2명 이상 발생한 사업장

• 사망만인율이 규모별 같은 업종의 평균 사망만인율 이상인 사업장

• 산업재해의 발생에 관한 보고를 최근 3년 이내 2회 이상 하지 않은 사업장

• 중대재해가 발생한 사업장으로서 해당 중대재해 발생연도의 연간 산업재해율이 규모별 같은 업종의 평균재해율 이상인 사업장(ESI법 개정사항)

Tip) ③ "중대재해가 발생한 사업장으로서 해당 중대재해 발생연도의 연간 산업재해율이 규모별 같은 업종의 평균재해율 이상인 사업장 중 상위 10% 이내에 해당되는 사업장"은 21년 개정된 법에서 삭제되고, 위 조항으로 개정되었다.

17-1. 산업안전보건법령상 고용노동부장관은 산업재해를 예방하기 위하여 필요하다고 인정할 때에 대통령령이 정하는 사업장의 산업재해 발생 건수, 재해율 등을 공표할 수 있도록 하였는데 이에 관한 공표대상 사업장의 기준으로 틀린 것은? [15.2]

① 연간 산업재해율이 규모별 같은 업종의 평균재해율 이상인 모든 사업장

② 관련법상 중대 산업사고가 발생한 사업장

③ 관련법상 산업재해의 발생에 관한 보고를 최근 3년 이내 2회 이상 하지 아니한 사업장

④ 산업재해로 연간 사망재해자가 2명 이상 발생한 사업장으로서 사망만인율이 규모별 같은 업종의 평균 사망만인율 이상인 사업장

해설 산업재해 발생 건수, 재해율 공표대상 사업장의 기준
- 중대 산업사고가 발생한 사업장
- 산업재해 발생 사실을 은폐한 사업장
- 산업재해로 인한 사망자가 연간 2명 이상 발생한 사업장
- 사망만인율이 규모별 같은 업종의 평균 사망만인율 이상인 사업장
- 산업재해의 발생에 관한 보고를 최근 3년 이내 2회 이상 하지 않은 사업장
- 중대재해가 발생한 사업장으로서 해당 중대재해 발생연도의 연간 산업재해율이 규모별 같은 업종의 평균재해율 이상인 사업장(ESI법 개정사항)

Tip) 개정 전 문제로 정답이 ①번이지만, "중대재해가 발생한 사업장으로서 해당 중대재해 발생연도의 연간 산업재해율이 규모별 같은 업종의 평균재해율 이상인 사업장 중 상위 10% 이내에 해당되는 사업장"은 21년 개정된 법에서 삭제되고, 위 조항으로 개정되었다.

정답 ①

17-2. 고용노동부장관은 산업안전보건법에 따라 산업재해를 예방하기 위하여 필요하다고 인정할 때 사업장의 산업재해 발생 건수, 재해율 등을 공표할 수 있는데 다음 중 공표대상 사업장이 아닌 것은? [11.1/13.1/13.2/16.2]

① 중대 산업사고가 발생한 사업장
② 산업재해의 발생에 관한 보고를 최근 3년 이내 2회 이상 하지 않은 사업장
③ 연간 산업재해율이 규모별 같은 업종의 평균재해율 이상인 사업장 중 상위 20퍼센트 이내에 해당되는 사업장
④ 산업재해로 연간 사망재해자가 2명 이상 발

생한 사업장으로서 사망만인율이 규모별 같은 업종의 평균 사망만인율 이상인 사업장

해설 ③ 중대재해가 발생한 사업장으로서 해당 중대재해 발생연도의 연간 산업재해율이 규모별 같은 업종의 평균재해율 이상인 사업장(ESI법 개정사항)

정답 ③

사고예방 원리

18. 안전관리는 PDCA 사이클의 4단계를 거쳐 지속적인 관리를 수행하여야 한다. 다음 중 PDCA 사이클의 4단계를 잘못 나타낸 것은? [10.2/14.2/16.1/20.2]

① P : Plan ② D : Do
③ C : Check ④ A : Analysis

해설 PDCA 사이클의 4단계

P단계	D단계	C단계	A단계
Plan (계획)	Do (실시)	Check (검토)	Action (조치)

19. 작업자가 기계 등의 취급을 잘못해도 사고가 발생하지 않도록 방지하는 기능은?

① back up 기능 [14.2/21.2]
② fail safe 기능
③ 다중계화 기능
④ fool proof 기능

해설 풀 프루프(fool proof)
- 사용자의 실수가 있어도 안전장치가 설치되어 재해로 연결되지 않는 구조이다.
- 오조작을 하여도 사고가 발생하지 않는다.
- 초보자가 작동을 시켜도 안전하다는 뜻이다.

20. 신규 채용 시의 근로자 안전 · 보건교육은 몇 시간 이상 실시해야 하는가? (단, 일용근로자를 제외한 근로자인 경우이다.) [19.3]

① 3시간   ② 8시간

③ 16시간   ④ 24시간

해설 채용 시의 근로자 안전 · 보건교육

일용근로자	1시간 이상
일용근로자를 제외한 근로자	8시간 이상

21. 다음 중 무재해운동 추진 시 무재해 시간의 산정기준에 있어 건설현장 근로자의 실근로시간의 산정이 곤란한 경우 1일 몇 시간을 근로한 것으로 하는가? [12.1]

① 8시간   ② 9시간

③ 10시간   ④ 12시간

해설 통산 사무직은 1일 8시간, 건설현장 근로자의 실근로시간의 산정이 어려울 경우에는 1일 10시간을 근로한 것으로 본다.

안전보건에 관한 제반이론 및 용어해설

22. 다음 중 안전관리에 있어 5C운동(안전행동 실천운동)에 해당하지 않는 것은?

① 통제관리(Control)   [13.3/18.1/21.1/22.1]

② 정리정돈(Clearance)

③ 청소청결(Cleaning)

④ 전심전력(Concentration)

해설 5C운동(안전행동 실천운동)

- 복장단정(Correctness)
- 정리정돈(Clearance)
- 청소청결(Cleaning)
- 점검확인(Checking)
- 전심전력(Concentration)

22-1. A사업장에서는 산업재해로 인한 인적 · 물적손실을 줄이기 위하여 안전행동 실천운동(5C운동)을 실시하고자 한다. 5C운동에 해당하지 않는 것은? [10.3/15.1/18.3/21.2]

① Control   ② Correctness

③ Cleaning   ④ Checking

해설 5C운동(안전행동 실천운동)

- 복장단정(Correctness)
- 정리정돈(Clearance)
- 청소청결(Cleaning)
- 점검확인(Checking)
- 전심전력(Concentration)

정답 ①

23. 객관적인 위험을 작업자 나름대로 판정하여 위험을 수용하고 행동에 옮기는 것은?

① risk assessment   ② risk taking   [17.2]

③ risk control   ④ risk playing

해설 risk taking : 객관적 위험을 작업자 나름대로 판단하여 위험을 결정하고 행동으로 옮기는 행위

무재해운동 등 안전 활동 기법

24. 무재해운동 추진 기법으로 볼 수 없는 것은? [10.1/16.1]

① 위험예지훈련   ② 지적확인

③ 터치 앤 콜   ④ 직무 위급도 분석

해설 ④는 인간의 실수 확률 추정 기법

24-1. 다음에서 설명하는 무재해운동 추진 기법으로 옳은 것은? [11.3/16.3/19.2]

작업현장에서 그때 그 장소의 상황에 즉응하여 실시하는 위험예지활동으로서 즉시 즉응법이라고도 한다.

① TBM(Tool Box Meeting)
② 삼각 위험예지훈련
③ 자문자답카드 위험예지훈련
④ 터치 앤드 콜(touch and call)

해설 TBM(Tool Box Meeting) 위험예지훈련
• 현장에서 그때 그 장소의 상황에서 즉응하여 실시하는 위험예지활동으로 즉시즉응법이라고도 한다.
• 10명 이하의 소수가 적합하며, 시간은 10분 이내로 한다.
• 현장 상황에 맞게 즉응하여 실시하는 행동으로 단시간 적응훈련이라 한다.
• 결론은 가급적 서두르지 않는다.

정답 ①

24-2. 다음 중 TBM(Tool Box Meeting) 위험예지훈련의 진행방법으로 가장 적절하지 않은 것은? [11.2/14.2]

① 인원은 10명 이하로 구성한다.
② 소요시간은 10분 정도가 바람직하다.
③ 리더는 주제의 주안점에 대하여 연구해 둔다.
④ 오전 작업시작 전과 오후 작업종료 시 하루 2회 실시한다.

해설 TBM(Tool Box Meeting) 위험예지훈련
• 현장에서 그때 그 장소의 상황에서 즉응하여 실시하는 위험예지활동으로 즉시즉응법이라고도 한다.
• 10명 이하의 소수가 적합하며, 시간은 10분 이내로 한다.

• 현장 상황에 맞게 즉응하여 실시하는 행동으로 단시간 적응훈련이라 한다.
• 결론은 가급적 서두르지 않는다.

정답 ④

24-3. 무재해운동 추진 기법 중 팀의 일체감, 연대감을 조성할 수 있고 동시에 대뇌 구피질에 좋은 이미지를 불어 넣어 안전행동을 하도록 하는 방법은? [09.2/12.2/21.2/22.2]

① 지적확인
② 터치 앤드 콜(touch and call)
③ 브레인스토밍(brain storming)
④ TBM(Tool Box Meeting)

해설 터치 앤드 콜 : 서로 손을 맞잡고 같이 소리치는 것으로 전원이 스킨십(skinship)을 느끼며, 팀의 일체감, 연대감을 조성하여 무재해운동을 추진한다.

정답 ②

25. 다음 중 TBM 활동의 5단계 추진법을 순서대로 나열한 것은? [15.1/18.3/21.3/22.2]

① 도입 – 위험예지훈련 – 작업지시 – 점검정비 – 확인
② 도입 – 점검정비 – 위험예지훈련 – 작업지시 – 확인
③ 도입 – 점검정비 – 작업지시 – 위험예지훈련 – 확인
④ 도입 – 작업지시 – 점검정비 – 위험예지훈련 – 확인

해설 T.B.M 활동의 5단계

1단계	2단계	3단계	4단계	5단계
도입	점검정비	작업지시	위험예지훈련	확인

26. 무재해운동의 이념 3원칙 중 잠재적인 위험요인을 발견·해결하기 위하여 전원이 협력하여 각자의 위치에서 의욕적으로 문제해결을 실천하는 원칙은? [10.1/16.3/21.2]

① 무의 원칙   ② 선취의 원칙
③ 관리의 원칙   ④ 참가의 원칙

해설 무재해운동 이념 3원칙의 정의
- 무의 원칙 : 모든 위험요인을 파악하여 해결함으로써 근원적인 산업재해를 없앤다는 0의 원칙
- 참가의 원칙 : 작업자 전원이 참여하여 각자의 위치에서 적극적으로 문제해결 등을 실천하는 원칙
- 선취해결의 원칙 : 사업장에 일체의 위험요인을 사전에 발견, 파악, 해결하여 재해를 예방하는 무재해를 실현하기 위한 원칙

26-1. 무재해운동 기본이념의 3대 원칙이 아닌 것은? [12.2/14.3/17.1/17.3/19.3]

① 무의 원칙   ② 선취의 원칙
③ 합의의 원칙   ④ 참가의 원칙

해설 무재해운동 이념 3원칙 : 무의 원칙, 참가의 원칙, 선취해결의 원칙

정답 ③

26-2. 다음 중 무재해운동의 기본이념 3원칙을 설명한 것으로 적절하지 않은 것은?[11.1]

① 모든 잠재위험요인을 사전에 발견·파악·해결함으로써 근원적으로 산업재해를 없앤다.
② 잠재적인 위험요인을 발견·해결하기 위하여 전원이 협력하여 문제해결 행동을 실천한다.
③ 직장의 모든 위험요인을 행동하기 전에 발견·파악·해결하여 재해를 예방하거나 방지한다.
④ 무재해는 최고경영자의 무재해 및 무질병에 대한 확고한 경영자세로 시작된다.

해설 ④는 무재해운동의 3요소(최고경영자의 안전 경영자세)

정답 ④

26-3. 다음 중 무재해운동의 3원칙에 있어 "참가의 원칙"에서 의미하는 전원(全員)의 범위로 가장 적절한 것은? [11.2]

① 간접 부문에 종사하는 근로자 전원
② 생산에 참여하는 근로자 전원
③ 사업주를 비롯하여 관리감독자 전원
④ 직장 내 종사하는 근로자의 가족까지 포함하여 전원

해설 참가의 원칙 : 작업자 전원이 참여하여 각자의 위치에서 적극적으로 문제해결 등을 실천하는 원칙

정답 ④

26-4. 무재해운동 기본이념의 3원칙 중 선취원칙을 가장 잘 설명한 것은? [13.2/13.3]

① 작업의 잠재위험요인을 전원이 발견하자.
② 직장 일체의 위험잠재요인을 적극적으로 발견하여 무재해 직장을 만들자.
③ 과거 재해가 발생하였던 것을 참고로 하여 다시는 재해가 발생하지 않도록 운동하자.
④ 무재해, 무질병의 직장을 실현하기 위하여 위험요인을 행동하기 전에 발견하여 예방하자.

해설 선취해결의 원칙 : 사업장에 일체의 위험요인을 사전에 발견, 파악, 해결하여 재해를 예방하는 무재해를 실현하기 위한 원칙

정답 ④

27. 무재해운동 추진의 3대 기둥으로 볼 수 없는 것은? [10.2/16.2/17.2/19.1]

① 최고경영자의 경영자세
② 노동조합의 협의체 구성

③ 직장 소집단 자주 활동의 활성화

④ 관리감독자에 의한 안전보건의 추진

해설 무재해운동의 3요소

• 최고경영자의 안전 경영자세 : 무재해, 무질병에 대한 경영자세

• 소집단 자주 안전 활동의 활성화 : 직장의 팀 구성원의 협동 노력으로 자주적인 안전 활동 추진

• 관리감독자에 의한 안전보건의 추진 : 관리감독자가 생산 활동 속에서 안전보건 실천을 추진

28. 1900년대 초 미국 한 기업의 회장으로서 "안전제일(safety first)"이란 구호를 내걸고 사고예방 활동을 전개한 후 안전의 투자가 결국 경영상 유리한 결과를 가져온다는 사실을 알게 하는데 공헌한 사람은? [14.1]

① 게리(Gary) ② 하인리히(Heinrich)

③ 버드(Bird) ④ 피렌제(Firenze)

해설 안전제일(safety first) 구호를 내걸고 사고예방 활동을 전개한 사람은 미국의 US Steel 회사의 회장인 게리이다.

29. 산업안전보건법에 따른 무재해운동의 추진에 있어 무재해 1배수 목표시간의 계산방법으로 적절하지 않은 것은? [11.3/14.1]

① $\dfrac{\text{연간 총 근로시간}}{\text{연간 총 재해자 수}}$

② $\dfrac{\text{1인당 연평균 근로시간}}{\text{재해율}} \times 100$

③ $\dfrac{\text{1인당 근로손실일수}}{\text{연간 총 재해자 수}} \times 100$

④ $\dfrac{\text{연평균 근로자 수} \times \text{1인당 연평균 근로시간}}{\text{연간 총 재해자 수}}$

해설 무재해 1배수 목표시간의 계산방법

• 목표시간 $= \dfrac{\text{연간 총 근로시간}}{\text{연간 총 재해자 수}}$

$= \dfrac{\text{연평균 근로자 수} \times \text{1인당 연평균 근로시간}}{\text{연간 총 재해자 수}}$

• 목표시간 $= \dfrac{\text{1인당 연평균 근로시간}}{\text{재해율}} \times 100$

29-1. 공사 규모가 70억 원인 건축 건설공사 현장에서 1일 200명의 근로자가 매일 10시간씩 근무를 하고 있다. 이 현장의 무재해운동의 1배 목표를 30만 시간이라 할 때 무재해 1배 목표는 며칠 후에 달성하는가? (단, 일요일이나 공휴일은 없는 것으로 간주하여, 이 현장의 평균 결근율은 5%로 가정한다.)

① 1580일 ② 1500일 [10.3]

③ 158일 ④ 150일

해설 ㉠ 출근율 $= 1 - \dfrac{5}{100} = 0.95$

㉡ 총 근로시간 $=$ 근로자 수 $\times$ 실근무시간

$= 200 \times 10 \times 0.95 = 1900$시간

㉢ 달성일 $= \dfrac{\text{1배수 목표시간}}{\text{총 근로시간}} = \dfrac{300000}{1900}$

$≒ 158$일

정답 ③

30. 사업장 무재해운동 추진 및 운영에 관한 규칙에 있어 특정 목표배수를 달성하여 그 다음 배수 달성을 위한 새로운 목표를 재설정하는 경우 무재해 목표 설정기준으로 틀린 것은? [12.3/14.2/16.1]

① 업종은 무재해 목표를 달성한 시점에서의 업종을 적용한다.

② 무재해 목표를 달성한 시점 이후부터 즉시 다음 배수를 기산하여 업종과 규모에 따라 새로운 무재해 목표시간을 재설정한다.

정답 28. ① 29. ③ 30. ④

③ 건설업의 규모는 재개 시 시점에 해당하는 총 공사금액을 적용한다.

④ 규모는 재개 시 시점에 해당하는 달로부터 최근 6개월간의 평균 상시근로자 수를 적용한다.

해설 ④ 규모는 재개 시 시점에 해당하는 달로부터 연평균 상시근로자 수를 적용한다.

Tip) 무재해운동은 2018년 관련 법규에서 삭제되어 사업장 자율운동으로 전환되었다.

31. 다음 중 산업재해 발생 시 업무상의 재해로 인정할 수 없는 경우는? [13.2]

① 업무상 부상이 원인이 되어 발생한 질병

② 근로자의 고의·자해 행위 또는 그것이 원인이 되어 발생한 부상

③ 근로자가 근로계약에 따른 업무나 그에 따르는 행위를 하던 중 발생한 사고

④ 사업주가 제공한 시설물 등을 이용하던 중 그 시설물 등의 결함이나 관리 소홀로 발생한 사고

해설 ② 근로자의 고의·자해 행위 등으로 발생한 부상, 사망 등은 업무상의 재해로 인정할 수 없다.

32. 위험예지훈련에 대한 설명으로 옳지 않은 것은? [13.1/18.2/19.2]

① 직장이나 작업의 상황 속 잠재위험요인을 도출한다.

② 행동하기에 앞서 위험요소를 예측하는 것을 습관화하는 훈련이다.

③ 위험의 포인트나 중점 실시사항을 지적확인한다.

④ 직장 내에서 최대 인원의 단위로 토의하고 생각하며 이해한다.

해설 ④ 직장 내에서 최소 인원의 단위로 토의하고 생각하며 이해한다.

32-1. 다음 중 위험예지훈련에서 활용하는 기법으로 가장 적합한 것은? [14.3]

① 심포지엄(symposium)

② 예비사고분석(PHA)

③ O.J.T(On the Job Training)

④ 브레인스토밍(brain storming)

해설 브레인스토밍은 위험예지훈련의 4라운드, 목표설정 단계에서 주로 실시·활용하는 기법이다.

정답 ④

32-2. 한 사람, 한 사람이 스스로 위험요인을 발견, 파악하여 단시간에 행동 목표를 정하여 지적확인을 하며, 특히 비정상적인 작업의 안전을 확보하기 위한 위험예지훈련은?

① 삼각 위험예지훈련 [13.2/16.2]

② 1인 위험예지훈련

③ 원 포인트 위험예지훈련

④ 자문자답 카드 위험예지훈련

해설 • 삼각 위험예지훈련 : 작업자를 대상으로 실시하는 기법으로 현상파악과 위험의 포인트를 △형으로 표시하여 팀원이 합의하는 기법

• 1인 위험예지훈련 : 한 사람 한 사람의 위험에 대한 감수성 향상을 도모, one point 위험예지훈련을 통합한 활용 기법

• 원 포인트 위험예지훈련 : 현장에서 위험예지훈련 4라운드 중에서 2R, 3R, 4R을 원 포인트로 요약하여 실시하는 기법으로 2~3분 내에 실시하는 훈련

• 자문자답 카드 위험예지훈련 : 한 사람, 한 사람이 스스로 위험요인을 발견, 파악하여 행동 목표를 정하여 지적확인을 하며, 특히 비정상적인 작업의 안전을 확보하기 위한 위험예지훈련

정답 ④

33. 위험예지훈련의 문제해결 4단계(4R)에 속하지 않는 것은? [21.1]

① 현상파악   ② 본질추구
③ 대책수립   ④ 후속조치

해설 문제해결의 4라운드

- 현상파악(1R) : 어떤 위험이 잠재하고 있는 요인을 토론을 통해 잠재한 위험요인을 발견한다.
- 본질추구(2R) : 위험요인 중 중요한 위험 문제점을 파악한다.
- 대책수립(3R) : 위험요소를 어떻게 해결하는 것이 좋을지 구체적인 대책을 세운다.
- 행동 목표설정(4R) : 중점적인 대책을 실천하기 위한 행동 목표를 설정한다.

33-1. 위험예지훈련 4라운드의 진행방법을 올바르게 나열한 것은? [11.1/20.3]

① 현상파악 → 목표설정 → 대책수립 → 본질추구
② 현상파악 → 본질추구 → 대책수립 → 목표설정
③ 현상파악 → 본질추구 → 목표설정 → 대책수립
④ 본질추구 → 현상파악 → 목표설정 → 대책수립

해설 문제해결의 4라운드

1R	2R	3R	4R
현상파악	본질추구	대책수립	행동 목표설정

정답 ②

33-2. 위험예지훈련 4R(라운드) 중 2R(라운드)에 해당하는 것은? [10.2/13.3/14.1/15.1/15.3/17.1/17.2/17.3/20.1/20.2]

① 목표설정   ② 현상파악
③ 대책수립   ④ 본질추구

해설 문제해결의 4라운드

1R	2R	3R	4R
현상파악	본질추구	대책수립	행동 목표설정

정답 ④

33-3. 위험예지훈련 4라운드(round) 중 목표설정 단계의 내용으로 가장 적절한 것은 어느 것인가? [09.3/15.2/19.1]

① 위험요인을 찾아내고, 가장 위험한 것을 합의하여 결정한다.
② 가장 우수한 대책에 대하여 합의하고, 행동계획을 결정한다.
③ 브레인스토밍을 실시하여 어떤 위험이 존재하는가를 파악한다.
④ 가장 위험한 요인에 대하여 브레인스토밍 등을 통하여 대책을 세운다.

해설 행동 목표설정(4R) : 중점적인 대책을 실천하기 위한 행동 목표를 설정한다.

정답 ②

34. 다음 중 브레인스토밍(brain storming)의 원칙에 관한 설명으로 옳지 않은 것은 어느 것인가? [10.3/12.1/15.2/20.1/20.2]

① 최대한 많은 양의 의견을 제시한다.
② 누구나 자유롭게 의견을 제시할 수 있다.
③ 타인의 의견에 대하여 비판하지 않도록 한다.
④ 타인의 의견을 수정하여 본인의 의견으로 제시하지 않도록 한다.

해설 브레인스토밍(brain storming)

- 비판금지 : 좋다, 나쁘다 등의 비판은 하지 않는다.
- 자유분방 : 마음대로 자유로이 발언한다.

- 대량발언 : 무엇이든 좋으니 많이 발언한다.
- 수정발언 : 타인의 생각에 동참하거나 보충 발언해도 좋다.

34-1. 브레인스토밍(brain storming) 4원칙에 속하지 않는 것은? [21.1]

① 비판수용
② 대량발언
③ 자유분방
④ 수정발언

해설 브레인스토밍의 4원칙 : 비판금지, 자유분방, 대량발언, 수정발언

정답 ①

35. 다음 중 재해사례연구의 진행 단계에 있어 파악된 사실로부터 판단하여 각종 기준과의 차이 또는 문제점을 발견하는 것에 해당하는 것은? [13.2]

① 1단계 : 사실의 확인
② 2단계 : 직접원인과 문제점의 확인

③ 3단계 : 기본원인과 근본적 문제점의 결정
④ 4단계 : 대책의 수립

해설 2단계는 파악된 사실로부터 분석 판단하여 문제점을 발견하는 단계이다.

36. 안전과 경영에서 나오는 용어인 리스크(risk)에 대하여 가장 옳게 설명한 것은? [12.3]

① 리스크는 위급을 나타내는 용어로서 잠재적인 위험의 표출을 의미한다.
② 리스크는 위험 발생의 급박한 상태가 어떤 조건이 갖춰졌을 때를 의미한다.
③ 리스크는 위험상황이 재해상황으로 변하는 과정상의 위험 분석을 의미한다.
④ 리스크는 재해 발생 가능성과 재해 발생 시 그 결과의 크기의 조합(combination)으로 위험의 크기나 정도를 의미한다.

해설 리스크(위험률)=사고 발생 빈도(발생 확률)×사고로 인한 피해(손실, 사고의 크기 등)

---

2 안전보건관리 체제 및 운영

안전보건관리조직 형태

1. 다음 중 안전보건관리조직에 관한 설명으로 옳은 것은? [11.3]

① 스탭형 조직은 100명 이하의 소규모 사업장에 적합하다.
② 라인형 조직에는 별도의 안전을 전문으로 분담하는 부문이 없다.
③ 라인-스탭형 조직은 안전 활동과 생산업무가 유리되기 쉬워 균형을 유지하는데 중점을 두어야 한다.

④ 스탭형 조직은 모든 권한이 포괄적이고 직선적으로 행사되어 지시나 조치가 철저하고 그 실시가 가장 빠르다.

해설 • 라인형(line) 조직(직계형 조직)
  ㉠ 소규모 사업장(100명 이하 사업장)에 적용한다.
  ㉡ 생산과 안전을 동시에 지시하는 형태이다.
  ㉢ 장점은 명령 및 지시가 신속·정확하다.
  ㉣ 단점은 안전정보가 불충분하며, 라인에 과도한 책임이 부여될 수 있다.
• 스태프형(staff) 조직(참모형 조직)
  ㉠ 중규모 사업장(100~1000명 정도의 사

업장)에 적용한다.
ⓛ 장점은 안전정보 수집이 용이하고 빠르다.
ⓒ 단점은 안전과 생산을 별개로 취급한다.
• 라인 – 스태프형(line – staff) 조직(혼합형
조직)
ⓐ 대규모 사업장(1000명 이상 사업장)에
적용한다.
ⓛ 장점
㉮ 안전전문가에 의해 입안된 것을 경영자
가 명령하므로 명령이 신속 · 정확하다.
㉯ 안전정보 수집이 용이하고 빠르다.
ⓒ 단점
㉮ 명령계통과 조언 · 권고적 참여의 혼
돈이 우려된다.
㉯ 스태프의 월권행위가 우려되고 지나
치게 스태프에게 의존할 수 있다.

1-1. 소규모 사업장에 가장 적합한 안전관리 조직의 형태는? [14.1/17.3/18.2/19.1/ 20.2/20.3/21.1/21.3]

① 라인형 조직
② 스탭형 조직
③ 라인–스탭 혼합형 조직
④ 복합형 조직

해설 line형(라인형) 조직 : 모든 안전관리 업
무가 생산라인을 통하여 직선적으로 이루어
지는 조직이다.
• 100인 이하의 소규모 사업장에 활용된다.
• 장점
ⓐ 정확히 전달 · 실시된다.
ⓛ 안전에 관한 명령과 지시는 생산라인을
통해 신속하게 이루어진다.
• 단점
ⓐ 생산과 안전을 동시에 지시하는 형태이다.
ⓛ 라인에 과도한 책임이 부여된다.
ⓒ 안전의 정보가 불충분하다.

정답 ①

1-2. 다음 중 직계식 안전조직의 특징으로 볼 수 없는 것은? [09.1/09.3/16.1/22.1]

① 명령과 보고가 간단 · 명료하다.
② 안전정보 수집이 빠르고 전문적이다.
③ 각종 지시 및 조치사항이 신속하게 이루어
진다.
④ 안전업무가 생산현장 라인을 통하여 시행
된다.

해설 line형(라인형) 조직의 단점으로 안전의
정보가 불충분하다.

정답 ②

1-3. 안전보건관리조직 중 스탭(staff)형 조직에 관한 설명으로 옳지 않은 것은 어느 것인가? [10.1/10.2/11.2/16.2/20.1]

① 안전정보 수집이 신속하다.
② 안전과 생산을 별개로 취급하기 쉽다.
③ 권한 다툼이나 조정이 용이하여 통제수속이
간단하다.
④ 스탭 스스로 생산라인의 안전업무를 행하는
것은 아니다.

해설 스태프형(staff) 조직(참모형 조직)
• 중규모 사업장(100~1000명 정도의 사업
장)에 적용한다.
• 장점은 안전정보 수집이 용이하고 빠르다.
• 단점은 안전과 생산을 별개로 취급한다.

정답 ③

1-4. 테일러(F.W. Taylor)가 제창한 기능형 조직(functional organization)에서 발전된 조직의 중규모(100인~500인) 사업장에서 적합한 안전관리조직의 유형은? [17.2]

① 라인형　　　② 스태프형
③ 라인–스태프형　　④ 프로젝트형

해설 스태프형(staff) 조직(참모형 조직)
- 중규모 사업장(100~1000명 정도의 사업장)에 적용한다.
- 장점은 안전정보 수집이 용이하고 빠르다.
- 단점은 안전과 생산을 별개로 취급한다.

정답 ②

1-5. 안전보건관리조직 중 라인 · 스태프(line · staff)의 복합형 조직의 특징으로 옳은 것은? [11.1/14.2/17.1/18.1]

① 명령계통과 조언 권고적 참여가 혼동되기 쉽다.
② 생산 부분은 안전에 대한 책임과 권한이 없다.
③ 안전에 대한 정보가 불충분하다.
④ 안전과 생산을 별도로 취급하기 쉽다.

해설 라인 – 스태프형(line – staff) 조직(혼합형 조직)
- 대규모 사업장(1000명 이상 사업장)에 적용한다.
- 장점
  ㉠ 안전전문가에 의해 입안된 것을 경영자가 명령하므로 명령이 신속 · 정확하다.
  ㉡ 안전정보 수집이 용이하고 빠르다.
- 단점
  ㉠ 명령계통과 조언 · 권고적 참여의 혼돈이 우려된다.
  ㉡ 스태프의 월권행위가 우려되고 지나치게 스태프에게 의존할 수 있다.

정답 ①

1-6. 1000명 이상의 대규모 사업장에서 가장 적합한 안전관리조직의 형태는? [13.2/16.3]

① 경영형   ② 라인형
③ 스탭형   ④ 라인 · 스탭형

해설 라인 – 스태프형(line – staff) 조직(혼합형 조직)은 대규모 사업장(1000명 이상 사업장)에 적용한다.

정답 ④

1-7. 다음 중 안전관리조직의 특성에 관한 설명으로 옳은 것은? [12.3]

① 라인형 조직은 중 · 대규모 사업장에 적합하다.
② 스탭형 조직은 권한 다툼의 해소나 조정이 용이하여 시간과 노력이 감소된다.
③ 라인형 조직은 안전에 대한 정보가 불충분하지만 안전지시나 조치에 대한 실시가 신속하다.
④ 라인 · 스탭형 조직은 대규모 사업장에 적합하나 조직원 전원의 자율적 참여가 어려운 단점이 있다.

해설 ① 라인형 조직은 소규모 사업장에 적합하다.
② 스탭형 조직은 권한 다툼이 증가된다.
④ 라인 · 스탭형 조직은 자율적 참여가 가능한 것이 장점이다.

정답 ③

1-8. 다음 설명에 가장 적합한 조직의 형태는? [13.3/19.2]

- 과제 중심의 조직
- 특정 과제를 수행하기 위해 필요한 자원과 재능을 여러 부서로부터 임시로 집중시켜 문제를 해결하고, 완료 후 다시 본래의 부서로 복귀하는 형태
- 시간적 유한성을 가진 일시적이고 잠정적인 조직

① 스탭(staff)형 조직

② 라인(line)식 조직

③ 기능(function)식 조직

④ 프로젝트(project) 조직

해설 특정 과제를 수행하기 위해 만들어진 임시조직을 프로젝트(project) 조직이라 한다.

정답 ④

2. 다음 중 안전관리조직의 구비조건으로 가장 적합하지 않은 것은? [15.2/15.3]

① 생산라인이나 현장과는 엄격히 분리된 조직이어야 한다.

② 회사의 특성과 규모에 부합되게 조직되어야 한다.

③ 조직을 구성하는 관리자의 책임과 권한이 분명해야 한다.

④ 조직의 기능을 충분히 발휘할 수 있도록 제도적 체계가 갖추어져야 한다.

해설 안전관리조직의 구비조건

• 회사의 특성과 규모에 부합되게 조직되어야 한다.

• 조직의 기능이 충분히 발휘될 수 있는 제도적 체계를 갖추어야 한다.

• 조직을 구성하는 관리자의 책임과 권한을 분명히 해야 한다.

• 생산라인과 밀착된 조직이어야 한다.

Tip) ① 생산라인이나 현장과는 밀착된 조직이 되어야 운영 효율성을 극대화할 수 있다.

3. 다음 중 재해방지를 위한 안전관리조직의 목적과 가장 거리가 먼 것은? [12.2/14.3]

① 위험요소의 제거

② 기업의 재무제표 안정화

③ 재해방지 기술의 수준 향상

④ 재해예방율의 향상 및 단위당 예방비용의 절감

해설 산업안전보건관리 조직의 목적

• 조직적인 사고예방 활동

• 위험제거 기술의 수준 향상

• 위험을 제거하여 재해예방율의 향상

• 조직 간 종적·횡적 신속한 정보처리와 유대 강화

• 기업 손실을 근본적으로 방지

4. 다음 중 산업안전보건법령상 "중대재해"에 해당하지 않는 재해는? [20.2/21.2/21.3/22.2]

① 1명의 사망자가 발생한 재해

② 3개월의 요양을 요하는 부상자가 동시에 3명 발생한 재해

③ 12명의 부상자가 동시에 발생한 재해

④ 5명의 직업성 질병자가 동시에 발생한 재해

해설 중대재해 3가지

• 사망자가 1명 이상 발생한 재해

• 3개월 이상의 요양이 필요한 부상자가 동시에 2명 이상 발생한 재해

• 부상자 또는 직업성 질병자가 동시에 10명 이상 발생한 재해

5. 중대재해 발생 사실을 알게 된 경우 지체 없이 관할 지방고용노동관서의 장에게 보고해야 하는 사항이 아닌 것은? (단, 천재지변 등 부득이한 사유가 발생한 경우는 제외한다.) [17.1]

① 발생 개요   ② 피해 상황

③ 조치 및 전망   ④ 재해손실비용

해설 산업재해 보고사항 : 발생 개요 및 피해 상황, 조치 및 전망, 원인 및 재발방지계획, 그 밖의 중요한 사항

5-1. 다음 중 산업안전보건법에 따라 사업주는 산업재해가 발생하였을 때 고용노동부령으로 정하는 바에 따라 관련 사항을 기록·

보존하여야 하는데 이러한 산업재해 중 고용노동부령으로 정하는 산업재해에 대하여 고용노동부장관에게 보고하여야 할 사항과 가장 거리가 먼 것은? [12.2]

① 산업재해 발생 개요
② 원인 및 보고 시기
③ 실업급여 지급사항
④ 재발방지계획

해설 산업재해 보고사항 : 발생 개요 및 피해 상황, 조치 및 전망, 원인 및 재발방지계획, 그 밖의 중요한 사항

정답 ③

안전업무 분담 및 안전보건관리 규정과 기준

6. 산업안전보건법상 산업안전보건위원회의 정기회의 개최주기로 올바른 것은? [19.3]

① 1개월마다   ② 분기마다
③ 반년마다   ④ 1년마다

해설 산업안전보건위원회의 정기회의는 분기마다 개최한다.

7. 건설기술진흥법령상 건설사고 조사위원회의 구성기준 중 다음 (   )에 알맞은 것은? [11.1/18.2/18.3/21.2]

> 건설사고 조사위원회는 위원장 1명을 포함한 (   )명 이내의 위원으로 구성한다.

① 9   ② 10   ③ 11   ④ 12

해설 건설사고 조사위원회는 위원장 1명을 포함한 12명 이내의 위원으로 구성한다.

8. 산업안전보건법에 따라 사업주가 안전보건개선계획을 수립할 때에 심의를 거쳐야 하는 조직은? [12.2]

① 산업안전보건위원회
② 인사위원회
③ 근로감독위원회
④ 노동조합

해설 사업주는 안전보건관리규정을 작성 또는 변경할 때에는 산업안전보건위원회의 심의·의결을 거쳐야 한다. 다만, 산업안전보건위원회가 설치되어 있지 아니한 사업장의 경우에는 근로자 대표의 동의를 받아야 한다.

9. 산업안전보건법령에 따른 산업안전보건위원회의 구성에 있어 사용자위원에 해당하지 않는 자는? [10.2/11.2/13.2/15.3/17.2/18.3/19.1]

① 안전관리자
② 명예 산업안전감독관
③ 해당 사업의 대표자가 지명한 9인 이내의 해당 사업장 부서의 장
④ 보건관리자의 업무를 위탁한 경우 대행기관의 해당 사업장 담당자

해설 산업안전 및 보건위원회의 위원

근로자 위원	• 근로자 대표 • 근로자 대표가 지명하는 1명 이상의 명예 산업안전감독관 • 근로자 대표가 지명하는 9명 이내의 해당 사업장 근로자
사용자 위원	• 해당 사업장 대표, 안전관리자 1명 • 보건관리자 1명, 산업보건의 1명 • 해당 사업장 대표가 지명하는 9명 이내의 해당 사업장 부서의 장

9-1. 산업안전보건법령상 안전 및 보건에 관한 노사협의체의 근로자위원 구성기준 내용으로 옳지 않은 것은? (단, 명예 산업안전감

독관이 위촉되어 있는 경우)　　　[18.2/20.3]

① 근로자 대표가 지명하는 안전관리자 1명
② 근로자 대표가 지명하는 명예 산업안전감독관 1명
③ 도급 또는 하도급 사업을 포함한 전체 사업의 근로자 대표
④ 공사금액이 20억 원 이상인 공사의 관계수급인의 각 근로자 대표

해설 ① 사용자위원으로 안전관리자 1명을 구성한다.

정답 ①

9-2. 다음 중 산업안전보건법에 따라 같은 장소에서 행하여지는 도급사업에 있어 구성되는 노사협의체의 구성에 관한 설명으로 틀린 것은?　　　[14.2]

① 근로자 대표가 지명하는 명예 산업안전감독관은 근로자위원에 해당한다.
② 명예 산업안전감독관이 위촉되어 있지 아니한 경우에는 근로자 대표가 지명하는 안전관리자를 근로자위원으로 구성할 수 있다.
③ 공사금액이 20억 원 이상인 도급 또는 하도급 사업의 사업주는 사용자위원으로 구성된다.
④ 노사협의체의 근로자위원과 사용자위원은 합의를 통해 노사협의체에 공사금액이 20억 원 미만인 도급 또는 하도급 사업의 사업주 및 근로자 대표를 위원으로 위촉할 수 있다.

해설 ② 명예 산업안전감독관은 근로자위원이며, 안전관리자는 사용자위원이다.

정답 ②

9-3. 산업안전보건법령상 노사협의체에 관한 사항으로 틀린 것은?　　　[09.3/19.3/21.3]

① 노사협의체 정기회의는 1개월마다 노사협의체의 위원장이 소집한다.
② 공사금액이 20억 원 이상인 공사의 관계수급인의 각 대표자는 사용자위원에 해당된다.
③ 도급 또는 하도급 사업을 포함한 전체 사업의 근로자 대표는 근로자위원에 해당된다.
④ 노사협의체의 근로자위원과 사용자위원은 합의하여 노사협의체에 공사금액이 20억 원 미만인 공사의 관계수급인 및 관계수급인 근로자 대표를 위원으로 위촉할 수 있다.

해설 ① 노사협의체 정기회의는 2개월마다 노사협의체의 위원장이 소집한다.

정답 ①

10. 산업안전보건법령상 산업안전보건위원회의 심의·의결사항으로 틀린 것은? (단, 그 밖에 해당 사업장 근로자의 안전 및 보건을 유지·증진시키기 위하여 필요한 사항은 제외한다.) [12.3/14.3/15.1/15.2/17.3/18.1/21.2/22.2]

① 사업장 경영체계 구성 및 운영에 관한 사항
② 작업환경 측정 등 작업환경의 점검 및 개선에 관한 사항
③ 안전보건관리규정의 작성 및 변경에 관한 사항
④ 유해하거나 위험한 기계·기구·설비를 도입한 경우 안전 및 보건 관련 조치에 관한 사항

해설 산업안전보건위원회의 심의·의결사항
• 산업재해 예방계획수립에 관한 사항
• 작업환경 측정 등 작업환경의 점검 및 개선에 관한 사항
• 안전보건관리규정의 작성 및 변경에 관한 사항
• 유해하거나 위험한 기계·기구·설비를 도입한 경우 안전 및 보건 관련 조치에 관한 사항

- 근로자 안전 및 건강진단 등 보건관리에 관한 사항
- 근로자 안전보건교육에 관한 사항
- 산업재해의 원인 조사 및 재발방지 대책의 수립에 관한 사항

10-1. 산업안전보건법령상 산업안전보건위원회의 심의 · 의결사항에 명시되지 않은 것은? (단, 그 밖에 해당 사업장 근로자의 안전 및 보건을 유지 · 증진시키기 위하여 필요한 사항은 제외) [21.1]
① 사업장의 산업재해 예방계획의 수립에 관한 사항
② 산업재해에 관한 통계의 기록 및 유지에 관한 사항
③ 작업환경 측정 등 작업환경의 점검 및 개선에 관한 사항
④ 안전장치 및 보호구 구입 시 적격품 여부 확인에 관한 사항

해설 ④는 안전보건관리책임자의 업무내용
정답 ④

11. 다음 중 산업안전보건위원회에서 심의 · 의결된 내용 등 회의 결과를 근로자에게 알리는 방법으로 가장 적절하지 않은 것은?
① 사보에 게재 [10.3/14.1]
② 일간신문에 게재
③ 사업장 게시판에 게시
④ 자체 정례조회를 통한 전달

해설 회의 결과 주지방법
- 사내방송, 사보에 게재한다.
- 사업장 내의 게시판에 부착한다.
- 정례조회 시 집합교육을 통하여 전달한다.

12. 다음 중 산업안전보건법령상 안전보건관리책임자가 총괄, 관리하여야 하는 업무에

해당하지 않는 것은? [09.1/21.3/22.1/22.2]
① 안전보건관리규정의 작성 및 그 변경에 관한 사항
② 작업환경의 점검 및 개선에 관한 사항
③ 안전 · 보건을 위한 근로자의 적정배치에 관한 사항
④ 안전장치 및 보호구 구입 시의 적격품 여부 확인에 관한 사항

해설 안전보건관리책임자의 업무
- 산업재해 예방계획의 수립에 관한 사항
- 안전보건관리규정의 작성 및 변경에 관한 사항
- 근로자의 안전보건교육에 관한 사항
- 작업환경의 측정 등 작업환경의 점검 및 개선에 관한 사항
- 근로자의 건강진단 등 건강관리에 관한 사항
- 산업재해의 원인 조사 및 재발방지 대책수립에 관한 사항
- 산업재해에 관한 통계의 기록 및 유지에 관한 사항
- 안전 · 보건에 관련된 안전장치 및 보호구 구입 시의 적격품 여부 확인에 관한 사항
- 유해 · 위험성 평가 실시에 관한 사항
- 근로자의 유해 · 위험 또는 건강장애의 방지에 관한 사항

13. 산업안전보건법령상 안전관리자의 업무에 명시되지 않은 것은? [09.3/10.2/11.1/12.1/13.3/17.2/17.3/18.1/19.3/20.1]
① 사업장 순회점검, 지도 및 조치의 건의
② 물질안전보건자료의 게시 또는 비치에 관한 보좌 및 지도 · 조언
③ 산업재해에 관한 통계의 유지 · 관리 · 분석을 위한 보좌 및 지도 · 조언
④ 해당 사업장 안전교육계획의 수립 및 안전교육 실시에 관한 보좌 및 지도 · 조언

해설 안전관리자의 업무
- 산업안전보건위원회 또는 노사협의체에서 심의·의결한 업무와 사업장의 안전보건관리규정 및 취업규칙에서 정한 업무
- 위험성 평가에 관한 보좌 및 지도·조언
- 안전인증대상 기계·기구 등과 자율안전확인대상 기계·기구 등 구입 시 적격품의 선정에 관한 보좌 및 지도·조언
- 사업장의 안전교육계획 수립 및 안전교육 실시에 관한 보좌 및 지도·조언
- 사업장의 순회점검 지도 및 조치의 건의
- 산업재해 발생의 원인 조사·분석 및 재발방지를 위한 기술적 보좌 및 지도·조언
- 산업재해에 관한 통계의 관리·유지·분석을 위한 보좌 및 지도·조언
- 법에 정한 안전에 관한 사항의 이행에 관한 보좌 및 지도·조언
- 업무수행 내용의 기록·유지
- 그 밖에 안전에 관한 사항으로서 고용노동부장관이 정하는 사항

Tip) ②는 보건관리자의 업무내용

14. 산업안전보건법령상 관리감독자가 수행하는 안전 및 보건에 관한 업무에 속하지 않는 것은? [20.3]
① 해당 작업의 작업장 정리·정돈 및 통로 확보에 대한 확인·감독
② 해당 작업에서 발생한 산업재해에 관한 보고 및 이에 대한 응급조치
③ 해당 사업장 안전교육계획의 수립 및 안전교육 실시에 관한 보좌 및 지도·조언
④ 관리감독자에게 소속된 근로자의 작업복·보호구 및 방호장치의 점검과 그 착용·사용에 관한 교육·지도

해설 관리감독자의 업무
- 기계·기구 또는 설비의 안전·보건 점검 및 이상 유무의 확인

- 근로자의 작업복·보호구 및 방호장치의 점검과 그 착용·사용에 관한 교육·지도
- 작업에서 발생한 산업재해에 관한 보고 및 이에 대한 응급조치
- 작업의 작업장 정리·정돈 및 통로확보에 대한 확인·감독
- 사업장의 산업보건의, 안전관리자 및 보건관리자의 지도·조언에 대한 협조
- 위험성 평가를 위한 업무에 기인하는 유해·위험요인의 파악 및 그 결과에 따른 개선조치의 시행
- 그 밖에 해당 작업의 안전·보건에 관한 사항으로서 고용노동부령으로 정하는 사항

Tip) ③은 안전관리자의 업무내용

15. 산업안전보건법령에 따른 안전보건 총괄책임자의 직무에 속하지 않는 것은? [10.1/10.3/13.2/14.1/16.3/18.2/20.1/20.2]
① 도급 시 산업재해 예방조치
② 위험성 평가의 실시에 관한 사항
③ 안전인증대상 기계와 자율안전확인대상 기계 구입 시 적격품의 선정에 관한 지도
④ 산업안전보건관리비의 관계수급인 간의 사용에 관한 협의·조정 및 그 집행의 감독

해설 안전보건 총괄책임자의 직무
- 위험성 평가의 실시에 관한 사항
- 중대재해가 발생하였을 때 작업의 중지
- 도급 시 산업재해 예방조치
- 산업안전보건관리비의 관계수급인 간의 사용에 관한 협의·조정 및 그 집행의 감독
- 안전인증대상 기계 등과 자율안전확인대상 기계 등의 사용 여부 확인

Tip) ③은 안전관리자의 직무내용

16. 각 계층의 관리감독자들이 숙련된 안전관찰을 행할 수 있도록 훈련을 실시함으로써

사고를 미연에 방지하여 안전을 확보하는 안전관찰 훈련 기법은?   [12.3/19.3]

① THP 기법   ② TBM 기법
③ STOP 기법   ④ TD-BU 기법

해설 STOP 기법(Safety Training Observation Program)

• 미국의 듀퐁에서 개발한 것으로 현장 감독자를 대상으로 한 효율적인 안전관찰 훈련 과정이다.
• STOP 효과 : 감독자의 안전책임 의식 향상, 분야별 안전 활동 촉진, 근로자 안전태도 및 안전의식 향상

안전보건관리 계획수립 및 운영

17. 산업안전보건법상 산업안전보건위원회의 설치대상 사업장이 아닌 것은?   [11.1/13.1]

① 토사석 광업
② 비금속 광물제품 제조업
③ 자동차 및 트레일러 제조업
④ 의약품 제조업

해설 ①, ②, ③은 상시근로자 50명 이상일 경우 산업안전보건위원회를 설치해야 하는 사업이다.

18. 산업안전보건법령상 공사금액이 얼마 이상인 건설업 사업장에서 산업안전보건위원회를 설치·운영하여야 하는가?   [12.1/16.1/19.2]

① 80억 원   ② 120억 원
③ 250억 원   ④ 700억 원

해설 건설업 사업장의 공사금액 120억 원(토목공사 150억 원) 이상이면 산업안전보건위원회를 설치·운영하여야 한다.

안전보건개선계획

19. 다음 중 작업표준의 주목적으로 볼 수 없는 것은?   [10.3]

① 위험요인의 제거
② 손실요인의 제거
③ 경영의 보편화
④ 작업의 효율화

해설 작업표준의 규정 목적은 위험요인의 제거, 손실요인의 제거, 작업의 효율화, 작업공정의 합리화를 위해서이다.

19-1. 다음 중 작업표준의 목적으로 볼 수 없는 것은?   [10.1]

① 작업의 효율화   ② 위험요인의 제거
③ 손실요인의 제거   ④ 작업방식의 검토

해설 작업표준의 규정 목적은 위험요인의 제거, 손실요인의 제거, 작업의 효율화, 작업공정의 합리화를 위해서이다.

정답 ④

20. 작업환경 측정대상 화학적 인자(발암성 물질)를 취급하는 작업장에서 작업환경 측정결과 측정치가 노출기준을 초과하는 경우 해당 유해인자에 대하여 그 측정일로부터 몇 개월에 1회 이상 작업환경 측정을 실시하여야 하는가?   [10.2]

① 1개월   ② 2개월
③ 3개월   ④ 6개월

해설 화학적 인자(발암성 물질)를 취급하는 작업장은 측정치가 노출기준을 초과하는 경우 해당 유해인자에 대하여 그 측정일로부터 3개월에 1회 이상 작업환경 측정을 실시하여야 한다.

3 재해조사 및 분석

재해조사 요령

1. 재해 발생 시 조치 순서로 가장 적절한 것은? [16.3]

① 산업재해 발생 → 재해조사 → 긴급처리 → 대책수립 → 원인강구 → 대책실시계획 → 실시 → 평가

② 산업재해 발생 → 긴급처리 → 재해조사 → 원인강구 → 대책수립 → 대책실시계획 → 실시 → 평가

③ 산업재해 발생 → 재해조사 → 긴급처리 → 원인강구 → 대책수립 → 대책실시계획 → 실시 → 평가

④ 산업재해 발생 → 긴급처리 → 재해조사 → 대책수립 → 원인강구 → 대책실시계획 → 실시 → 평가

해설 산업재해 발생 조치 순서

1단계	2단계	3단계	4단계	5단계	6단계	7단계	8단계
재해 발생	긴급 처리	재해 조사	원인 분석	대책 수립	실시 계획	실시	평가

2. 산업재해 발생 시 조치 순서에 있어 긴급처리의 내용으로 볼 수 없는 것은?

① 현장 보존 [10.1/11.3/12.3/21.3]
② 잠재위험요인 적출
③ 관련 기계의 정지
④ 재해자의 응급조치

해설 긴급처리

1단계	2단계	3단계	4단계	5단계	6단계
피재 기계 정지	피해자 구출	피해자 응급 조치	관계자 에게 통보	2차 재해 방지	현장 보존

2-1. 다음 중 재해 발생 시 긴급조치사항을 올바른 순서로 배열한 것은? [15.3/20.2]

> ㉠ 현장보존
> ㉡ 2차 재해방지
> ㉢ 피재기계의 정지
> ㉣ 관계자에게 통보
> ㉤ 피해자의 응급처리

① ㉤ → ㉢ → ㉡ → ㉠ → ㉣
② ㉢ → ㉤ → ㉣ → ㉡ → ㉠
③ ㉢ → ㉤ → ㉣ → ㉠ → ㉡
④ ㉢ → ㉤ → ㉠ → ㉣ → ㉡

해설 긴급처리

1단계	2단계	3단계	4단계	5단계	6단계
피재 기계 정지	피해자 구출	피해자 응급 조치	관계자 에게 통보	2차 재해 방지	현장 보존

정답 ②

3. 작업자가 불안전한 작업대에서 작업 중 추락하여 지면에 머리가 부딪혀 다친 경우의 기인물과 가해물로 각각 옳은 것은 어느 것인가? [09.1/13.2/17.2/17.3/21.2/22.1]

① 기인물−지면, 가해물−지면
② 기인물−작업대, 가해물−지면
③ 기인물−지면, 가해물−작업대
④ 기인물−작업대, 가해물−작업대

해설 기인물과 가해물

- 기인물(작업대) : 재해 발생의 주원인으로 근원이 되는 기계, 장치, 기구, 환경 등
- 가해물(지면) : 직접 인간에게 접촉하여 피해를 주는 기계, 장치, 기구, 환경 등

3-1. 다음 재해사례의 분석내용으로 옳은 것은? [12.1/16.2/16.3/19.3]

> 작업자가 벽돌을 손으로 운반하던 중, 벽돌을 떨어뜨려 발등을 다쳤다.

① 사고유형 : 낙하, 기인물 : 벽돌, 가해물 : 벽돌
② 사고유형 : 충돌, 기인물 : 손, 가해물 : 벽돌
③ 사고유형 : 비래, 기인물 : 사람, 가해물 : 손
④ 사고유형 : 추락, 기인물 : 손, 가해물 : 벽돌

해설 • 사고유형 : 낙하
• 기인물(벽돌) : 재해 발생의 주원인으로 근원이 되는 기계, 장치, 기구, 환경 등
• 가해물(벽돌) : 직접 인간에게 접촉하여 피해를 주는 기계, 장치, 기구, 환경 등

정답 ①

3-2. 다음과 같은 재해가 발생하였을 경우 재해의 원인 분석으로 옳은 것은? [15.3/19.1]

> 건설현장에서 근로자가 비계에서 마감작업을 하던 중 바닥으로 떨어져 머리가 바닥에 부딪혀 사망하였다.

① 기인물 : 비계, 가해물 : 마감작업, 사고유형 : 낙하
② 기인물 : 바닥, 가해물 : 비계, 사고유형 : 추락
③ 기인물 : 비계, 가해물 : 바닥, 사고유형 : 낙하
④ 기인물 : 비계, 가해물 : 바닥, 사고유형 : 추락

해설 • 사고유형 : 추락
• 기인물(비계) : 재해 발생의 주원인으로 근원이 되는 기계, 장치, 기구, 환경 등
• 가해물(바닥) : 직접 인간에게 접촉하여 피해를 주는 기계, 장치, 기구, 환경 등

정답 ④

3-3. 근로자가 25kg의 제품을 운반하던 중에 발에 떨어져 신체장해등급 14등급의 재해를 당하였다. 재해의 발생 형태, 기인물, 가해물을 모두 올바르게 나타낸 것은? [11.1/15.1]

① 기인물 : 발, 가해물 : 제품, 재해 발생 형태 : 낙하
② 기인물 : 발, 가해물 : 발, 재해 발생 형태 : 추락
③ 기인물 : 제품, 가해물 : 제품, 재해 발생 형태 : 낙하
④ 기인물 : 제품, 가해물 : 발, 재해 발생 형태 : 낙하

해설 • 재해 발생 형태 : 낙하
• 기인물(제품) : 재해 발생의 주원인으로 근원이 되는 기계, 장치, 기구, 환경 등
• 가해물(제품) : 직접 인간에게 접촉하여 피해를 주는 기계, 장치, 기구, 환경 등

정답 ③

3-4. "공구와 자재가 바닥에 어지럽게 널려 있는 작업통로를 작업자가 보행 중 공구에 걸려 넘어져 통로바닥에 머리를 부딪쳤다." 이와 같은 재해에 대한 원인 분석 시 "사고유형-기인물-가해물"을 올바르게 나열한 것은? [09.2/13.3/22.2]

① 전도-바닥-공구
② 낙하-통로-바닥
③ 전도-공구-바닥
④ 충돌-바닥-공구

해설 • 사고유형 : 전도
• 기인물(공구) : 재해 발생의 주원인으로 근원이 되는 기계, 장치, 기구, 환경 등
• 가해물(바닥) : 직접 인간에게 접촉하여 피해를 주는 기계, 장치, 기구, 환경 등

정답 ③

4. 에너지 접촉 형태로 분류한 사고유형 중 에너지가 폭주하여 일어나는 유형에 해당하는 것은? [16.3]

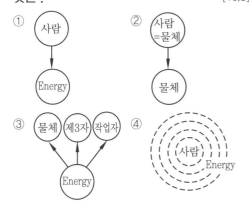

① 에너지의 활동영역에 사람이 침범
② 사람과 물체, 물체와 물체가 충돌한 유형
③ 에너지가 폭주하여 일어나는 유형
④ 대기 중의 에너지에 사람이 노출

5. 재해조사 시 유의사항으로 틀린 것은?

[12.2/13.1/14.2/14.3/15.2/18.2/19.2/21.1/22.2]

① 인적, 물적 양면의 재해요인을 모두 도출한다.
② 책임 추궁보다 재발방지를 우선하는 기본태도를 갖는다.
③ 목격자 등이 증언하는 사실 이외의 추측의 말은 참고만 한다.
④ 목격자의 기억보존을 위하여 조사는 담당자 단독으로 신속하게 실시한다.

해설 재해조사 시 유의사항
• 사실을 수집한다.
• 사람, 물적, 환경의 측면에서 재해요인을 모두 도출한다.
• 목격자 등이 증언하는 사실 이외의 추측의 말은 참고만 한다.
• 조사는 신속히 행하고 2차 재해의 방지를 도모한다.

• 제3자의 입장에서 공정하게 조사하며, 그러기 위해 조사는 2인 이상이 한다.
• 책임 추궁보다 재발방지를 우선하는 기본태도를 갖는다.

6. 재해조사의 목적 및 방법에 관한 설명으로 적절하지 않은 것은? [15.1/17.3/20.3]

① 재해조사는 현장보존에 유의하면서 재해 발생 직후에 행한다.
② 피해자 및 목격자 등 많은 사람으로부터 사고 시의 상황을 수집한다.
③ 재해조사의 1차적 목표는 재해로 인한 손실금액을 추정하는데 있다.
④ 재해조사의 목적은 동종재해 및 유사재해의 발생을 방지하기 위함이다.

해설 재해조사의 목적
• 재해 발생 원인 및 결함 규명
• 동종 및 유사재해 재발방지
• 재해예방 자료수집
• 재해예방의 대책수립
Tip) ③ 재해조사의 1차적 목적은 동종재해 및 유사재해의 발생을 방지하기 위함이다.

7. 재해조사 발생 시 정확한 사고 원인 파악을 위해 재해조사를 직접 실시하는 자가 아닌 것은? [16.1]

① 사업주
② 현장관리감독자
③ 안전관리자
④ 노동조합 간부

해설 • 사고의 원인을 직접 조사하는 자는 안전보건관리책임자, 안전관리자, 보건관리자, 관리감독자, 노동조합 관계자 등이다.
• 사업주는 고용지방노동관서에 보고하여야 한다.

8. 재해 발생의 간접원인 중 교육적 원인에 속하지 않는 것은? [12.1/15.2/17.2/18.2/21.1]

① 안전수칙의 오해
② 경험훈련의 미숙
③ 안전지식의 부족
④ 작업지시 부적당

해설 산업재해의 원인

기술적 원인	교육적 원인	작업 관리상 원인
• 건물, 기계 장치의 설계 불량 • 생산방법 부적당 • 구조, 재료의 부적합 • 장비의 점검 및 보존 불량	• 안전지식, 경험, 훈련 부족 • 작업방법 교육의 불충분 • 안전수칙 오해 • 유해 · 위험작업 교육의 불충분	• 안전관리 조직 결함 • 인원배치, 작업지시 부적당 • 작업준비 불충분 • 안전수칙 미제정

8-1. 재해의 간접원인 중 기술적 원인에 속하지 않는 것은? [14.3/20.3]

① 경험 및 훈련의 미숙
② 구조, 재료의 부적합
③ 점검, 정비, 보존 불량
④ 건물, 기계장치의 설계 불량

해설 ①은 교육적 원인

정답 ①

8-2. 재해의 발생 원인을 기술적 원인, 관리적 원인, 교육적 원인으로 구분할 때 다음 중 기술적 원인과 가장 거리가 먼 것은?

① 생산공정의 부적절 [10.1/11.2/15.3]
② 구조, 재료의 부적합
③ 안전장치의 기능 제거
④ 건설, 설비의 설계 불량

해설 ③은 안전수칙의 오해 등 교육의 부족으로 교육적 원인

정답 ③

8-3. 재해의 간접적 원인과 관계가 가장 먼 것은? [20.2]

① 스트레스
② 안전수칙의 오해
③ 작업준비 불충분
④ 안전 방호장치 결함

해설 • 직접원인 : 인적, 물리적 원인
• 간접원인 : 기술적, 교육적, 관리적, 신체적, 정신적 원인 등

정답 ④

8-4. 재해의 간접원인 중 기초원인에 해당하는 것은? [16.1/18.3/19.1]

① 불안전한 상태
② 관리적 원인
③ 신체적 원인
④ 불안전한 행동

해설 • 1차 물적원인 : 불안전한 상태
• 1차 인적원인 : 불안전한 행동
• 기초원인 : 관리적 원인, 학교 교육적 원인, 사회적 원인, 역사적 원인
• 2차 원인 : 신체적 원인, 정신적 원인, 안전 교육적 원인

정답 ②

8-5. 재해 발생의 간접원인 중 2차 원인이 아닌 것은? [18.1]

① 안전 교육적 원인   ② 신체적 원인
③ 학교 교육적 원인   ④ 정신적 원인

해설 ③은 기초원인

정답 ③

8-6. 다음 중 재해의 발생 원인에 있어 인적 원인에 해당하는 것은? [11.3]

① 작업자와의 연락이 불충분하였다.

② 방호설비에 결함이 있었다.

③ 작업장의 조명이 부적절하였다.

④ 작업장 주위가 정리 정돈되어 있지 않았다.

해설 • 불안전한 행동(인적원인) : 위험장소 접근, 안전장치의 기능 제거, 불안전한 속도 조작, 위험물 취급 부주의, 보호구의 잘못 사용, 불안전한 자세 · 동작

• 불안전한 상태(물적원인) : 물 자체 결함, 생산공정의 결함, 물의 배치 및 작업장소 결함, 안전 방호장치 결함, 작업환경의 결함

정답 ①

8-7. 재해 발생의 주요 원인 중 불안전한 행동이 아닌 것은? [18.1]

① 권한 없이 행한 조작

② 보호구 미착용

③ 안전장치의 기능 제거

④ 숙련도 부족

해설 • 불안전한 행동(인적원인) : 위험장소 접근, 안전장치의 기능 제거, 불안전한 속도 조작, 위험물 취급 부주의, 보호구의 잘못 사용, 불안전한 자세 · 동작

• 불안전한 상태(물적원인) : 물 자체 결함, 생산공정의 결함, 물의 배치 및 작업장소 결함, 안전 방호장치 결함, 작업환경의 결함

Tip) ④는 재해 발생의 간접원인 중 교육적 원인

정답 ④

8-8. 재해 발생의 주요 원인 중 불안전한 행동에 해당하지 않는 것은? [12.3/17.1]

① 불안전한 속도 조작

② 안전장치 기능 제거

③ 보호구 미착용 후 작업

④ 결함 있는 기계설비 및 장비

해설 ④는 재해 발생의 직접원인 중 물리적 원인(불안전한 상태)

정답 ④

8-9. 재해의 원인 중 물적원인(불안전한 상태)에 해당하지 않는 것은? [10.2/14.1/19.2]

① 보호구 미착용

② 방호장치의 결함

③ 조명 및 환기 불량

④ 불량한 정리 정돈

해설 ①은 인적원인(불안전한 행동)

정답 ①

8-10. 산업안전보건법령상 재해 발생 원인 중 설비적 요인이 아닌 것은? [18.2]

① 기계 · 설비의 설계상 결함

② 방호장치의 불량

③ 작업 표준화의 부족

④ 작업환경 조건의 불량

해설 재해 발생 원인

• 인적 요인 : 무의식 행동, 착오, 피로, 연령, 커뮤니케이션 등

• 설비적 요인 : 기계 · 설비의 설계상 결함, 방호장치의 불량, 작업 표준화의 부족, 정비의 부족 등

• 작업 · 환경적 요인 : 작업정보의 부적절, 작업 자세 · 동작의 결함, 작업환경 조건의 불량 등

• 관리적 요인 : 관리조직의 결함, 규정 및 매뉴얼의 불비 · 불철저, 안전교육의 부족, 감독의 부족 등

정답 ④

9. 사고의 용어 중 near accident에 대한 설명으로 옳은 것은? [10.1/11.3/13.2/17.3]

① 사고가 일어나더라도 손실을 수반하지 않는 경우

② 사고가 일어날 경우 인적재해가 발생하는 경우

③ 사고가 일어날 경우 물적재해가 발생하는 경우

④ 사고가 일어나더라도 일정 비용 이하의 손실만 수반하는 경우

해설 아차사고(near accident) : 인적 · 물적 손실이 없는 사고를 무상해사고라고 한다.

10. 다음 중 상해의 종류에 해당하지 않는 것은? [09.1/15.2/19.3/22.1]

① 찰과상 ② 타박상

③ 중독 · 질식 ④ 이상온도 노출

해설 상해(외적상해) 종류 : 골절, 동상, 부종, 자상, 타박상, 절단, 중독, 질식, 찰과상, 창상, 화상, 좌상 등

10-1. 상해의 종류 중 압좌, 충돌, 추락 등으로 인하여 외부의 상처 없이 피하조직 또는 근육부 등 내부조직이나 장기가 손상 받은 상해를 무엇이라 하는가? [14.1]

① 부종 ② 자상

③ 창상 ④ 좌상

해설 좌상 : 타박, 충돌, 추락 등으로 피부표면보다는 피하조직 또는 근육부를 다친 상해이다.

정답 ④

11. 재해의 발생 형태 중 재해자 자신의 움직임 · 동작으로 인하여 기인물에 부딪히거나,

물체가 고정부를 이탈하지 않은 상태로 움직임 등에 의하여 발생한 경우를 무엇이라 하는가? [11.3/12.1]

① 비래 ② 전도

③ 충돌 ④ 협착

해설 충돌 : 재해자 자신의 움직임 · 동작으로 인하여 기인물에 부딪히거나, 또는 물체가 고정부를 이탈하지 않은 상태로 움직임 등에 의하여 부딪히거나, 접촉하여 발생하는 경우를 말한다.

11-1. 사고유형 중에서 사람의 동작에 의한 유형이 아닌 것은? [12.2]

① 추락 ② 전도

③ 비래 ④ 충돌

해설 낙하(비래) : 물건이 날아오거나 떨어진 물체에 사람이 맞은 경우이다.

정답 ③

원인 분석

12. 다음 중 재해사례연구에 대한 내용으로 적절하지 않은 것은? [09.3/14.1]

① 신뢰성 있는 자료수집이 있어야 한다.

② 현장 사실을 분석하여 논리적이어야 한다.

③ 재해사례연구의 기준으로는 법규, 사내규정, 작업표준 등이 있다.

④ 안전관리자의 주관적 판단을 기반으로 현장 조사 및 대책을 설정한다.

해설 ④ 재해조사는 객관적인 자료수집과 조사를 위해 2인 이상이 조사하여야 한다.

12-1. 재해사례연구를 할 때 유의해야 될 사항으로 틀린 것은? [19.1]

① 과학적이어야 한다.
② 논리적인 분석이 가능해야 한다.
③ 주관적이고 정확성이 있어야 한다.
④ 신뢰성이 있는 자료수집이 있어야 한다.

해설 ③ 객관적이고 정확성이 있어야 한다.

정답 ③

13. 다음 중 재해사례연구의 진행 단계로 옳은 것은? [21.3]

> ㉠ 대책수립
> ㉡ 사실의 확인
> ㉢ 문제점의 발견
> ㉣ 재해상황의 파악
> ㉤ 근본적 문제점의 결정

① ㉢ → ㉣ → ㉡ → ㉤ → ㉠
② ㉢ → ㉣ → ㉤ → ㉡ → ㉠
③ ㉣ → ㉡ → ㉢ → ㉤ → ㉠
④ ㉣ → ㉢ → ㉤ → ㉡ → ㉠

해설 재해사례연구 진행 단계

1단계	2단계	3단계	4단계	5단계
상황 파악	사실 확인	문제점 발견	문제점 결정	대책 수립

13-1. 다음 중 재해사례연구의 진행 순서로 옳은 것은? [10.1/10.2/10.3/ 11.3/13.3/14.2/15.1/16.3/17.3/18.3/20.1/21.3]

① 재해상황의 파악 → 사실의 확인 → 문제점 발견 → 근본적 문제점 결정 → 대책수립
② 사실의 확인 → 재해상황의 파악 → 근본적 문제점 결정 → 문제점 발견 → 대책수립

③ 문제점 발견 → 사실의 확인 → 재해상황의 파악 → 근본적 문제점 결정 → 대책수립
④ 재해상황의 파악 → 문제점 발견 → 근본적 문제점 결정 → 대책수립 → 사실의 확인

해설 재해사례연구 진행 단계

1단계	2단계	3단계	4단계	5단계
상황 파악	사실 확인	문제점 발견	문제점 결정	대책 수립

정답 ①

13-2. 재해사례의 연구 순서 중 제4단계인 근본적 문제점의 결정에 관한 사항으로 옳은 것은? [09.1/13.1/15.3/22.1]

① 사례연구의 전제 조건으로서 발생일시 및 장소 등 재해상황의 주된 항목에 관해서 파악한다.
② 파악된 사실로부터 판단하여 관계법규, 사내규정 등을 적용하여 문제점을 발견한다.
③ 재해가 발생할 때까지의 경과 중 재해와 관계가 있는 사실 및 재해요인으로 알려진 사실을 객관적으로 확인한다.
④ 재해의 중심이 된 문제점에 관하여 어떤 관리적 책임의 결함이 있는지를 여러 가지 안전보건의 키(key)에 대하여 분석한다.

해설 재해사례연구 진행 단계

1단계	2단계	3단계	4단계	5단계
상황 파악	사실 확인	문제점 발견	문제점 결정	대책 수립

Tip) ① : 재해상황의 파악 단계이다.
② : 문제점의 발견 단계이다.
③ : 사실확인 단계이다.

정답 ④

14. 다음 중 재해사례연구 시 파악해야 할 내용과 가장 거리가 먼 것은? [13.3]

① 상해의 종류　　② 손실 금액
③ 재해의 발생 형태　　④ 재해자의 동료 수

해설 재해사례연구 시 파악해야 할 내용
- 업종 및 규모
- 재해의 발생 형태
- 발생일시 및 장소
- 상해의 종류와 손실 금액
- 기인물, 가해물, 재해현장의 사진, 조직도 등

15. 재해사례연구법(accident analysis and control method)에서 활용하는 안전관리 열쇠 중 작업에 관계되는 것이 아닌 것은 어느 것인가?　　[16.1]

① 적성배치　　② 작업 순서
③ 이상 시 조치　　④ 작업방법 개선

해설 안전관리 열쇠
- 작업 순서
- 작업방법 개선
- 이상 시 조치

Tip) 적성배치 – 인사관리

16. 다음 중 산업재해 조사표의 작성방법에 관한 설명으로 적합하지 않은 것은?　　[13.1]

① 휴업예상일수는 재해 발생일을 제외한 3일 이상의 결근 등으로 회사에 출근하지 못한 일수를 적는다.
② 같은 종류 업무 근속기간은 현 직장에서의 경력(동일ㆍ유사 업무 근무경력)으로만 적는다.
③ 고용형태는 근로자가 사업장 또는 타인과 명시적 또는 내재적으로 체결한 고용계약 형태를 적는다.
④ 근로자 수는 사업장의 최근 근로자 수를 적는다(정규직, 일용직ㆍ임시직 근로자, 훈련생 등 포함).

해설 ② 같은 종류 업무 근속기간은 과거 직장에서의 경력부터 현직 경력(동일ㆍ유사 업무 근무경력)까지 합하여 적는다.

17. 재해의 분석에 있어 사고유형, 기인물, 불안전한 상태, 불안전한 행동을 하나의 축으로 하고, 그것을 구성하고 있는 몇 개의 분류 항목을 크기가 큰 순서대로 나열하여 비교하기 쉽게 도시한 통계 양식의 도표를 무엇이라고 하는가?　　[11.2/12.3/18.1/19.3/20.3/21.1]

① 직선도
② 특성요인도
③ 파레토도
④ 체크리스트

해설 재해 분석 분류
- 관리도 : 재해 발생 건수 등을 시간에 따라 대략적인 파악에 사용한다.
- 파레토도 : 사고의 유형, 기인물 등 분류 항목을 큰 값에서 작은 값의 순서대로 도표화한다.
- 특성요인도 : 특성의 원인을 연계하여 상호관계를 어골상으로 세분하여 분석한다.
- 클로즈(크로스) 분석도 : 2가지 항목 이상의 요인이 상호관계를 유지할 때 문제점을 분석한다.

17-1. 통계적 재해 원인 분석방법 중 특성과 요인관계를 도표로 하여 어골상으로 세분화한 것으로 옳은 것은?　　[11.1/12.2/16.2/19.2]

① 관리도
② cross도
③ 특성요인도
④ 파레토(pareto)도

해설 특성요인도 : 특성의 원인을 연계하여 상호관계를 어골상으로 세분하여 분석한다.

정답 ③

17-2. 재해 발생 건수 등의 추이에 대해 한계선을 설정하여 재해 원인을 체계적으로 분석하여 산업재해를 예방하는 재해 분석 기법은 무엇인가? [09.1/18.3/22.1]

① 특성요인도

② 파레토도

③ 크로스 분석도

④ 관리도

해설 관리도 : 재해 발생 건수 등을 시간에 따라 대략적인 파악에 사용한다.

정답 ④

17-3. 재해의 통계적 원인 분석방법 중 다음에서 설명하는 것은? [14.3/17.2]

> 2개 이상의 문제관계를 분석하는데 사용하는 것으로 데이터를 집계하고, 표로 표시하여 요인별 결과 내역을 교차한 그림을 작성, 분석하는 방법

① 파레토도(pareto diagram)

② 특성요인도(cause and effect diagram)

③ 관리도(countrol diagram)

④ 크로스도(cross diagram)

해설 클로즈(크로스) 분석도 : 2가지 항목 이상의 요인이 상호관계를 유지할 때 문제점을 분석한다.

정답 ④

17-4. 다음 중 일반적으로 산업재해의 통계적 원인·분석 시 활용되는 기법과 가장 거리가 먼 것은? [15.2]

① 관리도(control chart)

② 파레토도(pareto diagram)

③ 특성요인도(characteristic diagram)

④ FMEA(failure mode & effect analysis)

해설 FMEA : 시스템에 영향을 미치는 모든 요소의 고장을 형태별로 분석하여 그 영향을 최소로 하고자 검토하는 전형적인 정성적, 귀납적 분석방법이다.

정답 ④

재해 통계 및 재해 코스트 Ⅰ

18. 산업재해의 발생 형태에 따른 분류 중 단순연쇄형에 속하는 것은? (단, ○는 재해 발생의 각종 요소를 나타냄)

[12.1/14.2/17.1/20.2/21.2]

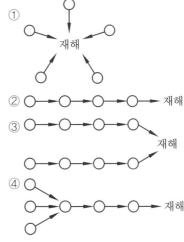

해설 ①은 단순자극형(집중형)

②는 단순연쇄형

③은 복합연쇄형

• 복합형 :

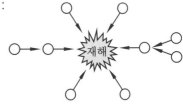

19. 재해손실비용에 있어 직접손실비용이 아닌 것은? [10.3/15.1/17.1/19.1/21.1]

① 요양급여
② 장해급여
③ 상병보상연금
④ 생산중단 손실비용

해설 직접비와 간접비

직접비(법적으로 지급되는 산재보상비)	간접비(직접비를 제외한 비용)
휴업급여, 장해급여, 간병급여, 유족급여, 상병보상연금, 장의비, 기타비용(상해특별급여, 유족특별급여)	인적손실, 물적손실, 생산손실, 임금손실, 시간손실, 기타손실 등

19-1. 산업재해보상보험법령상 명시된 보험급여의 종류가 아닌 것은? [21.3]

① 장례비
② 요양급여
③ 휴업급여
④ 생산손실급여

해설 장례비, 요양급여, 휴업급여는 법적으로 지급되는 산재보상비인 직접비에 해당한다.
Tip) 생산손실급여 – 간접비
정답 ④

19-2. 하인리히의 재해손실비 평가방식에서 간접비에 속하지 않는 것은? [21.2]

① 요양급여
② 시설복구비
③ 교육훈련비
④ 생산손실비

해설 시설복구비, 교육훈련비, 생산손실비는 간접비에 해당한다.

Tip) 요양급여 – 직접비
정답 ①

19-3. 다음 중 하인리히의 재해손실비의 평가방식에 있어서 간접비에 해당하지 않는 것은? [12.2/13.1/17.2/17.3]

① 사망 시 장의비용
② 신규직원 섭외비용
③ 재해로 인한 본인의 시간손실비용
④ 시설복구로 소비된 재산손실비용

해설 ①은 직접비
정답 ①

19-4. 다음 중 재해의 손실비용 산정에 있어 간접손실비에 해당하는 것은? [11.2/12.3]

① 장의비
② 직업재활급여
③ 상병(傷病)보상연금
④ 신규인력 채용부담금

해설 ①, ②, ③은 직접비
정답 ④

19-5. 하인리히의 재해 코스트 선정방식에서 간접비용에 해당되지 않는 것은? [13.3]

① 유족에게 지불된 보상비용
② 시설의 복구에 소비된 시간손실비용
③ 사기·의욕 저하로 인한 생산손실비용
④ 기계·재료 등의 파손에 따른 재산손실비용

해설 ①은 직접비
정답 ①

19-6. 다음 중 재해손실비용에 있어 직접손실비용에 해당하는 것은? [09.3]

① 상병보상연금
② 설비손실 보상급여
③ 매출손실 보상급여
④ 신규채용 지원급여

해설 ②, ③, ④는 간접비

정답 ①

20. 다음 중 하인리히(H.W. Heinrich)의 재해 코스트 산정방법에서 직접손실비와 간접손실비의 비율로 옳은 것은? (단, 비율은 "직접손실비 : 간접손실비"로 표현한다.) [12.1/20.3]

① 1 : 2   ② 1 : 4
③ 1 : 8   ④ 1 : 10

해설 하인리히(H.W. Heinrich)의 재해손실비용=직접비 : 간접비=1 : 4

20-1. 전년도 A건설기업의 재해 발생으로 인한 산업재해보상보험금의 보상비용이 5천만 원이었다. 하인리히 방식을 적용하여 재해손실비용을 산정할 경우 총 재해손실비용은 얼마이겠는가? [11.3/15.2]

① 2억 원   ② 2억 5천만 원
③ 3억 원   ④ 3억 5천만 원

해설 총 손실액=직접비(1)+간접비(4)
∴ 총 손실액=5000만 원+(5000만 원×4)
=2억 5천만 원

정답 ②

20-2. 어떤 사업장에서 산업재해로 인한 생산손실, 시간손실 등의 간접손실비로 지출한 금액이 4억 원이었다고 한다. 이 사업장의 총 재해 코스트는 얼마로 추정되는가? (단, 하인리히의 재해 코스트 산정방식을 따른다.) [09.2/22.2]

① 5억 원
② 6억 5천만 원
③ 8억 원
④ 12억 원

해설 ㉠ 총 손실액=직접비(1)+간접비(4)
㉡ 직접비=간접비÷4=4억 원÷4=1억 원
㉢ 총 손실액=1억 원+4억 원=5억 원

정답 ①

21. 재해손실비의 평가방식 중 시몬즈 방식에서 비보험 코스트에 반영되는 항목에 속하지 않는 것은? [16.1/20.2]

① 휴업상해 건수
② 통원상해 건수
③ 응급조치 건수
④ 무손실사고 건수

해설 시몬즈(R.H. Simonds) 방식의 재해 코스트 산정법
• 총 재해 코스트=보험 코스트+비보험 코스트
• 비보험 비용=(휴업상해 건수×A)+(통원상해 건수×B)+(응급조치 건수×C)+(무상해사고 건수×D)
• 상해의 종류(A, B, C, D는 장해 정도별에 의한 비보험 비용의 평균치)

분류	재해사고 내용
휴업상해(A)	영구 부분 노동 불능, 일시 전 노동 불능
통원상해(B)	일시 부분 노동 불능, 의사의 조치를 요하는 통원상해
응급조치(C)	응급조치, 20달러 미만의 손실, 8시간 미만의 의료조치상해
무상해사고(D)	의료조치를 필요로 하지 않는 정도의 경미한 상해

21-1. 시몬즈(Simonds)의 총 재해 코스트 계산방식 중 비보험 코스트 항목에 해당하지 않는 것은? [10.1/14.3/16.3/18.1/20.1]

① 사망재해 건수　　② 통원상해 건수
③ 응급조치 건수　　④ 무상해사고 건수

해설 시몬즈(R.H. Simonds) 방식의 재해 코스트 산정법

- 총 재해 코스트＝보험 코스트＋비보험 코스트
- 비보험 비용＝(휴업상해 건수×A)＋(통원상해 건수×B)＋(응급조치 건수×C)＋(무상해사고 건수×D)
- 상해의 종류(A, B, C, D는 장해 정도별에 의한 비보험 비용의 평균치)

정답 ①

21-2. 재해손실비의 평가방식 중 시몬즈 방식에서 비보험 코스트에 반영되는 장해 정도의 건수에 해당하지 않는 것은? [11.1]

① 휴업상해　　　　② 통원상해
③ 응급조치　　　　④ 무손실사고

해설 비보험 코스트 : 휴업상해, 통원상해, 응급조치상해, 무상해사고

정답 ④

21-3. 재해 코스트 계산방식에 있어 시몬즈법을 사용할 경우 비보험 코스트의 항목으로 틀린 사항은? (단, A, B, C, D는 장해 정도별 비보험 코스트의 평균치를 의미한다.) [15.3]

① A×휴업상해 건수
② B×통원상해 건수
③ C×응급조치 건수
④ D×중상해 건수

해설 ④ D×무상해사고 건수

정답 ④

21-4. 시몬즈 방식으로 재해 코스트를 산정할 때, 재해의 분류와 설명의 연결로 옳은 것은? [14.1/19.3]

① 무상해사고 – 20달러 미만의 재산손실이 발생한 사고
② 휴업상해 – 영구 전 노동 불능
③ 응급조치상해 – 일시 전 노동 불능
④ 통원상해 – 일시 일부 노동 불능

해설 ① 무상해사고 – 의료조치를 필요로 하지 않는 경미한 상해
② 휴업상해 – 영구 부분 노동 불능, 일시 전 노동 불능
③ 응급조치상해 – 응급조치, 20달러 미만의 손실 또는 8시간 미만의 휴업 의료조치상해

정답 ④

21-5. 재해손실비의 평가방식 중 시몬즈(Simonds) 방식에서 재해의 종류에 관한 설명으로 옳지 않은 것은? [13.2/16.2/19.2]

① 무상해사고는 의료조치를 필요로 하지 않는 상해사고를 말한다.
② 휴업상해는 영구 일부 노동 불능 및 일시 전 노동 불능상해를 말한다.
③ 응급조치상해는 응급조치 또는 8시간 이상의 휴업 의료조치상해를 말한다.
④ 통원상해는 일시 일부 노동 불능 및 의사의 통원조치를 요하는 상해를 말한다.

해설 ③ 응급조치상해는 응급조치, 20달러 미만의 손실 또는 8시간 미만의 휴업 의료조치상해를 말한다.

정답 ③

22. 다음 중 ILO에서 구분한 산업재해의 상해 정도별 분류에 해당하지 않는 것은? [11.2]

① 사망

② 중상해

③ 영구 전 노동 불능상해

④ 일시 일부 노동 불능상해

해설 산업재해의 상해 정도 : 사망, 영구 전 노동 불능상해, 영구 일부 노동 불능상해, 일시 전 노동 불능상해, 일시 일부 노동 불능상해, 응급조치상해로 구분한다.

23. 연평균 근로자 수가 400명인 사업장에서 연간 2건의 재해로 인하여 4명의 사상자가 발생하였다. 근로자가 1일 8시간씩 연간 300일을 근무하였을 때 이 사업장의 연천인율은? [10.1/10.3/17.2/21.2]

① 1.85 ② 4.4 ③ 5 ④ 10

해설 연천인율 $= \dfrac{연간 재해자 수}{연평균 근로자 수} \times 1000$

$= \dfrac{4}{400} \times 1000 = 10$

23-1. A사업장의 도수율이 15.5일 때 연천인율은 얼마인가? [09.1/20.3/22.1]

① 6.46 ② 37.2 ③ 46.5 ④ 62.0

해설 연천인율=도수율×2.4

$= 15.5 \times 2.4 = 37.2$

정답 ②

24. 산업재해의 발생 빈도를 나타내는 것으로 연간 총 근로시간 합계 100만 시간당 재해 발생 건수에 해당하는 것은? [17.1]

① 도수율 ② 강도율

③ 연천인율 ④ 종합재해지수

해설 • 도수(빈도)율 : 연 100만 근로시간당 몇 건의 재해가 발생했는가를 나타낸다.

• 도수(빈도)율 $= \dfrac{연간 재해 발생 건수}{연근로 총 시간 수} \times 10^6$

24-1. 근로자 150명이 작업하는 공장에서 50건의 재해가 발생했고, 총 근로손실일수가 120일일 때의 도수율은 약 얼마인가? (단, 하루 8시간씩 연간 300일을 근무한다.) [19.3]

① 0.01 ② 0.3 ③ 138.9 ④ 333.3

해설 도수(빈도)율

$= \dfrac{연간 재해 발생 건수}{연근로 총 시간 수} \times 10^6$

$= \dfrac{50}{150 \times 8 \times 300} \times 10^6 = 138.9$

정답 ③

24-2. 사업장의 연근로시간 수가 950000시간이고 이 기간 중에 발생한 재해 건수가 12건, 근로손실일수가 203일이었을 때 이 사업장의 도수율은 약 얼마인가? [13.1]

① 0.21 ② 12.63 ③ 59.11 ④ 213.68

해설 도수율 $= \dfrac{연간 재해 발생 건수}{연근로 총 시간 수} \times 10^6$

$= \dfrac{12}{950000} \times 10^6 = 12.63$

정답 ②

24-3. 500인의 상시근로자가 근무하는 A사업장에서 1년간 25건의 재해로 인하여 20명의 재해자가 발생하였다면 이 사업장의 도수율은 약 얼마인가? (단, 근로자는 1일 8시간씩, 연간 280일을 근무한다.) [09.2/22.2]

① 16.67 ② 17.85 ③ 20.83 ④ 22.32

해설 도수율 $= \dfrac{연간 재해 발생 건수}{연근로 총 시간 수} \times 10^6$

$= \dfrac{25}{500 \times 8 \times 280} \times 10^6 = 22.32$

정답 ④

24-4. 도수율이 25인 사업장의 연간 재해 발생 건수는 몇 건인가? (단, 이 사업장의 당해 연도 총 근로시간은 80000시간이다.) [20.2]

① 1건   ② 2건

③ 3건   ④ 4건

해설 ㉠ 도수율

$$=\frac{\text{연간 재해 발생 건수}}{\text{연근로 총 시간 수}}\times 10^6$$

㉡ 연간 재해 발생 건수

$$=\frac{\text{도수율}\times\text{연근로 총 시간 수}}{10^6}$$

$$=\frac{25\times 80000}{10^6}=2\text{건}$$

정답 ②

24-5. 연평균 상시근로자 수가 500명인 사업장에서 36건의 재해가 발생한 경우 근로자 한 사람이 사업장에서 평생 근무할 경우 근로자에게 발생할 수 있는 재해는 몇 건으로 추정되는가? (단, 근로자는 평생 40년을 근무하며, 평생 잔업시간은 4000시간이고, 1일 8시간씩 연간 300일을 근무한다.) [18.3]

① 2건   ② 3건

③ 4건   ④ 5건

해설 ㉠ 도수율

$$=\frac{\text{연간 재해 발생 건수}}{\text{연근로 총 시간 수}}\times 10^6$$

$$=\frac{36}{500\times 8\times 300}\times 10^6=30$$

㉡ 평생 근로시간

$$=(40\times 8\times 300)+4000$$

$$=10\text{만 시간}$$

∴ 환산도수율=도수율÷10=30÷10=3건

Tip) 근로시간별 적용방법

평생 근로시간 : 10만 시간	평생 근로시간 : 12만 시간
• 환산도수율 =도수율×0.1 • 환산강도율 =강도율×100	• 환산도수율 =도수율×0.12 • 환산강도율 =강도율×120

정답 ②

24-6. 도수율이 10인 건설현장에서 근로자가 평생 동안 근무할 경우 약 몇 건의 재해가 발생하겠는가? (단, 평생 동안의 근로시간은 1인당 80000시간으로 가정한다.) [09.3]

① 0.5   ② 0.8   ③ 1   ④ 1.6

해설 환산도수율=도수율÷10=10÷10=1

여기서, 한 사람의 평생 근무시간은 100000시간이다.

∴ 1 : 100000=X : 80000

→ 100000X=1×80000

→ $X=\dfrac{1\times 80000}{100000}=0.8$건

정답 ②

재해 통계 및 재해 코스트 II

25. 강도율의 근로손실일수 산정기준에 대한 설명으로 옳은 것은? [18.2]

① 사망, 영구 전 노동 불능의 근로손실일수는 7500일이다.

② 사망, 영구 전 노동 불능상태 신체장해등급은 1~2등급이다.

③ 영구 일부 노동 불능 신체장해등급은 3~14등급이다.

④ 일시 전 노동 불능은 휴업일수에 $\dfrac{280}{365}$을 곱한다.

해설 • 강도율 $= \dfrac{\text{근로손실일수}}{\text{연근로 총 시간 수}} \times 1000$

• 근로손실일수
$=$ 일시 전 노동 불능(휴업일수, 요양일수, 입원일수) $\times \dfrac{300(\text{실제근로일수})}{365}$

• 신체장해등급별 근로손실일수

등급	1, 2, 3급	4급	5급	6급	7급	8급
손실일수	7500	5500	4000	3000	2200	1500
등급	9급	10급	11급	12급	13급	14급
손실일수	1000	600	400	200	100	50

• 사망 및 영구 전 노동 불능(1~3급)
: 7500일 = 300일 × 25년
• 영구 일부 노동 불능에서 신체장해등급에 따른 기능을 상실한 부상은 신체장해등급 제4급에서 제14급에 해당한다.

25-1. 산업재해 중 영구 일부 노동 불능재해에 해당하는 것은? [09.1/09.2/22.1/22.2]
① 신체장해등급 제4급에서 제14급에 해당한다.
② 의사의 소견에 따라 부상 이후 어느 일정 기간 동안 근로에 종사할 수 없는 경우를 말한다.
③ 부상의 결과 노동기능을 완전히 잃은 것을 의미한다.
④ 취업시간 중 일시적으로 작업을 떠나서 진료를 받는 경우를 말한다.

해설 영구 일부 노동 불능에서 신체장해등급에 따른 기능을 상실한 부상은 신체장해등급 제4급에서 제14급에 해당한다.

정답 ①

25-2. 연평균 200명의 근로자가 작업하는 사업장에서 연간 2건의 재해가 발생하여 사망

이 2명, 50일의 휴업일수가 발생했을 때, 이 사업장의 강도율은? (단, 근로자 1명당 연간 근로시간은 2400시간으로 한다.) [14.1/21.1]
① 약 15.7 ② 약 31.3
③ 약 65.5 ④ 약 74.3

해설 강도율 $= \dfrac{\text{근로손실일수}}{\text{연근로 총 시간 수}} \times 1000$

$= \dfrac{(7500 \times 2) + \left(50 \times \dfrac{300}{365}\right)}{200 \times 2400} \times 1000$

$= 31.33$

정답 ②

25-3. 100명의 근로자가 근무하는 A기업체에서 1주일에 48시간, 연간 50주를 근무하는데 1년에 50건의 재해로 총 2400일의 근로손실일수가 발생하였다. A기업체의 강도율은? [20.1]
① 10 ② 24
③ 100 ④ 240

해설 강도율 $= \dfrac{\text{근로손실일수}}{\text{연근로 총 시간 수}} \times 1000$

$= \dfrac{2400}{100 \times 48 \times 50} \times 1000 = 10$

정답 ①

25-4. 근로자 수가 400명, 주당 45시간씩 연간 50주를 근무하였고, 연간 재해 건수는 210건으로 근로손실일수가 800일이었다. 이 사업장의 강도율은 약 얼마인가? (단, 근로자의 출근율은 95%로 계산한다.) [16.1/19.2]
① 0.42 ② 0.52
③ 0.88 ④ 0.94

해설 강도율 $= \dfrac{\text{근로손실일수}}{\text{연근로 총 시간 수}} \times 1000$

$$=\frac{800}{(400\times45\times50)\times0.95}\times1000=0.94$$

정답 ④

25-5. 상시근로자 수가 100명인 사업장에서 1년간 6건의 재해로 인하여 10명의 부상자가 발생하였고, 이로 인한 근로손실일수는 120일, 휴업일수는 68일이었다. 이 사업장의 강도율은 약 얼마인가? (단, 1일 9시간씩 연간 290일 근무하였다.) [09.1/19.1/22.1]

① 0.58　② 0.67　③ 22.99　④ 100

해설 강도율 $=\dfrac{\text{근로손실일수}}{\text{연근로 총 시간 수}}\times1000$

$$=\frac{120+\left(68\times\dfrac{290}{365}\right)}{100\times9\times290}\times1000=0.67$$

정답 ②

25-6. 연평균 200명의 근로자가 작업하는 사업장에서 연간 8건의 재해가 발생하여 사망이 1명, 50일의 요양이 필요한 인원이 1명 있었다면 이때의 강도율은? (단, 1인당 연간 근로시간은 2400시간으로 한다.) [17.3]

① 13.61　② 15.71　③ 17.61　④ 19.71

해설 강도율 $=\dfrac{\text{근로손실일수}}{\text{연근로 총 시간 수}}\times1000$

$$=\frac{7500+\left(50\times\dfrac{300}{365}\right)}{200\times2400}\times1000=15.71$$

정답 ②

25-7. 1년간 연근로시간이 240000시간의 공장에서 3건의 휴업재해가 발생하여 219일의 휴업일수를 기록한 경우의 강도율은? (단, 연간 근로일수는 300일이다.) [16.3]

① 750　② 75　③ 0.75　④ 0.075

해설 강도율 $=\dfrac{\text{근로손실일수}}{\text{연근로 총 시간 수}}\times1000$

$$=\frac{219\times\dfrac{300}{365}}{240000}\times1000=0.75$$

정답 ③

25-8. 어느 사업장의 강도율이 7.5일 때 이에 대한 설명으로 가장 적절한 것은? [09.3]

① 근로자 1000명당 7.5건의 재해가 발생하였다.
② 근로시간 1000시간당 7.5건의 재해가 발생하였다.
③ 한 건의 재해로 평균 7.5일의 근로손실이 발생하였다.
④ 근로시간 1000시간당 재해로 인하여 7.5일의 근로손실이 발생하였다.

해설 강도율(severity rate of injury)
• 강도율 7.5는 근로시간 1000시간당 7.5일의 근로손실이 발생한다는 뜻이다.
• 강도율 $=\dfrac{\text{근로손실일수}}{\text{연근로 총 시간 수}}\times1000$

정답 ④

25-9. 상시근로자 수가 150명인 B사업장의 강도율이 8이라면 이 사업장에서 지난 한 해 동안 발생한 총 근로손실일수는 며칠이었는가? (단, 근로자는 주당 40시간씩 연간 52주를 근무하였다.) [11.1]

① 1200　② 2080　③ 2496　④ 3120

해설 ㉠ 강도율 $=\dfrac{\text{근로손실일수}}{\text{연근로 총 시간 수}}\times1000$

㉡ 근로손실일수 $=\dfrac{\text{강도율}\times\text{연근로 총 시간 수}}{1000}$

$$=\frac{8\times(150\times40\times52)}{1000}=2496\text{일}$$

정답 ③

25-10. 강도율이 1.98인 사업장에서 한 근로자가 평생 근무한다면 이 근로자는 재해로 인해 며칠의 근로손실일수가 발생하겠는가? (단, 근로자의 평생 근무시간은 100000시간 이라 한다.) [12.3]

① 198일　② 216일　③ 254일　④ 300일

해설 환산강도율＝강도율×100
＝1.98×100＝198일

Tip) 근로시간별 적용방법

평생 근로시간 : 10만 시간	평생 근로시간 : 12만 시간
• 환산도수율 ＝도수율×0.1 • 환산강도율 ＝강도율×100	• 환산도수율 ＝도수율×0.12 • 환산강도율 ＝강도율×120

정답 ①

25-11. 강도율 1.25, 도수율 10인 사업장의 평균강도율은? [12.2/18.1]

① 8　② 10　③ 12.5　④ 125

해설 평균강도율＝$\frac{강도율}{도수율}×1000$
＝$\frac{1.25}{10}×1000=125$

정답 ④

26. 건설업체의 산업재해 발생률을 산출하는 환산재해율의 식으로 옳은 것은? [22.2]

① 환산재해율＝(재해자 수/연간 총 근로시간 수)×100
② 환산재해율＝(환산재해자 수/상시근로자 수)×100
③ 환산재해율＝(환산재해자 수/연간 총 근로 시간 수)×100
④ 환산재해율＝(환산재해자 수/안전활동률)× 100

해설 환산재해율＝$\frac{환산재해자 수}{상시근로자 수}×100$

27. 500명의 상시근로자가 있는 사업장에서 1년간 발생한 근로손실일수가 1200일이고, 이 사업장의 도수율이 9일 때, 종합재해지수 (FSI)는 얼마인가? (단, 근로자는 1일 8시간 씩 연간 300일을 근무하였다.) [12.1/16.2]

① 2.0　② 2.5　③ 2.7　④ 3.0

해설 ㉠ 강도율＝$\frac{근로손실일 수}{연근로 총 시간 수}×1000$
＝$\frac{1200}{500×8×300}×1000=1$
㉡ 종합재해지수(FSI)
＝$\sqrt{도수율×강도율}=\sqrt{9×1}=3$

27-1. 상시근로자 수가 200명인 사업장의 연천인율이 24이었고, 휴업일수가 73일이었다. 이 사업장의 종합재해지수(FSI)는 약 얼마인가? (단, 근로자는 1일 8시간, 연간 300일을 근무하였다.) [11.2]

① 0.125　② 0.15　③ 1.12　④ 10

해설 ㉠ 강도율＝$\frac{근로손실일 수}{연근로 총 시간 수}×1000$
＝$\frac{73×\frac{300}{365}}{200×8×300}×1000=0.13$
㉡ 도수율＝연천인율÷2.4
＝24÷2.4＝10
㉢ 종합재해지수(FSI)
＝$\sqrt{도수율×강도율}=\sqrt{10×0.13}≒1.12$

정답 ③

28. 다음 중 안전활동률에 관한 설명으로 틀린 것은? [11.3]

① 일정기간 동안에 안전 활동상태를 나타낸 것이다.

② 안전관리 활동의 결과를 정략적으로 판단하는 기준이다.

③ 안전 활동 건수를 평균근로자 수의 총 근로 시간 수로 나눈 비율에 10^3을 곱한 값이다.

④ 안전 활동 건수에는 안전개선 권고 수, 불안전한 행동 적발 수, 안전화의 건수, 안전홍보 건수 등이 포함된다.

해설 안전활동률
- 1,000,000시간당 안전 활동 건수를 말한다.
- 안전활동률

$$= \frac{\text{안전 활동 건수}}{\text{연근로 총 시간 수} \times \text{평균근로자 수}} \times 10^6$$

28-1. 안전관리의 수준을 평가하는데 사고가 일어나는 시점을 전후하여 평가를 한다. 다음 중 사고가 일어나기 전의 수준을 평가하는 사전 평가 활동에 해당하는 것은?

① 재해율 통계   [12.2/15.3/20.2]
② 안전활동률 관리
③ 재해손실비용 산정
④ Safe-T-Score 산정

해설 안전활동률
- 1,000,000시간당 안전 활동 건수를 말한다.
- 안전활동률

$$= \frac{\text{안전 활동 건수}}{\text{연근로 총 시간 수} \times \text{평균근로자 수}} \times 10^6$$

정답 ②

29. 연간 국내공사 실적액이 50억 원이고, 건설업 평균임금이 250만 원이며, 노무비율은 0.06인 사업장에서 산출한 상시근로자 수는 얼마인가?   [14.2]

① 5   ② 10   ③ 20   ④ 30

해설 상시근로자 수

$$= \frac{\text{연간 국내공사 실적액} \times \text{노무비율}}{\text{건설업 평균임금} \times 12}$$

$$= \frac{5,000,000,000 \times 0.06}{2,500,000 \times 12} = 10\text{인}$$

30. A사업장에서 지난해 2건의 사고가 발생하여 1건(재해자 수 : 5명)은 재해 조사표를 작성, 보고하였지만 1건은 재해자가 1명뿐이어서 재해 조사표를 작성하지 않았으며, 보고도 하지 않았다. 동일 사업장에서 올해 1건(재해자 수 : 3명)의 재해로 인하여 재해조사 중 지난해 보고하지 않은 재해를 인지하게 되었다면 이 경우 지난해와 올해의 재해자 수는 어떻게 기록되는가?   [14.2]

① 지난해 : 5명, 올해 : 3명
② 지난해 : 6명, 올해 : 3명
③ 지난해 : 5명, 올해 : 4명
④ 지난해 : 6명, 올해 : 4명

해설 ㉠ 지난해에 6명이 재해를 당했으나 5명으로 신고했으므로 미보고 1명이다.

㉡ 올해 3명의 재해자가 발생하였다. 따라서 지난해에는 5명, 올해에는 4명(지난해 1명 누락자 포함)으로 기록한다.

31. 다음 중 안전에 관한 과거와 현재의 중대성 차이를 비교하고자 사용하는 통계방식은?

① 강도율(SR)   [09.2/22.2]
② 안전활동률
③ 종합재해지수(FSI)
④ 세이프 티 스코어(Safe-T-Score)

해설 세이프 티 스코어(Safe-T-score) 판정기준

-2.00 이하	-2.00~+2.00	+2.00 이상
과거보다 좋아졌다.	차이가 없다.	과거보다 나빠졌다.

4 안전점검 및 검사

안전점검

1. 건설기술진흥법령상 안전점검의 시기·방법에 관한 사항으로 (   )에 알맞은 내용은? [21.3]

> 정기안전점검 결과 건설공사의 물리적·기능적 결함 등이 발견되어 보수·보강 등의 조치를 위하여 필요한 경우에는 (   )을 할 것

① 긴급점검   ② 정기점검
③ 특별점검   ④ 정밀안전점검

해설 안전점검의 종류

• 정기안전점검 : 일정한 기간마다 정기적으로 실시하는 법적기준으로 책임자가 실시
• 정밀안전점검 : 정기안전점검 결과 보수·보강 등의 조치가 필요한 경우 시설물 주요 부재의 상태를 확인할 수 있는 수준의 외관 조사 및 측정, 시험 장비를 이용한 조사를 실시하는 안전점검
• 긴급안전점검 : 시설물의 붕괴, 전도 등으로 인해 재난 또는 재해가 발생할 우려가 있는 경우에 시설물의 물리적·기능적 결함을 신속하게 발견하기 위하여 실시하는 점검
• 수시점검 : 매일 작업 전·후, 작업 중 일상적으로 실시, 작업자, 책임자, 관리감독자가 실시
• 특별점검 : 기계·기구, 설비의 신설, 변경 또는 중대재해(태풍, 지진 등) 발생 직후 등 비정기적으로 실시, 책임자가 실시
• 임시점검 : 임시로 실시하는 점검

1-1. 시설물의 안전 및 유지관리에 관한 특별법상 다음과 같이 정의되는 것은? [21.1]

> 시설물의 붕괴, 전도 등으로 인한 재난 또는 재해가 발생할 우려가 있는 경우에 시설물의 물리적·기능적 결함을 신속하게 발견하기 위하여 실시하는 점검

① 긴급안전점검   ② 특별안전점검
③ 정밀안전점검   ④ 정기안전점검

해설 지문은 긴급안전점검에 관한 설명이다.

정답 ①

1-2. 시설물안전법령에 명시된 안전점검의 종류에 해당하는 것은? [19.3/20.3]

① 일반안전점검   ② 특별안전점검
③ 정밀안전점검   ④ 임시안전점검

해설 시설물안전법령상 안전점검의 종류 : 정기안전점검, 정밀안전점검, 긴급안전점검

Tip) 정밀안전점검 : 정기안전점검 결과 보수·보강 등의 조치가 필요한 경우 시설물 주요 부재의 상태를 확인할 수 있는 수준의 외관 조사 및 측정, 시험 장비를 이용한 조사를 실시하는 안전점검

정답 ③

1-3. 다음 중 시설물의 안전관리에 관한 특별법상 안전점검 실시의 구분에 해당하지 않는 것은? [12.1/13.3/14.1/15.2/17.2]

① 정기점검   ② 정밀점검
③ 긴급점검   ④ 임시점검

해설 임시점검 : 갑작스러운 고장을 일으켰을 때 임시로 실시하는 점검

정답 ④

1-4. 점검시기에 따른 안전점검의 종류가 아닌 것은? [15.1/17.3]
① 정기점검 ② 수시점검
③ 임시점검 ④ 특수점검

해설 점검시기에 따른 안전점검의 종류 : 정기점검, 수시점검, 특별점검, 임시점검

정답 ④

1-5. 점검시기에 의한 구분에 있어 안전점검의 종류에 해당되지 않는 것은? [13.1/16.2]
① 집중점검 ② 수시점검
③ 특별점검 ④ 계획점검

해설 점검시기에 따른 안전점검의 종류 : 정기점검, 수시점검, 특별점검, 임시점검
Tip) 계획점검 : 계획된 일정한 기간마다 정기적으로 실시

정답 ①

1-6. 기구, 설비의 신설, 변경 내지 고장·수리 시 실시하는 안전점검의 종류로 옳은 것은? [11.1/11.3/16.2/19.1/21.2/20.2]
① 특별점검 ② 수시점검
③ 정기점검 ④ 임시점검

해설 특별점검 : 기계·기구, 설비의 신설, 변경 또는 중대재해(태풍, 지진 등) 발생 직후 등 비정기적으로 실시, 책임자가 실시

정답 ①

1-7. 설비의 안전에 있어서 중요 부분의 피로, 마모, 손상, 부식 등에 대한 장치의 변화

유무 등을 일정 기간마다 점검하는 안전점검의 종류는? [11.2/16.1/20.1]
① 수시점검 ② 임시점검
③ 정기점검 ④ 특별점검

해설 정기점검 : 일정한 기간마다 정기적으로 실시하는 법적기준으로 책임자가 실시

정답 ③

1-8. 정해진 기준에 따라 측정·검사를 행하고 정해진 조건하에서 운전시험을 실시하여 그 기계의 전체적인 기능을 판단하고자 하는 점검을 무슨 점검이라 하는가? [15.2]
① 외관점검 ② 작동점검
③ 기능점검 ④ 종합점검

해설 종합점검 : 정해진 기준에 따라 측정·검사를 하여 그 기계의 전체적인 기능을 판단하는 것

정답 ④

2. 다음 중 시설물의 안전관리에 관한 특별법상 용어의 설명으로 옳은 것은? [14.3]
① "시설물"이란 건설공사를 통하여 만들어진 구조물과 그 부대시설로서 1종 시설물, 2종 시설물 및 3종 시설물로 구분되어 진다.
② "3종 시설물"이란 1종과 2종 시설물 외의 시설물로서 대통령령으로 정하는 시설물을 말한다.
③ "안전점검"이란 경험과 기술을 갖춘 자가 육안이나 점검기구 등으로 검사하여 시설물에 내재(內在)되어 있는 위험요인을 조사하는 행위를 말한다.
④ "관리주체"란 관계법령에 따라 해당 시설물의 관리자로 규정된 자나 해당 시설물의 소유자로 민간관리주체(民間管理主體)와 비민간관리주체(非民間管理主體)로 구분한다.

해설 시설물의 안전 및 유지관리에 관한 특별법상 용어

- 관리주체 : 관계법령에 따라 해당 시설물의 관리자로 규정된 자 또는 해당 시설물의 소유자이며, 공공관리주체·민간관리주체로 구분한다.
- 시설물 : 건설공사를 통하여 만들어진 교량·터널·항만·댐·건축물 등의 구조물과 그 부대시설로서 1종 시설물, 2종 시설물로 구분되며, 다만 3종 시설물은 1종과 2종 시설물 외의 안전관리가 필요한 소규모 시설물로 정의되어 있다.
- 안전점검 : 경험과 기술을 갖춘 자가 안전점검기구 등으로 검사하여 시설물에 내재되어 있는 위험요인을 조사하는 행위를 말하며, 점검 목적 및 점검 수준에 따라 정기안전점검 및 정밀안전점검으로 구분한다.

3. 다음 중 안전점검에 관한 설명으로 틀린 것은? [12.2/13.3]

① 안전점검은 점검자의 주관적 판단에 의하여 점검하거나 판단한다.
② 잘못된 사항은 수정이 될 수 있도록 점검 결과에 대하여 통보한다.
③ 점검 중 사고가 발생하지 않도록 위험요소를 제거한 후 실시한다.
④ 사전에 점검대상 부서의 협조를 구하고, 관련 작업자의 의견을 청취한다.

해설 ① 안전점검은 점검자의 객관적인 판단에 의하여 점검하거나 판단한다.

3-1. 다음 중 안전점검 시 고려하여야 할 사항으로 적절하지 않은 것은? [10.3/12.3]

① 점검자 능력을 감안하여 구체적인 계획수립 후 점검을 실시한다.
② 과거의 재해 발생장소는 대책이 수립되어 그 원인이 해소되었음으로 대상에서 제외한다.

③ 점검사항, 점검방법 등에 대한 지속적인 교육을 통하여 정확한 점검이 이루어지도록 한다.
④ 점검 시 특이한 사항 등을 기록, 보존하여 향후 점검 및 이상 발생 시 대비할 수 있도록 한다.

해설 ② 과거의 재해 발생장소는 그 원인이 해소되었는지 확인한다.

정답 ②

3-2. 다음 중 안전점검 시 유의사항으로 적절하지 않은 것은? [10.2]

① 안전점검의 형식, 내용에 변화를 부여하여 몇 가지 점검방법을 병용한다.
② 점검자의 능력을 감안하여 능력에 따른 점검을 실시한다.
③ 중대재해에 영향을 미치지 않는 사소한 사항은 간단히 조사한다.
④ 불량 요소가 발견되었을 경우 다른 동종의 설비에 대해서도 점검한다.

해설 ③ 안전점검은 점검자의 객관적인 판단에 의하여 꼼꼼하게 점검한다.

정답 ③

3-3. 다음 중 안전점검기준의 작성 시 유의사항으로 적절하지 않은 것은? [12.1]

① 점검 대상물의 위험도를 고려한다.
② 점검 대상물의 과거 재해사고 경력을 참작한다.
③ 점검 대상물의 기능적 특성을 충분히 감안한다.
④ 점검자의 기능수준보다 최고의 기술적 수준을 우선으로 하여 원칙적인 기준조항에 준수하도록 한다.

해설 ④ 점검자의 기능수준을 고려하여 그 능력에 상응하는 내용의 점검을 실시하도록 한다.

Tip) 안전점검의 기준 작성 시 고려사항은 대상물의 위험도, 과거의 사고 이력, 점검자의 능력, 대상물의 기능적 특성 등이다.

정답 ④

4. 일상점검 내용을 작업 전, 작업 중, 작업 종료로 구분할 때, 작업 중 점검 내용으로 거리가 먼 것은? [10.1/15.3/19.3]
① 품질의 이상 유무
② 안전수칙의 준수 여부
③ 이상소음 발생 여부
④ 방호장치의 작동 여부

해설 작업 전, 작업 중, 작업 종료 시 점검사항
• 작업자가 작업 전 점검사항
  ㉠ 기계·기구 설비 본체 점검표
  ㉡ 방호장치의 작동 여부
  ㉢ 주변 청소 및 정리 정돈 상태 점검
• 작업자가 작업 중 점검사항
  ㉠ 품질의 이상 유무
  ㉡ 안전수칙의 준수 여부
  ㉢ 이상소음의 발생 유무
  ㉣ 진동 여부 점검
• 작업자가 작업 종료 후 점검사항
  ㉠ 스위치 off 상태 점검
  ㉡ 기계 청소 상태 점검

안전검사·인증

5. 안전모의 성능시험에 해당하지 않는 것은?
① 내수성시험 [16.3]
② 내전압성시험
③ 난연성시험
④ 압박시험

해설 안전모의 시험성능기준
• 내관통성 : AE, ABE종 안전모는 관통거리가 9.5mm 이하이고, AB종 안전모는 관통거리가 11.1mm 이하일 것
• 충격흡수성 : 최고 전달충격력이 4450N을 초과해서는 안 되며, 모체와 착장체의 기능이 상실되지 않을 것
• 난연성 : 모체가 불꽃을 내며 5초 이상 연소되지 않을 것
• 턱끈풀림 : 150N 이상 250N 이하에서 턱끈이 풀릴 것
• 내전압성 : AE, ABE종 안전모는 교류 20kV에서 1분간 절연파괴 없이 견뎌야 하고, 이때 누설되는 충전전류는 10mA 이내일 것
• 내수성 : AE, ABE종 안전모는 질량증가율이 1% 미만일 것

5-1. 자율안전확인대상 보호구 중 안전모의 시험성능기준 항목에 해당하지 않는 것은 어느 것인가? [09.1/21.2/22.1]
① 난연성 ② 내관통성
③ 내전압성 ④ 턱끈풀림

해설 • 자율안전확인대상 안전모의 시험성능기준 항목 : 내관통성, 충격흡수성, 난연성, 턱끈풀림
• 자율안전확인대상 안전모는 물체의 낙하, 비래에 의한 위험을 방지하기 위한 성능기준이며, 머리 부위 감전에 의한 위험을 견디기 위한 성능기준인 내전압성은 해당되지 않는다.

정답 ③

5-2. 자율안전확인대상 보호구 중 안전모의 시험성능기준 항목에 해당하지 않는 것은 어느 것인가? [11.1]

① 내관통성   ② 난연성

③ 턱끈풀림   ④ 내수성

해설 자율안전확인대상 안전모의 시험성능기준 항목 : 내관통성, 충격흡수성, 난연성, 턱끈풀림

정답 ④

5-3. 보호구 안전인증 고시에 따른 추락 및 감전위험방지용 안전모의 성능시험대상에 속하지 않는 것은? [20.3]

① 내유성   ② 내수성

③ 내관통성   ④ 턱끈풀림

해설 추락 및 감전위험방지용 안전모의 성능 시험대상 : 내수성, 내관통성, 턱끈풀림 등

Tip) ① 내유성 – 고무제안전화의 성능시험

정답 ①

5-4. 의무안전인증대상 보호구 중 내수성시험을 실시하는 안전모의 질량증가율은 얼마이어야 하는가? [12.1]

① 1% 미만   ② 2% 미만

③ 1% 이상   ④ 2% 이상

해설 안전모의 질량증가율이 1% 미만이면 합격이다.

정답 ①

6. 산업안전보건법령상 AB형 안전모에 관한 설명으로 옳은 것은? [10.1/19.3]

① 물체의 낙하 또는 비래에 의한 위험을 방지 또는 경감하기 위한 것

② 물체의 낙하 또는 비래 및 추락에 의한 위험을 방지 또는 경감시키기 위한 것

③ 물체의 낙하 또는 비래에 의한 위험을 방지 또는 경감하고, 머리 부위 감전에 의한 위험을 방지하기 위한 것

④ 물체의 낙하 또는 비래 및 추락에 의한 위험을 방지 또는 경감하고, 머리 부위 감전에 의한 위험을 방지하기 위한 것

해설 안전모의 종류 및 용도

• AB : 물체의 낙하, 비래, 추락에 의한 위험을 방지하고 경감시키는 것으로 비내전압성이다.

• AE : 물체의 낙하, 비래에 의한 위험을 방지 또는 경감하고, 머리 부위 감전에 의한 위험을 방지하기 위한 것으로 내전압성 7000V 이하이다.

• ABE : 물체의 낙하 또는 비래, 추락 및 감전에 의한 위험을 방지하기 위한 것으로 내전압성 7000V 이하이다.

6-1. 물체의 낙하 또는 비래에 의한 위험을 방지 또는 경감하고, 머리 부위 감전에 의한 위험을 방지하기 위한 안전모의 종류(기호)로 옳은 것은? [17.3]

① A   ② AE

③ AB   ④ ABE

해설 AE : 물체의 낙하, 비래에 의한 위험을 방지 또는 경감하고, 머리 부위 감전에 의한 위험을 방지하기 위한 것으로 내전압성 7000V 이하이다.

정답 ②

7. 추락 및 감전위험방지용 안전모의 성능기준 중 일반구조 기준으로 틀린 것은? [12.2/17.2]

① 턱끈의 폭은 10mm 이상일 것

② 안전모의 수평 간격은 1mm 이내일 것

③ 안전모는 모체, 착장체 및 턱끈을 가질 것

④ 안전모의 착용 높이는 85mm 이상이고 외부 수직거리는 80mm 미만일 것

해설 ② 안전모의 수평 간격은 5mm 이상일 것

8. 산업안전보건법령상 내전압용 절연장갑의 성능기준에 있어 절연장갑의 등급과 최대사용전압이 옳게 연결된 것은? (단, 전압은 교류로 실효값을 의미한다.) [12.3/19.2]

① 00등급 : 500V   ② 0등급 : 1500V
③ 1등급 : 11250V   ④ 2등급 : 25500V

해설 절연장갑의 등급 및 최대사용전압

등급	등급별 색상	최대사용전압 교류(V)	최대사용전압 직류(V)	비고
00	갈색	500	750	직류값 : 교류값 = 1 : 1.5
0	빨간색	1000	1500	
1	흰색	7500	11250	
2	노란색	17000	25500	
3	녹색	26500	39750	
4	등색	36000	54000	

9. 보호구 안전인증 고시에 따른 안전화 종류에 해당하지 않는 것은? [15.3/19.1]

① 경화안전화   ② 발등안전화
③ 정전기안전화   ④ 고무제안전화

해설 보호구 안전인증 고시에 따른 안전화 종류
• 절연장화 : 고압에 의한 감전을 방지 및 방수를 겸한 것
• 절연화 : 물체의 낙하, 충격 또는 날카로운 물체의 찔림방지, 저압 전기에 의한 감전방지
• 가죽제안전화 : 물체의 낙하, 충격 또는 날카로운 물체의 찔림방지
• 고무제안전화 : 물체의 낙하, 충격 또는 날카로운 물체의 찔림방지, 내수성 및 내화학성
• 정전기안전화 : 물체의 낙하, 충격 또는 날카로운 물체의 찔림방지, 정전기 인체 대전방지
• 발등안전화 : 물체의 낙하, 충격 또는 날카로운 물체의 찔림방지, 발과 발등을 보호
• 화학물질용 안전화 : 화학물질로부터 유해 위험을 방지하기 위한 것

10. 보호구 안전인증 고시에 따른 가죽제안전화의 성능시험방법에 해당되지 않는 것은? [20.2]

① 내답발성시험
② 박리저항시험
③ 내충격성시험
④ 내전압성시험

해설 안전화의 성능시험방법
• 가죽제안전화 : 내답발성시험, 박리저항시험, 내충격성시험, 내압박성시험 등
Tip) ④ 내전압성시험 – AE, ABE형 안전모의 성능시험

11. 다음 중 고무제안전화의 사용장소에 따른 구분에 해당하지 않는 것은? [15.1]

① 일반용   ② 내유용
③ 내알칼리용   ④ 내진용

해설 고무제안전화 구분 : 일반용, 내유용, 내산용, 내알칼리용, 내산 · 내알칼리 겸용

12. 보호구 안전인증제품에 표시할 사항으로 옳지 않은 것은? [20.1]

① 규격 또는 등급
② 형식 또는 모델명
③ 제조번호 및 제조연월
④ 성능기준 및 시험방법

해설 안전인증제품의 안전인증표시 외 표시사항 : 형식 또는 모델명, 규격 또는 등급, 제조자명, 제조번호 및 제조연월, 안전인증번호

12-1. 산업안전보건법상 의무안전인증을 받은 보호구의 표시사항에 해당하지 않는 것은? [10.1]

① 제조자명   ② 규격 또는 등급
③ 안전인증표시   ④ 사용유효기간

정답 8. ①   9. ①   10. ④   11. ④   12. ④

해설 안전인증제품의 안전인증표시 외 표시사항 : 형식 또는 모델명, 규격 또는 등급, 제조자명, 제조번호 및 제조연월, 안전인증번호

정답 ④

13. 다음 중 일반적인 보호구의 관리방법으로 가장 적절하지 않은 것은? [14.3]

① 정기적으로 점검하고 관리한다.
② 청결하고 습기가 없는 곳에 보관한다.
③ 세척한 후에는 햇볕에 완전히 건조시켜 보관한다.
④ 항상 깨끗이 보관하고 사용 후 건조시켜 보관한다.

해설 ③ 세척할 필요가 있어 세척했을 시 통풍이 잘 되는 그늘에서 완전히 건조시켜 보관한다.

14. 산업안전보건법령상 명시된 안전검사대상 유해하거나 위험한 기계·기구·설비에 해당하지 않는 것은? [13.1/18.2/19.2/21.3]

① 리프트　　　② 곤돌라
③ 산업용 원심기　④ 밀폐형 롤러기

해설 안전검사대상 기계·기구·설비 종류
㉠ 프레스　　㉡ 산업용 로봇
㉢ 전단기　　㉣ 압력용기
㉤ 리프트　　㉥ 곤돌라
㉦ 컨베이어
㉧ 원심기(산업용만 해당)
㉨ 롤러기(밀폐형 구조 제외)
㉩ 크레인(정격하중 2t 미만 제외)
㉪ 국소배기장치(이동식 제외)
㉫ 사출성형기(형체결력 294kN 미만 제외)
㉬ 고소작업대(자동차관리법에 한 한다.)

14-1. 산업안전보건법령상 안전검사대상 유해·위험기계에 해당하지 않는 것은? [14.1]

① 리프트　　　② 곤돌라
③ 압력용기　　④ 고소작업대

해설 고소작업대는 자동차관리법에 따른 화물자동차와 특수자동차에 탑재된 고소작업대에 한 한다.

정답 ④

14-2. 산업안전보건법령상 안전검사대상 유해·위험기계 등의 기준 중 틀린 것은?[17.2]

① 롤러기(밀폐형 구조는 제외)
② 국소배기장치(이동식은 제외)
③ 사출성형기(형체결력 294kN 미만은 제외)
④ 크레인(정격하중이 2톤 이상인 것은 제외)

해설 ④ 크레인(정격하중이 2톤 미만인 것은 제외)

정답 ④

14-3. 산업안전보건법령상 안전검사대상 유해·위험기계에 해당하지 않는 것은? [13.3]

① 압력용기　　　② 리프트
③ 이동식 크레인　④ 전단기

해설 ③ 크레인(이동식 크레인과 정격하중이 2톤 미만인 것은 제외)

정답 ③

14-4. 산업안전보건법령상 안전검사대상 유해·위험기계·기구에 해당하지 않는 것은?

① 리프트 [15.3]
② 압력용기
③ 곤돌라
④ 교류 아크 용접기

해설 ①, ②, ③은 안전검사대상 기계·기구 종류

정답 ④

15. 산업안전보건법령상 안전인증대상 기계에 해당하지 않는 것은? [17.1/21.1]

① 크레인   ② 곤돌라

③ 컨베이어   ④ 사출성형기

해설 안전인증대상 기계 종류

㉠ 프레스   ㉡ 사출성형기

㉢ 롤러기   ㉣ 압력용기

㉤ 리프트   ㉥ 고소작업대

㉦ 곤돌라   ㉧ 크레인

㉨ 전단기 및 절곡기

Tip) 컨베이어 – 자율안전확인대상 기계

15-1. 산업안전보건법령상 안전인증대상 기계 등에 명시되지 않은 것은? [21.1]

① 곤돌라   ② 연삭기

③ 사출성형기   ④ 고소작업대

해설 ②는 자율안전확인대상 기계

정답 ②

15-2. 산업안전보건법령상 안전인증대상 기계 또는 설비에 속하지 않는 것은? [20.2]

① 리프트   ② 압력용기

③ 곤돌라   ④ 파쇄기

해설 ④는 자율안전확인대상 기계

정답 ④

15-3. 산업안전보건법상 의무안전인증대상 기계 · 기구에 해당하지 않는 것은? [11.1]

① 크레인   ② 선반

③ 리프트   ④ 사출성형기

해설 ②는 자율안전확인대상 범용 공작기계

정답 ②

15-4. 산업안전보건법령상 안전인증대상 기계 · 기구 등에 해당하지 않는 것은?

① 곤돌라   [09.3/10.1/13.2/18.1]

② 고소작업대

③ 활선작업용 기구

④ 교류 아크 용접기용 자동전격방지기

해설 ④는 자율안전확인대상 방호장치

Tip) 활선작업용 기구 – 안전인증대상 방호장치

정답 ④

15-5. 산업안전보건법령상 안전인증대상 방호장치에 해당하는 것은? [11.3/16.1/18.2]

① 교류 아크 용접기용 자동전격방지기

② 동력식 수동대패용 칼날접촉방지 장치

③ 절연용 방호구 및 활선작업용 기구

④ 아세틸렌 용접장치용 또는 가스집합 용접장치용 안전기

해설 안전인증대상 방호장치

• 양중기용 과부하방지장치

• 절연용 방호구 및 활선작업용 기구

• 프레스 및 전단기의 방호장치

• 방폭구조 전기기계 · 기구 및 부품

• 압력용기 압력방출용의 파열판

• 압력용기 압력방출용의 안전밸브

• 보일러 압력방출용의 안전밸브

Tip) ①, ②, ④는 자율안전확인대상 방호장치

정답 ③

16. 산업안전보건법령상 자율안전확인대상 기계 등에 해당하지 않는 것은? [15.1/19.2/20.1]

① 연삭기   ② 곤돌라

③ 컨베이어   ④ 산업용 로봇

해설 ②는 안전인증대상 기계

17. 산업안전보건법령상 건설현장에서 사용하는 리프트 및 곤돌라는 최초로 설치한 날부

터 몇 개월마다 안전검사를 실시하여야 하는가? [12.1]

① 6개월 ② 1년 ③ 2년 ④ 3년

해설 안전검사의 주기

• 크레인, 리프트 및 곤돌라는 사업장에 설치한 날부터 3년 이내에 최초 안전검사를 실시하되, 그 이후부터 2년마다(건설현장에서 사용하는 것은 최초로 설치한 날부터 6개월마다) 실시한다.

• 이동식 크레인과 이삿짐운반용 리프트는 등록한 날부터 3년 이내에 최초 안전검사를 실시하되, 그 이후부터 2년마다 실시한다.

• 프레스, 전단기, 압력용기 등은 사업장에 설치한 날부터 3년 이내에 최초 안전검사를 실시하되, 그 이후부터 2년마다(공정안전 보고서를 제출하여 확인을 받은 압력용기는 4년마다) 실시한다.

17-1. 크레인(이동식은 제외한다)은 사업장에 설치한 날로부터 몇 년 이내에 최초 안전검사를 실시하여야 하는가? [19.1]

① 1년 ② 2년 ③ 3년 ④ 5년

해설 크레인은 설치한 날부터 3년 이내에 최초 안전검사를 실시하여야 한다(건설현장에서 사용하는 것은 최초로 설치한 날부터 6개월마다 실시).

정답 ③

17-2. 산업안전보건법령상 건설현장에서 사용하는 크레인의 안전검사의 주기로 옳은 것은? [09.3/15.2/18.1]

① 최초로 설치한 날부터 1개월마다 실시

② 최초로 설치한 날부터 3개월마다 실시

③ 최초로 설치한 날부터 6개월마다 실시

④ 최초로 설치한 날부터 1년마다 실시

해설 건설현장의 크레인은 최초로 설치한 날부터 6개월마다 안전검사를 실시하여야 한다.

정답 ③

18. 산업안전보건법상 안전검사를 받아야 하는 자는 안전검사 신청서를 검사주기 만료일 며칠 전에 안전검사기관에 제출해야 하는가? (단, 전자문서에 의한 제출을 포함한다.) [10.3/16.2]

① 15일 ② 30일 ③ 45일 ④ 60일

해설 안전검사를 받아야 하는 자는 안전검사 신청서를 검사주기 만료일 30일 전에 안전검사기관에 제출해야 한다.

19. 다음 중 산업안전보건법령상 안전인증심사에 관한 설명으로 옳은 것은? [12.3]

① 서면심사 : 기계·기구 및 방호장치·보호구가 안전인증대상 기계·기구 등인지를 확인하는 심사

② 개별 제품심사 : 서면심사와 기술능력 및 생산체계 심사 결과가 안전인증기준에 적합할 경우에 안전인증대상 기계·기구 등의 형식별로 표본을 추출하여 하는 심사

③ 예비심사 : 안전인증대상 기계·기구 등의 종류별 또는 형식별로 설계도면 등 안전인증대상 기계·기구 등의 제품기술과 관련된 문서가 관련법에 따른 안전인증기준에 적합한지에 대한 심사

④ 기술능력 및 생산체계 심사 : 안전인증대상 기계·기구 등의 안전성능을 지속적으로 유지·보증하기 위하여 사업장에서 갖추어야 할 기술능력과 생산체계가 안전인증기준에 적합한지에 대한 심사

해설 안전인증심사

• 예비심사 : 기계·기구 및 방호장치·보호구가 안전인증대상 기계·기구 등인지를 확인하는 심사

- 서면심사 : 안전인증대상 기계·기구 등의 종류별 또는 형식별로 설계도면 등 안전인증대상 기계·기구 등의 제품기술과 관련된 문서가 관련법에 따른 안전인증기준에 적합한지에 대한 심사
- 개별 제품심사 : 유해·위험한 기계·기구·설비 등의 서면심사와 내용이 일치하는지 여부, 유해·위험한 기계·기구·설비 등의 안전 관련법에 따른 안전인증기준에 적합한지에 대한 심사
- 기술능력 및 생산체계 심사 : 안전인증대상 기계·기구 등의 안전성능을 지속적으로 유지·보증하기 위하여 사업장에서 갖추어야 할 기술능력과 생산체계가 안전인증기준에 적합한지에 대한 심사

19-1. 산업안전보건법령에 따른 안전인증기준에 적합한지를 확인하기 위하여 안전인증기관이 하는 심사의 종류가 아닌 것은? [18.3]

① 서면심사   ② 예비심사
③ 제품심사   ④ 완성심사

해설 안전인증심사의 종류 : 예비심사, 서면심사, 제품심사, 기술능력 및 생산체계 심사

정답 ④

20. 다음 중 검사의 분류에 있어 검사방법에 의한 분류에 속하지 않는 것은? [13.2]

① 규격검사   ② 시험에 의한 검사
③ 육안검사   ④ 기기에 의한 검사

해설 검사방법에 의한 분류
- 육안검사
- 시험에 의한 검사
- 기기에 의한 검사

---

5 보호구 및 안전보건표지

보호구

1. 보호구 안전인증 고시상 저음부터 고음까지 차음하는 방음용 귀마개의 기호는?

① EM   [10.3/21.1/21.3]
② EP-1
③ EP-2
④ EP-3

해설 귀마개와 귀덮개의 등급과 방음보호구 적용범위
- 귀마개(EP)

등급	기호	성능
1종	EP-1	저음부터 고음까지 차음하는 것
2종	EP-2	주로 고음을 차음하고, 저음인 회화음영역은 차음하지 않는 것

- 귀덮개(EM)

1-1. 다음 중 방음용 귀마개 또는 귀덮개의 종류 및 등급과 기호가 잘못 연결된 것은?

① 귀덮개 : EM   [14.2]
② 귀마개 1종 : EP-1
③ 귀마개 2종 : EP-2
④ 귀마개 3종 : EP-3

해설 귀마개와 귀덮개의 등급과 방음보호구 적용범위

• 귀마개(EP)

등급	기호	성능
1종	EP-1	저음부터 고음까지 차음하는 것
2종	EP-2	주로 고음을 차음하고, 저음인 회화음영역은 차음하지 않는 것

• 귀덮개(EM)

정답 ④

2. 보호구 안전인증 고시에 따른 안전블록이 부착된 안전대의 구조기준 중 안전블록의 줄은 와이어로프인 경우 최소지름은 몇 mm 이상이어야 하는가? [14.1/18.3]

① 2
② 4
③ 8
④ 10

해설 안전블록의 줄은 와이어로프인 경우 최소지름은 4 mm 이상이어야 한다.

3. 산소가 결핍되어 있는 장소에서 사용하는 마스크는? [13.1/18.2]

① 방진마스크
② 송기마스크
③ 방독마스크
④ 특급 방진마스크

해설 공기 중 산소농도가 부족한 경우 송기마스크를 사용한다.

4. 다음 중 산업안전보건법상 방독마스크의 종류와 시험가스의 연결이 잘못된 것은? [09.3]

① 할로겐용 : 사이클로헥산(C_6H_{12})
② 시안화수소용 : 시안화수소가스(HCN)
③ 아황산용 : 아황산가스(SO_2)
④ 암모니아용 : 암모니아가스(NH_3)

해설 방독마스크의 종류 및 시험가스, 표시색

종류	시험가스	표시색
유기 화합물용	사이클로헥산 (C_6H_{12}), 디메틸에테르 (CH_3OCH_3), 이소부탄(C_4H_{10})	갈색
할로겐용	염소가스 또는 증기(Cl_2)	회색
황화수소용	황화수소가스(H_2S)	
시안화수소용	시안화수소가스 (HCN)	
아황산용	아황산가스(SO_2)	노란색
암모니아용	암모니아가스(NH_3)	녹색

4-1. 방독마스크 정화통의 종류와 외부 측면 색상의 연결이 옳은 것은? [17.1]

① 유기화합물–노란색
② 할로겐용–회색
③ 아황산용–녹색
④ 암모니아용–갈색

해설 ① 유기화합물–갈색
③ 아황산용–노란색
④ 암모니아용–녹색

정답 ②

4-2. 할로겐가스용 방독마스크의 정화통 외부 측면의 표시색으로 옳은 것은? [10.2]

① 갈색   ② 회색   ③ 녹색   ④ 노란색

해설 할로겐용 정화통의 외부 측면의 표시색은 회색이다.

정답 ②

5. 호흡용 보호구와 각각의 사용 환경에 대한 연결이 옳지 않은 것은? [16.2]

① 송기마스크 – 산소결핍장소의 분진 및 유독 가스

② 공기호흡기 – 산소결핍장소의 분진 및 유독 가스

③ 방독마스크 – 산소결핍장소의 유독가스

④ 방진마스크 – 산소비결핍장소의 분진

해설 ③ 방진마스크 – 산소의 농도가 18% 이상인 장소, 유독가스, 석면작업 시 사용한다.

5-1. 다음 중 방진마스크를 사용하여서는 아니 되는 작업은? [22.2]

① 산소농도가 16% 정도인 맨홀작업

② 기계부품을 연마하는 작업

③ 암석 및 광석의 분쇄작업

④ 면진이 일어나는 타면기 작업

해설 ① 산소농도가 16% 정도인 맨홀작업은 송기마스크를 사용한다.

정답 ①

5-2. 방진마스크의 사용 조건에 있어 산소농도 몇 % 이상인 장소에서 사용하여야 하는가? [11.2]

① 16%   ② 18%   ③ 21%   ④ 23%

해설 방진마스크 : 산소의 농도가 18% 이상인 산소비결핍장소, 유독가스, 석면작업 시 사용한다.

정답 ②

6. 방독마스크의 선정방법으로 적합하지 않은 것은? [16.1]

① 전면형은 되도록 시야가 좁을 것

② 착용자 자신이 스스로 안면과 방독마스크 안면부와의 밀착성 여부를 수시로 확인할 수 있을 것

③ 머리끈은 적당한 길이 및 탄력성을 갖고 길이를 쉽게 조절할 수 있을 것

④ 정화통 내부의 흡착제는 견고하게 충진되고 충격에 의해 외부로 노출되지 않을 것

해설 ① 전면형의 경우 호흡 시 투시부가 흐려지지 않고 시야가 넓을 것

Tip) 방독마스크의 선정기준

• 여과효율이 좋을 것

• 흡·배기저항이 낮을 것

• 중량이 가벼울 것

• 사용적이 적을 것

• 시야가 넓을 것

• 안면 밀착성이 좋을 것

• 피부 접촉 부분의 고무질이 좋을 것

7. 다음 중 방독마스크의 시험성능기준 항목이 아닌 것은? [13.2]

① 시야   ② 불연성

③ 정화통 호흡저항   ④ 안면부 내의 압력

해설 방독마스크의 시험성능기준

• 시야   • 불연성

• 정화통 질량   • 정화통 호흡저항

• 안면부 흡기저항, 배기저항, 누설률

8. 다음 중 방진마스크의 일반적인 구조로 적합하지 않은 것은? [15.2]

① 배기밸브는 방진마스크의 내부와 외부의 압력이 같은 경우 항상 열려 있도록 할 것

② 흡기밸브는 미약한 호흡에 대하여 확실하고 예민하게 작동하도록 할 것

③ 안면부 여과식 마스크는 여과재를 안면에 밀착시킬 수 있어야 할 것

④ 머리끈은 적당한 길이 및 탄력성을 갖고 길이를 쉽게 조절할 수 있을 것

해설 ① 배기밸브는 방진마스크의 내부와 외부의 압력이 같은 경우 항상 닫혀 있도록 할 것

9. 다음 중 방진마스크의 선정기준으로 적절하지 않은 것은? [13.3]

① 분진 포집효율은 높은 것
② 흡 · 배기저항은 높은 것
③ 중량은 가벼운 것
④ 시야는 넓은 것

해설 ② 흡 · 배기저항은 낮을 것

안전보건표지

10. 산업안전보건법령상 안전보건표지의 용도 및 색도기준이 바르게 연결된 것은? [21.3]

① 지시표지 : 5N 9.5
② 금지표지 : 2.5G 4/10
③ 경고표지 : 5Y 8.5/12
④ 안내표지 : 7.5R 4/14

해설 안전 · 보건표지의 색채와 용도

색채	색도기준	용도	색의 용도
빨간색	7.5R 4/14	금지	정지신호, 소화설비 및 그 장소, 유해 행위 금지
		경고	화학물질 취급장소에서의 유해 · 위험 경고
노란색	5Y 8.5/12	경고	화학물질 취급장소에서의 유해 · 위험 경고 이외의 위험 경고 · 주의표지
파란색	2.5PB 4/10	지시	특정 행위의 지시 및 사실의 고지
녹색	2.5G 4/10	안내	비상구 및 피난소, 사람 또는 차량의 통행표지
흰색	N9.5	−	파란색 또는 녹색의 보조색
검은색	N0.5	−	빨간색 또는 노란색의 보조색

10-1. 산업안전보건법령상 안전보건표지의 용도가 금지일 경우 사용되는 색채로 옳은 것은 어느 것인가? [21.2]

① 흰색
② 녹색
③ 빨간색
④ 노란색

해설 빨간색(7.5R 4/14)

• 금지 : 정지신호, 소화설비 및 그 장소, 유해 행위 금지
• 경고 : 화학물질 취급장소에서의 유해 · 위험 경고

정답 ③

10-2. 산업안전보건법령상 안전보건표지의 색채와 색도기준의 연결이 옳은 것은 어느 것인가? (단, 색기준은 한국산업표준(KS)에 따른 색의 3속성에 의한 표시방법에 따른다.) [11.1/13.3/14.3/16.2/17.1/19.3/21.1]

① 흰색 : N0.5
② 녹색 : 5G 5.5/6
③ 빨간색 : 5R 4/12
④ 파란색 : 2.5PB 4/10

해설 ① 흰색 : N9.5
② 녹색 : 2.5G 4/10
③ 빨간색 : 7.5R 4/14

정답 ④

10-3. 다음 중 안전·보건표지의 색채와 사용사례가 잘못 연결된 것은? [13.2/14.2/22.1]

① 빨강 – 소화설비 및 그 장소
② 녹색 – 사람 또는 차량의 통행표지
③ 파랑 – 특정 행위의 지시 및 사실의 고지
④ 노랑 – 화학물질 취급장소에서의 유해·위험경고

해설 ④ 노란색(5Y 8.5/12) : 화학물질 취급장소에서의 유해·위험 경고 이외의 위험 경고·주의표지

정답 ④

10-4. 산업안전보건법령상 안전·보건표지 중 지시표지의 보조색으로 옳은 것은?

① 파란색 [09.2/16.3/22.2]
② 흰색
③ 녹색
④ 노란색

해설 흰색(N9.5) : 파란색 또는 녹색의 보조색

정답 ②

11. 다음 중 산업안전보건법령상 안전·보건표시에 있어 금지표지의 색채기준으로 옳은 것은? [12.1/12.3]

① 바탕은 검정색, 기본모형은 빨간색, 관련 부호 및 그림은 흰색
② 바탕은 흰색, 기본모형은 빨간색, 관련 부호 및 그림은 검정색
③ 바탕은 노란색, 기본모형은 검정색, 관련 부호 및 그림은 빨간색
④ 바탕은 흰색, 기본모형은 노란색, 관련 부호 및 그림은 검정색

해설 안전·보건표지의 형식

구분	금지표지	경고표지	지시표지	안내표지	출입금지
바탕	흰색	흰색	노란색	파란색	흰색	흰색
기본모형	빨간색	빨간색	검은색	–	녹색	흑색글자
부호 및 그림	검은색	검은색	검은색	흰색	흰색	적색글자

11-1. 다음 중 산업안전보건법상 안전·보건표지의 종류와 해당 색채기준이 잘못 연결된 것은? [09.3]

① 금연 : 바탕은 흰색, 기본모형은 검정색, 관련 부호 및 그림은 빨간색
② 인화성물질 경고 : 바탕은 무색, 기본모형은 적색
③ 보안경 착용 : 바탕은 파란색, 관련 그림은 흰색
④ 세안장치 : 바탕은 흰색, 기본모형 및 관련 부호는 녹색

해설 ① 금연(금지표지) : 바탕은 흰색, 기본모형은 빨간색, 관련 부호 및 그림은 검은색

정답 ①

12. 다음 중 산업안전보건법상 "경고표지"에 해당하는 것은? [10.1]

①   ②

③   ④

해설 ① 급성독성물질 경고 – 경고표지
② 금연 – 금지표지
③ 귀마개 착용 – 지시표지
④ 비상구 – 안내표지

12-1. 산업안전보건법령상 금지표시에 속하는 것은? [20.2]

①

②

③

④

해설 ① 산화성물질 경고 – 경고표지
② 방독마스크 착용 – 지시표지
③ 급성독성물질 경고 – 경고표지
④ 탑승금지 – 금지표지

정답 ④

12-2. 산업안전보건법령에 따른 안전·보건표지 중 금지표지의 종류에 해당하지 않는 것은? [15.2/18.3]

① 접근금지
② 차량통행금지
③ 사용금지
④ 탑승금지

해설 금지표지의 종류

출입금지	보행금지	차량통행 금지	탑승금지
화기금지	사용금지	물체이동 금지	금연

정답 ①

12-3. 산업안전보건법령상 안전·보건표지 중 "금지표지"의 종류에 속하지 않는 것은?

① 탑승금지 [09.2/17.2/22.2]
② 금연
③ 사용금지
④ 접촉금지

해설 금지표지의 종류

출입금지	탑승금지	보행금지	사용금지	금연

정답 ④

12-4. 산업안전보건법령상 다음 그림에 해당하는 안전·보건표지의 명칭으로 옳은 것은? [13.1/17.3]

① 접근금지 ② 이동금지
③ 보행금지 ④ 출입금지

해설 금지표지에서 보행금지에 해당한다.

정답 ③

12-5. 산업안전보건법령상 담배를 피워서는 안 될 장소에 사용되는 금연표지에 해당하는 것은? [19.2]

① 지시표지 ② 경고표지
③ 금지표지 ④ 안내표지

해설 금연은 금지표지에 해당한다.

정답 ③

12-6. 아파트 신축 건설현장에 산업안전보건법령에 따른 안전·보건표지를 설치하려고 한다. 용도에 따른 표지의 종류를 올바르게 연결한 것은? [20.1]

① 금연–지시표시
② 비상구–안내표시
③ 고압전기–금지표시
④ 안전모 착용–경고표시

해설 ① 금연–금지표지
③ 고압전기–경고표지
④ 안전모 착용–지시표지

정답 ②

12-7. 산업안전보건법상 안전 · 보건표지의 종류와 형태기준 중 안내표지의 종류가 아닌 것은?　[10.3/18.1]

① 금연　　　　② 들것
③ 비상용기구　④ 세안장치

해설 ①은 금지표지

정답 ①

12-8. 산업안전보건법령상 안전 · 보건표지의 종류에서 안내표지에 해당하지 않는 것은?　[15.1]

① 들것
② 녹십자표지
③ 비상용기구
④ 귀마개 착용

해설 ④는 지시표지

정답 ④

12-9. 안전 · 보건표지의 종류 중 응급구호표지의 분류로 옳은 것은?　[18.2]

① 경고표지　　② 지시표지
③ 금지표지　　④ 안내표지

해설 응급구호표지는 안내표지에 해당한다.

정답 ④

12-10. 산업안전보건법령에 따른 안전보건표지의 종류 중 지시표지에 속하는 것은?　[20.3]

① 화기금지　　　② 보안경 착용
③ 낙하물 경고　　④ 응급구호표지

해설 ① 화기금지 : 금지표지
③ 낙하물 경고 : 경고표지
④ 응급구호표지 : 안내표지

정답 ②

12-11. 산업안전보건법령상의 안전 · 보건표지 중 지시표지의 종류가 아닌 것은?

① 안전대 착용　　　　　　　[10.2/15.3]
② 귀마개 착용
③ 안전복 착용
④ 안전장갑 착용

해설 지시표지

보안경 착용	안전모 착용	보안면 착용	귀마개 착용	안전화 착용
안전복 착용	안전장갑 착용	방독 마스크 착용	방진 마스크 착용	

정답 ①

12-12. 산업안전보건법령상 안전 · 보건표지의 종류 중 지시표지의 종류가 아닌 것은?

① 보안경 착용　　　　　　　[18.1]
② 안전장갑 착용
③ 방진마스크 착용
④ 방열복 착용

해설 지시표지 : 보안경 착용, 방독마스크 착용, 방진마스크 착용, 보안면 착용, 안전모 착용, 귀마개 착용, 안전화 착용, 안전장갑 착용, 안전복 착용

정답 ④

12-13. 산업안전보건법상 안전·보건표지의 분류에 있어 "출입금지표지"의 종류에 해당하지 않는 것은? [12.2]

① 차량통행금지
② 금지유해물질 취급
③ 허가대상 유해물질 취급
④ 석면 취급 및 해체·제거

해설 ①은 금지표지에 해당한다.

정답 ①

12-14. 산업안전보건법상 안전·보건표지의 종류에 있어 "출입금지표지"의 종류에 해당하지 않는 것은? [11.3]

① 화기소지금지
② 금지유해물질 취급
③ 석면 취급 및 해체·제거
④ 허가대상 유해물질 취급

해설 ①은 금지표지에 해당한다.

정답 ①

13. 산업안전보건법령에 따른 안전·보건표지의 기본모형 중 다음 기본모형의 표시사항으로 옳은 것은? (단, 색도기준은 2.5PB 4/10이다.) [14.1/18.3]

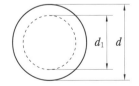

① 금지 ② 경고
③ 지시 ④ 안내

해설 안전·보건표지의 기본모형의 표시사항

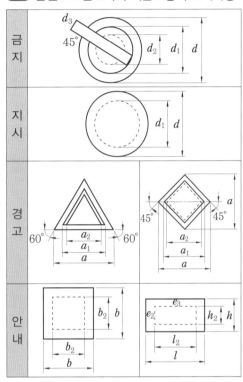

13-1. 산업안전보건법령상 안전·보건표지 속에 그림 또는 부호의 크기는 안전·보건표지의 크기와 비례하여야 하며, 안전·보건표지 전체 규격의 최소 몇 % 이상이어야 하는가? [17.2]

① 10 ② 20
③ 30 ④ 40

해설 안전·보건표지 속의 그림 및 부호의 크기는 전체 규격의 30% 이상이 되어야 한다.

정답 ③

6 안전 관계 법규

산업안전보건법령

1. 산업안전보건법령상 안전보건관리규정에 포함해야 할 내용이 아닌 것은? [15.2/19.2]

① 안전보건교육에 관한 사항
② 사고 조사 및 대책 수립에 관한 사항
③ 안전보건관리조직과 그 직무에 관한 사항
④ 산업재해보상보험에 관한 사항

해설 • 총칙

㉠ 안전보건관리규정 작성의 목적 및 범위에 관한 사항
㉡ 사업주 및 근로자의 재해예방 책임 및 의무 등에 관한 사항
㉢ 하도급 사업장에 대한 안전 · 보건관리에 관한 사항
• 안전 · 보건교육에 관한 사항
• 작업장 보건관리에 관한 사항
• 작업장 안전관리에 관한 사항
• 위험성 평가에 관한 사항
• 사고 조사 및 대책 수립에 관한 사항
• 안전 · 보건관리조직과 그 직무에 관한 사항
• 보칙

Tip) ④는 관리감독자의 정기안전보건교육 내용

2. 다음 중 안전보건관리규정의 작성 시 유의사항으로 틀린 것은? [09.3/15.3]

① 규정된 기준은 법정기준을 상회하여서는 안된다.
② 관리자의 직무와 권한에 대한 부분은 명확하게 한다.
③ 작성 또는 개정 시 현장의 의견을 충분히 반영시킨다.

④ 정상 및 이상 시의 사고 발생에 대한 조치 사항을 포함시킨다.

해설 ① 규정된 기준은 법정기준을 상회하도록 작성 · 운영하여야 한다.

3. 산업안전보건법상 안전보건개선 계획서에 포함되어야 하는 사항이 아닌 것은? [19.3]

① 시설의 개선을 위하여 필요한 사항
② 작업환경의 개선을 위하여 필요한 사항
③ 작업절차의 개선을 위하여 필요한 사항
④ 안전 · 보건교육의 개선을 위하여 필요한 사항

해설 안전보건개선 계획서에 반드시 포함되어야 할 사항

• 시설의 개선을 위하여 필요한 사항
• 안전보건관리체제의 개선을 위하여 필요한 사항
• 안전 · 보건교육의 개선을 위하여 필요한 사항
• 산업재해예방 및 작업환경의 개선을 위하여 필요한 사항

3-1. 다음 중 산업안전보건법에 따라 안전보건개선계획을 수립 · 시행하여야 하는 사업장에서 안전보건개선 계획서를 작성할 때에 반드시 포함되어야 하는 사항과 가장 거리가 먼 것은? [14.1]

① 시설의 개선을 위하여 필요한 사항
② 안전 · 보건교육의 개선을 위하여 필요한 사항
③ 복지정책의 개선을 위하여 필요한 사항
④ 작업환경의 개선을 위하여 필요한 사항

해설 ①, ②, ④는 안전보건개선 계획서에 반드시 포함되어야 할 사항이다.

정답 ③

4. 안전보건관리계획 수립 시 고려할 사항으로 옳지 않은 것은? [20.2]

① 타 관리계획과 균형이 맞도록 한다.
② 안전보건을 저해하는 요인을 확실히 파악해야 한다.
③ 수립된 계획은 안전보건관리 활동의 근거로 활용된다.
④ 과거 실적을 중요한 것으로 생각하고, 현재 상태에 만족해야 한다.

해설 안전보건관리계획 수립 시 고려할 사항
• 타 관리계획과 균형이 맞도록 한다.
• 직장 단위로 구체적인 내용으로 작성해야 한다.
• 안전보건을 저해하는 요인을 확실히 파악해야 한다.
• 수립된 계획은 안전보건관리 활동의 근거로 활용된다.
• 사업장의 실태에 맞도록 독자적인 방법으로 수립하되, 실천 가능성이 있도록 해야 한다.
• 계획의 목표는 점진적으로 높은 수준이 되도록 하여야 한다.

4-1. 다음 중 사업장의 안전·보건관리계획 수립 시 기본적인 고려 요소로 가장 적절한 것은? [10.1/13.1/16.1/19.1]

① 대기업의 경우 표준 계획서를 작성하여 모든 사업장에 동일하게 적용시킨다.
② 계획의 실시 중에는 변동이 없어야 한다.
③ 계획의 목표는 점진적인 높은 수준으로 한다.
④ 사고 발생 후의 수습 대책에 중점을 둔다.

해설 안전보건관리계획 수립 시 고려할 사항
• 타 관리계획과 균형이 맞도록 한다.
• 직장 단위로 구체적인 내용으로 작성해야 한다.
• 안전보건을 저해하는 요인을 확실히 파악해야 한다.
• 수립된 계획은 안전보건관리 활동의 근거로 활용된다.
• 사업장의 실태에 맞도록 독자적인 방법으로 수립하되, 실천 가능성이 있도록 해야 한다.
• 계획의 목표는 점진적으로 높은 수준이 되도록 하여야 한다.

정답 ③

4-2. 사업장의 안전·보건관리계획 수립 시 유의사항으로 옳은 것은? [20.3]

① 사고 발생 후의 수습 대책에 중점을 둔다.
② 계획의 실시 중에는 변동이 없어야 한다.
③ 계획의 목표는 점진적으로 수준을 높이도록 한다.
④ 대기업의 경우 표준 계획서를 작성하여 모든 사업장에 동일하게 적용시킨다.

해설 사업장의 안전·보건관리계획 이행 중 환경 변화에 따라 계획의 목표는 점진적으로 수준을 높이도록 한다.

정답 ③

5. 산업안전보건법령상 사업주의 의무에 해당하지 않는 것은? [12.2/17.2/19.3/21.1]

① 산업재해예방을 위한 기준 준수
② 사업장의 안전 및 보건에 관한 정보를 근로자에게 제공
③ 산업안전 및 보건 관련 단체 등에 대한 지원 및 지도·감독

④ 근로자의 신체적 피로와 정신적 스트레스 등을 줄일 수 있는 쾌적한 작업환경의 조성 및 근로 조건 개선

해설 산업안전보건법령상 사업주의 의무
- 근로자의 신체적 피로와 정신적 스트레스 등을 줄일 수 있는 작업환경의 조성 및 근로 조건 개선
- 해당 사업장의 안전 및 보건에 관한 정보를 근로자에게 제공
- 법에서 정하는 산업재해예방을 위한 기준 준수

Tip) 산업안전 및 보건 관련 단체 등에 대한 지원 및 지도·감독은 정부의 의무이다.

5-1. 산업안전보건법상 사업주의 의무에 해당하지 않는 것은? [13.1/16.3]

① 산업재해예방을 위한 기준 준수
② 사업장의 안전·보건에 관한 정보를 근로자에게 제공
③ 유해하거나 위험한 기계·기구·설비 및 방호장치·보호구 등의 안전성 평가 및 개선
④ 근로자의 신체적 피로와 정신적 스트레스 등을 줄일 수 있는 쾌적한 작업환경을 조성하고 근로 조건을 개선

해설 산업안전보건법령상 사업주의 의무
- 근로자의 신체적 피로와 정신적 스트레스 등을 줄일 수 있는 작업환경의 조성 및 근로 조건 개선
- 해당 사업장의 안전 및 보건에 관한 정보를 근로자에게 제공
- 법에서 정하는 산업재해예방을 위한 기준 준수

Tip) ③은 정부의 의무였으나, 21년도에 관련 법에서 폐지되었다.

정답 ③

5-2. 다음 중 산업안전보건법상 사업주의 책무에 해당하는 것은? [12.3]

① 산업재해에 관한 조사 및 통계의 유지·관리
② 재해 다발 사업장에 대한 재해예방 지원 및 지도
③ 안전·보건을 위한 기술의 연구·개발 및 시설의 설치·운영
④ 산업재해예방을 위한 기준 준수 및 해당 사업장의 안전·보건에 관한 정보 제공

해설 산업안전보건법령상 사업주의 의무
- 근로자의 신체적 피로와 정신적 스트레스 등을 줄일 수 있는 작업환경의 조성 및 근로 조건 개선
- 해당 사업장의 안전 및 보건에 관한 정보를 근로자에게 제공
- 법에서 정하는 산업재해예방을 위한 기준 준수

정답 ④

6. 산업안전보건법상 산업재해가 발생한 때에 사업주가 기록·보존하여야 하는 사항이 아닌 것은? [16.1]

① 사업장의 개요 및 근로자의 인적사항
② 재해 발생의 일시 및 장소
③ 재해 발생의 원인 및 과정
④ 재해 원인 수사 요청 기록 및 근무상황일지

해설 산업재해가 발생한 때에 사업주가 기록·보존하여야 할 사항
- 사업장의 개요 및 근로자의 인적사항
- 재해 발생의 일시 및 장소
- 재해 발생의 원인 및 과정
- 재해 재발방지 계획서

6-1. 산업안전보건법령상 사업주가 산업재해가 발생하였을 때에 기록·보존하여야 하는 사항이 아닌 것은? [17.2]

① 피해상황
② 재해 발생의 일시 및 장소
③ 재해 발생의 원인 및 과정
④ 재해 재발방지 계획

해설 산업재해가 발생한 때에 사업주가 기록·보존하여야 할 사항
• 사업장의 개요 및 근로자의 인적사항
• 재해 발생의 일시 및 장소
• 재해 발생의 원인 및 과정
• 재해 재발방지 계획서

정답 ①

7. 연간 안전보건관리계획의 초안 작성자로 가장 적합한 사람은? [16.2]
① 경영자　　② 관리감독자
③ 안전스텝　　④ 근로자 대표

해설 안전보건관리계획의 초안 작성자로 안전스텝이 가장 적합하다.

8. 산업안전보건법령상 안전보건개선계획의 제출에 관한 사항 중 (　　)에 알맞은 내용은? [16.1/16.2/20.2/21.2]

안전보건개선 계획서를 제출해야 하는 사업주는 안전보건개선 계획서 수립·시행 명령을 받은 날부터 (　　)일 이내에 관할 지방고용노동관서의 장에게 해당 계획서를 제출해야 한다.

① 15　　② 30　　③ 60　　④ 90

해설 안전보건개선계획의 수립·시행 명령을 받은 사업주는 고용노동부장관이 정하는 바에 따라 안전보건개선 계획서를 작성하여 그 명령을 받은 날부터 60일 이내에 관할 지방고용노동관서의 장에게 제출하여야 한다.

9. 산업안전보건법령상 다음 (　　)에 알맞은 내용은? [14.3/16.3/17.1/17.3/18.1/18.3/21.2]

안전보건관리규정의 작성대상 사업의 사업주는 안전보건관리규정을 작성해야 할 사유가 발생한 날부터 (　　) 이내에 안전보건관리규정의 세부 내용을 포함한 안전보건관리규정을 작성하여야 한다.

① 10일　　② 15일
③ 20일　　④ 30일

해설 안전보건관리규정을 작성해야 할 사유가 발생한 날로부터 30일 이내에 안전보건관리규정의 세부 내용을 포함하여 작성하여야 한다.

9-1. 산업안전보건법상 안전보건관리규정을 작성하여야 할 사업은 몇 명 이상의 상시근로자를 사용하는 사업으로 하며, 작성 사유가 발생한 날로부터 며칠 이내에 작성하여야 하는가? [10.2]
① 50명, 15일　　② 50명, 30일
③ 100명, 15일　　④ 100명, 30일

해설 안전보건관리규정을 작성하여야 할 사업은 100명 이상의 상시근로자를 사용하는 사업으로 하며, 작성 사유가 발생한 날로부터 30일 이내에 작성하여야 한다.

정답 ④

9-2. 산업안전보건법령상 건설업의 경우 안전보건관리규정을 작성하여야 하는 상시근로자 수 기준으로 옳은 것은? [11.2/21.1]
① 50명 이상　　② 100명 이상
③ 200명 이상　　④ 300명 이상

해설 건설업의 경우 상시근로자 수가 100명 이상이면 안전보건관리규정을 작성하여야 한다.

정답 ②

9-3. 산업안전보건법령상 건설업의 경우 안전보건관리규정을 작성하여야 할 사업의 규모로 옳은 것은? [13.3/17.1]

① 상시근로자 5명 이상을 사용하는 사업
② 상시근로자 10명 이상을 사용하는 사업
③ 상시근로자 50명 이상을 사용하는 사업
④ 상시근로자 100명 이상을 사용하는 사업

해설 건설업의 경우 상시근로자 수가 100명 이상이면 안전보건관리규정을 작성하여야 한다.

정답 ④

10. 다음은 산업안전보건법령상 공정안전 보고서의 제출시기에 관한 기준 내용이다. ( ) 안에 들어갈 내용을 올바르게 나열한 것은? [13.3/20.1]

> 사업주는 산업안전보건법 시행령에 따라 유해하거나 위험한 설비의 설치·이전 또는 주요 구조 부분의 변경공사의 착공일 (㉠) 전까지 공정안전 보고서를 (㉡) 작성하여 공단에 제출해야 한다.

① ㉠ : 1일, ㉡ : 2부
② ㉠ : 15일, ㉡ : 1부
③ ㉠ : 15일, ㉡ : 2부
④ ㉠ : 30일, ㉡ : 2부

해설 유해·위험설비의 설치·이전 또는 주요 구조 부분의 변경공사의 착공일 30일 전까지 공정안전 보고서를 2부 작성하여 안전보건공단에 제출해야 한다.

11. 산업안전보건법령상 공정안전 보고서에 포함되어야 하는 내용 중 공정안전자료의 세부 내용에 해당하는 것은? [15.1/20.2]

① 안전운전지침서
② 공정위험성 평가서
③ 도급업체 안전관리계획
④ 각종 건물·설비의 배치도

해설 공정안전자료의 세부 내용
• 각종 건물·설비의 배치도
• 유해·위험설비의 목록 및 사양
• 유해·위험물질에 대한 물질안전보건자료
• 유해·위험설비의 운전방법을 알 수 있는 공정도면
• 취급·저장하고 있거나 취급·저장하고자 하는 유해·위험물질의 종류 및 수량
• 폭발위험장소 구분도 및 전기단선도
• 위험설비의 안전 설계 제작 및 설치 관련 지침서

12. 산업안전보건법령상 사업주가 안전관리자를 선임한 경우, 선임한 날부터 며칠 이내에 고용노동부장관에게 증명할 수 있는 서류를 제출하여야 하는가? [11.2/19.2]

① 7일 ② 14일
③ 30일 ④ 60일

해설 사업주가 안전관리자를 선임한 경우, 선임한 날부터 14일 이내에 고용노동부장관에게 증명할 수 있는 서류를 제출하여야 한다.

13. 산업안전보건법령상 건설업의 도급인 사업주가 작업장을 순회·점검하여야 하는 주기로 올바른 것은? [19.2]

① 1일에 1회 이상
② 2일에 1회 이상
③ 3일에 1회 이상
④ 7일에 1회 이상

해설 순회 · 점검주기

업종	주기
건설업, 제조업, 토사석 광업, 서적, 잡지 및 기타 인쇄물 출판업, 음악, 기타 비디오물 출판업, 금속 및 비금속 원료 재생업	2일에 1회 이상
위 사업을 제외한 사업	1주에 1회 이상

14. 산업안전보건법령상 타워크레인 지지에 관한 사항으로 ( )에 알맞은 내용은? [21.3]

> 타워크레인을 와이어로프로 지지하는 경우, 설치각도는 수평면에서 (㉠)도 이내로 하되, 지지점은 (㉡)개소 이상으로 하고, 같은 각도로 설치하여야 한다.

① ㉠ : 45, ㉡ : 3   ② ㉠ : 45, ㉡ : 4
③ ㉠ : 60, ㉡ : 3   ④ ㉠ : 60, ㉡ : 4

해설 타워크레인을 와이어로프로 지지하는 경우, 설치각도는 수평면에서 60도 이내로 하되, 지지점은 4개소 이상으로 하고, 같은 각도로 설치하여야 한다.

15. 산업안전보건법령상 상시근로자 20명 이상 50명 미만인 사업장 중 안전보건관리 담당자를 선임하여야 할 업종이 아닌 것은?

① 임업   [21.3]
② 제조업
③ 건설업
④ 하수, 폐수 및 분뇨처리업

해설 사업주는 상시근로자 20명 이상 50명 미만인 다음 사업장에 안전보건관리담당자를 1명 이상 선임하여야 한다.
㉠ 임업
㉡ 제조업

㉢ 환경 정화 및 복원업
㉣ 하수, 폐수 및 분뇨처리업
㉤ 폐기물 수집, 운반, 처리 및 원료 재생업 등

건설기술진흥법령

16. 건설기술진흥법상 안전관리계획을 수립해야 하는 건설공사에 해당하지 않는 것은?

① 15층 건축물의 리모델링   [19.1]
② 지하 15m를 굴착하는 건설공사
③ 항타 및 항발기가 사용되는 건설공사
④ 높이가 21m인 비계를 사용하는 건설공사

해설 ① 10층 이상인 건축물의 리모델링 또는 해체공사
② 지하 10m 이상을 굴착하는 건설공사
③ 항타 및 항발기, 타워크레인이 사용되는 건설공사
④ 높이가 31m 이상인 비계를 사용하는 건설공사

16-1. 다음 중 건설기술관리법에 따라 안전관리계획을 수립하여야 하는 건설공사에 해당하지 않는 것은? [12.3]

① 원자력시설 공사
② 지하 10m 이상을 굴착하는 건설공사
③ 10층 이상인 건축물의 리모델링 또는 해체공사
④ 시설물의 안전관리에 관한 특별법에 따른 1종 시설물의 건설공사

해설 ①은 원자력 관련법에 따른다.

정답 ①

17. 산업안전보건기준에 관한 규칙에 따른 근

로자가 상시 작업하는 장소의 작업면의 최소 조도기준으로 옳은 것은? (단, 갱내 작업장과 감광재료를 취급하는 작업장은 제외한다.)

① 초정밀작업 : 1000럭스 이상   [11.2/17.1]

② 정밀작업 : 500럭스 이상

③ 보통작업 : 150럭스 이상

④ 그 밖의 작업 : 50럭스 이상

해설 조명(조도)수준
- 초정밀작업 : 750lux 이상
- 정밀작업 : 300lux 이상
- 보통작업 : 150lux 이상
- 그 밖의 일반작업 : 75lux 이상

시설물의 안전 및 유지 관리에 관한 특별법령

18. 시설물의 안전 및 유지관리에 관한 특별법상 제1종 시설물에 명시되지 않은 것은?

① 고속철도 교량   [21.2]

② 25층인 건축물

③ 연장 300m인 철도 교량

④ 연면적이 70000m²인 건축물

해설 특별법상 제1종 시설물
- 철도 교량
  - ㉠ 고속철도 교량
  - ㉡ 도시철도 교량 및 고가교
  - ㉢ 상부 구조형식의 트러스교 및 아치교량
  - ㉣ 연장 500m 이상의 교량
- 도로 교량
  - ㉠ 상부 구조형식의 현수교, 사장교, 아치교 및 트러스교인 교량
  - ㉡ 최대 경간장 50m 이상의 교량
  - ㉢ 연장 500m 이상의 교량
  - ㉣ 폭 12m 이상이고, 연장 500m 이상인 복개구조물

- 21층 이상 또는 연면적 50000m² 이상인 건축물

19. 산업안전보건법령에 따른 건설업 중 유해·위험방지 계획서를 작성하여 고용노동부장관에게 제출하여야 하는 공사의 기준 중 틀린 것은?   [13.2/15.3/18.3]

① 연면적 5000m² 이상의 냉동·냉장창고시설의 설비공사 및 단열공사

② 깊이 10m 이상인 굴착공사

③ 저수용량 2000만 톤 이상의 용수 전용 댐 공사

④ 최대 지간길이가 31m 이상인 교량 건설공사

해설 ④ 최대 지간길이가 50m 이상인 교량 건설공사

19-1. 다음 중 유해·위험방지사항에 관한 계획서를 작성하여 제출하여야 하는 대상 사업이 아닌 것은?   [09.2/22.2]

① 터널의 건설공사

② 깊이가 8m인 굴착공사

③ 최대 지간길이가 60m인 교량 건설공사

④ 지상 높이가 35m인 건축물의 건설공사

해설 ② 깊이가 10m 이상인 굴착공사

정답 ②

19-2. 산업안전보건법령상 건설업 중 고용노동부령으로 정하는 자격을 갖춘 자의 의견을 들은 후 유해·위험방지 계획서를 작성하여 고용노동부장관에게 제출하여야 하는 대상 사업장의 기준 중 다음 (   ) 안에 알맞은 것은?   [12.2/18.1]

> 연면적 (   ) 이상의 냉동·냉장창고시설의 설비공사 및 단열공사

① 3000 m² ② 5000 m²
③ 7000 m² ④ 10000 m²

해설 연면적 5000 m² 이상의 냉동·냉장창고시설의 설비공사 및 단열공사

정답 ②

20. 시설물의 안전 및 유지관리에 관한 특별법상 국토교통부장관은 시설물이 안전하게 유지관리 될 수 있도록 하기 위하여 몇 년마다 시설물의 안전 및 유지관리에 관한 기본계획을 수립·시행하여야 하는가?[13.1/18.1/20.3]

① 2년 ② 3년
③ 5년 ④ 10년

해설 국토교통부장관은 시설물이 안전하게 유지관리 될 수 있도록 하기 위하여 5년마다 시설물의 안전 및 유지관리에 관한 기본계획을 수립·시행하여야 한다.

21. 시설물의 안전 및 유지관리에 관한 특별법상 시설물 정기안전점검의 실시시기로 옳은 것은? (단, 시설물의 안전등급이 A등급인 경우) [11.3/14.1/14.2/15.3/18.3/19.2/20.1]

① 반기에 1회 이상 ② 1년에 1회 이상
③ 2년에 1회 이상 ④ 3년에 1회 이상

해설 특별법상 시설물 안전점검의 실시시기

안전등급	정밀안전점검		정기안전점검
	건축물	그 외의 시설물	
A	4년에 1회	3년에 1회	반기에 1회
B, C	3년에 1회	2년에 1회	반기에 1회
D, E	2년에 1회	1년에 1회	1년에 3회

22. 산업안전보건법령상 양중기의 종류에 포함되지 않는 것은? [15.2/19.2]

① 곤돌라 ② 호이스트
③ 컨베이어 ④ 이동식 크레인

해설 양중기의 종류
• 곤돌라
• 승강기
• 이동식 크레인
• 크레인(호이스트 포함)
• 리프트(이삿짐운반용의 경우 적재하중 0.1톤 이상)

Tip) 컨베이어 – 화물을 연속 운반하는 기계장치

23. 안전대의 완성품 및 각 부품의 동하중 시험성능기준 중 충격흡수장치의 최대 전달충격력은 몇 kN 이하이어야 하는가? [18.1]

① 6 ② 7.84
③ 11.28 ④ 5

해설 안전대 등의 충격흡수장치의 최대 전달충격력은 6kN 이하이어야 한다.

24. 다음 중 관련 규정에 따른 안전대의 일반구조로 적합하지 않은 것은? [11.3]

① 안전대에 사용하는 죔줄은 충격흡수장치가 부착될 것
② 죔줄의 모든 금속 구성품은 내식성을 갖거나 부식방지 처리를 할 것
③ 벨트의 조임 및 조절 부품은 일정 이상의 힘을 받을 경우 저절로 풀리거나 열리도록 되어 있을 것
④ 안전그네는 골반 부분과 어깨에 위치하는 띠를 가져야 하고, 사용자에게 잘 맞게 조절할 수 있을 것

해설 ③ 벨트의 조임 및 조절 부품은 저절로 풀리거나 열리지 않을 것

24-1. 다음 중 안전대의 일반구조에 대한 설명으로 틀린 것은? [09.3]

① 벨트의 조임 및 조절 부품은 저절로 풀리거나 열리지 않을 것
② 죔줄의 모든 금속 구성품은 내식성을 갖거나 부식방지 처리를 할 것
③ 추락방지대 및 안전블록에 사용하는 죔줄은 충격흡수장치가 부착될 것
④ 안전그네는 골반 부분과 어깨에 위치하는 띠를 가져야 하고, 사용자에게 잘 맞게 조절할 수 있을 것

해설 ③ 안전대에 사용하는 죔줄은 충격흡수장치가 부착될 것

정답 ③

25. 시설물의 안전관리에 관한 특별법에 따라 관리주체는 시설물의 안전 및 유지관리계획을 소관 시설물별로 매년 수립·시행하여야 하는데 이때 안전 및 유지관리계획에 반드시 포함되어야 하는 사항으로 볼 수 없는 것은? [15.1]

① 긴급상황 발생 시 조치체계에 관한 사항
② 안전과 유지관리에 필요한 비용에 관한 사항
③ 보호구 및 방호장치의 적용 기준에 관한 사항
④ 안전점검 또는 정밀안전진단 실시계획 및 보수·보강계획에 관한 사항

해설 시설물의 안전 및 유지관리계획에 포함되어야 하는 사항
• 긴급상황 발생 시 조치체계에 관한 사항
• 시설물의 안전과 유지관리를 위한 조직·인원 및 장비의 확보에 관한 사항
• 안전점검 또는 정밀안전진단 실시계획 및 보수·보강계획에 관한 사항
• 시설물의 설계·시공·감리 및 유지관리 등에 관련된 설계도서의 수집 및 보존에 관한 사항

• 보수·보강 등 유지관리 및 그에 필요한 비용에 관한 사항

관련 지침

26. 산업안전보건법령상 명예 산업안전감독관의 업무에 속하지 않는 것은? (단, 산업안전보건위원회 구성 대상 사업의 근로자 중에서 근로자 대표가 사업주의 의견을 들어 추천하여 위촉된 명예 산업안전감독관의 경우이다.) [21.2]

① 사업장에서 하는 자체 점검 참여
② 보호구의 구입 시 적격품의 선정
③ 근로자에 대한 안전수칙 준수 지도
④ 사업장 산업재해 예방계획 수립 참여

해설 명예 산업안전감독관의 업무
• 사업장에서 하는 자체 점검 참여
• 근로자에 대한 안전수칙 준수 지도
• 사업장 산업재해 예방계획 수립 참여
• 산업재해 발생의 급박한 위험이 있는 경우 사업주에 대한 작업중지 요청
• 작업환경 측정, 근로자 건강진단 시의 참석 및 결과 설명회 참여
• 직업성 질환의 질병에 걸린 근로자의 임시 건강진단 실시 요청
• 법 및 산업재해 예방정책 개선 건의
• 안전보건의식을 위한 활동 등에 관한 지원과 참여

Tip) 보호구의 구입 시 적격품의 선정 – 안전보건관리 책임자의 직무

27. 정보 서비스업의 경우, 상시근로자의 수가 최소 몇 명 이상일 때 안전보건관리규정을 작성하여야 하는가? [17.1/20.1]

① 50명 이상 　② 100명 이상
③ 200명 이상 　④ 300명 이상

해설 상시근로자 300명 이상에서 안전보건관리규정을 작성하여야 하는 사업장

- 농업 　　　　　• 정보 서비스업
- 어업 　　　　　• 임대업(부동산 제외)
- 금융 및 보험업 　• 사회복지 서비스업
- 사업지원 서비스업
- 전문, 과학 및 기술 서비스업
- 소프트웨어 개발 및 공급업
- 컴퓨터 프로그래밍, 시스템 통합 및 관리업

28. 산업안전보건법령상 산업안전보건관리비 사용명세서는 건설공사 종료 후 얼마간 보존해야 하는가? (단, 공사가 1개월 이내에 종료되는 사업은 제외한다.)[14.3/18.2/20.2/21.1]

① 6개월간 　　② 1년간
③ 2년간 　　　④ 3년간

해설 산업안전보건관리비 사용명세서는 건설공사 종료 후 1년간 보존해야 한다.

29. 다음 중 산업안전보건법에 따라 사업주는 산업재해 발생 기록, 화학물질의 유해성 · 위험성 조사에 관한 서류, 건강진단에 관한 서류를 몇 년간 보존하여야 하는가? [11.3]

① 1년 　　　② 2년
③ 3년 　　　④ 5년

해설 사업주는 산업재해 발생 기록, 화학물질의 유해성 · 위험성 조사에 관한 서류, 건강진단에 관한 서류를 3년간 보존하여야 한다.

30. 산업안전보건법에 따라 사업주는 유해 · 위험작업에서 유해 · 위험예방조치 외에 작업과 휴식의 적정한 배분, 그 밖에 근로시간과 관련된 근로 조건의 개선을 통하여 근로

자의 건강 보호를 위한 조치를 하여야 하는데 다음 중 이에 해당하는 작업이 아닌 것은? [14.2]

① 인력으로 중량물을 취급하는 작업
② 안전관리자가 임의로 판단하여 지시되는 작업
③ 다량의 고열 또는 저온물체를 취급하는 작업
④ 유리 · 흙 · 돌 · 광물의 먼지가 심하게 날리는 장소에서 하는 작업

해설 근로자의 건강 보호조치가 필요한 작업

- 갱내에서 하는 작업
- 인력으로 중량물을 취급하는 작업
- 다량의 고열물체를 취급하는 작업과 현저히 덥고 뜨거운 장소에서 하는 작업
- 다량의 저온물체를 취급하는 작업과 현저히 춥고 차가운 장소에서 하는 작업
- 라듐 방사선이나 엑스선, 그 밖의 유해 방사선을 취급하는 작업
- 유리 · 흙 · 돌 · 광물의 먼지가 심하게 날리는 장소에서 하는 작업
- 강렬한 소음이 발생하는 장소에서 하는 작업
- 착암기 등에 의하여 신체에 강렬한 진동을 주는 작업
- 납 · 수은 · 크롬 · 망간 · 카드뮴 등의 중금속 또는 이황화탄소 · 유기용제, 그 밖에 고용노동부령으로 정하는 특정 화학물질의 먼지 · 증기 또는 가스가 많이 발생하는 장소에서 하는 작업

31. 다음 중 건설업의 산업안전보건관리비로 사용할 수 있는 것은? [10.3]

① 개구부 덮개
② 가설계단
③ 공사장 경계표시를 위한 가설울타리
④ 외부인 출입금지를 위한 가설울타리

해설 • 안전시설비로 사용이 가능한 항목 :
안전난간 및 발끝막이판, 추락방지용 안전
방망, 안전대 걸이설비, 개구부 덮개, 위험
부위 보호덮개 등
• 안전시설비로 사용이 불가능한 항목 : 외
부인 출입금지, 공사장 경계표시를 위한 가
설울타리와 각종 비계, 작업발판, 가설계
단 · 통로, 사다리 등

32. 건설업 산업안전보건관리비 계상에 관한
관련 규정은 산업재해보상보험법의 적용을
받는 공사 중 총 공사금액이 얼마 이상인 공
사에 적용하는가? [16.1]

① 2000만 원   ② 1억 원
③ 120억 원   ④ 150억 원

해설 건설업 산업안전보건관리비 계상에 관
한 관련 규정은 산업재해보상보험법의 적용
을 받는 공사 중 총 공사금액이 2000만 원 이
상인 공사에 적용한다.(21년도 개정)
(※ 관련 규정 개정 전 문제로 본서에서는 기존 정
답인 ①번을 2000만 원으로 수정하여 정답으로 한
다. 총 공사금액이 4000만 원에서 2000만 원으로
21년도에 개정되었다.)

33. 산업안전보건기준에 관한 규칙상 지게차
를 사용하는 작업을 하는 때의 작업시작 전
점검사항에 명시되지 않은 것은? [21.1]

① 제동장치 및 조종장치 기능의 이상 유무
② 하역장치 및 유압장치 기능의 이상 유무
③ 와이어로프가 통하고 있는 곳 및 작업장소
의 지반상태
④ 전조등 · 후미등 · 방향지시기 및 경보장치
기능의 이상 유무

해설 ③은 이동식 크레인 작업시작 전 점검
사항

34. 산업안전보건기준에 관한 규칙상 공기압
축기를 가동할 때의 작업시작 전 점검사항에
해당하지 않는 것은? [10.2/16.3/20.3]

① 윤활유의 상태
② 언로드 밸브의 기능
③ 압력방출장치의 기능
④ 비상정지장치 기능의 이상 유무

해설 ④는 컨베이어의 작업시작 전 점검사항

35. 산업안전보건법상 고소작업대를 사용하여
작업을 하는 때의 작업시작 전 점검사항에
해당하지 않는 것은? [09.1/11.2/14.3/17.1/22.1]

① 작업면의 기울기 또는 요철 유무
② 아웃트리거 또는 바퀴의 이상 유무
③ 비상정지장치 및 비상하강장치 기능의 이상
유무
④ 충전장치를 포함한 홀더 등의 결합상태의
이상 유무

해설 ④는 구내운반차 작업시작 전 점검사항

36. 산업안전보건기준에 관한 규칙에 따른 크
레인, 이동식 크레인, 리프트(간이리프트 포
함)를 사용하여 작업을 할 때 작업시작 전에
공통적으로 점검해야 하는 사항은? [14.2/18.2]

① 바퀴의 이상 유무
② 전선 및 접속부 상태
③ 브레이크 및 클러치의 기능
④ 작업면의 기울기 또는 요철 유무

해설 작업시작 전에 점검해야 하는 사항
• 크레인의 작업 전 점검사항
  ㉠ 권과방지장치, 브레이크 및 클러치 등
  운전장치의 기능
  ㉡ 주행로 상측 및 트롤리가 횡행하는 레일
  의 상태

ⓒ 와이어로프가 통하고 있는 곳 및 작업장
소의 지반상태
- 이동식 크레인의 작업 전 점검사항
  ㉠ 권과방지장치 및 그 밖의 경보장치의 기능
  ㉡ 브레이크 및 클러치 등 조정장치의 기능
  ㉢ 와이어로프가 통하고 있는 곳 및 작업장
  소의 지반상태
- 리프트의 작업 전 점검사항
  ㉠ 방호장치 및 브레이크, 클러치 등 조정
  장치의 기능
  ㉡ 와이어로프가 통하고 있는 곳의 상태

36-1. 산업안전보건법령상 이동식 크레인을 사용하여 작업하는 경우 작업시작 전 점검사항에 해당되지 않는 것은? [09.2/22.2]

① 회전부의 덮개 또는 울
② 브레이크 · 클러치 및 조정장치의 기능
③ 권과방지장치 및 그 밖의 경보장치의 기능
④ 와이어로프가 통하고 있는 곳 및 작업장소의 지반상태

해설 이동식 크레인의 작업시작 전 점검사항
- 권과방지장치 및 그 밖의 경보장치의 기능
- 브레이크 및 클러치 등 조정장치의 기능
- 와이어로프가 통하고 있는 곳 및 작업장소의 지반상태

Tip) ①은 공기압축기의 작업시작 전 점검사항

정답 ①

37. 산업안전보건법령상 해당 사업장의 연간재해율이 같은 업종의 평균재해율의 2배 이상인 경우 사업주에게 관리자를 정수 이상으로 증원하게 하거나 교체하여 임명할 것을 명할 수 있는 자는? [17.1/20.3]

① 시 · 도지사
② 고용노동부장관
③ 국토교통부장관
④ 지방고용노동관서의 장

해설 안전관리자 등의 증원 · 교체 임명권자 : 지방고용노동관서의 장

Tip) 안전관리자 등의 증원 · 교체 임명
- 증원 · 교체 임명 명령 사업장
- 중대재해가 연간 2건 이상 발생한 경우
- 해당 사업장의 연간재해율이 같은 업종의 평균재해율의 2배 이상인 경우
- 관리자가 질병이나 그 밖의 사유로 3개월 이상 직무를 수행할 수 없게 된 경우
- 화학적 인자로 인한 직업성 질병자가 연간 3명 이상 발생한 경우

37-1. 다음 중 산업안전보건법령상 지방고용노동관서의 장이 사업주에게 안전관리자나 보건관리자를 정수 이상으로 증원하게 하거나 교체하여 임명할 것을 명할 수 있는 경우가 아닌 것은? [12.3]

① 중대재해가 연간 4건 발생한 경우
② 해당 사업장의 연간재해율이 같은 업종의 평균재해율의 2.5배인 경우
③ 관리자가 질병이나 그 밖의 사유로 4개월 동안 직무를 수행할 수 없게 된 경우
④ 발암성 물질을 취급하는 작업장 중 측정치가 노출기준을 상회하여 작업환경 측정을 연속 3회 명령받은 경우

해설 안전관리자 등의 증원 · 교체 임명
- 증원 · 교체 임명 명령 사업장
- 중대재해가 연간 2건 이상 발생한 경우
- 해당 사업장의 연간재해율이 같은 업종의 평균재해율의 2배 이상인 경우
- 관리자가 질병이나 그 밖의 사유로 3개월 이상 직무를 수행할 수 없게 된 경우
- 화학적 인자로 인한 직업성 질병자가 연간 3명 이상 발생한 경우

정답 ④

37-2. 산업안전보건법상 지방노동관서의 장이 사업주에게 안전관리자 또는 보건관리자를 증원하게 하거나 개임할 것을 명령할 수 있는 사유에 해당되는 것은? [09.1/19.1/22.1]

① 사망재해가 연간 1건 발생하였다.
② 중대재해가 연간 1건 발생하였다.
③ 안전관리자가 질병의 사유로 6개월 동안 해당 직무를 수행할 수 없었다.
④ 당해 사업장의 연간재해율이 동종 업종 평균재해율보다 1.5배 높게 발생하였다.

해설 관리자가 질병이나 그 밖의 사유로 3개월 이상 직무를 수행할 수 없게 된 경우

정답 ③

37-3. 산업안전보건법령에 따른 지방고용노동관서의 장이 사업주에게 안전관리자 · 보건관리자 또는 안전보건관리담당자를 정수 이상으로 증원하게 하거나 교체하여 임명할 것을 명할 수 있는 기준 중 다음 (   ) 안에 알맞은 것은? [18.3]

> • 해당 사업장의 연간재해율이 같은 업종의 평균재해율의 (㉠)배 이상인 경우
> • 중대재해가 연간 (㉡)건 이상 발생한 경우
> • 관리자가 질병이나 그 밖의 사유로 (㉢)개월 이상 직무를 수행할 수 없게 된 경우

① ㉠ : 3, ㉡ : 3, ㉢ : 2
② ㉠ : 3, ㉡ : 3, ㉢ : 3
③ ㉠ : 2, ㉡ : 3, ㉢ : 2
④ ㉠ : 2, ㉡ : 2, ㉢ : 3

해설 • 해당 사업장의 연간재해율이 같은 업종의 평균재해율의 2배 이상인 경우
• 중대재해가 연간 2건 이상 발생한 경우

> • 관리자가 질병이나 그 밖의 사유로 3개월 이상 직무를 수행할 수 없게 된 경우

정답 ④

38. 산업안전보건법령상 안전관리자를 2인 이상 선임하여야 하는 사업에 해당하지 않는 것은? [14.3/19.1]

① 공사금액이 1000억인 건설업
② 상시근로자가 500명인 통신업
③ 상시근로자가 1500명인 운수업
④ 상시근로자가 600명인 식료품 제조업

해설 안전관리자를 선임하여야 하는 기준 사업

사업 종류	상시근로자 수	안전관리자 수
우편 및 통신, 운수 및 창고, 농업, 임업 및 어업	50명 이상 1천명 미만	1명 이상
	1천명 이상	2명 이상
토사석 광업, 식료품, 음료 제조업, 목재 및 나무 제품 제조업	50명 이상 500명 미만	1명 이상
	500명 이상	2명 이상
건설업 (공사금액으로 결정)	50억 원 이상 800억 원 미만	1명 이상
	800억 원 이상 1500억 원 미만	2명 이상
	1500억 원 이상 2200억 원 미만	3명 이상

38-1. 산업안전보건법령상 공사금액이 1500억 원인 건설현장에서 두어야 할 안전관리자는 몇 명 이상인가? [14.2]

① 1명   ② 2명
③ 3명   ④ 4명

해설 건설업(공사금액 1500억 원 이상 2200

억 원 미만인 사업장)은 안전관리자 3명 이상을 선임해야 한다.

정답 ③

39. 다음 중 산업안전보건법에서 정하는 안전보건 총괄책임자 지정대상 사업장이 아닌 것은? [09.1/22.1]

① 상시근로자가 75명인 신발제조업
② 상시근로자가 75명인 제1차 금속산업
③ 상시근로자가 75명인 선박 및 보트 건조업
④ 수급인 및 하수급인의 공사금액을 포함한 당해 공사의 총 공사금액이 50억 원인 건설업

해설 안전보건 총괄책임자 지정대상 사업장
• 상시근로자 50명 이상 규모의 사업장
  ㉠ 토사석 광업
  ㉡ 1차 금속제조업
  ㉢ 선박 및 보트 건조업
  ㉣ 금속가공제품 제조업
  ㉤ 비금속 광물제품 제조업
  ㉥ 목재 및 나무제품 제조업
  ㉦ 자동차 및 트레일러 제조업
  ㉧ 화학물질 및 화학제품 제조업
  ㉨ 기타 기계 및 장비 제조업
  ㉩ 기타 운송장비 제조업
• 수급인 및 하수급인의 공사금액을 포함한 당해 공사의 총 공사금액이 20억 원 이상인 건설업

39-1. 산업안전보건법령상 동일한 장소에서 행하여지는 사업의 일부를 도급에 의하여 행하는 사업에 있어 안전보건 총괄책임자를 지정하여야 하는 사업은? [09.2/22.2]

① 25인의 토사석 광업
② 25인의 제1차 금속산업
③ 100인의 선박 및 보트 건조업
④ 50인의 화합물 및 화학제품 제조업

해설 안전보건 총괄책임자 지정대상 사업장
• 상시근로자 50명 이상 규모의 사업장
  ㉠ 토사석 광업
  ㉡ 1차 금속제조업
  ㉢ 선박 및 보트 건조업
  ㉣ 금속가공제품 제조업
  ㉤ 비금속 광물제품 제조업
  ㉥ 목재 및 나무제품 제조업
  ㉦ 자동차 및 트레일러 제조업
  ㉧ 화학물질 및 화학제품 제조업
  ㉨ 기타 기계 및 장비 제조업
  ㉩ 기타 운송장비 제조업
• 수급인 및 하수급인의 공사금액을 포함한 당해 공사의 총 공사금액이 20억 원 이상인 건설업

정답 ③

39-2. 산업안전보건법령에 따른 안전보건 총괄책임자 지정대상 사업 기준 중 다음 ( ) 안에 알맞은 것은? (단, 선박 및 보트 건조업, 1차 금속제조업 및 토사석 광업의 경우이다.) [18.3]

> 수급인에게 고용된 근로자를 포함한 상시근로자가 (㉠)명 이상인 사업 및 수급인의 공사금액을 포함한 해당 공사의 총 공사금액이 (㉡)억 원 이상인 건설업

① ㉠ : 50, ㉡ : 10   ② ㉠ : 50, ㉡ : 20
③ ㉠ : 100, ㉡ : 10   ④ ㉠ : 100, ㉡ : 20

해설 선박 및 보트 건조업, 1차 금속제조업 및 토사석 광업의 경우에는 상시근로자가 50명 이상인 사업 및 수급인의 공사금액을 포함한 해당 공사의 총 공사금액이 20억 원 이상인 건설업

정답 ②

정답 39. ①

---

1 산업심리 이론

산업심리 개념 및 요소 Ⅰ

1. 산업안전심리학에서 산업안전심리의 5대 요소에 해당하지 않는 것은? [13.1/21.1]

① 감정   ② 습성
③ 동기   ④ 피로

해설 안전심리의 5대 요소
- 동기 : 사람의 마음을 움직이는 원동력
- 기질 : 사람의 성격 등 개인적인 특성
- 감정 : 희로애락, 감성 등 사람이 행동할 때 생기는 의식을 말함
- 습성 : 사람의 행동에 영향을 미칠 수 있도록 하는 것
- 습관 : 자신도 모르게 나오는 행동, 현상 등

1-1. 산업안전심리의 5대 요소가 아닌 것은?

① 동기(motive)   [10.1/16.2]
② 기질(temper)
③ 감정(emotion)
④ 지능(intelligence)

해설 안전심리의 5대 요소 : 동기, 기질, 감정, 습성, 습관
Tip) 작업자 적성요인 : 성격(인간성), 지능, 흥미

정답 ④

1-2. 안전심리의 5대 요소에 관한 설명으로 틀린 것은? [13.3/21.2]

① 기질이란 감정적인 경향이나 반응에 관계되는 성격의 한 측면이다.
② 감정은 생활체가 어떤 행동을 할 때 생기는 객관적인 동요를 뜻한다.
③ 동기는 능동적인 감각에 의한 자극에서 일어난 사고의 결과로서 사람의 마음을 움직이는 원동력이 되는 것이다.
④ 습성은 한 종에 속하는 개체의 대부분에서 볼 수 있는 일정한 생활양식으로 본능, 학습, 조건반사 등에 따라 형성된다.

해설 ② 감정은 희로애락, 감성 등 사람이 행동할 때 생기는 의식을 말한다.

정답 ②

2. 다음 중 작업에 수반되는 피로의 예방 대책과 가장 거리가 먼 것은? [12.1]

① 작업부하를 크게 할 것
② 불필요한 마찰을 배재할 것
③ 작업속도를 적절하게 조정할 것
④ 근로시간과 휴식을 적절하게 취할 것

해설 ① 작업부하를 줄인다.

3. 스트레스(stress)에 영향을 주는 요인 중 환경이나 외적요인에 해당하는 것은? [18.2/21.2]

① 자존심의 손상
② 현실에서의 부적응
③ 도전의 좌절과 자만심의 상충
④ 직장에서의 대인관계 갈등과 대립

정답 1. ④   2. ①   3. ④

해설 스트레스 자극요인

내부적 요인	외부적 요인
• 자존심의 손상	• 경제적 빈곤
• 업무상의 죄책감	• 가족관계의 불화
• 현실에서의 부적응	• 직장에서 갈등과 대립
• 경쟁과 욕심	• 가족의 죽음, 질병
• 좌절감과 자만심	• 자신의 건강 문제

4. 조직에 의한 스트레스 요인으로 역할 수행자에 대한 요구가 개인의 능력을 초과하거나 주어진 시간과 능력이 허용하는 것 이상을 달성하도록 요구받고 있다고 느끼는 상황을 무엇이라 하는가? [10.1/10.3/17.1/20.1]

① 역할갈등　　　　② 역할 과부하
③ 업무수행 평가　　④ 역할 모호성

해설 조직에 의한 스트레스 요인
• 역할갈등 : 집단의 요구가 2가지 이상 동시에 발생했을 때 상반된 역할이 기대될 경우의 갈등 상황을 말한다.
• 역할 과부하 : 역할 수행자에 기대하는 요구가 개인의 능력을 초과하거나 주어진 시간과 능력이 허용하는 것 이상을 달성하도록 요구받고 있다고 느끼면서 성급함과 부주의가 발생한다.
• 역할 모호성 : 개인의 역할이나 업무의 담당에 대해 명확하게 지정되지 않았을 때 발생하는 상황을 말한다.

5. 미국 국립산업안전보건연구원(NIOSH)이 제시한 직무 스트레스 모형에서 직무 스트레스 요인을 작업요인, 조직요인, 환경요인으로 구분할 때 조직요인에 해당하는 것은? [20.2]

① 관리유형　　　　② 작업속도
③ 교대근무　　　　④ 조명 및 소음

해설 미국 국립산업안전보건연구원의 직무 스트레스 모형
• 작업요인 : 작업부하, 작업속도, 교대근무
• 조직요인 : 역할갈등, 과중한 역할 요구, 관리유형, 고용 불확실성
• 환경요인 : 소음·진동, 열·냉방 등 환기 불량, 조명

5-1. NIOSH의 직무 스트레스 모형에서 각 요인의 세부 항목으로 연결이 틀린 것은? [18.2]

① 작업요인 – 작업속도
② 조직요인 – 교대근무
③ 환경요인 – 조명, 소음
④ 완충작용요인 – 대응능력

해설 • 작업요인 : 작업부하, 작업속도, 교대근무
• 조직요인 : 역할갈등, 과중한 역할 요구, 관리유형, 고용 불확실성

정답 ②

6. 개인적 차원에서의 스트레스 관리 대책으로 관계가 먼 것은? [09.2/18.3]

① 긴장 이완법　　　② 직무 재설계
③ 적절한 운동　　　④ 적절한 시간관리

해설 개인적 차원에서의 스트레스 관리 대책은 긴장 이완법, 적절한 운동, 적절한 시간관리 등이다.

7. 다음 중 스트레스에 대하여 반응하는데 있어서 개인 차이의 이유로 적합하지 않은 것은? [15.2/18.3/22.1]

① 자기 존중감의 차이　② 성(性)의 차이
③ 작업시간의 차이　　④ 강인성의 차이

해설 스트레스에 대한 반응의 개인 차이는 성(性)의 차이, 강인성의 차이, 자기 존중감의 차이 등에 의해 발생한다.

8. 스트레스에 대한 설명으로 틀린 것은? [18.2]

① 사람이 스트레스를 받게 되면 감각기관과 신경이 예민해진다.

② 스트레스 수준이 증가할수록 수행성과는 일정하게 감소한다.

③ 스트레스는 환경의 요구가 지나쳐 개인의 능력한계를 벗어날 때 발생한다.

④ 스트레스 요인에는 소음, 진동, 열 등과 같은 환경 영향뿐만 아니라 개인적인 심리적 요인들도 포함된다.

해설 ② 스트레스 수준이 증가할수록 수행성과는 급속하게 감소한다.

8-1. 다음 중 스트레스에 대한 설명으로 적합하지 못한 것은? [15.1]

① 스트레스는 환경의 요구가 지나쳐 개인의 능력한계를 벗어날 때 발생한다.

② 스트레스 요인에는 소음, 진동, 열 등과 같은 환경 영향뿐만 아니라 개인적인 심리적 요인들도 포함한다.

③ 사람이 스트레스를 받게 되면 감각기관과 신경이 예민해진다.

④ 역기능 스트레스는 스트레스의 반응이 긍정적이고, 건전한 결과로 나타나는 현상이다.

해설 ④ 순기능 스트레스는 스트레스의 반응이 긍정적이고, 건전한 결과로 나타나는 현상이다.

정답 ④

9. 다음 중 스트레스로 인해 나타나는 분노의 관리방안에 관한 설명으로 틀린 것은? [10.1]

① 분노를 한꺼번에 묶어서 쏟아 놓지 마라.

② 분노를 상대방에게 표현할 때에는 가능한 한 본인 대신 상대방을 중심으로 진술하라.

③ 분노를 억제하지 말고 표현하되 분노에 휩싸이지 마라.

④ 분노를 표현하기 위해서는 적절한 시간과 장소를 선택하라.

해설 ② 분노를 상대방에게 표현할 때에는 가능한 한 본인 중심으로 명확하고 진솔하게 표현하라.

10. 산업심리에서 활용되고 있는 개인적인 카운슬링 방법에 해당하지 않는 것은? [21.2]

① 직접 충고 ② 설득적 방법

③ 설명적 방법 ④ 토론적 방법

해설 개인적인 카운슬링 방법 : 직접 충고, 설득적 방법, 설명적 방법

10-1. 개인적 카운슬링(counseling)의 방법이 아닌 것은? [11.1/22.2]

① 설득적 방법 ② 설명적 방법

③ 강요적 방법 ④ 직접적인 충고

해설 개인적인 카운슬링 방법 : 직접 충고, 설득적 방법, 설명적 방법

정답 ③

11. 다음 중 카운슬링(counseling)의 순서로 가장 올바른 것은? [10.2/16.1]

① 장면 구성 → 내담자와의 대화 → 감정 표출 → 감정의 명확화 → 의견 재분석

② 장면 구성 → 내담자와의 대화 → 의견 재분석 → 감정 표출 → 감정의 명확화

③ 내담자와의 대화 → 장면 구성 → 감정 표출 → 감정의 명확화 → 의견 재분석

④ 내담자와의 대화 → 장면 구성 → 의견 재분석 → 감정 표출 → 감정의 명확화

해설 카운슬링(counseling)의 순서

1단계	2단계	3단계	4단계	5단계
장면 구성	내담자와의 대화	의견 재분석	감정 표출	감정의 명확화

12. 인간의 심리 중에는 안전수단이 생략되어 불안전 행위를 나타내는 경우가 있다. 안전수단이 생략되는 경우로 가장 적절하지 않은 것은? [21.1]

① 의식과잉이 있을 때
② 교육훈련을 실시할 때
③ 피로하거나 과로했을 때
④ 부적합한 업무에 배치될 때

해설 • 안전수단을 생략하는 경우 3가지는 의식과잉, 피로(과로), 주변 영향이다.
• 교육훈련을 실시할 때 안전수단이 생략된다고 보기 어렵다.

12-1. 인간의 심리 중에는 안전수단이 생략되어 불안전 행위를 나타내는 경우가 있다. 안전수단이 생략되는 경우가 아닌 것은?

① 작업규율이 엄할 때 [11.1/17.3]
② 의식과잉이 있을 때
③ 주변의 영향이 있을 때
④ 피로하거나 과로했을 때

해설 • 안전수단을 생략하는 경우 3가지는 의식과잉, 피로(과로), 주변 영향이다.
• 작업규율이 엄한 경우 안전수단이 생략된다고 보기 어렵다.

정답 ①

13. 학습이론 중 S-R 이론으로 볼 수 없는 것은? [14.3]

① 톨만(Tolman)의 기호형태설
② 파블로프(Pavlov)의 조건반사설
③ 스키너(Skinner)의 조작적 조건화설

④ 손다이크(Thorndike)의 시행착오설

해설 학습이론

S-R 이론	형태설
• Pavlov의 조건반사설 • Thorndike의 시행착오설 • Skinner의 조작적 조건화설	• Tolman의 기호형태설 • 퀼러(Kohler)의 통찰설 • 레빈(Lewin)의 장설

13-1. S-R 이론 중에서 긍정적 강화, 부정적 강화, 처벌 등이 이론의 원리에 속하며, 사람들이 바람직한 결과를 이끌어 내기 위해 단지 어떤 자극에 대해 수동적으로 반응하는 것이 아니라 환경상의 어떤 능동적인 행위를 한다는 이론으로 옳은 것은? [09.2/19.2]

① 파블로프(Pavlov)의 조건반사설
② 손다이크(Thorndike)의 시행착오설
③ 스키너(Skinner)의 조작적 조건화설
④ 구쓰리에(Guthrie)의 접근적 조건화설

해설 스키너의 조작적 조건화설 : S-R 이론 원리에 속하며, 사람들이 바람직한 결과를 이끌어 내기 위해 자극에 대해 수동적으로 반응하는 것이 아니라 환경상의 어떤 능동적인 행위를 한다는 이론

정답 ③

13-2. 학습이론 중 S-R 이론에서 조건반사설에 의한 학습이론의 원리에 해당되지 않는 것은? [15.1/21.1]

① 시간의 원리   ② 일관성의 원리
③ 기억의 원리   ④ 계속성의 원리

해설 파블로프 조건반사설의 원리는 시간의 원리, 강도의 원리, 일관성의 원리, 계속성의 원리이다.

정답 ③

산업심리 개념 및 요소 Ⅱ

14. 다음 중 면접 결과에 영향을 미치는 요인들에 관한 설명으로 틀린 것은?   [11.2/20.3]

① 한 지원자에 대한 평가는 바로 앞의 지원자에 의해 영향을 받는다.

② 면접자는 면접 초기와 마지막에 제시된 정보에 의해 많은 영향을 받는다.

③ 지원자에 대한 부정적 정보보다 긍정적 정보가 더 중요하게 영향을 미친다.

④ 지원자의 성과 직업에 있어서 전통적 고정관념은 지원자와 면접자 간의 성의 일치 여부보다 더 많은 영향을 미친다.

해설 ③ 지원자에 대한 부정적 정보가 긍정적 정보보다 더 중요하게 영향을 미친다.

15. 다음 중 교육심리학의 연구방법으로 적당하지 않은 것은?   [10.2]

① 관찰법   ② 실험법
③ 반복법   ④ 투사법

해설 교육심리학의 연구방법 : 관찰법, 실험법, 투사법 등
Tip) 반복법 : 시범을 보고 알게 된 지식이나 기능을 반복 연습하여 적용하는 교육방법

15-1. 교육심리학의 연구방법 중 의식적으로 의견을 발표하도록 하여 인간의 내면에서 일어나고 있는 심리적 상태를 사물과 연관시켜 인간의 성격을 알아보는 방법을 무엇이라 하는가?   [12.3/22.1]

① 면접법
② 집단토의법
③ 투사법
④ 질문지법

해설 투사법 : 인간의 내면에서 일어나고 있는 심리적 사고에 대하여 사물과 연관시켜 인간의 성격을 알아보는 방법

정답 ③

16. 심리검사 종류에 관한 설명으로 맞는 것은?   [11.2/15.3/19.2]

① 성격검사 : 인지능력이 직무수행을 얼마나 예측하는지 측정한다.

② 신체능력검사 : 근력, 순발력, 전반적인 신체조정능력, 체력 등을 측정한다.

③ 기계적성검사 : 기계를 다루는데 있어 예민성, 색채, 시각, 청각적 예민성을 측정한다.

④ 지능검사 : 제시된 진술문에 대하여 어느 정도 동의하는지에 관해 응답하고, 이를 척도점수로 측정한다.

해설 심리검사의 종류별 특성

• 성격검사 : 제시된 진술문에 대하여 어느 정도 동의하는지 응답하고, 이를 척도점수로 측정한다.

• 신체능력검사 : 근력, 순발력, 전반적인 신체조정능력, 체력 등을 측정한다.

• 기계적성검사 : 기계적 원리를 얼마나 이해하고 있는지와 제조 및 생산 직무에 적합한지를 측정한다.

• 지능검사 : 인지능력이 직무수행을 얼마나 예측하는지 측정한다.

17. 다음 중 인사선발에 사용되는 심리검사의 신뢰도에 대한 설명으로 옳은 것은?   [12.1]

① 검사가 측정하고자 하는 본래의 개념을 올바로 측정하는 것을 말한다.

② 동일한 심리적 개념을 독특하게 측정하는 정도를 말한다.

③ 측정하고자 하는 심리적 개념을 일관성 있게 측정하는 정도를 말한다.

④ 검사 결과에서 측정 오차를 제거할 수 있는 정도를 말한다.

해설 인사선발에 사용되는 심리검사의 신뢰도는 측정하고자 하는 심리적 개념을 일관성 있게 측정하는 정도를 말한다.

18. 심리검사의 구비요건이 아닌 것은? [18.2]

① 표준화 　　　② 신뢰성
③ 규격화 　　　④ 타당성

해설 심리검사의 구비조건
- 표준화 : 검사 절차의 표준화, 관리를 위한 조건과 절차의 일관성과 통일성
- 객관성 : 심리검사의 주관성과 편견을 배제
- 규준성 : 검사 결과를 비교·해석하기 위해 비교·분석하는 틀
- 신뢰성 : 반복 검사에 의한 일관성 있는 검사(측정) 응답
- 타당성 : 측정하고자 하는 것을 실제로 측정하는 것
- 실용성 : 이용방법이 용이하고 편리함

18-1. 인사선발을 위한 심리검사에서 갖추어야 할 요건으로만 나열된 것은? [15.1]

① 신뢰도, 대표성
② 대표성, 타당도
③ 신뢰도, 타당도
④ 대표성, 규모성

해설 심리검사의 구비조건 : 표준화, 객관성, 규준성, 신뢰성, 타당성, 실용성 등

정답 ③

18-2. 심리학에서 사용하는 용어로 측정하고자 하는 것을 실제로 적절히, 정확히 측정하는지의 여부를 판별하는 것은?[11.1/16.1/22.2]

① 표준화 　　　② 신뢰성

③ 객관성 　　　④ 타당성

해설 타당성 : 심리검사의 특징 중 측정하고자 하는 것을 실제로 잘 측정하는지의 여부를 판별하는 것이다.

정답 ④

19. 직무에 적합한 근로자를 위한 심리검사는 합리적 타당성을 갖추어야 한다. 이러한 합리적 타당성을 얻는 방법으로만 나열된 것은? [09.1/12.3/17.1]

① 구인 타당도, 공인 타당도
② 구인 타당도, 내용 타당도
③ 예언적 타당도, 공인 타당도
④ 예언적 타당도, 안면 타당도

해설 심리검사의 합리적 타당성은 구인 타당도와 내용 타당도로 구분된다.

20. 안전사고가 발생하는 요인 중 심리적인 요인에 해당하는 것은? [13.3/21.3]

① 감정의 불안정
② 극도의 피로감
③ 신경계통의 이상
④ 육체적 능력의 초과

해설 ②, ③, ④는 생리적인 요인

21. 측정된 행동에 의한 심리검사로 미네소타 사무직 검사, 개정된 미네소타 필기형 검사, 벤 니트 기계이해 검사가 측정하려고 하는 심리검사의 유형으로 옳은 것은? [12.2]

① 정신능력검사 　　　② 흥미검사
③ 적성검사 　　　④ 운동능력검사

해설 미네소타 사무직 검사, 개정된 미네소타 필기형 검사, 벤 니트 기계이해 검사가 측정하려고 하는 심리검사의 유형은 적성검사이다.

22. 어떤 과업을 성취할 수 있는 자신의 능력에 대한 스스로의 믿음을 나타내는 것은?

① 자아존중감(self-esteem)　　　[22.1]
② 자기효능감(self-efficacy)
③ 통제의 착각(illusion of control)
④ 자기중심적 편견(egocentric bias)

해설 자기효능감 : 과업을 성취할 수 있는 자신의 능력에 대한 스스로의 믿음

23. 시간 연구를 통해서 근로자들에게 차별 성과급제를 적용하면 효율적이라고 주장한 과학적 관리법의 창시자는?　　　[17.3]

① 게젤(A.L. Gesell)
② 테일러(F. Taylor)
③ 웨슬리(D. Wechsler)
④ 샤인(Edgar H. Schein)

해설 테일러는 미분학 분야에서 함수의 급수 전개에 관한 '테일러의 정리'를 발견하였으며, 미분 방정식과 진동에 관하여 연구하였다.

24. 직무동기 이론 중 기대이론에서 성과를 나타냈을 때 보상이 있을 것이라는 수단성을 높이려면 유의하여야 할 점이 있는데, 이에 해당하지 않는 것은?　　　[17.3]

① 보상의 약속을 철저히 지킨다.
② 신뢰할만한 성과의 측정방법을 사용한다.
③ 보상에 대한 객관적인 기준을 사전에 명확히 제시한다.
④ 직무수행을 위한 충분한 정보와 자원을 공급받는다.

해설 기대이론 성과의 특징
• 보상의 약속을 철저히 지킨다.
• 신뢰할만한 성과의 측정방법을 사용한다.
• 보상에 대한 객관적 기준을 사전에 명확히 제시한다.

25. 허츠버그(Herzberg)의 욕구이론 중 위생요인이 아닌 것은?　　　[17.2]

① 임금　　　② 승진
③ 존경　　　④ 지위

해설 허츠버그의 2요인 이론
• 위생요인(직무환경의 유지 욕구) : 정책 및 관리, 개인 상호 간의 관계, 보수, 지위, 작업 조건, 감독 형태, 임금수준
• 동기요인(직무내용의 만족 욕구) : 성취감, 책임감, 안정감, 도전감, 발전과 성장

25-1. 허츠버그(Herzberg)의 동기·위생이론에서 직무불만을 가져오는 위생 욕구 요인에 속하지 않는 것은?　　　[11.1]

① 감독 형태　　　② 관리 규칙
③ 일의 내용　　　④ 작업 조건

해설 ③은 직무 만족과 관련된 내용이므로 동기요인이다.

정답 ③

25-2. 허츠버그(Herzberg)의 2요인 이론 중 동기요인(motivator)에 해당하지 않는 것은?　　　[11.2/17.3/21.3]

① 성취　　　② 작업 조건
③ 인정　　　④ 작업 자체

해설 작업 조건, 임금수준, 감독 형태, 보수, 지위 등은 위생요인이다.

정답 ②

25-3. 허츠버그(Herzberg)의 동기·위생이론 중 동기요인의 측면에서 직무동기를 높이는 방법으로 거리가 먼 것은?　　　[12.1]

① 급여의 인상
② 상사로부터의 인정
③ 자율성 부여와 권한 위임

④ 직무에 대한 개인적 성취감

해설 ①은 위생요인에 대한 대책

정답 ①

26. 작업장의 정리 정돈 태만 등 생략행위를 유발하는 심리적 요인에 해당하는 것은?

① 폐합의 요인　　　　　　　　[13.2/16.3]
② 간결성의 원리
③ risk taking의 원리
④ 주의의 일점집중 현상

해설 간결성의 원리 : 특정 대상을 가능한 한 가장 단순하고 간결하게 인지하는 것으로, 작업장의 정리 정돈을 생략하려는 행위

27. 다음 중 직무수행 준거가 갖추어야 할 바람직한 3가지 일반적인 특성으로 볼 수 없는 것은?　　　　　　　　　　　　[13.2]

① 적절성　　　　　② 안정성
③ 실용성　　　　　④ 특이성

해설 직무수행 준거가 갖추어야 할 3가지 특성은 적절성, 안정성, 실용성이다.

인간관계와 활동

28. 호손(Hawthorne) 연구에 대한 설명으로 옳은 것은?　　　　[10.3/14.1/14.2/22.1]

① 소비자들에게 효과적으로 영향을 미치는 광고 전략을 개발했다.
② 시간−동작연구를 통해서 작업도구와 기계를 설계했다.
③ 채용과정에서 발생하는 차별요인을 밝히고 이를 시정하는 법적 조치의 기초를 마련했다.

④ 물리적 작업환경보다 근로자들의 의사소통 등 인간관계가 더 중요하다는 것을 알아냈다.

해설 호손 실험 : 작업자의 태도, 감독자, 비공식 집단 등의 물리적 작업 조건보다 인간관계(심리적 태도, 감정)에 의해 생산성 향상에 영향을 미친다는 결론이다.

28-1. 작업환경에서 물리적인 작업 조건보다는 근로자의 심리적인 태도 및 감정이 직무수행에 큰 영향을 미친다는 결과를 밝혀낸 대표적인 연구로 옳은 것은?　　[11.3/19.2]

① 호손 연구　　　　② 플래시보 연구
③ 스키너 연구　　　④ 시간−동작연구

해설 호손 실험 : 작업자의 태도, 감독자, 비공식 집단 등의 물리적 작업 조건보다 인간관계(심리적 태도, 감정)에 의해 생산성 향상에 영향을 미친다는 결론이다.

정답 ①

28-2. 호손(Hawthorne) 실험의 결과 작업자의 작업능률에 영향을 미치는 주요 원인으로 밝혀진 것은?　[12.1/18.1/18.3/21.2/22.2]

① 작업 조건　　　　② 인간관계
③ 생산기술　　　　④ 행동규범의 설정

해설 호손 실험 : 작업자의 태도, 감독자, 비공식 집단 등의 물리적 작업 조건보다 인간관계(심리적 태도, 감정)에 의해 생산성 향상에 영향을 미친다는 결론이다.

정답 ②

29. 다음 중 슈퍼(Super. D.E)의 역할이론 중 작업에 대하여 상반된 역할이 기대되는 경우에 해당하는 것은?　[09.2/12.2/13.1/16.2]

① 역할갈등(role conflict)
② 역할연기(role playing)

③ 역할조성(role shaping)

④ 역할기대(role expectation)

해설 슈퍼(Super. D.E)의 역할이론

• 역할연기 : 자아탐구인 동시에 자아실현의 수단이다.

• 역할기대 : 자신의 직업에 충실한 사람은 자신의 역할에 대해 기대하고 감수하기를 바란다.

• 역할갈등 : 작업에 대하여 상반된 역할이 기대되는 경우에 역할기대들 간에 발생하는 긴장 또는 갈등을 말한다.

• 역할조성 : 자신에게 여러 개의 역할기대가 있을 경우 그 중 일부에 불응하거나 거부하는 경우가 있으며 혹은 다른 역할을 위해 다른 일을 구하기도 한다.

30. 휴먼 에러의 심리적 분류에 해당하지 않는 것은? [15.2/21.1]

① 입력오류(input error)

② 시간지연오류(time error)

③ 생략오류(omission error)

④ 순서오류(sequential error)

해설 휴먼 에러의 심리적 분류에서 독립행동에 관한 분류

• 시간지연오류(time error) : 시간지연으로 발생한 에러

• 순서오류(sequential error) : 작업공정의 순서착오로 발생한 에러

• 생략, 누설, 부작위오류(omission errors) : 작업공정 절차를 수행하지 않는 것에 기인한 에러

• 작위적오류, 실행오류(commission error) : 필요한 작업 또는 절차의 불확실한 수행으로 발생한 에러

• 과잉행동오류(extraneous error) : 불필요한 작업절차의 수행으로 발생한 에러

31. 라스무센의 정보처리 모형은 원인차원의 휴먼 에러 분류에 적용되고 있다. 이 모형에서 정의하고 있는 인간의 행동 단계 중 다음의 특징을 갖는 것은? [17.2]

• 생소하거나 특수한 상황에서 발생하는 행동이다.

• 부적절한 추론이나 의사결정에 의해 오류가 발생한다.

① 규칙 기반 행동

② 인지 기반 행동

③ 지식 기반 행동

④ 숙련 기반 행동

해설 라스무센의 인간의 행동 단계 중 지식기반 행동에 대한 설명이다.

32. 다음 중 집단(group)의 특성에 대하여 올바르게 설명한 것은? [10.1/13.3]

① 1차 집단(primary group)−사교집단과 같이 일상생활에서 임시적으로 접촉하는 집단

② 공식집단(formal group)−회사나 군대처럼 의도적으로 설립되어 능률성과 과학적 합리성을 강조하는 집단

③ 성원집단(membership group)−특정 개인이 어떤 상태의 지위나 조직 내 신분을 원하는데 아직 그 위치에 있지 않은 사람들의 집단

④ 세력집단−혈연이나 지연과 같이 장기간 육체적, 정서적으로 매우 밀접한 집단

해설 집단의 특성

• 1차 집단 : 혈연, 지연, 학연과 같이 장시간 육체적, 정서적으로 매우 밀접한 관계

• 2차 집단 : 사교집단과 같이 일상생활에서 임시적으로 접촉하는 집단

• 공식집단 : 회사나 군대처럼 의도적으로 설립되어 능률성과 과학적 합리성을 강조하는 집단

• 성원집단 : 특정 개인이 조직 내 소속되어 있는 집단

정답 30. ①　31. ③　32. ②

- 세력집단 : 집단을 유지하는데 필요한 역할을 하는 핵심 구성원들의 집단

33. 집단의 응집성이 높아지는 조건에 해당하는 것은? [15.2]
① 가입하기 쉬울수록
② 집단의 구성원이 많을수록
③ 외부의 위협이 없을수록
④ 함께 보내는 시간이 많을수록

해설 집단의 응집성은 구성원들끼리 함께 보내는 시간이 많을수록 크다.

34. 집단 간의 갈등 요인으로 옳지 않은 것은? [11.2/14.3/19.2]
① 욕구 좌절
② 제한된 자원
③ 집단 간의 목표 차이
④ 동일한 사안을 바라보는 집단 간의 인식 차이

해설 집단 간의 갈등 요인
- 제한된 자원
- 집단 간의 목표 차이
- 역할과 갈등, 상호 의존성
- 동일한 사안을 바라보는 집단 간의 인식 차이

35. 집단 간 갈등의 해소방안으로 틀린 것은?
① 공동의 문제 설정 [20.1]
② 상위 목표의 설정
③ 집단 간 접촉 기회의 증대
④ 사회적 범주화 편향의 최대화

해설 ④ 사회적 범주화 편향의 최소화

36. 다음 중 비공식 집단에 관한 설명으로 가장 거리가 먼 것은? [12.2/16.1]
① 비공식 집단은 조직구성원의 태도, 행동 및 생산성에 지대한 영향력을 행사한다.

② 가장 응집력이 강하고 우세한 비공식 집단은 수직적 동료집단이다.
③ 혼합적 혹은 우선적 동료집단은 각기 상이한 부서에 근무하는 직위가 다른 성원들로 구성된다.
④ 비공식 집단은 관리 영역 밖에 존재하고 조직도상에 나타나지 않는다.

해설 ② 가장 응집력이 강하고 우세한 비공식 집단은 수평적 동료집단이다.

37. 통제적 집단행동과 관련성이 없는 것은?
① 관습 [14.3/17.2]
② 유행
③ 패닉
④ 제도적 행동

해설 통제적 집단행동 : 관습, 유행, 제도적 행동 등
Tip) 비통제적 집단행동 : 패닉, 모방, 모브, 심리적 전염

37-1. 비통제의 집단행동에 해당하는 것은?
① 관습 [11.1/19.3]
② 유행
③ 모브
④ 제도적 행동

해설 통제가 없는 집단행동(성원의 감정) : 군중(crowd), 모브(mob), 패닉(panic), 심리적 전염 등
Tip) 모브 : 집단행동 중 폭동과 같은 것을 말하며, 군중보다 합의성이 없고 감정에 의해서만 행동하는 특성

정답 ③

37-2. 이상적인 상황하에서 방어적인 행동 특징을 보이는 집단행동은? [13.1/17.1]

① 군중   ② 패닉
③ 모브   ④ 심리적 전염

해설 패닉 : 방어적인 행동 특징을 보이는 집단행동

정답 ②

38. 의사소통의 심리구조를 4영역으로 나누어 설명한 조하리의 창(Johari's Window)에서 "나는 모르지만 다른 사람은 알고 있는 영역"을 무엇이라 하는가?   [13.2/20.1]

① blind area   ② hidden area
③ open area   ④ unknown area

해설 조하리의 창
- 보이지 않는 창(blind area) : 나는 모르지만 다른 사람은 아는 영역
- 숨겨진 창(hidden area) : 나는 알지만 다른 사람은 모르는 영역
- 열린 창(open area) : 나도 알고 다른 사람도 아는 영역
- 미지의 창(unknown area) : 나도 모르고 다른 사람도 모르는 영역

39. 소시오메트리(sociometry)에 관한 설명으로 옳은 것은?   [12.3/15.3]

① 구성원 상호 간의 선호도를 기초로 집단 내부의 동태적 상호관계를 분석하는 기법이다.
② 구성원들이 서로에게 매력적으로 끌리어 목표를 효율적으로 달성하는 정도를 도식화한 것이다.
③ 리더십을 인간 중심과 과업 중심으로 나누어 이를 계량화하고, 리더의 행동경향을 표현, 분류하는 기법이다.
④ 리더의 유형을 분류하는데 있어 리더들이 자기가 싫어하는 동료에 대한 평가를 점수로 환산하여 비교, 분석하는 기법이다.

해설 소시오메트리(sociometry)
- 구성원 상호 간의 선호도를 기초로 집단 내부의 동태적 상호관계를 분석하는 기법이다.
- 소시오메트리는 집단구성원들 간의 공식적 관계가 아닌 비공식적인 관계를 파악하기 위한 방법이다.
- 소시오메트리 분석을 위해 수집된 자료들은 소시오그램과 소시오메트릭스 등으로 분석한다.
- 소시오메트릭스는 소시오그램에서 상호작용에 대한 관계를 수치에 의하여 정량적(계량적)으로 분석할 수 있다.

39-1. 집단역학에서 소시오메트리(sociometry)에 관한 설명 중 틀린 것은?   [09.3/15.1/22.1]

① 소시오메트리 분석을 위해 소시오메트릭스와 소시오그램이 작성된다.
② 소시오메트릭스에서는 상호작용에 대한 정량적 분석이 가능하다.
③ 소시오메트리는 집단구성원들 간의 공식적 관계가 아닌 비공식적인 관계를 파악하기 위한 방법이다.
④ 소시오그램은 집단구성원들 간의 선호, 거부 혹은 무관심의 관계를 기호로 표현하지만, 이를 통해 다양한 집단 내의 비공식적 관계에 대한 역학관계는 파악할 수 없다.

해설 ④ 소시오메트리는 집단구성원들 간의 선호, 거부 혹은 무관심의 관계를 기호로 표현하여 이를 통해 다양한 집단 내의 비공식적 관계에 대한 역학관계를 파악하기 위한 방법이다.

정답 ④

40. 동일 부서 직원 6명의 선호관계를 분석한 결과 다음과 같은 소시오그램이 작성되었다.

이 소시오그램에서 실선은 선호관계, 점선은 거부관계를 나타낼 때, 4번 직원의 선호신분지수는 얼마인가? [19.1/19.3]

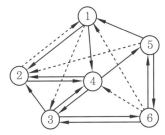

① 0.2　　② 0.33　　③ 0.4　　④ 0.6

해설 선호신분지수

$$=\frac{선호관계-거부관계}{구성원\ 수-1}=\frac{3-1}{6-1}=0.4$$

41. 다음 중 집단역학(group dynamics)에서 의미하는 집단의 기능과 관계가 가장 먼 것은? [09.3/14.3]

① 응집력 발생　　② 집단의 목표 설정
③ 권한의 위임　　④ 행동의 규범 존재

해설 집단역학의 기능 : 응집력 발생, 육체적 리듬, 행동의 규범 존재, 집단의 의사결정 등

42. 인간관계 관리 기법으로 커뮤니케이션의 개선방안으로 볼 수 없는 것은? [10.2]

① 집단역학　　② 제안제도
③ 고충처리제도　　④ 인사상담제도

해설 인간관계 관리 기법의 종류
• 제안제도　　　　• 고충처리제도
• 인사상담제도　　• 브레인스토밍
• 사기 조사 및 의사소통

Tip) 집단역학 : 집단의 구성원들 간에 존재하는 상호작용에 대한 관계를 말하며 개인 및 조직의 관계를 연구하여 집단의 효율을 높이기 위한 연구이다.

43. 인간관계 메커니즘 중에서 남의 행동이나 판단을 표본으로 하여 그것과 같거나 또는 그것에 가까운 행동 또는 판단을 취하려는 것을 무엇이라 하는가? [15.1/19.3]

① 투사(projection)
② 암시(suggestion)
③ 모방(imitation)
④ 동일화(identification)

해설 인간관계의 메커니즘
• 투사 : 본인의 문제를 다른 사람 탓으로 돌리는 것
• 모방 : 다른 사람의 행동, 판단 등을 표본으로 하여 그것과 같거나 가까운 행동, 판단 등을 취하려는 것
• 암시 : 다른 사람의 판단이나 행동을 논리적, 사실적 근거 없이 맹목적으로 받아들이는 행동
• 동일화 : 다른 사람의 행동 양식이나 태도를 투입시키거나 다른 사람 가운데서 본인과 비슷한 점을 발견하는 것

43-1. 합리화의 유형 중 자기의 실패나 결함을 다른 대상에게 책임을 전가시키는 유형으로, 자신의 잘못에 대해 조상 탓을 하거나 축구선수가 공을 잘못 찬 후 신발 탓을 하는 등에 해당하는 것은? [11.3/16.1/19.2]

① 망상형　　　　② 신포도형
③ 투사형　　　　④ 달콤한 레몬형

해설 투사 : 본인의 문제를 다른 사람 탓으로 돌리는 것

정답 ③

43-2. 다른 사람의 행동 양식이나 태도를 자기에게 투입하거나 그와 반대로 다른 사람 가운데서 자기의 행동 양식이나 태도와 비슷한 것을 발견하는 것은? [13.1/18.1]

① 모방(imitation)

② 투사(projection)

③ 암시(suggestion)

④ 동일시(identification)

해설 동일화 : 다른 사람의 행동 양식이나 태도를 투입시키거나 다른 사람 가운데서 본인과 비슷한 점을 발견하는 것

정답 ④

43-3. 다음은 인간관계 메커니즘 중 무엇에 관한 설명인가? [10.3/13.3/15.3/22.1]

다른 사람으로부터의 판단이나 행동을 무비판적으로 받아들이는 것

① 모방(imitation)

② 투사(projection)

③ 암시(suggestion)

④ 동일화(identification)

해설 지문은 암시에 대한 설명이다.

정답 ③

44. 의사소통 과정의 4가지 구성요소에 해당하지 않는 것은? [10.3/17.2]

① 채널　　　　　　② 효과

③ 메시지　　　　　④ 수신자

해설 의사소통 과정의 4가지 구성요소 : 메시지, 수신자, 발신자, 채널

45. 조직에서 의사소통망은 조직 내의 구성원들 간에 정보를 교환하는 경로구조를 의미하는데, 다음 중 이 의사소통망의 유형이 아닌 것은? [16.3]

① 원형　　　　　　② X자형

③ 사슬형　　　　　④ 수레바퀴형

해설 의사소통망의 유형 : 원형, Y자형, 사슬형, 수레바퀴형 등

46. 인간이 환경을 지각(perception)할 때 가장 먼저 일어나는 요인은? [10.3/14.3/17.3]

① 해석　　　　　　② 기대

③ 선택　　　　　　④ 조직화

해설 인간의 환경 지각과정

1단계	2단계	3단계	4단계
선택	조직화	해석	행동

47. 인간관계를 효과적으로 맺기 위한 원칙과 가장 거리가 먼 것은? [13.2/16.2]

① 상대방을 있는 그대로 인정한다.

② 상대방에게 지속적인 관심을 보인다.

③ 취미나 오락 등 같거나 유사한 활동에 참여한다.

④ 상대방으로 하여금 당신이 그를 좋아한다는 것을 숨긴다.

해설 ④ 상대방으로 하여금 당신이 그를 좋아한다는 것을 표현한다.

48. 창의력이란 "문제를 해결하기 위하여 정보나 지식을 독특한 방법으로 조합하여 참신하고 유용한 아이디어를 생성해내는 능력"이다. 창의력을 발휘하려면 3가지 요소가 필요한데 다음 중 이와 관련된 요소가 아닌 것은? [16.1]

① 전문지식　　　　② 상상력

③ 업무몰입도　　　④ 내적동기

해설 창의력을 발휘하기 위한 3가지 요소 : 전문지식, 상상력, 내적동기

49. 다음 중 능률과 안전을 위한 기계의 통제 수단이 될 수 없는 것은? [10.3/15.2]

정답 44. ② 45. ② 46. ③ 47. ④ 48. ③ 49. ④

① 반응에 의한 통제

② 개폐에 의한 통제

③ 양(量)의 조절에 의한 통제

④ 생산원가에 의한 통제

해설 기계의 통제수단은 반응에 의한 통제, 개폐에 의한 통제, 양(量)의 조절에 의한 통제이다.

50. 다음 중 친구를 선택하는 기준에 대한 경험적 연구에서 검증된 사실과 가장 거리가 먼 것은?   [11.3]

① 우리는 신체적으로 매력적인 사람을 좋아한다.

② 우리는 우리를 좋아하는 사람을 좋아한다.

③ 우리는 우리와 상이한 성격을 지닌 사람을 좋아한다.

④ 우리는 우리와 나이가 비슷한 사람을 좋아한다.

해설 ③ 우리는 우리와 유사한 성격을 지닌 사람을 좋아한다.

51. 다음은 각기 다른 조직형태의 특성을 설명한 것이다. 각 특징에 해당하는 조직형태를 연결한 것으로 맞는 것은?   [19.1]

> ㉠ 중규모 형태의 기업에서 시장상황에 따라 인적자원을 효과적으로 활용하기 위한 형태이다.
> ㉡ 목적 지향적이고 목적 달성을 위해 기존의 조직에 비해 효율적이며 유연하게 운영될 수 있다.

① ㉠ : 위원회 조직, ㉡ : 프로젝트 조직

② ㉠ : 사업부제 조직, ㉡ : 위원회 조직

③ ㉠ : 매트릭스형 조직, ㉡ : 사업부제 조직

④ ㉠ : 매트릭스형 조직, ㉡ : 프로젝트 조직

해설 조직형태의 특성

• 매트릭스형 조직 : 중규모 형태의 기업에서 시장상황에 따라 인적자원을 효율적으로 활용하는 조직형태

• 프로젝트 조직 : 목적 지향적이고 목적 달성을 위해 기존의 조직에 비해 효율적이며 유연하게 운영하는 조직형태

직업적성과 인사심리

52. 직무수행 평가에 대한 효과적인 피드백의 원칙에 대한 설명으로 틀린 것은?   [21.2]

① 직무수행 성과에 대한 피드백의 효과가 항상 긍정적이지는 않다.

② 피드백은 개인의 수행 성과뿐만 아니라 집단의 수행 성과에도 영향을 준다.

③ 부정적 피드백을 먼저 제시하고 그 다음에 긍정적 피드백을 제시하는 것이 효과적이다.

④ 직무수행 성과가 낮을 때, 그 원인을 능력 부족의 탓으로 돌리는 것보다 노력 부족 탓으로 돌리는 것이 더 효과적이다.

해설 ③ 긍정적 피드백을 먼저 제시하고 그 다음에 부정적 피드백을 제시하는 것이 효과적이다.

53. 작업자들에게 적성검사를 실시하는 가장 큰 목적은?   [21.3]

① 작업자의 협조를 얻기 위함

② 작업자의 인간관계 개선을 위함

③ 작업자의 생산능률을 높이기 위함

④ 작업자의 업무량을 최대로 할당하기 위함

해설 작업자의 적성검사 목적은 생산능률을 향상하기 위함이다.

54. 선발용으로 사용되는 적성검사가 잘 만들어졌는지를 알아보기 위한 분석방법과 관련이 없는 것은? [21.1]

① 구성 타당도
② 내용 타당도
③ 동등 타당도
④ 검사-재검사 신뢰도

해설 적성검사 구비요건
• 구성 타당도 : 수렴 타당도, 변별 타당도
• 준거 관련 타당도 : 동시 타당도, 예측 타당도
• 내용 타당도, 안면 타당도
• 검사-재검사 신뢰도

54-1. "예측변인이 준거와 얼마나 관련되어 있느냐"를 나타낸 타당도를 무엇이라 하는가? [13.3/16.2]

① 내용 타당도
② 준거 관련 타당도
③ 수렴 타당도
④ 구성 개념 타당도

해설 준거 관련 타당도 : 공인 타당도와 예언 타당도로 구분하며, 예측변인이 준거와 얼마나 관련되어 있느냐를 나타낸 타당도이다.

정답 ②

55. 직업적성검사 중 시각적 판단검사에 해당하지 않는 것은? [20.1]

① 조립검사　　② 명칭판단검사
③ 형태비교검사　④ 공구판단검사

해설 시각적 판단검사 : 언어판단검사, 형태비교검사, 평면도 판단검사, 입체도 판단검사, 공구판단검사, 명칭판단검사 등

55-1. 적성검사의 종류 중 시각적 판단검사의 세부 검사내용에 해당하지 않는 것은?

① 회전검사 [14.1/14.2/18.2]
② 형태비교검사
③ 공구판단검사
④ 명칭판단검사

해설 ①은 기구를 이용하여 손재치를 확인하는 검사이다.

정답 ①

56. 직업적성검사에 대한 설명으로 틀린 것은? [18.1]

① 적성검사는 작업행동을 예언하는 것을 목적으로도 사용한다.
② 직업적성검사는 직무수행에 필요한 잠재적인 특수 능력을 측정하는 도구이다.
③ 직업적성검사를 이용하여 훈련 및 승진 대상자를 평가하는데 사용할 수 있다.
④ 직업적성은 단기적 집중 직업훈련을 통해서 개발이 가능하므로 신중하게 사용해야 한다.

해설 ④ 직업적성은 단기적 집중 직업훈련이 아니라 장기적인 교육훈련을 통해서 개발이 가능하다.

57. 직업의 적성 가운데 사무적 적성에 해당하는 것은? [17.2]

① 기계적 이해
② 공간의 시각화
③ 손과 팔의 솜씨
④ 지각의 정확도

해설 사무적 적성 : 지능, 지각의 정확도, 지각의 속도 등
Tip) 기계적 특성 : 기계적 이해, 공간의 시각화, 손과 팔의 솜씨 등

58. 과업과 직무를 수행하는데 요구되는 인적 자질에 의해 직무의 내용을 정의하는 절차에 해당하는 것은? [12.1/19.3]

① 직무분석(job analysis)

② 직무평가(job evaluation)

③ 직무확충(job enrichment)

④ 직무만족(job satisfaction)

해설 • 직무분석 : 직무에서 수행하는 과업과 직무를 수행하는데 요구되는 일의 내용, 필요로 하는 숙련·지식·능력 및 책임, 직위의 구분 기준을 정하는 것
• 직무평가 : 기업 내에서 각각 직무의 상대적 가치를 평가하여 모든 직무를 직무 가치 체계로 평가하는 것
• 직무확충 : 직무능력을 활용하고 작업자의 수직적 직무권한을 증대하여 만족감을 유발하기 위한 것
• 직무만족 : 개인이 자신의 직업 혹은 직무에 만족하는 정도

58-1. 현대 조직이론에서 작업자의 수직적 직무권한을 확대하는 방안에 해당하는 것은? [19.1]

① 직무순환(job rotation)

② 직무분석(job analysis)

③ 직무확충(job enrichment)

④ 직무평가(job evaluation)

해설 직무확충 : 직무능력을 활용하고 작업자의 수직적 직무권한을 증대하여 만족감을 유발하기 위한 것

정답 ③

58-2. 조직 내에서 각 직무마다 임금수준을 결정하기 위해 직무들의 상대적 가치를 조사하는 것을 무엇이라 하는가? [09.3]

① 직무분석   ② 직무조사

③ 직무평가   ④ 직무확장

해설 직무평가 : 기업 내에서 각각 직무의 상대적 가치를 평가하여 모든 직무를 직무 가치

체계로 평가하는 것

정답 ③

---

59. 다음 중 직무평가의 방법에 해당되지 않는 것은? [18.3]

① 서열법   ② 분류법

③ 투사법   ④ 요소비교법

해설 ③은 모랄 서베이의 태도조사법(의견조사)

---

60. 다음 중 평가도구의 기본적인 기준이 아닌 것은? [19.1]

① 실용도(實用度)

② 타당도(妥當度)

③ 신뢰도(信賴度)

④ 습숙도(習熟度)

해설 평가도구의 기본적인 기준 : 실용도, 타당도, 신뢰도, 객관성, 표준화 등

---

61. 다음 중 직무분석을 위한 자료수집 방법에 관한 설명으로 옳은 것은? [11.3/19.2]

① 관찰법은 직무의 시작에서 종료까지 많은 시간이 소요되는 직무에 적용하기 쉽다.

② 면접법은 자료의 수집에 많은 시간과 노력이 들고, 수량화된 정보를 얻기가 힘들다.

③ 중요사건법은 일상적인 수행에 관한 정보를 수집하므로 해당 직무에 대한 포괄적인 정보를 얻을 수 있다.

④ 설문지법은 많은 사람들로부터 짧은 시간 내에 정보를 얻을 수 있으며, 양적인 자료보다 질적인 자료를 얻을 수 있다.

해설 직무분석을 위한 자료수집 방법
• 관찰법 : 직무의 시작에서 종료까지 많은 시간이 소요되는 직무에는 적용이 곤란하다.
• 면접법 : 자료의 수집에 많은 시간과 노력이 들고, 수량화된 정보를 얻기가 힘들다.

- 중요사건법 : 직무수행에서 효과적인 직무수행과 비효과적인 수행들의 사례를 수집하여 효과적인 직무수행 패턴을 추출하는 방법이다.
- 설문지법 : 많은 사람들로부터 짧은 시간 내에 정보를 얻을 수 있고, 관찰법이나 면접법과는 달리 양적인 정보를 얻을 수 있다.

61-1. 다음 중 직무분석을 위한 자료수집 방법에 대한 설명으로 틀린 것은? [13.1]

① 관찰법은 직무의 시작에서 종료까지 많은 시간이 소요되는 직무에는 적용이 곤란하다.
② 면접법은 자료의 수집에 많은 시간과 노력이 들고, 정량화된 정보를 얻기가 힘들다.
③ 설문지법은 많은 사람들로부터 짧은 시간 내에 정보를 얻을 수 있고, 관찰법이나 면접법과는 달리 양적인 정보를 얻을 수 있다.
④ 중요사건법은 일상적인 수행에 관한 정보를 수집하므로 해당 직무에 대한 포괄적인 정보를 얻을 수 있다.

해설 중요사건법 : 직무수행에서 효과적인 직무수행과 비효과적인 수행들의 사례를 수집하여 효과적인 직무수행 패턴을 추출하는 방법이다.

정답 ④

61-2. 다음 중 직무분석 방법으로 가장 적합하지 않은 것은? [09.1/16.1]

① 면접법 ② 관찰법
③ 실험법 ④ 설문지법

해설 직무분석 방법 : 면접법, 관찰법, 설문지법, 중요사건법, 일지작성법 등

정답 ③

61-3. 직무분석을 위한 정보를 얻는 방법과 거리가 가장 먼 것은? [22.2]

① 관찰법
② 직무수행법
③ 설문지법
④ 서류함기법

해설 직무분석 방법 : 면접법, 관찰법, 설문지법, 중요사건법, 일지작성법 등

정답 ④

62. 일반적으로 직무분석을 통해 얻은 정보의 활용으로 보기 어려운 것은? [11.1]

① 인사선발
② 교육 및 훈련
③ 배치 및 경력개발
④ 팀 빌딩

해설 직무분석을 통해 얻은 정보는 인사선발, 교육 및 훈련, 배치 및 경력개발 등에 활용한다.

63. 허즈버그(Herzberg)가 제안한 직무충실의 원리에 관한 내용으로 가장 거리가 먼 것은? [09.3]

① 종업원들에게 직무에 부가되는 자유와 권위의 부여
② 빠르고 쉽게 할 수 있는 과제의 부여
③ 완전하고 자연스러운 작업 단위 제공
④ 여러 가지 규모를 제거하여 개인적 책임감 증대

해설 직무확대 방법(직무확충)
- 자신의 일에 대해서 책임을 더 지도록 한다.
- 직무에서 자유를 제공하기 위하여 부가적 권위를 부여한다.
- 전문가가 될 수 있도록 전문화된 과제들을 부과한다.
- 책임을 지고 일하는 동안에는 통제를 가하지 않는다.
- 완전하고 자연스러운 작업 단위를 제공한다.

- 여러 가지 규모를 제거하여 개인적 책임감을 증대시킨다.
- 종업원들에게 직무에 부가되는 자유와 권위를 부여한다.

63-1. 다음 중 허즈버그(Herzberg)가 직무 확충의 원리로서 제시한 내용과 거리가 가장 먼 것은? [16.1]

① 책임을 지고 일하는 동안에는 통제를 추가한다.
② 자신의 일에 대해서 책임을 더 지도록 한다.
③ 직무에서 자유를 제공하기 위하여 부가적 권위를 부여한다.
④ 전문가가 될 수 있도록 전문화된 과제들을 부과한다.

해설 ① 책임을 지고 일하는 동안에는 통제를 가하지 않는다.

정답 ①

64. 직무수행 평가 시 평가자가 특정 피평가자에 대해 구체적으로 잘 모름에도 불구하고 모든 부분에 대해 좋게 평가하는 오류는 무엇인가? [11.1/20.3]

① 후광 오류
② 엄격화 오류
③ 중앙집중 오류
④ 관대화 오류

해설 후광 효과 : 어떤 대상의 한 가지 특성에 기초하여 그 사람의 전반에 걸쳐 좋게 평가하는 오류

65. 직무수행 평가를 위해 개발된 척도 중 척도상의 점수에 그 점수를 설명하는 구체적 직무행동 내용이 제시된 것은? [15.2]

① 행동기준 평정척도(BARS)
② 행동관찰척도(BOS)
③ 행동기술척도(BDS)
④ 행동내용척도(BCS)

해설 행동기준 평정척도 : 직무수행 평가를 위해 개발된 척도로 중요 사례들을 척도화한 평가·평정척도로 척도상의 점수에 그 점수를 설명하는 구체적 직무행동 내용이 제시된 평가방법

66. 직무수행에 대한 예측변인 개발 시 작업 표본(work sample)에 관한 사항 중 틀린 것은? [11.1/15.2/22.1]

① 집단검사로 감독과 통제가 요구된다.
② 훈련생보다 경력자 선발에 적합하다.
③ 실시하는데 시간과 비용이 많이 든다.
④ 주로 기계를 다루는 직무에 효과적이다.

해설 ① 작업표본은 개인별 집단검사로 작업행동을 관찰할 수 있는 검사이다.

67. 작업 시의 정보회로를 나열한 것으로 맞는 것은? [18.3]

① 표시 → 감각 → 지각 → 판단 → 응답 → 출력 → 조작
② 응답 → 판단 → 표시 → 감각 → 지각 → 출력 → 조작
③ 감각 → 지각 → 판단 → 응답 → 표시 → 조작 → 출력
④ 지각 → 표시 → 감각 → 판단 → 조작 → 응답 → 출력

해설 작업 시의 정보회로

1단계	2단계	3단계	4단계	5단계	6단계	7단계
표시	감각	지각	판단	응답	출력	조작

인간행동 성향 및 행동과학 Ⅰ

68. 상호 신뢰 및 성선설에 기초하여 인간을 긍정적 측면으로 보는 이론에 해당하는 것은? [19.3]

① T-이론　　　② X-이론
③ Y-이론　　　④ Z-이론

해설 맥그리거(McGregor)의 X이론과 Y이론

X이론의 특징 (독재적 리더십)	Y이론의 특징 (민주적 리더십)
인간 불신감	상호 신뢰감
성악설	성선설
인간은 원래 게으르고 태만하여 남의 지배를 받기를 즐긴다.	인간은 부지런하고 근면 적극적이며 자주적이다.
물질 욕구, 저차원 욕구	정신 욕구, 고차원 욕구
명령 통제에 의한 관리	자기 통제에 의한 관리
저개발국형	선진국형
경제적 보상체제의 강화	분권화와 권한의 위임
권위주의적 리더십의 확보	민주적 리더십의 확립
면밀한 감독과 엄격한 통제	목표에 의한 관리
상부책임의 강화	직무 확장

68-1. 맥그리거(Douglas McGregor)의 Y이론에 해당되는 것은? [19.1]

① 인간은 게으르다.
② 인간은 남을 잘 속인다.
③ 인간은 남에게 지배받기를 즐긴다.
④ 인간은 부지런하고 근면하며, 적극적이고 자주적이다.

해설 ①, ②, ③은 X이론의 특징
정답 ④

68-2. 인간 본성을 파악하여 동기유발로 산업재해를 방지하기 위한 맥그리거의 XY이론에서 Y이론의 가정으로 틀린 것은? [18.2]

① 목적에 투신하는 것은 성취와 관련된 보상과 함수관계에 있다.
② 근로에 육체적, 정신적 노력을 쏟는 것은 놀이나 휴식만큼 자연스럽다.
③ 대부분 사람들은 조건만 적당하면 책임뿐만 아니라 그것을 추구할 능력이 있다.
④ 현대 산업사회에서 인간은 게으르고 태만하며, 수동적이고 남의 지배받기를 즐긴다.

해설 ④는 X이론의 특징
정답 ④

68-3. 맥그리거(Douglas McGregor)의 X, Y이론 중 X이론과 관계 깊은 것은? [21.2]

① 근면, 성실
② 물질적 욕구 추구
③ 정신적 욕구 추구
④ 자기 통제에 의한 자율관리

해설 ①, ③, ④는 Y이론의 특징
정답 ②

68-4. 맥그리거(McGregor)의 XY이론 중 X이론에 해당하는 것은? [11.2/18.1]

① 성선설
② 상호 신뢰감
③ 고차원적 욕구
④ 명령 통제에 의한 관리

해설 ①, ②, ③은 Y이론의 특징
정답 ④

정답 68. ③

68-5. 다음 맥그리거(McGregor)의 X이론에 해당되는 것은? [14.3]

① 상호 신뢰감 ② 고차적인 욕구
③ 규제 관리 ④ 자기 통제

[해설] ①, ②, ④는 Y이론의 특징

[정답] ③

68-6. 맥그리거(McGregor)의 X, Y이론에 있어 X이론의 관리 처방으로 적절하지 않은 것은? [10.3/18.3]

① 자체 평가제도의 활성화
② 경제적 보상체제의 강화
③ 권위주의적 리더십의 확립
④ 면밀한 감독과 엄격한 통제

[해설] ① 자체 평가제도는 책임감을 강조하는 Y이론의 특징

[정답] ①

68-7. 맥그리거(McGregor)의 X, Y이론에 따라 관리를 하고자 할 때 X이론에 가까운 작업자에게는 어떠한 동기부여가 가장 적절한가? [09.1]

① 직무의 확장 ② 자아의 실현
③ 보수의 인상 ④ 작업환경의 개선

[해설] ①, ②, ④는 Y이론과 관련된 동기부여

[정답] ③

69. 아담스(Adams)의 형평이론(공평성)에 대한 설명으로 틀린 것은? [09.3/19.2]

① 성과(outcome)란 급여, 지위, 인정 및 기타 부가 보상 등을 의미한다.
② 투입(input)이란 일반적인 자격, 교육수준, 노력 등을 의미한다.
③ 작업동기는 자신의 투입대비 성과 결과만으로 비교한다.

④ 지각에 기초한 이론이므로 자기 자신을 지각하고 있는 사람을 개인(person)이라 한다.

[해설] ③ 작업동기는 자신의 투입대비 산출비의 비교를 통해서 이루어진다.

70. 몹시 피로하거나 단조로운 작업으로 인하여 의식이 뚜렷하지 않은 상태의 의식수준으로 옳은 것은? [12.1/15.3/21.1]

① phase I ② phase II
③ phase III ④ phase IV

[해설] 인간 의식 레벨의 단계

단계	의식의 모드	생리적 상태	신뢰성
0단계	무의식	수면, 뇌발작, 주의작용, 실신	zero
1단계	의식 흐림	피로, 단조로운 일, 수면, 졸음, 몽롱	0.9 이하
2단계	이완 상태	안정 기거, 휴식, 정상 작업	0.99~1 이하
3단계	상쾌한 상태	적극적 활동, 활동 상태, 최고 상태	0.999 이상
4단계	과긴장 상태	일점으로 응집, 긴급 방위 반응	0.9 이하

70-1. 다음 중 정상적 상태이지만 생리적 상태가 휴식할 때에 해당하는 의식수준은?

① phase I [12.3/13.3/17.2/20.3]
② phase II
③ phase III
④ phase IV

[해설] 2단계(이완 상태) : 안정 기거, 휴식, 정상 작업(신뢰성 : 0.99~1 이하)

[정답] ②

70-2. 의식수준이 정상이지만 생리적 상태가 적극적일 때에 해당하는 것은? [21.2]

① phase 0   ② phase Ⅰ
③ phase Ⅲ   ④ phase Ⅳ

해설 3단계(상쾌한 상태) : 적극적 활동, 활동 상태, 최고 상태(신뢰성 : 0.999 이상)

정답 ③

71. 주의의 특성으로 볼 수 없는 것은? [16.2]

① 타당성   ② 변동성
③ 선택성   ④ 방향성

해설 주의의 특성
• 변동(단속)성 : 주의는 리듬이 있어 언제나 일정한 수순을 지키지는 못한다.
• 선택성 : 한 번에 여러 종류의 자극을 자각하거나 수용하지 못하며, 소수 특정한 것을 선택하는 기능이다.
• 방향성 : 공간에 사선의 초점이 맞았을 때는 인지가 쉬우나, 사선에서 벗어난 부분은 무시되기 쉽다.
• 주의력 중복집중 : 동시에 복수의 방향을 잡지 못한다.

71-1. 다음 중 주의(attention)의 특징으로 볼 수 없는 것은? [09.2]

① 변동성   ② 보편성
③ 선택성   ④ 방향성

해설 주의의 특성
• 변동(단속)성 : 주의는 리듬이 있어 언제나 일정한 수순을 지키지는 못한다.
• 선택성 : 한 번에 여러 종류의 자극을 자각하거나 수용하지 못하며, 소수 특정한 것을 선택하는 기능이다.
• 방향성 : 공간에 사선의 초점이 맞았을 때는 인지가 쉬우나, 사선에서 벗어난 부분은 무시되기 쉽다.

• 주의력 중복집중 : 동시에 복수의 방향을 잡지 못한다.

정답 ②

71-2. 주의력의 특성과 그에 대한 설명으로 옳은 것은? [18.2/21.3]

① 지속성 : 인간의 주의력은 2시간 이상 지속된다.
② 변동성 : 인간의 주의집중은 내향과 외향의 변동이 반복된다.
③ 방향성 : 인간이 주의력을 집중하는 방향은 상하 좌우에 따라 영향을 받는다.
④ 선택성 : 인간의 주의력은 한계가 있어 여러 작업에 대해 선택적으로 배분된다.

해설 선택성 : 한 번에 여러 종류의 자극을 자각하거나 수용하지 못하며, 소수 특정한 것을 선택하는 기능이다.

정답 ④

71-3. 시각 정보 등을 받아들일 때 주의를 기울이면 시선이 집중되는 곳의 정보는 잘 받아들이나 주변부의 정보는 놓치기 쉬운 것은 주의력의 어떤 특성과 관련이 있는가? [16.3]

① 주의의 선택성   ② 주의의 변동성
③ 주의의 방향성   ④ 주의의 시분할성

해설 주의의 선택성 : 주의를 기울이면 시선이 집중되는 곳의 정보는 잘 받아들이나 주변부의 정보는 놓치기 쉬운 주의력, 즉 여러 종류의 자극 중 특정한 것을 선택하여 주의가 집중되는 성질

정답 ①

71-4. 다음 중 주의의 특성에 관한 설명으로 틀린 것은? [12.3/14.1/14.2/15.2/20.3]

① 변동성이란 주의집중 시 주기적으로 부주의의 리듬이 존재함을 말한다.
② 방향성이란 주의는 항상 일정한 수준을 유지할 수 있으므로 장시간 고도의 주의집중이 가능함을 말한다.
③ 선택성이란 인간은 한 번에 여러 종류의 자극을 지각·수용하지 못함을 말한다.
④ 선택성이란 소수의 특정 자극에 한정해서 선택적으로 주의를 기울이는 기능을 말한다.

해설 방향성 : 공간에 사선의 초점이 맞았을 때는 인지가 쉬우나, 사선에서 벗어난 부분은 무시되기 쉽다.

정답 ②

71-5. 주의(attention)에 대한 설명으로 틀린 것은? [14.3/20.1]

① 주의력의 특성은 선택성, 변동성, 방향성으로 표현된다.
② 한 자극에 주의를 집중하여도 다른 자극에 대한 주의력은 약해지지 않는다.
③ 여러 종류의 자극을 지각할 때 소수의 특정한 것을 선택하여 집중하는 특성을 갖는다.
④ 의식작용이 있는 일에 집중하거나 행동의 목적에 맞추어 의식수준이 집중되는 심리상태를 말한다.

해설 ② 한 자극에 주의를 집중하면 다른 자극에 대한 주의력은 약해진다.

정답 ②

71-6. 주의(attention)에 대한 특성으로 가장 거리가 먼 것은? [10.3/12.2/19.1]

① 고도의 주의는 장시간 지속할 수 없다.
② 주의와 반응의 목적은 대부분의 경우 서로 독립적이다.

③ 동시에 두 가지 일에 중복하여 집중하기 어렵다.
④ 여러 종류의 자극을 지각할 때 소수의 특정한 것을 선택하여 집중한다.

해설 주의의 특성
• 고도의 주의는 장시간에 걸쳐 집중이 어렵다.
• 주의가 집중이 되면 주의의 영역은 좁아진다.
• 주의는 동시에 2개 이상의 방향에 집중이 어렵다.
• 주의의 방향과 시선의 방향이 일치할수록 주의의 정도가 높다.

정답 ②

72. 부주의의 발생 방지방법은 발생 원인별로 대책을 강구해야 하는데 다음 중 발생 원인의 외적요인에 속하는 것은? [20.2]

① 의식의 우회
② 소질적 문제
③ 경험·미경험
④ 작업 순서의 부자연성

해설 작업 순서의 부자연성 : 인간공학적 접근으로 해결이 가능하며, 부주의 발생의 외적요인이다.
Tip) ①, ②, ③은 내적요인이다.

72-1. 인간 부주의의 발생 원인 중 외적조건에 해당하지 않는 것은? [10.2/19.2]

① 작업 조건 불량
② 작업 순서 부적당
③ 경험 부족 및 미숙련
④ 환경 조건 불량

해설 경험 부족 및 미숙련 : 교육훈련으로 해결이 가능하며, 부주의 발생의 내적요인이다.

정답 ③

72-2. 부주의 발생의 외적조건에 해당되지 않는 것은? [11.3/17.1]

① 의식의 우회
② 높은 작업강도
③ 작업 순서의 부적당
④ 주위 환경 조건의 불량

해설 의식의 우회 : 의식의 흐름이 발생한 것으로 피로, 단조로운 일, 수면, 졸음, 몽롱, 작업 중 걱정, 고민, 욕구불만 등에 의해 발생하며, 부주의 발생의 내적요인이다.

정답 ①

73. 다음 중 부주의에 의한 사고방지에 있어서 정신적 측면의 대책사항과 가장 거리가 먼 것은? [16.1]

① 적응력 향상
② 스트레스 해소
③ 작업의욕 고취
④ 주의력 집중 훈련

해설 ①은 기능 및 작업측면에 대한 대책

73-1. 부주의에 의한 사고방지 대책 중 정신적 대책과 가장 거리가 먼 것은? [15.2/17.3]

① 안전의식 고취
② 주의력 집중 훈련
③ 표준작업의 습관화
④ 스트레스 해소 대책

해설 ③은 기능 및 작업측면에 대한 대책

정답 ③

73-2. 부주의에 의한 사고방지 대책에 있어 기능 및 작업측면의 대책에 해당하는 것은?

① 적성배치 [11.1/13.2/17.2]
② 안전의식의 제고
③ 주의력 집중 훈련
④ 작업환경과 설비의 안전화

해설 적성배치는 부주의에 의한 사고방지 대책 중 기능 및 작업측면의 대책에 해당한다.

정답 ①

74. 부주의의 현상 중 의식의 우회에 대한 원인으로 가장 적절한 것은? [18.1]

① 특수한 질병
② 단조로운 작업
③ 작업 도중의 걱정, 고뇌, 욕구불만
④ 자극이 너무 약하거나 너무 강할 때

해설 의식의 우회 : 의식의 흐름이 발생한 것으로 피로, 단조로운 일, 수면, 졸음, 몽롱, 작업 중 걱정, 고민, 욕구불만 등에 의해 발생한다.

74-1. 다음 중 의식의 우회에서 오는 부주의를 최소화하기 위한 방법으로 가장 적절한 것은? [10.1/13.1]

① 적정배치
② 작업 순서 정비
③ 카운슬링
④ 안전교육훈련

해설 의식의 우회에 대한 대책은 카운슬링(상담)으로 방법에는 직접 충고, 설득적 방법, 설명적 방법 등이 있다.

정답 ③

75. 부주의가 발생하는 경우에 있어 자동차를 운전할 때 신호가 바뀌기 전에 신호가 바뀔 것을 예상하고 자동차를 출발시키는 행동과 관련된 것은? [10.2/13.2/19.1]

① 억측판단
② 근도반응
③ 착시 현상
④ 의식의 우회

해설 억측판단 : 자기 멋대로 주관적인 추측을 하여 행동한 결과로 발생한 재해

인간행동 성향 및 행동과학 Ⅱ

76. 다음 용어의 설명 중 맞는 것은? [09.1/16.2]
① 리스크 테이킹이란 한 지점에 주의를 집중할 때 다른 곳의 주의가 약해져 발생한 위험을 말한다.
② 부주의란 목적 수행을 위한 행동 전개과정 중 목적에서 벗어나는 심리적, 신체적 변화의 현상을 말한다.
③ 역할갈등이란 개인에게 여러 개의 역할기대가 있을 경우 그 중의 어떤 역할기대는 불응, 거부하는 것을 말한다.
④ 투사란 다른 사람으로부터의 판단이나 행동에 대하여 무비판적으로 논리적, 사실적 근거 없이 수용하는 것을 말한다.

해설 • 리스크 테이킹 : 객관적인 위험을 자기 나름대로 결정하여 행동으로 실천하는 것을 말한다.
• 부주의 : 목적 수행을 위한 행동 전개과정 중 목적에서 벗어나는 심리적, 신체적 변화의 현상을 말한다.
• 역할갈등 : 집단의 요구가 2가지 이상 동시에 발생했을 때 상반된 역할이 기대될 경우의 갈등 상황을 말한다.
• 투사 : 본인의 문제를 다른 사람 탓으로 돌리는 것을 말한다.

77. 자아실현의 기회 부여로 근무 의욕 고취와 재해사고의 예방에 기여하는 효과를 높이기 위해 적성배치가 필요하다. 다음 중 이러한 적성배치 시 기본적으로 고려할 사항으로 틀린 것은? [12.3]
① 객관적인 감정요소 배제
② 인사관리의 기준에 원칙을 준수
③ 직무평가를 통하여 자격수준 결정
④ 적성검사를 실시하여 개인의 능력 파악

해설 적성배치를 통해 자아실현의 기회를 부여하면 근무 의욕 고취, 재해사고의 예방에 기여하는 효과를 가진다.
Tip) ① 주관적인 감정요소 배제가 기본적으로 고려할 사항이다.

78. 인간의 경계(vigilance) 현상에 영향을 미치는 조건의 설명으로 가장 거리가 먼 것은? [14.3/19.2]
① 작업시작 직후에는 검출율이 가장 낮다.
② 오래 지속되는 신호는 검출율이 높다.
③ 발생 빈도가 높은 신호는 검출율이 높다.
④ 불규칙적인 신호에 대한 검출율이 낮다.

해설 ① 작업시작 직후에는 검출율이 가장 높다가 시간이 지나면 낮아진다.
Tip) 인간의 경계(vigilance)는 주의, 긴장, 경계상태의 현상에 영향을 미친다.

79. 상황성 누발자의 재해유발 원인과 가장 거리가 먼 것은? [12.3/21.1]
① 기능 미숙 때문에
② 작업이 어렵기 때문에
③ 기계설비에 결함이 있기 때문에
④ 환경상 주의력의 집중이 혼란되기 때문에

해설 재해유발 원인
• 상황성 누발자
　㉠ 작업에 어려움이 많은 자
　㉡ 기계설비의 결함
　㉢ 심신에 근심이 있는 자
　㉣ 환경상 주의력의 집중이 혼란되기 때문에 발생되는 자
• 소질성 누발자
　㉠ 주의력 산만, 흥분성, 비협조성
　㉡ 도덕성 결여, 소심한 성격, 감각운동 부적합 등

- 미숙성 누발자
  ㉠ 기능 미숙련자
  ㉡ 환경에 적응하지 못한 자
- 습관성 누발자
  ㉠ 트라우마, 슬럼프

79-1. 재해 빈발자 중 기능의 부족이나 환경에 익숙하지 못하기 때문에 재해가 자주 발생되는 사람을 의미하는 것은? [10.2/16.3]

① 상황성 누발자
② 습관성 누발자
③ 소질성 누발자
④ 미숙성 누발자

해설 미숙성 누발자
- 기능 미숙련자
- 환경에 적응하지 못한 자

정답 ④

79-2. 상황성 누발자의 재해유발 원인으로 가장 적절한 것은? [12.2/17.3/20.2]

① 소심한 성격
② 주의력의 산만
③ 기계설비의 결함
④ 침착성 및 도덕성의 결여

해설 ①, ②, ④는 소질성 누발자의 재해유발 원인

정답 ③

79-3. 반복적인 재해 발생자를 상황성 누발자와 소질성 누발자로 나눌 때, 상황성 누발자의 재해유발 원인에 해당하는 것은?

① 저지능인 경우 [12.1/14.1/14.2/19.1]
② 소심한 성격인 경우
③ 도덕성이 결여된 경우
④ 심신에 근심이 있는 경우

해설 ①, ②, ③은 소질성 누발자의 재해유발 원인

정답 ④

79-4. 작업의 어려움, 기계설비의 결함 및 환경에 대한 주의력의 집중 혼란, 심신의 근심 등으로 인하여 재해를 많이 일으키는 사람을 지칭하는 것은? [11.2/21.3]

① 미숙성 누발자
② 상황성 누발자
③ 습관성 누발자
④ 소질성 누발자

해설 상황성 누발자
- 작업에 어려움이 많은 자
- 기계설비의 결함
- 심신에 근심이 있는 자
- 환경상 주의력의 집중이 혼란되기 때문에 발생되는 자

정답 ②

80. 안전사고와 관련하여 소질적 사고요인이 아닌 것은? [11.1/18.1/20.3]

① 시각기능   ② 지능
③ 작업자세   ④ 성격

해설 소질적 사고요인은 지능, 성격, 시각기능 등이다.

81. 사고 경향성 이론에 관한 설명 중 틀린 것은? [19.1/22.2]

① 사고를 많이 내는 여러 명의 특성을 측정하여 사고를 예방하는 것이다.
② 개인의 성격보다는 특정 환경에 의해 훨씬 더 사고가 일어나기 쉽다.
③ 어떠한 사람이 다른 사람보다 사고를 더 잘 일으킨다는 이론이다.

④ 사고 경향성을 검증하기 위한 효과적인 방법은 다른 두 시기 동안에 같은 사람의 사고 기록을 비교하는 것이다.

해설 ② 환경보다는 개인의 성격에 의해 훨씬 더 사고가 일어나기 쉽다.

81-1. 사고 경향성 이론에 관한 설명으로 틀린 것은? [09.2/12.1/16.2]

① 어떤 특정한 환경에서 훨씬 더 사고를 일으키기 쉽다.

② 어떠한 사람이 다른 사람보다 사고를 더 잘 일으킨다는 이론이다.

③ 사고를 많이 내는 여러 명의 특성을 측정하여 사고를 예방하는 것이다.

④ 검증하기 위한 효과적인 방법은 다른 두 시기 동안에 같은 사람의 사고 기록을 비교하는 것이다.

해설 ① 환경보다는 개인의 성격에 의해 훨씬 더 사고가 일어나기 쉽다.

정답 ①

82. 생산작업의 경제성과 능률 제고를 위한 동작경제의 원칙에 해당하지 않는 것은? [21.2]

① 신체의 사용에 의한 원칙

② 작업장의 배치에 관한 원칙

③ 작업표준 작성에 관한 원칙

④ 공구 및 설비 디자인에 관한 원칙

해설 Barnes(반즈)의 동작경제의 3원칙

• 신체의 사용에 관한 원칙

• 작업장의 배치에 관한 원칙

• 공구 및 설비 디자인에 관한 원칙

83. 매슬로우(Maslow)의 욕구 5단계를 낮은 단계에서 높은 단계의 순서대로 나열한 것은? [09.1/09.3/15.2/17.2/19.1/21.1]

① 생리적 욕구 → 안전 욕구 → 사회적 욕구 → 자아실현의 욕구 → 인정의 욕구

② 생리적 욕구 → 안전 욕구 → 사회적 욕구 → 인정의 욕구 → 자아실현의 욕구

③ 안전 욕구 → 생리적 욕구 → 사회적 욕구 → 자아실현의 욕구 → 인정의 욕구

④ 안전 욕구 → 생리적 욕구 → 사회적 욕구 → 인정의 욕구 → 자아실현의 욕구

해설 Maslow가 제창한 인간의 욕구 5단계

• 1단계(생리적 욕구) : 기아, 갈등, 호흡, 배설, 성욕 등 인간의 기본적인 욕구

• 2단계(안전 욕구) : 안전을 구하려는 자기보존의 욕구

• 3단계(사회적 욕구) : 애정과 소속에 대한 욕구

• 4단계(존경의 욕구) : 인정받으려는 명예, 성취, 승인의 욕구

• 5단계(자아실현의 욕구) : 잠재적 능력을 실현하고자 하는 욕구(성취 욕구)

83-1. 매슬로우(Maslow)의 욕구 5단계 중 안전 욕구에 해당하는 단계는? [20.1/22.2]

① 1단계   ② 2단계

③ 3단계   ④ 4단계

해설 2단계(안전 욕구) : 안전을 구하려는 자기보존의 욕구

정답 ②

83-2. 다음 중 매슬로우(Maslow)의 욕구 5단계에서 가장 고차원적인 욕구는? [10.1]

① 안전 욕구   ② 사회적 욕구

③ 존경의 욕구   ④ 자아실현의 욕구

해설 5단계(자아실현의 욕구) : 잠재적 능력을 실현하고자 하는 욕구(성취 욕구)

정답 ④

83-3. 인간이 충족시키고자 추구하는 욕구에 있어 가장 강력한 욕구는? [12.3/16.3/20.3]

① 생리적 욕구
② 안전의 욕구
③ 자아실현의 욕구
④ 애정 및 귀속의 욕구

해설 1단계(생리적 욕구) : 기아, 갈등, 호흡, 배설, 성욕 등 인간의 기본적인 욕구

정답 ①

**인간행동 성향 및
행동과학 Ⅲ**

84. 매슬로우(Maslow)의 욕구이론에 관한 설명으로 틀린 것은? [15.3]

① 행동은 충족되지 않은 욕구에 의해 결정되고 좌우된다.
② 기본적 욕구는 환경적 또는 후천적인 성질을 지닌다.
③ 개인의 가장 기본적인 욕구로부터 시작하여 위계상 상위 욕구로 올라가면서 자신의 욕구를 체계적으로 충족시킨다.
④ 위계(位階)에서 생존을 위해 기본이 되는 욕구들이 우선적으로 충족되어야 한다.

해설 ② 기본적 욕구는 선천적 욕구이다.

84-1. 다음 중 매슬로우의 "욕구의 위계이론"에 관한 설명으로 가장 적절한 것은? [13.3]

① 어렵고 구체적인 목표가 더 높은 수행을 가져온다.
② 개인의 동기는 다른 사람과의 비교를 통해 결정된다.

③ 인간은 먼저 자아실현의 욕구를 충족시키려고 한다.
④ 하위 단계의 욕구가 충족되어야 더 높은 단계의 욕구가 발생한다.

해설 매슬로우는 욕구의 위계이론에서 하위 단계의 욕구가 충족되어야 더 높은 단계의 욕구가 발생한다고 했다.

정답 ④

85. 알더퍼(Alderfer)의 ERG 이론에서 인간의 기본적인 3가지 욕구가 아닌 것은? [21.3]

① 관계 욕구
② 성장 욕구
③ 생리 욕구
④ 존재 욕구

해설 알더퍼(Alderfer)의 ERG 이론
• 존재 욕구(Existence) : 생리적 욕구, 물리적 측면의 안전 욕구, 저차원적 욕구
• 관계 욕구(Relatedness) : 인간관계(대인관계) 측면의 안전 욕구
• 성장 욕구(Growth) : 자아실현의 욕구

86. Maslow의 욕구위계와 Alderfer의 욕구위계에 대한 설명으로 틀린 것은? [16.3]

① Maslow의 욕구위계 중 가장 상위에 있는 욕구는 자아실현의 욕구이다.
② Maslow는 욕구의 위계성을 강조하여, 하위의 욕구가 충족된 후에 상위 욕구가 생긴다고 주장하였다.
③ Alderfer는 Maslow와 달리 여러 개의 욕구가 동시에 활성화될 수 있다고 주장하였다.
④ Alderfer의 생존 욕구는 Maslow의 생리적 욕구, 물리적 안전, 그리고 대인관계에서의 안전의 개념과 유사하다.

해설 Maslow의 욕구위계와 Alderfer의 욕구위계

구분	Maslow의 욕구위계	Alderfer의 욕구위계
5단계	자아실현의 욕구	성장 욕구(G)
4단계	인정받으려는 욕구	관계 욕구(R)
3단계	사회적 욕구	
2단계	안전의 욕구	생존 욕구(E)
1단계	생리적 욕구	

Tip) Alderfer의 생존 욕구는 Maslow의 생리적 욕구, 물리적 안전과 유사하다.

87. 다음 중 데이비스(K. Davis)의 동기부여 이론에서 "능력(ability)"을 올바르게 표현한 것은? [11.3/15.1/20.3]

① 기능(skill)×태도(attitude)
② 지식(knowledge)×기능(skill)
③ 상황(situation)×태도(attitude)
④ 지식(knowledge)×상황(situation)

해설 데이비스(Davis)의 동기부여 이론
• 경영의 성과＝사람의 성과×물질의 성과
• 능력＝지식×기능
• 동기유발＝상황×태도
• 인간의 성과＝능력×동기유발

87-1. 다음 중 데이비스의 동기부여 이론에서 동기유발(motivation)을 나타내는 식으로 옳은 것은? [13.1]

① 지식(knowledge)×기능(skill)
② 상황(situation)×태도(attitude)
③ 지식(knowledge)×태도(attitude)
④ 능력(ability)×인간의 성과(human performance)

해설 데이비스(Davis)의 동기부여 이론
• 경영의 성과＝사람의 성과×물질의 성과
• 능력＝지식×기능

• 동기유발＝상황×태도
• 인간의 성과＝능력×동기유발

정답 ②

88. 동기이론과 관련 학자의 연결이 잘못된 것은? [09.2/16.2]

① ERG 이론 : 알더퍼
② 욕구위계이론 : 매슬로우
③ 위생−동기이론 : 맥그리거
④ 성취동기이론 : 맥클레랜드

해설 허츠버그의 위생요인과 동기요인
• 위생요인 : 정책 및 관리, 개인 간의 관계, 감독, 임금(보수) 및 지위, 작업 조건, 안전
• 동기요인 : 성취감, 책임감, 안정감, 도전감, 발전과 성장

88-1. 동기부여에 관한 이론 중 동기부여 요인을 중요시하는 내용이론에 해당하지 않는 것은? [19.3]

① 브룸의 기대이론
② 알더퍼의 ERG 이론
③ 매슬로우의 욕구위계설
④ 허츠버그의 2요인 이론(이원론)

해설 브룸의 기대이론 : 의사결정을 하는 인지적 요소와 의사결정을 위해 동기부여 하는 과정에 대한 이론이다.

정답 ①

89. 다음 중 작업동기에 있어 행동의 3가지 결정요인으로 볼 수 없는 것은? [12.2]

① 능력 　　　② 수행
③ 동기 　　　④ 상황적 제약 조건

해설 작업동기의 행동 3가지 결정요인에는 능력, 동기, 상황적 제약 조건이 있다.

Tip) 작업동기의 중요한 5가지 개념은 능력, 동기, 상황적 제약 조건, 행동, 수행이다.

90. 레윈(Lewin)이 표현한 인간행동의 함수식으로 옳은 것은? (단, B[behavior]는 인간의 행동, P[person]는 개체, E[environment]는 환경이다.) [14.3]

① $B=f\left(\dfrac{P}{E}\right)$ ② $B=f\left(\dfrac{E}{P}\right)$

③ $B=f(P+E)$ ④ $B=f(P\cdot E)$

해설 인간의 행동은 $B=f(P\cdot E)$의 상호 함수 관계에 있다.
- f : 함수관계(function)
- P : 개체(person) – 연령, 경험, 심신상태, 성격, 지능, 소질 등
- E : 심리적 환경(environment) – 인간관계, 작업환경 등

90-1. 레윈(Lewin)이 제시한 인간의 행동 특성에 관한 법칙에서 인간의 행동(B)은 개체(P)와 환경(E)의 함수관계를 가진다고 하였다. 다음 중 개체(P)에 해당하는 요소가 아닌 것은? [13.1/19.3/20.2]

① 연령   ② 지능
③ 경험   ④ 인간관계

해설 P : 개체(person) – 연령, 경험, 심신상태, 성격, 지능, 소질 등

정답 ④

90-2. 레윈(Lewin)의 행동법칙 $B=f(P\cdot E)$에서 E가 의미하는 것은? [10.1/17.1/18.3]

① Energy
② Education
③ Environment

④ Engineering

해설 E : 심리적 환경(environment) – 인간관계, 작업환경 등

정답 ③

90-3. 레윈(Lewin)은 인간의 행동관계를 $B=f(P\cdot E)$라는 공식으로 설명하였다. 여기서 B가 나타내는 뜻으로 맞는 것은? [10.2/16.3]

① 인간의 개념
② 안전 동기부여
③ 인간의 행동
④ 인간 주변의 환경

해설 인간의 행동은 $B=f(P\cdot E)$의 상호 함수 관계에 있다.

정답 ③

91. 레윈의 3단계 조직변화모델에 해당되지 않는 것은? [20.1]

① 해빙 단계
② 체험 단계
③ 변화 단계
④ 재동결 단계

해설 레윈(Lewin)의 3단계 조직변화모델

1단계(해빙)	2단계(변화)	3단계(재동결)
현재 상태의 해빙	원하는 상태로의 변화	변화를 위한 재동결

92. 조직에 있어 구성원들의 역할에 대한 기대와 행동은 항상 일치하지는 않는다. 역할기대와 실제 역할행동 간에 차이가 생기면 역할갈등이 발생하는데, 역할갈등의 원인으로 가장 거리가 먼 것은? [13.2/17.3/20.2]

① 역할마찰

② 역할 민첩성

③ 역할 부적합

④ 역할 모호성

해설 역할갈등의 원인은 역할마찰, 역할 부적합, 역할 모호성 등이 있다.

Tip) 역할이론에는 역할갈등, 역할기대, 역할연기, 역할조성이 있다.

93. 인간의 행동 특성에 있어 태도에 관한 설명으로 맞는 것은? [20.1]

① 인간의 행동은 태도에 따라 달라진다.

② 태도가 결정되면 단시간 동안만 유지된다.

③ 집단의 심적 태도 교정보다 개인의 심적 태도 교정이 용이하다.

④ 행동결정을 판단하고, 지시하는 외적 행동체계라고 할 수 있다.

해설 ② 한 번 태도가 결정되면 오랫동안 유지된다.

③ 개인의 심적 태도 교정보다 집단의 심적 태도 교정이 더 용이하다.

④ 행동결정을 판단하고, 지시하는 것은 내적 행동체계이다.

93-1. 다음 중 인간의 행동 특성에 있어 태도에 관한 설명으로 옳은 것은? [12.2]

① 태도가 결정되면 단시간 동안만 유지된다.

② 태도의 기능에는 작업적응, 자아방어, 자기표현 등이 있다.

③ 행동결정을 판단하고 지시하는 외적 행동체계라고 할 수 있다.

④ 집단의 심적 태도 교정보다 개인의 심적 태도 교정이 용이하다.

해설 ① 한 번 태도가 결정되면 오랫동안 유지된다.

③ 행동결정을 판단하고 지시하는 것은 내적 행동체계이다.

④ 개인의 심적 태도 교정보다 집단의 심적 태도 교정이 더 용이하다.

정답 ②

94. 단조로운 업무가 장시간 지속될 때 작업자의 감각기능 및 판단능력이 둔화 또는 마비되는 현상은? [11.3/15.1/18.3]

① 착각 현상

② 망각 현상

③ 피로 현상

④ 감각 차단 현상

해설 감각 차단 현상 : 단조로운 업무가 장시간 지속될 때 작업자의 감각기능 및 판단능력이 둔화 또는 마비되는 현상

95. 테일러(Taylor)의 과학적 관리와 거리가 가장 먼 것은? [16.3/21.3]

① 시간-동작연구를 적용하였다.

② 생산의 효율성을 상당히 향상시켰다.

③ 인간중심의 관점으로 일을 재설계한다.

④ 인센티브를 도입함으로써 작업자들을 동기화시킬 수 있다.

해설 ③ 과업중심의 관점으로 일하는 과학적 관리법이다.

96. 다음 중 인간의 행동에 영향을 미치는 물리적 성격의 작업 조건과 가장 거리가 먼 것은? [15.1]

① 조명   ② 소음

③ 환경   ④ 휴식

해설 물리적 요인 : 조명, 소음, 환경, 기온, 습도 등

Tip) 휴식은 인적요인이다.

2 인간의 특성과 안전

동작 특성

1. 정신상태 불량에 의한 사고의 요인 중 정신력과 관계되는 생리적 현상에 해당되지 않는 것은? [14.1/14.2/17.2/21.1]

① 신경계통의 이상
② 육체적 능력의 초과
③ 시력 및 청각의 이상
④ 과도한 자존심과 자만심

해설 정신력과 관계되는 생리적 현상
• 극도의 피로
• 신경계통의 이상
• 육체적 능력의 초과
• 시력 및 청각의 이상
• 근육운동의 부적합
Tip) ④는 개성적 결함요소

2. 사고에 관한 표현으로 틀린 것은? [20.2]

① 사고는 비변형된 사상(unstrained event)이다.
② 사고는 비계획적인 사상(unplaned event)이다.
③ 사고는 원하지 않는 사상(undesired event)이다.
④ 사고는 비효율적인 사상(inefficient event)이다.

해설 불안전한 행동이나 불안전한 상태에 의해 사고는 계획되지 않고, 원하지 않는 비효율적인 사상이다.

3. 인간의 동작 특성을 외적조건과 내적조건으로 구분할 때 내적조건에 해당하는 것은? [11.2/15.1/20.1]

① 경력
② 대상물의 크기
③ 기온
④ 대상물의 동적 성질

해설 외적조건
• 높이, 폭, 길이, 크기 등의 조건
• 대상물의 동적 성질에 따른 조건
• 기온, 습도, 조명, 소음 등의 조건
Tip) 내적조건 : 근무경력, 적성, 개성, 개인차, 생리적 조건 등

3-1. 인간의 동작에 영향을 주는 요인을 외적조건과 내적조건으로 분류할 때 외적조건에 해당하지 않는 것은? [12.2/16.2]

① 높이, 폭, 길이, 크기 등의 조건
② 근무경력, 적성, 개성 등의 조건
③ 대상물의 동적 성질에 따른 조건
④ 기온, 습도, 조명, 소음 등의 조건

해설 내적조건 : 근무경력, 적성, 개성, 개인차, 생리적 조건 등

정답 ②

4. 손다이크(Thorndike)의 시행착오설에 의한 학습법칙과 관계가 가장 먼 것은? [20.1]

① 효과의 법칙
② 연습의 법칙
③ 동일성의 법칙
④ 준비성의 법칙

해설 손다이크(Thorndike)의 시행착오설
• 연습(반복)의 법칙 : 목표가 있는 작업을 반복하는 과정 및 효과를 포함한 전 과정이다.
• 효과의 법칙 : 목표에 도달했을 때 보상을 주면 반응과 결합이 강해져 조건화가 이루어진다.
• 준비성의 법칙 : 학습을 하기 전의 상태에 따라 그 학습이 만족 · 불만족스러운가에 관한 것이다.

4-1. 시행착오설에 의한 학습법칙에 해당하지 않는 것은? [13.2/18.1]

① 효과의 법칙
② 일관성의 법칙
③ 연습의 법칙
④ 준비성의 법칙

해설 손다이크의 시행착오설에 의한 학습의 법(원)칙은 연습의 법칙, 효과의 법칙, 준비성의 법칙이다.

정답 ②

4-2. 시행착오설에 의한 학습법칙에 해당하는 것은? [12.1/17.1]

① 시간의 법칙
② 계속성의 법칙
③ 일관성의 법칙
④ 준비성의 법칙

해설 손다이크의 시행착오설에 의한 학습의 법(원)칙은 연습의 법칙, 효과의 법칙, 준비성의 법칙이다.

정답 ④

5. 작업장에서의 사고예방을 위한 조치로 틀린 것은? [16.1/19.3]

① 감독자와 근로자는 특수한 기술뿐 아니라 안전에 대한 태도도 교육받아야 한다.
② 모든 사고는 사고 자료가 연구될 수 있도록 철저히 조사되고 자세히 보고되어야 한다.
③ 안전의식 고취운동에서 포스터는 긍정적인 문구보다 부정적인 문구를 사용하는 것이 더 효과적이다.
④ 안전장치는 생산을 방해해서는 안 되고, 그것이 제 위치에 있지 않으면 기계가 작동되지 않도록 설계되어야 한다.

해설 ③ 안전의식 고취운동에서 포스터는 부정적인 문구보다 긍정적인 문구를 사용하는 것이 더 효과적이다.

6. 다음 중 고립, 정신병, 자살 등이 속하는 사회행동의 기본 형태는? [14.1/14.2]

① 협력
② 융합
③ 대립
④ 도피

해설 사회행동의 기본 형태
• 대립(opposition) : 공격, 경쟁
• 협력(cooperation) : 조력, 분업
• 도피(escape) : 고립, 정신병, 자살
• 융합(accommodation) : 강제, 타협, 통합

6-1. 사회행동의 기본 형태와 내용이 잘못 연결된 것은? [11.2/19.1]

① 대립 – 공격, 경쟁
② 조직 – 경쟁, 통합
③ 협력 – 조력, 분업
④ 도피 – 정신병, 자살

해설 사회행동의 기본 형태는 대립, 협력, 도피, 융합이다.

정답 ②

6-2. 사회행동의 기본 형태에 해당하지 않는 것은? [09.1/22.1]

① 협력
② 대립
③ 모방
④ 도피

해설 사회행동의 기본 형태는 대립, 협력, 도피, 융합이다.

정답 ③

6-3. 인간의 사회행동에 대한 기본 형태와 가장 거리가 먼 것은? [15.3]

① 도피
② 협력
③ 대립
④ 습관

해설 사회행동의 기본 형태는 대립, 협력, 도피, 융합이다.

정답 ④

7. 지름길을 사용하여 대상물을 판단할 때 발생하는 지각의 오류가 아닌 것은? [18.2/22.1]

① 후광 효과 　　　② 최근 효과
③ 결론 효과 　　　④ 초두 효과

해설 • 후광 효과 : 한 가지 특성에 기초하여 그 인간의 모든 측면을 판단하는 것
• 최근 효과 : 가장 최근의 인상으로 그 대상을 판단하는 것
• 초두 효과 : 최초 제시된 중요한 정보가 큰 인상을 남기는 경향성

8. 자동차 엑셀레이터와 브레이크 간 간격, 브레이크 폭, 소프트웨어상에서 메뉴나 버튼의 크기 등을 결정하는데 사용할 수 있는 인간공학 법칙은? 　　　　　　　　　　[22.2]

① Fitts의 법칙 　　　② Hick의 법칙
③ Weber의 법칙 　　　④ 양립성 법칙

해설 Fitts의 법칙
• 목표까지 움직이는 거리와 목표의 크기에 요구되는 정밀도가 동작시간에 걸리는 영향을 예측한다.
• 목표물과의 거리가 멀고, 목표물의 크기가 작을수록 동작에 걸리는 시간은 길어진다.

노동과 피로

9. 생체리듬에 관한 설명 중 틀린 것은 어느 것인가? 　　　　　　　　　　[13.2/17.1/22.2]

① 감각의 리듬이 (−)로 최대가 되는 경우에만 위험일이라고 한다.
② 육체적 리듬은 "P"로 나타내며, 23일을 주기로 반복된다.
③ 감성적 리듬은 "S"로 나타내며, 28일을 주기로 반복된다.
④ 지성적 리듬은 "I"로 나타내며, 33일을 주기로 반복된다.

해설 생체리듬(biorhythm)
• 위험일 : 안정기(+)와 불안정기(−)의 교차점
• 육체적 리듬(P) : 23일 주기로 식욕, 소화력, 활동력, 지구력 등을 좌우하는 리듬
• 감성적 리듬(S) : 28일 주기로 주의력, 창조력, 예감 및 통찰력 등을 좌우하는 리듬
• 지성적 리듬(I) : 33일 주기로 상상력, 사고력, 기억력, 인지력, 판단력 등을 좌우하는 리듬

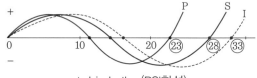

▲ biorhythm(PSI학설)

9-1. 다음 중 생체리듬(biorhythm)의 종류에 해당되지 않는 것은? 　　　　　　　　[09.3]

① 지성적 리듬 　　　② 육체적 리듬
③ 감성적 리듬 　　　④ 안정적 리듬

해설 생체리듬 : 육체적 리듬(P), 감성적 리듬(S), 지성적 리듬(I)

정답 ④

9-2. 다음 중 생체리듬(biorhythm)의 종류에 해당하지 않는 것은? 　　　　　　　[15.3/22.1]

① 지적 리듬 　　　② 신체 리듬
③ 감성 리듬 　　　④ 신경 리듬

해설 생체리듬 : 육체적 리듬(P), 감성적 리듬(S), 지성적 리듬(I)

정답 ④

9-3. 생체리듬(biorhythm)에 대한 설명으로 옳은 것은? 　　　　　　　[09.2/18.2/20.3]

① 각각의 리듬이 (−)에서의 최저점에 이르렀을 때를 위험일이라 한다.

② 감성적 리듬은 영문으로 S라 표시하며, 23
일을 주기로 반복된다.

③ 육체적 리듬은 영문으로 P라 표시하며, 28
일을 주기로 반복된다.

④ 지성적 리듬은 영문으로 I라 표시하며, 33일
을 주기로 반복된다.

해설 지성적 리듬(I) : 33일 주기로 상상력,
사고력, 기억력, 인지력, 판단력 등을 좌우하
는 리듬

정답 ④

9-4. 다음 중 생체리듬에 관한 설명으로 틀린
것은? [09.1]

① 육체적 리듬은 "P"로 나타내며, 23일을 주
기로 반복된다.

② 감성적 리듬은 "S"로 나타내며, 26일을 주
기로 반복된다.

③ 지성적 리듬은 "I"로 나타내며, 33일을 주기
로 반복된다.

④ 각각의 리듬이 (+)에서 (−)로 변화하는 점
이 위험일이다.

해설 감성적 리듬(S) : 28일 주기로 주의력,
창조력, 예감 및 통찰력 등을 좌우하는 리듬

정답 ②

9-5. 생체리듬과 피로에 관한 설명 중 틀린
것은? [17.3]

① 생체상의 변화는 하루 중에 일정한 시간 간
격을 두고 교환된다.

② 인간의 생체리듬은 낮에는 체온, 혈압, 맥박
수 등이 상승하고 밤에는 저하된다.

③ 생체리듬에서 중요한 점은 낮에는 신체활동
이 유리하며, 밤에는 휴식이 더욱 효율적이
라는 것이다.

④ 몸이 흥분한 상태일 때는 부교감신경이 우
세하고 수면을 취하거나 휴식을 할 때는 교
감신경이 우세하다.

해설 ④ 몸이 흥분한 상태일 때는 교감신경이
우세하고 수면을 취하거나 휴식을 할 때는 부
교감신경이 우세하다.

정답 ④

10. 어느 철강회사의 고로작업 라인에 근무하
는 A씨의 작업강도가 힘든 중작업으로 평가
되었다면 해당되는 에너지 대사율(RMR)의
범위로 가장 적절한 것은? [11.2/19.1/21.2]

① 0~1 ② 2~4

③ 4~7 ④ 7~10

해설 작업의 난이도별 에너지 대사율

경작업	중(中)작업	중(重)작업
0~2	2~4	4~7

10-1. 에너지 대사율(RMR)에 따른 작업의
분류에 따라 중(보통)작업의 RMR 범위는?

① 0~2 ② 0~4 [22.2]

③ 4~7 ④ 7~9

해설 작업의 난이도별 에너지 대사율

경작업	중(中)작업	중(重)작업
0~2	2~4	4~7

정답 ②

11. 에너지 소비량(RMR)의 산출방법으로 맞
는 것은? [20.1/21.3]

① $\dfrac{\text{작업 시의 소비에너지} - \text{기초대사량}}{\text{안정 시의 소비에너지}}$

② $\dfrac{\text{전체 소비에너지} - \text{작업 시의 소비에너지}}{\text{기초대사량}}$

③ $\dfrac{\text{작업 시의 소비에너지}-\text{안정 시의 소비에너지}}{\text{기초대사량}}$

④ $\dfrac{\text{작업 시의 소비에너지}-\text{안정 시의 소비에너지}}{\text{안정 시의 소비에너지}}$

해설 에너지 소비량(RMR)$=\dfrac{\text{운동대사량}}{\text{기초대사량}}$

$=\dfrac{\text{작업 시의 소비에너지}-\text{안정 시의 소비에너지}}{\text{기초대사량}}$

12. 작업에 대한 평균에너지 소비량을 분당 5kcal로 할 경우 휴식시간 R의 산출공식으로 맞는 것은? (단, E는 작업 시 평균에너지 소비량[kcal/min], 1시간의 휴식시간 중 에너지 소비량은 1.5kcal/min, 총 작업시간은 60분이다.) [09.2/16.3]

① $R=\dfrac{60(E-5)}{E-1.5}$ ② $R=\dfrac{50(E-5)}{E-1.5}$

③ $R=\dfrac{60(E-4)}{E-5}$ ④ $R=\dfrac{50(E-15)}{E-4}$

해설 휴식시간(R)

$=\dfrac{60(\text{작업에너지}-\text{평균에너지})}{\text{작업에너지}-\text{소비에너지}}$

$=\dfrac{60(E-5)}{E-1.5}$

13. 피로의 측정법이 아닌 것은? [13.1/18.2]

① 생리적 방법 ② 심리학적 방법
③ 물리학적 방법 ④ 생화학적 방법

해설 피로를 측정하는 방법
• 심리적인 방법 : 연속반응시간, 변별역치, 정신작업, 피부저항, 동작 분석 등
• 생리학적인 방법 : 근력, 근 활동, 호흡순환기능, 대뇌피질 활동, 인지역치, 반사역치(PSR), 융합점멸주파수(flicker) 등
• 생화학적인 방법 : 혈색소 농도, 뇨단백, 혈액수분, 응혈시간, 부신피질 등

13-1. 피로의 측정방법 중 생리학적 측정에 해당하는 것은? [09.1/16.2]

① 혈액 농도
② 동작 분석
③ 대뇌 활동
④ 연속반응시간

해설 생리학적인 방법 : 근력, 근 활동, 호흡순환기능, 대뇌피질 활동, 인지역치 등

정답 ③

13-2. 피로 측정방법 중 생화학적 방법의 측정대상 항목에 해당하는 것은? [10.3]

① 혈액검사 ② 근전도검사
③ 뇌파검사 ④ 심전도검사

해설 생화학적인 방법 : 혈색소 농도, 뇨단백, 혈액수분, 응혈시간, 부신피질 등
Tip) 생리학적인 방법 : 근전도(EMG), 뇌전도(EEG), 심전도(ECG), 반사역치(PSR), 융합점멸주파수(flicker), 인지역치 등

정답 ①

13-3. 다음 중 생리적 검사의 피로 측정방법에 해당하지 않는 것은? [11.3]

① EMG ② EEG
③ ECG ④ GSR

해설 생리학적인 피로 측정방법
• 근전도(EMG) : 국부적 근육 활동이다.
• 뇌전도(EEG) : 뇌 활동에 따른 전위변화이다.
• 심전도(ECG, EKG) : 심장근의 활동 척도이다.
Tip) 피부전기반사(GSR) : 작업부하의 정신적 부담이 피로와 함께 증대하는 양상을 손바닥 안쪽의 전기저항 변화로 측정한다.

정답 ④

13-4. 피로의 측정방법 중 근력 및 근 활동에 대한 검사방법으로 가장 적절한 것은?

① EEG   ② ECG   [10.2]
③ EMG   ④ EOG

해설 근전도(EMG) : 국부적 근육 활동이다.

정답 ③

13-5. 피로의 측정 분류 시 감각기능검사(정신 · 신경기능검사)의 측정대상 항목으로 가장 적합한 것은? [19.3]

① 혈압   ② 심박수
③ 에너지 대사율   ④ 플리커

해설 플리커 검사(융합점멸주파수)는 피곤해지면 눈이 둔화되는 성질을 이용한 피로의 정도 측정법이다.

정답 ④

13-6. 다음 중 피로의 검사방법에 있어 인지역치를 이용한 생리적 방법은? [16.1]

① 광전비색계
② 뇌전도(EEG)
③ 근전도(EMG)
④ 점멸융합주파수(flicker fusion frequency)

해설 플리커 검사(융합점멸주파수)는 피곤해지면 눈이 둔화되는 성질을 이용한 피로의 정도 측정법으로 인지역치를 이용하여 검사한다.

정답 ④

14. 피로의 증상과 가장 거리가 먼 것은?

① 식욕의 증대   [12.3/18.1]
② 불쾌감의 증가
③ 흥미의 상실
④ 작업능률의 감퇴

해설 ① 식욕이 감소한다.

14-1. 다음 중 피로의 현상으로 볼 수 없는 것은? [12.2]

① 주관적 피로
② 중추신경의 피로
③ 반사운동신경 피로
④ 근육 피로

해설 정신적, 육체적 피로 : 중추신경의 피로, 반사운동신경 피로, 근육 피로

정답 ①

15. 생리적 피로와 심리적 피로에 대한 설명으로 틀린 것은? [17.2]

① 심리적 피로와 생리적 피로는 항상 동반해서 발생한다.
② 심리적 피로는 계속되는 작업에서 수행 감소를 주관적으로 지각하는 것을 의미한다.
③ 생리적 피로는 근육조직의 산소 고갈로 발생하는 신체능력 감소 및 생리적 손상이다.
④ 작업수행이 감소하더라도 피로를 느끼지 않을 수 있고, 수행이 잘 되더라도 피로를 느낄 수 있다.

해설 ① 심리적 피로와 생리적 피로가 항상 동반해서 발생하는 것은 아니다.
Tip) 심리적 피로는 정신적 스트레스, 생리적 피로는 육체적 피로이다.

16. 스텝 테스트, 슈나이더 테스트는 어떠한 방법의 피로 판정 검사인가? [19.2]

① 타액검사   ② 반사검사
③ 전신적 관찰   ④ 심폐검사

해설 스텝 테스트, 슈나이더 테스트는 대표적인 심폐검사 판정이다.

17. 동작실패의 원인이 되는 조건 중 작업강도와 관련이 가장 적은 것은? [11.2/19.3]

① 작업량　　　　② 작업속도
③ 작업시간　　　　④ 작업환경

해설 동작실패의 원인이 되는 조건
- 작업강도 : 작업량, 작업속도, 작업시간, 작업자세 등
- 환경 조건 : 작업환경, 심리상태

18. 피로 단계 중 이상발한, 구갈, 두통, 탈력감이 있고, 특히 관절이나 근육통이 수반되어 신체를 움직이기 귀찮아지는 단계는? [17.1]

① 잠재기　　　　② 현재기
③ 진행기　　　　④ 축적피로기

해설 피로 단계

1단계	2단계	3단계	4단계
잠재기	현재기	진행기	축적피로기

Tip) 현재기 단계 : 이상발한, 구갈, 두통, 탈력감이 있고, 특히 관절이나 근육통이 수반되어 신체를 움직이기 귀찮아지는 단계

19. 감각 현상이 하나의 전체적이고 의미 있는 내용으로 체계화되는 과정을 의미하는 것은? [17.1/22.1]

① 유추(analogy)
② 게슈탈트(gestalt)
③ 인지(cognition)
④ 근접성(proximity)

해설 게슈탈트(gestalt) : 시각정보의 조직화를 의미하는 용어로 형태나 형상이라는 뜻이다.

20. 허세이(Alfred Bay Hershey)의 피로회복법에서 단조로움이나 권태감에 의해 발생되는 피로에 대한 대책으로 가장 적합한 것은? [10.1/15.2]

① 동작의 교대방법 등을 가르친다.

② 불필요한 신체적 마찰을 배제한다.
③ 작업장의 온도, 습도, 통풍 등을 조절한다.
④ 용의주도한 작업계획을 수립 · 이행한다.

해설 단조로움이나 권태감에 의해 발생하는 피로에 대한 대책은 동작의 교대방법을 가르친다.

21. 작업자의 정신적 피로를 관찰할 수 있는 변화 중 가장 적합하지 않은 것은? [15.1]

① 대사기능의 변화
② 작업태도의 변화
③ 사고활동의 변화
④ 작업 동작경로의 변화

해설 대사기능의 변화, 반사기능의 변화는 육체적 피로를 관찰할 수 있는 변화이다.

22. 다음 중 피로의 분류에 있어 만성피로에 가장 가까운 것은? [13.3]

① 정상피로
② 건강피로
③ 축적피로
④ 중추신경계 피로

해설 만성피로는 계속되는 과로로 인하여 피로가 누적되는 것을 말하며, 축적피로라고도 한다.

23. 다음 중 피로를 가져오는 내부요인이 아닌 것은? [11.1]

① 경험　　　　② 책임감
③ 대인관계　　　　④ 습관

해설 경험, 책임감, 습관, 스트레스 등은 내부요인이다.

Tip) 대인관계, 과로 등은 피로의 외부요인이다.

정답 18. ②　19. ②　20. ①　21. ①　22. ③　23. ③

24. 다음은 지각집단화의 원리 중 한 예이다. 이러한 원리를 무엇이라 하는가? [14.1/14.2]

① 단순성의 원리
② 폐쇄성의 원리
③ 유사성의 원리
④ 연속성의 원리

해설 모양, 크기, 색상, 다른(원, 마름모) 시각요소들이 하나의 패턴으로 보이려는 형태의 유사성 원리가 적용되었다.

집단관리와 리더십

25. 다음 중 리더십과 헤드십에 관한 설명으로 옳은 것은? [10.1/20.3]

① 헤드십은 부하와의 사회적 간격이 좁다.
② 헤드십에서의 책임은 상사에 있지 않고 부하에 있다.
③ 리더십의 지휘형태는 권위주의적인 반면, 헤드십의 지휘형태는 민주적이다.
④ 권한 행사 측면에서 보면 헤드십은 임명에 의하여 권한을 행사할 수 있다.

해설 리더십과 헤드십의 비교

분류	리더십	헤드십
권한 행사	선출직	임명직
권한 부여	밑으로부터 동의	위에서 위임
권한 귀속	목표에 기여한 공로 인정	공식 규정에 의함

상·하의 관계	개인적인 영향	지배적인 영향
부하와의 사회적 관계	관계(간격) 좁음	관계(간격) 넓음
지휘형태	민주주의적	권위주의적
책임귀속	상사와 부하	상사
권한 근거	개인적, 비공식적	법적, 공식적

25-1. 헤드십의 특성에 관한 설명 중 맞는 것은? [16.3/18.1]

① 민주적 리더십을 발휘하기 쉽다.
② 책임귀속이 상사와 부하 모두에게 있다.
③ 권한 근거가 공식적인 법과 규정에 의한 것이다.
④ 구성원의 동의를 통하여 발휘하는 리더십이다.

해설 헤드십은 공식 규정에 의한 임명에 의하여 권한을 행사할 수 있다.

정답 ③

25-2. 권한의 근거는 공식적이며, 지휘형태가 권위주의적이고 임명되어 권한을 행사하는 지도자로 옳은 것은? [21.2]

① 헤드십(head ship)
② 리더십(leader ship)
③ 멤버십(member ship)
④ 매니저십(manager ship)

해설 헤드십은 공식 규정에 의한 임명에 의하여 권한을 행사하는 권위주의적 리더이다.

정답 ①

25-3. 집단구성원에 의해 선출된 지도자의 지위·임무는? [17.2]

① 헤드십(headship)

② 리더십(leadship)

③ 멤버십(membership)

④ 매니저십(managership)

[해설] 리더십은 선출직으로 밑으로부터 동의에 의하여 권한이 부여된다.

[정답] ②

26. 리더십의 유형을 지휘형태에 따라 구분할 때, 이에 해당하지 않는 것은? [18.3]

① 권위적 리더십   ② 민주적 리더십

③ 방임적 리더십   ④ 경쟁적 리더십

[해설] 리더십의 유형

• 전제(권위)형 리더십 : 리더가 모든 정책을 단독적으로 결정하고 부하직원들에게 지시 명령하는 리더십으로 군림하는 독재형 리더십이다.

• 민주형 리더십 : 집단토론으로 의사결정을 하는 형태이다.

• 자유방임형 리더십 : 리더십의 역할은 명목상 자리만 유지하는 형태이다.

26-1. 다음 설명의 리더십 유형은 무엇인가? [21.2]

> 과업을 계획하고 수행하는데 있어서 구성원과 함께 책임을 공유하고 인간에 대하여 높은 관심을 갖는 리더십

① 권위적 리더십

② 독재적 리더십

③ 민주적 리더십

④ 자유방임형 리더십

[해설] 리더십의 유형

• 권위형(독재형) 리더십 : 의사결정권을 경영자가 가지고, 부하직원들을 강압적으로 통제한다.

• 민주형 리더십 : 의사결정은 집단의 의사소통을 통해 조정하며, 구성원들의 의사를 종합하여 정책을 결정한다.

• 자유방임형(개방적) 리더십 : 의사결정의 책임을 부하직원들에게 전가하는 경우로 명목적인 리더의 자리만 지킨다.

[정답] ③

26-2. 다음 중 민주적 리더십의 리더에 대한 설명으로 가장 올바른 것은? [13.3]

① 대외적인 상징적 존재에 불가하다.

② 소극적으로 조직 활동에 참가한다.

③ 자신의 신념과 판단을 최상으로 믿는다.

④ 조직구성원들의 의사를 종합하여 결정한다.

[해설] 민주형 리더십 : 의사결정은 집단의 의사소통을 통해 조정하며, 구성원들의 의사를 종합하여 정책을 결정한다.

[정답] ④

26-3. 리더십의 유형은 리더의 행동에 근거하여 자유방임형, 권위형, 민주형으로 분류할 수 있는데 다음 중 민주형 리더십의 특징과 거리가 먼 것은? [10.3]

① 집단구성원들이 리더를 존경한다.

② 의사교환이 제한된다.

③ 자발적 행동이 많이 나타난다.

④ 구성원 간의 상호관계가 원만하다.

[해설] 민주형 리더십 : 의사결정은 집단의 의사소통을 통해 조정하며, 구성원들의 의사를 종합하여 정책을 결정한다.

[정답] ②

26-4. 자유방임형 리더십에 따른 집단구성원의 반응으로 볼 수 없는 것은? [09.3/13.2]

① 낭비 및 파손품이 많다.
② 업무의 양과 질이 우수하다.
③ 리더를 타인으로 간주하기 쉽다.
④ 개성이 강하고, 연대감이 없어진다.

해설 자유방임형(개방적) 리더십 : 의사결정의 책임을 부하직원들에게 전가하는 경우로 명목적인 리더의 자리만 지킨다.

Tip) 자유방임형 리더십은 집단의 규율이 없어 신경 쓰지 않으므로 업무의 양과 질이 떨어진다.

정답 ②

27. 조직이 리더에게 부여하는 권한으로 볼 수 없는 것은? [14.1/14.2/17.3/18.1/18.2]

① 합법적 권한　　　② 강압적 권한
③ 보상적 권한　　　④ 전문성의 권한

해설 조직이 리더에게 부여하는 권한 : 보상적 권한, 강압적 권한, 합법적 권한

Tip) 리더 본인이 본인에게 부여하는 권한 : 위임된 권한, 전문성의 권한

27-1. 리더십의 권한에 있어 조직이 리더에게 부여하는 권한이 아닌 것은? [12.1/17.2]

① 위임된 권한　　　② 강압적 권한
③ 보상적 권한　　　④ 합법적 권한

해설 조직이 리더에게 부여하는 권한 : 보상적 권한, 강압적 권한, 합법적 권한

Tip) 리더 본인이 본인에게 부여하는 권한 : 위임된 권한, 전문성의 권한

정답 ①

27-2. 지도자가 부하의 능력에 따라 차별적으로 성과급을 지급하고자 하는 리더십의 권한은? [09.2/21.3]

① 전문성 권한　　　② 보상적 권한
③ 합법적 권한　　　④ 위임된 권한

해설 보상적 권한 : 능력에 따라 차별적 성과급을 지급하는 리더십의 권한

정답 ②

27-3. 조직이 리더(leader)에게 부여하는 권한으로 부하직원의 처벌, 임금 삭감을 할 수 있는 권한은? [12.3/15.2/19.3/21.1/22.2]

① 강압적 권한　　　② 보상적 권한
③ 합법적 권한　　　④ 전문성의 권한

해설 강압적 권한 : 부하의 해고, 승진 탈락, 임금 삭감, 견책 등 강압적 힘을 갖는 권한

정답 ①

28. 다음 중 피들러(Fiedler)의 상황 연계성 리더십 이론에서 중요시하는 상황적 요인에 해당하지 않는 것은? [14.1/14.2/20.2]

① 과제의 구조화
② 부하의 성숙도
③ 리더의 직위상 권한
④ 리더와 부하 간의 관계

해설 • 피들러의 상황 연계성 리더십 이론의 상황적 요인에 의해 리더의 영향력이 결정된다.
• 상황적 요인에는 리더-부하와의 관계, 리더의 직위 권한, 과제의 구조화 등이 있다.

28-1. 다음 중 피들러(Fiedier)의 상황 리더십 이론에서 가장 일하기 힘들었던 동료를 평가하는 척도에서 점수가 높은 리더의 특성으로 옳은 것은? [09.1]

① 배려적이다.

② 지시적이다.

③ 권위적이다.

④ 성취 지향적이다.

해설 위와 같은 상황에서 평가 점수가 높은 리더의 특성은 동료직원에게 배려적인 리더이다.

정답 ①

29. 리더십의 행동이론 중 관리그리드 (managerial grid)에서 인간에 대한 관심보다 업무에 대한 관심이 매우 높은 유형은?

① (1,1)형   [10.2/11.3/16.3/20.1]

② (1,9)형

③ (5,5)형

④ (9,1)형

해설 관리그리드 이론

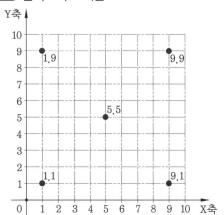

X축은 과업에 대한 관심, Y축은 인간관계 유지에 대한 관심이다.

• (1,1)형 : 무관심형

• (1,9)형 : 인기형

• (5,5)형 : 타협형

• (9,1)형 : 과업형

• (9,9)형 : 이상형

29-1. 다음에서 설명하는 리더십의 유형은 무엇인가?   [22.1]

> 과업 완수와 인간관계 모두에 있어 최대한의 노력을 기울이는 리더십 유형

① 과업형 리더십

② 이상형 리더십

③ 타협형 리더십

④ 무관심형 리더십

해설 지문은 이상형(9,9형) 리더십에 대한 내용이다.

정답 ②

30. 리더의 기능수행과 리더로서의 지위 획득 및 유지가 리더 개인의 성격이나 자질에 의존한다는 리더십 이론은?   [15.3/19.1]

① 행동이론   ② 상황이론

③ 관리이론   ④ 특성이론

해설 리더십 이론

• 특성이론 : 유능하고 훌륭한 리더의 성격 특성을 분석 · 연구하여 특성을 찾아내는 것이다.

• 행동이론 : 유능한 리더와 부하와의 관계를 중심으로 리더의 행동 스타일을 연구한다.

• 상황이론 : 리더의 행동과 적합한 리더십 상황요소를 토대로 하여 효과적인 리더십 행동을 개념화한 연구이다.

• 수명주기 이론 : 리더와 부하의 관계를 효과적인 리더십 행동으로 분석한다.

31. 목표를 설정하고 그에 따르는 보상을 약속함으로써 부하를 동기화하려는 리더십은 무엇인가?   [19.1]

① 교환적 리더십
② 변혁적 리더십
③ 참여적 리더십
④ 지시적 리더십

해설 교환적(거래적) 리더십 : 리더와 조직구성원 간의 명확한 목표와 보상내용을 알리고 보상하는 리더십이다.

31-1. 부하들의 역량을 개발하여 부하들로 하여금 자율적으로 업무를 추진하게 하고, 스스로 자기조절 능력을 갖게 만드는 리더십은? [09.1/11.1]

① 변혁적 리더십
② 셀프 리더십
③ 교류적 리더십
④ 참여적 리더십

해설 셀프 리더십 : 부하들로 하여금 자율적인 업무를 추진하고 자기조절 능력을 갖게 만드는 리더십이다.

정답 ②

32. 리더십에 대한 연구방법 중 통솔력이 리더 개인의 특별한 성격과 자질에 의존한다고 설명하는 이론은? [18.2]

① 특질접근법
② 상황접근법
③ 행동접근법
④ 제한된 특질접근법

해설 특질접근법 : 통솔력이 리더 개인의 특별한 성격과 자질에 의존한다.

33. 리더십을 결정하는 주요한 3가지 요소와 가장 거리가 먼 것은? [16.2]

① 부하의 특성과 행동
② 리더의 특성과 행동

③ 집단과 집단 간의 관계
④ 리더십이 발생하는 상황의 특성

해설 리더십을 결정하는 3가지 요소
• 리더의 특성과 행동
• 부하의 특성과 행동
• 리더십이 발생하는 상황의 특성

34. 다음 중 리더로서의 일반적인 구비요건과 가장 거리가 먼 것은? [16.1]

① 화합성
② 통찰력
③ 개인의 이익 추구성
④ 정서적 안정성 및 활발성

해설 리더의 구비요건 : 화합성, 통찰력, 판단력, 집단조직의 이익 추구성, 정서적 안정성 및 활발성

34-1. 다음 중 집단에서 리더의 구비요건과 관계가 먼 것은? [11.3]

① 화합성 　　② 단순성
③ 통찰력 　　④ 판단력

해설 리더의 구비요건 : 화합성, 통찰력, 판단력, 집단조직의 이익 추구성, 정서적 안정성 및 활발성

정답 ②

35. 다음 중 성실하며 성공적인 지도자(leader)의 공통적인 소유 속성과 가장 거리가 먼 것은? [13.1/15.2]

① 강력한 조직능력
② 실패에 대한 자신감
③ 뛰어난 업무수행 능력
④ 자신 및 상사에 대한 긍정적인 태도

해설 성공적인 지도자는 실패에 대한 두려움과 예견을 가진다.

35-1. 성공적인 리더가 가지는 중요한 관리 기술이 아닌 것은? [17.1]

① 매 순간 신속하게 의사결정을 한다.
② 집단의 목표를 구성원과 함께 정한다.
③ 구성원이 집단과 어울리도록 협조한다.
④ 자신이 아니라 집단에 대해 많은 관심을 가진다.

해설 매 순간 신속하게 의사결정을 하는 것이 성공적인 리더의 구비조건은 아니다.

정답 ①

36. 집단과 인간관계에서 집단의 효과에 해당하지 않는 것은? [21.2]

① 동조 효과   ② 견물 효과
③ 암시 효과   ④ 시너지 효과

해설 집단 효과 3가지
• 동조 효과는 대중의 의견을 중요시한다.
• 견물 효과는 집단의 가치를 중요시한다.
• 시너지 효과는 두 힘이 합쳐져 힘의 상승 효과를 발휘하는 것이다.

36-1. 집단이 가지는 효과로 두 개 이상의 서로 다른 개체가 힘을 합쳐 둘이 지닌 힘 이상의 효과를 내는 현상은? [15.3/20.2]

① 시너지 효과   ② 동조 효과
③ 응집성 효과   ④ 자생적 효과

해설 시너지 효과는 두 힘이 합쳐져 힘의 상승 효과를 발휘하는 것이다.

정답 ①

36-2. 집단의 효과 중 집단의 압력에 의해 다수의 의견을 따르게 되는 현상을 무엇이라고 하는가? [12.1]

① 동조 효과   ② 시너지 효과
③ 견물(見物) 효과   ④ 암시 효과

해설 동조 효과는 대중의 의견을 중요시한다.

정답 ①

37. 허시(Hersey)와 브랜차드(Blanchard)의 상황적 리더십 이론에서 리더십의 4가지 유형에 해당하지 않는 것은? [21.1]

① 통제적 리더십   ② 지시적 리더십
③ 참여적 리더십   ④ 위임적 리더십

해설 허시와 브랜차드의 상황적 리더십 모델
• 지시적 리더 : 능력과 의지가 모두 낮은 경우 면밀하게 감독하는 리더십
• 설득적 리더 : 능력은 낮으나 의지가 높은 경우 소통하는 리더십
• 참여적 리더 : 능력은 높으나 의지가 낮은 경우 업무달성을 지원하는 리더십
• 위임형 리더 : 능력과 의지가 높은 경우 의사결정과 책임을 부하에게 위임하는 리더십

37-1. 리더십 이론 중 경로목표이론에 대한 설명으로 틀린 것은? [12.1]

① 부하의 능력이 우수하면 지시적 리더행동은 효율적이지 못하다.
② 내적 통제성향을 갖는 부하는 참여적 리더행동을 좋아한다.
③ 과업이 구조화되어 있으면 지시적 행동이 효율적이다.
④ 외적 통제성향인 부하는 지시적 리더행동을 좋아한다.

해설 ③ 과업이 구조화되어 있지 않을 때 지시적 행동이 효율적이다.
Tip) 과업이 구조화되어 있으면 참여적 행동이 효율적이다.

정답 ③

정답 36. ③   37. ①

38. 다음 중 관계지향적 리더가 나타내는 대표적인 행동 특징으로 볼 수 없는 것은? [20.3]

① 우호적이며 가까이 하기 쉽다.
② 집단구성원들을 동등하게 대한다.
③ 집단구성원들의 활동을 조정한다.
④ 어떤 결정에 대해 자세히 설명해 준다.

해설 ③ 집단구성원들의 활동 조정은 과업지향적 리더의 특성이다.

38-1. 다음 중 카리스마적 리더십에서 리더의 주요한 특성으로 적합하지 않은 것은?

① 비전제시 능력 [10.1]
② 보상제공 능력
③ 개인적 매력
④ 수사학적 능력

해설 카리스마적 리더십에서 리더의 비전제시 능력, 개인적 매력, 수사학적 능력은 주요한 특성이다.

정답 ②

착오와 실수

39. 인간 착오의 메커니즘으로 틀린 것은?

① 위치의 착오 [11.3/15.1/21.3]
② 패턴의 착오
③ 느낌의 착오
④ 형(形)의 착오

해설 착오(mistake) : 상황해석을 잘못하거나 목표를 착각하여 행하는 인간의 실수(위치, 순서, 패턴, 형상, 기억오류 등)

39-1. 인간의 오류 모형에서 착오(mistake)의 발생 원인 및 특성에 해당하는 것은? [18.1]

① 목표와 결과의 불일치로 쉽게 발견된다.
② 주의산만이나 주의결핍에 의해 발생할 수 있다.
③ 상황을 잘못 해석하거나 목표에 대한 이해가 부족한 경우 발생한다.
④ 목표 해석은 제대로 하였으나 의도와 다른 행동을 하는 경우 발생한다.

해설 착오(mistake) : 상황해석을 잘못하거나 목표를 착각하여 행하는 인간의 실수(위치, 순서, 패턴, 형상, 기억오류 등)

정답 ③

40. 착오의 원인에 있어 인지과정의 착오에 속하는 것은? [14.3/17.3]

① 합리화의 부족
② 환경 조건 불비
③ 작업자의 기능 미숙
④ 생리적 · 심리적 능력의 부족

해설 사람의 착오요인
• 인지과정 착오
  ㉠ 생리 · 심리적 능력의 한계
  ㉡ 정보수용 능력의 한계, 감각차단 현상, 정서불안정
• 판단과정 착오 : 합리화, 능력 부족, 정보 부족, 자신 과잉(과신), 작업 조건 불량
• 조작과정 착오 : 판단한 내용과 실제 동작하는 과정에서의 착오, 조치과정 착오
• 심리 : 불안, 공포, 과로 등

40-1. 판단과정에서의 착오 원인이 아닌 것은? [17.1/22.2]

① 능력 부족 ② 정보 부족
③ 감각차단 ④ 자기합리화

해설 판단과정 착오 : 합리화, 능력 부족, 정보 부족, 자신 과잉(과신), 작업 조건 불량

Tip) 인지과정 착오
- 생리 · 심리적 능력의 한계
- 정보수용 능력의 한계, 감각차단 현상, 정서불안정

정답 ③

40-2. 판단과정 착오의 요인이 아닌 것은?

① 자기합리화   [20.1]
② 능력 부족
③ 작업경험 부족
④ 정보 부족

해설 판단과정 착오 : 합리화, 능력 부족, 정보 부족, 자신 과잉(과신), 작업 조건 불량

정답 ③

41. 착각에 관한 설명으로 틀린 것은?   [12.1]

① 착각은 인간의 노력으로 고칠 수 있다.
② 정보의 결함이 있으면 착각이 일어난다.
③ 착각은 인간 측의 결함에 의해서 발생한다.
④ 환경 조건이 나쁘면 착각은 쉽게 일어난다.

해설 ① 착각은 인간의 노력으로 고칠 수 없다.

42. 운동에 대한 착각 현상이 아닌 것은?

① 자동운동   [12.3/16.3/18.3/22.2]
② 항상운동
③ 유도운동
④ 가현운동

해설 인간의 착각 현상
- 유도운동 : 실제로 움직이지 않는 것이 움직이는 것처럼 느껴지는 현상
- 자동운동 : 암실에서 정지된 소광점을 응시하면 광점이 움직이는 것처럼 보이는 현상
- 가현운동 : 물체가 착각에 의해 움직이는 것처럼 보이는 현상, 영화의 영상처럼 대상물이 움직이는 것처럼 인식되는 현상

42-1. 착각 현상 중에서 실제로는 움직이지 않는데 움직이는 것처럼 느껴지는 심리적인 현상은?   [11.1/11.2/12.2/19.2/21.2]

① 잔상
② 원근 착시
③ 가현운동
④ 기하학적 착시

해설 가현운동 : 물체가 착각에 의해 움직이는 것처럼 보이는 현상, 영화의 영상처럼 대상물이 움직이는 것처럼 인식되는 현상

정답 ③

42-2. 인간의 착각 현상 중 실제로 움직이지 않지만 어느 기준의 이동에 의하여 움직이는 것처럼 느껴지는 착각 현상의 명칭으로 적합한 것은?   [14.3/19.3]

① 자동운동   ② 잔상 현상
③ 유도운동   ④ 착시 현상

해설 유도운동 : 실제로 움직이지 않는 것이 움직이는 것처럼 느껴지는 현상

정답 ③

42-3. 착시 현상 중 암실 내에서 하나의 광점을 보고 있으면 그 광점이 움직이는 것처럼 보이는 것을 무엇이라 하는가?   [09.2]

① β운동   ② 유도운동
③ 운동잔상   ④ 자동운동

해설 자동운동 : 암실에서 정지된 소광점을 응시하면 광점이 움직이는 것 같이 보이는 현상

정답 ④

42-4. 인간의 착각 현상 가운데 암실 내에서 하나의 광점을 보고 있으면 그 광점이 움직이는 것처럼 보이는 것을 자동운동이라 하는

데 다음 중 자동운동이 생기기 쉬운 조건이
아닌 것은? [10.1/10.3/13.1/15.3/20.3]

① 광점이 작을 것
② 대상이 단순할 것
③ 광의 강도가 클 것
④ 시야의 다른 부분이 어두울 것

해설 자동운동이 생기기 쉬운 조건
- 광점이 작을 것
- 대상이 단순할 것
- 광의 강도가 작을 것
- 시야의 다른 부분이 어두울 것

정답 ③

43. 그림과 같이 수직 평행인 세로의 선들이 평행하지 않은 것으로 보이는 착시 현상에 해당하는 것은? [09.3/19.3]

① 죌러(Zöller)의 착시
② 쾰러(Köhler)의 착시
③ 헤링(Hering)의 착시
④ 포겐도르프(Poggendorf)의 착시

해설 착시의 종류

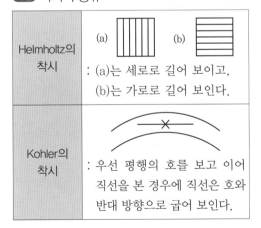

Helmholtz의 착시	(a) (b) : (a)는 세로로 길어 보이고, (b)는 가로로 길어 보인다.
Kohler의 착시	: 우선 평행의 호를 보고 이어 직선을 본 경우에 직선은 호와 반대 방향으로 굽어 보인다.

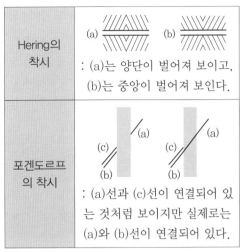

Hering의 착시	(a) (b) : (a)는 양단이 벌어져 보이고, (b)는 중앙이 벌어져 보인다.
포겐도르프의 착시	: (a)선과 (c)선이 연결되어 있는 것처럼 보이지만 실제로는 (a)와 (b)선이 연결되어 있다.

Tip) 죌러(zöller)의 착시 : 수직선인 세로의 선이 굽어 보이는 착시 현상

44. 경험한 내용이나 학습된 행동을 다시 생각하여 작업에 적용하지 아니하고 방치함으로써 경험의 내용이나 인상이 약해지거나 소멸되는 현상을 무엇이라 하는가? [09.2]

① 착각 ② 망각
③ 훼손 ④ 단절

해설 망각 : 경험의 내용이나 인상이 약해지거나 소멸되는 현상

45. 에빙하우스(Ebbinghaus)의 연구 결과에 따른 망각률이 50%를 초과하게 되는 최초의 경과시간은 얼마인가? [16.1/19.3]

① 30분 ② 1시간
③ 1일 ④ 2일

해설 에빙하우스(Ebbinghaus)의 망각률

1시간 경과	1일(24시간) 경과	2일(48시간) 경과
56% 망각	67% 망각	72% 망각

46. 다음 중 인간의 착상심리를 설명한 내용과 가장 거리가 먼 것은? [13.3]
① 얼굴을 보면 지능 정도를 알 수 있다.
② 아래턱이 마른 사람은 의지가 약하다.

③ 인간의 능력은 태어날 때부터 동일하다.
④ 민첩한 사람은 느린 사람보다 착오가 적다.

해설 ④ 민첩한 사람은 느린 사람보다 착오가 많다.

---

3 안전보건교육

교육의 필요성

1. 교육의 3요소를 바르게 나열한 것은?
① 교사–학생–교육재료 [10.3/20.1/21.2]
② 교사–학생–교육환경
③ 학생–교육환경–교육재료
④ 학생–부모–사회지식인

해설 안전교육의 3요소

교육 요소	교육의 주체	교육의 객체	교육의 매개체
형식적 요소	교수자 (강사)	교육생 (수강자)	교재 (교육자료)

1-1. 교육의 3요소 중에서 "교육의 매개체"에 해당하는 것은? [09.1/17.2]
① 강사 ② 선배
③ 교재 ④ 수강생

해설 안전교육의 3요소

교육 요소	교육의 주체	교육의 객체	교육의 매개체
형식적 요소	교수자 (강사)	교육생 (수강자)	교재 (교육자료)

정답 ③

2. 학습 목적의 3요소가 아닌 것은?
① 목표(goal) [13.2/16.1/18.1/21.3]
② 주제(subject)
③ 학습정도(level of learning)
④ 학습방법(method of learning)

해설 학습 목적의 3요소
• 목표 : 학습의 목적, 지표
• 주제 : 목표 달성을 위한 주제
• 학습정도 : 주제를 학습시킬 범위와 내용의 정도

3. 안전교육의 목적과 가장 거리가 먼 것은?
① 환경의 안전화 [11.2/18.2]
② 경험의 안전화
③ 인간정신의 안전화
④ 설비와 물자의 안전화

해설 안전교육의 목적
• 교육을 실시하여 작업자를 산업재해로부터 미연에 방지한다.
• 교육을 실시하여 인적, 물적, 환경 및 행동의 안전화를 도모한다.
• 작업자에게 안정감을 부여하고 기업에 대한 신뢰를 높인다.
• 재해의 발생으로 인한 직접적 및 간접적 경제적 손실을 방지한다.
• 생산성이나 품질의 향상에 기여한다.

3-1. 다음 중 안전교육의 목적과 가장 거리가 먼 것은? [13.2/20.2]

① 생산성이나 품질의 향상에 기여한다.
② 작업자를 산업재해로부터 미연에 방지한다.
③ 재해의 발생으로 인한 직접적 및 간접적 경제적 손실을 방지한다.
④ 작업자에게 작업의 안전에 대한 자신감을 부여하고 기업에 대한 충성도를 증가시킨다.

해설 ④ 작업자에게 안정감을 부여하고 기업에 대한 신뢰를 높인다.

정답 ④

3-2. 안전교육의 목적으로 볼 수 없는 것은?

① 생산성 및 품질향상 기여 [16.2]
② 직·간접적 경제적 손실 방지
③ 작업자를 산업재해로부터 미연에 방지
④ 안전한 태도 습관화를 위한 반복 교육

해설 ④ 교육을 실시하여 인적, 물적, 환경 및 행동의 안전화를 도모한다.

정답 ④

3-3. 안전·보건교육의 목적이 아닌 것은?

① 행동의 안전화 [10.1/17.2]
② 작업환경의 안전화
③ 의식의 안전화
④ 노무관리의 적정화

해설 안전·보건교육의 목적
• 행동의 안전화
• 작업환경의 안전화
• 설비와 물자의 안전화
• 인간정신의 안전화

정답 ④

3-4. 다음 중 안전교육의 목표로 가장 적절한 것은? [12.3]

① 작업동작의 숙련화
② 인간의 동작 특성 학습
③ 설비에 대한 지식 획득
④ 작업에 의한 안전행동의 습관화

해설 안전·보건교육의 목적
• 행동의 안전화
• 작업환경의 안전화
• 설비와 물자의 안전화
• 인간정신의 안전화

정답 ④

3-5. 다음 중 안전교육 목표에 포함시켜야 할 사항으로 가장 적절한 것은? [12.2]

① 강의 순서
② 과정 소개
③ 강의 개요
④ 교육 및 훈련의 범위

해설 안전교육 목표에 포함시켜야 할 사항
• 교육 및 훈련의 범위
• 교육 보조자료의 준비 및 사용지침
• 교육훈련의 의무와 책임관계

정답 ④

4. 교육훈련을 통하여 기업의 차원에서 기대할 수 있는 효과로 옳지 않은 것은? [19.2]

① 리더십과 의사소통 기술이 향상된다.
② 작업시간이 단축되어 노동비용이 감소된다.
③ 인적자원의 관리비용이 증대되는 경향이 있다.
④ 직무 만족과 직무 충실화로 인하여 직무태도가 개선된다.

해설 ③ 교육훈련의 기대 효과로 인적자원의 관리비용이 감소된다.

5. 조직구성원의 태도는 조직성과 밀접한 관계가 있는데 태도(attitude)의 3가지 구성요소에 포함되지 않는 것은? [19.2/22.2]

① 인지적 요소　　② 정서적 요소
③ 성격적 요소　　④ 행동경향 요소

해설 태도(attitude)의 3가지 구성요소는 인지적 요소, 정서적 요소, 행동경향 요소이다.

6. 교육의 본질적 면에서 본 교육의 기능과 관련이 없는 것은? [17.1]

① 사회적 기능
② 보수적 기능
③ 개인 완성으로서의 기능
④ 문화 전달과 창조적 기능

해설 교육의 본질적 측면에서 본 교육의 기능
• 사회적, 가치 형성의 기능
• 개인 완성으로서의 기능
• 문화 전달과 창조적 기능

7. 다음 중 안전교육의 기본 방향과 가장 거리가 먼 것은? [15.3]

① 사고사례 중심의 안전교육
② 안전작업(표준작업)을 위한 안전교육
③ 안전의식 향상을 위한 안전교육
④ 작업량 향상을 위한 안전교육

해설 안전교육의 기본 방향
• 사고사례 중심의 안전교육
• 안전작업(표준작업)을 위한 안전교육
• 안전의식 향상을 위한 안전교육
• 안전행동의 습관화를 위한 안전교육

8. 목표 설정 이론에서 밝혀진 효과적인 목표의 특징과 가장 거리가 먼 것은? [11.1/15.3]

① 목표는 측정 가능해야 한다.
② 목표는 구체적이어야 한다.

③ 목표는 이상적이어야 한다.
④ 목표는 그 달성에 필요한 시간의 제한을 명시해야 한다.

해설 목표는 이상적이거나 추상적인 것 보다는 구체적이고 측정 가능해야 한다.

9. 다음 중 안전교육의 필요성과 거리가 가장 먼 것은? [13.1]

① 재해 현상은 무상해사고를 제외하고, 대부분이 물건과 사람과의 접촉점에서 일어난다.
② 재해는 물건의 불안전한 상태에 의해서 일어날 뿐만 아니라 사람의 불안전한 행동에 의해서도 일어날 수 있다.
③ 현실적으로 생긴 재해는 그 원인 관련 요소가 매우 많아 반복적 실험을 통하여 재해환경을 복원하는 것이 가능하다.
④ 재해의 발생을 보다 많이 방지하기 위해서는 인간의 지식이나 행동을 변화시킬 필요가 있다.

해설 ③ 현실적으로 생긴 재해는 그 원인 관련 요소가 매우 많아 재해환경을 복원하기 어렵다.

10. 다음 중 교육 목적에 관한 설명으로 적절하지 않은 것은? [10.2/14.3]

① 교육 목적은 교육 이념에 근거한다.
② 교육 목적은 개념상 이념이나 목표보다 광범위하고 포괄적이다.
③ 교육 목적의 기능으로는 방향의 지시, 교육 활동의 통제 등이 있다.
④ 교육 목적은 교육 목표의 하위개념으로 학습경험을 통한 피교육자들의 행동변화를 지칭하는 것이다.

해설 ④ 교육 목적은 교육 목표의 상위개념으로 목표보다 광범위하고 포괄적이다.

정답 5. ③　6. ②　7. ④　8. ③　9. ③　10. ④

11. 다음 중 안전에 대한 교육훈련계획 수립 시 최우선적으로 고려해야 할 사항은? [10.3]

① 교육범위　　　② 교육대상
③ 교육기간　　　④ 평가범위

해설 교육훈련계획 수립 시 첫 번째 단계 : 교육대상의 요구사항 파악

12. 다음 중 일반적으로 5감의 활용에 있어 교육의 효과 정도가 가장 적절하게 연결된 것은? [12.2]

① 후각–50% 정도　　② 시각–15% 정도
③ 촉각–60% 정도　　④ 청각–25% 정도

해설 5감의 활용에 있어 교육의 효과

후각	미각	촉각	청각	시각
2% 정도	3% 정도	15% 정도	25% 정도	60% 정도

교육의 지도

13. 다음 중 교육지도의 원칙과 가장 거리가 먼 것은? [20.3]

① 반복적인 교육을 실시한다.
② 학습자에게 동기부여를 한다.
③ 쉬운 것부터 어려운 것으로 실시한다.
④ 한 번에 여러 가지의 내용을 실시한다.

해설 ④ 한 번에 한 가지씩 교육을 실시한다.

13-1. 일반적인 교육지도의 원칙 중 가장 거리가 먼 것은? [18.3]

① 반복적으로 교육할 것
② 학습자 중심으로 교육할 것

③ 어려운 것에서 시작하여 쉬운 것으로
④ 강조하고 싶은 사항에 대해 강한 인상을 심어줄 것

해설 ③ 쉬운 것부터 어려운 것으로 실시한다.

정답 ③

13-2. 다음 중 교육지도의 원칙과 가장 거리가 먼 것은? [16.1]

① 한 번에 한 가지씩 교육을 실시한다.
② 쉬운 것부터 어려운 것으로 실시한다.
③ 과거부터 현재, 미래의 순서로 실시한다.
④ 적게 사용하는 것에서 많이 사용하는 순서로 실시한다.

해설 ④ 많이 사용하는 것에서 적게 사용하는 순서로 실시한다.

정답 ④

14. 다음의 내용에서 교육지도의 5단계를 순서대로 바르게 나열한 것은? [11.2/17.2/21.2]

┌──────────────────────┐
│ ㉠ 가설의 설정 │
│ ㉡ 결론 │
│ ㉢ 원리의 제시 │
│ ㉣ 관련된 개념의 분석 │
│ ㉤ 자료의 평가 │
└──────────────────────┘

① ㉢ → ㉣ → ㉠ → ㉤ → ㉡
② ㉠ → ㉢ → ㉣ → ㉤ → ㉡
③ ㉢ → ㉠ → ㉤ → ㉣ → ㉡
④ ㉠ → ㉢ → ㉤ → ㉣ → ㉡

해설 교육지도의 5단계

1단계	2단계	3단계	4단계	5단계
원리의 제시	관련된 개념의 분석	가설의 설정	자료의 평가	결론

15. 다음 중 교육 프로그램의 타당도를 평가하는 항목이 아닌 것은? [10.2/14.3]

① 전이 타당도　　② 효과 타당도
③ 조직 내 타당도　　④ 조직 간 타당도

(해설) 교육 프로그램의 타당도를 평가하는 항목에는 전이 타당도, 조직 내 타당도, 조직 간 타당도, 교육 타당도 등이 있다.

15-1. 훈련에 참가한 사람들이 직무에 복귀한 후에 실제 직무수행에서 훈련 효과를 보이는 정도를 나타내는 것은? [11.3/21.2]

① 전이 타당도　　② 교육 타당도
③ 조직 간 타당도　　④ 조직 내 타당도

(해설) 전이 타당도 : 훈련에 참가한 사람이 직무에 복귀한 후에 실제 직무수행에서 훈련 효과를 보이는 정도 – 외적준거

(정답) ①

16. 다음은 교육훈련 프로그램을 만들기 위한 각 단계에 해당하는 내용이다. 가장 우선시되어야 하는 것은? [09.2/15.1]

① 직무평가를 실시한다.
② 요구 분석을 실시한다.
③ 적절한 훈련방법을 파악한다.
④ 종업원이 자신의 직무에 대하여 어떤 생각을 갖고 있는지 조사한다.

(해설) 교육훈련 프로그램 개발 순서

1단계	2단계	3단계	4단계	5단계
분석	설계	개발	실행	평가

Tip) 분석 단계에서 요구 분석을 실시한다.

17. 안전교육의 방법을 지식교육, 기능교육 및 태도교육 순서로 구분하여 맞게 나열한 것은? [17.2/21.3]

① 시청각교육 – 현장실습교육 – 안전작업 동작지도
② 시청각교육 – 안전작업 동작지도 – 현장실습교육
③ 현장실습교육 – 안전작업 동작지도 – 시청각교육
④ 안전작업 동작지도 – 시청각교육 – 현장실습교육

(해설) 안전교육의 3단계
• 제1단계(지식교육) : 시청각교육 등을 통해 지식을 전달하는 단계
• 제2단계(기능교육) : 현장실습교육을 통해 경험을 체득하는 단계
• 제3단계(태도교육) : 안전작업 동작지도 등을 통해 안전행동을 습관화하는 단계

17-1. 다음 중 안전교육 단계에 관한 설명으로 틀린 것은? [10.3]

① 기능교육에서는 작업과정에서의 잘못된 행동을 학습자의 직접 반복된 시행착오를 통해서 그 시점 요령을 점차 체득하여 안전에 대한 숙련성을 높인다.
② 안전교육은 태도교육, 지식교육, 기능교육의 순서로 진행한다.
③ 지식교육 단계에서는 인간감각에 의해서 감지할 수 없는 위험성이 존재한다는 것을 교육한다.
④ 태도교육 단계에서는 안전을 위한 학습된 기능을 스스로 발휘하도록 태도를 형성하게 된다.

(해설) 안전교육의 3단계
• 제1단계(지식교육) : 시청각교육 등을 통해 지식을 전달하는 단계
• 제2단계(기능교육) : 현장실습교육을 통해 경험을 체득하는 단계

• 제3단계(태도교육) : 안전작업 동작지도 등을 통해 안전행동을 습관화하는 단계

정답 ②

17-2. 안전보건교육의 종류별 교육요점으로 틀린 것은? [13.2/19.1]

① 태도교육은 의욕을 갖게 하고 가치관 형성 교육을 한다.
② 기능교육은 표준작업 방법대로 시범을 보이고 실습을 시킨다.
③ 추후 지도교육은 재해 발생원리 및 잠재위험을 이해시킨다.
④ 지식교육은 작업에 관련된 취약점과 이에 대응되는 작업방법을 알도록 한다.

해설 재해 발생원리 및 잠재위험에 대한 교육은 지식교육에서 실시한다. 추후 지도교육은 O.J.T 형식으로 새로운 법규나 신설 기계장치 등을 주기적으로 교육한다.

정답 ③

17-3. 안전교육 중 지식교육의 교육내용이 아닌 것은? [15.2/18.2]

① 안전규정 숙지를 위한 교육
② 안전장치(방호장치) 관리 기능에 관한 교육
③ 기능·태도교육에 필요한 기초지식 주입을 위한 교육
④ 안전의식의 향상 및 안전에 대한 책임감 주입을 위한 교육

해설 지식교육(제1단계)의 목표 및 내용

교육목표	교육내용
• 안전의식 제고 • 기능지식 주입 • 안전 감수성 향상	• 안전의식 향상 • 안전 책임감 주입 • 안전규정 숙지 • 기능과 태도교육에 필요한 기초지식 주입

정답 ②

17-4. 안전교육의 3단계 중 작업방법, 취급 및 조작행위를 몸으로 숙달시키는 것을 목적으로 하는 단계는? [19.2/20.2/22.1]

① 안전지식교육
② 안전기능교육
③ 안전태도교육
④ 안전의식교육

해설 제2단계(기능교육) : 현장실습교육을 통해 경험을 체득하는 단계

정답 ②

17-5. 직장규율, 안전규율 등을 몸에 익히기에 적합한 교육의 종류에 해당하는 것은?

① 지능교육 [14.3/19.3]
② 기능교육
③ 태도교육
④ 문제해결교육

해설 제3단계(태도교육) : 안전작업 동작지도 등을 통해 안전행동을 습관화하는 단계

정답 ③

17-6. 안전태도교육 기본 과정을 순서대로 나열한 것은? [16.1/21.2]

① 청취 → 모범 → 이해 → 평가 → 장려·처벌
② 청취 → 평가 → 이해 → 모범 → 장려·처벌
③ 청취 → 이해 → 모범 → 평가 → 장려·처벌
④ 청취 → 평가 → 모범 → 이해 → 장려·처벌

해설 안전태도교육 기본 과정의 순서

1단계 : 청취	2단계 : 이해	3단계 : 모범	4단계 : 평가	5단계 : 상·벌
청취한다.	이해 및 납득시킨다.	모범을 보인다.	평가한다.	장려·처벌한다.

정답 ③

17-7. 안전태도교육의 기본 과정으로 볼 수 없는 것은? [13.3/16.3/18.2]

① 강요한다.　　　　② 모범을 보인다.
③ 평가를 한다.　　　④ 이해 · 납득시킨다.

해설 안전태도교육 기본 과정의 순서

1단계 : 청취	2단계 : 이해	3단계 : 모범	4단계 : 평가	5단계 : 상 · 벌
청취 한다.	이해 및 납득 시킨다.	모범을 보인다.	평가 한다.	장려 · 처벌 한다.

정답 ①

17-8. 다음 중 안전태도교육의 내용 및 목표와 가장 거리가 먼 것은? [15.3]

① 표준 작업방법의 습관화
② 보호구 취급과 관리 자세 확립
③ 방호장치 관리 기능 습득
④ 안전에 대한 가치관 형성

해설 .안전태도교육의 교육목표
- 표준 작업방법의 습관화
- 안전에 대한 가치관 형성
- 보호구 취급과 관리 자세 확립
- 작업 전후의 점검 · 검사요령의 정확한 습관화

정답 ③

17-9. 안전보건교육의 단계별 교육 중 태도교육의 내용과 가장 거리가 먼 것은? [21.1]

① 작업동작 및 표준 작업방법의 습관화
② 안전장치 및 장비 사용능력의 빠른 습득
③ 공구 · 보호구 등의 관리 및 취급태도의 확립
④ 작업지시 · 전달 · 확인 등의 언어 · 태도의 정확화 및 습관화

해설 ②는 제2단계(기능교육)

정답 ②

17-10. 안전교육의 종류 중 태도교육의 내용과 가장 거리가 먼 것은? [13.1]

① 작업에 대한 의욕을 갖도록 한다.
② 직장규율, 안전규율 등을 몸에 익힌다.
③ 안전작업에 대한 몸가짐에 관하여 교육한다.
④ 기계장치 · 계기류의 조작방법을 몸에 익힌다.

해설 ④는 제2단계(기능교육)

정답 ④

18. 다음과 같은 학습의 원칙을 지니고 있는 훈련기법은? [11.2/16.3]

> 관찰에 의한 학습, 실행에 의한 학습, 피드백에 의한 학습 분석과 개념화를 통한 학습

① 역할연기법　　　② 사례연구법
③ 유사실험법　　　④ 프로그램 학습법

해설 역할연기법에 대한 설명으로 창조성 · 문제해결능력의 개발을 위한 교육 기법이다.

19. 직무와 관련한 정보를 직무명세서(job specification)와 직무기술서(job description)로 구분할 경우 직무기술서에 포함되어야 하는 내용과 가장 거리가 먼 것은? [15.3/20.2]

① 직무의 직종
② 수행되는 과업
③ 직무수행 방법
④ 작업자의 요구되는 능력

해설 직무명세서는 작업자의 요구되는 능력, 기술수준, 교육수준, 작업경험 등을 포함한다.

19-1. 다음 중 직무명세서에 포함되는 사항이 아닌 것은? [10.2]

① 장비 및 도구　　　② 기술수준
③ 교육수준　　　　　④ 작업경험

해설 직무기술서는 직무의 직종, 수행되는 과업, 직무수행 방법, 장비, 설비, 도구 등을 포함한다.

정답 ①

20. 안전교육 계획수립 및 추진에 있어 진행 순서를 나열한 것으로 맞는 것은? [12.3/20.1]

① 교육의 필요점 발견 → 교육대상 결정 → 교육 준비 → 교육 실시 → 교육의 성과를 평가
② 교육대상 결정 → 교육의 필요점 발견 → 교육 준비 → 교육 실시 → 교육의 성과를 평가
③ 교육의 필요점 발견 → 교육 준비 → 교육대상 결정 → 교육 실시 → 교육의 성과를 평가
④ 교육대상 결정 → 교육 준비 → 교육의 필요점 발견 → 교육 실시 → 교육의 성과를 평가

해설 안전교육 계획수립 및 추진 진행 순서

1단계	2단계	3단계	4단계	5단계
교육의 필요점 발견	교육대상 결정	교육 준비	교육 실시	교육의 성과를 평가

21. 작업지도 기법의 4단계 중 그 작업을 배우고 싶은 의욕을 갖도록 하는 단계로 맞는 것은? [15.2/19.3]

① 제1단계 : 학습할 준비를 시킨다.
② 제2단계 : 작업을 설명한다.
③ 제3단계 : 작업을 시켜본다.
④ 제4단계 : 작업에 대해 가르친 뒤 살펴본다.

해설 작업지도 기법의 4단계

제1단계 : 도입	제2단계 : 제시	제3단계 : 적응	제4단계 : 확인
학습할 준비를 시킨다.	작업을 설명한다.	작업을 시켜본다.	가르친 뒤 살펴본다.

21-1. 위험물의 성질 및 취급에 관한 안전교육 지도안을 4단계로 구분하여 작성하려고 할 때 "제시"의 내용으로 가장 적절한 것은?

① 위험 정도를 말한다. [09.1]
② 위험물 취급 물질을 설명한다.
③ 상호 간의 토의를 한다.
④ 취급상 제규정을 준수, 확인한다.

해설 작업지도 기법의 4단계

제1단계 : 도입	제2단계 : 제시	제3단계 : 적응	제4단계 : 확인
학습할 준비를 시킨다.	작업을 설명한다.	작업을 시켜본다.	가르친 뒤 살펴본다.

정답 ②

22. 다음 중 교재의 선택기준으로 옳지 않은 것은? [14.1/14.2/19.2]

① 정적이며 보수적이어야 한다.
② 사회성과 시대성에 걸맞은 것이어야 한다.
③ 설정된 교육 목적을 달성할 수 있는 것이어야 한다.
④ 교육대상에 따라 흥미, 필요, 능력 등에 적합해야 한다.

해설 ① 동적이며 신기술이어야 한다.

23. 학습경험 조직의 원리와 가장 거리가 먼 것은? [15.2/19.1]

① 가능성의 원리
② 계속성의 원리
③ 계열성의 원리
④ 통합성의 원리

해설 테일러(Taylor)의 학습경험 조직의 원리 : 계속성, 계열성, 통합성, 균형성, 다양성, 보편성

24. 교육훈련 평가의 4단계를 맞게 나열한 것은? [11.1/13.2/18.1/22.2]

① 반응 단계 → 학습 단계 → 행동 단계 → 결과 단계
② 반응 단계 → 행동 단계 → 학습 단계 → 결과 단계
③ 학습 단계 → 반응 단계 → 행동 단계 → 결과 단계
④ 학습 단계 → 행동 단계 → 반응 단계 → 결과 단계

해설 교육훈련 평가의 4단계

제1단계	제2단계	제3단계	제4단계
반응 단계	학습 단계	행동 단계	결과 단계

24-1. 다음 중 교육훈련 평가 4단계에서 각 단계의 내용으로 틀린 것은? [09.3]

① 제1단계 : 반응 단계
② 제2단계 : 작업 단계
③ 제3단계 : 행동 단계
④ 제4단계 : 결과 단계

해설 교육훈련 평가의 4단계

제1단계	제2단계	제3단계	제4단계
반응 단계	학습 단계	행동 단계	결과 단계

정답 ②

25. 교육훈련 평가의 목적과 관계가 가장 먼 것은? [16.3]

① 문제해결을 위하여
② 작업자의 적정배치를 위하여
③ 지도방법을 개선하기 위하여
④ 학습지도를 효과적으로 하기 위하여

해설 교육훈련 평가의 목적은 작업자의 적정배치, 지도방법을 개선, 학습지도를 효과적으로 하기 위함이다.

26. 교육에 있어서 학습평가의 기본 기준에 해당되지 않는 것은? [13.1/14.1/17.1]

① 타당도
② 신뢰도
③ 주관도
④ 실용도

해설 학습평가의 기본 기준
• 신뢰도 : 얼마나 정확하고 일관성 있게 평가하였는가의 정도
• 실용도 : 시간과 경비 등을 최소 투자로 최대의 목적을 달성할 수 있는지의 정도
• 타당도 : 평가하고자 하는 것을 전반적으로 충실하게 반영하였는가의 정도
• 객관성 : 얼마나 객관적이고 합리적으로 공정하게 평가하였는가의 정도

26-1. 학습평가 도구의 기준 중 "측정의 결과에 대해 누가 보아도 일치되는 의견이 나올 수 있는 성질"은 어떤 특성에 관한 설명인가? [12.2/15.2]

① 타당성
② 신뢰성
③ 객관성
④ 실용성

해설 객관성 : 얼마나 객관적이고 합리적으로 공정하게 평가하였는가의 정도

정답 ③

27. 다음 중 안전교육 준비계획에 포함되어야 할 사항과 가장 거리가 먼 것은? [09.1/11.2]

① 교육평가
② 교육대상
③ 교육방법
④ 교육과정

해설 안전교육 준비계획에 포함되어야 할 사항에는 교육대상, 교육방법, 교육과정, 교육의 목표와 종류, 교육과목 및 내용, 교육기간 및 시간 등이 있다.

교육의 분류

28. O.J.T(On the Job Training)의 장점이 아닌 것은? [10.2/13.3/17.3/21.3]

① 직장의 실정에 맞게 실제적 훈련이 가능하다.
② 교육을 통한 훈련 효과에 의해 상호 신뢰, 이해도가 높아진다.
③ 대상자의 개인별 능력에 따라 훈련의 진도를 조정하기가 쉽다.
④ 교육훈련 대상자가 교육훈련에만 몰두할 수 있어 학습 효과가 높다.

해설 안전교육 지도방법
• O.J.T 교육의 특징
　㉠ 개개인의 업무능력에 적합하고 자세한 교육이 가능하다.
　㉡ 작업장에 맞는 구체적인 훈련이 가능하다.
　㉢ 훈련에 필요한 업무의 연속성이 끊어지지 않아야 한다.
　㉣ 교육을 통하여 상사와 부하 간의 의사소통과 신뢰감이 깊게 된다.
• OFF.J.T 교육의 특징
　㉠ 훈련에만 전념하게 된다.
　㉡ 특별 설비기구 이용이 가능하다.
　㉢ 전문가를 강사로 초빙하는 것이 가능하다.
　㉣ 다수의 근로자들에게 조직적 훈련이 가능하다.
　㉤ 근로자가 많은 지식이나 경험을 교류할 수 있다.
　㉥ 교육훈련 목표에 대하여 집단적 노력이 흐트러질 수 있다.

28-1. 다음 중 O.J.T(On the Job Training)의 장점이 아닌 것은? [13.1]

① 개개인에게 적절한 지도훈련이 가능하다.
② 직장의 실정에 맞게 실제적 훈련이 가능하다.

③ 훈련에 필요한 업무의 계속성이 끊어지지 않는다.
④ 각 직장의 근로자가 지식이나 경험을 교류할 수 있다.

해설 ④는 OFF.J.T 교육의 특징
정답 ④

28-2. O.J.T(On the Job Training)의 특징이 아닌 것은? [09.1/12.3/17.1/19.1/22.1]

① 효과가 곧 업무에 나타난다.
② 직장의 실정에 맞는 실제적 훈련이다.
③ 다수의 근로자에게 조직적 훈련이 가능하다.
④ 교육을 통한 훈련 효과에 의해 상호 신뢰, 이해도가 높아진다.

해설 ③은 OFF.J.T 교육의 특징
정답 ③

28-3. O.J.T(On the Job Training)의 장점이 아닌 것은? [21.1]

① 개개인에게 적절한 지도훈련이 가능하다.
② 전문가를 강사로 초빙하는 것이 가능하다.
③ 훈련에 필요한 업무의 계속성이 끊어지지 않는다.
④ 직장의 실정에 맞게 실제적 훈련이 가능하다.

해설 ②는 OFF.J.T 교육의 특징
정답 ②

28-4. 교육방법 중 O.J.T(On the Job Training)에 속하지 않는 교육방법은? [10.1/16.2/20.3]

① 코칭　　　　　　② 강의법
③ 직무순환　　　　④ 멘토링

해설 ②는 OFF.J.T 교육의 특징
정답 ②

28-5. 다음 중 O.J.T(On the Job Training)의 형태가 아닌 것은? [15.1]

① 집단토론

② 직무순환

③ 도제식 교육

④ 현장 직무교육

해설 집단토론은 OFF.J.T 교육의 토론방법

정답 ①

28-6. 교육방법 중 OFF.J.T의 특징이 아닌 것은? [12.2/16.3/18.1/21.2]

① 우수한 강사를 확보할 수 있다.

② 교재, 시설 등을 효과적으로 이용할 수 있다.

③ 개개인의 능력 및 적성에 적합한 세부 교육이 가능하다.

④ 다수의 대상자를 일괄적, 체계적으로 교육을 시킬 수 있다.

해설 ③은 O.J.T 교육의 특징

정답 ③

28-7. 안전교육의 형태와 방법 중 OFF.J.T(Off the Job Training)의 특징이 아닌 것은? [17.2/20.2]

① 공통된 대상자를 대상으로 일괄적으로 교육할 수 있다.

② 업무 및 사내의 특성에 맞춘 구체적이고 실제적인 지도교육이 가능하다.

③ 외부의 전문가를 강사로 초청할 수 있다.

④ 다수의 근로자에게 조직적 훈련이 가능하다.

해설 ②는 O.J.T 교육의 특징

정답 ②

28-8. OFF.J.T(Off the Job Training)의 특징으로 옳은 것은? [10.3/15.2/18.3/22.2]

① 전문 강사를 초빙하는 것이 가능하다.

② 개개인에게 적절한 지도훈련이 가능하다.

③ 직장의 실정에 맞게 실제적 훈련이 가능하다.

④ 훈련에 필요한 업무의 계속성이 끊어지지 않는다.

해설 ②, ③, ④는 O.J.T 교육의 특징

정답 ①

28-9. OFF.J.T(Off the Job Training)와 비교하여 O.J.T(On the Job Training)의 장점이 아닌 것은? [15.3]

① 직장의 실정에 맞는 구체적이고 실제적인 지도교육이 가능하다.

② 동기부여가 쉽다.

③ 훈련에 필요한 업무의 계속성이 끊어지지 않는다.

④ 다수를 대상으로 일괄적으로, 조직적으로 교육할 수 있다.

해설 ①, ②, ③은 O.J.T 교육의 특징

Tip) ④는 OFF.J.T 교육의 특징

정답 ④

29. 다음 중 하버드학파의 5단계 교수법에 해당되지 않는 것은? [10.1/20.3]

① 추론한다.

② 교시한다.

③ 연합시킨다.

④ 총괄시킨다.

해설 하버드학파의 5단계 교수법

1단계	2단계	3단계	4단계	5단계
준비 시킨다.	교시 시킨다.	연합 한다.	총괄 한다.	응용 시킨다.

29-1. 하버드학파의 학습지도법에 해당하지 않는 것은? [09.2/18.2]

① 지시(order)

② 준비(preparation)

③ 교시(presentation)

④ 총괄(generalization)

해설 하버드학파의 5단계 교수법

1단계	2단계	3단계	4단계	5단계
준비 시킨다.	교시 시킨다.	연합 한다.	총괄 한다.	응용 시킨다.

정답 ①

30. 존 듀이(Jone Dewey)의 5단계 사고과정을 순서대로 나열한 것으로 맞는 것은 어느 것인가? [11.3/14.3/20.1]

⊙ 행동에 의하여 가설을 검토한다.
ⓒ 가설(hypothesis)을 설정한다.
ⓒ 지식화(intellectualization)한다.
ⓔ 시사(suggestion)를 받는다.
ⓜ 추론(reasoning)한다.

① ⓜ → ⓒ → ⓔ → ⊙ → ⓒ
② ⓔ → ⓒ → ⓒ → ⓜ → ⊙
③ ⓜ → ⓒ → ⓒ → ⓔ → ⊙
④ ⓔ → ⊙ → ⓒ → ⓒ → ⓜ

해설 존 듀이의 사고과정 5단계

1단계(문제제기)	시사를 받는다. (suggestion)
2단계(문제인식)	머리로 생각한다. (intellectualization)
3단계(현상분석)	가설을 설정한다. (hypothesis)
4단계(가설정렬)	추론한다. (reasoning)
5단계(가설검증)	행동에 의하여 가설을 검토한다.

30-1. 기술교육의 진행방법 중 듀이(John Dewey)의 5단계 사고과정에 속하지 않는 것은? [13.3/18.3]

① 응용시킨다.(application)

② 시사를 받는다.(suggestion)

③ 가설을 설정한다.(hypothesis)

④ 머리로 생각한다.(intellectualization)

해설 존 듀이의 사고과정 5단계

1단계(문제제기)	시사를 받는다. (suggestion)
2단계(문제인식)	머리로 생각한다. (intellectualization)
3단계(현상분석)	가설을 설정한다. (hypothesis)
4단계(가설정렬)	추론한다. (reasoning)
5단계(가설검증)	행동에 의하여 가설을 검토한다.

정답 ①

31. 안드라고지(Andragogy) 모델에 기초한 학습자로서의 성인의 특징과 가장 거리가 먼 것은? [10.2/11.3/14.3/18.2/21.2]

① 성인들은 타인주도적 학습을 선호한다.

② 성인들은 과제 중심적으로 학습하고자 한다.

③ 성인들은 다양한 경험을 가지고 학습에 참여한다.

④ 성인들은 왜 배워야 하는지에 대해 알고자 하는 욕구를 가지고 있다.

해설 ① 성인들은 자기주도적 학습을 선호한다.

32. 다음 설명에 해당하는 안전교육방법은 무엇인가? [10.3/17.3/21.1]

ATP라고도 하며, 당초 일부 회사의 톱 매니지먼트(top management)에 대하여만 행하여졌으나, 그 후 널리 보급되었으며, 정책의 수립, 조직, 통제 및 운영 등의 교육내용을 다룬다.

① TWI(Training Within Industry)
② CCS(Civil Communication Section)
③ MTP(Management Training Program)
④ ATT(American Telephone & Telegram Co.)

해설 • TWI : 작업방법, 작업지도, 인간관계, 작업안전 훈련이다.
• CCS : 강의법에 토의법이 가미된 것으로 정책의 수립, 조직, 통제 및 운영으로 되어 있다.
• MTP : 관리자 및 중간 관리층을 대상으로 하는 관리자 훈련이다.
• ATT : 직급 상하를 떠나 부하직원이 상사에게 강사가 될 수 있다.

32-1. 다음 설명에 해당하는 교육방법은 무엇인가? [14.1/14.2]

FEAF(Far East Air Forces)라고도 하며, 10~15명을 한 반으로 2시간씩 20회에 걸쳐 훈련하고, 관리의 기능, 조직의 원칙, 조직의 운영, 시간관리, 훈련의 관리 등을 교육내용으로 한다.

① MTP(management Training Program)
② CCS(Civil Communication Section)
③ TWI(Training Within Industry)
④ ATT(American Telephone & Telegram Co.)

해설 MTP : 관리자 및 중간 관리층을 대상으로 하는 관리자 훈련이다.

정답 ①

32-2. 파악하고자 하는 연구과제에 대해 언어를 매개로 구조화된 질의응답을 통하여 교육하는 기법은? [13.3/18.3/21.3]

① 면접(interview)
② 카운슬링(counseling)
③ CCS(Civil Communication Section)
④ ATT(American Telephone & Telegram Co.)

해설 • 면접법 : 자료의 수집에 많은 시간과 노력이 들고, 수량화된 정보를 얻기가 힘들다.
• 카운슬링(상담) : 내적조건에 대한 대책으로 직접 충고, 설득적 방법, 설명적 방법 등이 있다.
• CCS : 강의법에 토의법이 가미된 것으로 정책의 수립, 조직, 통제 및 운영으로 되어 있다.
• ATT : 직급 상하를 떠나 부하직원이 상사에게 강사가 될 수 있다.

정답 ①

33. 다음 중 안전교육을 위한 시청각교육법에 대한 설명으로 가장 적절한 것은? [14.3/20.3]

① 지능, 적성, 학습속도 등 개인차를 충분히 고려할 수 있다.
② 학습자들에게 공통의 경험을 형성시켜 줄 수 있다.
③ 학습의 다양성과 능률화에 기여할 수 없다.
④ 학습자료를 시간과 장소에 제한 없이 제시할 수 있다.

해설 안전교육을 위한 시청각교육법
• 학습자들에게 공통의 경험을 형성시켜 줄 수 있다.
• 교재의 구조화를 기할 수 있다.
• 학습의 다양성과 능률화를 기할 수 있다.
• 대량 수업체제가 확립될 수 있다.

- 교수의 평준화를 기할 수 있다.
- 강사의 개인차에서 오는 교수법의 평준화를 기할 수 있다.

33-1. 다음 중 시청각적 교육방법의 특징과 가장 거리가 먼 것은? [12.3/15.2]

① 교재의 구조화를 기할 수 있다.
② 대규모 수업체제의 구성이 어렵다.
③ 학습의 다양성과 능률화를 기할 수 있다.
④ 학습자에게 공통 경험을 형성시켜 줄 수 있다.

해설 ② 시청각 교육은 많은 교육 대상자의 집단안전교육에 적합하다.

정답 ②

34. 새로운 기술과 학습에서는 연습이 매우 중요하다. 연습방법과 관련된 내용으로 틀린 것은? [09.3/20.3]

① 새로운 기술을 학습하는 경우에는 일반적으로 배분연습보다 집중연습이 더 효과적이다.
② 교육훈련 과정에서는 학습자료를 한꺼번에 묶어서 일괄적으로 연습하는 방법을 집중연습이라고 한다.
③ 충분한 연습으로 완전학습한 후에도 일정량 연습을 계속하는 것을 초과학습이라고 한다.
④ 기술을 배울 때는 적극적 연습과 피드백이 있어야 부적절하고 비효과적 반응을 제거할 수 있다.

해설 ① 새로운 기술을 학습하는 경우에는 일반적으로 집중연습보다 배분연습이 더 효과적이다.

교육심리학

35. 학습지도의 원리와 거리가 가장 먼 것은?

① 감각의 원리 [22.2]
② 통합의 원리
③ 자발성의 원리
④ 사회화의 원리

해설 학습지도의 원리
- 통합의 원리 : 학습을 생활 중심의 통합교육을 원칙으로 한다.
- 개별화의 원리 : 학습자의 요구와 능력 등에 알맞은 학습의 기회를 마련해 주어야 한다.
- 직관의 원리 : 구체적인 사물을 직접 제시하거나 경험시킴으로써 큰 효과를 보게 되는 원리이다.
- 자발성의 원리 : 학습자 자신이 스스로 자발적으로 학습에 참여하도록 하는 원리이다.
- 사회화의 원리 : 공동학습을 통해서 협력적이고 우호적인 학습을 경험한 것과 사회에서 경험한 것의 원리이다.

35-1. 안전보건교육을 향상시키기 위한 학습지도의 원리에 해당되지 않는 것은?

① 통합의 원리 [11.3/17.3/20.3]
② 자기활동의 원리
③ 개별화의 원리
④ 동기유발의 원리

해설 학습지도의 원리
- 자발성의 원리　　・개별화의 원리
- 목적의 원리　　　・사회화의 원리
- 통합의 원리　　　・직관의 원리
- 생활화의 원리　　・자연화의 원리

정답 ④

35-2. 다음 중 구체적 사물을 제시하거나 경험시킴으로써 효과를 보게 되는 학습지도의 원리는? [15.1]

① 개별화의 원리 　② 사회화의 원리
③ 직관의 원리 　④ 통합의 원리

해설 직관의 원리 : 구체적인 사물을 직접 제시하거나 경험시킴으로써 큰 효과를 보게 되는 원리이다.

정답 ③

36. 동기유발(motivation) 방법이 아닌 것은?

① 결과의 지식을 알려준다. [17.1]
② 안전의 참 가치를 인식시킨다.
③ 상벌제도를 효과적으로 활용한다.
④ 동기유발의 수준을 최대로 높인다.

해설 ④ 동기유발의 최적수준을 유지한다.

37. 다음 중 Tiffin의 동기유발 요인에 있어 공식적 자극에 해당되지 않는 것은? [12.3]

① 특권 박탈 　② 승진
③ 작업계획의 선택 　④ 칭찬

해설 공식적 자극 : 상여금, 돈, 특권, 승진, 작업계획의 선택, 해고, 특권 박탈 등
Tip) 칭찬은 동기유발의 간접적인 요인

38. 학습전이가 일어나기 가장 쉽고, 좋은 상황은? [16.3]

① 정보가 많은 대단위로 제시될 때
② 훈련 상황이 실제 작업장면과 유사할 때
③ 한 가지가 아닌 다양한 훈련기법이 사용될 때
④ "사람-직무-조직"을 분리시키기 위한 조치들을 시행할 때

해설 학습전이(transference)
• 교육 훈련된 내용이 실제 현장 상황으로 유도되어 사용되는 것을 말한다.

• 훈련 상황이 실제 작업장면과 유사할수록 전이 효과는 높아진다.
• 실제 직무수행에서 훈련된 행동이 나타날 때 보상이 따르면 전이 효과는 높아진다.

38-1. 교육지도의 효율성을 높이는 원리인 훈련전이(transfer of training)에 관한 설명으로 틀린 것은? [13.1/17.2]

① 훈련 상황이 가급적 실제 상황과 유사할수록 전이 효과는 높아진다.
② 훈련전이란 훈련기간에 학습된 내용이 실무 상황으로 옮겨져서 사용되는 정도이다.
③ 실제 직무수행에서 훈련된 행동이 나타날 때 보상이 따르면 전이 효과는 높아진다.
④ 훈련생은 훈련과정에 대해서 사전정보가 없을수록 왜곡된 반응을 보이지 않는다.

해설 ④ 훈련생은 훈련과정에 대해서 사전정보가 없을수록 왜곡된 반응을 보인다.

정답 ④

38-2. 교육훈련의 전이 타당도를 높이기 위한 방법과 가장 거리가 먼 것은? [09.3/15.3]

① 훈련 상황과 직무 상황 간의 유사성을 최소화한다.
② 훈련내용과 직무내용 간에 튼튼한 고리를 만든다.
③ 피훈련자들이 배운 원리를 완전히 이해할 수 있도록 해 준다.
④ 피훈련자들이 훈련에서 배운 기술, 과제 등을 가능한 풍부하게 경험할 수 있도록 해 준다.

해설 ① 훈련 상황에서 배운 기술이나 과제 등을 가능한 한 풍부하게 직무를 통해 경험할 수 있도록 해야 한다.

정답 ①

39. 다음 중 학습전이의 조건으로 가장 거리가 먼 것은? [09.2/20.2]

① 학습 정도   ② 시간적 간격

③ 학습 분위기   ④ 학습자의 지능

해설 학습전이의 조건 : 학습 정도, 유사성, 시간적 간격, 학습자의 태도, 학습자의 지능

40. 학습의 전이란 학습한 결과가 다른 학습이나 반응에 영향을 주는 것을 의미한다. 이 전이의 이론에 해당되지 않는 것은? [18.3]

① 일반화설   ② 동일요소설

③ 형태이조설   ④ 태도요인설

해설 학습의 전이는 일반화설, 동일요소설, 형태이조설 등의 학습하는 방식의 학습설이다.

41. 과거의 학습경험을 통하여 학습된 행동이 현재와 미래에 지속되는 것을 무엇이라 하는가? [16.2/21.3]

① 파지   ② 기명   ③ 재생   ④ 재인

해설 기억의 과정

- 1단계(기명) : 사물의 인상을 마음에 간직하는 것
- 2단계(파지) : 간직, 인상이 보존되는 것
- 3단계(재생) : 보존된 인상이 다시 의식으로 떠오르는 것
- 4단계(재인) : 과거에 경험했던 것과 같은 비슷한 상태에 부딪혔을 때 떠오르는 것

41-1. 교육심리학에 있어 일반적으로 기억과정의 순서를 나열한 것으로 맞는 것은 어느 것인가? [09.1/09.3/13.3/18.2]

① 파지 → 재생 → 재인 → 기명

② 파지 → 재생 → 기명 → 재인

③ 기명 → 파지 → 재생 → 재인

④ 기명 → 파지 → 재인 → 재생

해설 기억의 과정

1단계	2단계	3단계	4단계
기명	파지	재생	재인

정답 ③

42. Skinner의 학습이론은 강화이론이라고 한다. 강화에 대한 설명으로 틀린 것은? [17.3]

① 처벌은 더 강한 처벌에 의해서만 그 효과가 지속되는 부작용이 있다.

② 부분 강화에 의하면 학습은 서서히 진행되지만, 빠른 속도로 학습 효과가 사라진다.

③ 부적 강화란 반응 후 처벌이나 비난 등의 해로운 자극이 주어져서 반응 발생율이 감소하는 것이다.

④ 정적 강화란 반응 후 음식이나 칭찬 등의 이로운 자극을 주었을 때 반응 발생율이 높아지는 것이다.

해설 ② 부분 강화에 의하면 학습은 빨리 진행되지만, 학습 효과가 오래 지속된다.

43. 다음 중 교육심리학의 정신분석학적 대표 이론으로 적합하지 않은 것은? [11.2]

① Jung의 성격양향설

② Pavlov의 조건반사설

③ Freud의 심리성적 발달 이론

④ Erikson의 심리사회적 발달 이론

해설 교육심리학의 정신분석학

- Jung의 성격양향설
- Freud의 심리성적 발달 이론
- Erikson의 심리사회적 발달 이론

Tip) 파블로프(Pavlov)의 조건반사설의 원리는 시간의 원리, 강도의 원리, 일관성의 원리, 계속성의 원리로 일정한 자극을 반복하여 자극만 주어지면 조건적으로 반응하게 된다는 자극과 반응의 이론이다.

44. 인간의 적응기제(adjustment mechanism) 중 방어적 기제에 해당하는 것은? [11.1/21.2]

① 보상   ② 고립
③ 퇴행   ④ 억압

해설 적응기제 3가지

• 도피기제 : 갈등을 회피, 도망감

구분	특징
억압	무의식으로 억압
퇴행	유아 시절로 돌아감
백일몽	꿈나라(공상)의 나래를 펼침
고립	외부와의 접촉을 단절(거부)

• 방어기제 : 갈등의 합리화와 적극성

구분	특징
보상	스트레스를 다른 곳에서 강점으로 발휘함
합리화	변명, 실패를 합리화, 자기미화
승화	열등감과 욕구불만이 사회적·문화적 가치로 나타남
동일시	힘과 능력 있는 사람을 통해 대리만족 함
투사	열등감을 다른 것에서 발견해 열등감에서 벗어나려 함

• 공격기제 : 조소, 욕설, 비난 등 직·간접적 기제

44-1. 다음 적응기제 중 방어적 기제에 해당하는 것은? [22.2]

① 고립(isolation)
② 억압(repression)
③ 합리화(rationalization)
④ 백일몽(day-dreaming)

해설 합리화(방어적 기제) : 변명, 실패를 합리화, 자기미화

정답 ③

44-2. 적응기제(adjustment mechanism)에 있어 방어적 기제에 해당되지 않는 것은? [10.3]

① 조소   ② 승화   ③ 합리화   ④ 치환

해설 공격기제 : 조소, 욕설, 비난 등 직·간접적 기제

정답 ①

44-3. 적응기제(adjustment mechanism) 중 도피기제에 해당하는 것은? [09.2/14.2/19.1]

① 투사   ② 보상   ③ 승화   ④ 고립

해설 고립(도피기제) : 외부와의 접촉을 단절(거부)

정답 ④

---

4   교육방법

교육의 실시방법 Ⅰ

1. 학습지도의 형태 중 토의법의 유형에 해당되지 않는 것은? [18.1]

① 포럼   ② 구안법
③ 버즈세션   ④ 패널 디스커션

해설 구안법(project method) : 학습자가 스스로 실제에 있어서 일의 계획과 수행능력을 기르는 교육방법

1-1. project method의 장점으로 볼 수 없는 것은? [10.2/20.1]

① 창조력이 생긴다.

② 동기부여가 충분하다.

③ 현실적인 학습방법이다.

④ 시간과 에너지가 적게 소비된다.

해설 구안법(project method) : 학습자가 스스로 실제에 있어서 일의 계획과 수행능력을 기르는 교육방법

Tip) 구안법의 단점으로 시간과 에너지가 많이 소비된다.

정답 ④

1-2. 구안법(project method)의 단계를 올바르게 나열한 것은? [09.2/11.3/21.2]

① 계획 → 목적 → 수행 → 평가

② 계획 → 목적 → 평가 → 수행

③ 수행 → 평가 → 계획 → 목적

④ 목적 → 계획 → 수행 → 평가

해설 구안법(project method)의 4단계

1단계	학습 목적(목표) 설정 단계
2단계	계획의 수립 단계
3단계	수행(실행) 또는 행동 단계
4단계	평가 단계

정답 ④

2. 교육훈련 지도방법의 4단계 순서로 맞는 것은? [10.1/16.3/17.3]

① 도입 → 제시 → 적용 → 확인

② 제시 → 도입 → 적용 → 확인

③ 적용 → 제시 → 도입 → 확인

④ 도입 → 적용 → 확인 → 제시

해설 안전교육방법의 4단계

제1단계	제2단계	제3단계	제4단계
도입 : 학습할 준비	제시 : 작업설명	적용 : 작업진행	확인 : 결과

2-1. 다음 중 기술교육(교시법)의 4단계를 올바르게 나열한 것은? [14.1]

① preparation → presentation → performance → follow up

② presentation → preparation → performance → follow up

③ performance → follow up → presentation → preparation

④ performance → preparation → follow up → presentation

해설 기술교육(교시법)의 4단계

제1단계	제2단계	제3단계	제4단계
도입 : 학습할 준비 (preparation)	제시 : 작업설명 (presentation)	적용 : 작업진행 (performance)	확인 : 결과 (follow up)

정답 ①

2-2. 안전교육훈련의 기술교육 4단계에 해당하지 않는 것은? [21.1]

① 준비 단계

② 보습지도의 단계

③ 일을 완성하는 단계

④ 일을 시켜보는 단계

해설 안전교육훈련의 기술적 교육 4단계

1단계 (도입)	2단계 (실연)	3단계 (실습)	4단계 (확인)
준비 단계	일을 해 보이는 단계	일을 시켜보는 단계	보습지도의 단계

정답 ③

3. 교육법의 4단계 중 일반적으로 적용시간이 가장 긴 것은? [21.2]

① 도입
② 제시
③ 적용
④ 확인

해설 안전교육방법의 4단계

제1단계	제2단계	제3단계	제4단계
도입 : 학습할 준비	제시 : 작업설명	적용 : 작업진행	확인 : 결과
강의식 5분	강의식 40분	강의식 10분	강의식 5분
토의식 5분	토의식 10분	토의식 40분	토의식 5분

(※ 문제 오류로 가답안 발표 시 ③번으로 발표되었지만, 확정 답안 발표 시 ②, ③번을 정답으로 발표하였다. 본서에서는 가답안인 ③번을 정답으로 한다.)

3-1. 강의식 교육에 있어 일반적으로 가장 많은 시간이 소요되는 단계는? [10.3/12.2/18.2]

① 도입
② 제시
③ 적용
④ 확인

해설 안전교육방법의 4단계

제1단계	제2단계	제3단계	제4단계
도입 : 학습할 준비	제시 : 작업설명	적용 : 작업진행	확인 : 결과
강의식 5분	강의식 40분	강의식 10분	강의식 5분
토의식 5분	토의식 10분	토의식 40분	토의식 5분

정답 ②

3-2. 토의식 교육지도에서 시간이 가장 많이 소요되는 단계는? [12.3/19.1]

① 도입
② 제시
③ 적용
④ 확인

해설 안전교육방법의 4단계

제1단계	제2단계	제3단계	제4단계
도입 : 학습할 준비	제시 : 작업설명	적용 : 작업진행	확인 : 결과
강의식 5분	강의식 40분	강의식 10분	강의식 5분
토의식 5분	토의식 10분	토의식 40분	토의식 5분

정답 ③

4. 짧은 교육기간에 많은 인원의 대상에게 비교적 많은 내용을 전달하기 위한 교육방법 중 가장 적당한 것은? [09.1]

① 실연식
② 문답식
③ 토의식
④ 강의식

해설 강의식 : 짧은 교육기간에 많은 인원의 대상에게 비교적 많은 내용을 전달하기 위한 교육방법

4-1. 교육 및 훈련방법 중 다음의 특징을 갖는 방법은? [11.3/15.1/18.2/19.2/20.2/20.3]

> • 다른 방법에 비해 경제적이다.
> • 교육대상 집단 내 수준차로 인해 교육의 효과가 감소할 가능성이 있다.
> • 상대적으로 피드백이 부족하다.

① 강의법
② 사례연구법
③ 세미나법
④ 감수성 훈련

해설 지문은 강의법에 대한 내용이다.

정답 ①

4-2. 강의식 교육에 대한 설명으로 틀린 것은? [19.3]

① 기능적, 태도적인 내용의 교육이 어렵다.

정답 3. ③　4. ④

② 사례를 제시하고, 그 문제점에 대해서 검토하고 대책을 토의한다.
③ 수강자의 집중도나 흥미의 정도가 낮다.
④ 짧은 시간 동안 많은 내용을 전달해야 하는 경우에 적합하다.

해설 ② 강의식 교육은 일방적으로 강의하는 방식으로 사례를 제시하고, 그 문제점에 대해 검토하고 대책을 토의하기 어렵다.

정답 ②

4-3. 다음 중 강의식 교육에 대한 설명으로 틀린 것은? [14.1/14.2]

① 짧은 시간 동안 많은 내용을 전달할 경우에 적합하다.
② 수강자의 주의집중도나 흥미의 정도가 낮다.
③ 참가자 개개인에게 동기를 부여하기 쉽다.
④ 기능적, 태도적인 내용의 교육이 어렵다.

해설 ③ 강의식 교육은 일방적으로 강의하는 방식으로 수강자의 집중도나 흥미의 정도가 낮아 개개인에게 동기를 부여하기 어렵다.

정답 ③

4-4. 다음 중 강의법에 관한 설명으로 틀린 것은? [12.1]

① 교육의 집중도나 흥미의 정도가 높다.
② 적은 시간에 많은 내용을 교육시킬 수 있다.
③ 많은 대상을 상대로 교육할 수 있다.
④ 수업의 도입이나 초기 단계에 유리하다.

해설 ① 강의법은 일방적으로 강의하는 방식으로 수강자의 집중도나 흥미의 정도가 낮다.

정답 ①

4-5. 다음 중 강의법에 관한 설명으로 맞는 것은? [13.1/17.1]

① 학생들의 참여가 제약된다.

② 일부의 교과에만 적용이 가능하다.
③ 학급 인원수의 크기에 제약을 받는다.
④ 수업의 중간이나 마지막 단계에 적용한다.

해설 ① 강의법은 일방적으로 강의하는 방식으로 학생들의 참여가 제약된다.

정답 ①

4-6. 교육훈련 방법 중 강의법의 장점에 해당하는 것은? [09.3]

① 자기 스스로 사고하는 능력을 길러준다.
② 집단으로서 결속력, 팀워크의 기반이 생긴다.
③ 토의법에 비하여 시간이 길게 걸린다.
④ 시간에 대한 계획과 통제가 용이하다.

해설 ④ 강의법은 일방적으로 강의하는 방식으로 시간에 대한 계획과 통제가 용이하다.

정답 ④

4-7. 교육방법에 있어 강의방식의 단점으로 볼 수 없는 것은? [13.2/20.1]

① 학습내용에 대한 집중이 어렵다.
② 학습자의 참여가 제한적일 수 있다.
③ 인원대비 교육에 필요한 비용이 많이 든다.
④ 학습자 개개인의 이해도를 파악하기 어렵다.

해설 ③ 다수의 대상에게 교육이 가능한 다른 교육에 비하여 비용이 상대적으로 저렴하다 (장점).

정답 ③

4-8. 다음 안전교육방법 중 강의식 교육방법의 장점이 아닌 것은? [10.1]

① 전체적인 교육내용을 제시하는데 유리하다.
② 개인차를 고려한 학습이 가능하다.
③ 다수에게 한꺼번에 많은 지식과 정보를 전달할 수 있다.
④ 교육시간의 조절이 가능하다.

해설 ② 강의식 교육은 일방적으로 강의하는 방식으로 수강자들의 학습 진척상황이나 성취 정도를 알기 어렵다.

정답 ②

4-9. 강의법에 대한 장점으로 볼 수 없는 것은? [09.2/17.2]

① 피교육자의 참여도가 높다.
② 전체적인 교육내용을 제시하는데 적합하다.
③ 짧은 시간 내에 많은 양의 교육이 가능하다.
④ 새로운 과업 및 작업단위의 도입 단계에 유효하다.

해설 ① 피교육자의 참여가 제약되는 것이 단점이다.

정답 ①

4-10. 다음 중 강의법의 장점으로 볼 수 없는 것은? [10.3/16.2]

① 강의시간에 대한 조정이 용이하다.
② 학습자의 개성과 능력을 최대화할 수 있다.
③ 난해한 문제에 대하여 평이하게 설명이 가능하다.
④ 다수의 인원에서 동시에 많은 지식과 정보의 전달이 가능하다.

해설 ② 강의법은 일방적으로 강의하는 방식으로 학습자의 개성과 능력이 무시된다.

정답 ②

5. 다음 중 강의법에서 도입 단계의 내용으로 적절하지 않은 것은? [13.2/16.1]

① 동기를 유발한다.
② 주제의 단원을 알려준다.
③ 수강생의 주의를 집중시킨다.
④ 핵심이 되는 점을 가르쳐 준다.

해설 1단계(도입 단계)는 학습할 준비를 하는 단계이다.

6. 안전교육의 강의안 작성 시 교육할 내용을 항목별로 구분하여 핵심 요점사항만을 간결하게 정리하여 기술하는 방법은? [11.3/20.3]

① 게임방식
② 시나리오식
③ 조목열거식
④ 혼합형 방식

해설 안전교육 강의안 작성방법
• 조목열거식 : 교육할 내용을 항목별로 구분하여 핵심적인 사항만을 간결하게 정리하여 기술하는 방법
• 시나리오식 : 교육할 내용을 상세히 이야기하는 방식으로 구체적인 내용을 모두 작성하여 참고하도록 하는 방법
• 혼합형 방식 : 강의내용에 따라 조목열거식에 부가적인 내용을 보강하는 방법

교육의 실시방법 Ⅱ

7. 안전교육 시 강의안의 작성원칙에 해당되지 않는 것은? [14.3/19.2]

① 구체적   ② 논리적
③ 실용적   ④ 추상적

해설 강의안의 작성원칙은 구체적, 논리적, 실용적이며, 쉽게 작성하여야 한다.

8. 학습 정도(level of learning)의 4단계에 해당하지 않는 것은? [12.1/22.1]

① 회상(to recall)

정답 **5.** ④ **6.** ③ **7.** ④ **8.** ①

② 적용(to apply)

③ 인지(to recognize)

④ 이해(to understand)

해설 학습 정도의 4단계

1단계	2단계	3단계	4단계
인지(to acquaint) : 인지해야 한다.	지각(to know) : 알아야 한다.	이해(to understand) : 이해해야 한다.	적용(to apply) : 적용할 수 있다.

9. 수업의 중간이나 마지막 단계에 행하는 것으로서 언어학습이나 문제해결 학습에 효과적인 학습법은? [13.3/19.1]

① 강의법   ② 실연법

③ 토의법   ④ 프로그램법

해설 안전교육방법

- 반복법 : 시범을 보고 알게 된 지식이나 기능을 반복 연습하여 적용하는 교육방법
- 토의법 : 모든 구성원들이 특정한 문제에 대하여 서로 의견을 발표하여 결론에 도달하는 교육방법
- 모의법 : 실제의 장면을 극히 유사하게 인위적으로 만들어 그 속에서 학습하도록 하는 교육방법
- 실연법 : 지식이나 기능을 교사나 강사의 지휘·감독하에 직접적으로 연습하여 적용하게 하는 방법
- 프로그램 학습법 : 이미 만들어진 프로그램 자료를 가지고 학습자가 단독으로 학습하게 하는 방법

9-1. 알고 있는 지식을 심화시키거나 어떠한 자료에 대해 보다 명료한 생각을 갖도록 하는 경우 실시하는 교육방법으로 가장 적절한 것은? [18.1/22.2]

① 구안법   ② 강의법

③ 토의법   ④ 실연법

해설 토의법 : 모든 구성원들이 특정한 문제에 대하여 서로 의견을 발표하여 결론에 도달하는 교육방법

정답 ③

9-2. 현장의 관리감독자 교육을 위하여 가장 바람직한 교육방식은? [14.1/14.2/15.3/18.3]

① 강의식(lectuer method)

② 토의식(discussion method)

③ 시범(demonstration method)

④ 자율식(self-instruction method)

해설 토의식 교육방식은 현장의 관리감독자 교육방식이다.

정답 ②

9-3. 안전교육의 실시방법 중 토의법의 특징과 가장 거리가 먼 것은? [15.2]

① 개방적인 의사소통과 협조적인 분위기 속에서 학습자의 적극적 참여가 가능하다.

② 집단 활동의 기술을 개발하고 민주적 태도를 배울 수 있다.

③ 정해진 시간에 다양한 지식을 많은 학습자를 대상으로 동시 전달이 가능하다.

④ 준비와 계획 단계뿐만 아니라 진행 과정에서도 많은 시간이 소요된다.

해설 ③은 안전교육방법의 강의식 특징이다.

정답 ③

9-4. 교육방법 중 토의법이 효과적으로 활용되는 경우가 아닌 것은? [18.3]

① 피교육생들의 태도를 변화시키고자 할 때

② 인원이 토의를 할 수 있는 적정 수준일 때

③ 피교육생들 간에 학습능력의 차이가 클 때

④ 피교육생들이 토의 주제를 어느 정도 인지하고 있을 때

해설 ③ 교육 대상자 수가 많고, 피교육생들 간에 학습능력의 차이가 클 때는 토의법보다 시청각교육이 효과적이다.

정답 ③

10. 프로그램 학습법(programmed self-instruction method)의 장점이 아닌 것은 어느 것인가? [13.1/17.1]

① 학습자의 사회성을 높이는데 유리하다.

② 한 강사가 많은 수의 학습자를 지도할 수 있다.

③ 지능, 학습적성, 학습속도 등 개인차를 충분히 고려할 수 있다.

④ 매 반응마다 피드백이 주어지기 때문에 학습자가 흥미를 갖는다.

해설 프로그램 학습법

• 기본개념 학습이나 논리적인 학습에 유리하다.

• 지능, 학습속도 등 개인차를 고려할 수 있다.

• 수업의 모든 단계에 적용이 가능하다.

• 수강자들이 학습이 가능한 시간대의 폭이 넓다.

• 학습마다 피드백을 받을 수 있다.

• 학습자의 학습 진행과정을 알 수 있다.

• 개발된 프로그램은 변경이 불가능하며, 교육내용이 고정되어 있다.

Tip) 학습자가 혼자서 학습하므로 사회성이 결여되기 쉬운 것이 단점이다.

10-1. 다음 중 교육지도 방법에 있어 프로그램 학습과 거리가 먼 것은? [15.1]

① Skinner의 조작적 조건 형성 원리에 의해 개발된 것으로 자율적 학습이 특징이다.

② 학습내용 습득 여부를 즉각적으로 피드백 받을 수 있다.

③ 교재개발에 많은 시간과 노력이 드는 것이 단점이다.

④ 개별학습이므로 훈련시간이 최대한으로 지연된다는 것이 최대 단점이다.

해설 ④ 학습자가 단독으로 학습하게 하는 방법, 개별학습이므로 훈련시간 지연이 최소화된다.

정답 ④

10-2. 프로그램 학습법(programmed self-instruction method)의 단점은? [16.2/21.3]

① 보충학습이 어렵다.

② 수강생의 시간적 활용이 어렵다.

③ 수강생의 사회성이 결여되기 쉽다.

④ 수강생의 개인적인 차이를 조절할 수 없다.

해설 학습자가 혼자서 학습하므로 사회성이 결여되기 쉬운 것이 단점이다.

정답 ③

11. 모랄 서베이(morale survey)의 주요 방법으로 적절하지 않은 것은? [10.1/22.1]

① 관찰법   ② 면접법

③ 강의법   ④ 질문지법

해설 모랄 서베이의 주요 방법

• 질문지법   • 면접법

• 관찰법   • 투사법

• 문답법   • 집단토의법

12. 강의법 교육과 비교하여 모의법(simulation method) 교육의 특징으로 맞는 것은? [13.3/17.2]

① 시간의 소비가 거의 없다.
② 시설의 유지비가 저렴하다.
③ 학생 대비 교사의 비율이 작다.
④ 단위 시간당 교육비가 많이 든다.

해설 모의법(simulation method) 교육의 특징
• 시간의 소비가 많다.
• 시설의 유지비가 많이 소요된다.
• 학생 대 교사의 비율이 높다.
• 단위 시간당 교육비가 많이 든다.

Tip) 모의법 : 실제의 장면을 극히 유사하게 인위적으로 만들어 그 속에서 학습하도록 하는 교육방법

13. 관리감독자 훈련(TWI)에 관한 내용이 아닌 것은? [11.2/15.3/19.1]

① Job Relation
② Job Method
③ Job Synergy
④ Job Instruction

해설 TWI 교육내용 4가지
• 작업방법 훈련(JMT, Job Method Training) : 작업방법 개선
• 작업지도 훈련(JIT, Job Instruction Training) : 작업지시
• 인간관계 훈련(JRT, Job Relations Training) : 부하직원 리드
• 작업안전 훈련(JST, Job Safety Training) : 안전한 작업

14. 집중발상법(brain storming)의 기본 규칙들 중 틀린 것은? [17.1]

① 아이디어는 많을수록 좋다.
② 떠오르는 아이디어는 어떤 것이든 관계없이 표현토록 한다.
③ 아이디어 산출과정에서 모든 아이디어는 어떤 방식으로든 평가해야 한다.

④ 구성원들은 가능한 한 다른 사람의 아이디어를 수정하고 확장하려고 노력해야 한다.

해설 집중발상법(BS, brain storming)
• 구성원들의 잠재의식을 일깨워 자유로이 아이디어를 개발하자는 토의식 아이디어 개발 기법이다.
• 독창적인 아이디어를 이끌어내고, 대안적 해결안을 찾기 위한 집단적 사고 기법이다.
• 가능한 많은 아이디어가 있을수록 좋으며, 타인의 아이디어에 대해서는 평가하지 않는다.

15. 참가자 앞에서 소수의 전문가들이 과제에 관한 견해를 자유롭게 토의한 후 참가자 전원이 참가하여 사회자의 사회에 따라 토의하는 방법은? [09.2/17.3/21.2]

① 포럼(forum)
② 심포지엄(symposium)
③ 버즈세션(buzz session)
④ 패널 디스커션(panel discussion)

해설 • 심포지엄 : 몇 사람의 전문가에 의하여 과제에 관한 견해를 발표한 뒤에 참가자로 하여금 의견이나 질문을 하게 하여 토의하는 방법이다.
• 버즈세션(6-6 회의) : 6명의 소집단별로 자유토의를 행하여 의견을 조합하는 방법이다.
• 케이스 메소드(사례연구법) : 먼저 사례를 제시하고 문제의 사실들과 그 상호관계에 대하여 검토하고 대책을 토의한다.
• 패널 디스커션 : 패널멤버가 피교육자 앞에서 토의하고, 이어 피교육자 전원이 참여하여 토의하는 방법이다.
• 포럼 : 새로운 자료나 교재를 제시하고 문제점을 피교육자로 하여금 제기하게 하여 토의하는 방법이다.

• 롤 플레잉(역할연기) : 참가자에게 역할을 주어 실제 연기를 시킴으로써 본인의 역할을 인식하게 하는 방법이다.

15-1. 안전교육방법 중 새로운 자료나 교재를 제시하고, 거기에서의 문제점을 피교육자로 하여금 제기하게 하거나, 의견을 여러 가지 방법으로 발표하게 하고, 다시 깊게 파고들어서 토의하는 방법은? [15.3/17.3/18.3/21.3]

① 포럼(forum)
② 심포지엄(symposium)
③ 버즈세션(buzz session)
④ 패널 디스커션(panel discussion)

해설 포럼 : 새로운 자료나 교재를 제시하고 문제점을 피교육자로 하여금 제기하게 하여 토의하는 방법이다.

정답 ①

15-2. 다음 중 심포지엄(symposium)에 관한 설명으로 가장 적절한 것은? [12.1/16.1]

① 먼저 사례를 발표하고 문제적 사실들과 그의 상호관계에 대하여 검토하고 대책을 토의하는 방법
② 몇 사람의 전문가에 의하여 과제에 관한 견해를 발표한 뒤에 참가자로 하여금 의견이나 질문을 하게 하여 토의하는 방법
③ 새로운 교재를 제시하고 거기에서의 문제점을 피교육자로 하여금 제기하게 하거나, 의견을 여러 가지 방법으로 발표하게 하고 다시 깊이 파고들어서 토의하는 방법
④ 패널멤버가 피교육자 앞에서 자유로이 토의하고, 뒤에 피교육자 전원이 참가하여 사회자의 사회에 따라 토의하는 방법

해설 심포지엄 : 몇 사람의 전문가에 의하여 과제에 관한 견해를 발표하고 참가자로 하여금 의견이나 질문을 하게 하여 토의하는 방법이다.

정답 ②

15-3. 역할연기(role playing)에 의한 교육의 장점으로 틀린 것은? [09.3/13.2/19.3/20.2]

① 관찰능력을 높이고 감수성이 향상된다.
② 자기의 태도에 반성과 창조성이 생긴다.
③ 정도가 높은 의사결정의 훈련으로서 적합하다.
④ 의견 발표에 자신이 생기고 고착력이 풍부해진다.

해설 롤 플레잉(역할연기) : 참가자에게 역할을 주어 실제 연기를 시킴으로써 본인의 역할을 인식하게 하는 방법으로 높은 수준의 의사결정에 대한 훈련에는 효과를 기대할 수 없다.

정답 ③

15-4. 안전보건교육에 있어 역할연기법의 장점이 아닌 것은? [22.1]

① 흥미를 갖고, 문제에 적극적으로 참가한다.
② 자기 태도의 반성과 창조성이 생기고, 발표력이 향상된다.
③ 문제의 배경에 대하여 통찰하는 능력을 높임으로써 감수성이 향상된다.
④ 목적이 명확하고, 다른 방법과 병용하지 않아도 높은 효과를 기대할 수 있다.

해설 ④ 역할연기법만으로 직접적인 높은 효과를 기대하기 어려운 것이 단점이다.

정답 ④

15-5. 교육방법 중 하나인 사례연구법의 장점으로 볼 수 없는 것은? [11.2/16.3/20.2]

① 의사소통 기술이 향상된다.
② 무의식적인 내용의 표현 기회를 준다.
③ 문제를 다양한 관점에서 바라보게 된다.
④ 강의법에 비해 현실적인 문제에 대한 학습이 가능하다.

해설 사례연구법의 장점
- 흥미가 있고, 학습동기를 유발할 수 있다.
- 강의법에 비해 현실적인 문제에 대한 학습이 가능하다.
- 관찰력과 분석력을 높일 수 있다.
- 문제를 다양한 관점에서 바라보게 된다.
- 커뮤니케이션 기술이 향상된다.

정답 ②

15-6. 생활하고 있는 현실적인 장면에서 당면하는 여러 문제들에 대한 해결방안을 찾아내는 것으로 지식, 기능, 태도, 기술 등을 종합적으로 획득하도록 하는 학습방법으로 옳은 것은? [12.2/19.2/22.2]

① 롤 플레잉(role playing)
② 문제법(problem method)
③ 버즈세션(buzz session)
④ 케이스 메소드(case method)

해설 문제법 : 생활하고 있는 현실에서 당면하는 문제들에 대한 해결방안을 찾아내는 것으로 지식, 기능, 태도, 기술 등을 종합적으로 획득하는 학습방법이다.

정답 ②

교육대상

16. 다음 중 ATT(American Telephone & Telegram) 교육훈련기법의 내용이 아닌 것은? [16.1/20.2]

① 인사관계   ② 고객관계
③ 회의의 주관   ④ 종업원의 향상

해설 ATT는 작업의 감독, 인간관계, 고객관계, 안전작업계획 및 인원배치 등을 교육하며, 직급 상하를 떠나 부하직원이 상사를 교육하는 강사가 될 수 있다.

16-1. 다음 중 ATT(American Telephone & Telegram) 교육훈련기법의 내용으로 적절하지 않은 것은? [11.1]

① 작업의 감독   ② 사기양양
③ 고객관계   ④ 종업원의 향상

해설 ATT는 작업의 감독, 인간관계, 고객관계, 안전작업계획 및 인원배치 등을 교육하며, 직급 상하를 떠나 부하직원이 상사를 교육하는 강사가 될 수 있다.

정답 ②

17. MTP(Management Training Program) 안전교육방법의 총 교육시간으로 가장 적합한 것은? [09.3/11.1/13.3/19.3]

① 10시간   ② 40시간
③ 80시간   ④ 120시간

해설 MTP 안전교육방법
- 관리자 및 중간 관리층을 대상으로 하는 관리자 훈련이다.
- 10~15명 정도를 대상으로 1회 2시간씩 20회 총 40시간의 교육을 실시한다.

18. 집단 안전교육과 개별 안전교육 및 안전교육을 위한 카운슬링 등 3가지 안전교육방법 중 개별 안전교육방법에 해당되는 것이 아닌 것은?　　　　　　　　　　　　[18.1]

① 일을 통한 안전교육
② 상급자에 의한 안전교육
③ 문답방식에 의한 안전교육
④ 안전기능 교육의 추가 지도

(해설) ③은 집단 안전교육방법에 해당된다.

19. 교육 전용 시설 또는 그 밖에 교육을 실시하기에 적합한 시설에서 실시하는 교육방법은?　　　　　　　　　　　　　[17.3]

① 집합교육　　　　② 통신교육
③ 현장교육　　　　④ on-line교육

(해설) 집합교육 : 교육생들을 한곳에 모아 놓고 하는 교육

| 안전보건교육 |

20. 산업안전보건법령상 근로자 안전보건교육의 교육과정 중 건설 일용근로자의 건설업 기초 안전·보건교육 교육시간 기준으로 옳은 것은?　　[12.2/12.3/13.2/17.1/18.1/18.3/21.3]

① 1시간 이상
② 2시간 이상
③ 3시간 이상
④ 4시간 이상

(해설) 보건 관련 교육과정별 교육시간

• 정기교육

사무직 종사 근로자	매분기 3시간 이상

사무직 외 근로자	판매업무에 직접 종사하는 근로자	매분기 3시간 이상
	판매업무에 직접 종사자 외 근로자	매분기 6시간 이상
관리감독자의 지위에 있는 사람		연간 16시간 이상

• 채용 시의 교육

일용근로자	1시간 이상
일용근로자를 제외한 근로자	8시간 이상

• 작업내용 변경 시의 교육

일용근로자	1시간 이상
일용근로자를 제외한 근로자	2시간 이상

• 특별교육1

[별표 5] 제1호 '라' 항목 각 호(제40호는 제외한다)의 어느 하나에 해당하는 작업에 종사하는 일용근로자	2시간 이상
[별표 5] 제1호 '라' 항목 제40호의 타워크레인 신호작업에 종사하는 일용근로자	8시간 이상

• 특별교육2

[별표 5] 제1호 '라' 항목 각 호의 어느 하나에 해당하는 작업에 종사하는 일용근로자를 제외한 근로자	㉠ 16시간 이상(최초 작업에 종사하기 전 4시간 이상 실시하고, 12시간은 3개월 이내에서 분할하여 실시 가능) ㉡ 단기간 작업 또는 간헐적 작업인 경우에는 2시간 이상

• 건설업 기초 안전보건교육

건설 일용근로자	4시간 이상

20-1. 산업안전보건법령상 사업 내 안전보건교육 중 관리감독자의 지위에 있는 사람을 대상으로 실시하여야 할 정기교육의 교육시간으로 맞는 것은?　　　　　[20.1]

① 연간 1시간 이상

② 매분기 3시간 이상

③ 연간 16시간 이상

④ 매분기 6시간 이상

해설 정기교육

사무직 종사 근로자		매분기 3시간 이상
사무직 외 근로자	판매업무에 직접 종사하는 근로자	매분기 3시간 이상
	판매업무에 직접 종사자 외 근로자	매분기 6시간 이상
관리감독자의 지위에 있는 사람		연간 16시간 이상

정답 ③

20-2. 산업안전보건법령상 일용근로자의 작업내용 변경 시 교육시간의 기준은?

① 1시간 이상   [13.1/16.1/22.1]

② 2시간 이상

③ 3시간 이상

④ 4시간 이상

해설 작업내용 변경 시의 교육

일용근로자	1시간 이상
일용근로자를 제외한 근로자	2시간 이상

정답 ①

20-3. 산업안전보건법령상 타워크레인 신호작업에 종사하는 일용근로자의 특별교육 교육시간 기준은?   [17.1/22.2]

① 1시간 이상   ② 2시간 이상

③ 4시간 이상   ④ 8시간 이상

해설 특별교육1

[별표 5] 제1호 '라' 항목 각 호(제40호는 제외한다)의 어느 하나에 해당하는 작업에 종사하는 일용근로자	2시간 이상

[별표 5] 제1호 '라' 항목 제40호의 타워크레인 신호작업에 종사하는 일용근로자	8시간 이상

정답 ④

20-4. 산업안전보건법령상 산업안전·보건 관련 교육과정별 교육시간 중 교육대상별 교육시간이 맞게 연결된 것은? [12.1/15.1/19.2]

① 일용근로자의 채용 시 교육 : 2시간 이상

② 일용근로자의 작업내용 변경 시 교육 : 1시간 이상

③ 사무직 종사 근로자의 정기교육 : 매분기 2시간 이상

④ 관리감독자의 지위에 있는 사람의 정기교육 : 연간 6시간 이상

해설 ① 일용근로자의 채용 시 교육 : 1시간 이상

③ 사무직 종사 근로자의 정기교육 : 매분기 3시간 이상

④ 관리감독자의 지위에 있는 사람의 정기교육 : 연간 16시간 이상

정답 ②

21. 산업안전보건법령상 근로자 정기안전·보건교육의 교육내용이 아닌 것은? [20.1]

① 산업안전 및 사고예방에 관한 사항

② 건강증진 및 질병예방에 관한 사항

③ 산업보건 및 직업병예방에 관한 사항

④ 작업공정의 유해·위험과 재해예방 대책에 관한 사항

해설 ④는 관리감독자 정기안전·보건교육 내용

22. 산업안전보건법령상 사업 내 안전·보건교육에 있어 관리감독자 정기안전·보건교육 내용에 해당하는 것은? [14.1/14.2]

① 정리 정돈 및 청소에 관한 사항
② 작업개시 전 점검에 관한 사항
③ 작업공정의 유해·위험과 재해예방 대책에 관한 사항
④ 기계·기구의 위험성과 작업의 순서 및 동선에 관한 사항

해설 관리감독자 정기안전·보건교육 내용
• 작업공정의 유해·위험과 재해예방 대책에 관한 사항
• 표준 안전작업방법 및 지도요령에 관한 사항
• 산업보건 및 직업병예방에 관한 사항
• 유해·위험 작업환경 관리에 관한 사항
• 「보건법」 및 일반관리에 관한 사항
• 직무 스트레스 예방 및 관리에 관한 사항
• 산재보상보험에 관한 사항
• 안전보건교육 능력 배양에 관한 사항
• 현장 근로자와의 의사소통 능력 향상
• 의사소통 능력 향상, 강의능력 향상
Tip) ①, ②, ④는 채용 시의 교육 및 작업내용 변경 시의 교육내용

22-1. 산업안전보건법상 사업 내 안전·보건교육 중 관리감독자 정기안전·보건교육의 내용에 해당하는 것은? [11.2]
① 정리 정돈 및 청소에 관한 사항
② 작업개시 전 점검에 관한 사항
③ 표준 안전작업방법 및 지도요령에 관한 사항
④ 기계·기구의 위험성과 작업의 순서 및 동선에 관한 사항

해설 ①, ②, ④는 채용 시의 교육 및 작업내용 변경 시의 교육내용
정답 ③

23. 산업안전보건법령상 근로자 안전·보건교육에서 채용 시 교육 및 작업내용 변경 시의 교육에 해당하는 것은? [10.2/21.1]

① 사고 발생 시 긴급조치에 관한 사항
② 건강증진 및 질병예방에 관한 사항
③ 유해·위험 작업환경 관리에 관한 사항
④ 작업공정의 유해·위험과 재해예방 대책에 관한 사항

해설 채용 시의 교육 및 작업내용 변경 시의 교육내용
• 작업개시 전 점검에 관한 사항
• 정리 정돈 및 청소에 관한 사항
• 물질안전보건자료에 관한 사항
• 「보건법」 및 일반관리에 관한 사항
• 산업안전 및 사고예방에 관한 사항
• 산업보건 및 직업병예방에 관한 사항
• 사고 발생 시 긴급조치에 관한 사항
• 직무 스트레스 예방 및 관리에 관한 사항
• 기계·기구의 위험성과 작업의 순서 및 동선에 관한 사항
Tip) ②는 근로자 정기안전보건교육 내용,
③은 근로자, 관리감독자 정기안전보건교육 내용,
④는 관리감독자 정기안전보건교육 내용

23-1. 산업안전보건법상 사업 내 안전·보건교육 중 채용 시 및 작업내용 변경 시 교육내용에 해당되지 않는 것은? [09.1]
① 물질안전보건자료에 관한 사항
② 직업성 질환예방에 관한 사항
③ 기계·기구의 위험성과 안전작업방법에 관한 사항
④ 당해 설비·기계 및 기구의 작업 안전점검에 관한 사항

해설 ②는 근로자 정기안전보건교육 내용
정답 ②

23-2. 산업안전보건법령상 사업 내 안전·보건교육에 있어 "채용 시의 교육 및 작업내

용 변경 시의 교육내용"에 해당하지 않는 것은? (단, 기타 산업안전보건법 및 일반관리에 관한 사항은 제외한다.) [11.1/15.1]

① 물질안전보건자료에 관한 사항
② 정리 정돈 및 청소에 관한 사항
③ 사고 발생 시 긴급조치에 관한 사항
④ 유해 · 위험 작업환경 관리에 관한 사항

해설 ④는 근로자, 관리감독자 정기안전보건교육 내용

정답 ④

24. 산업안전보건법령상 근로자 안전보건교육 중 특별교육대상 작업에 해당하지 않는 것은? [12.3/16.3/22.2]

① 굴착면의 높이가 5m 되는 지반 굴착작업
② 콘크리트 파쇄기를 사용하여 5m의 구축물을 파쇄하는 작업
③ 흙막이 지보공의 보강 또는 동바리를 설치하거나 해체하는 작업
④ 휴대용 목재가공기계를 3대 보유한 사업장에서 해당 기계로 하는 작업

해설 ④ 휴대용 목재가공기계를 5대 보유한 사업장이 특별안전 · 보건교육 대상이다.

25. 굴착면의 높이가 2m 이상인 암석의 굴착작업에 대한 특별안전 · 보건교육 내용에 포함되지 않는 것은? (단, 그 밖의 안전 · 보건관리에 필요한 사항은 제외한다.) [19.3]

① 지반의 붕괴재해 예방에 관한 사항
② 보호구 및 신호방법 등에 관한 사항
③ 안전거리 및 안전기준에 관한 사항
④ 폭발물 취급요령과 대피요령에 관한 사항

해설 ①은 굴착면의 높이가 2m 이상인 지반 굴착작업에 대한 특별안전 · 보건교육 내용이다.

26. 산업안전보건법령상 명시된 건설용 리프트 · 곤돌라를 이용한 작업의 특별교육 내용으로 틀린 것은? (단, 그 밖에 안전 · 보건관리에 필요한 사항은 제외한다.) [21.3]

① 신호방법 및 공동작업에 관한 사항
② 화물의 취급 및 작업방법에 관한 사항
③ 방호장치의 기능 및 사용에 관한 사항
④ 기계 · 기구의 특성 및 동작원리에 관한 사항

해설 건설용 리프트 · 곤돌라 작업의 특별교육 내용
• 신호방법 및 공동작업에 관한 사항
• 방호장치의 기능 및 사용에 관한 사항
• 기계 · 기구의 특성 및 동작원리에 관한 사항
• 기계 · 기구 달기체인 및 와이어 등의 점검에 관한 사항
• 화물의 권상, 권하, 작업방법 및 안전작업지도에 관한 사항
• 그 밖에 안전 · 보건관리에 필요한 사항

27. 다음 중 안전 · 보건교육계획에 포함하여야 할 사항과 가장 거리가 먼 것은? [12.2]

① 교육방법
② 교육장소
③ 교육생 의견
④ 교육목표

해설 안전 · 보건교육계획에 포함되어야 할 사항에는 교육방법, 교육장소, 교육목표, 교육의 종류 및 대상, 교육과목 및 내용, 교육기간 및 시간 등이 있다.

인간공학의 정의

1. 인간공학의 정의로 가장 적합한 것은? [17.3]

① 인간의 과오가 시스템에 미치는 영향을 최대화하기 위한 학문분야

② 인간, 기계, 물자, 환경으로 구성된 복잡한 체계의 효율을 최대로 활용하기 위하여 인간의 한계능력을 최대화하는 학문분야

③ 인간의 특성과 한계능력을 분석, 평가하여 이를 복잡한 체계의 설계에 응용하여 효율을 최대로 활용할 수 있도록 하는 학문분야

④ 인간, 기계, 물자, 환경으로 구성된 복잡한 체계의 효율을 최대로 활용하기 위하여 인간의 생리적, 심리적 조건을 시스템에 맞추는 학문분야

해설 ③은 인간공학의 정의이다.

1-1. 다음 중 인간공학에 대한 설명으로 틀린 것은? [19.2/21.3/22.2]

① 인간-기계 시스템의 안전성, 편리성, 효율성을 높인다.

② 인간을 작업과 기계에 맞추는 설계 철학이 바탕이 된다.

③ 인간이 사용하는 물건, 설비, 환경의 설계에 적용된다.

④ 인간의 생리적, 심리적인 면에서의 특성이나 한계점을 고려한다.

해설 인간공학 : 물건, 기계·기구, 환경 등의 물적조건을 인간의 목적과 특성에 잘 조화하도록 설계하기 위한 수단과 방법을 연구하는 학문분야

정답 ②

1-2. 다음 중 인간공학적 설계대상에 해당되지 않는 것은? [11.1/15.1]

① 물건(objects) ② 기계(machinery)

③ 환경(environment) ④ 보전(maintenance)

해설 인간공학 : 물건, 기계·기구, 환경 등의 물적조건을 인간의 목적과 특성에 잘 조화하도록 설계하기 위한 수단과 방법을 연구하는 학문분야

Tip) 보전(maintenance) : 설비·기계 등을 정기적으로 점검·보수하여 유지하는 행위

정답 ④

1-3. 인간공학 연구방법 중 실제의 제품이나 시스템이 추구하는 특성 및 수준이 달성되는지를 비교하고 분석하는 연구는? [16.3/21.2]

① 조사연구 ② 실험연구

③ 분석연구 ④ 평가연구

해설 인간공학의 정의 : 인간의 특성과 한계능력을 공학적으로 분석, 평가하여 이를 복잡한 체계의 설계에 응용함으로써 효율을 최대로 활용할 수 있도록 하는 학문분야

정답 ④

2. 정신작업 부하를 측정하는 척도를 크게 4가
지로 분류할 때 심박수의 변동, 뇌 전위, 동
공반응 등 정보처리에 중추신경계 활동이 관
여하고 그 활동이나 징후를 측정하는 것은?

① 주관적(subjective) 척도　　　　[10.3/21.2]
② 생리적(physiological) 척도
③ 주 임무(primary task) 척도
④ 부 임무(secondary task) 척도

해설 생리적 척도의 특징
• 정신작업 부하를 측정하는 척도를 분류할
때 심박수의 변동, 뇌 전위, 동공반응, 호흡
속도 등의 변화이다.
• 정보처리에 중추신경계 활동이 관여하고,
그 활동이나 그 징후를 측정할 수 있다.

2-1. 인간공학의 연구를 위한 수집자료 중 동
공확장 등과 같은 것은 어느 유형으로 분류
되는 자료라 할 수 있는가?　　　　[14.1]

① 생리지표　　　　② 주관적 자료
③ 강도척도　　　　④ 성능자료

해설 생리지표 : 인간공학의 연구를 위한 수
집자료 중 동공확장, 심박수의 변동, 뇌 전
위, 호흡속도, 체액의 화학적 변화 등과 같은
유형

정답 ①

3. 연구기준의 요건과 내용이 옳은 것은 어느
것인가?　　　　[09.1/11.3/14.1/20.3]

① 무오염성 : 실제로 의도하는 바와 부합해야
한다.
② 적절성 : 반복시험 시 재현성이 있어야 한다.
③ 신뢰성 : 측정하고자 하는 변수 이외의 다른
변수의 영향을 받아서는 안 된다.
④ 민감도 : 피실험자 사이에서 볼 수 있는 예상
차이점에 비례하는 단위로 측정해야 한다.

해설 인간공학 연구조사에 사용되는 구비조건
• 무오염성(순수성) : 측정하고자 하는 변수 이
외의 다른 변수에 영향을 받아서는 안 된다.
• 적절성(타당성) : 기준이 의도한 목적에 적
합해야 한다.
• 신뢰성(반복성) : 반복시험 시 재연성이 있
어야 한다. 척도의 신뢰성은 반복성을 의미
한다.
• 민감도 : 피실험자 사이에서 볼 수 있는 예상
차이점에 비례하는 단위로 측정해야 한다.

3-1. 인간공학 연구조사에 사용되는 기준의
구비조건과 가장 거리가 먼 것은? [13.2/20.1]

① 다양성　　　　② 적절성
③ 무오염성　　　④ 기준 척도의 신뢰성

해설 인간공학 연구조사에 사용되는 구비조건
: 무오염성(순수성), 적절성(타당성), 신뢰성
(반복성), 민감도

정답 ①

3-2. 인간공학적 연구에 사용되는 기준 척도
의 요건 중 다음 설명에 해당하는 것은?[22.1]

> 기준 척도는 측정하고자 하는 변수 외의
> 다른 변수들의 영향을 받아서는 안 된다.

① 신뢰성　　　　② 적절성
③ 검출성　　　　④ 무오염성

해설 무오염성(순수성) : 측정하고자 하는 변
수 이외의 다른 변수에 영향을 받아서는 안
된다.

정답 ④

3-3. 인간공학의 연구에서 기준 척도의 신뢰
성(reliability of criterion measure)이란 무
엇을 의미하는가?　　　　[10.1]

① 반복성   ② 적절성

③ 적응성   ④ 보편성

해설 신뢰성(반복성) : 반복시험 시 재연성이 있어야 한다. 척도의 신뢰성은 반복성을 의미한다.

정답 ①

4. 암호체계의 사용 시 고려해야 할 사항과 거리가 먼 것은?   [20.3]

① 정보를 암호화한 자극은 검출이 가능하여야 한다.

② 다차원의 암호보다 단일차원화 된 암호가 정보전달이 촉진된다.

③ 암호를 사용할 때는 사용자가 그 뜻을 분명히 알 수 있어야 한다.

④ 모든 암호 표시는 감지장치에 의해 검출될 수 있고, 다른 암호 표시와 구별될 수 있어야 한다.

해설 암호체계의 일반적 상황

• 검출성 : 정보를 암호화한 자극은 검출이 가능해야 한다.

• 판별성(변별성) : 모든 암호 표시는 다른 암호 표시와 구별될 수 있어야 한다.

• 표준화 : 암호를 표준화하여 다른 상황으로 변화해도 이용할 수 있어야 한다.

• 부호의 양립성 : 자극과 반응의 관계가 사람의 기대와 모순되지 않는 성질이다.

• 부호의 성질 : 암호를 사용할 때는 사용자가 그 뜻을 분명히 알 수 있어야 한다.

• 다차원 시각적 암호 : 색이나 숫자로 된 단일 암호보다 색과 숫자의 중복으로 된 조합 암호차원이 정보전달이 촉진된다.

4-1. 특정한 목적을 위해 시각적 암호, 부호 및 기호를 의도적으로 사용할 때에 반드

시 고려하여야 할 사항과 가장 거리가 먼 것은?   [12.2/16.2]

① 검출성   ② 판별성

③ 양립성   ④ 심각성

해설 • 검출성 : 정보를 암호화한 자극은 검출이 가능해야 한다.

• 판별성(변별성) : 모든 암호 표시는 다른 암호 표시와 구별될 수 있어야 한다.

• 부호의 양립성 : 자극과 반응의 관계가 사람의 기대와 모순되지 않는 성질이다.

정답 ④

5. 다음 중 일반적으로 대부분의 임무에서 시각적 암호의 효능에 대한 결과에서 가장 성능이 우수한 암호는?   [14.2]

① 구성 암호   ② 영자와 형상 암호

③ 숫자 및 색 암호   ④ 영자 및 구성 암호

해설 시각적 암호의 효능에 대한 결과에서 성능이 우수한 암호의 순서

구성 암호＜영자와 형상 암호＜영자 및 구성 암호＜숫자 및 색 암호

6. 사업장에서 인간공학의 적용분야로 가장 거리가 먼 것은?   [18.2]

① 제품 설계

② 설비의 고장률

③ 재해·질병예방

④ 장비·공구·설비의 배치

해설 사업장에서의 인간공학 적용분야

• 작업장의 유해·위험작업 분석과 작업환경 개선

• 인간에 대한 안전성을 평가하여 제품 설계

• 인간－기계 인터페이스 디자인, 작업공간의 설계

• 장비·공구·설비의 배치

• 재해 및 질병예방

정답 4. ②   5. ③   6. ②

7. 시스템 분석 및 설계에 있어서 인간공학의 가치와 가장 거리가 먼 것은? [17.1]

① 훈련비용의 절감
② 인력 이용률의 향상
③ 생산 및 보전의 경제성 감소
④ 사고 및 오용으로부터의 손실 감소

해설 ③ 생산 및 보전의 경제성 증대

8. 실험실 환경에서 수행하는 인간공학 연구의 장·단점에 대한 설명으로 맞는 것은? [16.2]

① 변수의 통제가 용이하다.
② 주위 환경의 간섭에 영향을 받기 쉽다.
③ 실험 참가자의 안전을 확보하기가 어렵다.
④ 피실험자의 자연스러운 반응을 기대할 수 있다.

해설 실험실과 현장 비교

구분	실험실	생산현장
변수의 통제	용이하다.	어렵다.
주위 환경의 간섭	낮다.	높다.
참가자의 동기부여	높다.	낮다.
참가자의 안전성	높다.	낮다.

8-1. 조사 연구자가 특정한 연구를 수행하기 위해서는 어떤 상황에서 실시할 것인가를 선택하여야 한다. 즉, 실험실 환경에서도 가능하고, 실제 현장 연구도 가능한데 다음 중 현장 연구를 수행했을 경우 장점으로 가장 적절한 것은? [14.2]

① 비용 절감
② 정확한 자료수집 가능
③ 일반화가 가능
④ 실험 조건의 조절 용이

해설 현장 연구는 자연상태에서 연구가 이루어지기 때문에 매우 현실적이며, 결과의 일반화가 가능하다.

정답 ③

9. 다음 중 인간공학에 있어 기본적인 가정에 관한 설명으로 틀린 것은? [11.2]

① 인간에게 적절한 동기부여가 된다면 좀 더 나은 성과를 얻게 된다.
② 인간기능의 효율은 인간-기계 시스템의 효율과 연계된다.
③ 개인이 시스템에서 효과적으로 기능을 하지 못하여도 시스템의 수행은 변함없다.
④ 장비, 물건, 환경 특성이 인간의 수행도와 인간-기계 시스템의 성과에 영향을 준다.

해설 ③ 개인이 시스템에서 효과적으로 기능을 하지 못하면 시스템의 수행도는 떨어진다.

10. 인간공학의 궁극적인 목적과 가장 관계가 깊은 것은? [16.2]

① 경제성 향상
② 인간능력의 극대화
③ 설비의 가동률 향상
④ 안전성 및 효율성 향상

해설 인간공학의 연구 목적
• 안전성의 향상과 사고방지
• 기계조작의 능률성과 생산성의 향상
• 작업환경의 쾌적성

10-1. 인간공학의 목표와 거리가 가장 먼 것은? [22.1]

① 사고 감소
② 생산성 증대
③ 안전성 향상
④ 근골격계 질환 증가

해설 인간공학의 목표
• 에러 감소(사고 감소) : 안전성 향상과 사고방지
• 생산성 증대 : 기계조작의 능률성과 생산성의 향상
• 안전성 향상 : 작업환경의 쾌적성

정답 ④

11. 다음 중 인간공학을 나타내는 용어로 적절하지 않은 것은? [12.1/15.2]

① ergonomics

② human factors

③ human engineering

④ customize engineering

해설 인간공학을 나타내는 용어는 ergonomics, human factors, human engineering이다.

12. 인간공학을 기업에 적용할 때의 기대 효과로 볼 수 없는 것은? [16.1/20.2]

① 노사 간의 신뢰 저하

② 작업 손실시간의 감소

③ 제품과 작업의 질 향상

④ 작업자의 건강 및 안전 향상

해설 인간공학을 기업에 적용하면 노사 간의 신뢰가 향상된다.

13. "원래의 신호 정보를 새로운 형태로 변화시켜 표시하는 것"은 어떤 것의 정의인가?

① 차원 　　　② 표시양식 [17.3]

③ 코딩 　　　④ 묘사정보

해설 암호화(coding) : 원래의 신호 정보를 새로운 형태로 변화시켜 표시하는 것으로 기계·기구를 식별하도록 하는 암호화 방법에는 형상, 크기, 색채, 표면촉감 등이 있다.

13-1. 작업자가 용이하게 기계·기구를 식별하도록 암호화(coding)를 한다. 암호화 방법이 아닌 것은? [17.1]

① 강도 　② 형상 　③ 크기 　④ 색채

해설 기계·기구를 식별하도록 하는 암호화 방법에는 형상, 크기, 색채, 표면촉감 등이 있다.

정답 ①

14. 좋은 코딩 시스템의 요건에 해당하지 않는 것은? [17.3]

① 코드의 검출성

② 코드의 식별성

③ 코드의 표준화

④ 단순차원 코드의 사용

해설 암호화 시 두 가지 이상의 다차원 암호화를 할 경우 정보전달이 촉진된다.

Tip) 좋은 코딩 시스템의 요건 : 코드의 검출성, 코드의 식별성, 코드의 표준화

15. 고령자의 정보처리 과업을 설계할 경우 지켜야 할 지침으로 틀린 것은? [17.2]

① 표시 신호를 더 크게 하거나 밝게 한다.

② 개념, 공간, 운동 양립성을 높은 수준으로 유지한다.

③ 정보처리 능력에 한계가 있으므로 시분할 요구량을 늘린다.

④ 제어 표시장치를 설계할 때 불필요한 세부 내용을 줄인다.

해설 ③ 고령자는 정보처리 능력에 한계가 있으므로 시분할 요구량을 줄인다.

Tip) 시분할 : 하나의 처리장치에 두 가지 이상의 처리를 시간적으로 교차·배치하는 컴퓨터 조작 기법

16. 개선의 ECRS의 원칙에 해당하지 않는 것은? [12.2/13.3/17.2/21.3]

① 제거(Eliminate) 　② 결합(Combine)

③ 재조정(Rearrange) 　④ 안전(Safety)

해설 작업개선원칙(ECRS)

• 제거(Eliminate) : 생략과 배제의 원칙

• 결합(Combine) : 결합과 분리의 원칙

• 재조정(Rearrange) : 재편성과 재배열의 원칙

• 단순화(Simplify) : 단순화의 원칙

17. 다음 중 사고 인과관계 이론에 있어 특정 상황에서는 사람들이 다소 간에 사고를 일으키는 경향이 있고 이 성향은 영구적인 것이 아니라 시간에 따라 달라진다는 이론은?

① accident-time theory   [12.3]
② accident-liability theory
③ accident-proneness theory
④ accident knowledge theory

해설 사고 인과관계 이론

- 사고성향 이론(사고 인과관계 이론) : 사고성향 이론(accident-proneness theory), 사고경향 이론(accident-liability theory)
- 작업자 능력이론(직무요구량) : 스트레스 대응이론(adjustment-to-stress theory), 각성-경제이론 (arousal-alertness theory)
- 심리사회적 이론 : 목표-자유-경제이론 (goals-freedom-alertness theory), 심리분석 이론(psychoanalysis theory) 등

18. 운용상의 시스템 안전에서 검토 및 분석해야 할 사항으로 틀린 것은?

① 사고 조사에의 참여   [10.2]
② 고객에 의한 최종 성능검사
③ ECR(Error Cause Removal) 제안 제도
④ 시스템의 보수 및 폐기

해설 ③ ECR(Error Cause Removal) 제안 제도는 작업자 자신이 직업상 오류 원인을 연구하여 제반오류의 개선을 하도록 한다.

인간-기계체계

19. 다음 중 인간공학에 있어 인간-기계 시스템(man-machine system)에서의 기계가

의미하는 것으로 가장 적합한 것은?   [13.3]

① 인간이 만든 모든 것을 말한다.
② 제조현장에서 사용하는 치공구 및 설비를 말한다.
③ 자동차, 선박, 비행기 등 주로 인간이 타고 다닐 수 있는 운송기기류를 말한다.
④ 침대, 의자 등 주로 가정에서 사용하는 가구나 물품을 말한다.

해설 인간공학의 인간-기계 시스템에서의 기계는 인간이 만든 모든 것을 의미한다.

20. 욕조곡선에서의 고장형태에서 일정한 형태의 고장률이 나타나는 구간은? [16.1/21.2]

① 초기고장 구간
② 마모고장 구간
③ 피로고장 구간
④ 우발고장 구간

해설 • 욕조곡선(bathtub curve) : 고장률이 높은 값에서 점차 감소하여 일정한 값을 유지한 후 다시 점차로 높아지는, 즉 제품의 수명을 나타내는 곡선

- 기계설비의 고장유형 : 초기고장(감소형 고장), 우발고장(일정형 고장), 마모고장(증가형 고장)

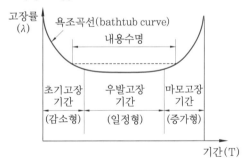

▲ 욕조곡선(bathtub curve)

- 초기고장 기간 : 감소형, 디버깅 기간, 번인 기간이다.
- 우발고장 기간 : 일정형으로 고장률이 비교적 낮고 일정한 현상이 나타난다.

• 마모고장 기간 : 증가형(FR)으로 정기적인 검사가 필요, 설비의 피로에 의해 생기는 고장이다.

20-1. 다음 중 시스템의 수명곡선에서 고장 형태가 감소형에 해당하는 것은? [09.2]

① 초기고장 기간 ② 우발고장 기간
③ 마모고장 기간 ④ 피로고장 기간

해설 초기고장 기간
• 생산과정에서의 설계·구조상 결함, 불량 제조·생산과정 등의 품질관리 미비로 발생하는 고장형태이다.
• 검사, 시운전작업 등으로 사전에 방지할 수 있는 고장이다.

정답 ①

20-2. 기계설비 고장유형 중 기계의 초기결함을 찾아내 고장률을 안정시키는 기간은?

① 마모고장 기간 [18.1]
② 우발고장 기간
③ 에이징(aging) 기간
④ 디버깅(debugging) 기간

해설 디버깅 기간 : 기계의 초기결함을 찾아내 고장률을 안정시키는 기간으로 초기고장의 예방보존 기간이다.

정답 ④

20-3. 시스템의 수명곡선(욕조곡선)에 있어서 디버깅(debugging)에 관한 설명으로 옳은 것은? [22.2]

① 초기고장의 결함을 찾아 고장률을 안정시키는 과정이다.
② 우발고장의 결함을 찾아 고장률을 안정시키는 과정이다.
③ 마모고장의 결함을 찾아 고장률을 안정시키는 과정이다.

④ 기계결함을 발견하기 위해 동작시험을 하는 기간이다.

해설 디버깅 기간 : 기계의 초기결함을 찾아내 고장률을 안정시키는 기간으로 초기고장의 예방보존 기간이다.

정답 ①

20-4. 다음 중 시스템의 수명곡선에서 초기고장 기간에 발생하는 고장의 원인으로 볼 수 없는 것은? [15.3]

① 사용자의 과오
② 빈약한 제조기술
③ 불충분한 품질관리
④ 표준 이하의 재료를 사용

해설 초기고장 기간
• 생산과정에서의 설계·구조상 결함, 불량 제조·생산과정 등의 품질관리 미비로 발생하는 고장형태이다.
• 검사, 시운전작업 등으로 사전에 방지할 수 있는 고장이다.

정답 ①

20-5. 다음 중 보전에 관한 설명으로 옳은 것은? [12.3]

① 피로고장은 작업자의 조작실수 제거로 예방할 수 없다.
② 초기고장은 burn-in 기간을 통해서도 예방이 불가능하다.
③ 설계한계를 변경하더라도 우발고장은 예방할 수 없다.
④ 고장률이 일정한 패턴을 유지하면 예방보전이 효과적이다.

해설 ① 마모고장(피로고장) 기간 : 설비의 반복피로에 의해 발생하는 만큼 작업자의 조작실수 제거를 통해 예방할 수 없다.

정답 ①

21. 다음 중 인간공학에 있어서 일반적인 인간-기계체계(man-machine system)의 구분으로 가장 적합한 것은? [15.1]

① 인간체계, 기계체계, 전기체계
② 전기체계, 유압체계, 내연기관 체계
③ 수동체계, 반기계 체계, 반자동 체계
④ 자동화 체계, 기계화 체계, 수동체계

해설 인간-기계체계의 구분은 수동체계, 기계화 또는 반자동화 체계, 자동화 체계이다.

21-1. 인간-기계 시스템에 관한 설명으로 틀린 것은? [14.2/17.3/22.2]

① 자동 시스템에서는 인간요소를 고려하여야 한다.
② 자동차 운전이나 전기드릴 작업은 반자동 시스템의 예시이다.
③ 자동 시스템에서 인간은 감시, 정비유지, 프로그램 등의 작업을 담당한다.
④ 수동 시스템에서 기계는 동력원을 제공하고 인간의 통제하에서 제품을 생산한다.

해설 ④ 수동 시스템에서 인간은 동력원을 제공하고, 수공구를 사용하여 제품을 생산한다.

정답 ④

21-2. 인간-기계 통합체계의 유형에서 수동체계에 해당하는 것은? [19.3]

① 자동차   ② 공작기계
③ 컴퓨터   ④ 장인과 공구

해설 ①, ②는 기계적 체계, ③은 자동화 체계

정답 ④

21-3. 표시장치로부터 정보를 얻어 조종장치를 통해 기계를 통제하는 시스템은? [21.3]

① 수동 시스템   ② 무인 시스템
③ 반자동 시스템   ④ 자동 시스템

해설 반자동 시스템은 운전자의 조종에 의해 기계를 통제하는 시스템이다.

정답 ③

22. 인간과 기계의 기본기능은 감지, 정보저장, 정보처리 및 의사결정, 행동으로 구분할 수 있는데 다음 중 행동기능에 속하는 것은 무엇인가? [09.1]

① 음파탐지기   ② 추론
③ 결심   ④ 음성

해설 인간-기계 통합체계의 기본기능 : 감지, 정보보관(저장), 정보처리 및 의사결정, 행동기능(음성, 신호, 기록 등)

22-1. 다음 중 인간-기계 통합체계의 인간 또는 기계에 의하여 수행되는 기본기능이 아닌 것은? [12.3]

① 사용분석 기능
② 정보보관 기능
③ 의사결정 기능
④ 입력 및 출력기능

해설 인간-기계 통합체계의 기본기능 : 감지, 정보보관, 정보처리 및 의사결정, 행동기능

정답 ①

22-2. 인간과 기계는 상호 보완적인 기능을 담당하며 하나의 체계로서 임무를 수행한다. 다음 중 인간-기계체계에 의해서 수행되는 기본기능에 해당되지 않는 것은? [11.3]

① 의사결정   ② 정보보관
③ 행동   ④ 학습

해설 인간-기계 통합체계의 기본기능 : 감지, 정보보관, 정보처리 및 의사결정, 행동기능

정답 ④

체계설계와 인간요소

23. 인간－기계 시스템 설계과정 중 직무 분석을 하는 단계는? [14.3/16.3/21.2]

① 제1단계 : 시스템의 목표와 성능 명세 결정
② 제2단계 : 시스템의 정의
③ 제3단계 : 기본 설계
④ 제4단계 : 인터페이스 설계

해설 제3단계(기본 설계) : 시스템의 형태를 갖추기 시작하는 단계(직무 분석, 작업 설계, 기능 할당)

23-1. 인간－기계 시스템의 설계를 6단계로 구분할 때, 첫 번째 단계에서 시행하는 것은? [19.1]

① 기본 설계
② 시스템의 정의
③ 인터페이스 설계
④ 시스템의 목표와 성능 명세 결정

해설 제1단계 : 시스템의 목표와 성능 명세 결정

정답 ④

24. 인간－기계 시스템의 연구 목적으로 가장 적절한 것은? [10.3/15.3/19.1]

① 정보 저장의 극대화
② 운전 시 피로의 평준화
③ 시스템의 신뢰성 극대화
④ 안전의 극대화 및 생산능률의 향상

해설 인간공학의 연구 목적 : 안전의 극대화 및 생산능률의 향상

25. 인간－기계 시스템에 관한 내용으로 틀린 것은? [17.2]

① 인간 성능의 고려는 개발의 첫 단계에서부터 시작되어야 한다.
② 기능 할당 시에 인간기능에 대한 초기의 주의가 필요하다.
③ 평가 초점은 인간 성능의 수용 가능한 수준이 되도록 시스템을 개선하는 것이다.
④ 인간－컴퓨터 인터페이스 설계는 인간보다 기계의 효율이 우선적으로 고려되어야 한다.

해설 ④ 인간－기계 시스템에서 컴퓨터 인터페이스 설계는 인간이 우선적으로 고려되어야 한다.

26. 인간－기계 시스템 설계의 주요 단계 중 기본 설계 단계에서 인간의 성능 특성 (human performance requirements)과 거리가 먼 것은? [14.1]

① 속도
② 정확성
③ 보조물 설계
④ 사용자 만족

해설 제3단계(기본 설계)의 인간 성능 특성 : 속도, 정확성, 사용자 만족, 유일한 기술을 개발하는데 필요한 시간

27. 인간－기계 시스템의 인간 성능(human performance)을 평가하는 실험을 수행할 때 평가의 기준이 되는 변수는? [09.3]

① 독립변수　　　　② 종속변수
③ 통제변수　　　　④ 확률변수

해설 인간공학 연구에 사용되는 변수의 유형
• 독립변수 : 관찰하고자 하는 현상에 대한 독립변수
• 종속변수 : 독립변수의 평가척도나 기준이 되는 척도
• 통제변수 : 종속변수에 영향을 미칠 수 있지만 독립변수에 포함되지 않는 변수

28. 다음 중 인간-기계 시스템의 설계원칙으로 볼 수 없는 것은? [09.2]

① 배열을 고려한 설계
② 양립성에 맞게 설계
③ 인체특성에 적합한 설계
④ 기계적 성능에 적합한 설계

해설 인간-기계 시스템 설계원칙
• 배열을 고려한 설계
• 양립성에 맞게 설계
• 인체특성에 적합한 설계

29. 인간과 기계(환경)계면에서 인간과 기계의 조화성은 3가지 차원에서 고려되는데 이에 해당하지 않는 것은? [10.2]

① 신체적 조화성
② 지적 조화성
③ 감성적 조화성
④ 감각적 조화성

해설 인간과 기계의 조화성 3가지 차원
• 신체적(육체적) 조화성 : 식욕, 소화력, 활동력 등
• 지적(지성적) 조화성 : 상상력, 사고력, 판단력, 추리력 등
• 감성적 조화성 : 감정, 주의심, 창조력, 희로애락 등

30. 다음 중 인간-기계 시스템에서 기계의 표시장치와 인간의 눈은 어느 요소에 해당하는가? [11.2]

① 감지   ② 정보저장
③ 정보처리   ④ 행동기능

해설 사람은 감각기관(시각, 청각, 미각, 촉각 등)을 통해서 감지한다.

31. 매직넘버라고도 하며, 인간이 절대 식별 시 작업기억 중에 유지할 수 있는 항목의 최대 수를 나타낸 것은? [16.1]

① 3±1
② 7±2
③ 10±1
④ 20±2

해설 밀러의 매직넘버(인간이 절대 식별 시 작업기억 중에 유지할 수 있는 항목의 최대 수) : 7±2

32. 다음 중 시스템 안전 프로그램의 개발 단계에서 이루어져야 할 사항의 내용과 가장 거리가 먼 것은? [14.2]

① 교육훈련을 시작한다.
② 위험 분석으로 주로 FMEA가 적용된다.
③ 설계의 수용 가능성을 위해 보다 완벽한 검토를 한다.
④ 이 단계의 모형 분석과 검사 결과는 OHA의 입력자료로 사용된다.

해설 ① 교육훈련은 생산 단계에서 시작한다.

33. 다음 중 흐름공정도(flow process chart)에서 기호와 의미가 잘못 연결된 것은? [13.1]

① ◇ : 검사
② ▽ : 저장
③ ⇨(화살표) : 운반
④ ○ : 가공

해설 흐름공정의 분류

가공공정	운반공정	검사공정	정체공정	저장
○	⇨	□	◻	▽

28. ④ **29.** ④ **30.** ① **31.** ② **32.** ① **33.** ①

2 정보 입력 표시

시각적 표시장치

1. 정보를 전송하기 위해 청각적 표시장치보다 시각적 표시장치를 사용하는 것이 더 효과적인 경우는? [13.1/14.2/21.2]

① 정보의 내용이 간단한 경우
② 정보가 후에 재참조되는 경우
③ 정보가 즉각적인 행동을 요구하는 경우
④ 정보의 내용이 시간적인 사건을 다루는 경우

해설 시각장치와 청각장치의 비교

시각장치의 특성	청각장치의 특성
• 메시지가 복잡하고 길 때	• 메시지가 짧고, 간단할 때
• 메시지가 후에 재참조될 경우	• 메시지가 재참조되지 않을 경우
• 메시지가 공간적 위치를 다루는 경우	• 메시지가 시간적인 사상을 다루는 경우
• 수신자의 청각계통이 과부하상태일 때	• 수신자의 시각계통이 과부하상태일 때
• 주위 장소가 너무 시끄러울 경우	• 주위 장소가 밝거나 암조응일 때
• 즉각적인 행동을 요구하지 않을 때	• 메시지에 대한 즉각 행동을 요구할 때
• 한곳에 머무르는 경우	• 자주 움직이는 경우

1-1. 청각적 표시장치와 시각적 표지장치 중 시각적 표시장치를 사용하는 것이 더 유리한 경우는? [12.3]

① 정보가 간단할 때
② 직무상 수신자가 자주 움직일 때
③ 정보가 일정시간 경과 후 재참조될 때
④ 정보전달이 즉각적인 행동을 요구할 때

해설 ①, ②, ④는 청각적 표시장치의 특성

정답 ③

1-2. 다음 중 청각적 표시장치보다 시각적 표시장치를 이용하는 경우가 더 유리한 경우는? [09.1/16.1]

① 메시지가 간단한 경우
② 메시지가 추후에 재참조되지 않는 경우
③ 직무상 수신자가 자주 움직이는 경우
④ 메시지가 즉각적인 행동을 요구하지 않는 경우

해설 ①, ②, ③은 청각적 표시장치의 특성

정답 ④

1-3. 시각적 표시장치와 청각적 표시장치 중 시각적 표시장치를 선택하는 것이 더 유리한 경우는? [21.3]

① 메시지가 긴 경우
② 메시지가 후에 재참조되지 않는 경우
③ 직무상 수신자가 자주 움직이는 경우
④ 메시지가 시간적 사상(event)을 다룬 경우

해설 ②, ③, ④는 청각적 표시장치의 특성

정답 ①

2. 정성적 시각 표시장치에 관한 사항 중 다음에서 설명하는 특성은? [19.3]

> 복잡한 구조 그 자체를 완전한 실체로 지각하는 경향이 있기 때문에, 이 구조와 어긋나는 특성은 즉시 눈에 띈다.

① 양립성 ② 암호화

③ 형태성 　　　　 ④ 코드화

해설 정성적 표시장치의 근본 자료 자체는 정량적인 것이며, 형태성은 즉시 눈에 띄게 하기 위함이다.

3. 인간 전달 함수(human transfer function)의 결점이 아닌 것은? [10.1/19.2]

① 입력의 협소성
② 시점적 제약성
③ 정신운동의 묘사성
④ 불충분한 직무 묘사

해설 인간 전달 함수의 결점 : 입력의 협소성, 시점의 제약성, 불충분한 직무 묘사 등

4. 음향기기 부품 생산공장에서 안전업무를 담당하는 OOO 대리는 공장 내부에 경보 등을 설치하는 과정에서 도움이 될 만한 몇 가지 지식을 적용하고자 한다. 적용 지식 중 맞는 것은? [18.2]

① 신호 대 배경의 휘도대비가 작을 때는 백색 신호가 효과적이다.
② 광원의 노출시간이 1초보다 작으면 광속발산도는 작아야 한다.
③ 표적의 크기가 커짐에 따라 광도의 역치가 안정되는 노출시간은 증가한다.
④ 배경광 중 점멸 잡음광의 비율이 10% 이상이면 점멸등은 사용하지 않는 것이 좋다.

해설 ① 신호 대 배경의 휘도대비가 작을 때는 신호의 식별이 힘들어지므로 적색신호가 효과적이다.
② 광원의 노출시간이 1초보다 작으면 광속 발산도는 커야 한다.
③ 표적의 크기가 커짐에 따라 광도의 역치가 안정되는 노출시간은 감소한다.
④ 배경광 중 점멸 잡음광의 비율이 10% 이상이면 상점등을 신호로 사용하는 것이 좋다.

5. 다음 중 시각적 부호의 유형과 내용으로 틀린 것은? [10.3/17.2]

① 임의적 부호-주의를 나타내는 삼각형
② 명시적 부호-위험표지판의 해골과 뼈
③ 묘사적 부호-보도표지판의 걷는 사람
④ 추상적 부호-별자리를 나타내는 12궁도

해설 시각적 부호 유형
• 묘사적 부호 : 사물의 행동을 단순하고 정확하게 묘사(위험표지판의 해골과 뼈, 도보표지판의 걷는 사람)
• 추상적 부호 : 전언의 기본 요소를 도식적으로 압축한 부호
• 임의적 부호 : 부호가 이미 고안되어 있으므로 이를 배워야 하는 부호(경고표지는 삼각형, 안내표지는 사각형, 지시표지는 원형 등)

5-1. 안전 · 보건표지에서 경고표지는 삼각형, 안내표지는 사각형, 지시표지는 원형 등으로 부호가 고안되어 있다. 이처럼 부호가 이미 고안되어 이를 사용자가 배워야 하는 부호를 무엇이라 하는가? [10.2/16.1]

① 묘사적 부호 　　　 ② 추상적 부호
③ 임의적 부호 　　　 ④ 사실적 부호

해설 임의적 부호 : 부호가 이미 고안되어 있으므로 이를 배워야 하는 부호(경고표지는 삼각형, 안내표지는 사각형, 지시표지는 원형 등)

정답 ③

6. 다음 중 정적(static) 표시장치의 예로서 가장 적합한 것은? [09.2]

① 속도계
② 습도계
③ 안전표지판
④ 교차로의 신호등

해설 정적(static) 표시장치 : 안전표지판, 도로교통표지판, 안내표지판, 간판, 인쇄물 등

7. 인간의 눈의 부위 중에서 실제로 빛을 수용하여 두뇌로 전달하는 역할을 하는 부분은?

① 망막   ② 각막   [16.3]
③ 눈동자   ④ 수정체

해설 눈의 구조
- 각막 : 최초로 빛이 통과하는 막
- 망막 : 상이 맺히는 막
- 맥락막 : 망막 $0.2\sim0.5$mm의 두께가 얇은 암흑갈색의 막
- 수정체 : 렌즈의 역할로 빛을 굴절시킴

7-1. 눈의 구조에서 $0.2\sim0.5$mm의 두께가 얇은 암흑갈색의 막으로 색소세포가 있어 암실처럼 빛을 차단하면서 망막 내면을 덮고 있는 것은?   [09.1]

① 각막   ② 맥락막
③ 중심와   ④ 공막

해설 맥락막 : 망막 $0.2\sim0.5$mm의 두께가 얇은 암흑갈색의 막

정답 ②

8. 밝은 곳에서 어두운 곳으로 갈 때 망막에 시홍이 형성되는 생리적 과정인 암조응이 발생하는데 완전암조응(dark adaptation)에 걸리는데 소요되는 시간은?   [13.1/22.2]

① 약 $3\sim5$분   ② 약 $10\sim15$분
③ 약 $30\sim40$분   ④ 약 $60\sim90$분

해설 완전암조응(암순응) 소요시간 : 보통 $30\sim40$분 소요
Tip) 완전명조응 소요시간 : 보통 $2\sim3$분 소요

9. 다음 중 가장 보편적으로 사용되는 시력의 척도는?   [09.2]

① 동시력   ② 최소인식시력
③ 입체시력   ④ 최소가분시력

해설 최소가분시력 : 시력을 정의하는 방법 중 가장 보편적으로 사용하는 시력의 척도

10. 시식별에 영향을 미치는 인자 중 자동차를 운전하면서 도로변의 물체를 보는 경우에 주된 영향을 미치는 것은?   [15.3]

① 휘광
② 조도
③ 노출시간
④ 과녁 이동

해설 과녁 이동은 자동차를 운전하면서 도로변의 물체를 보는 경우에 표적물체의 이동이 주된 영향을 미친다.

11. 다음 중 시성능기준함수(VL_B)의 일반적인 수준 설정으로 틀린 것은?   [14.2]

① 현실상황에 적합한 조명수준이다.
② 표적 탐지 확률은 50%에서 99%이다.
③ 표적(target)은 정적인 과녁에서 동적인 과녁으로 한다.
④ 언제, 시계 내의 어디에 과녁이 나타날지 아는 경우이다.

해설 ④ 언제, 시계 내의 어디에 과녁이 나타날지 모르는 경우이다.

12. 다음 중 경고등의 설계지침으로 가장 적절한 것은?   [11.1]

① 1초에 한 번씩 점멸시킨다.
② 일반 시야 범위 밖에 설치한다.
③ 배경보다 2배 이상의 밝기를 사용한다.
④ 일반적으로 2개 이상의 경고등을 사용한다.

해설 ① 1초에 $3\sim10$회 점멸시키며, 지속시간은 0.05초이다.
② 일반 시야 범위는 작업자의 정상시선의 $30°$ 안에 있어야 한다.
④ 일반적으로 경고등의 수는 하나가 좋다.

정답 7. ①   8. ③   9. ④   10. ④   11. ④   12. ③

12-1. 다음 중 신호 및 경보등을 설계할 때 초당 3~10회의 점멸속도로 얼마의 지속시간이 가장 적합한가? [14.3]

① 0.01초 이상　　② 0.02초 이상
③ 0.03초 이상　　④ 0.05초 이상

해설 점멸속도는 주의 시선을 끌기 위해서는 3~10회/초가 적절하며, 점멸 지속시간은 0.05초이다.

정답 ④

13. 다음 중 렌즈 굴절률의 단위인 디옵터의 정의로 옳은 것은? [11.3]

① $D = \dfrac{1}{[\text{m}] \text{ 단위의 초점거리}} \ (\infty \to X_m)$

② $D = \dfrac{\text{물체의 크기}}{\text{눈과 물체 사이의 거리}} \ (\infty \to X_m)$

③ $D = \dfrac{[\text{m}] \text{ 단위의 초점거리}}{[\text{m}] \text{ 단위의 과녁거리}} \ (\infty \to X_m)$

④ $D = \dfrac{\text{눈과 물체 사이의 거리}}{\text{물체의 크기}} \ (\infty \to X_m)$

해설 디옵터(D)

$$= \dfrac{1}{[\text{m}] \text{ 단위의 초점거리}} \ (\infty \to X_m)$$

13-1. 다음 중 4m 또는 그보다 먼 물체에만 잘 볼 수 있는 원시안경은 몇 D인가? (단, 명시거리는 25cm로 한다.) [12.3]

① 1.75　② 2.75　③ 3.75　④ 4.75

해설 수정체의 초점 조절작용의 능력

㉠ $D = \dfrac{1}{[\text{m}] \text{ 단위의 초점거리}}$

㉡ $4\,\text{m}$ 초점 $= \dfrac{1}{4} = 0.25\text{D}$

㉢ $0.25\,\text{m}$ 초점 $= \dfrac{1}{0.25} = 4\text{D}$

㉣ $4 - 0.25 = 3.75\text{D}$

정답 ③

13-2. 25cm 거리에서 글자를 식별하기 위하여 2디옵터(Diopter) 안경이 필요하였다. 동일한 사람이 1m의 거리에서 글자를 식별하기 위하여는 몇 디옵터의 안경이 필요하겠는가? [09.1]

① 3　　　　　　② 4
③ 5　　　　　　④ 6

해설 안경의 디옵터 계산

㉠ $D(0.25\,\text{m}) = \dfrac{1}{[\text{m}] \text{ 단위의 초점거리}}$

$\quad = \dfrac{1}{0.25} = 4\text{D}$

㉡ 실제시력(D) $= 2 + 4 = 6\text{D}$

㉢ $D(1\,\text{m}) = \dfrac{1}{[\text{m}] \text{ 단위의 초점거리}} = \dfrac{1}{1} = 1\text{D}$

㉣ 안경의 디옵터 $= 6 - 1 = 5\text{D}$

정답 ③

14. 눈과 물체의 거리가 23cm, 시선과 직각으로 측정한 물체의 크기가 0.03cm일 때 시각(분)은 얼마인가? (단, 시각은 600 이하이며, radian 단위를 분으로 환산하기 위한 상수값은 57.3과 60을 모두 적용하여 계산하도록 한다.) [20.2]

① 0.001　　　　② 0.007
③ 4.48　　　　　④ 24.55

해설 시각(분) $= \dfrac{57.3 \times 60 \times L}{D}$

$$= \dfrac{57.3 \times 60 \times 0.03}{23} = 4.48$$

여기서, D : 눈과 물체 사이의 거리
　　　　L : 시선과 직각으로 측정한 물체의 크기

15. 다음 중 경쾌하고 가벼운 느낌에서 느리고 둔한 색의 순서로 바르게 나열된 것은? [09.1]

① 백색-황색-녹색-적색
② 녹색-황색-적색-흑색
③ 청색-자색-적색-흑색
④ 황색-자색-녹색-청색

해설 경쾌하고 가벼운 느낌에서 느리고 둔한 색의 순서 : 백색 – 노란색 – 녹색 – 자색 – 빨간색 – 파란색 – 검은색

16. 다음 중 시각심리에서 형태식별의 논리적 배경을 정리한 게슈탈트(Gestalt)의 4법칙에 해당하지 않는 것은? [10.1]

① 보편성 ② 접근성 ③ 폐쇄성 ④ 연속성

해설 게슈탈트(Gestalt)의 4법칙
• 접근성 : 근접한 것과 짝지어져 보이는 착시 현상
• 유사성 : 형태, 규모, 색, 질감 등 유사한 시각적 요소들끼리 연관되어 보이는 착시 현상
• 연속성 : 유사한 배열이 하나의 묶음으로 시각적 연속장면처럼 보이는 착시 현상
• 폐쇄성 : 시각적 요소들이 어떤 형상으로 보이는 착시 현상

청각적 표시장치

17. 시각적 표시장치보다 청각적 표시장치를 사용하는 것이 더 유리한 경우는? [11.3/21.1]

① 정보의 내용이 복잡하고 긴 경우
② 정보가 공간적인 위치를 다룬 경우
③ 직무상 수신자가 한 곳에 머무르는 경우
④ 수신 장소가 너무 밝거나 암순응이 요구될 경우

해설 ①, ②, ③은 시각적 표시장치의 특성

17-1. 다음 중 정보전달에 있어서 시각적 표시장치보다 청각적 표시장치를 사용하는 것이 바람직한 경우는? [10.1/15.1]

① 정보의 내용이 긴 경우
② 정보의 내용이 복잡한 경우
③ 정보의 내용이 후에 재참조되지 않는 경우
④ 정보의 내용이 즉각적인 행동을 요구하지 않는 경우

해설 ①, ②, ④는 시각적 표시장치의 특성
정답 ③

17-2. 시각장치와 비교하여 청각장치 사용이 유리한 경우는? [10.2/20.1]

① 메시지가 길 때
② 메시지가 복잡할 때
③ 정보전달 장소가 너무 소란할 때
④ 메시지에 대한 즉각적인 반응이 필요할 때

해설 ①, ②, ③은 시각적 표시장치의 특성
정답 ④

18. 다음 중 청각적 표시장치에 관한 설명으로 적절하지 않은 것은? [11.2]

① 귀 위치에서 신호의 강도는 110dB와 은폐 가청역치의 중간 정도가 적당하다.
② 귀는 순음에 대하여 즉각적으로 반응하므로 순음의 청각적 신호는 0.2초 이내로 지속하면 된다.
③ JND(Just Noticeable Difference)가 작을수록 차원의 변화를 쉽게 검출할 수 있다.
④ 다차원 암호 시스템을 사용할 경우 일반적으로 차원의 수가 적고 수준의 수가 많을 때보다 차원의 수가 많고 수준의 수가 적을 때 식별이 수월하다.

해설 ② 귀는 순음에 대하여 즉각적으로 반응하므로 순음의 청각적 신호는 0.3초 이내로 지속하면 된다.

18-1. 다음 중 청각적 표시장치의 설계에 관한 설명으로 가장 거리가 먼 것은? [15.2]

① 신호를 멀리 보내고자 할 때에는 낮은 주파수를 사용하는 것이 바람직하다.
② 배경소음의 주파수와 다른 주파수의 신호를 사용하는 것이 바람직하다.
③ 신호가 장애물을 돌아가야 할 때에는 높은 주파수를 사용하는 것이 바람직하다.
④ 경보는 청취자에게 위급상황에 대한 정보를 제공하는 것이 바람직하다.

해설 ③ 신호가 장애물을 돌아가야 할 때에는 낮은 주파수를 사용하는 것이 바람직하다.

정답 ③

18-2. 경계 및 경보신호의 설계지침으로 틀린 것은? [09.3/18.1/22.2]

① 주의를 환기시키기 위하여 변조된 신호를 사용한다.
② 배경소음의 진동수와 다른 진동수의 신호를 사용한다.
③ 귀는 중음역에 민감하므로 500~3000Hz의 진동수를 사용한다.
④ 300m 이상의 장거리용으로는 1000Hz를 초과하는 진동수를 사용한다.

해설 ④ 300m 이상의 장거리용으로는 1000Hz 이하의 진동수를 사용하며, 고음은 멀리가지 못한다.

정답 ④

19. 다음 중 청각적 표시의 원리를 설명한 것으로 틀린 것은? [15.3]

① 양립성(compatibility)이란 가능한 한 사용자가 알고 있거나 자연스러운 신호차원과 코드를 선택하는 것을 말한다.
② 근사성(approximation)이란 복잡한 정보를 나타내고자 할 때 2단계 신호를 고려하는 것을 말한다.
③ 분리성(dissociability)이란 주의신호와 지정신호를 분리하여 나타낸 것을 말한다.
④ 검약성(parsimony)이란 조작자에 대한 입력신호는 꼭 필요한 정보만을 제공하는 것을 말한다.

해설 분리성(dissociability) : 두 가지 이상의 채널을 듣고 있다면 각 채널의 주파수가 분리되어 있어야 한다는 의미이다.

20. 신호검출이론에 대한 설명으로 틀린 것은? [17.2]

① 신호와 소음을 쉽게 식별할 수 없는 상황에 적용된다.
② 일반적인 상황에서 신호 검출을 간섭하는 소음이 있다.
③ 통제된 실험실에서 얻은 결과를 현장에 그대로 적용 가능하다.
④ 긍정(hit), 허위(false alarm), 누락(miss), 부정(correct rejection)의 네 가지 결과로 나눌 수 있다.

해설 신호검출이론
• 신호와 소음을 쉽게 식별할 수 없는 상황에 적용된다.
• 일반적인 상황에서 신호 검출을 간섭하는 소음이 있다.
• 긍정(hit), 허위(false alarm), 누락(miss), 부정(correct rejection)의 네 가지 결과로 나눌 수 있다.

20-1. 신호검출이론(SDT)의 판정 결과 중 신

호가 없었는데도 있었다고 말하는 경우는?

① 긍정(hit) [20.3]

② 누락(miss)

③ 허위(false alarm)

④ 부정(correct rejection)

해설 신호검출이론은 긍정(hit), 허위(false alarm), 누락(miss), 부정(correct rejection)의 4가지가 있으며, 신호가 없었는데도 있었다고 하는 경우는 허위를 말한다.

정답 ③

20-2. 다음 중 신호검출이론(SDT)에서 두 정규분포 곡선이 교차하는 부분에 판별기준이 놓였을 경우 Beta 값으로 옳은 것은? [11.2]

① Beta=0   ② Beta<1

③ Beta=1   ④ Beta>1

해설 ・반응편향$(\beta) = \dfrac{b(\text{신호의 길이})}{a(\text{소음의 길이})}$

・두 정규분포 곡선이 교차하는 부분에서는 $a=b$이므로 Beta=1이다.

정답 ③

21. 음의 은폐(masking)에 대한 설명으로 옳지 않은 것은? [19.3]

① 은폐음 때문에 피은폐음의 가청역치가 높아진다.

② 배경음악에 실내소음이 묻히는 것은 은폐 효과의 예시이다.

③ 음의 한 성분이 다른 성분에 대한 귀의 감수성을 감소시키는 작용이다.

④ 순음에서 은폐 효과가 가장 큰 것은 은폐음과 배음(harmonic overtone)의 주파수가 멀 때이다.

해설 ・은폐 현상 : 음의 한 성분이 듣고 있던 음보다 진폭이 더 큰 음이 가해지면 기존 음은 들리지 않는 현상이다.

・순음에서 은폐 효과가 가장 큰 것은 은폐음과 배음의 주파수가 가까울 때이다.

22. 다음 중 인간의 귀에 대한 구조를 설명한 것으로 틀린 것은? [12.1]

① 외이(external ear)는 귓바퀴와 외이도로 구성된다.

② 중이(middle ear)에는 인두와 교통하여 고실 내압을 조절하는 유스타키오관이 존재한다.

③ 내이(inner ear)는 신체의 평행감각 수용기 기인 반규관과 청각을 담당하는 전정기관 및 와우로 구성되어 있다.

④ 고막은 중이와 내이의 경계 부위에 위치해 있으며 음파를 진동으로 바꾼다.

해설 ④ 고막은 중이와 외이의 경계 부위에 위치해 있으며, 음파를 진동시켜 달팽이관으로 전달하는 역할을 한다.

22-1. 중이소골(ossicle)이 고막의 진동을 내이의 난원창(oval window)에 전달하는 과정에서 음파의 압력은 어느 정도 증폭되는가?

① 2배   ② 12배 [18.3]

③ 22배   ④ 220배

해설 고막의 진동을 내이의 난원창에 전달하는 과정에서 음파의 압력은 22배로 증폭되어 전달된다.

정답 ③

23. 음성통신에 있어 소음환경과 관련하여 성격이 다른 지수는? [14.1/18.2]

① AI(Articulation Index) : 명료도 지수

② MAA(Minimum Audible Angle) : 최소 가청 각도

③ PSIL(Preferred-Octave Speech Interference Level) : 음성간섭수준

④ PNC(Preferred Noise Criteria Curves) : 선호 소음판단 기준곡선

해설 • 음성통신에 있어 소음환경지수

㉠ AI(명료도 지수) : 잡음을 명료도 지수로 음성의 명료도를 측정하는 척도

㉡ PNC(선호 소음판단 기준곡선) : 신호음을 측정하는 기준곡선, 앙케이트 조사, 실험 등을 통해 얻어진 값

㉢ PSIL(음성간섭수준) : 우선 대화 방해레벨의 개념으로 소음에 대한 상호 간 대화 방해 정도를 측정하는 기준

• MAA(최소 가청 각도) : 청각신호 위치를 식별하는 척도지수

• Weber의 법칙 : 변화감지역(JND)이 작은 음은 낮은 주파수와 큰 강도를 가진 음

23-1. 통화 이해도를 측정하는 지표로서, 각 옥타브(octave)대의 음성과 잡음의 데시벨(dB) 값에 가중치를 곱하여 합계를 구하는 것을 무엇이라 하는가? [17.1]

① 명료도 지수 ② 통화간섭수준
③ 이해도 지수 ④ 소음 기준곡선

해설 명료도 지수 : 잡음을 명료도 지수로 음성의 명료도를 측정하는 척도, 음성통신의 명료도 지수가 0.3 이하이면 전송으로 부적당하다.

정답 ①

23-2. 말소리의 질에 대한 객관적 측정방법으로 명료도 지수를 사용하고 있다. 다음 그림에서와 같은 경우 명료도 지수는 약 얼마인가? (단, ㉠은 말소리(S)/방해자극(N), ㉡은 log(S/N), ㉢은 말소리 중요도 가중치이다.) [15.2]

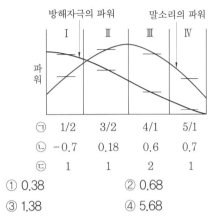

㉠	1/2	3/2	4/1	5/1
㉡	-0.7	0.18	0.6	0.7
㉢	1	1	2	1

① 0.38 ② 0.68
③ 1.38 ④ 5.68

해설 명료도 지수 : 통화 이해도를 추정하는 근거로 사용되는데 각 옥타브대의 음성과 잡음의 dB치에 가중치를 곱하여 합계를 구한 값이다.

∴ 명료도 지수 $= (-0.7 \times 1) + (0.18 \times 1) + (0.6 \times 2) + (0.7 \times 1) = 1.38$

정답 ③

24. 다음 중 소음에 관한 설명으로 틀린 것은? [13.3]

① 강한 소음에 노출되면 부신피질의 기능이 저하된다.

② 소음이란 주어진 작업의 존재나 완수와 정보적인 관련이 없는 청각적 자극이다.

③ 가청범위에서의 청력손실은 15000Hz 근처의 높은 영역에서 가장 크게 나타난다.

④ 90dB(A) 정도의 소음에서 오랜 시간 노출되면 청력장애를 일으키게 된다.

해설 ③ 소음에 의한 청력손실이 가장 크게 나타나는 주파수대는 3000~4000Hz이다.

Tip) 인간의 가청주파수 범위 : 20~20000Hz

24-1. 소음에 의한 청력손실이 가장 크게 나타나는 주파수대는? [16.3]

① 2000Hz   ② 10000Hz

③ 4000Hz   ④ 20000Hz

해설 소음에 의한 청력손실이 가장 크게 나타나는 주파수대는 3000~4000Hz이다.

정답 ③

25. 국내 규정상 1일 노출횟수가 100일 때 최대 음압수준이 몇 dB(A)를 초과하는 충격소음에 노출되어서는 아니 되는가?   [16.2]

① 110   ② 120   ③ 130   ④ 140

해설 충격소음의 노출기준

1일 노출횟수	100	1000	10000
충격소음의 강도[dB(A)]	140	130	120

26. 화학물 취급회사의 안전담당자 최OO는 화재 발생 시 대피안내방송을 음성합성기로 전달하고자 한다. 최OO가 활용할 수 있는 음성합성 체계유형에 대한 설명으로 맞는 것은?   [17.3]

① 최OO는 경고안내문을 낭독하는 본인의 실제 음성파형을 모형화하는 음성정수화 방법을 활용할 수 있다.

② 최OO는 경고안내문을 낭독할 때, 본인 음성의 질을 가장 우수하게 합성할 수 있는 불규칙에 의한 합성법을 활용할 수 있다.

③ 최OO는 발음모형의 적절한 모수들을 경고안내문을 낭독 시 본인이 실제 발음할 때에 결정하는 분석–합성에 의한 합성법을 적용할 수 있다.

④ 최OO는 규칙에 의한 합성법을 사용하여 경고안내문을 낭독하는 본인의 실제 음성으로부터 발음모형 모수들의 변화를 암호화할 수 있다.

해설 실제 음성파형을 모형화하는 음성정수화 방법을 활용할 수 있다.

27. 다음 중 사람이 음원의 방향을 결정하는 주된 암시신호(cue)로 가장 적합하게 조합된 것은?   [13.2]

① 소리의 강도차와 진동수차

② 소리의 진동수차와 위상차

③ 음원의 거리차와 시간차

④ 소리의 강도차와 위상차

해설 사람이 음원의 방향을 결정할 때의 기본 암시신호는 소리의 강도차와 위상차이다.

촉각 및 후각적 표시장치

28. 조종장치를 촉각적으로 식별하기 위하여 사용되는 촉각적 코드화의 방법으로 가장 적합하지 않은 것은?   [14.3]

① 크기를 이용한 코드화

② 조종장치의 형상 코드화

③ 표면촉감을 이용한 코드화

④ 피부자극을 활용한 코드화

해설 • 조종장치의 촉각적 암호화는 형상, 크기, 표면촉감이며, 기계적 진동이나 전기적 임펄스이다.

• 코드화 분류에는 시각코드, 음성코드, 의미코드가 있다.

28-1. 조종장치를 촉각적으로 식별하기 위하여 사용되는 촉각적 코드화의 방법으로 옳지 않은 것은?   [20.1]

① 색감을 활용한 코드화

② 크기를 이용한 코드화

③ 조종장치의 형상 코드화

④ 표면촉감을 이용한 코드화

해설 조종장치의 촉각적 암호화는 형상, 크기, 표면촉감이며, 기계적 진동이나 전기적 임펄스이다.

Tip) 색감은 시각적 코드화는 가능하지만, 촉각적 코드화의 방법은 아니다.

정답 ①

28-2. 감각저장으로부터 정보를 작업기억으로 전달하기 위한 코드화 분류에 해당되지 않는 것은? [21.2]

① 시각코드   ② 촉각코드
③ 음성코드   ④ 의미코드

해설 코드화 분류에는 시각코드, 음성코드, 의미코드가 있다.

정답 ②

29. 주어진 자극에 대해 인간이 갖는 변화감지역을 표현하는 데에는 웨버(Weber)의 법칙을 이용한다. 이때 웨버(Weber)비의 관계식으로 옳은 것은? (단, 변화감지역을 ΔI, 표준자극을 I라 한다.) [15.2]

① 웨버(Weber)비$=\dfrac{\Delta I}{I}$

② 웨버(Weber)비$=\dfrac{I}{\Delta I}$

③ 웨버(Weber)비$=\Delta I \times I$

④ 웨버(Weber)비$=\dfrac{\Delta I - I}{\Delta I}$

해설 • 웨버(Weber)의 법칙 : 특정 감각의 변화감지역(ΔI)은 사용되는 표준자극(I)에 비례한다.

• 웨버(Weber)의 비$=\dfrac{변화감지역(\Delta I)}{표준자극(I)}$

29-1. 다음 현상을 설명한 이론은? [21.1]

인간이 감지할 수 있는 외부의 물리적 자극 변화의 최소범위는 표준자극의 크기에 비례한다.

① 피츠(Fitts) 법칙
② 웨버(Weber) 법칙
③ 신호검출이론(SDT)
④ 힉-하이만(Hick-Hyman) 법칙

해설 웨버(Weber) 법칙에 대한 내용이다.

정답 ②

29-2. 다음 중 Weber의 법칙에 관한 설명으로 틀린 것은? [14.2]

① Weber비는 분별의 질을 나타낸다.
② Weber비가 작을수록 분별력은 낮아진다.
③ 변화감지역(JND)이 작을수록 그 자극차원의 변화를 쉽게 검출할 수 있다.
④ 변화감지역(JND)은 사람이 50%를 검출할 수 있는 자극차원의 최소변화이다.

해설 ② Weber비가 작을수록 분별력은 높아진다.

정답 ②

30. 촉감의 일반적인 척도의 하나인 2점 문턱값(two-point threshold)이 감소하는 순서대로 나열된 것은? [20.3]

① 손가락 → 손바닥 → 손가락 끝
② 손바닥 → 손가락 → 손가락 끝
③ 손가락 끝 → 손가락 → 손바닥
④ 손가락 끝 → 손바닥 → 손가락

해설 촉각(감)적 표시장치
2점 문턱값은 손가락 끝으로 갈수록 감각이 감소하며, 감각을 느끼는 점 사이의 최소거리이다.

31. 정보의 촉각적 암호화 방법으로만 구성된 것은? [16.2]

① 점자, 진동, 온도
② 초인종, 점멸등, 점자
③ 신호등, 경보음, 점멸등
④ 연기, 온도, 모스(morse)부호

해설 • 청각적 암호화 : 초인종, 경보음, 알람 등
• 시각적 암호화 : 신호등, 점멸등, 연기, 모스부호 등
• 촉각적 암호화 : 점자, 진동, 온도 등

32. 후각적 표시장치(olfactory display)와 관련된 내용으로 옳지 않은 것은? [20.2]

① 냄새의 확산을 제어할 수 없다.
② 시각적 표시장치에 비해 널리 사용되지 않는다.
③ 냄새에 대한 민감도의 개별적 차이가 존재한다.
④ 경보장치로서 실용성이 없기 때문에 사용되지 않는다.

해설 후각적 표시장치
• 냄새를 이용하는 표시장치로서의 활용이 저조하며, 다른 표준장치에 보조 수단으로 활용된다.
• 경보장치로서의 활용은 gas 회사의 gas 누출 탐지, 광산의 탈출 신호용 등이다.

33. 다음 중 진동의 영향을 가장 많이 받는 인간의 성능은? [16.1]

① 추적(tracking)능력
② 감시(monitoring)작업
③ 반응시간(reaction time)
④ 형태식별(pattern recognition)

해설 반응시간, 감시, 형태식별 등 주로 중앙 신경처리에 달린 임무는 진동의 영향을 적게 받는다.

34. 다음 중 반응시간이 가장 느린 감각은?

① 청각　　　　② 시각　　[14.1]
③ 미각　　　　④ 통각

해설 감각기능의 반응시간
청각 : 0.17초 > 촉각 : 0.18초 > 시각 : 0.20초 > 미각 : 0.29초 > 통각 : 0.7초

34-1. 다음 중 반응시간이 제일 빠른 감각기능은? [09.2/11.1]

① 청각　② 촉각　③ 시각　④ 미각

해설 감각기능의 반응시간
청각 : 0.17초 > 촉각 : 0.18초 > 시각 : 0.20초 > 미각 : 0.29초 > 통각 : 0.7초

정답 ①

34-2. 다음 중 절대적 식별능력이 가장 좋은 감각기관은? [11.1]

① 시각　② 청각　③ 촉각　④ 후각

해설 절대적 식별능력이 있는 감각기관은 후각으로 2000~3000가지 냄새를 구분한다.

정답 ④

34-3. 다음 중 인체의 피부감각에 있어 민감한 순서대로 나열된 것은? [13.2]

① 압각-온각-냉각-통각
② 냉각-통각-온각-압각
③ 온각-냉각-통각-압각
④ 통각-압각-냉각-온각

해설 피부감각의 민감도 순서 : 통각 > 압각 > 냉각 > 온각

정답 ④

35. 현재 시험문제와 같이 4지택일형 문제의 정보량은 얼마인가? [13.2/18.2]

① 2bit ② 4bit ③ 2byte ④ 4byte

해설 4가지 중 한 개를 선택할 확률은 각각 $\frac{1}{4}$ 이다.

따라서 정보량$(H) = \log_2 N = \log_2 4 = 2\,\text{bit}$

35-1. 인간이 절대 식별할 수 있는 대안의 최대 범위는 대략 7이라고 한다. 이를 정보량의 단위인 bit로 표시하면 약 몇 bit가 되는가? [10.1]

① 3.2 ② 3.0 ③ 2.8 ④ 2.6

해설 ㉠ 정보량$(H) = \Sigma P_x \log_2\left(\frac{1}{P_x}\right)$

㉡ 정보량$(H) = \log_2 N = \frac{\log 7}{\log 2} = 2.8\,\text{bit}$

정답 ③

35-2. 빨강, 노랑, 파랑의 3가지 색으로 구성된 교통신호등이 있다. 신호등은 항상 3가지 색 중 하나가 켜지도록 되어 있다. 1시간 동안 조사한 결과, 파란등은 총 30분 동안, 빨간등과 노란등은 각각 총 15분 동안 켜진 것으로 나타났다. 이 신호등의 총 정보량은 몇 bit인가? [19.2]

① 0.5 ② 0.75 ③ 1.0 ④ 1.5

해설 ㉠ 정보량$(H) = \Sigma P_x \log_2\left(\frac{1}{P_x}\right)$

㉡ 정보량$(H) = \left(0.5 \times \dfrac{\log \frac{1}{0.5}}{\log 2}\right)$
$+ \left(0.25 \times \dfrac{\log \frac{1}{0.25}}{\log 2}\right) + \left(0.25 \times \dfrac{\log \frac{1}{0.25}}{\log 2}\right)$
$= 1.5\,\text{bit}$

정답 ④

35-3. 동전 1개를 3번 던질 때 뒷면이 2개만 나오는 경우를 자극정보라 한다면 이때 얻을 수 있는 정보량은 약 몇 bit인가? [10.2]

① 1.13 ② 1.33
③ 1.53 ④ 1.73

해설 ㉠ 정보량$(H) = \Sigma P_x \log_2\left(\frac{1}{P_x}\right)$

㉡ 동전 1개를 3번 던질 때 뒷면이 2개만 나오는 경우는 총 8회를 던져야 한다.

$\therefore$ 정보량$(H) = \left(0.125 \times \dfrac{\log \frac{1}{0.125}}{\log 2}\right)$
$+ \left(0.125 \times \dfrac{\log \frac{1}{0.125}}{\log 2}\right)$
$+ \left(0.125 \times \dfrac{\log \frac{1}{0.125}}{\log 2}\right) = 1.13\,\text{bit}$

정답 ①

35-4. 인간의 반응시간을 조사하는 실험에서 0.1, 0.2, 0.3, 0.4의 점등확률을 갖는 4개의 전등이 있다. 이 자극 전등이 전달하는 정보량은 약 얼마인가? [12.1]

① 2.42bit ② 2.16bit
③ 1.85bit ④ 1.53bit

해설 ㉠ 전달 정보량$(H) = \Sigma P_x \log_2\left(\frac{1}{P_x}\right)$

㉡ $H = \left(0.1 \times \dfrac{\log \frac{1}{0.1}}{\log 2}\right) + \left(0.2 \times \dfrac{\log \frac{1}{0.2}}{\log 2}\right)$
$+ \left(0.3 \times \dfrac{\log \frac{1}{0.3}}{\log 2}\right) + \left(0.4 \times \dfrac{\log \frac{1}{0.4}}{\log 2}\right)$
$= 1.85\,\text{bit}$

정답 ③

정답 **35.** ①

35-5. 자극과 반응의 실험에서 자극 A가 나타날 경우 1로 반응하고 자극 B가 나타날 경우 2로 반응하는 것으로 하고, 100회 반복하여 표와 같은 결과를 얻었다. 제대로 전달된 정보량을 계산하면 약 얼마인가?　[17.2]

반응 자극	1	2
A	50	–
B	10	40

① 0.610　② 0.871　③ 1.000　④ 1.361

해설 정보량 계산

구분	반응1	반응2	계
A 자극	50	–	50
B 자극	10	40	50
계	60	40	100

㉠ 전달된 정보량=자극 정보량 $H(\mathrm{A})$＋반응 정보량 $H(\mathrm{B})$－결합 정보량 $H(\mathrm{A,\ B})$

㉡ 자극 정보량 $H(\mathrm{A})=0.5\times\log_2\left(\dfrac{1}{0.5}\right)$

$+0.5\times\log_2\left(\dfrac{1}{0.5}\right)=1$

㉢ 반응 정보량 $H(\mathrm{B})=0.6\times\log_2\left(\dfrac{1}{0.6}\right)$

$+0.4\times\log_2\left(\dfrac{1}{0.4}\right)=0.971$

㉣ 결합 정보량 $H(\mathrm{A,\ B})=0.5\times\log_2\left(\dfrac{1}{0.5}\right)$

$+0.1\times\log_2\left(\dfrac{1}{0.1}\right)+0.4\times\log_2\left(\dfrac{1}{0.4}\right)$

$=1.361$

㉤ 전달된 정보량
$=1+0.971-1.361$
$=0.610$

정답 ①

인간요소와 휴먼 에러

36. 의도는 올바른 것이었지만, 행동이 의도한 것과는 다르게 나타나는 오류는?

① slip　　　　　[09.2/16.3/19.1/21.2]
② mistake
③ lapse
④ violation

해설 인간의 오류
- 착각(illusion) : 어떤 사물이나 사실을 실제와 다르게 왜곡하는 감각적 지각 현상
- 착오(mistake) : 상황해석을 잘못하거나 목표를 착각하여 행하는 인간의 실수(순서, 패턴, 형상, 기억오류 등)
- 실수(slip) : 의도는 올바른 것이었지만, 행동이 의도한 것과는 다르게 나타나는 오류
- 건망증(lapse) : 경험한 일을 전혀 기억하지 못하거나, 어느 시기 동안의 일을 기억하지 못하는 기억장애
- 위반(violation) : 알고 있음에도 의도적으로 따르지 않거나 무시한 경우

36-1. 인간의 오류모형에서 "알고 있음에도 의도적으로 따르지 않거나 무시한 경우"를 무엇이라 하는가?　[09.3/15.3/19.2]

① 실수(slip)　　　② 착오(mistake)
③ 건망증(lapse)　④ 위반(violation)

해설 위반(violation) : 알고 있음에도 의도적으로 따르지 않거나 무시한 경우

정답 ④

36-2. 상황해석을 잘못하거나 목표를 잘못 설정하여 발생하는 인간의 오류 유형은?
　[10.2/13.3/21.3/22.2]

① 실수(slip)　　　② 착오(mistake)
③ 위반(vioation)　④ 건망증(lapse)

해설 착오(mistake) : 상황해석을 잘못하거나 목표를 착각하여 행하는 인간의 실수(순서, 패턴, 형상, 기억오류 등)

정답 ②

36-3. 다음 중 감각적으로 물리 현상을 왜곡하는 지각 현상에 해당되는 것은? [15.2]

① 주의산만　　　② 착각
③ 피로　　　　　④ 무관심

해설 착각(illusion) : 어떤 사물이나 사실을 실제와 다르게 왜곡하는 감각적 지각 현상

정답 ②

37. 다음 중 항공기나 우주선 비행 등에서 허위감각으로부터 생긴 방향감각의 혼란과 착각 등의 오판을 해결하는 방법으로 가장 적절하지 않은 것은? [13.1]

① 주위의 다른 물체에 주의를 한다.
② 정상비행 훈련을 반복하여 오판을 줄인다.
③ 여러 가지의 착각의 성질과 발생상황을 이해한다.
④ 정확한 방향감각 암시신호를 의존하는 것을 익힌다.

해설 혼란과 착각에 대한 해결 대책
• 주위의 다른 물체에 주의를 한다.
• 여러 가지의 착각의 성질과 발생상황을 이해한다.
• 정확한 방향감각 암시신호를 의존하는 것을 익힌다.

38. James Reason의 원인적 휴먼 에러 종류 중 다음 설명의 휴먼 에러 종류는? [22.1]

自동차가 우측 운행하는 한국의 도로에 익숙해진 운전자가 좌측 운행을 해야 하는 일본에서 우측 운행을 하다가 교통사고를 냈다.

① 고의 사고(violation)
② 숙련 기반 에러(skill based error)
③ 규칙 기반 착오(rule based mistake)
④ 지식 기반 착오(knowledge based mistake)

해설 지문은 규칙 기반 착오에 대한 예시이다.

39. 인간 에러(human error)에 관한 설명으로 틀린 것은? [15.1/20.2]

① omission error : 필요한 작업 또는 절차를 수행하지 않은데 기인한 에러
② commission error : 필요한 작업 또는 절차의 수행지연으로 인한 에러
③ extraneous error : 불필요한 작업 또는 절차를 수행함으로써 기인한 에러
④ sequential error : 필요한 작업 또는 절차의 순서착오로 인한 에러

해설 작위적오류(commission error) : 필요한 작업 또는 절차의 불확실한 수행으로 발생한 에러(선택, 순서, 시간, 정성적 착오)

39-1. 작위실수(commission error)의 유형이 아닌 것은? [19.3]

① 선택착오　　　② 순서착오
③ 시간착오　　　④ 직무누락착오

해설 작위적오류(commission error) : 필요한 작업 또는 절차의 불확실한 수행으로 발생한 에러(선택, 순서, 시간, 정성적 착오)
Tip) ④ 직무누락착오 - 생략오류

정답 ④

39-2. 불필요한 작업을 수행함으로써 발생하는 오류로 옳은 것은? [21.1]

① command error
② extraneous error
③ secondary error
④ commission error

해설 과잉행동오류(extraneous error) : 불필요한 작업절차의 수행으로 발생한 에러

정답 ②

39-3. Swain에 의해 분류된 휴먼 에러 중 독립행동에 관한 분류에 해당하지 않는 것은?

① omission error [13.2]
② commission error
③ extraneous error
④ command error

해설 커맨드 실수(command error) : 요구한 기능을 실행하려고 해도 필요한 정보, 물건, 에너지 등의 공급이 없기 때문에 작업자가 움직일 수 없는 상태에서 발생하는 에러

정답 ④

39-4. 원자력 발전소 운전에서 발생 가능한 응급조치 중 성격이 다른 것은? [18.3]

① 조작자가 표지(label)를 잘못 읽어 틀린 스위치를 선택하였다.
② 조작자가 극도로 높은 압력 발생 이후 처음 60초 이내에 올바르게 행동하지 못하였다.
③ 조작자는 절차적 단계 중 마지막 점검목록인 수동 점검밸브를 적절한 형태로 복귀시키지 않았다.
④ 조작자가 하나의 절차적 단계에서 2개의 긴밀하게 결부된 밸브 중에서 하나를 올바르게 조작하지 못하였다.

해설 ①, ②, ④는 작위적오류(commission error) : 필요한 작업 또는 절차의 불확실한 수행으로 발생한 에러(선택, 순서, 시간, 정성적 착오),
③은 생략오류(omission error) : 필요한 작업 또는 절차를 수행하지 않은데 기인한 에러

정답 ③

39-5. 가스밸브를 잠그는 것을 잊어 사고가 발생했다면 작업자는 어떤 인적 오류를 범한 것인가? [20.3]

① 생략오류(omission error)
② 시간지연오류(time error)
③ 순서오류(sequential error)
④ 작위적오류(commission error)

해설 생략, 누설, 부작위오류 : 필요한 작업 또는 절차를 수행하지 않은데 기인한 에러

정답 ①

39-6. 프레스 작업 중에 금형 내에 손이 오랫동안 남아 있어 발생한 재해의 경우 다음의 휴먼 에러 중 어느 것에 해당하는가? [10.1]

① 시간오류(timing error)
② 작위오류(commission error)
③ 순서오류(sequential error)
④ 생략오류(omission error)

해설 시간지연오류 : 시간지연으로 발생하는 에러

정답 ①

39-7. 안전교육을 받지 못한 신입직원이 작업 중 전극을 반대로 끼우려고 시도했으나, 플러그의 모양이 반대로는 끼울 수 없도록 설계되어 있어서 사고를 예방할 수 있었다. 작업자가 범한 오류와 이와 같은 사고예방을

위해 적용된 안전설계 원칙으로 가장 적합한 것은? [18.2]

① 누락(omission)오류, fail safe 설계원칙

② 누락(omission)오류, fool proof 설계원칙

③ 작위(commission)오류, fail safe 설계원칙

④ 작위(commission)오류, fool proof 설계원칙

해설 ㉠ 전극을 반대로 끼우려고 시도 – 작위(commission)오류

㉡ 작업자가 범한 오류와 똑같은 사고의 예방을 위해 적용된 안전설계 – fool proof 설계원칙

Tip) 풀 프루프(fool proof) : 작업자가 실수를 하거나 오조작을 하여도 사고로 연결되지 않고, 전체의 고장이 발생되지 않도록 하는 설계

정답 ④

40. 휴먼 에러(human error)의 요인을 심리적 요인과 물리적 요인으로 구분할 때, 심리적 요인에 해당하는 것은? [12.1/20.1]

① 일이 너무 복잡한 경우

② 일의 생산성이 너무 강조될 경우

③ 동일 형상의 것이 나란히 있을 경우

④ 서두르거나 절박한 상황에 놓여있을 경우

해설 휴먼 에러(human error)의 요인

심리적 요인	물리적 요인
• 의욕이나 사기 결여 • 서두르거나 절박한 상황 • 과다 · 과소자극 • 체험적 습관이나 선입관 • 주의 소홀, 피로, 지식 부족	• 너무 복잡하거나 단순 작업 • 재촉하거나 생산성 강조 • 동일 형상 · 유사 형상 배열 • 양립성에 맞지 않는 경우 • 공간적 배치 위치에 위배

41. 불안전한 행동을 유발하는 요인 중 인간의 생리적 요인이 아닌 것은? [12.2]

① 근력 ② 반응시간

③ 감지능력 ④ 주의력

해설 ④는 심리적 요인

42. Rasmussen은 행동을 세 가지로 분류하였는데, 그 분류에 해당하지 않는 것은? [15.2]

① 숙련 기반 행동(skil-based behavior)

② 지식 기반 행동(knowledge-based behavior)

③ 경험 기반 행동(experience-based behavior)

④ 규칙 기반 행동(rule-based behavior)

해설 라스무센(Rasmussen)의 세 가지 행동유형 분류

• 숙련 기반 행동(skill-based behavior)

• 규칙 기반 행동(rule-based behavior)

• 지식 기반 행동(knowledge-based behavior)

42-1. 인지 및 인식의 오류를 예방하기 위해 목표와 관련하여 작동을 계획해야 하는데 특수하고 친숙하지 않은 상황에서 발생하며, 부적절한 분석이나 의사결정을 잘못하여 발생하는 오류는? [16.2]

① 기능에 기초한 행동(skill-based behavior)

② 규칙에 기초한 행동(rule-based behavior)

③ 사고에 기초한 행동(accident-based behavior)

④ 지식에 기초한 행동(knowledge-based behavior)

해설 지식에 기초한 행동 : 특수하고 친숙하지 않은 상황에서 발생하며, 부적절한 분석이나 의사결정을 잘못하여 발생하는 오류

정답 ④

정답 **40.** ④ **41.** ④ **42.** ③

43. 다음 중 인간이 과오를 범하기 쉬운 성격의 상황과 가장 거리가 먼 것은? [11.1]

① 단독작업 ② 공동작업
③ 장시간 감시 ④ 다경로 의사결정

해설 인간이 과오를 범하기 쉬운 작업 : 공동작업, 장시간 감시, 의사결정의 혼선(다경로 의사결정), 정밀작업

44. 인간 에러 원인 중 작업 특성 및 환경 조건의 상태악화로 인한 원인과 가장 거리가 먼 것은? [14.3]

① 낮은 자율성
② 혼동되는 신호의 탐색 및 검출
③ 매뉴얼과 체크리스트 등의 부족
④ 판단과 행동에 복잡한 조건이 관련된 작업

해설 ③은 교육훈련상의 문제이다.

45. 휴먼 에러 예방 대책 중 인적요인에 대한 대책이 아닌 것은? [18.1]

① 설비 및 환경 개선
② 소집단 활동의 활성화
③ 작업에 대한 교육 및 훈련
④ 전문인력의 적재적소 배치

해설 휴먼 에러 예방 대책 중 인적요소에 대한 대책(인적대책)
• 소집단 활동의 활성화
• 작업에 대한 교육 및 훈련
• 전문인력의 적재적소 배치
Tip) 설비 및 환경 개선은 물적대책

46. 다음 중 인간 오류에 관한 설계 기법에 있어 전적으로 오류를 범하지 않게는 할 수 없으므로 오류를 범하기 어렵도록 사물을 설계하는 방법은? [14.2]

① 배타설계(exclusive design)
② 예방설계(prevent design)
③ 최소설계(minimum design)
④ 감소설계(reduction design)

해설 예방설계 : 오류를 범하기 어렵도록 사물을 설계하는 방법
Tip) 배타설계 : 오류를 범할 수 없도록 사물을 설계하는 방법

---

3 인간계측 및 작업 공간

인체계측 및 인간의 체계제어

1. 인간의 위치 동작에 있어 눈으로 보지 않고 손을 수평면상에서 움직이는 경우 짧은 거리는 지나치고, 긴 거리는 못 미치는 경향이 있는데 이를 무엇이라고 하는가? [15.2/21.1]

① 사정 효과(range effect)
② 반응 효과(reaction effect)
③ 간격 효과(distance effect)
④ 손동작 효과(hand action effect)

해설 사정 효과 : 눈으로 보지 않고 손을 수평면상에서 움직이는 경우에 짧은 거리는 지나치고, 긴 거리는 못 미치는 것을 사정 효과라 하며, 조작자가 작은 오차에는 과잉반응, 큰 오차에는 과소반응을 보이는 현상이다.

2. 조작과 반응과의 관계, 사용자의 의도와 실

제반응과의 관계, 조종장치와 작동 결과에 관한 관계 등 사람들이 기대하는 바와 일치하는 관계가 뜻하는 것은? [17.2/21.3]

① 중복성　　　　② 조직화
③ 양립성　　　　④ 표준화

해설 양립성 : 제어장치와 표시장치의 연관성이 인간의 예상과 어느 정도 일치하는 것을 의미한다.

Tip) 양립성은 인간의 기대와 모순되지 않는 자극과 반응의 조합이다.

2-1. 직무에 대하여 청각적 자극 제시에 대한 음성응답을 하도록 할 때 가장 관련 있는 양립성은? [11.2/20.2]

① 공간적 양립성　　② 양식 양립성
③ 운동 양립성　　　④ 개념적 양립성

해설 양립성의 종류
- 운동 양립성(moment) : 핸들을 오른쪽으로 움직이면 장치의 방향도 오른쪽으로 이동
- 공간 양립성(spatial) : 오른쪽은 오른손 조절장치, 왼쪽은 왼손 조절장치
- 개념 양립성(conceptual) : 정지는 적색, 운전은 녹색
- 양식 양립성(modality) : 소리로 제시된 정보는 소리로 반응하게 하는 것, 시각적으로 제시된 정보는 손으로 반응하게 하는 것

정답 ②

2-2. 다음 중 양립성의 종류가 아닌 것은?

① 개념의 양립성 [18.3/22.1]
② 감성의 양립성
③ 운동의 양립성
④ 공간의 양립성

해설 양립성의 종류 : 운동 양립성, 공간 양립성, 개념 양립성, 양식 양립성

정답 ②

2-3. 양식 양립성의 예시로 가장 적절한 것은? [22.2]

① 자동차 설계 시 고도계 높낮이 표시
② 방사능 사업장에 방사능 폐기물 표시
③ 청각적 자극 제시와 이에 대한 음성응답
④ 자동차 설계 시 제어장치와 표시장치의 배열

해설 양식 양립성(modality) : 소리로 제시된 정보는 소리로 반응하게 하는 것, 시각적으로 제시된 정보는 손으로 반응하게 하는 것

정답 ③

2-4. 자동차 운전대를 시계 방향으로 돌리면 자동차 오른쪽으로 회전하도록 설계한 것은 어떠한 양립성을 구현한 것인가? [14.3]

① 개념 양립성　　　② 운동 양립성
③ 공간 양립성　　　④ 양식 양립성

해설 운동 양립성(moment) : 핸들을 오른쪽으로 움직이면 장치의 방향도 오른쪽으로 이동

정답 ②

2-5. 어떠한 신호가 전달하려는 내용과 연관성이 있어야 하는 것으로 정의되며, 예로서 위험신호는 빨간색, 주의신호는 노란색, 안전신호는 파란색으로 표시하는 것은 어떠한 양립성(compatibility)에 해당하는가? [13.1]

① 공간 양립성　　　② 개념 양립성
③ 동작 양립성　　　④ 형식 양립성

해설 개념 양립성 : 위험(정지)신호는 빨간색, 주의신호는 노란색, 안전(운전)신호는 파란색

정답 ②

2-6. A회사에서는 새로운 기계를 설계하면서 레버를 위로 올리면 압력이 올라가도록 하고, 오른쪽 스위치를 눌렀을 때 오른쪽 전등

이 켜지도록 하였다면, 이것은 각각 어떤 유형의 양립성을 고려한 것인가? [18.2]

① 레버–공간 양립성, 스위치–개념 양립성
② 레버–운동 양립성, 스위치–개념 양립성
③ 레버–개념 양립성, 스위치–운동 양립성
④ 레버–운동 양립성, 스위치–공간 양립성

해설 ㉠ 레버를 위로 올리면 압력이 올라가도록 하였다면 → 운동 양립성
ㄴ 오른쪽 스위치를 눌렀을 때 오른쪽 전등이 켜지도록 하였다면 → 공간 양립성

정답 ④

3. 안전색채와 기계장비 또는 배관의 연결이 잘못된 것은? [16.2]

① 시동스위치–녹색
② 급정지스위치–황색
③ 고열기계–회청색
④ 증기배관–암적색

해설 ② 급정지스위치 – 적색

4. 손이나 특정 신체부위에 발생하는 누적손상장애(CTD)의 발생인자와 가장 거리가 먼 것은? [17.1/20.1]

① 무리한 힘
② 다습한 환경
③ 장시간의 진동
④ 반복도가 높은 작업

해설 CTDs(누적손상장애)의 원인
• 부적절한 자세와 무리한 힘의 사용
• 반복도가 높은 작업과 비 휴식
• 장시간의 진동, 낮은 온도(저온) 등

5. 손목을 반복적이고 지속적으로 사용하면 손목관증후군(CTS)에 걸릴 수 있는데, 이 증후

군은 어떤 신경에 가장 큰 손상이 일어나는 것인가? [14.3]

① 감각신경(sensor nerve)
② 정중신경(median nerve)
③ 중추신경(central nerve)
④ 자율신경(autonomic nerve)

해설 손목관증후군(CTS)은 대표적인 정중신경의 큰 손상에 의해 일어나는 질병이다.
Tip) 정중신경은 팔의 말초신경 중 하나로, 손바닥의 감각과 손가락의 움직임 등의 운동 기능을 담당한다.

6. 다음 중 인체계측자료의 응용원칙이 아닌 것은? [20.1]

① 기존 동일제품을 기준으로 한 설계
② 최대치수와 최소치수를 기준으로 한 설계
③ 조절범위를 기준으로 한 설계
④ 평균치를 기준으로 한 설계

해설 인체계측자료의 응용 3원칙
• 최대치수와 최소치수(극단치 설계)를 기준으로 한 설계 : 최대·최소치수를 기준으로 설계한다.
• 조절범위(조절식 설계)를 기준으로 한 설계 : 크고 작은 많은 사람에 맞도록 만들며, 조절범위는 통상 5~95%로 설계한다.
• 평균치를 기준으로 한 설계 : 최대·최소치수, 조절식으로 하기에 곤란한 경우 평균치로 설계한다.

6-1. 인체측정자료를 장비, 설비 등의 설계에 적용하기 위한 응용원칙에 해당하지 않는 것은? [21.1]

① 조절식 설계
② 극단치를 이용한 설계
③ 구조적 치수기준의 설계
④ 평균치를 기준으로 한 설계

정답 3. ② 4. ② 5. ② 6. ①

해설 인체계측의 설계원칙
- 최대치수와 최소치수(극단치 설계)를 기준으로 한 설계
- 조절식 설계를 기준으로 한 설계
- 평균치를 기준으로 한 설계

정답 ③

6-2. 다음 설명은 어떤 설계 응용원칙을 적용한 사례인가? [15.1]

> 제어버튼의 설계에서 조작자와의 거리를 여성의 5 백분위수를 이용하여 설계하였다.

① 극단적 설계원칙
② 가변적 설계원칙
③ 평균적 설계원칙
④ 양립적 설계원칙

해설 극단적(최대치수와 최소치수) 설계원칙
- 최대치수 : 인체측정을 기준으로 상위 90, 95, 99 % 적용, 출입문, 통로 등 여유공간에 적용한다.
- 최소치수 : 인체측정을 기준으로 상위 1, 5, 10 % 적용, 기계 높이, 전철 손잡이 등에 적용한다.

정답 ①

6-3. 인체측정자료에서 극단치를 적용하여야 하는 설계에 해당하지 않는 것은? [19.3]

① 계산대
② 문 높이
③ 통로 폭
④ 조종장치까지의 거리

해설 평균치를 기준으로 한 설계 : 최대·최소치수, 조절식으로 하기에 곤란한 경우 평균

치로 설계하며, 은행창구나 슈퍼마켓의 계산대를 설계하는데 적합하다.

정답 ①

6-4. 일반적으로 은행의 접수대 높이나 공원의 벤치를 설계할 때 가장 적합한 인체측정자료의 응용원칙은? [10.3/14.1/15.3/16.3/21.2]

① 조절식 설계
② 평균치를 이용한 설계
③ 최대치수를 이용한 설계
④ 최소치수를 이용한 설계

해설 평균치를 기준으로 한 설계 : 최대·최소치수, 조절식으로 하기에 곤란한 경우 평균치로 설계하며, 은행창구나 슈퍼마켓의 계산대를 설계하는데 적합하다.

정답 ②

6-5. 사무실 의자나 책상에 적용할 인체측정자료의 설계원칙으로 가장 적합한 것은?

① 평균치 설계 [09.2/17.3/20.3]
② 조절식 설계
③ 최대치 설계
④ 최소치 설계

해설 조절식 설계를 기준으로 한 설계 : 크고 작은 많은 사람에 맞도록 만들며, 조절범위는 통상 5~95%로 설계한다. 사무실 의자의 높낮이 조절이나 자동차 좌석의 의자 위치와 높이를 설계하는데 적합하다.

정답 ②

6-6. 인체계측자료의 응용원칙 중 조절범위에서 수용하는 통상의 범위는 얼마인가?

① 5~95%tile [13.1/19.1]
② 20~80%tile

③ 30∼70 %tile

④ 40∼60 %tile

해설 조절식 설계를 기준으로 한 설계 : 크고 작은 많은 사람에 맞도록 만들며, 조절범위는 통상 5∼95 %로 설계한다.

정답 ①

7. **인체측정에 대한 설명으로 옳은 것은?** [20.3]

① 인체측정은 동적측정과 정적측정이 있다.

② 인체측정학은 인체의 생화학적 특징을 다룬다.

③ 자세에 따른 인체치수의 변화는 없다고 가정한다.

④ 측정항목에 무게, 둘레, 두께, 길이는 포함되지 않는다.

해설 인체측정의 동적측정과 정적측정

• 동적측정(기능적 인체치수) : 일상생활에 적용하는 분야 측정, 신체적 기능을 수행할 때 움직이는 신체치수 측정, 인간공학적 설계를 위한 자료 목적

• 정적측정(구조적 인체치수) : 정지상태에서 신체치수를 기본으로 신체 각 부위의 무게, 무게중심, 부피, 운동범위, 관성 등의 물리적 특성을 측정

7-1. **다음 중 구조적 인체치수의 측정에 대한 설명으로 가장 적절한 것은?** [12.3]

① 신장계와 줄자를 이용하여 인체측정을 하는 것이다.

② 전체 치수는 각 부위별 측정치수를 합하여 산정한다.

③ 표준자세에서 움직이는 피측정자를 인체측정기로 측정한 것이다.

④ 표준자세에서 움직이지 않는 피측정자를 인체측정기로 측정한 것이다.

해설 구조적 인체치수와 기능적 인체치수

• 구조적 인체치수(정적 인체계측) : 신체를 고정(정지)시킨 자세에서 계측하는 방법

• 기능적 인체치수(동적 인체계측) : 신체적 기능 수행 시 체위의 움직임에 따라 계측하는 방법

정답 ④

7-2. **인체계측 중 운전 또는 워드작업과 같이 인체의 각 부분이 서로 조화를 이루며 움직이는 자세에서의 인체치수를 측정하는 것을 무엇이라 하는가?** [15.2]

① 구조적 치수

② 정적 치수

③ 외곽 치수

④ 기능적 치수

해설 구조적 인체치수와 기능적 인체치수

• 구조적 인체치수(정적 인체계측) : 신체를 고정(정지)시킨 자세에서 계측하는 방법

• 기능적 인체치수(동적 인체계측) : 신체적 기능 수행 시 체위의 움직임에 따라 계측하는 방법

정답 ④

8. **수공구 설계의 원리로 틀린 것은?** [18.3]

① 양손잡이를 모두 고려하여 설계한다.

② 손바닥 부위에 압박을 주는 손잡이 형태로 설계한다.

③ 손잡이의 길이는 95 % 남성의 손 폭을 기준으로 한다.

④ 동력공구 손잡이는 최소 두 손가락 이상으로 작동하도록 설계한다.

해설 ② 손잡이는 손바닥의 접촉면적을 크게 설계하여 손바닥 부위에 압박이 가해지지 않도록 한다.

8-1. 다음 중 수공구 설계의 기본원리로 가장 적절하지 않은 것은? [12.2]

① 손잡이의 단면이 원형을 이루어야 한다.

② 정밀작업을 요하는 손잡이의 직경은 2.5～4cm로 한다.

③ 일반적으로 손잡이의 길이는 95%tile 남성의 손 폭을 기준으로 한다.

④ 동력공구의 손잡이는 두 손가락 이상으로 작동하도록 한다.

해설 ② 원형 또는 타원형 형태의 손잡이 단면의 지름은 30～45mm가 적당하고, 정밀작업은 5～12mm 크기의 지름이 적합하다.

정답 ②

9. 운동관계의 양립성을 고려하여 동목 (moving scale)형 표시장치를 바람직하게 설계한 것은? [18.1]

① 눈금과 손잡이가 같은 방향으로 회전하도록 설계한다.

② 눈금의 숫자는 우측으로 감소하도록 설계한다.

③ 꼭지의 시계 방향 회전이 지시치를 감소시키도록 설계한다.

④ 위의 세 가지 요건을 동시에 만족시키도록 설계한다.

해설 동목형 표시장치의 양립성이 큰 경우

• 눈금과 손잡이가 같은 방향으로 회전하도록 설계한다.

• 눈금의 숫자는 우측으로 증가하도록 설계한다.

• 꼭지의 시계 방향 회전이 지시치를 증가시키도록 설계한다.

10. 자동화 시스템에서 인간의 기능으로 적절하지 않은 것은? [13.1/17.1]

① 설비보전

② 작업계획 수립

③ 조종장치로 기계를 통제

④ 모니터로 작업상황 감시

해설 자동화 시스템에서 인간의 기능 : 설계, 설치, 감시, 프로그램, 보전

Tip) 기계화 시스템에서 인간의 기능 : 조종장치로 기계를 통제

11. 조종장치의 우발작동을 방지하는 방법 중 틀린 것은? [17.1]

① 오목한 곳에 둔다.

② 조종장치를 덮거나 방호해서는 안 된다.

③ 작동을 위해서 힘이 요구되는 조종장치에는 저항을 제공한다.

④ 순서적 작동이 요구되는 작업일 때 순서를 지나치지 않도록 잠김장치를 설치한다.

해설 ② 조종장치의 우발작동을 방지하기 위해 조종장치를 덮는 등의 방호조치를 하여야 한다.

12. 작업 시의 불필요한 작업동작으로 인한 손실과 위험요인을 찾아내기 위하여 동작분석 (motion study)을 행할 때 다음 중 동작분석의 주목적으로 볼 수 없는 것은? [10.3]

① 작업의 세분화

② 동작계열의 개선

③ 표준 동작의 설계

④ 모션 마인드의 체질화

해설 • 작업 시의 불필요한 작업동작으로 인한 손실과 위험요인을 찾아내는 것이 동작분석의 목적이다.

• 동작분석의 목적 : 동작계열의 개선, 표준 동작의 설계, 모션 마인드의 체질화

13. 다음 중 조종-반응비율(C/R비)에 관한 설명으로 틀린 것은? [09.1/11.3/13.2]

① C/R비가 클수록 민감한 제어장치이다.

② "X"가 조종장치의 변위량, "Y"가 표시장치의 변위량일 때 X/Y로 표현된다.

③ Knob C/R비는 손잡이 1회전 시 움직이는 표시장치 이동거리의 역수로 나타낸다.

④ 최적의 C/R비는 제어장치의 종류나 표시장치의 크기, 허용오차 등에 의해 달라진다.

해설 ① C/R비가 클수록 이동시간이 길며, 조종은 쉬우므로 민감하지 않은 조종장치이다.

Tip) • 미세한 조종은 쉽지만 수행시간은 상대적으로 길다. - C/R비가 크다.

• 미세한 조종은 어렵지만 수행시간은 상대적으로 짧다. - C/R비가 작다.

13-1. 반경이 15cm인 조종구(ball control)를 50° 움직일 때 커서(cursor)는 2cm 이동한다. 이러한 선형 표시장치의 회전형 제어장치의 C/R비는 약 얼마인가? [09.3/13.3]

① 5.14 ② 6.54 ③ 7.64 ④ 9.65

해설 $C/R비 = \dfrac{(\alpha/360) \times 2\pi L}{표시장치\ 이동거리}$

$= \dfrac{(50/360) \times 2\pi \times 15}{2} = 6.54$

여기서, L : 조종장치의 반경(레버 길이)

α : 조종장치가 움직인 각도

정답 ②

신체활동의 생리학적 측정법

14. 신체활동의 생리학적 측정법 중 전신의 육체적인 활동을 측정하는데 가장 적합한 방법은? [20.3]

① Flicker 측정

② 산소소비량 측정

③ 근전도(EMG) 측정

④ 피부전기반사(GSR) 측정

해설 신체활동 측정

• 심적 작업 : 플리커 값 등을 측정

• 신경적 작업 : 심박수(맥박수), 매회 평균 호흡진폭, 피부전기반사(GSR) 등을 측정

• 동적 근력작업 : 에너지소비량, 산소섭취량, 산소소비량, 탄소배출량, 심박수, 근전도(EMG) 등을 측정

• 정적 근력작업 : 에너지대사량과 심박수의 상관관계 또는 시간적 경과, 근전도(EMG) 등을 측정

• 심전도(ECG, EKG) : 심장근의 활동척도

• 뇌전도(EEG) : 뇌 활동에 따른 전위 변화

• 근전도(EMG) : 국부적 근육활동

15. 컴퓨터 스크린상에 있는 버튼을 선택하기 위해 커서를 이동시키는데 걸리는 시간을 예측하는데 가장 적합한 법칙은? [20.2]

① Fitts의 법칙 ② Lewin의 법칙

③ Hick의 법칙 ④ Weber의 법칙

해설 Fitts의 법칙

• 목표까지 움직이는 거리와 목표의 크기에 요구되는 정밀도가 동작시간에 걸리는 영향을 예측한다.

• 목표물과의 거리가 멀고, 목표물의 크기가 작을수록 동작에 걸리는 시간은 길어진다.

15-1. 다음 중 Fitts의 법칙에 관한 설명으로 옳은 것은? [11.1/16.1]

① 표적이 크고 이동거리가 길수록 이동시간이 증가한다.

② 표적이 작고 이동거리가 길수록 이동시간이 증가한다.

③ 표적이 크고 이동거리가 짧을수록 이동시간
이 증가한다.

④ 표적이 작고 이동거리가 짧을수록 이동시간
이 증가한다.

해설 Fitts의 법칙 : 목표물과의 거리가 멀고,
목표물의 크기가 작을수록 동작에 걸리는 시
간은 길어진다.

정답 ②

15-2. 다음 중 인간의 제어 및 조정능력을 나타내는 법칙인 Fitts' law와 관련된 변수가 아닌 것은? [15.1]

① 표적의 너비
② 표적의 색상
③ 시작점에서 표적까지의 거리
④ 작업의 난이도(index of difficulty)

해설 Fitts의 법칙

$$동작시간(MT) = a + b\log_2\left(\frac{2D}{W}\right)$$

여기서, a, b : 작업 난이도에 대한 실험상수
D : 동작 시발점에서 표적 중심까지의 거리
W : 표적의 폭(너비)

정답 ②

16. 인체에서 뼈의 주요 기능이 아닌 것은?

① 인체의 지주 [11.2/20.1]
② 장기의 보호
③ 골수의 조혈
④ 근육의 대사

해설 뼈의 역할 및 기능
• 신체 중요 부분을 보호하는 역할
• 신체의 지지 및 형상을 유지하는 역할
• 신체활동을 수행하는 역할
• 골수에서 혈구세포를 만드는 조혈기능
• 칼슘, 인 등의 무기질 저장 및 공급기능

16-1. 다음 중 인체에서 뼈의 주요 기능으로 볼 수 없는 것은? [10.2]

① 인체의 지주
② 장기의 보호
③ 골수의 조혈기능
④ 영양소의 대사기능

해설 뼈의 역할 및 기능
• 신체 중요 부분을 보호하는 역할
• 신체의 지지 및 형상을 유지하는 역할
• 신체활동을 수행하는 역할
• 골수에서 혈구세포를 만드는 조혈기능
• 칼슘, 인 등의 무기질 저장 및 공급기능

정답 ④

17. 압박이나 긴장에 대한 척도 중 생리적 긴장의 화학적 척도에 해당하는 것은? [19.3]

① 혈압
② 호흡수
③ 혈액성분
④ 심전도

해설 생리적 긴장의 척도
• 화학적 척도 : 혈액정보, 산소소비량, 분뇨정보 등
• 전기적 척도 : 뇌전도(EEG), 근전도(EMG), 심전도(ECG) 등
• 신체적 변화 측정대상 : 혈압, 부정맥, 심박수, 호흡 등

18. 정신적 작업부하에 관한 생리적 척도에 해당하지 않는 것은? [15.3/16.1/16.3/19.1/22.1]

① 근전도
② 뇌파도
③ 부정맥 지수
④ 점멸융합주파수

해설 근전도(EMG : electromyogram) : 국부적 근육활동이다.

19. 스트레스에 반응하는 신체의 변화로 맞는 것은? [18.2]

① 혈소판이나 혈액응고 인자가 증가한다.

② 더 많은 산소를 얻기 위해 호흡이 느려진다.

③ 중요한 장기인 뇌·심장·근육으로 가는 혈류가 감소한다.

④ 상황 판단과 빠른 행동 대응을 위해 감각기관은 매우 둔감해진다.

해설 스트레스에 반응하는 신체의 변화

• 혈소판이나 혈액응고 인자가 증가하여 혈압상승의 원인이 된다.

• 더 많은 산소를 얻기 위해 호흡이 빨라진다.

• 중요한 장기인 뇌, 심장, 근육으로 가는 혈류는 증가한다.

• 상황 판단과 빠른 행동 대응을 위해 감각기관이 예민해진다.

20. 작업 자세로 인한 부하를 분석하기 위하여 인체 주요 관절의 힘과 모멘트를 정역학적으로 분석하려고 할 때, 분석에 반드시 필요한 인체 관련 자료가 아닌 것은? [15.1]

① 관절 각도

② 관절의 종류

③ 분절(segment) 무게

④ 분절(segment) 무게중심

해설 정역학적으로 분석하려고 할 때, 분석에 반드시 필요한 인체 관련 자료는 관절 각도, 분절 무게, 분절 무게중심 등이다.

21. 고장형태와 영향분석(FMEA)에서 평가요소로 틀린 것은? [09.1/10.3/18.2/19.2]

① 고장 발생의 빈도

② 고장의 영향 크기

③ 고장방지의 가능성

④ 기능적 고장영향의 중요도

해설 FMEA 고장평점의 5가지 평가요소

• 기능적 고장영향의 중요도

• 영향을 미치는 시스템의 범위

• 고장 발생의 빈도

• 고장방지의 가능성

• 신규설계의 정도

22. 아령을 사용하여 30분간 훈련한 후, 이두근의 근육 수축작용에 대한 전기적인 신호 데이터를 모았다. 이 데이터들을 이용하여 분석할 수 있는 것은 무엇인가? [19.2]

① 근육의 질량과 밀도

② 근육의 활성도와 밀도

③ 근육의 피로도와 크기

④ 근육의 피로도와 활성도

해설 이두근의 근육 수축작용에 대한 전기적인 데이터를 이용한 분석은 근육의 피로도와 활성도이다.

23. 생명유지에 필요한 단위 시간당 에너지량을 무엇이라 하는가? [19.1]

① 기초대사량

② 산소소비율

③ 작업대사량

④ 에너지소비율

해설 기초대사량(BMR) : 생명유지에 필요한 단위 시간당 에너지량

24. 인체의 관절 중 경첩관절에 해당하는 것은? [18.3]

① 손목관절

② 엉덩관절

③ 어깨관절

④ 팔꿈관절

해설 팔꿈관절은 굽힘과 폄 동작에 사용되는 경첩관절이다.

25. 근로자가 작업 중에 소모하는 에너지의 양을 측정하는 방법 중 가장 먼저 측정하는 것은? [12.3]

① 작업 중에 소비한 칼로리로 측정한다.

② 작업 중에 소비한 산소소모량으로 측정한다.

정답 20. ② 21. ② 22. ④ 23. ① 24. ④ 25. ②

③ 작업 중에 소비한 에너지 대사율로 측정한다.

④ 기초에너지를 작업시간으로 곱하여 측정한다.

해설 작업 중에 에너지 소모량을 측정하는 방법 중 가장 먼저 산소소모량을 측정한다.

26. 중량물 들기작업 시 5분간의 산소소비량을 측정한 결과 90 L의 배기량 중에 산소가 16%, 이산화탄소가 4%로 분석되었다. 해당 작업에 대한 산소소비량(L/min)은 약 얼마인가? (단, 공기 중 질소는 79 vol%, 산소는 21 vol%이다.) [13.1/21.2]

① 0.948   ② 1.948

③ 4.74   ④ 5.74

해설 산소소비량 작업에너지

㉠ 분당 배기량($V_{배기}$)

$$=\frac{배기량}{시간}=\frac{90}{5}=18\,\text{L/min}$$

㉡ 분당 흡기량($V_{흡기}$)

$$=\frac{100-배기\ 중\ O_2-배기\ 중\ CO_2}{100-흡기\ 중\ O_2}$$

$$\times 분당\ 배기량$$

$$=\frac{100-16-4}{100-21}\times 18=18.228\,\text{L/min}$$

㉢ 산소소비량 = (분당 흡기량 × 흡기 중 O_2)
– (분당 배기량 × 배기 중 O_2)

$$=(18.228\times 0.21)-(18\times 0.16)$$

$$=0.948\,\text{L/min}$$

27. 전신 육체적 작업에 대한 개략적 휴식시간의 산출공식으로 맞는 것은? (단, R은 휴식시간[분], E는 작업의 에너지소비율[kcal/분]이다.) [16.2]

① $R=E\times\dfrac{60-4}{E-2}$

② $R=60\times\dfrac{E-4}{E-1.5}$

③ $R=60\times(E-4)\times(E-2)$

④ $R=E\times(60-4)\times(E-1.5)$

해설 휴식시간$(R)=60\times\dfrac{E-4}{E-1.5}$

여기서, E : 작업 시 평균 에너지소비량(kcal/분)

1.5 : 휴식시간에 대한 평균 에너지소비량 (kcal/분)

4(5) : 기초대사를 포함한 보통작업에 대한 평균 에너지소비량(kcal/분)

60 : 총 작업시간(분)

27-1. 100분 동안 8 kcal/min으로 수행되는 삽질작업을 하는 40세의 남성 근로자에게 제공되어야 할 적합한 휴식시간은 얼마인가? (단, Murrel의 공식 적용) [18.3]

① 10.00분   ② 46.15분

③ 51.77분   ④ 85.71분

해설 휴식시간$(R)=$ 작업시간 $\times\dfrac{E-5}{E-1.5}$

$$=100\times\frac{8-5}{8-1.5}=46.15분$$

여기서, E : 작업 시 평균 에너지소비량(kcal/분)

1.5 : 휴식시간에 대한 평균 에너지소비량 (kcal/분)

4(5) : 기초대사를 포함한 보통작업에 대한 평균 에너지소비량(kcal/분)

100 : 총 작업시간(분)

정답 ②

27-2. A작업의 평균 에너지소비량이 다음과 같을 때, 60분간의 총 작업시간 내에 포함되어야 하는 휴식시간(분)은? [15.2/22.2]

- 휴식 중 에너지소비량 : 1.5 kcal/min

- A작업 시 평균 에너지소비량 : 6 kcal/min

- 기초대사를 포함한 작업에 대한 평균 에너지소비량 상한 : 5 kcal/min

① 10.3   ② 11.3   ③ 12.3   ④ 13.3

해설 휴식시간$(R) = 60 \times \dfrac{E-5}{E-1.5}$

$= 60 \times \dfrac{6-5}{6-1.5} = 13.3$분

여기서, E : 작업 시 평균 에너지소비량(kcal/분)

1.5 : 휴식시간에 대한 평균 에너지소비량

(kcal/분)

4(5) : 기초대사를 포함한 보통작업에 대한 평균

에너지소비량(kcal/분)

60 : 총 작업시간(분)

정답 ④

27-3. PCB 납땜작업을 하는 작업자가 8시간 근무시간을 기준으로 수행하고 있고, 대사량을 측정한 결과 분당 산소소비량이 1.3L/min으로 측정되었다. Murrell 방식을 적용하여 이 작업자의 노동활동에 대한 설명으로 틀린 것은?   [17.3]

① 납땜작업의 분당 에너지소비량은 6.5kcal/min이다.

② 작업자는 NIOSH가 권장하는 평균 에너지소비량을 따른다.

③ 작업자는 8시간의 작업시간 중 이론적으로 144분의 휴식시간이 필요하다.

④ 납땜작업을 시작할 때 발생한 작업자의 산소결핍은 작업이 끝나야 해소된다.

해설 ① 분당 에너지소비량=분당 산소소비량$\times 5$kcal/L$=1.3 \times 5 = 6.5$kcal/min

② NIOSH가 권장하는 평균 에너지소비량은 1일 8시간 작업 시 남자는 5kcal/min, 여자는 3.5kcal/min을 초과하지 않도록 권장한다.

③ 휴식시간$(R) = 480 \times \dfrac{6.5-5}{6.5-1.5} = 144$분

정답 ②

28. 에너지 대사율(RMR)에 대한 설명으로 틀린 것은?   [18.1]

① RMR=운동대사량/기초대사량

② 보통작업 시 RMR은 4~7임

③ 가벼운 작업 시 RMR은 1~2임

④ RMR=(운동 시 산소소모량－안정 시 산소소모량)/기초대사량(산소소비량)

해설 작업강도의 에너지 대사율(RMR)

경작업	보통작업(中)	보통작업(重)	초중작업
0~2	2~4	4~7	7 이상

Tip) 보통작업 시 에너지 대사율(RMR) : $2 \sim 7$

29. 육체작업의 생리학적 부하 측정척도가 아닌 것은?   [17.1]

① 맥박수

② 산소소비량

③ 근전도

④ 점멸융합주파수

해설 점멸융합주파수는 정신피로도를 측정하는 척도로 정신적으로 피로하면 주파수 값이 감소한다.

30. 점멸융합주파수(Flicker-Fusion frequency)에 관한 설명으로 틀린 것은?   [13.3]

① 중추신경계의 정신적 피로도의 척도로 사용된다.

② 빛의 검출성에 영향을 주는 인자 중의 하나이다.

③ 점멸속도는 점멸융합주파수보다 일반적으로 커야 한다.

④ 점멸속도가 약 30Hz 이상이면 불이 계속 켜진 것처럼 보인다.

해설 ③ 점멸속도는 점멸융합주파수보다 작아야 한다.

정답 28. ② 　 29. ④ 　 30. ③

31. 다음 중 60~90Hz 정도에서 나타날 수 있는 전신진동 장해는? [15.3]

① 두개골 공명
② 메스꺼움
③ 복부 공명
④ 안구 공명

해설 공명 현상
- 전신 또는 상체 : 5Hz
- 두부와 어깨 부위 : 20~30Hz
- 안구 : 60~90Hz

32. 작업이나 운동이 격렬해져서 근육에 생성되는 젖산의 제거속도가 생성속도에 미치지 못하면, 활동이 끝난 후에도 남아 있는 젖산을 제거하기 위하여 산소가 더 필요하게 되는데 이를 무엇이라 하는가? [10.1/13.3]

① 호기산소
② 산소부채
③ 산소잉여
④ 혐기산소

해설 산소부채 : 활동이 끝난 후에도 남아 있는 젖산을 제거하기 위해 필요한 산소

작업 공간 및 작업 자세

33. 다음 중 인체측정과 작업 공간의 설계에 관한 설명으로 옳은 것은? [12.1]

① 구조적 인체치수는 움직이는 몸의 자세로부터 측정한 것이다.
② 선반의 높이, 조작에 필요한 힘 등을 정할 때에는 인체측정치의 최대집단치를 적용한다.
③ 수평 작업대에서의 정상작업영역은 상완을 자연스럽게 늘어뜨린 상태에서 전완을 뻗어 파악할 수 있는 영역을 말한다.
④ 수평 작업대에서의 최대작업영역은 다리를 고정시킨 후 최대한으로 파악할 수 있는 영역을 말한다.

해설 인체측정과 작업 공간의 설계에서 정상 작업영역은 상완을 자연스럽게 늘어뜨린 상태에서 전완을 뻗어 파악할 수 있는 영역을 말한다.

34. 인간의 작업성능에 영향을 미치는 의자의 설계원칙으로 적절하지 않은 것은? [10.3]

① 체중 분포가 두 좌골결절에서 둔부 주위로 갈수록 압력이 감소하는 형태가 되도록 한다.
② 좌판의 높이는 대퇴가 압박되지 않도록 오금 높이보다 약간 높아야 한다.
③ 좌판의 높이는 큰 사람에게 적합하도록 한다.
④ 좌판의 깊이는 장딴지 여유를 주고 대퇴를 압박하지 않게 작은 사람에게 적합하도록 한다.

해설 ② 좌판의 높이는 대퇴가 압박되지 않도록 앞부분이 오금 높이보다 높지 않아야 한다.

34-1. 의자설계에 대한 조건 중 틀린 것은 어느 것인가? [13.3/17.1]

① 좌판의 깊이는 작업자의 등이 등받이에 닿을 수 있도록 설계한다.
② 좌판은 엉덩이가 앞으로 미끄러지지 않는 재질과 구조로 설계한다.
③ 좌판의 넓이는 작은 사람에게 적합하도록 깊이는 큰 사람에게 적합하도록 설계한다.
④ 등받이는 충분한 넓이를 가지고 요추 부위부터 어깨 부위까지 편안하게 지지하도록 설계한다.

해설 ③ 좌판의 넓이는 큰 사람에게 적합하도록, 깊이는 작은 사람에게 적합하도록 설계한다.

정답 ③

34-2. 다음 중 의자의 주요 설계요소에 대한 적용기준이 올바르게 연결된 것은? [09.3]

① 의자 높이 : 오금 높이
② 의자 깊이 : 넙다리 직선길이
③ 의자 너비 : 인체측정자료의 최소치
④ 의자 깊이 : 인체측정자료의 최대치

해설 의자를 설계할 때 고려사항
• 의자 높이 : 오금 높이
• 의자 깊이 : 최소 집단치 설계
• 의자 너비 : 최대 집단치 설계

정답 ①

34-3. 여러 사람이 사용하는 의자의 좌면 높이는 어떤 기준으로 설계하는 것이 가장 적절한가? [16.2]

① 5% 오금 높이   ② 50% 오금 높이
③ 75% 오금 높이   ④ 95% 오금 높이

해설 의자 좌판의 높이 설계기준은 좌판 앞부분이 오금 높이보다 높지 않아야 하므로 좌면 높이 기준은 5% 오금 높이로 한다.

정답 ①

35. 동작경제의 원칙과 가장 거리가 먼 것은? [21.2]

① 급작스런 방향의 전환은 피하도록 할 것
② 가능한 관성을 이용하여 작업하도록 할 것
③ 두 손의 동작은 같이 시작하고 같이 끝나도록 할 것
④ 두 팔의 동작은 동시에 같은 방향으로 움직일 것

해설 ④ 두 팔의 동작은 동시에 서로 반대 방향으로 대칭적으로 움직이도록 한다.

35-1. 동작경제의 원칙에 해당하지 않는 것은? [11.2/12.2/15.2/18.1/19.3/21.1]

① 공구의 기능을 각각 분리하여 사용하도록 한다.

② 두 팔의 동작은 동시에 서로 반대 방향으로 대칭적으로 움직이도록 한다.
③ 공구나 재료는 작업동작이 원활하게 수행되도록 그 위치를 정해준다.
④ 가능하다면 쉽고도 자연스러운 리듬이 작업동작에 생기도록 작업을 배치한다.

해설 ① 공구의 기능은 결합하여 사용하도록 한다.

정답 ①

35-2. 동작경제의 원칙에 해당되지 않는 것은? [10.1/19.1]

① 신체 사용에 관한 원칙
② 작업장 배치에 관한 원칙
③ 사용자 요구 조건에 관한 원칙
④ 공구 및 설비 디자인에 관한 원칙

해설 Barnes(반즈)의 동작경제의 3원칙
• 신체의 사용에 관한 원칙
• 작업장의 배치에 관한 원칙
• 공구 및 설비 디자인에 관한 원칙

정답 ③

35-3. 다음 중 동작의 효율을 높이기 위한 동작경제의 원칙으로 볼 수 없는 것은? [14.2]

① 신체 사용에 관한 원칙
② 작업장의 배치에 관한 원칙
③ 복수 작업자의 활용에 관한 원칙
④ 공구 및 설비 디자인에 관한 원칙

해설 동작경제의 원칙은 신체의 사용에 관한 원칙, 작업장의 배치에 관한 원칙, 공구 및 설비 디자인에 관한 원칙으로 분류한다.

정답 ③

36. 동작의 합리화를 위한 물리적 조건으로 적절하지 않은 것은? [10.3/18.1]

① 고유진동을 이용한다.
② 접촉면적을 크게 한다.
③ 대체로 마찰력을 감소시킨다.
④ 인체표면에 가해지는 힘을 적게 한다.

해설 동작의 합리화를 위한 물리적 조건
• 고유진동을 이용한다.
• 접촉면적을 작게 하여, 마찰력을 감소시킨다.
• 인체표면에 가해지는 힘을 적게 한다.

37. 작업 공간의 배치에 있어 구성요소 배치의 원칙에 해당하지 않는 것은? [21.1]
① 기능성의 원칙   ② 사용 빈도의 원칙
③ 사용 순서의 원칙   ④ 사용방법의 원칙

해설 부품(공간)배치의 원칙
• 중요성(도)의 원칙(위치 결정) : 중요한 순위에 따라 우선순위를 결정한다.
• 사용 빈도의 원칙(위치 결정) : 사용하는 빈도에 따라 우선순위를 결정한다.
• 기능별(성) 배치의 원칙(배치 결정) : 기능이 관련된 부품들을 모아서 배치한다.
• 사용 순서의 원칙(배치 결정) : 사용 순서에 따라 장비를 배치한다.

37-1. 다음 중 부품배치의 원칙에 해당하지 않는 것은? [15.3]
① 희소성의 원칙
② 사용 빈도의 원칙
③ 기능별 배치의 원칙
④ 사용 순서의 원칙

해설 부품(공간)배치의 원칙
• 중요성(도)의 원칙(위치 결정) : 중요한 순위에 따라 우선순위를 결정한다.
• 사용 빈도의 원칙(위치 결정) : 사용하는 빈도에 따라 우선순위를 결정한다.
• 기능별(성) 배치의 원칙(배치 결정) : 기능이 관련된 부품들을 모아서 배치한다.

• 사용 순서의 원칙(배치 결정) : 사용 순서에 따라 장비를 배치한다.

정답 ①

37-2. 일반적으로 작업장에서 구성요소를 배치할 때, 공간의 배치 원칙에 속하지 않는 것은? [18.1]
① 사용 빈도의 원칙   ② 중요도의 원칙
③ 공정개선의 원칙   ④ 기능성의 원칙

해설 부품(공간)배치의 원칙
• 중요성(도)의 원칙(위치 결정) : 중요한 순위에 따라 우선순위를 결정한다.
• 사용 빈도의 원칙(위치 결정) : 사용하는 빈도에 따라 우선순위를 결정한다.
• 기능별(성) 배치의 원칙(배치 결정) : 기능이 관련된 부품들을 모아서 배치한다.
• 사용 순서의 원칙(배치 결정) : 사용 순서에 따라 장비를 배치한다.

정답 ③

37-3. 부품배치의 원칙 중 기능적으로 관련된 부품들을 모아서 배치한다는 원칙은?
① 중요성의 원칙   [09.1/12.3/22.1]
② 사용 빈도의 원칙
③ 사용 순서의 원칙
④ 기능별 배치의 원칙

해설 기능별(성) 배치의 원칙(배치 결정) : 기능이 관련된 부품들을 모아서 배치한다.

정답 ④

37-4. 부품성능이 시스템 목표달성의 긴요도에 따라 우선순위를 설정하는 부품배치 원칙에 해당하는 것은? [18.3]
① 중요성의 원칙   ② 사용 빈도의 원칙
③ 사용 순서의 원칙   ④ 기능별 배치의 원칙

정답 37. ④

해설 중요성(도)의 원칙(위치 결정) : 중요한 순위에 따라 우선순위를 결정한다.

정답 ①

38. Sanders 와 McCormick의 의자설계의 일반적인 원칙으로 옳지 않은 것은? [20.1/20.2]

① 요부 후만을 유지한다.
② 조정이 용이해야 한다.
③ 등근육의 정적부하를 줄인다.
④ 디스크가 받는 압력을 줄인다.

해설 의자설계 시 인간공학적 원칙
- 등받이는 요추의 전만 곡선을 유지한다.
- 등근육의 정적인 부하를 줄인다.
- 디스크가 받는 압력을 줄인다.
- 고정된 작업 자세를 피해야 한다.
- 사람의 신장에 따라 조절할 수 있도록 설계해야 한다.

38-1. 다음 중 의자를 설계하는데 있어 적용할 수 있는 일반적인 인간공학적 원칙으로 가장 적절하지 않은 것은? [15.1]

① 조절을 용이하게 한다.
② 요부 전만을 유지할 수 있도록 한다.
③ 등근육의 정적 부하를 높이도록 한다.
④ 추간판에 가해지는 압력을 줄일 수 있도록 한다.

해설 ③ 등근육의 정적인 부하를 줄인다.

정답 ③

38-2. 의자설계의 인간공학적 원리로 틀린 것은? [13.2/17.2]

① 쉽게 조절할 수 있도록 한다.
② 추간판의 압력을 줄일 수 있도록 한다.
③ 등근육의 정적 부하를 줄일 수 있도록 한다.
④ 고정된 자세로 장시간 유지할 수 있도록 한다.

해설 ④ 고정된 작업 자세를 피해야 한다.

정답 ④

39. 신체부위의 운동에 대한 설명으로 틀린 것은? [19.2]

① 굴곡(flexion)은 부위 간의 각도가 증가하는 신체의 움직임을 의미한다.
② 외전(abduction)은 신체 중심선으로부터 이동하는 신체의 움직임을 의미한다.
③ 내전(adduction)은 신체의 외부에서 중심선으로 이동하는 신체의 움직임을 의미한다.
④ 외선(lateral rotation)은 신체의 중심선으로부터 회전하는 신체의 움직임을 의미한다.

해설 신체부위 기본 운동
- 굴곡(flexion, 굽히기) : 부위(관절) 간의 각도가 감소하는 신체의 움직임
- 신전(extension, 펴기) : 관절 간의 각도가 증가하는 신체의 움직임
- 내전(adduction, 모으기) : 팔, 다리가 밖에서 몸 중심선으로 향하는 이동
- 외전(abduction, 벌리기) : 팔, 다리가 몸 중심선에서 밖으로 멀어지는 이동
- 내선(medial rotation) : 발 운동이 몸 중심선으로 향하는 회전
- 외선(lateral rotation) : 발 운동이 몸 중심선으로부터의 회전
- 하향(pronation) : 손바닥을 아래로
- 상향(supination) : 손바닥을 위로

39-1. 다음 중 신체동작의 유형에 관한 설명으로 틀린 것은? [12.2]

① 내선(medial rotation) : 몸의 중심선으로의 회전
② 외전(abduction) : 몸의 중심으로의 회전
③ 굴곡(flexion) : 신체부위 간의 각도가 감소
④ 신전(extension) : 신체부위 간의 각도가 증가

해설 외전(abduction, 벌리기) : 팔, 다리가 몸 중심선에서 밖으로 멀어지는 이동

정답 ②

40. 착석식 작업대의 높이 설계를 할 경우 고려해야 할 사항과 가장 관계가 먼 것은?

① 의자의 높이　　　　　　[14.3/16.3/19.2]
② 작업의 성질
③ 대퇴여유
④ 작업대의 형태

해설 착석식 작업대 높이 설계 시 고려사항 : 의자의 높이, 대퇴여유, 작업의 성격, 작업대 두께

41. 작업장 배치 시 유의사항으로 적절하지 않은 것은?　　　　　　　　[11.1/18.2]

① 작업의 흐름에 따라 기계를 배치한다.
② 생산효율 증대를 위해 기계설비 주위에 재료나 반제품을 충분히 놓아둔다.
③ 공장 내외는 안전한 통로를 두어야 하며, 통로는 선을 그어 작업장과 명확히 구별하도록 한다.
④ 비상시에 쉽게 대비할 수 있는 통로를 마련하고 사고 진압을 위한 활동통로가 반드시 마련되어야 한다.

해설 기계설비의 배치(layout) 시의 검토사항
• 작업의 흐름에 따라 기계를 배치할 것
• 기계설비의 주위에는 충분한 공간을 둘 것
• 안전한 통로를 확보할 것
• 장래의 확장을 고려하여 설치할 것
• 기계설비의 설치, 보수, 점검이 용이하도록 배려할 것
• 압력용기 등 폭발위험 기계, 설비 등의 설치에 있어서는 작업자의 관계 위치, 원격거리 등을 고려할 것

42. 다음 중 layout의 원칙으로 가장 올바른 것은?　　　　　　　　[13.2]

① 운반작업을 수작업화 한다.
② 중간 중간에 중복 부분을 만든다.
③ 인간이나 기계의 흐름을 라인화 한다.
④ 사람이나 물건의 이동거리를 단축하기 위해 기계배치를 분산화 한다.

해설 레이아웃(layout)의 원칙
• 운반작업을 기계작업화 한다.
• 중간 중간에 중복 부분을 없앤다.
• 인간이나 기계의 흐름을 라인화 한다.
• 사람이나 물건의 이동거리를 단축하기 위해 기계배치를 집화한다.

43. 좌식작업이 가장 적합한 작업은?　[22.2]

① 정밀조립작업
② 4.5kg 이상의 중량물을 다루는 작업
③ 작업장이 서로 떨어져 있으며 작업장 간 이동이 적은 작업
④ 작업자의 정면에서 매우 높거나 낮은 곳으로 손을 자주 뻗어야 하는 작업

해설 ① 정밀한 작업이나 장기간 수행하여야 하는 작업은 좌식작업이 바람직하다.

44. 작업 공간의 포락면(包絡面)에 대한 설명으로 맞는 것은?　　　　　　[18.2]

① 개인이 그 안에서 일하는 일차원 공간이다.
② 작업복 등은 포락면에 영향을 미치지 않는다.
③ 가장 작은 포락면은 몸통을 움직이는 공간이다.
④ 작업의 성질에 따라 포락면의 경계가 달라진다.

해설 작업 공간 포락면(envelope) : 한 장소에 앉아서 수행하는 작업활동에서 사람이 작업하는데 사용하는 공간이며, 작업의 성질에 따라 포락면의 경계가 달라진다.

45. 다음 중 중(重)작업의 경우 작업대의 높이로 가장 적절한 것은? [11.1/16.1]

① 허리 높이보다 0~10cm 정도 낮게
② 팔꿈치 높이보다 10~20cm 정도 높게
③ 팔꿈치 높이보다 15~20cm 정도 낮게
④ 어깨 높이보다 30~40cm 정도 높게

해설 입식작업대 높이
• 정밀작업 : 팔꿈치 높이보다 5~10cm 높게 설계
• 일반작업 : 팔꿈치 높이보다 5~10cm 낮게 설계
• 힘든작업(重작업) : 팔꿈치 높이보다 10~20cm 낮게 설계

45-1. 다음 중 서서하는 작업에서 정밀한 작업, 경작업, 중작업 등을 위한 작업대의 높이에 기준이 되는 신체부위는? [12.1]

① 어깨   ② 팔꿈치
③ 손목   ④ 허리

해설 입식작업대 높이기준은 팔꿈치 높이로 설계한다.

정답 ②

46. 일반적으로 보통 작업자의 정상적인 시선으로 가장 적합한 것은? [17.1]

① 수평선을 기준으로 위쪽 5° 정도
② 수평선을 기준으로 위쪽 15° 정도
③ 수평선을 기준으로 아래쪽 5° 정도
④ 수평선을 기준으로 아래쪽 15° 정도

해설 디스플레이(display)가 형성하는 목시각 조건

조건	수평작업	수직작업
최적 제한	• 15° 좌우 및 아래쪽 • 95° 좌우	• 0~30° 하한 • 75° 하한, 85° 상한

인간의 특성과 안전

47. 인간이 기계보다 우수한 기능이라 할 수 있는 것은? (단, 인공지능은 제외한다.) [21.1]

① 일반화 및 귀납적 추리
② 신뢰성 있는 반복 작업
③ 신속하고 일관성 있는 반응
④ 대량의 암호화된 정보의 신속한 보관

해설 인간이 현존하는 기계를 능가하는 기능과 현존하는 기계가 인간을 능가하는 기능의 비교

구분	인간의 장점	기계의 장점
감지 기능	• 다양한 자극의 형태를 식별 • 주위의 이상하거나 예기치 못한 사건 감지	• 사람의 감지범위 밖의 자극 감지 • 사람과 기계의 모니터 가능
정보 처리 저장	• 대량의 정보를 장시간 보관 • 귀납적 추리 • 다양한 문제를 해결 • 원칙을 적용하고 관찰을 통해 일반화	• 명시된 절차에 따라 신속하고, 정확한 정보처리 가능 • 연역적 추리 • 암호화된 정보를 신속하게 대량 보관 • 정량적 정보처리 • 관찰보다는 감지센서 작동
행동 기능	• 과부하상태에서 중요한 일에만 전념할 수 있음	• 과부하 시에도 효율적으로 작동 • 장시간 중량작업, 반복, 동시에 여러 작업 수행 가능

47-1. 다음 중 인간이 기계보다 우수한 기능으로 옳지 않은 것은? (단, 인공지능은 제외한다.) [20.2]

① 암호화된 정보를 신속하게 대량으로 보관할 수 있다.

② 관찰을 통해서 일반화하여 귀납적으로 추리한다.

③ 항공사진의 피사체나 말소리처럼 상황에 따라 변화하는 복잡한 자극의 형태를 식별할 수 있다.

④ 수신상태가 나쁜 음극선관에 나타나는 영상과 같이 배경잡음이 심한 경우에도 신호를 인지할 수 있다.

해설 ①은 기계의 장점

정답 ①

47-2. 다음 중 인간이 현존하는 기계를 능가하는 기능이 아닌 것은? (단, 인공지능은 제외한다.) [10.1/15.3/18.3]

① 원칙을 적용하여 다양한 문제를 해결한다.

② 관찰을 통해서 특수화하고 연역적으로 추리한다.

③ 주위의 이상하거나 예기치 못한 사건들을 감지한다.

④ 어떤 운용방법이 실패할 경우 새로운 다른 방법을 선택할 수 있다.

해설 ② 관찰을 통해서 일반화하고, 귀납적으로 추리한다.

정답 ②

47-3. 다음 중 인간이 현존하는 기계보다 우월한 기능이 아닌 것은? [12.1]

① 귀납적으로 추리한다.

② 원칙을 적용하여 다양한 문제를 해결한다.

③ 다양한 경험을 토대로 하여 의사결정을 한다.

④ 명시된 절차에 따라 신속하고, 정량적인 정보처리를 한다.

해설 ④는 기계의 장점

정답 ④

47-4. 인간-기계 시스템을 설계할 때에는 특정 기능을 기계에 할당하거나 인간에게 할당하게 된다. 이러한 기능할당과 관련된 사항으로 옳지 않은 것은? (단, 인공지능과 관련된 사항은 제외한다.) [20.1]

① 인간은 원칙을 적용하여 다양한 문제를 해결하는 능력이 기계에 비해 우월하다.

② 일반적으로 기계는 장시간 일관성이 있는 작업을 수행하는 능력이 인간에 비해 우월하다.

③ 인간은 소음, 이상온도 등의 환경에서 작업을 수행하는 능력이 기계에 비해 우월하다.

④ 일반적으로 인간은 주위가 이상하거나 예기치 못한 사건을 감지하여 대처하는 능력이 기계에 비해 우월하다.

해설 ③ 기계는 소음, 이상온도 등의 환경에서 작업을 수행하는 능력이 인간에 비해 우월하다.

정답 ③

47-5. 인간이 기계와 비교하여 정보처리 및 결정의 측면에서 상대적으로 우수한 것은? (단, 인공지능은 제외한다.) [09.2/18.2]

① 연역적 추리

② 정량적 정보처리

③ 관찰을 통한 일반화

④ 정보의 신속한 보관

해설 ③은 인간이 더 우수한 장점

정답 ③

47-6. 다음 중 기계의 정보처리기능과 가장 관련이 있는 것은? [10.3]

① 귀납적 처리기능

② 연역적 처리기능

③ 응용능력적 기능

④ 임기응변적 기능

해설 기계의 정보처리기능은 연역적이다.

Tip) 인간의 정보처리기능은 귀납적이다.

정답 ②

48. 작업설계(job design) 시 철학적으로 고려해야 할 사항 중 작업만족도(job satisfaction)를 얻기 위한 수단으로 볼 수 없는 것은? [10.2/12.3/18.3]

① 작업감소(job reduce)

② 작업순환(job rotation)

③ 작업확대(job enlargement)

④ 작업윤택화(job enrichment)

해설 작업만족도를 얻기 위한 수단으로 작업확대, 작업윤택화, 작업순환이 있다.

49. 근섬유의 직경이 작아서 큰 힘을 발휘하지 못하지만 장시간 지속시키고 피로가 쉽게 발생하지 않는 골격근의 근섬유는 무엇인가?

① Type S 근섬유 [17.2]

② Type II 근섬유

③ Type F 근섬유

④ Type III 근섬유

해설 Type S 근섬유 : 근섬유의 직경이 작아서 큰 힘을 발휘하지 못하지만 장시간 지속시키고 피로가 쉽게 발생하지 않는 골격근의 근섬유

50. 다음 중 근골격계 질환예방을 위해 유해요인 평가방법인 OWAS의 평가요소와 가장 거리가 먼 것은? [09.1]

① 목 ② 손목

③ 다리 ④ 허리/몸통

해설 근골격계 질환예방을 위한 유해요인 평가방법

- OWAS : 작업자의 작업 자세를 정의하고 평가하기 위해 개발한 방법으로 현장에서 적용하기 쉬우나, 팔목, 손목 등에 정보가 미반영되어 있다.

- RULA : 목, 어깨, 팔목, 손목 등의 상지를 중심으로 작업 자세, 작업부하를 쉽고 빠르게 평가한다.

50-1. 다음 중 근골격계 질환 작업분석 및 평가방법인 OWAS의 평가요소를 모두 고른 것은? [22.2]

㉠ 상지	㉡ 무게(하중)
㉢ 하지	㉣ 허리

① ㉠, ㉡

② ㉠, ㉢, ㉣

③ ㉡, ㉢, ㉣

④ ㉠, ㉡, ㉢, ㉣

해설 근골격계 질환예방을 위한 유해요인 평가방법

- OWAS : 작업자의 작업 자세를 정의하고 평가하기 위해 개발한 방법으로 현장에서 적용하기 쉬우나, 팔목, 손목 등에 정보가 미반영되어 있다.

- RULA : 목, 어깨, 팔목, 손목 등의 상지를 중심으로 작업 자세, 작업부하를 쉽고 빠르게 평가한다.

정답 ④

51. 근골격계 부담작업의 범위 및 유해요인 조사방법에 관한 고시상 근골격계 부담작업에

해당하지 않는 것은? (단, 상시작업을 기준으로 한다.) [13.1/22.1]

① 하루에 10회 이상 25kg 이상의 물체를 드는 작업

② 하루에 총 2시간 이상 쪼그리고 앉거나 무릎을 굽힌 자세에서 이루어지는 작업

③ 하루에 총 2시간 이상 시간당 5회 이상 손 또는 무릎을 사용하여 반복적으로 충격을 가하는 작업

④ 하루에 4시간 이상 집중적으로 자료입력 등을 위해 키보드 또는 마우스를 조작하는 작업

해설 ③ 하루에 총 2시간 이상 시간당 10회 이상 손 또는 무릎을 사용하여 반복적으로 충격을 가하는 작업

52. 다음 중 작업 관련 근골격계 질환 관련 유해요인 조사에 대한 설명으로 옳은 것은 어느 것인가? [12.3]

① 근로자 5인 미만의 사업장은 근골격계 부담작업 유해요인 조사를 실시하지 않아도 된다.

② 유해요인 조사는 근골격계 질환자가 발생할 경우에 3년마다 정기적으로 실시해야 한다.

③ 유해요인 조사는 사업장 내 근골격계 부담작업 중 50%를 샘플링으로 선정하여 조사한다.

④ 근골격계 부담작업 유해요인 조사에는 유해요인 기본조사와 근골격계 질환증상 조사가 포함된다.

해설 • 근골격계 부담작업 유해요인 조사는 모든 작업(공정)을 대상으로 유해요인 기본조사와 근골격계 질환증상 조사를 실시하여야 한다.

• 사업주는 유해요인 조사를 하는 때에는 근로자와의 면담, 증상 설문조사, 인간공학 측면을 고려하여 조사 등의 적절한 방법을 수행하여야 한다.

53. 다음 중 산업안전보건법상 근로자가 근골격계 부담작업을 하는 경우에 사업주가 근로자에게 알려야 하는 사항으로 볼 수 없는 것은? (단, 기타 근골격계 질환예방에 필요한 사항은 제외한다.) [11.3]

① 근골격계 부담작업의 유해요인

② 근골격계 질환의 징후와 증상

③ 설비·작업공정·작업량·작업속도 등 작업장 상황

④ 올바른 작업 자세와 작업도구, 작업시설의 올바른 사용방법

해설 근골격계 부담작업 시 유해성 등 근로자에게 주지시켜야 할 사항

• 근골격계 부담작업의 유해요인

• 근골격계 질환의 징후와 증상

• 올바른 작업 자세와 작업도구, 작업시설의 올바른 사용방법

• 근골격계 질환 발생 시의 대처요령

• 그 밖의 근골격계 질환예방에 필요한 사항

4 작업환경 관리

작업 조건과 환경 조건 Ⅰ

1. 음량수준을 평가하는 척도와 관계없는 것은? [19.2/21.2]

① dB ② HSI ③ phon ④ sone

해설 음의 크기의 수준 3가지 척도
- phon에 의한 순음의 음압수준(dB)
- sone에 의한 음압수준을 가진 순음의 크기
- 인식소음수준은 소음의 측정에 이용되는 척도

Tip) HSI(Heat Stress Index) : 열압박지수

1-1. 음량수준을 측정할 수 있는 3가지 척도에 해당되지 않는 것은? [19.1]

① sone ② 럭스
③ phon ④ 인식소음수준

해설 ② 럭스(lux)는 조명의 단위

정답 ②

2. sone에 관한 설명으로 ( )에 알맞은 수치는? [22.2]

> 1sone : (㉠)Hz, (㉡)dB의 음압수준을 가진 순음의 크기

① ㉠ : 1000, ㉡ : 1
② ㉠ : 4000, ㉡ : 1
③ ㉠ : 1000, ㉡ : 40
④ ㉠ : 4000, ㉡ : 40

해설 음의 크기의 수준
- 1phon : 1000Hz는 순음의 음압수준 1dB의 크기를 나타낸다.

- 1sone : 1000Hz는 음압수준 40dB의 크기이며, 순음의 크기 40phon은 1sone이다.

3. 인간이 청각으로 느끼는 소리의 크기를 측정하는 두 가지 척도는 sone과 phon이다. 50phon은 몇 sone에 해당하는가? [12.3]

① 0.5 ② 1 ③ 2 ④ 2.5

해설 $sone치 = 2^{(phon치 - 40)/10}$
$$= 2^{(50-40)/10} = 2\,sone$$

3-1. 50phon의 기준음을 들려준 후 70phon의 소리를 듣는다면 작업자는 주관적으로 몇 배의 소리로 인식하는가? [09.3/15.3]

① 1.4배 ② 2배
③ 3배 ④ 4배

해설 ㉠ 50phon : $sone치 = 2^{(phon치 - 40)/10}$
$$= 2^{(50-40)/10} = 2\,sone$$
㉡ 70phon : $sone치 = 2^{(phon치 - 40)/10}$
$$= 2^{(70-40)/10} = 8\,sone$$
∴ 4배의 소리로 인식하게 된다.

정답 ④

4. 자동차를 생산하는 공장의 어떤 근로자가 95dB(A)의 소음수준에서 하루 8시간 작업하며 매시간 조용한 휴게실에서 20분씩 휴식을 취한다고 가정하였을 때, 8시간 시간가중평균(TWA)은? (단, 소음은 누적소음 노출량 측정기로 측정하였으며, OSHA에서 정한 95dB(A)의 허용시간은 4시간이라 가정한다.) [21.1]

① 약 91dB(A) ② 약 92dB(A)
③ 약 93dB(A) ④ 약 94dB(A)

해설 시간가중평균(TWA)

$$= 16.61 \times \log \frac{D}{100} + 90$$

$$= 16.61 \times \log \frac{133}{100} + 90 = 약 \ 92.057 \, dB(A)$$

여기서, $D = \dfrac{가동시간}{기준시간} = \dfrac{\dfrac{8 \times (60 - 20)}{60}}{4} \times 100$

$$= 133\%$$

5. 작업면상의 필요한 장소만 높은 조도를 취하는 조명은? [21.1]

① 완화조명　　　　② 전반조명
③ 투명조명　　　　④ 국소조명

해설 조명방법
- 직접조명 : 광원에서 나온 빛을 직접 대상 영역에 비추게 하는 조명방식이다. 조명기구가 간단하고, 효율성이 좋으며 설치비용이 저렴하지만, 광원을 직접 보거나 광원에 가까운 쪽을 볼 때 눈이 부신 불편함이 있다.
- 간접조명 : 광원에서 나온 빛을 벽이나 천장 따위에 비추어 그 빛을 반사시켜 부드럽게 만든 후 이용하는 조명방식이다. 눈부심 현상이 없고 조도가 균일하다.
- 전반조명 : 조명기구를 일정한 간격과 높이로 광원을 균등하게 배치하여 균일한 조도를 얻기 위한 조명방식이다.
- 국소조명 : 빛이 필요한 곳만 큰 조도로 조명하는 방법으로 초정밀작업 또는 시력을 집중시켜 줄 수 있는 조명방식이다.

5-1. 다음 중 강한 음영 때문에 근로자의 눈 피로도가 큰 조명방법은? [13.1]

① 간접조명　　　　② 반간접조명
③ 직접조명　　　　④ 전반조명

해설 직접조명 : 광원에서 나온 빛을 직접 대

상 영역에 비추게 하는 조명방식이다. 조명기구가 간단하고, 효율성이 좋으며 설치비용이 저렴하지만, 광원을 직접 보거나 광원에 가까운 쪽을 볼 때 눈이 부신 불편함이 있다.

정답 ③

6. 다음 중 수술실 내 작업면에서의 조도로 가장 적당한 것은? [13.3]

① 500~1000럭스　② 1000~2000럭스
③ 5000~10000럭스④ 10000~20000럭스

해설 수술실 내 작업면에서의 조도는 10000~20000럭스이다.

Tip) 조도기준(KS A 3011) : 수술대 위의 지름 30 cm 범위에서 무영등에 의하여 20000 lux 이상으로 하여야 한다.

7. 다음 중 일반적으로 보통 기계작업이나 펀치 고르기에 가장 적합한 조명수준은? [15.1]

① 30 fc　　　　② 100 fc
③ 300 fc　　　　④ 500 fc

해설 fc(foot-candle) : 조도의 단위이며, 1촉광의 광원으로부터 1피트 떨어진 점의 수직조도이다.
- 초정밀검사, 조립작업 : 500 fc
- 정밀검사, 조립작업 : 300 fc
- 보통 기계작업, 펀치 고르기 : 100 fc
- 드릴, 리벳작업 : 30 fc

8. 다음 중 조도의 기준을 결정하는 요소로 볼 수 없는 것은? [09.3]

① 시각기능　　　　② 경제성
③ 작업부하　　　　④ 작업의 대상과 내용

해설 조도를 결정하는 요소 : 시각기능, 경제성, 작업의 대상과 내용

Tip) 작업부하는 조도를 결정하는 직접적인 요소는 아니다.

9. 물체의 표면에 도달하는 빛의 밀도를 뜻하는 용어는? [15.1/21.3]

① 광도
② 광량
③ 대비
④ 조도

해설 조도$(\text{lux}) = \dfrac{\text{광도}}{(\text{거리})^2}$

9-1. 조도에 관련된 척도 및 용어 정의로 틀린 것은? [18.3]

① 조도는 거리가 증가할 때 거리의 제곱에 반비례한다.
② candela는 단위 시간당 한 발광점으로부터 투광되는 빛의 에너지양이다.
③ lux는 1cd의 점광원으로부터 1m 떨어진 구면에 비추는 광의 밀도이다.
④ lambert는 완전 발산 및 반사하는 표면에 표준 촛불로 1m 거리에서 조명될 때 조도와 같은 광도이다.

해설 ④ lambert는 휘도의 단위로 $1\,\text{cm}^2$당 $\dfrac{1}{\pi}$[cd]에 해당하는 밝기를 말한다.

정답 ④

9-2. 점광원으로부터 0.3m 떨어진 구면에 비추는 광량이 5Lumen일 때, 조도는 약 몇 럭스인가? [19.1]

① 0.06
② 16.7
③ 55.6
④ 83.4

해설 조도$(\text{lux}) = \dfrac{\text{광도}}{(\text{거리})^2} = \dfrac{5}{(0.3)^2} = 55.6\,\text{lux}$

정답 ③

9-3. 반사경 없이 모든 방향으로 빛을 발하는 점광원에서 3m 떨어진 곳의 조도가 300lux라면 2m 떨어진 곳에서 조도(lux)는? [22.1]

① 375
② 675
③ 875
④ 975

해설 ㉠ 조도$(\text{lux}) = \dfrac{\text{광도}}{(\text{거리})^2}$이므로

∴ 광도 = 조도$(\text{lux}) \times (\text{거리})^2$
$= 300 \times 3^2 = 2700\,\text{cd}$

㉡ 2m에서의 조도$(\text{lux}) = \dfrac{\text{광도}}{(\text{거리})^2} = \dfrac{2700}{2^2}$
$= 675\,\text{lux}$

정답 ②

9-4. 반사경 없이 모든 방향으로 빛을 발하는 점광원에서 5m 떨어진 곳의 조도가 120lux라면 2m 떨어진 곳의 조도는? [17.1]

① 150lux
② 192.2lux
③ 750lux
④ 3000lux

해설 ㉠ 조도$(\text{lux}) = \dfrac{\text{광도}}{(\text{거리})^2}$이므로

∴ 광도 = 조도$(\text{lux}) \times (\text{거리})^2$
$= 120 \times 5^2 = 3000\,\text{cd}$

㉡ 2m에서의 조도$(\text{lux}) = \dfrac{\text{광도}}{(\text{거리})^2} = \dfrac{3000}{2^2}$
$= 750\,\text{lux}$

정답 ③

10. 시각적 식별에 영향을 주는 각 요소에 대한 설명 중 틀린 것은? [22.1]

① 조도는 광원의 세기를 말한다.
② 휘도는 단위 면적당 표면에 반사 또는 방출되는 광량을 말한다.
③ 반사율은 물체의 표면에 도달하는 조도와 광도의 비를 말한다.
④ 광도대비란 표적의 광도와 배경의 광도의 차이를 배경광도로 나눈 값을 말한다.

해설 ① 조도는 물체의 표면에 도달하는 빛의 밀도로 거리 제곱에 반비례하고, 광도에 비례한다.

11. 반사율이 85%, 글자의 밝기가 400cd/m²인 VDT 화면에 350lux의 조명이 있다면 대비는 약 얼마인가? [17.2/20.1]

① −6.0 ② −5.0
③ −4.2 ④ −2.8

해설 ㉠ 화면의 밝기 계산

㉮ 반사율 = $\dfrac{\text{광속발산도}(fL)}{\text{조명}(fc)} \times 100\%$이므로

∴ 광속발산도 = $\dfrac{\text{반사율}\times\text{조명}}{100} = \dfrac{85\times350}{100}$
$= 297.5$

㉯ 광속발산도 = $\pi \times$ 휘도이므로

∴ 휘도(화면 밝기) = $\dfrac{\text{광속발산도}}{\pi} = \dfrac{297.5}{\pi}$
$= 94.7\,cd/m^2$

㉡ 글자 총 밝기 = 글자 밝기 + 휘도
$= 400 + 94.7 = 494.7\,cd/m^2$

㉢ 대비 = $\dfrac{\text{배경의 밝기} - \text{표적 물체의 밝기}}{\text{배경의 밝기}}$
$= \dfrac{94.7 - 494.7}{94.7} = -4.22$

11-1. 형광등과 물체의 거리가 50cm이고, 광도가 30fL일 때, 반사율은 얼마인가? [18.3]

① 12% ② 25%
③ 35% ④ 42%

해설 ㉠ 조도(lux) = $\dfrac{\text{광도}}{(\text{거리})^2} = \dfrac{30}{(0.5)^2} = 120\,lux$

㉡ 반사율 = $\dfrac{\text{광속발산도}(fL)}{\text{조명}(fc)} \times 100$
$= \dfrac{30}{120} \times 100 = 25\%$

정답 ②

작업 조건과 환경 조건 Ⅱ

12. 다음 중 열 중독증(heat illness)의 강도를 올바르게 나열한 것은? [14.1/20.3]

㉠ 열소모(heat exhaustion)
㉡ 열발진(heat rash)
㉢ 열경련(heat cramp)
㉣ 열사병(heat stroke)

① ㉢<㉡<㉠<㉣ ② ㉢<㉡<㉣<㉠
③ ㉡<㉢<㉠<㉣ ④ ㉡<㉣<㉠<㉢

해설 열에 의한 손상
• 열발진(heat rash) : 고온환경에서 지속적인 육체적 노동이나 운동을 함으로써 과도한 땀이나 자극으로 인해 피부에 생기는 붉은색의 작은 수포성 발진이 나타나는 현상이다.
• 열경련(heat cramp) : 고온환경에서 지속적인 육체적 노동이나 운동을 함으로써 과다한 땀의 배출로 전해질이 고갈되어 발생하는 근육, 발작 등의 경련이 나타나는 현상이다.
• 열소모(heat exhaustion) : 고온에서 장시간 중 노동을 하거나, 심한 운동으로 땀을 다량 흘렸을 때 나타나는 현상으로 땀을 통해 손실한 염분을 충분히 보충하지 못했을 때 현기증, 구토 등이 나타나는 현상, 열피로라고도 한다.
• 열사병(heat stroke) : 고온, 다습한 환경에 노출될 때 뇌의 온도상승으로 인해 나타나는 현상으로 발한정지, 심할 경우 혼수상태에 빠져 때로는 생명을 앗아간다.
• 열쇠약(heat prostration) : 작업장의 고온환경에서 육체적 노동으로 인해 체온조절중추의 기능장애와 만성적인 체력소모로

위장장애, 불면, 빈혈 등이 나타나는 현상이다.

12-1. 다음 설명에 해당하는 고열장해는 무엇인가? [11.3]

> - 고온환경에 노출될 때 발한에 의한 체열 방출이 장해됨으로써 체내에 열이 축적되어 발생한다.
> - 뇌 온도의 상승으로 체온조절중추의 기능이 장해를 받게 된다.
> - 치료를 하지 않을 경우 100%, 43℃ 이상일 때에는 80%, 43℃ 이하일 때에는 40% 정도의 치명률을 가진다.

① 열사병　　　　② 열경련
③ 열부종　　　　④ 열피로

해설 지문은 열사병에 대한 내용이다.

정답 ①

13. NIOSH lifting guideline에서 권장무게한계(RWL) 산출에 사용되는 계수가 아닌 것은? [12.2/20.2]

① 휴식계수　　　　② 수평계수
③ 수직계수　　　　④ 비대칭계수

해설 권장무게한계(RWL)

$$RWL(Kd) = LC \times HM \times VM \times DM \times AM \times FM \times CM$$

LC	부하상수	23kg 작업물의 무게
HM	수평계수	25/H
VM	수직계수	$1-(0.003 \times |V-75|)$
DM	거리계수	$0.82+(4.5/D)$
AM	비대칭계수	$1-(0.0032 \times A)$
FM	빈도계수	분당 들어 올리는 횟수
CM	결합계수	커플링 계수

14. 다음 중 신체의 열교환과정을 나타내는 공식으로 올바른 것은? (단, ΔS는 신체 열함량 변화, M은 대사열 발생량, W는 수행한 일, R은 복사열 교환량, C는 대류열 교환량, E는 증발열 발산량을 의미한다.) [12.2]

① $\Delta S = (M-W) \pm R \pm C - E$
② $\Delta S = (M+W) \pm R \pm C + E$
③ $\Delta S = (M-W) + R + C \pm E$
④ $\Delta S = (M-W) - R - C \pm E$

해설 열교환방정식 : 열축적(ΔS)=M(대사열)$-E$(증발)$\pm R$(복사)$\pm C$(대류)$-W$(한 일)

14-1. A작업장에서 1시간 동안에 480Btu의 일을 하는 근로자의 대사량은 900Btu이고, 증발 열손실이 2250Btu, 복사 및 대류로부터 열이득이 각각 1900Btu 및 80Btu라 할 때, 열축적은 얼마인가? [11.2/18.1/19.3]

① 100　　　　② 150
③ 200　　　　④ 250

해설 열축적(ΔS)$=M-E \pm R \pm C - W$
$=900-2250+1900+80-480=150$

정답 ②

15. NIOSH 지침에서 최대허용한계(MPL)는 활동한계(AL)의 몇 배인가? [21.3]

① 1배　　　　② 3배
③ 5배　　　　④ 9배

해설 NIOSH 지침의 최대허용한계(MPL)
최대허용한계(MPL)=활동한계(AL)×3

16. 다음 중 하나의 특정 자극에 대하여 반응을 하는데 소요되는 시간을 무엇이라 하는가? [11.3]

① 복합반응시간

② 선택반응시간

③ 종착시간

④ 단순반응시간

해설 단순반응시간(simple reaction time)

• 하나의 특정한 자극만이 발생할 수 있을 때 반응에 걸리는 시간을 말한다.

• 자극을 예상하고 있을 때 반응시간은 0.15~0.2초 정도 걸린다.

• 자극을 예상하지 못할 경우에 반응시간은 0.1초 정도 증가된다.

17. 쾌적환경에서 추운환경으로 변화 시 신체의 조절작용이 아닌 것은? [19.1]

① 피부온도가 내려간다.

② 직장온도가 약간 내려간다.

③ 몸이 떨리고 소름이 돋는다.

④ 피부를 경유하는 혈액순환량이 감소한다.

해설 ② 직장(直腸)온도가 약간 올라간다.

17-1. 적절한 온도의 작업환경에서 추운환경으로 온도가 변할 때 우리의 신체가 수행하는 조절작용이 아닌 것은? [10.3/17.2/20.1]

① 발한(發汗)이 시작된다.

② 피부의 온도가 내려간다.

③ 직장(直腸)온도가 약간 올라간다.

④ 혈액의 많은 양이 몸의 중심부를 위주로 순환한다.

해설 발한(發汗) : 피부의 땀샘에서 땀이 분비되는 현상이다.

정답 ①

18. 다음과 같은 실내 표면에서 일반적으로 추천반사율의 크기를 맞게 나열한 것은 어느 것인가? [10.1/10.2/16.3/18.1/19.2]

| ㉠ 바닥 | ㉡ 천정 | ㉢ 가구 | ㉣ 벽 |

① ㉠<㉣<㉢<㉡

② ㉣<㉠<㉡<㉢

③ ㉠<㉢<㉣<㉡

④ ㉣<㉡<㉠<㉢

해설 옥내 조명반사율

바닥	가구, 책상	벽	천장
20~40%	25~40%	40~60%	80~90%

19. 다음 중 영상표시단말기(VDT) 취급 근로자를 위한 조명과 채광에 대한 설명으로 옳은 것은? [09.2/13.2]

① 화면을 바라보는 시간이 많은 작업일수록 화면밝기와 작업대 주변밝기의 차를 줄이도록 한다.

② 작업장 주변 환경의 조도를 화면의 바탕 색상이 흰색계통일 때에는 300 lux 이하로 유지하도록 한다.

③ 작업장 주변 환경의 조도를 화면의 바탕 색상이 검정색계통일 때에는 500 lux 이상을 유지하도록 한다.

④ 작업실 내의 창·벽면 등은 반사되는 재질로 하여야 하며, 조명은 화면과 명암의 대조가 심하지 않도록 하여야 한다.

해설 ② 작업장 주변 환경의 조도를 화면의 바탕 색상이 흰색계통일 때에는 500~700 lux로 유지하도록 한다.

③ 작업장 주변 환경의 조도를 화면의 바탕 색상이 검정색계통일 때에는 300~500 lux로 유지하도록 한다.

④ 작업실 내의 창·벽면 등은 반사되지 않는 재질로 하여야 하며, 조명은 화면과 명암의 대조가 심하지 않도록 하여야 한다.

19-1. 영상표시단말기(VDT)를 사용하는 작업에 있어 일반적으로 화면과 그 인접 주변과의 광도비로 가장 적절한 것은? [10.3]

① 1 : 1   ② 1 : 3
③ 1 : 7   ④ 1 : 10

해설 화면과 그 인접 주변과의 추천 광도비는 1 : 3 정도이다.

정답 ②

20. 광원 혹은 반사광이 시계 내에 있으면 성가신 느낌과 불편감을 주어 시성능을 저하시킨다. 이러한 광원으로부터의 직사휘광을 처리하는 방법으로 틀린 것은? [10.1]

① 광원을 시선에서 멀리 위치시킨다.
② 차양(visor) 혹은 갓(hood) 등을 사용한다.
③ 광원의 휘도를 줄이고 광원의 수를 늘린다.
④ 휘광원의 주위를 밝게 하여 광속발산(휘도)비를 늘린다.

해설 ④ 휘광원의 주위를 밝게 하여 광도비를 줄인다.

21. 들기작업 시 요통재해 예방을 위하여 고려할 요소와 가장 거리가 먼 것은? [18.1]

① 들기 빈도   ② 작업자 신장
③ 손잡이 형상   ④ 허리 비대칭 각도

해설 들기작업 시 요통재해에 영향을 주는 요소 : 작업물의 무게, 수평거리, 수직거리, 비대칭 각도, 들기 빈도, 손잡이 등의 상태

21-1. 인력 물자취급 작업 중 발생되는 재해 비중은 요통이 가장 많다. 특히 인양작업 시 발생 빈도가 높은데 이러한 인양작업 시 요통재해 예방을 위하여 고려할 요소와 가장 거리가 먼 것은? [11.1]

① 작업대상물 하중의 수직위치

② 작업대상물의 인양 높이
③ 인양방법 및 빈도
④ 크기, 모양 등 작업대상물의 특성

해설 ① 작업대상물 하중의 직하위치 : 작업대상물은 아래쪽으로 중력이 작용해 많은 힘이 필요하므로 요통이 발생한다.

정답 ①

22. 다음 중 고열에 의한 건강장해 예방 대책으로 작업 조건 및 환경 개선 두 가지 모두 관계되는 요소는? [14.3]

① 착의상태
② 휴식처에서의 온열 조건
③ 열에 노출되는 횟수 및 노출시간
④ 온열환경에서 작업할 때의 체열 교환

해설 착의상태는 작업 조건 및 환경 개선 두 가지 모두에 관계되는 요소
Tip) • 작업 조건 : 열에 노출되는 횟수 및 노출시간
• 환경 조건 : 휴식처에서의 온열 조건, 온열환경에서 작업할 때의 체열 교환

23. 다음 중 VE(Value Engineering)활동으로 각 분석항목에 대한 안전성과의 관계를 잘못 연결한 것은? [14.3]

① 재료-불량률
② 검사포장-육체피로
③ 설비-사고재해 건수
④ 운반 layout-작업피로

해설 • 가치$(V) = \dfrac{기능(F)}{비용(C)}$
• 생산성 : 재료-불량률
• 안전성
  ㉠ 검사포장-육체피로
  ㉡ 설비-사고재해 건수
  ㉢ 운반 layout-작업피로

24. 전동공구와 같은 진동이 발생하는 수공구를 장시간 사용하여 손과 손가락 통제능력의 훼손, 동통, 마비증상 등을 유발하는 근골격계 질환은? [13.3]

① 결절종　　　　　② 방아쇠수지병
③ 수근관 증후군　　④ 레이노드 증후군

해설 레이노드 증후군 : 손가락 끝 부분의 조직이 혈액 내 산소부족으로 손상돼 색조 변화, 통증, 조직괴사 등을 가져오는 질환을 말한다.

25. 다음 중 가속도에 관한 설명으로 틀린 것은? [13.2]

① 가속도란 물체의 운동 변화율이다.
② 1G는 자유낙하 하는 물체의 가속도인 $9.8 m/s^2$에 해당한다.
③ 선형 가속도는 운동속도가 일정한 물체의 방향 변화율이다.
④ 운동 방향이 전후방인 선형가속의 영향은 수직 방향보다 덜하다.

해설 ③ 가속도는 단위 시간 동안 속도의 변화량을 말한다.

작업환경과 인간공학

26. 다음 중 실효온도(effective temperature)에 관한 설명으로 틀린 것은? [09.1/12.1/15.2]

① 체온계로 입안의 온도를 측정한 값을 기준으로 한다.
② 실제로 감각되는 온도로서 실감온도라고 한다.
③ 온도, 습도 및 공기유동이 인체에 미치는 열 효과를 나타낸 것이다.

④ 상대습도 100%일 때의 건구온도에서 느끼는 것과 동일한 온감이다.

해설 실효온도(체감온도, 감각온도) : 온도, 습도 및 공기유동이 인체에 미치는 열 효과를 하나의 수치로 통합한 경험적 감각지수로 상대습도 100%일 때의 온도에서 느끼는 것과 동일한 온감이다.

26-1. 실효온도(effective temperature)에 영향을 주는 요인이 아닌 것은? [11.1/21.2]

① 온도　　　　　② 습도
③ 복사열　　　　④ 공기유동

해설 실효온도(체감온도, 감각온도)에 영향을 주는 요인 : 온도, 습도, 공기유동(대류)

정답 ③

27. 차폐 효과에 대한 설명으로 옳지 않은 것은? [20.2]

① 차폐음과 배음의 주파수가 가까울 때 차폐 효과가 크다.
② 헤어드라이어 소음 때문에 전화음을 듣지 못한 것과 관련이 있다.
③ 유의적 신호와 배경소음의 차이를 신호/소음(S/N) 비로 나타낸다.
④ 차폐 효과는 어느 한 음 때문에 다른 음에 대한 감도가 증가되는 현상이다.

해설 차폐(은폐) 현상 : 높은 음과 낮은 음이 공존할 때 낮은 음이 강한 음에 가로막혀 감도가 감소되는 현상

28. 산업안전보건기준에 관한 규칙상 "강렬한 소음작업"에 해당하는 기준은? [13.1/20.2]

① 85데시벨 이상의 소음이 1일 4시간 이상 발생하는 작업

② 85데시벨 이상의 소음이 1일 8시간 이상 발생하는 작업

③ 90데시벨 이상의 소음이 1일 4시간 이상 발생하는 작업

④ 90데시벨 이상의 소음이 1일 8시간 이상 발생하는 작업

해설 하루 강렬한 소음작업 허용노출시간

dB 기준	90	95	100	105	110	115
노출시간	8시간	4시간	2시간	1시간	30분	15분

29. 국내 규정상 1일 노출횟수가 100일 때 최대 음압수준이 몇 dB(A)를 초과하는 충격소음에 노출되어서는 아니 되는가? [12.1/16.2]

① 110 ② 120 ③ 130 ④ 140

해설 충격소음의 노출기준

1일 노출횟수	100	1000	10000
충격소음의 강도[dB(A)]	140	130	120

30. 음압수준이 60dB일 때 1000Hz에서 순음의 phon의 값은? [11.3/18.2/20.3/21.3]

① 50 phon ② 60 phon
③ 90 phon ④ 100 phon

해설 1000 Hz에서 1dB=1phon이므로 1000 Hz에서 60 dB=60 phon이다.

31. 경보 사이렌으로부터 10 m 떨어진 곳에서 음압수준이 140 dB이면 100 m 떨어진 곳에서 음의 강도는 얼마인가? [12.2/16.3]

① 100 dB ② 110 dB
③ 120 dB ④ 140 dB

해설 음의 강도(dB)

$$dB_2 = dB_1 - 20\log\frac{d_2}{d_1}$$
$$= 140 - 20\log\frac{100}{10} = 120\,dB$$

여기서, dB_1 : 소음기계로부터 d_1 떨어진 곳의 소음
dB_2 : 소음기계로부터 d_2 떨어진 곳의 소음

31-1. 소음원으로부터의 거리와 음압수준은 역비례한다. 동일한 소음원에서 거리가 2배 증가하면 음압수준은 몇 dB 정도 감소하는가? [11.1]

① 2 dB ② 3 dB ③ 6 dB ④ 9 dB

해설 음압수준(dB)

$$dB_2 = dB_1 - 20\log\frac{d_2}{d_1} = 1 - 20\log\frac{2}{1}$$
$$= -5.02\,dB$$
$$\therefore dB_1 - dB_2 = 1 - (-5.02) = 6.02\,dB$$

정답 ③

32. 작업장의 설비 3대에서 각각 80 dB, 86 dB, 78 dB의 소음이 발생되고 있을 때 작업장의 음압수준은? [21.2]

① 약 81.3 dB ② 약 85.5 dB
③ 약 87.5 dB ④ 약 90.3 dB

해설 합성소음도(L)
$$= 10 \times \log(10^{L_1/10} + 10^{L_2/10} + \cdots + 10^{L_n/10})$$
$$= 10 \times \log(10^{80/10} + 10^{86/10} + 10^{78/10})$$
$$= 87.5\,dB$$

33. 3개 공정의 소음수준 측정 결과 1공정은 100 dB에서 1시간, 2공정은 95 dB에서 1시간, 3공정은 90 dB에서 1시간이 소요될 때 총 소음량(TND)과 소음설계의 적합성을 올바르게 나열한 것은? (단, 90 dB에 8시간 노출할 때를 허용기준으로 하며, 5 dB 증가할 때 허용시간은 1/2로 감소되는 법칙을 적용한다.) [14.1]

① TND=0.78, 적합
② TND=0.88, 적합

③ TND=0.98, 적합

④ TND=1.08, 부적합

해설 소음량(TND)=$\dfrac{(실제\ 노출시간)_1}{(1일\ 노출기준)_1}+\cdots$

$+\dfrac{(실제\ 노출시간)_n}{(1일\ 노출기준)_n}=\dfrac{1}{2}+\dfrac{1}{4}+\dfrac{1}{8}≒0.88$

∴ TND<1이므로 적합하다.

34. 습구온도가 23℃이며, 건구온도가 31℃일 때의 Oxford 지수(건습지수)는 얼마인가?

① 2.42℃   ② 2.98℃   [18.3]
③ 24.2℃   ④ 29.8℃

해설 옥스퍼드(Oxford) 지수(WD)
$=0.85W+0.15d$
$=(0.85×23)+(0.15×31)=24.2℃$
여기서, W : 습구온도, d : 건구온도

34-1. 건구온도 30℃, 습구온도 35℃일 때의 옥스퍼드(Oxford) 지수는 얼마인가? [17.1]

① 20.75℃   ② 24.58℃
③ 32.78℃   ④ 34.25℃

해설 옥스퍼드 지수(WD)=$0.85W+0.15d$
$=(0.85×35)+(0.15×30)=34.25℃$
여기서, W : 습구온도, d : 건구온도

정답 ④

34-2. 건습구 온도계에서 건구온도가 24℃이고 습구온도가 20℃일 때, Oxford 지수는 얼마인가? [12.2/17.3]

① 20.6℃   ② 21.0℃
③ 23.0℃   ④ 23.4℃

해설 옥스퍼드 지수(WD)=$0.85W+0.15d$
$=(0.85×20)+(0.15×24)=20.6℃$

정답 ①

35. 태양광이 내리쬐지 않는 옥내의 습구흑구 온도지수(WBGT) 산출식은? [22.1]

① 0.6×자연습구온도+0.3×흑구온도
② 0.7×자연습구온도+0.3×흑구온도
③ 0.6×자연습구온도+0.4×흑구온도
④ 0.7×자연습구온도+0.4×흑구온도

해설 태양광이 내리쬐지 않는 옥내의 습구흑구 온도지수=0.7×자연습구온도+0.3×흑구온도
Tip) 태양광이 내리쬐는 옥외의 습구흑구 온도지수=0.7×자연습구온도+0.2×흑구온도+0.1×건구온도

35-1. 태양광선이 내리쬐는 옥외장소의 자연습구온도 20℃, 흑구온도 18℃, 건구온도 30℃일 때 습구흑구 온도지수(WBGT)는?

① 20.6℃   ② 22.5℃   [22.2]
③ 25.0℃   ④ 28.5℃

해설 태양광이 내리쬐는 옥외의 습구흑구 온도지수=0.7×자연습구온도+0.2×흑구온도+0.1×건구온도=(0.7×20)+(0.2×18)+(0.1×30)=20.6℃

정답 ①

36. 물질 내 실제 입자의 진동이 규칙적일 경우 주파수의 단위는 헤르츠(Hz)를 사용하는데 다음 중 통상적으로 초음파는 몇 Hz 이상의 음파를 말하는가? [16.2]

① 10000   ② 20000
③ 50000   ④ 100000

해설 초음파는 20000Hz 이상의 주파수로 사람이 들을 수 없는 주파수이다.

37. 소음방지 대책에 있어 가장 효과적인 방법은? [13.3/19.2]

① 음원에 대한 대책
② 수음자에 대한 대책
③ 전파경로에 대한 대책
④ 거리감쇠와 지향성에 대한 대책

해설 소음방지 대책
- 소음원의 통제 : 기계설계 단계에서 소음에 대한 반영, 차량에 소음기 부착 등
- 소음의 격리 : 방, 장벽, 창문, 소음차단벽 등을 사용
- 차폐장치 및 흡음재 사용
- 배경음악 및 음향처리제 사용
- 저소음기계로 대체하고 적절히 배치(layout)시킨다.
- 소음 발생원을 제거하거나 밀폐, 소음의 경로를 차단한다.
- 방음보호구 사용 : 귀마개, 귀덮개 등을 사용한다(소극적인 대책).

37-1. 다음 중 소음에 대한 대책으로 가장 적합하지 않은 것은? [16.1]
① 소음원의 통제   ② 소음의 격리
③ 소음의 분배   ④ 적절한 배치

해설 소음방지 대책 : 소음원의 통제, 소음의 격리, 차폐장치 및 흡음재 사용, 배경음악 및 음향처리제 사용, 적절한 배치(layout), 방음보호구 사용 등

정답 ③

37-2. 다음 중 소음 발생에 있어 음원에 대한 대책으로 볼 수 없는 것은? [14.2]
① 설비의 격리
② 적절한 재배치
③ 저소음 설비 사용
④ 귀마개 및 귀덮개 사용

해설 방음보호구 사용 : 귀마개, 귀덮개 등을

사용하는 것은 소극적인 대책으로 음원에 대한 대책이 아니다.

정답 ④

37-3. 제한된 실내공간에서 소음문제의 음원에 관한 대책이 아닌 것은? [18.2]
① 저소음기계로 대체한다.
② 소음 발생원을 밀폐한다.
③ 방음보호구를 착용한다.
④ 소음 발생원을 제거한다.

해설 방음보호구 사용(소극적인 대책)
- 귀마개(EP)
  ㉠ 1종(EP-1) : 저음부터 고음까지 차음하는 것
  ㉡ 2종(EP-2) : 주로 고음을 차음하고, 저음인 회화음 영역은 차음하지 않는 것
- 귀덮개(EM)

정답 ③

37-4. 다음 중 제한된 실내공간에서의 소음문제에 대한 대책으로 가장 적절하지 않은 것은? [13.2]
① 진동 부분의 표면을 줄인다.
② 소음에 적응된 인원으로 배치한다.
③ 소음의 전달 경로를 차단한다.
④ 벽, 천정, 바닥에 흡음재를 부착한다.

해설 ②는 소음문제에 대한 대책은 아니다.

정답 ②

38. 위험상황을 해결하기 위한 위험처리기술에 해당하는 것은? [14.1/17.3]
① combine(결합)
② reduction(위험감축)
③ simplify(작업의 단순화)
④ rearrange(작업 순서의 변경 및 재배열)

해설 위험(risk)처리기술
- 위험회피(avoidance) : 위험작업 방법을 개선함으로써 위험상황이 발생하지 않게 한다.
- 위험제거(감축 : reduction) : 위험요소를 적극적으로 감축(경감)하여 예방한다.
- 위험보유(보류 : retention) : 위험의 전부를 스스로 인수하는 것이다.
- 위험전가(transfer) : 보험, 보증, 공제, 기금제도 등으로 위험조정 등을 분산한다.

38-1. 다음 중 위험관리에 있어 위험조정기술로 가장 적절하지 않은 것은? [11.3/12.2]
① 책임(responsibility)
② 위험감축(reduction)

③ 보류(retention)
④ 위험회피(avoidance)

해설 위험처리기술 : 위험회피, 위험제거, 위험보유, 위험전가 등

정답 ①

39. Q10 효과에 직접적인 영향을 미치는 인자는? [21.3]
① 고온 스트레스   ② 한랭한 작업장
③ 중량물의 취급   ④ 분진의 다량 발생

해설 Q10 : 생화학 반응속도는 온도와 함께 증대하며, 온도가 10℃ 상승할 경우 반응속도가 몇 배로 증가하는지에 대한 수치를 Q10치라고 한다.

Tip) Q10 효과에 직접적인 영향을 미치는 인자는 고온이다.

5 시스템 위험분석

시스템 위험분석 및 관리

1. 다음 중 모든 시스템 안전 프로그램에서의 최초 단계 해석으로 시스템의 위험요소가 어떤 위험상태에 있는가를 정성적으로 평가하는 분석방법은? [13.2/15.1]
① PHA   ② FHA   ③ FMEA   ④ FTA

해설 예비위험분석(PHA)은 구상 및 개발 단계에서 수행되며 얼마나 위험한 상태에 있는지를 정성적으로 평가하는 단계이다.

1-1. 모든 시스템에서 안전분석에서 제일 첫 번째 단계의 분석으로 실행되고 있는 시스템

을 포함한 모든 것의 상태를 인식하고 시스템의 개발 단계에서 시스템 고유의 위험상태를 식별하여 예상되고 있는 재해의 위험수준을 결정하는 것을 목적으로 하는 위험분석 기법은? [20.1]
① 결함위험분석(FHA : Fault Hazard Analysis)
② 시스템 위험분석(SHA : System Hazard Analysis)
③ 예비위험분석(PHA : Preliminary Hazard Analysis)
④ 운용위험분석(OHA : Operating Hazard Analysis)

해설 예비위험분석(PHA) : 모든 시스템 안전 프로그램 중 최초 단계의 분석으로 시스템 내

의 위험요소가 얼마나 위험한 상태에 있는지를 정성적으로 평가하는 분석 기법

정답 ③

1-2. 다음 중 예비위험분석(PHA)의 목적으로 가장 적절한 것은? [11.1]

① 시스템의 구상 단계에서 시스템 고유의 위험상태를 식별하여 예상되는 위험수준을 결정하기 위한 것이다.
② 시스템에서 사고위험성이 정해진 수준 이하에 있는 것을 확인하기 위한 것이다.
③ 시스템 내의 사고의 발생을 허용레벨까지 줄이고 어떠한 안전상에 필요사항을 결정하기 위한 것이다.
④ 시스템의 모든 사용 단계에서 모든 작업에 사용되는 인원 및 설비 등에 관한 위험을 분석하기 위한 것이다.

해설 예비위험분석(PHA) : 모든 시스템 안전 프로그램 중 최초 단계의 분석으로 시스템 내의 위험요소가 얼마나 위험한 상태에 있는지를 정성적으로 평가하는 분석 기법

정답 ①

1-3. 예비위험분석(PHA)은 어느 단계에서 수행되는가? [19.3]

① 구상 및 개발 단계
② 운용 단계
③ 발주서 작성 단계
④ 설치 또는 제조 및 시험 단계

해설 예비위험분석(PHA)은 구상 및 개발 단계에서 수행되며 위험요소가 얼마나 위험한 상태에 있는지를 정성적으로 평가하는 단계이다.

정답 ①

2. 예비위험분석(PHA)에서 식별된 사고의 범주가 아닌 것은? [12.1/16.1/18.3/20.3/22.1]

① 중대(critical)
② 한계적(marginal)
③ 파국적(catastrophic)
④ 수용가능(acceptable)

해설 PHA에서 위험의 정도 분류 4가지 범주
• 범주 I. 파국적(catastrophic) : 시스템의 고장 등으로 사망, 시스템 매우 중대한 손상
• 범주 II. 위기적(critical) : 시스템의 고장 등으로 심각한 상해, 시스템 중대한 손상
• 범주 III. 한계적(marginal) : 시스템의 성능 저하가 경미한 상해, 시스템 성능 저하
• 범주 IV. 무시가능(negligible) : 경미한 상해, 시스템 성능 저하가 없거나 미미함

2-1. 시스템 안전분석 방법 중 예비위험분석(PHA) 단계에서 식별하는 4가지 범주에 속하지 않는 것은? [16.2/20.3]

① 위기상태
② 무시가능상태
③ 파국적상태
④ 예비조치상태

해설 예비위험분석 단계에서의 4가지 범주는 파국적, 중대(위기적), 한계적, 무시가능으로 구분된다.

정답 ④

2-2. 다음 설명 중 ㉠과 ㉡에 해당하는 내용이 올바르게 연결된 것은? [14.2]

> 예비위험분석(PHA)의 식별된 4가지 사고 카테고리 중 작업자의 부상 및 시스템의 중대한 손해를 초래하거나 작업자의 생존 및 시스템의 유지를 위하여 즉시 수정조치를 필요로 하는 상태를 (㉠), 작업자의 부상 및 시스템의 중대한 손해를 초래하지 않고 대처 또는 제어할 수 있는 상태를 (㉡)(이)라 한다.

① ㉠ : 파국적, ㉡ : 중대
② ㉠ : 중대, ㉡ : 파국적
③ ㉠ : 한계적, ㉡ : 중대
④ ㉠ : 중대, ㉡ : 한계적

해설 • 중대(위기적) : 중대 상해, 시스템 중대 손상
• 한계적 : 시스템의 성능 저하가 경미한 상해, 시스템 성능 저하

정답 ④

3. 설비의 고장과 같이 발생확률이 낮은 사건의 특정시간 또는 구간에서의 발생횟수를 측정하는데 가장 적합한 확률분포는? [20.2]

① 이항분포(binomial distribution)
② 푸아송분포(Poisson distribution)
③ 와이블분포(Welbull distribution)
④ 지수분포(exponential distribution)

해설 푸아송분포 : 어떤 사건이 단위 시간당 몇 번 발생할 것인지를 표현하는 이산확률분포

3-1. 일반적으로 재해 발생 간격은 지수분포를 따르며, 일정기간 내에 발생하는 재해 발생 건수는 푸아송분포를 따른다고 알려져 있다. 이러한 확률변수들의 발생과정을 무엇이라고 하는가? [19.3]

① Poisson 과정   ② Bernoulli 과정
③ Wiener 과정   ④ Binomial 과정

해설 푸아송분포 : 어떤 사건이 단위 시간당 몇 번 발생할 것인지를 표현하는 이산확률분포

정답 ①

4. A자동차에서 근무하는 K씨는 지게차로 철강판을 하역하는 업무를 한다. 지게차 운전

으로 K씨에게 노출된 직업성 질환의 위험요인과 동일한 위험진동에 노출된 작업자는?

① 연마기 작업자   [17.3]
② 착암기 작업자
③ 진동 수공구 작업자
④ 대형운송차량 운전자

해설 지게차와 같은 하역작업에 노출된 작업자는 대형운송차량 운전자이다.

5. 다음 중 병렬 시스템에 대한 특성이 아닌 것은? [17.2]

① 요소의 수가 많을수록 고장의 기회는 줄어든다.
② 요소의 중복도가 늘어날수록 시스템의 수명은 길어진다.
③ 요소의 어느 하나라도 정상이면 시스템은 정상이다.
④ 시스템의 수명은 요소 중에서 수명이 가장 짧은 것으로 정해진다.

해설 직렬 시스템의 특성
• 요소의 어느 하나라도 고장이면 시스템은 고장이다.
• 시스템의 수명은 요소 중에서 수명이 가장 짧은 것으로 정해진다.

6. 일반적으로 위험(risk)은 3가지 기본 요소로 표현되며 3요소(triplets)로 정의된다. 3요소에 해당되지 않는 것은? [17.1]

① 사고 시나리오(S_i)
② 사고 발생확률(P_i)
③ 시스템 불이용도(Q_i)
④ 파급 효과 또는 손실(X_i)

해설 위험(risk)의 기본 요소
• 사고 시나리오(S_i)
• 사고 발생확률(P_i)
• 파급 효과 또는 손실(X_i)

정답 3. ② 4. ④ 5. ④ 6. ③

7. 다음 중 시스템 안전 프로그램 계획(SSPP)에 포함되어야 할 사항으로 적절하지 않은 것은? [10.1]
① 안전자료의 수집과 갱신
② 시스템 안전의 기준 및 해석
③ 위험요인에 대한 구체적인 개선 대책
④ 경과와 결과의 보고

해설 시스템 안전계획(SSPP)에 포함되어야 할 사항
- 안전조직
- 안전성 평가
- 계약조건
- 안전자료 수집과 갱신
- 안전기준
- 계획의 개요
- 안전해석
- 관련 부분과의 조정

7-1. 다음 중 시스템 안전계획(SSPP, System Safety Program Plan)에 포함되어야 할 사항으로 가장 거리가 먼 것은? [15.2]
① 안전조직
② 안전성의 평가
③ 안전자료의 수집과 갱신
④ 시스템의 신뢰성 분석비용

해설 ④는 시스템 안전의 기준 및 해석

정답 ④

8. 다음 중 시스템 안전(system safety)에 대한 설명으로 가장 적절하지 않은 것은? [13.2]
① 주로 시행착오에 의해 위험을 파악한다.
② 위험을 파악, 분석, 통제하는 접근방법이다.
③ 수명주기 전반에 걸쳐 안전을 보장하는 것을 목표로 한다.
④ 처음에는 국방과 우주항공 분야에서 필요성이 제기되었다.

해설 시스템 안전의 목적은 시스템의 위험성 예방에 필요한 조치를 도모하기 위한 것이다.

8-1. 다음 중 시스템 안전관리의 주요 업무와 가장 거리가 먼 것은? [12.1]
① 시스템 안전에 필요한 사항의 식별
② 안전활동의 계획, 조직 및 관리
③ 시스템 안전활동 결과의 평가
④ 생산 시스템의 비용과 효과 분석

해설 시스템 안전관리의 업무 수행요건
- 안전활동의 계획, 조직 및 관리
- 다른 시스템 프로그램 영역과의 조정
- 시스템의 안전에 필요한 사항의 동일성의 식별
- 시스템 안전에 대한 프로그램의 해석, 검토 및 평가

정답 ④

8-2. 다음 중 시스템 안전관리에 관한 설명으로 틀린 것은? [10.3]
① 시스템 안전에 필요한 사항에 대한 동일성을 식별하여야 한다.
② 타 시스템의 프로그램 영역을 중복시켜야 한다.
③ 안전활동의 계획, 안전조직과 관리를 철저히 하여야 한다.
④ 시스템 안전 목표를 적시에 유효하게 실현하기 위해 프로그램의 해석, 검토 및 평가를 실시하여야 한다.

해설 ② 다른 시스템의 프로그램 영역과의 조정으로 중복을 피해야 한다.

정답 ②

9. 다음 중 시스템 안전기술관리를 정립하기 위한 절차로 가장 적절한 것은? [11.2]
① 안전분석 → 안전사양 → 안전설계 → 안전확인

② 안전분석 → 안전사양 → 안전확인 → 안전
설계

③ 안전사양 → 안전설계 → 안전분석 → 안전
확인

④ 안전사양 → 안전분석 → 안전확인 → 안전
설계

해설 시스템 안전기술관리 진행 단계

1단계	2단계	3단계	4단계	5단계
안전분석	안전사양	안전설계	안전확인	운영

10. 위험관리에서 위험의 분석 및 평가에 유의
할 사항으로 적절하지 않은 것은?　　[11.1]

① 발생의 빈도보다는 손실의 규모에 중점을
둔다.

② 한 가지의 사고가 여러 가지 손실을 수반하
는지 확인한다.

③ 기업 간의 의존도는 어느 정도인지 점검한다.

④ 작업표준의 의미를 충분히 이해하고 있는지
점검한다.

해설 ④ 작업표준에 맞추어 작업하고 있는지
점검한다.

시스템 위험분석 기법

11. 위험분석 기법 중 고장이 시스템의 손실과
인명의 사상에 연결되는 높은 위험도를 가진
요소나 고장의 형태에 따른 분석법은 무엇인
가?　　[11.3/21.2]

① CA　　② ETA
③ FHA　　④ FTA

해설 치명도 분석(CA, Criticality Analysis) : 고
장모드가 기기 전체의 고장에 어느 정도 영향
을 주는가를 정량적으로 평가하는 해석 기법

11-1. 위험도 분석(CA, Criticality Analysis)
에서 설비고장에 따른 위험도를 4가지로 분류
하고 있다. 이 중 생명의 상실로 이어질 염려
가 있는 고장의 분류에 해당하는 것은? [17.3]

① category Ⅰ　　② category Ⅱ
③ category Ⅲ　　④ category Ⅳ

해설 치명도 분석(CA)의 위험도 분류
• category Ⅰ : 생명 또는 가옥의 상실
• category Ⅱ : 사명 수행의 실패
• category Ⅲ : 활동의 지연
• category Ⅳ : 영향 없음

정답 ①

12. 다음 중 복잡한 시스템을 설계, 가동하기
전의 구상 단계에서 시스템의 근본적인 위험
성을 평가하는 가장 기초적인 위험도 분석
기법은?　　[09.2/15.2]

① 예비위험분석(PHA)
② 결함수 분석법(FTA)
③ 운용 안전성 분석(OSA)
④ 고장의 형과 영향분석(FMEA)

해설 예비위험분석(PHA) : 모든 시스템 안전
프로그램 중 최초 단계의 분석으로 시스템 내
의 위험요소가 얼마나 위험한 상태에 있는지
를 정성적으로 평가하는 방법
Tip) 시스템 수명주기 5단계

1단계	2단계	3단계	4단계	5단계
구상	정의	개발	생산	운전

12-1. 시스템 수명주기에 있어서 예비위험분
석(PHA)이 이루어지는 단계에 해당하는 것
은?　　[18.3/21.2]

① 구상 단계　　② 점검 단계
③ 운전 단계　　④ 생산 단계

해설 예비위험분석(PHA) : 모든 시스템 안전 프로그램 중 최초 단계의 분석으로 시스템 내의 위험요소가 얼마나 위험한 상태에 있는지를 정성적으로 평가하는 방법

Tip) 시스템 수명주기 5단계

1단계	2단계	3단계	4단계	5단계
구상	정의	개발	생산	운전

정답 ①

12-2. 위험분석 기법 중 시스템 수명주기 관점에서 적용 시점이 가장 빠른 것은? [22.2]

① PHA   ② FHA   ③ OHA   ④ SHA

해설 예비위험분석(PHA) : 모든 시스템 안전 프로그램 중 최초 단계의 분석으로 시스템 내의 위험요소가 얼마나 위험한 상태에 있는지를 정성적으로 평가하는 방법

정답 ①

13. 시스템이 저장되어 이동되고 실행됨에 따라 발생하는 작동 시스템이 기능이나 과업, 활동으로부터 발생되는 위험에 초점을 맞춘 위험분석 차트는? [17.1]

① 결함수 분석(FTA : Fault Tree Analysis)
② 사상수 분석(ETA : Event Tree Analysis)
③ 결함위험분석(FHA : Fault Hazard Analysis)
④ 운용위험분석(OHA : Operating Hazard Analysis)

해설 운용위험분석(OHA)은 시스템이 저장, 이동, 실행됨에 따라 발생하는 작동 시스템의 기능이나 과업, 활동으로부터 발생되는 위험 분석에 사용한다.

13-1. 운용위험분석(OHA)의 내용으로 틀린 것은? [16.3]

① 위험 혹은 안전장치의 제공, 안전방호구를 제거하기 위한 설계변경이 준비되어야 한다.
② 운용위험분석(OHA)은 일반적으로 결함위험분석(FHA)이나 예비위험분석(PHA)보다 복잡하다.
③ 운용위험분석(OHA)은 시스템이 저장되고 실행됨에 따라 발생하는 작동 시스템의 기능 등의 위험에 초점을 맞춘다.
④ 안전의 기본적 관련 사항으로 시스템의 서비스, 훈련, 취급, 저장, 수송하기 위한 특수한 절차가 준비되어야 한다.

해설 운용위험분석(OHA)은 시스템이 저장, 이동, 실행됨에 따라 발생하는 작동 시스템의 기능이나 과업, 활동으로부터 발생되는 위험 분석에 사용한다.

정답 ②

14. 시스템 수명주기 단계에 있어서 예비설계와 생산기술을 확인하는 단계는? [12.3]

① 구상   ② 정의   ③ 개발   ④ 생산

해설 시스템 수명주기

1단계	2단계	3단계	4단계	5단계
구상	정의	개발	생산	운전

Tip) 안전성 위험분석(SSHA) : 정의 단계나 시스템 개발의 초기(예비)설계 단계에서 수행하며, 생산물의 적합성을 검토하는 단계이다.

14-1. 시스템의 수명주기 단계 중 마지막 단계인 것은? [13.1/19.1]

① 구상 단계   ② 개발 단계
③ 운전 단계   ④ 생산 단계

해설 시스템 수명주기

1단계	2단계	3단계	4단계	5단계
구상	정의	개발	생산	운전

정답 ③

15. 서브 시스템 분석에 사용되는 분석방법으로 시스템 수명주기에서 ㉠에 들어갈 위험분석 기법은? [12.1/18.3/22.1]

① PHA ② FHA ③ FTA ④ ETA

[해설] 결함위험분석(FHA) : 분업에 의하여 분담 설계한 서브 시스템 간의 인터페이스를 조정하여 전 시스템의 안전에 악영향이 없게 하는 분석 기법

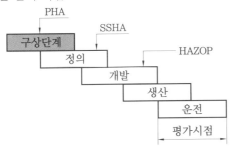

▲ 시스템 수명주기에서의 위험분석 기법

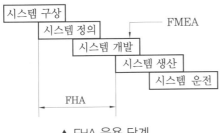

▲ FHA 응용 단계

16. 다음 중 HAZOP 분석 기법의 장점이 아닌 것은? [13.3/22.1]

① 학습 및 적용이 쉽다.
② 기법 적용에 큰 전문성을 요구하지 않는다.
③ 짧은 시간에 저렴한 비용으로 분석이 가능하다.

④ 다양한 관점을 가진 팀 단위 수행이 가능하다.

[해설] 위험 및 운전성 분석 기법(HAZOP) : 각각의 장비에 대해 잠재된 위험이나 기능 저하 등 시설에 결과적으로 미칠 수 있는 영향을 평가하기 위하여 공정이나 설계도 등에 체계적인 검토를 행하는 것

17. HAZOP 기법에서 사용하는 가이드워드와 그 의미가 잘못 연결된 것은? [20.3/21.3/22.2]

① Part of : 성질상의 감소
② As Well As : 성질상의 증가
③ Other Than : 기타 환경적인 요인
④ More/Less : 정량적인 증가 또는 감소

[해설] 유인어(guid words)
• No/Not : 설계의도의 완전한 부정
• More/Less : 정량적인 증가 또는 감소
• Part of : 성질상의 감소, 일부 변경
• Other Than : 완전한 대체
• Reverse : 설계의도와 논리적인 역을 의미
• As Well As : 성질상의 증가로 설계의도와 운전 조건 등 부가적인 행위와 함께 나타나는 것

17-1. 위험 및 운전성 검토(HAZOP)에서 사용되는 가이드워드 중에서 성질상의 감소를 의미하는 것은? [16.2]

① Part of ② More/Less
③ No/Not ④ Other Than

[해설] 유인어(guid words)
• No/Not : 설계의도의 완전한 부정
• More/Less : 정량적인 증가 또는 감소
• Part of : 성질상의 감소, 일부 변경
• Other Than : 완전한 대체
• Reverse : 설계의도와 논리적인 역을 의미

3과목 인간공학 및 시스템 안전공학

• As Well As : 성질상의 증가로 설계의도와 운전 조건 등 부가적인 행위와 함께 나타나는 것

(정답) ①

18. 생산, 보전, 시험, 운반, 저장, 비상탈출 등에 사용되는 인원, 설비에 관하여 위험을 동정(同定)하고 제어하며, 그들의 안전요건을 결정하기 위하여 실시하는 분석 기법은 무엇인가? [09.1]

① 운용 및 지원 위험분석(O & SHA)
② 사상수 분석(ETA)
③ 결함사고 분석(FHA)
④ 고장형태 및 영향분석(FMEA)

(해설) 운용 및 지원 위험분석(O & SHA) : 시스템의 생산, 보전, 시험, 운반, 저장, 비상탈출 등에 사용되는 인원, 순서, 설비에 관하여 위험을 동정하고 제어하는 분석 기법

19. 인간−기계 시스템에서의 여러 가지 인간 에러와 그것으로 인해 생길 수 있는 위험성의 예측과 개선을 위한 기법은?

① PHA [09.3/11.2/14.1/17.3/21.3]
② FHA
③ OHA
④ THERP

(해설) THERP : 인간의 과오를 정량적으로 평가하기 위해 Swain 등에 의해 개발된 기법으로 인간의 과오율 추정법 등 5개의 스텝으로 되어 있다.

19-1. THERP(Technique for Human Error Rate Prediction)의 특징에 대한 설명으로 옳은 것을 모두 고른 것은? [20.2]

㉠ 인간−기계 계(system)에서 여러 가지의 인간의 에러와 이에 의해 발생할 수 있는 위험성의 예측과 개선을 위한 기법
㉡ 인간의 과오를 정성적으로 평가하기 위하여 개발된 기법
㉢ 가지처럼 갈라지는 형태의 논리구조와 나무형태의 그래프를 이용

① ㉠, ㉡ ② ㉠, ㉢
③ ㉡, ㉢ ④ ㉠, ㉡, ㉢

(해설) THERP는 정량적 평가이다.

(정답) ②

20. 다음 중 인간 신뢰도(human reliability)의 평가방법으로 가장 적합하지 않은 것은?

① HCR ② THERP [16.1]
③ SLIM ④ FMEA

(해설) 인간의 신뢰도 평가방법은 사고 발생 가능한 모든 인간 오류를 파악하고, 이를 정량화하는 방법으로 HCR, THERP, SLIM, CIT, TCRAM 등이다.

Tip) FMEA : 고장형태 및 영향분석 기법

21. 서브 시스템, 구성요소, 기능 등의 잠재적 고장형태에 따른 시스템의 위험을 파악하는 위험분석 기법으로 옳은 것은? [18.2/21.1]

① ETA(Event Tree Analysis)
② HEA(Human Error Analysis)
③ PHA(Preliminary Hazard Analysis)
④ FMEA(Failure Mode and Effect Analysis)

(해설) FMEA : 고장형태 및 영향분석 기법으로 시스템에 영향을 미치는 모든 요소의 고장을 형태별로 분석하여 그 영향을 최소로 하고자 검토하는 전형적인 정성적, 귀납적 분석방법이다.

21-1. FMEA의 특징에 대한 설명으로 틀린 것은? [09.3/12.1/13.1/15.3/18.1/19.1/21.3]

① 서브 시스템 분석 시 FTA보다 효과적이다.
② 양식이 비교적 간단하고 적은 노력으로 특별한 훈련 없이 해석이 가능하다.
③ 시스템 해석 기법은 정성적·귀납적 분석법 등에 사용된다.
④ 각 요소 간 영향 해석이 어려워 2가지 이상 동시 고장은 해석이 곤란하다.

해설 FMEA의 장·단점
- 장점 : 서식이 간단하고, 비교적 적은 노력으로 분석이 가능하다.
- 단점 : 논리성의 부족, 2가지 이상의 요소가 고장 날 경우 분석이 곤란하며, 요소가 물체로 한정되어 인적원인 분석이 곤란하다.

Tip) 서브 시스템 분석 시 FTA가 FMEA보다 효과적이다.

정답 ①

21-2. FMEA의 표준적 실시 절차를 "대상 시스템의 분석 → 고장의 유형과 그 영향의 해석 → 치명도 해석과 개선책의 검토"와 같이 3가지로 구분하였을 때 "대상 시스템의 분석"에 해당되는 것은? [09.1/10.2/12.2]

① 치명도 해석
② 고장등급의 평가
③ 고장형의 예측과 설정
④ 기능 블록과 신뢰성 블록의 작성

해설 FMEA의 표준적 실시 절차

1단계	2단계	3단계
대상 시스템의 분석	고장의 유형과 그 영향의 해석	치명도 해석과 개선책의 검토

Tip) ①은 3단계, ②, ③은 2단계, ④는 1단계

정답 ④

21-3. FMEA에서 고장의 발생확률 β가 다음 값의 범위일 경우 고장의 영향으로 옳은 것은? [09.2/16.1]

$$0.10 \leq \beta < 1.00$$

① 손실의 영향이 없음
② 실제 손실이 예상됨
③ 실제 손실이 발생됨
④ 손실 발생의 가능성이 있음

해설 FMEA 고장영향과 발생확률

구분	발생확률(β의 값)	빈도
실제 손실이 발생됨	$\beta = 1.0$	자주
실제 손실이 예상됨	$0.10 \leq \beta < 1.00$	보통
가능한 손실	$0 < \beta < 0.1$	가끔
손실의 영향이 없음	$\beta = 0$	없음

정답 ②

22. 디시전 트리(decision tree)를 재해사고의 분석에 이용한 경우의 분석법이며, 설비의 설계 단계에서부터 사용 단계까지의 각 단계에서 위험을 분석하는 귀납적, 정량적 분석 방법은? [10.2]

① ETA ② FMEA ③ THERP ④ CA

해설 ETA(사건수 분석법, Event Tree Analysis) : 사고 시나리오에서 연속된 사건들의 발생경로를 파악하고 평가하기 위한 귀납적이고 정량적인 시스템 안전 프로그램

23. 다음 설명 중 ( ) 안에 알맞은 용어가 올바르게 짝지어진 것은? [13.3/17.2]

(㉠) : FTA와 동일의 논리적 방법을 사용하여 관리, 설계, 생산, 보전 등에 대한 넓은 범위에 걸쳐 안전성을 확보하려는 시스템 안전 프로그램

(ⓛ) : 사고 시나리오에서 연속된 사건들의 발생경로를 파악하고 평가하기 위한 귀납적이고 정량적인 시스템 안전 프로그램

① ㉠ : PHA, ⓛ : ETA
② ㉠ : ETA, ⓛ : MORT
③ ㉠ : MORT, ⓛ : ETA
④ ㉠ : MORT, ⓛ : PHA

해설 MORT와 ETA

• MORT : FTA와 같은 논리 기법을 이용하며 관리, 설계, 생산, 보전 등에 대한 광범위한 안전성을 확보하려는 시스템 안전 프로그램

• ETA(사건수 분석법, Event Tree Analysis) : 사고 시나리오에서 연속된 사건들의 발생경로를 파악하고 평가하기 위한 귀납적이고 정량적인 시스템 안전 프로그램

24. 다음 중 위험분석 기법에 관한 설명으로 틀린 것은? [12.3]

① 결함수 분석(FTA)은 잠재위험을 체계적으로 파악하고 분석하며, 연역적 사고방식을 사용한다.
② 결함위험분석(FHA)은 기능적 위험을 분석하고 파악하며, 연역적 방식을 사용한다.
③ 예비위험분석(PHA)은 초기 위험분석을 위해 사용되며, 설계상의 안전에 대해 결론을 내릴 때 예비서식으로 사용한다.
④ 운용위험분석(OHA)은 시스템이 저장, 이동, 실행됨에 따라 발생하는 작동 시스템의 기능이나 과업, 활동으로부터 발생되는 위험분석에 사용한다.

해설 결함위험분석(FHA) : 분업에 의하여 분담 설계한 서브 시스템 간의 인터페이스를 조정하여 전 시스템의 안전에 악영향이 없게 하는 분석 기법

25. 다음의 DT(Decision Tree)에서 ㉠, ⓛ, ㉢에 해당하는 값으로 옳은 것은? [10.3]

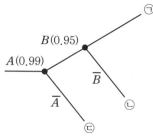

① ㉠ : 0.9405, ⓛ : 0.0495, ㉢ : 0.01
② ㉠ : 0.9999, ⓛ : 0.0495, ㉢ : 0.05
③ ㉠ : 0.9995, ⓛ : 0.9905, ㉢ : 0.05
④ ㉠ : 1.94, ⓛ : 1.04, ㉢ : 0.01

해설 DT(Decision Tree)
㉠ : $A \times B = 0.99 \times 0.95 = 0.9405$
ⓛ : $A \times (1-B) = 0.99 \times (1-0.95) = 0.0495$
㉢ : $(1-A) = 1 - 0.99 = 0.01$

26. THERP를 이용하여 각 가지 B_1, B_2가 나타내는 사상이 서로 독립해서 생긴다고 할 때 가지 B_1을 통해서 마디 N_3가 생길 확률은 얼마인가? [11.3]

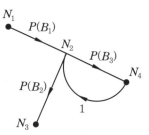

① $\dfrac{P(B_1)P(B_2)}{1-P(B_3)}$ ② $\dfrac{P(B_2)P(B_3)}{1-P(B_1)}$

③ $1-P(B_1)P(B_2)$ ④ $1-P(B_2)P(B_3)$

해설 도달할 확률 $= \dfrac{최단경로}{1-루프경로의 곱}$

$= \dfrac{P(B_1)P(B_2)}{1-P(B_3)}$

27. 다음은 사건수 분석(Event Tree Analysis, ETA)의 작성사례이다. A, B, C에 들어갈 확률값들이 올바르게 나열된 것은? [10.1]

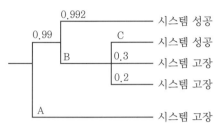

① A : 0.01, B : 0.008, C : 0.03
② A : 0.008, B : 0.01, C : 0.2
③ A : 0.01, B : 0.008, C : 0.5
④ A : 0.3, B : 0.01, C : 0.008

해설 확률값 : ETA의 사상의 합은 1이다.
ㄱ A=1−0.99=0.01
ㄴ B=1−0.992=0.008
ㄷ C=1−(0.3+0.2)=0.5

---

6 결함수 분석법

결함수 분석 I

1. 입력 B_1과 B_2의 어느 한쪽이 일어나면 출력 A가 생기는 경우를 논리합의 관계라 한다. 이때 입력과 출력 사이에는 무슨 게이트로 연결되는가? [18.2]

① OR 게이트
② 억제게이트
③ AND 게이트
④ 부정게이트

해설 FTA 기호

기호	명칭	발생 현상
Ai, Aj, Ak 순으로 Ai Aj Ak	우선적 AND 게이트	입력사상 중에 어떤 현상이 다른 현상보다 먼저 일어날 경우에만 출력이 발생한다.
2개의 출력 Ai Aj Ak	조합 AND 게이트	3개 이상의 입력 현상 중에 2개가 일어나면 출력이 발생한다.
동시발생이 없음	배타적 OR 게이트	입력사상 중 한 개의 발생으로만 출력사상이 생성되는 논리 게이트, 2개 이상의 입력이 동시에 존재할 때에 출력사상이 발생하지 않는다.
위험지속시간	위험 지속 AND 게이트	입력 현상이 생겨서 어떤 일정한 기간이 지속될 때에 출력이 발생한다.
	억제 게이트	게이트의 출력사상은 한 개의 입력사상에 의해 발생하며, 조건을 만족하면 출력이 발생하고, 조건이 만족되지 않으면 출력이 발생하지 않는다.
A	부정 게이트	입력과 반대 현상의 출력사상이 발생한다.

Tip) OR 게이트 : 한 개 이상의 입력이 1일 때 출력이 발생한다.

1-1. FT도에서 사용하는 기호 중 다음 그림과 같이 OR 게이트이지만, 2개 또는 그 이상의 입력이 동시에 존재할 때 출력이 생기지 않는 경우 사용하는 것은? [11.3/20.1]

① 부정 OR 게이트
② 배타적 OR 게이트
③ 억제 게이트
④ 조합 OR 게이트

해설 배타적 OR 게이트

기호	발생 현상
동시발생이 없음	입력사상 중 한 개의 발생으로만 출력사상이 생성되는 논리 게이트, 2개 이상의 입력이 동시에 존재할 때에 출력사상이 발생하지 않는다.

(※ 문제의 그림 오류로 가답안 발표 시 ②번으로 발표되었지만, 확정 답안 발표 시 모두 정답으로 처리되었다. 본서에서는 문제의 그림을 수정하여 가답안인 ②번을 정답으로 한다.)

정답 ②

1-2. FTA에 사용되는 논리 게이트 중 여러 개의 입력사상이 정해진 순서에 따라 순차적으로 발생해야만 결과가 출력되는 것은?

① 억제 게이트 [09.1/11.1/17.3]
② 조합 AND 게이트
③ 배타적 OR 게이트
④ 우선적 AND 게이트

해설 우선적 AND 게이트

기호	발생 현상
Ai, Aj, Ak 순으로 / Ai Aj Ak	입력사상 중에 어떤 현상이 다른 현상보다 먼저 일어날 경우에만 출력이 발생한다.

정답 ④

1-3. FT도에 사용하는 기호에서 3개의 입력 현상 중 임의의 시간에 2개가 발생하면 출력이 생기는 기호의 명칭은? [17.1/19.2/21.3]

① 억제 게이트
② 조합 AND 게이트
③ 배타적 OR 게이트
④ 우선적 AND 게이트

해설 조합 AND 게이트

기호	발생 현상
2개의 출력 / Ai Aj Ak	3개 이상의 입력 현상 중에 2개가 일어나면 출력이 발생한다.

정답 ②

1-4. FT도에서 사용되는 다음 기호의 명칭으로 맞는 것은? [15.1/19.3]

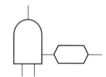

① 부정 게이트
② 수정기호
③ 위험지속기호
④ 배타적 OR 게이트

해설 위험지속 AND 게이트

기호	발생 현상
위험지속시간	입력 현상이 생겨서 어떤 일정한 기간이 지속될 때에 출력이 발생한다.

정답 ③

1-5. FT도에 사용되는 다음 게이트의 명칭은?
[10.3/12.1/15.2/15.3/19.1]

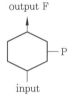

output F
P
input

① 부정 게이트
② 억제 게이트
③ 배타적 OR 게이트
④ 우선적 AND 게이트

해설 억제 게이트

기호	발생 현상
	게이트의 출력사상은 한 개의 입력사상에 의해 발생하며, 조건을 만족하면 출력이 발생하고, 조건이 만족되지 않으면 출력이 발생하지 않는다.

정답 ②

1-6. FTA에서 사용되는 논리 게이트 중 입력과 반대되는 현상으로 출력되는 것은?
[09.2/09.3/22.1]

① 부정 게이트
② 억제 게이트
③ 배타적 OR 게이트
④ 우선적 AND 게이트

해설 부정 게이트

기호	발생 현상
A	입력과 반대 현상의 출력사상이 발생한다.

정답 ①

2. FTA(Fault Tree Analysis)에서 사용되는 사상기호 중 통상의 작업이나 기계의 상태에서 재해의 발생 원인이 되는 요소가 있는 것은?
[11.2/12.2/13.2/14.2/18.1/22.2]

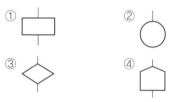

해설 FTA의 기호

기호	명칭	기호 설명
	생략 사상	정보 부족, 해석기술의 불충분으로 더 이상 전개할 수 없는 사상
	결함 사상	개별적인 결함사상(비정상적인 사건)
	통상 사상	통상적으로 발생이 예상되는 사상(예상되는 원인)
	기본 사상	더 이상 전개되지 않는 기본적인 사상
	전이 기호	다른 부분에 있는 게이트와의 연결관계를 나타내기 위한 기호

2-1. FTA에서 사용하는 다음 사상기호에 대한 설명으로 맞는 것은?
[17.2/21.2]

① 시스템 분석에서 좀 더 발전시켜야 하는 사상
② 시스템의 정상적인 가동상태에서 일어날 것이 기대되는 사상
③ 불충분한 자료로 결론을 내릴 수 없어 더 이상 전개할 수 없는 사상
④ 주어진 시스템의 기본사상으로 고장 원인이 분석되었기 때문에 더 이상 분석할 필요가 없는 사상

해설 생략사상 : 정보 부족, 해석기술의 불충분으로 더 이상 전개할 수 없는 사상

정답 ③

2-2. 두 가지 상태 중 하나가 고장 또는 결함으로 나타나는 비정상적인 사건은? [21.2]
① 톱사상 ② 결함사상
③ 정상적인 사상 ④ 기본적인 사상

해설 결함사상 : 고장 또는 결함으로 나타나는 비정상적인 사건

정답 ②

3. 결함수 분석(FTA)에 의한 재해사례의 연구 순서로 옳은 것은? [12.3/13.3/16.3/19.1/21.3]

┌─────────────────────────────┐
│ ㉠ FT(Fault Tree)도 작성 │
│ ㉡ 개선안 실시계획 │
│ ㉢ 톱사상의 선정 │
│ ㉣ 사상마다 재해 원인 및 요인 규명 │
│ ㉤ 개선계획 작성 │
└─────────────────────────────┘

① ㉡ → ㉣ → ㉢ → ㉤ → ㉠
② ㉢ → ㉣ → ㉠ → ㉤ → ㉡

③ ㉣ → ㉤ → ㉢ → ㉠ → ㉡
④ ㉤ → ㉢ → ㉡ → ㉠ → ㉣

해설 FTA에 의한 재해사례연구 순서

1단계	2단계	3단계	4단계	5단계
톱사상 선정	재해 원인 규명	FT도 작성	개선계획 작성	개선계획 실시

3-1. FTA에 의한 재해사례연구 순서에서 가장 먼저 실시하여야 하는 상황은?
① FT도의 작성 [09.2/13.2/18.3]
② 개선계획의 작성
③ 톱(top)사상의 선정
④ 사상의 재해 원인의 규명

해설 FTA에 의한 재해사례연구 순서

1단계	2단계	3단계	4단계	5단계
톱사상 선정	재해 원인 규명	FT도 작성	개선계획 작성	개선계획 실시

정답 ③

3-2. FTA에 의한 재해사례연구 순서 중 2단계에 해당하는 것은? [20.1]
① FT도의 작성
② 톱사상의 선정
③ 개선계획의 작성
④ 사상의 재해 원인을 규명

해설 FTA에 의한 재해사례연구 순서

1단계	2단계	3단계	4단계	5단계
톱사상 선정	재해 원인 규명	FT도 작성	개선계획 작성	개선계획 실시

정답 ④

4. 결함수 분석법(FTA)의 특징으로 볼 수 없는 것은? [11.3/14.3/18.2]

① top down 형식

② 특정사상에 대한 해석

③ 정성적 해석의 불가능

④ 논리기호를 사용한 해석

해설 결함수 분석법(FTA)의 특징

• top down 방식(연역적)

• 정성적 평가 후 정량적 해석 기법(해석 가능)

• 논리기호를 사용한 특정사상에 대한 해석

• 서식이 간단하고 비교적 적은 노력으로 분석이 가능하다.

• 논리성의 부족, 2가지 이상의 요소가 고장 날 경우 분석이 곤란하며, 요소가 물체로 한정되어 인적원인 분석이 곤란하다.

4-1. 다음 중 결함수 분석(FTA)에 관한 설명으로 틀린 것은? [15.1]

① 연역적 방법이다.

② 버텀-업(bottom-up) 방식이다.

③ 기능적 결함의 원인을 분석하는데 용이하다.

④ 계량적 데이터가 축적되면 정량적 분석이 가능하다.

해설 ② top down 방식(연역적)이다.

정답 ②

4-2. 다음 중 FTA(Fault Tree Analysis)에 관한 설명으로 가장 적절한 것은? [10.2/16.1]

① 복잡하고, 대형화된 시스템의 신뢰성 분석에는 적절하지 않다.

② 시스템 각 구성요소의 기능을 정상인가 또는 고장인가로 점진적으로 구분 짓는다.

③ "그것이 발생하기 위해서는 무엇이 필요한가?"라는 것은 연역적이다.

④ 사건들을 일련의 이분(binary) 의사 결정분기들로 모형화한다.

해설 FTA의 정의 : 특정한 사고에 대하여 사고의 원인이 되는 장치 및 기기의 결함이나 작업자 오류 등을 연역적이며 정량적으로 평가하는 분석법

정답 ③

4-3. FTA(Fault Tree Analysis)에 관한 설명으로 옳은 것은? [22.2]

① 정성적 분석만 가능하다.

② 복잡하고 대형화된 시스템의 신뢰성 분석 및 안정성 분석에 이용되는 기법이다.

③ FT에 동일한 사건이 중복되어 나타나는 경우 상향식(bottom-up)으로 정상사건 T의 발생확률을 계산할 수 있다.

④ 기초사건과 생략사건의 확률 값이 주어지게 되더라도 정상사건의 최종적인 발생확률을 계산할 수 없다.

해설 FTA의 정의 : 특정한 사고에 대하여 사고의 원인이 되는 장치 및 기기의 결함이나 작업자 오류 등을 연역적이며 정량적으로 평가하는 분석법

정답 ②

5. 다음 중 결함수 분석의 기대 효과와 가장 관계가 먼 것은? [15.2/19.2]

① 시스템의 결함 진단

② 시간에 따른 원인 분석

③ 사고 원인 규명의 간편화

④ 사고 원인 분석의 정량화

해설 결함수 분석(FTA)의 기대 효과

• 시스템의 결함 진단

• 사고 원인 규명의 간편화

• 사고 원인 분석의 정량화

• 사고 원인 분석의 일반화

• 안전점검 체크리스트 작성

• 노력, 시간의 절감

정답 5. ②

3과목 인간공학 및 시스템 안전공학

5-1. 다음 중 FTA의 기대 효과로 볼 수 없는 것은? [10.3]

① 사고 원인 규명의 간편화
② 사고 원인 분석의 정성화
③ 노력, 시간의 절감
④ 시스템의 결함 진단

해설 ② 사고 원인 분석의 정량화

정답 ②

6. 각 기본사상의 발생확률이 증감하는 경우 정상사상의 발생확률에 어느 정도 영향을 미치는가를 반영하는 지표로서 수리적으로는 편미분계수와 같은 의미를 갖는 FTA의 중요도 지수는? [14.2/19.3]

① 확률 중요도   ② 구조 중요도
③ 치명 중요도   ④ 비구조 중요도

해설 확률 중요도 : 기본사상의 발생확률이 증감하는 경우 정상사상의 발생확률에 어느 정도 영향을 미치는가를 반영하는 지표로서 수리적으로는 편미분계수와 같은 의미를 갖는다.

7. 다음 중 FT의 작성방법에 관한 설명으로 틀린 것은? [14.1/16.3]

① 정성·정량적으로 해석·평가하기 전에는 FT를 간소화해야 한다.
② 정상(top)사상과 기본사상과의 관계는 논리 게이트를 이용해 도해한다.
③ FT를 작성하려면, 먼저 분석대상 시스템을 완전히 이해하여야 한다.
④ FT 작성을 쉽게 하기 위해서는 정상(top)사상을 최대한 광범위하게 정의한다.

해설 ④ FT도의 정상(top)사상은 분석대상이 되는 고장사상을 광범위하게 정의하지 않는다.

8. 결함수 작성의 몇 가지 원칙 중 다음 설명에 해당하는 원칙은? [11.2]

> 일단 약화되기 시작하여 재해로 발전하여 가는 과정 도중에 자연적으로 또는 다른 사건의 발생으로 인해 재해 연쇄가 중지되는 경우는 없다.

① No-Gate-to-Gate Rule
② No Miracle Rule
③ General Rule I
④ General Rule II

해설 지문은 결함수 작성원칙(No Miracle Rule)의 정의이다.

9. 결함수 분석의 기호 중 입력사상이 어느 하나라도 발생할 경우 출력사상이 발생하는 것은? [20.3]

① NOR GATE   ② AND GATE
③ OR GATE   ④ NAND GATE

해설 GATE 진리표

OR		NOR		AND		NAND	
입력	출력	입력	출력	입력	출력	입력	출력
0 0	0	0 0	1	0 0	0	0 0	1
0 1	1	0 1	0	0 1	0	0 1	1
1 0	1	1 0	0	1 0	0	1 0	1
1 1	1	1 1	0	1 1	1	1 1	0

10. 재해예방 측면에서 시스템의 FT에서 상부 측 정상사상의 가장 가까운 쪽에 OR 게이트를 인터록이나 안전장치 등을 활용하여 AND 게이트로 바꿔주면 이 시스템의 재해율에는 어떠한 현상이 나타나겠는가? [16.1]

① 재해율에는 변화가 없다.
② 재해율의 급격한 증가가 발생한다.
③ 재해율의 급격한 감소가 발생한다.

④ 재해율의 점진적인 증가가 발생한다.

해설 OR 게이트를 AND 게이트로 바꿔주면 모든 입력사상이 공존할 때만 출력사상이 발생하므로 재해율의 급격한 감소가 발생한다.

결함수 분석 Ⅱ

11. 불(Boole) 대수의 정리를 나타낸 관계식으로 틀린 것은? [21.1]

① $A \cdot A = A$　　② $A + \overline{A} = 0$
③ $A + AB = A$　　④ $A + A = A$

해설 불(Bool)대수의 정리
• 항등법칙 : $A+0=A$, $A+1=1$, $A \cdot 1=A$, $A \cdot 0=0$
• 멱등법칙 : $A+A=A$, $A \cdot A=A$, $A+A'=1$, $A \cdot A'=0$
• 교환법칙 : $A+B=B+A$, $A \cdot B=B \cdot A$
• 보수법칙 : $A+\overline{A}=1$, $A \cdot \overline{A}=0$
• 흡수법칙 : $A(A \cdot B)=(A \cdot A)B=A \cdot B$, $A \cdot (A+B)=A$ → $A+A \cdot B=A \cup (A \cap B)=(A \cup A) \cap (A \cup B)=A \cap (A \cup B)=A$, $A \cdot (A+B)=A(1)=A$ $(A+B=1)$, $\overline{A \cdot B}=\overline{A}+\overline{B}$
• 분배법칙 : $A+(B \cdot C)=(A+B) \cdot (A+C)$, $A \cdot (B+C)=(A \cdot B)+(A \cdot C)$
• 결합법칙 : $A(BC)=(AB)C$, $A+(B+C)=(A+B)+C$

11-1. 불(Boole) 대수의 관계식으로 틀린 것은? [22.1]

① $A+\overline{A}=1$　　② $A+AB=A$
③ $A(A+B)=A+B$　　④ $A+\overline{A}B=A+B$

해설 ③ $A(A+B)=A+(A \cdot B)=A(A \cdot B=0)$
정답 ③

11-2. 불 대수 관계식으로 틀린 것은? [18.3]

① $A(A+B)=A$　　② $\overline{A \cdot B}=\overline{A}+\overline{B}$
③ $A+\overline{A} \cdot B=A+B$　　④ $A+B=\overline{A} \cdot \overline{B}$

해설 교환법칙 : $A+B=B+A$, $A \cdot B=B \cdot A$
정답 ④

11-3. 다음 중 불(Bool) 대수의 정리를 나타낸 관계식으로 틀린 것은? [14.3]

① $A \cdot A=A$　　② $A+A'=0$
③ $A+AB=A$　　④ $A+A=A$

해설 멱등법칙 : $A+A=A$, $A \cdot A=A$, $A+A'=1$, $A \cdot A'=0$
정답 ②

11-4. 불(Bool) 대수의 정리를 나타낸 관계식 중 틀린 것은? [14.2/22.2]

① $A \cdot 0=0$　　② $A+1=1$
③ $A \cdot \overline{A}=1$　　④ $A(A+B)=A$

해설 보수법칙 : $A \cdot \overline{A}=0$, $A+\overline{A}=1$
정답 ③

11-5. 부분집합 A, B, C가 "$A+(B \cdot C)$"의 관계를 갖는다고 할 때 이와 동일한 것은?

① $(A+B) \cdot (A+C)$ [09.1]
② $(A \cdot B)+(A \cdot C)$
③ $A \cdot (B \cdot C)$
④ $A+(B-C)$

해설 분배법칙 : $A+(B \cdot C)=(A+B) \cdot (A+C)$
정답 ①

11-6. 불 대수식 $(A+B) \cdot (\overline{A}+B)$를 가장 간단하게 표현한 것은? [09.2]

① $A \cdot B$　　② $\overline{A} \cdot B+A \cdot \overline{B}$
③ A　　④ B

해설 $(A+B) \cdot (\overline{A}+B)=(A+B) \cdot B$
$=(A \cdot B)+B=B(A \cdot B=0)$

정답 ④

12. 컷셋(cut set)과 패스셋(path set)에 관한 설명으로 옳은 것은? [13.1/17.3/20.1]

① 동일한 시스템에서 패스셋의 개수와 컷셋의 개수는 같다.

② 패스셋은 동시에 발생했을 때 정상사상을 유발하는 사상들의 집합이다.

③ 일반적으로 시스템에서 최소 컷셋의 개수가 늘어나면 위험수준이 높아진다.

④ 최소 컷셋은 어떤 고장이나 실수를 일으키지 않으면 재해는 일어나지 않는다고 하는 것이다.

해설 컷셋과 패스셋

• 컷셋(cut set) : 정상사상을 발생시키는 기본사상의 집합, 모든 기본사상이 발생할 때 정상사상을 발생시키는 기본사상들의 집합

• 패스셋(path set) : 모든 기본사상이 발생하지 않을 때 처음으로 정상사상이 발생하지 않는 기본사상들의 집합, 시스템의 고장을 발생시키지 않는 기본사상들의 집합

• 최소 컷셋(minimal cut set) : 정상사상을 일으키기 위한 최소한의 컷으로 컷셋 중에 타 컷셋을 포함하고 있는 것을 배제하고 남은 컷셋들을 의미한다. 즉, 모든 기본사상 발생 시 정상사상을 발생시키는 기본사상의 최소 집합으로 시스템의 위험성을 말한다.

• 최소 패스셋(minimal path set) : 모든 고장이나 실수가 발생하지 않으면 재해는 발생하지 않는다는 것으로, 즉 기본사상이 일어나지 않으면 정상사상이 발생하지 않는 기본사상의 집합으로 시스템의 신뢰성을 말한다.

12-1. 다음 중 FTA에서 특정 조합의 기본사상들이 동시에 결함을 발생하였을 때 정상사상을 일으키는 기본사상의 집합을 무엇이라 하는가? [09.3/10.1/13.1]

① cut set
② error set
③ path set
④ success set

해설 컷셋 : 정상사상을 발생시키는 기본사상의 집합, 모든 기본사상이 발생할 때 정상사상을 발생시키는 기본사상들의 집합

정답 ①

12-2. 결함수 분석법에서 path set에 관한 설명으로 옳은 것은? [12.1/17.2/20.3]

① 시스템의 약점을 표현한 것이다.
② top사상을 발생시키는 조합이다.
③ 시스템이 고장 나지 않도록 하는 사상의 조합이다.
④ 시스템 고장을 유발시키는 필요불가결한 기본사상들의 집합이다.

해설 패스셋 : 모든 기본사상이 발생하지 않을 때 처음으로 정상사상이 발생하지 않는 기본사상들의 집합, 시스템의 고장을 발생시키지 않는 기본사상들의 집합

정답 ③

12-3. 컷셋(cut sets)과 최소 패스셋(minimal path sets)의 정의로 옳은 것은? [21.1]

① 컷셋은 시스템 고장을 유발시키는 필요 최소한의 고장들의 집합이며, 최소 패스셋은 시스템의 신뢰성을 표시한다.

② 컷셋은 시스템 고장을 유발시키는 기본고장들의 집합이며, 최소 패스셋은 시스템의 불신뢰도를 표시한다.

③ 컷셋은 그 속에 포함되어 있는 모든 기본사상이 일어났을 때 정상사상을 일으키는 기본사상의 집합이며, 최소 패스셋은 시스템의 신뢰성을 표시한다.

④ 컷셋은 그 속에 포함되어 있는 모든 기본사상이 일어났을 때 정상사상을 일으키는 기본사상의 집합이며, 최소 패스셋은 시스템의 성공을 유발하는 기본사상의 집합이다.

해설 • 컷셋(cut set) : 정상사상을 발생시키는 기본사상의 집합, 모든 기본사상이 발생할 때 정상사상을 발생시키는 기본사상들의 집합

• 최소 패스셋(minimal path set) : 모든 고장이나 실수가 발생하지 않으면 재해는 발생하지 않는다는 것으로, 즉 기본사상이 일어나지 않으면 정상사상이 발생하지 않는 기본사상의 집합으로 시스템의 신뢰성을 말한다.

정답 ③

정성적, 정량적 분석

13. 다음 FT도에서 시스템에 고장이 발생할 확률이 약 얼마인가? (단, X_1과 X_2의 발생확률은 각각 0.05, 0.03이다.)　　[10.1/20.1]

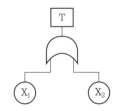

① 0.0015　　　　② 0.0785
③ 0.9215　　　　④ 0.9985

해설 고장발생확률 $= 1 - (1-X_1) \times (1-X_2)$
$= 1 - (1-0.05) \times (1-0.03) = 0.0785$

13-1. 그림과 같은 FT도에서 정상사상 T의 발생확률은? (단, X_1, X_2, X_3의 발생확률은 각각 0.1, 0.15, 0.1이다.)　　[10.3/21.1]

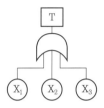

① 0.3115　　　　② 0.35
③ 0.496　　　　④ 0.9985

해설 $T = 1 - (1-X_1) \times (1-X_2) \times (1-X_3)$
$= 1 - (1-0.1) \times (1-0.15) \times (1-0.1)$
$= 0.3115$

정답 ①

13-2. 다음의 FT도에서 사상 A의 발생확률 값은?　　[18.2]

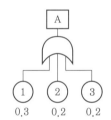

① 게이트 기호가 OR이므로 0.012
② 게이트 기호가 AND이므로 0.012
③ 게이트 기호가 OR이므로 0.552
④ 게이트 기호가 AND이므로 0.552

해설 $A = 1 - (1-0.3) \times (1-0.2) \times (1-0.2)$
$= 0.552$

정답 ③

14. 다음 FT도에서 각 요소의 발생확률이 요소 ①과 요소 ②는 0.2, 요소 ③은 0.25, 요소 ④는 0.3일 때, A사상의 발생확률은 얼마인가?　　[09.1/19.3]

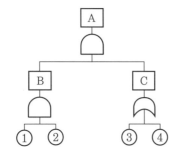

① 0.007　　　　　② 0.014
③ 0.019　　　　　④ 0.071

해설 $A = ① \times ② \times \{1 - (1 - ③) \times (1 - ④)\}$
$= 0.2 \times 0.2 \times \{1 - (1 - 0.25) \times (1 - 0.3)\}$
$= 0.019$

14-1. 그림과 같은 FT도에서 $F_1 = 0.015$, $F_2 = 0.02$, $F_3 = 0.05$이면, 정상사상 T가 발생할 확률은 약 얼마인가? 　　　　[09.3/20.2]

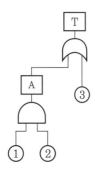

① 0.0002　　　　　② 0.0283
③ 0.0503　　　　　④ 0.9500

해설 $T = 1 - (1 - A) \times (1 - ③)$
$= 1 - \{1 - (① \times ②)\} \times (1 - ③)$
$= 1 - \{1 - (0.015 \times 0.02)\} \times (1 - 0.05)$
$= 0.0503$

정답 ③

14-2. FT도에서 ①~⑤ 사상의 발생확률이 모두 0.06일 경우 T사상의 발생확률은 약 얼마인가? 　　　　[14.1]

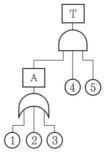

① 0.00036　　　　　② 0.00061
③ 0.142625　　　　④ 0.2262

해설 ㉠ $A = 1 - (1 - ①) \times (1 - ②) \times (1 - ③)$
$= 1 - (1 - 0.06) \times (1 - 0.06) \times (1 - 0.06)$
$= 0.17$
㉡ $T = A \times ④ \times ⑤ = 0.17 \times 0.06 \times 0.06$
$= 0.000612$

정답 ②

15. 그림과 같이 FTA로 분석된 시스템에서 현재 모든 기본사상에 대한 부품이 고장 난 상태이다. 부품 X_1부터 부품 X_5까지 순서대로 복구한다면 어느 부품을 수리 완료하는 시점에서 시스템이 정상 가동되는가?

[16.2/17.1/20.2]

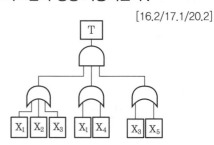

① 부품 X_2　　　　　② 부품 X_3
③ 부품 X_4　　　　　④ 부품 X_5

해설 시스템 복구
㉠ 3개의 OR 게이트가 AND 게이트로 연결되어 있으므로 OR 게이트 3개가 모두 정상이 되면 전체 시스템은 정상 가동된다.
㉡ 부품 X_3를 수리하면 3개의 OR 게이트가 모두 정상으로 바뀐다.

∴ 부품 X_3를 수리 완료하면 전체 시스템이 정상 가동된다.

16. 다음 중 결함수 분석법(FTA)에서의 미니멀 컷셋과 미니멀 패스셋에 관한 설명으로 맞는 것은? [14.2/17.2]
① 미니멀 컷셋은 시스템의 신뢰성을 표시하는 것이다.
② 미니멀 패스셋은 시스템의 위험성을 표시하는 것이다.
③ 미니멀 패스셋은 시스템의 고장을 발생시키는 최소의 패스셋이다.
④ 미니멀 컷셋은 정상사상(top event)을 일으키기 위한 최소한의 컷셋이다.

해설 미니멀 컷셋과 미니멀 패스셋
• 최소 컷셋(minimal cut set) : 정상사상을 일으키기 위한 최소한의 컷으로 컷셋 중에 타 컷셋을 포함하고 있는 것을 배제하고 남은 컷셋들을 의미한다. 즉, 모든 기본사상 발생 시 정상사상을 발생시키는 기본사상의 최소 집합으로 시스템의 위험성을 말한다.
• 최소 패스셋(minimal path set) : 모든 고장이나 실수가 발생하지 않으면 재해는 발생하지 않는다는 것으로, 즉 기본사상이 일어나지 않으면 정상사상이 발생하지 않는 기본사상의 집합으로 시스템의 신뢰성을 말한다.

16-1. FTA에서 사용되는 최소 컷셋에 관한 설명으로 옳지 않은 것은? [10.2/14.1/20.2]
① 일반적으로 fussell algorithm을 이용한다.
② 정상사상(top event)을 일으키는 최소한의 집합이다.
③ 반복되는 사건이 많은 경우 limnios 와 ziani algorithm을 이용하는 것이 유리하다.

④ 시스템에 고장이 발생하지 않도록 하는 모든 사상의 집합이다.

해설 최소 컷셋(minimal cut set) : 정상사상을 일으키기 위한 최소한의 컷으로 컷셋 중에 타 컷셋을 포함하고 있는 것을 배제하고 남은 컷셋들을 의미한다. 즉, 모든 기본사상 발생 시 정상사상을 발생시키는 기본사상의 최소 집합으로 시스템의 위험성을 말한다.

정답 ④

16-2. FTA에서 활용하는 최소 컷셋(minimal cut sets)에 관한 설명으로 맞는 것은? [18.3]
① 해당 시스템에 대한 신뢰도를 나타낸다.
② 컷셋 중에 타 컷셋을 포함하고 있는 것을 배제하고 남은 컷셋들을 의미한다.
③ 어느 고장이나 에러를 일으키지 않으면 재해가 일어나지 않는 시스템의 신뢰성이다.
④ 기본사상이 일어나지 않을 때 정상사상(top event)이 일어나지 않는 기본사상의 집합이다.

해설 최소 컷셋(minimal cut set) : 정상사상을 일으키기 위한 최소한의 컷으로 컷셋 중에 타 컷셋을 포함하고 있는 것을 배제하고 남은 컷셋들을 의미한다. 즉, 모든 기본사상 발생 시 정상사상을 발생시키는 기본사상의 최소 집합으로 시스템의 위험성을 말한다.

정답 ②

16-3. 다음 중 중복사상이 있는 FT(Fault Tree)에서 모든 컷셋(cut set)을 구한 경우에 최소 컷셋(minimal cut set)의 설명으로 맞는 것은? [17.3]
① 모든 컷셋이 바로 최소 컷셋이다.
② 모든 컷셋에서 중복되는 컷셋만이 최소 컷셋이다.
③ 최소 컷셋은 시스템의 고장을 방지하는 기본고장들의 집합이다.

④ 중복되는 사상의 컷셋 중 다른 컷셋에 포함되는 셋을 제거한 컷셋과 중복되지 않는 사상의 컷셋을 합한 것이 최소 컷셋이다.

[해설] 최소 컷셋(minimal cut set) : 정상사상을 일으키기 위한 최소한의 컷으로 컷셋 중에 타 컷셋을 포함하고 있는 것을 배제하고 남은 컷셋들을 의미한다. 즉, 모든 기본사상 발생 시 정상사상을 발생시키는 기본사상의 최소 집합으로 시스템의 위험성을 말한다.

[정답] ④

16-4. FTA에서 시스템의 기능을 살리는데 필요한 최소 요인의 집합을 무엇이라 하는가?

① critical set   [11.2/15.3/19.1]
② minimal gate
③ minimal path
④ Boolean indicated cut set

[해설] 최소 패스셋(minimal path set) : 모든 고장이나 실수가 발생하지 않으면 재해는 발생하지 않는다는 것으로, 즉 기본사상이 일어나지 않으면 정상사상이 발생하지 않는 기본사상의 집합으로 시스템의 신뢰성을 말한다.

[정답] ③

17. 다음 FT도에서 정상사상(top event)이 발생하는 최소 컷셋의 P(T)는 약 얼마인가?

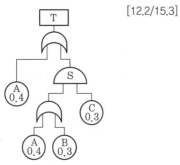

[12.2/15.3]

① 0.311   ② 0.454   ③ 0.504   ④ 0.928

[해설] S의 최소 컷셋은 다음과 같다.

$$S=\binom{A}{B}C=\binom{AC}{BC}$$

㉠ S값
 • $S_1=A \times C=0.4 \times 0.3=0.12$
 • $S_2=B \times C=0.3 \times 0.3=0.09$

㉡ T값
 • S_1일 경우 $T_1=1-(1-0.4) \times (1-0.12)$
  $=0.472$
 • S_2일 경우 $T_2=1-(1-0.4) \times (1-0.09)$
  $=0.454$

㉢ T_1과 T_2값 중에서 작은 $T_2=0.454$ 값이 최소 컷셋의 P(T)가 된다.

18. 다음 시스템에 대하여 톱사상(top event)에 도달할 수 있는 최소 컷셋(minimal cut sets)을 구할 때 올바른 집합은? (단, X_2, X_3, X_4는 각 부품의 고장확률을 의미하며 집합 $\{X_1, X_2\}$는 X_1 부품과 X_2 부품이 동시에 고장나는 경우를 의미한다.)   [10.2/13.3/18.1]

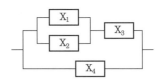

① $\{X_1, X_2\}$, $\{X_3, X_4\}$
② $\{X_1, X_3\}$, $\{X_2, X_4\}$
③ $\{X_1, X_2, X_4\}$, $\{X_3, X_4\}$
④ $\{X_1, X_3, X_4\}$, $\{X_2, X_3, X_4\}$

[해설] 최소 컷셋(minimal cut set)
㉠ 정상사상으로 FT도를 그리면 다음과 같다.

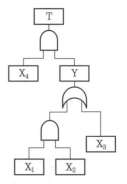

ⓒ $T = (X_4\ Y)$

$= X_4 \begin{pmatrix} X_1\ X_2 \\ X_3 \end{pmatrix} = \{X_1,\ X_2,\ X_4\},\ \{X_3,\ X_4\}$

∴ 최소 컷셋 : $\{X_1,\ X_2,\ X_4\},\ \{X_3,\ X_4\}$

18-1. 다음 FT도에서 최소 컷셋(minimal cut set)으로만 올바르게 나열한 것은? [13.2]

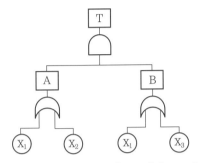

① $[X_1],\ [X_2]$　　② $[X_1,\ X_2],\ [X_1,\ X_3]$

③ $[X_1],\ [X_2,\ X_3]$　　④ $[X_1,\ X_2,\ X_3]$

해설 $T = AB = \begin{pmatrix} X_1 \\ X_2 \end{pmatrix} \begin{pmatrix} X_1 \\ X_3 \end{pmatrix}$

$= \{X_1\},\ \{X_1,\ X_3\},\ \{X_1,\ X_2\},\ \{X_2,\ X_3\}$

∴ 최소 컷셋 : $\{X_1\},\ \{X_2,\ X_3\}$

정답 ③

18-2. 다음 그림과 같은 FT도에 대한 최소 컷셋(minimal cut sets)으로 옳은 것은? (단, Fussell의 알고리즘을 따른다.)

[12.3/16.3/17.1/22.2]

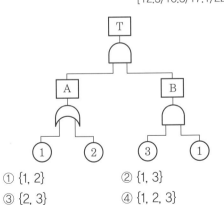

① {1, 2}　　② {1, 3}

③ {2, 3}　　④ {1, 2, 3}

해설 $T = AB = \begin{pmatrix} 1 \\ 2 \end{pmatrix} (3\ 1)$

$= (1\ 3)$
$\ (1\ 2\ 3)$

ⓐ 컷셋 : {1, 3}, {1, 2, 3}

ⓑ 최소 컷셋 : {1, 3}

정답 ②

19. 어떤 결함수를 분석하여 minimal cut set 을 구한 결과가 다음과 같았다. 각 기본사상의 발생확률을 q_i, i=1, 2, 3이라 할 때, 다음 중 정상사상의 발생확률 함수로 맞는 것은? [12.2/16.1/19.2/22.1]

$$k_1 = [1,\ 2],\ k_2 = [1,\ 3],\ k_3 = [2,\ 3]$$

① $q_1 q_2 + q_1 q_2 - q_2 q_3$

② $q_1 q_2 + q_1 q_3 - q_2 q_3$

③ $q_1 q_2 + q_1 q_3 + q_2 q_3 - q_1 q_2 q_3$

④ $q_1 q_2 + q_1 q_3 + q_2 q_3 - 2q_1 q_2 q_3$

해설 정상사상의 발생확률 함수

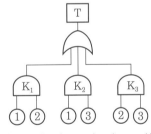

$T = 1 - \{(1 - K_1) \times (1 - K_2) \times (1 - K_3)\}$

$= 1 - (1 - K_2 - K_1 + K_1 K_2 - K_3 + K_2 K_3 +$
$\quad K_1 K_3 - K_1 K_2 K_3)$

$= 1 - 1 + K_2 + K_1 - K_1 K_2 + K_3 - K_2 K_3 -$
$\quad K_1 K_3 + K_1 K_2 K_3$

$= K_1 + K_2 + K_3 - K_1 K_2 - K_1 K_3 - K_2 K_3 +$
$\quad K_1 K_2 K_3$

$= q_1 q_2 + q_1 q_3 + q_2 q_3 - q_1 q_2 q_3 - q_1 q_2 q_3 -$
$\quad q_1 q_2 q_3 + q_1 q_2 q_3$

$= q_1 q_2 + q_1 q_3 + q_2 q_3 - 2q_1 q_2 q_3$

20. FTA 결과 다음과 같은 패스셋을 구하였다. 최소 패스셋(minimal path sets)으로 옳은 것은? [11.3/14.3/20.3]

$$\{X_2, X_3, X_4\}\ \{X_1, X_3, X_4\}\ \{X_3, X_4\}$$

① $\{X_3, X_4\}$
② $\{X_1, X_3, X_4\}$
③ $\{X_2, X_3, X_4\}$
④ $\{X_2, X_3, X_4\}$와 $\{X_3, X_4\}$

해설 3개의 패스셋 중 최소한의 컷이 최소 패스셋=$\{X_3, X_4\}$이다.

21. 다음 중 정성적 표시장치의 설명으로 틀린 것은? [15.1/19.2]

① 정성적 표시장치의 근본 자료 자체는 정량적인 것이다.
② 전력계에서와 같이 기계적 혹은 전자적으로 숫자가 표시된다.
③ 색채 부호가 부적합한 경우에는 계기판 표시 구간을 형상 부호화하여 나타낸다.
④ 연속적으로 변하는 변수의 대략적인 값이나 변화 추세, 변화율 등을 알고자 할 때 사용된다.

해설 ②는 정량적 표시장치이다.

22. 다음 중 정량적 표시장치에 관한 설명으로 맞는 것은? [13.2/18.1]

① 정확한 값을 읽어야 하는 경우 일반적으로 디지털보다 아날로그 표시장치가 유리하다.
② 동목(moving scale)형 아날로그 표시장치는 표시장치의 면적을 최소화할 수 있는 장점이 있다.
③ 연속적으로 변화하는 양을 나타내는 데에는 일반적으로 아날로그보다 디지털 표시장치가 유리하다.

④ 동침(moving pointer)형 아날로그 표시장치는 바늘의 진행 방향과 증감 속도에 대한 인식적인 암시신호를 얻는 것이 불가능한 단점이 있다.

해설 정량적 표시장치
• 정확한 값을 읽어야 하는 경우에는 아날로그보다 디지털 표시장치가 유리하다.
• 연속적으로 변화하는 양을 나타내는 데에는 일반적으로 디지털보다 아날로그 표시장치가 유리하다.
• 동침(moving pointer)형 아날로그 표시장치는 바늘의 진행 방향과 증감 속도에 대한 인식적인 암시신호를 얻는 것이 장점이다.

22-1. 다음 중 아날로그 표시장치를 선택하는 일반적인 요구사항으로 틀린 것은? [14.1]

① 일반적으로 동침형보다 동목형을 선호한다.
② 일반적으로 동침과 동목은 혼용하여 사용하지 않는다.
③ 움직이는 요소에 대한 수동조절을 설계할 때는 바늘(pointer)을 조정하는 것이 눈금을 조정하는 것보다 좋다.
④ 중요한 미세한 움직임이나 변화에 대한 정보를 표시할 때는 동침형을 사용한다.

해설 ① 일반적으로 동목형보다 동침형을 선호한다.
정답 ①

23. 다음 중 정량적 자료를 정성적 판독의 근거로 사용하는 경우로 볼 수 없는 것은? [12.1]

① 미리 정해 놓은 몇 개의 한계범위에 기초하여 변수의 상태나 조건을 판정할 때
② 목표로 하는 어떤 범위의 값을 유지할 때
③ 변화 경향이나 변화율을 조사하고자 할 때
④ 세부 형태를 확대하여 동일한 시각을 유지해 주어야 할 때

해설 ④는 정성적 자료를 정량적 판독의 근거로 사용할 경우

24. 일반적인 조건에서 정량적 표시장치의 두 눈금 사이의 간격은 0.13cm를 추천하고 있다. 다음 중 142cm의 시야거리에서 가장 적당한 눈금 사이의 간격은 얼마인가? [11.2]

① 0.065cm   ② 0.13cm
③ 0.26cm   ④ 0.39cm

해설 ㉠ 표준 정량적 표시장치의 관측거리 : 71cm(28인치)
㉡ 표준 관측거리 : 두 눈금 사이의 간격
= 분할거리 : 눈금 사이의 간격(X)

$$\therefore X = \frac{두\ 눈금\ 사이의\ 간격 \times 분할거리}{표준\ 관측거리}$$

$$= \frac{0.13 \times 142}{71} = 0.26\,cm$$

---

7 위험성 평가

위험성 평가의 개요

1. 다음에서 설명하는 용어는? [22.2]

> 유해·위험요인을 파악하고 해당 유해·위험요인에 의한 부상 또는 질병의 발생 가능성(빈도)과 중대성(강도)을 추정·결정하고 감소 대책을 수립하여 실행하는 일련의 과정을 말한다.

① 위험성 결정
② 위험성 평가
③ 위험 빈도 추정
④ 유해·위험요인 파악

해설 지문은 위험성 평가에 대한 내용이다.

2. 다음 중 안전성 평가 단계가 순서대로 올바르게 나열된 것으로 옳은 것은? [19.3]

① 정성적 평가–정량적 평가–FTA에 의한 재평가–재해정보로부터의 재평가–안전 대책
② 정량적 평가–재해정보로부터의 재평가–관계 자료의 작성 준비–안전 대책–FTA에 의한 재평가
③ 관계 자료의 작성 준비–정성적 평가–정량적 평가–안전 대책–재해정보로부터의 재평가–FTA에 의한 재평가
④ 정량적 평가–재해정보로부터의 재평가–FTA에 의한 재평가–관계 자료의 작성 준비–안전 대책

해설 안전성 평가의 6단계

1단계	2단계	3단계	4단계	5단계	6단계
관계 자료 작성 준비	정성적 평가	정량적 평가	안전 대책 수립	재해 정보에 의한 재평가	FTA에 의한 재평가

2-1. 안전성 평가의 기본 원칙 6단계에 해당되지 않는 것은? [10.3/11.2/13.1/14.2/17.1]

① 정성적 평가
② 관계 자료의 정비 검토
③ 안전 대책
④ 작업 조건의 평가

해설 안전성 평가의 6단계

1단계	2단계	3단계	4단계	5단계	6단계
관계 자료 작성 준비	정성적 평가	정량적 평가	안전 대책 수립	재해 정보에 의한 재평가	FTA에 의한 재평가

정답 ④

3. 화학설비의 안전성 평가 단계 중 "관계 자료의 작성 준비"에 있어 관계 자료의 조사항목과 가장 관계가 먼 것은? [12.1/16.3]
① 온도, 압력
② 화학설비 배치도
③ 공정기기 목록
④ 입지에 관한 도표

해설 제1단계 : 관계 자료의 작성 준비
• 입지 조건
• 제조공정 개요
• 화학설비 배치도, 공정계통도
• 공정기기 목록
• 건조물, 기계실, 전기실의 평면도, 단면도 및 입면도
Tip) ① 온도, 압력 : 정량적 평가 항목

4. 화학설비에 대한 안전성 평가방법 중 공장의 입지 조건이나 공장 내 배치에 관한 사항은 어느 단계에서 하는가? [12.2/13.2/15.3/16.2]
① 제1단계 : 관계 자료의 작성 준비
② 제2단계 : 정성적 평가
③ 제3단계 : 정량적 평가
④ 제4단계 : 안전 대책

해설 화학설비에 대한 안전성 평가 항목
• 정량적 평가 항목 : 화학설비의 취급 물질, 용량, 온도, 압력, 조작 등
• 정성적 평가 항목 : 입지 조건, 공장 내의 배치, 소방설비, 공정기기, 수송, 저장, 원재료, 중간재, 제품, 공정, 건물 등

4-1. 염산을 취급하는 A업체에서는 신설 설비에 관한 안전성 평가를 실시해야 한다. 정성적 평가 단계의 주요 진단 항목에 해당하는 것은? [12.3/15.2/19.1]
① 공장 내의 배치
② 제조공정의 개요
③ 재평가 방법 및 계획
④ 안전·보건교육 훈련계획

해설 정성적 평가 항목 : 입지 조건, 공장 내의 배치, 소방설비, 공정기기, 수송, 저장, 원재료, 중간재, 제품, 공정, 건물 등
정답 ①

4-2. 화학설비에 대한 안전성 평가 중 정성적 평가방법의 주요 진단 항목으로 볼 수 없는 것은? [21.1]
① 건조물
② 취급 물질
③ 입지 조건
④ 공장 내 배치

해설 정성적 평가 항목 : 입지 조건, 공장 내의 배치, 소방설비, 공정기기, 수송, 저장, 원재료, 중간재, 제품, 공정, 건물 등
Tip) ② 취급 물질 : 정량적 평가 항목
정답 ②

4-3. A사의 안전관리자는 자사 화학설비의 안전성 평가를 실시하고 있다. 그 중 제2단계인 정성적 평가를 진행하기 위하여 평가 항목을 설계관계대상과 운전관계대상으로 분류하였을 때 설계관계항목이 아닌 것은?
① 건조물 [18.1/22.1]
② 공장 내 배치
③ 입지 조건
④ 원재료, 중간제품

해설 정성적 평가 항목
- 설계관계항목 : 입지 조건, 공장 내의 배치, 건조물, 소방설비 등
- 운전관계항목 : 원재료, 중간재, 공정, 공정기기, 수송, 저장 등

정답 ④

4-4. 화학설비에 대한 안전성 평가(safety assessment)에서 정량적 평가 항목이 아닌 것은? [19.2]

① 습도   ② 온도
③ 압력   ④ 용량

해설 정량적 평가 항목 : 화학설비의 취급 물질, 용량, 온도, 압력, 조작 등

정답 ①

4-5. 다음 중 화학설비에 대한 안전성 평가에 있어 정량적 평가 항목에 해당되지 않는 것은? [11.3/16.1/20.1]

① 공정   ② 취급 물질
③ 압력   ④ 화학설비 용량

해설 정량적 평가 항목 : 화학설비의 취급 물질, 용량, 온도, 압력, 조작 등
Tip) ① 공정 : 정성적 평가 항목

정답 ①

4-6. 화학설비의 안전성 평가에서 정량적 평가의 항목에 해당되는 않는 것은? [20.2]

① 조작   ② 취급 물질
③ 훈련   ④ 설비 용량

해설 ③ 훈련은 교육에 관한 사항이다.

정답 ③

4-7. 다음은 불꽃놀이용 화학물질 취급 설비

에 대한 정량적 평가이다. 해당 항목에 대한 위험등급이 올바르게 연결된 것은?[13.3/20.3]

항목	A (10점)	B (5점)	C (2점)	D (0점)
취급 물질	○	○	○	
조작		○		○
화학설비의 용량	○		○	
온도	○	○		
압력		○	○	○

① 취급 물질-I등급, 화학설비의 용량-I등급
② 온도-I등급, 화학설비의 용량-II등급
③ 취급 물질-I등급, 조작-IV등급
④ 온도-II등급, 압력-III등급

해설 정량적 평가

I등급	16점 이상	위험도 높음
II등급	11점 이상 16점 미만	다른 설비와 관련해서 평가
III등급	11점 미만	위험도 낮음

㉠ 취급 물질 : 10+5+2=17점, I등급
㉡ 조작 : 5+0=5점, III등급
㉢ 화학설비의 용량 : 10+2=12점, II등급
㉣ 온도 : 10+5=15점, II등급
㉤ 압력 : 5+2+0=7점, III등급

정답 ④

5. 일반적인 화학설비에 대한 안전성 평가(safety assessment) 절차에 있어 안전 대책 단계에 해당되지 않는 것은? [15.1/18.3/21.2]

① 보전   ② 위험도 평가
③ 설비적 대책   ④ 관리적 대책

해설 화학설비에 대한 안전성 평가의 안전 대책 단계 : 보전, 설비적 대책, 관리적 대책 등
Tip) 안전 대책 단계는 안전성 평가 6단계 중 4단계이다.

6. Chapanis가 정의한 위험의 확률수준과 그에 따른 위험발생률로 옳은 것은? [14.3/21.1]

① 전혀 발생하지 않는(impossible) 발생 빈도 : 10^{-8}/day

② 극히 발생할 것 같지 않은(extremely unlikely) 발생 빈도 : 10^{-7}/day

③ 거의 발생하지 않는(remote) 발생 빈도 : 10^{-6}/day

④ 가끔 발생하는(occasional) 발생 빈도 : 10^{-5}/day

[해설] Chapanis의 위험발생률 분석

- 자주 발생하는(frequent) : 10^{-2}/day
- 가끔 발생하는(occasional) : 10^{-4}/day
- 거의 발생하지 않는(remote) : 10^{-5}/day
- 전혀 발생하지 않는(impossible) : 10^{-8}/day

6-1. 시스템 안전 MIL-STD-882B 분류기준의 위험성 평가 매트릭스에서 발생 빈도에 속하지 않는 것은? [15.3/20.1]

① 거의 발생하지 않는(remote)

② 전혀 발생하지 않는(impossible)

③ 보통 발생하는(reasonably probable)

④ 극히 발생하지 않을 것 같은(extremely improbable)

[해설] ② 전혀 발생하지 않음은 위험성 평가 매트릭스의 발생 빈도에서 제외하기도 한다.

[정답] ②

7. 공정안전관리(process safety management : PSM)의 적용대상 사업장이 아닌 것은?

① 복합비료 제조업 [19.2]

② 농약 원제 제조업

③ 차량 등의 운송설비업

④ 합성수지 및 기타 플라스틱 물질 제조업

[해설] 공정안전 보고서 제출대상 사업장

- 원유정제 처리업
- 기타 석유정제물 재처리업
- 석유화학계 기초 화학물질 제조업 또는 합성수지 및 그 밖에 플라스틱 물질 제조업
- 질소화합물, 질소·인산 및 칼리질 화학비료 제조업 중 질소질 화학비료 제조업
- 복합비료 및 기타 화학비료 제조업 중 복합비료 제조업(단순혼합 또는 배합에 의한 경우는 제외)
- 화학 살균, 살충제 및 농업용 약제 제조업(농약 원제 제조만 해당)
- 화약 및 불꽃제품 제조업

8. 다음 중 산업안전보건법령상 유해·위험방지 계획서의 제출처로 옳은 것은? [12.3]

① 지방고용노동관서

② 대한산업안전협회

③ 안전관리대행기관

④ 한국산업안전보건공단

[해설] 유해·위험방지 계획서 제출

- 제조업의 경우 해당 작업시작 15일 전까지, 건설업은 착공 전날까지 제출한다.
- 고용노동부에서 한국산업안전보건공단으로 업무가 위임되어 있다.

8-1. 산업안전보건법령상 해당 사업주가 유해·위험방지 계획서를 작성하여 제출해야 하는 대상은? [21.1]

① 시·도지사

② 관할 구청장

③ 고용노동부장관

④ 행정안전부장관

[해설] 유해·위험방지 계획서 제출

- 제조업의 경우 해당 작업시작 15일 전까지, 건설업은 착공 전날까지 제출한다.

• 고용노동부에서 한국산업안전보건공단으로 업무가 위임되어 있다.

정답 ③

8-2. 산업안전보건법령상 사업주가 유해 · 위험방지 계획서를 제출할 때에는 사업장별로 관련 서류를 첨부하여 해당 작업시작 며칠 전까지 해당 기관에 제출하여야 하는가?

① 7일　　　　　　　　　[12.2/17.3/20.1]
② 15일
③ 30일
④ 60일

해설 유해 · 위험방지 계획서 제출
• 제조업의 경우 해당 작업시작 15일 전까지, 건설업은 착공 전날까지 제출한다.
• 한국산업안전보건공단에 2부를 제출한다.

정답 ②

8-3. 다음은 유해 · 위험방지 계획서의 제출에 관한 설명이다. (　　) 안의 내용으로 옳은 것은?　　　　　　　　　[15.2]

산업안전보건법령상 제출대상 사업으로 제조업의 경우 유해 · 위험방지 계획서를 제출하려면 관련 서류를 첨부하여 해당 작업시작 (㉠)까지, 건설업의 경우 해당 공사의 착공 (㉡)까지 관련 기관에 제출하여야 한다.

① ㉠ : 15일 전, ㉡ : 전날
② ㉠ : 15일 전, ㉡ : 7일 전
③ ㉠ : 7일 전, ㉡ : 전날
④ ㉠ : 7일 전, ㉡ : 3일 전

해설 제조업의 경우 해당 작업시작 15일 전까지, 건설업은 착공 전날까지 제출한다.

정답 ①

8-4. 다음은 유해 · 위험방지 계획서의 제출에 관한 설명이다. (　　) 안에 들어갈 내용으로 옳은 것은?　　　　　　　　　[20.2]

산업안전보건법령상 "대통령령으로 정하는 사업의 종류 및 규모에 해당하는 사업으로서 해당 제품의 생산공정과 직접적으로 관련된 건설물 · 기계 · 기구 및 설비 등 일체를 설치 · 이전하거나 그 주요 구조 부분을 변경하려는 경우"에 해당하는 사업주는 유해 · 위험방지 계획서에 관련 서류를 첨부하여 해당 작업시작 (㉠)까지 공단에 (㉡)부를 제출하여야 한다.

① ㉠ : 7일 전, ㉡ : 2
② ㉠ : 7일 전, ㉡ : 4
③ ㉠ : 15일 전, ㉡ : 2
④ ㉠ : 15일 전, ㉡ : 4

해설 유해 · 위험방지 계획서 제출
• 제조업의 경우 해당 작업시작 15일 전까지, 건설업은 착공 전날까지 제출한다.
• 한국산업안전보건공단에 2부를 제출한다.

정답 ③

9. 산업안전보건법상 유해 · 위험방지 계획서를 제출한 사업주는 건설공사 중 얼마 이내마다 관련법에 따라 유해 · 위험방지 계획서 내용과 실제공사 내용이 부합하는지의 여부 등을 확인받아야 하는가?　　[13.3/17.2]

① 1개월　　　　　② 3개월
③ 6개월　　　　　④ 12개월

해설 사업주는 건설공사 중 6개월 이내마다 법에 따라 다음 각 호의 사항에 관하여 공단의 확인을 받아야 한다.
• 유해 · 위험방지 계획서의 내용과 실제공사 내용이 부합하는지의 여부를 확인한다.

정답 9. ③

- 유해·위험방지 계획서 변경내용의 적정성을 확인한다.
- 추가적인 유해·위험요인의 존재 여부를 확인한다.

10. 다음 중 산업안전보건법령상 유해·위험 방지 계획서의 심사 결과에 따른 구분·판정의 종류에 해당하지 않는 것은? [11.3/14.1]

① 보류　　　　② 부적정
③ 적정　　　　④ 조건부 적정

해설 유해·위험방지 계획서의 심사 결과에 따른 구분·판정 종류에는 적정, 부적정, 조건부 적정이 있다.

11. 산업안전보건법령상 유해·위험방지 계획서의 제출대상 제조업은 전기 계약용량이 얼마 이상인 경우에 해당되는가? (단, 기타 예외사항은 제외한다.) [11.2/16.2/17.1/19.2/20.3]

① 50kW　　　　② 100kW
③ 200kW　　　　④ 300kW

해설 다음 각 호의 어느 하나에 해당하는 사업으로서 유해·위험방지 계획서의 제출대상 사업장의 전기 계약용량은 300kW 이상이어야 한다.

- 비금속 광물제품 제조업
- 금속가공제품(기계 및 가구는 제외) 제조업
- 기타 기계 및 장비 제조업
- 자동차 및 트레일러 제조업
- 목재 및 나무제품 제조업
- 고무제품 및 플라스틱 제품 제조업
- 화학물질 및 화학제품 제조업
- 1차 금속 제조업
- 전자부품 제조업
- 반도체 제조업
- 식료품 제조업
- 가구 제조업
- 기타 제품 제조업

12. 산업안전보건법령상 유해하거나 위험한 장소에서 사용하는 기계·기구 및 설비를 설치·이전하는 경우 유해·위험방지 계획서를 작성, 제출하여야 하는 대상이 아닌 것은? [14.3/18.1]

① 화학설비　　　　② 금속 용해로
③ 건조설비　　　　④ 전기용접장치

해설 유해·위험방지 계획서의 제출대상 기계·설비

- 금속 용해로, 가스집합 용접장치
- 화학설비, 건조설비, 분진작업 관련 설비
- 제조금지물질 또는 허가대상물질 관련 설비

12-1. 산업안전보건법령에 따라 기계·기구 및 설비의 설치·이전 등으로 인해 유해·위험방지 계획서를 제출하여야 하는 대상에 해당하지 않는 것은? [11.1/13.2/19.3]

① 건조설비
② 공기압축기
③ 화학설비
④ 가스집합 용접장치

해설 ②는 유해·위험방지를 위한 방호조치가 필요한 기계·기구

정답 ②

13. 산업안전보건법령에 따라 제조업 중 유해·위험방지 계획서 제출대상 사업의 사업주가 유해·위험방지 계획서를 제출하고자 할 때 첨부하여야 하는 서류에 해당하지 않는 것은? (단, 기타 고용노동부장관이 정하는 도면 및 서류 등은 제외한다.) [15.1/16.3/19.1]

① 공사개요서
② 기계·설비의 배치도면
③ 기계·설비의 개요를 나타내는 서류
④ 원재료 및 제품의 취급, 제조 등의 작업방법의 개요

해설 제조업의 유해·위험방지 계획서 첨부서류
- 건축물 각 층의 평면도
- 기계·설비의 개요를 나타내는 서류
- 기계·설비의 배치도면
- 원재료 및 제품의 취급, 제조 등의 작업방법의 개요
- 그 밖에 고용노동부장관이 정하는 도면 및 서류

Tip) ① 공사개요서 : 안전관리계획서의 작성 내용

13-1. 산업안전보건법령에 따라 유해·위험방지 계획서 제출대상 사업장에서 해당하는 1차 금속 제조업의 유해·위험방지 계획서에 첨부되어야 하는 서류에 해당하지 않는 것은? (단, 그 밖에 고용노동부장관이 정하는 도면 및 서류는 제외한다.) [15.3/18.3]

① 기계·설비의 배치도면
② 건축물 각 층의 평면도
③ 위생시설물 설치 및 관리 대책
④ 기계·설비의 개요를 나타내는 서류

해설 ③ 위생시설물 설치 – 위생배관

정답 ③

14. 산업안전보건법령에 따라 제조업 등 유해·위험방지 계획서를 작성하고자 할 때 관련 규정에 따라 1명 이상 포함시켜야 하는 사람의 자격으로 적합하지 않은 것은? [18.2]

① 한국산업안전보건공단이 실시하는 관련 교육을 8시간 이수한 사람
② 기계, 재료, 화학, 전기, 전자, 안전관리 또는 환경 분야 기술사 자격을 취득한 사람
③ 관련 분야 기사 자격을 취득한 사람으로서 해당 분야에서 3년 이상 근무한 경력이 있는 사람
④ 기계안전, 전기안전, 화공안전 분야의 산업

안전지도사 또는 산업보건지도사 자격을 취득한 사람

해설 ① 한국산업안전보건공단이 실시하는 관련 교육을 20시간 이상 이수한 사람

15. 위험관리 단계에서 발생 빈도보다는 손실에 중점을 두며, 기업 간 의존도, 한 가지 사고가 여러 가지 손실을 수반하는 것에 대해 유의하여 안전에 미치는 영향의 강도를 평가하는 단계는? [17.3]

① 위험의 파악 단계
② 위험의 처리 단계
③ 위험의 분석 및 평가 단계
④ 위험의 발견, 확인, 측정방법 단계

해설 위험관리 단계

1단계	2단계	3단계	4단계
위험의 파악	위험의 분석	위험의 평가	위험의 처리

16. 위험성 평가 시 위험의 크기를 결정하는 방법이 아닌 것은? [21.3]

① 덧셈법 ② 곱셈법 ③ 뺄셈법 ④ 행렬법

해설 위험의 크기를 결정하는 방법
- 더하는 방법
- 곱하는 방법
- 행렬을 이용하여 조합하는 방법

신뢰도 계산 I

17. 다음 중 시스템 신뢰도에 관한 설명으로 옳지 않은 것은? [12.2]

① 시스템의 성공적 퍼포먼스를 확률로 나타낸 것이다.

② 각 부품이 동일한 신뢰도를 가질 경우 직렬 구조의 신뢰도는 병렬구조에 비해 신뢰도가 낮다.

③ 시스템의 병렬구조는 시스템의 어느 한 부품이 고장 나면 시스템이 고장 나는 구조이다.

④ n중 k구조는 n개의 부품으로 구성된 시스템에서 k개 이상의 부품이 작동하면 시스템이 정상적으로 가동되는 구조이다.

해설 ③ 시스템의 병렬구조는 시스템의 어느 한 부품이라도 정상이면 시스템은 정상 가동된다.

18. 다음 시스템의 신뢰도 값은? [21.1]

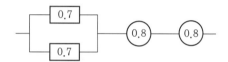

① 0.5824 ② 0.6682
③ 0.7855 ④ 0.8642

해설 신뢰도 $R_s = \{1-(1-a)\times(1-b)\}\times c\times d$
$=\{1-(1-0.7)\times(1-0.7)\}\times 0.8\times 0.8$
$=0.5824$

18-1. 각 부품의 신뢰도가 다음과 같을 때 시스템의 전체 신뢰도는 약 얼마인가?

[10.2/20.1]

① 0.8123 ② 0.9453
③ 0.9553 ④ 0.9953

해설 신뢰도 $R_s = a\times\{1-(1-b)\times(1-c)\}$
$=0.95\times\{1-(1-0.95)\times(1-0.90)\}$
$=0.9453$

정답 ②

18-2. 다음 그림과 같이 3개의 부품으로 구성된 시스템의 전체 신뢰도는 약 얼마인가?

[11.3]

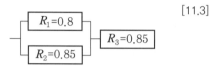

① 0.578 ② 0.8245
③ 0.9955 ④ 0.9967

해설 신뢰도 $R_s = \{1-(1-R_1)\times(1-R_2)\}\times R_3$
$=\{1-(1-0.8)\times(1-0.85)\}\times 0.85=0.8245$

정답 ②

18-3. 다음 시스템의 신뢰도는? (단, p는 부품 i의 신뢰도를 나타낸다.) [15.3]

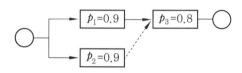

① 97.2% ② 94.4%
③ 86.4% ④ 79.2%

해설 신뢰도 $R_s = \{1-(1-p_1)\times(1-p_2)\}\times p_3$
$=\{1-(1-0.9)\times(1-0.9)\}\times 0.8$
$=0.792\times 100=79.2\%$

정답 ④

18-4. 다음 그림과 같은 직·병렬 시스템의 신뢰도는? (단, 병렬 각 구성요소의 신뢰도는 R이고, 직렬 구성요소의 신뢰도는 M이다.)

[18.2]

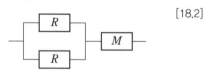

① RM^3 ② $R^2(1-MR)$
③ $M(R^2+R)-1$ ④ $M(2R-R^2)$

해설 신뢰도 $R_s = \{1-(1-R)\times(1-R)\}\times M$
$=(2R-R^2)\times M$

정답 ④

18-5. 다음 시스템의 신뢰도는 얼마인가? (단, 각 요소의 신뢰도는 a, b가 각 0.8, c, d가 각 0.6이다.) [18.1]

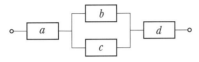

① 0.2245 ② 0.3754
③ 0.4416 ④ 0.5756

해설 신뢰도 $R_s = a \times \{1-(1-b) \times (1-c)\} \times d$
$= 0.8 \times \{1-(1-0.8) \times (1-0.6)\} \times 0.6$
$= 0.4416$

정답 ③

18-6. 그림과 같은 시스템의 전체 신뢰도는 약 얼마인가? (단, 네모 안의 수치는 각 구성요소의 신뢰도이다.) [17.2]

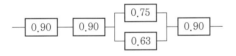

① 0.5275 ② 0.6616
③ 0.7575 ④ 0.8516

해설 신뢰도 R_s
$= a \times b \times \{1-(1-c) \times (1-d)\} \times e$
$= 0.90 \times 0.90 \times \{1-(1-0.75) \times (1-0.63)\}$
$\times 0.90 = 0.6616$

정답 ②

18-7. 각 부품의 신뢰도가 R인 다음과 같은 시스템의 전체 신뢰도는? [12.1]

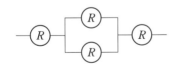

① R^4 ② $2R-R^2$
③ $2R^2-R^3$ ④ $2R^3-R^4$

해설 신뢰도 $R_s = R \times \{1-(1-R) \times (1-R)\} \times R$
$= R^2 \times \{1-(1-2R+R^2)\}$
$= R^2 \times (1-1+2R-R^2) = 2R^3 - R^4$

정답 ④

18-8. 다음 그림과 같이 3개의 부품이 병렬로 이루어진 시스템의 전체 신뢰도는 약 얼마인가? (단, 원 안의 값은 각 부품의 신뢰도이다.) [09.1]

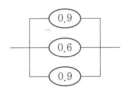

① 0.694 ② 0.774
③ 0.826 ④ 0.996

해설 신뢰도 $R_s = 1-\{(1-0.9) \times (1-0.6) \times (1-0.9)\} = 0.996$

정답 ④

18-9. 다음 그림에서 전체 시스템의 신뢰도는 약 얼마인가? (단, 모형 안의 수치는 각 부품의 신뢰도이다.) [09.2]

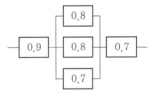

① 0.221 ② 0.483
③ 0.622 ④ 0.767

해설 신뢰도 $R_s = 0.9 \times \{1-(1-0.8) \times (1-0.8) \times (1-0.7)\} \times 0.7 = 0.622$

정답 ③

18-10. 그림과 같이 7개의 기기로 구성된 시스템의 신뢰도는 약 얼마인가? (단, 네모 안의 숫자는 각 부품의 신뢰도이다.) [19.2]

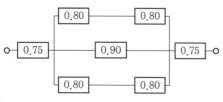

① 0.5552
② 0.5427
③ 0.6234
④ 0.9740

해설 신뢰도 $R_s = 0.75 \times \{1-(1-0.8\times0.8)\times$ $(1-0.9)\times(1-0.8\times0.8)\}\times 0.75 = 0.5552$

정답 ①

18-11. 그림과 같은 시스템에서 부품 A, B, C, D의 신뢰도가 모두 r로 동일할 때 이 시스템의 신뢰도는? [22.1]

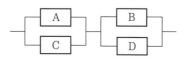

① $r(2-r^2)$
② $r^2(2-r)^2$
③ $r^2(2-r^2)$
④ $r^2(2-r)$

해설 신뢰도 R_s
$= \{1-(1-r)\times(1-r)\} \times \{1-(1-r)\times(1-r)\}$
$= (2r-r^2)\times(2r-r^2) = r^2(2-r)^2$

정답 ②

18-12. 그림과 같은 압력탱크 용기에 연결된 2개의 안전밸브의 신뢰도를 구하고자 한다. 2개의 밸브 중 하나만 작동되어도 안전하다고 하고, 안전밸브 하나의 신뢰도를 r이라 할 때 안전밸브 전체의 신뢰도는? [17.3]

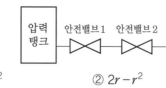

① r^2
② $2r-r^2$
③ $r(1-r)$
④ $(1-r)^2$

해설 신뢰도$(R_s) = 1-(1-r)\times(1-r)$
$= 1-(1-r)^2 = 2r-r^2$

Tip) 2개의 밸브 중 하나만 작동되어도 안전하다고 했으므로 병렬연결을 적용한다.

정답 ②

18-13. 리프트의 강철 로프는 3가닥이며, 이 중 2가닥 이상이 정상이면 리프트의 정상 작동은 확보된다. 강철 로프 1가닥의 신뢰도를 r이라 할 때 리프트가 정상으로 작동할 확률은? [09.3]

① $r^2(1-r)+r^3$
② $3r^2(1-r)+r^3$
③ r^2+r^3
④ $1-(1-r)^3$

해설 신뢰도 R_s
$= 1-(2$가닥 비정상$)-(3$가닥 비정상$)$
$= 1-3r(1-r)^2-(1-r)^3$
$= 1-3r(1-2r+r^2)-(1-3r+3r^2-r^3)$
$= 1-3r+6r^2-3r^3-1+3r-3r^2+r^3$
$= 3r^2-2r^3 = 3r^2(1-r)+r^3$

Tip) 전체 확률 1에서 나머지 확률을 빼는 방법을 이용한다.

정답 ②

신뢰도 계산 Ⅱ

19. 그림과 같이 신뢰도 95%인 펌프 A가 각각 신뢰도 90%인 밸브 B와 밸브 C의 병렬 밸브계와 직렬계를 이룬 시스템의 실패확률은 약 얼마인가? [14.3/20.2]

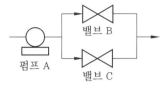

① 0.0091　　　　② 0.0595
③ 0.9405　　　　④ 0.9811

해설 ㉠ 성공확률 R_s
$$= A \times \{1-(1-B) \times (1-C)\}$$
$$= 0.95 \times \{1-(1-0.9) \times (1-0.9)\}$$
$$= 0.9405$$
㉡ 실패확률 $= 1 -$ 성공확률
$$= 1 - 0.9405 = 0.0595$$

19-1. 어느 공장에서는 작업자 1인과 불량탐지기 1대가 동시에 완제품을 검사하는 방식으로 품질검사를 수행하고 있다. 오랜 시간 관찰한 결과, 불량품에 대한 작업자의 발견확률이 0.9이고, 불량 탐지기의 발견확률이 0.8이라면, 불량품이 품질검사에서 발견되지 않고 통과될 확률은 얼마인가? (단, 작업자와 불량탐지기의 불량 발견확률은 서로 독립이다.) [13.3]

① 0.2%　　　　② 2.0%
③ 98.0%　　　　④ 99.8%

해설 ㉠ 불량품이 품질검사에서 발견될 확률
$$= 1-(1-0.9)(1-0.8) = 0.98$$
㉡ 통과될 확률 $= 1 - 0.98$
$$= 0.02 \times 100 = 2.0\%$$

정답 ②

20. 발생확률이 각각 0.05, 0.08인 두 결함사상이 AND 조합으로 연결된 시스템을 FTA로 분석하였을 때 이 시스템의 신뢰도는 약 얼마인가? [12.1/15.1]

① 0.004　　　　② 0.126
③ 0.874　　　　④ 0.996

해설 ㉠ 불신뢰도$(R_s) = 0.05 \times 0.08 = 0.004$
㉡ 신뢰도 $= 1 -$ 불신뢰도 $= 1 - 0.004 = 0.996$

20-1. FT도에서 신뢰도는? (단, A 발생확률은 0.01, B 발생확률은 0.02이다.) [21.3]

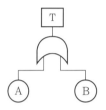

① 96.02%　　　　② 97.02%
③ 98.02%　　　　④ 99.02%

해설 ㉠ 불신뢰도$(T) = 1-(1-A)(1-B)$
$$= 1-(1-0.01)(1-0.02) = 0.0298$$
㉡ 신뢰도 $= 1 -$ 불신뢰도
$$= 1-0.0298 = 0.9702 \times 100 = 97.02\%$$

정답 ②

20-2. 다음 FT도에서 시스템의 신뢰도는 얼마인가? (단, 모든 부품의 발생확률은 0.1이다.) [09.2/21.2]

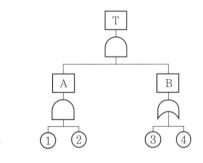

① 0.0033　　　　② 0.0062
③ 0.9981　　　　④ 0.9936

해설 ㉠ 불신뢰도(T)
$$= ① \times ② \times \{1-(1-③) \times (1-④)\}$$
$$= 0.1 \times 0.1 \times \{1-(1-0.1) \times (1-0.1)\}$$
$$= 0.0019$$

ⓒ 신뢰도＝1－불신뢰도
　＝1－0.0019＝0.9981

정답 ③

21. 기계 시스템은 영구적으로 사용하며, 조작자는 한 시간마다 스위치를 작동해야 되는데 인간 오류 확률(HEP)은 0.001이다. 2시간에서 4시간까지 인간－기계 시스템의 신뢰도로 옳은 것은? [15.3/19.3]

① 91.5%　　　　② 96.6%
③ 98.7%　　　　④ 99.8%

해설 신뢰도 R_s
$=(1-0.001)^2=(0.999)^2$
$=0.998001 \times 100 = 99.8\%$

22. 첨단 경보 시스템의 고장율은 0이다. 경계의 효과로 조작자 오류율은 0.01t/hr이며, 인간의 실수율은 균질(homogeneous)한 것으로 가정한다. 또한, 이 시스템의 스위치 조작자는 1시간마다 스위치를 작동해야 하는데 인간 오류 확률(HEP : Human Error Probablitty)이 0.001인 경우에 2시간에서 6시간 사이에 인간－기계 시스템의 신뢰도는 약 얼마인가? [16.2]

① 0.983　　　　② 0.948
③ 0.957　　　　④ 0.967

해설 인간－기계 시스템의 신뢰도(R_s)
$=(1-0.01)^4 \times (1-0.001)^4 = 0.957$

23. 다음 중 조작상의 과오로 기기의 일부에 고장이 발생하는 경우, 이 부분의 고장으로 인하여 사고가 발생하는 것을 방지하도록 설계하는 방법은? [11.2]

① 신뢰성 설계
② 페일 세이프(fail safe) 설계

③ 풀 프루프(fool proof) 설계
④ 사고방지(accident proof) 설계

해설 페일 세이프(fail safe) 설계 : 기계설비의 일부가 고장 났을 때, 기능의 저하가 되더라도 전체로서는 운전이 가능한 구조

23-1. 부품 고장이 발생하여도 기계가 추후 보수될 때까지 안전한 기능을 유지할 수 있도록 하는 기능은? [22.1]

① fail-soft　　　　② fail-active
③ fail-operational　④ fail-passive

해설 fail-operational : 병렬로 여분계의 부품을 구성한 경우 부품의 고장이 있어도 운전이 가능한 구조

정답 ③

23-2. 부품에 고장이 있더라도 플레이너 공작기계를 가장 안전하게 운전할 수 있는 방법은? [17.2]

① fail-soft　　　　② fail-active
③ fail-passive　　④ fail-operational

해설 fail-operational : 병렬로 여분계의 부품을 구성한 경우 부품의 고장이 있어도 운전이 가능한 구조

정답 ④

23-3. 다음 중 기계 또는 설비에 이상이나 오동작이 발생하여도 안전사고를 발생시키지 않도록 2중 또는 3중으로 통제를 가하도록 한 체계에 속하지 않는 것은? [12.2]

① 다경로 하중구조
② 하중경감구조
③ 교대구조
④ 격리구조

해설 페일 세이프(fail safe)의 종류 : 다경로 하중구조, 중복구조, 교대구조(떠받는 구조), 하중경감구조

정답 ④

24. 산업현장에서는 생산설비에 부착된 안전장치를 생산성을 위해 제거하고 사용하는 경우가 있다. 이와 같이 고의로 안전장치를 제거하는 경우에 대비한 예방 설계 개념으로 옳은 것은? [10.3/19.3]
① fail safe   ② fool proof
③ lock out   ④ tamper proof

해설 tamper proof : 안전장치를 제거하면 설비가 작동되지 않도록 하는 설계

25. 인간 신뢰도 분석 기법 중 조작자 행동 나무(operator action tree) 접근방법이 환경적 사건에 대한 인간의 반응을 위해 인정하는 활동 3가지가 아닌 것은? [14.1]
① 감지   ② 추정
③ 진단   ④ 반응

해설 조작자 행동 나무 접근방법이 환경적 사건에 대한 인간의 반응을 위해 인정하는 활동 3가지는 감지, 진단, 반응이다.

8 **각종 설비의 유지관리**

설비관리의 개요

1. 사용 조건을 정상사용 조건보다 강화하여 적용함으로써 고장 발생시간을 단축하고, 검사비용의 절감 효과를 얻고자 하는 수명시험은? [19.3]
① 중도중단시험   ② 가속수명시험
③ 감속수명시험   ④ 정시중단시험

해설 가속수명시험은 고장 발생시간을 단축하고, 검사비용을 절감하기 위한 시험
Tip) 수명시험 종류 : 중도중단시험, 가속수명시험, 정상수명시험 등

2. 국제표준화기구(ISO)의 수직전동에 대한 피로-저감숙달경계(fatigue-decreased proficiency boundary) 표준 중 내구수준이 가장 낮은 범위로 옳은 것은? [19.3]
① 1~3Hz   ② 4~8Hz
③ 9~13Hz   ④ 14~18Hz

해설 수직전동에 대한 피로-저감숙달경계 표준 중 내구수준이 가장 낮은 범위는 4~8Hz이다.

3. 동력프레스기의 no hand in die 방식의 안전 대책으로 틀린 것은? [16.2]
① 안전 금형을 부착한 프레스
② 양수조작식 방호장치의 설치
③ 안전울을 부착한 프레스
④ 전용 프레스의 도입

해설 금형 내에 손이 들어가지 않는 구조(no hand in die type)
• 안전울(방호울)이 부착된 프레스
• 안전 금형을 부착한 프레스
• 전용 프레스의 도입
• 자동 프레스의 도입

4. 다음 중 지브가 없는 크레인의 정격하중에 관한 정의로 옳은 것은? [16.2]

① 짐을 싣고 상승할 수 있는 최대하중

② 크레인의 구조 및 재료에 따라 들어 올릴 수 있는 최대하중

③ 권상하중에서 훅, 그랩 또는 버킷 등 달기구의 중량에 상당하는 하중을 뺀 하중

④ 짐을 싣지 않고 상승할 수 있는 최대하중

해설 정격하중 : 크레인의 권상하중에서 각각 훅, 크레인 버킷 등 달기구의 중량을 뺀 하중

5. 기계설비가 설계 사양대로 성능을 발휘하기 위한 적정 윤활의 원칙이 아닌 것은?

① 적량의 규정 [13.3/16.2]

② 주유방법의 통일화

③ 올바른 윤활법의 채용

④ 윤활기간의 올바른 준수

해설 성능 발휘를 위한 적정 윤활의 원칙

• 적량의 규정

• 적정한 윤활유 선정

• 올바른 윤활법의 채용

• 윤활기간의 올바른 준수

설비의 운전 및 유지관리

6. 어떤 설비의 시간당 고장률이 일정하다고 할 때 이 설비의 고장간격은 다음 중 어떤 확률분포를 따르는가? [14.1/21.2]

① t분포

② 와이블 분포

③ 지수분포

④ 아이링(eyring) 분포

해설 고장률이 일정한 설비의 고장간격의 확률분포 : $m=1$(지수분포)

7. 다음 중 신뢰성과 보전성 개선을 목적으로 한 효과적인 보전기록자료로 볼 수 없는 것은? [09.1]

① 설비이력카드   ② 자재관리표

③ MTBF 분석표   ④ 고장 원인 대책표

해설 보전기록자료 : MTBF 분석표, 설비이력카드, 고장 원인 대책표

7-1. 신뢰성과 보전성 개선을 목적으로 한 효과적인 보전기록자료에 해당하는 것은? [18.1]

① 자재관리표   ② 주유지시서

③ 재고관리표   ④ MTBF 분석표

해설 평균고장간격(MTBF) : 수리가 가능한 기기 중 고장에서 다음 고장까지 걸리는 평균시간으로 보전성 개선 목적을 가진다(보전기록자료).

정답 ④

8. 설비보전에서 평균수리시간의 의미로 맞는 것은? [17.1]

① MTTR   ② MTBF

③ MTTF   ④ MTBP

해설 • 평균수리시간(MTTR) : 평균수리에 소요되는 시간

• 평균고장간격(MTBF) : 수리가 가능한 기기 중 고장에서 다음 고장까지 걸리는 평균시간

• 고장까지의 평균시간(MTTF) : 수리가 불가능한 기기 중 처음 고장 날 때까지 걸리는 시간

• 평균정지시간(MDT)

9. 시스템의 수명 및 신뢰성에 관한 설명으로 틀린 것은? [18.2/21.1]

① 병렬 설계 및 디레이팅 기술로 시스템의 신뢰성을 증가시킬 수 있다.

② 직렬 시스템에서는 부품들 중 최소 수명을 갖는 부품에 의해 시스템 수명이 정해진다.

③ 수리가 가능한 시스템의 평균수명(MTBF)은 평균고장률(λ)과 정비례 관계가 성립한다.

④ 수리가 불가능한 구성요소로 병렬구조를 갖는 설비는 중복도가 늘어날수록 시스템 수명이 길어진다.

해설 평균수명(MTBF)과 신뢰도의 관계
평균수명(MTBF)은 평균고장률(λ)과 반비례 관계이다.

$$고장률(\lambda) = \frac{1}{MTBF}, \quad MTBF = \frac{1}{\lambda}$$

10. 한 대의 기계를 100시간 동안 연속 사용한 경우 6회의 고장이 발생하였고, 이때의 총 고장수리시간이 15시간이었다. 이 기계의 MTBF(mean time between failure)는 약 얼마인가? [10.3/15.1]

① 2.51   ② 14.17   ③ 15.25   ④ 16.67

해설 ㉠ 고장률(λ) = $\dfrac{고장 \ 건수}{총 \ 가동시간}$

$$= \frac{6}{100-15} = 0.0706 건/시간$$

㉡ $MTBF = \dfrac{1}{고장률(\lambda)} = \dfrac{1}{0.0706} = 14.16시간$

10-1. 한 대의 기계를 120시간 동안 연속 사용한 경우 9회의 고장이 발생하였고, 이때의 총 고장수리시간이 18시간이었다. 이 기계의 MTBF(mean time between failure)는 약 몇 시간인가? [14.1]

① 10.22   ② 11.33   ③ 14.27   ④ 18.54

해설 ㉠ 고장률(λ) = $\dfrac{고장 \ 건수}{총 \ 가동시간}$

$$= \frac{9}{120-18} = 0.0882건/시간$$

㉡ $MTBF = \dfrac{1}{고장률(\lambda)} = \dfrac{1}{0.0882} = 11.33시간$

정답 ②

11. 한 대의 기계를 10시간 가동하는 동안 4회의 고장이 발생하였고, 이때의 고장수리시간이 다음 표와 같을 때 MTTR(mean time to repair)은 얼마인가? [16.1]

가동시간(hour)	수리시간(hour)
$T_1 = 2.7$	$T_a = 0.1$
$T_2 = 1.8$	$T_b = 0.2$
$T_3 = 1.5$	$T_c = 0.3$
$T_4 = 2.3$	$T_d = 0.3$

① 0.225시간/회   ② 0.325시간/회
③ 0.425시간/회   ④ 0.525시간/회

해설 평균수리시간(MTTR) = $\dfrac{수리시간 \ 합계}{고장 \ 건수}$

$$= \frac{0.1+0.2+0.3+0.3}{4} = 0.225시간/회$$

12. 어느 부품 1000개를 100000시간 동안 가동하였을 때 5개의 불량품이 발생하였을 경우 평균동작시간(MTTF)은? [14.2/20.3]

① 1×10^6시간   ② 2×10^7시간
③ 1×10^8시간   ④ 2×10^9시간

해설 평균동작시간 계산

㉠ 고장률(A) = $\dfrac{고장 \ 건수}{총 \ 가동시간}$

$$= \frac{5}{1000 \times 100000} = 5 \times 10^{-8}건/시간$$

㉡ $MTTF = \dfrac{1}{고장률} = \dfrac{1}{5 \times 10^{-8}} = 2 \times 10^7시간$

12-1. 한 화학공장에 24개의 공정제어 회로가 있다. 4000시간의 공정 가동 중 이 회로에서 14건의 고장이 발생하였고, 고장이 발생하였을 때마다 회로는 즉시 교체되었다. 이 회로의 평균고장시간은 약 얼마인가?

① 6857시간   [11.1/13.2/19.3]
② 7571시간
③ 8240시간
④ 9800시간

해설 ㉠ 고장률$(A) = \dfrac{\text{고장 건수}}{\text{총 가동시간}}$

$= \dfrac{14}{24 \times 4000} = 0.00014583$건/시간

㉡ $\text{MTTF} = \dfrac{1}{\text{고장률}}$

$= \dfrac{1}{0.00014583} = 6857$시간

정답 ①

13. n개 요소를 가진 병렬 시스템에 있어 요소의 수명(MTTF)이 지수분포를 따를 경우, 이 시스템의 수명으로 옳은 것은? [11.3/19.2/22.2]

① $\text{MTTF} \times n$

② $\text{MTTF} \times \dfrac{1}{n}$

③ $\text{MTTF} \times \left(1 + \dfrac{1}{2} + \cdots + \dfrac{1}{n}\right)$

④ $\text{MTTF} \times \left(1 \times \dfrac{1}{2} \times \cdots \times \dfrac{1}{n}\right)$

해설 • 직렬계 $= \text{MTTF} \times \dfrac{1}{n}$

• 병렬계 $= \text{MTTF} \times \left(1 + \dfrac{1}{2} + \cdots + \dfrac{1}{n}\right)$

13-1. 평균고장시간이 4×10^8시간인 요소 4개가 직렬체계를 이루었을 때 이 체계의 수

명은 몇 시간인가? [13.2]

① 1×10^8 ② 4×10^8
③ 8×10^8 ④ 16×10^8

해설 직렬계 $= \text{MTTF} \times \dfrac{1}{n}$

$= (4 \times 10^8) \times \dfrac{1}{4} = 1 \times 10^8$시간

정답 ①

13-2. 평균고장시간이 6×10^5시간인 요소 3개소가 병렬계를 이루었을 때의 계(system)의 수명은? [09.2]

① 2×10^5시간   ② 6×10^5시간
③ 11×10^5시간   ④ 18×10^5시간

해설 병렬계 $= \text{MTTF} \times \left(1 + \dfrac{1}{2} + \cdots + \dfrac{1}{n}\right)$

$= (6 \times 10^5) \times \left(1 + \dfrac{1}{2} + \dfrac{1}{3}\right) = 11 \times 10^5$시간

정답 ③

13-3. 각각 1.2×10^4시간의 수명을 가진 요소 4개가 병렬계를 이룰 때 이 계의 수명은 얼마인가? [12.3]

① 3.0×10^3시간   ② 1.2×10^4시간
③ 2.5×10^4시간   ④ 4.8×10^4시간

해설 병렬계 $= \text{MTTF} \times \left(1 + \dfrac{1}{2} + \cdots + \dfrac{1}{n}\right)$

$= (1.2 \times 10^4) \times \left(1 + \dfrac{1}{2} + \dfrac{1}{3} + \dfrac{1}{4}\right) = 2.5 \times 10^4$시간

정답 ③

14. 수리가 가능한 어떤 기계의 가용도(availability)는 0.9이고, 평균수리시간(MTTR)이 2시간일 때, 이 기계의 평균수명(MTBF)은? [19.1]

① 15시간   ② 16시간
③ 17시간   ④ 18시간

해설 가용도 $=\dfrac{\text{MTBF}}{\text{MTBF}+\text{MTTR}}$ 이므로

MTBF = 가용도 × (MTBF + MTTR)이다.
이 식에 대입하면,
MTBF = 0.9 × (MTBF + 2)
→ MTBF = (0.9 × MTBF) + (0.9 × 2)
→ MTBF − 0.9MTBF = 1.8
→ 0.1MTBF = 1.8

∴ MTBF $=\dfrac{1.8}{0.1}=18$ 시간

여기서, MTTR(평균수리시간) : 평균고장시간
MTBF(평균고장간격) : 무고장시간의 평균

14-1. A공장의 한 설비는 평균수리율이 0.5/시간이고, 평균고장률은 0.001/시간이다. 이 설비의 가동성은 얼마인가? (단, 평균수리율과 평균고장률은 지수분포를 따른다.) [11.1]

① 0.698   ② 0.798   ③ 0.898   ④ 0.998

해설 가동성 $=\dfrac{\mu}{\lambda+\mu}=\dfrac{0.5}{0.001+0.5}=0.998$

정답 ④

14-2. 기계를 10000시간 작동시키는 동안 부품에서 3번의 고장이 발생하였다. 3번의 수리를 하는 동안 6시간의 시간이 소요되었다면 가용도는 약 얼마인가? [17.3]

① 0.9994   ② 0.9995
③ 0.9996   ④ 0.9997

해설 실제가동시간(MTBF)
= 기계작동시간 − 수리시간
= 10000 − 6 = 9994시간

∴ 가용도 $=\dfrac{\text{실제가동시간}}{\text{총 운용시간}}=\dfrac{9994}{10000}=0.9994$

정답 ①

15. 어떤 전자기기의 수명은 지수분포를 따르며, 그 평균수명은 10000시간이라고 한다. 이 기기를 연속적으로 사용할 경우 10000시간 동안 고장 없이 작동할 확률은? [09.1]

① $1-e^{-1}$ ② e^{-1}
③ $\dfrac{1}{2}$ ④ 1

해설 고장 없이 작동할 확률(R)

$=e^{-\lambda t}=e^{-\frac{t}{t_0}}=e^{-\frac{10000}{10000}}=e^{-1}$

여기서, λ : 고장률
        t : 앞으로 고장 없이 사용할 시간
        t_0 : 평균고장시간 또는 평균수명

15-1. 자동차 엔진의 수명은 지수분포를 따르는 경우 신뢰도를 95%를 유지시키면서 8000시간을 사용하기 위한 적합한 고장률은 약 얼마인가? [16.1]

① 3.4×10⁻⁶/시간 ② 6.4×10⁻⁶/시간
③ 8.2×10⁻⁶/시간 ④ 9.5×10⁻⁶/시간

해설 신뢰도 $R(t)=e^{-\lambda t}$

→ $\ln R = -\lambda \times t$

∴ $\lambda=\dfrac{\ln R}{-t}=\dfrac{\ln 0.95}{-8000}=6.4\times10^{-6}$ 시간

여기서, λ : 고장률
        t : 앞으로 고장 없이 사용할 시간

정답 ②

15-2. 일정한 고장률을 가진 어떤 기계의 고장률이 시간당 0.008일 때 5시간 이내에 고장을 일으킬 확률은? [21.3]

① $1+e^{0.04}$ ② $1-e^{-0.004}$
③ $1-e^{0.04}$ ④ $1-e^{-0.04}$

해설 고장확률(R) $=1-e^{-\lambda t}$
$=1-e^{-0.008\times5}=1-e^{-0.04}$

여기서, λ : 고장률

t : 앞으로 고장 없이 사용할 시간

정답 ④

15-3. 프레스기의 안전장치 수명은 지수분포를 따르며 평균수명이 1000시간일 때 ㉠, ㉡에 알맞은 값은 약 얼마인가? [15.1/21.3]

> ㉠ : 새로 구입한 안전장치가 향후 500시간 동안 고장 없이 작동할 확률
> ㉡ : 이미 1000시간을 사용한 안전장치가 향후 500시간 이상 견딜 확률

① ㉠ : 0.606, ㉡ : 0.606
② ㉠ : 0.606, ㉡ : 0.808
③ ㉠ : 0.808, ㉡ : 0.606
④ ㉠ : 0.808, ㉡ : 0.808

해설 안전장치 수명

$$\text{고장률}(\lambda) = \frac{1}{\text{평균수명}} = \frac{1}{1000}$$

㉠ 평균수명은 1000시간, 구입한 안전장치가 향후 500시간 동안 고장 없이 작동할 확률

$$R_A = e^{-\lambda t} = e^{-\frac{1}{1000} \times 500} = e^{-0.5} = 0.606$$

㉡ 1000시간을 사용한 안전장치가 향후 500시간 이상 견딜 확률

$$R_B = e^{-\lambda t} = e^{-\frac{1}{1000} \times 500} = e^{-0.5} = 0.606$$

정답 ①

---

16. 실린더 블록에 사용하는 가스켓의 수명분포는 $X \sim N(10000, 200^2)$인 정규분포를 따른다. $t = 9600$시간일 경우에 신뢰도($R(t)$)는? (단, $P(Z \leq 1) = 0.8413$, $P(Z \leq 1.5) = 0.9332$, $P(Z \leq 2) = 0.9772$, $P(Z \leq 3) = 0.9987$이다.) [15.2/19.1/20.3]

① 84.13% ② 93.32%
③ 97.72% ④ 99.87%

해설 정규분포 $P\left(Z \geq \dfrac{X-\mu}{\sigma}\right)$

여기서, X : 확률변수, μ : 평균, σ : 표준편차

$$\rightarrow P\left(Z \geq \frac{9600-10000}{200}\right)$$
$$= P(Z \geq -2) = P(Z \leq 2) = 0.9772$$

∴ 신뢰도 $R(t) = 0.9772 \times 100 = 97.72\%$

보전성 공학

17. 설비보전방법 중 설비의 열화를 방지하고 그 진행을 지연시켜 수명을 연장하기 위한 점검, 청소, 주유 및 교체 등의 활동은?

① 사후보전 [09.3/21.2]
② 개량보전
③ 일상보전
④ 보전예방

해설 보전의 분류 및 특징

• 보전예방 : 설비의 설계 및 제작 단계에서 보전 활동이 불필요한 체제를 목표로 하는 설비보전방법

• 생산보전 : 비용은 최소화하고 성능은 최대로 하는 것이 목적이며, 유지 활동에는 일상보전, 예방보전, 사후보전 등이 있고, 개선 활동에는 개량보전이 있다.

• 일상보전 : 설비의 열화예방에 목적이 있으며, 수명을 연장하기 위한 설비의 점검, 청소, 주유 및 교체 등의 보전 활동

• 예방보전 : 설비의 계획 단계부터 고장예방을 위해 계획적으로 하는 보전 활동

㉠ 정기보전 : 적정 주기를 정하고 주기에 따라 수리, 교환 등을 행하는 활동

ⓛ 예지보전 : 설비의 열화상태를 알아보기 위한 점검이나 점검에 따른 수리를 행하는 활동

- 사후보전 : 기계설비의 고장이나 결함 등을 보수하여 회복시키는 보전 활동
- 개량보전 : 기계설비의 고장이나 결함 등의 개선을 실시하는 보전 활동

17-1. 다음 설명에 해당하는 설비보전방식의 유형은? [12.1/14.3/17.2]

> 설비보전 정보와 신기술을 기초로 신뢰성, 조작성, 보전성, 안전성, 경제성 등이 우수한 설비의 선정, 조달 또는 설계를 통하여 궁극적으로 설비의 설계, 제작 단계에서 보전 활동이 불필요한 체제를 목표로 한 설비보전방법을 말한다.

① 개량보전   ② 보전예방
③ 사후보전   ④ 일상보전

해설 지문은 보전예방에 대한 내용이다.

정답 ②

18. 설비관리 책임자 A는 동종 업종의 TPM 추진사례를 벤치마킹하여 설비관리 효율화를 꾀하고자 한다. 그 중 작업자 본인이 직접 운전하는 설비의 마모율 저하를 위하여 설비의 윤활관리를 일상에서 직접 행하는 활동과 가장 관계가 깊은 TPM 추진 단계는? [13.1]

① 개별개선 활동 단계
② 자주보전 활동 단계
③ 계획보전 활동 단계
④ 개량보전 활동 단계

해설 TPM 추진 단계 활동(자주보전 활동 단계) : 작업자 본인이 직접 운전하는 설비의 마모율 저하를 위하여 설비의 윤활관리를 일상에서 직접 행하는 활동

19. 다음 중 기업에서 보전 효과 측정을 위해 일반적으로 사용되는 평가요소를 잘못 나타낸 것은? [11.2/16.3]

① 제품 단위당 보전비＝총 보전비/제품 수량
② 설비 고장도수율＝설비 가동시간/설비 고장 건수
③ 계획공사율＝계획공사공수(工數)/전공수(全工數)
④ 운전 1시간당 보전비＝총 보전비/설비 운전 시간

해설 ② 설비 고장도수율＝설비 고장 건수/설비 가동시간

20. 다음 중 보전 효과의 평가로 설비종합효율을 계산하는 식으로 옳은 것은? [15.2]

① 설비종합효율＝속도가동률×정미가동률
② 설비종합효율＝시간가동률×성능가동률×양품률
③ 설비종합효율＝(부하시간−정지시간)/부하시간
④ 설비종합효율＝정미가동률×시간가동률×양품률

해설 • 설비종합효율＝시간가동률×성능가동률×양품률

• 양품률＝$\dfrac{양품\ 수량}{총\ 생산량}$

1 시공일반

공사시공 방식 Ⅰ

1. 분할도급 발주방식 중 지하철공사, 고속도로공사 및 대규모 아파트단지 등의 공사에 채용하면 가장 효과적인 것은 어느 것인가?

[09.1/09.3/11.2/12.1/14.3/15.3/16.3/18.2/20.2/21.2]

① 직종별 공종별 분할도급
② 공정별 분할도급
③ 공구별 분할도급
④ 전문공종별 분할도급

해설 분할도급 발주방식

• 공구별 분할도급 : 대규모 공사에서 지역별로 분리 발주하는 방식으로 일식도급체제로 운영된다.
• 공정별 분할도급 : 정지, 기초, 구체, 마무리 공사 등의 공사의 각 과정별로 나누어서 도급을 주는 방식이다.
• 전문공종별 분할도급 : 설비공사(전기 · 설비 등)를 주체공사와 분리하여 전문업체에 발주하는 방식이다.
• 직종별, 공종별 분할도급 : 전문직종이나 각 공종별로 분할하여 도급을 주는 방식으로 건축주 의도가 반영된다.

1-1. 다음 각 도급공사에 관한 설명으로 옳지 않은 것은? [10.3/17.3]

① 분할도급은 전문공종별, 공정별, 공구별 분할도급으로 나눌 수 있으며 이 경우 재료는 건축주가 직접 조달하여 지급하고 노무만을 도급하는 것이다.
② 공동도급이란 대규모 공사에 대하여 여러 개의 건설회사가 공동출자 기업체를 조직하여 도급하는 방식이다.
③ 공구별 분할도급은 대규모 공사에서 지역별로 분리하여 발주하는 방식이다.
④ 일식도급은 한 공사 전부를 도급자에게 맡겨 재료, 노무, 현장시공업무 일체를 일괄하여 시행시키는 방법이다.

해설 분할도급은 전문공종별, 공정별, 공구별 분할도급 등으로 나눌 수 있으며, 각기 별도의 도급자를 선정하여 재료, 노무, 현장시공업무 일체를 따로 도급 계약하는 방식이다.

정답 ①

1-2. 건축공사 시 각종 분할도급의 장점에 관한 설명으로 옳지 않은 것은? [11.3/14.1/21.3]

① 전문공종별 분할도급은 설비업자의 자본, 기술이 강화되어 능률이 향상된다.
② 공정별 분할도급은 후속공사를 다른 업자로 바꾸거나 후속공사 금액의 결정이 용이하다.
③ 공구별 분할도급은 중소업자에 균등기회를 주고, 업자 상호 간 경쟁으로 공사기일 단축, 시공기술 향상에 유리하다.
④ 직종별, 공종별 분할도급은 전문직종으로 분할하여 도급을 주는 것으로 건축주의 의도를 철저하게 반영시킬 수 있다.

해설 공정별 분할도급 : 정지, 기초, 구체, 마무리 공사 등 공사의 각 과정별로 나누어서 도급을 주는 방식이다.

정답 ②

2. 발주자가 직접 설계와 시공에 참여하고 프로젝트 관련자들이 상호 신뢰를 바탕으로 team을 구성해서 프로젝트의 성공과 상호 이익 확보를 공동 목표로 하여 프로젝트를 추진하는 공사수행 방식은? [15.2/21.2]
① PM 방식(Project Management)
② 파트너링 방식(partnering)
③ CM 방식(Construction Management)
④ BOT 방식(Build Operate Transfer)

해설 파트너링 방식 : 발주자가 직접 설계와 시공에 참여하고 프로젝트 관련자들이 상호 신뢰를 바탕으로 team을 구성해서 프로젝트의 성공과 상호 이익 확보를 공동 목표로 하여 프로젝트를 추진하는 방식

3. 건설의 전 과정에 걸쳐 프로젝트를 보다 효율적이고 경제적으로 수행하기 위하여 각 부문의 전문가들로 구성된 통합관리기술을 발주자에게 서비스하는 것을 무엇이라고 하는가? [20.1]
① Cost Management
② Cost Manpower
③ Construction Manpower
④ Construction Management

해설 CM 방식 : 건설의 전 과정에 걸쳐 프로젝트를 보다 효율적이고 경제적으로 수행하기 위하여 각 부문의 전문가들로 구성된 통합관리기술(기획, 설계, 시공, 유지관리)을 건축주에게 서비스하는 방식

3-1. CM 제도에 관한 설명으로 옳지 않은 것은? [15.1/20.2]
① 대리인형 CM(CM for fee) 방식은 프로젝트 전반에 걸쳐 발주자의 컨설턴트 역할을 수행한다.
② 시공자형 CM(CM at risk) 방식은 공사관리자의 능력에 의해 사업의 성패가 좌우된다.
③ 대리인형 CM(CM for fee) 방식에 있어서 독립된 공종별 수급자는 공사관리자와 공사계약을 한다.
④ 시공자형 CM(CM at risk) 방식에 있어서 CM 조직이 직접 공사를 수행하기도 한다.

해설 ③ 대리인형 CM(CM for fee) 방식에 있어서 독립된 공종별 수급자는 공사관리자와 공사계약을 하지 않는다.

정답 ③

3-2. 다음 중 공사관리계약(construction management contract) 방식의 장점이 아닌 것은? [18.3/22.1]
① 시공 시 단계별 시공법을 적용할 수 있어 설계 및 시공기간을 단축시킬 수 있다.
② 설계과정에서 설계가 시공에 미치는 영향을 예측할 수 있어 설계도서의 현실성을 향상시킬 수 있다.
③ 기획 및 설계과정에서 발주자와 설계자 간의 의견대립 없이 설계대안 및 특수공법의 적용이 가능하다.
④ 대리인형 CM(CM for fee) 방식은 공사비와 품질에 직접적인 책임을 지는 공사관리계약 방식이다.

해설 ④ 대리인형 CM 방식은 프로젝트 전반에 걸쳐 발주자의 컨설턴트 역할만을 수행하고, 품질에 직접적인 책임이 없는 형태이다.

정답 ④

3-3. 다음 중 공사관리계약 방식의 장점이 아닌 것은? [11.3]

① 시공 시 단계별 시공법을 적용할 수 있어 설계 및 시공기간을 단축시킬 수 있다.

② 설계과정에서 설계가 시공에 미치는 영향을 예측할 수 있어 설계도서의 현실성을 향상시킬 수 있다.

③ 기획 및 설계과정에서 발주자와 설계자 간의 의견대립 없이 설계대안 및 특수공법의 적용이 가능하다.

④ 시공자의 의견이 설계 전 과정에 걸쳐 충분히 반영될 수 있다.

해설 ④ 전문가들과 공사관리계약을 하면 시공자의 의견이 설계 전 과정에 걸쳐 충분히 반영되기는 어렵다.

정답 ④

---

4. 다음 중 시방서 및 설계도면 등이 서로 상이할 때의 우선순위에 대한 설명으로 옳지 않은 것은? [11.2/19.1/22.2]

① 설계도면과 공사시방서가 상이할 때는 설계도면을 우선한다.

② 설계도면과 내역서가 상이할 때는 설계도면을 우선한다.

③ 표준시방서와 전문시방서가 상이할 때는 전문시방서를 우선한다.

④ 설계도면과 상세도면이 상이할 때는 상세도면을 우선한다.

해설 ① 설계도면과 공사시방서가 상이할 때는 현장감독자, 현장감리자와 협의한다.

---

5. 공사용 표준시방서에 기재하는 사항으로 거리가 먼 것은? [13.1/19.3/21.2]

① 재료의 종류, 품질 및 사용처에 관한 사항

② 검사 및 시험에 관한 사항

③ 공정에 따른 공사비 사용에 관한 사항

④ 보양 및 시공상 주의사항

해설 ③은 공사계약 시 작성사항

---

6. 건축공사를 수행하기 위하여 필요한 서류 중 시방서에 기재하지 않아도 되는 사항은?

① 사용재료의 품질시험방법 [14.3]

② 건물의 인도시기

③ 각 부위별 시공방법

④ 각 부위별 사용 재료의 품질

해설 ②는 계약사항

---

7. 당해 공사의 특수한 조건에 따라 표준시방서에 대하여 추가, 변경, 삭제를 규정한 시방서는? [09.2/10.3/18.3]

① 안내시방서　　② 특기시방서

③ 자료시방서　　④ 공사시방서

해설 특기시방서 : 표준시방서에 대하여 추가, 변경, 삭제를 규정한 시방서

---

8. 다음은 기성말뚝 세우기에 관한 표준시방서 규정이다. ( ) 안에 순서대로 들어갈 내용으로 옳게 짝지어진 것은? (단, 보기항의 D는 말뚝의 바깥지름이다.) [20.3/21.3]

말뚝의 연직도나 경사도는 ( ) 이내로 하고, 말뚝박기 후 평면상의 위치가 설계도면의 위치로부터 ( )와 100 mm 중 큰 값 이상으로 벗어나지 않아야 한다.

① 1/50, D/4　　② 1/100, D/3

③ 1/150, D/4　　④ 1/150, D/3

해설 말뚝의 연직도나 경사도는 1/50 이내로 하고, 말뚝박기 후 평면상의 위치가 설계도면의 위치로부터 D/4(D는 말뚝의 외경)와 100 mm 중 큰 값 이상으로 벗어나지 않아야 한다. (21년도 개정)

정답 4. ①　5. ③　6. ②　7. ②　8. ①

(※ 관련 규정 개정 전 문제로 본서에서는 기존 정답인 ①번을 수정하여 정답으로 한다. 개정된 내용은 해설참조)

9. 말뚝박기 기계 중 디젤해머(diesel hammer)에 관한 설명으로 옳지 않은 것은?

① 타격 정밀도가 높다.   [18.1]
② 타격 시의 압축·폭발 타격력을 이용하는 공법이다.
③ 타격 시의 소음이 작아 도심지 공사에 적용된다.
④ 램의 낙하 높이 조정이 곤란하다.

해설 ③ 타격 시의 소음, 진동, 기름, 연기의 비산 등 공해가 심하다.

10. 다음은 표준시방서에 따른 철근의 이음에 관한 내용이다. 빈칸에 공통으로 들어갈 내용으로 옳은 것은?   [18.1/21.1]

> (   )를 초과하는 철근은 겹침이음을 할수 없다. 다만, 서로 다른 크기의 철근을 압축부에서 겹침이음 하는 경우 (   ) 이하의 철근과 (   )를 초과하는 철근은 겹침이음을 할 수 있다.

① D29   ② D25
③ D32   ④ D35

해설 겹침이음의 기준은 D35이다.

11. 공사계약 중 재계약 조건이 아닌 것은 어느 것인가?   [18.3/21.1]

① 설계도면 및 시방서(specification)의 중대결함 및 오류에 기인한 경우
② 계약상 현장 조건 및 시공 조건이 상이(difference)한 경우
③ 계약사항에 중대한 변경이 있는 경우
④ 정당한 이유 없이 공사를 착수하지 않은 경우

해설 ④는 계약 취소 사유이다.

12. 1개 회사가 단독으로 도급을 수행하기에는 규모가 큰 공사일 경우 2개 이상의 회사가 임시로 결합하여 연대책임으로 공사를 하고 공사 완성 후 해산하는 방식은?   [14.1]

① 단가도급   ② 분할도급
③ 공동도급   ④ 일식도급

해설 공동도급 : 규모가 큰 공사일 경우 2개 이상의 회사가 임시로 결합하여 연대책임으로 공사를 하고 공사 완성 후 해산하는 방식

12-1. 공동도급 방식의 장점에 관한 설명으로 옳지 않은 것은?   [13.2/18.2]

① 각 회사의 상호 신뢰와 협조로서 긍정적인 효과를 거둘 수 있다.
② 공사의 진행이 수월하며 위험부담이 분산된다.
③ 기술의 확충, 강화 및 경험의 증대 효과를 얻을 수 있다.
④ 시공이 우수하고 공사비를 절약할 수 있다.

해설 ④ 기술 확충 및 우량시공은 가능하나 공사비는 증가할 수 있다.

정답 ④

12-2. 공동도급 방식의 장점에 해당하지 않는 것은?   [09.1/09.3/17.3/20.1/21.1]

① 위험의 분산
② 시공의 확실성
③ 이윤 증대
④ 기술 자본의 증대

해설 ③ 기술 확충 및 우량시공은 가능하나 공사비는 증가할 수 있다.

정답 ③

12-3. 공동도급(joint venture)의 장점이 아닌 것은? [10.2/14.2]

① 융자력 증대
② 책임소재 명확
③ 위험 분산
④ 기술력 확충

해설 ② 공동도급자 상호 간의 이해충돌이 발생할 수 있어 책임소재가 불명확하며, 서로 떠넘길 수 있다.

정답 ②

공사시공 방식 Ⅱ

13. 주문받은 건설업자가 대상 계획의 기업, 금융, 토지조달, 설계, 시공 등을 포괄하는 도급계약 방식을 무엇이라 하는가? [20.3]

① 실비정산 보수가산도급
② 정액도급
③ 공동도급
④ 턴키도급

해설 턴키도급 : 건설업자가 금융, 토지조달, 설계, 시공, 시운전, 기계·기구 설치까지 조달해 주는 것으로 건축에 필요한 모든 사항을 포괄적으로 계약하는 방식

14. 설계도와 시방서가 명확하지 않거나 설계는 명확하지만 공사비 총액을 산출하기 곤란하고 발주자가 양질의 공사를 기대할 때 채택될 수 있는 가장 타당한 도급방식은 무엇인가? [12.2/15.2/16.2/19.3/21.3/22.2]

① 실비정산 보수가산식 도급
② 단가도급
③ 정액도급
④ 턴키도급

해설 실비정산 보수가산식 도급은 공사비 지불방식이다.

15. 공사의 도급계약에 명시하여야 할 사항과 가장 거리가 먼 것은? (단, 첨부서류가 아닌 계약서상 내용을 의미한다.) [20.3]

① 공사내용
② 구조설계에 따른 설계방법의 종류
③ 공사착수의 시기와 공사완성의 시기
④ 하자담보 책임기간 및 담보방법

해설 도급계약에 명시하여야 할 사항
• 공사내용에 관한 사항
• 공사착수의 시기와 공사완성의 시기
• 하자담보 책임기간 및 담보방법
• 도급액 지불방법, 지불시기에 관한 사항
• 인도, 검사 및 인도시기에 관한 사항
• 설계변경, 공사중지의 경우 도급액 변경, 손해부담에 관한 사항

16. 도급업자의 선정방식 중 공개경쟁입찰에 대한 설명으로 틀린 것은? [15.2]

① 입찰참가자가 많아지면 사무가 번잡하고 경비가 많이 든다.
② 부적격업자에게 낙찰될 우려가 없다.
③ 담합의 우려가 적다.
④ 경쟁으로 인해 공사비가 절감된다.

해설 ② 공개경쟁입찰은 부적격업자에게 낙찰될 우려가 있다.

17. 총 공사금액을 부기(附記)한 뒤 당해 연도 예산범위 내에서 차수별로 계약을 체결하여 수년에 걸쳐서 공사를 이행하는 계약방식은? [14.2]

① 단년도 계약방식
② 계속비 계약방식
③ 주계약자 관리방식
④ 장기계속 계약방식

해설 • 단년도 계약방식 : 당해 연도 예산범위 내에서 계약하는 방식
• 장기계속 계약방식 : 총 공사금액을 부기한 뒤 당해 연도 예산범위 내에서 차수별로 계약을 체결하여 수년에 걸쳐서 공사를 이행하는 계약방식

18. 공사계약 방식 중 직영공사 방식에 관한 설명으로 옳은 것은? [20.1]

① 사회간접자본(SOC : Social Overhead Capital)의 민간투자 유치에 많이 이용되고 있다.
② 영리 목적의 도급공사에 비해 저렴하고 재료 선정이 자유로운 장점이 있으나, 고용기술자 등에 의한 시공관리능력이 부족하면 공사비 증대, 시공성의 결함 및 공기가 연장되기 쉬운 단점이 있다.
③ 도급자가 자금을 조달하면 설계, 엔지니어링, 시공의 전부를 도급받아 시설물을 완성하고 그 시설을 일정기간 운영하는 것으로, 운영수입으로부터 투자자금을 회수한 후 발주자에게 그 시설을 인도하는 방식이다.
④ 수입을 수반한 공공 혹은 공익 프로젝트(유료도로, 도시철도, 발전도 등)에 많이 이용되고 있다.

해설 직영공사 방식의 장단점

장점	단점
• 확실한 공사 가능	• 예산 및 공사비 증대
• 입찰 및 계약에 구속 없이 덤핑 등 임기응변 처리가 가능	• 재료의 낭비, 시공성의 결함 및 공기의 연장
• 재료 선정이 자유로움	• 시공관리능력 부족

18-1. 직영공사에 관한 설명으로 옳은 것은? [17.1]

① 직영으로 운영하므로 공사비가 감소된다.
② 의사소통이 원활하므로 공사기간이 단축된다.
③ 특수한 상황에 비교적 신속하게 대처할 수 있다.
④ 입찰이나 계약 등 복잡한 수속이 필요하다.

해설 ① 직영으로 운영하므로 공사비가 증대된다.
② 의사소통이 원활하나, 시공성의 결함 및 공기가 연장된다.
④ 입찰이나 계약 등의 수속이 불필요하다.

정답 ③

18-2. 발주자가 수급자에게 위탁하지 않고 직영공사로 공사를 수행하기에 가장 부적합한 공사는? [18.3]

① 공사 중 설계변경이 빈번한 공사
② 아주 중요한 시설물 공사
③ 군비밀상 부득이 한 공사
④ 공사현장 관리가 비교적 복잡한 공사

해설 공사현장 관리가 비교적 복잡한 공사를 직영공사로 수행할 시 발주자가 전문업체보다 기술과 현장관리능력이 떨어질 수 있다.

정답 ④

19. 다음 설명에 해당하는 공사낙찰자 선정방식은? [13.3/19.2]

> 예정가격 대비 85% 이상 입찰자 중 가장 낮은 금액으로 입찰한 자를 선정하는 방식으로, 최저가 낙찰자를 통한 덤핑의 우려를 방지할 목적을 지니고 있다.

① 부찰제
② 최저가 낙찰제
③ 제한적 최저가 낙찰제
④ 최적격 낙찰제

해설 지문은 제한적 최저가 낙찰제 선정방식이다.

20. 건축주가 시공회사의 신용, 자산, 공사경력, 보유기술 등을 고려하여 그 공사에 가장 적격한 단일 업체에게 입찰시키는 방법은?

① 일반공개입찰 [09.2/18.1]
② 특명입찰
③ 지명경쟁입찰
④ 대안입찰

해설 수의계약(특명입찰) : 공사에 가장 적합한 도급자를 선정하여 계약하는 방식

21. 건설공사의 입찰 및 계약의 순서로 옳은 것은? [09.3/17.2]

① 입찰통지 → 입찰 → 개찰 → 낙찰 → 현장설명 → 계약
② 입찰통지 → 현장설명 → 입찰 → 개찰 → 낙찰 → 계약
③ 입찰통지 → 입찰 → 현장설명 → 개찰 → 낙찰 → 계약
④ 현장설명 → 입찰통지 → 입찰 → 개찰 → 낙찰 → 계약

해설 입찰 및 계약의 순서

1단계	2단계	3단계	4단계	5단계	6단계
입찰통지	현장설명	입찰	개찰	낙찰	계약

22. 원가구성 항목 중 직접공사비에 속하지 않는 것은? [15.1]

① 외주비
② 노무비
③ 경비
④ 일반관리비

해설 직접공사비 : 외주비, 노무비, 경비 등
Tip) 간접공사비 : 일반관리비, 사무비 등

23. 건설공사에서 발생하는 클레임 유형과 가장 거리가 먼 것은? [13.3]

① 계약문서의 결함에 따른 클레임
② 작업인원 축소에 관한 클레임
③ 현장 조건 변경에 따른 클레임
④ 공사 지연에 의한 클레임

해설 건설공사에서 발생하는 클레임의 유형
• 계약문서의 결함에 따른 클레임
• 현장 조건 변경에 따른 클레임
• 공사 지연에 의한 클레임
• 작업범위에 대한 클레임
• 작업기간의 단축에 관한 클레임

24. 설계가 시작되기 전에 프로젝트의 실행 가능성을 알아보거나 설계의 초기 단계 또는 진행 단계에서 여러 설계 대안의 경제성을 평가하기 위하여 수행되는 것은? [10.3/13.1]

① 입찰견적
② 명세견적
③ 상세견적
④ 개산견적

해설 개산견적 : 설계가 시작되기 전에 프로젝트의 실행 가능성을 알아보거나 설계의 초기 단계 또는 진행 단계에서 여러 설계 대안의 경제성을 평가하기 위하여 수행하는 견적

정답 19. ③   20. ②   21. ②   22. ④   23. ②   24. ④

25. 건축공사 견적방법 중 가장 정확한 공사비의 산출이 가능한 견적방법은? [12.3]

① 단위 면적당 견적

② 단위 설비별 견적

③ 부분별 견적

④ 명세견적

해설 명세견적 : 완성된 설계도서로 정확한 수량과 적절한 단가로 집계하여 산출한 견적

Tip) 견적 종류 : 설계견적, 실행견적, 개산견적, 명세견적 등

26. 건설공사의 원가관리에 대한 설명으로 옳지 않은 것은? [11.3]

① 원가관리는 원가수치를 이용하여 원가절감을 목적으로 원가통계를 하는 것이다.

② 경비란 직접 물건을 만드는데 필요한 자재나 노무비용을 말한다.

③ 총 원가는 공사원가와 일반관리비로 구성된다.

④ 사후원가란 건물이 완성된 뒤에 실제로 발생한 공사비이다.

해설 ② 경비란 건물의 시공을 위하여 필요한 공사원가 중 재료비, 노무비용을 제외한 원가를 말한다.

27. 금속제 천장틀 공사 시 반자틀의 적정한 간격으로 옳은 것은? (단, 공사시방서가 없는 경우) [20.1]

① 450 mm 정도　　② 600 mm 정도

③ 900 mm 정도　　④ 1200 mm 정도

해설 반자틀 간격은 공사시방서가 없는 경우에는 900 mm 정도로 한다.

Tip) 반자틀 간격은 공사시방서가 있는 경우에는 공사시방서에 의한다.

28. 다음과 같이 정상 및 특급공기와 공비가 주어질 경우 비용구배(cost slope)는? [19.3]

정상		특급	
공기	공비	공기	공비
20일	120000원	15일	180000원

① 9000원/일

② 12000원/일

③ 15000원/일

④ 18000원/일

해설 비용구배 $= \dfrac{\text{특급공비} - \text{정상공비}}{\text{정상공기} - \text{특급공기}}$

$= \dfrac{180000 - 120000}{20 - 15} = 12000$원/일

29. 원가절감에 이용되는 기법 중 VE(Value Engineering)에서 가치를 정의하는 공식은? [19.2]

① 품질/비용

② 비용/기능

③ 기능/비용

④ 비용/품질

해설 $VE = \dfrac{F}{C}$

여기서, F : 기능, C : 비용

30. 실비에 제한을 붙이고 시공자에게 제한된 금액 이내에 공사를 완성할 책임을 주는 공사방식은? [19.2]

① 실비 비율 보수가산식

② 실비 정액 보수가산식

③ 실비 한정비율 보수가산식

④ 실비 준동률 보수가산식

해설 실비 한정비율 보수가산식 : 실비에 제한을 붙이고 시공자에게 제한된 금액 이내에 공사를 완성할 책임을 주는 공사방식

공사계획

31. 건축시공 계획수립에 있어 우선순위에 따른 고려사항으로 가장 거리가 먼 것은?

① 공종별 재료량 및 품셈   [13.2/18.2]
② 재해방지 대책
③ 공정표 작성
④ 원척도(原尺圖)의 제작

해설 공종별 재료량 및 품셈, 재해방지 대책, 공정표 작성은 건축시공 계획수립 내용이다.
Tip) 원척도의 제작 – 본공사 시공 시 필요사항

31-1. 다음 중 시공계획 시 우선 고려하지 않아도 되는 것은?   [11.1]

① 상세공정표의 작성
② 노무, 기계재료 등의 조달, 사용계획에 따른 수송계획수립
③ 현장관리 조직계획수립
④ 시공도의 작성

해설 원척도, 현치도, 시공도는 본공사 시공 시 필요한 사항이다.

정답 ④

31-2. 건설공사의 시공계획수립 시 작성할 필요가 없는 것은?   [18.1]

① 현치도
② 공정표
③ 실행예산의 편성 및 조정
④ 재해방지계획

해설 원척도, 현치도, 시공도는 본공사 시공 시 필요한 사항이다.

정답 ①

31-3. 착공 단계에서의 공사계획을 수립할 때 우선 고려하지 않아도 되는 것은?

① 현장직원의 조직 편성   [15.1/16.3]
② 예정공정표의 작성
③ 시공 상세도의 작성
④ 실행예산 편성

해설 착공 단계에서의 공사계획수립 시 고려사항 : 현장직원의 조직 편성, 예정공정표의 작성, 실행예산 편성, 설비 및 자재의 설치계획 등
Tip) 시공 상세도의 작성 – 본공사 시공 시 필요사항

정답 ③

31-4. 착공 단계에서의 공사계획을 수립할 때 우선 고려하지 않아도 되는 것은? [22.2]

① 현장직원의 조직 편성
② 예정공정표의 작성
③ 유지관리 지침서의 변경
④ 실행예산 편성

해설 착공 단계에서의 공사계획수립 시 고려사항 : 현장직원의 조직 편성, 예정공정표의 작성, 실행예산 편성, 설비 및 자재의 설치계획 등

정답 ③

31-5. 건설현장 개설 후 공사착공을 위한 공사계획수립 시 가장 먼저 해야 할 사항은?

① 현장투입직원 조직 편성   [15.2]
② 공정표 작성
③ 실행예산의 편성 및 통제계획
④ 하도급업체 선정

해설 현장투입직원 조직 편성 → 공정표 작성 → 실행예산의 편성 → 하도급업체 선정 →

설비 및 자재의 설치계획 → 노무 및 자재조달계획 → 재해방지 대책

정답 ①

32. 착공을 위한 공사계획에 필요한 것이 아닌 것은? [14.2]

① 설계여건 숙지
② 설계도면, 공사시방서 숙지
③ 현장여건 조사
④ 공사의 특성과 공종별 공사 수량 파악

해설 ①은 설계 기획 단계이다.

33. PERT/CPM의 장점이 아닌 것은? [19.1]

① 변화에 대한 신속한 대책수립이 가능하다.
② 비용과 관련된 최적안 선택이 가능하다.
③ 작업 선후관계가 명확하고 책임소재 파악이 용이하다.
④ 주 공정(critical path)에 의해서만 공기관리가 가능하다.

해설 ④는 단점이다.

34. 내화피복의 공법과 재료와의 연결이 옳지 않은 것은? [10.1/14.2/19.1]

① 타설공법–콘크리트, 경량콘크리트
② 조적공법–콘크리트, 경량콘크리트 블록, 돌, 벽돌
③ 미장공법–뿜칠 플라스틱, 알루미나 계열 모르타르
④ 뿜칠공법–뿜칠 암면, 습식 뿜칠 암면, 뿜칠 모르타르

해설 ③ 미장공법 – 철망 모르타르

35. [보기]의 항목을 시공계획 순서에 맞게 옳게 나열한 것은? [11.3/14.1]

보기
㉠ 계약 조건 확인 ㉡ 시공계획 입안
㉢ 현지 조사 ㉣ 설계도서 파악
㉤ 주요 수량 파악

① ㉠-㉣-㉢-㉤-㉡
② ㉠-㉡-㉢-㉣-㉤
③ ㉢-㉠-㉣-㉤-㉡
④ ㉢-㉠-㉡-㉣-㉤

해설 계약 조건 확인 → 설계도서 파악 → 현지 조사 → 주요 수량 파악 → 시공계획 입안

36. 가치공학(value engineering)적 사고방식 중 옳지 않은 것은? [15.3]

① 풍부한 경험과 직관 위주의 사고
② 기능 중심의 사고
③ 사용자 중심의 사고
④ 생애비용을 고려한 최소의 총 비용

해설 가치공학적 사고방식
• 기능 중심의 사고
• 사용자 중심의 사고
• 생애비용을 고려한 최소의 총 비용
• 고정관념을 제거하고 창조적 사고
• 조직적인 활동과 노력

37. 건설사업이 대규모화, 고도화, 다양화, 전문화되어감에 따라 종래의 단순 기술에 의한 시공만이 아닌 고부가가치를 추구하기 위하여 업무영역의 확대를 의미하는 것을 무엇이라고 하는가? [09.1/10.2/13.3/21.3]

① BTL ② EC
③ BOT ④ SOC

해설 EC : 건설사업이 대규모화, 고도화, 다양화, 전문화되어감에 따라 단순 기술에 의한 시공만이 아닌 고부가가치를 추구하기 위한 업무영역의 확대를 의미한다.

공사현장 관리

38. 다음 중 전사적 품질관리, 즉 T.Q.C(Total Quality Control) 도구에 대한 설명으로 옳은 것은? [14.3]

① 파레토도 : 결과에 원인이 어떻게 관계되고 있는가를 알아보기 위하여 작성하는 것이다.
② 산점도 : 불량, 결점, 고장 등의 발생 건수를 분류 항목별로 나누어 크기 순서대로 나열해 놓은 것이다.
③ 체크시트 : 계수치의 데이터가 분류 항목의 어디에 집중되어 있는가를 알아보기 쉽게 나타낸 것이다.
④ 특성요인도 : 서로 대응되는 두 개의 짝으로 된 데이터를 그래프용지에 점으로 나타낸 것이다.

해설 전사적 품질관리, 즉 T.Q.C 도구
• 파레토도 : 불량품, 고장, 결점 등의 발생 건수를 원인과 현상별로 분류하고, 문제가 큰 값에서 작은 값의 순서대로 도표화한다.
• 산점도 : 서로 대응되는 두 개의 짝으로 된 데이터를 그래프용지에 점으로 나타낸 것이다.
• 체크시트 : 계수치의 데이터가 분류 항목별로 어디에 집중되어 있는가를 표로 나타낸 것이다.
• 특성요인도 : 결과에 원인이 어떻게 관계되고 있는가를 어골상으로 세분하여 분석한다.

38-1. 시공의 품질관리를 위하여 사용하는 통계적 도구가 아닌 것은? [09.1/12.3/16.1]
① 작업표준　　② 파레토도
③ 관리도　　④ 산포도
해설 품질관리를 위한 7가지 도구 : 파레토

도, 특성요인도, 히스토그램, 산점도, 체크시트, 그래프, 관리도
정답 ①

38-2. 시공의 품질관리를 위한 7가지 도구에 해당되지 않는 것은? [17.2/21.1]
① 파레토그램　　② LOB 기법
③ 특성요인도　　④ 체크시트
해설 ②는 공정관리 방법이다.
정답 ②

38-3. 품질관리를 위한 통계수법으로 이용되는 7가지 도구(tools)를 특징별로 조합한 것 중 잘못 연결된 것은? [13.2/19.3/20.2]
① 히스토그램-분포도
② 파레토그램-영향도
③ 특성요인도-원인결과도
④ 체크시트-상관도
해설 체크시트 : 계수치의 데이터가 분류 항목별로 어디에 집중되어 있는가를 표로 나타낸 것이다(집중도).
정답 ④

38-4. 불량품, 결점, 고장 등의 발생 건수를 현상과 원인별로 분류하고, 여러 가지 데이터를 항목별로 분류해서 문제의 크기 순서로 나열하여, 그 크기를 막대그래프로 표기한 품질관리 도구는? [09.3/10.1/13.1/16.1/22.1]
① 파레토그램　　② 특성요인도
③ 히스토그램　　④ 체크시트
해설 파레토도 : 불량품, 고장, 결점 등의 발생 건수를 원인과 현상별로 분류하고, 문제가 큰 값에서 작은 값의 순서대로 도표화한다.
정답 ①

39. LOB(Line of Balance) 기법을 옳게 설명한 것은?
[18.2]

① 세로축에 작업명을 순서에 따라 배열하고 가로축에 날짜를 표기한 다음, 각 작업의 시작과 끝을 연결한 횡선의 길이로 작업길이를 표시한 기법

② 종래의 건축공사에 있어서 낭비요인을 배제하고, 작업의 고밀도화와 인원, 기계, 자재의 효율화를 꾀함으로써 공기의 단축과 원가절감을 이루는 기법

③ 반복작업에서 각 작업조의 생산성을 유지시키면서 그 생산성을 기울기로 하는 직선으로 각 반복작업의 진행을 표시하여 전체공사를 도식화하는 기법

④ 공구별로 직렬 연결된 작업을 다수 반복하여 사용하는 기법

해설 LOB 기법 : 반복작업에서 생산성을 유지시키면서 이 생산성을 기울기 혹은 막대로 표시한다.

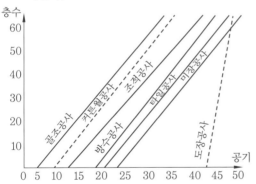

40. 콘크리트 구조물의 품질관리에서 활용되는 비파괴시험(검사) 방법으로 경화된 콘크리트 표면의 반발경도를 측정하는 것은?
[21.1]

① 슈미트해머 시험
② 방사선 투과시험
③ 자기분말 탐상시험
④ 침투낭상시험

해설 슈미트해머 시험 : 경화된 콘크리트면에 해머로 타격하여 반발경도를 측정하는 비파괴시험(검사) 방법

40-1. 콘크리트 구조물의 품질관리에서 활용되는 비파괴검사 방법과 가장 거리가 먼 것은?
[13.1/18.1]

① 슈미트해머법 　② 방사선투과법
③ 초음파법 　④ 자기분말탐상법

해설 자분탐상시험 : 강자성체에 대해 표면을 자화시키면 누설자장이 형성되며, 이 부위에 자분을 도포하면 자분이 흡착되는 원리를 이용하여 육안으로 결함을 검출하는 방법

정답 ④

41. 철근이음의 종류 중 기계적 이음의 검사 항목에 해당되지 않는 것은?
[20.2]

① 위치 　② 초음파 탐상검사
③ 인장시험 　④ 외관검사

해설 초음파 탐상검사 : 짧은 파장의 음파를 검사물의 내부에 입사시켜 내부의 결함을 검출하는 방법으로 용접의 비파괴검사이다.

42. 다음 설명에 해당하는 공정표의 종류로 옳은 것은?
[15.3/21.1]

> 한 공종의 작업이 하나의 숫자로 표기되고 컴퓨터에 적용하기 용이한 이점 때문에 많이 사용되고 있다. 각 작업은 node로 표기하고 더미의 사용이 불필요하며 화살표는 단순히 작업의 선후관계만을 나타낸다.

① 횡선식 공정표 　② CPM
③ PDM 　④ LOB

해설 공정표(공정관리 기법)의 종류

- Gantt Chart : 횡선식 공정표, 사선식 공정표
- Net Work 공정표 : PERT, CPM, ADM, PDM
- Mile Stone Chart(이정계획)
- 곡선식 공정표(공정관리 곡선)

Tip) 지문은 PDM 공정표에 대한 설명이다.

43. 다음 중 네트워크 공정표의 단점이 아닌 것은? [11.2/13.3/20.3]

① 다른 공정표에 비하여 작성시간이 많이 필요하다.
② 작성 및 검사에 특별한 기능이 요구된다.
③ 진척관리에 있어서 특별한 연구가 필요하다.
④ 개개의 관련 작업이 도시되어 있지 않아 내용을 알기 어렵다.

해설 ④ 개개의 관련 작업이 도시되어 있어 내용을 알기 쉽다(장점).

44. 네트워크 공정표에서 후속작업의 가장 빠른 개시시간(EST)에 영향을 주지 않는 범위 내에서 한 작업이 가질 수 있는 여유시간을 의미하는 것은? [10.3/12.2/17.1/20.1]

① 전체여유(TF)
② 자유여유(FF)
③ 간섭여유(IF)
④ 종속여유(DF)

해설 • 전체여유(TF) : 최초의 개시일에 작업을 시작하여 가장 늦은 종료일에 완료할 때 생기는 여유시간
- 자유여유(FF) : 최초의 개시일에 작업을 시작하고 후속작업을 최초 개시일에 시작하여도 생기는 여유시간
- 종속여유(DF) : 후속작업의 TF에 영향을 주는 여유시간(DF=TF-FF)

45. 네트워크 공정표의 주 공정(critical path)에 관한 설명으로 옳지 않은 것은?[16.2/19.2]

① TF가 0(zero)인 작업을 주 공정작업이라 한다.
② 총 공기는 공사착수에서부터 공사완공까지의 소요시간의 합계이며, 최장시간이 소요되는 경로이다.
③ 주 공정은 고정적이거나 절대적인 것이 아니고 가변적이다.
④ 주 공정에 대한 공기단축은 불가능하다.

해설 ④ 주 공정에 대한 공기단축이 가능하다.

46. 네트워크 공정표에 사용되는 용어에 관한 설명으로 옳지 않은 것은? [17.3/22.1]

① 크리티컬 패스(Critical Path) : 개시 결합점에서 종료 결합점에 이르는 가장 긴 경로
② 더미(Dummy) : 결합점이 가지는 여유시간
③ 플로트(Float) : 작업의 여유시간
④ 패스(Path) : 네트워크 중에서 둘 이상의 작업이 이어지는 경로

해설 ② 더미(Dummy) : 작업이나 시간요소가 없는 가상작업

46-1. 네트워크 공정표의 용어에 관한 설명으로 옳지 않은 것은? [16.3]

① Event : 작업의 결합점, 개시점 또는 종료점
② Activity : 네트워크 중 둘 이상의 작업을 잇는 경로
③ Slack : 결합점이 가지는 여유시간
④ Float : 작업의 여유시간

해설 ② Activity : 프로젝트를 구성하는 단위 작업을 잇는 경로

정답 ②

47. 다음 네트워크 공정표에서 주 공전선에 의한 총 소요공기(일수)로 옳은 것은? (단, 결

함점 사이의 숫자는 작업일수) [16.1/21.2]

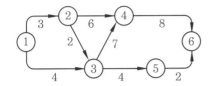

① 17일　　② 19일
③ 20일　　④ 22일

해설 총 소요공기(일수)
＝① → ② → ③ → ④ → ⑥
＝3+2+7+8＝20일

48. 건축시공의 현대화 방안 중 3S system과 거리가 먼 것은? [12.2/19.1]
① 작업의 표준화　② 작업의 단순화
③ 작업의 전문화　④ 작업의 기계화

해설 3S system
• 단순화(simplification)
• 표준화(standardization)
• 전문화(specification)

49. 토류 구조물의 각 부재와 인근 구조물의 각 지점 등의 응력변화를 측정하여 이상변형을 파악하는 계측기는? [09.2/12.1/17.2]
① 경사계(inclino meter)
② 변형률계(strain gauge)
③ 간극수압계(piezo meter)
④ 진동측정계(vibro meter)

해설 계측장치의 설치 목적
• 지표면 침하계(level and staff) : 지반에 대한 지표면의 침하량 측정
• 건물경사계(tilt meter) : 인접 구조물의 기울기 측정
• 지중경사계(inclino meter) : 지중의 수평 변위량 측정, 기울어지 정도 파악

• 지중침하계(extension meter) : 지중의 수직변위 측정
• 변형률계(strain gauge) : 흙막이 버팀대의 변형 파악
• 하중계(load cell) : 축하중의 변화상태 측정
• 토압계(earth pressure meter) : 토압의 변화 파악
• 간극수압계(piezo meter) : 지하의 간극수압 측정
• 지하수위계(water level meter) : 지반 내 지하수위의 변화 측정
• 지중 수평변위계(inclino meter) : 지반의 수평 변위량과 위치, 방향 및 크기를 실측

49-1. 주변 건물이나 옹벽, 철탑 등 터파기 주위의 주요 구조물에 설치하여 구조물의 경사 변형상태를 측정하는 장비는? [10.3/18.2]
① piezo meter
② tilt meter
③ load cell
④ strain gauge

해설 tilt meter : 인접 구조물의 경사, 변형상태를 측정하는 장비
정답 ②

50. 다음 중 공기량 측정기에 해당하는 것은? [10.3/18.2]
① 리바운드 기록지(rebound check sheet)
② 디스펜서(dispenser)
③ 워싱턴 미터(washington meter)
④ 이넌데이터(inundator)

해설 • 리바운드 기록지 : 말뚝의 항타기 시험
• 디스펜서 : AE제 용액의 콘크리트 속에 기포 계량장치
• 워싱턴 미터 : 콘크리트 공기량의 변동 측정

- 이넌데이터 : 물에 적신 모래의 부피를 계량하는 장치

51. 비산먼지 발생사업 신고 적용대상 규모기준으로 옳은 것은?   [18.1]

① 건축물 축조공사로 연면적 1000m² 이상
② 굴정공사로 총 연장 300m 이상 또는 굴착토사량 300m³ 이상
③ 토공사/정지공사로 공사면적 합계 1500m² 이상
④ 토목공사로 구조물 용적합계 2000m³ 이상

해설 비산먼지 적용대상 규모기준
- 건축물 축조공사로 연면적 1000m² 이상
- 굴정공사로 총 연장 200m 이상 또는 굴착토사량 200m³ 이상
- 토공사/정지공사로 공사면적 합계 1000m² 이상
- 토목공사로 구조물 용적합계 1000m³ 이상

52. 결함부위로 균열의 집중을 유도하기 위해 균열이 생길만한 구조물의 부재에 미리 결함부위를 만들어 두는 것을 무엇이라 하는가?

① 신축줄눈   [12.3/15.2]
② 침하줄눈
③ 시공줄눈
④ 조절줄눈

해설 조절줄눈 : 건조, 수축에 의한 균열의 집중을 유도하기 위해 균열이 생길만한 구조물의 부재에 미리 결함부위를 만들어 한 곳으로 균열을 유도한다.

53. 건축물의 지하공사에서 계측관리에 관한 설명으로 틀린 것은?   [14.2/22.2]

① 계측관리의 목적은 위험의 징후를 발견하는 것이다.

② 계측관리의 중점관리사항으로는 흙막이 변위에 따른 배면지반의 침하가 있다.
③ 계측관리는 인적이 뜸하고 위험이 적은 안전한 곳에 설치하여 주기적으로 실시한다.
④ 일일 점검항목으로는 흙막이 벽체, 주변 지반, 지하수위 및 배수량 등이 있다.

해설 ③ 계측관리는 예상하지 못한 위험을 찾아내어야 하는 만큼 인적이 많은 곳에 설치하여 주기적으로 확인한다.

54. 다음 중 공통가설공사 항목에 속하지 않는 것은?   [11.1]

① 차수·배수설비
② 가설울타리
③ 비계설비
④ 양중설비

해설 공통가설공사 : 가설울타리, 가설건물, 가설도로, 비계설비, 양중설비, 공사용 동력, 용수, 광열, 통신설비, 안전설비, 급수·배수설비 등
Tip) 차수·배수설비 : 빗물이 건축물 안으로 들어오는 것을 막는 설비

55. 가설건축물 중 시멘트창고에 대한 설명으로 옳지 않은 것은?   [10.3]

① 바닥구조는 일반적으로 마루널깔기로 한다.
② 창고의 크기는 시멘트 100포당 2~3m²로 하는 것이 바람직하다.
③ 공기의 유통이 잘 되도록 개구부를 가능한 한 크게 한다.
④ 벽은 널판붙임으로 하고 장기간 사용하는 것은 함석붙이기로 한다.

해설 ③ 공기의 유통을 막기 위해 개구부를 가능한 한 작게 한다.

2 토공사

흙막이 가시설

1. 지하연속벽 공법에 관한 설명으로 옳지 않은 것은? [20.2]

① 흙막이 벽의 강성이 적어 보강재를 필요로 한다.

② 지수벽의 기능도 갖고 있다.

③ 인접건물의 경계선까지 시공이 가능하다.

④ 암반을 포함한 대부분의 지반에 시공이 가능하다.

해설 ① 지하연속벽 공법의 흙막이 벽은 강성이 우수하기 때문에 보강재는 불필요하다.

1-1. 흙막이공법 중 지하연속벽(slurry wall) 공법에 대한 설명으로 옳지 않은 것은? [10.2]

① 흙막이 벽 자체의 강도, 강성이 우수하기 때문에 연약지반의 변형 및 이면침하를 최소한으로 억제할 수 있다.

② 차수성이 부족해 지하수가 많은 지반에는 사용할 수 없다.

③ 시공 시 소음, 진동이 작다.

④ 다른 흙막이 벽에 비해 공사비가 많이 든다.

해설 ② 차수성이 우수해 근입 및 수밀성이 좋아 지하수가 많은 지반에도 사용할 수 있다.

정답 ②

1-2. 흙막이공법 중 지하연속벽(slurry wall) 공법에 대한 설명으로 옳지 않은 것은? [22.2]

① 흙막이 벽 자체의 강도, 강성이 우수하기 때문에 연약지반의 변형 및 이면침하를 최소한으로 억제할 수 있다.

② 차수성이 좋아 지하수가 많은 지반에도 사용할 수 있다.

③ 시공 시 소음, 진동이 작다.

④ 다른 흙막이 벽에 비해 공사비가 적게 든다.

해설 ④ 다른 흙막이 벽에 비해 공사비가 많이 든다.

정답 ④

1-3. 흙막이공법 중 슬러리 월(slurry wall) 공법에 관한 설명으로 옳지 않은 것은? [16.3]

① 진동, 소음이 적다.

② 인접건물의 경계선까지 시공이 가능하다.

③ 차수 효과가 양호하다.

④ 기계, 부대설비가 소형이어서 소규모 현장의 시공에 적당하다.

해설 ④ 기계, 부대설비가 대형이어서 소규모 현장의 시공에 부적당하다.

정답 ④

2. 흙막이 지지공법 중 수평버팀대 공법의 특징에 관한 설명으로 옳지 않은 것은 어느 것인가? [12.2/15.1/20.1]

① 가설 구조물이 적어 중장비 작업이나 토량 제거 작업의 능률이 좋다.

② 토질에 대해 영향을 적게 받는다.

③ 인근 대지로 공사범위가 넘어가지 않는다.

④ 고저차가 크거나 상이한 구조인 경우 균형을 잡기 어렵다.

해설 ① 가설 구조물이 많아 중장비가 들어가기 곤란하여 작업능률이 좋지 않다.

3. 흙막이공사의 공법에 관한 설명으로 옳은 것은? [18.3]

① 지하연속벽(slurry wall) 공법은 인접건물의 근접시공은 어려우나 수평 방향의 연속성이 확보된다.
② 어스앵커 공법은 지하매설물 등으로 시공이 어려울 수 있으나 넓은 작업장 확보가 가능하다.
③ 버팀대(strut) 공법은 가설 구조물을 설치하지만 토량 제거작업의 능률이 향상된다.
④ 강재 널말뚝(steel sheet pile) 공법은 철재 판재를 사용하므로 수밀성이 부족하다.

해설 ① 지하연속벽 공법은 인접건물의 근접시공이 가능하다.
③ 버팀대(strut) 공법은 가설 구조물을 설치하는 관계로 중장비작업이나 토량 제거작업의 능률이 저하된다.
④ 강재 널말뚝 공법은 강재 널말뚝을 연속적으로 연결하여 벽체를 형성하는 공법으로 철재판재를 사용하므로 차수성 및 수밀성이 좋아 연약지반에 적합하다.

4. 지수 흙막이 벽으로 말뚝구멍을 하나 걸러 뚫고 콘크리트를 타설하여 만든 후, 말뚝과 말뚝 사이에 다음 말뚝구멍을 뚫어 흙막이 벽을 완성하는 공법은? [11.2/17.1/18.2]

① 어스드릴 공법(earth drill method)
② CIP 말뚝공법(cast-in-place pile method)
③ 콤프레솔 파일공법(compressol pile method)
④ 이코스 파일공법(icos pile method)

해설 이코스 파일공법 : 흙막이 벽을 시공할 때 말뚝구멍을 하나 걸러 뚫고 콘크리트를 부어 넣은 후 다시 그 사이를 뚫어 콘크리트를 부어 넣어 말뚝을 만드는 공법

5. 흙막이공법에 사용하는 지지공법이라 할 수 없는 공법은? [14.2]

① 경사 오픈 컷 공법 ② 탑다운 공법
③ 어스앵커 공법 ④ 스트러트 공법

해설 흙막이공법의 지지방식 : 탑다운공법, 어스앵커 공법, 스트러트 공법, 자립공법, 버팀대식 공법
Tip) 경사 오픈 컷 공법 – 구조방식에 의한 분류

6. 흙막이공법 종류 중 H-말뚝, 토류판공법에 대한 설명으로 옳지 않은 것은? [10.3]

① 응력부담재인 강제의 연직 H-형강을 중심 간격 1.5~1.8m의 일정한 간격으로 미리 지중에 타입시킨다.
② 띠장의 간격 감소 및 버팀대 좌우 좌굴방지를 위해서 가새나 귀잡이가 필요한 공법이다.
③ 지하수가 많은 지반에는 차수공법을, 인접 가옥이 접근하여 있을 때는 언더피닝 공법을 채용한다.
④ 보일링, 파이핑에 대하여 매우 견고하여, 연약한 점성토지반에 활용 시 효과가 크다.

해설 ④ H-말뚝, 토류판공법은 토류판 뒤채움을 해줘야 하나 뒤채움 부실로 인해 히빙 또는 보일링 현상이 발생할 우려가 높다.

7. 다음 중 연속 콘크리트 벽 흙막이공법이 아닌 것은? [10.1]

① ICOS 공법
② OWS 공법
③ auger pile
④ caisson 공법

해설 연속 콘크리트 벽 흙막이공법 : ICOS 공법, OWS 공법, auger pile
Tip) 케이슨(caisson) 공법 – 수중 굴착작업 시 이용

정답 3. ② 4. ④ 5. ① 6. ④ 7. ④

8. 널말뚝 후면부를 천공하고 인장재를 삽입하여 경질지반에 정착시킴으로써 흙막이널을 지지시키는 공법은? [09.3/13.2]

① 버팀대식 흙막이공법
② 아일랜드 공법
③ 어미말뚝식 흙막이공법
④ 어스앵커 공법

해설 어스앵커 공법은 지하매설물 등으로 시공이 어려울 수 있으나 넓은 작업장 확보가 가능하다.

8-1. 어스앵커 공법에 관한 설명 중 옳지 않은 것은? [12.2/19.2]

① 인근 구조물이나 지중매설물에 관계없이 시공이 가능하다.
② 앵커체가 각각의 구조체이므로 적용성이 좋다.
③ 앵커에 프리스트레스를 주기 때문에 흙막이 벽의 변형을 방지하고 주변 지반의 침하를 최소한으로 억제할 수 있다.
④ 본 구조물의 바닥과 기둥의 위치에 관계없이 앵커를 설치할 수도 있다.

해설 ① 인근 구조물 하부에 천공하여 장착하므로 지중매설물에 영향을 받는다.

정답 ①

9. earth anchor 시공에서 정착부 grout 밀봉을 목적으로 설치하는 것은? [11.1/13.2]

① angle bracket
② sheath
③ packer
④ anchor head

해설 packer(패커) : earth anchor 시공에서 정착부 grout 밀봉을 목적으로 한다.

10. 기초 굴착방법 중 굴착공에 철근망을 삽입하고 콘크리트를 타설하여 말뚝을 형성하는 공법이며, 안정액으로 벤토나이트 용액을 사용하고 표층부에서만 케이싱을 사용하는 것은? [10.3/15.3/20.2]

① 리버스 서큘레이션 공법
② 베노토 공법
③ 심초공법
④ 어스드릴 공법

해설 어스드릴 공법 : 콘크리트 말뚝 타설을 위한 굴착방법의 일종으로 안정액으로 벤토나이트 용액을 사용하고 표층부에서만 케이싱을 사용하는 공법

10-1. 제자리 콘크리트 말뚝시공법 중 earth drill 공법의 장·단점에 대한 설명으로 옳지 않은 것은? [14.2]

① 진동 소음이 적은 편이다.
② 좁은 장소에서는 작업이 어렵고 지하수가 없는 점성토에 부적합하다.
③ 기계가 비교적 소형으로 굴착속도가 빠르다.
④ slime 처리가 불확실하여 말뚝의 초기 침하 우려가 있다.

해설 ② 좁은 장소에서 작업이 가능하고 지하수가 없는 점성토에 적합하다.

정답 ②

11. 현대 건축시공의 변화에 따른 특징과 거리가 먼 것은? [16.1]

① 인공지능 빌딩의 출현
② 건설시공법의 습식화
③ 도심지 지하 심층화에 따른 신기술 발달
④ 건축 구성재 및 부품의 PC화·규격화

해설 ② 건설시공법의 건식화

토공 및 기계

12. 토공사에 사용되는 각종 건설기계에 관한 설명으로 옳은 것은? [16.1]

① 클램쉘은 협소한 장소의 흙을 퍼 올리는 장비로서, 연한 지반에 적합하다.

② 파워쇼벨은 위치한 지면보다 낮은 곳의 굴착에 적합하다.

③ 드래그셔블은 버킷으로 토사를 굴삭하며 적재하는 기계로서 로더(loader)라고 불린다.

④ 드래그라인은 좁은 범위의 경질지반 굴착에 적합하다.

해설 ② 파워쇼벨은 지면보다 높은 곳의 땅파기에 적합하다.

③ 드래그셔블(백호)은 지면보다 낮은 땅을 파는데 적합하고, 수중굴착도 가능하다.

④ 드래그라인은 지면보다 낮은 땅의 굴착에 적당하고, 굴착 반지름이 크다.

12-1. 터파기용 기계장비 가운데 장비의 작업면보다 상부의 흙을 굴삭하는 장비는 무엇인가? [10.2/14.1/16.2/16.3/19.2]

① 불도저(bulldozer)

② 모터 그레이더(motor grader)

③ 클램쉘(clam shell)

④ 파워쇼벨(power shovel)

해설 파워쇼벨(power shovel) : 지면보다 높은 곳의 땅파기에 적합하다.

정답 ④

12-2. 지반보다 6m 정도 깊은 경질지반의 기초파기에 가장 적합한 굴착기계는? [14.2]

① drag line

② tractor shovel

③ back hoe

④ power shovel

해설 드래그셔블(백호) : 지면보다 낮은 땅을 파는데 적합하고, 수중굴착도 가능하다.

정답 ③

12-3. 위치한 지면보다 낮은 우물통과 같은 협소한 장소의 흙을 퍼 올리는 장비로 가장 적당한 것은? [09.3/12.1]

① 스크레이퍼

② 클램쉘

③ 모터그레이더

④ 파워쇼벨

해설 클램쉘 : 수중굴착 및 가장 협소하고 깊은 굴착이 가능하며, 호퍼에 적합하다.

정답 ②

12-4. 기계를 설치한 지반보다 낮은 장소, 넓은 범위의 굴착이 가능하며 주로 수로, 골재 채취용으로 많이 사용되는 토공사용 굴착기계는? [17.3]

① 모터 그레이더

② 파워쇼벨

③ 클램쉘

④ 드래그라인

해설 드래그라인(drag line) : 지면보다 낮은 땅의 굴착에 적당하고, 굴착 반지름이 크다.

정답 ④

12-5. 굴착용 기계 중 드래그라인에 대한 설명으로 옳지 않은 것은? [12.3]

① 모래 채취에 많이 사용된다.

② 긴 붐(boom)과 로프를 이용해 굴착반경이 크다.

③ 토질이 매우 단단한 경우에는 부적합하다.

④ 기계의 설치 지반보다 높은 곳을 파는데 유리하다.

해설 ④ 기계의 설치 지반보다 낮은 곳을 파는데 유리하다.

정답 ④

12-6. 다음 중 토공사용 장비에 해당되지 않는 것은? [17.2]

① 로더(loader)
② 파워쇼벨(power shovel)
③ 가이데릭(guy derrick)
④ 클램쉘(clamshell)

해설 토공사용 장비 : 로더, 파워쇼벨, 클램쉘, 드래그셔블(백호), 불도저 등
Tip) 가이데릭 – 철골세우기용 기계설비

정답 ③

12-7. 상하기복형으로 협소한 공간에서 작업이 용이하고 장애물이 있을 때 효과적인 장비로서 초고층 건축물 공사에 많이 사용되는 장비는 무엇인가? [18.1]

① 호이스트카
② 타워크레인
③ 러핑크레인
④ 데릭

해설 러핑크레인 : 상하기복형으로 협소한 공간에서 작업이 용이하고, 선회운동 시 충돌할 염려가 적어 장애물이 있을 때 효과적인 장비로서 초고층 건축물 공사에 많이 사용되는 장비

정답 ③

12-8. 토공기계 중 흙의 적재, 운반, 정지의 기능을 가지고 있는 장비로서 일반적으로 중거리 정지공사에 많이 사용되는 장비는 무엇인가? [11.3/15.1/15.3]

① 파워쇼벨
② 캐리올 스크레이퍼
③ 앵글도저
④ 탬퍼

해설 캐리올 스크레이퍼 : 흙의 적재, 운반, 정지 등의 기능을 가지고 있는 장비로서 적재용량은 $3\,m^3$ 이상, 작업거리는 $100\sim1500\,m$ 까지 운반 가능하다.

정답 ②

12-9. 일정한 폭의 구덩이를 연속으로 파며, 좁고 깊은 도랑파기에 가장 적당한 토공장비는? [11.1/14.3]

① 트렌처(trencher)
② 로더(loader)
③ 백호우(backhoe)
④ 파워쇼벨(power shovel)

해설 트렌처 : 일정한 폭의 구덩이를 연속으로 파며, 하수도관, 가스관, 송유관 등의 굴착용으로 좁고 깊은 도랑파기에 가장 적당한 토공장비

정답 ①

12-10. 다음 중 정지 및 배토기계에 해당하지 않는 것은? [11.2]

① 불도저
② 트렉터셔블
③ 모터그레이더
④ 스크레이퍼

해설 트렉터셔블 : 앞면에 날이 달린 버킷을 붙인 트랙터로 흙이나 자갈 따위를 파내어 트럭에 실어 주는 작업

정답 ②

13. 다음 [조건]에 따른 백호의 단위 시간당 추정 굴삭량으로 옳은 것은? [12.1/17.1/21.1]

조건
버켓용량 : $0.5\,m^3$, 사이클타임 : 20초,
작업효율 : 0.9, 굴삭계수 : 0.7,
굴삭토의 용적변화계수 : 1.25

① $94.5\,m^3$
② $80.5\,m^3$
③ $76.3\,m^3$
④ $70.9\,m^3$

해설 굴삭량$(V)=Q\times\dfrac{3600}{C_m}\times E\times K\times f$

$=0.5\times\dfrac{3600}{20}\times0.9\times0.7\times1.25 \fallingdotseq 70.9\,m^3$

여기서, V : 굴삭토량, Q : 버켓용량,
　　　C_m : 사이클타임(s), E : 작업효율,
　　　K : 굴삭계수, f : 용적변화계수

13-1. 파워셔블의 1시간당 추정 굴착작업량은 약 얼마인가? (단, 버킷용량 0.6m³, 굴삭토의 용적변화계수 1.28, 작업효율 0.83, 굴삭계수 0.8, 사이클타임 30sec) [14.3]

① 39.2m³　　　② 41.2m³
③ 59.2m³　　　④ 61.2m³

해설 굴삭량$(V) = Q \times \dfrac{3600}{C_m} \times E \times K \times f$

$= 0.6 \times \dfrac{3600}{30} \times 0.83 \times 0.8 \times 1.28$

$≒ 61.2 \, \mathrm{m^3}$

여기서, V : 굴삭토량, Q : 버켓용량,
　　　C_m : 사이클타임(s), E : 작업효율,
　　　K : 굴삭계수, f : 용적변화계수

정답 ④

13-2. 다음과 같은 [조건]의 굴삭기로 2시간 작업할 경우의 작업량은 얼마인가?[12.2/15.1]

┌─ **조건** ─────────────────┐
버켓용량 : 0.8m³, 사이클타임 : 40초,
작업효율 : 0.8, 굴삭계수 : 0.7,
굴삭토의 용적변화계수 : 1.1
└──────────────────────────┘

① 128.5m³　　　② 107.7m³
③ 88.7m³　　　④ 66.5m³

해설 ㉠ 굴삭량$(V) = Q \times \dfrac{3600}{C_m} \times E \times K \times f$

$= 0.8 \times \dfrac{3600}{40} \times 0.8 \times 0.7 \times 1.1$

$≒ 44.352 \, \mathrm{m^3/h}$

여기서, V : 굴삭토량, Q : 버켓용량,
　　　C_m : 사이클타임(s), E : 작업효율,
　　　K : 굴삭계수, f : 용적변화계수

㉡ 2시간 동안 작업량
　 = 시간당 작업의 $V \times 2$
　 $= 44.352 \times 2 ≒ 88.7 \, \mathrm{m^3}$

정답 ③

14. 고층 건축물 시공 시 사용하는 재료와 인력의 수직이동을 위해 설치하는 장비는?

① 리프트카　　　　　　　　[09.2/12.2]
② 크레인
③ 윈치
④ 데릭

해설 리프트카 : 고층 건축물 시공 시 사용하는 재료와 인력의 수직이동을 위해 설치하는 장비로 건설용 리프트이다.

15. 철골작업용 장비 중 변형 바로잡기 장비가 아닌 것은? [11.1]

① 프릭션 프레스(friction press)
② 플레이트 스트레이닝 롤(plate straining roll)
③ 파워 프레스(power press)
④ 플레이트 쉐어링 머신(plate shearing machine)

해설 플레이트 쉐어링 머신은 두께 13mm 이하의 강판을 절단하는 장비이다.
Tip) 변형 바로잡기 철골작업용 장비
• 형강 변형 잡기 장비 : 교정기, 프릭션 프레스, 파워 프레스
• 강판 변형 잡기 장비 : 플레이트 스트레이닝 롤

흙파기

16. 일반적으로 사질지반의 지하수위를 낮추기 위해 이용하는 것으로 펌프를 통해 강제로 지하수를 뽑아내는 공법은? [09.2/16.3]

① 웰 포인트 공법
② 샌드드레인 공법
③ 치환공법
④ 주입공법

해설 웰 포인트(well point) 공법 : 모래질지반에 지하수위를 일시적으로 저하시켜야 할 때 사용하는 공법으로 모래 탈수공법이라고 한다.

16-1. 웰 포인트(well point) 공법에 관한 설명으로 옳지 않은 것은? [20.3]

① 강제 배수공법의 일종이다.
② 투수성이 비교적 낮은 사질 실트층까지도 배수가 가능하다.
③ 흙의 안전성을 대폭 향상시킨다.
④ 인근 건축물의 침하에 영향을 주지 않는다.

해설 ④ 강제 배수공법으로서 지하수, 공극수 배출에 의한 압밀침하가 주변 지반에 영향을 미친다.

정답 ④

16-2. 웰 포인트 공법(well point method)에 관한 설명으로 옳지 않은 것은? [19.3/22.1]

① 사질지반보다 점토질지반에서 효과가 좋다.
② 지하수위를 낮추는 공법이다.
③ 1~3m의 간격으로 파이프를 지중에 박는다.
④ 인접지반 침하의 우려에 따른 주의가 필요하다.

해설 ① 모래질지반에 지하수위를 일시적으로 저하시켜야 할 때 사용하는 공법이다.

정답 ①

17. 지하수위 저하공법 중 강제 배수공법이 아닌 것은? [15.2/19.3]

① 전기침투 공법
② 웰 포인트 공법
③ 표면 배수공법
④ 진공 deep well 공법

해설 강제 배수공법 : 전기침투 공법, 웰 포인트 공법, 진공 deep well 공법 등
Tip) 표면 배수공법 – 중력 배수공법

18. 지하수를 처리하는데 사용되는 배수공법이 아닌 것은? [13.1]

① 집수정 공법
② 웰 포인트 공법
③ 전기침투 공법
④ 샌드드레인 공법

해설 샌드드레인 공법 : 연약 점토층에 사용하는 탈수 지반개량 공법이다.

19. 지하 터파기와 지상의 구조체 공사를 병행하여 시공하는 공법은? [10.1]

① 아일랜드(island) 공법
② 트렌치 컷(trench cut) 공법
③ 뉴매틱 웰 케이슨(pneumatic well caisson) 공법
④ 탑다운(top down) 공법

해설 탑다운(top down) 공법 : 지하 터파기와 지상의 구조체 공사를 병행하여 시공할 수 있어 공기를 단축할 수 있다.

19-1. 탑다운 공법(top-down)에 관한 설명으로 옳지 않은 것은? [13.3/17.1]

① 역타공법이라고도 한다.
② 굴토작업이 슬래브 하부에서 진행되므로 작업능률 및 작업환경 조건이 개선되며, 공사비가 절감된다.

③ 건물의 지하구조체에 시공이음이 많아 건물 방수에 대한 우려가 크다.

④ 지상과 지하를 동시에 시공할 수 있으므로 공기를 절감할 수 있다.

해설 ② 굴토작업이 슬래브 하부에서 진행되므로 작업능률 및 작업환경 조건이 저하되며, 시공비가 비싸다.

정답 ②

19-2. top down 공법의 특징으로 옳지 않은 것은? [19.3]

① 1층 바닥 기준으로 상방향, 하방향 중 한쪽 방향으로만 공사가 가능하다.

② 공기 단축이 가능하다.

③ 타 공법 대비 주변 지반 및 인접건물에 미치는 영향이 작다.

④ 소음 및 진동이 적어 도심지 공사로 적합하다.

해설 ① 1층 바닥 기준으로 상방향, 하방향을 동시에 공사할 수 있다.

정답 ①

20. 깊이 7m 정도의 우물을 파고 이곳에 수중 모터펌프를 설치하여 지하수를 양수하는 배수공법으로 지하용수량이 많고 투수성이 큰 사질지반에 적합한 것은? [10.1/14.1/19.2]

① 집수정(sump pit) 공법

② 깊은 우물(deep well) 공법

③ 웰 포인트(well point) 공법

④ 샌드 드레인(sand drain) 공법

해설 깊은 우물(deep well) 공법 : 지름 $30 \sim 150$ cm 정도의 우물을 만들어 여기에 유입하는 지하수를 펌프로 양수하여 지하수위를 낮추는 방법

21. 용수가 심한 곳 또는 강, 바다 등의 토사유입이 심한 곳에 많이 사용되는 것으로 압축공기에 의해 작업방식을 고기압으로 하여 용수를 배제하면서 굴착하여 기초 구조체를 침하시켜 나가는 공법은? [10.1]

① 슬러리 월 공법 ② 빗 버팀대식 공법

③ 이코스 공법 ④ 용기 잠함 공법

해설 용기 잠함 공법 : 용수가 심한 곳 또는 강, 바다 등의 토사유입이 심한 곳에 많이 사용되는 것으로 압축공기에 의해 작업방식을 고기압으로 하여 용수를 배제하면서 굴착하여 기초 구조체를 침하시켜 나가는 공법

22. 개방 잠함 공법(open caisson method)에 관한 설명으로 옳은 것은? [10.2/13.3/19.1]

① 건물 외부 작업이므로 기후의 영향을 많이 받는다.

② 지하수가 많은 지반에서는 침하가 잘 되지 않는다.

③ 소음 발생이 크다.

④ 실의 내부 갓 둘레 부분을 중앙 부분보다 먼저 판다.

해설 개방 잠함 공법 : 침하 깊이에 제한이 없이 상하부가 개방되어 자중 등에 의한 침하로 지지기반에 기초를 무진동으로 시공이 가능하다.

23. 다음 중 흙파기공법에 대한 설명 중 옳지 않은 것은? [11.1]

① 경사 오픈 컷 공법은 흙막이 벽이나 가설 구조물 없이 굴착하는 공법이다.

② 아일랜드 컷 공법은 실트층에서 흙의 양이 적어지므로 유리하다.

③ 트렌치 컷 공법은 공사기간이 길어지고 널말뚝을 이중으로 박아야 한다.

정답 20. ② 21. ④ 22. ② 23. ②

④ 용기잠함은 용수량이 극히 많을 때 사용한다.

해설 ② 아일랜드 컷 공법은 중앙부를 파내어 기초 콘크리트를 부어 굳힌 후 여기에 의지해 주변 부분을 파내는 공법이다.

기타 토공사

24. 흙이 소성상태에서 반고체상태로 바뀔 때의 함수비를 의미하는 용어는? [14.2/21.2]

① 예민비   ② 액성한계
③ 소성한계   ④ 소성지수

해설 소성한계 : 흙이 소성상태에서 반고체상태로 바뀌는 경계의 함수비

25. 지반개량 지정공사 중 응결공법이 아닌 것은? [14.2/18.2/21.1]

① 플라스틱 드레인 공법
② 시멘트 처리공법
③ 석회처리공법
④ 심층혼합 처리공법

해설 ①은 흙을 개량하는 탈수공법

26. 지반개량공법 중 강제압밀 또는 강제압밀 탈수공법에 해당하지 않는 것은? [15.2/19.1]

① 프리로딩 공법
② 페이퍼드레인 공법
③ 고결공법
④ 샌드드레인 공법

해설 지반개량공법
• 강제압밀공법 – 프리로딩 공법
• 강제압밀 탈수공법 – 페이퍼드레인 공법, 샌드드레인 공법
Tip) 고결공법 – 소결, 동결, 생석회 파일공법

27. 지반개량공법 중 동다짐(dynamic compaction) 공법의 특징으로 옳지 않은 것은? [14.3/18.3/22.2]

① 시공 시 지반진동에 의한 공해문제가 발생하기도 한다.
② 지반 내에 암괴 등의 장애물이 있으면 적용이 불가능하다.
③ 특별한 약품이나 자재를 필요로 하지 않는다.
④ 깊은 심도의 지반개량에 대해서는 초대형 장비가 필요하다.

해설 ② 동다짐 공법은 지반 내에 암괴, 사력, 모래 등 광범위한 토질에 적용이 가능하다.

28. 흙의 함수율을 구하기 위한 식으로 옳은 것은? [09.2/13.1/18.1]

① (물의 용적/입자의 용적)×100%
② (물의 중량/토립자의 중량)×100%
③ (물의 용적/전체의 용적)×100%
④ (물의 중량/흙 전체의 중량)×100%

해설 함수율＝(물의 중량/흙 전체의 중량)
　　　　　　×100%
Tip) 함수비＝(물의 중량/토립자의 중량)
　　　　　　×100%

29. 수직응력 $\sigma = 0.2\,MPa$, 점착력 $C = 0.05\,MPa$, 내부마찰각 $\phi = 20°$의 흙으로 구성된 사면의 전단강도는? [09.1/13.2/16.2]

① 0.08MPa
② 0.12MPa
③ 0.16MPa
④ 0.2MPa

해설 흙의 전단강도$(\tau) = C + \sigma \tan\phi$
$= 0.05 + 0.2 \tan 20° = 0.12\,MPa$
여기서, C : 점착력
　　　　　σ : 전단면에 작용하는 수직응력
　　　　　ϕ : 내부마찰각

30. 보링방법 중 연속적으로 시료를 채취할 수 있어 지층의 변화를 비교적 정확히 알 수 있는 것은? [09.3/18.1]

① 수세식 보링 ② 충격식 보링
③ 회전식 보링 ④ 압입식 보링

해설 회전식 보링(rotary boring) : 비트(bit)를 회전시키고, 펌프를 이용하여 지상으로 흙을 퍼내 지층의 변화를 비교적 정확히 알 수 있는 방법이다.

31. 지질 조사에서 보링에 관한 설명 중 옳지 않은 것은? [10.2]

① 보링의 깊이는 경미한 건물에서는 기초 폭의 1.5~2.0배 정도로 한다.
② 보링은 부지 내에서 2개소 이내로 행하는 것이 바람직하다.
③ 보링 간격은 30m 정도로 하고, 중간 지점은 물리적 지하탐사법에 의해 보충한다.
④ 보링구멍은 수직으로 파는 것이 중요하다.

해설 ② 보링은 부지 내에서 3개소 이상으로 행하는 것이 바람직하다.

32. 지질 조사를 하는 지역의 지층 순서를 결정하는데 이용하는 토질주상도에 나타내지 않아도 되는 항목은? [14.1]

① 보링방법 ② 지하수위
③ N값 ④ 지내력

해설 토질주상도에 나타내야 하는 항목
• 보링방법, 지하수위
• 표준관입시험 N값
• 층 두께 및 구성상태
• 지반 조사지역, 조사일자, 조사자
Tip) ④ 지내력 : 지반의 허용 내력

33. 지내력시험을 한 결과 침하곡선이 그림과 같이 항복 상황을 나타냈을 때 이 지반의 단

기하중에 대한 허용지내력은 얼마인가? (단, 허용지내력은 m²당 하중의 단위를 기준으로 한다.) [17.3]

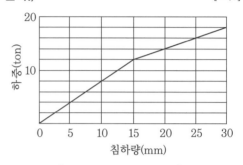

① 6ton/m² ② 7ton/m²
③ 12ton/m² ④ 14ton/m²

해설 단기하중은 그래프의 하중 – 침하량 곡선의 변곡점이다. 하중이 12ton일 때 그래프의 기울기가 꺾이므로 허용지내력은 12ton/m²이다.

34. 토질시험에 관한 사항 중 옳지 않은 것은? [09.2/13.3]

① 표준관입시험에서는 N값이 클수록 밀실한 토질을 의미한다.
② 베인테스트는 진흙의 점착력을 판별하는데 쓰인다.
③ 지내력시험은 재하를 지반선에서 실시한다.
④ 3축 압축시험은 흙의 전단강도를 알아보기 위한 시험이다.

해설 ③ 지내력시험은 예정기초 저면시험에 하중을 가하는 시험이다.

35. 지반 조사방법 중 로드에 붙인 저항체를 지중에 넣고, 관입, 회전, 빼올리기 등의 저항력으로 토층의 성상을 탐사, 판별하는 방법이 아닌 것은? [13.1]

① 표준관입시험 ② 화란식 관입시험
③ 지내력시험 ④ 베인테스트

해설 지내력시험은 예정기초 저면시험에 하중을 가하는 시험이다.

35-1. 지내력시험에서 평판재하시험에 관한 기술로 옳지 않은 것은? [11.2]

① 시험은 예정기초 저면에서 행한다.
② 시험하중은 예정 파괴하중을 한꺼번에 재하함이 좋다.
③ 장기하중에 대한 허용지내력은 단기하중 허용지내력의 절반이다.
④ 재하판은 정방형 또는 원형으로 면적 0.2m²의 것을 표준으로 한다.

해설 ② 시험하중은 예정 파괴하중의 $\frac{1}{5}$ 이하로 재하함이 좋다.

정답 ②

36. 지반 조사에 관한 설명 중 옳지 않은 것은? [15.3]

① 각종 지반 조사를 먼저 실시한 후 기존의 조사 자료와 대조하여 본다.
② 과거 또는 현재의 지층 표면의 변천사항을 조사한다.
③ 상수면의 위치와 지하 유수 방향을 조사한다.
④ 지하매설물 유무와 위치를 파악한다.

해설 ① 지반 조사는 먼저 예비 조사를 실시한 후 기존의 조사 자료와 대조하여 본다.

37. 지반의 누수방지 또는 지반개량을 위하여 지반 내부의 틈 또는 굵은 알 사이의 공극에 시멘트 페이스트 또는 교질규산염이 생기는 약액 등을 주입하여 흙의 투수성을 저하하는 공법은? [09.3/16.1]

① 샌드드레인 공법 ② 동결공법
③ 그라우팅 공법   ④ 웰 포인트 공법

해설 그라우팅 공법 : 지반개량을 위하여 지반 내부의 틈 또는 굵은 알 사이의 공극에 시멘트 페이스트 또는 교질규산염이 생기는 약액 등을 주입하여 흙의 투수성을 저하하는 공법

38. 다음 중 흙의 휴식각에 대한 설명으로 틀린 것은? [15.1]

① 터파기의 경사는 휴식각의 2배 정도로 한다.
② 습윤상태에서 휴식각은 모래 30~45°, 흙 25~45° 정도이다.
③ 흙의 흘러내림이 자연 정지될 때 흙의 경사면과 수평면이 이루는 각도를 말한다.
④ 흙의 휴식각은 흙의 마찰력, 응집력 등에 관계되나 함수량과는 관계없이 동일하다.

해설 ④ 흙의 휴식각은 흙의 마찰력, 응집력 등에 관계되나 함수량에 따라 결정된다.

39. 토공사와 관련하여 신뢰성이 높은 현장시험에 해당되지 않는 것은? [14.3]

① 흙의 투수시험   ② 베인테스트
③ 표준관입시험   ④ 평판재하시험

해설 현장시험 : 베인테스트, 표준관입시험, 평판재하시험, 공내재하시험 등
Tip) 흙의 투수시험 – 흙의 토질시험 방법

40. 지층의 변화 심도(深度)를 측정하는데 가장 적합한 지반 조사방법은? [14.3]

① 전기저항식 지하탐사(electric resistivity prospecting)
② 베인테스트(vane test)
③ 표준관입시험(penetration test)
④ 딘 월 샘플링(thin wall sampling)

해설 전기저항식 지하탐사 : 지층의 변화 심도를 측정하는 지반 조사방법

정답 36. ① 37. ③ 38. ④ 39. ① 40. ①

Tip) 지반 조사방법 : 지하탐사법, 보링 (boring), 관입저항시험(sounding), 샘플링(sampling), 지내력시험(loading test)

41. 지하 구조물의 설계시공 시 부력 대처방법이 아닌 것은? [10.1]

① 고정하중의 부가방법
② 록－앵커(rock anchor)공법
③ 팽창성 파쇄제공법
④ 배수(draining)공법

해설 지하 구조물의 부력 대처방법 : 고정하중의 부가방법, 록－앵커공법, 배수공법 등
Tip) 팽창성 파쇄제공법－해체공법의 파쇄공법

42. 금속 커튼 월 시공 시 구체 부착철물의 설치위치 연직 방향 허용차로 옳은 것은?[09.3]

① 5mm
② 10mm
③ 15mm
④ 25mm

해설 금속 커튼 월 설치위치의 허용차
• 연직 방향 : ±10mm
• 수평 방향 : ±25mm

43. 철거작업 시 지중장애물 사전 조사항목으로 가장 거리가 먼 것은? [21.3]

① 주변 공사장에 설치된 모든 계측기 확인
② 기존 건축물의 설계도, 시공기록 확인
③ 가스, 수도, 전기 등 공공매설물 확인
④ 시험굴착, 탐사 확인

해설 철거작업 시 지중장애물 사전 조사항목
• 기존 건축물의 설계도, 시공기록 확인
• 가스, 수도, 전기 등 공공매설물 확인
• 시험굴착, 탐사 확인

3 기초공사

지정 및 기초 Ⅰ

1. 말뚝재하시험의 주요 목적과 거리가 먼 것은? [19.1/21.2]

① 말뚝길이의 결정
② 말뚝관입량 결정
③ 지하수위 추정
④ 지지력 추정

해설 말뚝재하시험의 목적은 말뚝길이의 결정, 말뚝관입량 결정, 지지력 추정 등
Tip) 지하수위 추정은 지반 조사의 목적이다.

2. 다음 각 기초에 관한 설명으로 옳은 것은 어느 것인가? [17.1/21.2]

① 온통기초 : 기둥 1개에 기초판이 1개인 기초
② 복합기초 : 2개 이상의 기둥을 1개의 기초판으로 받치게 한 기초
③ 독립기초 : 조적조의 벽을 지지하는 하부 기초
④ 연속기초 : 건물 하부 전체 또는 지하실 전체를 기초판으로 구성한 기초

해설 기초의 종류
• 독립기초 : 독립된 푸팅으로 단일기둥의 하중을 지지하는 기초판이 받친다.
• 연속기초 : 연속된 기초판이 벽, 기둥을 지지하는 형식의 기초이다.
• 복합기초 : 2개 이상의 기둥을 1개의 기초판으로 받치게 한 기초이다.
• 온통(전체)기초 : 건물 하부 전체의 주 하중을 하나의 기초판으로 지지하는 기초이다.

정답 41. ③ 42. ② 43. ① 1. ③ 2. ②

3. 기초의 종류 중 지정형식에 따른 분류에 속하지 않는 것은? [17.3/21.1]

① 직접기초
② 피어기초
③ 복합기초
④ 잠함기초

해설 기초의 종류
- 기초 슬래브의 형식 : 푸팅기초(독립기초, 복합기초, 연속기초), 온통기초
- 지정형식 : 얕은 기초(전체기초, 프로팅기초, 지반개량), 깊은 기초(말뚝기초, 피어기초, 잠함기초)

3-1. 다음 기초의 종류 중 기초 슬래브의 형식에 따른 분류가 아닌 것은? [10.2]

① 직접기초
② 복합기초
③ 독립기초
④ 줄기초

해설 기초의 종류
- 기초 슬래브의 형식 : 푸팅기초(독립기초, 복합기초, 연속기초), 온통기초
- 지정형식 : 얕은 기초(전체기초, 프로팅기초, 지반개량), 깊은 기초(말뚝기초, 피어기초, 잠함기초)

정답 ①

3-2. 다음 중 깊은 기초 지정에 해당되는 것은? [18.3]

① 잡석지정
② 피어기초 지정
③ 밑창 콘크리트 지정
④ 긴 주춧돌 지정

해설 피어기초 지정 : 지름이 큰 말뚝을 pier라 하고, 우물기초나 깊은 기초공법은 구조물의 하중을 지지층에 전달하도록 하는 기초공법

정답 ②

4. 피어기초 공사에 관한 설명으로 옳지 않은 것은? [11.2/14.1/18.2/21.3]

① 중량 구조물을 설치하는데 있어서 지반이 연약하거나 말뚝으로도 수직지지력이 부족하여 그 시공이 불가능한 경우와 기초지반의 교란을 최소화해야 할 경우에 채용한다.
② 굴착된 흙을 직접 탐사할 수 있고 지지층의 상태를 확인할 수 있다.
③ 진동과 소음이 발생하는 공법이긴 하나 여타 기초형식에 비하여 공기 및 비용이 적게 소요된다.
④ 피어기초를 채용한 국내의 초고층 건축물에는 63빌딩이 있다.

해설 ③ 피어기초 공사는 무진동, 무소음공법이 가능하며, 공사비용이 고가이다.

5. 다음 지반개량공법 중 배수공법이 아닌 것은? [21.2]

① 집수정 공법
② 동결공법
③ 웰 포인트 공법
④ 깊은 우물 공법

해설 ②는 응결공법이다.

6. 지하수가 없는 비교적 경질인 지층에서 어스오거로 구멍을 뚫고 그 내부에 철근과 자갈을 채운 후, 미리 삽입해 둔 파이프를 통해 저면에서부터 모르타르를 채워 올라오게 한 것은? [09.1/20.2/21.1]

① 슬러리 월
② 시트 파일
③ CIP 파일
④ 프랭키 파일

해설 CIP 파일은 어스오거로 구멍을 뚫고 그 내부에 철근과 자갈을 채운 후, 미리 삽입해 둔 파이프를 통해 저면에서부터 모르타르를 채워 올라오게 한 방법

6-1. CIP(Cast In Place Prepacked Pile) 공법에 관한 설명으로 옳지 않은 것은? [17.3]

① 주열식 강성체로서 토류벽 역할을 한다.

② 소음 및 진동이 적다.
③ 협소한 장소에는 시공이 불가능하다.
④ 굴착을 깊게 하면 수직도가 떨어진다.

해설 ③ 협소한 장소에서도 시공이 가능하다.

정답 ③

7. 프리팩트 말뚝공사 중 CIP(Cast In Place Pile) 말뚝의 강성을 확보하기 위한 방법이 아닌 것은? [18.1]

① 구멍에 삽입하는 철근의 조립은 원형 철근 조립으로 당초 설계치수보다 작게 하여 콘크리트 타설을 쉽게 하여야 한다.
② 공벽 붕괴방지를 위한 케이싱을 설치하고 구멍을 뚫어야 하며, 콘크리트 타설 후에 양생되기 전에 인발한다.
③ 구멍깊이는 풍화암 이하까지 뚫어 말뚝선단이 충분한 지지력이 나오도록 시공한다.
④ 콘크리트 타설 시 재료분리가 발생하지 않도록 한다.

해설 ① 삽입하는 철근망은 파일의 설계응력을 확보하는 중요 요소이므로 유효 두께가 필요하다.

8. 지반 조사 시 시추주상도 보고서에서 확인 사항과 거리가 먼 것은? [14.3/20.2]

① 지층의 확인
② slime의 두께 확인
③ 지하수위 확인
④ N값의 확인

해설 시추주상도 보고사항
• 지하수위 확인
• 지층의 확인 : 지층 두께 및 구성, 심도에 따른 토질 상태
• N값의 확인 : 사질토의 상대밀도, 점성토의 전단강도 확인

• 시료채취 : 흙의 물리적, 역학적 성질 확인
• 발주기관 및 시공기관
• 보링방법 및 샘플링 방법

9. 기초공사 시 활용되는 현장타설 콘크리트 말뚝공법에 해당되지 않는 것은? [14.1/20.1]

① 어스드릴(earth drill) 공법
② 베노토 말뚝(benoto pile)공법
③ 리버스 서큘레이션(reverse circulation pile) 공법
④ 프리보링(preboring) 공법

해설 현장타설 콘크리트 말뚝공법 : 어스드릴 공법, 베노토 말뚝공법, 리버스 서큘레이션 공법
Tip) 프리보링 공법 - 매입공법

10. 기초공사에 있어 지정에 관한 설명 중 옳지 않은 것은? [10.2/12.3]

① 긴 주춧돌 지정 - 지름 30cm 정도의 토관을 기초저면에 설치하고, 한옥건축에서는 주춧돌로 화강석을 사용한다.
② 밑창 콘크리트 지정 - 콘크리트 설계기준 강도는 15MPa 이상의 것을 두께 5~6cm 정도로 설계한다.
③ 잡석지정 - 수직지지력이나 수평지지력에 대한 효과가 매우 크다.
④ 모래지정 - 모래는 장기 허용압축강도가 20~40t/m² 정도로 큰 편이어서 잘다져 지정으로 쓸 경우 효과적이다.

해설 ③ 잡석지정 - 기초 콘크리트 타설 시 흙의 혼입을 방지하기 위해 사용한다.

10-1. 지정에 관한 설명으로 옳지 않은 것은? [17.2/20.1]

① 잡석지정-기초 콘크리트 타설 시 흙의 혼입을 방지하기 위해 사용한다.

② 모래지정-지반이 단단하며 건물이 중량일 때 사용한다.

③ 자갈지정-굳은 지반에 사용되는 지정이다.

④ 밑창 콘크리트 지정-잡석이나 자갈 위 기초 부분의 먹매김을 위해 사용한다.

해설 ② 모래지정 – 지반이 약하며 건물의 무게가 경량일 때 사용한다.

정답 ②

11. 기초공사에서 잡석지정을 하는 목적에 해당되지 않는 것은? [15.2]

① 구조물의 안정을 유지하게 한다.

② 이완된 지표면을 다진다.

③ 철근의 피복두께를 확보한다.

④ 버림 콘크리트의 양을 절약할 수 있다.

해설 잡석지정을 하는 목적

• 기초 또는 바닥 밑의 방습 및 배수처리

• 구조물의 안정을 유지하게 한다.

• 이완된 지표면을 다진다.

• 버림 콘크리트의 양을 절약할 수 있다.

• 콘크리트의 두께를 절약할 수 있다.

12. 강관말뚝 지정의 특징에 해당되지 않는 것은? [19.3]

① 강한 타격에도 견디며 다져진 중간 지층의 관통도 가능하다.

② 지지력이 크고 이음이 안전하고 강하므로 장척말뚝에 적당하다.

③ 상부 구조와의 결합이 용이하다.

④ 길이 조절이 어려우나 재료비가 저렴한 장점이 있다.

해설 ④ 길이 조절이 용이하나 재료비가 고가이다.

12-1. 강관말뚝 지정의 장점에 해당되지 않는 것은? [10.1/11.3/15.1]

① 강한 타격에도 견디며 다져진 중간 지층의 관통도 가능하다.

② 지지력이 크고 이음이 안전하고 강하며 확실하므로 장척말뚝에 적당하다.

③ 상부 구조와의 결합이 용이하다.

④ 방부력이 뛰어나 내구성이 우수하다.

해설 ④ 산화(부식)에 의한 내구성이 저하된다.

정답 ④

13. 기성콘크리트 말뚝의 특징에 관한 설명으로 옳지 않은 것은? [19.3]

① 말뚝이음 부위에 대한 신뢰성이 떨어진다.

② 재료의 균질성이 부족하다.

③ 자재하중이 크므로 운반과 시공에 각별한 주의가 필요하다.

④ 시공과정상의 항타로 인하여 자재균열의 우려가 높다.

해설 ② 기성콘크리트 말뚝의 재료는 균질성이 우수하다.

13-1. 다음 중 기성콘크리트 말뚝의 장·단점에 대한 설명으로 옳지 않은 것은? [12.3]

① 말뚝이음 부위에 대한 신뢰성이 높다.

② 재료의 균질성이 우수하다.

③ 자재하중이 크므로 운반과 시공에 각별한 주의가 필요하다.

④ 시공과정상의 항타로 인하여 자재균열의 우려가 높다.

해설 ① 말뚝이음 부위에 문제점이 발생한다.

정답 ①

정답 11. ③　12. ④　13. ②

14. 다음 중 제자리 콘크리트 말뚝지정 중 베노트 파일의 특징에 관한 설명으로 옳지 않은 것은? [13.3/20.2/20.3]

① 기계가 저가이고 굴착속도가 비교적 빠르다.

② 케이싱을 지반에 압입해 가면서 관 내부토사를 특수한 버킷으로 굴착 배토한다.

③ 말뚝구멍의 굴착 후에는 철근콘크리트 말뚝을 제자리치기 한다.

④ 여러 지질에 안전하고 정확하게 시공할 수 있다.

해설 ① 기계가 고가이고 대형 기계이다.

15. 말뚝지정 중 강재말뚝에 관한 설명으로 옳지 않은 것은? [12.2/16.1]

① 자재의 이음 부위가 안전하여 소요길이의 조정이 자유롭다.

② 기성콘크리트 말뚝에 비해 중량으로 운반이 쉽지 않다.

③ 지중에서의 부식 우려가 높다.

④ 상부 구조물과의 결합이 용이하다.

해설 ② 강재말뚝은 기성콘크리트 말뚝에 비해 경량으로 운반 및 취급이 쉽다.

16. 강말뚝의 특징에 관한 설명으로 옳지 않은 것은? [19.2]

① 휨 강성이 크고 자중이 철근콘크리트 말뚝보다 가벼워 운반 취급이 용이하다.

② 강재이기 때문에 균질한 재료로서 대량생산이 가능하고 재질에 대한 신뢰성이 크다.

③ 표준관입시험 N값 50 정도의 경질지반에도 사용이 가능하다.

④ 지중에서 부식되지 않으며 타 말뚝에 비하여 재료비가 저렴한 편이다.

해설 ④ 지중에서 부식되기 쉽고, 타 말뚝에 비하여 재료비가 고가이다.

17. 기초공사 중 말뚝지정에 관한 설명으로 옳지 않은 것은? [16.2]

① 나무말뚝은 소나무, 낙엽송 등 부패에 강한 생나무를 주로 사용한다.

② 기성콘크리트 말뚝으로는 심플렉스 파일, 컴프레솔 파일, 페데스탈 파일 등이 있다.

③ 강재말뚝은 중량이 가볍고, 휨 저항이 크며 깊이 조절이 가능하다.

④ 무리말뚝의 말뚝 한 개가 받는 지지력은 단일 말뚝의 지지력보다 감소되는 것이 보통이다.

해설 기성콘크리트 말뚝 : PHC-pile, 고강도 PHC-pile

Tip) 제자리 콘크리트 말뚝 : 심플렉스 파일, 컴프레솔 파일, 페데스탈 파일 등

18. 기성콘크리트 말뚝에 표기된 PHC-A·450-12의 각 기호에 대한 설명으로 옳지 않은 것은? [13.2/17.3/22.2]

① PHC-원심력 고강도 프리스트레스트 콘크리트 말뚝

② A-A종

③ 450-말뚝 바깥지름

④ 12-말뚝 삽입간격

해설 ④ 12-말뚝길이(12m)

지정 및 기초 Ⅱ

19. 말뚝기초 재하시험의 종류가 아닌 것은?

① 표준관입 재하시험 [16.2]

② 동재하시험

③ 수직재하시험

④ 수평재하시험

해설 표준관입시험
- 보링을 할 때 63.5kg의 해머로, 샘플러를 76cm에서 타격하여 관입깊이 30cm에 도달할 때까지의 타격횟수 N값을 구하는 시험이다.
- 사질토지반의 시험에 주로 쓰인다.

Tip) 말뚝기초의 재하시험
- 수직재하시험 : 정적, 동적재하시험, 정동적재하시험
- 수평재하시험
- 인발재하시험

20. 현장타설 콘크리트 말뚝 중 외관과 내관의 2중관을 소정의 위치까지 박은 다음, 내관은 빼내고 관내에 콘크리트를 부어 넣고 내관을 넣어 다지며 외관을 서서히 빼 올리면서 콘크리트 구근을 만드는 말뚝은? [16.1]

① 페데스탈 파일　② 시트 파일
③ P.I.P 파일　④ C.I.P 파일

해설 페데스탈 파일 : 내관, 외관의 2중 철관을 때려 박은 후, 내관을 빼내어 콘크리트를 부어 넣고 다시 내관을 넣어 다지며, 콘크리트를 채우고 난 후 외관을 서서히 빼 올리면서 콘크리트 구근을 만드는 말뚝

21. 철근콘크리트 말뚝머리와 기초와의 접합에 관한 설명으로 옳지 않은 것은?[15.3/22.1]

① 두부를 커팅기계로 정리할 경우 본체에 균열이 생김으로 응력손실이 발생하여 설계내력을 상실하게 된다.
② 말뚝머리 길이가 짧은 경우는 기초저면까지 보강하여 시공한다.
③ 말뚝머리 철근은 기초에 30cm 이상의 길이로 정착한다.
④ 말뚝머리와 기초와의 확실한 정착을 위해 파일앵커링을 시공한다.

해설 ① 두부를 커팅기계로 정리할 경우 본체에 균열이 생기지 않도록 하여야 한다.

22. 강제 널말뚝(steel sheet pile) 공법에 관한 설명으로 옳지 않은 것은? [16.1/22.1]

① 무소음 설치가 어렵다.
② 타입 시 체적변형이 작아 항타가 쉽다.
③ 강제 널말뚝에는 U형, Z형, H형 등이 있다.
④ 관입, 철거 시 주변 지반침하가 일어나지 않는다.

해설 ④ 관입, 철거 시 주변 지반침하가 일어나기 쉽다.

22-1. 강제 널말뚝(steel sheet pile) 공법에 관한 설명으로 옳지 않은 것은? [15.3]

① 도심지에서는 소음, 진동 때문에 무진동 유압장비에 의해 실시해야 한다.
② 강제 널말뚝에는 U형, Z형, H형, 박스형 등이 있다.
③ 타입 시에는 지반의 체적변형이 작아 항타가 쉽고 이음부를 볼트나 용접접합에 의해서 말뚝의 길이를 자유로이 늘일 수 있다.
④ 비교적 연약지반이며 지하수가 많은 지반에는 적용이 불가능하다.

해설 ④ 차수성이 높아 연약지반에 적용이 가능하다.

정답 ④

23. 제자리 콘크리트 말뚝 중 내·외관을 소정의 깊이까지 박은 후에 내관을 빼낸 후, 외관에 콘크리트를 부어 넣어 지중에 콘크리트 말뚝을 형성하는 것은? [09.2/12.1]

① 심플렉스 파일　② 콤프레솔 파일
③ 페데스탈 파일　④ 레이몬드 파일

해설 레이몬드 파일 : 얇은 철판의 외관에 심대를 넣어 박은 후에 심대를 빼낸 후, 콘크리트를 부어 넣어 지중에 콘크리트 말뚝을 형성하는 말뚝

24. 원심력 고강도 프리스트레스트 콘크리트 말뚝(PHC 말뚝)에 대한 설명 중 옳지 않은 것은? [13.3]

① 고강도 콘크리트에 프리스트레스를 도입하여 제조한 말뚝이다.
② 설계기준 강도 30MPa~40MPa 정도의 것을 말한다.
③ 강재는 특수 PC 강선을 사용한다.
④ 견고한 지반까지 항타가 가능하며 지지력 증강에 효과적이다.

해설 ② 설계기준 강도 약 80MPa 정도의 것을 말한다.

25. 기존에 구축된 건축물 가까이에서 건축공사를 실시할 경우 기존 건축물의 지반과 기초를 보강하는 공법은? [10.3/17.2/18.2/21.3]

① 리버스 서큘레이션 공법
② 슬러리 월 공법
③ 언더피닝 공법
④ 탑다운 공법

해설 언더피닝 공법 : 인접한 기존 건축물 인근에서 건축공사를 실시할 경우 기존 건축물의 지반과 기초를 보강하는 공법

25-1. 기초공사 중 언더피닝(under pinning) 공법에 해당하지 않는 것은? [14.3/19.2]

① 2중 널말뚝 공법
② 전기침투 공법
③ 강재말뚝 공법
④ 약액주입법

해설 언더피닝 공법은 2중 널말뚝 공법, 강재말뚝 공법, 약액주입법 등
Tip) 전기침투 공법 – 초연약지반의 배수공법
정답 ②

25-2. 다음 중 언더피닝 공법에 대한 설명으로 옳은 것은? [09.2]

① 인접 건축물 기초의 침하의 우려에 대비한 공법이다.
② 터파기 공법의 일종이다.
③ 용수량이 많은 깊은 기초의 축조에 사용하는 공법이다.
④ 지하연속벽 공법이라고도 한다.

해설 언더피닝 공법 : 인접한 기존 건축물 인근에서 건축공사를 실시할 경우 기존 건축물의 지반과 기초를 보강하는 공법
정답 ①

26. 연질의 점토지반에서 흙막이 바깥에 있는 흙의 중량과 지표 위에 적재하중의 중량에 못 견디어 저면 흙이 붕괴되고 흙막이 바깥에 있는 흙이 안으로 밀려 불룩하게 되는 현상을 무엇이라고 하는가? [10.1/12.3/18.3/19.1]

① 보일링 파괴   ② 히빙파괴
③ 파이핑 파괴   ④ 언더피닝

해설 히빙(heaving) 현상 : 연약 점토지반에서 굴착작업 시 흙막이 벽체 내·외의 토사의 중량차에 의해 흙막이 밖에 있는 흙이 안으로 밀려 들어와 솟아오르는 현상

26-1. 흙막이 붕괴원인 중 히빙(heaving)파괴가 일어나는 주원인은? [15.1]

① 흙막이 벽의 재료 차이
② 지하수의 부력 차이
③ 지하수위의 깊이 차이

④ 흙막이 벽 내·외부 흙의 중량 차이

해설 히빙(heaving) 현상 : 연약 점토지반에서 굴착작업 시 흙막이 벽체 내·외의 토사의 중량차에 의해 흙막이 밖에 있는 흙이 안으로 밀려 들어와 솟아오르는 현상

정답 ④

27. 사질지반일 경우 지반 저부에서 상부를 향하여 흐르는 물의 압력이 모래의 자중 이상으로 되면 모래입자가 심하게 교란되는 현상은? [09.2/16.2]

① 파이핑(piping) ② 보링(boring)
③ 보일링(boiling) ④ 히빙(heaving)

해설 보일링(boiling) 현상 : 사질지반의 흙막이 지면에서 수두차로 인한 삼투압이 발생하여 흙막이 벽 근입 부분을 침식하는 동시에 모래가 액상화되어 솟아오르는 현상

28. 모래지반 흙막이 공사에서 널말뚝의 틈새로 물과 토사가 유실되어 지반이 파괴되는 현상은? [10.2/22.1]

① 히빙 현상(heaving)
② 파이핑 현상(piping)
③ 액상화 현상(liquefaction)
④ 보일링 현상(boiling)

해설 파이핑 현상 : 흙막이에 대한 수밀성이 불량하여 널말뚝의 틈새로 물과 토사가 흘러들어, 기초저면의 모래지반을 들어 올리는 현상

29. 포화된 느슨한 모래가 진동과 같은 동하중을 받으면 부피가 감소되어 간극수압이 상승하여 유효 응력이 감소하는 것을 무엇이라 하는가? [13.3]

① 액상화 현상 ② 원형 slip
③ 부동침하 현상 ④ negative friction

해설 액상화 현상 : 포화된 느슨한 모래가 진동과 같은 동하중을 받으면 일시적으로 부피가 감소되어 간극수압이 상승하여 유효응력이 감소하는 현상

30. 굴착지반이 연약하여 구조물 위치 전체를 동시에 파내지 않고 측벽을 먼저 파내고 그 부분의 기초와 지하 구조체를 축조한 다음 중앙부의 나머지 부분을 파내어 지하 구조물을 완성하는 흙파기 공법은? [09.1/09.3]

① 트랜치 컷(trench cut) 공법
② 아일랜드 컷(island cut) 공법
③ 흙막이 오픈 컷(open cut) 공법
④ 비탈면 오픈 컷(open cut) 공법

해설 트랜치 컷(trench cut) 공법 : 연약지반 전체를 동시에 파내지 않고 측벽을 먼저 파내고 그 부분의 기초와 지하 구조체를 축조한 다음 중앙부의 나머지 부분을 파내는 흙파기 공법

31. 지정 및 기초공사 용어에 관한 설명으로 옳지 않은 것은? [16.3]

① 드레인 재료 : 지반개량을 목적으로 간극수 유출을 촉진하는 수로로서의 역할을 하는 재료
② 슬라임 : 지반을 천공할 때 천공벽 또는 공저에 모인 침전물
③ 히빙 : 굴착면 저면이 부풀어 오르는 현상
④ 원위치 시험 : 현지의 지반과 유사한 지반에서 행하는 시험

해설 ④ 원위치 시험 : 현지의 지표 또는 보링공을 이용하여 직접 현장에서 측정하는 시험

32. 시트 파일(steel sheet pile)공법의 주된 이점이 아닌 것은? [18.1]

① 타입 시 지반의 체적변형이 커서 항타가 어렵다.

과목별 과년도 출제문제

② 용접접합 등에 의해 파일의 길이연장이 가능하다.

③ 몇 회씩 재사용이 가능하다.

④ 적당한 보호처리를 하면 물 위나 아래에서 수명이 길다.

해설 ① 타입 시 지반의 체적변형이 작아서 항타가 쉽다.

33. 경량 형강공사에 사용되는 부재 중 지붕에서 지붕내력을 받는 경사진 구조부재로서 트러스와 달리 하현재가 없는 것은? [12.3/18.1]

① 스터드　　　　② 윈드 칼럼

③ 아웃트리거　　④ 래프터

해설 래프터 : 지붕에서 지붕내력을 받는 경사진 구조부재로서 트러스와 달리 하현재가 없는 빈 형태의 지붕구조

34. 순환수와 함께 지반을 굴착하고 배출시키면서 공 내에 철근망을 삽입, 콘크리트를 타설하여 말뚝기초를 형성하는 현장타설 말뚝공법은? [16.3]

① S.I.P(Soil cement Injected Pile)

② D.R.A(Double Rod Auger)

③ R.C.D(Reverse Circulation Drill)

④ S.I.G(Super Injection Grouting)

해설 리버스 서큘레이션 드릴(R.C.D)공법 : 역순환 굴착공법이라고 하며, 순환수와 함께 지반을 굴착하고 배출시키면서 공 내에 철근망을 삽입, 콘크리트를 타설하여 말뚝기초를 형성하는 현장타설 말뚝공법

34-1. 리버스 서큘레이션 드릴(RCD)공법의 특징으로 옳지 않은 것은? [17.2]

① 드릴 로드 끝에서 물을 빨아올리면서 말뚝 구멍을 굴착하는 공법이다.

② 지름 0.8~3.0m, 심도 60m 이상의 말뚝을 형성한다.

③ 시공 시 소량의 물로 가능하며, 해상작업이 불가능하다.

④ 세사층 굴착이 가능하나 드릴파이프 직경보다 큰 호박돌이 존재할 경우 굴착이 곤란하다.

해설 ③ 시공 시 다량의 물을 이용하며, 해상작업이 가능하다.

정답 ③

34-2. 리버스 서큘레이션(reverse circulation drill) 공법에 대한 설명으로 옳지 않은 것은? [10.1]

① 유연한 지반부터 암반까지 굴삭할 수 있다.

② 시공심도는 70m 정도까지 가능하다.

③ 시공직경은 0.3m 정도이다.

④ 수압에 의해 공벽면을 안정시킨다.

해설 ③ 시공직경은 0.8~3.0m 정도이다.

정답 ③

34-3. R.C.D(리버스 서큘레이션 드릴) 공법의 특징으로 옳지 않은 것은? [21.3]

① 드릴파이프 직경보다 큰 호박돌이 있는 경우 굴착이 불가하다.

② 깊은 심도까지 굴착이 가능하다.

③ 시공속도가 빠른 장점이 있다.

④ 수상(해상)작업이 불가하다.

해설 ④ 수상(해상)작업이 가능하다.

정답 ④

35. PC(Precast Concrete) 공사의 특징으로 옳지 않은 것은? [10.3]

① 기후의 영향을 받지 않으므로 동절기 공사가 일반콘크리트 공사보다 유리하다.

정답 33. ④　34. ③　35. ②

② RC 공사에 비해 일체성 확보에 유리하다.

③ 자유로운 형상제작이 어려우므로 설계상의 제약이 따른다.

④ 대규모 공사에 적용하는 것이 유리하다.

해설 ② RC 공사는 일체성 확보에 유리하고, PC 공사는 일체성 확보에 불리하다.

36. 지하수가 많은 지반을 탈수하여 건조한 지반으로 만들기 위한 공법에 해당하지 않는 것은? [10.3]

① 웰 포인트 공법　　② 샌드드레인 공법

③ 베노토 공법　　　④ 깊은 우물 공법

해설 베노토 공법 : 토사를 파내면서 해머 그래브를 이용해 케이싱을 말뚝 끝까지 지반에 압입하는 방법으로 올 케이싱 공법이라고도 한다.

4　철근콘크리트 공사

콘크리트 공사 Ⅰ

1. 유동화 콘크리트를 제조할 때 유동화제를 첨가하기 전 기본 배합 콘크리트인 베이스 콘크리트의 슬럼프 기준은? (단, 보통콘크리트의 경우) [14.1/21.2]

① 150mm 이하　　② 180mm 이하

③ 210mm 이하　　④ 240mm 이하

해설 베이스 콘크리트의 슬럼프 기준은 150mm 이하

Tip) 유동화 콘크리트의 슬럼프 기준은 210mm 이하

2. 다음 중 지하연속벽 공법(slurry wall)에 관한 설명으로 옳지 않은 것은? [21.2]

① 저진동, 저소음의 공법이다.

② 강성이 높은 지하 구조체를 만든다.

③ 타 공법에 비하여 공기, 공사비 면에서 불리한 편이다.

④ 인접 구조물에 근접하도록 시공이 불가하여 대지이용의 효율성이 낮다.

해설 ④ 인접 구조물에 근접하도록 시공이 가능하며, 안정적 공법이다.

2-1. 다음 중 지하연속벽(slurry wall) 공법의 특징으로 옳지 않은 것은? [09.3]

① 단면강성이 높다.

② 경질 또는 연약지반에도 적용 가능하다.

③ 벽 두께를 자유로이 설계할 수 있다.

④ 굴착 중 안정액 처리가 용이하다.

해설 ④ 굴착 중 안정액 처리(배수)가 곤란하다.

정답 ④

2-2. 지하연속벽(slurry wall) 굴착공사 중 공벽붕괴의 원인으로 보기 어려운 것은? [20.3]

① 지하수위의 급격한 상승

② 안정액의 급격한 점도 변화

③ 물 다짐하여 매립한 지반에서 시공

④ 공사 시 공법의 특성으로 발생하는 심한 진동

해설 ④ 공사 시 공법의 특성으로 소음과 진동이 발생하지 않는다.

정답 ④

3. 지중연속벽 공법의 시공 순서로 옳은 것은 어느 것인가? [12.1]

> ㉠ 가이드 월 설치
> ㉡ 인터로킹 파이프 설치
> ㉢ 인터로킹 파이프 제거
> ㉣ 굴착
> ㉤ 슬라임 제거
> ㉥ 지상조립 철근 삽입
> ㉦ 콘크리트 타설

① ㉠-㉡-㉢-㉣-㉤-㉥-㉦
② ㉠-㉣-㉤-㉡-㉥-㉦-㉢
③ ㉠-㉣-㉢-㉤-㉥-㉦-㉡
④ ㉠-㉡-㉣-㉤-㉢-㉥-㉦

해설 지중연속벽 공법의 시공 순서
가이드 월 설치 → 굴착 → 슬라임 제거 → 인터로킹 파이프 설치 → 지상조립 철근 삽입 → 콘크리트 타설 → 인터로킹 파이프 제거

4. 콘크리트에서 사용하는 호칭강도의 정의로 옳은 것은? [21.1]
① 레디믹스트 콘크리트 발주 시 구입자가 지정하는 강도
② 구조 계산 시 기준으로 하는 콘크리트의 압축강도
③ 재령 7일의 압축강도를 기준으로 하는 강도
④ 콘크리트의 배합을 정할 때 목표로 하는 압축강도로 품질의 표준편차 및 양생온도 등을 고려하여 설계기준 강도에 할증한 것

해설 콘크리트에서 사용하는 호칭강도는 구입자가 발주 시 지정하는 강도

5. 고압증기양생 경량 기포콘크리트(ALC)의 특징으로 거리가 먼 것은? [13.3/17.2/20.3]
① 열전도율이 보통콘크리트의 1/10 정도이다.
② 경량으로 인력에 의한 취급이 가능하다.
③ 흡수율이 매우 낮은 편이다.
④ 현장에서 절단 및 가공이 용이하다.

해설 ③ 기포 공극이 많아 흡수율이 매우 좋은 편이다.

6. 콘크리트 타설 시 진동기를 사용하는 가장 큰 목적은? [09.2/15.3/20.3]
① 콘크리트 타설 시 용이함
② 콘크리트의 응결, 경화 촉진
③ 콘크리트의 밀실화 유지
④ 콘크리트의 재료분리 촉진

해설 진동기의 사용 목적은 콘크리트를 밀실화하여 균질한 콘크리트를 얻기 위함이다.

7. 콘크리트의 진동다짐 진동기의 사용에 대한 설명으로 틀린 것은? [10.2/15.1]
① 진동기는 될 수 있는 대로 수직 방향으로 사용한다.
② 묽은 반죽에서 진동다짐은 별 효과가 없다.
③ 진동의 효과는 봉의 직경, 진동수, 진폭 등에 따라 다르며, 진동수가 큰 것일수록 다짐 효과가 크다.
④ 진동기는 신속하게 꽂아놓고 신속하게 뽑는다.

해설 ④ 진동기는 콘크리트로부터 천천히 빼내어 구멍이 남지 않도록 한다.

7-1. 콘크리트 타설 후 진동다짐에 관한 설명으로 옳지 않은 것은? [14.3/18.3]
① 진동기는 하층 콘크리트에 10cm 정도 삽입하여 상하층 콘크리트를 일체화 시킨다.
② 진동기는 가능한 연직 방향으로 찔러 넣는다.
③ 진동기를 빼낼 때는 서서히 뽑아 구멍이 남지 않도록 한다.

정답 3. ② 4. ① 5. ③ 6. ③ 7. ④

④ 된비빔 콘크리트의 경우 구조체의 철근에 진동을 주어 진동 효과를 좋게 한다.

[해설] ④ 구조체의 철근이나 거푸집에 직접 진동을 주면 안 된다.

[정답] ④

7-2. 콘크리트 다짐 시 진동기의 사용에 관한 설명으로 옳지 않은 것은? [19.3]

① 진동다지기를 할 때에는 내부진동기를 하층의 콘크리트 속으로 0.1m 정도 찔러 넣는다.
② 1개소당 진동시간은 다짐할 때 시멘트풀이 표면 상부로 약간 부상하기까지가 적절하다.
③ 내부진동기는 콘크리트로부터 천천히 빼내어 구멍이 남지 않도록 한다.
④ 내부진동기는 콘크리트를 횡 방향으로 이동시킬 목적으로 사용한다.

[해설] ④ 진동기는 될 수 있는 대로 수직 방향으로 사용한다.

[정답] ④

8. 콘크리트 타설에 관한 설명으로 옳은 것은? [14.2/19.3]

① 콘크리트 타설은 바닥판 → 보 → 계단 → 벽체 → 기둥의 순서로 한다.
② 콘크리트 타설은 운반거리가 먼 곳부터 시작한다.
③ 콘크리트 타설할 때에는 다짐이 잘 되도록 타설높이를 최대한 높게 한다.
④ 콘크리트 타설 준비 시 콘크리트가 닿았을 때 흡수할 우려가 있는 곳은 미리 건조시켜 두어야 한다.

[해설] ① 콘크리트 타설은 기초(바닥판) → 기둥 → 벽체 → 보 → 슬래브의 순서로 한다.
③ 콘크리트를 타설할 때는 자유낙하 높이를 작게 한다.

④ 콘크리트 타설 준비 시 콘크리트가 닿았을 때 흡수할 우려가 있는 곳은 미리 습하게 해 두어야 한다.

8-1. 콘크리트를 타설 시 주의사항으로 옳지 않은 것은? [20.2]

① 콘크리트는 그 표면이 한 구획 내에서는 거의 수평이 되도록 타설하는 것을 원칙으로 한다.
② 한 구획 내의 콘크리트는 타설이 완료될 때까지 연속해서 타설하여야 한다.
③ 타설한 콘크리트를 거푸집 안에서 횡 방향으로 이동시켜 밀실하게 채워질 수 있도록 한다.
④ 콘크리트 타설의 1층 높이는 다짐능력을 고려하여 결정하여야 한다.

[해설] ③ 타설한 콘크리트를 거푸집 안에서 횡 방향으로 이동시켜서는 안 된다.

[정답] ③

8-2. 콘크리트 타설 시의 일반적인 주의사항으로 옳지 않은 것은? [10.2/11.3/12.1/16.1]

① 자유낙하 높이를 작게 한다.
② 콘크리트를 수직으로 낙하시킨다.
③ 운반거리가 가까운 곳부터 타설을 시작한다.
④ 콜드 조인트가 생기지 않도록 한다.

[해설] ③ 콘크리트 타설은 운반거리가 먼 곳부터 시작한다.

[정답] ③

9. 콘크리트 공사 시 콘크리트를 2층 이상으로 나누어 타설할 경우 허용 이어치기 시간간격의 표준으로 옳은 것은? (단, 외기온도가 25℃ 이하일 경우이며, 허용 이어치기 시간

간격은 하층 콘크리트 비비기 시작에서부터 콘크리트 타설 완료한 후, 상층 콘크리트가 타설되기까지의 시간을 의미한다.) [20.2]

① 2.0시간　　　② 2.5시간
③ 3.0시간　　　④ 3.5시간

해설 이어치기 시간간격
- 외기온도가 25℃ 초과일 때 : 2시간
- 외기온도가 25℃ 이하일 때 : 2.5시간

10. 콘크리트는 신속하게 운반하여 즉시 타설하고, 충분히 다져야 하는데 비비기로부터 타설이 끝날 때까지의 시간은 원칙적으로 얼마를 넘어서면 안 되는가? (단, 외기온도가 25℃ 이상일 경우) [21.3]

① 1.5시간　　　② 2시간
③ 2.5시간　　　④ 3시간

해설 비비기로부터 타설이 끝날 때까지의 시간
- 외기온도가 25℃ 이상일 때 : 1.5시간
- 외기온도가 25℃ 미만일 때 : 2시간

11. 레디믹스트 콘크리트 운반차량에 특수 보온시설을 하여야 할 외기온도 기준으로 옳은 것은? [17.3]

① 30℃ 이상 또는 0℃ 이하
② 30℃ 이상 또는 −2℃ 이하
③ 25℃ 이상 또는 0℃ 이하
④ 25℃ 이상 또는 −2℃ 이하

해설 특수 보온시설을 하여야 할 외기온도 기준은 30℃ 이상 또는 0℃ 이하

12. 다음 설명 중 옳은 것은? [10.2]

① 예민비(sensitivity ratio)란 흙의 이김에 의해 약해지는 정도를 말하는 것으로 자연시료의 강도에 이긴시료의 강도를 나눈 값으로 나타낸다.

② 재하판에 하중을 가하여 단기 지내력도를 구하는 방법을 베인테스트(vane test)라고 한다.
③ 표준관입시험 63.5kg의 해머로, 샘플러를 76cm에서 타격하여 관입 깊이 30cm에 도달할 때까지의 타격에 걸리는 시간은 N값을 구하는 시험이다.
④ 수동토압이란 흙막이 벽에 토압이 작용해서 전면(前面)으로 움직이기 시작할 때의 토압으로 토압의 최소치를 말한다.

해설 ② 지내력도시험은 재하판에 하중을 가하여 단기 지내력도를 구하는 방법이다.
③ 표준관입시험은 63.5kg의 해머로, 샘플러를 76cm에서 타격하여 관입 깊이 30cm에 도달할 때까지의 타격횟수 N값을 구하는 시험이다.
④ 수동토압이란 흙막이가 흙을 밀 때 생기는 압력으로 뒤채움의 흙이 압축되어 붕괴를 일으킬 때 작용하는 토압을 말한다.

12-1. 흙을 이김에 의해서 약해지는 강도를 나타내는 흙의 성질은? [20.1]

① 간극비　　　② 함수비
③ 예민비　　　④ 항복비

해설 예민비란 흙의 이김에 의해 약해지는 정도를 말하는 것으로 자연시료의 강도에 이긴시료의 강도를 나눈 값으로 나타낸다.

정답 ③

12-2. 지반의 성질에 대한 설명으로 옳지 않은 것은? [13.2]

① 점착력이 강한 점토층은 투수성이 적고 또한 압밀되기도 한다.
② 흙에서 토립자 이외의 물과 공기가 점유하고 있는 부분을 간극이라 한다.
③ 모래층은 점착력이 비교적 적거나 무시할 수 있는 정도이며 투수가 잘 된다.

정답 10. ① 11. ① 12. ①

④ 흙의 예민비는 보통 그 흙의 함수비로 표현된다.

해설 예민비 $= \dfrac{\text{자연상태로서의 흙의 강도}}{\text{이긴상태로서의 흙의 강도}}$

정답 ④

12-3. 자연상태로서의 흙의 강도가 1MPa이고, 이긴상태로의 강도는 0.2MPa라면 이 흙의 예민비는? [18.3]

① 0.2 ② 2 ③ 5 ④ 10

해설 예민비 $= \dfrac{\text{자연상태로서의 흙의 강도}}{\text{이긴상태로서의 흙의 강도}}$

$= \dfrac{1}{0.2} = 5$

정답 ③

13. 표준관입시험의 N치에서 추정이 곤란한 사항은? [20.1]

① 사질토의 상대밀도와 내부마찰각
② 선단지지층이 사질토지반일 때 말뚝지지력
③ 점성토의 전단강도
④ 점성토지반의 투수계수와 예민비

해설 표준관입시험 N치로 추정이 가능한 사항
- 사질토 : 상대밀도, 허용지지력, 탄성계수, 내부마찰각 등
- 점성토 : 연경도, 압축강도, 점착, 지지력 등

14. 콘크리트 공사의 시공과정 중 휴식시간 등으로 응결하기 시작한 콘크리트에 새로운 콘크리트를 이어칠 때 일체화가 저해되어 생기는 줄눈은? [09.1/13.1/20.1]

① 익스팬션 조인트(expansion joint)
② 컨트롤 조인트(control joint)
③ 컨트랙션 조인트(contraction joint)
④ 콜드 조인트(cold joint)

해설 콜드 조인트(cold joint) : 시공과정상 불가피하게 콘크리트를 이어치기 할 때 발생하는 줄눈을 말한다.

Tip) 콘크리트를 이어치면 시공 불량 이음부가 발생하여 누수의 원인 및 철근의 녹 발생 등 내구성이 손상된다.

15. 매스콘크리트(mass concrete) 시공에 관한 설명으로 옳지 않은 것은? [22.1]

① 매스콘크리트의 타설온도는 온도균열을 제어하기 위한 관점에서 가능한 한 낮게 한다.
② 매스콘크리트 타설 시 기온이 높을 경우에는 콜드 조인트가 생기기 쉬우므로 응결촉진제를 사용한다.
③ 매스콘크리트 타설 시 침하 발생으로 인한 침하균열을 예방을 하기 위해 재진동다짐 등을 실시한다.
④ 매스콘크리트 타설 후 거푸집 탈형 시 콘크리트 표면의 급랭을 방지하기 위해 콘크리트 표면을 소정의 기간 동안 보온해 주어야 한다.

해설 ② 매스콘크리트 타설 시 외기온도가 25℃ 미만일 때는 2시간, 25℃ 이상에서는 1.5시간으로 하며, 기온이 높을 경우 응결지연제를 사용한다.

16. 콘크리트 타설 후 블리딩 현상으로 콘크리트 표면에 물과 함께 떠오르는 미세한 물질은 무엇인가? [16.3]

① 피이닝(peening)
② 블로우 홀(blow hole)
③ 레이턴스(laitance)
④ 버블시트(bubble sheet)

해설 레이턴스 : 콘크리트 타설 후 블리딩 현상으로 콘크리트 표면에 물과 함께 떠오르는 미세한 물질

Tip) 레이턴스는 이어치기 이음 부분의 강도를 저하시킨다.

17. 콘크리트의 압축강도를 시험하지 않을 경우 거푸집널의 해체시기로 옳은 것은? (단, 기타 조건은 아래와 같다.) [13.2/19.3]

> • 평균기온 : 20℃ 이상
> • 보통 포틀랜드 시멘트 사용
> • 대상 : 기초, 보, 기둥 및 벽의 측면

① 2일 ② 3일
③ 4일 ④ 6일

해설 압축강도를 시험하지 않을 경우 거푸집널의 해체시기

구분	조강 포틀랜드	고로 슬래그(1종) 포졸란(A종) 플라이애시(1종) 보통 포틀랜드	고로 슬래그(2종) 포졸란(B종) 플라이애시(2종) －
시멘트			
20℃ 이상	2일	3일	4일
20℃ 미만 10℃ 이상	3일	4일	6일

콘크리트 공사 II

18. KS L 5201에 정의된 포틀랜드 시멘트의 종류가 아닌 것은? [18.2]
① 고로 포틀랜드 시멘트
② 조강 포틀랜드 시멘트
③ 저열 포틀랜드 시멘트

④ 중용열 포틀랜드 시멘트

해설 포틀랜드 시멘트 : 조강, 저열, 중용열, 보통, 내황산염
Tip) 고로 포틀랜드 시멘트 – 혼합 시멘트

19. 프리스트레스 하지 않는 부재의 현장치기 콘크리트의 최소 피복두께 기준 중 가장 큰 것은? [13.2/19.3]
① 수중에서 치는 콘크리트
② 흙에 접하여 콘크리트를 친 후 영구히 흙에 묻혀 있는 콘크리트
③ 옥외의 공기나 흙에 직접 접하지 않는 콘크리트 중 슬래브
④ 옥외의 공기나 흙에 직접 접하지 않는 콘크리트 중 벽체

해설 수중에서 치는 콘크리트의 피복두께가 100 mm로 가장 두껍다.

20. AE제의 사용 목적과 가장 거리가 먼 것은? [16.3]
① 초기강도 및 경화속도의 증진
② 동결융해 저항성의 증대
③ 워커빌리티 개선으로 시공이 용이
④ 내구성 및 수밀성의 증대

해설 AE제 사용 목적
• 동결융해 저항성의 증대
• 워커빌리티(시공연도)의 증진
• 내구성, 수밀성 증대
• 단위 수량 감소 효과
• 재료분리 및 블리딩의 감소
Tip) ① 초기강도 및 경화속도는 경화촉진제를 사용하면 증진된다.

20-1. 다음 중 콘크리트에 AE제를 넣어주는 가장 큰 목적은? [19.2]

① 압축강도 증진　② 부착강도 증진
③ 워커빌리티 증진　④ 내화성 증진

해설 AE제를 넣어주는 목적은 미세한 기포를 생성하여 콘크리트의 워커빌리티(시공연도)의 증진이다.

정답 ③

21. 경량콘크리트의 범주에 들지 않는 것은?

① 신더콘크리트　　　　　[10.1/14.3]
② 톱밥콘크리트
③ AE콘크리트
④ 경량 기포콘크리트

해설 경량콘크리트의 종류 : 신더콘크리트, 톱밥콘크리트, 경량 기포콘크리트, 다공질콘크리트 등
Tip) AE콘크리트는 혼화제 AE제를 사용하는 콘크리트

22. 철근콘크리트에서 염해로 인한 철근의 부식방지 대책으로 옳지 않은 것은? [19.1/22.1]

① 콘크리트 중의 염소이온량을 적게 한다.
② 에폭시수지 도장 철근을 사용한다.
③ 방청제 투입을 고려한다.
④ 물-시멘트비를 크게 한다.

해설 ④ 물-시멘트비를 적게(적당량) 한다.
Tip) 물-시멘트비를 적게 해야 염해에 대한 저항성이 증가된다.

22-1. 철근콘크리트 공사의 염해방지 대책으로 옳지 않은 것은? [16.1]

① 철근 피복두께를 충분히 확보한다.
② 콘크리트 중의 염소이온을 적게 한다.
③ 수밀콘크리트를 만들고 콜드 조인트가 없게 시공한다.

④ 물-시멘트비(W/C)가 높은 콘크리트를 타설한다.

해설 ④ 물-시멘트비(W/C)가 높으면 수밀성 등이 낮아 염해에 의한 열화가 촉진된다.

정답 ④

23. 조골재를 먼저 투입한 후에 골재와 골재 사이 빈틈에 시멘트 모르타르를 주입하여 제작하는 방식의 콘크리트는? [11.1]

① 수밀콘크리트
② 배큠콘크리트
③ 프리플레이스트 콘크리트
④ AE콘크리트

해설 프리플레이스트 콘크리트 : 조골재를 먼저 투입한 후에 골재와 골재 사이 빈틈에 시멘트 모르타르를 주입하여 제작하는 방식

23-1. 프리플레이스트 콘크리트의 서중 시공 시 유의사항으로 옳지 않은 것은? [19.1]

① 애지데이터 안의 모르타르 저류시간을 짧게 한다.
② 수송관 주변의 온도를 높여 준다.
③ 응결을 지연시키며 유동성을 크게 한다.
④ 비빈 후 즉시 주입한다.

해설 ② 수송관 주변의 온도를 높여 주면 프리플레이스트 콘크리트는 주입 모르타르의 유동성이 저하하고 빠르게 팽창하여 작업이 불가능하다.

정답 ②

24. 잡석지정의 다짐량이 5m³일 때 틈막이로 넣는 자갈의 양으로 가장 적당한 것은?[19.1]

① 0.5m³　　　② 1.5m³
③ 3.0m³　　　④ 5.0m³

해설 틈막이로 넣는 자갈의 양
$$=잡석량×30\%=5×0.3=1.5\,\text{m}^3$$

25. 콘크리트의 수화작용 및 워커빌리티에 영향을 미치는 요소에 관한 설명으로 옳지 않은 것은? [09.1/18.2]

① 시멘트의 분말도가 클수록 수화작용이 빠르다.
② 단위 수량을 증가시킬수록 재료분리가 감소하여 워커빌리티가 좋아진다.
③ 비빔시간이 길어질수록 수화작용을 촉진시켜 워커빌리티가 저하된다.
④ 쇄석의 사용은 워커빌리티를 저하시킨다.

해설 ② 단위 수량을 과도하게 증가시키면 재료분리를 일으키기 쉬워 워커빌리티가 좋아진다고 볼 수 없다.

26. 보통콘크리트와 비교한 경량콘크리트의 특징이 아닌 것은? [18.2]

① 자중이 작고 건물중량이 경감된다.
② 강도가 작은 편이다.
③ 건조수축이 작다.
④ 내화성이 크고 열전도율이 작으며 방음 효과가 크다.

해설 ③ 건조수축이 크다.

27. 콘크리트 골재의 비중에 따른 분류로서 초경량골재에 해당하는 것은? [13.2/18.3]

① 중정석   ② 펄라이트
③ 강모래   ④ 부순자갈

해설 초경량골재는 펄라이트이다.
Tip) • 중정석은 중량골재
• 강모래, 부순자갈은 보통골재

28. 콘크리트용 골재에 대한 설명 중 옳지 않은 것은? [12.1/15.3]

① 골재는 청정, 견경, 내구성 및 내화성이 있어야 한다.
② 골재에 포함된 부식토, 석탄 등의 유기물은 콘크리트의 경화를 방해하여 콘크리트 강도를 떨어뜨리게 한다.
③ 실트, 점토, 운모 등의 미립분은 골재와 시멘트의 부착을 좋게 한다.
④ 골재의 강도는 콘크리트 중에 경화한 모르타르의 강도 이상이 요구된다.

해설 골재
• 청정하며 내구적인 것
• 입도가 좋고 견고한 것
• 표면이 거칠고 골재의 모양은 둥글 것
• 내마모성, 내구성, 내화성이 있을 것
• 톱밥, 부식토(흙), 석탄, 쓰레기 등이 섞이지 않아야 하고, 깨끗하고 유해물질의 함유량이 없을 것

28-1. 콘크리트의 재료로 사용되는 골재에 관한 설명으로 옳지 않은 것은? [11.1/13.3/18.1]

① 골재는 밀도가 크고, 내구성이 커서 풍화가 잘 되지 않아야 한다.
② 콘크리트나 모르타르를 만들 때 물, 시멘트와 함께 혼합하는 모래, 자갈 및 부순돌 기타 유사한 재료를 골재라고 한다.
③ 콘크리트 중 골재가 차지하는 용적은 절대용적으로 50%를 넘지 않도록 한다.
④ 일반적으로 골재의 강도는 시멘트 페이스트 강도 이상이 되어야 한다.

해설 ③ 콘크리트 중 골재가 차지하는 용적은 절대용적으로 70~80%이다.

정답 ③

29. 콘크리트의 배합 설계 있어 구조물의 종류가 무근콘크리트인 경우 굵은 골재의 최대치수로 옳은 것은? [17.3]

① 30mm, 부재 최소치수의 1/4을 초과해서는 안 됨
② 35mm, 부재 최소치수의 1/4을 초과해서는 안 됨
③ 40mm, 부재 최소치수의 1/4을 초과해서는 안 됨
④ 50mm, 부재 최소치수의 1/4을 초과해서는 안 됨

해설 무근콘크리트인 경우 굵은 골재의 최대치수 40mm, 부재 최소치수의 1/4을 초과해서는 안 된다.

30. 다음 중 철근콘크리트 보에 사용된 굵은 골재의 최대치수가 25mm일 때, D22 철근(동일 평면에서 평행한 철근)의 수평 순간격으로 옳은 것은? (단, 콘크리트를 공극 없이 칠 수 있는 다짐방법을 사용할 경우에는 제외한다.) [09.3/15.3/17.1/22.1]

① 22.2mm
② 25mm
③ 31.25mm
④ 33.3mm

해설 ㉠ 철근의 순간격
$$=\frac{4}{3}\times굵은\ 골재의\ 최대치수=\frac{4}{3}\times25$$
$$=33.3mm$$
㉡ 철근의 순간격=1.5×철근 지름
$$=1.5\times22=33mm$$
Tip) 둘 중 큰 값을 철근의 순간격으로 한다.

31. 수중 콘크리트 공사 시 굵은 골재의 최대치수로 옳은 것은? (단, 수중 속에 부어 넣는 현장타설 콘크리트 말뚝일 경우이다.) [10.1]

① 25mm
② 30mm
③ 35mm
④ 50mm

해설 수중 콘크리트 공사 시 굵은 골재의 최대치수는 25mm 이하이다.

32. 흙에 접하거나 옥외공기에 직접 노출되는 현장치기 콘크리트로서 D16 이하 철근의 최소 피복두께는? [12.2/17.2]

① 20mm
② 40mm
③ 60mm
④ 80mm

해설 흙에 접하는 내력벽에 쓰이는 D16 이하 철근의 최소 피복두께는 40mm이다.

33. 일반적인 공사의 시공속도에 관한 설명으로 옳지 않은 것은? [17.1]

① 시공속도를 느리게 할수록 직접비는 증가된다.
② 급속공사를 강행할수록 품질은 나빠진다.
③ 시공속도는 간접비와 직접비의 합이 최소가 되도록 함이 가장 적절하다.
④ 시공속도를 빠르게 할수록 간접비는 감소된다.

해설 ① 시공속도를 빠르게 할수록 직접비는 증가하고, 간접비는 감소된다.

34. 지정공사 시 사용되는 모래의 장기허용 압축강도의 범위로 옳은 것은? [17.1]

① 장기허용 압축강도 10~20t/m^2
② 장기허용 압축강도 20~40t/m^2
③ 장기허용 압축강도 40~60t/m^2
④ 장기허용 압축강도 60~80t/m^2

해설 모래의 장기허용 압축강도는 20~40 t/m^{2}이다.

정답 29. ③ 30. ④ 31. ① 32. ② 33. ① 34. ②

35. 콘크리트 공사용 재료의 취급 및 저장에 관한 설명으로 옳지 않은 것은? [17.1]

① 시멘트는 종류별로 구분하여 풍화되지 않도록 저장한다.

② 골재는 잔골재, 굵은 골재 및 각 종류별로 저장하고, 먼지, 흙 등의 유해물의 혼입을 막도록 한다.

③ 골재는 잔·굵은 입자가 잘 분리되도록 취급하고, 물빠짐이 좋은 장소에 저장한다.

④ 혼화재료는 품질의 변화가 일어나지 않도록 저장하고 또한 종류별로 저장한다.

해설 ③ 골재는 잔·굵은 입자가 분리되지 않도록 한다.

36. 특수콘크리트에 관한 설명 중 옳지 않은 것은? [13.3/16.3]

① 한중콘크리트는 동해를 받지 않도록 시멘트를 가열하여 사용한다.

② 경량콘크리트는 자중이 적고, 단열 효과가 우수하다.

③ 중량콘크리트는 방사선 차폐용으로 사용된다.

④ 매스콘크리트는 수화열이 적은 시멘트를 사용한다.

해설 ① 시멘트를 가열하여 사용하지 않는다.

37. 콘크리트의 시공성과 관계없는 것은? [16.2]

① 반발경도　　　　② 슬럼프
③ 슬럼프 플로　　　④ 공기량

해설 콘크리트 시공성에 영향을 주는 요소 : 시멘트 강도, 슬럼프, 슬럼프 플로, 공기량, 물-시멘트비, 골재의 입도 등

Tip) 반발경도 – 굳은 콘크리트의 강도를 측정하는 시험

콘크리트 공사 Ⅲ

38. 콘크리트 타설 시 이음부에 관한 설명으로 옳지 않은 것은? [16.2]

① 보, 바닥슬래브 및 지붕슬래브의 수직 타설 이음부는 스팬의 중앙 부근에 주근과 수평 방향으로 설치한다.

② 기둥 및 벽의 수평 타설이음부는 바닥슬래브, 보의 하단에 설치하거나 바닥슬래브, 보, 기초 보의 상단에 설치한다.

③ 콘크리트의 타설이음면은 레이턴스나 취약한 콘크리트 등을 제거하여 새로 타설하는 콘크리트와 일체가 되도록 처리한다.

④ 타설이음부의 콘크리트는 살수 등에 의해 습윤시킨다. 다만, 타설이음면의 물은 콘크리트 타설 전에 고압공기 등에 의해 제거한다.

해설 ① 타설이음부는 스팬의 중앙 부근에 주근과 수직 방향으로 설치한다.

39. 콘크리트 공사 시 시공이음에 관한 설명으로 옳지 않은 것은? [21.3]

① 시공이음은 될 수 있는 대로 전단력이 작은 위치에 설치하고, 부재의 압축력이 작용하는 방향과 직각이 되도록 하는 것이 원칙이다.

② 외부의 염분에 의한 피해를 받을 우려가 있는 해양 및 항만 콘크리트 구조물 등에 있어서는 시공이음부를 최대한 많이 설치하는 것이 좋다.

③ 이음부의 시공에 있어서는 설계에 정해져 있는 이음의 위치와 구조는 지켜져야 한다.

④ 수밀을 요하는 콘크리트에 있어서는 소요의 수밀성이 얻어지도록 적절한 간격으로 시공이음부를 두어야 한다.

해설 ② 외부의 염분에 의한 피해를 받을 우려가 있는 해양 및 항만 콘크리트 구조물 등에 있어서는 시공이음부를 두지 않는 것이 좋다.

40. 밑창 콘크리트 지정공사에서 밑창 콘크리트 설계기준 강도로 옳은 것은? (단, 설계도서에서 별도로 정한 바가 없는 경우) [15.3]

① 12MPa 이상
② 13.5MPa 이상
③ 14.5MPa 이상
④ 15MPa 이상

해설 밑창 콘크리트 설계강도는 15MPa 이상으로 한다.

41. 제치장 콘크리트(exposed concrete)에 관한 설명으로 옳지 않은 것은? [15.3]

① 구조물에 균열과 이로 인한 백화가 나타난 경우 재시공 및 보수가 쉽다.
② 타설 콘크리트면 자체가 치장이 되게 마무리한 자연 그대로의 콘크리트를 말한다.
③ 재료의 절약은 물론 구조물 자중을 경감할 수 있다.
④ 거푸집이 견고하고 흠이 없도록 정확성을 기해야 하기 때문에 상당한 비용과 노력비가 증대한다.

해설 ① 구조물에 균열과 이로 인한 백화가 나타난 경우 재시공 및 보수가 어렵다(단점).

Tip) 제물치장 콘크리트(노출 콘크리트) : 외장을 하지 않고, 노출된 콘크리트면 자체가 마감면이 되는 콘크리트

42. 콘크리트의 양생에 관한 설명 중 틀린 것은? [15.2]

① 콘크리트 표면의 건조에 의한 내부 콘크리트 중의 수분 증발방지를 위해 습윤양생을 실시한다.
② 동해를 방지하기 위해 5℃ 이상을 유지한다.

③ 거푸집 판이 건조될 우려가 있는 경우에라도 살수는 금하여야 한다.
④ 응결 중 진동 등의 외력을 방지해야 한다.

해설 ③ 거푸집 판이 건조될 우려가 있는 경우에는 살수 등을 행하여 습윤상태로 유지한다.

43. 철근의 정착에 대한 설명으로 옳지 않은 것은? [11.3]

① 벽 철근은 기둥, 보, 기초 또는 바닥판에 정착한다.
② 정착길이는 후크 중심 간의 거리로 한다.
③ 후크의 길이는 정착길이에 포함하지 않는다.
④ 철근의 정착은 기둥이나 보의 중심위치에 둔다.

해설 ④ 철근의 정착은 기둥이나 보의 중심을 벗어난 위치에 둔다.

43-1. 철근의 정착에 대한 설명 중 틀린 것은? [11.1/15.2]

① 철근을 정착하지 않으면 구조체가 큰 외력을 받을 때 철근과 콘크리트가 분리될 수 있다.
② 큰 인장력을 받는 곳일수록 철근의 정착길이는 길다.
③ 후크의 길이는 정착길이에 포함하여 산정한다.
④ 철근의 정착은 기둥이나 보의 중심을 벗어난 위치에 둔다.

해설 ③ 후크의 길이는 정착길이에 포함하지 않는다.

정답 ③

44. 콘크리트 공사 시 철근의 정착위치에 관한 설명으로 옳지 않은 것은? [20.2/20.3/21.1]

① 작은 보의 주근은 벽체에 정착한다.
② 큰 보의 주근은 기둥에 정착한다.

---

③ 기둥의 주근은 기초에 정착한다.

④ 지중보의 주근은 기초 또는 기둥에 정착한다.

해설 ① 작은 보의 주근은 큰 보에 정착한다.

45. 콘크리트 구조물의 보수 · 보강법 중 구조 보강 공법에 해당되지 않는 것은? [15.1]

① 표면처리 공법

② 주입공법

③ 강재보강 공법

④ 단면증대 공법

해설 구조물의 구조보강 공법 : 주입공법, 강재보강 공법, 단면증대 공법

Tip) 표면처리 공법 – 외적 보수공법

46. 한중콘크리트에 대한 설명 중 옳지 않은 것은? [10.1]

① W/C비를 하절기 공사 때보다 약간 높게 한다.

② 재료를 가열하는 경우, 물을 가열하는 것을 원칙으로 한다.

③ AE제, AE감수제 및 고성능 AE감수제 중 어느 한 종류는 반드시 사용한다.

④ 빙설이 혼입된 골재는 원칙적으로 비빔에 사용하지 않는다.

해설 ① W/C비는 60% 이하로 낮춰야 한다.

46-1. 한중콘크리트의 제조에 대한 설명으로 틀린 것은? [15.1]

① 콘크리트의 비빔온도는 기상 조건 및 시공 조건 등을 고려하여 정한다.

② 재료를 가열하는 경우, 물 또는 골재를 가열하는 것을 원칙으로 하며, 골재는 직접 불꽃에 대어 가열한다.

③ 타설 시의 콘크리트 온도는 5℃ 이상, 20℃ 미만으로 한다.

④ 빙설이 혼입된 골재, 동결상태의 골재는 원칙적으로 비빔에 사용하지 않는다.

해설 ② 물을 가열하여 사용하는 것을 원칙으로 하며, 골재는 불꽃에 직접 대지 않는다.

정답 ②

47. 보통콘크리트의 슬럼프시험 결과 중 균등한 슬럼프를 나타내는 가장 좋은 상태는?
[12.3/14.3]

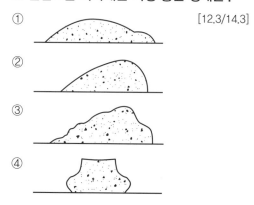

해설 슬럼프 콘은 슬럼프시험에서 사용하는 원뿔 대형(상단 내경 10 cm, 하단 내경 20 cm, 높이 30 cm)인 강제 용기를 말한다.

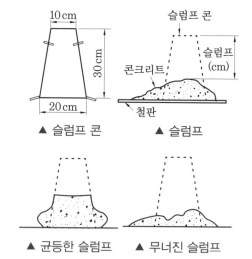

▲ 슬럼프 콘 ▲ 슬럼프

▲ 균등한 슬럼프 ▲ 무너진 슬럼프

Tip) ①, ②, ③은 무너진 슬럼프이다.

48. 레디믹스트 콘크리트(ready mixed concrete)의 슬럼프가 80mm 이상일 때의 슬럼프 허용오차 기준으로 옳은 것은?

① ±10mm   [10.3/12.2]

② ±15mm

③ ±20mm

④ ±25mm

해설 레디믹스트 콘크리트의 슬럼프 허용오차 기준

슬럼프(mm)	25	50 및 60	80 이상
허용오차(mm)	±10	±15	±25

49. 콘크리트의 시공성에 영향을 주는 요인 중 공기량 1% 증가 시 슬럼프 값(A)과 압축강도(B) 변화값으로 옳은 것은?   [11.2]

① A : 2% 증가, B : 4~6% 감소

② A : 5% 증가, B : 7~10% 증가

③ A : 2% 감소, B : 4~6% 감소

④ A : 5% 감소, B : 7~10% 증가

해설 공기량 1% 증가 시 슬럼프 값은 2% 증가하며, 압축강도는 4~6% 감소, 단위 수량은 3% 감소한다.

50. 콘크리트 배합 시 시멘트 15포대(600kg)가 소요되고 물 시멘트비가 60%일 때 필요한 물의 중량(kg)은?   [10.1/14.2]

① 360kg   ② 480kg

③ 520kg   ④ 640kg

해설 ㉠ 물과 시멘트비 $= \dfrac{물\ 무게(중량)}{시멘트\ 무게(중량)}$

㉡ 물의 중량＝물과 시멘트비×시멘트 중량
$= 0.6 × 600 = 360kg$

51. 서머콘(thermo-con)에 대한 설명으로 옳은 것은?   [09.3/13.2]

① 제물치장 콘크리트이며, 주로 바닥공사 마무리를 하는 것으로 콘크리트를 부어 넣은 후 그 콘크리트가 경화하지 않은 시간에 흙손으로 마감하는 것이다.

② 콘크리트가 경화하기 전에 진공 매트 (vacuum mat)로 수분과 공기를 흡수하여 내구성을 향상시킨 것이다.

③ 자갈, 모래 등의 골재를 사용하지 않고 시멘트와 물 그리고 발포제를 배합하여 만드는 일종의 경량콘크리트이다.

④ 건나이트(gunite)라고도 하며, 모르타르를 압축공기로 분사하여 바르는 것이다.

해설 • 제치장 콘크리트 : 제물치장 콘크리트이며, 주로 바닥공사 마무리를 하는 것으로 콘크리트를 부어 넣은 후 그 콘크리트가 경화하지 않은 시간에 흙손으로 마감하는 것이다.

• 진공 콘크리트 : 콘크리트가 경화하기 전에 진공 매트로 수분과 공기를 흡수하여 내구성을 향상시킨 것이다.

• 숏크리트 : 건나이트라고도 하며, 모르타르를 압축공기로 분사하여 바르는 것이다.

52. 지하 굴착공사 중 깊은 구멍 속이나 수중에서 콘크리트 타설 시 재료가 분리되지 않게 타설할 수 있는 기구는?   [10.1/13.2]

① 케이싱(casing)

② 트레미(tremi)관

③ 슈트(chute)

④ 콘크리트 펌프카(pump car)

해설 트레미(tremi)관 : 지하 굴착공사 중 깊은 구멍 속이나 수중에서 콘크리트 타설 시 재료가 분리되지 않게 타설할 수 있는 기구, 콘크리트 타설 시 수중에 콘크리트를 수송하는 관이다.

53. 화강암의 표면에 묻은 시멘트 모르타르를 제거하기 위하여 사용되는 것은? [13.1]

① 염산   ② 소금물
③ 황산   ④ 질산

해설 화강암의 표면에 묻은 시멘트 모르타르는 염산으로 닦아내고 즉시 물로 씻어낸다.

54. 콘크리트 공사의 일정계획에 영향을 주는 주요 요인이 아닌 것은? [12.3]

① 건축물의 규모
② 거푸집의 존치기간 및 전용횟수
③ 시공도(shop draeing) 작성기간
④ 강우, 강설, 바람 등의 기후 조건

해설 공사의 일정계획에 영향을 주는 주요 요인
- 건축물의 규모
- 거푸집의 존치기간 및 전용횟수
- 강우, 강설, 바람 등의 기후 조건
- 자재의 수급 여건
- 요구 품질 및 정밀도 수준

55. 콘크리트 공사에서 현장에 반입된 콘크리트는 일정간격으로 강도시험을 실시하여야 하는데 KS F 4009에서 규정을 따를 때 콘크리트 체적 얼마당 강도시험 1회를 실시하는가? [12.2]

① 100 m^3 ② 150 m^3
③ 200 m^3 ④ 250 m^3

해설 콘크리트 품질관리에서 150 m^3마다 1회 이상 시험한다.
Tip) 1회 시험 결과는 채취한 시료 3개의 공시체를 28일 강도 평균값으로 한다.

56. 슈미트해머를 이용하여 측정 후 콘크리트의 강도를 계산할 때 실시하는 보정과 관계없는 것은? [11.3]

① 타격 방향에 따른 보정

② 콘크리트 습윤상태에 따른 보정
③ 압축응력에 따른 보정
④ 반발경도에 따른 보정

해설 슈미트해머 측정 후 강도를 계산할 때 실시하는 보정
- 타격 방향에 따른 보정
- 콘크리트 습윤상태에 따른 보정
- 압축응력에 따른 보정
- 재령에 따른 보정

57. 다음 중 콘크리트 타워에 의한 콘크리트 타설에서 콘크리트가 마지막으로 통과하는 곳은? [11.3]

① 슈트   ② 버킷
③ 플로어호퍼   ④ 타워호퍼

해설 플로어호퍼는 콘크리트를 레미콘에서 일시적으로 저장해 두기 위해 철제용기로 콘크리트 타워에 의한 콘크리트 타설에서 콘크리트가 마지막으로 통과하는 곳이다.

58. 시멘트 혼화제(chemical admixture)에 대한 설명으로 옳지 않은 것은? [11.2]

① 콘크리트의 물성을 개선하기 위하여 시멘트 중량의 5% 이상 사용한다.
② AE제는 시공연도를 향상시키고 단위 수량을 감소시킨다.
③ 지연제는 서중콘크리트, 매스콘크리트 등에 석고를 혼합하여 응결을 지연시킨다.
④ 촉진제는 응결을 촉진시켜 콘크리트의 조기강도를 크게 한다.

해설 ① 콘크리트의 물성을 개선하기 위하여 시멘트 중량의 5% 이하를 사용한다.

59. 콘크리트 공사에서 사용되는 혼화재료 중 혼화제에 속하지 않는 것은? [13.1]

① 공기연행제   ② 감수제

정답   53. ①   54. ③   55. ②   56. ④   57. ③   58. ①   59. ④

③ 방청제　　　　④ 팽창재

해설 혼화제 종류 : AE제, 지연제, 촉진제, 고성능 감수제, 방청제, 증점제, 공기연행제 등
Tip) ④ 팽창재 : 콘크리트를 제조할 때 주입하는 혼화재

60. 콘크리트 이어붓기 위치에 관한 기술 중 옳지 않은 것은?　　　　　[10.3]

① 보 바닥판의 이음은 그 간사이의 중앙부에 수직으로 한다.

② 바닥판은 그 간사이의 중앙부에 작은 보가 있을 때는 작은 보 너비의 2배 정도 떨어진 곳에서 이어 붓는다.

③ 기둥은 기초판, 연결보 또는 바닥판 위에 수직으로 한다.

④ 아치는 아치 축에 직각으로 한다.

해설 ③ 기둥은 기초판, 바닥판 위에 또는 연결보의 하단에 수평으로 한다.

철근공사

61. 철근콘크리트 구조물(5~6층)을 대상으로 한 벽, 지하 외벽의 철근 고임재 및 간격재의 배치표준으로 옳은 것은?　[11.2/18.3/21.2]

① 상단은 보 밑에서 0.5m

② 중단은 상단에서 2.0m 이내

③ 횡 간격은 0.5m

④ 단부는 2.0m 이내

해설 벽, 지하 외벽의 철근 고임재 및 간격재의 배치표준
• 상단은 보 밑에서 0.5m
• 중단은 상단에서 1.5m 이내
• 횡 간격은 1.5m 정도
• 단부는 1.5m 이내

62. 강재 중 SN 355 B에 관한 설명으로 옳지 않은 것은?　　　　　[21.2]

① 건축 구조물에 사용된다.

② 냉간 압연강재이다.

③ 강재의 두께가 6mm 이상 40mm 이하일 때 최소 항복강도가 355N/mm²이다.

④ 용접성에 있어 중간 정도의 품질을 갖고 있다.

해설 ② 건축구조용 압연강재(KS D 3861)

62-1. 강재 중 SN 355 B에서 각 기호의 의미를 잘못 나타낸 것은?　　　[18.3]

① S : steel

② N : 일반구조용 압연강재

③ 355 : 최저 항복강도 355N/mm²

④ B : 용접성에 있어 중간 정도의 품질

해설 ② SN : 건축구조용 압연강재

정답 ②

63. 두께 110mm의 일반구조용 압연강재 SS275의 항복강도(f_y) 기준값은? [12.3/21.3]

① 275MPa 이상

② 265MPa 이상

③ 245MPa 이상

④ 235MPa 이상

해설 압연강재의 기계적 성질

강재의 두께(mm)	항복강도(MPa)	
	SS400	SS275
16 이하	245	275
16 초과 40 이하	235	265
40 초과 100 이하	215	245
100 초과	205	235
인장강도(N/mm²)	400~510	410~550

64. 철근을 피복하는 이유와 가장 거리가 먼 것은? [13.1/17.1]

① 철근의 순간격 유지
② 철근의 좌굴방지
③ 철근과 콘크리트의 부착응력 확보
④ 화재, 중성화 등으로부터 철근 보호

해설 철근을 피복하는 목적
- 내화성 유지
- 내구성 확보
- 철근의 좌굴방지
- 철근의 부식방지
- 철근과 콘크리트의 부착응력 및 콘크리트 강도 확보
- 화재, 중성화 등으로부터 철근 보호

Tip) 철근의 순간격 : 철근 표면 간의 최단거리

64-1. 철근의 피복두께 확보 목적과 가장 거리가 먼 것은? [14.2/18.2/19.1/20.1/21.2/22.1]

① 내화성 확보
② 내구성 확보
③ 구조내력의 확보
④ 블리딩 현상 방지

해설 피복두께 확보 목적 : 내화성 확보, 내구성 확보, 구조내력의 확보 등

Tip) 블리딩 현상은 콘크리트 재료분리 현상

정답 ④

65. 건설공사 현장의 철근재료 시험항목에 속하지 않는 것은? [17.1]

① 압축강도시험 ② 인장강도시험
③ 휨 시험   ④ 연신율시험

해설 철근재료 시험항목 : 인장강도, 연신율, 굽힘성(휨), 항복점 등

Tip) 압축강도시험은 콘크리트 강도시험이다.

66. 시험말뚝에 변형률계(strain gauge)와 가속도계(accelerometer)를 부착하여 말뚝항타에 의한 파형으로부터 지지력을 구하는 시험은? [14.1/20.3/21.1]

① 정재하시험
② 비비시험
③ 동재하시험
④ 인발시험

해설 동적재하시험
- 게이지 부착 : 시험말뚝에 천공한 구멍에 변형률계와 가속도계를 부착한다.
- 측정 : 지지력 확인을 위한 말뚝에 발생되는 압축력, 인장력, 응력파의 전달속도 등의 데이터를 얻어 타격 관입 중에 발생하는 힘과 속도를 검출하는 시험이다.

67. 철근의 이음방법에 해당되지 않는 것은?

① 겹침이음   [11.1/12.1/14.3/17.3]
② 병렬이음
③ 기계식 이음
④ 용접이음

해설 철근의 이음방법
- 겹침이음   • 용접이음
- 가스압접 이음   • 기계식 이음

67-1. 철근이음의 종류 중 나사를 가지는 슬리브 또는 커플러, 에폭시나 모르타르 또는 용융금속 등을 충전한 슬리브, 클립이나 편체 등의 보조장치 등을 이용한 것을 무엇이라 하는가? [21.3]

① 겹침이음
② 가스압접 이음
③ 기계적 이음
④ 용접이음

해설 기계적 이음 : 슬리브 또는 커플러, 에폭시나 모르타르 또는 용융금속 등을 충전한

슬리브, 클립이나 편체 등의 보조장치 등을 이용한 이음

정답 ③

68. 철근이음에 관한 설명으로 옳지 않은 것은?   [17.3/20.1]

① 철근의 이음부는 구조내력상 취약점이 되는 곳이다.
② 이음위치는 되도록 응력이 큰 곳을 피하도록 한다.
③ 이음이 한 곳에 집중되지 않도록 엇갈리게 교대로 분산시켜야 한다.
④ 응력 전달이 원활하도록 한 곳에서 철근 수의 반 이상을 이어야 한다.

해설 ④ 응력 전달이 원활하도록 한 곳에서 철근 수의 반 이상을 이어서는 안 된다.

69. 슬래브에서 4변 고정인 경우 철근 배근을 가장 많이 하여야 하는 부분은?   [16.3/19.3]

① 단변 방향의 주간대
② 단변 방향의 주열대
③ 장변 방향의 주간대
④ 장변 방향의 주열대

해설 단변 방향의 주열대>단변 방향의 주간대>장변 방향의 주열대>장변 방향의 주간대

70. 다음 [보기]에서 일반적인 철근의 조립 순서로 옳은 것은?   [14.2/19.2]

> **보기**
> ㉠ 계단 철근   ㉡ 기둥 철근
> ㉢ 벽 철근   ㉣ 보 철근
> ㉤ 바닥 철근

① ㉠ ㉡ ㉢ ㉣-㉤

② ㉡-㉢-㉣-㉤-㉠
③ ㉠-㉡-㉢-㉤-㉣
④ ㉡-㉢-㉠-㉣-㉤

해설 기둥 철근 → 벽 철근 → 보 철근 → 바닥 철근 → 계단 철근

71. 시간이 경과함에 따라 콘크리트에 발생되는 크리프(creep)의 증가 원인으로 옳지 않은 것은?   [19.2]

① 단위 시멘트량이 적을 경우
② 단면의 치수가 작을 경우
③ 재하시기가 빠를 경우
④ 재령이 짧을 경우

해설 ① 단위 시멘트량이 많을수록 크리프는 증가한다.
Tip) 크리프(creep) : 변화 없이 응력이 일정하게 작용하여도 변형률은 시간경과에 따라 증가하는 현상

72. 철근콘크리트 구조의 철근 선조립 공법의 순서로 옳은 것은?   [16.2/19.2]

① 시공도 작성-공장절단-가공-이음·조립-운반-현장부재양중-이음·설치
② 공장절단-시공도 작성-가공-이음·조립-이음·설치-운반-현장부재양중
③ 시공도 작성-가공-공장절단-운반-현장부재양중-이음·조립-이음·설치
④ 시공도 작성-공장절단-운반-가공-이음·조립-현장부재양중-이음·설치

해설 시공도 작성 → 공장절단 → 가공 → 이음·조립 → 운반 → 현장부재양중 → 이음·설치

73. 다음 중 철근공사의 배근 순서로 옳은 것은?   [10.2/19.1]

① 벽 → 기둥 → 슬래브 → 보
② 슬래브 → 보 → 벽 → 기둥
③ 벽 → 기둥 → 보 → 슬래브
④ 기둥 → 벽 → 보 → 슬래브

해설 기둥 → 벽 → 보 → 슬래브 순서이다.

74. 가스압접에 관한 설명 중 옳지 않은 것은? [11.2/16.1]
① 접합온도는 대략 1200~1300℃이다.
② 압접작업은 철근을 완전히 조립하기 전에 행한다.
③ 철근의 지름이나 종류가 다른 것을 압접하는 것이 좋다.
④ 기둥, 보 등의 압접위치는 한 곳에 집중되지 않게 한다.

해설 ③ 철근 지름의 차이가 적을수록 압접이 용이하다.

74-1. 철근콘크리트 공사에서 가스압접을 하는 이점에 해당되지 않는 것은? [11.3/15.2]
① 철근조립부가 단순하게 정리되어 콘크리트 타설이 용이하다.
② 불량 부분의 검사가 용이하다.
③ 겹친이음이 없어 경제적이다.
④ 철근의 조직변화가 적다.

해설 ② 불량 부분의 검사가 어렵다.

정답 ②

75. 다음 중 외관검사 결과 불합격된 철근 가스압접 이음부의 조치내용으로 옳지 않은 것은? [12.3/18.1/22.2]
① 심하게 구부러졌을 때는 재가열하여 수정한다.

② 압접면의 엇갈림이 규정값을 초과했을 때는 재가열하여 수정한다.
③ 형태가 심하게 불량하거나 또는 압접부에 유해하다고 인정되는 결함이 생긴 경우는 압접부를 잘라내고 재압접한다.
④ 철근 중심축의 편심량이 규정값을 초과했을 때는 압접부를 떼어내고 재압접한다.

해설 ② 압접면의 엇갈림이 규정값을 초과했을 때는 잘라내고 다시 압접한다.

76. 철근콘크리트 타설에서 외기온이 25℃ 미만일 때 이어붓기 시간간격의 한도로 옳은 것은? [14.1]
① 120분　　② 150분
③ 180분　　④ 210분

해설 이어붓기 시간간격의 한도는 외기온이 25℃ 미만일 때는 150분, 25℃ 이상에서는 120분으로 한다.

77. 철근의 공작도(shop drawing) 작성요령에 관한 설명 중 옳지 않은 것은? [13.3]
① 공작도란 철근구조도에 의거하여 현장에서 실제 철근작업을 편리하게 시공하기 위하여 작성된 것이다.
② 기초상세도는 다른 부위와 접속되는 철근의 정착 및 다른 부재와의 관계를 명확히 기입한다.
③ 기둥상세도는 층 높이에 맞추어 적당한 이음위치를 정하고 띠철근의 지름, 길이 등을 기입한다.
④ 바닥판상세도는 바닥판끝선을 기준으로 보, 벽, 계단, 개구부 등의 위치를 명시한다.

해설 ④ 바닥판상세도는 기둥중심선을 기준으로 보, 벽, 계단, 개구부 등의 위치를 명시한다.

78. 철근조립에 관한 설명으로 옳지 않은 것은? [21.3/22.1]

① 철근의 피복두께를 정확히 확보하기 위해 적절한 간격으로 고임재 및 간격재를 배치한다.

② 거푸집에 접하는 고임재 및 간격재는 콘크리트 제품 또는 모르타르 제품을 사용하여야 한다.

③ 경미한 황갈색의 녹이 발생한 철근은 일반적으로 콘크리트와의 부착을 해치므로 사용해서는 안 된다.

④ 철근의 표면에는 흙, 기름 또는 이물질이 없어야 한다.

해설 ③ 경미한 황갈색의 녹이 발생한 철근은 콘크리트와의 부착에 큰 저해가 없으므로 사용할 수 있다.

거푸집 공사 Ⅰ

79. 다음 각 거푸집에 관한 설명으로 옳은 것은? [20.2/21.3]

① 트래블링 폼(travelling form) : 무량판 시공 시 2방향으로 된 상자형 기성재 거푸집이다.

② 슬라이딩 폼(sliding form) : 수평 활동 거푸집이며 거푸집 전체를 그대로 떼어 다음 사용장소로 이동시켜 사용할 수 있도록 한 거푸집이다.

③ 터널 폼(tunnel form) : 한 구획 전체의 벽판과 바닥판을 ㄱ자형 또는 ㄷ자형으로 짜서 이동시키는 형태의 기성재 거푸집이다.

④ 워플 폼(waffle form) : 거푸집 높이는 약 1m이고 하부가 약간 벌어진 원형 철판 거푸집을 요오크(yoke)로 서서히 끌어 올리는 공법으로 silo 공사 등에 적당하다.

해설 거푸집의 종류

• 트래블링 폼(travelling form) : 수평으로 연속된 구조물에 적용되며 해체 및 이동에 편리하도록 제작된 이동식 거푸집 공법

• 슬라이딩 폼(sliding form, 활동 거푸집) : 거푸집을 연속적으로 이동시키면서 콘크리트를 타설, silo 공사 등에 적합한 거푸집이다.

• 터널 폼(tunnel form) : 벽체용, 바닥용 거푸집을 일체로 제작하여 벽과 바닥 콘크리트를 일체로 하는 거푸집 공법이다. 한 구획 전체의 벽과 바닥판을 ㄱ자형 또는 ㄷ자형으로 만들어 이동시킨다.

• 워플 폼(waffle form) : 무량판구조 또는 평판구조에서 벌집모양의 특수상자 형태의 기성재 거푸집으로 2방향 장선 바닥판 구조를 만드는 거푸집이다.

• 유로 폼(euro form) : 합판 거푸집에 비해 정밀도가 높고 타 거푸집과의 조합이 대체로 쉽다.

• 갱 폼(gang form) : 대형벽체 거푸집으로서 인력절감 및 재사용이 가능한 장점이 있다.

• 플라잉 폼(flying form) : 바닥에 콘크리트를 타설하기 위한 거푸집으로 멍에, 장선 등을 일체로 제작하여 수평, 수직 이동이 가능한 전용성 및 시공정밀도가 우수하고, 외력에 대한 안전성이 크다.

• 클라이밍 폼(climbing form) : 바닥판 거푸집과 벽체 마감공사를 위한 비계틀을 일체로 조립해서 설치하는 공법으로 고소작업 시 안전성이 높다.

79-1. 다음 각 거푸집 공법에 대한 설명으로 옳지 않은 것은? [11.2]

① 클라이밍 폼(climbing form)−대형바닥 거푸집으로서 인력절감과 공기단축, 고소작업자의 안전성 확보 등의 장점이 있다.

② 갱 폼(gang form)-대형벽체 거푸집으로서 인력절감 및 재사용이 가능한 장점이 있다.

③ 유로 폼(euro form)-합판거푸집에 비해 정밀도가 높고 타 거푸집과의 조합이 대체로 쉽다.

④ 트래블링 폼(traveling form)-해체 및 이동에 편리하도록 제작한 시스템화된 이동성 거푸집 공법이다.

해설 클라이밍 폼 : 바닥판 거푸집과 벽체 마감공사를 위한 비계틀을 일체로 조립해서 설치하는 공법으로 고소작업 시 안전성이 높다.

정답 ①

79-2. 벽식 철근콘크리트 구조를 시공할 경우, 벽과 바닥의 콘크리트 타설을 한 번에 가능하게 하기 위하여 벽체용 거푸집과 슬래브 거푸집을 일체로 제작하여 한 번에 설치하고 해체할 수 있도록 한 시스템 거푸집은 무엇인가? [09.1/10.1/12.2/14.1/21.2]

① 유로 폼
② 클라이밍 폼
③ 슬립 폼
④ 터널 폼

해설 터널 폼 : 벽체용, 바닥용 거푸집을 일체로 제작하여 벽과 바닥 콘크리트를 일체로 하는 거푸집 공법이다. 한 구획 전체의 벽과 바닥판을 ㄱ자형 또는 ㄷ자형으로 만들어 이동시킨다.

정답 ④

79-3. 일명 테이블 폼(table form)으로 불리는 것으로 거푸집널에 장선, 멍에, 서포트 등을 기계적인 요소로 부재화한 대형 바닥판 거푸집은? [10.3/13.1/14.3/21.1]

① 갱 폼(gang form)
② 플라잉 폼(flying form)

③ 유로 폼(euro form)
④ 트래블링 폼(traveling form)

해설 플라잉 폼(flying form) : 바닥에 콘크리트를 타설하기 위한 거푸집으로 멍에, 장선 등을 일체로 제작하여 수평, 수직 이동이 가능한 전용성 및 시공정밀도가 우수하고, 외력에 대한 안전성이 크다.

정답 ②

79-4. 고층 구조물의 내부코어 시스템에 가장 적당한 시스템 거푸집은? [14.2]

① 갱 폼(gang form)
② 클라이밍 폼(climbing form)
③ 플라잉 폼(flying form)
④ 터널 폼(tunnel form)

해설 클라이밍 폼 : 바닥판 거푸집과 벽체 마감공사를 위한 비계틀을 일체로 조립해서 설치하는 공법으로 고소작업 시 안전성이 높다.

정답 ②

79-5. 특수 거푸집 가운데 무량판구조 또는 평판구조와 가장 관계가 깊은 거푸집은?

① 워플 폼 [11.1/12.1/16.2/16.3/17.1]
② 슬라이딩 폼
③ 메탈 폼
④ 갱 폼

해설 워플 폼 : 무량판구조 또는 평판구조에서 벌집모양의 특수상자 형태의 기성재 거푸집으로 2방향 장선 바닥판 구조를 만드는 거푸집이다.

정답 ①

79-6. 해체 및 이동에 편리하도록 제작된 수평 활동 시스템 거푸집으로 터널, 교량, 지하철 등에 주로 적용되는 거푸집은? [13.3/18.1]

① 유로 폼(euro form)
② 트래블링 폼(traveling form)
③ 워플 폼(waffle form)
④ 갱 폼(gang form)

해설 트래블링 폼 : 수평으로 연속된 구조물에 적용되며 해체 및 이동에 편리하도록 제작된 이동식 거푸집 공법이다.

정답 ②

79-7. 수평, 수직적으로 반복된 구조물을 시공이음 없이 균일한 형상으로 시공하기 위하여 요크(yoke), 로드(rod), 유압잭(jack)을 이용하여 거푸집을 연속적으로 이동시키면서 콘크리트를 타설할 수 있는 시스템 거푸집은? [18.2]

① 슬라이딩 폼
② 갱 폼
③ 터널 폼
④ 트래블링 폼

해설 슬라이딩 폼(활동 거푸집) : 거푸집을 연속적으로 이동시키면서 콘크리트를 타설, silo 공사 등에 적합한 거푸집이다.

정답 ①

79-8. 다음 중 슬라이딩 폼(sliding form)에 관한 설명으로 옳지 않은 것은? [17.3/21.1]

① 1일 5~10m 정도 수직시공이 가능하므로 시공속도가 빠르다.
② 타설작업과 마감작업을 병행할 수 없어 공정이 복잡하다.
③ 구조물 형태에 따른 사용 제약이 있다.
④ 형상 및 치수가 정확하며 시공오차가 적다.

해설 ② 슬라이딩 폼은 타설작업과 마감작업을 병행할 수 있고 공정이 단순하다.

정답 ②

79-9. 다음 중 거푸집 공사에 적용되는 슬라이딩 폼 공법에 관한 설명으로 옳지 않은 것은? [09.2/19.3]

① 형상 및 치수가 정확하며 시공오차가 적다.
② 마감작업이 동시에 진행되므로 공정이 단순화된다.
③ 1일 5~10m 정도 수직시공이 가능하다.
④ 일반적으로 돌출물이 있는 건축물에 많이 적용된다.

해설 ④ 슬라이딩 폼은 돌출물이 없는 균일한 형상에 적합하다.

정답 ④

79-10. 터널 폼에 관한 설명으로 옳지 않은 것은? [15.1/20.1]

① 거푸집의 전용횟수는 약 10회 정도로 매우 적다.
② 노무절감, 공기단축이 가능하다.
③ 벽체 및 슬래브 거푸집을 일체로 제작한 거푸집이다.
④ 이 폼의 종류에는 트윈 쉘(twin shell)과 모노 쉘(mono shell)이 있다.

해설 ① 거푸집의 전용횟수는 약 100회 정도이다.

정답 ①

79-11. 갱 폼(gang form)에 관한 설명으로 옳지 않은 것은? [21.2]

① 대형화 패널 자체에 버팀대와 작업대를 부착하여 유니트화 한다.
② 수직, 수평 분할 타설공법을 활용하여 전용도를 높인다.
③ 설치와 탈형을 위하여 대형 양중장비가 필요하다.
④ 두꺼운 벽체를 구축하기에는 적합하지 않다.

해설 ④ 갱 폼은 옹벽이나 외벽의 두꺼운 벽체에 사용된다.

정답 ④

79-12. 갱 폼(gang form)의 특징으로 옳지 않은 것은? [16.1]

① 조립, 분해 없이 설치와 탈형만 함에 따라 인력절감이 가능하다.

② 콘크리트 이음 부위(joint) 감소로 마감이 단순해지고 비용이 절감된다.

③ 경량으로 취급이 용이하다.

④ 제작장소 및 해체 후 보관장소가 필요하다.

해설 ③ 갱 폼은 대형벽체 거푸집으로서 대형 양중장비가 필요하다.

정답 ③

79-13. 갱 폼(gang form) 거푸집의 장점이 아닌 것은? [10.2]

① 가설비 절약이 가능하다.

② 타워크레인 등의 시공장비에 의해 한 번에 설치가 가능하다.

③ 공기가 단축되고 인건비가 절약된다.

④ 기본계획 및 계획안의 융통성이 있다.

해설 ④ 갱 폼은 기본계획 및 계획안의 한계성이 있다.

정답 ④

79-14. 갱 폼(gang form)에 관한 설명으로 옳지 않은 것은? [17.2/20.3]

① 타워크레인, 이동식크레인 같은 양중장비가 필요하다.

② 벽과 바닥의 콘크리트 타설을 한 번에 가능하게 하기 위하여 벽체 및 슬래브 거푸집을 일체로 제작한다.

③ 공사 초기 제작기간이 길고 투자비가 큰 편이다.

④ 경제적인 전용횟수는 30~40회 정도이다.

해설 갱 폼은 대형벽체 거푸집이다.
Tip) ② : 터널 폼(tunnel form)

정답 ②

80. 거푸집 해체 시 확인해야 할 사항이 아닌 것은? [18.2]

① 거푸집의 내공 치수

② 수직, 수평부재의 존치기간 준수 여부

③ 소요 강도 확보 이전에 지주의 교환 여부

④ 거푸집 해체용 압축강도 확인시험 실시 여부

해설 거푸집 해체 시 확인해야 할 사항
- 수직, 수평부재의 존치기간 준수 여부
- 소요 강도 확보 이전에 지주의 교환 여부
- 거푸집 해체용 압축강도 확인시험 실시 여부
Tip) ①은 콘크리트 타설작업 전 확인사항

80-1. 철근콘크리트 공사 중 거푸집 해체를 위한 검사가 아닌 것은? [11.1/16.1/21.2]

① 각종 배관슬리브, 매설물, 인서트, 단열재 등 부착 여부

② 수직, 수평부재의 존치기간 준수 여부

③ 소요의 강도 확보 이전에 지주의 교환 여부

④ 거푸집 해체용 콘크리트 압축강도 확인시험 실시 여부

해설 ①은 거푸집 시공 후 검사사항이다.

정답 ①

81. 강관틀비계에서 주틀의 기둥관 1개당 수직하중의 한도는 얼마인가? (단, 견고한 기초 위에 설치하게 될 경우이다.) [15.2/20.3]

① 16.5kN　　② 24.5kN

③ 32.5kN　　④ 38.5kN

해설 강관틀비계에서 주틀의 기둥관 1개당 수직하중은 24.5kN 이하로 한다.

82. 지하 합벽 거푸집에서 측압에 대비하여 버팀대를 삼각형으로 일체화한 공법은 무엇인가? [17.1/20.3]

① 1회용 리브라스 거푸집
② 와플 거푸집
③ 무폼타이 거푸집
④ 단열 거푸집

해설 무폼타이 거푸집 : 벽체 거푸집 설치 시 벽체 양면에 거푸집 설치가 곤란한 경우 한 면에만 거푸집을 설치하여, 폼타이 없이 거푸집에 작용하는 콘크리트 측압을 지지하도록 한 공법

83. 거푸집 설치와 관련하여 다음 설명에 해당하는 것으로 옳은 것은? [20.2]

> 보, 슬래브 및 트러스 등에서 그의 정상적 위치 또는 형상으로부터 처짐을 고려하여 상향으로 들어 올리는 것 또는 들어 올린 크기

① 폼타이   ② 캠버
③ 동바리   ④ 턴버클

해설 지문은 캠버에 관한 내용이다.

84. 철근콘크리트 공사에서 거푸집의 간격을 일정하게 유지시키는데 사용되는 것은?

① 클램프   [13.2/14.1/20.1]
② 쉬어 커넥터
③ 세퍼레이터
④ 인서트

해설 세퍼레이터 : 거푸집의 간격을 일정하게 유지히고, 측벽 두께를 유지시키는 부속재료

거푸집 공사 II

85. 철재 거푸집에서 사용되는 철물로 지주를 제거하지 않고 슬래브 거푸집만 제거할 수 있도록 한 철물은? [19.3]

① 와이어클리퍼(wire clipper)
② 캠버(camber)
③ 드롭헤드(drop head)
④ 베이스 플레이트(base plate)

해설 드롭헤드(drop head) : 콘크리트 양생이 끝난 후 슬래브 거푸집을 해체할 때 철물로 지주를 제거하지 않고 슬래브 거푸집만 제거할 수 있도록 한 철물

86. 다음 중 콘크리트 타설과 관련하여 거푸집 붕괴사고 방지를 위하여 우선적으로 검토·확인하여야 할 사항 중 가장 거리가 먼 것은? [14.1/19.2]

① 콘크리트 측압 확인
② 조임철물 배치간격 검토
③ 콘크리트의 단기 집중타설 여부 검토
④ 콘크리트의 강도 측정

해설 ④는 콘크리트를 타설하고, 양생 후에 측정할 수 있다.

87. 거푸집이 콘크리트 구조체의 품질에 미치는 영향과 역할이 아닌 것은? [19.1]

① 콘크리트가 응결하기까지의 형상, 치수의 확보
② 콘크리트 수화반응의 원활한 진행을 보조
③ 철근의 피복두께 확보
④ 건설 폐기물의 감소

해설 ④는 거푸집이 콘크리트 구조체의 품질에 영향을 미치지는 않는다.

88. 거푸집의 콘크리트 측압에 대한 설명으로 옳은 것은? [15.1]

① 묽은 콘크리트일수록 측압이 작다.
② 온도가 낮을수록 측압은 작다.
③ 콘크리트의 붓기 속도가 빠를수록 측압이 크다.
④ 거푸집의 강성이 클수록 측압이 작다.

해설 거푸집에 작용하는 콘크리트 측압에 영향을 미치는 요인
- 슬럼프 값이 클수록 크다.
- 벽 두께가 두꺼울수록 크다.
- 콘크리트를 많이 다질수록 크다.
- 거푸집의 강성이 클수록 측압이 크다.
- 거푸집의 수평단면이 클수록 측압이 크다.
- 대기의 온도가 낮고, 습도가 높을수록 크다.
- 콘크리트 타설속도가 빠를수록 크다.
- 콘크리트 타설높이가 높을수록 크다.
- 콘크리트의 비중이 클수록 측압은 커진다.
- 묽은 콘크리트일수록 측압은 커진다.
- 철골이나 철근량이 적을수록 측압은 커진다.

88-1. 콘크리트의 측압에 영향을 주는 요소에 관한 설명으로 옳지 않은 것은 어느 것인가? [09.1/13.1/15.2/19.1/22.1]

① 콘크리트 타설속도가 빠를수록 측압은 커진다.
② 콘크리트 온도가 낮으면 경화속도가 느려 측압은 작아진다.
③ 벽 두께가 얇을수록 측압은 작아진다.
④ 콘크리트의 슬럼프 값이 클수록 측압은 커진다.

해설 ② 대기의 온도가 낮고, 습도가 높을수록 측압이 크다.

정답 ②

88-2. 콘크리트 측압에 관한 설명으로 옳지 않은 것은 어느 것인가? [18.3]

① 콘크리트의 비중이 클수록 측압이 크다.
② 외기의 온도가 낮을수록 측압이 크다.
③ 거푸집의 강성이 작을수록 측압이 크다.
④ 진동다짐의 정도가 클수록 측압이 크다.

해설 ③ 거푸집의 강성이 클수록 측압이 크다.

정답 ③

88-3. 거푸집 측압에 영향을 주는 요인에 관한 설명으로 옳지 않은 것은? [16.2]

① 콘크리트 타설속도가 빠를수록 측압이 크다.
② 단면이 클수록 측압이 크다.
③ 슬럼프가 클수록 측압이 크다.
④ 철근량이 많을수록 측압이 크다.

해설 ④ 철골이나 철근량이 적을수록 측압은 커진다.

정답 ④

89. 폼타이, 컬럼밴드 등을 의미하며, 거푸집을 고정하여 작업 중의 콘크리트 측압을 최종적으로 부담하는 것은? [13.3/16.3]

① 박리재
② 간격재
③ 격리재
④ 긴결재

해설 긴결재 : 거푸집을 고정하여 작업 중 콘크리트 측압에 의해 거푸집이 벌어지거나 변형되지 않도록 하는 볼트나 철선

89-1. 거푸집 조립 시 긴결재로 사용하지 않는 것은? [11.3/16.2]

① 폼타이(form tie)
② 플랫타이(flat tie)

③ 철제 동바리(steel support)

④ 컬럼밴드(column band)

해설 거푸집 조립 시 긴결재 : 폼타이, 플랫타이, 컬럼밴드

Tip) 철제 동바리(steel support) : 거푸집의 일부로 일시적으로 하중을 지지하도록 설치되는 철제 파이프

정답 ③

89-2. 거푸집 패널을 일정한 간격으로 양면을 유지시키고 콘크리트 측압을 지지하는 긴결재는? [09.1]

① 세페레이터

② 폼타이

③ 스페이서

④ 폼 오일

해설 폼타이 : 거푸집 패널을 일정한 간격으로 양면을 유지시키고 콘크리트 측압을 지지하는 긴결재

정답 ②

90. 다음 중 거푸집의 강도 및 강성에 대한 구조계산 시 고려할 사항과 가장 거리가 먼 것은? [12.3/13.3/17.2]

① 동바리 자중

② 작업하중

③ 콘크리트 측압

④ 콘크리트 자중

해설 거푸집의 강도 및 강성에 대해 고려할 사항

• 벽, 기둥, 보 : 콘크리트 중량, 콘크리트 측압력

• 보, 슬래브 : 콘크리트 중량, 충격하중, 작업하중

91. 다음 중 바닥판 거푸집의 구조계산 시 고려해야 하는 연직하중에 해당하지 않는 것은? [19.2/22.2]

① 작업하중

② 충격하중

③ 고정하중

④ 굳지 않은 콘크리트의 측압

해설 연직하중 : 고정하중, 작업하중, 충격하중, 굳지 않은 콘크리트 중량

Tip) 굳지 않은 콘크리트 측압 – 수평하중

91-1. 거푸집 구조설계 시 고려해야 하는 연직하중에서 무시해도 되는 요소는 무엇인가? [13.2/17.3]

① 작업하중

② 거푸집 중량

③ 콘크리트 자중

④ 충격하중

해설 연직하중에서 거푸집 중량은 미미해서 무시한다.

정답 ②

92. "슬래브 및 보의 밑면" 부재를 대상으로 콘크리트 압축강도를 시험할 경우 거푸집널의 해체가 가능한 콘크리트 압축강도의 기준으로 옳은 것은? (단, 콘크리트 표준시방서 기준) [17.2]

① 설계기준 압축강도의 3/4배 이상 또한, 최소 5MPa 이상

② 설계기준 압축강도의 2/3배 이상 또한, 최소 5MPa 이상

③ 설계기준 압축강도의 3/4배 이상 또한, 최소 14MPa 이상

④ 설계기준 압축강도의 2/3배 이상 또한, 최소 14MPa 이상

[해설] 거푸집널의 해체가 가능한 콘크리트 압축강도 기준(슬래브 및 보의 밑면)
- 단층구조 : 설계기준 압축강도의 2/3배 이상 또한, 최소 14 MPa 이상
- 다층구조 : 설계기준 압축강도 이상

Tip) 확대기초, 보, 기둥 등의 측면 : 5 MPa 이상

93. 고층 건축물 시공 시 적용되는 거푸집에 대한 설명으로 옳지 않은 것은? [12.3/15.3]

① ACS(automatic climbing system) 거푸집은 거푸집에 부착된 유압장치 시스템을 이용하여 상승한다.
② ACS(automatic climbing system) 거푸집은 초고층 건축물 시공 시 코어 선행 시공에 유리하다.
③ 알루미늄 거푸집의 주요 시공 부위는 내부 벽체, 슬래브, 계단실 벽체이며, 슬래브 필러 시스템이 있어서 해체가 간편하다.
④ 알루미늄 거푸집은 녹이 슬지 않는 장점이 있으나 전용횟수가 적다.

[해설] ④ 알루미늄 거푸집은 녹이 슬지 않는 장점이 있으며 전용횟수는 20~150회로 많다.

93-1. 알루미늄 거푸집에 관한 설명으로 옳지 않은 것은? [21.3]

① 경량으로 설치시간이 단축된다.
② 이음매(joint) 감소로 견출작업이 감소된다.
③ 주요 시공 부위는 내부벽체, 슬래브, 계단실 벽체이며, 슬래브 필러 시스템이 있어서 해체가 간편하다.
④ 녹이 슬지 않는 장점이 있으나 전용횟수가 매우 적다.

[해설] ④ 녹이 슬지 않는 장점이 있으며 전용횟수는 20~150회로 많다.

[정답] ④

94. 거푸집 공사에서 사용되는 격리재(separator)에 대한 설명으로 옳은 것은? [14.3]

① 철근과 거푸집의 간격을 유지한다.
② 철근과 철근의 간격을 유지한다.
③ 골재와 거푸집과의 간격을 유지한다.
④ 거푸집 상호 간의 간격을 유지한다.

[해설] 격리재 : 철근제, 파이프, 모르타르 등을 사용하여 거푸집 상호 간의 간격을 유지한다.

95. 거푸집 공사에 사용되는 자재와 역할에 대한 설명 중 옳지 않은 것은? [11.2]

① 거푸집 공사에 사용되는 주요 부재로 거푸집판, 장선, 보강재, 동바리, 긴결재 등이 있다.
② 거푸집판은 콘크리트와 직접 접촉하여 구조물의 표면 형태를 조성한다.
③ 장선은 거푸집판의 변형을 방지하며 콘크리트의 측압 또는 하중을 거푸집판으로부터 전달받는다.
④ 컬럼밴드는 벽거푸집의 양면을 조여 주며, 폼타이는 기둥 거푸집의 변형을 방지한다.

[해설] ④ 기둥 거푸집의 벌어지는 변형을 방지하는 것은 컬럼밴드이다.

Tip) 폼타이 : 거푸집 패널을 일정한 간격으로 양면을 유지시키고 콘크리트 측압을 지지하는 긴결재

96. 거푸집 공사(form work)에 관한 설명으로 옳지 않은 것은? [10.3/14.2/22.1]

① 거푸집널은 콘크리트의 구조체를 형성하는 역할을 한다.
② 콘크리트 표면에 모르타르, 플라스터 또는 타일붙임 등의 마감을 할 경우에는 평활하고 광택있는 면이 얻어질 수 있도록 철제 거푸집(metal form)을 사용하는 것이 좋다.

③ 거푸집 공사비는 건축 공사비에서의 비중이 높으므로, 설계 단계부터 거푸집 공사의 개선과 합리화 방안을 연구하는 것이 바람직하다.
④ 폼타이(form tie)는 콘크리트를 타설할 때, 거푸집이 벌어지거나 우그러들지 않게 연결, 고정하는 긴결재이다.

해설 ② 콘크리트 표면에 모르타르, 플라스터 또는 타일붙임 등의 마감을 할 경우에는 마감재를 부착하여야 하는데 철제 거푸집이나 플라스틱 패널 등을 사용할 경우 미장 모르타르가 잘 접착되지 않을 수 있으므로 사용을 피해야 한다.

---

5 철골공사

철골작업 공작

1. 철골공사의 내화피복 공법에 해당하지 않는 것은? [11.2/14.1/20.3]

① 표면탄화법
② 뿜칠공법
③ 타설공법
④ 조적공법

해설 철골공사의 내화피복 공법
• 습식공법 : 타설공법, 조적공법, 미장공법, 뿜칠공법
• 건식공법 : 성형판 붙임, 세라믹 피복
• 합성공법
Tip) 표면탄화법 – 목재의 내화피복 공법

1-1. 강 구조 부재의 내화피복 공법이 아닌 것은? [11.1/17.2/20.2]

① 조적공법
② 세라믹울 피복공법
③ 타설공법
④ 메탈라스 공법

해설 철골공사의 내화피복 공법
• 습식공법 : 타설공법, 조적공법, 미장공법, 뿜칠공법

• 건식공법 : 성형판 붙임, 세라믹 피복
• 합성공법
Tip) 메탈라스 – 매립형 일체식 거푸집

정답 ④

1-2. 철골 내화피복 공법 중 습식공법이 아닌 것은? [16.3]

① 타설공법
② 미장공법
③ 뿜칠공법
④ 성형판 붙임공법

해설 습식공법 : 타설공법, 조적공법, 미장공법, 뿜칠공법
Tip) 건식공법 : 성형판 붙임, 세라믹 피복

정답 ④

1-3. 철골 내화피복 공법의 종류에 따른 사용 재료의 연결이 옳지 않은 것은? [16.1/20.1]

① 타설공법 – 경량콘크리트
② 뿜칠공법 – 암면흡음판
③ 조적공법 – 경량콘크리트 블록
④ 성형판 붙임공법 – ALC판

해설 ② 뿜칠공법 – 내화피복재를 피복

정답 ②

4과목 건설시공학

1-4. 철골조 내화피복 공사 중 피복된 철골의 형상에 대해 제약이 적고 큰 면적의 내화피복을 소수인으로 단시간에 시공할 수 있는 공법은? [14.2]

① 성형판 붙임공법
② 멤브레인 공법
③ 조적공법
④ 뿜칠공법

해설 뿜칠공법은 뿜칠방식으로 큰 면적의 내화피복을 단시간에 시공할 수 있다.

정답 ④

1-5. 철골구조의 내화피복에 관한 설명으로 옳지 않은 것은? [15.1/22.1]

① 조적공법은 용접철망을 부착하여 경량모르타르, 펄라이트 모르타르와 플라스터 등을 바름하는 공법이다.
② 뿜칠공법은 철골 표면에 접착제를 혼합한 내화피복재를 뿜어서 내화피복을 한다.
③ 성형판 공법은 내화 단열성이 우수한 각종 성형판을 철골 주위에 접착제와 철물 등을 설치하고 그 위에 붙이는 공법으로 주로 기둥과 보의 내화피복에 사용된다.
④ 타설공법은 아직 굳지 않은 경량콘크리트나 기포모르타르 등을 강재 주위에 거푸집을 설치하여 타설한 후 경화시켜 철골을 내화피복하는 공법이다.

해설 ① 조적공법은 경량콘크리트 블록, 벽돌, 시멘트 벽돌 등을 시공하는 공법이다.
Tip) 미장공법 : 용접철망을 부착하여 경량모르타르, 펄라이트 모르타르와 플라스터 등을 바름하는 공법

정답 ①

2. 미장공법, 뿜칠공법을 통한 강 구조 부재의 내화피복 시공 시 시공면적 얼마당 1개소 단

위로 핀 등을 이용하여 두께를 확인하여야 하는가? [21.1]

① 2m² ② 3m²
③ 4m² ④ 5m²

해설 내화피복 시공 시 시공면적 5m²당 1개소 단위로 핀 등을 이용하여 두께를 확인하여야 한다.

3. 철골공사 중 현장에서 보수도장이 필요한 부위에 해당되지 않는 것은? [15.1/20.3]

① 현장용접을 한 부위
② 현장접합 재료의 손상 부위
③ 조립상 표면접합이 되는 면
④ 운반 또는 양중 시 생긴 손상 부위

해설 보수도장이 필요한 부위 : 현장용접을 한 부위, 현장접합 재료의 손상 부위, 현장접합에 의한 볼트류의 두부, 너트, 와셔, 운반 또는 양중 시 생긴 손상 부위
Tip) ③은 보수도장할 필요는 없다.

3-1. 철골 도장작업 중 보수도장이 필요한 부위가 아닌 것은? [13.2]

① 현장용접 부위
② 현장접합 재료의 손상 부위
③ 조립상 표면접합이 되는 부위
④ 현장접합에 의한 볼트류의 두부, 너트, 와셔

해설 보수도장이 필요한 부위 : 현장용접을 한 부위, 현장접합 재료의 손상 부위, 현장접합에 의한 볼트류의 두부, 너트, 와셔, 운반 또는 양중 시 생긴 손상 부위
Tip) ③은 보수도장할 필요는 없다.

정답 ③

3-2. 철골공사 중 현장에서 보수도장이 필요한 부위로 옳지 않은 것은? [12.3]

① 현장용접 부위
② 현장접합 재료의 손상 부위
③ 현장에서 깎기 마무리가 필요한 부위
④ 운반 또는 양중 시 생긴 손상 부위

해설 보수도장이 필요한 부위 : 현장용접을 한 부위, 현장접합 재료의 손상 부위, 현장접합에 의한 볼트류의 두부, 너트, 와셔, 운반 또는 양중 시 생긴 손상 부위
Tip) ③은 보수도장할 필요는 없다.
정답 ③

4. 철골기둥의 이음 부분 면을 절삭가공기를 사용하여 마감하고 충분히 밀착시킨 이음에 해당하는 용어는? [16.2/20.3]

① 밀 스케일(mill scale)
② 스캘럽(scallop)
③ 스패터(spatter)
④ 메탈 터치(metal touch)

해설 • 밀 스케일 : 금속의 열박음이나 열처리 과정 등에서 생성된 산화층이다.
• 스캘럽 : 용접이음에 의한 잔류응력이나 용접금속이 용접열을 받게 되어 열화하는 경우에 모재에 부채꼴의 노치(스캘럽)를 만들어 용접선이 교차하지 않도록 한다.
• 스패터 : 용접 시 튀어나온 슬래그가 굳은 현상이다.
• 메탈 터치 : 기둥의 이음면 밀착을 좋게 하여 축력의 이음면을 통해 직접 전달하는 이음방식이다.

5. 철골보와 콘크리트 슬래브를 연결하는 전단 연결재(shear connector)의 역할을 하는 부재의 명칭은? [10.3/12.2/18.1]

① 리인포싱 바(reinforcing bar)
② 턴버클(turn buckle)

③ 메탈 서포트(metal support)
④ 스터드(stud)

해설 스터드(stud) : 철골보와 콘크리트 슬래브를 연결하는 보조적으로 세우는 단면의 수직재로 전단 연결재의 역할을 하는 부재

6. 철골부재 절단방법 중 가장 정밀한 절단방법으로 앵글커터(angle cutter) 등으로 작업하는 것은? [09.3/11.2/13.3/16.1/17.1/20.2]

① 가스절단 ② 전단절단
③ 톱절단 ④ 전기절단

해설 톱절단은 절단선을 따라 절단하므로 가장 정밀하게 절단할 수 있다.

7. 다음 중 강 구조물 제작 시 절단 및 개선(그루브)가공에 관한 일반사항으로 옳지 않은 것은? [19.3/20.1]

① 주요 부재의 강판 절단은 주된 응력의 방향과 압연 방향을 직각으로 교차시켜 절단함을 원칙으로 하며, 절단작업 착수 전 재단도를 작성해야 한다.
② 강재의 절단은 강재의 형상, 치수를 고려하여 기계절단, 가스절단, 플라즈마 절단 등을 적용한다.
③ 절단할 강재의 표면에 녹, 기름, 도료가 부착되어 있는 경우에는 제거 후 절단해야 한다.
④ 용접선의 교차 부분 또는 한 부재를 다른 부재에 접합시킬 때 불필요한 접촉을 피하기 위하여 모퉁이따기를 할 경우에는 10mm 이상 둥글게 해야 한다.

해설 ① 주요 부재의 강판 절단은 주된 응력의 방향과 압연 방향을 일치시켜 절단함을 원칙으로 하며, 절단작업 착수 전 재단도를 작성해야 한다.

8. 그림과 같이 H−400×400×30×50인 형강재의 길이가 10 m일 때 이 형강의 중량으로 가장 가까운 값은? (단, 철의 비중은 7.85 ton/m³이다.) [19.2]

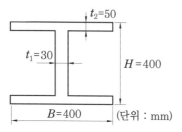

① 1 ton
② 4 ton
③ 8 ton
④ 12 ton

해설 ㉠ 부피 $V = (0.4 \times 0.05 \times 10) \times 2$
$\qquad\qquad + (0.03 \times 0.3 \times 10)$
$\qquad\quad = 0.49\,\mathrm{m}^3$
㉡ 중량 = 부피 × 비중
$\qquad = 0.49\,\mathrm{m}^3 \times 7.85\,\mathrm{ton/m}^3 = 3.85\,\mathrm{ton}$

9. 철골작업용 장비 중 절단용 장비로 옳은 것은? [19.2/22.2]

① 프릭션 프레스(frixtion press)
② 플레이트 스트레이닝 롤(plate straining roll)
③ 파워 프레스(power press)
④ 핵 소우(hack saw)

해설 핵 소우(hack saw)는 띠톱날을 이용한 절단용 기계이다.

10. 철골부재 공장제작에서 강재의 절단방법으로 옳지 않은 것은? [13.1/18.3]

① 기계절단법
② 가스절단법
③ 로터리 베니어 절단법
④ 플라즈마 절단법

해설 강재의 절단방법 : 기계절단법, 가스절단법, 플라즈마 절단법

Tip) 로터리 베니어 절단법 – 목재절단법

11. 다음 중 철골구조의 녹막이 칠 작업을 실시하는 곳은? [15.2/18.2]

① 콘크리트에 매입되지 않는 부분
② 고력 볼트 마찰 접합부의 마찰면
③ 폐쇄형 단면을 한 부재의 밀폐된 면
④ 조립상 표면접합이 되는 면

해설 녹막이 칠을 피해야 할 부분
• 조립상 표면접합이 되는 면
• 고력 볼트 마찰 접합부의 마찰면
• 폐쇄형 단면을 한 부재의 밀폐된 면
• 현장에서 깎기 마무리가 필요한 부분
• 콘크리트에 밀착 또는 매입되는 부분
• 현장용접 부위 및 그곳에 인접하는 양측 10 cm 이내

11-1. 철골작업 중 녹막이 칠을 피해야 할 부위에 해당하지 않는 것은? [09.1/11.3/17.3]

① 콘크리트에 매립되는 부분
② 현장에서 깎기 마무리가 필요한 부분
③ 현장용접 예정 부위에 인접하는 양측 50 cm 이내
④ 고력 볼트 마찰 접합부의 마찰면

해설 ③ 현장용접 부위 및 그곳에 인접하는 양측 10 cm 이내

정답 ③

12. 경량 철골공사에서 녹막이 도장에 관한 설명으로 옳지 않은 것은? [16.3]

① 경량 철골 구조물에 이용되는 강재는 판 두께가 얇아서 녹막이 조치가 불필요하다.
② 강재는 물의 고임에 의해 부식될 수 있기 때문에 부재배치에 충분히 주의하고, 필요에 따라 물구멍을 설치하는 등 부재를 건조상태로 유지한다.

③ 녹막이 도장의 도막은 노화, 타격 등에 의한 화학적, 기계적 열화에 따라 재도장을 할 수 있다.

④ 재도장이 곤란한 건축물 및 녹이 발생하기 쉬운 환경에 있는 건축물의 녹막이는 녹막이 용융 아연도금을 활용한다.

해설 ① 경량 철골 구조물에 이용되는 강재는 판 두께가 얇아서 구조내력의 저하가 현저하기 때문에 녹막이 조치를 해야 한다.

13. 철골공사에서 강재의 기계적 성질, 화학성분, 외관 및 치수공차 등 재원과 제조회사 확인으로 제품의 품질확보를 위해 공인된 시험기관에서 발행하는 검사증명서는? [17.3]

① mill sheet
② full size drawing
③ 표준시방서
④ shop drawing

해설 mill sheet : 강재의 기계적 성질, 화학성분, 외관 및 치수공차 등 재원과 제조회사 확인으로 제품의 품질확보를 위해 공인된 검사 증명서(강재의 검사 성적서)

14. 콘크리트 충전강관구조(CFT)에 관한 설명으로 옳지 않은 것은? [12.1/17.2]

① 일반형강에 비하여 국부좌굴에 불리하다.
② 콘크리트 충전 시 내부의 콘크리트와 외부 강관의 역학적 거동에서 합성구조라 볼 수 있다.
③ 콘크리트 충전 시 별도의 거푸집이 필요하지 않다.
④ 접합부 용접기술이 발달한 일본 등에서 활성화 되어 있다.

해설 ① 일반형강에 비하여 국부좌굴에 유리하여 강도가 강하다.

15. 철골공사에서 베이스 플레이트 설치기준에 관한 설명으로 옳지 않은 것은? [17.1]

① 이동식 공법에 사용하는 모르타르는 무수축 모르타르로 한다.

② 앵커볼트 설치 시 베이스 플레이트 위치의 콘크리트는 설계도면 레벨보다 30 mm~50 mm 낮게 타설한다.

③ 베이스 플레이트 설치 후 그라우팅 처리한다.

④ 베이스 모르타르의 양생은 철골 설치 전 1일 정도면 충분하다.

해설 ④ 베이스 모르타르의 양생은 철골 설치 전 3일 이상 충분히 양생해야 한다.

16. 강관 파이프 구조 공사에 대한 설명으로 옳지 않은 것은? [10.2/13.1]

① 경량이며 외관이 경쾌하다.
② 휨 강성 및 비틀림 강성이 크다.
③ 접합부 및 관 끝의 절단가공이 간단하다.
④ 국부좌굴에 유리하다.

해설 강관 파이프의 접합이나 절단가공은 용접 등의 기술이 필요하다.

철골세우기

17. 용접작업 시 주의사항으로 옳지 않은 것은? [13.3/16.2/21.2]

① 용접할 소재는 수축변형이 일어나지 않으므로 치수에 여분을 두지 않아야 한다.

② 용접할 모재의 표면에 녹·유분 등이 있으면 접합부에 공기포가 생기고 용접부의 재질을 약화시키므로 와이어 브러시로 청소한다.

③ 강우 및 강설 등으로 모재의 표면이 젖어 있을 때나 심한 바람이 불 때는 용접하지 않는다.

④ 용접봉을 교환하거나 다층용접일 때는 슬래
그와 스패터를 제거한다.

해설 ① 용접할 소재는 수축변형이 일어나므
로 소재 치수에 여분을 두어야 한다.

17-1. 철골공사의 용접작업 시 유의사항으로 옳지 않은 것은? [13.2]

① 용접할 소재는 수축변형 및 마무리에 대한
고려로서 치수에 여분을 두어야 한다.
② 용접으로 인하여 모재에 균열이 생긴 때에
는 원칙적으로 모재를 교환한다.
③ 용접자세는 부재의 위치를 조절하여 될 수
있는 대로 아래보기로 한다.
④ 수축량이 가장 작은 부분부터 최초로 용접
하고 수축량이 큰 부분은 최후에 용접한다.

해설 ④ 수축량이 가장 큰 부분부터 최초로
용접하고 수축량이 작은 부분은 최후에 용접
한다.

정답 ④

18. 철골용접에 있어 자동용접의 경우 용접봉의 피복재 역할로 쓰이는 분말상의 재료는?

① 슬래그(slag) [10.1]
② 시드(sheathe)
③ 플럭스(flux)
④ 스패터(spatter)

해설 플럭스(flux) : 자동용접 시 용접봉의 피
복재 역할을 하는 분말상의 재료이다.

18-1. 철골공사의 용접접합에서 플럭스(flux)를 옳게 설명한 것은? [09.2/14.2/18.3/22.2]

① 용접 시 용접봉의 피복재 역할을 하는 분말
상의 재료
② 압연강판의 층 사이에 균열이 생기는 현상
③ 용접작업의 종단부에 임시로 붙이는 보조판

④ 용접부에 생기는 미세한 구멍

해설 플럭스(flux) : 자동용접 시 용접봉의 피
복재 역할을 하는 분말상의 재료이다.

정답 ①

19. 강 구조 부재의 용접 시 예열에 관한 설명으로 옳지 않은 것은? [21.1]

① 모재의 표면온도가 0℃ 미만인 경우는 적어
도 20℃ 이상 예열한다.
② 이종금속 간에 용접을 할 경우는 예열과 층
간온도는 하위등급을 기준으로 하여 실시
한다.
③ 버너로 예열하는 경우에는 개선면에 직접
가열해서는 안 된다.
④ 온도관리는 용접선에서 75mm 떨어진 위치
에서 표면온도계 또는 온도쵸크 등에 의하여
온도관리를 한다.

해설 ② 이종금속 간에 용접을 할 경우 예열
과 층간온도는 상위등급을 기준으로 하여 실
시한다.

20. 철골공사에서 발생할 수 있는 용접 불량에 해당되지 않는 것은? [15.2/21.1]

① 스캘럽(scallop) ② 언더컷(undercut)
③ 오버랩(overlap) ④ 피트(pit)

해설 • 언더컷(undercut) : 용착금속이 채워
지지 않고 남아 있는 홈
• 오버랩(overlap) : 용착금속이 변 끝에서
모재에 융합되지 않고 겹친 부분
• 피트(pit) : 용융금속이 튀어 발생한 용접부
의 바깥면에서 나타나는 작고 오목한 구멍
• 블로우 홀(blow hole) : 금속이 녹아들 때
생기는 기포나 작은 틈
Tip) 스캘럽(scallop) : 용접의 교차부에서 용
접의 겹침을 방지하기 위해 설치한 노치

20-1. 철골공사에서 발생하는 용접 결함이 아닌 것은? [17.2/21.3]

① 피트(pit)
② 블로우 홀(blow hole)
③ 오버랩(overlap)
④ 가우징(gouging)

해설 용접 결함 : 피트(pit), 블로우 홀(blow hole), 오버랩(overlap) 등

Tip) 가우징(gouging) : 용접부의 홈파기로 서 다층용접 시 먼저 용접한 부위의 결함 제거나 주철의 균열 보수를 하기 위하여 좁 은 홈을 파내는 것

정답 ④

20-2. 용접 불량의 일종으로 용접의 끝 부분 에서 용착금속이 채워지지 않고 홈처럼 오목 하게 남아 있는 부분은 무엇인가? [12.2/19.2]

① 언더컷　　② 오버랩
③ 크레이터　　④ 크랙

해설 용접 불량

언더컷(undercut)	오버랩(overlap)
크레이터(crater)	크랙(crack)

정답 ①

20-3. 다음 설명에 해당하는 용접 결함으로 옳은 것은? [15.3]

> ㉠ : 용접 시 튀어나온 슬래그가 굳은 현상 을 의미하는 것
> ㉡ : 용접금속과 모재가 융합되지 않고 겹 쳐지는 것을 의미하는 용접 불량

① ㉠ : 슬래그(slag) 감싸기, ㉡ : 피트(pit)
② ㉠ : 언더컷(undercut), ㉡ : 오버랩(overlap)
③ ㉠ : 피트(pit), ㉡ : 스패터(spatter)
④ ㉠ : 스패터(spatter), ㉡ : 오버랩(overlap)

해설 • 스패터 : 용접 시 튀어나온 슬래그가 굳은 현상
• 오버랩 : 용착금속이 변 끝에서 모재에 융 합되지 않고 겹친 부분

정답 ④

21. 다음 각 용접 불량에 대한 원인으로 적절 하지 않은 것은? [09.1]

① 언더컷-운봉 불량, 전류 과대, 용접봉의 선 택 부적합
② 용입 불량-너무 느린 속도, 전류 과대
③ 크레이터-전류 과대, 운봉 부적합
④ 크랙-전류 과대, 모재 불량

해설 ② 용입 불량-용접 모재의 한 부분이 용착되지 못하고 남아 있는 현상으로 과소 전 류, 운봉속도의 부적당 등이 발생 원인이다.

22. 철골공사에서 용접작업 종료 후 용접부의 안전성을 확인하기 위해 실시하는 비파괴검 사의 종류에 해당되지 않는 것은? [13.2/16.2]

① 방사선검사
② 침투탐상검사
③ 반발경도검사
④ 초음파 탐상검사

해설 재료의 검사법
• 방사선 투과검사 : 물체에 X선, γ선을 투과 하여 물체의 결함을 검출하는 방법이다.
• 초음파 탐상검사 : 짧은 파장의 음파를 검 사물의 내부에 입사시켜 내부의 결함을 검 출하는 방법이다.
• 액체침투 탐상시험 : 침투액과 현상액을 사용하여 부품의 표면에 결함을 눈으로 관

찰하는 탐상시험으로 철강이나 비철 등 모든 재료의 표면에 결함이 있는 경우 현장에서 검사할 수 있다.

Tip) 경도시험은 재료의 단단한 정도를 검사하는 시험으로 압입자로 재료에 하중을 가하여 변형되는 양을 측정하거나 반발력을 측정하는 방법이 있다.

22-1. 철골용접 부위의 비파괴검사에 관한 설명으로 옳지 않은 것은? [17.2/20.3]

① 방사선검사는 필름의 밀착성이 좋지 않은 건축물에서도 검출이 우수하다.
② 침투탐상검사는 액체의 모세관 현상을 이용한다.
③ 초음파 탐상검사는 인간의 귀로 들을 수 없는 주파수를 갖는 초음파를 사용하여 결함을 검출하는 방법이다.
④ 외관검사는 용접을 한 용접공이나 용접관리 기술자가 하는 것이 원칙이다.

해설 ① 방사선검사는 물체에 X선, γ선을 투과하여 물체의 결함을 검출하는 방법으로 필름의 밀착성이 좋아야 한다.

정답 ①

22-2. 철골용접 부위의 비파괴검사에 대한 설명 중 옳지 않은 것은? [09.1/11.2]

① 방사선검사는 필름의 밀착성이 좋지 않은 건축물에서는 검출이 어렵다.
② 침투탐상검사는 액체의 모세관 현상을 이용한다.
③ 초음파 탐상검사는 인간이 들을 수 있는 20kHz 이하의 주파수를 갖는 음파를 이용한다.
④ 외관검사는 용접을 한 용접공이나 용접관리 기술자가 한다.

해설 ③ 초음파 탐상검사는 짧은 파장의 음파를 검사물의 내부에 입사시켜 내부의 결함을

검출하는 방법이다. 주파수가 20kHz를 넘는 진동수를 갖는 초음파를 사용한다.

정답 ③

22-3. 철골 용접이음 후 용접부의 내부결함 검출을 위하여 실시하는 검사로서 빠르고 경제적이어서 현장에서 주로 사용하는 초음파를 이용한 비파괴 검사법은? [15.1/20.1]

① MT(magnetic particle testing)
② UT(ultrasonic testing)
③ RT(radiogtaphy testing)
④ PT(liquid penetrant testing)

해설 초음파 탐상검사(UT, ultrasonic testing) : 짧은 파장의 음파를 검사물의 내부에 입사시켜 내부의 결함을 검출하는 방법이다. 주파수가 20kHz를 넘는 진동수를 갖는 초음파를 사용한다.

정답 ②

22-4. 건설현장의 두께가 두꺼운 철골 구조물 용접 결함 확인을 위한 비파괴검사 중 모재의 결함 및 두께 측정이 가능한 것은? [16.1]

① 방사선 투과검사(radiographic test)
② 초음파 탐상검사(ultrasonic test)
③ 자기탐상검사(magnetic particle test)
④ 액체침투 탐상검사(liquid penetration test)

해설 초음파 탐상검사 : 짧은 파장의 음파를 검사물의 내부에 입사시켜 내부의 결함을 검출하는 방법이다.

정답 ②

23. 철골용접부의 공정별 검사항목 중 용접 전 검사항목에 해당되지 않는 것은? [11.3]

① 트임새 모양 ② 모아대기법
③ 절단검사 ④ 구속법

정답 23. ③

해설 • 용접 전의 검사항목 : 트임새 모양, 모아대기법, 구속법, 용접이음, 자세의 적부 등

• 용접 완료 후의 검사항목 : 육안검사, 비파괴검사(침투탐상법, 방사선 투과법, 초음파 탐상법, 자기분말 탐상법), 절단검사 등

23-1. 철골공사의 용접부 검사에 관한 사항 중 용접 완료 후의 검사와 거리가 먼 것은?

① 초음파 탐상법   [09.3/14.1]
② X선 투과법
③ 개선 정도 검사
④ 자기탐상법

해설 용접 완료 후의 검사 항목 : 육안검사, 비파괴검사(침투탐상법, 방사선 투과법, 초음파 탐상법, 자기분말 탐상법), 절단검사 등

정답 ③

24. 철골공사에서 용접접합의 장점과 거리가 먼 것은?

           [19.3]
① 강재량을 절약할 수 있다.
② 소음을 방지할 수 있다.
③ 일체성 및 수밀성을 확보할 수 있다.
④ 접합부의 품질검사가 매우 간단하다.

해설 ④ 용접접합부의 품질검사가 매우 곤란하며, 시간과 비용이 많이 소요된다.

24-1. 철골공사에서 부재의 용접접합에 관한 설명으로 옳지 않은 것은?

           [12.2]
① 불량용접 검사가 매우 쉽다.
② 기후나 기온에 따라 영향을 받는다.
③ 단면결손이 없어 이음효율이 높다.
④ 무소음, 무진동 방법이다.

해설 ① 용접접합부의 품질검사가 매우 곤란하며, 시간과 비용이 많이 소요된다.

정답 ①

25. 철근 용접이음 방식 중 cad welding 이음의 장점이 아닌 것은?

           [15.1/18.3]
① 실시간 육안검사가 가능하다.
② 기후의 영향이 적고 화재위험이 감소된다.
③ 각종 이형철근에 대한 적용범위가 넓다.
④ 예열 및 냉각이 불필요하고 용접시간이 짧다.

해설 ① 육안검사가 불가능하다는 것이 단점이다.

Tip) cad welding 이음 : 철근에 슬리브를 끼우고 화약과 합금을 섞은 혼합물을 넣어 폭발·용해시키면 합금이 녹아 철근을 충전 이음시킨다.

26. 철골공사의 모살용접에 관한 설명으로 옳지 않은 것은?

           [09.2/17.3]
① 모살용접의 유효 면적은 유효 길이에 유효 목두께를 곱한 것으로 한다.
② 모살용접의 유효 길이는 모살용접의 총 길이에서 2배의 모살 사이즈를 공제한 값으로 해야 한다.
③ 모살용접의 유효 목두께는 모살 사이즈의 0.3배로 한다.
④ 구멍 모살과 슬롯 모살용접의 유효길이는 목두께의 중심을 잇는 용접 중심선의 길이로 한다.

해설 ③ 모살용접의 유효 목두께는 모살 사이즈의 0.7배로 한다.

27. 철골공사에서 철골부재의 용접과 관련된 용어가 아닌 것은?

           [12.3]
① 위핑(weeping)
② 토크(torque)
③ 루트(root)
④ 크랙(crack)

해설 • 위핑 : 용접봉의 끝을 가로로 왕복하면서 용차금속을 녹여 붙이는 용접방법이다.

정답 **24.** ④   **25.** ①   **26.** ③   **27.** ②

• 크랙 : 용접부에 연성이 상실되어 발생하며, 전류 과대, 모재 불량 등으로 발생한 균열이다.
• 루트 : 용접부의 단면 바닥 부분을 말한다.
Tip) 토크 : 회전축을 회전시킬 때 필요한 물리량으로 비틀림 모멘트이다.

28. 필릿용접(fillet welding)의 단면상 이론 목두께에 해당하는 것은?　　　[17.1/22.1]

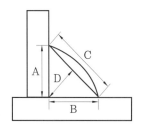

① A　　　　　　② B
③ C　　　　　　④ D

해설 필릿용접의 용입 깊이의 치수 표시방법

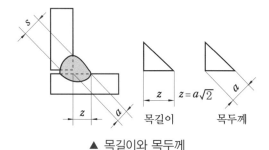

▲ 목길이와 목두께

29. 모재 표면 위에 플럭스를 살포하여, 플럭스 속에 용접봉을 꽂아 넣는 자동 아크용접은 무엇인가?　　　[16.3]

① 일렉트로 슬래그(electro slag) 용접
② 서브머지드 아크(submerged arc)용접
③ 피복 아크용접
④ CO_2 아크용접

해설 서브머지드 아크용접 : 용접 그룹 위에 플럭스를 모래 모양으로 미리 쌓아 올리고 그 속에 용접 와이어를 박아 넣어 자동적 또는 연속적으로 아크용접을 하는 방법

30. 강 구조 건축물의 현장조립 시 볼트시공에 관한 설명으로 옳지 않은 것은?　　　[20.2]

① 마찰내력을 저감시킬 수 있는 틈이 있는 경우에는 끼움판을 삽입해야 한다.
② 볼트조임 작업 전에 마찰접합면의 흙, 먼지 또는 유해한 도료, 유류, 녹, 밀 스케일 등 마찰력을 저감시키는 불순물을 제거하여야 한다.
③ 1군의 볼트조임은 가장자리에서 중앙부의 순으로 한다.
④ 현장조임은 1차 조임, 마킹, 2차 조임(본조임), 육안검사의 순으로 한다.

해설 ③ 현장조립 시 볼트시공은 중앙부에서 가장자리의 순으로 한다.

31. 철골세우기 공사에 있어 주의할 사항으로 옳지 않은 것은?　　　[11.2]

① 기둥은 독립되지 않도록 바로 보로 연결한다.
② 가조임 볼트의 개수는 본조임 개수의 1/4~1/5 또는 1개 이상으로 한다.
③ 조립된 철골이 변형, 도괴되는 위험에 대비하여 수직, 수평 방향에 가새로 보강한다.
④ 작업 중에는 강재를 끌거나 굴리는 것은 피해야 하며, 이미 세워 놓은 부재에 부딪히지 않도록 해야 한다.

해설 ② 가조임 볼트의 개수는 공장조립 시 전 리벳 수의 1/3 이상, 현장치기 리벳 수의 1/5 이상으로 한다.

32. 철골공사에서 철골세우기 순서가 옳게 연결된 것은?　　　[19.1]

㉠ 기초볼트 위치 재점검

㉡ 기둥 중심선 먹매김

㉢ 기둥세우기

㉣ 주각부 모르타르 채움

㉤ base plate의 높이 조정용 plate 고정

① ㉠ → ㉡ → ㉢ → ㉣ → ㉤

② ㉡ → ㉠ → ㉤ → ㉢ → ㉣

③ ㉡ → ㉠ → ㉢ → ㉣ → ㉤

④ ㉤ → ㉣ → ㉡ → ㉠ → ㉢

해설 기둥 중심선 먹매김 → 기초볼트 위치 재점검 → base plate의 높이 조정용 plate 고정 → 기둥세우기 → 주각부 모르타르 채움

33. 철골공사의 기초상부 고름질 방법에 해당되지 않는 것은? [12.1/14.3/19.1]

① 전면바름 마무리법

② 나중 채워넣기 중심바름법

③ 나중 매입공법

④ 나중 채워넣기법

해설 기초상부 고름질 방법 : 전면바름 마무리법, 나중 채워넣기 중심바름법, 나중 채워넣기법

Tip) 나중 매입공법 – 앵커볼트 매립방법

33-1. 철골구조의 베이스 플레이트를 완전 밀착시키기 위한 기초상부 고름질법에 속하지 않는 것은? [11.1/13.2/15.3]

① 고정매입법

② 전면바름법

③ 나중 채워넣기 중심바름법

④ 나중 채워넣기법

해설 기초상부 고름질 방법 : 전면바름 마무리법, 나중 채워넣기 중심바름법, 나중 채워넣기법

Tip) 고정매입법 – 앵커볼트 매립방법

정답 ①

34. 철골세우기용 기계설비가 아닌 것은?

① 가이데릭 [10.2/15.2/21.2]

② 스티프 레그 데릭

③ 진폴

④ 드래그라인

해설 철골세우기용 기계설비 : 가이데릭, 스티프 레그 데릭, 진폴, 크레인, 이동식 크레인 등

Tip) 드래그라인(dragline) : 차량계 건설기계로 지면보다 낮은 땅의 굴착에 적당하고, 굴착 반지름이 크다.

34-1. 철골세우기용 기계가 아닌 것은? [18.2]

① stiff leg derrick

② guy derrick

③ pneumatic hammer

④ truck crane

해설 철골세우기용 기계설비 : 스티프 레그 데릭(stiff leg derrick), 가이데릭(guy derrick), 트럭 크레인(truck crane), 진폴 등

Tip) 공기착암기(pneumatic hammer) : 압축공기를 동력으로 하여 충격을 가해 단단한 물질을 깨뜨리는 공구

정답 ③

34-2. 수평이동이 가능하여 건물의 층수가 적은 긴 평면에 사용되며 회전범위가 270°인 특징을 갖고 있는 철골세우기용 장비는? [18.1]

① 가이데릭(guy derrick)

② 스티프 레그 데릭(stiff-leg derrick)

③ 트럭 크레인(truck crane)

④ 플레이트 스트레이닝 롤(plate straining roll)

해설 스티프 레그 데릭 : 수평이동이 가능하여 건물의 층수가 적은 긴 평면에 사용되며 회전범위가 270°인 철골세우기용 장비

정답 ②

35. 철골부재 조립 시 구멍의 위치가 다소 다를 때 구멍을 맞추기 위한 작업은? [15.3/22.2]

① 송곳뚫기(driling)

② 리밍(reaming)

③ 펀칭(punching)

④ 리벳치기(riveting)

해설 리밍(reaming) : 철골부재 조립 시 구멍의 위치가 다소 다를 때 수정하는 작업

36. 강 구조물 부재 제작 시 마킹(금긋기)에 관한 설명으로 옳지 않은 것은? [21.3]

① 주요 부재의 강판에 마킹할 때에는 펀치(punch) 등을 사용하여야 한다.

② 강판 위에 주요 부재를 마킹할 때에는 주된 응력의 방향과 압연 방향을 일치시켜야 한다.

③ 마킹할 때에는 구조물이 완성된 후에 구조물의 부재로서 남을 곳에는 원칙적으로 강판에 상처를 내어서는 안 된다.

④ 마킹 시 용접열에 의한 수축 여유를 고려하여 최종 교정, 다듬질 후 정확한 치수를 확보할 수 있도록 조치해야 한다.

해설 ① 주요 부재의 강판에 마킹할 때에는 펀치(punch) 등을 사용하지 않아야 한다.

37. 철골공사 현장에 자재반입 시 치수검사 항목이 아닌 것은? [14.1]

① 기둥 폭 및 층 높이 검사

② 휨 정도 및 뒤틀림 검사

③ 브래킷의 길이 및 폭, 각도 검사

④ 고력 볼트 접합부 검사

해설 자재반입 시 치수검사 항목
- 기둥 폭 및 층 높이 검사
- 휨 정도 및 뒤틀림 검사
- 브래킷의 길이 및 폭, 각도 검사

Tip) 고력 볼트 접합부 검사 – 철골세우기 후 검사항목

---

6 **조적공사**

벽돌공사

1. 조적식 구조에서 조적식 구조인 내력벽으로 둘러 쌓인 부분의 최대 바닥면적은 얼마인가? [09.2/21.2]

① 60 m²   ② 80 m²

③ 100 m²   ④ 120 m²

해설 조적식 구조인 내력벽으로 둘러 쌓인 한 개실의 바닥면적은 80 m² 이하, 내력벽의 길이는 10 m 이하로 하여야 한다.

2. 벽돌공사 시 벽돌쌓기에 관한 설명으로 옳은 것은? [21.1]

① 연속되는 벽면의 일부를 트이게 하여 나중쌓기로 할 때에는 그 부분을 층단 들여쌓기로 한다.

---

② 벽돌쌓기는 도면 또는 공사시방서에서 정한 바가 없을 때에는 미식쌓기 또는 불식쌓기로 한다.
③ 하루의 쌓기 높이는 1.8m를 표준으로 한다.
④ 세로줄눈은 구조적으로 우수한 통줄눈이 되도록 한다.

해설 ② 벽돌쌓기는 도면 또는 공사시방서에서 정한 바가 없을 때에는 영식쌓기 또는 화란식쌓기로 한다.
③ 하루 벽돌의 쌓는 높이는 1.2m를 표준으로 하고 최대 1.5m 이내로 한다.
④ 세로줄눈은 통줄눈이 되지 않도록 한다.

2-1. 벽돌공사 중 벽돌쌓기에 관한 설명으로 옳지 않은 것은? [20.2]

① 가로 및 세로줄눈의 너비는 도면 또는 공사시방서에 정한 바가 없을 때에는 10mm를 표준으로 한다.
② 벽돌쌓기는 도면 또는 공사시방서에서 정한 바가 없을 때에는 불식쌓기 또는 미식쌓기로 한다.
③ 연속되는 벽면의 일부를 트이게 하여 나중쌓기로 할 때에는 그 부분을 층단 들여쌓기로 한다.
④ 벽돌은 각부를 가급적 동일한 높이로 쌓아 올라가고, 벽면의 일부 또는 국부적으로 높게 쌓지 않는다.

해설 ② 벽돌쌓기는 도면 또는 공사시방서에서 정한 바가 없을 때에는 영식쌓기 또는 화란식쌓기로 한다.

정답 ②

2-2. 벽돌쌓기 시 일반사항에 관한 설명으로 옳지 않은 것은? [18.1]

① 가로 및 세로줄눈의 너비는 도면 또는 공사시방서에서 정한 바가 없을 때에는 10mm를 표준으로 한다.
② 벽돌쌓기는 도면 또는 공사시방서에서 정한 바가 없을 때에는 영식쌓기 또는 화란식쌓기로 한다.
③ 세로줄눈은 통줄눈이 되도록 유도하여, 미관을 향상시키도록 한다.
④ 벽돌벽이 블록벽과 서로 직각으로 만날 때에는 연결철물을 만들어 블록 3단마다 보강하여 쌓는다.

해설 ③ 세로줄눈은 통줄눈이 되지 않도록 한다.

정답 ③

2-3. 벽돌쌓기에 관한 설명으로 옳지 않은 것은? [18.2]

① 붉은 벽돌은 쌓기 전 벽돌을 완전히 건조시켜야 한다.
② 하루 벽돌의 쌓는 높이는 1.2m를 표준으로 하고 최대 1.5m 이내로 한다.
③ 벽돌벽이 블록벽과 서로 직각으로 만날 때는 연결철물을 만들어 블록 3단마다 보강하며 쌓는다.
④ 연속되는 벽면의 일부를 트이게 하여 나중쌓기로 할 때에는 그 부분을 층단 들여쌓기로 한다.

해설 ① 붉은 벽돌은 쌓기 전에 물 축임을 한 후 쌓는다.

정답 ①

2-4. 벽돌쌓기에 대한 설명 중 옳지 않은 것은? [12.2]

① 벽돌쌓기 전에 벽돌은 완전히 건조시켜야 한다.

② 하루 벽돌의 쌓는 높이는 1.2m를 표준으로 하고 최대 1.5m 이내로 한다.

③ 벽돌벽이 블록벽과 서로 직각으로 만날 때는 연결철물을 만들어 블록 3단마다 보강하며 쌓는다.

④ 사춤모르타르는 일반적으로 3∼5켜마다 한다.

해설 ① 벽돌은 쌓기 전에 물 축임을 한 후 쌓는다.

정답 ①

2-5. 다음 중 벽돌공사에 관한 설명으로 옳은 것은? [17.2]

① 연속되는 벽면의 일부를 트이게 하여 나중 쌓기로 할 때에는 그 부분을 층단 들여쌓기로 한다.

② 모르타르는 벽돌 강도 이하의 것을 사용한다.

③ 1일 쌓기 높이는 1.5m∼3.0m를 표준으로 한다.

④ 세로줄눈은 통줄눈이 구조적으로 우수하다.

해설 ② 모르타르는 벽돌 강도 이상의 것을 사용한다.

③ 1일 쌓기 높이는 1.2m∼1.5m를 표준으로 한다.

④ 세로줄눈은 통줄눈이 되지 않도록 한다.

정답 ①

2-6. 다음 중 벽돌공사에 관한 설명으로 옳지 않은 것은? [11.1]

① 벽돌의 1일 쌓기 높이는 최대 1.5m 이하로 한다.

② 세로줄눈은 통줄눈이 되지 않도록 한다.

③ 벽돌쌓기는 도면 또는 공사시방서에서 정한 바가 없을 때에는 영식쌓기 또는 화란식쌓기로 한다.

④ 벽돌벽이 콘크리트 기둥과 만날 때는 그 사이에 모르타르를 충전하지 않는다.

해설 ④ 벽돌벽이 콘크리트 기둥과 만날 때는 그 사이에 모르타르를 충전한다.

정답 ④

2-7. 벽돌공사에 관한 일반적인 주의사항으로 옳지 않은 것은? [16.1]

① 벽돌은 품질, 등급별로 정리하여 사용하는 순서별로 쌓아 둔다.

② 규준틀에 의하여 벽돌 나누기를 정확히 하고 토막벽돌이 생기지 않게 한다.

③ 내력벽 쌓기에서는 세워쌓기나 옆쌓기로 쌓는 것이 좋다.

④ 벽돌벽은 균일한 높이로 쌓아 올라간다.

해설 ③ 내력벽 쌓기에서는 영식쌓기나 화란식쌓기로 쌓는 것이 좋다.

정답 ③

2-8. 다음은 벽돌쌓기 공사에 대한 설명이다. ( ) 안에 적당한 용어는? [12.1]

> 벽돌쌓기 공사에 있어 내력벽쌓기의 경우 세워쌓기나 (㉠)는 피하는 것이 좋으며, 세로줄눈은 (㉡)이 되지 않도록 하고 한 켜 걸름으로 수직 일직선상에 오도록 배치한다.

① ㉠ : 마구리쌓기, ㉡ : 막힌줄눈

② ㉠ : 옆쌓기, ㉡ : 통줄눈

③ ㉠ : 길이쌓기, ㉡ : 통줄눈

④ ㉠ : 영롱쌓기, ㉡ : 막힌줄눈

해설 벽돌쌓기 공사에 있어 내력벽쌓기의 경우 세워쌓기나 옆쌓기는 피하는 것이 좋으며, 세로줄눈은 통줄눈이 되지 않도록 한다.

정답 ②

3. 건설현장에서 시멘트 벽돌쌓기 시공 중에 붕괴사고가 가장 많이 일어날 것으로 예상할 수 있는 경우는? [19.2]

① 0.5B쌓기를 1.0B쌓기로 변경하여 쌓을 경우
② 1일 벽돌쌓기 기준 높이를 초과하여 높게 쌓을 경우
③ 습기가 있는 시멘트 벽돌을 사용할 경우
④ 신축줄눈을 설치하지 않고 시공할 경우

해설 1일 벽돌쌓기 기준 높이를 초과하여 높게 쌓을 경우에 붕괴사고가 가장 많이 일어난다.

4. 벽돌을 내쌓기 할 때 일반적으로 이용되는 벽돌쌓기 방법은? [14.2/19.3]

① 마구리쌓기
② 길이쌓기
③ 옆세워쌓기
④ 길이세워 쌓기

해설 벽돌 내쌓기는 마구리쌓기로 하는 것이 강도상 좋다.

4-1. 벽돌쌓기법 중에서 마구리를 세워 쌓는 방식으로 옳은 것은? [18.3/22.2]

① 옆세워쌓기
② 허튼쌓기
③ 영롱쌓기
④ 길이쌓기

해설 옆세워쌓기 : 경사, 문턱 등에 사용하는 마구리를 세워 쌓는 방식이다.

정답 ①

4-2. 벽돌쌓기에서 도면 또는 공사시방서에서 정한 바가 없을 때에 적용하는 쌓기법으로 옳은 것은? [15.2]

① 미식쌓기
② 영롱쌓기
③ 불식쌓기
④ 영식쌓기

해설 영식쌓기 : 길이쌓기와 마구리쌓기를 교대로 보이도록 쌓는 방법으로 통줄눈이 생기지 않도록 하는 방법이며, 튼튼하고 시공이 간단하다.

정답 ④

4-3. 한 켜는 길이로 쌓고 다음 켜는 마구리쌓기로 하는 것으로 통줄눈이 생기지 않고 모서리 벽 끝에 이오토막을 사용하는 가장 튼튼한 쌓기방식은? [16.2]

① 영식쌓기
② 화란식쌓기
③ 불식쌓기
④ 미식쌓기

해설 영식쌓기 : 한 켜는 길이로 쌓고 다음 켜는 마구리쌓기로 하는 것으로 통줄눈이 생기지 않고 모서리 벽 끝에 칠오토막이 아닌 반절이나 이오토막을 사용하는 가장 튼튼한 쌓기방식이다.

정답 ①

4-4. 벽돌 벽면에 구멍을 내어 쌓는 방식으로 장식적인 효과를 내는 벽돌쌓기는? [13.1]

① 영롱쌓기
② 엇모쌓기
③ 세워쌓기
④ 옆세워쌓기

해설 영롱쌓기 : 벽돌 벽면에 장식으로 구멍을 만들면서 쌓는 방식이다.

정답 ①

4-5. 치장벽돌을 사용하여 벽체의 앞면 5~6켜까지는 길이쌓기로 하고 그 위 한 켜는 마구리쌓기로 하여 본 벽돌벽에 물려 쌓는 벽돌쌓기 방식은? [12.1]

① 미식쌓기
② 불식쌓기
③ 화란식쌓기
④ 영식쌓기

해설 미식쌓기 : 치장벽돌을 사용하여 앞면 5~6켜 정도의 길이쌓기로 하고 그 위에 마구리로 쌓아 본 벽돌벽에 물려 쌓는 벽돌쌓기 방식이다. 뒷면은 영식쌓기가 된다.

정답 ①

4-6. 매 켜에 길이쌓기와 마구리쌓기가 번갈아 나오는 방식의 벽돌쌓기법은? [09.1]

① 영식쌓기   ② 화란식쌓기
③ 불식쌓기   ④ 이식쌓기

해설 불식쌓기 : 길이쌓기와 마구리쌓기가 번갈아 나오는 방식의 벽돌쌓기법이다.

정답 ③

5. 벽돌쌓기 시 사전준비에 관한 설명으로 옳지 않은 것은? [21.3]

① 줄기초, 연결보 및 바닥 콘크리트의 쌓기면은 작업 전에 청소하고, 오목한 곳은 모르타르로 수평지게 고른다.
② 벽돌에 부착된 흙이나 먼지는 깨끗이 제거한다.
③ 모르타르는 지정한 배합으로 하되 시멘트와 모래는 건비빔으로 하고, 사용할 때에는 쌓기에 지장이 없는 유동성이 확보되도록 물을 가하고 충분히 반죽하여 사용한다.
④ 콘크리트 벽돌은 쌓기 직전에 충분한 물 축이기를 한다.

해설 ④ 콘크리트 벽돌은 쌓으면서 약간의 물을 뿌린다.
Tip) 붉은 벽돌은 쌓기 전에 물 축임을 한 후 쌓는다.

6. 벽돌공사에서 한중시공일 때의 보양조치로 가장 타당한 것은? (단, 평균기온이 −7℃ 이하인 경우) [15.2]

① 내후성이 강한 덮개로 덮어서 조적조를 눈, 비로부터 보호해야 한다.
② 내후성이 강한 덮개로 완전히 덮어서 조적조를 24시간 동안 보호해야 한다.
③ 보온덮개로 완전히 덮거나 다른 방한시설로 조적조를 24시간 동안 보호해야 한다.
④ 울타리와 보조열원, 전기담요, 적외선 발열램프 등을 이용하여 조적조를 동결온도 이상으로 유지하여야 한다.

해설 • 방수성이 강한 덮개로 덮어서 조적조를 눈, 비로부터 보호해야 한다.
• 기온이 −7℃ ~ −4℃까지는 보온덮개로 완전히 덮어서 조적조를 24시간 동안 보호해야 한다.
• 기온이 −7℃ 이하는 보호망에 열을 공급하는 등의 방법으로 조적조를 24시간 동안 보호해야 한다.

7. 벽돌공사의 일반적인 쌓기법에 대한 다음 설명 중 옳지 않은 것은? [10.1]

① 둥근줄눈은 외관이 부드러워 좋으나 벽돌 접착부의 시공이 곤란하다.
② 벽돌은 충분히 물 축임을 한 후 쌓는다.
③ 세로줄눈은 통줄눈이 생기지 않도록 한다.
④ 치장줄눈은 쌓아 올린 후 가급적 늦게 하는 것이 좋다.

해설 ④ 치장줄눈은 쌓아 올린 후 굳기 전에 하여야 한다.

8. 벽돌공사에서 치장줄눈용 모르타르 용적배합비(잔골재/결합재) 비율로 가장 적정한 것은? [14.3]

① 0.5~1.5   ② 1.5~2.5
③ 2.5~3.5   ④ 3.5~4.5

해설 모르타르 용적배합비

모르타르의 종류		용적배합비 (잔골재/결합재)
줄눈 모르타르	벽용	2.5~3.0
	바닥용	3.0~3.5
붙임 모르타르	벽용	1.5~2.5
	바닥용	0.5~1.5

깔	바탕용	2.5~3.0
모르타르	바닥용	3.0~6.0
안채움 모르타르		2.5~3.0
치장줄눈용 모르타르		0.5~1.5

9. 벽돌공사에서 직교하는 벽돌벽의 한편을 나중쌓기로 할 때에는 그 부분에 벽돌물림 자리를 벽돌 한 켜 걸름으로 어느 정도 들여쌓는가? [09.2/12.3]

① 1/8B ② 1/4B
③ 1/2B ④ 1B

해설 벽돌물림 자리를 벽돌 한 켜 걸름으로 1/4B 들여쌓는다.

10. 내화벽돌 줄눈의 표준 너비로 옳은 것은?

① 6mm ② 8mm [12.1]
③ 10mm ④ 12mm

해설 내화벽돌 줄눈의 너비를 정한 바가 없을 때에는 6mm를 표준으로 한다.

11. 벽돌벽 두께 1.0B, 벽 높이 2.5m, 길이 8m인 벽면에 소요되는 점토벽돌의 매수는 얼마인가? (단, 규격은 190×90×57mm, 할증은 3%로 하며, 소수점 이하 결과는 올림하여 정수매로 표기한다.) [16.3/20.1]

① 2980매 ② 3070매
③ 3278매 ④ 3542매

해설 점토벽돌의 매수
＝쌓을 면적×규격 쌓기(매)×할증
＝(2.5×8)×149×1.03≒3070매

Tip) 표준형 벽돌쌓기 규격(매)

종류	0.5B	1.0B	1.5B	2.0B	2.5B
190×90×57	75	149	224	298	373

12. 조적 벽면에서의 백화방지에 대한 조치로서 옳지 않은 것은? [12.1/21.2]

① 소성이 잘 된 벽돌을 사용한다.
② 줄눈으로 비가 새어들지 않도록 방수처리한다.
③ 줄눈 모르타르에 석회를 혼합한다.
④ 벽돌벽의 상부에 비막이를 설치한다.

해설 ③ 석회 성분은 화학반응으로 백화 현상이 더욱 심해지고 자국이 남게 된다.

12-1. 조적공사의 백화 현상을 방지하기 위한 대책으로 옳지 않은 것은? [09.3/19.3]

① 석회를 혼합한 줄눈 모르타르를 활용하여 바른다.
② 흡수율이 낮은 벽돌을 사용한다.
③ 쌓기용 모르타르에 파라핀 도료와 같은 혼화제를 사용한다.
④ 돌림대, 차양 등을 설치하여 빗물이 벽체에 직접 흘러내리지 않게 한다.

해설 ① 석회 성분은 화학반응으로 백화 현상이 더욱 심해지고 자국이 남게 된다.

정답 ①

12-2. 조적공사 시 점토벽돌 외부에 발생하는 백화 현상을 방지하기 위한 대책이 아닌 것은? [13.1/17.1]

① 10% 이하의 흡수율을 가진 양질의 벽돌을 사용한다.
② 벽돌면 상부에 빗물막이를 설치한다.
③ 쌓기 후 전용 발수제를 발라 벽면에 수분 흡수를 방지한다.
④ 염분을 함유한 모래나 석회질이 섞인 모래를 사용한다.

해설 ④ 석회질, 공기 중의 이산화탄소, 수분

은 화학반응을 발생시킴으로써 백화가 발생하여 자국이 남게 된다.

정답 ④

12-3. 조적조 백화(efflorescence) 현상의 방지법으로 옳지 않은 것은? [14.1]

① 물-시멘트비를 증가시킨다.
② 흡수율이 작은 소성이 잘 된 벽돌을 사용한다.
③ 줄눈 모르타르에 방수제를 혼합한다.
④ 벽면의 돌출 부분에 차양, 루버 등을 설치한다.

해설 ① 물-시멘트비를 적게(적당량) 한다.
Tip) 물-시멘트비를 적게 해야 염해에 대한 저항성이 증가된다.

정답 ①

13. 벽돌, 블록 등 조적공사에서 일반적으로 가장 많이 이용되는 치장줄눈의 형태는?

① 평줄눈 [12.1/19.2]
② 볼록줄눈
③ 오목줄눈
④ 민줄눈

해설 일반적으로 가장 많이 이용되는 치장줄눈의 형태는 평줄눈이다.

14. 조적조의 벽체 상부에 철근콘크리트 테두리 보를 설치하는 가장 중요한 이유는?[18.2]

① 벽체에 개구부를 설치하기 위하여
② 조적조의 벽체와 일체가 되어 건물의 강도를 높이고 하중을 균등하게 전달하기 위하여
③ 조적조의 벽체의 수직하중을 특정 부위에 집중시키고 벽돌 수량을 절감하기 위하여
④ 상층부 조적조 시공을 편리하게 하기 위하여

해설 콘크리트 테두리 보는 조적조의 벽체와 일체가 되어 건물에 균등한 분포하중이 전달되어 강도를 높이기 위함이다.

15. 소규모 건축물을 조적식 구조로 담을 쌓을 경우 최대 높이 기준으로 옳은 것은 어느 것인가? [09.1/10.2/16.3/22.1]

① 2m 이하　　② 2.5m 이하
③ 3m 이하　　④ 3.5m 이하

해설 조적조 담의 최대 높이 기준은 3m 이하이다.

16. 벽돌치장면의 청소방법 중 옳지 않은 것은? [13.3/17.3]

① 벽돌치장면에 부착된 모르타르 등의 오염은 물과 솔을 사용하여 제거하며 필요에 따라 온수를 사용하는 것이 좋다.
② 세제세척은 물 또는 온수에 중성세제를 사용하여 세정한다.
③ 산세척은 다른 방법으로 오염물을 제거하기 곤란한 장소에 적용하고, 그 범위는 가능한 작게 한다.
④ 산세척은 오염물을 제거한 후 물세척을 하지 않는 것이 좋다.

해설 ④ 산세척은 오염물을 제거한 후 깨끗하게 물세척을 한다.

17. 벽돌의 품질을 결정하는데 가장 중요한 사항은? [13.1]

① 흡수율 및 인장강도
② 흡수율 및 전단강도
③ 흡수율 및 휨강도
④ 흡수율 및 압축강도

해설 흡수율 및 압축강도가 벽돌의 품질을 결정하는 중요사항이다.

정답 13. ①　14. ②　15. ③　16. ④　17. ④

18. 벽돌벽의 균열을 방지하기 위한 방법으로 옳지 않은 것은? [11.3]

① 건물의 평면 · 입면의 불균형을 초래하지 않는다.

② 벽돌벽의 길이, 높이에 비해 두께가 부족하거나 벽체강도가 부족하지 않도록 한다.

③ 온도변화와 신축을 고려한 control joint를 설치한다.

④ 벽돌강도는 모르타르의 강도보다 크게 한다.

해설 ④ 벽돌강도는 모르타르의 강도보다 작게 한다.

블록공사

19. 블록쌓기에 관한 설명으로 옳지 않은 것은? [11.2]

① 살 두께가 두꺼운 쪽을 위로 해야 한다.

② 기초 및 바닥면 윗면은 충분히 물 축이기를 해야 한다.

③ 블록보강용 메시는 #10 ~ #12철선을 사용하며 블록의 너비보다 한 치수 큰 것을 사용한다.

④ 하루 쌓기의 높이는 7켜 정도가 적당하다.

해설 ③ 블록보강용 메시는 #8 ~ #10철선을 사용하며 블록의 너비보다 한 치수 작은 것을 사용한다.

19-1. 단순조적 블록쌓기에 관한 설명으로 옳지 않은 것은? [09.3/11.1/14.2/20.3]

① 단순조적 블록쌓기의 세로줄눈은 도면 또는 공사시방서에서 정한 바가 없을 때에는 막힌 줄눈으로 한다.

② 살 두께가 작은 편을 위로 하여 쌓는다.

③ 줄눈 모르타르는 쌓은 후 줄눈누르기 및 줄눈파기를 한다.

④ 특별한 지정이 없으면 줄눈은 10mm가 되게 한다.

해설 ② 살 두께가 작은 편을 아래로 하고 큰 편을 위로 하여 쌓는다.

Tip) 치장줄눈을 할 때에는 줄눈이 완전히 굳기 전에 줄눈파기를 한다.

정답 ②

19-2. 콘크리트 블록쌓기에 대한 설명으로 틀린 것은? [15.1]

① 보강근은 모르타르 또는 그라우트를 사춤하기 전에 배근하고 고정한다.

② 블록은 살 두께가 작은 편을 위로 하여 쌓는다.

③ 인방블록은 창문틀의 좌우 옆 턱에 200mm 이상 물린다.

④ 모서리 등 기준이 되는 부분을 정확하게 쌓은 다음 수평실을 친다.

해설 ② 블록은 살 두께가 두꺼운 쪽을 위로 하여 쌓는다.

정답 ②

20. 블록의 하루 쌓기 높이는 최대 얼마를 표준으로 하는가? [18.1]

① 1.5m 이내

② 1.7m 이내

③ 1.9m 이내

④ 2.1m 이내

해설 블록쌓기의 하루 표준 높이는 최대 1.5m 이내이다.

21. 다음 [보기]의 블록쌓기 시공 순서로 옳은 것은? [11.2/17.2/20.2]

┌─ 보기 ─────────────────────────┐
ⓐ 접착면 청소
ⓑ 세로규준틀 설치
ⓒ 규준 쌓기
ⓓ 중간부 쌓기
ⓔ 줄눈누르기 및 파기
ⓕ 치장줄눈
└───────────────────────────────┘

① ㉠ → ㉣ → ㉡ → ㉢ → ㉥ → ㉤
② ㉠ → ㉡ → ㉣ → ㉢ → ㉥ → ㉤
③ ㉠ → ㉢ → ㉡ → ㉣ → ㉤ → ㉥
④ ㉠ → ㉡ → ㉢ → ㉣ → ㉤ → ㉥

[해설] 접착면 청소 → 세로규준틀 설치 → 규준 쌓기 → 중간부 쌓기 → 줄눈누르기 및 파기 → 치장줄눈

22. 보강블록공사 시 벽의 철근 배치에 관한 설명으로 옳지 않은 것은? [16.2/18.3/21.3]

① 가로근을 배근상세도에 따라 가공하되, 그 단부는 180°의 갈구리로 구부려 배근한다.
② 블록의 공동에 보강근을 배치하고 콘크리트를 다져 넣기 때문에 세로줄눈은 막힌줄눈으로 하는 것이 좋다.
③ 세로근은 기초 및 테두리 보에서 위층의 테두리 보까지 잇지 않고 배근하여 그 정착길이는 철근 직경의 40배 이상으로 한다.
④ 벽의 세로근은 구부리지 않고 항상 진동 없이 설치한다.

[해설] ② 보강블록 쌓기는 통줄눈쌓기를 원칙적으로 한다.

22-1. 보강콘크리트 블록조 공사에서 원칙적으로 기초 및 테두리 보에서 위층의 테두리 보까지 잇지 않고 배근하는 것은 무엇인가? [11.3/16.1/19.1]

① 세로근   ② 가로근
③ 철선   ④ 수평횡근

[해설] 세로근은 원칙적으로 기초 및 테두리 보에서 위층의 테두리 보까지 잇지 않고 배근하여 상단의 테두리 보 등에 연결철물로 세로근을 연결한다.

[정답] ①

22-2. 보강블록공사 시 벽 가로근의 시공에 관한 설명으로 옳지 않은 것은? [20.1]

① 가로근은 배근상세도에 따라 가공하되, 그 단부는 90°의 갈구리로 구부려 배근한다.
② 모서리에 가로근의 단부는 수평 방향으로 구부려서 세로근의 바깥쪽으로 두르고, 정착길이는 공사시방서에 정한 바가 없는 한 40d 이상으로 한다.
③ 창 및 출입구 등의 모서리 부분에 가로근의 단부를 수평 방향으로 정착할 여유가 없을 때에는 갈구리로 하여 단부 세로근에 걸고 결속선으로 결속한다.
④ 개구부 상하부의 가로근을 양측 벽부에 묻을 때의 정착길이는 40d 이상으로 한다.

[해설] ① 가로근은 배근상세도에 따라 가공하되, 그 단부는 180°의 갈구리로 구부려 배근한다.

[정답] ①

22-3. 보강블록조에 대한 설명으로 옳지 않은 것은? [10.1/12.3]

① 블록의 모르타르 접착면은 적당히 물 축이기를 하여 경화에 지장이 없도록 한다.
② 줄눈은 통줄눈이 되게 하는 것이 보통이다.
③ 세로 보강철근은 2~3개를 이어서 테두리 보와 기초에 정착시킨다.
④ 1일 쌓기 높이는 1.5m 이내가 되도록 한다.

[정답] 22. ②

해설 ③ 세로근과의 교차부, 테두리, 보는 모두 결속선으로 정착시킨다.

정답 ③

23. 단순조적 블록공사 시 방수 및 방습처리에 관한 설명으로 옳지 않은 것은? [20.2]

① 방습층은 도면 또는 공사시방서에서 정한 바가 없을 때에는 마루밑이나 콘크리트 바닥판 밑에 접근되는 세로줄눈의 위치에 둔다.

② 물빼기 구멍은 콘크리트의 윗면에 두거나 물끊기 및 방습층 등의 바로 위에 둔다.

③ 도면 또는 공사시방서에서 정한 바가 없을 때 물빼기 구멍의 직경은 10mm 이내, 간격 1.2m 마다 1개소로 한다.

④ 물빼기 구멍에는 다른 지시가 없는 한 직경 6mm, 길이 100mm가 되는 폴리에틸렌 플라스틱 튜브를 만들어 집어넣는다.

해설 ① 방습층은 도면 또는 공사시방서에서 정한 바가 없을 때에는 마루밑이나 콘크리트 바닥판 밑에 접근되는 가로줄눈의 위치에 둔다.

Tip) 액체 방수 모르타르를 10mm 두께로 블록 윗면 전체에 바른다.

24. ALC 블록공사 시 내력벽쌓기에 관한 내용으로 옳지 않은 것은? [17.1/20.3]

① 쌓기 모르타르는 교반기를 사용하여 배합하여, 1시간 이내에 사용해야 한다.

② 가로 및 세로줄눈의 두께는 3~5mm 정도로 한다.

③ 하루 쌓기 높이는 1.8m를 표준으로 하며, 최대 2.4m 이내로 한다.

④ 연석되는 벽면의 일부를 나중쌓기로 할 때에는 그 부분을 층단 떼어쌓기로 한다.

해설 ② 가로 및 세로줄눈의 두께는 1~3mm 정도로 한다.

25. ALC 블록공사의 비내력벽 쌓기에 대한 기준으로 옳지 않은 것은? [12.2]

① 슬래브나 방습턱 위에 고름 모르타르를 10~20mm 두께로 깐 후 첫 단 블록을 올려놓고 고무망치 등을 이용하여 수평을 잡는다.

② 쌓기 모르타르는 교반기를 사용하여 배합하며 2시간 이내에 사용해야 한다.

③ 줄눈의 두께는 1~3mm 정도로 한다.

④ 블록 상·하단의 겹침길이는 블록길이의 1/3~1/2을 원칙으로 하고 100mm 이상으로 한다.

해설 ② 쌓기 모르타르는 교반기를 사용하여 배합하며 1시간 이내에 사용해야 한다.

26. 속빈 콘크리트 블록의 규격 중 기본 블록 치수가 아닌 것은? (단, 단위 : mm)

① 390×190×190　　　[09.2/15.3/18.3/21.1]
② 390×190×150
③ 390×190×100
④ 390×190×80

해설 속빈 콘크리트 블록의 규격

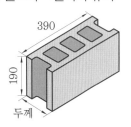

기본 블록 치수(mm)			허용차 (mm)
길이	높이	두께	
390	190	190 150 100	±2

27. 콘크리트 블록에서 A종 블록의 압축강도 기준은? [17.3]

① 2N/mm² 이상

② 4N/mm² 이상

③ 6N/mm² 이상

④ 8N/mm² 이상

해설 블록의 압축강도 기준

구분	기건비중	전단면에 대한 압축강도 (N/mm²)	흡수율 (%)
A종 블록	1.7 미만	4.0 이상	—
B종 블록	1.9 미만	6.0 이상	—
C종 블록	—	8.0 이상	10 이하

28. 벽 길이 10m, 벽 높이 3.6m인 블록벽체를 기본블록(390mm×190mm×150mm)으로 쌓을 때 소요되는 블록의 수량은? (단, 블록은 온장으로 고려하고, 줄눈 너비는 가로, 세로 10mm, 할증은 고려하지 않는다.)

① 412매   ② 468매   [22.2]

③ 562매   ④ 598매

해설 블록의 수량
= 쌓을 면적 × 규격 쌓기(매) × 할증
= (10 × 3.6) × 13 × 1 = 468매

Tip) 블록쌓기 규격

종류	규격	블록(매)
기본형	210×190×390mm	13
	190×190×390mm	13
	150×190×390mm	13
	100×190×390mm	13
장려형	190×190×290mm	17
	150×190×290mm	17
	100×190×290mm	17

석공사

29. 석공사 건식공법의 종류가 아닌 것은?

① 앵커긴결공법 [16.3]

② 개량압착공법

③ 강재트러스 지지공법

④ GPC공법

해설 석공사 건식공법의 종류 : 앵커긴결공법, 강재트러스 지지공법, GPC공법, 지지공법 등

Tip) ② 개량압착공법-타일공사(습식공법)

29-1. 석공사에서 건식공법에서 관한 설명으로 옳지 않은 것은? [12.1/14.1/14.3/19.1]

① 하지철물의 부식문제와 내부단열재 설치문제 등이 나타날 수 있다.

② 긴결철물과 채움 모르타르로 붙여 대는 것으로 외벽공사 시 빗물이 스며들어 들뜸, 백화 현상 등이 발생하지 않도록 한다.

③ 실런트(sealant) 유성분에 의한 석재면의 오염문제는 비오염성 실런트로 대체하거나, open joint 공법으로 대체하기도 한다.

④ 강재트러스, 트러스 지지공법 등 건식공법은 시공정밀도가 우수하고, 작업능률이 개선되며, 공기단축이 가능하다.

해설 ② 건식공법은 모르타르를 사용하지 않으므로 백화 현상 등이 발생하지 않는다.

정답 ②

29-2. 석공사에서 건식공법 시공 시 유의사항으로 옳지 않은 것은? [11.2]

① 하지철물의 길이, 두께 등 부식문제와 내부단열재 설치문제 등 풍하중, 지진하중에 대한 구조계산을 충분히 검토하여 작업한다.

② 실런트(sealant) 시공 시 경화시간, 기상 조건에 따른 영향은 미미하며 시공정밀도가 다른 부분에 비해 덜 요구된다.

③ 실런트(sealant) 유성분에 의한 석재면의 오염문제는 비오염성 실런트로 대체하거나, open joint 공법으로 대체하기도 한다.

④ 강재트러스, 트러스 지지공법 등 건식공법은 시공정밀도가 우수하고, 작업능률이 개선되며, 공기단축이 가능하다.

해설 ② 실런트(sealant) 시공 시 경화시간, 기상 조건에 따른 영향을 받아 오염이나 누수의 우려가 있으므로 시공정밀도가 요구된다.

정답 ②

29-3. 건식 석재공사에 관한 설명으로 옳지 않은 것은? [17.3]

① 촉구멍 깊이는 기준보다 3mm 이상 더 깊이 천공한다.

② 석재는 두께 30mm 이상을 사용한다.

③ 석재의 하부는 고정용으로, 석재의 상부는 지지용으로 설치한다.

④ 모든 구조재 또는 트러스 철물은 반드시 녹막이 처리한다.

해설 ③ 석재의 하부는 지지용으로, 석재의 상부는 고정용으로 설치한다.

정답 ③

30. 석공사 앵커긴결공법에 관한 설명으로 옳지 않은 것은? [16.2]

① 연결철물의 장착을 위한 세트 앵커용 구멍을 45mm 정도로 천공하고 캡이 구조체보다 5mm 정도 깊게 삽입하여 외부의 충격에 대처한다.

② 연결철물용 앵커와 석재는 접착용 에폭시를 사용하여 고정한다.

③ 연결철물은 석재의 상하 및 양단에 설치하여 하부의 것은 지지용으로, 상부의 것은 고정용으로 사용한다.

④ 판석재와 철재가 직접 접촉하는 부분에는 적절한 완충재를 사용한다.

해설 ② 연결철물용 앵커와 석재는 철재 핀, 촉 등을 사용하여 고정한다.

30-1. 석재붙임을 위한 앵커긴결공법에서 일반적으로 사용하지 않는 재료는? [18.1/22.1]

① 앵커　　　　　② 볼트
③ 모르타르　　　④ 연결철물

해설 석재붙임을 위한 앵커긴결공법에서는 앵커, 볼트, 연결철물, 촉, 철재 핀 등을 사용한다.

정답 ③

31. 석공사에서 대리석붙이기에 관한 내용으로 틀린 것은? [10.3/15.1]

① 대리석은 실내보다는 주로 외장용으로 많이 사용한다.

② 대리석붙이기 연결철물은 10#~20#의 황동쇠선을 사용한다.

③ 대리석붙이기 최하단은 충격에 쉽게 파손되므로 충진재를 넣는다.

④ 대리석은 시멘트 모르타르로 붙이면 알칼리 성분에 의하여 변색·오염될 수 있다.

해설 ① 대리석은 내구성이 적어 주로 외장보다는 실내 장식용으로 많이 사용한다.

32. 석공사에 사용하는 석재 중에서 수성암계에 해당하지 않는 것은? [12.2/21.1]

① 사암　　　　　② 석회암
③ 안산암　　　　④ 응회암

해설 ③은 화성암계 석재이다.

33. 돌붙임 앵커긴결공법 중 파스너 설치방식이 아닌 것은? [17.2]

① 논 그라우팅 싱글 파스너 방식
② 논 그라우팅 더블 파스너 방식
③ 그라우팅 더블 파스너 방식
④ 그라우팅 트리플 파스너 방식

해설 돌붙임 앵커긴결공법
• 싱글 파스너 방식 : 논 그라우팅
• 더블 파스너 방식 : 논 그라우팅, 그라우팅

34. 판석재 돌붙이기의 안전시공과 관련한 주의사항으로 옳지 않은 것은? [11.1]

① 돌붙이는 모체(콘크리트벽, 조적벽체 등)의 균열 및 바탕면의 상태가 양호한지 점검한다.
② 판석재 돌붙이기는 하부가 충격에 약하여 파손되기 쉬우므로 모르타르 사춤을 실시한다.
③ 판석재 돌붙이기는 비계발판 위에 한 곳에 높이 쌓아 놓고 작업하는 것이 능률이 높다.
④ 건식붙임공법의 경우는 패스너(fastener)가 돌 무게를 충분히 견딜 수 있는 구조로 해야 한다.

해설 ③ 판석재 돌붙이기는 중량이 크므로 비계발판 위에 한 곳에 높이 쌓아 놓고 작업하면 비계의 붕괴위험이 크다.

35. 석재 사용상 주의사항으로 옳지 않은 것은? [13.1/17.1]

① 압축 및 인장응력을 크게 받는 곳에 사용한다.
② 석재는 중량이 크고 운반에 제한이 따르므로 최대치를 정한다.
③ 되도록 흡수율이 낮은 석재를 사용한다.
④ 가공 시 예각은 피한다.

해설 ① 압축응력을 크게 받는 곳에 사용한다.
Tip) 석재는 인장강도가 매우 약하다.

35-1. 석재 사용상의 주의사항 중 옳지 않은 것은? [12.3/15.3]

① 동일 건축물에는 동일 석재로 시공하도록 한다.
② 석재를 다듬어 사용할 때는 그 질이 균질한 것을 사용하여야 한다.
③ 인장 및 휨 모멘트를 받는 곳에 보강용으로 사용한다.
④ 외벽, 도로포장용 석재는 연석 사용을 피한다.

해설 ③ 석재는 인장 및 휨 모멘트에 매우 약하므로 압축응력을 받는 곳에만 사용한다.

정답 ③

36. 다음 중 석축쌓기 공법에 해당하지 않는 것은? [16.1]

① 건쌓기   ② 메쌓기
③ 찰쌓기   ④ 막쌓기

해설 석축쌓기 공법 : 건쌓기, 메쌓기, 찰쌓기, 사춤쌓기 등
Tip) 막쌓기 : 일정한 형식 없이 돌의 형상에 따라 쌓는 방법

37. 네모돌을 수평줄눈이 부분적으로만 연속되게 쌓고, 일부 상하 세로줄눈이 통하게 쌓는 돌쌓기 방식은 무엇인가? [12.1/15.2]

① 완자쌓기
② 마름돌쌓기
③ 막돌쌓기
④ 바른층쌓기

해설 완자쌓기 : 네모돌을 수평줄눈이 부분적으로만 연속되게 쌓고, 일부 상하 세로줄눈이 통하게 쌓는 돌쌓기 방식

1 건설재료 일반

건설재료의 발달 Ⅰ

1. 다음 중 콘크리트의 비파괴시험에 해당되지 않는 것은? [18.2]

① 방사선 투과시험
② 초음파시험
③ 침투탐상시험
④ 표면경도시험

해설 ③은 강재의 비파괴시험 방법이다.
Tip) 콘크리트의 비파괴시험

- 반발경도시험 : 콘크리트의 경도를 측정하여 콘크리트의 강도를 추정한다.
- 초음파법 : 초음파를 이용하여 콘크리트 내부의 결함을 검사한다.
- 자기법 : 철근의 피복두께, 위치 및 직경을 확인하는데 사용한다.
- 레이더법 : 레이더를 이용하여 구조물, 지하매설물 등을 확인하는데 사용한다.
- 방사선법 : 감마광선으로 콘크리트를 투과하여 콘크리트를 검사하는 방법이다.

2. 건설용 강재(철근 등)의 재료시험 항목에서 일반적으로 제외되는 것은? [11.1/18.1]

① 압축강도시험
② 인장강도시험
③ 굽힘시험
④ 연신율시험

해설 강재(철근 등)의 재료시험 항목 : 항복점과 항복강도, 인장강도, 연신율, 굽힘, 겉모양과 치수
Tip) 경화된 콘크리트의 압축시험으로 압축강도시험을 한다.

3. 부순 굵은 골재에 대한 품질규정치가 KS에 정해져 있지 않은 항목은? [10.3/19.2]

① 압축강도　　　② 절대건조 밀도
③ 흡수율　　　　④ 안정성

해설 부순 굵은 골재에 대한 품질규정치 : 절대 건조밀도, 흡수율, 안정성, 마모율 등
Tip) 압축강도는 콘크리트에 대한 강도시험

4. 다음 제품의 품질시험으로 옳지 않은 것은?

① 기와 : 흡수율과 인장강도 [18.3]
② 타일 : 흡수율
③ 벽돌 : 흡수율과 압축강도
④ 내화벽돌 : 내화도

해설 ① 기와 : 흡수율과 휨 파괴하중 등

5. 재료에 하중이 반복하여 작용할 때 정적 강도보다 낮은 강도에서 파괴되는 것을 무엇이라고 하는가? [11.2]

① 충격파괴　　　② 전단파괴
③ 크리프파괴　　④ 피로파괴

해설 피로파괴 : 재료에 하중이 반복하여 작용할 때 반복적인 부하에 의해 파괴되는 것

6. 재료에 가해진 외력을 제거한 후에도 영구 변형되지 않고 원형으로 되돌아 올 수 있는 한계를 의미하는 것은? [11.1]

① 극한강도　　② 상위 항복점
③ 하위 항복점　④ 탄성한계

해설 탄성한계 : 외력이 가해지면 변형이 생기는데, 외력을 제거하면 원래의 상태로 돌아가는 성질

Tip) 소성변형 : 외력이 가해지면 변형이 생기는데, 외력을 제거하도 원래의 상태로 돌아가지 않고 영구 변형되는 현상

7. 천장, 벽 등에 보드류를 붙이고 그 이음새를 감추고 누르는데 쓰이는 것으로 아연도금 철판제 · 경금속제 · 황동제의 얇은 판을 프레스한 제품은? [09.3/11.1]

① 줄눈대　　② 조이너
③ 코너비드　④ 인서트

해설 조이너 : 천장, 벽 등에 보드류를 붙이고 그 이음새를 감추고 누르는데 사용한다.

7-1. 조이너(joiner)의 설치 목적으로 옳은 것은? [12.2/20.1]

① 벽, 기둥 등의 모서리에 미장바름의 보호
② 인조석깔기에서의 신축 균열방지나 의장 효과
③ 천장에 보드를 붙인 후 그 이음새를 감추기 위한 목적
④ 환기구멍이나 라디에이터의 덮개 역할

해설 ①은 코너비드의 목적
②는 줄눈대, 사춤대의 목적
④는 스틸그레이팅의 목적

정답 ③

8. 암석의 구조를 나타내는 용어에 관한 설명으로 옳지 않은 것은? [10.1/20.1]

① 절리란 암석 특유의 천연적으로 갈라진 금을 말하며, 규칙적인 것과 불규칙적인 것이 있다.
② 층리란 퇴적암 및 변성암에 나타나는 퇴적할 당시의 지표면과 방향이 거의 평행한 절리를 말한다.
③ 석리란 암석이 가장 쪼개지기 쉬운 면을 말하며, 절리보다 불분명하지만 방향이 대체로 일치되어 있다.
④ 편리란 변성암에 생기는 절리로서 방향이 불규칙하고 얇은 판자모양으로 갈라지는 성질을 말한다.

해설 ③ 석리란 암석의 구성조직을 말한 것으로 조암광물의 집합상태에 의해서 조직상 갈라진 눈을 말한다.

Tip) 석목 : 암석이 가장 쪼개지기 쉬운 면을 말하며, 절리보다 불분명하지만 방향이 대체로 일치되어 있다.

9. 수밀성, 기밀성 확보를 위하여 유리와 새시의 접합부, 패널의 접합부 등에 사용되는 재료로서 내후성이 우수하고 부착이 용이한 특징이 있으며, 형상이 H형, Y형, ㄷ형으로 나누어지는 것은? [19.3]

① 유리 퍼티(glass putty)
② 2액형 실링재(two-part liquid sealing compound)
③ 개스킷(gasket)
④ 아스팔트 코킹(asphalt caulking materials)

해설 개스킷은 실린더의 이음매나 파이프의 접합부 따위를 메우는데 쓰는 얇은 판 모양의 패킹이다.

10. 각 창호철물에 관한 설명으로 옳지 않은 것은? [16.3/19.3/22.1]

① 피벗 힌지(pivot hinge) : 경첩 대신 촉을 사용하여 여닫이문을 회전시킨다.

② 나이트 래치(night latch) : 외부에서는 열쇠, 내부에서는 작은 손잡이를 틀어 열 수 있는 실린더 장치로 된 것이다.

③ 크레센트(crescent) : 여닫이문의 상하단에 붙여 경첩과 같은 역할을 한다.

④ 래버터리 힌지(lavatory hinge) : 스프링 힌지의 일종으로 공중용 화장실 등에 사용된다.

해설 ③ 크레센트 : 오르내리창이나 미서기창의 걸쇠로 잠금장치(자물쇠) 철물이다.

10-1. 창호용 철물 중 경첩으로 유지할 수 없는 무거운 자재 여닫이문에 쓰이는 철물은?   [19.1]

① 도어 스톱   ② 래버터리 힌지

③ 도어 체크   ④ 플로어 힌지

해설 플로어 힌지 : 문을 경첩으로 유지할 수 없는 무거운 문의 개폐용으로 사용한다.

정답 ④

10-2. 건축물의 창호나 조인트의 충전재로서 사용되는 실(seal)재에 대한 설명 중 옳지 않은 것은?   [16.1]

① 퍼티 : 탄산칼슘, 연백, 아연화 등의 충전재를 각종 건성유로 반죽한 것을 말한다.

② 유성 코킹재 : 석면, 탄산칼슘 등의 충전재와 천연유지 등을 혼합한 것을 말하며 접착성, 가소성이 풍부하다.

③ 2액형 실링재 : 휘발 성분이 거의 없어 충전 후의 체적변화가 적고 온도변화에 따른 안정성도 우수하다.

④ 아스팔트성 코킹재 : 전색재로서 유지나 수지 대신에 블로운 아스팔트를 사용한 것으로 고온에 강하다.

해설 ④ 아스팔트성 코킹재 : 전색재로서 유지나 수지 대신에 블로운 아스팔트를 사용한 것으로 고온에 약하다.

정답 ④

11. 코너비드(corner bead)의 설치위치로 옳은 것은?   [09.3/12.3/19.2]

① 벽의 모서리   ② 천장 달대

③ 거푸집   ④ 계단 손잡이

해설 코너비드는 기둥이나 벽 등의 모서리를 보호하기 위해 밀착시켜 붙이는 보호용 철물이다.

12. 건축용 코킹재의 일반적인 특징에 관한 설명으로 옳지 않은 것은?   [15.3/18.2]

① 수축률이 크다.

② 내부의 점성이 지속된다.

③ 내산·내알칼리성이 있다.

④ 각종 재료에 접착이 잘 된다.

해설 ① 수축률이 작다.

13. 에너지 절약, 유해물질 저감, 자원의 절약 등을 유도하기 위한 목적으로 건설자재의 환경성에 대한 일정기준을 정하여 제품에 부여하는 인증제도로 옳은 것은?   [15.2/18.1]

① 환경표지   ② NEP인증

③ GD마크   ④ KS마크

해설 환경표지 인증마크는 일정기준을 정하여 에너지 절약, 유해물질 저감, 자원의 절약 등을 유도하기 위한 목적으로 환경성이 우수한 제품임을 인증하는 것이다.

Tip) • NEP인증 : 신제품 인증제도

• GD마크 : 디자인 인증마크

• KS마크 : 한국산업표준 마크

14. 구조용 집성재의 품질기준에 따른 구조용 집성재의 집착강도시험에 해당되지 않는 것은? [17.2]

① 침지박리시험　　② 블록전단시험
③ 삶음박리시험　　④ 할렬인장시험

해설 구조용 집성재의 집착강도시험 : 침지박리시험, 블록전단시험, 삶음박리시험, 감압가압시험
Tip) 할렬인장시험은 콘크리트의 인장강도를 간접적으로 알기 위해 측정하는 실험이다.

15. 다음 중 내열성이 좋아서 내열식기에 사용하기에 가장 적합한 유리는? [17.2]

① 소다석회유리　　② 칼륨연유리
③ 붕규산유리　　　④ 물유리

해설 붕규산유리 : 붕산과 규산을 주원료로 하는 유리이며, 내열성이 우수하여 내열식기에 사용된다.

16. 철재의 표면 부식방지 처리법으로 옳지 않은 것은? [17.2]

① 유성페인트, 광명단을 도포
② 시멘트 모르타르로 피복
③ 마그네시아 시멘트 모르타르로 피복
④ 아스팔트, 콜타르를 도포

해설 ③ 마그네시아 시멘트는 철재를 녹슬게 하는 단점이 있다.

17. 건축재료 중 마감재료의 요구성능으로 거리가 먼 것은? [17.2/22.1]

① 화학적 성능
② 역학적 성능
③ 내구성능
④ 방화 · 내화성능

해설 건축물의 바닥, 내외벽, 천장 등에 적당한 두께로 발라 마무리하는 마감재료는 화학적 성능, 내구성능, 방화 · 내화성능 등이 요구된다.
Tip) 마감재료는 역학적 성능의 필요성이 적다.

18. 건축재료의 성질을 물리적 성질과 역학적 성질로 구분할 때 물체의 운동에 관한 성질인 역학적 성질에 속하지 않는 항목은 무엇인가? [14.3/21.3]

① 비중　　　　② 탄성
③ 강성　　　　④ 소성

해설 건축 구조재료의 역학적 성능에는 강도, 강성, 내피로성, 탄성, 소성 등이 있다.
Tip) 비중 – 물리적 성질

건설재료의 발달 Ⅱ

19. 어떤 재료의 초기 탄성 변형량이 2.0 cm이고, 크리프(creep) 변형량이 4.0 cm라면 이 재료의 크리프 계수는 얼마인가? [17.1/20.2]

① 0.5　　　　② 1.0
③ 2.0　　　　④ 4.0

해설 크리프 계수 = $\dfrac{\text{크리프 변형량}}{\text{탄성 변형량}} = \dfrac{4}{2} = 2$

20. 절대건조 밀도가 2.6 g/cm³이고, 단위 용적질량이 1750 kg/m³인 굵은 골재의 공극률은? [18.3/22.2]

① 30.5 %　　　② 32.7 %
③ 34.7 %　　　④ 36.2 %

해설 공극률 $=\left(1-\dfrac{\text{단위 용적질량}}{\text{비중}}\right)\times100$

$=\left(1-\dfrac{1.75}{2.6}\right)\times100=32.7\%$

여기서, 단위 용적질량이 $1750\text{kg/m}^3=1.75\text{g/cm}^3$

20-1. 굵은 골재의 단위 용적중량이 1.7kg/L, 절건밀도가 2.65g/cm³일 때, 이 골재의 공극률은? [17.3]

① 25% ② 28% ③ 36% ④ 42%

해설 공극률 $=\left(1-\dfrac{\text{단위 용적질량}}{\text{비중}}\right)\times100$

$=\left(1-\dfrac{1.7}{2.65}\right)\times100\fallingdotseq36\%$

여기서, 단위 용적중량이 $1.7\text{kg/L}=1.7\text{g/cm}^3$

정답 ③

20-2. 목재의 절대건조 비중이 0.8일 때 이 목재의 공극률은? [11.2/16.3]

① 약 42% ② 약 48% ③ 약 52% ④ 약 58%

해설 공극률

$=\left(1-\dfrac{\text{목재의 절대건조 비중}}{\text{목재의 비중}}\right)\times100$

$=\left(1-\dfrac{0.8}{1.54}\right)\times100\fallingdotseq48\%$

Tip) 목재의 비중은 1.54이다.

정답 ②

20-3. 목재의 절대건조 비중이 0.45일 때 목재 내부의 공극률은 대략 얼마인가? [16.2]

① 10% ② 30% ③ 50% ④ 70%

해설 공극률

$=\left(1-\dfrac{\text{목재의 절대건조 비중}}{\text{목재의 비중}}\right)\times100$

$=\left(1-\dfrac{0.45}{1.54}\right)\times100\fallingdotseq70\%$

정답 ④

21. 지름이 18 mm인 강봉을 대상으로 인장시험을 행하여 항복하중 27kN, 최대하중 41kN을 얻었다. 이 강봉의 인장강도는? [21.3]

① 약 106.3MPa ② 약 133.9MPa ③ 약 161.1MPa ④ 약 182.3MPa

해설 인장강도 $=\dfrac{W}{\dfrac{\pi d^2}{4}}=\dfrac{41}{\dfrac{\pi\times18^2}{4}}$

$=0.1611\times1000=161.1\,\text{MPa}$

여기서, W : 최대하중, d : 강봉의 지름

22. 강재의 인장강도는 온도에 따라 다른데 인장강도가 최대로 되는 경우의 온도는? [09.2/10.3]

① 20~30℃ ② 100~150℃ ③ 250~300℃ ④ 500~550℃

해설 강재의 인장강도와 온도의 관계
- 상온~100℃ 이하 : 인장강도는 변화 없다.
- 250~300℃ 이하 : 인장강도는 최대이다.
- 500℃ 정도 : 인장강도는 상온의 1/2로 감소한다.
- 600℃ 정도 : 인장강도는 상온의 1/3로 감소한다.

22-1. 상온에서 인장강도가 3600kg/cm²인 강재가 500℃로 가열되었을 때 강재의 인장강도는 얼마 정도인가? [16.3]

① 약 1200kg/cm²   ② 약 1800kg/cm²

③ 약 2400kg/cm²   ④ 약 3600kg/cm²

해설 인장강도 $= 3600 \times \dfrac{1}{2} = 1800 \, \text{kg/cm}^2$

Tip) 강재의 인장강도와 온도의 관계

- 상온~100℃ 이하 : 인장강도는 변화 없다.
- 250~300℃ 이하 : 인장강도는 최대이다.
- 500℃ 정도 : 인장강도는 상온의 1/2로 감소한다.
- 600℃ 정도 : 인장강도는 상온의 1/3로 감소한다.

정답 ②

23. 다음 중 비강도가 가장 큰 재료는?   [12.3]

① 비닐   ② 소나무

③ 연강   ④ 콘크리트

해설 재질의 비강도

재질	목재	콘크리트	비닐	연강
비강도	3160	910	743	55

Tip) 비강도 $= \dfrac{\text{강도}}{\text{비중}}$

건설재료의 분류와 요구성능

24. 일종의 못박기총을 사용하여 콘크리트나 강재 등에 박는 특수못을 의미하는 것은?

① 드라이브핀   [21.2]

② 인서트

③ 익스팬션볼트

④ 듀벨

해설 드라이브핀 : 못박기총을 사용하여 콘크리트나 강재 등에 박는 특수못

25. 다음 중 아스팔트의 물리적 성질에 있어 아스팔트의 견고성 정도를 평가한 것은?   [09.1]

① 신도   ② 침입도

③ 내후성   ④ 인화점

해설 아스팔트 침입도시험은 25℃ 상온에서 바늘의 무게 100g이 5초간 관입되는 깊이를 측정한다.

Tip) 침입도는 아스팔트의 경도를 나타내는 기준으로 관입깊이 0.1mm를 침입도 1이라 한다.

25-1. 아스팔트 침입도시험에 있어서 아스팔트의 온도는 몇 ℃를 기준으로 하는가?[21.2]

① 15℃   ② 25℃

③ 35℃   ④ 45℃

해설 아스팔트 침입도시험에 있어서 25℃, 100g, 5초가 표준이다.

정답 ②

26. 다음 중 역청재료의 침입도 값과 비례하는 것은?   [19.1]

① 역청재의 중량   ② 역청재의 온도

③ 대기압   ④ 역청재의 비중

해설 역청재료의 침입도는 역청재의 온도에 비례한다.

27. 역청재료의 침입도시험에서 질량 100g의 표준 침이 5초 동안에 10mm 관입했다면 이 재료의 침입도는 얼마인가?   [15.3/21.3]

① 1   ② 10

③ 100   ④ 1000

해설 침입도

$$= \dfrac{5 \text{초 동안의 관입깊이(mm)}}{0.1 \text{mm}} = \dfrac{10}{0.1} = 100$$

28. 아스팔트 제품에 관한 설명으로 옳지 않은 것은? [19.2]

① 아스팔트 프라이머－블로운 아스팔트를 용제에 녹인 것으로 아스팔트 방수, 아스팔트 타일의 바탕처리재로 사용된다.

② 아스팔트 유제－블로운 아스팔트를 용제에 녹여 석면, 광물질분말, 안정제를 가하여 혼합한 것으로 점도가 높다.

③ 아스팔트 블록－아스팔트 모르타르를 벽돌형으로 만든 것으로 화학공장의 내약품 바닥 마감재로 이용된다.

④ 아스팔트 펠트－유기 천연섬유 또는 석면섬유를 결합한 원지에 연질의 스트레이트 아스팔트를 침투시킨 것이다.

해설 ② 아스팔트 유제－타르나 아스팔트의 고운 분말에 에멀션화제 및 안정제를 포함하여 물에 1∼5 정도의 미립자를 분사시킨 갈색의 유제이다.

28-1. 아스팔트계 방수재료에 대한 설명 중 틀린 것은? [14.3]

① 아스팔트 프라이머는 블로운 아스팔트를 용제에 녹인 것으로 액상을 하고 있다.

② 아스팔트 펠트는 유기 천연섬유 또는 석면섬유를 결합한 원지에 연질의 블로운 아스팔트를 침투시킨 것이다.

③ 아스팔트 루핑은 아스팔트 펠트의 양면에 블로운 아스팔트를 가열 · 용융시켜 피복한 것이다.

④ 아스팔트 컴파운드는 블로운 아스팔트의 성능을 개량하기 위해 동식물성 유지와 광물질 분말을 혼입한 것이다.

해설 ② 아스팔트 펠트－유기 천연섬유 또는 석면섬유를 결합한 원지에 연질의 스트레이트 아스팔트를 침투시킨 것이다.

정답 ②

28-2. 블로운 아스팔트의 내열성, 내한성 등을 개량하기 위해 동물섬유나 식물섬유를 혼합하여 유동성을 증대시킨 것을 무엇이라고 하는가? [10.3/13.2/21.3]

① 아스팔트 펠트(asphalt felt)

② 아스팔트 루핑(asphalt roofing)

③ 아스팔트 프라이머(asphalt primer)

④ 아스팔트 컴파운드(asphalt compound)

해설 아스팔트 컴파운드는 블로운 아스팔트의 내열성, 내한성 등을 개량하기 위해 동식물성 유지와 광물질 분말을 혼입한 것이다.

정답 ④

28-3. 아스팔트 방수시공을 할 때 바탕재와의 밀착용으로 사용하는 것은? [15.1/18.3/21.2]

① 아스팔트 컴파운드

② 아스팔트 모르타르

③ 아스팔트 프라이머

④ 아스팔트 루핑

해설 아스팔트 프라이머는 블로운 아스팔트를 용제에 녹인 것으로 액상을 하고 있으며, 아스팔트의 방수나 바탕처리재로 사용된다.

정답 ③

28-4. 목면, 마사, 양모, 폐지 등을 혼합하여 만든 원지에 스트레이트 아스팔트를 침투시킨 두루마리 제품으로 흡수성이 크기 때문에 단독으로 사용하는 경우 방수 효과가 적어 주로 아스팔트 방수의 중간층 재료로 이용되는 것은? [11.1]

① 아스팔트 펠트　　② 아스팔트 루핑

③ 아스팔트 싱글　　④ 아스팔트 블록

해설 아스팔트 펠트는 목면, 마사, 양모, 폐지 등을 혼합하여 만든 원지에 연질의 스트레이트 아스팔트를 침투시킨 것이다.

Tip) • 아스팔트 펠트는 흡수성이 크기 때문에 방수 효과가 적어 중간층 재료로 이용
• 아스팔트 루핑은 아스팔트를 가열하여 용융시켜 피복
• 아스팔트 싱글은 아스팔트 주재료로 지붕 마감재
• 아스팔트 블록은 아스팔트 주재료로 바닥 마감재

정답 ①

28-5. 아스팔트 루핑에 대한 설명으로 옳은 것은?   [10.1]

① 펠트의 양면에 스트레이트 아스팔트를 가열 용융시켜 피복한 것이다.
② 블로운 아스팔트를 용제에 녹인 것으로 액상을 하고 있다.
③ 석유, 석탄공업에서 경유, 중유 및 중유분을 뽑은 나머지로 대부분은 광택이 없는 고체로 연성이 전혀 없다.
④ 평지붕의 방수층, 슬레이트 평판, 금속판 등의 지붕깔기 바탕 등에 이용된다.

해설 아스팔트 루핑은 아스팔트 펠트의 양면에 블로운 아스팔트를 가열·용융시켜 피복한 제품으로 평지붕의 방수층, 슬레이트 평판, 금속판 등의 지붕깔기 바탕 등에 이용된다.

정답 ④

29. 아스팔트를 천연 아스팔트와 석유 아스팔트로 구분할 때 천연 아스팔트에 해당되지 않는 것은?   [14.2/21.1]

① 로크 아스팔트
② 레이크 아스팔트
③ 아스팔타이트
④ 스트레이트 아스팔트

해설 천연 아스팔트의 종류 : 로크 아스팔트, 레이크 아스팔트, 아스팔타이트, 암석 아스팔트, 사암 아스팔트
Tip) 스트레이트 아스팔트는 석유 아스팔트의 종류이다.

30. 스트레이트 아스팔트에 대한 설명 중 옳지 않은 것은?   [12.2]

① 연화점이 비교적 낮고 온도에 의한 변화가 크다.
② 주로 지하실 방수공사에 사용되며, 아스팔트 루핑이 제작에 사용된다.
③ 신장성, 점착성, 방수성이 풍부하다.
④ 아스팔트에 동·식물 유지나 광물성 분말 등을 혼합하여 만든 것이다.

해설 스트레이트 아스팔트 특성
• 신장성, 접착력, 방수성이 우수하고 좋다.
• 연화점이 낮고 온도에 의한 감온성이 크다.
• 지하실 방수공사에 주로 사용되며, 아스팔트 루핑 제조에도 사용된다.
Tip) ④ : 아스팔트 컴파운드

30-1. 아스팔트의 물리적 성질에 관한 설명으로 옳은 것은?   [20.1]

① 감온성은 블로운 아스팔트가 스트레이트 아스팔트보다 크다.
② 연화점은 블로운 아스팔트가 스트레이트 아스팔트보다 낮다.
③ 신장성은 스트레이트 아스팔트가 블로운 아스팔트보다 크다.
④ 점착성은 블로운 아스팔트가 스트레이트 아스팔트보다 크다.

해설 스트레이트 아스팔트는 신장성, 접착력, 방수성이 우수하고 좋으며, 연화점이 낮고 온도에 의한 감온성이 크다.

정답 ③

31. 지붕공사에 사용되는 아스팔트 싱글제품 중 단위 중량이 10.3kg/m² 이상 12.5kg/m² 미만인 것은? [20.1]

① 경량 아스팔트 싱글

② 일반 아스팔트 싱글

③ 중량 아스팔트 싱글

④ 초중량 아스팔트 싱글

해설 아스팔트 싱글제품의 건설기준

구분	단위 중량(kg/m²)
일반	10.3 이상 12.5 미만인 아스팔트 싱글제품
중량	12.5 이상 14.2 미만인 아스팔트 싱글제품
초중량	14.2 이상인 아스팔트 싱글제품

32. 아스팔트 접착제에 관한 설명으로 옳지 않은 것은? [18.2]

① 아스팔트 접착제는 아스팔트를 주체로 하여 이에 용제를 가하고 광물질 분말을 첨가한 풀 모양의 접착제이다.

② 아스팔트 타일, 시트, 루핑 등의 접착용으로 사용한다.

③ 화학약품에 대한 내성이 크다.

④ 접착성은 양호하지만 습기를 방지하지 못한다.

해설 ④ 접착성, 방수성, 탄력성, 신축성이 우수하다.

33. 방수공사에서 쓰이는 아스팔트의 양부(良否)를 판별하는 주요 성질과 거리가 먼 것은? [18.2]

① 마모도   ② 침입도

③ 신도(伸度)   ④ 연화점

해설 아스팔트의 양부를 판별하는 주요 성질은 침입도, 신도(伸度), 연화점, 감온성이다.

34. 다음 중 원유에서 인위적으로 만든 아스팔트에 해당하는 것은? [18.1/19.1]

① 블론 아스팔트   ② 로크 아스팔트

③ 레이크 아스팔트   ④ 아스팔타이트

해설 블로운 아스팔트 : 석유계 아스팔트에 고온의 공기를 불어 넣어 인위적으로 만든 아스팔트로 아스팔트 루핑의 생산에 쓰인다.

35. 블로운 아스팔트(blown asphalt)를 휘발성 용제에 녹이고 광물분말 등을 가하여 만든 것으로 방수, 접합부 충전 등에 쓰이는 아스팔트 제품은? [16.1/22.2]

① 아스팔트 코팅(asphalt coating)

② 아스팔트 그라우트(asphalt grout)

③ 아스팔트 시멘트(asphalt cement)

④ 아스팔트 콘크리트(asphalt concrete)

해설 아스팔트 코팅 : 블로운 아스팔트를 휘발성 용제에 녹이고 광물분말 등을 가하여 만든 것으로 방수, 접합부 충전 등에 쓰이는 아스팔트 제품

36. 다음 중 콜타르에 대한 설명으로 옳지 않은 것은? [12.1]

① 건유에 의하여 얻어진 것은 경유를 가하여 증류하고, 수분을 제거하여 정제한다.

② 인화점은 60~160℃이며, 흑색 또는 흑갈색을 띤다.

③ 방부제로도 이용되나, 크레오소트유에 비하여 효과가 떨어진다.

④ 일광에 의한 산화나 중합은 아스팔트보다 약하고 휘발분의 증발로 인해 연성이 크게 된다.

해설 ④ 일광에 의한 산화나 중합은 아스팔트보다 강하고 휘발분의 증발로 인해 연성이 작게 된다.

새로운 재료 및 재료 설계

37. 유리섬유를 불규칙하게 상온 가압하여 성형한 판으로 알칼리 이외의 화학약품에 대한 저항성이 있고 설비재, 내외 수장재로 쓰이는 것은? [10.1]

① 폴리에스테르 강화판
② 멜라민치장판
③ 페놀수지판
④ 염화비닐판

해설 폴리에스테르 강화판 : 유리섬유를 불규칙하게 혼입한 후에 상온에서 가압성형을 한 판으로 알칼리 이외의 화약약품에는 저항성이 있고 경질이므로 설비재, 내외의 수장재로 쓰인다.

37-1. 유리섬유를 폴리에스테르수지에 혼입하여 가압·성형한 판으로 내구성이 좋아 내·외 수장재로 사용하는 것을 무엇이라고 하는가? [09.1/15.3/18.3]

① 아크릴평판
② 멜라민치장판
③ 폴리스티렌 투명판
④ 폴리에스테르 강화판

해설 폴리에스테르 강화판 : 유리섬유를 불규칙하게 혼입한 후에 상온에서 가압성형을 한 판으로 알칼리 이외의 화약약품에는 저항성이 있고 경질이므로 설비재, 내외의 수장재로 쓰인다.

정답 ④

37-2. 보통 F.R.P판이라고 하며, 내외장재, 가구재 등으로 사용되며 구조재로도 사용 가능한 것은? [15.1]

① 아크릴판
② 강화 폴리에스테르판
③ 페놀수지판
④ 경질염화비닐판

해설 F.R.P판(강화 폴리에스테르판) : 폴리에스테르수지에 유리섬유를 보강하여 만든 복합경질판으로 내외장재, 가구재 등으로 사용되며 구조재로도 사용한다.

정답 ②

37-3. 합성수지 제품 중 경도가 크나 내열, 내수성이 부족하여 외장재로는 부적당하며 내장재, 가구재로 사용되는 것은? [09.3]

① 폴리에스테르 강화판
② 멜라민치장판
③ 페놀수지판
④ 아크릴평판

해설 멜라민치장판 : 경도가 크나 내열, 내수성이 부족하여 외장재로는 부적당하며 내장재, 가구재로 사용된다.

정답 ②

38. 콘크리트 구조물의 강도 보강용 섬유소재로 적당하지 않은 것은? [19.3]

① PCP   ② 유리섬유
③ 탄소섬유   ④ 아라미드섬유

해설 콘크리트 구조물의 강도 보강용 섬유소재는 나일론섬유, 유리섬유, 탄소섬유, 아라미드섬유 등으로 구조적 내력을 보강한다.

Tip) 목재의 유용성 방부제 : PCP, 크레오소트, 콜타르

38-1. 콘크리트 구조물의 강도 보강용 섬유소재로 적당하지 않은 것은? [16.1]

① 나일론섬유　　② 유리섬유

③ 탄소섬유　　④ 아라미드섬유

해설 콘크리트 구조물의 강도 보강용 섬유소재는 나일론섬유, 유리섬유, 탄소섬유, 아라미드섬유 등으로 구조적 내력을 보강한다.

(※ 문제 오류로 실제 시험에서는 모두 정답으로 처리되었다. 본서에서는 ①번을 정답으로 한다.)

정답 ①

39. 콘크리트 보강용으로 사용되고 있는 유리섬유에 대한 설명으로 틀린 것은? [12.2]

① 고온에 견디며, 불에 타지 않는다.

② 화학적 내구성이 있기 때문에 부식하지 않는다.

③ 전기절연성이 크다.

④ 내마모성이 크고, 잘 부서지거나 부러지지 않는다.

해설 ④ 내마모성이 작고, 잘 부서지며 부러지기 쉽다.

40. 지붕 및 일반바닥에 가장 일반적으로 사용되는 것으로 주제와 경화제를 일정 비율 혼합하여 사용하는 2성분형과 주제와 경화제가 이미 혼합된 1성분형으로 나누어지는 도막방수재는? [18.2]

① 우레탄고무계 도막재

② FRP 도막재

③ 고무아스팔트계 도막재

④ 클로로프렌고무계 도막재

해설 지붕, 바닥에 사용되는 우레탄고무계 도막재

• 주제와 경화제를 일정 비율 혼합하여 사용하는 2성분형의 도막방수재

• 주제와 경화제가 이미 혼합된 1성분형의 도막방수재

Tip) • FRP 도막재 : 유리섬유나 탄소섬유를 넣어 만든 섬유강화 플라스틱으로 가볍고 기계적 강도, 내식성, 성형성이 뛰어나다.

• 고무아스팔트계 도막재 : 천연 및 합성고무와 아스팔트로 만들어진 것으로 우레탄과 비슷하게 도막방수재 단일 시공으로도 사용한다.

• 클로로프렌고무계 도막재 : 클로로프렌고무를 주성분으로 만들어진 것으로 충전제, 안정제 등을 반죽한 후 고무 위에 도료를 도포하여 방수층을 형성한다.

41. 초고층 건축물의 외벽 시스템에 적용되고 있는 커튼 월의 연결부 줄눈에 사용되는 실링재의 요구성능으로 틀린 것은? [15.2]

① 줄눈을 구성하는 각종 부재에 잘 부착하는 것

② 줄눈 주변부에 오염 현상을 발생시키지 않는 것

③ 줄눈부의 방수기능을 잘 유지하는 것

④ 줄눈에 발생하는 무브먼트(movement)에 잘 저항하는 것

해설 ④ 줄눈에 발생하는 무브먼트(movement)에 잘 적응하는 것

42. 실리카 시멘트(silica cement)의 특징에 대한 설명으로 틀린 것은? [15.2]

① 저온에서는 응결이 느려진다.

② 공극 충전 효과가 없어 수밀성 콘크리트를 얻기 어렵다.

③ 콘크리트의 워커빌리티를 좋게 한다.

④ 화학적 저항성이 크므로 주로 단면이 큰 구조물, 해안공사 등에 사용된다.

해설 ② 수화열이 적어서 수밀성이 크므로 고열에 견딘다.

42-1. 실리카 시멘트에 대한 설명 중 옳지 않은 것은? [11.3]

① 블리딩이 감소하고, 워커빌리티를 증가시킨다.

② 초기강도는 크나 장기강도가 작다.

③ 건조수축은 약간 증대하지만 화학저항성 및 내수, 내해수성이 우수하다.

④ 알칼리 골재반응에 의한 팽창의 저지에 유효하다.

해설 ② 초기강도는 작으나 장기강도가 크다.

정답 ②

43. 건축용 세라믹 제품에 대한 설명 중 옳지 않은 것은? [14.1]

① 다공벽돌은 내부의 무수히 많은 구멍으로 인해 절단, 못치기 등의 가공성이 우수하다.

② 테라코타는 건축물의 패러핏, 주두 등의 장식에 사용되는 공동의 대형 점토제품이다.

③ 위생도기는 철분이 많은 장석점토를 주원료로 사용한다.

④ 일반적으로 모자이크타일 및 내장타일은 건식법, 외장타일은 습식법에 의해 제조된다.

해설 ③ 위생도기는 철분이 적은 장석점토를 주원료로 사용한다.

44. 시멘트 제품 중 테라조판의 정의에 대해 옳게 설명한 것은? [13.2]

① 목재의 단열성과 경량의 특성에 시멘트의 난연성이 조합된 제품

② 시멘트, 펄라이트를 주원료로 하고 섬유 등으로 오토클레이브 양생 및 상압 양생하여 판재로 만든 제품

③ 대리석, 화강암 등의 부순골재, 안료, 시멘트 등을 혼합한 콘크리트로 성형하고 경화한

후 표면을 연마하고 광택을 내어 마무리한 제품

④ 시멘트와 모래를 주원료로 하여 가압성형한 시멘트 판기와 제품

해설 ① : 목모(wood wool)보드에 대한 내용

② : 강화시멘트 판에 대한 내용

④ : 가압시멘트 판기와에 대한 내용

Tip) 테라조는 대리석, 화강석 등을 종석으로 한 인조석(모조석)의 일종이다.

45. U자형 줄눈에 충전하는 실링재를 밑면에 접착시키지 않기 위해 붙이는 테이프로 3면 접착에 의한 파단을 방지하기 위한 것은 무엇인가? [12.2]

① FRP(fiber reinforced plastics)

② 아스팔트 프라이머(asphalt primer)

③ 본드 브레이커(bond breaker)

④ 블로운 아스팔트(blown asphalt)

해설 • FRP : 불포화 폴리에스테르의 수지에 유리섬유를 보강하여 만든 섬유강화 플라스틱이다.

• 아스팔트 프라이머 : 블로운 아스팔트를 용제에 녹인 것으로 액상을 하고 있으며 아스팔트의 방수나 바탕처리재로 사용된다.

• 블로운(blown) 아스팔트 : 석유계 아스팔트에 고온의 공기를 불어 넣어 인위적으로 만든 아스팔트로 아스팔트 루핑의 생산에 쓰인다.

• 본드 브레이커 : U자형 줄눈에 충전하는 실링재를 밑면에 접착시키지 않기 위해 붙이는 테이프로 3면 접착에 의한 파단을 방지하기 위한 것이다.

46. 무기질 단열재료 중 송풍 덕트 등에 감아서 열손실을 막는 용도로 쓰이는 것은 무엇인가? [11.2]

① 셀룰로즈 섬유판

② 연질섬유판

③ 유리면

④ 경질 우레탄 폼

해설 • 유기질 단열재료 : 셀룰로즈 섬유판, 연질섬유판, 경질 우레탄 폼, 폴리스티렌 폼 등

• 무기질 단열재료 : 유리면, 암면, 세라믹 섬유, 펄라이트판, 규산칼슘판 등

난연재료의 분류와 요구성능

47. 목재의 화재 시 온도별 대략적인 상태변화에 관한 설명으로 옳지 않은 것은? [18.2]

① 100℃ 이상 : 분자 수준에서 분해

② 100~150℃ : 열 발생률이 커지고 불이 잘 꺼지지 않게 됨

③ 200℃ 이상 : 빠른 열분해

④ 260~350℃ : 열분해 가속화

해설 100~150℃ : 목재의 가열 단계로 수분이 증발하고 가스가 발생하는 상태이다.

48. 다음 중 화재 시 가열에 대하여 연소되지 않고 방화상 유해한 변형, 균열 등 기타 손상을 일으키지 않으며, 유해한 연기나 가스를 발생하지 않는 불연재료에 해당되지 않는 것은? [14.2]

① 콘크리트 ② 석재

③ 알루미늄 ④ 목모 시멘트판

해설 불연재료 : 콘크리트, 석재, 알루미늄

Tip) 목모 시멘트판 – 난연재료

49. 목재의 방화제 종류에 해당되지 않는 것은? [13.1]

① 방화페인트

② 규산나트륨

③ 불화소다 2% 용액

④ 제2인산암모늄

해설 목재의 방화제 종류 : 방화페인트, 규산나트륨, 제2인산암모늄, 탄산칼륨, 붕산암모늄 등

Tip) 불화소다 2% 용액 – 수용성 방부제

49-1. 목재에 주입시켜 인화점을 높이는 방화제와 가장 거리가 먼 것은? [11.3]

① 물유리

② 붕산암모늄

③ 인산나트륨

④ 인산암모늄

해설 목재에 주입시켜 인화점을 높이는 방화제 : 붕산암모늄, 인산나트륨, 인산암모늄, 탄산칼륨 등

Tip) 규산나트륨(물유리)은 도포하여 화염의 접근을 방지한다.

정답 ①

50. 다음 중 목재의 방부제에 해당하지 않는 것은? [12.2]

① 황산구리 1%의 수용액

② 불화소다

③ 테레핀유

④ 염화아연

해설 목재의 수용성 방부제 : 황산구리 1% 수용액, 불화소다, 염화아연, 염화제2수은은 1% 용액 등

Tip) 테레핀유 – 도료의 재료, 유화의 용제

정답 47. ② 48. ④ 49. ③ 50. ③

2 각종 건설재료의 특성, 용도, 규격에 관한 사항

목재 Ⅰ

1. 목재의 일반적 성질에 관한 설명으로 틀린 것은? [13.2/15.1/15.2]

① 섬유포화점 이상의 함수상태에서는 함수율의 증감에도 신축을 일으키지 않는다.

② 섬유포화점 이상의 함수상태에서는 함수율이 증가할수록 강도는 감소한다.

③ 기건상태란 통상 대기의 온도·습도와 평형한 목재의 수분 함유상태를 말한다.

④ 섬유 방향에 따라서 전기전도율은 다르다.

해설 ② 섬유포화점 이상의 함수상태에서는 함수율의 증감에도 강도의 변화는 없다.

1-1. 목재의 함수율과 섬유포화점에 관한 설명으로 옳지 않은 것은? [21.2]

① 섬유포화점은 세포 사이의 수분은 건조되고, 섬유에만 수분이 존재하는 상태를 말한다.

② 벌목 직후 함수율이 섬유포화점까지 감소하는 동안 강도 또한 서서히 감소한다.

③ 전건상태에 이르면 강도는 섬유포화점 상태에 비해 3배로 증가한다.

④ 섬유포화점 이하에서는 함수율의 감소에 따라 인성이 감소한다.

해설 ② 벌목 직후 함수율이 섬유포화점까지 감소하는 동안 강도의 변화는 없다.

정답 ②

1-2. 섬유포화점 이하에서 목재의 함수율 감소에 따른 목재의 성질변화에 대한 설명으로 옳은 것은? [14.1]

① 강도가 증가하고 인성이 증가한다.

② 강도가 증가하고 인성이 감소한다.

③ 강도가 감소하고 인성이 증가한다.

④ 강도가 감소하고 인성이 감소한다.

해설 • 섬유포화점 30% 이하에서는 함수율 감소에 따라 강도가 증가하고 인성이 감소한다.

• 섬유포화점 30% 이상에서는 함수율이 변화해도 목재의 강도는 일정하다.

정답 ②

1-3. 목재 섬유포화점의 함수율은 대략 얼마 정도인가? [12.3/16.2/18.1/22.1]

① 약 10%   ② 약 20%

③ 약 30%   ④ 약 40%

해설 목재에서 흡착수만이 최대한도로 존재하고 있는 상태인 섬유포화점의 함수율은 30% 정도이다.

정답 ③

1-4. 기건상태에서의 목재의 함수율은 약 얼마인가? [13.2/19.2]

① 5% 정도   ② 15% 정도

③ 30% 정도   ④ 45% 정도

해설 목재가 대기의 온도와 습도에 맞게 평형에 도달한 상태를 의미하는 기건상태의 함수율은 약 15% 정도이다.

정답 ②

2. 다음 중 목재의 신축에 관한 설명으로 옳은 것은? [14.1/19.1]

① 동일 나뭇결에서 심재는 변재보다 신축이 크다.
② 섬유포화점 이상에서는 함수율의 변화에 따른 신축 변동이 크다.
③ 일반적으로 곧은결폭보다 널결폭이 신축의 정도가 크다.
④ 신축의 정도는 수종과는 상관없이 일정하다.

해설 목재의 신축은 일반적으로 널결의 방향>곧은결의 방향으로 크다.

2-1. 목재의 수축팽창에 관한 설명으로 옳지 않은 것은? [17.2/19.3]
① 변재는 심재보다 수축률 및 팽창률이 일반적으로 크다.
② 섬유포화점 이상의 함수상태에서는 함수율이 클수록 수축률 및 팽창률이 커진다.
③ 수종에 따라 수축률 및 팽창률에 상당한 차이가 있다.
④ 수축이 과도하거나 고르지 못하면, 할렬, 비틀림 등이 생긴다.

해설 ② 목재의 함수율이 섬유포화점인 30% 이상의 범위에서 목재의 수축팽창은 증감이 없다.

정답 ②

2-2. 목재의 용적변화, 팽창수축에 관한 설명으로 옳지 않은 것은? [17.3]
① 변재는 일반적으로 심재보다 용적변화가 크다.
② 비중이 큰 목재일수록 팽창수축이 적다.
③ 연륜에 접선 방향(널결)이 연륜에 직각 방향(곧은결)보다 수축이 크다.
④ 급속하게 건조된 목재는 완만히 건조된 목재보다 수축이 크다.

해설 ② 비중이 큰 목재일수록 세포막이 두꺼워서 팽창수축이 크다.

정답 ②

3. 목재의 수분·습기의 변화에 따른 팽창수축을 감소시키는 방법으로 틀린 것은 어느 것인가? [10.3/14.3]
① 사용하기 전에 충분히 건조시켜 균일한 함수율이 된 것을 사용할 것
② 가능한 곧은결 목재를 사용할 것
③ 가능한 저온 처리된 목재를 사용할 것
④ 파라핀·크레오소트 등을 침투시켜 사용할 것

해설 ③ 가능한 고온 처리 열기법으로 건조한 목재를 사용할 것

4. 목재의 성질에 관한 설명으로 옳지 않은 것은? [17.1]
① 물속에 담가 둔 목재, 땅속 깊이 묻은 목재 등은 산소 부족으로 균의 생육이 정지되고 썩지 않는다.
② 목재의 함유 수분 중 자유수는 목재의 물리적 또는 기계적 성질에 많은 영향을 끼친다.
③ 목재는 열전도도가 아주 낮아 여러 가지 보온재료로 사용된다.
④ 목재는 섬유포화점 이상의 함수상태에서는 함수율의 증감에도 불구하고 신축을 일으키지 않는다.

해설 ② 목재의 함유 수분 중 자유수는 목재의 중량과 함수율에 영향을 끼친다.
Tip) 목재의 함유 수분 중 자유수는 목재의 물리적, 기계적 성질과는 관계가 없다.

5. 목재의 성질 및 용도에 대한 설명으로 틀린 것은? [14.3]

① 함수율 변화에 따른 신축변형이 크다.

② 침엽수가 활엽수보다 재질이 강하다.

③ 구조용 재료로 침엽수가 주로 쓰인다.

④ 화재나 충해에 취약하다.

해설 ② 활엽수가 침엽수보다 재질이 강하다.

6. 다음 중 목재에 관한 설명으로 옳지 않은 것은? [09.1/13.1/18.2]

① 추재의 세포막은 춘재의 세포막보다 두껍고 조직이 치밀하다.

② 변재는 심재보다 수축이 크다.

③ 변재는 수심의 주위에 둘러져 있는 생활기능이 줄어든 세포의 집합이다.

④ 침엽수의 수치구는 수지의 분비, 이동, 저장의 역할을 한다.

해설 ③ 변재는 수심의 주위에 둘러져 있는 생활기능을 담당하는 세포의 집합이다.

Tip) 심재는 수심을 둘러싸고 있는 생활기능이 줄어든 세포의 집합이다.

7. 목재의 심재와 변재에 관한 설명으로 옳지 않은 것은? [18.3]

① 변재는 심재 외측과 수피 내측 사이에 있는 생활세포의 집합이다.

② 심재는 수액의 통로이며 양분의 저장소이다.

③ 심재는 변재보다 단단하여 강도가 크고 신축 등의 변형이 적다.

④ 심재의 색깔은 짙으며 변재의 색깔은 비교적 엷다.

해설 ② 변재는 수액의 통로이며 양분의 저장소이다.

8. 목재의 강도에 관한 설명으로 옳지 않은 것은? [09.2/19.2]

① 섬유포화점 이상에서는 함수율이 증가하더라도 강도는 일정하다.

② 섬유포화점 이하에서는 함수율이 감소할수록 강도가 증가한다.

③ 목재의 비중과 강도는 대체로 비례한다.

④ 전단강도의 크기가 인장강도 등 다른 강도에 비하여 크다.

해설 목재 강도의 크기 : 인장강도 > 휨강도 > 압축강도 > 전단강도

8-1. 목재의 역학적 성질에서 가력 방향이 섬유와 평행할 경우, 목재의 강도 중 크기가 가장 작은 것은? [12.1/16.3/17.1]

① 압축강도　　　　② 휨강도

③ 인장강도　　　　④ 전단강도

해설 목재의 섬유 방향의 강도 크기 : 인장강도 > 휨강도 > 압축강도 > 전단강도

정답 ④

8-2. 목재의 강도 중에서 가장 작은 것은?

① 섬유 방향의 인장강도　　　　[18.3]

② 섬유 방향의 압축강도

③ 섬유 직각 방향의 인장강도

④ 섬유 방향의 휨강도

해설 목재의 섬유 방향의 강도 크기 : 인장강도 > 휨강도 > 압축강도 > 전단강도

Tip) 목재의 섬유 방향의 강도에 비해 직각 방향의 인장강도가 작다.

정답 ③

8-3. 목재의 강도에 관한 설명으로 옳지 않은 것은? [09.3/17.3/20.2]

① 목재의 건조는 중량을 경감시키지만 강도에는 영향을 끼치지 않는다.

② 벌목의 계절은 목재의 강도에 영향을 끼친다.

정답 6. ③　7. ②　8. ④

③ 일반적으로 응력의 방향이 섬유 방향에 평행인 경우 압축강도가 인장강도보다 작다.

④ 섬유포화점 이하에서는 함수율 감소에 따라 강도가 증대한다.

[해설] ① 목재는 건조할수록 중량을 경감시키며 강도는 커진다.

[정답] ①

8-4. 목재의 압축강도에 영향을 미치는 원인에 관한 설명으로 옳지 않은 것은?[10.3/21.1]

① 기건비중이 클수록 압축강도는 증가한다.

② 가력 방향이 섬유 방향과 평행일 때의 압축강도가 직각일 때의 압축강도보다 크다.

③ 섬유포화점 이상에서 목재의 함수율이 커질수록 압축강도는 계속 낮아진다.

④ 옹이가 있으면 압축강도는 저하하고 옹이 지름이 클수록 더욱 감소한다.

[해설] ③ 섬유포화점 이상에서 목재의 함수율 증감에도 압축강도의 변화는 없다.

[정답] ③

9. 중량 5kg인 목재를 건조시켜 전건중량이 4kg이 되었다. 건조 전 목재의 함수율은 몇 %인가? [11.3/14.1/14.2/21.2]

① 20% ② 25% ③ 30% ④ 40%

[해설] 함수율

$$= \frac{습윤상태의\ 질량 - 건조상태의\ 질량}{건조상태의\ 질량} \times 100$$

$$= \frac{5-4}{4} \times 100 = 25\%$$

10. 목재 건조 시 생재를 수중에 일정기간 침수시키는 주된 이유는? [12.2/20.3]

① 재질을 연하게 만들어 가공하기 쉽게 하기 위하여

② 목재의 내화도를 높이기 위하여

③ 강도를 크게 하기 위하여

④ 건조기간을 단축시키기 위하여

[해설] 목재 건조 시 생재를 수중에 일정기간 침수시키면 자연상태에서 건조하는 것보다 건조기간이 단축되며, 목재의 변형도 적다.

11. 목재의 가공제품에 대한 설명으로 옳지 않은 것은? [14.1]

① 코르크판(cork board)은 유공판으로 단열성·흡음성 등이 있어 천장 등에 흡음재로 사용된다.

② 연질섬유판은 밀도가 0.8g/cm³ 이상으로 강도 및 경도가 비교적 큰 보드(board)로 수장판으로 사용된다.

③ 무늬목(wood veneer)은 아름다운 원목을 종이처럼 얇게 벗겨내 합판 등의 표면에 부착시켜 장식재로 사용된다.

④ 집성재란 제재판재 또는 소각재 등의 각판재를 서로 섬유 방향을 평행하게 길이·너비 및 두께 방향으로 겹쳐 접착제로 붙여서 만든 것을 말한다.

[해설] ② 경질섬유판은 밀도가 $0.8\,g/cm^3$ 이상으로 강도 및 경도가 비교적 큰 보드(board)로 수장판으로 사용된다.

Tip) 연질섬유판은 밀도가 $0.4\,g/cm^3$ 이하이다.

11-1. 목재의 가공품 중 펄프를 접착제로 제판하여 양면을 열압 건조시킨 것으로 비중이 0.8 이상이며 수장판으로 사용하는 것은?

① 경질섬유판 [15.2]

② 파키트리 보드

③ 반경질섬유판

④ 연질섬유판

해설 경질섬유판 : 접착제로 제판하여 양면을 열압 건조시킨 것으로 밀도가 $0.8g/cm^3$ 이 상이며, 수장판으로 사용된다.

정답 ①

11-2. 경질섬유판(hard fiber board)에 관한 설명으로 옳은 것은? [14.2/19.3]

① 밀도가 $0.3g/cm^3$ 정도이다.
② 소프트 텍스라고도 불리며 수장판으로 사용된다.
③ 소판이나 소각재의 부산물 등을 이용하여 접착, 접합에 의해 소요 형상의 인공목재를 제조할 수 있다.
④ 펄프를 접착제로 제판하여 양면을 열압 건조시킨 것이다.

해설 경질섬유판 : 접착제로 제판하여 양면을 열압 건조시킨 것으로 밀도가 $0.8g/cm^3$ 이 상이며, 수장판으로 사용된다.

정답 ④

11-3. 목재를 이용한 가공제품에 관한 설명으로 옳은 것은? [20.3]

① 집성재는 두께 1.5~3cm의 널을 접착제로 섬유 평행 방향으로 겹쳐 붙여서 만든 제품이다.
② 합판은 3매 이상의 얇은 판을 1매마다 접착제로 섬유 평행 방향으로 겹쳐 붙여서 만든 제품이다.
③ 연질섬유판은 두께 50mm, 너비 100mm의 긴 판에 표면을 리브로 가공하여 만든 제품이다.
④ 파티클 보드는 코르크 나무의 수피를 분말로 가열, 성형, 접착하여 만든 제품이다.

해설 집성재
• 제재판재 또는 소각재 등의 각판재를 서로 섬유 방향을 평행하게 길이 · 너비 및 두께

방향으로 겹쳐 접착제로 붙여서 만든 것을 말한다.
• 두께 1.5~3cm의 단판을 접착한 제품이다.

정답 ①

11-4. 제재판재 또는 소각재 등의 부재를 섬유 평행 방향으로 접착시킨 것은? [13.1]

① 파티클 보드
② 코펜하겐 리브
③ 합판
④ 집성목재

해설 집성목재 : 두께 1.5~3cm의 제재판재 또는 소각재 등의 부재를 섬유 평행 방향으로 여러 장을 겹쳐 붙여서 만든 목재로 보, 기둥, 아치, 스트러스 등의 구조재료로 사용할 수 있다.

정답 ④

11-5. 집성목재에 관한 설명 중 옳지 않은 것은? [14.2]

① 요구된 치수, 형태의 재료를 비교적 용이하게 제조할 수 있다.
② 충분히 건조된 건조재를 사용하므로 비틀림 변형 등이 생기지 않는다.
③ 목재의 강도를 인공적으로 자유롭게 조절할 수 있다.
④ 하드 텍스라고도 불리며 목재의 결점이 분산되어 높은 강도를 얻을 수 있다.

해설 ④ 반경질 섬유판은 하드 텍스라고도 불리며 목재의 결점이 분산되어 높은 강도를 얻을 수 있다.

정답 ④

11-6. 집성목재의 사용에 관한 설명으로 옳지 않은 것은? [19.3]

① 판재와 각재를 접착제로 결합시켜 대재(大材)를 얻을 수 있다.

② 보, 기둥 등의 구조재료로 사용할 수 없다.

③ 옹이, 균열 등의 결점을 제거하거나 분산시켜 균질의 인공목재로 사용할 수 있다.

④ 임의의 단면 형상을 갖도록 제작할 수 있어 목재 활용면에서 경제적이다.

해설 ② 집성목재는 보, 기둥, 아치, 스트러스 등의 구조재료로 사용할 수 있다.

정답 ②

12. 다음 목재가공품 중 주요 용도가 나머지 셋과 다른 것은? [19.2]

① 플로어링 블록(flooring block)

② 연질섬유판(soft fiber insulation board)

③ 코르크판(cork board)

④ 코펜하겐 리브 판(copenhagen rib board)

해설 방음판 : 연질섬유판, 코르크판, 코펜하겐 리브 판

Tip) 플로어링 블록(flooring block) – 마루판

13. 목재제품 중 합판에 관한 설명으로 옳지 않은 것은? [16.1/20.2]

① 방향에 따른 강도차가 작다.

② 곡면가공을 하여도 균열이 생기지 않는다.

③ 여러 가지 아름다운 무늬를 얻을 수 있다.

④ 함수율 변화에 의한 신축변형이 크다.

해설 ④ 함수율 변화에 따라 팽창·수축의 방향성이 없다.

14. 목재의 나뭇결 중 아래의 설명에 해당하는 것은? [20.1]

나이테에 직각 방향으로 켠 목재면에 나타나는 나뭇결로 일반적으로 외관이 아름답고 수축변형이 적으며 마모율도 낮다.

① 무늬결　　　② 곧은결

③ 널결　　　　④ 엇결

해설 지문은 곧은결에 대한 설명이다.

목재 Ⅱ

15. 목재의 방부처리법 중 압력용기 속에 목재를 넣어 처리하는 방법으로 가장 신속하고 효과적인 방법은? [10.2/16.1/18.2/20.1]

① 가압주입법

② 생리적 주입법

③ 표면탄화법

④ 침지법

해설 목재의 방부처리법

• 가압주입법 : 압력용기 속에 목재를 넣어 압력을 가하고 방부제를 주입하는 방법으로 방부 효과가 좋다.

• 표면탄화법 : 목재의 표면을 약 2~3mm 정도 구워 탄화시키는 방부처리법이다.

• 침지법 : 클레오소트유 등의 방부액이나 물에 침수시켜 산소의 공급을 차단시키는 방부처리법이다.

• 도포법 : 목재의 표면을 유성페인트, 니스 등으로 칠하는 방부처리법이다.

15-1. 목재의 방부법으로 옳지 않은 것은?

① 침지법 [10.1/13.2/14.2]

② 표면탄화법

③ 가압주입법

④ 훈연법

해설 목재의 방부처리법 : 가압주입법, 표면탄화법, 침지법, 도포법

정답 ④

15-2. 목재의 방부처리법과 가장 거리가 먼 것은? [21.3]

① 약제도포법　　② 표면탄화법
③ 진공탈수법　　④ 침지법

해설 목재의 방부처리법 : 가압주입법, 표면탄화법, 침지법, 도포법

정답 ③

15-3. 목재를 방부처리 하는 방법 중 가장 간단한 것은? [15.2]

① 주입법　　② 침지법
③ 도포법　　④ 표면탄화법

해설 도포법 : 목재의 표면을 유성페인트, 니스 등으로 칠하는 가장 간단한 방부처리법

정답 ③

16. 목재의 방부제에 대한 설명 중 옳지 않은 것은? [14.1]

① 유성 및 유용성 방부제는 물에 의해 용출하는 경우가 많으므로 습윤의 장소에는 사용하지 않는다.
② 유성페인트를 목재에 도포하면 방습, 방부 효과가 있고 착색이 자유로우므로 외관을 미화하는데 효과적이다.
③ 황산동 1% 용액은 방부성은 좋으나 철재를 부식시키며 인체에 유해하다.
④ 크레오소트오일은 방부성은 우수하나 악취가 있고 흑갈색이므로 외관이 미려하지 않아 토대, 기둥 등에 주로 사용된다.

해설 ① 유성 및 유용성 방부제는 물에 녹지 않는 살균력 있는 석유 등의 용제로 용해시킨 방부제로 사용한다.

16-1. 목재의 방부제에 대한 설명 중 틀린 것은? [15.1]

① PCP는 방부력이 매우 우수하나, 자극적인 냄새가 난다.
② 크레오소트유는 방부성은 우수하나, 악취가 나고 외관이 좋지 않다.
③ 아스팔트는 가열 용해하여 목재에 도포하면 미관이 뛰어나 자주 활용된다.
④ 유성페인트는 방부, 방습 효과가 있고, 착색이 자유롭다.

해설 ③ 아스팔트는 가열 용해하여 목재에 도포하면 방부성이 크나, 흑색 또는 흑갈색으로 미관이 좋지 않다.

정답 ③

16-2. 목재의 유용성 방부제로서 자극적인 냄새 등으로 인체에 피해를 주기도 하여 사용이 규제되고 있는 것은? [12.3/14.2]

① 크레오소트유　　② PCP 방부제
③ 아스팔트　　④ 불화소다 2% 용액

해설 PCP 방부제 : 유용성 방부제로서 자극적인 냄새 등으로 인체에 피해를 주지만, 방부력은 우수하다.

정답 ②

16-3. 목재용 유성 방부제의 대표적인 것으로 방부성이 우수하나, 악취가 나고 흑갈색으로 외관이 불미하여 눈에 보이지 않는 토대, 기둥, 도리 등에 이용되는 것은?

① 유성페인트 [17.1/17.3/20.2]
② 크레오소트오일
③ 염화아연 4% 용액
④ 불화소다 2% 용액

해설 크레오소트오일 : 유성 방부제의 대표적인 것으로 방부성이 우수하나, 흑갈색으로 외관이 좋지 못해 눈에 보이지 않는 토대, 기둥, 도리 등에 이용되는 방부제이다.

정답 ②

16-4. 목재에 사용되는 크레오소트오일에 대한 설명으로 옳지 않은 것은? [22.2]

① 냄새가 좋아서 실내에서도 사용이 가능하다.
② 방부력이 우수하고 가격이 저렴하다.
③ 독성이 적다.
④ 침투성이 좋아 목재에 깊게 주입된다.

해설 ① 냄새가 나며 외관이 좋지 못해 눈에 보이지 않는 곳에 사용한다.

정답 ①

17. 목재 건조의 목적에 해당되지 않는 것은?

① 강도의 증진   [21.1]
② 중량의 경감
③ 가공성의 증진
④ 균류 발생의 방지

해설 목재 건조의 목적
• 강도의 증진   • 중량의 경감
• 수축에 의한 손상방지 • 균류 발생의 방지

17-1. 목재의 건조 목적이 아닌 것은? [16.3]

① 전기절연성의 감소
② 목재수축에 의한 손상방지
③ 목재강도의 증가
④ 균류에 의한 부식방지

해설 ① 목재를 건조하면 전기절연성 증가

정답 ①

18. 목재의 건조특성에 관한 설명으로 옳지 않은 것은? [19.1]

① 온도가 높을수록 건조속도는 빠르다.
② 풍속이 빠를수록 건조속도는 빠르다.
③ 목재의 비중이 클수록 건조속도는 빠르다.
④ 목재의 두께가 두꺼울수록 건조시간이 길어진다.

해설 ③ 목재의 비중이 작을수록 건조속도는 빠르다.

19. 목재의 천연건조의 특성에 해당하지 않는 것은? [13.3]

① 넓은 잔적(piling)장소가 필요하지 않다.
② 비교적 균일한 건조가 가능하다.
③ 기후와 입지의 영향을 많이 받는다.
④ 열기건조의 예비건조로서 효과가 크다.

해설 ① 넓은 잔적(piling)장소가 필요하다.
Tip) 목재의 천연건조는 그늘진 넓은 공간이 필요하다.

20. 목재의 내연성 및 방화에 대한 설명으로 옳지 않은 것은? [10.1/19.1/22.2]

① 목재의 방화는 목재 표면에 불연소성 피막을 도포 또는 형성시켜 화염의 접근을 방지하는 조치를 한다.
② 방화재로는 방화페인트, 규산나트륨 등이 있다.
③ 목재가 열에 닿으면 먼저 수분이 증발하고 160℃ 이상이 되면 소량의 가연성 가스가 유출된다.
④ 목재는 450℃에서 장시간 가열하면 자연발화하게 되는데, 이 온도를 화재위험 온도라고 한다.

해설 ④ 목재는 450℃에서 장시간 가열하면 자연발화하게 되는데, 이 온도를 자연발화점이라고 하며, 260℃는 인화점이라고 한다.

21. 목재의 결점에 해당되지 않는 것은? [16.3]

① 옹이   ② 수심
③ 껍질박이   ④ 지선

해설 수심은 목재의 중심부의 나이테 동심원의 중심을 말하며, 강도가 가장 약하다.

22. 목재의 결점 중 벌채 시의 충격이나 그 밖의 생리적 원인으로 인하여 세로축에 직각으로 섬유가 절단된 형태를 의미하는 것은 무엇인가? [15.3/22.1]

① 수지낭　　　　② 미숙재
③ 컴프레션페일러　④ 옹이

해설 컴프레션페일러 : 목재의 결점 중 벌채 시의 충격이나 생리적 원인으로 인하여 세로축에 직각으로 섬유가 절단된 형태

23. 목재의 치수 표시로 제재치수(dressed size)와 마무리치수(finishing size)에 관한 설명으로 옳은 것은? [17.3]

① 창호재와 가구재 치수는 제재치수로 한다.
② 구조재는 단면을 표시한 지정치수에 측기가 없으면 마무리치수로 한다.
③ 제재치수는 제재된 목재의 실제치수를 말한다.
④ 수장재는 단면을 표시한 지정치수에 측기가 없으면 마무리치수로 한다.

해설 제재치수와 마무리치수
• 제재치수 : 제재된 목재의 실제치수이며, 구조재, 수장재의 치수이다.
• 마무리치수 : 창호, 가구 등의 제품 치수이다.

24. 목재의 역학적 성질에 대한 설명 중 옳은 것은? [11.2]

① 목재 섬유에 직각 방향의 인장강도는 평행 방향에 비해 상당히 크다.
② 목재의 경도는 면 중에서 마구리면이 약간 크고 곧은결면과 널결면은 별로 차이가 없다.
③ 목재의 전단강도는 섬유의 평행 방향이 직각 방향보다 강하다.
④ 목재의 휨강도는 옹이의 크기와 위치에는 영향을 받지 않는다.

해설 목재의 경도는 면 중에서 마구리면이 약간 크고 곧은결면과 널결면은 별로 차이가 없다. 강도는 가력 방향이 섬유 방향일 때 가장 크고, 섬유 방향과 직각 방향일 때 가장 약하다(전단강도 제외).

24-1. 목재의 역학적 성질에 대한 설명으로 옳지 않은 것은? [22.2]

① 목재 섬유 평행 방향에 대한 인장강도가 다른 여러 강도 중 가장 크다.
② 목재의 압축강도는 옹이가 있으면 증가한다.
③ 목재를 휨부재로 사용하여 외력에 저항할 때는 압축, 인장, 전단력이 동시에 일어난다.
④ 목재의 전단강도는 섬유 간의 부착력, 섬유의 곧음, 수선의 유무 등에 의해 결정된다.

해설 ② 목재는 옹이 등의 흠이 있으면 강도가 떨어진다.

정답 ②

25. 목재의 물리적인 성질에 관한 설명으로 옳지 않은 것은? [16.2]

① 목재의 섬유 방향의 강도는 인장>압축>전단 순이다.
② 목재의 기건상태에서의 함수율은 13~17% 정도이다.
③ 보통 사용상태에서 목재의 흡습팽창은 열팽창에 비해 영향이 적다.
④ 목재의 화재 연화온도는 260℃ 정도이다.

해설 ③ 보통 사용상태에서 목재의 흡습팽창은 열팽창에 비해 영향이 크다.

26. 목재의 열적 성질에 관한 설명 중 옳지 않은 것은? [15.3]

① 겉보기 비중이 작은 목재일수록 열전도율은 작다.

---

② 섬유에 평행한 방향의 열전도율이 섬유 직각 방향의 열전도율보다 작다.

③ 목재는 불에 타는 단점이 있으나 열전도율이 낮아 여러 가지 용도로 사용되고 있다.

④ 가벼운 목재일수록 착화되기 쉽다.

해설 ② 섬유에 평행한 방향의 열전도율이 섬유 직각 방향의 열전도율보다 크다.

27. 목재의 내화성에 관한 설명 중 옳지 않은 것은? [15.3]

① 목재의 발화온도는 450℃ 이상이다.

② 목재의 밀도가 작을수록 착화가 어렵다.

③ 수산화나트륨 도포도 목재의 방화에 효과적이다.

④ 목재의 대단면화는 안전한 목재 방화법이다.

해설 ② 목재의 밀도가 작을수록 착화가 일어나기 쉽다.

28. 수목이 성장 도중 세로 방향의 외상으로 수피가 말려들어 간 것을 뜻하는 목재의 흠의 종류는? [11.1]

① 옹이 ② 송진구멍
③ 혹 ④ 껍질박이

해설 껍질박이(입피) : 수목이 성장 도중 수피가 상처를 받아 말려들어 간 흠

29. 건축재료의 화학조성에 의한 분류 중, 무기재료에 포함되지 않는 것은? [14.3]

① 콘크리트 ② 철강
③ 목재 ④ 석재

해설 무기재료 : 철강, 콘크리트, 석재, 유리 등
Tip) 유기재료 : 목재, 합성수지, 도료 등

30. 목재의 비중에 대한 설명 중 옳은 것은 어느 것인가? [12.1]

① 공극을 함유하지 않는 비중을 통상비중이라 하고, 공극을 함유한 용적중량을 견비중이라 한다.

② 견비중은 실질용량/실질중량을 말하고 수종에 관계없이 1.54로 하여 통용되고 있다.

③ 일반적으로 목재의 비중은 절건상태의 겉보기 비중으로 나타내며 0.1~0.3 정도의 것이 많다.

④ 목재의 영계수는 비중에 비례하고, 무거운 것일수록 단단하다고 할 수 있다.

해설 ① 공극을 함유하지 않는 비중을 진비중이라 하고, 공극을 함유한 용적중량을 통상비중이라 한다.

② 견비중은 실질중량/실질용량을 말하고 수종에 관계없이 1.54로 하여 통용되고 있다.

③ 일반적으로 목재의 비중은 기건비중으로 나타내며 활엽수 0.5~0.9, 침엽수 0.3~0.5 정도이다.

Tip) 목재의 비중이 클수록 목재의 강도는 크다.

31. 활엽수의 조직에 관한 설명 중 옳지 않은 것은? [12.3]

① 수선은 활엽수에서는 가늘어 잘 보이지 않으나 침엽수에는 잘 나타난다.

② 도관은 활엽수에만 있는 관으로 변재에서 수액을 운반하는 역할을 한다.

③ 변재는 심재보다 수피 쪽에 가까이 위치한다.

④ 목세포는 가늘고 긴 모양으로 침엽수에서는 가도관 역할을 한다.

해설 ① 수선은 침엽수에서는 가늘어 잘 보이지 않으나 활엽수에는 잘 나타난다.

32. 목모 시멘트판을 보다 향상시킨 것으로서 폐기목재의 삭편을 화학처리하여 비교적 두꺼운 판 또는 공동블록 등으로 제작하여 마

루, 지붕, 천장, 벽 등의 구조체에 사용되는 것은? [21.3]

① 펄라이트 시멘트판 ② 후형 슬레이트
③ 석면 슬레이트 ④ 듀리졸(durisol)

해설 듀리졸 : 폐기목재의 삭편을 화학처리하여 두꺼운 판 또는 공동블록 등으로 제작하여 마루, 지붕, 천장, 벽 등의 구조체에 사용한다.

33. 직사각형으로 자른 얇은 나뭇조각을 서로 직각으로 겹쳐지게 배열하고 방수성 수지로 강하게 압축 가공한 보드는? [21.3]

① O.S.B ② M.D.F
③ 플로어링 블록 ④ 시멘트 사이딩

해설 O.S.B : 작은 조각들을 잘게 부순 나무를 접착, 압착하여 성형한 보드
Tip) M.D.F : 잘게 부순 나무 입자를 접착제와 섞어 압축, 가공한 목재합판

34. 다음 중 강당, 집회장 등의 음향 조절용으로 쓰이거나 일반 건물의 벽 수장재로 사용하여 음향 효과를 거둘 수 있는 목재가공품은? [09.1]

① 파키트 블록 ② 코펜하겐 리브
③ 플로링 보드 ④ 파키트 패널

해설 코펜하겐 리브 : 표면을 요철로 처리한 물결무늬의 단면을 갖는 목재 판으로 음향 효과를 거둘 수 있는 흡음성이 뛰어난 벽체 마감재

점토재

35. 다음 제품 중 점토로 제작된 것이 아닌 것은? [18.2/20.3]

① 경량벽돌 ② 테라코타
③ 위생도기 ④ 파키트리 패널

해설 ④는 목재 마루판재

35-1. 주로 석기질 점토나 상당히 철분이 많은 점토를 원료로 사용하며, 건축물의 패러핏, 주두 등의 장식에 사용되는 공동의 대형 점토제품은? [21.2]

① 테라조 ② 도관
③ 타일 ④ 테라코타

해설 테라코타 : 건축물의 패러핏, 주두 등의 장식에 사용되는 공동의 대형 점토제품으로 바닥이나 벽에 사용한다.
정답 ④

35-2. 저급 점토, 목탄가루, 톱밥 등을 혼합하여 성형 후 소성한 것으로 단열과 방음성이 우수한 벽돌은? [09.3]

① 내화벽돌 ② 보통벽돌
③ 중량벽돌 ④ 경량벽돌

해설 경량벽돌 : 저급 점토, 목탄가루, 톱밥 등을 혼합하여 성형 후 소성한 벽돌
정답 ④

36. KS L 4201에 따른 1종 점토벽돌의 압축강도는 최소 얼마 이상이어야 하는가?

① 9.80MPa 이상 [20.1/21.1/21.2]
② 14.70MPa 이상
③ 20.59MPa 이상
④ 24.50MPa 이상

해설 점토벽돌의 압축강도(KS L 4201)

구분	1종	2종
흡수율(%)	10.0 이하	15.0 이하
압축강도(MPa)	24.50 이상	14.70 이상

정답 33. ① 34. ② 35. ④ 36. ④

37. 점토제품에서 SK 번호가 의미하는 바로 옳은 것은? [15.3/19.1]

① 점토원료를 표시
② 소성온도를 표시
③ 점토제품의 종류를 표시
④ 점토제품 제법 순서를 표시

해설 ② 소성온도에 따라 붙여지는 SK 번호를 제게르 번호라고 한다.

38. 점토제품 시공 후 발생하는 백화에 관한 설명으로 옳지 않은 것은? [16.3]

① 타일 등의 시유소성한 제품은 시멘트 중의 경화제가 백화의 주된 요인이 된다.
② 작업성이 나쁠수록 모르타르의 수밀성이 저하되어 투수성이 커지게 되고, 투수성이 커지면 백화 발생이 커지게 된다.
③ 점토제품의 흡수율이 크면 모르타르 중의 함유수를 흡수하여 백화 발생을 억제한다.
④ 물−시멘트비가 크게 되면 잉여수가 증대되고, 이 잉여수가 증발할 때 가용 성분의 용출을 발생시켜 백화 발생의 원인이 된다.

해설 ③ 점토제품의 흡수율이 크면 백화 발생이 많아지므로 흡수율이 작은 벽돌이나 타일을 사용한다.

39. 점토제품 공정에 대한 설명으로 옳지 않은 것은? [10.1]

① 소성은 보통 터널요에 넣어서 서서히 가열한다.
② 시유는 반드시 소성 전에 제품의 표면에 고르게 바른다.
③ 건조는 자연건조 또는 소성가마의 여열을 이용한다.
④ 반죽은 조합된 점토에 물을 부어 비벼 수분이나 경도를 균질하게 하고, 필요한 점성을 부어린다.

해설 ② 점토제품의 공정은 배합 → 반죽 → 소성 → 성형 → 건조 → 소성 → 시유 순서이다.

40. 점토제품 중 소성온도가 가장 고온이고 흡수성이 매우 작으며 모자이크 타일, 위생도기 등에 주로 쓰이는 것은? [18.2/20.3/22.2]

① 토기
② 도기
③ 석기
④ 자기

해설 점토제품의 종류

구분	소성온도(℃)	흡수율(%)	점토제품
토기	790 ~ 1000	20 이상	기와, 벽돌, 토관
도기	1100 ~ 1230	10	타일, 테라코타, 위생도기
석기	1160 ~ 1350	3 ~ 10	타일, 클링커 타일
자기	1250 ~ 1430	0 ~ 1	자기질 타일, 모자이크 타일, 위생도기

40-1. 바닥용으로 사용되는 모자이크 타일의 재질로서 가장 적당한 것은? [16.3/18.3]

① 도기질
② 자기질
③ 석기질
④ 토기질

해설 자기 : 모자이크 타일의 재질로서 바닥용 타일, 위생도기 등에 주로 쓰인다.

정답 ②

40-2. 자기질 점토제품에 관한 설명으로 옳지 않은 것은? [21.3]

① 조직이 치밀하지만, 도기나 석기에 비하여 강도 및 경도가 약한 편이다.
② 1230~1460℃ 정도의 고온으로 소성한다.

③ 흡수성이 매우 낮으며, 두드리면 금속성의 맑은 소리가 난다.

④ 제품으로는 타일 및 위생도기 등이 있다.

해설 ① 도기나 석기에 비하여 굽는 온도가 높아서 강도 및 경도가 강한 편이다.

정답 ①

41. 점토에 관한 설명으로 틀린 것은? [19.3]

① 습윤상태에서 가소성이 좋다.

② 압축강도는 인장강도의 약 5배 정도이다.

③ 점토를 소성하면 용적, 비중 등의 변화가 일어나며 강도가 현저히 증대된다.

④ 점토의 소성온도는 점토의 성분이나 제품의 종류에 상관없이 같다.

해설 ④ 점토의 소성온도는 점토의 성분이나 종류에 따라 다르다.

점토 종류	토기	도기	석기	자기
소성 온도	790~1000℃	1100~1230℃	1160~1350℃	1250~1430℃

41-1. 점토의 성질에 관한 설명으로 옳지 않은 것은? [21.1]

① 양질의 점토는 건조상태에서 현저한 가소성을 나타내며, 점토 입자가 미세할수록 가소성은 나빠진다.

② 점토의 주성분은 실리카와 알루미나이다.

③ 인장강도는 점토의 조직에 관계하며 입자의 크기가 큰 영향을 준다.

④ 점토제품의 색상은 철 산화물 또는 석회물질에 의해 나타난다.

해설 ① 양질의 점토는 습윤상태에서 현저한 가소성을 나타내며, 점토 입자가 미세할수록 가소성은 좋아진다.

정답 ①

41-2. 점토의 성질에 관한 설명으로 옳지 않은 것은? [22.1]

① 사질점토는 적갈색으로 내화성이 좋다.

② 자토는 순백색이며 내화성이 우수하나 가소성은 부족하다.

③ 석기점토는 유색의 견고 치밀한 구조로 내화도가 높고 가소성이 있다.

④ 석회질 점토는 백색으로 용해되기 쉽다.

해설 ① 사질점토는 적갈색으로 내화성이 높지 않다.

정답 ①

41-3. 점토의 물리적 성질에 관한 설명으로 옳지 않은 것은? [22.2]

① 점토의 인장강도는 압축강도의 약 5배 정도이다.

② 입자의 크기는 보통 $2\mu m$ 이하의 미립자지만 모래알 정도의 것도 약간 포함되어 있다.

③ 공극률은 점토의 입자 간에 존재하는 모공 용적으로 입자의 형상, 크기에 관계한다.

④ 점토입자가 미세하고, 양질의 점토일수록 가소성이 좋으나, 가소성이 너무 클 때는 모래 또는 샤모트를 섞어서 조절한다.

해설 ① 점토의 압축강도는 인장강도의 약 5배 정도이다.

정답 ①

41-4. 점토의 공학적 특성에 관한 설명으로 옳지 않은 것은? [17.1]

① 인장강도는 점토의 조직에 관계하며 입자의 크기가 큰 영향을 준다.

② 점토제품의 색상은 철 산화물 또는 석회질 물질에 의해 나타난다.

③ 점토를 가공 소성하여 냉각하면 금속성의 강성을 나타낸다.

정답 41. ④

④ 사질점토는 적갈색으로 내화성이 높은 특성이 있다.

해설 ④ 사질점토는 적갈색으로 용해되기 쉬운 특성이 있어 내화성이 높지 않다.

정답 ④

41-5. 점토에 관한 설명으로 옳지 않은 것은? [14.1/18.3]
① 가소성은 점토입자가 클수록 좋다.
② 소성된 점토제품의 색상은 철 화합물, 망간 화합물, 소성온도 등에 의해 나타난다.
③ 저온으로 소성된 제품은 화학변화를 일으키기 쉽다.
④ Fe_2O_3 등의 성분이 많으면 건조수축이 커서 고급 도자기 원료로 부적합하다.

해설 ① 가소성은 점토입자가 미세할수록 좋다.

정답 ①

41-6. 점토의 성분 및 성질에 관한 설명으로 옳지 않은 것은? [13.3/20.2]
① Fe_2O_3 등의 부성분이 많으면 제품의 건조수축이 크다.
② 점토의 주성분은 실리카, 알루미나이다.
③ 소성 색상은 석회물질이 많을수록 짙은 적색이 된다.
④ 가소성은 점토입자가 미세할수록 좋다.

해설 ③ 색상은 철 산화물 또는 석회물질에 의해 나타나며, 철 산화물이 많으면 적색이 되고, 석회물질이 많으면 황색을 띠게 된다.

정답 ③

42. 세라믹 재료의 일반적인 특성에 관한 설명으로 옳지 않은 것은? [20.3]
① 내열성, 화학저항성이 우수하다.

② 전·연성이 매우 뛰어나 가공이 용이하다.
③ 단단하고, 압축강도가 높다.
④ 전기절연성이 있다.

해설 ② 전·연성이 없어 변형 가공이 어렵다.

43. 표면을 연마하여 고광택을 유지하도록 만든 시유타일로 대형타일에 많이 사용되며, 천연 화강석의 색깔과 무늬가 표면에 나타나게 만들 수 있는 것은? [19.1]
① 모자이크 타일　② 징크판넬
③ 논슬립 타일　④ 폴리싱 타일

해설 폴리싱 타일 : 표면을 연마하여 고광택이 나도록 만든 것으로 대형타일에 많이 사용되며, 천연 화강석의 색깔과 무늬가 표면에 나타나게 만들 수 있다.

44. 점토 소성제품 중 보통벽돌에 대한 설명으로 옳지 않은 것은? [11.1]
① 제조공정은 점토조절-혼합-원료배합-성형-건조-소성의 단계이다.
② 소성온도는 1500~2000℃이다.
③ 적색 또는 적갈색을 띠는 것은 점토 중에 포함된 산화철분에 기인한다.
④ 압축강도는 1종의 경우 22.54N/mm² 이상이다.

해설 ② 보통벽돌의 소성온도는 900~1000℃ 이상이다.
Tip) 내화벽돌의 소성온도는 1500~2000℃이다.

45. 운모계 광석을 800~1000℃ 정도로 가열 팽창시켜 체적이 5~6배로 된 다공질 경석으로 시멘트와 배합하여 콘크리트 블록, 벽돌 등을 제조하는데 사용되는 것은? [11.1]
① 암면(rock wool)

② 질석(vermiculite)

③ 트래버틴(travertine)

④ 석면(asbestos)

해설 질석 : 운모계 광석을 800~1000℃ 정도로 가열 팽창시켜 체적이 5~6배로 된 다공질 경석으로 블록, 벽돌 등을 제조하는데 사용한다.

46. 각종 벽돌에 대한 설명 중 틀린 것은? [15.1]

① 내화벽돌은 내화점토를 원료로 하여 소성한 벽돌로서 내화도는 1500~2000℃의 범위이다.

② 다공벽돌은 점토에 톱밥, 겨, 탄가루 등을 혼합, 소성한 것으로 방음, 흡음성이 좋다.

③ 이형벽돌은 형상, 치수가 규격에서 정한 바와 다른 벽돌로서 특수한 구조체에 사용될 목적으로 제조된다.

④ 포도벽돌은 벽돌에 오지물을 칠해 소성한 벽돌로서 건물의 내외장 또는 장식물의 치장에 쓰인다.

해설 포도벽돌 : 경질이고 흡습성이 적은 특성이 있으며, 도로나 마룻바닥에 까는 두꺼운 벽돌로서 원료를 연와토, 도토 등을 쓰고 식염유를 잿물로 발라 소성한다.

46-1. 경질이며 흡습성이 적은 특성이 있으며 도로나 마룻바닥에 까는 두꺼운 벽돌로서 원료를 연와토 등을 쓰고 식염유로 시유 소성한 벽돌은? [12.2/18.1]

① 검정벽돌 　② 광재벽돌

③ 날벽돌 　④ 포도벽돌

해설 포도벽돌 : 경질이고 흡습성이 적은 특성이 있으며, 도로나 마룻바닥에 까는 두꺼운 벽돌로서 원료를 연와토, 도토 등을 쓰고 식염유를 잿물로 발라 소성한다.

정답 ④

46-2. 내화벽돌의 주원료 광물에 해당되는 것은? [09.1/18.3]

① 형석 　② 방해석

③ 활석 　④ 납석

해설 내화벽돌의 점토질 주원료 광물은 납석이다.

정답 ④

46-3. 내화벽돌의 내화도의 범위로 가장 적절한 것은? [10.3/17.2]

① 500~1000℃ 　② 1500~2000℃

③ 2500~3000℃ 　④ 3500~4000℃

해설 내화벽돌의 내화도의 범위는 제품에 따라 다르나 보통 1500~2000℃이다.

정답 ②

46-4. 외부에 노출되는 마감용 벽돌로서 벽돌면의 색깔, 형태, 표면의 질감 등의 효과를 얻기 위한 것은? [21.3]

① 광재벽돌 　② 내화벽돌

③ 치장벽돌 　④ 포도벽돌

해설 치장벽돌 : 구조물의 외부에 노출되는 마감용 벽돌로서 벽돌면의 색깔이나 질감 등의 효과를 얻을 수 있다.

정답 ③

47. 다음 중 외벽용 타일 붙임재료로 가장 적합한 것은? [10.3/16.2]

① 시멘트 모르타르

② 아크릴 에멀전

③ 합성고무 라텍스

④ 에폭시 합성고무 라텍스

해설 외벽용 타일 붙임재료로 가장 적합한 재료는 시멘트 모르타르로 시멘트, 모래, 물을 혼합한 것이다.

정답 46. ④　47. ①

48. 타일의 소지(素地) 중 규산을 화학성분으로 한 석영·수정 등의 광물로서 도자기 속에 넣으면 점성을 제거하는 효과가 있으며, 소지 속에서 미분화하는 것은? [15.3]

① 고령토 ② 점토
③ 규석 ④ 납석

해설 규석 : 규산을 화학성분으로 한 석영·수정 등의 광물로서 도자기, 유리제품, 내화벽돌 등의 재료로 사용한다.

49. 점토제품의 성형에 있어 가장 중요한 성질은 무엇인가? [15.1]

① 흡수성 ② 점성 ③ 가소성 ④ 강성

해설 가소성은 점토입자가 미세할수록 좋고 또한 미세 부분은 콜로이드로서의 특성을 가지고 있다.

50. 점토 반죽에 샤모테를 첨가하여 사용하는 경우가 있는데 이 샤모테의 사용 목적은?

① 가소성 조절용 [09.3]
② 응용성 조절용
③ 경화시간 조절용
④ 강도 조절용

해설 샤모테의 사용 목적은 가소성 조절용이다.
Tip) 샤모테 : 점토를 고온으로 가열하여 부수어 가루로 만든 내화벽돌의 원료

51. 식염유를 바른 진한 다갈색 타일로서 다른 타일에 비해 두께가 두껍고 홈줄을 넣은 외부 바닥용 특수 타일은? [11.3]

① 스크래치 타일 ② 보더 타일
③ 아란덤 타일 ④ 클링커 타일

해설 • 스크래치 타일 : 표면이 긁힌 모양인 외장형 타일로 사용된다.

• 보더 타일 : 가늘고 긴 타일로 걸레받이, 욕실 벽면 등의 테두리에 사용한다.
• 아란덤 타일 : 원료에 점토를 쓰지 않고 카보런덤 가루를 구어서 만든 고급타일이다.
• 클링커 타일 : 식염유를 바른 진한 다갈색 타일로서 다른 타일에 비해 두께가 두껍고 홈줄을 넣은 외부 바닥용 특수 타일이다.

52. 연질 타일계 바닥재에 대한 설명 중 옳지 않은 것은? [10.2]

① 고무계 타일은 내마소성이 우수하고 내소성이 있다.
② 리놀륨계 타일은 내유성이 우수하고 탄력성이 있으나 내알칼리성, 내마모성, 내수성이 약하다.
③ 전도성 타일은 정전기 발생이 우려되는 반도체, 전기 전자제품의 생산장소에 주로 사용된다.
④ 아스팔트 타일은 내마모성과 내유성이 우수하여 실내주차장 바닥재로 많이 사용된다.

해설 ④ 아스팔트 타일은 내마모성과 내유성, 내열성이 떨어진다.

53. 점토기와 중 훈소와에 해당하는 설명은 어느 것인가? [22.1]

① 소소와에 유약을 발라 재소성한 기와
② 기와 소성이 끝날 무렵에 식염증기를 충만시켜 유약 피막을 형성시킨 기와
③ 저급 점토를 원료로 900~1000℃로 소소하여 만든 것으로 흡수율이 큰 기와
④ 건조제품을 가마에 넣고 연료로 장작이나 솔잎 등을 써서 검은 연기로 그을려 만든 기와

해설 훈소와 : 성형 건조제품을 가마에 넣고 연료로 장작이나 솔잎 등을 써서 검은 연기로 그을려 만든 기와, 회흑색 표면으로 방수성이 우수하고 강도도 크다.

54. 재료배합 시 간수($MgCl_2$)를 사용하여 백화 현상이 많이 발생되는 재료는? [17.3]

① 돌로마이트 플라스터
② 무수석고
③ 마그네시아 시멘트
④ 실리카 시멘트

해설 마그네시아 시멘트
- 염화마그네슘과 산화마그네슘의 수용액을 가하면 경화된다.
- 재료배합 시 간수($MgCl_2$)를 사용하므로 백화 현상이 많이 발생한다.

시멘트 및 콘크리트 Ⅰ

55. 콘크리트용 골재 중 깬자갈에 관한 설명으로 옳지 않은 것은? [14.3/18.1/20.3/21.2]

① 깬자갈의 원석은 안산암·화강암 등이 많이 사용된다.
② 깬자갈을 사용한 콘크리트는 동일한 워커빌리티의 보통자갈을 사용한 콘크리트보다 단위 수량이 일반적으로 약 10% 정도 많이 요구된다.
③ 깬자갈을 사용한 콘크리트는 강자갈을 사용한 콘크리트보다 시멘트 페이스트와의 부착성능이 매우 낮다.
④ 콘크리트용 굵은 골재로 깬자갈을 사용할 때는 한국산업표준(KS F 2527)에서 정한 품질에 적합한 것으로 한다.

해설 ③ 깬자갈을 사용한 콘크리트는 강자갈을 사용한 콘크리트보다 시멘트 페이스트와의 부착성능이 매우 높다.
Tip) 깬자갈은 접촉단면적이 커서 부착력이 증가한다.

55-1. 깬자갈을 사용한 콘크리트가 동일한 시공연도의 보통콘크리트보다 유리한 점은 무엇인가? [13.1/15.3/22.1]

① 시멘트 페이스트와의 부착력 증가
② 단위 수량 감소
③ 수밀성 증가
④ 내구성 증가

해설 깬자갈은 접촉단면적이 커서 시멘트 페이스트와의 부착력이 증가한다.

정답 ①

56. 골재의 실적률에 관한 설명으로 옳지 않은 것은? [09.3/14.2/19.3/22.1]

① 실적률은 골재 입형의 양부를 평가하는 지표이다.
② 부순 자갈의 실적률은 그 입형 때문에 강자갈의 실적률보다 적다.
③ 실적률 산정 시 골재의 밀도는 절대건조 상태의 밀도를 말한다.
④ 골재의 단위 용적질량이 동일하면 골재의 비중이 클수록 실적률도 크다.

해설 ④ 골재의 단위 용적질량이 동일하면 골재의 밀도가 클수록 실적률은 작아진다.

57. 실적률이 큰 골재로 이루어진 콘크리트의 특성이 아닌 것은? [14.2/21.2]

① 시멘트 페이스트의 양이 커져 콘크리트 제조 시 경제성이 낮다.
② 내구성이 증대된다.
③ 투수성, 흡습성의 감소를 기대할 수 있다.
④ 건조수축 및 수화열이 감소된다.

해설 ① 시멘트 페이스트의 양이 적게 소모되어 경제성이 높다.
Tip) 실적률이 크면 공극이 적어져 시멘트 페이스트의 양을 줄일 수 있어 경제적이다.

58. 경량골재에 해당하는 것은? [10.2/11.1]

① 자철광　　　② 팽창혈암
③ 중정석　　　④ 산자갈

해설 경량골재 : 화산자갈, 용암, 경석, 팽창
혈암, 팽창슬래그 등

Tip) 중량골재 : 자철광, 중정석, 산자갈 등

59. 경량 기포콘크리트(autoclaved lightweight concrete)에 관한 설명으로 옳지 않은 것은? [21.2]

① 보통콘크리트에 비하여 탄산화의 우려가 낮다.
② 열전도율은 보통콘크리트의 약 1/10 정도로 단열성이 우수하다.
③ 현장에서 취급이 편리하고 절단 및 가공이 용이하다.
④ 다공질이므로 흡수성이 높은 편이다.

해설 ① 보통콘크리트에 비하여 탄산화의 우려가 높다.

Tip) 탄산화는 콘크리트가 알칼리성을 잃게 되는 현상으로 부식하는 것이다.

59-1. 경량 기포콘크리트(autoclaved lightweight concrete)에 관한 설명 중 옳지 않은 것은? [12.1/16.1]

① 단열성이 낮아 결로가 발생한다.
② 강도가 낮아 주로 비내력용으로 사용된다.
③ 내화성능을 일부 보유하고 있다.
④ 다공질이기 때문에 흡수성이 높다.

해설 ① 열전도율이 낮고, 단열성이 우수하다.

정답 ①

59-2. 오토클레이브(autoclave)에 포화증기를 양생한 경량 기포콘크리트의 특징으로 옳은 것은? [19.1]

① 열전도율은 보통콘크리트와 비슷하여 단열성은 약한 편이다.
② 경량이고 다공질이어서 가공 시 톱을 사용할 수 있다.
③ 불연성 재료로 내화성이 매우 우수하다.
④ 흡음성과 차음성은 비교적 약한 편이다.

해설 ① 열전도율은 보통콘크리트와 비슷하며 단열성이 우수하다.
③ 불연성 재료로 내화성은 없다.
④ 흡음성과 차음성은 우수하다.

정답 ②

60. 골재의 단위 용적질량을 계산할 때 골재는 어느 상태를 기준으로 하는가? (단, 굵은 골재가 아닌 경우) [09.2/11.3/17.2]

① 습윤상태
② 기건상태
③ 절대건조 상태
④ 표면건조 내부 포수상태

해설 골재의 단위 용적질량을 계산할 때는 절대건조 상태를 기준으로 한다.

Tip) 골재의 함수상태
• 습윤상태 : 골재입자의 내부에 물이 채워져 있고, 표면에도 물이 부착되어 있는 상태
• 절대건조 상태 : 건조로에서 골재의 수분이 모두 증발된 상태
• 표면건조 포화상태 : 골재입자의 표면에 물은 없으나 내부의 공극에는 물이 꽉 차 있는 상태
• 공기 중 건조상태 : 실내에 방치한 경우 골재 입자의 표면과 내부의 일부가 건조한 상태

60-1. 골재의 함수상태에 관한 설명으로 옳지 않은 것은? [09.1/12.3/16.3]

① 유효흡수량이란 절건상태와 기건상태의 골재 내에 함유된 수량의 차를 말한다.
② 함수량이란 습윤상태의 골재의 내외에 함유하는 전체 수량을 말한다.
③ 흡수량이란 표면건조 내부 포수상태의 골재 중에 포함하는 수량을 말한다.
④ 표면수량이란 함수량과 흡수량의 차를 말한다.

해설 골재의 유효흡수량 : 대기 중 건조상태에서 골재의 입자가 표면건조 포화상태로 되기까지의 유효흡수량이다.
Tip) 기건함수량 : 절건상태와 기건상태의 골재 내에 함유된 수량의 차를 말한다.

정답 ①

60-2. 골재의 함수상태에서 유효흡수량의 정의로 옳은 것은? [18.1/22.2]
① 습윤상태와 절대건조 상태의 수량의 차이
② 표면건조 포화상태와 기건상태의 수량의 차이
③ 기건상태와 절대건조 상태의 수량의 차이
④ 습윤상태와 표면건조 포화상태의 수량의 차이

해설 골재의 유효흡수량 : 대기 중 건조상태에서 골재의 입자가 표면건조 포화상태로 되기까지의 유효흡수량이다.

정답 ②

60-3. 표면건조 포화상태 질량 500 g의 잔골재를 건조시켜, 공기 중 건조상태에서 측정한 결과 460 g, 절대건조 상태에서 측정한 결과 450 g이었다. 이 잔골재의 흡수율은 얼마인가? [10.1/17.2/21.1]
① 8% ② 8.8%
③ 10% ④ 11.1%

해설 흡수율
$$=\frac{표면건조 포화상태 질량-절대건조 상태 질량}{절대건조 상태 질량}\times100$$
$$=\frac{500-450}{450}\times100=11.1\%$$

정답 ④

60-4. 습윤상태의 모래 780 g을 건조로에서 건조시켜 절대건조 상태 720 g으로 되었다. 이 모래의 표면수율은? (단, 이 모래의 흡수율은 5%이다.) [21.1]
① 3.08% ② 3.17%
③ 3.33% ④ 3.52%

해설 ㉠ 흡수율
$$=\frac{표면건조 포화상태 질량-절대건조 상태 질량}{절대건조 상태 질량}\times100$$
→ 표면건조 포화상태 질량
$$=\left(\frac{흡수율\times절대건조 상태 질량}{100}\right)+절대건조 상태 질량$$
$$=\left(\frac{5\times720}{100}\right)+720=756\,g$$
㉡ 표면수율
$$=\frac{습윤상태 질량-표면건조 포화상태 질량}{표면건조 포화상태 질량}\times100$$
$$=\frac{780-756}{756}\times100=3.17\%$$

정답 ②

60-5. 자갈 시료의 표면수를 포함한 중량이 2100 g이고 표면건조 내부 포화상태의 중량이 2090 g이며 절대건조 상태의 중량이

2070g이라면 흡수율과 표면수율은 약 몇 % 인가? [16.1/18.2]

① 흡수율 : 0.48%, 표면수율 : 0.48%
② 흡수율 : 0.48%, 표면수율 : 1.45%
③ 흡수율 : 0.97%, 표면수율 : 0.48%
④ 흡수율 : 0.97%, 표면수율 : 1.45%

해설 ㉠ 흡수율

$$= \frac{\text{표면건조 포화상태 중량} - \text{절대건조 상태 중량}}{\text{절대건조 상태 중량}} \times 100$$

$$= \frac{2090 - 2070}{2070} \times 100 = 0.97\%$$

㉡ 표면수율

$$= \frac{\text{습윤상태 중량} - \text{표면건조 포화상태 중량}}{\text{표면건조 포화상태 중량}} \times 100$$

$$= \frac{2100 - 2090}{2090} \times 100 = 0.48\%$$

정답 ③

61. 시멘트 클링커 화합물에 대한 설명으로 옳지 않은 것은? [10.3]

① C_3S의 양이 많을수록 조강성을 나타낸다.
② C_2S의 양이 많을수록 강도의 발현이 서서히 된다.
③ 재령 1년에서 C_4AF의 강도는 매우 낮다.
④ 시멘트의 수축률을 감소시키기 위해서는 C_3A를 증가시켜야 한다.

해설 ④ 알루민산3칼슘(C_3A)을 증가시키면 시멘트의 수축률이 증가한다.

명칭	규산 2칼슘 (C_2S)	규산 3칼슘 (C_3S)	알루민산 3칼슘 (C_3A)	알루민산 철4칼슘 (C_4AF)
조기 강도	작다	크다	크다	작다

장기 강도	크다	보통	작다	작다
수화 작용 속도	느리다	보통	빠르다	보통
수화 발열량	작다	크다	매우 크다	보통

61-1. 수화열의 감소와 황산염 저항성을 높이려면 시멘트에 다음 중 어느 화합물을 감소시켜야 하는가? [12.1/21.2]

① 규산3칼슘
② 알루민산 철4칼슘
③ 규산2칼슘
④ 알루민산 3칼슘

해설 수화열의 속도와 발열량

명칭	규산 2칼슘 (C_2S)	규산 3칼슘 (C_3S)	알루민산 3칼슘 (C_3A)	알루민산 철4칼슘 (C_4AF)
조기 강도	작다	크다	크다	작다
장기 강도	크다	보통	작다	작다
수화 작용 속도	느리다	보통	빠르다	보통
수화 발열량	작다	크다	매우 크다	보통

정답 ④

62. 시멘트의 경화시간을 지연시키는 용도로 일반적으로 사용하고 있는 지연제와 거리가 먼 것은? [19.2]

① 리그닌설폰산염
② 옥시카르본산
③ 알루민산소다
④ 인산염

해설 지연제 : 리그닌설폰산염, 옥시카르본산, 마그네시아염, 인산염, 산화아연, 셀룰로오스류 등
Tip) 알루민산소다 – 콘크리트의 급결제(촉진제)

63. 콘크리트 배합 시 사용되는 혼화재료에 대한 설명 중 옳지 않은 것은? [09.2]

① 실리카흄은 콘크리트의 경량화 목적으로 사용된다.

② AE제를 사용한 콘크리트는 동결융해에 대한 저항성이 향상된다.

③ 염화칼슘은 우수한 촉진제로서 저온에서도 상당한 강도 증진을 볼 수 있어 한중콘크리트 사용에 유효하다.

④ 플라이애시를 사용하면 초기강도는 낮지만 장기강도는 증가한다.

해설 ① 실리카흄은 콘크리트 배합 시 사용되는 혼화재료로 콘크리트, 단면이 큰 구조물, 해안공사 등에 사용된다.

63-1. 각종 혼화재료에 관한 설명으로 옳지 않은 것은? [17.1]

① 플라이애시는 콘크리트의 장기강도를 증진하는 효과는 있으나 수밀성은 감소된다.

② 감수제를 이용하여 시멘트의 분산작용의 효과를 얻을 수 있다.

③ 염화칼슘은 경화 촉진을 목적으로 이용되는 혼화제이다.

④ 발포제는 시멘트에 혼입시켜 화학반응에 의해 발생하는 가스를 이용하여 기포를 발생시키는 혼화제이다.

해설 ① 플라이애시는 콘크리트의 장기강도가 증가하고 수밀성도 향상된다.

정답 ①

63-2. 콘크리트에 사용하는 혼화재와 그 효과가 잘못 연결된 것은? [14.2]

① 플라이애시-워커빌리티, 펌퍼빌리티 개선

② 고로슬래그 미분말-수화열 억제, 알칼리 골재반응 억제

③ 실리카흄-화학적 저항성 증대, 블리딩 저감

④ 가용성 규산 미분말-수화열 억제, 알칼리 골재반응 억제

해설 ④ 가용성 규산 미분말-오토클레이브 경화과정에 의한 고강도 발현

Tip) 오토클레이브 : 고온·고압의 가마 속에 콘크리트를 넣어 콘크리트 치기가 끝난 다음 온도·하중·충격·오손·파손 따위의 유해한 영향을 받지 않도록 양생하는 일

정답 ④

63-3. 콘크리트에 사용되는 혼화재인 플라이애시에 관한 설명으로 옳지 않은 것은?[19.3]

① 단위 수량이 커져 블리딩 현상이 증가한다.

② 초기 재령에서 콘크리트 강도를 저하시킨다.

③ 수화 초기의 발열량을 감소시킨다.

④ 콘크리트의 수밀성을 향상시킨다.

해설 ① 단위 수량이 작아 블리딩 현상이 감소한다.

Tip) • 플라이애시 : 수화 초기 발열량을 감소시키고, 장기강도 증진이 커 매스콘크리트용에 적합하다.

• 매스콘크리트 : 댐이나 교각처럼 부피나 단면적이 큰 콘크리트를 말한다.

정답 ①

63-4. 콘크리트 혼화재 중 하나인 플라이애시가 콘크리트에 미치는 작용에 관한 설명으로 옳지 않은 것은? [11.3/21.3]

① 내황산염에 대한 저항성을 증가시키기 위하여 사용한다.

② 콘크리트 수화 초기 시의 발열량을 감소시키고 장기적으로 시멘트의 석회와 결합하여 장기강도를 증진시키는 효과가 있다.

③ 입자가 구형이므로 유동성이 증가되어 단위 수량을 감소시키므로 콘크리트의 워커빌리티의 개선, 압송성을 향상시킨다.

④ 알칼리 골재반응에 의한 팽창을 증가시키고 콘크리트의 수밀성을 약화시킨다.

해설 ④ 알칼리를 감소시켜 중성화를 촉진시킬 염려가 있고, 콘크리트의 수밀성을 향상시킨다.

정답 ④

64. 다음 중 콘크리트용 혼화제의 사용 용도와 혼화제 종류를 연결한 것으로 옳지 않은 것은? [13.1/21.1]

① AE감수제 : 작업성능이나 동결융해 저항성능의 향상
② 유동화제 : 강력한 감수 효과와 강도의 대폭적인 증가
③ 방청제 : 염화물에 의한 강재의 부식 억제
④ 증점제 : 점성, 응집작용 등을 향상시켜 재료분리를 억제

해설 유동화제 : 콘크리트의 유동성을 크게 개선하여 증가시킨다.

64-1. 콘크리트의 혼화재료 중 혼화제에 속하는 것은? [22.1]

① 플라이애시
② 실리카흄
③ 고로슬래그 미분말
④ 고성능 감수제

해설 혼화제의 종류 : AE제, AE감수제, 유동화제, 경화촉진제, 고성능 감수제 등

정답 ④

65. 콘크리트의 성질을 개선하기 위해 사용하는 각종 혼화제의 작용에 포함되지 않는 것은? [18.3]

① 기포작용
② 분산작용
③ 건조작용
④ 습윤작용

해설 혼화제의 작용 : 기포작용, 분산작용, 습윤작용

65-1. 계면활성 효과를 이용하는 콘크리트용 혼화제의 계면활성 작용이 아닌 것은? [12.1]

① 경화작용
② 기포작용
③ 분산작용
④ 습윤작용

해설 혼화제의 계면활성 작용에는 기포작용, 분산작용, 습윤작용, 침투작용 등이 있다.

정답 ①

66. 미장용 혼화재료 중 착색을 목적으로 하는 착색재에 속하지 않는 것은? [16.3]

① 염화칼슘
② 합성산화철
③ 카본블랙
④ 이산화망간

해설 착색재에는 합성산화철, 카본블랙, 이산화망간, 산화크롬 등이 있다.
Tip) 염화칼슘 – 경화 촉진을 목적으로 이용되는 혼화제

시멘트 및 콘크리트 Ⅱ

67. 고강도 강선을 사용하여 인장응력을 미리 부여함으로써 큰 응력을 받을 수 있도록 제작된 것은? [21.1]

① 매스콘크리트
② 프리플레이스트 콘크리트
③ 프리스트레스트 콘크리트
④ AE콘크리트

해설 프리스트레스트 콘크리트는 고강도 강선을 사용하여 인장응력을 증가시켜 휨저항을 크게 한 것을 말한다.

68. 콘크리트용 골재의 품질요건에 관한 설명으로 옳지 않은 것은? [09.2/11.1/16.1/20.3/21.1]
① 골재는 청정·견경해야 한다.
② 골재는 소요의 내화성과 내구성을 가져야 한다.
③ 골재는 표면이 매끄럽지 않으며, 예각으로 된 것이 좋다.
④ 골재는 밀실한 콘크리트를 만들 수 있는 입형과 입도를 갖는 것이 좋다.

해설 ③ 골재는 표면이 거칠고, 둔각으로 된 것이 좋다.

69. 포틀랜드 시멘트 클링커에 철 용광로에서 나온 슬래그를 급랭하여 혼합하고 이에 응결시간 조절용 석고를 첨가하여 분쇄한 것으로 수화열량이 적어 매스콘크리트용으로도 사용할 수 있는 시멘트는? [10.1/13.2/17.1]
① 알루미나 시멘트
② 보통 포틀랜드 시멘트
③ 조강시멘트
④ 고로시멘트

해설 고로시멘트 : 팽창균열이 없고 화학저항성이 높아 해수·공장폐수·하수 등에 접하는 콘크리트에 적합하고 수화열이 적어 매스콘크리트에 적합한 시멘트

69-1. 다음 중 고로시멘트의 특징으로 옳지 않은 것은? [10.2/20.2/20.3]
① 고로시멘트는 포틀랜드 시멘트 클링커에 급랭한 고로슬래그를 혼합한 것이다.
② 초기강도는 약간 낮으나 장기강도는 보통 포틀랜드 시멘트와 같거나 그 이상이 된다.
③ 보통 포틀랜드 시멘트에 비해 화학저항성이 매우 낮다.
④ 수화열이 적어 매스콘크리트에 적합하다.

해설 ③ 보통 포틀랜드 시멘트에 비해 화학저항성이 높다.

정답 ③

69-2. 고로시멘트의 특징에 대한 설명으로 옳지 않은 것은? [11.3/16.1]
① 해수에 대한 내식성이 작다.
② 초기강도는 작으나 장기강도는 크다.
③ 잠재 수경성의 성질을 가지고 있다.
④ 수화열량이 적어 매스콘크리트용으로 사용이 가능하다.

해설 ① 해수에 대한 내식성이 크다.

정답 ①

69-3. 고로시멘트의 특징에 대한 설명 중 옳지 않은 것은? [09.3]
① 모르타르나 콘크리트의 거푸집을 접하지 않는 자유표면은 경화 불량에서 오는 약화 현상이 따르기 쉽다.
② 수화열이 적어 매스콘크리트용으로 사용할 수 있다.
③ 해수에 대한 저항성이 크다.
④ 재령 초기에는 강도가 크나 장기강도는 작다.

해설 ④ 재령 초기에는 강도가 작으나 장기강도는 크다.

정답 ④

70. 콘크리트의 방수성, 내약품성, 변형성능의 향상을 목적으로 다량의 고분자재료를 혼입시킨 시멘트는? [09.3/16.3]
① 내황산염 포틀랜드 시멘트
② 초속경 시멘트
③ 폴리머 시멘트
④ 알루미나 시멘트

해설 폴리머 시멘트 : 콘크리트의 방수성, 내약품성, 변형성능의 향상을 목적으로 다량의 고분자재료를 혼입시킨 시멘트

70-1. 폴리머 시멘트란 시멘트에 폴리머를 혼합하여 콘크리트의 성능을 개선시키기 위하여 만들어진 것인데, 다음 중 개선되는 성능이 아닌 것은? [10.3/13.1]

① 방수성 ② 내약품성
③ 변형성 ④ 내열성

해설 폴리머 시멘트 : 콘크리트의 방수성, 내약품성, 변형성능의 향상을 목적으로 다량의 고분자재료를 혼입시킨 시멘트

정답 ④

70-2. 보통 시멘트 콘크리트와 비교한 폴리머 시멘트 콘크리트의 특징으로 옳지 않은 것은? [20.3]

① 유동성이 감소하여 일정 워커빌리티를 얻는 데 필요한 물-시멘트비가 증가한다.
② 모르타르, 강재, 목재 등의 각종 재료와 잘 접착한다.
③ 방수성 및 수밀성이 우수하고 동결융해에 대한 저항성이 양호하다.
④ 휨, 인장강도 및 신장능력이 우수하다.

해설 ① 포틀랜드 시멘트에 폴리머를 혼입한 콘크리트로 물-시멘트비가 증가하지 않는다.

정답 ①

71. 한국산업표준에 따른 보통 포틀랜드 시멘트가 물과 혼합한 후 응결이 시작되는 시간은 얼마 이후부터인가? [12.2]

① 30분 후 ② 1시간 후
③ 1시간 30분 후 ④ 2시간 후

해설 한국산업표준에 따른 보통 포틀랜드 시멘트는 물과 혼합한 후 1시간 후에 응결을 시작하여 10시간 내에 종료된다.

72. 수화열량이 많으며 초기의 강도 발현이 가능하므로 긴급 공사, 동절기 공사에 주로 사용되는 시멘트는? [12.2]

① 보통 포틀랜드 시멘트
② 조강 포틀랜드 시멘트
③ 중용열 포틀랜드 시멘트
④ 내황산염 포틀랜드 시멘트

해설 조강 포틀랜드 시멘트 : 수화열이 많아 단면이 큰 구조물에 부적합하며, 겨울철 공사나 긴급 공사에 사용된다.

72-1. 조강 포틀랜드 시멘트를 보통 포틀랜드 시멘트와 비교한 것 중 옳지 않은 것은 어느 것인가? [12.1]

① 분말도가 크다.
② 규산3석회 성분과 석고 성분이 많다.
③ 콘크리트 제조 시 수명성과 내화학성이 낮아진다.
④ 수축이 커진다.

해설 ③ 콘크리트 제조 시 수명성과 내화학성이 높아진다.

정답 ③

73. 초기강도가 아주 크고 초기 수화발열이 커서 긴급 공사나 동절기 공사에 가장 적합한 시멘트는? [20.1]

① 알루미나 시멘트
② 보통 포틀랜드 시멘트
③ 고로시멘트
④ 실리카 시멘트

해설 알루미나 시멘트
- 성분 중에 Al_2O_3가 많으므로 초기강도가 높고 염분이나 화학적 저항성이 크다.
- 수화열량이 커서 대형 단면부재에 사용하기는 적당하지 않고, 겨울철 공사나 긴급 공사에 좋다.

73-1. 알루미나 시멘트에 관한 설명 중 틀린 것은? [15.1]

① 강도 발현속도가 매우 빠르다.
② 수화작용 시 발열량이 매우 크다.
③ 매스콘크리트, 수밀콘크리트에 사용된다.
④ 보크사이트와 석회석을 원료로 한다.

해설 ③ 조강 포틀랜드 시멘트에 사용된다.

정답 ③

74. 한중콘크리트의 배합에 관한 설명으로 옳지 않은 것은? [20.3]

① 한중콘크리트에는 일반콘크리트만을 사용하고, AE콘크리트의 사용을 금한다.
② 단위 수량은 초기동해를 적게 하기 위하여 소요의 워커빌리티를 유지할 수 있는 범위 내에서 되도록 적게 정하여야 한다.
③ 물－결합재비는 원칙적으로 60% 이하로 하여야 한다.
④ 배합강도 및 물－결합재비는 적산온도 방식에 의해 결정할 수 있다.

해설 ① 한중콘크리트에는 물의 사용량을 적게 하고, AE감수제 등의 표면활성제를 사용한다.

74-1. 다음 중 한중콘크리트에 관한 설명으로 옳지 않은 것은? (단, 콘크리트 표준시방서 기준) [17.1]

① 한중콘크리트에는 공기 연행 콘크리트를 사용하는 것을 원칙으로 한다.
② 단위 수량은 초기동해를 적게 하기 위하여 소요의 워커빌리티를 유지할 수 있는 범위 내에서 되도록 적게 정하여야 한다.
③ 물－결합재비는 원칙적으로 50% 이하로 하여야 한다.
④ 배합강도 및 물－결합재비는 적산온도 방식에 의해 결정할 수 있다.

해설 ③ 물－결합재비는 원칙적으로 60% 이하로 하여야 한다.

정답 ③

75. 콘크리트에서 발생되는 블리딩에 관한 설명으로 옳지 않은 것은? [11.1]

① AE제, 감수제의 사용은 블리딩량을 저감시키는데 효과가 있다.
② 블리딩과 콘크리트 마감면 근처의 침강균열과는 무관하다.
③ 물 시멘트비가 클수록 블리딩은 증가한다.
④ 콘크리트 표면에 발생하는 백색의 미세한 침전물질은 블리딩에 의해 발생한다.

해설 ② 침강균열은 블리딩 현상이나 철근, 골재, 거푸집 등의 부분적 침하로 윗면에 균열이 발생하는 것이다.

75-1. 블리딩 현상이 콘크리트에 미치는 가장 큰 영향은? [20.2]

① 공기량이 증가하여 결과적으로 강도를 저하시킨다.
② 수화열을 발생시켜 콘크리트에 균열을 발생시킨다.
③ 콜드 조인트의 발생을 방지한다.
④ 철근과 콘크리트의 부착력 저하, 수밀성 저하의 원인이 된다.

해설 블리딩 현상이 콘크리트에 미치는 영향은 철근과 콘크리트의 부착력 저하, 수밀성 저하이다.

정답 ④

75-2. 콘크리트의 블리딩 현상에 의한 성능 저하와 가장 거리가 먼 것은? [14.2/18.1/21.3]

① 골재와 시멘트 페이스트의 부착력 저하
② 철근과 시멘트 페이스트의 부착력 저하
③ 콘크리트의 수밀성 저하
④ 콘크리트의 응결성 저하

해설 블리딩 현상은 콘트리트의 응결이 시작하기 전 침하하는 현상이다.
Tip) 블리딩 현상은 콘트리트의 응결과는 관계가 없다.

정답 ④

76. 고로슬래그 쇄석에 관한 설명으로 옳지 않은 것은? [20.2]

① 철을 생산하는 과정에서 용광로에서 생기는 광재를 공기 중에서 서서히 냉각시켜 경화된 것을 파쇄하여 입도를 고른 것이다.
② 다른 암석을 사용한 콘크리트보다 고로슬래그 쇄석을 사용한 콘크리트가 건조수축이 매우 큰 편이다.
③ 투수성은 보통골재를 사용한 콘크리트보다 크다.
④ 다공질이기 때문에 흡수율이 높다.

해설 ② 다른 암석을 사용한 쇄석보다 다공질이어서 투수성이 크며, 수화열과 수축균열이 적고 초기강도가 낮다.

76-1. 고로슬래그 쇄석에 대한 설명으로 옳지 않은 것은? [22.2]

① 철을 생산하는 과정에서 용광로에서 생기는 광재를 공기 중에서 서서히 냉각시켜 경화된 것을 파쇄하여 만든다.
② 투수성은 보통골재의 경우보다 작으므로 수밀콘크리트에 적합하다.
③ 고로슬래그 쇄석을 활용한 콘크리트는 다른 암석을 사용한 콘크리트보다 건조수축이 적다.
④ 다공질이기 때문에 흡수율이 크므로 충분히 살수하여 사용하는 것이 좋다.

해설 ② 투수성은 보통골재를 사용한 콘크리트보다 크다.

정답 ②

77. 고로슬래그 분말을 혼화재로 사용한 콘크리트의 성질에 관한 설명으로 옳지 않은 것은? [15.3/18.2]

① 초기강도는 낮지만 슬래그의 잠재수경성 때문에 장기강도는 크다.
② 해수, 하수 등의 화학적 침식에 대한 저항성이 크다.
③ 슬래그 수화에 의한 포졸란 반응으로 공극 충전 효과 및 알칼리 골재반응 억제 효과가 크다.
④ 슬래그를 함유하고 있어 건조수축에 대한 저항성이 크다.

해설 ④ 슬래그를 함유하고 있어 건조수축에 대한 저항성이 작다.

78. 굳지 않은 콘크리트의 성질을 표시하는 용어 중 컨시스턴시에 의한 부어넣기의 난이도 정도 및 재료분리에 저항하는 정도를 나타내는 것은? [15.2]

① 플라스티시티   ② 피니셔빌리티
③ 펌퍼빌리티   ④ 워커빌리티

해설 굳지 않은 콘크리트의 성질을 표시하는 용어

- 플라스티시티 : 거푸집 등의 형상에 쉽게 다져 넣을 수 있고, 거푸집을 떼면 천천히 모양이 변하지만 무너지든지 재료분리가 되지 않는,「아직 굳지 않은 콘크리트의 성질」을 말한다.
- 피니셔빌리티 : 아직 굳지 않은 콘크리트의 성질로 마무리 작업의 난이도(쉬운 정도)를 나타낸다.
- 펌퍼빌리티 : 펌프에 의해 운반하는 콘크리트의 워커빌리티를 판단하는 척도로 사용된다.
- 워커빌리티 : 컨시스턴시에 의한 부어넣기 작업의 난이도 정도 및 재료분리에 저항하는 정도를 나타내는 굳지 않은 콘크리트의 성질을 말한다.

78-1. 콘크리트의 워커빌리티에 영향을 주는 인자에 관한 설명으로 옳지 않은 것은?[17.2]

① 골재의 입도가 적당하면 워커빌리티가 좋다.
② 시멘트의 성질에 따라 워커빌리티가 달라진다.
③ 단위 수량이 증가할수록 재료분리를 예방할 수 있다.
④ AE제를 혼입하면 워커빌리티가 좋게 된다.

해설 ③ 단위 수량이 증가할수록 재료분리가 발생하기 쉽다.

정답 ③

78-2. 굳지 않은 콘크리트의 성질을 표시하는 용어 중 거푸집 등의 형상에 순응하여 채우기 쉽고 분리가 일어나지 않는 성질을 말하는 것은? [10.1]

① 워커빌리티(workability)
② 컨시스턴시(consistency)

③ 플라스티시티(plasticity)
④ 피니셔빌리티(finishability)

해설 플라스티시티 : 거푸집 등의 형상에 쉽게 다져 넣을 수 있고, 거푸집을 떼면 천천히 모양이 변하지만 무너지든지 재료분리가 되지 않는,「아직 굳지 않은 콘크리트의 성질」을 말한다.

정답 ③

78-3. 굳지 않은 콘크리트의 성질을 표시한 용어가 아닌 것은? [17.2]

① 워커빌리티(workability)
② 펌퍼빌리티(pumpability)
③ 플라스티시티(plasticity)
④ 크리프(creep)

해설 굳지 않은 콘크리트의 성질 : 워커빌리티, 펌퍼빌리티, 플라스티시티, 피니셔빌리티 등
Tip) 크리프(creep) : 콘크리트에 외력을 일정하게 가하면 시간의 흐름에 따라 콘크리트의 변형이 증대되는 현상

정답 ④

79. 콘크리트에 발생하는 크리프에 대한 설명으로 틀린 것은? [15.1]

① 시멘트 페이스트가 묽을수록 크리프는 크다.
② 작용 응력이 클수록 크리프는 크다.
③ 재하재령이 느릴수록 크리프는 크다.
④ 물-시멘트비가 클수록 크리프는 크다.

해설 ③ 재하재령이 짧을수록 크리프는 크다.
Tip) 크리프(creep) : 콘크리트에 외력을 일정하게 가하면 시간의 흐름에 따라 콘크리트의 변형이 증대되는 현상

79-1. 콘크리트 구조물의 크리프 현상에 대한 설명 중 옳지 않은 것은? [13.1]

① 하중이 클수록 크다.

② 단위 수량이 작을수록 크다.

③ 부재의 건조 정도가 높을수록 크다.

④ 구조부재 치수가 클수록 작다.

해설 ② 단위 콘크리트의 양이 많을수록 크다.

정답 ②

79-2. 콘크리트의 크리프 변형에 관한 설명으로 옳지 않은 것은?　　　[12.2]

① 시멘트 양이 많을수록 크다.

② 부재의 건조 정도가 높을수록 크다.

③ 재하 시의 재령이 짧을수록 크다.

④ 부재의 단면치수가 클수록 크다.

해설 ④ 부재의 단면치수가 클수록 작다.

정답 ④

시멘트 및 콘크리트 Ⅲ

80. 콘크리트의 압축강도에 영향을 주는 요인에 관한 설명으로 옳지 않은 것은?　　[20.2]

① 양생온도가 높을수록 콘크리트의 초기강도는 낮아진다.

② 일반적으로 물-시멘트비가 같으면 시멘트의 강도가 큰 경우 압축강도가 크다.

③ 동일한 재료를 사용하였을 경우에 물-시멘트비가 작을수록 압축강도가 크다.

④ 습윤양생을 실시하게 되면 일반적으로 압축강도는 증진된다.

해설 ① 양생온도가 낮을수록 콘크리트의 초기강도는 낮아진다.

81. 콘크리트의 건조수축에 관한 설명으로 옳지 않은 것은?　　　　[16.3/19.2/20.1]

① 시멘트의 제조성분에 따라 수축량이 다르다.

② 골재의 성질에 따라 수축량이 다르다.

③ 시멘트량의 다소에 따라 수축량이 다르다.

④ 된비빔일수록 수축량이 많다.

해설 ④ 된비빔일수록 수축량이 적다.

82. 시멘트의 분말도에 관한 설명으로 옳지 않은 것은?　　[11.2/14.1/17.2/18.3/20.1]

① 분말도가 클수록 수화반응이 촉진된다.

② 분말도가 클수록 초기강도는 작으나 장기강도는 크다.

③ 분말도가 클수록 시멘트 분말이 미세하다.

④ 분말도가 너무 크면 풍화되기 쉽다.

해설 분말도가 클수록 초기강도가 크고, 장기강도의 증진도가 크다.

Tip) 시멘트의 분말도가 클수록 접촉면적이 커서 물에 접촉하는 면적이 크므로 수화반응이 촉진되어 콘크리트의 초기강도가 크고, 그 후의 강도도 증진된다.

82-1. 시멘트의 분말도에 관한 설명 중 옳지 않은 것은?　　　　　　[12.3]

① 시멘트의 분말이 미세할수록 수화반응이 느리게 진행하여 강도의 발현이 느리다.

② 분말이 과도하게 미세하면 풍화되기 쉽고 또한 사용 후 균열이 발생하기 쉽다.

③ 시멘트의 분말도 시험으로는 체분석법, 피크노메타법, 브레인법 등이 있다.

④ 분말도는 시멘트의 성능 중 수화반응, 블리딩, 초기강도 등에 크게 영향을 준다.

해설 ① 시멘트의 분말이 클수록 접촉면적이 커지므로 수화반응이 촉진되어 콘크리트의 초기강도가 크다.

정답 ①

83. 보통 포틀랜드 시멘트에 관한 설명으로 옳지 않은 것은? [10.2/19.3]

① 시멘트의 응결시간은 분말도가 작을수록, 또 수량이 많고 온도가 낮을수록 짧아진다.
② 시멘트의 안정성 측정법으로 오토클레이브 팽창도 시험방법이 있다.
③ 시멘트의 비중은 소성온도나 성분에 따라 다르며, 동일 시멘트인 경우에 풍화한 것일수록 작아진다.
④ 시멘트의 비표면적이 너무 크면 풍화하기 쉽고 수화열에 의한 축열량이 커진다.

[해설] ① 시멘트의 온도가 높고, 분말도가 클수록 응결시간은 짧아진다.

84. 보통 포틀랜드 시멘트에 비하여 초기 수화열이 낮고, 장기강도 증진이 크며, 화학저항성이 큰 시멘트로 매스콘크리트용에 적합한 것은? [13.3]

① 백색 포틀랜드 시멘트
② 조강 포틀랜드 시멘트
③ 알루미나 시멘트
④ 플라이애시 시멘트

[해설] 플라이애시 시멘트 : 초기 수화열이 낮고, 장기강도 증진이 크며, 화학저항성, 수밀성이 커 매스콘크리트용 등에 적합하다.

84-1. 보통 포틀랜드 시멘트와 비교한 플라이애시 시멘트의 특성에 관한 설명으로 옳지 않은 것은? [12.3]

① 워커빌리티가 좋다.
② 장기강도가 낮다.
③ 수밀성이 크다.
④ 수화열이 낮다.

[해설] 플라이애시 시멘트는 초기 수화열이 낮고, 장기강도 증진이 크다.

[정답] ②

84-2. 플라이애쉬 시멘트에 관한 설명으로 옳은 것은? [18.2/22.2]

① 수화할 때 불용성 규산칼슘 수화물을 생성한다.
② 화력발전소 등에서 완전 연소한 미분탄의 회분과 포틀랜드 시멘트를 혼합한 것이다.
③ 재령 1~2시간 안에 콘크리트 압축강도가 20MPa에 도달할 수 있다.
④ 용광로의 선철 제작 부산물을 급랭시키고 파쇄하여 시멘트와 혼합한 것이다.

[해설] 플라이애시 시멘트
• 화력발전소 등에서 완전 연소한 미분탄의 회분과 포틀랜드 시멘트를 혼합한 것이다.
• 초기 수화열이 낮고 장기강도 증진이 크며, 화학저항성, 수밀성이 커서 해수층의 황산염에 대한 저항을 높인다.

[정답] ②

85. 백색 포틀랜드 시멘트에 대한 설명으로 옳지 않은 것은? [10.1]

① 제조 시 흰색의 석회석을 사용한다.
② 제조 시 사용하는 점토에는 산화철이 가능한 한 포함되지 않도록 한다.
③ 보통 포틀랜드 시멘트에 비하여 강도가 매우 낮다.
④ 안료를 섞어 착색 시멘트를 만들 수 있다.

[해설] ③ 보통 포틀랜드 시멘트에 비하여 강도, 내구성, 내마모성이 우수하다.

86. 보통 포틀랜드 시멘트의 주성분 중 함유량이 가장 적은 것은? [11.3/12.2/14.1/14.2]

① SiO_2 ② CaO
③ Al_2O_3 ④ Fe_2O_3

[해설] 석회(CaO) > 점토를 주성분으로 한 실리카(SiO_2) > 산화철(Fe_2O_3) > 규석 순서이다.

Tip) 보통 포틀랜드 시멘트의 주성분은 석회 +점토와 약간의 산화철, 알루미나, 규석 등이다.

86-1. 포틀랜드 시멘트의 주요 화합물을 구성하는 4가지 성분에 포함되지 않는 것은?[10.2]

① $2CaO \cdot SiO_2$ ② $3CaO \cdot SiO_2$

③ $2CaO \cdot Al_2O_3$ ④ $3CaO \cdot Al_2O_3$

해설 포틀랜드 시멘트의 화합물을 구성하는 4 가지 성분

• 규산2석회($2CaO \cdot SiO_2$)
• 규산3석회($3CaO \cdot SiO_2$)
• 알루민산3석회($3CaO \cdot Al_2O_3$)
• 알루민산 철4석회($4CaO \cdot Al_2O_3 \cdot Fe_2O_3$)

Tip) ③ $2CaO \cdot Al_2O_3$ – 화학결합이 안 되는 물질

정답 ③

87. 콘크리트의 탄산화에 관한 설명으로 옳지 않은 것은? [19.3]

① 탄산가스의 농도, 온도, 습도 등 외부 환경조건도 탄산화 속도에 영향을 준다.
② 물−시멘트비가 클수록 탄산화의 진행속도가 빠르다.
③ 탄산화 된 부분은 페놀프탈레인액을 분무해도 착색되지 않는다.
④ 일반적으로 보통콘크리트가 경량골재 콘크리트보다 탄산화 속도가 빠르다.

해설 ④ 일반적으로 보통콘크리트가 경량골재 콘크리트보다 탄산화 속도가 느리다.

Tip) 경량골재 콘크리트는 내부에 공극이 많아 탄산화 속도가 빠르다.

88. 특정한 입도를 가진 굵은 골재를 거푸집에 채워 넣고 그 굵은 골재 사이의 공극에 특수한 모르타르를 적당한 압력으로 주입하여 만드는 콘크리트는? [10.2]

① 수밀콘크리트
② 프리플레이스트 콘크리트
③ 유동화 콘크리트
④ 프리스트레스트 콘크리트

해설 프리플레이스트 콘크리트 : 특정한 입도를 가진 굵은 골재를 거푸집에 채워 넣고 그 굵은 골재 사이의 공극에 특수한 모르타르를 적당한 압력으로 주입하여 만드는 콘크리트로 수중콘크리트 타설 시 사용한다.

89. 프리플레이스트 콘크리트에 사용되는 골재에 관한 설명으로 옳지 않은 것은? [19.3]

① 굵은 골재의 최소치수는 15mm 이상, 굵은 골재의 최대치수는 부재단면 최소치수의 1/4 이하, 철근콘크리트의 경우 철근 순간격의 2/3 이하로 하여야 한다.
② 굵은 골재의 최대치수와 최소치수와의 차이를 작게 하면 굵은 골재의 실적률이 커지고 주입 모르타르의 소요량이 적어진다.
③ 대규모 프리플레이스트 콘크리트를 대상으로 할 경우, 굵은 골재의 최소치수를 크게 하는 것이 효과적이다.
④ 골재의 적절한 입도분포를 위해 일반적으로 굵은 골재의 최대치수는 최소치수의 2~4배 정도로 한다.

해설 ② 굵은 골재의 최대치수와 최소치수와의 차이를 작게 하면 굵은 골재의 실적률이 작아지고 주입 모르타르의 소요량이 많아진다.

90. ALC 제품에 관한 설명으로 옳지 않은 것은? [11.3/19.2]

① 보통콘크리트에 비하여 중성화의 우려가 높다.
② 열전도율은 보통콘크리트의 1/10 정도이다.
③ 압축강도에 비해서 휨강도나 인장강도는 상당히 약하다.

④ 흡수율이 낮고 동해에 대한 저항성이 높다.

해설 ④ 흡수율이 높고 동해에 대한 방습처리가 필요하다.

90-1. ALC(Autoclaved Lightweight Concrete)에 관한 설명으로 옳지 않은 것은? [18.1]

① 규산질, 석회질 원료를 주원료로 하여 기포제와 발포제를 첨가하여 만든다.
② 경량이며 내화성이 상대적으로 우수하다.
③ 별도의 마감 없이도 수분이 차단되어 주로 외벽에 사용된다.
④ 동일 용도의 건축자재 중 상대적으로 우수한 단열성능을 가지고 있다.

해설 ③ ALC는 습기에 취약하고 동해에 약해 외벽에 사용하기에는 부적합하다.

정답 ③

90-2. 일반콘크리트 대비 ALC의 우수한 물리적 성질로서 옳지 않은 것은? [14.1/22.2]

① 경량성   ② 단열성
③ 흡음·차음성   ④ 수밀성, 방수성

해설 ALC는 습기에 취약하고 동해에 약해 수밀성, 방수성이 낮다.

정답 ④

90-3. ALC(Autoclaved Lightweight Concrete) 제조 시 기포제로 사용되는 것은? [15.1]

① 알루미늄 분말   ② 플라이애쉬
③ 규산백토   ④ 실리카 시멘트

해설 ALC 제조 시 기포제로 알루미늄 분말을 주로 사용한다.

정답 ①

90-4. ALC 블록(Autoclaved Lightweight Concrete Block) 0.5품의 절건비중으로 알맞은 것은? [10.1]

① 0.45 초과 0.55 미만
② 1.05 초과 1.15 미만
③ 1.5 초과 1.6 미만
④ 1.95 초과 2.05 미만

해설 ALC 블록의 절건비중

0.5품	0.6품	0.7품
0.45 초과 0.55 미만	0.55 초과 0.65 미만	0.65 초과 0.75 미만

정답 ①

91. AE콘크리트에 관한 설명으로 옳지 않은 것은? [19.2]

① 시공연도가 좋고 재료분리가 적다.
② 단위 수량을 줄일 수 있다.
③ 제물치장 콘크리트 시공에 적당하다.
④ 철근에 대한 부착강도가 증가한다.

해설 ④ 철근에 대한 부착강도가 다소 감소한다.

91-1. 다음 중 보통콘크리트와 비교한 AE콘크리트의 성질에 관한 설명으로 옳지 않은 것은? [12.1/12.2/16.2]

① 콘크리트의 워커빌리티가 양호하다.
② 동일 물-시멘트비인 경우 압축강도가 높다.
③ 동결융해에 대한 저항성이 크다.
④ 블리딩 등의 재료분리가 적다.

해설 ② 동일 물-시멘트비인 경우 압축강도가 낮다.

Tip) AE콘크리트는 공기량이 1% 증가하면 압축강도는 4~5% 정도 저하한다.

정답 ②

91-2. AE제를 사용한 콘크리트에 대한 설명으로 옳지 않은 것은? [11.2]

① AE제를 쓰지 않아도 생기는 공기를 entrained air라 한다.

② AE제를 사용함으로써 콘크리트의 블리딩이 감소된다.

③ AE제만 사용하는 것보다는 감수제를 병용하면 워커빌리티 개선에 더욱 효과가 크다.

④ AE제를 사용하면 동결융해 작용에 대한 내동해성이 증가한다.

해설 ① AE제를 사용하여 생성시킨 기포를 가진 공기를 entrained air라 한다.

정답 ①

91-3. 콘크리트에 AE제를 첨가했을 경우 공기량 증감에 큰 영향을 주지 않는 것은? [22.1]

① 혼합시간　　　② 시멘트의 사용량

③ 주위온도　　　④ 양생방법

해설 콘크리트에 AE제를 첨가했을 경우 혼합시간, 시멘트의 사용량, 주위온도 등이 공기량 증감에 영향을 준다.

정답 ④

시멘트 및 콘크리트 Ⅳ

92. 대규모 지하 구조물, 댐 등 매스콘크리트의 수화열에 의한 균열 발생을 억제하기 위해 벨라이트의 비율을 중용열 포틀랜드 시멘트 이상으로 높인 시멘트는? [19.2/21.3]

① 저열 포틀랜드 시멘트

② 보통 포틀랜드 시멘트

③ 조강 포틀랜드 시멘트

④ 내황신염 포들렌드 시멘트

해설 • 저열 포틀랜드 시멘트 : 지하 구조물, 댐 등 매스콘크리트의 수화열에 의한 균열 발생을 억제하기 위해 벨라이트의 비율을 높인 시멘트로 초기강도는 낮으나 장기강도는 크다.

• 보통 포틀랜드 시멘트 : 석회와 점토를 주성분으로 한 일반적인 시멘트이다.

• 실리카흄 시멘트 : 단면이 큰 구조물이나 해안공사에 사용되는 시멘트이다.

• 팽창시멘트 : 포틀랜드 시멘트와 혼합 시멘트로 기타 시멘트로 분류된다.

93. 콘크리트의 강도 및 내구성 증가에 가장 큰 영향을 주는 것은? [13.2/19.2]

① 물과 시멘트의 배합비

② 모래와 자갈의 배합비

③ 시멘트와 자갈의 배합비

④ 시멘트와 모래의 배합비

해설 콘크리트의 강도 및 내구성 증가에 영향을 주는 것은 시멘트 중량에 대한 물의 중량비를 표시한 물-시멘트비이다.

94. 부재 혹은 구조물의 치수가 커서 시멘트의 수화열에 의한 온도상승 및 강하를 고려하여 설계·시공해야 하는 콘크리트를 무엇이라 하는가? [19.1]

① 매스콘크리트　　② 한중콘크리트

③ 고강도 콘크리트　④ 수밀콘크리트

해설 매스콘크리트 : 구조물의 치수가 커서 시멘트의 수화열이 증대되어 외부의 온도상승 및 강하를 고려하여 설계·시공하는 콘크리트

94-1. 매스콘크리트의 균열을 방지 또는 감소시키기 위한 대책으로 옳은 것은? [17.2]

① 중용열 포틀랜드 시멘트를 사용한다.

② 수밀하게 타설하기 위해 슬럼프 값은 될 수 있는 한 크게 한다.

③ 혼화제로서 조기강도 발현을 위해 응결경화 촉진제를 사용한다.

④ 골재치수를 작게 함으로써 시멘트량을 증가시켜 고강도화를 꾀한다.

해설 ① 중용열 포틀랜드 시멘트는 수화열이 낮아 수축, 균열의 발생이 적다.

정답 ①

94-2. 매스콘크리트에 발생하는 균열의 제어 방법이 아닌 것은? [13.2]

① 고발열성 시멘트를 사용한다.

② 파이프 쿨링을 실시한다.

③ 포졸란계 혼화재를 사용한다.

④ 온도균열 지수에 의한 균열 발생을 검토한다.

해설 ① 저발열성 시멘트를 사용한다.

정답 ①

94-3. 매스콘크리트의 균열방지 대책에 대한 설명 중 옳지 않은 것은? [11.3]

① 저발열성 시멘트를 사용한다.

② 파이프 쿨링을 한다.

③ 골재치수를 작게 한다.

④ 물 시멘트비를 낮춘다.

해설 ③ 골재치수를 크게 한다.

정답 ③

95. 골재의 입도분포를 측정하기 위한 시험으로 옳은 것은? [19.1]

① 플로우시험   ② 블레인시험

③ 체가름시험   ④ 비카트침시험

해설 • 체가름시험 : 골재의 입도분포를 측정하는 시험이다.

• 블레인시험 : 시멘트의 분말도를 측정하는 시험이다.

• 플로우시험 : 콘크리트의 반죽질기의 유동성, 재료분리 저항성을 측정한다.

• 비카트침시험 : 시멘트의 표준 주도의 결정과 초결, 종결시험이다.

96. 콘크리트에 사용되는 신축이음(expansion joint) 재료에 요구되는 성능 조건이 아닌 것은? [11.2/18.3]

① 콘크리트의 수축에 순응할 수 있는 탄성

② 콘크리트의 팽창에 대한 저항성

③ 우수한 내구성 및 내부식성

④ 이음 사이의 충분한 수밀성

해설 신축이음재의 요구되는 성능 조건은 신축 수용능력, 내구성, 내부식성, 수밀성, 방수성, 시공성 등이다.

Tip) 콘크리트의 팽창에 대한 저항성 – 팽창에 대한 변위를 흡수하는 성질

97. 콘크리트 공기량에 관한 설명으로 옳지 않은 것은? [18.3]

① AE콘크리트의 공기량은 보통 3~6%를 표준으로 한다.

② 콘크리트를 진동시키면 공기량이 감소한다.

③ 콘크리트의 온도가 높으면 공기량이 줄어든다.

④ 비빔시간이 길면 길수록 공기량은 증가한다.

해설 ④ 비빔시간이 2~3분까지는 공기량이 증가하지만, 그 이상은 감소한다.

98. 방사선 차단용 벽체 등에 사용하는 콘크리트는? [13.1]

① 중량콘크리트

② 경량콘크리트

③ 프리플레이스트 콘크리트

④ 프리스트레스트 콘크리트

해설 중량콘크리트 : 중정석, 자철광, 갈철광, 사철 등의 골재를 사용하여 만든 콘크리트로서 주로 X선, γ선, 중성자선의 방사선 차폐를 목적으로 사용한다.

98-1. 콘크리트의 종류 중 방사선 차폐용으로 주로 사용되는 것은? [10.2/18.2]

① 경량콘크리트　② 한중콘크리트
③ 매스콘크리트　④ 중량콘크리트

해설 중량콘크리트 : 방사선 차폐용으로 주로 사용되는 밀도가 높은 콘크리트

정답 ④

98-2. 다음 중 중량콘크리트용 골재로서 가장 적합한 것은? [09.3]

① 석회암　② 화강암
③ 중정석　④ 슬래그

해설 중량콘크리트용 골재 : 철광석, 중정석, 철편 등의 비중이 큰 콘크리트로서 방사선 차폐용 골재

정답 ③

99. 콘크리트용 골재의 요구품질에 관한 조건으로 옳지 않은 것은? [18.1]

① 시멘트 페이스트 이상의 강도를 가진 단단하고 강한 것
② 운모가 함유된 것
③ 연속적인 입도분포를 가진 것
④ 표면이 거칠고 구형에 가까운 것

해설 ② 운모는 불순물로, 유해량 이상 포함하지 않아야 한다.

99-1. 콘크리트용 골재의 조건으로 옳지 않은 것은? [09.1/10.3]

① 강도는 콘크리트 중의 경화시멘트 페이스트의 강도 이상일 것
② 표면이 깨끗하고 매끄러운 것
③ 입형은 가능한 한 편평, 세장하지 않을 것
④ 입도는 조립에서 세립까지 연속적으로 균등히 혼입되어 있을 것

해설 ② 표면이 거칠고 구형이나 입방체에 가까운 것이 좋다.

정답 ②

99-2. 콘크리트용 골재에 대한 설명으로 틀린 것은? [14.3]

① 입형과 입도가 좋은 골재는 실적률이 작고 동일 슬럼프를 얻기 위한 단위 수량이 크다.
② 골재의 입도를 수치적으로 나타내는 지표로서는 조립률이 이용된다.
③ 실적률이 큰 골재를 사용하면 시멘트 페이스트량이 적게 든다.
④ 콘크리트용 골재의 입형은 편평, 세장하지 않은 것이 좋다.

해설 ① 입형과 입도가 좋은 골재는 실적률이 크고 동일 슬럼프를 얻기 위한 단위 수량이 작다.

정답 ①

100. 철근콘크리트의 골재로서 불가피하게 해사를 사용할 경우 중점을 두어 반드시 취해야 할 조치는? [14.3]

① 충분히 물에 씻어 사용한다.
② 잔골재의 혼합비를 높게 한다.
③ 구조내력상 중요한 부분에 보강근을 넣는다.
④ 충분히 건조시킨 후 사용한다.

해설 철근콘크리트의 골재로서 불가피하게 해사를 사용할 경우 충분히 물에 씻어 사용한다.
Tip) 잔골재의 염분 허용한도는 0.04% 이하이다.

101. 콘크리트 재료분리의 원인으로 옳지 않은 것은? [14.2]

① 콘크리트의 플라스티시티(plasticity)가 작은 경우
② 잔골재율이 큰 경우
③ 단위 수량이 지나치게 큰 경우
④ 굵은 골재의 최대치수가 지나치게 큰 경우

해설 ② 잔골재율이 큰 경우 분리경향은 감소한다.

102. 골재의 선팽창계수에 의해 영향을 받을 수 있는 콘크리트의 성질은? [13.3]

① 마모에 대한 저항성
② 습윤건조에 대한 저항성
③ 동결융해에 대한 저항성
④ 온도변화에 대한 저항성

해설 골재의 선팽창계수에 의해 영향을 받을 수 있는 콘크리트의 성질은 온도변화에 대한 저항성이다.

103. KS F 2526에 따른 콘크리트용 골재의 유해물 함유량(질량백분율 %) 허용값으로 틀린 것은? [15.2]

① 굵은 골재 기준의 점토덩어리 : 0.25%
② 잔골재 기준의 석탄 및 갈탄(콘크리트의 표면이 중요한 부분) : 3.0%
③ 굵은 골재 기준의 연한 석편 : 5.0%
④ 잔골재 기준의 염화물(NaCl 환산량) : 0.04%

해설 ② 잔골재 기준의 석탄 및 갈탄(콘크리트의 표면이 중요한 부분) : 0.5%

104. 콘크리트의 열적 성질 및 내구성에 관한 설명으로 옳지 않은 것은? [17.3]

① 콘크리트의 열팽창계수는 상온의 범위에서 $1×10^{-5}$/℃ 전후이며 500℃에 이르면 가열 전에 비하여 약 40%의 강도발현을 나타낸다.
② 콘크리트의 내동해성을 확보하기 위해서는 흡수율이 적은 골재를 이용하는 것이 좋다.
③ 콘크리트에 염화물 이온이 일정량 이상 존재하면 철근 표면의 부동태피막이 파괴되어 철근부식을 유발하기 쉽다.
④ 공기량이 동일한 경우 경화콘크리트의 기포간극계수가 작을수록 내동해성은 저하된다.

해설 ④ 공기량이 동일한 경우 경화콘크리트의 기포간극계수가 작을수록 내동해성은 증가된다.

105. 다음 중 콘크리트의 유동성 증대를 목적으로 사용하는 유동화제의 주성분이 아닌 것은? [17.3]

① 나프탈렌설폰산염계 축합물
② 폴리알킬아릴설폰산염계 축합물
③ 멜라민설폰산염계 축합물
④ 변성 리그닌설폰산계 축합물

해설 콘크리트 유동화제의 주성분
• 나프탈렌설폰산염계 축합물
• 멜라민설폰산염계 축합물
• 알킬아릴설폰산염계 축합물
• 변성 리그닌설폰산계 축합물

Tip) 폴리알킬아릴설폰산염계 축합물 – 감수제의 주성분

106. 콘크리트 내구성에 영향을 주는 아래 화학반응식의 현상은? [13.1]

$$Ca(OH)_2 + CO_2 \rightarrow CaCO_3 + H_2O \uparrow$$

① 콘크리트 염해   ② 동결융해 현상
③ 콘크리트 중성화   ④ 알칼리 골재반응

정답 101. ②   102. ④   103. ②   104. ④   105. ②   106. ③

해설 콘크리트 중성화 : 알칼리성인 콘크리트가 공기 중의 탄산가스와 화학반응을 하여 알칼리성을 점차 잃어 중성화되는 과정이다.
$Ca(OH)_2 + CO_2 \rightarrow CaCO_3 + H_2O \uparrow$

106-1. 콘크리트의 중성화에 관한 설명으로 옳지 않은 것은? [17.3]

① 콘크리트 중의 수산화석회가 탄산가스에 의해서 중화되는 현상이다.
② 물 시멘트비가 크면 클수록 중성화의 진행 속도는 빠르다.
③ 중성화되면 콘크리트는 알칼리성이 된다.
④ 중성화되면 콘크리트 내 철근은 녹이 슬기 쉽다.

해설 ③ 중성화는 콘크리트가 알칼리성을 점차 잃어 중성화되는 과정이다.

정답 ③

106-2. 콘크리트의 중성화에 대한 저감 대책으로 옳지 않은 것은? [13.1/13.3]

① 물-시멘트비(W/C)를 낮춘다.
② 단위 시멘트량을 증대시킨다.
③ 혼합 시멘트를 사용한다.
④ AE감수제나 고성능 감수제를 사용한다.

해설 ③ 혼합 시멘트는 수산화칼슘의 양이 적어 콘크리트가 알칼리성을 상실하는 중성화가 빠르다.

정답 ③

107. 혼합 시멘트에 속하는 것은? [09.2]

① 고로슬래그 시멘트
② 폴리머 시멘트
③ 중용열 포틀랜드 시멘트
④ 알루미나 시멘트

해설 혼합 시멘트의 종류 : 고로슬래그 시멘트, 실리카 시멘트, 플라이애시 시멘트

108. 각종 시멘트에 관한 설명 중 옳지 않은 것은? [14.1]

① 중용열 시멘트-겨울철 공사나 긴급 공사에 사용된다.
② 조강시멘트-C_3S가 다량 혼입되어 있다.
③ 백색시멘트-건물 내·외면의 마감, 각종 인조석 제조에 사용된다.
④ 플라이애쉬 시멘트-건조수축이 보통 포틀랜드 시멘트에 비하여 적다.

해설 ① 조강 포틀랜드 시멘트-겨울철 공사나 긴급 공사에 사용된다.
Tip) 중용열 포틀랜드 시멘트-댐, 도로포장 콘크리트, 원자로 차폐용 콘크리트 등 대형 구조물 시공에 사용된다.

108-1. 중용열 포틀랜드 시멘트에 관한 설명으로 옳지 않은 것은? [12.3/15.3/17.3]

① C_3S나 C_3A가 적고, 장기강도를 지배하는 C_2S를 많이 함유한 시멘트이다.
② 내황산염성이 작기 때문에 댐 공사에는 사용이 불가능하다.
③ 수화속도를 지연시켜 수화열을 작게 한 시멘트이다.
④ 건조수축이 작고 건축용 매스콘크리트에 사용된다.

해설 ② 중용열 포틀랜드 시멘트는 댐, 도로포장 콘크리트, 원자로 차폐용 콘크리트 등 대형 구조물 시공에 사용된다.

정답 ②

시멘트 및 콘크리트 Ⅴ

109. 시멘트의 성질에 관한 설명 중 옳지 않은 것은? [17.1]

① 포틀랜드 시멘트의 3가지 주요 성분은 실리카(SiO_2), 알루미나(Al_2O_3), 석회(CaO)이다.

② 시멘트는 응결경화 시 수축성 균열이 생겨 변형이 일어난다.

③ 슬래그의 함유량이 많은 고로시멘트는 수화열의 발생량이 많다.

④ 시멘트의 응결 및 강도 증진은 분말도가 클수록 빨라진다.

해설 ③ 슬래그의 함유량이 많은 고로시멘트는 수화열의 발생량이 적다.

110. 서중콘크리트에 대한 설명으로 옳지 않은 것은? [17.1]

① 시멘트는 고온의 것을 사용하지 않아야 하고 골재 및 물은 가능한 한 낮은 온도의 것을 사용한다.

② 표면활성제는 공사시방서에 정한 바가 없을 때에는 AE감수제 지연형 등을 사용한다.

③ 콘크리트를 부어 넣은 후 수분의 급격한 증발이나 직사광선에 의한 온도상승을 막고 습윤상태가 유지되도록 양생한다.

④ 거푸집 해체시기 검토를 위하여 적산온도를 활용한다.

해설 ④는 한중콘크리트에 적용한다.

110-1. 서중콘크리트 타설 시 슬럼프 저하나 수분의 급격한 증발 등의 우려가 있다. 이러한 문제점을 해결하기 위한 재료상 대책으로 옳은 것은? [16.3]

① 단위 수량을 증가시킨다.

② 고온의 시멘트를 사용한다.

③ 콘크리트의 운반 및 부어 넣는 시간을 되도록 길게 한다.

④ 혼화재료는 AE감수제 지연형을 사용한다.

해설 서중콘크리트 타설 시 슬럼프 저하나 수분의 급격한 증발 등의 우려가 있을 때 혼화재료로 AE감수제 지연형을 사용한다.

정답 ④

111. 경량콘크리트의 골재로서 슬래그(slag)를 사용하기 전 물 축임하는 이유로 가장 적당한 것은? [16.3]

① 시멘트 모르타르와의 접착력을 좋게 하기 위해

② 유기 불순물이나 진흙을 씻어내기 위해

③ 콘크리트의 자체 무게를 줄이기 위해

④ 시멘트가 수화하는데 필요한 수량을 확보하기 위해

해설 경량콘크리트의 골재로서 슬래그를 사용하기 전 시멘트가 수화하는데 필요한 수량을 확보하기 위해 물 축임을 한다.

112. 응결이 진행된 시멘트를 콘크리트에 사용함에 따른 결과로 옳지 않은 것은? [11.2]

① 강도의 저하 ② 단위 수량의 증가

③ 균열 발생 ④ 슬럼프의 증가

해설 ④ 슬럼프의 감소

113. 초고층 인텔리전트 빌딩이나, 핵융합로 등과 같이 강력한 자기장이 발생할 가능성이 있는 철골 구조물의 강재나, 철근콘크리트용 봉강으로 사용되는 것은? [16.2]

① 초고장력강

② 비정질(amorphous) 금속

③ 구조용 비자성강

④ 고크롬강

해설 구조용 비자성강 : 초고층 인텔리젠트 빌딩이나, 핵융합로 등과 같이 강력한 자기장이 발생할 가능성이 있는 철골 구조물의 강재나, 철근콘크리트용 봉강으로 사용된다.

114. 장부가 구멍에 들어 끼어 돌게 만든 철물로서 회전창에 사용되는 것은? [16.2]

① 크레센트   ② 스프링힌지
③ 지도리   ④ 도어체크

해설 지도리 : 장부가 구멍에 들어 끼어 돌게 만든 회전창문의 힌지이다.

115. 다음 중 시멘트 풍화의 척도로 사용되는 것은? [12.2/16.2]

① 불용해 잔분   ② 강열감량
③ 수정률   ④ 규산율

해설 시멘트 풍화의 정도를 나타내는 척도는 강열감량을 측정하며, 강열감량이 클수록 강도는 저하된다.

116. 콘크리트에 관한 설명으로 옳지 않은 것은? [16.2]

① 콘크리트 강도는 대체로 물 시멘트비에 의해 결정된다.
② 콘크리트는 장기간 화재를 당해도 결정수를 방출할 뿐이므로 강도상 영향은 없다.
③ 콘크리트는 알칼리성이므로 철근콘크리트의 경우 철근을 방청하는 큰 장점이 있다.
④ 콘크리트는 온도가 내려가면 경화가 늦으므로 동절기에 타설할 경우에는 충분히 양생하여야 한다.

해설 ② 콘크리트는 고온을 받으면 강도 및 탄성계수가 저하되고 철근과 콘크리트의 부착력이 약해져 강도가 저하된다.

117. 다음 중 유동화 콘크리트에 관한 설명으로 옳지 않은 것은? [10.3]

① 초기강도는 감소되고 장기강도가 증대된다.
② 높은 강도, 내구성, 수밀성을 갖는 콘크리트를 얻을 수 있다.
③ 유동화제라고 불리는 분산성능이 높은 혼화제를 혼입한 것이다.
④ 건조수축이 통상의 묽은 비빔콘크리트보다 적게 된다.

해설 ① 초기강도는 증가하고 장기강도가 감소된다.

118. 시멘트에 대한 각 특성과 관련된 시험이 옳게 짝지어지지 않은 것은? [11.1]

① 비중-르샤틀리에 비중병
② 분말도-브레인 공기투과장치
③ 안정성-오토클레이브 팽창도시험
④ 수화열-제게르 · 케겔 온도표

해설 ④ 수화열 – 열량계로 전열온도 측정

119. 슬럼프시험에 대한 설명으로 옳지 않은 것은? [13.3/16.2/22.1]

① 슬럼프시험 시 각 층을 50회 다진다.
② 콘크리트의 시공연도를 측정하기 위하여 행한다.
③ 슬럼프 콘에 콘크리트를 3층으로 분할하여 채운다.
④ 슬럼프 값이 높을 경우 콘크리트는 묽은 비빔이다.

해설 ① 슬럼프시험 시 각 층을 25회 다진다.
Tip) 슬럼프시험에서 사용하는 슬럼프 콘은 원뿔 대형(상단 내경 10cm, 하단 내경 20cm, 높이 30cm)인 강제 용기로 다음과 같다.

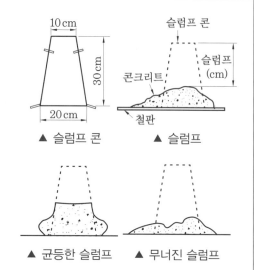

▲ 슬럼프 콘   ▲ 슬럼프

▲ 균등한 슬럼프   ▲ 무너진 슬럼프

120. 콘크리트의 수밀성에 미치는 요인에 대한 설명 중 옳은 것은? [12.3/16.2]

① 물 시멘트비 : 물 시멘트비를 크게 할수록 수밀성이 커진다.

② 굵은 골재 최대치수 : 굵은 골재의 최대치수가 클수록 수밀성은 커진다.

③ 양생방법 : 초기재령에서 급격히 건조하면 수밀성은 작아진다.

④ 혼화재료 : AE제를 사용하면 수밀성이 작아진다.

해설 ① 물 시멘트비 : 물 시멘트비를 크게 할수록 수밀성이 작아진다.

② 굵은 골재 최대치수 : 굵은 골재의 최대치수가 클수록 수밀성은 작아진다.

④ 혼화재료 : AE제를 사용하면 수밀성이 커진다.

121. 마루판 재료 중 파키트리 보드를 3~5장씩 상호 접합하여 각판으로 만들어 방습처리 한 것으로 모르타르나 철물을 사용하여 콘크리트 마루 바닥용으로 사용되는 것은? [16.1]

① 파키트리 패널   ② 파키트리 블록

③ 플로링 보드   ④ 플로링 블록

해설 파키트리 블록 : 파키트리 보드를 3~5장씩 상호 접합하여 각판으로 만들어 방습처리 한 것

122. 시멘트에 약간의 물을 첨가하여 혼합시키면 가소성 있는 페이스트가 얻어지나 시간이 지나면 유동성을 잃고 응고하는데 이러한 현상을 무엇이라 하는가? [13.3]

① 응결   ② 풍화

③ 알칼리 골재반응   ④ 백화

해설 • 풍화 : 시멘트가 저장 중 공기와 접촉하여 공기 중의 수분, 이산화탄소 등을 흡수하면서 발생하는 반응

• 알칼리 골재반응 : 시멘트에 함유된 알칼리 성분과 골재 등의 실리카가 반응하여 콘크리트 내부에 수분을 흡수하여 체적팽창 균열을 일으키는 현상

• 백화 : 시멘트의 가용성 성분인 수산화칼슘, 알칼리금속 등이 물에 용해되어 구조물의 표면에 백색의 물질이 나타나는 현상

• 응결 : 시멘트에 약간의 물을 첨가하여 혼합시키면 가소성 있는 페이스트가 얻어지나 시간이 지나면 유동성을 잃고 응고하는 현상

122-1. 다음 중 수치가 높을수록 시멘트의 응결속도가 빨라지는 인자에 해당하지 않는 것은? [10.3]

① 온도   ② 습도

③ 분말도   ④ 알루미네이트 비율

해설 수치가 높을수록 응결속도가 빨라지는 인자 : 온도, 분말도, 알루미네이트 비율

Tip) 습도가 높으면 응결시간이 느리고, 습도가 낮으면 응결시간은 빨라진다.

정답 ②

123. 콘크리트 다짐바닥, 콘크리트 도로포장의 전열방지를 위해 사용되는 것은? [13.2]

① 코너비드(corner bead)
② PC강성
③ 와이어메시(wire mesh)
④ 펀칭메탈(punching metal)

해설 와이어메시(wire mesh) : 연강철선을 전기용접하여 정방형이나 장방형으로 만든 것, 콘크리트 다짐바닥, 콘크리트 포장 등에 균열을 방지하기 위해 사용한다.

124. 시멘트 모르타르나 석회, 또는 석고 등을 흙손을 사용하여 바를 경우의 주의사항 중 옳지 않은 것은? [11.2]

① 바탕조정은 아주 중요한 작업이므로 가능한 한 바탕면이 유리면처럼 될 수 있도록 조정하여 둔다.
② 재료배합은 원칙적으로 바탕에 가까운 바름층일수록 부배합, 정벌바름에 가까울수록 빈배합으로 한다.
③ 재료의 비빔에는 기계비빔과 손비빔이 있으며 균일할 때까지 충분하게 섞는다.
④ 바름면의 흙손작업은 갈라지거나 들뜨는 것을 방지하기 위하여 바름층이 굳기 전에 끝낸다.

해설 ① 바탕조정은 미장바름의 부착을 위해 바탕면을 거칠게 긁어서 조정하여 둔다.

125. 시멘트 풍화에 대한 설명으로 옳지 않은 것은? [10.3]

① 시멘트가 저장 중 공기와 접촉하여 공기 중의 수분 및 이산화탄소를 흡수하면서 나타나는 수화반응이다.
② 풍화한 시멘트는 감열감량이 감소한다.

③ 시멘트가 풍화하면 밀도가 떨어진다.
④ 풍화는 고온다습한 경우 급속도로 진행된다.

해설 ② 풍화한 시멘트는 감열감량이 증가한다.

126. 콘크리트 배합 시 시멘트 $1\,m^3$, 물 2000L인 경우 물-시멘트비는? (단, 시멘트의 밀도는 $3.15g/cm^3$이다.) [09.1/15.1]

① 약 15.7%   ② 약 20.5%
③ 약 50.4%   ④ 약 63.5%

해설 물-시멘트비 $= \dfrac{물의\ 중량}{시멘트의\ 중량} \times 100$

$= \dfrac{2000}{3150} \times 100 \fallingdotseq 63.5\%$

여기서, 물 2000L = 2000 kg
시멘트 밀도 $3.15g/cm^3 = 3150 kg/m^3$

127. 다음 중 시멘트의 수경률을 구하는 식에서 분자에 속하는 것은? [10.3]

① CaO   ② SiO_2
③ Al_2O_3 ④ Fe_2O_3

해설 수경률을 구하는 식에서 분자에는 CaO, SO_3의 수식이 포함된다.

수경률 $= \dfrac{CaO-(0.7 \times SO_3)}{SiO_2+Al_2O_3+Fe_2O_3}$

128. 일반적으로 설계에 있어서 콘크리트의 열팽창계수로 옳은 것은? [12.1]

① $1 \times 10^{-4}/℃$ ② $1 \times 10^{-5}/℃$
③ $1 \times 10^{-6}/℃$ ④ $1 \times 10^{-7}/℃$

해설 콘크리트의 열팽창계수는 $1 \times 10^{-5}/℃$ 이다.

Tip) 열팽창계수 기준은 콘크리트 1m 길이가 ±1℃의 온도변화에 대하여 길이가 ±0.01mm 변화한다.

5과목 건설재료학

금속재 I

129. 금속재료의 일반적 성질에 대한 설명으로 옳지 않은 것은? [11.3/16.1]

① 강도와 탄성계수가 크다.
② 경도 및 내마모성이 크다.
③ 열전도율이 작고 부식성이 크다.
④ 비중이 큰 편이다.

해설 금속의 공통적인 성질
• 상온에서 고체이며 결정체이다(단, Hg 제외).
• 비중이 크고 고유의 광택을 갖는다.
• 가공이 용이하고 연성 및 전성이 좋다.
• 경도, 강도, 내마모성이 크다.
• 열과 전기의 양도체이다.
• 이온화하면 양(+)이온이 된다.

129-1. 강재(鋼材)의 일반적인 성질에 관한 설명으로 옳지 않은 것은? [21.3]

① 열과 전기의 양도체이다.
② 광택을 가지고 있으며, 빛에 불투명하다.
③ 경도가 높고 내마멸성이 크다.
④ 전성이 일부 있으나 소성변형 능력은 없다.

해설 ④ 가공이 용이하고, 연·전성이 좋다.

정답 ④

129-2. 강의 기계적 성질과 관련된 설명으로 옳지 않은 것은? [13.2]

① 구조용 강재에 인장력을 가하게 되면 응력-변형도(stress-strain curve) 선도를 얻을 수 있다.
② 탄성 구간의 기울기를 탄성계수라 한다.
③ 강재를 압축할 경우 압축강도는 항복점 부근까지는 인장인 경우와 같으나, 그 이후는 압축이 진행됨에 따라 최대하중은 인장인 경우보다 높아진다.

④ 강은 250℃ 부근에서 인장강도가 최대로 되나 반대로 연신율, 단면수축률은 극소로 된다.

해설 ③ 강재를 압축할 경우 압축강도는 항복점 부근까지는 인장인 경우와 같으나, 그 이후는 압축이 진행됨에 따라 최대하중은 인장인 경우보다 낮아진다.
Tip) 강의 압축강도와 인장강도는 항복점 부근까지는 같으나, 전단강도는 낮다.

정답 ③

130. 금속부식에 관한 대책으로 옳지 않은 것은? [11.3/21.1]

① 가능한 한 이종금속은 이를 인접, 접속시켜 사용하지 않을 것
② 균질한 것을 선택하고, 사용할 때 큰 변형을 주지 않도록 할 것
③ 큰 변형을 준 것은 가능한 한 풀림하여 사용할 것
④ 표면을 거칠게 하고 가능한 한 습윤상태로 유지할 것

해설 ④ 표면을 깨끗하게 하고 가능한 한 건조상태로 유지할 것
Tip) 금속의 표면을 거칠게 하면 산소(공기, 습기)와 접촉면적이 커지고, 산소와 접촉상태를 유지하면 녹이 발생한다.

130-1. 금속의 부식방지를 위한 관리 대책으로 옳지 않은 것은? [17.3/20.2/22.2]

① 부분적으로 녹이 발생하면 즉시 제거할 것
② 큰 변형을 준 것은 가능한 한 풀림하여 사용할 것
③ 가능한 한 이종금속을 인접 또는 접촉시켜 사용할 것
④ 표면을 평활하고 깨끗이 하며, 가능한 한 건조상태로 유지할 것

해설 ③ 가능한 한 이종금속은 이를 인접, 접촉시켜 사용하지 않을 것

Tip) 금속재료를 다른 종류의 금속과 인접 또는 접촉시켜 사용할 경우 전기적 작용에 의해 부식이 촉진된다.

정답 ③

131. 다음 각 비철금속에 관한 설명으로 옳지 않은 것은? [13.3/18.2]

① 알루미늄 : 융점이 낮기 때문에 용해 주조도는 좋으나 내화성이 부족하다.
② 납 : 비중이 11.4로 아주 크고 연질이며 전·연성이 크다.
③ 구리 : 건조한 공기 중에서는 산화하지 않으나, 습기가 있거나 탄산가스가 있으면 녹이 발생한다.
④ 주석 : 주조성·단조성은 좋지 않으나 인장 강도가 커서 선재(線材)로 주로 사용된다.

해설 주석 : 주조성·단조성은 좋아 선박용, 베어링 메탈용, 청동, 철제도금(함석 또는 양철판), 땜납 등에 사용한다.

131-1. 비철금속에 관한 설명으로 옳지 않은 것은? [20.2]

① 청동은 구리와 아연을 주체로 한 합금으로 건축용 장식철물에 사용된다.
② 알루미늄은 산 및 알칼리에 약하다.
③ 아연은 산 및 알칼리에 약하나 일반대기나 수중에서는 내식성이 크다.
④ 동은 전기 및 열전도율이 매우 크다.

해설 ① 청동은 구리와 주석을 주체로 한 합금으로 건축장식 부품 또는 미술공예 재료로 사용된다.

정답 ①

131-2. 비철금속에 관한 설명 중 옳은 것은? [15.1]

① 동은 맑은 물에는 침식되지 않으나 해수에는 침식된다.
② 황동은 청동과 비교하여 주조성과 내식성이 더욱 우수하다.
③ 알루미늄은 동에 비해 융점이 높기 때문에 용해 주조도가 좋지 않다.
④ 순도가 높은 알루미늄일수록 내식성과 전·연성이 작아진다.

해설 ① 동은 맑은 물에 부식하여 녹청색으로 변하지만 내부까지는 부식하지 않는다.

정답 ①

131-3. 비철금속의 성질 또는 용도에 관한 설명 중 옳지 않은 것은? [17.1]

① 동은 전연성이 풍부하므로 가공하기 쉽다.
② 납은 산이나 알칼리에 강하므로 콘크리트에 침식되지 않는다.
③ 아연은 이온화 경향이 크고 철에 의해 침식된다.
④ 대부분의 구조용 특수강은 니켈을 함유한다.

해설 ② 납은 산이나 알칼리에 잘 침식되므로 콘크리트에 침식된다.

정답 ②

131-4. 비철금속 중 아연에 대한 설명으로 옳지 않은 것은? [13.3]

① 건조한 공기 중에서는 거의 산화되지 않는다.
② 묽은 산류에 쉽게 용해된다.
③ 주 용도는 철판의 아연도금이다.
④ 불순물인 철(Fe)·카드뮴(cd)·주석(Sn) 등을 소량 함유하게 되면 광택이 매우 우수해진다.

해설 ④ 불순물인 철(Fe)·카드뮴(cd)·주석(Sn) 등을 소량 함유하게 되면 광택이 떨어진다.

정답 ④

131-5. 비철금속 중 알루미늄에 대한 설명으로 옳지 않은 것은? [13.2/14.2]

① 순도가 높은 알루미늄은 맑은 물에 대해 내식성이 크고 전연성이 크다.
② 연질이고 강도가 낮다.
③ 산, 알칼리 및 해수에 대해 내식성이 크다.
④ 콘크리트에 접하거나 흙 중에 매몰된 경우에는 부식되기 쉽다.

해설 ③ 해수 중에서 부식하기 쉽고, 황산, 인산, 질산, 염산 중에서는 침식된다.

정답 ③

131-6. 알루미늄의 성질에 관한 설명으로 옳지 않은 것은? [20.3]

① 비중이 철에 비해 약 1/3 정도이다.
② 황산, 인산 중에서는 침식되지만 염산 중에서는 침식되지 않는다.
③ 열, 전기의 양도체이며 반사율이 크다.
④ 부식률은 대기 중의 습도와 염분함유량, 불순물의 양과 질 등에 관계되며 0.08mm/년 정도이다.

해설 ② 황산, 인산, 질산, 염산 중에서 침식된다.

정답 ②

131-7. 알루미늄에 관한 설명으로 틀린 것은? [14.3]

① 알루미늄은 내식성이 크므로 직접 콘크리트 중에 매입해도 지장이 없다.
② 알루미늄의 비중은 철의 약 1/30이다.

③ 알루미늄의 응력−변형곡선은 강재와 같은 명확한 항복점이 없다.
④ 알루미늄과 강판을 접촉하여 사용하면 알루미늄판이 부식된다.

해설 ① 알루미늄은 내식성이 크지만, 직접 콘크리트 중에 매입하면 부식되기 쉽다.

정답 ①

131-8. 알루미늄의 특성으로 옳지 않은 것은? [12.1/18.1]

① 순도가 높을수록 내식성이 좋지 않다.
② 알칼리나 해수에 침식되기 쉽다.
③ 콘크리트에 접하거나 흙 중에 매몰된 경우에 부식되기 쉽다.
④ 내화성이 부족하다.

해설 ① 순도가 높을수록 내식성이 크다.

정답 ①

131-9. 강(鋼)과 비교한 알루미늄의 특징에 대한 내용 중 옳지 않은 것은? [10.2/15.3]

① 강도가 작다.
② 전기전도율이 높다.
③ 열팽창률이 작다.
④ 비중이 작다.

해설 ③ 강과 비교한 알루미늄은 열팽창률이 매우 크다.

정답 ③

131-10. 알루미늄 창호의 특징으로 가장 거리가 먼 것은? [09.3/17.3]

① 공작이 자유롭고 기밀성이 우수하다.
② 도장 등 색상의 자유도가 있다.
③ 이종금속과 접촉하면 부식되고 알칼리에 약하다.
④ 내화성이 높아 방화문으로 주로 사용된다.

해설 ④ 알루미늄은 내화성이 부족하여 방화문으로 사용하지 않는다.

정답 ④

131-11. 비중이 크고 연성이 크며, 방사선실의 방사선 차폐용으로 사용되는 금속재료는?

[10.1/12.2/15.1/18.2]

① 주석   ② 납
③ 철   ④ 크롬

해설 연(鉛) : 납의 비중은 11.34, 용융점은 327.46℃으로 연성이 크며, 방사선실의 방사선 차폐용으로 사용되는 금속이다.

정답 ②

131-12. 금속 중 연(鉛)에 관한 설명으로 옳지 않은 것은?

[19.2]

① X선 차단 효과가 큰 금속이다.
② 산, 알칼리에 침식되지 않는다.
③ 공기 중에서 탄산연($PbCO_3$) 등이 표면에 생겨 내부를 보호한다.
④ 인장강도가 극히 작은 금속이다.

해설 ② 알칼리에 잘 침식된다.

정답 ②

131-13. 연(鉛)의 성질에 대한 설명 중 옳지 않은 것은?

[11.3]

① 청백색의 광택이 있고, 비중이 비교적 크다.
② 알칼리에도 강하고 콘크리트와 접촉하여도 침식되지 않는다.
③ 전연성·가공성·주조성이 풍부하다.
④ 방사선을 잘 흡수하므로 X선 사용개소에 방호용으로 사용된다.

해설 ② 알칼리에 잘 침식된다.

정답 ②

131-14. 각종 금속에 관한 설명으로 옳지 않은 것은?

[09.2/13.2/15.3/21.2]

① 동은 건조한 공기 중에서는 산화하지 않으나, 습기가 있거나 탄산가스가 있으면 녹이 발생한다.
② 납은 비중이 비교적 작고 융점이 높아 가공이 어렵다.
③ 알루미늄은 비중이 철의 1/3 정도로 경량이며 열·전기전도성이 크다.
④ 청동은 구리와 주석을 주체로 한 합금으로 건축장식 부품 또는 미술공예 재료로 사용된다.

해설 ② 납은 비중이 비교적 크고 용융점이 낮아 가공이 쉽다.
Tip) 납의 비중은 11.34, 용융점은 327.46℃이다.

정답 ②

131-15. 다음 중 이온화 경향이 가장 큰 금속은?

[10.1/13.3/18.3]

① Mg   ② Al
③ Fe   ④ Cu

해설 이온화 경향이 큰 금속의 순서는 Mg > Al > Zn > Fe > Ni > Sn > Pb > (H) > Cu이다.

정답 ①

131-16. 다음 중 열전도율이 가장 낮은 것은?

[22.1]

① 콘크리트   ② 코르크판
③ 알루미늄   ④ 주철

해설 열전도율 순서는 알루미늄 > 주철 > 콘크리트 > 코르크판이다.
Tip) 열전도율이 좋은 금속은 은 > 구리 > 백금 > 알루미늄 등의 순서이다.

정답 ②

금속재 Ⅱ

132. 건축용으로 판재지붕에 많이 사용되는 금속재료는? [09.3/19.2]
① 철　　② 동
③ 주석　　④ 니켈

해설 동(Cu)은 건축재료로 판재지붕, 홈통, 못, 철망, 동관 등에 사용된다.
Tip) 동(銅)은 황산·염산에 용해되며, 습기, 탄산가스, 해수에 부식하여 녹청색으로 변하지만, 내부까지는 부식하지 않는다.

133. 스테인리스 강재의 종류 중에서 건축재로 가장 많이 사용되고 내외장과 설비 등 모든 용도에 적합한 것은? [16.1]
① STS 304　　② STS 316
③ STS 430　　④ STS 410

해설 스테인리스 강재
• STS 304 : 건축자재, 가정용품, 주방용품 등의 용도
• STS 316 : 염분이나 유독가스 등에 부식될 우려가 있는 곳
• STS 410 : 가위, 칼, 의료용 기기, 수술용구 등의 용도
• STS 430 : 전자부품, 석유정제설비, 볼트, 너트 등의 용도

134. 다음 중 합금에 대한 설명으로 옳지 않은 것은? [09.1/11.2]
① 구조용 특수강은 탄소강에 니켈·망간 등을 첨가하여 강인성을 높인 것이다.
② 황동은 구리와 주석으로 된 합금이며 산·알칼리에 침식되지 않는다.
③ 스테인리스강은 크롬 및 니켈 등을 함유하며 탄소량이 적고 내식성이 우수하다.
④ 강의 합금인 내후성 강은 부식되는 정도가 보통 강의 1/3～1/10 정도이다.

해설 ② 황동은 구리와 아연으로 된 합금이며 산·알칼리에 침식되기 쉽다.

134-1. 다음 중 황동의 주요 성분으로 옳은 것은? [10.2]
① 동, 아연　　② 동, 니켈
③ 동, 주석　　④ 동, 주석, 아연, 납

해설 황동 : 구리와 아연의 합금으로 Zn 함유량이 30%인 7 : 3 황동, Zn 함유량이 40%인 6 : 4 황동 등이 있다.
정답 ①

134-2. 은백색의 굳은 금속원소로서 불순물이 포함되면 강해지는 경향이 있으며, 스테인리스강보다 우수한 내식성을 갖는 합금은? [11.3/17.1]
① 티타늄과 그 합금　② 연과 그 합금
③ 주석과 그 합금　④ 니켈과 그 합금

해설 티타늄(Ti)의 성질 및 용도
• 성질 : 비중 4.5, 용융점 1800℃, 인장강도 490MPa이며, 비강도가 가장 크다.
• 장점 : 고온강도, 내식성, 내열성이 우수하다.
• 단점 : 절삭성과 주조성이 나쁘다.
• 용도 : 비강도가 크므로 초음속 항공기의 외판, 송풍기의 프로펠러 등에 사용한다.
정답 ①

135. 재료의 단단한 정도를 나타내는 용어는? [21.2]
① 연성　　② 인성
③ 취성　　④ 경도

해설 • 연성 : 재료가 가늘고 길게 늘어나는 성질

• 인성 : 재료가 파괴되지 않고 견딜 수 있는 성질

• 취성 : 재료가 작은 변형에도 파괴되는 성질

• 경도 : 재료의 단단한 정도를 나타내는 기계적 성질

135-1. 재료의 성질을 나타낸 용어에 대한 설명으로 옳지 않은 것은? [09.1]

① 강성 : 외력을 받았을 때 변형에 저항하는 성질

② 연성 : 재료를 두드릴 때 엷게 펴지는 현상

③ 취성 : 작은 변형에도 파괴되는 성질

④ 소성 : 힘을 제거해도 본래 상태로 돌아가지 않고 영구변형이 남는 성질

해설 연성 : 재료가 가늘고 길게 늘어나는 성질

정답 ②

136. 강의 가공과 처리에 관한 설명으로 옳지 않은 것은? [13.2/17.2]

① 소정의 성질을 얻기 위해 가열과 냉각을 조합반복하여 행한 조작을 열처리라고 한다.

② 열처리에는 단조, 불림, 풀림 등의 처리방식이 있다.

③ 압연은 구조용 강재의 가공에 주로 쓰인다.

④ 압출가공은 재료의 움직이는 방향에 따라 전방압출과 후방압출로 분류할 수 있다.

해설 ② 열처리에는 담금질, 뜨임, 불림, 풀림 등의 처리방식이 있다.

136-1. 다음 중 강(鋼)의 열처리와 관계없는 용어는? [12.3/16.2/19.3]

① 불림   ② 담금질

③ 단조   ④ 뜨임

해설 단조 : 금속의 전·연성을 활용하여 두들기거나 눌러서 필요한 형체로 만드는 비절삭가공

정답 ③

136-2. 강의 열처리 중에서 조직을 개선하고 결정을 미세화하기 위해 800∼1000℃로 가열하여 소정의 시간까지 유지한 후에 대기 중에서 냉각시키는 처리는? [15.2]

① 담금질(quenching)

② 뜨임(tempering)

③ 불림(normalizing)

④ 풀림(annealing)

해설 불림 : 가열한 후 대기 중에서 서서히 냉각시키는 것으로 재료의 결정조직을 미세화하고 기계적 성질을 개량하여 조직을 표준화한다.

정답 ③

136-3. 강의 열처리방법 중 결정을 미립화하고 균일하게 하기 위해 800∼1000℃까지 가열하여 소정의 시간까지 유지한 후에 로(爐)의 내부에서 서서히 냉각하는 방법은 무엇인가? [21.1]

① 풀림   ② 불림

③ 담금질   ④ 뜨임질

해설 풀림 : 풀림온도는 아공석강인 경우 A_3점 이상 약 30∼50℃, 과공석강인 경우 A_1점 이상 약 50℃ 높게 가열한 후 노랭한다.

정답 ①

137. 부재 두께의 증가에 따른 강도 저하, 용접성 확보 등에 대응하기 위해 열간압연 시 냉각 조건을 조절하여 냉각속도에 의해 강도를 상승시킨 구조용 특수강재는? [20.3]

① 일반구조용 압연강재
② 용접구조용 압연강재
③ TMC 강재
④ 내후성 강재

해설 TMC 강재 : 용접성 확보 등에 대응하기 위해 열간압연 시 냉각 조건을 조절하여 강도를 상승시킨 구조용 특수강재로 열처리와 소성가공을 결합시킨 방법으로 제작한다.

138. 92～96%의 철을 함유하고 나머지는 크롬·규소·망간·유황·인 등으로 구성되어 있으며 창호철물, 자물쇠, 맨홀 뚜껑 등의 재료로 사용되는 것은? [10.2]

① 선철   ② 주철   ③ 강철   ④ 순철

해설 주철 : 92～96%의 철을 함유하고 나머지는 1.7～6.67%의 탄소와 크롬·규소·망간·유황·인 등으로 구성되어 있으며, 단단하고 취성이 있어 부러지기 쉽고 강철에 비하여 쉽게 녹이 슨다. 주조하기가 쉬워 공업 주물로 널리 쓰인다.

138-1. 다음 중 주조성이 좋은 철의 순으로 옳게 나열된 것은? [11.2]

① 주철 > 강 > 순철   ② 강 > 주철 > 순철
③ 주철 > 순철 > 강   ④ 순철 > 강 > 주철

해설 주조성이 좋은 철의 순서는 주철 > 강철 > 순철 순서이다.

Tip) 탄소함유량이 많으면 주조성이 좋아지나, 인성은 줄어든다.

정답 ①

139. 강을 제조할 때 사용하는 제강법의 종류가 아닌 것은? [09.1/14.1]

① 평로 제강법   ② 전기로 제강법
③ 반사로 제강법   ④ 도가니 제강법

해설 제강법의 종류 : 평로, 전기로, 도가니, 전로 제강법 등

Tip) 반사로 : 천장의 열 반사를 이용하여 가열하는 형식의 제련노(爐)이다.

140. 경량형강에 대한 설명으로 옳지 않은 것은? [16.1]

① 단면이 작은 얇은 강판을 냉간성형하여 만든 것이다.
② 조립 또는 도장 및 가공 등의 목적으로 축판에 구멍을 뚫어서는 안 된다.
③ 가설 구조물 등에 많이 사용된다.
④ 휨내력은 우수하나 판 두께가 얇아 국부좌굴이나 녹막이 등에 주의할 필요가 있다.

해설 ② 조립 또는 도장 및 가공 등의 목적으로 축판에 구멍을 뚫을 수 있다.

141. 강재 시편의 인장시험 시 나타나는 응력－변형률 곡선에 관한 설명으로 옳지 않은 것은? [19.1]

① 하위 항복점까지 가력한 후 외력을 제거하면 변형은 원상으로 회복된다.
② 인장강도 점에서 응력 값이 가장 크게 나타난다.
③ 냉간성형한 강재는 항복점이 명확하지 않다.
④ 상위 항복점 이후에 하위 항복점이 나타난다.

해설 ① 상위 항복점까지 가력한 후 외력을 제거하면 변형은 원상으로 회복된다.

Tip) 상위 항복점까지를 탄성범위라 한다.

141-1. 아래 그림은 일반구조용 강재의 응력－변형률 곡선이다. 이에 대한 설명으로 옳지 않은 것은? [13.1]

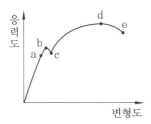

① a는 비례한계이다.
② b는 탄성한계이다.
③ c는 하위 항복점이다.
④ d는 인장강도이다.

해설 응력−변형률 곡선의 이해
• a는 비례한계 : 외력을 가력한 후 외력을 제거하면 원상으로 회복되는 점
• b는 상위 항복점 : 응력의 변화 없이 변형이 급격히 증가하는 최고점
• c는 하위 항복점 : 응력의 변화 없이 변형이 급격히 증가하는 최저점
• d는 인장강도 : 응력 값이 최대가 되는 점
• e는 파괴점 : 응력 값이 급속히 감소하여 파괴되는 점

정답 ②

142. 강재 탄소의 함유량이 0%에서 0.8%로 증가함에 따른 제반물성 변화에 대한 설명으로 옳지 않은 것은? [18.1]
① 인장강도는 증가한다.
② 항복점은 커진다.
③ 연신율은 증가한다.
④ 경도는 증가한다.

해설 탄소함유량이 약 0.85%까지는 인장강도, 항복점, 경도가 증가하지만, 그 이상이 되면 인장강도는 다시 감소한다.
Tip) 경도는 계속 증가하며 취성이 나타난다.

142-1. 강은 탄소함유량의 증가에 따라 인장강도가 증가하지만 어느 이상이 되면 다시

감소한다. 이때 인장강도가 가장 큰 시점의 탄소함유량은? [12.1/18.3/20.1]
① 약 0.9% ② 약 1.8%
③ 약 2.7% ④ 약 3.6%

해설 탄소함유량이 약 0.85%까지는 인장강도가 증가하지만, 그 이상이 되면 다시 감소한다.

정답 ①

143. 금속판에 관한 설명으로 옳지 않은 것은? [22.1]
① 알루미늄 판은 경량이고 열반사도 좋으나 알칼리에 약하다.
② 스테인리스 강판은 내식성이 필요한 제품에 사용된다.
③ 함석판은 아연도금 철판이라고도 하며 외관미는 좋으나 내식성이 약하다.
④ 연판은 X선 차단 효과가 있고 내식성도 크다.

해설 ③ 함석판은 아연도금 철판이라고도 하며 외관미가 좋고 내식성이 강하다.

미장재

144. 다음 각 미장재료에 관한 설명으로 옳지 않은 것은? [18.2]
① 생석회에 물을 첨가하면 소석회가 된다.
② 돌로마이트 플라스터는 응결기간이 짧으므로 지연제를 첨가한다.
③ 회반죽은 소석회에서 모래, 해초풀, 여물 등을 혼합한 것이다.
④ 반수석고는 가수 후 20~30분에 급속 경화한다.

해설 ② 돌로마이트 플라스터는 응결기간이 길고 수축률이 커 균열이 발생한다.

144-1. 다음 중 미장재료에 관한 설명으로 옳은 것은? [10.1/21.2]

① 보강재는 결합재의 고체화에 직접 관계하는 것으로 여물, 풀, 수염 등이 이에 속한다.
② 수경성 미장재료에는 돌로마이트 플라스터, 소석회가 있다.
③ 소석회는 돌로마이트 플라스터에 비해 점성이 높고, 작업성이 좋다.
④ 회반죽에 석고를 약간 혼합하면 수축균열을 방지할 수 있는 효과가 있다.

해설 회반죽은 소석회에 여물, 모래, 해초풀 등을 넣어 반죽한 것으로 회반죽에 석고를 약간 혼합하면 수축균열을 방지할 수 있는 효과가 있다.

정답 ④

144-2. 소석회에 모래, 해초풀, 여물 등을 혼합하여 바르는 미장재료로서 목조바탕, 콘크리트 블록 및 벽돌바탕 등에 사용되는 것은? [15.1/16.3]

① 회반죽
② 돌로마이트 플라스터
③ 시멘트 모르타르
④ 석고 플라스터

해설 회반죽은 소석회에 여물, 모래, 해초풀 등을 넣어 반죽한 것으로 회반죽에 석고를 약간 혼합하면 수축균열을 방지할 수 있는 효과가 있다.

정답 ①

144-3. 미장재료 중 회반죽에 대한 설명으로 옳지 않은 것은? [11.1/13.2]

① 소석회에 모래, 해초풀, 여물 등을 혼합하여 바르는 미장재료이다.
② 경화건조에 의한 수축률은 미장바름 중 큰 편이다.
③ 발생하는 균열은 여물로 분산·경감시킨다.
④ 다른 미장재료에 비해 건조에 걸리는 시일이 상당히 짧다.

해설 ④ 다른 미장재료에 비해 건조에 걸리는 시간이 길다.

정답 ④

144-4. 미장재료 중 회반죽에 관한 설명으로 옳지 않은 것은? [21.1]

① 경화속도가 느린 편이다.
② 일반적으로 연약하고, 비내수성이다.
③ 여물은 접착력 증대를, 해초풀은 균열방지를 위해 사용된다.
④ 소석회가 주원료이다.

해설 ③ 소석회에 여물, 모래, 해초풀 등을 넣는 것은 수축균열 방지를 위해서이다.

정답 ③

144-5. 회반죽에 여물을 넣는 가장 주된 이유는? [09.2/19.1]

① 균열을 방지하기 위하여
② 점성을 높이기 위하여
③ 경화를 촉진하기 위하여
④ 내수성을 높이기 위하여

해설 소석회에 여물, 모래, 해초풀 등을 넣는 것은 수축균열 방지를 위해서이다.

정답 ①

145. KS L 9007에서 규정하는 미장재료로 사용되는 소석회의 주요 품질평가 항목이 아닌 것은? [09.2/13.2]

① 분말도 잔량　　② 점도계수

③ 경도계수　　　　④ 응결시간

해설 소석회의 품질평가 항목(KS L 9007)

- $(CaO+MgO)[\%]$　　• $CO_2[\%]$
- 분말도 잔량　　　• 점도계수
- 경도계수

146. 다음 미장재료의 경화과정별 분류로 옳지 않은 것은? [09.1]

① 돌로마이트 플라스터 : 기경성

② 시멘트 모르타르 : 수경성

③ 석고 플라스터 : 수경성

④ 인조석바름 : 기경성

해설 • 기경성 재료 : 이산화탄소와 반응하여 경화되는 미장재료이다. 돌로마이트 플라스터, 회반죽, 진흙질, 소석회, 회사벽, 아스팔트 모르타르 등이 있다.

• 수경성 재료 : 물과 반응하여 경화되는 미장재료로 통풍이 잘 되지 않는 지하실과 같은 장소에서도 사용할 수 있다. 시멘트 모르타르, 석고 플라스터, 무수(경)석고 플라스터, 인조석바름 등이 있다.

146-1. 다음 미장재료 중 수경성 재료인 것은?

① 회반죽 [13.1/16.2/20.3]

② 회사벽

③ 석고 플라스터

④ 돌로마이트 플라스터

해설 기경성 재료 : 돌로마이트 플라스터, 회반죽, 진흙질, 소석회, 회사벽, 아스팔트 모르타르 등

정답 ③

146-2. 다음 미장재료 중 기경성이 아닌 것은? [13.1]

① 소석회

② 시멘트 모르타르

③ 회반죽

④ 돌로마이트 플라스터

해설 ② 시멘트 모르타르 – 수경성 재료

정답 ②

146-3. 미장재료별 경화형태로 옳지 않은 것은? [21.1]

① 회반죽 : 수경성

② 시멘트 모르타르 : 수경성

③ 돌로마이트 플라스터 : 기경성

④ 테라조 현장바름 : 수경성

해설 ① 회반죽 – 기경성 재료

정답 ①

146-4. 미장재료의 경화에 대한 설명 중 옳지 않은 것은? [15.2/16.1]

① 회반죽은 공기 중의 탄산가스와의 화학반응으로 경화한다.

② 이수석고($CaSO_4 \cdot 2H_2O$)는 물을 첨가해도 경화하지 않는다.

③ 돌로마이트 플라스터는 물과의 화학반응으로 경화한다.

④ 시멘트 모르타르는 물과의 화학반응으로 경화한다.

해설 ③ 돌로마이트 플라스터는 공기 중의 이산화탄소와 반응하여 경화되는 기경성 재료이다.

정답 ③

146-5. 무정형의 미장재료를 경화시키는 결합체와 거리가 먼 것은? [10.2]

① 석고 플라스터　　② 합성수지

③ 여물재　　　　　④ 아스팔트

해설 미장재료를 경화시키는 결합체는 석고 플라스터, 합성수지, 아스팔트, 시멘트 등이다.
Tip) 여물재 – 보강재료

정답 ③

146-6. 통풍이 잘 되지 않는 지하실의 미장재료로서 가장 적합하지 않은 것은? [11.1/20.1]
① 시멘트 모르타르
② 석고 플라스터
③ 킨즈 시멘트
④ 돌로마이트 플라스터

해설 돌로마이트 플라스터는 기경성 재료로 통풍이 잘 되지 않는 지하실이나 습윤장소의 미장재료로 부적합하다.

정답 ④

146-7. 다음 중 통풍이 좋지 않은 지하실에 사용하는데 가장 적합한 미장재료는 무엇인가? [10.2/16.2/17.3/20.2]
① 시멘트 모르타르
② 회사벽
③ 회반죽
④ 돌로마이트 플라스터

해설 통풍이 좋지 않은 지하실의 미장재료로는 수경성 재료인 시멘트 모르타르가 적합하다.
Tip) 기경성 재료 : 돌로마이트 플라스터, 회반죽, 진흙질, 소석회, 회사벽, 아스팔트 모르타르 등

정답 ①

147. 미장재료 중 돌로마이트 플라스터에 대한 설명으로 옳지 않은 것은? [22.1]
① 보수성이 크고 응결시간이 길다.
② 소석회에 모래, 해초풀, 여물 등을 혼합하여 바르는 미장재료이다.

③ 회반죽에 비하여 조기강도 및 최종강도가 크고 착색이 쉽다.
④ 여물을 혼입하여도 건조수축이 크기 때문에 수축균열이 발생한다.

해설 돌로마이트 플라스터는 소석회보다 점성이 높고, 풀을 넣지 않아 냄새, 곰팡이가 없어 변색될 염려가 없으며 경화 시 수축률이 큰 미장재료이다.
Tip) 회반죽 : 소석회에 여물, 모래, 해초풀 등을 넣어 반죽한 것으로 회반죽에 석고를 약간 혼합하면 수축균열을 방지할 수 있는 효과가 있다.

147-1. 돌로마이트 플라스터에 관한 설명으로 옳지 않은 것은? [18.3]
① 건조수축에 대한 저항성이 크다.
② 소석회에 비해 점성이 높고 작업성이 좋다.
③ 변색, 냄새, 곰팡이가 없으며 보수성이 크다.
④ 회반죽에 비해 조기강도 및 최종강도가 크다.

해설 ① 건조수축이 커 수축균열이 발생하기 쉽다.

정답 ①

147-2. 돌로마이트에 화강석 부스러기, 색모래, 안료 등을 섞어 정벌바름하고 충분히 굳지 않은 때에 표면에 거친솔, 얼레빗 같은 것으로 긁어 거친 면으로 마무리한 것은? [14.3]
① 리신바름
② 라프코트
③ 섬유벽바름
④ 회반죽바름

해설 리신바름 : 돌로마이트에 화강석 부스러기, 색모래, 안료 등을 섞어 정벌바름하고 충분히 굳지 않은 때에 표면에 거친솔, 얼레빗 같은 것으로 긁어 거친 면으로 마무리하는 인조석바름

정답 ①

148. 다음의 미장재료 중 균열저항성이 가장 큰 것은? [16.2/17.1/17.3/19.1/22.2]

① 회반죽바름
② 소석고 플라스터
③ 경석고 플라스터
④ 돌로마이트 플라스터

해설 경석고 플라스터는 점성이 큰 재료이므로 여물이나 풀이 필요 없는 미장재료이다.
Tip) 기경성 재료 : 돌로마이트 플라스터, 회반죽, 진흙질, 소석회, 회사벽, 아스팔트 모르타르 등

148-1. 경석고 플라스터에 대한 설명으로 옳지 않은 것은? [14.2]

① 소석고보다 응결속도가 빠르다.
② 표면 강도가 크고 광택이 있다.
③ 습윤 시 팽창이 크다.
④ 다른 석고계의 플라스터와 혼합을 피해야 한다.

해설 ① 소석고보다 응결속도가 느리다.
정답 ①

148-2. 석고 플라스터에 대한 설명으로 옳지 않은 것은? [11.1]

① 시멘트에 비해 경화속도가 느리다.
② 내화성을 갖는다.
③ 경화, 건조 시 치수 안정성을 갖는다.
④ 물에 용해되는 성질이 있어 물을 사용하는 장소에는 부적합하다.

해설 ① 시멘트에 비해 경화속도가 빠르다.
정답 ①

148-3. 미장재료 중 석고에 관한 설명으로 옳지 않은 것은? [13.3]

① 석고의 화학성분은 황산칼슘이다.

② 회반죽에 석고를 약간 혼합하면 수축균열을 방지할 수 있다.
③ 무수석고에 경화 촉진제로서 화학처리한 것을 경석고 플라스터라 한다.
④ 공기 중의 탄산가스에 의해 경화하는 기경성 재료이다.

해설 ④ 물과 화학반응하여 경화하는 수경성 재료이다.
정답 ④

149. 미장재료의 응결시간을 단축시킬 목적으로 첨가하는 대표적인 촉진제는? [10.2]

① 옥시카르본산 ② 폴리알코올류
③ 마그네시아염 ④ 염화칼슘

해설 미장재료의 응결시간을 단축시키는 촉진제는 염화칼슘, 염화나트륨, 규산소다이며, 대표적인 촉진제는 염화칼슘이다.

149-1. 킨즈 시멘트 제조 시 무수석고의 경화를 촉진시키기 위해 사용하는 혼화재료는? [16.1/20.1]

① 규산백토 ② 플라이애쉬
③ 화산회 ④ 백반

해설 킨즈 시멘트는 경석고에 백반 등의 촉진제를 배합한 것으로 약간 붉은 빛을 띠는 백색 플라스터이다.
정답 ④

150. 미장재료의 구성재료에 관한 설명으로 옳지 않은 것은? [21.3]

① 부착재료는 마감과 바탕재료를 붙이는 역할을 한다.
② 무기혼화재료는 시공성 향상 등을 위해 첨가된다.
③ 풀재는 강도증진을 위해 첨가된다.

④ 여물재는 균열방지를 위해 첨가된다.

해설 ③ 풀재는 균열방지를 위해 첨가된다.

150-1. 미장공사에서 사용되는 바름재료 중 여물에 관한 설명으로 옳지 않은 것은 어느 것인가? [17.3/20.2]

① 바름에 있어서 재료에 끈기를 주어 흘러내림을 방지한다.

② 흙 손질을 용이하게 하는 효과가 있다.

③ 바름 중에는 보수성을 향상시키고, 바름 후에는 건조에 따라 생기는 균열을 방지한다.

④ 여물의 섬유는 질기고 굵으며, 색이 짙고 빳빳한 것일수록 양질의 제품이다.

해설 ④ 여물의 섬유는 질기고 가늘며, 백색으로 부드러운 것일수록 양질이 제품이다.

Tip) 여물의 섬유는 굵으며, 색이 짙고 빳빳한 것일수록 하급제품이다.

정답 ④

151. 미장바탕의 일반적인 성능 조건과 가장 거리가 먼 것은? [14.3/18.2/22.2]

① 미장층보다 강도가 클 것

② 미장층과 유효한 접착강도를 얻을 수 있을 것

③ 미장층보다 강성이 작을 것

④ 미장층의 경화, 건조에 지장을 주지 않을 것

해설 ③ 미장층보다 강성이 클 것

151-1. 미장공사의 바탕 조건으로 옳지 않은 것은? [17.1]

① 미장층보다 강도는 크지만 강성은 작을 것

② 미장층과 유해한 화학반응을 하지 않을 것

③ 미장층의 경화, 건조에 지장을 주지 않을 것

④ 미장층의 시공에 적합한 흡수성을 가질 것

해설 ① 미장층보다 강도와 강성이 있을 것

정답 ①

152. 건축용 뿜칠마감재의 조성에 관한 설명 중 옳지 않은 것은? [17.1]

① 안료 : 내알칼리성, 내후성, 착색력, 색조의 안정

② 유동화제 : 재료를 유동화시키는 재료(물이나 유기용제 등)

③ 골재 : 치수 안정성을 향상시키고 흡음성, 단열성 등의 성능 개선(모래, 석분, 펄프입자, 질석 등)

④ 결합재 : 바탕재의 강도를 유지하기 위한 재료(골재, 시멘트 등)

해설 결합재 : 혼화재료, 잔골재, 굵은 골재 등의 결합을 위한 재료(골재, 시멘트 등)

153. 기성 배합 모르타르 바름에 관한 설명으로 옳지 않은 것은? [13.3/19.1]

① 현장에서의 시공이 간편하다.

② 공장에서 미리 배합하므로 재료가 균질하다.

③ 접착력 강화제가 혼입되기도 한다.

④ 주로 바름 두께가 두꺼운 경우에 많이 쓰인다.

해설 ④ 주로 바름 두께가 얇은 경우에 많이 쓰인다.

합성수지

154. 다음 합성수지 중 열가소성 수지가 아닌 것은? [21.1]

① 알키드수지

② 염화비닐수지

③ 아크릴수지

④ 폴리프로필렌수지

해설 열가소성 수지 : 염화비닐수지, 아크릴수지, 폴리프로필렌수지, 폴리에틸렌수지 등
Tip) 열가소성 수지 : 열을 가하여 자유로이 변형할 수 있는 성질의 합성수지

154-1. 합성수지의 종류 중 열가소성 수지가 아닌 것은? [22.1]

① 염화비닐수지

② 멜라민수지

③ 폴리프로필렌수지

④ 폴리에틸렌수지

해설 열가소성 수지 : 염화비닐수지, 아크릴수지, 폴리프로필렌수지, 폴리에틸렌수지 등
Tip) ② 멜라민수지 : 열경화성 수지

정답 ②

154-2. 발포제로서 보드상으로 성형하여 단열재로 널리 사용되며 천장재, 전기용품, 냉장고 내부상자 등으로 쓰이는 열가소성 수지는? [12.1/12.2/13.3/17.1/17.3/21.3]

① 폴리스티렌수지

② 폴리에스테르수지

③ 멜라민수지

④ 메타크릴수지

해설 폴리스티렌수지

• 무색투명하고 착색하기 쉬우며, 내수성, 내마모성, 내화학성, 전기절연성, 가공성이 우수하다.

• 단단하나 부서지기 쉽고, 충격에 약하고, 내열성이 작은 단점이 있다.

• 전기용품, 절연재, 저온 단열재로 쓰이고, 건축물의 천장재, 블라인드 등으로 사용한다.

정답 ①

154-3. 상온에서 유백색의 탄성이 있는 열가소성 수지로서 얇은 시트로 이용되는 것은? [12.3]

① 폴리에틸렌수지

② 요소수지

③ 실리콘수지

④ 폴리우레탄수지

해설 폴리에틸렌수지 : 열가소성 수지로서 얇은 시트로 방수, 방습시트, 전선피복, 포장필름 등에 사용된다.

정답 ①

154-4. 다음 열가소성 수지 중 열 변형 온도가 가장 큰 것은? [15.2]

① 폴리염화비닐(PVC)

② 폴리스티렌(PS)

③ 폴리카보네이트(PC)

④ 폴리에틸렌(PE)

해설 폴리카보네이트는 열 변형 온도가 140~150℃로 가장 크다.

정답 ③

155. 다음 합성수지 중 열경화성 수지에 해당하는 것은? [11.1]

① 초산비닐수지　　② 폴리아미드수지

③ 푸란수지　　④ 셀룰로이드

해설 열경화성 수지 : 가열하면 연화되어 변형하나, 냉각시키면 그대로 굳어지는 수지로 페놀수지, 폴리에스테르수지, 요소수지, 멜라민수지, 실리콘수지, 푸란수지, 에폭시수지, 알키드수지 등

Tip) 열가소성 수지 : 초산비닐수지, 폴리아미드수지, 셀룰로이드, 염화비닐수지, 폴리에틸렌수지, 아크릴수지, 폴리프로필렌수지 등

155-1. 다음 중 열경화성 수지에 속하지 않는 것은? [11.2/12.1/19.3]

① 멜라민수지　　② 요소수지
③ 폴리에틸렌수지　　④ 에폭시수지

해설 열경화성 수지 : 가열하면 연화되어 변형하나, 냉각시키면 그대로 굳어지는 수지로 페놀수지, 폴리에스테르수지, 요소수지, 멜라민수지, 실리콘수지, 푸란수지, 에폭시수지, 알키드수지 등
Tip) 폴리에틸렌수지 – 열가소성 수지
정답 ③

155-2. 다음 중 열경화성 수지에 해당하지 않는 것은? [21.3]

① 염화비닐수지　　② 페놀수지
③ 멜라민수지　　④ 에폭시수지

해설 ①은 열가소성 수지
정답 ①

155-3. 다음 중 열경화성 수지가 아닌 것은? [14.3/18.3/22.2]

① 페놀수지　　② 요소수지
③ 아크릴수지　　④ 멜라민수지

해설 ③은 열가소성 수지
정답 ③

156. 합성수지에 관한 설명으로 옳지 않은 것은? [17.3]

① 투광율이 비교적 큰 것이 있어 유리대용의 효과를 가진 것이 있다.

② 착색이 자유로우며 형태와 표면이 매끈하고 미관이 좋다.
③ 흡수율, 투수율이 작으므로 방수 효과가 좋다.
④ 경도가 높아서 마멸되기 쉬운 곳에 사용하면 효과적이다.

해설 ④ 내마모성과 표면강도가 약해 마모되기 쉬운 곳에 사용하지는 않는다.

156-1. 합성수지를 이용한 건축재료에 관한 설명으로 옳지 않은 것은? [09.2]

① 가소성이 크며 성형가공이 용이하다.
② 내수성이 양호하다.
③ 열에 의한 팽창 및 수축이 크다.
④ 탄성계수가 금속재에 비해 매우 크다.

해설 ④ 탄성계수가 금속재에 비해 매우 작다.
정답 ④

156-2. 합성수지 재료에 관한 설명으로 옳지 않은 것은? [19.1]

① 에폭시수지는 접착성은 우수하나 경화 시 휘발성이 있어 용적의 감소가 매우 크다.
② 요소수지는 무색이어서 착색이 자유롭고 내수성이 크며 내수합판의 접착제로 사용된다.
③ 폴리에스테르수지는 전기절연성, 내열성이 우수하고 특히 내약품성이 뛰어나다.
④ 실리콘수지는 내약품성, 내후성이 좋으며 방수피막 등에 사용된다.

해설 ① 에폭시수지는 접착성이 우수하며, 경화 시 휘발성이 없다.
정답 ①

156-3. 수지성형품 중에서 표면경도가 크고 아름다운 광택을 지니면서 착색이 자유롭고 내열성이 우수한 수지로 마감재, 전기부품 등에 활용되는 수지는? [11.2]

① 멜라민수지　　② 에폭시수지
③ 폴리우레탄수지　　④ 실리콘수지

해설 • 멜라민수지 : 표면경도가 크며, 내약
품성과 내열성이 좋고 표면 치장재로 사용
한다.
• 에폭시수지 : 열경화성 합성수지로 내수
성, 내습성, 내약품성, 전기절연성이 우수
하며, 접착력이 강해 금속, 나무, 유리 등
특히 경금속 항공기 접착에도 사용한다.
• 폴리우레탄수지 : 합성수지로서 기포성 보
온재로 신축성이 좋아 내열성, 내마모성,
내용제성, 내약품성이 우수하며, 목재의 접
착성이 우수하다.
• 실리콘수지 : 내열성, 내수성, 내한성이 우
수하고 방수제 접착제, 도료로 사용된다.

정답 ①

156-4. 전기절연성, 내열성이 우수하고 특히
내약품성이 뛰어나며, 유리섬유로 보강하여
강화플라스틱(F.R.P)의 제조에 사용되는 합
성수지는?　　　　　　　　[21.1]

① 멜라민수지
② 불포화 폴리에스테르수지
③ 페놀수지
④ 염화비닐수지

해설 불포화 폴리에스테르수지 : 전기절연성,
내열성이 우수하고, 유리섬유로 보강하여 강화
플라스틱(F.R.P)의 제조에 사용되는 합성수지
Tip) 강화플라스틱(F.R.P) : 불포화 폴리에스
테르수지에 유리섬유, 석면 따위의 보강재
를 더하여 단단하게 만든 플라스틱

정답 ②

156-5. 투명도가 높으므로 유기유리라고도

불리며 무색투명하여 착색이 자유롭고 상온
에서도 절단·가공이 용이한 합성수지는?

① 폴리에틸렌수지　　　　　[19.1]
② 스티롤수지
③ 멜라민수지
④ 아크릴수지

해설 아크릴수지 : 열가소성 수지로 유기질
유리라고도 불리며, 무색투명하여 착색이 자
유롭고 상온에서도 절단·가공이 용이한 합
성수지

정답 ④

156-6. 내열성이 크고 발수성을 나타내어
방수제로 쓰이며 저온에서도 탄성이 있어
gasket, packing의 원료로 쓰이는 합성수지
는?　　　　　　[09.2/13.2/19.2]

① 페놀수지　　② 폴리에스테르수지
③ 실리콘수지　　④ 멜라민수지

해설 실리콘(silicon)수지 : 내열성, 내수성,
내한성이 우수하고 방수제로 쓰이며, 저온에
서도 탄성이 있어 gasket, packing의 원료로
쓰이는 합성수지, 규소수지라고도 한다.

정답 ③

156-7. 실리콘(silicon)수지에 관한 설명으로
옳지 않은 것은?　　　　　[20.3]

① 실리콘수지는 내열성, 내한성이 우수하
여 -60~260℃의 범위에서 안정하다.
② 탄성을 지니고 있고, 내후성도 우수하다.
③ 발수성이 있기 때문에 건축물, 전기절연물
등의 방수에 쓰인다.
④ 도료로 사용할 경우 안료로서 알루미늄 분
말을 혼합한 것은 내화성이 부족하다.

해설 ④ 알루미늄 도료는 방청도료이다.

정답 ④

157. 플라스틱 재료의 일반적인 성질에 대한 설명 중 틀린 것은? [15.2]

① 플라스틱은 일반적으로 투명 또는 백색의 물질이므로 적합한 안료나 염료를 첨가함에 따라 상당히 광범위하게 채색이 가능하다.

② 플라스틱의 내수성 및 내투습성은 극히 양호하며, 가장 좋은 것은 폴리초산비닐이다.

③ 플라스틱은 상호 간 계면접착이 잘 되며, 금속, 콘크리트, 목재, 유리 등 다른 재료에도 잘 부착된다.

④ 플라스틱은 일반적으로 전기절연성이 상당히 양호하다.

해설 ② 폴리초산비닐은 내수성, 내알칼리성, 내후성은 떨어지지만, 투명성, 접착성이 뛰어나다.

157-1. 플라스틱의 특성에 관한 설명 중 옳지 않은 것은? [10.1]

① 압축강도보다 인장강도가 크다.

② 열에 의한 팽창·수축이 크다.

③ 전·연성 및 접착성이 크다.

④ 전기절연성이 양호하다.

해설 ① 인장강도보다 압축강도가 크다.

정답 ①

157-2. 플라스틱 재료에 관한 설명으로 옳지 않은 것은? [16.2]

① 아크릴수지의 성형품은 색조가 선명하고 광택이 있어 아름다우나 내용제성이 약하므로 상처 나기 쉽다.

② 폴리에틸렌수지는 상온에서 유백색의 탄성이 있는 수지로서 얇은 시트로 이용된다.

③ 실리콘수지는 발포제로서 보드상으로 성형하여 단열재로 널리 사용된다.

④ 염화비닐수지는 P.V.C라고 칭하며 내산, 내알카리성 및 내후성이 우수하다.

해설 ③ 실리콘수지는 내수성이 특히 강해 단열재보다는 방수재로 널리 사용된다.

정답 ③

157-3. 플라스틱 재료에 관한 설명으로 옳지 않은 것은? [15.3]

① 실리콘수지는 내열성, 내한성이 우수한 수지로 콘크리트의 발수성 방수도료에 적당하다.

② 불포화 폴리에스테르수지는 유리섬유로 보강하여 사용되는 경우가 많다.

③ 아크릴수지는 투명도가 높아 유기유리로 불린다.

④ 멜라민수지는 내수, 내약품성은 우수하나 표면경도가 낮다.

해설 ④ 멜라민수지는 내수, 내약품성이 우수하고, 표면경도가 높다.

정답 ④

157-4. 다음 각 플라스틱 재료의 용도를 표기한 것으로 옳지 않은 것은? [14.1]

① 멜라민수지 : 치장판

② 염화비닐수지 : 판재, 파이프 등의 각종 성형품

③ 에폭시수지 : 접착제

④ 폴리에스테르수지 : 흡음발포제

해설 폴리에스테르수지 : 글라스섬유로 강화된 평판, 판상제품

Tip) 발포 플라스틱류(우레탄 폼, 에틸렌 폼 등) : 흡음발포제

정답 ④

157-5. 열가소성 플라스틱 중 투광성이 높고 경량이며 내후성과 내약품성, 역학적 성질이 뛰어나기 때문에 유리 대용품으로서 광범위하게 이용되고 있는 것은? [10.2]

① 염화비닐수지

② 메타크릴수지

③ 폴리에틸렌수지

④ 폴리프로필렌수지

해설 메타크릴수지 : 투광성이 높고 경량이며 내후성과 내약품성, 역학적 성질이 우수하여 유리 대용품으로 쓰인다.

정답 ②

157-6. 다음과 같은 특성을 가진 플라스틱의 종류는? [15.2/18.1]

- 가열하면 연화 또는 융해하여 가소성이 되고, 냉각하면 경화하는 재료이다.
- 분자구조가 쇄상구조로 이루어져 있다.

① 멜라민수지 　　② 아크릴수지

③ 요소수지 　　　④ 페놀수지

해설 지문은 아크릴수지에 대한 설명이다.

정답 ②

158. 플라스틱 제품 중 비닐레더(vinyl leather)에 관한 설명으로 옳지 않은 것은 어느 것인가? [13.3/17.3/20.3]

① 색채, 모양, 무늬 등을 자유롭게 할 수 있다.

② 면포로 된 것은 찢어지지 않고 튼튼하다.

③ 두께는 0.5~1mm이고 길이는 10m의 두루마리로 만든다.

④ 커튼, 테이블크로스, 방수막으로 사용된다.

해설 비닐레더(vinyl leather)

- 색채, 모양, 무늬 등을 자유롭게 할 수 있다.
- 면포로 된 것은 찢어지지 않고 튼튼하다.
- 두께는 0.5~1mm이고 길이는 10m의 두루마리로 만든다.

Tip) 커튼, 테이블크로스, 방수막으로는 자기 점착성 필름이 사용된다.

159. 플라스틱 건설재료의 현장 적용 시 고려사항에 관한 설명으로 옳지 않은 것은? [19.2]

① 열가소성 플라스틱 재료들은 열팽창계수가 작으므로 경질판의 정착에 있어서 열에 의한 팽창 및 수축 여유는 고려하지 않아도 좋다.

② 마감 부분에 사용하는 경우 표면의 흠, 얼룩 변형이 생기지 않도록 하고 필요에 따라 종이, 천 등으로 보호하여 양생한다.

③ 열경화성 접착제에 경화제 및 촉진제 등을 혼입하여 사용할 경우, 심한 발열이 생기지 않도록 적정량의 배합을 한다.

④ 두께 2mm 이상의 열경화성 평판을 현장에서 가공할 경우, 가열 가공하지 않도록 한다.

해설 ① 열가소성 플라스틱 재료들은 열팽창계수가 크므로 경질판의 정착에 있어서 열에 의한 팽창 및 수축 여유를 반드시 고려해야 한다.

도료 및 접착제 Ⅰ

160. 다음 중 방청도료에 해당되지 않는 것은? [20.3]

① 광명단 조합페인트

② 클리어래커

③ 에칭프라이머

④ 징크로메이트 도료

해설 방청도료 : 광명단 조합페인트, 에칭프라이머, 징크로메이트 도료, 알루미늄 도료, 규산도료, 크롬산아연, 워시프라이머 등

160-1. 다음 도료 중 방청도료에 해당하지 않는 것은? [19.3]

5과목 건설재료학

① 광명단 도료   ② 다채무늬 도료
③ 알루미늄 도료   ④ 징크로메이트 도료

해설 방청도료 : 광명단 조합페인트, 에칭프라이머, 징크로메이트 도료, 알루미늄 도료, 규산도료, 크롬산아연, 워시프라이머 등

정답 ②

160-2. 다음 중 방청도료와 가장 거리가 먼 것은? [11.3]

① 광명단 도료   ② 에멀션페인트
③ 징크로메이트   ④ 워시프라이머

해설 에멀션페인트는 수성페인트에 합성수지와 유화제를 섞은 것으로 수성페인트의 일종이다.

정답 ②

160-3. 특수도료의 목적상 방청도료에 속하지 않는 것은? [19.2]

① 알루미늄 도료   ② 징크로메이트 도료
③ 형광도료   ④ 에칭프라이머

해설 방청도료 : 광명단 조합페인트, 에칭프라이머, 징크로메이트 도료, 알루미늄 도료, 규산도료, 크롬산아연, 워시프라이머 등

정답 ③

161. 녹방지용 안료와 관계없는 것은? [16.1]

① 연단   ② 징크 크로메이트
③ 크롬산아연   ④ 탄산칼슘

해설 녹방지용 안료 : 연단(광명단), 징크 크로메이트, 크롬산아연, 알루미늄 도료 등
Tip) 탄산칼슘 – 시멘트, 유리, 약품 등의 제조 재료

161-1. 금속재료의 녹막이를 위하여 사용하는 바탕칠 도료는? [18.3]

① 알루미늄페인트   ② 광명단
③ 에나멜페인트   ④ 실리콘페인트

해설 광명단은 보일드유를 유성페인트에 녹인 것으로 철재류에 사용되는 녹방지용 바탕칠 도료이다.

정답 ②

161-2. 크롬산아연을 안료로 하고, 알키드수지를 전색제로 한 것으로서 알루미늄 녹막이 초벌칠에 적당한 것은? [10.2]

① 광명단
② 징크로메이트 도료
③ 그래파이트 도료
④ 알루미늄 도료

해설 징크로메이트 도료 : 크롬산아연을 안료로 하고, 알키드수지를 전색제로 한 것으로서 알루미늄 녹막이 초벌칠에 적당한 도료

정답 ②

162. 다음 중 도료의 건조제로 사용되지 않는 것은? [18.2]

① 리사지   ② 나프타
③ 연단   ④ 이산화망간

해설 도료의 건조제 : 리사지, 연단, 이산화망간(MnO_2), 초산염, 붕산망간, 수산망간 등
Tip) 나프타 : 원유의 분별증류 시 얻어지는 탄화수소의 혼합물

162-1. 도료의 건조제 중 상온에서 기름에 용해되지 않는 것은? [11.2/20.1]

① 붕산망간   ② 이산화망간
③ 초산염   ④ 코발트의 수지산

해설 코발트의 수지산은 도료의 건조제 중 상온에서 기름에 용해되지 않고, 가열하면 기름에 용해된다.

Tip) 상온에서 기름에 용해되는 건조제 : 붕산망간, 이산화망간(MnO_2), 초산염, 일산화연, 연단 등

정답 ④

162-2. 도료의 건조제(dryer) 중 상온에서 기름에 용해되는 건조제가 아닌 것은? [10.3]

① 붕산망간
② 이산화망간(MnO_2)
③ 초산염
④ 연(Pb)

해설 연(Pb)은 가열하면 기름에 용해되는 건조제이다.

Tip) 상온에서 기름에 용해되는 건조제 : 붕산망간, 이산화망간(MnO_2), 초산염, 일산화연, 연단 등

정답 ④

163. 도료를 건조과정에 의해 분류할 때 가열건조형에 속하는 것은? [14.1]

① 바니시
② 비닐수지 도료
③ 아미노알키드수지 도료
④ 에멀션 도료

해설 도료의 건조과정에 의한 분류

• 자연건조형 : 상온에서 건조하는 방식으로 바니시, 래커, 에멀션 도료, 비닐수지 도료 등
• 가열건조형 : 가열하여 건조하는 방식으로 아미노알키드수지, 에폭시수지, 페놀수지 등

163-1. 다음의 도료 중 뉴트로셀룰로오스 등의 천연수지를 이용한 자연건조형으로 단시간에 도막이 형성되는 것은? [10.1]

① 셀락니스
② 래거에니멜
③ 캐슈(cashew)수지 도료
④ 유성에나멜 페인트

해설 래커에나멜 : 도료 중 뉴트로셀룰로오스 등의 천연수지를 이용한 자연건조형으로 단시간에 도막이 형성되며, 연마성이 좋아 자동차 외장용으로 쓰인다.

정답 ②

164. 도료의 저장 중 온도의 상승 및 저하의 반복 작용에 의해 도료 내에 작은 결정이 무수히 발생하며 도장 시 도막에 좁쌀모양이 생기는 현상은? [15.2]

① skinning
② seeding
③ bodying
④ sagging

해설 시딩(seeding) : 저장 도료의 온도상승과 저하의 반복 작용에 의해 도료 내에 작은 결정이 무수히 발생하며 도장 시 도막에 좁쌀모양이 생기는 현상

165. 도료의 도막을 형성하는데 필요한 유동성을 얻기 위하여 첨가하는 것은? [13.3]

① 안료
② 가소제
③ 수지
④ 용제

해설 용제 : 도료의 도막을 형성하는데 필요한 유동성을 얻기 위해 사용한다.

166. 다음 도료 중 내알칼리성이 가장 적은 도료는? [11.1]

① 페놀수지 도료
② 멜라민수지 도료
③ 초산비닐 도료
④ 프탈산수지에나멜

해설 프탈산수지에나멜 : 석유 원료로 무수프탈산과 글리세린을 반응시키면 내알칼리성이 적어진다.

Tip) 페놀수지 도료, 멜라민수지 도료, 초산비닐 도료는 내알칼리성이 크다.

167. 도료의 저장 중 또는 용기 내 방치 시 도료의 표면에 피막이 형성되는 현상의 발생 원인과 가장 관계가 먼 것은? [14.1/20.1]

① 피막방지제의 부족이나 건조제가 과잉일 경우
② 용기 내의 공간이 커서 산소의 양이 많을 경우
③ 부적당한 시너로 희석하였을 경우
④ 사용잔량을 뚜껑을 열어둔 채 방치하였을 경우

해설 표면에 피막이 형성되는 현상의 발생 원인
• 피막방지제의 부족이나 건조제가 과잉일 경우
• 용기 내의 공간이 커서 산소의 양이 많을 경우
• 사용잔량을 뚜껑을 열어둔 채 방치하였을 경우

168. 도료의 사용 용도에 관한 설명으로 옳지 않은 것은? [17.3/21.1]

① 유성바니쉬는 투명도료이며, 목재마감에도 사용 가능하다.
② 유성페인트는 모르타르, 콘크리트면에 발라 착색 방수피막을 형성한다.
③ 합성수지 에멀션페인트는 콘크리트면, 석고보드 바탕 등에 사용된다.
④ 클리어래커는 목재면의 투명도장에 사용된다.

해설 ② 유성페인트를 모르타르, 콘크리트면에 발라도 착색 방수피막은 형성되지 않는다.

168-1. 유용성 수지를 건조성 기름에 가열·용해하여 이것을 휘발성 용제로 희석한

것으로 광택이 있고 강인하며 내구·내수성이 큰 도장재료는? [09.1/12.2]

① 유성페인트
② 유성바니시
③ 에나멜페인트
④ 스테인

해설 유성바니시 : 유용성 수지를 건조성 기름에 가열·용해하여 휘발성 용제로 희석한 것으로 광택이 있고 내구·내수성이 큰 투명도료

정답 ②

168-2. 다음 중 도장공사에 사용되는 투명도료는? [17.3]

① 오일바니쉬
② 에나멜페인트
③ 래커에나멜
④ 합성수지 페인트

해설 오일바니시 : 건성유와 유용성 수지 등을 가열 융합시키고, 건조제를 첨가한 용제로 희석한 것으로 내구성, 내수성이 큰 투명도료

정답 ①

168-3. 다음 중 바니시에 대한 설명으로 틀린 것은? [14.3]

① 바니시는 합성수지, 아스팔트, 안료 등에 건성유나 용제를 첨가한 것이다.
② 휘발성 바니시에는 락(lock), 래커(lacquer) 등이 있다.
③ 휘발성 바니시는 건조가 빠르나 도막이 얇고 부착력이 약하다.
④ 유성바니시는 불투명도료로 내후성이 커서 외장용으로 사용된다.

해설 ④ 유성바니시(니스)는 내부용 목재의 도료로 사용되는 투명도료이다.
Tip) 건물의 외장용 도료 : 유성페인트, 수성페인트, 페놀수지 도료, 합성수지 에멀션페인트 등

정답 ④

168-4. 건물의 외장용 도료로 가장 적합하지 않은 것은? [09.2/13.1/16.3]

① 유성페인트
② 수성페인트
③ 페놀수지 도료
④ 유성바니시

해설 건물의 외장용 도료 : 유성페인트, 수성페인트, 페놀수지 도료, 합성수지 에멀션페인트 등

Tip) 유성바니시(니스) : 내부용 목재의 도료로 사용되는 투명도료

정답 ④

168-5. 알키드수지·아크릴수지·에폭시수지·초산비닐수지를 용제에 녹여서 착색제를 혼입하여 만든 재료로 내화학성, 내후성, 내식성 및 치장 효과가 있는 내·외장 도장재료는? [14.2]

① 비닐모르타르
② 플라스틱라이닝
③ 플라스틱 스펀지
④ 합성수지 스프레이 코팅제

해설 합성수지 스프레이 코팅제 : 합성수지 용제에 녹여서 착색제를 혼입하여 만든 재료로 내화학성, 내후성, 내식성 등 치장 효과가 있는 내·외장 도장재료

정답 ④

168-6. 유성페인트나 바니시와 비교한 합성수지 도료의 전반적인 특성에 관한 설명으로 옳지 않은 것은? [15.3]

① 도막이 단단하지 못한 편이다.
② 건조시간이 빠른 편이다.
③ 내산, 내알칼리성을 가지고 있다.
④ 방화성이 더 우수한 편이다.

해설 ① 도막이 단단하다.

정답 ①

168-7. 목부의 옹이땜, 송진막이, 스밈막이 등에 사용되나, 내후성이 약한 도장재는?

① 캐슈 [11.1/14.1]
② 워시프라이머
③ 셀락니스
④ 페인트 시너

해설 • 페인트 시너 : 유성페인트의 희석제
• 캐슈 : 옻나무, 캐슈의 껍질에 포함된 액을 주원료로 한 유성도료로 광택이 우수하고 내열성, 내수성, 내약품성이 우수한 도료
• 워시프라이머 : 비닐부티랄수지와 크로뮴산아연 등의 주성분에 인산을 가한 도료로 금속 표면처리와 방청성, 부착성이 좋은 방청도료
• 셀락니스 : 내후성이 약한 무색투명한 천연니스로 목부의 옹이땜, 송진막이, 스밈막이 등에 사용하는 도료

정답 ③

168-8. 안료가 들어가지 않는 도료로서 목재면의 투명도장에 쓰이며, 내후성이 좋지 않아 외부에 사용하기에는 적당하지 않고 내부용으로 주로 사용하는 것은? [19.1/21.2]

① 수성페인트
② 클리어래커
③ 래커에나멜
④ 유성에나멜

해설 클리어래커(clear lacquer)
• 질산셀룰로오스(질화면)를 주성분으로 하는 속건성의 투명 마무리 도료로 용제 증발에 의해 막을 만든다.
• 담색으로서 우아한 광택이 있고 내부 목재용으로 쓰인다.

정답 ②

168-9. 도장재료 중 래커(lacquer)에 관한 설명으로 옳지 않은 것은? [20.1]

① 내구성은 크나 도막이 느리게 건조된다.
② 클리어래커는 투명 래커로 도막은 얇으나 견고하고 광택이 우수하다.
③ 클리어래커는 내후성이 좋지 않아 내부용으로 주로 쓰인다.
④ 래커에나멜은 불투명 도료로서 클리어래커에 안료를 첨가한 것을 말한다.

해설 ① 내구성이 크며, 도막이 빠르게 건조된다.

정답 ①

168-10. 자연에서 용제가 증발해서 표면에 피막이 형성되어 굳는 도료는? [15.3/18.3]

① 유성조합 페인트
② 에폭시수지 도료
③ 알키드수지
④ 염화비닐수지 에나멜

해설 염화비닐수지 에나멜은 자연에서 용제가 증발해서 표면에 피막이 형성되는 도료이다.

정답 ④

168-11. 도장재료 중 물이 증발하여 수지입자가 굳는 융착건조경화를 하는 것은? [22.2]

① 알키드수지 도료
② 에폭시수지 도료
③ 불소수지 도료
④ 합성수지 에멀션페인트

해설 물이 증발하여 수지입자가 굳는 융착건조경화를 하는 도장재료는 합성수지 에멀션페인트이다.

정답 ④

도료 및 접착제 Ⅱ

169. 안료를 적은 양의 물로 용해하여 수용성 교착제와 혼합한 분말상태의 도료는? [19.3]

① 수성페인트
② 바니시
③ 래커
④ 에나멜페인트

해설 수성페인트 : 안료를 물로 용해하여 만든 수용성 분말상태의 도료
Tip) 수성페인트는 유성페인트에 비하여 광택이 없으며, 내수성 및 내구성이 약하다.

169-1. 수성페인트에 대한 설명으로 옳지 않은 것은? [11.2/20.3/22.1]

① 수성페인트의 일종인 에멀션페인트는 수성페인트에 합성수지와 유화제를 섞은 것이다.
② 수성페인트를 칠한 면은 외관은 온화하지만 독성 및 화재 발생의 위험이 있다.
③ 수성페인트의 재료로 아교·전분·카세인 등이 활용된다.
④ 광택이 없으며 회반죽면 또는 모르타르면의 칠에 적당하다.

해설 ② 수성페인트를 칠한 면은 독성 및 화재 발생의 위험이 없다.
Tip) 유성페인트는 독성 및 화재 발생의 위험이 있다.

정답 ②

169-2. 수성페인트에 합성수지와 유화제를 섞은 페인트는? [16.1]

① 에멀션페인트　② 조합페인트
③ 견련페인트　　④ 방청페인트

해설 수성페인트의 일종인 에멀션페인트는 수성페인트에 합성수지와 유화제를 섞은 것이다.

정답 ①

170. 수직면으로 도장하였을 경우 도장 직후에 도막이 흘러내리는 현상의 발생 원인과 가장 거리가 먼 것은? [15.1/18.1]

① 얇게 도장하였을 때
② 지나친 희석으로 점도가 낮을 때
③ 저온으로 건조시간이 길 때
④ airless 도장 시 팁이 크거나 2차압이 낮아 분무가 잘 안되었을 때

해설 ① 얇게 도장하였을 때는 빨리 건조되어 도장 직후에도 흘러내리지 않는다.

171. 도장 결함 중 주름 발생 현상의 방지 대책으로 가장 적합한 것은? [11.1]

① 도료의 점도를 낮춘다.
② 교반을 충분하게 하고 겹칠을 한다.
③ 바탕과 도료와의 심한 온도 차이를 피한다.
④ 도포 후 즉시 직사광선을 쬐이지 않는다.

해설 도장 결함의 방지 대책
• 적당한 두께로 도장한다.
• 충분히 건조한 후에 도장한다.
• 도포 후 즉시 직사광선을 쬐이지 않는다.
• 증발속도가 빠른 용제 사용을 금지한다.
• 도료의 용해력을 조절한다.

172. 건성유에 연백 또는 안료를 더하여 만든 것으로 주로 유성페인트의 바탕만들기에 사용되는 퍼티는? [15.3]

① 하드오일 퍼티
② 오일 퍼티

③ 페인트 퍼티
④ 캐슈수지 퍼티

해설 페인트 퍼티 : 건성유에 연백 또는 안료를 더하여 만든 것으로 주로 유성페인트의 바탕만들기에 사용되는 퍼티

173. PVC 바닥재에 대한 일반적인 설명으로 옳지 않은 것은? [22.1]

① 보통 두께 3mm 이상의 것을 사용한다.
② 접착제는 비닐계 바닥재용 접착제를 사용한다.
③ 바닥시트에 이용하는 용접봉, 용접액 혹은 줄눈재는 제조업자가 지정하는 것으로 한다.
④ 재료보관은 통풍이 잘 되고 햇빛이 잘 드는 곳에 보관한다.

해설 ④ 재료보관은 통풍이 잘 되고 햇빛이 들지 않는 곳에 보관한다.

174. 합성수지계 접착제 중 내수성이 가장 좋지 않은 접착제는? [17.1]

① 에폭시수지 접착제
② 초산비닐수지 접착제
③ 멜라민수지 접착제
④ 요소수지 접착제

해설 초산비닐수지 접착제 : 작업성이 좋으나 내수성은 좋지 않다. 목재, 가구, 창호, 도배 등 다양한 종류의 접착에 쓰인다.

174-1. 다음 중 알루미늄과 같은 경금속 접착에 가장 적합한 합성수지는? [20.2]

① 멜라민수지   ② 실리콘수지
③ 에폭시수지   ④ 푸란수지

해설 에폭시수지
• 내수성, 내습성, 내약품성, 내산·알칼리성, 전기절연성이 우수하다.

• 접착력이 강해 금속, 나무, 유리 등 특히 경금속 항공기 접착에도 사용한다.
• 피막이 단단하고 유연성이 부족하다.

정답 ③

174-2. 급경성으로 내알칼리성 등의 내화학성이나 접착력이 크고 내수성이 우수한 합성수지 접착제로 금속, 석재, 도자기, 유리, 콘크리트, 플라스틱재 등의 접착에 사용되는 것은? [17.1/17.2]

① 에폭시수지 접착제
② 멜라민수지 접착제
③ 요소수지 접착제
④ 폴리에스테르수지 접착제

해설 에폭시수지 접착제
• 내수성, 내습성, 내약품성, 내산·알칼리성, 전기절연성이 우수하다.
• 접착력이 강해 금속, 나무, 유리 등 특히 경금속 항공기 접착에도 사용한다.
• 피막이 단단하고 유연성이 부족하다.

정답 ①

174-3. 비스페놀과 에피클로로하이드린의 반응으로 얻어지며 주제와 경화제로 이루어진 2성분계의 접착제로서 금속, 플라스틱, 도자기, 유리 및 콘크리트 등의 접합에 널리 사용되는 접착제는? [21.3]

① 실리콘수지 접착제
② 에폭시 접착제
③ 비닐수지 접착제
④ 아크릴수지 접착제

해설 에폭시 접착제 : 2성분계의 접착제로서 에폭시기(epoxy基)를 가지는 저분자량 중합체로부터 만들어지는 강력한 접착제이다. 내약품성이 좋아 도료 따위에도 쓰인다.

정답 ②

174-4. 에폭시수지 접착제에 관한 설명으로 옳지 않은 것은? [18.1]

① 비스페놀과 에피클로로하이드린의 반응에 의해 얻을 수 있다.
② 내수성, 내습성, 전기절연성이 우수하다.
③ 접착제의 성능을 지배하는 것은 경화제라고 할 수 있다.
④ 피막이 단단하지 못하나 유연성이 매우 우수하다.

해설 ④ 피막이 단단하고, 유연성이 약간 떨어진다.

정답 ④

174-5. 에폭시수지 접착제에 대한 설명 중 옳지 않은 것은? [14.2]

① 금속제 접착에 적당한 재료이다.
② 접착할 때 압력을 가할 필요가 없다.
③ 경화제가 불필요하다.
④ 내산, 내알칼리, 내수성이 우수하다.

해설 ③ 경화제가 반드시 필요하다.

정답 ③

174-6. 에폭시수지에 관한 설명으로 옳지 않은 것은? [16.3]

① 에폭시수지 접착제는 급경성으로 내알칼리성 등의 내화학성이나 접착력이 크다.
② 에폭시수지 접착제는 금속, 석재, 도자기, 글라스, 콘크리트, 플라스틱재 등의 접착에 모두 사용된다.
③ 에폭시수지 도료는 충격 및 마모에 약해 내부 방청용으로 사용된다.
④ 경화 시 휘발성이 없으므로 용적의 감소가 극히 적다.

해설 ③ 에폭시수지는 유리, 목재, 항공기 기계 부품 등의 금속접착제로 사용된다.
정답 ③

174-7. 목재 접합, 합판제조 등에 사용되며, 다른 접착제와 비교하여 내수성이 부족하고 값이 저렴한 접착제는? [12.3/14.1]

① 요소수지 접착제
② 푸란수지 접착제
③ 에폭시수지 접착제
④ 실리콘수지 접착제

해설 요소수지 접착제는 비닐계 접착제보다는 크지만 비교적 내수성이 부족하고 값이 저렴하다.
정답 ①

174-8. 비닐수지 접착제에 관한 설명으로 옳지 않은 것은? [09.3/19.2]

① 용제형과 에멀션(emulsion)형이 있다.
② 작업성이 좋다.
③ 내열성 및 내수성이 우수하다.
④ 목재 접착에 사용 가능하다.

해설 ③ 내열성 및 내수성이 나쁘다.
정답 ③

174-9. 페놀수지 접착제에 관한 설명으로 옳지 않은 것은? [11.3/16.2]

① 유리나 금속의 접착에 적합하다.
② 내열, 내수성이 우수한 편이다.
③ 기온이 20℃ 이하에서는 충분한 접착력을 발휘하기 어렵다.
④ 완전히 경화하면 적동색을 띤다.

해설 ① 유리나 금속 접착에 부적합하다.

Tip) 페놀수지 접착제는 수용형, 용제형, 분말형 등이 있으며 목재, 금속, 플라스틱 및 이들 이종재(異種材) 간의 접착에 사용한다.
정답 ①

174-10. 멜라민수지 접착제에 관한 설명 중 틀린 것은? [15.1]

① 내수성이 크다.
② 순백색 또는 투명백색이다.
③ 멜라민과 포름알데히드로 제조된다.
④ 고무나 유리 접착에 적당하다.

해설 ④ 고무나 유리 접착에 부적합하다.
Tip) 멜라민수지 접착제는 내수합판용 접착제이다.
정답 ④

174-11. 각종 접착제에 관한 설명으로 옳지 않은 것은? [13.3]

① 요소수지 접착제는 목공용에 적당하며 내수합판의 제조에 사용된다.
② 에폭시수지 접착제는 금속, 플라스틱, 도자기, 유리, 콘크리트 등의 접합에 사용된다.
③ 실리콘수지 접착제는 내수성은 작으나 열에는 매우 강하다.
④ 멜라민수지 접착제는 내수성 등이 좋고 목재의 접합에 사용된다.

해설 ③ 실리콘수지 접착제는 내수성이 우수하고 열에 매우 강하다.
정답 ③

174-12. 다음 각 접착제에 관한 설명으로 옳지 않은 것은? [17.2]

① 페놀수지 접착제는 용제형과 에멀전형이 있고, 멜라민, 초산비닐 등과 공중합시킨 것도 있다.

② 요소수지 접착제는 내열성이 200℃이고 내수성이 매우 크며 전기절연성도 우수하다.

③ 멜라민수지 접착제는 열경화성 수지 접착제로 내수성이 우수하여 내수합판용으로 사용된다.

④ 비닐수지 접착제는 값이 저렴하여 작업성이 좋으며, 에멀전형은 카세인의 대용품으로 사용된다.

해설 ② 요소수지 접착제는 비닐계 접착제보다는 크지만 비교적 내수성이 부족하고 값이 저렴하다.

정답 ②

175. 다음 중 연질염화비닐을 접착하기에 가장 적합한 접착제는? [11.3]
① 초산비닐수지제 접착제
② 니크릴고무계 접착제
③ 클로로프렌고무계 접착제
④ 고무라텍스형 접착제

해설 니크릴고무계 접착제는 뷰타다이엔과 아크릴로나이트릴을 공중합하여 만든 합성고무로 내유성, 내열성, 내마모성 등이 우수하다.

176. 건축용 접착제로서 요구되는 성능에 해당되지 않는 것은? [22.2]
① 진동, 충격의 반복에 잘 견딜 것
② 취급이 용이하고 독성이 없을 것
③ 장기부하에 의한 크리프가 클 것
④ 고화 시 체적수축 등에 의한 내부변형을 일으키지 않을 것

해설 크리프 : 외력이 일정할 때, 장기적으로 재료의 변형이 증대하는 현상

176-1. 건축용 접착제에 관한 설명으로 옳지 않은 것은? [16.2]

① 아교는 내수성이 부족한 편이다.

② 카세인은 우유를 주원료로 하여 만든 접착제이다.

③ 초산비닐수지 에멀전은 목공용으로 사용된다.

④ 에폭시수지는 금속접착제로 적합하지 않다.

해설 ④ 에폭시수지 접착제는 금속, 플라스틱, 도자기, 유리, 콘크리트 등의 접합에 사용된다.

정답 ④

177. 접착제를 동물질 접착제와 식물질 접착제로 분류할 때 동물질 접착제에 해당되지 않는 것은? [21.3]
① 아교
② 덱스트린 접착제
③ 카세인 접착제
④ 알부민 접착제

해설 덱스트린 접착제 : 녹말을 산이나 아밀라아제 따위로 가수분해시킬 때 얻어지는 생성물로 물에 녹으면 점착력이 강하다(식물질 접착제).

178. 단백질계 접착제에 해당하는 것은? [20.2]
① 카세인 접착제
② 푸란수지 접착제
③ 에폭시수지 접착제
④ 실리콘수지 접착제

해설 카세인 접착제 : 대두, 우유 등에서 추출한 단백질계 접착제이다.

석재

179. 석고보드에 관한 설명으로 옳지 않은 것은? [21.2]
① 부식이 잘 되고 충해를 받기 쉽다.
② 단열성, 차음성이 우수하다.

③ 시공이 용이하여 천장, 칸막이 등에 주로 사용된다.

④ 내수성, 탄력성이 부족하다.

해설 ① 부식이 안 되고, 충해를 받지 않는다.

179-1. 석고보드의 특성에 관한 설명으로 옳지 않은 것은? [19.3]

① 흡수로 인해 강도가 현저하게 저하된다.

② 신축변형이 커서 균열의 위험이 크다.

③ 부식이 안 되고 충해를 받지 않는다.

④ 단열성이 높다.

해설 ② 석고보드는 뒤틀림, 처짐, 신축변형이 없다.

정답 ②

180. 다음 중 석재에 관한 설명으로 옳지 않은 것은? [09.2/11.2/15.1/18.3]

① 석회암은 석질이 치밀하나 내화성이 부족하다.

② 현무암은 석질이 치밀하여 토대석, 석축에 쓰인다.

③ 테라조는 대리석을 종석으로 한 인조석의 일종이다.

④ 화강암은 석회, 시멘트의 원료로 사용된다.

해설 ④ 화강암은 석영, 운모, 정장석, 사장석 따위를 주성분으로 석질이 견고한 석재로 외장, 내장, 구조재, 도로포장재, 콘크리트 골재 등에 사용된다.

Tip) 석회암은 석회, 시멘트의 원료로 사용된다.

180-1. 다음 중 석재에 관한 설명으로 옳지 않은 것은? [11.3/15.1]

① 대리석은 석회암이 변화되어 결정화된 것으로 치밀, 견고하고 외관이 아름답다.

② 화강암은 건축 내·외장재로 많이 쓰이며 견고하고 대형재가 생산되므로 구조재로 사용된다.

③ 응회석은 다공질이고 내화도가 높으므로 특수 장식재나 경량골재, 내화재 등에 사용된다.

④ 안산암은 크롬, 철광으로 된 흑록색의 치밀한 석질의 화성암으로 건축 장식재로 이용된다.

해설 ④ 안산암은 강도, 경도, 비중이 크며, 석질이 극히 치밀하고 가공성 및 내화성이 좋다.

Tip) 감람석은 크롬, 철광으로 된 흑록색의 치밀한 석질의 화성암으로 건축 장식재로 이용된다.

정답 ④

180-2. 석재의 종류와 용도가 잘못 연결된 것은? [09.1/09.2/11.2/12.1/15.2/21.1]

① 화산암 – 경량골재

② 화강암 – 콘크리트용 골재

③ 대리석 – 조각재

④ 응회암 – 건축용 구조재

해설 ④ 응회암 – 장식재료

정답 ④

180-3. 각 석재별 주 용도를 표기한 것으로 옳지 않은 것은? [20.1]

① 화강암 : 외장재

② 석회암 : 구조재

③ 대리석 : 내장재

④ 점판암 : 지붕재

해설 ② 석회암 – 시멘트의 원료

정답 ②

180-4. 내구성 및 강도가 크고 외관이 수려하나 함유광물의 열팽창계수가 달라 내화성

이 약한 석재로 외장, 내장, 구조재, 도로포장재, 콘크리트 골재 등에 사용되는 것은?

① 응회암 [12.2/14.3]
② 화강암
③ 화산암
④ 대리석

해설 화강암은 석영, 운모, 정장석, 사장석 따위를 주성분으로 석질이 견고한 석재로 외장, 내장, 구조재, 도로포장재, 콘크리트 골재 등에 사용된다.

정답 ②

180-5. 입자가 잘거나 치밀하며 색은 검은색·암회색이고 석질이 견고하여 토대석·석축으로 쓰이는 석재는? [14.3]

① 안산암 ② 현무암
③ 점판암 ④ 사문암

해설 현무암은 입자가 잘거나 치밀하며 검은색·암회색이고 석질이 견고하여 토대석·석축으로 쓰이는 석재이다.

정답 ②

180-6. 암녹색 바탕에 흑백색의 아름다운 무늬가 있고, 경질이나 풍화성이 있어 외장재보다는 내장마감용 석재로 이용되는 것은? [12.3/13.1]

① 사문암 ② 안산암
③ 화강암 ④ 점판암

해설 사문암은 암녹색 바탕에 흑백색의 아름다운 무늬가 있고, 암석의 질이 경질이나 풍화성이 있어 내장마감용 석재로 이용된다.

정답 ①

180-7. 다음 석재 중 변성암에 속하지 않는 석재는? [14.3]

① 트래버틴 ② 대리석
③ 펄라이트 ④ 사문석

해설 펄라이트 : 진주암(화성암의 일종)
Tip) 석재의 성인에 의한 분류
• 수성암 : 응회암, 석회암, 사암 등
• 화성암 : 현무암, 화강암, 안산암, 부석 등
• 변성암 : 사문암, 대리암, 석면, 트래버틴 등

정답 ③

181. 석재 시공 시 유의하여야 할 사항으로 옳지 않은 것은? [10.3/18.1]

① 외벽 특히 콘크리트 표면 첨부용 석재는 연석을 사용하여야 한다.
② 동일 건축물에는 동일석재로 시공하도록 한다.
③ 석재를 구조재로 사용할 경우 직압력재로 사용하여야 한다.
④ 중량이 큰 것은 높은 곳에 사용하지 않도록 한다.

해설 ① 외벽 콘크리트 표면 첨부용 석재는 연석을 사용하지 않는다.

182. 석재의 일반적인 성질에 관한 설명으로 옳지 않은 것은? [09.1/17.1]

① 화강암의 내구연한은 75~200년 정도로서 다른 석재에 비하여 비교적 수명이 길다.
② 흡수율은 동결과 융해에 대한 내구성의 지표가 된다.
③ 인장강도는 압축강도의 1/10~1/30 정도이다.
④ 비중이 클수록 강도가 크며, 공극률이 클수록 내화성이 작다.

해설 ④ 비중이 클수록 강도가 크며, 공극률이 클수록 내화성이 크다.

Tip) 석재의 강도 중에서 가장 큰 것은 압축강도이며, 휨 및 전단강도는 압축강도에 비하여 매우 작다.

182-1. 석재의 일반적 강도에 관한 설명으로 옳지 않은 것은? [13.2]

① 석재의 강도는 중량에 비례한다.
② 석재의 함수율이 클수록 강도는 저하된다.
③ 석재의 강도의 크기는 휨강도>압축강도>인장강도이다.
④ 석재의 구성입자가 작을수록 압축강도가 크다.

해설 ③ 석재의 강도의 크기는 압축강도>인장강도>휨강도나 전단강도이다.

정답 ③

182-2. 건축용 재료로 이용하는 석재의 특성에 대한 설명으로 옳은 것은? [10.2]

① 장스팬 구조에 적합하다.
② 내구적이며 압축강도가 크다.
③ 가공성이 좋으며 인성이 크다.
④ 취도계수가 작고 내충격성이 크다.

해설 건축용 석재는 내구적이며 압축강도가 크고, 내수성, 내마모성, 내화학적이다. 취도계수가 커서 가공성이 좋지 않다.

정답 ②

182-3. 흡수율(%)이 가장 작은 석재는? [10.1]

① 대리석   ② 안산암
③ 응회암   ④ 사암

해설 흡수율은 대리석<안산암<사암<응회암의 순으로 높다.

정답 ①

183. 다음 석재제품에 대한 설명 중 옳은 것은? [11.1]

① 펄라이트-흑요석 등을 분쇄해서 고열로 가열 팽창시킨 경량골재
② 석면-현무암 등을 고열로 용융, 고압공기로 불어 날려 냉각, 섬유화한 것
③ 고압벽돌-모래에 약 5%의 소석고를 섞어 고압으로 압축한 것
④ 질석-일반 석재보다 비중 및 열용량이 커서 단열재로 사용된다.

해설 ② 석면-사문암 등이 고열과 압력으로 인해 변질되어 섬유모양의 결정질이 된 것
③ 고압벽돌-모래와 석회분말을 혼합하여 고압프레스로 성형한 석회벽돌
④ 질석-운모계 광석을 800~1000℃ 정도로 가열 팽창시켜 체적이 5~6배로 된 다공질의 경석으로 사용되는 석재

183-1. 다음 중 석재의 명칭에 따른 용도가 틀린 것은? [15.2]

① 팽창질석-단열보온재
② 점판암-지붕재
③ 중정석-X선 차단 콘크리트용 골재
④ 트래버틴(travertine)-외부 바닥 장식재

해설 트래버틴 : 광택이 나서 실내 장식재로 쓰인다.

정답 ④

183-2. 대리석의 일종으로 다공질이며 황갈색의 반문이 있고 갈면 광택이 나서 우아한 실내 장식에 사용되는 것은? [21.3]

① 테라조   ② 트래버틴
③ 석면   ④ 점판암

해설 트래버틴 : 다공질이며 황갈색의 반문이 있고 갈면 광택이 나서 실내 장식재로 쓰인다.

정답 ②

183-3. 트래버틴(travertine)에 대한 설명으로 옳지 않은 것은? [14.1]

① 석질이 불균일하고 다공질이다.
② 특수 외장용 장식재로 주로 사용된다.
③ 변성암으로 황갈색의 반문이 있다.
④ 탄산석회를 포함한 물에서 침전, 생성된 것이다.

해설 ② 광택이 우아하여 실내 장식재로 사용된다.

정답 ②

183-4. 대리석, 화강석 등을 종석으로 하여 시멘트와 혼합하여 시공하고 경화 후 가공 연마하여 미려한 광택을 갖도록 마감한 것은? [09.3]

① 트래버틴　　　　② 테라조
③ 래신바름　　　　④ 암면

해설 테라조 : 대리석, 화강암 등의 부순 골재로 안료, 시멘트 등을 혼합한 콘크리트로 성형하고 경화한 후 표면을 연마하고 광택을 내어 마무리한 제품이다.

정답 ②

184. 다음 석재의 가공작업 중 양날망치를 사용하는 작업은? [11.2]

① 정다듬　　　　② 도드락다듬
③ 잔다듬　　　　④ 혹두기

해설 정다듬한 면은 정, 도드락다듬은 도드락망치, 잔다듬은 양날망치를 사용한다.

184-1. 인조석 갈기 및 테라조 현장갈기 등에 사용되는 구획용 철물의 명칭은? [21.2]

① 인서트(insert)
② 앵커볼트(anchor bolt)

③ 펀칭메탈(punching metal)
④ 줄눈대(metallic joiner)

해설 줄눈대는 인조석 갈기 및 테라조 현장갈기 등에 사용되는 구획용 철물 또는 이음새를 감추는데 사용하는 장식용 철물이다.

정답 ④

185. 다음 중 석재의 단기보전법으로 가장 적합하지 않은 것은? [10.3]

① 페인트, 건성유 등으로 도포한다.
② 칼라비누의 8% 수용액을 바르고 그 후에 명반수 5%를 칠한다.
③ 아마인유에 혼합하여 도포한다.
④ 물유리를 2～3배의 수용액으로 해서 충분히 도포한다.

해설 ③ 테르펜유에 1/4의 백납을 가열, 용해시킨 액을 도포한다.

186. 석공사에서 촉구멍 고정을 위하여 사용되는 재료와 가장 거리가 먼 것은? [11.1]

① 유황　　　　② 납
③ 코킹재　　　④ 모르타르

해설 촉구멍 고정을 위하여 사용되는 재료 : 유황, 납, 모르타르 등
Tip) 코킹재 – 실링재로 틈새를 충전하는 재료

187. 암석을 이루고 있는 조암광물에 대한 설명으로 옳지 않은 것은? [10.3]

① 각섬석·휘석은 검정색을 띤다.
② 방해석은 산에 쉽게 용해된다.
③ 흑운모는 백운모에 비해 안정도가 떨어진다.
④ 석영은 산·알칼리에 약하다.

해설 ④ 석영은 산·알칼리에 화학적으로 안정적이다.

188. 화강암의 색상에 관한 설명으로 옳지 않은 것은? [12.2/14.2/16.1]

① 전반적인 색상은 밝은 회백색이다.
② 흑운모, 각섬석, 휘석 등은 검은색을 띤다.
③ 산화철을 포함하면 미홍색을 띤다.
④ 화강암의 색은 주로 석영에 좌우된다.

해설 ④ 화강암은 흑운모, 각섬석, 휘석 등은 검은색을 띠고, 산화철(Fe_2O_3)을 포함하면 미홍색이 된다.

189. 공시체(천연산 석재)를 (105±2)℃로 24시간 건조한 상태의 질량이 100g, 표면건조 포화상태의 질량이 110g, 물속에서 구한 질량이 60g일 때 이 공시체의 표면건조 포화상태의 비중은? [19.2]

① 2.2   ② 2
③ 1.8   ④ 1.7

해설 표면건조 포화상태의 비중

$$= \frac{건조한 \ 상태의 \ 질량}{표면건조 \ 포화상태의 \ 질량 - 물속에서 \ 구한 \ 질량}$$

$$= \frac{100}{110 - 60} = 2$$

기타재료

190. 다음 중 단열재료에 관한 설명으로 옳지 않은 것은? [13.2/15.3/20.1/21.1]

① 열전도율이 높을수록 단열성능이 좋다.
② 같은 두께인 경우 경량재료인 편이 단열에 더 효과적이다.
③ 일반적으로 다공질의 재료가 많다.
④ 단열재료의 대부분은 흡음성도 우수하므로 흡음재료로서도 이용된다.

해설 ① 열전도율이 높을수록 단열성능이 나빠진다.

190-1. 다음 중 단열재가 구비해야 할 조건으로 옳지 않은 것은? [11.3]

① 어느 정도의 기계적인 강도가 있을 것
② 열전도율이 낮고 비중이 클 것
③ 내화성 및 내부식성이 좋을 것
④ 흡수율이 낮을 것

해설 ② 열전도율이 낮고 비중이 작을 것
Tip) 단열재는 열의 전열저항을 크게 하여 열의 흐름을 작게 하는 것이다.
정답 ②

190-2. 다음 중 건축용 단열재와 거리가 먼 것은? [12.2/21.2]

① 유리면(glass wool)
② 암면(rock wool)
③ 테라코타
④ 펄라이트판

해설 건축용 단열재 : 유리면, 암면, 펄라이트판 등
Tip) 테라코타는 대리석보다 풍화에 강하므로 외장재료로 쓰인다.
정답 ③

190-3. 다음 중 무기질 단열재에 해당하는 것은? [20.1]

① 발포폴리스티렌 보온재
② 셀룰로오스 보온재
③ 규산칼슘판
④ 경질폴리우레탄 폼

해설 무기질 단열재 : 규산칼슘판, 유리판, 펄라이트, 마그네시아 분말 등
정답 ③

190-4. 경질우레탄 폼 단열재에 관한 설명으로 옳지 않은 것은? [20.3]

① 규격은 한국산업표준(KS)에 규정되어 있다.
② 공사현장에서 발포시공이 가능하다.
③ 사용시간이 경과함에 따라 부피가 팽창하는 결점이 있다.
④ 초저온 장치용 보냉제로 사용된다.

해설 ③ 경질우레탄 폼 단열재는 사용시간이 경과함에 따라 변형률이 매우 작다.

정답 ③

190-5. 1000℃ 이상의 고온에서도 견디는 섬유로 본래 공업용 가열로의 내화 단열재로 사용되었으나 최근에는 철골의 내화 피복재로 쓰이는 단열재는? [11.3/15.1]

① 펄라이트판
② 세라믹 파이버
③ 규산칼슘판
④ 경량 기포콘크리트

해설 세라믹 파이버 : 세라믹을 원료로 만든 섬유로 1000℃ 이상의 고온에서도 견디는 섬유로 본래 공업용 가열로의 내화 단열재로 사용되었으나 최근에는 철골의 내화 피복재로 쓰이는 단열재

정답 ②

190-6. 진주석 등을 800~1200℃로 가열 팽창시킨 구상입자 제품으로 단열, 흡음, 보온 목적으로 사용되는 것은? [19.2]

① 암면 보온판
② 유리면 보온판
③ 카세인
④ 펄라이트 보온재

해설 펄라이트 보온재 : 진주암, 흑요석 등을 분쇄하여 800~1200℃로 가열 팽창시킨 구상입자 경골재

정답 ④

191. 사문암 또는 각섬암이 열과 압력을 받아 변질하여 섬유모양의 결정질이 된 것으로 단열재·보온재 등으로 사용되었으나, 인체 유해성으로 사용이 규제되고 있는 것은? [13.1]

① 암면(rock wool)
② 석면(asbestos)
③ 질석(vermiculite)
④ 샌드스톤(sand stone)

해설 석면 : 사문암, 각섬암이 열과 압력을 받아 변질하여 섬유모양의 결정질이 된 것으로 단열재·보온재 등으로 사용되었으나, 인체 유해성으로 사용이 규제되고 있다.

192. 유리의 주성분 중 가장 많이 함유되어 있는 것은? [20.3]

① CaO
② SiO_2
③ Al_2O_3
④ MgO

해설 유리는 주성분으로 이산화규소(SiO_2) 99.5%를 함유하고 있다.

192-1. 다음 중 유리의 성질에 대한 일반적인 설명으로 옳지 않은 것은? [10.3]

① 굴절률은 1.5~1.9 정도이고 납을 함유하면 낮아진다.
② 열전도율 및 열팽창률이 작다.
③ 광선에 대한 성질은 유리의 성분, 두께, 표면의 평활도 등에 따라 다르다.
④ 약한 산에는 침식되지 않지만 염산·황산·질산 등에는 서서히 침식된다.

해설 ① 굴절률은 1.5~1.9 정도이고 납을 함유하면 높아진다.

정답 ①

192-2. 유리공사에 사용되는 자재에 관한 설명으로 옳지 않은 것은? [20.2]

① 흡습제는 작은 기공을 수억 개 갖고 있는 입자로 기체분자를 흡착하는 성질에 의해 밀폐공간에 건조상태를 유지하는 재료이다.

② 세팅블록은 새시 하단부의 유리끼움용 부재료로서 유리의 자중을 지지하는 고임재이다.

③ 단열간봉은 복층유리의 간격을 유지하는 재료로 알루미늄 간봉을 말한다.

④ 백업재는 실링시공인 경우에 부재의 측면과 유리면 사이에 연속적으로 충전하여 유리를 고정하는 재료이다.

해설 ③ 알루미늄은 열전도율이 높아 복층유리의 간격을 유지하는 재료인 단열간봉 재료로 적합하지 않다.

정답 ③

192-3. 2장 이상의 판유리 등을 나란히 넣고, 그 틈새에 대기압에 가까운 압력의 건조한 공기를 채우고 그 주변을 밀봉·봉착한 것은? [16.1/21.3]

① 열선흡수유리　　② 배강도유리
③ 강화유리　　④ 복층유리

해설 복층유리 : 2장 이상의 판유리 등을 나란히 넣고, 그 틈새에 대기압에 가까운 압력의 건조한 공기를 채우고 그 주변을 밀봉·봉착한 것

Tip) 복층유리는 단열 효과가 크고, 결로 현상이 잘 발생하지 않는다.

정답 ④

192-4. 적외선을 반사하는 도막을 코팅하여 방사율을 낮춘 고단열 유리로 일반적으로 복층유리로 제조되는 것은? [16.2]

① 로이(Low-E)유리
② 망입유리
③ 강화유리
④ 배강도유리

해설 로이(Low-E)유리 : 적외선을 반사하는 도막을 코팅하여 방사율을 낮춘 고단열 유리로 복층유리로 제조된다.

정답 ①

192-5. 유리가 불화수소에 부식하는 성질을 이용하여 5mm 이상 판유리면에 그림, 문자 등을 새긴 유리는? [19.1/21.2]

① 스테인드유리　　② 망입유리
③ 에칭유리　　④ 내열유리

해설 에칭유리 : 유리가 불화수소에 부식하는 성질을 이용하여 화학처리하여 판유리면에 그림, 문자 등을 새긴 유리

Tip) 에칭(etching) : 화학적인 부식작용을 이용한 가공법

정답 ③

192-6. 파손방지, 도난방지 또는 진동이 심한 장소에 적합한 망입(網入)유리의 제조 시 사용되지 않는 금속선은? [22.1]

① 철선(철사)　　② 황동선
③ 청동선　　④ 알루미늄선

해설 망입유리 : 두꺼운 판유리에 망 구조물을 넣어 만든 유리로 철선(철사), 황동선, 알루미늄 망 등이 사용되며, 충격으로 파손될 경우에도 파편이 흩어지지 않는다.

정답 ③

192-7. 스팬드럴유리에 대한 설명으로 옳지 않은 것은? [12.2]

① 건축물의 외벽 층간이나 내·외부 장식용 유리로 사용한다.

② 판유리 한 쪽 면에 세라믹질의 도료를 도장한 후 고온에서 융착, 반강화한 것으로 내구성이 뛰어나다.

③ 색상이 다양하고 중후한 질감을 갖고 있으며 건축물의 모양에 따라 선택의 폭이 넓다.

④ 열 깨짐의 위험이 있으므로 유리 표면에 페인트 도장을 하거나 종이, 테이프 등을 부착하지 않는다.

해설 ④ 열처리를 하므로 내구성, 강도가 뛰어나고 열에 강하며, 중후하고 다양한 색상을 지니고 있다.

정답 ④

192-8. 다음 중 특수유리와 사용장소의 조합이 적절하지 않은 것은? [18.2]

① 진열용 창-무늬유리
② 병원의 일광욕실-자외선 투과 유리
③ 채광용 지붕-프리즘 유리
④ 형틀 없는 문-강화유리

해설 ① 진열용 창-복층유리
Tip) 실내 칸막이-무늬유리

정답 ①

192-9. 프리즘(prism)판 유리는 어느 용도에 가장 적합한가? [16.3]

① 지하실 채광용   ② 방도용
③ 흡음용   ④ 방화용

해설 ② 방도용 : 망입유리
③ 흡음용 : 복층유리
④ 방화용 : 방화유리

정답 ①

192-10. 강화유리에 관한 설명으로 옳지 않은 것은? [19.3]

① 유리 표면에 강한 압축응력층을 만들어 파괴강도를 증가시킨 것이다.
② 강도는 플로트 판유리에 비해 3~5배 정도이다.

③ 주로 출입문이나 계단난간, 안전성이 요구되는 칸막이 등에 사용된다.

④ 깨어질 때는 판유리 전체가 파편으로 잘게 부서지지 않는다.

해설 ④ 깨어질 때는 판유리 전체가 잘게 파편으로 부수어져 떨어진다.

정답 ④

192-11. 강화유리의 검사항목과 거리가 먼 것은? [19.1]

① 파쇄시험
② 쇼트백시험
③ 내충격성시험
④ 촉진노출시험

해설 강화유리의 검사항목 : 파쇄시험, 쇼트백시험, 내충격성시험, 치수, 겉모양, 만곡 등
Tip) 촉진노출시험은 자외선 조사, 시료의 건습 반복 현상 테스트이다.

정답 ④

193. 유리의 중앙부와 주변부와의 온도 차이로 인해 응력이 발생하여 파손되는 현상을 유리의 열 파손이라 한다. 열 파손에 관한 설명으로 옳지 않은 것은? [21.1]

① 색유리에 많이 발생한다.
② 동절기의 맑은 날 오전에 많이 발생한다.
③ 두께가 얇을수록 강도가 약해 열팽창응력이 크다.
④ 균열은 프레임에 직각으로 시작하여 경사지게 진행된다.

해설 ③ 두께가 두꺼울수록 강도가 크고 열팽창응력이 크다.

193-1. 다음 설명에 해당하는 유리에 발생하는 작용은? [11.2]

- 풍우 등이 반복되는 충격작용
- 공중의 탄산가스나 암모니아, 황화수소, 아황산가스 등에 의한 표면 변색, 감모 발생

① 풍화작용
② 크리프작용
③ 광학작용
④ 조성성분의 변이작용

[해설] 지문은 풍화작용에 대한 설명이다.

[정답] ①

194. 다음 중 연강판에 일정한 간격으로 그물눈을 내고 늘여 철망모양으로 만든 것으로 옳은 것은?　[10.3/12.1/14.1/22.2]

① 메탈라스(metal lath)
② 와이어메시(wire mesh)
③ 인서트(insert)
④ 코너비드(coner bead)

[해설] 메탈라스(metal lath) : 얇은 강판에 마름모꼴의 구멍을 일정간격으로 연속적으로 뚫어 철망처럼 만든 것으로 천장·벽 등의 미장바탕에 사용한다.

195. 콘크리트 슬래브의 거푸집 패널 또는 바닥판 및 지붕판으로 사용하는 것은?　[13.3]

① 코너비드
② 데크 플레이트
③ 익스펜디드 메탈
④ 메탈 폼

[해설]
- 코너비드 : 기둥이나 벽 등의 모서리를 보호하기 위해 밀착시켜 붙이는 보호용 철물이다.
- 데크 플레이트 : 콘크리트 슬래브의 거푸집 패널 또는 바닥판 및 지붕판으로 사용한다.
- 익스펜디드 메탈 : 얇은 강판에 마름모꼴의 구멍을 일정간격으로 연속적으로 뚫어 철망처럼 만든 것으로 천장·벽 등의 미장

바탕에 사용한다.
- 메탈 폼 : 강철로 만든 콘크리트 거푸집으로 60~70회 반복사용이 가능한 것이다.

195-1. 바닥마감재로 적당한 탄성이 있고, 내마모성, 흡습성이 있어 아파트, 학교, 병원 복도 등에 사용되는 것은?　[13.1]

① 탄성우레탄수지 바름바닥
② 에폭시수지 바름바닥
③ 폴리에스테르수지 바름바닥
④ 인조석 깔기바닥

[해설]
- 에폭시수지 바름바닥 : 내마모성, 내충격성, 내약품성이 우수하여 고강도 바닥에 적합하다.
- 폴리에스테르수지 바름바닥 : 전기절연성, 내열성이 우수하고 특히 내약품성이 뛰어나다.
- 인조석 깔기바닥 : 화강암 가루와 시멘트 등을 배합하여 만든 것으로 포장재로 많이 사용된다.
- 탄성우레탄수지 바름바닥 : 바닥마감재로 적당한 탄성이 있고, 내마모성, 흡습성이 있어 아파트, 학교, 병원 복도 등에 사용된다.

[정답] ①

195-2. 리녹신에 수지, 고무물질, 코르크 분말 등을 섞어 마포(hemp cloth) 등에 발라 두꺼운 종이모양으로 압면·성형한 제품은 무엇인가?　[13.2/16.3/20.2]

① 스펀지 시트
② 리놀륨
③ 비닐 시트
④ 아스팔트 타일

[해설] 리놀륨 : 리녹신에 수지, 고무물질, 코르크 분말 등을 섞어 마포, 삼베 등에 발라 두꺼운 종이모양으로 압면·성형한 제품이다. 유지계 마감재료로 바닥이나 벽에 붙인다.

[정답] ②

195-3. 건축물에 사용되는 천장마감재의 요구성능으로 옳지 않은 것은? [20.3]

① 내충격성
② 내화성
③ 흡음성
④ 차음성

해설 천장마감재의 요구성능은 내화성, 흡음성, 차음성, 방음 등이다.

정답 ①

196. 다음 중 벽지에 관한 설명으로 옳은 것은? [17.2]

① 종이벽지는 자연적 감각 및 방음 효과가 우수하다.
② 비닐벽지는 물청소가 가능하고 시공이 용이하며, 색상과 디자인이 다양하다.
③ 직물벽지는 벽지 표면을 코팅 처리함으로써 내오염, 내수, 내마찰성이 우수하다.
④ 초경벽지는 먼지를 많이 흡수하고 퇴색하기 쉽지만 단열 효과 및 통기성이 우수하다.

해설 • 종이벽지는 배면지와 인쇄 디자인면으로 나눈 것으로 종이 위에 무늬와 색상을 프린트한 벽지이다. 경제적이고 시공하기 편리하다.
• 비닐벽지는 물청소가 가능하고 시공이 용이하며, 색상과 디자인이 다양하다.
• 직물벽지는 섬유이기 때문에 부드럽고 고급스러운 느낌과 다양한 패턴 및 디자인이 우수하다. 오염에 약하고 관리가 어렵다.
• 초경벽지는 다년생 식물을 가공하여 옷감을 짜듯 직조한 후 원지에 붙인 것으로 전통 민속공예벽지로 자연스러운 색상과 외관을 표현한 친환경 제품이다. 방음 효과가 우수하다.

196-1. 비닐벽지에 관한 설명으로 옳지 않은 것은? [16.1]

① 시공이 용이하다.
② 오염이 되더라도 청소가 용이하다.
③ 통기성 부족으로 결로의 우려가 있다.
④ 타 벽지에 비해 경제적으로 가격이 비싸다.

해설 ④ 특수벽지에 비해 경제적으로 가격이 저렴하다.

정답 ④

197. 바탕과의 접착을 주목적으로 하며, 바탕의 요철을 완화시키는 바름공정에 해당되는 것은? [09.3/14.2]

① 마감바름
② 초벌바름
③ 재벌바름
④ 정벌바름

해설 바탕과의 접착을 주목적으로 바탕의 요철을 완화시키는 바름공정은 초벌바름이다.
Tip) 바름공정 순서는 바탕조정 → 초벌바름 → 재벌바름 → 정벌바름 → 마감바름 순서이다.

방수

198. 도료상태의 방수재를 바탕면에 여러 번 칠하여 얇은 수지피막을 만들어 방수 효과를 얻는 것으로 에멀션형, 용제형, 에폭시계 형태의 방수공법은? [12.1/22.1]

① 시트방수
② 도막방수
③ 침투성 도포방수
④ 시멘트 모르타르 방수

해설 도막방수 : 방수재를 바탕면에 여러 번 칠하여 얇은 수지피막을 만들어 방수 효과를 얻는 것으로 에멀션형, 용제형, 에폭시계 형태의 방수공법이다.

198-1. 콘크리트 바탕에 이음새 없는 방수 피막을 형성하는 공법으로, 도료상태의 방수재를 여러 번 칠하여 방수막을 형성하는 방수공법은? [09.3/22.2]

① 아스팔트 루핑방수
② 합성고분자 도막방수
③ 시멘트 모르타르 방수
④ 규산질 침투성 도포방수

해설 합성고분자 도막방수 : 콘크리트 바탕에 이음새 없는 방수피막을 형성하는 공법으로, 도료상태의 방수재를 여러 번 칠하여 방수막을 형성하는 방수공법이다.

정답 ②

198-2. 내약품성, 내마모성이 우수하여 화학공장의 방수층을 겸한 바닥 마무리로 가장 적합한 것은? [09.2/19.3]

① 에폭시 도막방수
② 아스팔트 방수
③ 무기질 침투방수
④ 합성고분자 방수

해설 에폭시 도막방수 : 내약품성, 내마모성이 우수하여 화학공장의 바닥 마무리로 적합하다.

정답 ①

198-3. 다음 중 멤브레인(membrane) 방수에 속하지 않는 것은? [10.1/12.3]

① 규산질 침투성 도포방수
② 아스팔트 방수
③ 합성고분자 시트방수
④ 도막방수

해설 멤브레인(피막) 방수 : 아스팔트 방수, 합성고분자 시트방수, 도막방수 등

정답 ①

199. 다음 중 도막방수에 사용되지 않는 재료는? [12.1/15.2/19.3]

① 염화비닐 도막재
② 아크릴고무 도막재
③ 고무아스팔트 도막재
④ 우레탄고무 도막재

해설 도막방수 재료 : 우레탄고무 도막재, 아크릴고무 도막재, 고무아스팔트 도막재 등
Tip) 도막방수는 방수재를 바탕면에 여러 번 칠하여 얇은 수지피막을 만들어 방수 효과를 얻는 것이다.

199-1. 도막방수재 및 실링재로서 이용이 증가하고 있는 합성수지로서 기포성 보온재로도 사용되는 것은? [15.1/18.1]

① 실리콘수지
② 폴리우레탄수지
③ 폴리에틸렌수지
④ 멜라민수지

해설 폴리우레탄수지 : 도막방수재 및 실링재로서 이용이 증가하고 있는 합성수지로서 기포성 보온재로 신축성이 좋아 고무의 대체제로 사용된다.

정답 ②

200. 벤토나이트 방수재료에 대한 설명으로 옳지 않은 것은? [14.2]

① 팽윤 특성을 지닌 가소성이 높은 광물이다.
② 염분을 포함한 해수에서는 벤토나이트의 팽창반응이 강화되어 차수력이 강해진다.
③ 콘크리트 시공 조인트용 수팽창 지수재로 사용된다.
④ 콘크리트 믹서를 이용하여 혼합한 벤토나이트와 토사를 롤러로 전압하여 연약한 지반을 개량한다.

해설 ② 염분 함유량이 2% 이상인 해수와 접촉하면 벤토나이트의 성능이 저하하므로 염수용 벤토나이트를 사용하여야 한다.

1 건설공사 안전개요

공정계획 및 안전성 심사

1. 지반의 굴착작업에 있어서 비가 올 경우를 대비한 직접적인 대책으로 옳은 것은? [21.2]

① 측구 설치

② 낙하물방지망 설치

③ 추락방호망 설치

④ 매설물 등의 유무 또는 상태 확인

해설 측구 : 도로 양쪽 또는 한쪽 도로에 평행하게 만든 배수구

2. 구축물 또는 이와 유사한 시설물에 대하여 자중(自重), 적재하중, 적설, 풍압(風壓), 지진이나 진동 및 충격 등에 의하여 붕괴·전도·도괴·폭발하는 등의 위험을 예방하기 위하여 필요한 조치로 거리가 먼 것은?[19.3]

① 설계도서에 따라 시공했는지 확인

② 건설공사 시방서(示方書)에 따라 시공했는지 확인

③ 소방시설법령에 의해 소방시설을 설치했는지 확인

④ 「건축물의 구조기준 등에 관한 규칙」에 따른 구조기준을 준수했는지 확인

해설 구축물 또는 이와 유사한 시설물의 안전조치

• 설계도서에 따라 시공했는지 확인

• 건설공사 시방서(示方書)에 따라 시공했는지 확인

• 「건축물의 구조기준 등에 관한 규칙」에 따른 구조기준을 준수했는지 확인

2-1. 구축물이 풍압·지진 등에 의하여 붕괴 또는 전도하는 위험을 예방하기 위한 조치와 가장 거리가 먼 것은? [16.3/19.1]

① 설계도서에 따라 시공했는지 확인

② 건설공사 시방서에 따라 시공했는지 확인

③ 「건축물의 구조기준 등에 관한 규칙」에 따른 구조기준을 준수했는지 확인

④ 보호구 및 방호장치의 성능검정 합격품을 사용했는지 확인

해설 ①, ②, ③은 구축물의 풍압·지진 등에 대한 안전조치

정답 ④

3. 구축물에 안전차단 등 안전성 평가를 실시하여 근로자에게 미칠 위험성을 미리 제거하여야 하는 경우가 아닌 것은? [13.3/16.1/20.1]

① 구축물 또는 이와 유사한 시설물의 인근에서 굴착·항타작업 등으로 침하·균열 등이 발생하여 붕괴의 위험이 예상될 경우

② 구조물, 건축물, 그 밖의 시설물이 그 자체의 무게·적설·풍압 또는 그 밖에 부가되는 하중 등으로 붕괴 등의 위험이 있을 경우

③ 화재 등으로 구축물 또는 이와 유사한 시설물의 내력(耐力)이 심하게 저하되었을 경우

④ 구축물의 구조체가 안전 측으로 과도하게 설계가 되었을 경우

해설 ④ 구축물의 구조체가 과도하게 안전 측으로 설계가 되었을 경우 안전성 평가를 실시해야 하는 것은 아니다.

4. 구조물의 해체작업 시 해체 작업계획서에 포함되어야 할 사항으로 옳지 않은 것은?
① 해체의 방법 및 해체 순서도면　　　[18.3]
② 해체물의 처분계획
③ 주변 민원 처리계획
④ 사업장 내 연락방법

해설 구조물의 해체 작업계획서 작성내용
• 해체물의 처분계획
• 사업장 내 연락방법
• 해체의 방법 및 해체의 순서도면
• 해체작업용 기계 기구 등의 작업계획서
• 해체작업용 화약류 등의 사용계획서
• 가설설비 · 방호설비 · 환기설비 및 살수 · 방화설비 등의 방법

5. 가설 구조물에서 많이 발생하는 중대재해의 유형으로 가장 거리가 먼 것은?　　　[16.1]
① 도괴재해
② 낙하물에 의한 재해
③ 굴착기계와의 접촉에 의한 재해
④ 추락재해

해설 가설 구조물의 재해 유형
• 무너짐재해(붕괴, 도괴)
• 낙하물에 의한 재해(낙하, 비래)
• 추락재해

6. 작업장 출입구 설치 시 준수해야 할 사항으로 옳지 않은 것은?　　　[11.2/14.2/22.1]
① 출입구의 위치 · 수 및 크기가 작업장의 용도와 특성에 맞도록 한다.
② 출입구에 문을 설치하는 경우에는 근로자가 쉽게 열고 닫을 수 있도록 한다.

③ 주된 목적이 하역운반기계용인 출입구에는 보행자용 출입구를 따로 설치하지 않는다.
④ 계단이 출입구와 바로 연결된 경우에는 작업자의 안전한 통행을 위하여 그 사이에 1.2m 이상 거리를 두거나 안내표지 또는 비상벨 등을 설치한다.

해설 ③ 주된 목적이 하역운반기계용인 출입구에는 바로 옆에 보행자용 출입구를 따로 설치해야 한다.

7. 보호구 자율안전확인 고시에 따른 안전모의 시험항목에 해당되지 않는 것은?　　　[19.3]
① 전처리　　　　　② 착용 높이 측정
③ 충격흡수성 시험　④ 절연시험

해설 안전모의 시험항목 : 전처리, 착용 높이 측정, 충격흡수성 시험, 내관통성, 난연성, 턱끈풀림 등

8. 건설작업장에서 근로자가 상시 작업하는 장소의 작업면 조도기준으로 옳지 않은 것은? (단, 갱내 작업장과 감광재료를 취급하는 작업장의 경우는 제외)　　　[19.1/22.1]
① 초정밀작업 : 600럭스(lux) 이상
② 정밀작업 : 300럭스(lux) 이상
③ 보통작업 : 150럭스(lux) 이상
④ 초정밀, 정밀, 보통작업을 제외한 기타작업 : 75럭스(lux) 이상

해설 조명(조도)기준
• 초정밀작업 : 750lux 이상
• 정밀작업 : 300lux 이상
• 보통작업 : 150lux 이상
• 기타작업 : 75lux 이상

9. 건설현장에서 사용하는 임시조명기구에 대한 안전 대책으로 옳지 않은 것은?　　　[09.1]

① 모든 조명기구에는 외부의 충격으로부터 보호될 수 있도록 보호망을 씌워야 한다.

② 이동식 조명기구의 배선은 유연성이 좋은 코드선을 사용해야 한다.

③ 이동식 조명기구의 손잡이는 견고한 금속재료로 제작해야 한다.

④ 이동식 조명기구를 일정한 장소에 고정시킬 경우 에는 견고한 받침대를 사용해야 한다.

해설 ③ 이동식 조명기구의 손잡이는 금속체가 아닌 절연재로 제작해야 한다.

10. 산소결핍이라 함은 공기 중 산소농도가 몇 퍼센트(%) 미만일 때를 의미하는가? [17.1]

① 20%   ② 18%
③ 15%   ④ 10%

해설 산소결핍이란 공기 중 산소의 농도가 18% 미만인 상태를 의미한다.

11. 건설업의 공사금액이 850억 원일 경우 산업안전보건법령에 따른 안전관리자의 수로 옳은 것은? (단, 전체 공사기간을 100으로 할 때 공사 전·후 15에 해당하는 경우는 고려하지 않는다.) [18.1/22.2]

① 1명 이상
② 2명 이상
③ 3명 이상
④ 4명 이상

해설 건설업의 안전관리자 선임기준

공사금액	인원
50억 원 이상 800억 원 미만	1
800억 원 이상 1500억 원 미만	2
1500억 원 이상 2200억 원 미만	3
2200억 원 이상 3000억 원 미만	4
3000억 원 이상 3900억 원 미만	5
3900억 원 이상 4900억 원 미만	6

지반의 안정성 Ⅰ

12. 연약 점토지반 개량에 있어 적합하지 않은 공법은? [09.2/13.2/15.1]

① 샌드드레인(sand drain) 공법
② 생석회 말뚝(chemico pile) 공법
③ 페이퍼드레인(paper drain) 공법
④ 바이브로 플로테이션(vibro flotation) 공법

해설 • 점토질지반 개량공법 : 치환공법, 탈수공법

• 탈수공법 : 샌드드레인, 페이퍼드레인, 프리로딩, 침투압, 생석회 말뚝

Tip) 바이브로 플로테이션(vibro flotation) 공법 : 모래의 탈수공법

13. 다음 중 사면지반 개량공법으로 옳지 않은 것은? [10.2/14.3/22.1]

① 전기화학적 공법   ② 석회 안정처리 공법
③ 이온교환방법   ④ 옹벽공법

해설 ④는 사면 보강공법

14. 사면의 보호공법이 아닌 것은? [13.3]

① 식생공법   ② 피복공법
③ 낙석방호공법   ④ 주입공법

해설 ④는 사면지반 개량공법

15. 표준관입시험에 관한 설명으로 옳지 않은 것은? [20.3]

① N치(N-value)는 지반을 30cm 굴진하는데 필요한 타격횟수를 의미한다.

② N치가 4~10일 경우 모래의 상대밀도는 매우 단단한 편이다.

③ 63.5kg 무게의 추를 76cm 높이에서 자유 낙하하여 타격하는 시험이다.

④ 사질지반에 적용하며, 점토지반에서는 편차가 커서 신뢰성이 떨어진다.

해설 타격횟수에 따른 지반밀도

타격횟수		구분
모래지반	점토지반	
3 이하	2 이하	아주 느슨(연약)
4~10	3~4	느슨(연약)
10~30	4~8	보통
30~50	8~15	조밀(접착력)
50 이상	15~30	아주 조밀(강한 접착력)
–	30 이상	견고(경질)

15-1. 표준관입시험에 대한 내용으로 옳지 않은 것은? [14.1]

① N치(N-value)는 지반을 30cm 굴진하는데 필요한 타격횟수를 의미한다.

② 50/3의 표기에서 50은 굴진수치, 3은 타격횟수를 의미한다.

③ 63.5kg 무게의 추를 76cm 높이에서 자유낙하하여 타격하는 시험이다.

④ 사질지반에 적용하며, 점토지반에서는 편차가 커서 신뢰성이 떨어진다.

해설 50/3의 표기에서(타격횟수/굴진수치) 50은 타격횟수, 3은 굴진수치를 의미한다.

정답 ②

15-2. 표준관입시험에서 30cm 관입에 필요한 타격회수(N)가 50 이상일 때 모래의 상대밀도는 어떤 상태인가? [15.3]

① 몹시 느슨하다. ② 느슨하다.
③ 보통이다. ④ 대단히 조밀하다.

해설 타격횟수에 따른 상대밀도(모래지반)

아주 느슨	느슨	보통	조밀	아주 조밀
3 이하	4~10	10~30	30~50	50 이상

정답 ④

16. 토질시험 중 액체상태의 흙이 건조되어 가면서 액성, 소성, 반고체, 고체상태의 경계선과 관련된 시험의 명칭은? [16.2/19.3]

① 아터버그 한계시험
② 압밀시험
③ 삼축압축시험
④ 투수시험

해설 아터버그(atterberg) 한계 : 함수비에 따라 다르게 나타나는 흙의 특성을 구분하기 위해 사용하는 함수비의 기준으로 액성한계(LL), 소성한계(PL), 수축한계(SL)이다.

16-1. 흙의 연경도변화 한계를 아터버그(atterberg) 한계라 한다. 체적변화에 따른 함수변화가 그림과 같을 때 PL과 LL 사이는 어떤 상태인가? [13.3]

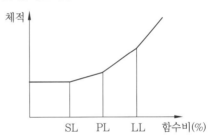

① 반고체 ② 고체
③ 액성 ④ 소성

해설 아터버그(atterberg) 한계 : 함수비에 따라 다르게 나타나는 흙의 특성을 구분하기 위해 사용하는 함수비의 기준으로 액성한계(LL), 소성한계(PL), 수축한계(SL)이다.

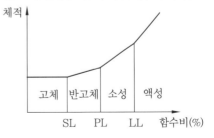

정답 ④

17. 토질시험(soil test) 방법 중 전단시험에 해당하지 않는 것은? [10.2]

① 일면전단시험　② 베인테스트
③ 일축압축시험　④ 투수시험

해설 전단시험 : 직접전단시험, 1면전단시험, 베인테스트, 일축압축시험 등 수직력을 변화시켜 이에 대응하는 전단력을 측정한다.

17-1. 토질시험 중 연약한 점토지반의 점착력을 판별하기 위하여 실시하는 현장시험은? [12.1/18.3/20.2]

① 베인테스트(vane test)
② 표준관입시험(SPT)
③ 하중재하시험
④ 삼축압축시험

해설 베인테스트(vane test) : 점토(진흙)지반의 점착력을 판별하기 위하여 실시하는 현장시험

정답 ①

18. 토질시험 중 사질토시험에서 얻을 수 있는 값이 아닌 것은? [12.2]

① 체적압축계수　② 내부마찰각
③ 액상화평가　④ 탄성계수

해설 ①은 점성토지반의 압밀시험에서 얻을 수 있다.

19. 흙 속의 전단응력을 증대시키는 원인이 아닌 것은? [11.2/11.3/16.3]

① 굴착에 의한 흙의 일부 제거
② 지진, 폭파에 의한 진동
③ 함수비의 감소에 따른 흙의 단위 체적 중량의 감소
④ 외력의 작용

해설 ③ 함수비의 증가에 따른 흙의 단위 중량의 증가

20. 토공사에서 성토용 토사의 일반 조건으로 옳지 않은 것은? [21.3]

① 다져진 흙의 전단강도가 크고 압축성이 작을 것
② 함수율이 높은 토사일 것
③ 시공장비의 주행성이 확보될 수 있을 것
④ 필요한 다짐 정도를 쉽게 얻을 수 있을 것

해설 ② 함수율이 높은 토사는 강도 저하로 인해 붕괴할 우려가 있다.

21. 흙의 특성으로 옳지 않은 것은? [14.2]

① 흙은 선형재료이며, 응력-변형률 관계가 일정하게 정의된다.
② 흙의 성질은 본질적으로 비균질, 비등방성이다.
③ 흙의 거동은 연약지반에 하중이 작용하면 시간의 변화에 따라 압밀침하가 발생한다.
④ 점토대상이 되는 흙은 지표면 밑에 있기 때문에 지반의 구성과 공학적 성질은 시추를 통해서 자세히 판명된다.

해설 ① 흙은 비선형재료이며, 응력-변형률 관계가 일정하지 않다.

22. 사질지반 굴착 시, 굴착부와 지하수위차가 있을 때 수두차에 의하여 삼투압이 생겨 흙막이 벽 근입 부분을 침식하는 동시에 모래가 액상화되어 솟아오르는 현상은? [13.3/19.1]

① 동상 현상　② 연화 현상
③ 보일링 현상　④ 히빙 현상

해설 • 보일링(boiling) 현상 : 사질지반의 흙막이 지면에서 수두차로 인한 삼투압이 발생하여 흙막이 벽 근입 부분을 침식하는 동시에 모래가 액상화되어 솟아오르는 현상

- 히빙(heaving) 현상 : 연약 점토지반에서 굴착작업 시 흙막이 벽체 내·외의 토사의 중량차에 의해 흙막이 밖에 있는 흙이 안으로 밀려 들어와 솟아오르는 현상
- 동상 현상 : 겨울철에 대기온도가 0℃ 이하로 하강함에 따라 흙 속의 수분이 얼어 동결상태가 된 흙이 지표면에 부풀어 오르는 현상
- 연화 현상 : 동결된 지반이 기온상승으로 녹기 시작하여 녹은 물이 흙 속에 과잉의 수분으로 존재하여 지반이 연약화되면서 강도가 떨어지는 현상

22-1. 지반에서 나타나는 보일링(boiling) 현상의 직접적인 원인으로 볼 수 있는 것은? [18.2]

① 굴착부와 배면부의 지하수위의 수두차
② 굴착부와 배면부의 흙의 중량차
③ 굴착부와 배면부의 흙의 함수비차
④ 굴착부와 배면부의 흙의 토압차

해설 보일링(boiling) 현상 : 사질지반의 흙막이 지면에서 수두차로 인한 삼투압이 발생하여 흙막이 벽 근입 부분을 침식하는 동시에 모래가 액상화되어 솟아오르는 현상

정답 ①

22-2. 흙막이 가시설 공사 중 발생할 수 있는 보일링(boiling) 현상에 관한 설명으로 옳지 않은 것은? [10.3/13.2/15.1/21.2]

① 이 현상이 발생하면 흙막이 벽의 지지력이 상실된다.
② 지하수위가 높은 지반을 굴착할 때 주로 발생한다.
③ 흙막이 벽의 근입장 깊이가 부족할 경우 발생한다.
④ 연약한 점토지반에서 굴착면의 융기로 발생한다.

해설 ④는 히빙 현상에 대한 내용이다.

정답 ④

22-3. 점토지반의 토공사에서 흙막이 밖에 있는 흙이 안으로 밀려 들어와 내측 흙이 부풀어 오르는 현상은? [09.2/13.1]

① 보일링(boiling)　② 히빙(heaving)
③ 파이핑(piping)　④ 액상화

해설 히빙(heaving) 현상 : 연약 점토지반에서 굴착작업 시 흙막이 벽체 내·외의 토사의 중량차에 의해 흙막이 밖에 있는 흙이 안으로 밀려 들어와 솟아오르는 현상

정답 ②

22-4. 연약지반에서 발생하는 히빙(heaving) 현상에 관한 설명 중 옳지 않은 것은? [16.3]

① 저면에 액상화 현상이 나타난다.
② 배면의 오사가 붕괴된다.
③ 지보공이 파괴된다.
④ 굴착저면이 솟아오른다.

해설 ①은 보일링 현상에 대한 내용이다.

정답 ①

22-5. 히빙(heaving) 현상 방지 대책으로 틀린 것은? [10.2/15.1]

① 소단굴착을 실시하여 소단부 흙의 중량이 바닥을 누르게 한다.
② 흙막이 벽체 배면의 지반을 개량하여 흙의 전단강도를 높인다.
③ 부풀어 솟아오르는 바닥면의 토사를 제거한다.
④ 흙막이 벽체의 근입깊이를 깊게 한다.

해설 히빙 현상 방지 대책
- 소단굴착을 실시하여 소단부 흙의 중량이 바닥을 누르게 한다.

- 시트 파일(sheet pile) 등의 근입심도를 검토한다.
- 지반개량으로 흙의 전단강도를 높인다.
- 흙막이 벽체의 근입깊이를 깊게 한다.
- 굴착배면의 상재하중을 제거하여 토압을 최대한 낮춘다.
- 굴착 주변을 웰 포인트(well point) 공법과 병행한다.

정답 ③

22-6. 흙막이 벽을 설치하여 기초 굴착작업 중 굴착부 바닥이 솟아올랐다. 이에 대한 대책으로 옳지 않은 것은? [14.2]

① 굴착 주변의 상재하중을 증가시킨다.
② 흙막이 벽의 근입깊이를 깊게 한다.
③ 토류벽의 배면토압을 경감시킨다.
④ 지하수 유입을 막는다.

해설 ① 굴착 주변의 상재하중을 감소시킨다.

정답 ①

22-7. 연약지반의 이상 현상 중 하나인 히빙 (heaving) 현상에 대한 안전 대책이 아닌 것은? [14.1]

① 흙막이 벽의 관입깊이를 깊게 한다.
② 굴착저면에 토사 등으로 하중을 가한다.
③ 흙막이 배면의 표토를 제거하여 토압을 경감한다.
④ 주변 수위를 높인다.

해설 ④ 보일링 현상 방지 대책으로 흙막이 벽 배면지반의 지하수위를 저하시킨다.

정답 ④

22-8. 흙막이 벽 근입깊이를 깊게 하고, 전면의 굴착 부분을 남겨 두어 흙의 중량으로 대항하게 하거나, 굴착 예정 부분의 일부를 미리 굴착하여 기초 콘크리트를 타설하는 등의 대책과 가장 관계가 깊은 것은? [16.1/22.1]

① 파이핑 현상이 있을 때
② 히빙 현상이 있을 때
③ 지하수위가 높을 때
④ 굴착깊이가 깊을 때

해설 히빙 현상 : 굴착작업 시 흙막이 밖에 있는 흙이 안으로 밀려 들어와 솟아오르는 현상

정답 ②

22-9. 물이 결빙되는 위치로 지속적으로 유입되는 조건에서 온도가 하강함에 따라 토중 수가 얼어 생성된 결빙 크기가 계속 커져 지표면이 부풀어 오르는 현상은? [16.3]

① 압밀침하(consolidation settlement)
② 연화(frost boil)
③ 동상(frost heave)
④ 지반경화(hardening)

해설 동상 현상 : 겨울철에 대기온도가 0℃ 이하로 하강함에 따라 흙 속의 수분이 얼어 동결상태가 된 흙이 지표면에 부풀어 오르는 현상

정답 ③

지반의 안정성 Ⅱ

23. 흙막이 말뚝에 대한 지하수 재해방지상 유의하여야 할 점으로 틀린 것은? [14.3]

① 토압, 수압, 적재하중 등에 대하여 계획과 시공 중 관찰 측정한 결과를 비교 검토한다.
② 흙막이 말뚝의 근입길이를 짧게 하여 히빙 현상을 방지한다.

③ 지하수, 복류수 등의 상황을 고려하여 충분한 지수 효과를 갖도록 조치한다.

④ 누수, 출수 등을 조기 발견할 수 있도록 해야 하며, 누수, 출수의 우려가 있을 경우에는 적절한 조치를 취한다.

해설 ② 흙막이 말뚝의 근입길이를 깊게 하여 히빙 현상을 방지한다.

24. 개착식 흙막이 벽의 계측내용에 해당되지 않는 것은? [18.2]

① 경사 측정
② 지하수위 측정
③ 변형률 측정
④ 내공변위 측정

해설 ④는 터널의 계측관리사항

25. 지표면에서 소정의 위치까지 파 내려간 후 구조물을 축조하고 되메운 후 지표면을 원상태로 복구시키는 공법은? [16.2]

① NATM 공법
② 개착식 터널공법
③ TBM 공법
④ 침매공법

해설 지표면에서 소정의 위치까지 파 내려간 후 구조물을 축조하고 되메운 후 지표면을 원상태로 복구시키는 공법을 개착식 터널공법 또는 개착식 공법이라 한다.

25-1. 다음 중 개착식 굴착방법과 거리가 먼 것은? [12.3]

① 타이로드 공법
② 어스앵커 공법
③ 버팀대 공법
④ TBM 공법

해설 TBM(Tunnel Boring Machine) 공법은 터널공법 중 전단면 기계굴착에 의한 공법이다.

정답 ④

26. 지반 조사의 목적에 해당되지 않는 것은?

① 토질의 성질 파악 [17.1]
② 지층의 분포 파악
③ 지하수위 및 피압수 파악
④ 구조물의 편심에 의한 적절한 침하 유도

해설 지반 조사의 목적은 토질의 특성 파악, 지반의 지표층 분포, 지하수위 및 피압수 여부 파악 등이다.

27. 지반 조사 중 예비 조사 단계에서 흙막이 구조물의 종류에 맞는 형식을 선정하기 위한 조사항목과 거리가 먼 것은? [15.2]

① 흙막이 벽 축조 여부 판단 및 굴착에 따른 안정이 충분히 확보될 수 있는지 여부
② 인근 지반의 지반 조사자료나 시공자료의 수집
③ 기상 조건 변동에 따른 영향 검토
④ 주변의 환경(하천, 지표지질, 도로, 교통 등)

해설 지반 조사방법 중 예비조사사항
• 인근 지반의 지반 조사자료나 시공자료의 수집
• 지형도, 지하수위 등 현황 조사
• 인접 구조물의 크기, 매설물의 현황 조사
• 주변의 환경(하천, 지표지질, 도로, 교통 등)
• 기상 조건 변동에 따른 영향 검토

27-1. 굴착작업을 하는 경우 근로자의 위험을 방지하기 위하여 작업장의 지형·지반 및 지층상태 등에 대하여 실시하여야 하는 사전 조사내용으로 옳지 않은 것은? [10.1/11.2/19.3]

① 형상 · 지질 및 지층의 상태
② 균열 · 함수(含水) · 용수 및 동결의 유무 또는 상태
③ 지상의 배수상태
④ 매설물 등의 유무 또는 상태

해설 굴착작업 시 사전 지반 조사항목
• 형상 · 지질 및 지층의상태
• 균열 · 함수 · 용수 및 동결의 유무 또는 상태
• 매설물 등의 유무 또는 상태
• 지반의 지하수위 상태

정답 ③

28. 지반 조사의 간격 및 깊이에 대한 내용으로 옳지 않은 것은? [14.2]

① 조사간격은 지층상태, 구조물 규모에 따라 정한다.
② 지층이 복잡한 경우에는 기 조사한 간격 사이에 보완 조사를 실시한다.
③ 절토, 개착, 터널구간은 기반암의 심도 5~6m까지 확인한다.
④ 조사깊이는 액상화 문제가 있는 경우에는 모래층 하단에 있는 단단한 지지층까지 조사한다.

해설 ③ 절토, 개착, 터널구간은 기반암의 심도 2m까지 확인한다.

29. 지반 조사 보고서 내용에 해당되지 않는 항목은? [14.1]

① 지반공학적 조건
② 표준관입시험치, 콘관입저항치 결과 분석
③ 시공예정인 흙막이공법
④ 건설할 구조물 등에 대한 지반특성

해설 지반 조사 보고서 내용
• 지반공학적 조건
• 표준관입시험치, 콘관입저항치 결과 분석

• 연약지반의 물리적, 역학적 특성
• 건설할 구조물 등에 대한 지반특성
• 시료채취, 운반, 보관의 절차
• 현장 조사에 따른 육안 조사 결과, 특히 지하수의 존재, 주변 구조물, 채석장 및 토취장의 위치

30. 흙막이 지보공을 설치하였을 경우 정기적으로 점검하고 이상을 발견하면 즉시 보수하여야 하는 사항과 가장 거리가 먼 것은? [20.3]

① 부재의 접속부 · 부착부 및 교차부의 상태
② 버팀대의 긴압(緊壓)의 정도
③ 부재의 손상 · 변형 · 부식 · 변위 및 탈락의 유무와 상태
④ 지표수의 흐름상태

해설 ④ 지반의 지하수위 상태 – 굴착작업 시 사전조사사항

31. 다음 중 굴착작업의 안전조치사항으로 옳지 않은 것은? [10.3]

① 굴착구간으로 표면수가 유입되는 것을 방지하고 배수구를 설치하여 굴착작업 부근의 표면수가 원활히 배수되도록 한다.
② 암석을 제외한 토질의 굴착 시 구조물의 안전성과 작업 전의 안전조치가 선행되지 않은 경우는 굴착작업을 중지시켜야 한다.
③ 굴착구간 위로 작업원이나 자재를 운반할 필요가 있을 경우 필히 난간이 부착된 안전통로를 설치한 후 작업한다.
④ 지층이 상이한 토질의 굴착 시 지지층의 사면 안식각이 그 위 지층의 사면 안식각보다 작아야 한다.

해설 ④ 지층이 상이한 토질의 굴착 시 지지층의 사면 안식각 이 그 위 지층의 사면 안식각보다 커야 한다.

32. 굴착작업 시 준수사항으로 옳지 않은 것은? [10.1]

① 작업 전에 산소농도를 측정하고 산소량은 18% 이상이어야 하며, 발파 후 반드시 환기설비를 작동시켜 가스배출을 한 후 작업을 하여야 한다.

② 시트 파일의 설치 시 수직도는 1/100 이내이어야 한다.

③ 토압이 커서 링이 변형될 우려가 있는 경우 스트러트 등으로 보강하여야 한다.

④ 굴착 및 링의 설치와 동시에 철사다리를 설치 연장하여야 하는데 철사다리는 굴착 바닥면과 2m 이내가 되게 한다.

해설 ④ 굴착 및 링의 설치와 동시에 철사다리를 설치 연장하여야 하는데 철사다리는 굴착 바닥면과 1m 이내가 되게 한다.

33. 발파구간 인접 구조물에 대한 피해 및 손상을 예방하기 위한 건물기초에서의 허용진동치(cm/sec) 기준으로 옳지 않은 것은? (단, 기존 구조물에 금이 가 있거나 노후 구조물 대상일 경우 등은 고려하지 않는다.)

① 문화재 : 0.2cm/sec [12.1/21.1]
② 주택, 아파트 : 0.5cm/sec
③ 상가 : 1.0cm/sec
④ 철골콘크리트 빌딩 : 0.8~1.0cm/sec

해설 건물기초에서의 발파 허용진동치

구분	문화재	주택 · 아파트	상가	철골 콘크리트 빌딩
진동치 (cm/sec)	0.2	0.5	1.0	1.0~4.0

34. 철골용접부의 내부결함을 검사하는 방법으로 가장 거리가 먼 것은? [14.3/20.3]

① 알칼리 반응시험

② 방사선 투과시험
③ 자기분말 탐상시험
④ 침투탐상시험

해설 용접 결함검사

내부검사	• 방사선 투과시험 • 초음파 탐상시험
표면검사	• 육안검사 • 자분탐상시험 • 액체침투 탐상시험
알칼리 반응시험(KS F 2545)은 골재시험	

(※ 문제 오류로 가답안 발표 시 ①번으로 발표되었지만, 확정 답안 발표 시 ①, ③, ④번 모두 정답으로 발표되었다. 본서에서는 ①번을 정답으로 한다.)

35. 구축하고자 하는 지하 구조물이 인접 구조물보다 깊은 위치에 근접하여 건설할 경우에 주변 지반과 인접 건축물 기초의 침하에 대한 우려 때문에 실시하는 기초 보강공법은?

① H-말뚝 토류판 공법 [12.3/15.3/17.3]
② S.C.W 공법
③ 지하연속벽 공법
④ 언더피닝 공법

해설 언더피닝 공법 : 구축하고자 하는 지하 구조물이 인접 구조물보다 깊은 위치에 근접하여 건설할 경우에 주변 지반과 인접 건축물 기초의 침하에 대한 우려 때문에 실시하는 기초 보강공법

36. 흙막이공법 선정 시 고려사항으로 틀린 것은? [15.1]

① 흙막이 해체를 고려
② 안전하고 경제적인 공법 선택
③ 차수성이 낮은 공법 선택
④ 지반성상에 적합한 공법 선택

해설 ③ 차수성이 높은 공법을 선택한다.

37. 굴착작업 시 굴착깊이가 최소 몇 m 이상인 경우 사다리, 계단 등 승강설비를 설치하여야 하는가? [12.1]

① 1.5m   ② 2.5m
③ 3.5m   ④ 4.5m

해설 굴착깊이가 1.5m 이상일 경우 사다리, 계단 등 승강설비를 설치하여야 한다.

38. 잠함 또는 우물통의 내부에서 굴착작업을 할 때의 준수사항으로 옳지 않은 것은? [10.1]

① 굴착깊이가 10m를 초과하는 때에는 당해 작업장소와 외부와의 연락을 위한 통신설비 등을 설치한다.
② 산소결핍의 우려가 있는 때에는 산소의 농도를 측정하는 자를 지명하여 측정하도록 한다.
③ 근로자가 안전하게 승강하기 위한 설비를 설치한다.
④ 측정 결과 산소의 결핍이 인정될 때에는 송기를 위한 설비를 설치하여 필요한 양의 공기를 송급하여야 한다.

해설 ① 굴착깊이가 20m를 초과하는 경우에는 해당 작업장소와 외부와의 연락을 위한 통신설비 등을 설치하여야 한다.

38-1. 잠함 또는 우물통의 내부에서 굴착작업을 하는 경우에 잠함 또는 우물통의 급격한 침하에 의한 위험방지를 위해 바닥으로부터 천장 또는 보까지의 높이는 최소 얼마 이상으로 하여야 하는가? [13.1]

① 1.8m   ② 2m
③ 2.5m   ④ 3m

해설 잠함 또는 우물통의 급격한 침하에 의한 위험방지를 위해 바닥으로부터 천장 또는 보까지의 높이는 1.8m 이상으로 할 것

정답 ①

건설업 산업안전보건관리비

39. 다음은 산업안전보건법령에 따른 산업안전보건관리비의 사용에 관한 규정이다. (　) 안에 들어갈 내용을 순서대로 옳게 작성한 것은? [21.2]

> 건설공사 도급인은 고용노동부장관이 정하는 바에 따라 해당 건설공사를 위하여 계상된 산업안전보건관리비를 그가 사용하는 근로자와 그의 관계수급인이 사용하는 근로자의 산업재해 및 건강장해 예방에 사용하고, 그 사용명세서를 (　) 작성하고 건설공사 종료 후 (　)간 보존해야 한다.

① 매월, 6개월
② 매월, 1년
③ 2개월마다, 6개월
④ 2개월마다, 1년

해설 산업안전보건관리비 사용명세서를 매월 작성하고 건설공사 종료 후 1년간 보존해야 한다.

40. 일반건설공사(갑)으로서 대상액이 5억 원 이상 50억 원 미만인 경우에 산업안전보건관리비의 비율(㉠) 및 기초액(㉡)으로 옳은 것은? [10.1/13.2/19.1/20.2/21.3]

① ㉠ : 1.86%, ㉡ : 5,349,000원
② ㉠ : 1.99%, ㉡ : 5,499,000원
③ ㉠ : 2.35%, ㉡ : 5,400,000원
④ ㉠ : 1.57%, ㉡ : 4,411,000원

해설 건설공사 종류 및 규모별 안전관리비 계상기준표

정답 37. ①   38. ①   39. ②   40. ①

건설 공사 구분	대상액 5억 원 미만 비율(X) [%]	대상액 5억 원 이상 50억 원 미만		대상액 50 억 원 이상 [%]	영 별표5 에 따른 보건관리 자 선임 대상 건설 공사
		비율(X) [%]	기초액(C) [원]		
일반 건설공 사(갑)	2.93	1.86	5,349,000	1.97	2.15%
일반 건설 공사 (을)	3.09	1.99	5,499,000	2.10	2.29%
중 건설 공사	3.43	2.35	5,400,000	2.44	2.66%
철도· 궤도 신설 공사	2.45	1.57	4,411,000	1.66	1.81%
특수 및 그 밖에 공사	1.85	1.20	3,250,000	1.27	1.38%

40-1. 산업안전보건관리비 계상 및 사용기준에 따른 공사 종류별 계상기준으로 옳은 것은? (단, 철도·궤도 신설공사이고, 대상액이 5억 원 미만인 경우) [17.1]

① 1.85% ② 2.45% ③ 3.09% ④ 3.43%

해설 철도·궤도 신설공사이고, 대상액이 5억 원 미만인 경우 계상기준은 2.45%이다.

정답 ②

40-2. 대상액 50억 원 이상의 공사 종류에 따른 산업안전보건관리비 계상기준으로 옳지 않은 것은? [16.3]

① 일반건설공사(갑) : 1.97%
② 일반건설공사(을) : 2.10%
③ 중건설공사 : 2.44%
④ 철도·궤도 신설공사 : 1.27%

해설 ④ 철도·궤도 신설공사의 대상액이 50억 원 이상인 경우 계상기준은 1.66%이다.

정답 ④

40-3. 건설공사의 산업안전보건관리비 계상 시 대상액이 구분되어 있지 않은 공사는 도급계약 또는 자체사업 계획상의 총 공사금액 중 얼마를 대상액으로 하는가? [11.2/20.3]

① 50% ② 60% ③ 70% ④ 80%

해설 대상액이 구분되어 있지 않은 공사는 도급계약 또는 자체사업 계획상의 총 공사금액의 70%를 대상액으로 안전관리비를 계산한다.

정답 ③

41. 공사 진척에 따른 공정률이 다음과 같을 때 안전관리비 사용기준으로 옳은 것은 어느 것인가? (단, 공정률은 기성공정률을 기준으로 함) [13.1/17.3/21.1]

공정률 : 70퍼센트 이상 90퍼센트 미만

① 50퍼센트 이상 ② 60퍼센트 이상
③ 70퍼센트 이상 ④ 80퍼센트 이상

해설 공사 진척에 따른 안전관리비 사용기준

공정률	50% 이상 70% 미만	70% 이상 90% 미만	90% 이상
사용기준	50% 이상	70% 이상	90% 이상

41-1. 공정률이 65%인 건설현장의 경우 공사 진척에 따른 산업안전보건관리비의 최소 사용기준으로 옳은 것은? (단, 공정률은 기성공정률을 기준으로 함) [17.2/20.1]

① 40% 이상   ② 50% 이상

③ 60% 이상   ④ 70% 이상

해설 공정률이 50% 이상 70% 미만인 경우 최소 50% 이상 사용 가능하다.

정답 ②

42. 건설업 산업안전보건관리비 계상 및 사용 기준에 따른 안전관리비의 개인보호구 및 안전장구 구입비 항목에서 안전관리비로 사용이 가능한 경우는? [18.2/22.1]

① 안전·보건관리자가 선임되지 않은 현장에서 안전·보건업무를 담당하는 현장관계자용 무전기, 카메라, 컴퓨터, 프린터 등 업무용 기기

② 혹한·혹서에 장기간 노출로 인해 건강장해를 일으킬 우려가 있는 경우 특정 근로자에게 지급되는 기능성 보호장구

③ 근로자에게 일률적으로 지급하는 보냉·보온장구

④ 감리원이나 외부에서 방문하는 인사에게 지급하는 보호구

해설 • 안전관리비로 사용 가능한 장구는 혹한·혹서에 장기간 노출로 인해 건강장해를 일으킬 우려가 있는 경우 특정 근로자에게 지급하는 기능성 보호장구이다.

• 안전관리비로 사용할 수 없는 장구

  ㉠ 근로자 보호 목적으로 보기 어려운 피복, 장구, 용품 등으로 작업복, 방한복, 면장갑, 코팅장갑 등

  ㉡ 근로자에게 일률적으로 지급하는 보냉·보온장구(핫팩, 장갑, 아이스조끼, 아이스팩 등을 말한다) 구입비

  ㉢ 감리원이나 외부에서 방문하는 인사에게 지급하는 보호구

42-1. 건설업 산업안전보건관리비 중 안전시

설비로 사용할 수 있는 항목에 해당하는 것은? [19.3]

① 각종 비계, 작업발판, 가설계단·통로, 사다리 등

② 비계·통로·계단에 추가 설치하는 추락방지용 안전난간

③ 절토부 및 성토부 등의 토사 유실방지를 위한 설비

④ 작업장 간 상호 연락, 작업상황 파악 등 통신수단으로 활용되는 통신시설·설비

해설 비계·통로·계단에 추가 설치하는 추락방지용 안전난간은 안전시설비로 사용이 가능하다.

정답 ②

42-2. 건설업 산업안전보건관리비 중 안전시설비로 사용할 수 없는 것은? [15.2/18.1]

① 안전통로

② 비계에 추가 설치하는 추락방지용 안전난간

③ 사다리 전도방지장치

④ 통로의 낙하물 방호선반

해설 안전통로(각종 비계, 작업발판, 가설계단·통로, 사다리 등)는 안전시설비로 사용할 수 없다.

정답 ①

43. 건설업 산업안전보건관리비 계상에 관한 설명으로 옳지 않은 것은? [18.3]

① 재료비와 직접노무비의 합계액을 계상대상으로 한다.

② 안전관리비 계상기준은 산업재해보상보험법의 적용을 받는 공사 중 총 공사금액이 2천만 원 이상인 공사에 적용한다.

③ 발주자 또는 자기공사자는 설계변경 등으로 대상액의 변동이 있는 경우라도 특별한 경우

를 제외하고는 안전관리비를 조정 계상하지 않는다.

④ 「전기공사업법」 제2조에 따른 전기공사로 저압·고압 또는 특별고압 작업으로 이루어지는 공사로서 단가계약에 의하여 행하는 공사에 대하여는 총 계약금액을 기준으로 적용한다.

해설 ③ 발주자 또는 자기공사자는 설계변경 등으로 대상액의 변동이 있는 경우, 지체 없이 안전관리비를 조정 계상하여야 한다.

43-1. 건설업 산업안전보건관리비 계상 및 사용기준은 산업재해보상보험법의 적용을 받는 공사 중 총 공사금액이 얼마 이상인 공사에 적용하는가? (단, 전기공사업법, 정보통신공사업법에 의한 공사는 제외) [22.2]

① 4천만 원   ② 3천만 원
③ 2천만 원   ④ 1천만 원

해설 산업재해보상보험법의 적용을 받는 공사 중 총 공사금액이 2천만 원 이상인 공사에 적용한다. 다만, 다음 각 호의 어느 하나에 해당되는 공사 중 단가계약에 의하여 행하는 공사에 대하여는 총 계약금액을 기준으로 이를 적용한다.

㉠ 전기공사법에 따른 전기공사로 저압·고압 또는 특고압 작업으로 이루어지는 공사
㉡ 정보통신공사업법에 따른 정보통신공사

정답 ③

44. 산업안전보건관리비의 효율적인 집행을 위하여 고용노동부장관이 정할 수 있는 기준에 해당되지 않는 것은? [16.2]

① 안전·보건에 관한 협의체 구성 및 운영
② 공사의 진척 정도에 따른 사용기준
③ 사업의 규모별 사용방법 및 구체적인 내용
④ 사업의 종류별 사용방법 및 구체적인 내용

해설 안전관리비의 효율적 집행을 위해 고용노동부장관이 정할 수 있는 기준
• 공사의 진척 정도에 따른 사용기준
• 사업의 규모별 사용방법 및 구체적인 내용
• 사업의 종류별 사용방법 및 구체적인 내용

45. 산업안전보건관리비 사용과 관련하여 산업안전보건법령에 따른 재해예방 전문지도기관의 지도를 받아야 하는 경우는? (단, 재해예방 전문지도기관의 지도를 필요로 하는 산업안전보건법령상 공사금액 기준을 만족한 것으로 가정) [16.3]

① 공사기간이 3개월 이상인 공사
② 육지와 연결되지 아니한 섬 지역(제주특별자치도 제외)에서 이루어지는 공사
③ 안전관리자의 자격을 가진 사람을 선임하여 안전관리자의 업무만을 전담하도록 하는 공사
④ 유해·위험방지 계획서를 제출하여야 하는 공사

해설 재해예방 전문지도기관의 지도를 받지 않아도 되는 공사
• 공사기간이 1개월 미만인 공사
• 육지와 연결되지 아니한 섬 지역(제주특별자치도 제외)에서 이루어지는 공사
• 안전관리자의 자격을 가진 사람을 선임하여 안전관리자의 업무만을 전담하도록 하는 공사
• 유해·위험방지 계획서를 제출하여야 하는 공사
Tip) 공사기간이 1개월 이상인 공사는 재해예방 전문지도기관의 지도를 받아야 한다.

46. 사급자재비가 30억, 직접노무비가 35억, 관급자재비가 20억인 빌딩 신축공사를 할 경우 계상해야 할 산업안전보건관리비는 얼마인가? (단, 공사 종류는 일반건설공사(갑)임) [16.1]

① 122,000,000원　② 153,660,000원
③ 153,850,000원　④ 159,800,000원

해설 ㉠ 일반건설공사(갑)의 계상기준은 대상
액 50억 원 이상의 경우 1.97%이다.
㉡ 산업안전보건관리비＝(관급자재비＋사급
자재비＋직접노무비)×요율
　＝(20억＋30억＋35억)×0.0197
　＝167,450,000원
㉢ 관급자재비 제외 산업안전보건관리비
　＝(사급자재비＋직접노무비)×요율
　＝(30억＋35억)×0.0197×1.2
　＝153,660,000원
→ 안전관리비 계상금액은 153,660,000원을
초과할 수 없으므로 이 금액이 정답이 된다.
(※ 문제 오류로 본서에서는 선지 ②번을 수정
하여 정답으로 한다. 자세한 내용은 해설참조)

47. 건설업 산업안전보건관리비의 사용내역에
대하여 수급인 또는 자기공사자는 공사시작
후 몇 개월마다 1회 이상 발주자 또는 감리
원의 확인을 받아야 하는가?　[12.3/19.2]

① 3개월　② 4개월　③ 5개월　④ 6개월

해설 수급인 또는 자기공사자는 안전관리비
사용내역에 대하여 공사시작 후 6개월마다 1
회 이상 발주자 또는 감리원의 확인을 받아야
한다. 다만, 6개월 이내에 공사가 종료되는
경우에는 종료 시 확인을 받아야 한다.

48. 설치 · 이전하는 경우 안전인증을 받아야
하는 기계 · 기구에 해당되지 않는 것은 어느
것인가?　[17.2]

① 크레인　　　② 리프트
③ 곤돌라　　　④ 고소작업대

해설 안전인증대상 기계 · 기구의 구분
• 설치 · 이전하는 경우 안전인증을 받아야
하는 기계 · 기구

㉠ 크레인　㉡ 리프트　㉢ 곤돌라
• 주요 구조 부분을 변경하는 경우 안전인증
을 받아야 하는 기계 · 기구
㉠ 프레스　　　㉡ 곤돌라
㉢ 크레인　　　㉣ 리프트
㉤ 압력용기　　㉥ 롤러기
㉦ 사출성형기　㉧ 고소작업대
㉨ 전단기 및 절곡기

49. 건설업 산업안전보건관리비 중 계상비용
에 해당되지 않는 것은?　[12.3/15.1]

① 외부비계, 작업발판 등의 가설 구조물 설치
소요비
② 근로자 건강관리비
③ 건설재해예방 기술지도비
④ 개인보호구 및 안전장구 구입비

해설 안전관리비 내역 중 계상비용
• 안전시설비
• 본사사용비
• 사업장의 안전진단비
• 안전보건교육비 및 행사비
• 근로자의 건강관리비
• 건설재해예방 기술지도비
• 안전관리자 등의 인건비 및 각종 업무수당
• 개인보호구 및 안전장구 구입비 등

49-1. 건설업의 산업안전보건관리비 사용항
목에 해당되지 않는 것은?　[17.2]

① 안전시설비
② 근로자 건강관리비
③ 운반기계 수리비
④ 안전진단비

해설 ①, ②, ④는 안전관리비 내역 중 계상
비용

정답 ③

사전안전성 검토 (유해·위험방지 계획서)

50. 산업안전보건법령에 따른 건설공사 중 다리 건설공사의 경우 유해·위험방지 계획서를 제출하여야 하는 기준으로 옳은 것은 어느 것인가? [18.2/19.1/19.3/21.2]

① 최대 지간길이가 40m 이상인 다리의 건설 등 공사
② 최대 지간길이가 50m 이상인 다리의 건설 등 공사
③ 최대 지간길이가 60m 이상인 다리의 건설 등 공사
④ 최대 지간길이가 70m 이상인 다리의 건설 등 공사

해설 유해·위험방지 계획서 제출대상 건설공사 기준
• 시설 등의 건설·개조 또는 해체공사
  ㉠ 지상높이가 31m 이상인 건축물 또는 인공 구조물
  ㉡ 연면적 30000m² 이상인 건축물
  ㉢ 연면적 5000m² 이상인 시설
    ㉮ 문화 및 집회시설(전시장, 동물원, 식물원은 제외)
    ㉯ 운수시설(고속철도 역사, 집배송시설은 제외)
    ㉰ 종교시설, 의료시설 중 종합병원
    ㉱ 숙박시설 중 관광숙박시설
    ㉲ 판매시설, 지하도상가, 냉동·냉장창고시설
• 연면적 5000m² 이상인 냉동·냉장창고시설의 설비공사 및 단열공사
• 최대 지간길이가 50m 이상인 교량 건설 등의 공사
• 다목적 댐, 발전용 댐 및 저수용량 2천만 톤 이상의 용수 전용 댐, 지방상수도 전용

댐 건설 등의 공사
• 깊이 10m 이상인 굴착공사
• 터널 건설 등의 공사

50-1. 유해·위험방지 계획서를 고용노동부장관에게 제출하고 심사를 받아야 하는 대상 건설공사 기준으로 옳지 않은 것은? [20.2/21.1]

① 최대 지간길이가 50m 이상인 다리의 건설 등 공사
② 지상높이 25m 이상인 건축물 또는 인공 구조물의 건설 등 공사
③ 깊이 10m 이상인 굴착공사
④ 다목적 댐, 발전용 댐, 저수용량 2천만 톤 이상의 용수 전용 댐 및 지방상수도 전용 댐의 건설 등 공사

해설 ② 지상높이가 31m 이상인 건축물 또는 인공 구조물의 건설공사

정답 ②

50-2. 건설업 유해·위험방지 계획서 제출대상 공사로 틀린 것은? [14.3]

① 지상높이가 32m인 아파트 건설공사
② 연면적이 4000m²인 관광숙박시설
③ 깊이가 16m인 굴착공사
④ 최대 지간길이가 100m인 교량 건설공사

해설 ② 연면적이 5000m² 이상인 관광숙박시설

정답 ②

50-3. 건설업 중 유해·위험방지 계획서 제출대상 사업장으로 옳지 않은 것은? [22.2]

① 지상높이가 31m 이상인 건축물 또는 인공 구조물, 연면적 30000m² 이상인 건축물 또는 연면적 5000m² 이상의 문화 및 집회시설의 건설공사

② 연면적 3000m² 이상의 냉동 · 냉장창고시설의 설비공사 및 단열공사

③ 깊이 10m 이상인 굴착공사

④ 최대 지간길이가 50m 이상인 다리의 건설공사

해설 ② 연면적 5000m² 이상인 냉동 · 냉장창고시설의 설비공사 및 단열공사

정답 ②

50-4. 다음 설명에서 제시된 산업안전보건법에서 말하는 고용노동부령으로 정하는 공사에 해당하지 않는 것은? [11.2/16.1]

> 건설업 중 고용노동부령으로 정하는 공사를 착공하려는 사업주는 고용노동부령으로 정하는 자격을 갖춘 자의 의견을 들은 후 유해 · 위험방지 계획서를 작성하여 고용노동부령으로 정하는 바에 따라 고용노동부장관에게 제출하여야 한다.

① 지상높이가 31m인 건축물의 건설 · 개조 또는 해체

② 최대 지간길이가 50m인 교량 건설 등의 공사

③ 깊이가 8m인 굴착공사

④ 터널 건설공사

해설 ③ 깊이 10m 이상인 굴착공사

정답 ③

50-5. 다음 중 유해 · 위험방지 계획서를 작성 및 제출하여야 하는 공사에 해당되지 않는 것은? [11.3/16.1/16.2/18.3/19.2]

① 지상높이가 31m인 건축물의 건설 · 개조 또는 해체

② 최대 지간길이가 50m인 교량 건설 등 공사

③ 깊이가 9m인 굴착공사

④ 터널 건설 등의 공사

해설 ③ 깊이 10m 이상인 굴착공사

정답 ③

51. 유해 · 위험방지 계획서 제출 시 첨부서류로 옳지 않은 것은? [17.1/17.2/17.3/21.3/22.1]

① 공사현장의 주변 현황 및 주변과의 관계를 나타내는 도면

② 공사개요서

③ 전체 공정표

④ 작업인부의 배치를 나타내는 도면 및 서류

해설 유해 · 위험방지 계획서 제출 시 첨부서류
- 공사개요서
- 전체 공정표
- 안전관리조직표
- 산업안전보건관리비 사용계획
- 건설물, 사용 기계설비 등의 배치를 나타내는 도면
- 재해 발생 위험 시 연락 및 대피방법
- 공사현장의 주변 현황 및 주변과의 관계를 나타내는 도면(매설물 현황을 포함한다.)

52. 사업주가 유해 · 위험방지 계획서 제출 후 건설공사 중 6개월 이내마다 안전보건공단의 확인을 받아야 할 내용이 아닌 것은? [20.1]

① 유해 · 위험방지 계획서의 내용과 실제공사 내용이 부합하는지 여부

② 유해 · 위험방지 계획서 변경 내용의 적정성

③ 자율안전관리 업체 유해 · 위험방지 계획서 제출 · 심사 면제

④ 추가적인 유해 · 위험요인의 존재 여부

해설 사업주가 건설공사 중 6개월 이내마다 유해 · 위험방지 계획서를 공단에 확인받아야 할 내용은 다음과 같다.
- 유해 · 위험방지 계획서의 내용과 실제공사 내용이 부합하는지 여부

- 유해 · 위험방지 계획서 변경 내용의 적정성
- 추가적인 유해 · 위험요인의 존재 여부

53. 건설공사의 유해 · 위험방지 계획서 제출 기준일로 옳은 것은? [22.2]

① 당해공사 착공 1개월 전까지
② 당해공사 착공 15일 전까지
③ 당해공사 착공 전날까지
④ 당해공사 착공 15일 후까지

해설 유해 · 위험방지 계획서 제출시기 및 부수
- 제조업에 해당하는 유해 · 위험방지 계획서를 제출하려면 작업시작 15일 전까지 공단에 2부 제출
- 건설업에 해당하는 유해 · 위험방지 계획서를 제출하려면 공사 착공 전날까지 공단에 2부 제출

54. 유해 · 위험방지를 위한 방호조치를 하지 아니하고는 양도, 대여, 설치 또는 사용에 제공하거나, 양도 · 대여를 목적으로 진열해서는 아니 되는 기계 · 기구에 해당하지 않는 것은? [11.2/18.1]

① 지게차 ② 공기압축기
③ 원심기 ④ 덤프트럭

해설 방호조치를 하지 아니하고는 양도 · 대여 등을 목적으로 진열해서는 아니 되는 기계 · 기구는 다음과 같다.

- 예초기 : 날 접촉예방장치
- 원심기 : 회전체 접촉예방장치
- 공기압축기 : 압력방출장치
- 금속절단기 : 날 접촉예방장치
- 지게차 : 헤드가드, 백레스트, 전조등, 후미등, 안전벨트
- 포장기계(진공포장기, 래핑기로 한정한다.) : 구동부 방호 연동장치

55. 유해 · 위험방지를 위하여 방호조치가 필요한 기계 · 기구에 속하지 않는 것은? [11.3]

① 교류 아크 용접기
② 곤돌라
③ 목재가공용 둥근톱
④ 선반

해설 선반 : 범용 공작기계로 방호조치가 필요한 기계 · 기구에 속하지 않는다.

56. 위험성 평가에 활용하는 안전보건정보에 해당되지 않는 것은? [16.3]

① 사업장 근로자 수와 금년 퇴직자 수
② 작업표준, 작업절차 등에 관한 정보
③ 기계 · 기구, 설비 등의 사양서
④ 물질안전보건자료(MSDS)

해설 위험성 평가에 활용하는 안전보건정보는 사업장의 유해 · 위험요인에 관련된 정보로 작업표준, 작업절차 등에 관한 정보, 기계 · 기구, 설비 등의 사양서, 물질안전보건자료(MSDS) 등이다.

2 건설공구 및 장비

건설공구 및 건설장비

1. 장비 자체보다 높은 장소의 땅을 굴착하는데 적합한 장비는? [14.2/16.2/20.2]

① 파워쇼벨(power shovel)
② 불도저(bulldozer)
③ 드래그라인(drag line)
④ 클램쉘(clam shell)

해설 굴착기계의 용도

• 파워쇼벨(power shovel) : 지면보다 높은 곳의 땅파기에 적합하다.
• 드래그셔블(백호, back hoe) : 지면보다 낮은 땅을 파는데 적합하고, 수중굴착도 가능하다.
• 드래그라인(drag line) : 지면보다 낮은 땅의 굴착에 적당하고, 굴착 반지름이 크다.
• 클램쉘(clam shell) : 수중굴착 및 가장 협소하고 깊은 굴착이 가능하며, 호퍼에 적합하다.
• 모터그레이더(motor grader) : 끝마무리 작업, 지면의 정지작업을 하며, 전륜을 기울게 할 수 있어 비탈면 고르기 작업도 가능하다.
• 트랙터셔블(tractor shovel) : 트랙터 앞면에 버킷을 장착한 적재기계이다.

1-1. 장비가 위치한 지면보다 낮은 장소를 굴착하는데 적합한 장비는? [13.3/15.1/20.1/21.2]

① 트럭크레인
② 파워셔블
③ 백호
④ 진폴

해설 백호(back hoe)는 기계가 위치한 지면보다 낮은 땅을 파는데 적합하고, 수중굴착도 가능하다.

정답 ③

1-2. 다음 중 수중굴착 공사에 가장 적합한 건설기계는? [14.3]

① 스크레이퍼
② 불도저
③ 파워쇼벨
④ 클램쉘

해설 클램쉘(clam shell) : 수중굴착 및 가장 협소하고 깊은 굴착이 가능하며, 호퍼에 적합하다.

정답 ④

1-3. 다음 중 건설용 굴착기계가 아닌 것은?

① 드래그라인 [10.2]
② 파워셔블
③ 클램쉘
④ 소일콤팩터

해설 ④는 흙을 다지는 다짐기계

정답 ④

1-4. 다음 중 굴착기계가 아닌 것은? [12.3]

① 탬퍼
② 파워셔블
③ 드래그라인
④ 클램쉘

해설 ①은 지반을 다지는 다짐기계

정답 ①

1-5. 다음 토공기계 중 굴착기계와 가장 관계 있는 것은? [16.1]

① clam shell
② road roller
③ shovel loader
④ belt conveyer

해설 클램셸(clam shell) : 수중굴착 및 가장 협소하고 깊은 굴착이 가능하며, 호퍼에 적합하다.

정답 ①

2. 굴착과 싣기를 동시에 할 수 있는 토공기계가 아닌 것은? [17.1/17.3/20.1/21.2]

① 트랙터셔블(tractor shovel)

② 백호(back hoe)

③ 파워셔블(power shovel)

④ 모터그레이더(motor grader)

해설 굴착과 싣기를 동시에 하는 토공기계 : 트랙터셔블, 백호, 파워셔블

Tip) 모터그레이더(motor grader) : 끝마무리 작업, 지면의 정지작업을 하며, 전륜을 기울게 할 수 있어 비탈면 고르기 작업도 가능하다.

3. 백호우(back hoe)의 운행방법에 대한 설명으로 옳지 않은 것은? [11.1/13.2]

① 경사로나 연약지반에서는 무한궤도식보다는 타이어식이 안전하다.

② 작업계획서를 작성하고 계획에 따라 작업을 실시하여야 한다.

③ 작업장소의 지형 및 지반상태 등에 적합한 제한속도를 정하고 운전자로 하여금 이를 준수하도록 하여야 한다.

④ 작업 중 승차석 외의 위치에 근로자를 탑승시켜서는 안 된다.

해설 ① 경사로나 연약지반에는 무한궤도식이 안전하다.

4. 토공기계 중 클램셸(clam shell)의 용도에 대해 가장 잘 설명한 것은? [15.2]

① 단단한 지반에 작업하기 쉽고 작업속도가 빠르며 특히 암반굴착에 적합하다.

② 수면 하의 자갈, 실트 혹은 모래를 굴착하고 준설선에 많이 사용된다.

③ 상당히 넓고 얕은 범위의 점토질지반 굴착에 적합하다.

④ 기계 위치보다 높은 곳의 굴착, 비탈면 절취에 적합하다.

해설 클램셸(clam shell) : 수중굴착 및 가장 협소하고 깊은 굴착이 가능하며, 준설선에 많이 사용된다.

4-1. 클램셸(clam shell)의 용도로 옳지 않은 것은? [14.1]

① 잠함안의 굴착에 사용된다.

② 수면 아래의 자갈, 모래를 굴착하고 준설선에 많이 사용된다.

③ 건축 구조물의 기초 등 정해진 범위의 깊은 굴착에 적합하다.

④ 단단한 지반의 작업도 가능하며 작업속도가 빠르고 특히 암반굴착에 적합하다.

해설 클램셸(clam shell) : 수중굴착 및 가장 협소하고 깊은 굴착이 가능하며, 준설선에 많이 사용된다.

정답 ④

5. 건설기계에 관한 다음 설명 중 옳은 것은 어느 것인가? [14.3]

① 가이데릭은 철골세우기 공사에 사용된다.

② 백호는 중기가 지면보다 높은 곳의 땅을 파는데 적합하다.

③ 항타기 및 항발기에서 버팀대만으로 상단 부분을 안정시키는 경우에는 버팀대를 2개 이상 사용해야 한다.

④ 불도저의 규격은 블레이드의 길이로 표시한다.

해설 ① 가이데릭은 360° 회전 고정 선회식의 기중기로 붐의 기복·회전에 의해서 짐을

이동시키는 장치로 대표적 철골세우기 기계이다.

② 백호는 장비가 지면보다 낮은 곳의 땅을 굴착하는데 적합하다.

③ 항타기 및 항발기에서 버팀대만으로 상단부분을 안정시키는 경우에는 버팀대를 3개 이상 사용해야 한다.

④ 불도저의 규격은 차체 중량으로 표시한다.

5-1. 건설용 시공기계에 관한 기술 중 옳지 않은 것은? [12.2]

① 타워크레인(tower crane)은 고층건물의 건설용으로 많이 쓰인다.

② 백호우(back hoe)는 기계가 위치한 지면보다 높은 곳의 땅을 파는데 적합하다.

③ 가이데릭(guy derrick)은 철골세우기 공사에 사용된다.

④ 진동 롤러(vibration roller)는 아스팔트 콘크리트 등의 다지기에 효과적으로 사용된다.

해설 ② 백호(back hoe)는 기계가 위치한 지면보다 낮은 땅을 파는데 적합하고, 수중굴착도 가능하다.

정답 ②

6. 다음 중 차량계 건설기계에 속하지 않는 것은? [17.1]

① 불도저 ② 스크레이퍼
③ 타워크레인 ④ 항타기

해설 차량계 건설기계의 종류
불도저, 스트레이트도저, 틸트도저, 앵글도저, 버킷도저, 모터그레이더, 로더, 스크레이퍼, 클램쉘, 드래그라인, 브레이커, 크러셔, 항타기 및 항발기, 어스드릴, 어스오거, 크롤러드릴, 점보드릴, 샌드드레인머신, 페이퍼드레인머신, 팩드레인머신, 타이어롤러, 매커덤롤러, 탠덤롤러, 버킷준설선, 그래브준설선,

펌프준설선, 콘크리트 펌프카, 덤프트럭, 콘크리트 믹서트럭, 아스팔트 살포기, 콘크리트 살포기, 아스팔트 피니셔, 콘크리트 피니셔 등 유사한 구조 또는 기능을 갖는 건설기계로서 건설작업에 사용하는 것
Tip) 타워크레인 – 양중기

6-1. 산업안전기준에 관한 규칙에서 규정하고 있는 차량계 건설기계에 해당되지 않는 것은? [09.2]

① 불도저 ② 어스드릴
③ 크레인 ④ 백호우

해설 ③은 양중기에 해당된다.

정답 ③

6-2. 굴착, 싣기, 운반, 흙깔기 등의 작업을 하나의 기계로서 연속적으로 행할 수 있으며 비행장과 같이 대규모 정지작업에 적합하고 피견인식과 자주식으로 구분할 수 있는 차량계 건설기계는? [13.1]

① 클램쉘(clam shell)
② 로우더(loader)
③ 불도저(bulldozer)
④ 스크레이퍼(scraper)

해설 스크레이퍼 : 굴착, 싣기, 운반, 흙깔기 등의 작업을 하나의 기계로서 연속적으로 행할 수 있으며 비행장과 같이 대규모 정지작업에 적합하고 피견인식과 자주식의 두 종류가 있다.

정답 ④

7. 불도저를 이용한 작업 중 안전조치사항으로 옳지 않은 것은? [10.3/20.3]

① 작업종료와 동시에 삽날을 지면에서 띄우고 주차 제동장치를 건다.

② 모든 조종간은 엔진 시동 전에 중립위치에 놓는다.

③ 장비의 승차 및 하차 시 뛰어내리거나 오르지 말고 안전하게 잡고 오르내린다.

④ 야간작업 시 자주 장비에서 내려와 장비 주위를 살피며 점검하여야 한다.

(해설) ① 작업종료와 동시에 삽날을 지면에 내리고 주차 제동장치를 건다.

8. 앵글도저보다 큰 각으로 움직일 수 있어 흙을 깎아 옆으로 밀어내면서 전진하므로 제설, 제초작업 및 다량의 흙을 전방으로 밀어가는 데 적합한 불도저는? [14.2/16.3]

① 스트레이트도저   ② 틸트도저
③ 레이크도저   ④ 힌지도저

(해설) 힌지도저 : 앵글도저보다 큰 각으로 움직일 수 있어 흙을 깎아 옆으로 밀어내면서 전진하므로 제설, 제초작업 및 다량의 흙을 전방으로 밀어가는 데 적합하다.

9. 롤러의 표면에 돌기를 만들어 부착한 것으로 풍화암을 파쇄하고 흙 속의 간극수압을 제거하는 작업에 적합한 장비는? [09.1/14.3]

① tandem roller
② macadam roller
③ tamping roller
④ tire roller

(해설) • 탠덤롤러(tandem roller) : 쇄석, 자갈의 다짐, 아스팔트 포장 마무리
• 머캐덤롤러(macadam roller) : 쇄석, 자갈의 다짐, 전압을 사용하는 전압식 다짐롤러
• 탬핑롤러(tamping roller) : 롤러 표면에 돌기를 붙여 땅 깊숙이 다짐이 가능한 롤러
• 타이어롤러(tire roller) : 고무타이어를 이용하여 다지기 하는 롤러

9-1. 철륜 표면에 다수의 돌기를 붙여 접지면적을 작게 하여 접지압을 증가시킨 롤러로서 고함수비 점성토지반의 다짐작업에 적합한 롤러는? [11.2/15.2]

① 탠덤롤러   ② 로드롤러
③ 타이어롤러   ④ 탬핑롤러

(해설) 탬핑롤러(tamping roller)
• 롤러 표면에 돌기를 붙여 접지면적을 작게 하여, 땅 깊숙이 다짐이 가능하다.
• 고함수비의 점성토지반에 효과적인 다짐작업에 적합한 롤러이다.

Tip) 전압식 다짐기계 : 머캐덤롤러, 탠덤롤러, 타이어롤러, 탬핑롤러

(정답) ④

10. 다음 중 와이어로프의 구성요소가 아닌 것은? [16.2]

① 소선   ② 클립
③ 스트랜드   ④ 심강

(해설) 와이어로프의 구성요소 : 소선(wire), 가닥(strand), 심강

11. 항타기 및 항발기에 관한 설명으로 옳지 않은 것은? [17.1]

① 도괴방지를 위해 시설 또는 가설물 등에 설치하는 때에는 그 내력을 확인하고 내력이 부족하면 그 내력을 보강해야 한다.

② 와이어로프의 한 꼬임에서 끊어진 소선(필러선을 제외한다)의 수가 10% 이상인 것은 권상용 와이어로프로 사용을 금한다.

③ 지름 감소가 공칭지름의 7%를 초과하는 것은 권상용 와이어로프로 사용을 금한다.

④ 권상용 와이어로프의 안전계수가 4 이상이 아니면 이를 사용하여서는 아니 된다.

해설 ④ 권상용 와이어로프의 안전계수는 5 이상을 사용하여야 한다.

11-1. 항타기 또는 항발기에 사용되는 권상용 와이어로프의 안전계수는 최소 얼마 이상이어야 하는가? [16.2]

① 3 ② 4 ③ 5 ④ 6

해설 항타기 또는 항발기의 권상용 와이어로프의 안전율은 5 이상이다.

정답 ③

11-2. 다음 중 항타기 또는 항발기의 권상용 와이어로프의 사용금지기준에 해당하지 않는 것은? [17.2]

① 이음매가 없는 것
② 지름 감소가 공칭지름의 7%를 초과하는 것
③ 꼬인 것
④ 열과 전기충격에 의해 손상된 것

해설 ① 이음매가 있는 것

정답 ①

12. 건설현장에서 동력을 사용하는 항타기 또는 항발기에 대하여 무너짐을 방지하기 위하여 준수하여야 할 사항으로 옳지 않은 것은? [18.3/20.2/21.3]

① 버팀줄만으로 상단 부분을 안정시키는 경우에는 버팀줄을 4개 이상으로 하고 같은 간격으로 배치할 것
② 버팀대만으로 상단 부분을 안정시키는 경우에는 버팀대는 3개 이상으로 하고 그 하단 부분은 견고한 버팀·말뚝 또는 철골 등으로 고정시킬 것
③ 궤도 또는 차로 이동하는 항타기 또는 항발기에 대해서는 불시에 이동하는 것을 방지하기 위하여 레일 클램프(rail clamp) 및 쐐기 등으로 고정시킬 것

④ 연약한 지반에 설치하는 경우에는 각부나 가대의 침하를 방지하기 위하여 깔판·깔목 등을 사용할 것

해설 ① 버팀줄만으로 상단 부분을 안정시키는 경우에는 버팀줄을 3개 이상으로 하고 같은 간격으로 배치할 것

13. 다음 중 달비계의 달기체인의 사용금지규정이 아닌 것은? [09.3]

① 늘어난 체인길이의 증가가 제조된 때 길이의 5%를 초과한 것
② 링의 단면지름의 감소가 제조된 때 지름의 10%를 초과한 것
③ 균열이 있는 것
④ 이음매가 있는 것

해설 ④ 이음매가 없는 것

13-1. 다음 중 달비계용 달기체인의 사용금지기준으로 옳지 않은 것은? [16.3]

① 달기체인의 길이가 달기체인이 제조된 때의 길이의 3퍼센트를 초과한 것
② 링의 단면지름이 달기체인이 제조된 때의 해당 링의 지름의 10퍼센트를 초과하여 감소한 것
③ 균열이 있는 것
④ 심하게 변형된 것

해설 ① 늘어난 체인길이의 증가가 제조된 때 길이의 5%를 초과한 것

정답 ①

13-2. 다음 중 체인(chain)의 폐기대상이 아닌 것은? [10.2/19.3]

① 균열, 흠이 있는 것
② 뒤틀림 등의 변형이 현저한 것
③ 전장이 원래 길이의 5%를 초과하여 늘어난 것

④ 링(ring)의 단면지름의 감소가 원래 지름의
5% 정도 마모된 것

해설 ④ 링(ring)의 단면지름의 감소가 원래
지름의 10%를 초과하여 마모된 것

정답 ④

14. 안전의 정도를 표시하는 것으로서 재료의
파괴응력도와 허용응력도의 비율을 의미하
는 것은? [13.1]

① 설계하중   ② 안전율
③ 인장강도   ④ 세장비

해설 안전율 $=\dfrac{극한강도}{최대응력}=\dfrac{최대응력}{허용응력}$

$=\dfrac{파괴하중}{안전하중}=\dfrac{파괴하중}{최대사용하중}$

14-1. 항타기 또는 항발기의 권상용 와이어
로프의 절단하중이 100ton일 때 와이어로프
에 걸리는 최대하중은 몇 ton까지 할 수 있
는가? [10.1]

① 20   ② 33.3   ③ 40   ④ 50

해설 안전율 $=\dfrac{절단하중}{최대하중}$

$\therefore$ 최대하중 $=\dfrac{절단하중}{안전율}=\dfrac{100}{5}=20\,\text{ton}$

Tip) 항타기 또는 항발기의 권상용 와이어로
프의 안전율은 5 이상이다.

정답 ①

15. 항타기 또는 항발기의 권상장치 드럼축과
권상장치로부터 첫 번째 도르래의 축 간의
거리는 권상장치 드럼폭의 몇 배 이상으로
하여야 하는가? [12.1]

① 5배   ② 8배   ③ 10배   ④ 15배

해설 항타기 또는 항발기의 권상장치의 드럼
축과 권상장치로부터 첫 번째 도르래의 축 간

의 거리는 권상장치 드럼폭의 15배 이상으로
하여야 한다.

16. 항타기 또는 항발기의 사용 시 준수사항으
로 옳지 않은 것은? [16.3/22.2]

① 증기나 공기를 차단하는 장치를 작업관리자
가 쉽게 조작할 수 있는 위치에 설치한다.
② 해머의 운동에 의하여 증기호스 또는 공기
호스와 해머의 접속부가 파손되거나 벗겨지
는 것을 방지하기 위하여 그 접속부가 아닌
부위를 선정하여 증기호스 또는 공기호스를
해머에 고정시킨다.
③ 항타기나 항발기의 권상장치의 드럼에 권상
용 와이어로프가 꼬인 경우에는 와이어로프
에 하중을 걸어서는 안 된다.
④ 항타기나 항발기의 권상장치에 하중을 건
상태로 정지하여 두는 경우에는 쐐기장치 또
는 역회전방지용 브레이크를 사용하여 제동
하는 등 확실하게 정지시켜 두어야 한다.

해설 ① 증기나 공기를 차단하는 장치를 운전
자가 쉽게 조작할 수 있는 위치에 설치한다.

17. 차량계 건설기계를 사용하는 작업을 할 때
에 그 기계가 넘어지거나 굴러떨어짐으로써
근로자가 위험해질 우려가 있는 경우에 필요
한 조치로 가장 거리가 먼 것은? [10.1/11.1/
12.3/15.1/15.3/16.1/16.3/18.2/19.2/19.3/21.3]

① 지반의 부동침하방지
② 안전통로 및 조도 확보
③ 유도하는 사람 배치
④ 갓길의 붕괴방지 및 도로 폭의 유지

해설 차량계 건설기계 전도전락방지 대책
• 갓길의 붕괴방지
• 유도자 배치
• 도로의 폭의 유지
• 지반의 부동침하방지

18. 차량계 건설기계를 사용하여 작업을 하는 경우 작업계획서 내용에 포함되지 않는 사항은? [09.3/12.2/16.2/21.1]

① 사용하는 차량계 건설기계의 종류 및 성능
② 차량계 건설기계의 운행경로
③ 차량계 건설기계에 의한 작업방법
④ 차량계 건설기계 사용 시 유도자 배치 위치

해설 차량계 건설기계 작업계획서
• 사용하는 차량계 건설기계의 종류 및 성능
• 차량계 건설기계의 운행경로
• 차량계 건설기계에 의한 작업방법

19. 굴착기계의 운행 시 안전 대책으로 옳지 않은 것은? [12.2/16.1]

① 버킷에 사람의 탑승을 허용해서는 안 된다.
② 운전반경 내에 사람이 있을 때 회전은 10rpm 이하의 느린 속도로 하여야 한다.
③ 장비의 주차 시 경사지나 굴착작업장으로부터 충분히 이격시켜 주차한다.
④ 전선이나 구조물 등에 인접하여 붐을 선회해야 될 작업에는 사전에 회전반경, 높이제한 등 방호조치를 강구한다.

해설 ② 운전반경 내에 사람이 있을 때에는 즉시 작업을 중지하고 사람을 안전하게 대피시키고 운전한다.

19-1. 굴착기의 운행 시 안전 대책으로 옳지 않은 것은? [11.3]

① 안전반경 내에 사람이 있을 때는 회전을 중지한다.
② 장비의 주차 시 버킷을 지면에 놓아야 한다.
③ 버킷이나 다른 부수장치 등에 사람을 태우지 않는다.
④ 유압계통 분리 시 붐을 들어 올린 상태에서 엔진을 정지시킨 다음 유압을 제거한 후 실시한다.

해설 ④ 유압계통 분리 시 붐을 지면에 내려 놓은 상태에서 엔진을 정지하고 유압을 제거한 후 실시한다.

정답 ④

안전수칙

20. 철골공사 시 안전작업방법 및 준수사항으로 옳지 않은 것은? [12.1/20.1]

① 강풍, 폭우 등과 같은 악천후 시에는 작업을 중지하여야 하며 특히 강풍 시에는 높은 곳에 있는 부재나 공구류가 낙하·비래하지 않도록 조치하여야 한다.
② 철골부재 반입 시 시공 순서가 빠른 부재는 상단부에 위치하도록 한다.
③ 구명줄 설치 시 마닐라 로프 직경 10mm를 기준하여 설치하고 작업방법을 충분히 검토하여야 한다.
④ 철골보의 두 곳을 매어 인양시킬 때 와이어 로프의 내각은 60° 이하이어야 한다.

해설 ③ 구명줄 설치 시 마닐라 로프 직경 16mm를 기준하여 설치하고 작업방법을 충분히 검토하여야 한다.

21. 공사용 가설도로를 설치하는 경우 준수해야 할 사항으로 옳지 않은 것은? [11.3/19.3]

① 도로는 장비와 차량이 안전하게 운행할 수 있도록 견고하게 설치한다.
② 도로는 배수에 관계없이 평탄하게 설치한다.
③ 도로와 작업장이 접하여 있을 경우에는 방책 등을 설치한다.
④ 차량의 속도제한 표지를 부착한다.

해설 ② 도로는 배수를 위하여 경사지게 설치한다.

22. 건설작업장에서 재해예방을 위해 작업 조건에 따라 근로자에게 지급하고 착용하도록 하여야 할 보호구로 옳지 않은 것은? [19.3]

① 물체가 떨어지거나 날아올 위험 또는 근로자가 추락할 위험이 있는 작업 : 안전모

② 높이 또는 깊이 2m 이상의 추락할 위험이 있는 장소에서 하는 작업 : 안전대

③ 용접 시 불꽃이나 물체가 흩날릴 위험이 있는 작업 : 보안경

④ 물체의 낙하·충격, 물체에의 끼임, 감전 또는 정전기의 대전에 의한 위험이 있는 작업 : 안전화

해설 ③ 용접 시 불꽃이나 물체가 흩날릴 위험이 있는 작업 : 보안면

23. 다음 중 지게차의 작업시작 전 점검사항이 아닌 것은? [09.1/10.2]

① 권과방지장치, 브레이크, 클러치 및 운전장치 기능의 이상 유무

② 하역장치 및 유압장치 기능의 이상 유무

③ 제동장치 및 조종장치 기능의 이상 유무

④ 전조등·후미등·방향지시기 및 경보장치 기능의 이상 유무

해설 ①은 크레인 작업시작 전 점검사항

24. 관리감독자의 유해·위험방지 업무에서 달비계 또는 높이 5m 이상의 비계를 조립·해체하거나 변경하는 작업과 관련된 직무수행 내용과 가장 거리가 먼 것은? [13.3/16.3]

① 재료의 결함 유무를 점검하고 불량품을 제거하는 일

② 기구·공구·안전대 및 안전모 등의 기능을 점검하고 불량품을 제거하는 일

③ 작업방법 및 근로자 배치를 결정하고 작업 진행상태를 감시하는 일

④ 작업에 종사하는 근로자의 보안경 및 안전장갑의 착용 상황을 감시하는 일

해설 ④ 작업에 종사하는 근로자의 보호구(안전대, 안전모 등)의 착용 상황을 감시하는 일

Tip) 보안경 및 안전장갑의 착용은 용접작업의 보호구이다.

25. 근로자에게 작업 중 또는 통행 시 전락(轉落)으로 인하여 근로자가 화상·질식 등의 위험에 처할 우려가 있는 케틀(kettle), 호퍼(hopper), 피트(pit) 등이 있는 경우에 그 위험을 방지하기 위하여 최소 높이 얼마 이상의 울타리를 설치하여야 하는가? [19.2]

① 80 cm 이상

② 85 cm 이상

③ 90 cm 이상

④ 95 cm 이상

해설 작업 중 또는 통행 시 전락으로 인하여 근로자가 화상·질식 등의 위험에 처할 우려가 있는 케틀(kettle), 호퍼(hopper), 피트(pit) 등이 있는 경우에 그 위험을 방지하기 위하여 90 cm 이상의 울타리를 설치하여야 한다.

3 양중 및 해체공사의 안전

해체용 기구의 종류 및 취급안전

1. 도심지 폭파 해체공법에 관한 설명으로 옳지 않은 것은? [20.3]

① 장기간 발생하는 진동, 소음이 적다.
② 해체속도가 빠르다.
③ 주위의 구조물에 끼치는 영향이 적다.
④ 많은 분진 발생으로 민원을 발생시킬 우려가 있다.

해설 ③ 도심지 폭파 해체공법은 주위의 구조물에 끼치는 영향이 매우 크다.

2. 다음 중 해체작업용 기계·기구로 가장 거리가 먼 것은? [20.2]

① 압쇄기
② 핸드 브레이커
③ 철제 해머
④ 진동 롤러

해설 ④는 지반 다짐장비

2-1. 다음 중 건물 해체용 기계·기구가 아닌 것은? [11.1/13.2]

① 압쇄기   ② 스크레이퍼
③ 잭   ④ 철 해머

해설 ②는 굴착, 적재, 채굴, 성토적재, 운반 등의 작업을 하나의 기계로서 연속적으로 할 수 있는 차량계 건설기계

정답 ②

2-2. 철근콘크리트 구조물의 해체를 위한 장비가 아닌 것은? [11.3/14.1]

① 램머(rammer)
② 압쇄기
③ 철제 해머
④ 핸드 브레이커(hand breaker)

해설 ①은 충격식 지반 다짐장비

정답 ①

2-3. 해체용 장비로서 작은 부재의 파쇄에 유리하고 소음, 진동 및 분진이 발생되므로 작업원은 보호구를 착용하여야 하고 특히 작업원의 작업시간을 제한하여야 하는 장비는? [12.3/13.1]

① 천공기
② 쇄석기
③ 철제 해머
④ 핸드 브레이커

해설 핸드 브레이커 : 해체용 장비로서 작은 부재의 파쇄에 유리하고 소음, 진동 및 분진이 발생되므로 특히 작업원의 작업시간을 제한하여야 하는 장비

정답 ④

3. 파쇄하고자 하는 구조물에 구멍을 천공하여 이 구멍에 가력봉을 삽입하고 가력봉에 유압을 가압하여 천공한 구멍을 확대시킴으로써 구조물을 파쇄하는 공법은? [21.3]

① 핸드 브레이커(hand breaker) 공법
② 강구(steel ball) 공법
③ 마이크로파(microwave) 공법
④ 록잭(rock jack) 공법

해설 록잭(rock jack) 공법은 천공 구멍에 가력봉을 삽입하고 가력봉에 유압을 가압하여 구멍을 확대시킴으로써 구조물을 파쇄한다.

정답 1. ③   2. ④   3. ④

4. 건축물의 해체공사에 대한 설명으로 틀린 것은? [15.1]

① 압쇄기와 대형 브레이커(breaker)는 파워쇼벨 등에 설치하여 사용한다.

② 철제 해머(hammer)는 크레인 등에 설치하여 사용한다.

③ 핸드 브레이커(hand breaker) 사용 시 수직보다는 경사를 주어 파쇄하는 것이 좋다.

④ 절단톱의 회전날에는 접촉방지 커버를 설치하여야 한다.

해설 ③ 핸드 브레이커 사용 시 수평이나 경사보다는 항상 하향 수직을 주어 파쇄하는 것이 좋다.

4-1. 다음 중 해체공사 시 작업용 기계·기구의 취급 안전기준에 관한 설명으로 옳지 않은 것은? [20.1]

① 철제 해머와 와이어로프의 결속은 경험이 많은 사람으로서 선임된 자에 한하여 실시하도록 하여야 한다.

② 팽창제 천공간격은 콘크리트 강도에 의하여 결정되나 70~120cm 정도를 유지하도록 한다.

③ 쐐기타입으로 해체 시 천공구멍은 타입기 삽입 부분의 직경과 거의 같아야 한다.

④ 화염방사기로 해체작업 시 용기 내 압력은 온도에 의해 상승하기 때문에 항상 40℃ 이하로 보존해야 한다.

해설 ② 팽창제 천공간격은 콘크리트 강도에 의하여 결정되나 30~70cm 정도를 유지하도록 한다.
Tip) 천공재 직경은 30~50mm 정도로 한다.
정답 ②

5. 해체공사에 있어서 발생되는 진동공해에 대한 설명으로 틀린 것은? [15.1]

① 진동수의 범위는 1~90Hz이다.

② 일반적으로 연직진동이 수평진동보다 작다.

③ 진동의 전파거리는 예외적인 것을 제외하면 진동원에서부터 100m 이내이다.

④ 지표에 있어 진동의 크기는 일반적으로 지진의 진도계급이라고 하는 미진에서 강진의 범위에 있다.

해설 ② 일반적으로 연직진동이 수평진동보다 크다.

6. 압쇄기를 사용하여 건물 해체 시 그 순서로 가장 타당한 것은? [14.2/18.2]

㉠ 보	㉡ 기둥
㉢ 슬래브	㉣ 벽체

① ㉠ → ㉡ → ㉢ → ㉣
② ㉠ → ㉢ → ㉡ → ㉣
③ ㉢ → ㉠ → ㉣ → ㉡
④ ㉣ → ㉢ → ㉡ → ㉠

해설 압쇄기를 사용하여 건물 해체 시 슬래브 → 보 → 벽체 → 기둥의 순서로 한다.

7. 사업주는 리프트의 조립 또는 해체작업을 하는 경우 작업을 지휘하는 자를 선임하여야 한다. 이때 작업을 지휘하는 자가 이행하여야 할 사항으로 가장 거리가 먼 것은 어느 것인가? [10.1/16.3]

① 작업방법과 근로자의 배치를 결정하고 해당 작업을 지휘하는 일

② 재료의 결함 유무 또는 기구 및 공구의 기능을 점검하고 불량품을 제거하는 일

③ 운전방법 또는 고장 났을 때의 처치방법 등을 근로자에게 주지시키는 일

④ 작업 중 안전대 등 보호구의 착용 상황을 감시하는 일

해설 리프트 조립 · 해체작업 시 작업지휘자 업무
- 작업방법과 근로자의 배치를 결정하고 해당 작업을 지휘하는 일
- 재료의 결함 유무 또는 기구 및 공구의 기능을 점검하고 불량품을 제거하는 일
- 작업 중 안전대 등 보호구의 착용 상황을 감시하는 일

8. 구조물 해체방법으로 사용되는 공법이 아닌 것은? [16.2]

① 압쇄공법   ② 잭공법
③ 절단공법   ④ 진공공법

해설 구조물 해체공법의 종류
- 압쇄공법   • 화약발파공법
- 전도공법   • 팽창압공법
- 절단공법   • 잭공법
- 브레이커공법

9. 해체공사에 따른 직접적인 공해방지 대책을 수립해야 되는 대상과 가장 거리가 먼 것은? [13.3]

① 소음 및 분진
② 폐기물
③ 지반침하
④ 수질오염

해설 소음 및 분진, 폐기물, 지반침하는 해체공사에 따른 직접적인 원인
Tip) 수질오염 – 간접적인 원인

양중기의 종류 및 안전수칙 I

10. 산업안전보건법령에 따른 양중기의 종류에 해당하지 않는 것은? [20.3]

① 곤돌라   ② 리프트
③ 클램쉘   ④ 크레인

해설 양중기의 종류에는 크레인, 이동식 크레인, 리프트, 곤돌라, 승강기 등이 있다.

10-1. 산업안전보건법령에 따른 양중기의 종류에 해당하지 않는 것은? [21.2]

① 고소작업차   ② 이동식 크레인
③ 승강기   ④ 리프트(lift)

해설 양중기의 종류에는 크레인, 이동식 크레인, 리프트, 곤돌라, 승강기 등이 있다.

정답 ①

10-2. 다음 기계 중 양중기에 포함되지 않는 것은? [16.2]

① 리프트   ② 곤돌라
③ 크레인   ④ 트롤리 컨베이어

해설 트롤리 컨베이어 : 체인 컨베이어의 하나로서 트롤리에 짐을 매다는 쇠 장식을 부착하여 순환식으로 이동하여 짐을 운반하는 장치

정답 ④

10-3. 다음 중 양중기에 해당되지 않는 것은? [15.1]

① 어스드릴   ② 크레인
③ 리프트   ④ 곤돌라

해설 어스드릴 : 쇼벨계 굴삭기의 하나로서 선단부에 날이 달린 회전버킷으로 지반을 천공하는 건설기계

정답 ①

10-4. 다음 중 양중기에 해당되지 않는 것은? [09.3]

① 크레인

② 건설작업용 리프트

③ 곤돌라

④ 적재하중이 0.1ton 이하인 리프트

해설 ④ 리프트(이삿짐운반용 리프트는 적재하중이 0.1톤 이상인 것으로 한정한다.)

정답 ④

10-5. 산업안전보건기준에 관한 규칙에서 규정한 양중기의 종류에 해당하지 않는 것은 어느 것인가? [15.3]

① 이동식 크레인

② 승강기

③ 리프트(lift)

④ 하이랜드(high land)

해설 양중기의 종류에는 크레인, 이동식 크레인, 리프트, 곤돌라, 승강기 등이 있다.

정답 ④

11. 안전계수가 4이고 2000 MPa의 인장강도를 갖는 강선의 최대 허용응력은? [21.1]

① 500 MPa ② 1000 MPa

③ 1500 MPa ④ 2000 MPa

해설 최대하중 $= \dfrac{\text{인장강도}}{\text{안전계수}} = \dfrac{2000}{4}$

$= 500\,\text{MPa}$

11-1. 안전계수가 4이고 2000 kg/cm²의 인장강도를 갖는 강선의 최대 허용응력은?

① 500 kg/cm² [12.1/15.2]

② 1000 kg/cm²

③ 1500 kg/cm²

④ 2000 kg/cm²

해설 최대하중 $= \dfrac{\text{인장강도}}{\text{안전계수}} = \dfrac{2000}{4}$

$= 500\,\text{kg/cm}^2$

정답 ①

11-2. 화물의 하중을 직접 지지하는 경우 양중기의 와이어로프에 대한 최대 허용하중은? (단, 1중 걸이 기준) [17.3]

① 최대 허용하중 $= \dfrac{\text{절단하중}}{2}$

② 최대 허용하중 $= \dfrac{\text{절단하중}}{3}$

③ 최대 허용하중 $= \dfrac{\text{절단하중}}{4}$

④ 최대 허용하중 $= \dfrac{\text{절단하중}}{5}$

해설 최대 허용하중

$= \dfrac{\text{절단하중}}{\text{안전계수}} = \dfrac{\text{절단하중}}{5}$

Tip) 화물의 하중을 직접 지지하는 와이어로프의 안전계수는 5 이상이다.

정답 ④

12. 산업안전보건법령에서 규정하는 철골작업을 중지하여야 하는 기후 조건에 해당하지 않는 것은? [11.3/14.1/14.2/15.2/16.1/18.3/21.1]

① 풍속이 초당 10m 이상인 경우

② 강우량이 시간당 1mm 이상인 경우

③ 강설량이 시간당 1cm 이상인 경우

④ 기온이 영하 5℃ 이하인 경우

해설 철골공사 시 작업 중지 기준

• 풍속이 10m/sec 이상인 경우

• 1시간당 강우량이 1mm 이상인 경우

• 1시간당 강설량이 1cm 이상인 경우

정답 **11.** ① **12.** ④

12-1. 철골작업을 할 때 악천후에는 작업을 중지하도록 하여야 하는데 그 기준으로 옳은 것은? [09.3/12.2/12.3/13.1/14.3/17.2/19.3]

① 강설량이 분당 1cm 이상인 경우
② 강우량이 시간당 1cm 이상인 경우
③ 풍속이 초당 10m 이상인 경우
④ 기온이 28℃ 이상인 경우

해설 철골공사 시 작업 중지 기준
• 풍속이 10m/sec 이상인 경우
• 1시간당 강우량이 1mm 이상인 경우
• 1시간당 강설량이 1cm 이상인 경우

정답 ③

13. 강풍이 불어올 때 타워크레인의 운전작업을 중지하여야 하는 순간풍속의 기준으로 옳은 것은? [10.1/14.1/15.1/18.2]

① 순간풍속이 초당 10m 초과
② 순간풍속이 초당 15m 초과
③ 순간풍속이 초당 25m 초과
④ 순간풍속이 초당 30m 초과

해설 풍속에 따른 안전기준
• 순간풍속이 초당 10m 초과 : 타워크레인의 수리·점검·해체작업 중지
• 순간풍속이 초당 15m 초과 : 타워크레인의 운전작업 중지
• 순간풍속이 초당 30m 초과 : 타워크레인의 이탈방지 조치
• 순간풍속이 초당 35m 초과 : 건설용 리프트, 옥외용 승강기가 붕괴되는 것을 방지 조치

13-1. 옥외에 설치되어 있는 주행크레인에 대하여 이탈방지장치를 작동시키는 등 그 이탈을 방지하기 위한 조치를 하여야 하는 순간풍속에 대한 기준으로 옳은 것은 어느 것인가? [09.2/09.3/10.1/13.3/14.1/18.3/22.1]

① 순간풍속이 초당 10m를 초과하는 바람이 불어올 우려가 있는 경우
② 순간풍속이 초당 20m를 초과하는 바람이 불어올 우려가 있는 경우
③ 순간풍속이 초당 30m를 초과하는 바람이 불어올 우려가 있는 경우
④ 순간풍속이 초당 40m를 초과하는 바람이 불어올 우려가 있는 경우

해설 순간풍속이 초당 30m 초과 : 타워크레인의 이탈방지 조치

정답 ③

13-2. 건설용 리프트의 붕괴 등을 방지하기 위해 받침의 수를 증가시키는 등 안전조치를 하여야 하는 순간풍속 기준은? [22.2]

① 초당 15미터 초과
② 초당 25미터 초과
③ 초당 35미터 초과
④ 초당 45미터 초과

해설 순간풍속이 초당 35m 초과 : 건설용 리프트, 옥외용 승강기가 붕괴되는 것을 방지 조치

정답 ③

14. 크레인 등 건설장비의 가공전선로 접근 시 안전 대책으로 옳지 않은 것은? [17.1/21.1]

① 안전 이격거리를 유지하고 작업한다.
② 장비를 가공전선로 밑에 보관한다.
③ 장비의 조립, 준비 시부터 가공전선로에 대한 감전방지 수단을 강구한다.
④ 장비 사용 현장의 장애물, 위험물 등을 점검 후 작업계획을 수립한다.

해설 ② 크레인 장비를 가공전선로 밑에 보관하는 것은 감전의 위험이 있다.

15. 크레인을 사용하여 작업을 하는 때 작업시작 전 점검사항이 아닌 것은? [12.1/16.1]

① 권과방지장치 · 브레이크 · 클러치 및 운전장치의 기능
② 방호장치의 이상 유무
③ 와이어로프가 통하고 있는 곳의 상태
④ 주행로의 상측 및 트롤리가 횡행하는 레일의 상태

해설 크레인 작업시작 전 점검사항
• 권과방지장치 · 브레이크 · 클러치 및 운전장치의 기능
• 주행로의 상측 및 트롤리가 횡행하는 레일의 상태
• 와이어로프가 통하고 있는 곳의 상태

15-1. 크레인을 사용하여 작업을 할 때 작업시작 전에 점검하여야 하는 사항에 해당하지 않는 것은? [17.1]

① 권과방지장치 · 브레이크 · 클러치 및 운전장치의 기능
② 주행로의 상측 및 트롤리가 횡행하는 레일의 상태
③ 와이어로프가 통하고 있는 곳의 상태
④ 압력방출장치의 기능

해설 ④는 공기압축기를 가동하는 경우 작업시작 전 점검사항

정답 ④

15-2. 크레인을 사용하는 경우 작업시작 전에 점검하여야 하는 사항에 해당하지 않는 것은? [09.1]

① 권과방지장치 · 브레이크 · 클러치 및 운전장치의 기능
② 주행로의 상측 및 트롤리가 횡행하는 레일의 상태

③ 와이어로프가 통하는 곳의 상태
④ 붐의 경사각도

해설 ④는 크레인의 정격하중 등의 표시에 관한 사항

정답 ④

15-3. 이동식 크레인을 사용하여 작업을 할 때 작업시작 전 점검사항이 아닌 것은? [18.1]

① 주행로의 상측 및 트롤리(trolley)가 횡행하는 레일의 상태
② 권과방지장치 그 밖의 경보장치의 기능
③ 브레이크 · 클러치 및 조정장치의 기능
④ 와이어로프가 통하고 있는 곳 및 작업장소의 지반상태

해설 ①은 크레인 작업시작 전 점검사항

정답 ①

16. 가설다리에서 이동식 크레인으로 작업 시 주의사항에 해당되지 않는 것은? [12.3]

① 다리강도에 대해 담당자와 함께 확인한다.
② 작업하중이 과하중으로 되지 않는가 확인한다.
③ 아웃트리거가 지지기둥 바로 위에 있을 때 충분히 보강한다.
④ 가설다리를 이동하는 경우는 진동이 크게 발생하지 않도록 하여 운전한다.

해설 ③ 아웃트리거가 지지기둥 바로 위에 있을 때에는 특별한 보강을 하지 않아도 된다.
Tip) 지반이 연약지반일 경우에는 깔목이나 깔판 등을 설치하여 충분히 보강하여야 한다.

17. 타워크레인을 자립고(自立高) 이상의 높이로 설치할 때 지지벽체가 없어 와이어로프로 지지하는 경우의 준수사항으로 옳지 않은 것은? [17.2/20.2]

① 와이어로프를 고정하기 위한 전용 지지프레임을 사용할 것

② 와이어로프 설치각도를 수평면에서 60° 이내로 하되, 지지점은 4개소 이상으로 하고, 같은 각도로 설치할 것

③ 와이어로프와 그 고정 부위는 충분한 강도와 장력을 갖도록 설치하되, 와이어로프를 클립·샤클(shackle) 등의 기구를 사용하여 고정하지 않도록 유의할 것

④ 와이어로프가 가공전선(架空電線)에 근접하지 않도록 할 것

해설 ③ 와이어로프와 그 고정 부위는 충분한 강도와 장력을 갖도록 설치하고, 와이어로프를 클립·샤클(shackle) 등의 고정기구를 사용하여 견고하게 고정시켜 풀리지 않도록 하며, 사용 중에는 충분한 강도와 장력을 유지하도록 할 것

17-1. 타워크레인을 와이어로프로 지지하는 경우에 준수해야 할 사항으로 옳지 않은 것은? [10.2/18.1]

① 와이어로프를 고정하기 위한 전용 지지프레임을 사용할 것

② 와이어로프 설치각도는 수평면에서 60° 이상으로 하되, 지지점은 4개소 미만으로 할 것

③ 와이어로프와 그 고정 부위는 충분한 강도와 장력을 갖도록 설치할 것

④ 와이어로프가 가공전선에 근접하지 않도록 할 것

해설 ② 와이어로프 설치각도는 수평면에서 60° 이내로 하되, 지지점은 4개소 이상으로 하고, 같은 각도로 설치할 것

정답 ②

17-2. 다음은 타워크레인을 와이어로프로 지지하는 경우의 준수해야 할 기준이다. 빈칸

에 들어갈 알맞은 내용을 순서대로 옳게 나타낸 것은? [15.2]

> 와이어로프 설치각도는 수평면에서 ( )도 이내로 하되, 지지점은 ( )개소 이상으로 하고, 같은 각도로 설치할 것

① 45, 4   ② 45, 5   ③ 60, 4   ④ 60, 5

해설 와이어로프 설치각도는 수평면에서 60° 이내로 하되, 지지점은 4개소 이상으로 하고, 같은 각도로 설치할 것

정답 ③

양중기의 종류 및 안전수칙 Ⅱ

18. 타워크레인(tower crane)을 선정하기 위한 사전 검토사항으로서 가장 거리가 먼 것은? [19.1]

① 붐의 모양   ② 인양능력
③ 작업반경   ④ 붐의 높이

해설 타워크레인을 선정하기 위해 사전에 작업반경, 인양능력, 건물 형태, 붐의 높이 등을 검토한다.

19. 크레인의 운전실 또는 운전대를 통하는 통로의 끝과 건설물 등의 벽체의 간격은 최대 얼마 이하로 하여야 하는가? [11.3/17.1/20.1]

① 0.2m   ② 0.3m   ③ 0.4m   ④ 0.5m

해설 벽체의 간격
• 크레인의 운전대를 통하는 통로의 끝과 건설물 등의 벽체의 간격은 0.3m 이하
• 크레인 통로의 끝과 크레인 거더의 간격은 0.3m 이하

• 크레인 거더로 통하는 통로의 끝과 건설물 등의 벽체의 간격은 0.3m 이하

20. 재해사고를 방지하기 위하여 크레인에 설치된 방호장치로 옳지 않은 것은? [16.2/22.1]

① 공기정화장치 ② 비상정지장치
③ 제동장치 ④ 권과방지장치

해설 공기정화장치는 공기 속의 먼지나 세균 따위를 깨끗하게 걸러내는 장치이다.

21. 다음 중 크레인을 사용하여 작업을 하는 경우 준수하여야 하는 사항으로 옳지 않은 것은? [12.2/14.3]

① 인양할 하물을 바닥에서 끌어당기거나 밀어내는 작업을 할 것
② 고정된 물체를 직접분리·제거하는 작업을 하지 아니할 것
③ 미리 근로자의 출입을 통제하여 인양 중인 하물이 작업자의 머리 위로 통과하지 않도록 할 것
④ 인양할 하물이 보이지 아니하는 경우에는 어떠한 동작도 하지 아니할 것

해설 ① 인양할 하물을 바닥에서 끌어당기거나 밀어내는 작업을 하지 말 것

22. 다음 중 양중기에 사용되는 와이어로프의 사용금지규정으로 옳지 않은 것은? [10.1]

① 이음매가 있는 것
② 와이어로프의 한 꼬임에서 끊어진 소선의 수가 10% 이상인 것
③ 심하게 변형 또는 부식된 것
④ 지름의 감소가 공칭지름의 5% 이상인 것

해설 ④ 지름의 감소가 공칭지름의 7%를 초과하는 것

23. 건설작업용 타워크레인의 안전장치로 옳지 않은 것은? [11.2/22.2]

① 권과방지장치
② 과부하방지장치
③ 비상정지장치
④ 호이스트 스위치

해설 크레인 방호장치 : 과부하방지장치, 권과방지장치, 비상정지장치, 제동장치 등
Tip) 호이스트 : 소형 화물용 크레인(기중기)

23-1. 승강기 강선의 과다감기를 방지하는 장치는? [09.2/10.1/10.2/19.1]

① 비상정지장치 ② 권과방지장치
③ 해지장치 ④ 과부하방지장치

해설 • 권과방지장치 : 크레인이나 승강기 강선의 과다감기를 방지하는 장치
• 과부하방지장치 : 과부하 시 자동으로 정지되면서 경보음이나 경보 등이 발생하는 장치
• 비상정지장치 : 돌발적인 비상사태 발생 시 전원을 차단하여 기계를 급정지시키는 장치
• 제동장치 : 기계적 접촉에 의해 운동체를 감속하거나 정지시키는 장치
정답 ②

23-2. 크레인의 와이어로프가 감기면서 붐 상단까지 후크가 따라 올라올 때 더 이상 감기지 않도록 하여 크레인 작동을 자동으로 정지시키는 안전장치로 옳은 것은? [21.3]

① 권과방지장치 ② 후크해지장치
③ 과부하방지장치 ④ 속도조절기

해설 권과방지장치 : 크레인이나 승강기 강선의 과다감기를 방지하는 장치
정답 ①

24. 사람이나 화물을 운반하는 것을 목적으로 하는 기계설비인 리프트의 종류가 아닌 것은? [11.2]

① 건설작업용 리프트
② 상용 리프트
③ 자동차정비용 리프트
④ 이삿짐운반용 리프트

해설 리프트는 동력을 사용하여 사람과 화물을 운반하는 것을 목적으로 하는 기계이며, 건설작업용, 자동차정비용, 이삿짐운반용 리프트 등이 있다.

25. 타워크레인의 설치·조립·해체작업을 하는 때에 작성하는 작업계획서에 포함시켜야 할 사항이 아닌 것은? [09.1]

① 타워크레인의 종류 및 형식
② 중량물의 운반경로
③ 작업인원의 구성 및 작업근로자의 역할범위
④ 작업도구·장비·가설설비 및 방호설비

해설 타워크레인의 설치·조립·해체 시 작성하는 작업계획서
• 타워크레인의 종류 및 형식
• 작업인원의 구성 및 작업근로자의 역할범위
• 작업도구·장비·가설설비 및 방호설비

26. 크레인 또는 데릭에서 붐 각도 및 작업반경별로 작용시킬 수 있는 최대하중에서 후크(hook), 와이어로프 등 달기구의 중량을 공제한 하중은? [09.1/11.1/13.2/15.3/19.2]

① 작업하중   ② 정격하중
③ 이동하중   ④ 적재하중

해설 정격하중 : 크레인에 매달아 올릴 수 있는 최대하중에서 후크, 와이어로프 등 달기구의 중량을 제외한 하중

27. 정격하중이 10톤인 크레인의 화물용 와이어로프에 대한 절단하중은 얼마인가? (단, 화물용 와이어로프의 안전계수는 5이다.) [13.3]

① 2톤   ② 5톤
③ 15톤   ④ 50톤

해설 절단하중＝정격하중×안전계수
＝$10 \times 5 = 50\,\text{ton}$

28. 그림과 같이 두 곳에 줄을 달아 중량물을 들어 올릴 때, 힘 P의 크기에 관한 설명으로 옳은 것은? [09.1]

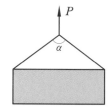

① 매단 줄의 각도(α)가 0°일 때 최소가 된다.
② 매단 줄의 각도(α)가 60°일 때 최소가 된다.
③ 매단 줄의 각도(α)가 120°일 때 최소가 된다.
④ 매단 줄의 각도(α)와 상관없이 모두 같다.

해설 그림의 와이어로프에 걸리는 하중(P)은 매단 줄의 각도(α)와 상관없이 모두 같다.
Tip) 인양 와이어로프의 매달기 각도는 양변 60°를 기준으로 한다.

29. 건립 중 강풍에 의한 풍압 등 외압에 대한 내력이 설계에 고려되었는지 확인하여야 할 철골 구조물이 아닌 것은? [17.3]

① 구조물의 폭과 높이의 비가 1 : 4 이상인 구조물
② 이음부가 현장용접인 구조물
③ 높이 10m 이상의 구조물
④ 단면구조에 현저한 차이가 있는 구조물

해설 ③ 높이 20m 이상의 구조물

정답 24. ②　25. ②　26. ②　27. ④　28. ④　29. ③

4 건설재해 및 대책

떨어짐(추락)재해 및 대책

1. 근로자의 추락 등의 위험을 방지하기 위한 안전난간의 설치요건에서 상부 난간대를 120cm 이상 지점에 설치하는 경우 중간 난간대를 최소 몇 단 이상 균등하게 설치하여야 하는가? [11.3/20.3]

① 2단　　② 3단　　③ 4단　　④ 5단

해설 안전난간의 구성
- 상부 난간대는 90cm 이상 120cm 이하 지점에 설치하며, 120cm 이상 지점에 설치할 경우 중간 난간대를 2단 이상으로, 최소 60cm마다 균등하게 설치할 것
- 발끝막이판은 바닥면 등으로부터 10cm 이상의 높이를 유지할 것
- 난간대의 지름은 2.7cm 이상의 금속 파이프나 그 이상의 강도를 가지는 재료일 것
- 임의의 방향으로 움직이는 100kg 이상의 하중에 견딜 수 있을 것

1-1. 근로자의 추락 등의 위험을 방지하기 위한 안전난간의 설치기준으로 옳지 않은 것은? [11.1/16.1]

① 상부 난간대와 중간 난간대는 난간 길이 전체에 걸쳐 바닥면 등과 평행을 유지할 것
② 발끝막이판은 바닥면 등으로부터 20cm 이하의 높이를 유지할 것
③ 난간대는 지름 2.7cm 이상의 금속제 파이프나 그 이상의 강도가 있는 재료일 것
④ 안전난간은 구조적으로 가장 취약한 지점에서 가장 취약한 방향으로 작용하는 100kg 이상의 하중에 견딜 수 있는 튼튼한 구조일 것

해설 ② 발끝막이판은 바닥면 등으로부터 10cm 이상의 높이를 유지할 것

정답 ②

1-2. 안전난간의 구조 및 설치요건에 대한 기준으로 옳지 않은 것은? [10.2/12.1]

① 상부 난간대는 바닥면·발판 또는 경사로의 표면으로부터 90cm 이상 지점에 설치할 것
② 발끝막이판은 바닥면 등으로부터 10cm 이상의 높이를 유지할 것
③ 난간대는 지름 1.5cm 이상의 금속제 파이프나 그 이상의 강도를 가진 재료일 것
④ 안전난간은 구조적으로 가장 취약한 지점에서 가장 취약한 방향으로 작용하는 100kg 이상의 하중에 견딜 수 있는 튼튼한 구조일 것

해설 ③ 난간대의 지름은 2.7cm 이상의 금속 파이프나 그 이상의 강도를 가지는 재료일 것

정답 ③

1-3. 건설현장에서 근로자의 추락재해를 예방하기 위한 안전난간을 설치하는 경우 그 구성요소와 거리가 먼 것은? [19.1]

① 상부 난간대　　② 중간 난간대
③ 사다리　　④ 발끝막이판

해설 안전난간의 구성요소는 상부 난간대, 중간 난간대, 발끝막이판, 난간기둥 등이다.

정답 ③

2. 안전난간대에 폭목(toe board)을 대는 이유는? [11.2/15.1]

① 작업자의 손을 보호하기 위하여
② 작업자의 작업능률을 높이기 위하여

③ 안전난간대의 강도를 높이기 위하여

④ 공구 등 물체가 작업발판에서 지상으로 낙하되지 않도록 하기 위하여

해설 발끝막이판(폭목 : toe board)은 공구 등의 물체가 작업발판에서 지상으로 낙하되지 않도록 하기 위해 설치한다.

3. 표준 안전난간의 설치장소가 아닌 것은?

① 흙막이 지보공의 상부　　　　[10.2/17.3]

② 중량물 취급 개구부

③ 작업대

④ 리프트 입구

해설 표준 안전난간의 설치장소 : 흙막이 지보공의 상부, 중량물 취급 개구부, 작업대, 경사로 등

4. 추락방지용 설치 시 그물코의 크기가 10cm인 매듭 있는 방망의 신품에 대한 인장강도 기준으로 옳은 것은? [14.1/15.3/16.2/19.1/20.2]

① 100kgf 이상　　② 200kgf 이상

③ 300kgf 이상　　④ 400kgf 이상

해설 방망사의 신품과 폐기 시 인장강도

그물코의 크기(cm)	매듭 없는 방망		매듭 방망	
	신품	폐기 시	신품	폐기 시
10	240kg	150kg	200kg	135kg
5	–	–	110kg	60kg

4-1. 그물코의 크기가 10cm인 매듭 없는 방망사 신품의 인장강도는 최소 얼마 이상이어야 하는가? [09.3/17.1]

① 240kg　　　　② 320kg

③ 400kg　　　　④ 500kg

해설 그물코의 크기가 10cm인 매듭 없는 방망사 신품의 인장강도 : 240kg

정답 ①

4-2. 다음 중 방망사의 폐기 시 인장강도에 해당하는 것은? (단, 그물코의 크기는 10cm이며 매듭 없는 방망의 경우임) [20.1]

① 50kg　　　　② 100kg

③ 150kg　　　　④ 200kg

해설 그물코의 크기가 10cm인 매듭 없는 방망사의 폐기 시 인장강도 : 150kg

정답 ③

4-3. 그물코의 크기가 5cm인 매듭 방망사의 폐기 시 인장강도 기준으로 옳은 것은? [19.2]

① 200kg　　　　② 100kg

③ 60kg　　　　④ 30kg

해설 그물코의 크기가 5cm인 매듭 방망사의 폐기 시 인장강도 : 60kg

정답 ③

4-4. 추락방지용 방망 중 그물코의 크기가 5cm인 매듭 방망 신품의 인장강도는 최소 몇 kg 이상이어야 하는가? [10.3/15.1]

① 60　　② 110　　③ 150　　④ 200

해설 그물코의 크기가 5cm인 매듭 방망사 신품의 인장강도 : 110kg

정답 ②

4-5. 추락재해 방지를 위하여 사용되는 방망의 그물코의 크기는 최대 몇 cm 이하이어야 하는가? [11.3]

① 30cm　② 20cm　③ 10cm　④ 5cm

해설 그물코의 크기는 5cm와 10cm가 있다.

정답 ③

5. 추락재해 방지를 위한 방망의 그물코 규격 기준으로 옳은 것은? [15.2/18.3]

① 사각 또는 마름모로서 크기가 5cm 이하

② 사각 또는 마름모로서 크기가 10cm 이하

③ 사각 또는 마름모로서 크기가 15cm 이하

④ 사각 또는 마름모로서 크기가 20cm 이하

해설 방망의 그물코 규격은 사각 또는 마름모로서 크기가 10cm 이하

6. 다음 중 방망에 표시해야 할 사항이 아닌 것은? [10.3/15.1/19.1]

① 방망의 신축성　　② 제조자명

③ 제조연월　　　　④ 재봉 치수

해설 방망의 표시사항 : 제조자명, 제조연월, 재봉 치수, 그물코, 신품의 방망 강도 등

7. 방망의 관리기준에 따라 (　　)에 숫자가 알맞게 짝지어진 것은? [10.3]

> 방망의 정기시험은 사용개시 후 (㉠)년 이내로 하고, 그 후 (㉡)개월마다 1회씩 정기적으로 시험용사에 대해서 등속인장시험을 하여야 한다.

① ㉠ : 1, ㉡ : 1　　　② ㉠ : 1, ㉡ : 6

③ ㉠ : 3, ㉡ : 3　　　④ ㉠ : 3, ㉡ : 6

해설 방망의 정기시험은 사용개시 후 1년 이내로 하고, 그 후 6개월마다 정기적으로 실시한다.

8. 10cm 그물코인 방망을 설치한 경우에 망 밑 부분에 충돌위험이 있는 바닥면 또는 기계설비와의 수직거리는 얼마 이상이어야 하는가? (단, L[1개의 방망일 때 단변 방향 길이]=12m, A[장변 방향 방망의 지지간격]=6m) [09.1/21.3]

① 10.2m　　　② 12.2m

③ 14.2m　　　④ 16.2m

해설 10cm 그물코의 경우

㉠ $L<A$, 바닥면 사이 높이(H)

$$=\frac{0.85}{4}\times(L\times3A)$$

㉡ $L>A$, 바닥면 사이 높이(H)

$$=0.85\times L$$

∴ 수직거리(H)=$0.85\times L$

$$=0.85\times12=10.2m$$

9. 다음 설명에 해당하는 안전대와 관련된 용어로 옳은 것은? (단, 보호구 안전인증 고시 기준) [17.2]

> 신체지지의 목적으로 전신에 착용하는 띠 모양의 것으로서 상체 등 신체 일부분만 지지하는 것은 제외한다.

① 안전그네　　　② 벨트

③ 죔줄　　　　　④ 버클

해설 안전그네 : 신체지지의 목적으로 전신에 착용하는 띠 모양의 것

9-1. 다음은 안전대와 관련된 설명이다. 아래 내용에 해당되는 용어로 옳은 것은? [20.1]

> 로프 또는 레일 등과 같은 유연하거나 단단한 고정줄로서 추락 발생 시 추락을 저지시키는 추락방지대를 지탱해 주는 줄 모양의 부품

① 안전블록　　　② 수직구명줄

③ 죔줄　　　　　④ 보조죔줄

해설 안전대 부속품

• 안전블록 : 안전그네와 연결하여 추락 발생 시 추락을 억제할 수 있는 자동잠김장치가 갖추어져 있고 죔줄이 자동적으로 수축되는 장치

- 보조죔줄 : 안전대를 U자 걸이할 때 훅 또는 카라비너를 지탱벨트의 D링에 걸거나 떼어낼 때 잘못하여 추락하는 것을 방지하기 위한 링과 걸이설비 연결에 사용하는 모양의 부품
- 수직구명줄 : 추락을 저지시키는 추락방지대를 지탱해 주는 줄 모양의 부품
- 충격흡수장치 : 추락 시 충격하중을 완충시키는 기능을 갖는 죔줄에 연결되는 부품

정답 ②

10. 안전대의 종류는 사용 구분에 따라 벨트식과 안전그네식으로 구분되는데 이 중 안전그네식에만 적용하는 것은? [09.1/16.3/19.2]
① 추락방지대, 안전블록
② 1개 걸이용, U자 걸이용
③ 1개 걸이용, 추락방지대
④ U자 걸이용, 안전블록

해설 안전대의 종류
- 벨트식 : 1개 걸이용, U자 걸이용
- 안전그네식 : 추락방지대, 안전블록

10-1. 아파트의 외벽 도장작업 시 추락방지를 위해 주로 수직구명줄에 부착하여 사용하는 보호장구로 옳은 것은? [15.3]
① 1개 걸이 전용
② 추락방지대
③ 2개 걸이 전용
④ U자 걸이 전용

해설 안전대의 종류
- 벨트식 : 1개 걸이용, U자 걸이용
- 안전그네식 : 추락방지대, 안전블록

정답 ②

11. 추락의 위험이 있는 개구부에 대한 방호조치와 거리가 먼 것은? [18.2]
① 안전난간, 울타리, 수직형 추락방망 등으로 방호조치를 한다.

② 충분한 강도를 가진 구조의 덮개를 뒤집히거나 떨어지지 않도록 설치한다.
③ 어두운 장소에서도 식별이 가능한 개구부 주의표지를 부착한다.
④ 폭 30cm 이상의 발판을 설치한다.

해설 ④ 폭 40cm 이상의 발판을 설치한다.
Tip) 추락의 방지 : 사업주는 작업장이나 기계·설비의 바닥·작업발판 및 통로 등의 끝이나 개구부로부터 근로자가 추락하거나 넘어질 위험이 있는 장소에 안전난간, 울, 손잡이 또는 충분한 강도를 가진 덮개 등을 설치하는 등의 필요한 조치를 하여야 한다.

12. 추락재해 방지설비 중 근로자의 추락재해를 방지할 수 있는 설비로 작업발판 설치가 곤란한 경우에 필요한 설비는? [17.1/20.3/22.1]
① 경사로
② 추락방호망
③ 고정사다리
④ 달비계

해설 작업발판 및 통로의 끝이나 개구부로부터 근로자가 추락할 위험이 있는 장소에 난간, 울타리 등의 설치가 매우 곤란한 경우 추락방호망(안전망) 등의 안전조치를 충분히 하여야 한다.

12-1. 추락재해 방지설비 중 추락자를 보호할 수 있는 설비로 작업대 설치가 어렵거나 개구부 주위에 난간 설치가 어려울 때 사용되는 설비는? [11.1/13.3]
① 안전방망
② 경사로
③ 고정사다리
④ 달비계

해설 개구부로부터 근로자가 추락할 위험이 있는 장소에 난간, 울타리 등의 설치가 매우 곤란한 경우 추락방호망(안전망) 등의 안전조치를 충분히 하여야 한다.

정답 ①

12-2. 철골 조립작업에서 안전한 작업발판과 안전난간을 설치하기가 곤란한 경우 작업원에 대한 안전 대책으로 가장 알맞은 것은?

① 안전대 및 구명로프 사용　　　　[14.1]
② 안전모 및 안전화 사용
③ 출입금지 조치
④ 작업 중지 조치

해설 작업의 성질상 안전난간을 설치하는 것이 곤란한 경우 추락방호망(안전망)을 설치하거나 근로자로 하여금 안전대 및 구명로프를 사용하는 등의 안전조치를 하여야 한다.

정답 ①

12-3. 높이 또는 깊이 2m 이상의 추락할 위험이 있는 장소에서 작업을 할 때의 필수 착용 보호구는?

① 보안경　　　　② 방진마스크
③ 방열복　　　　④ 안전대

해설 높이 또는 깊이 2m 이상의 추락할 위험이 있는 장소에서 작업을 할 때는 안전대를 착용하여야 한다.

정답 ④

13. 안전방망 설치 시 작업면으로부터 망의 설치지점까지의 수직거리 기준은?　　[13.1]

① 5m를 초과하지 아니할 것
② 10m를 초과하지 아니할 것
③ 15m를 초과하지 아니할 것
④ 17m를 초과하지 아니할 것

해설 방망 설치는 지상에서 수직거리 10m 이내에 첫 번째 방망을 설치하고, 10m 이내마다 반복하여 설치한다.

14. 로프 길이가 2m의 안전대를 착용한 근로자가 추락으로 인한 부상을 당하지 않기 위한

지면으로부터 안전대 고정점까지의 높이(H)의 기준으로 옳은 것은? (단, 로프의 신율은 30%, 근로자의 신장은 180cm이다.)　[18.2]

① H>1.5m　　　② H>2.5m
③ H>3.5m　　　④ H>4.5m

해설 높이(H)

$$=로프\ 길이+로프\ 신장길이+\frac{작업자\ 키}{2}$$

$$=2+(2\times0.3)+\frac{1.8}{2}=3.5m$$

Tip) (안전)H>3.5m>H(중상 또는 사망)

15. 고소작업대를 설치 및 이동하는 경우에 준수하여야 할 사항으로 옳지 않은 것은?[22.2]

① 와이어로프 또는 체인의 안전율은 3 이상일 것
② 붐의 최대 지면경사각을 초과 운전하여 전도되지 않도록 할 것
③ 고소작업대를 이동하는 경우 작업대를 가장 낮게 내릴 것
④ 작업대에 끼임·충돌 등 재해를 예방하기 위한 가드 또는 과상승방지장치를 설치할 것

해설 ① 고소작업대를 와이어로프 또는 체인으로 올리거나 내릴 경우 와이어로프 또는 체인의 안전율은 5 이상일 것

무너짐(붕괴)재해 및 대책 Ⅰ

16. 다음 중 건설재해 대책의 사면 보호공법에 해당하지 않는 것은?　　　　[16.1]

① 쉴드공　　　　② 식생공
③ 뿜어 붙이기공　④ 블록공

해설 • 구조물 보호공법

㉠ 블록(돌) 붙임공 : 법면의 풍화나 침식 등의 방지를 목적으로 완구배에 점착력이 없는 토사를 붙이는 공법

㉡ 블록(돌) 쌓기공 : 급구배의 높은 비탈면에 사용하며, 메쌓기, 찰쌓기 등

㉢ 콘크리트블록 격자공 : 비탈면에 용수가 있는 붕괴하기 쉬운 비탈면을 보호하기 위해 채택하는 공법

㉣ 뿜어 붙이기공 : 비탈면에 용수가 없고 당장 붕괴위험은 없으나 풍화하기 쉬운 암석, 토사 등으로 식생이 곤란한 비탈면에 사용

• 식생공법

㉠ 떼붙임공 : 비탈면에 떼를 일정한 간격으로 심어 보호하는 공법

㉡ 식생공 : 법면에 식물을 심어 번식시켜 법면의 침식과 동상, 이완 등을 방지하는 공법

㉢ 식수공 : 비탈면에 떼붙임공과 식생공으로 부족할 경우 나무를 심어서 사면을 보호하는 공법

㉣ 파종공 : 비탈면에 종자, 비료, 안정제, 흙 등을 혼합하여 높은 압력으로 뿜어 붙이는 공법

16-1. 사면 보호공법 중 구조물에 의한 보호공법에 해당되지 않는 것은? [18.2/20.3/21.1]

① 블록공
② 식생구멍공
③ 돌 쌓기공
④ 현장타설 콘크리트 격자공

해설 식생공 : 법면에 식물을 심어 번식시켜 법면의 침식과 동상, 이완 등을 방지하는 식생공법

정답 ②

17. 터널 굴착공사에서 뿜어 붙이기 콘크리트의 효과를 설명한 것으로 틀린 것은? [13.2]

① 암반의 크랙(crack)을 보강한다.
② 굴착면의 요철을 늘리고 응력집중을 최대한 증대시킨다.
③ rock bolt의 힘을 지반에 분산시켜 전달한다.
④ 굴착면을 덮음으로써 지반의 침식을 방지한다.

해설 ② 굴착면의 요철을 메우고 절리면 사이를 접착시킴으로써 응력집중을 최대한 감소시킨다.

18. 흙의 투수계수에 영향을 주는 인자에 관한 설명으로 옳지 않은 것은? [14.2/17.1/21.1]

① 포화도 : 포화도가 클수록 투수계수도 크다.
② 공극비 : 공극비가 클수록 투수계수는 작다.
③ 유체의 점성계수 : 점성계수가 클수록 투수계수는 작다.
④ 유체의 밀도 : 유체의 밀도가 클수록 투수계수는 크다.

해설 공극비 : 공극비가 클수록 투수계수는 크다.

18-1. 다음 중 흙의 간극비를 나타낸 식으로 옳은 것은? [18.2]

① $\dfrac{\text{공기+물의 체적}}{\text{흙+물의 체적}}$

② $\dfrac{\text{공기+물의 체적}}{\text{흙의 체적}}$

③ $\dfrac{\text{물의 체적}}{\text{물+흙의 체적}}$

④ $\dfrac{\text{공기+물의 체적}}{\text{공기+흙+물의 체적}}$

해설 간(공)극비 $= \dfrac{\text{공기+물의 체적}}{\text{흙의 체적}}$

Tip) • 포화도 $= \dfrac{물의 체적}{공기 + 물의 체적}$

• 함수비 $= \dfrac{물의 체적}{흙의 체적}$

정답 ②

19. 다음 중 사면(slope)의 안정계산에 고려하지 않아도 되는 것은? [11.1]
① 흙의 간극비   ② 흙의 점착력
③ 흙의 내부마찰각   ④ 흙의 단위 중량

해설 흙의 점착력, 흙의 내부마찰각, 흙의 단위 중량은 사면 안정계산 시 고려 요소이다.

Tip) 간(공)극비 $= \dfrac{공기 + 물의 체적}{흙의 체적}$

20. 굴착공사에서 비탈면 또는 비탈면 하단을 성토하여 붕괴를 방지하는 공법은? [12.3/20.1]
① 배수공
② 배토공
③ 공작물에 의한 방지공
④ 압성토공

해설 압성토 공법(surchange)은 비탈면 또는 비탈면 하단을 성토하여 붕괴를 방지하는 공법으로 점성토 연약지반 개량공법이다.

21. 점토질지반의 침하 및 압밀재해를 막기 위하여 실시하는 지반개량 탈수공법으로 적당하지 않은 것은? [16.1]
① 샌드드레인 공법   ② 생석회공법
③ 진동공법   ④ 페이퍼드레인 공법

해설 • 모래의 개량공법 : 진동다짐공법(vibro floatation)
• 탈수공법 : 샌드드레인, 페이퍼드레인, 프리로딩, 침투압, 생석회 말뚝공법
• 다짐공법 : 다짐말뚝 컴포우저, 바이브로플로테이션, 전기충격, 폭파다짐공법

22. 다음 중 직접기초의 터파기공법이 아닌 것은? [13.3]
① 개착공법   ② 시트 파일 공법
③ 트렌치 컷 공법   ④ 아일랜드 컷 공법

해설 ②는 흙막이공법이다.

23. 토류벽의 붕괴예방에 관한 조치 중 옳지 않은 것은? [11.1/16.3]
① 웰 포인트(well point) 공법 등에 의해 수위를 저하시킨다.
② 근입깊이를 가급적 짧게 한다.
③ 어스앵커(earth anchor) 시공을 한다.
④ 토류벽 인접지반에 중량물 적치를 피한다.

해설 ② 근입깊이를 가급적 길게 한다.

24. 굴착공사에 있어서 비탈면 붕괴를 방지하기 위하여 실시하는 대책으로 옳지 않은 것은? [09.1/13.1/21.2]
① 지표수의 침투를 막기 위해 표면 배수공을 한다.
② 지하수위를 내리기 위해 수평 배수공을 설치한다.
③ 비탈면 하단을 성토한다.
④ 비탈면 상부에 토사를 적재한다.

해설 ④ 비탈면 상부에 토사를 제거하고, 비탈면 하부에 토사를 적재한다.

25. 다음 중 굴착공사에서 경사면의 안정성을 확인하기 위한 검토사항에 해당되지 않는 것은? [09.1/13.3/18.3]
① 지질 조사   ② 토질시험
③ 풍화의 정도   ④ 경보장치 작동상태

해설 ④는 터널작업 등 건설작업의 작업시작 전 점검사항

26. 터널지보공을 조립하는 경우에는 미리 그 구조를 검토한 후 조립도를 작성하고, 그 조립도에 따라 조립하도록 하여야 하는데 이 조립도에 명시하여야 할 사항과 가장 거리가 먼 것은? [21.2]

① 이음방법
② 단면규격
③ 재료의 재질
④ 재료의 구입처

해설 터널지보공 조립도에는 재료의 재질, 단면규격, 설치 간격, 이음방법 등을 명시한다.

27. 터널지보공을 설치한 때 수시로 점검하고 이상을 발견한 때에는 즉시 보강하거나 보수해야 할 사항이 아닌 것은? [13.3]

① 부재의 긴압 정도
② 기둥침하의 유무 및 상태
③ 부재의 접속부 및 교차부 상태
④ 부재의 제조사 확인

해설 터널지보공 수시점검사항
• 부재의 긴압의 정도
• 기둥침하의 유무 및 상태
• 부재의 접속부 및 교차부의 상태
• 부재의 손상 · 변형 · 부식 · 변위 · 탈락의 유무 및 상태

27-1. 터널지보공을 설치한 경우에 수시로 점검하여 이상을 발견 시 즉시 보강하거나 보수해야 할 사항이 아닌 것은? [13.2/19.2]

① 부재의 손상 · 변형 · 부식 · 변위 · 탈락의 유무 및 상태
② 부재의 긴압의 정도
③ 부재의 접속부 및 교차부의 상태
④ 계측기 설치상태

해설 터널지보공 수시점검사항
• 부재의 긴압의 정도
• 기둥침하의 유무 및 상태

• 부재의 접속부 및 교차부의 상태
• 부재의 손상 · 변형 · 부식 · 변위 · 탈락의 유무 및 상태

정답 ④

28. 터널지보공을 조립하거나 변경하는 경우에 조치하여야 하는 사항으로 옳지 않은 것은? [12.1/14.1/18.2/21.1]

① 목재의 터널지보공은 그 터널지보공의 각 부재에 작용하는 긴압 정도를 체크하여 그 정도가 최대한 차이가 나도록 할 것
② 강(鋼)아치 지보공의 조립은 연결볼트 및 띠장 등을 사용하여 주재 상호 간을 튼튼하게 연결할 것
③ 기둥에는 침하를 방지하기 위하여 받침목을 사용하는 등의 조치를 할 것
④ 주재(主材)를 구성하는 1세트의 부재는 동일 평면 내에 배치할 것

해설 ① 목재의 터널지보공은 그 터널지보공의 각 부재에 작용하는 긴압 정도가 균등하게 되도록 할 것

29. 터널공사 시 인화성 가스가 농도 이상으로 상승하는 것을 조기에 파악하기 위하여 설치하는 자동경보장치의 작업시작 전 점검해야 할 사항이 아닌 것은? [12.1]

① 계기의 이상 유무
② 발열 여부
③ 검지부의 이상 유무
④ 경보장치의 작동상태

해설 자동경보장치의 작업시작 전 점검사항
• 계기의 이상 유무
• 검지부의 이상 유무
• 경보장치의 작동상태

29-1. 터널공사 시 자동경보장치가 설치된 경우에 이 자동경보장치에 대하여 당일 작업 시작 전 점검하고 이상을 발견하면 즉시 보수하여야 하는 사항이 아닌 것은? [20.2/21.3]

① 계기의 이상 유무
② 검지부의 이상 유무
③ 경보장치의 작동상태
④ 환기 또는 조명시설의 이상 유무

해설 ④ 환기 또는 조명시설의 설치방법은 터널 굴착작업을 하는 때 미리 작성하여야 하는 작업계획서에 포함되어야 할 사항

정답 ④

30. NATM 공법 터널공사의 경우 록 볼트 작업과 관련된 계측 결과에 해당되지 않는 것은? [20.3]

① 내공변위 측정 결과
② 천단침하 측정 결과
③ 인발시험 결과
④ 진동 측정 결과

해설 터널작업 시 계측관리사항
• 터널 내부 육안 조사
• 내공변위 측정
• 천단침하 측정
• 록볼트 축력 측정
• 인발시험 결과
• 지표면 침하, 지중 침하
• 지중변위 측정, 지중 수평변위, 지하수위 측정

31. 터널 등의 건설작업을 하는 경우에 낙반 등에 의하여 근로자가 위험해질 우려가 있는 경우에 필요한 직접적인 조치사항과 거리가 먼 것은? [20.2]

① 터널지보공 설치   ② 부석의 제거
③ 울 설치   ④ 록볼트 설치

해설 터널작업 시 낙반 등에 의한 근로자 위험방지 조치사항은 터널지보공 설치, 록볼트 설치, 부석의 제거 등이다.

32. 본 터널(main tunnel)을 시공하기 전에 터널에서 약간 떨어진 곳에 지질 조사, 환기, 배수, 운반 등의 상태를 알아보기 위하여 설치하는 터널은? [09.2/16.3/20.2]

① 프리패브(prefab) 터널
② 사이드(side) 터널
③ 쉴드(shield) 터널
④ 파일럿(pilot) 터널

해설 파일럿(pilot) 터널 : 본 터널을 시공하기 전에 터널에 관한 자료 조사를 위해 설치하는 터널

33. 흙막이공법을 흙막이 지지방식에 의한 분류와 구조방식에 의한 분류로 나눌 때 다음 중 지지방식에 의한 분류에 해당하는 것은 어느 것인가? [17.1/20.3]

① 수평 버팀대식 흙막이공법
② H-Pile 공법
③ 지하연속법 공법
④ top down method 공법

해설 흙막이공법
• 지지방식
  ㉠ 자립식 공법 : 줄기초 흙막이, 어미말뚝식 흙막이, 연결재 당겨매기식 흙막이
  ㉡ 버팀대식 공법 : 수평 버팀대식, 경사 버팀대식, 어스앵커 공법
• 구조방식
  ㉠ 널말뚝공법 : 목재, 철재 널말뚝공법
  ㉡ 지하연속벽 공법
  ㉢ 구체흙막이 공법
  ㉣ H-Pile 공법
  ㉤ top down method 공법

정답 30. ④   31. ③   32. ④   33. ①

34. 터널 굴착작업을 하는 때 미리 작성하여야 하는 작업계획서에 포함되어야 할 사항이 아닌 것은? [18.3/19.2]

① 굴착의 방법
② 암석의 분할방법
③ 환기 또는 조명시설을 설치할 때에는 그 방법
④ 터널지보공 및 복공의 시공방법과 용수의 처리방법

해설 터널 굴착작업 시 작업계획서 내용
- 굴착의 방법
- 터널지보공 및 복공의 시공방법과 용수의 처리방법
- 환기 또는 조명시설을 설치할 때에는 그 방법

35. 발파작업 시 폭발, 붕괴재해 예방을 위해 준수하여야 할 사항으로 옳지 않은 것은? [17.3]

① 발파공의 장전구는 마찰, 충격에 강한 강봉을 사용한다.
② 화약이나 폭약을 장전하는 경우에는 화기를 사용하거나 흡연을 하지 않도록 한다.
③ 발파공의 충진재료는 점토, 모래 등 발화성 또는 인화성의 위험이 없는 재료를 사용한다.
④ 얼어붙은 다이나마이트를 화기에 접근시키지 않는다.

해설 ① 장전구는 마찰·충격·정전기 등에 의한 폭발의 위험이 없는 안전한 것을 사용한다.

36. 터널공사의 전기발파작업에 관한 설명으로 옳지 않은 것은? [17.2/21.2]

① 전선은 점화하기 전에 화약류를 충진한 장소로부터 30m 이상 떨어진 안전한 장소에서 도통시험 및 저항시험을 하여야 한다.
② 점화는 충분한 허용량을 갖는 발파기를 사용하고 규정된 스위치를 반드시 사용하여야 한다.
③ 발파 후 발파기와 발파모선의 연결을 유지한 채 그 단부를 절연시킨 후 재점화가 되지 않도록 한다.
④ 점화는 선임된 발파책임자가 행하고 발파기의 핸들을 점화할 때 이외는 시건장치를 하거나 모선을 분리하여야 하며 발파책임자의 엄중한 관리하에 두어야 한다.

해설 ③ 발파 후 발파기를 발파모선에서 분리하여 재점화되지 않도록 한다.

36-1. 다음 중 터널공사의 전기발파작업에 대한 설명 중 옳지 않은 것은? [09.2/12.2]

① 점화는 충분한 허용량을 갖는 발파기를 사용한다.
② 발파 후 즉시 발파모선을 발파기로부터 분리하고 그 단부를 절연시킨다.
③ 전선의 도통시험은 화약장전 장소로부터 최소 30m 이상 떨어진 장소에서 행한다.
④ 발파모선은 고무 등으로 절연된 전선 20m 이상의 것을 사용한다.

해설 ④ 발파모선은 고무 등으로 절연된 전선 30m 이상의 것을 사용한다.

정답 ④

37. 터널공사에서 발파작업 시 안전 대책으로 옳지 않은 것은? [12.1/15.2/18.1/22.2]

① 발파 전 도화선 연결 상태, 저항치 조사 등의 목적으로 도통시험 실시 및 발파기의 작동상태에 대한 사전점검 실시
② 모든 동력선은 발원점으로부터 최소한 15m 이상 후방으로 옮길 것
③ 지질, 암의 절리 등에 따라 화약량에 대한 검토 및 시방기준과 대비하여 안전조치 실시
④ 발파용 점화회선은 타동력선 및 조명회선과 한 곳으로 통합하여 관리

해설 ④ 발파용 점화회선은 타동력선 및 조명회선과 각각 분리하여 관리한다.

무너짐(붕괴)재해 및 대책 Ⅱ

38. 다음 중 산업안전보건법령에 따른 지반의 종류별 굴착면의 기울기 기준으로 옳지 않은 것은? [10.2/15.3/19.2]

① 보통흙 습지−1 : 1∼1 : 1.5
② 보통흙 건지−1 : 0.3∼1 : 1
③ 풍화암−1 : 1.0
④ 연암−1 : 1.0

해설 굴착면의 기울기 기준(2021.11.19 개정)

구분	지반 종류	기울기
보통흙	습지	1 : 1∼1 : 1.5
	건지	1 : 0.5∼1 : 1
암반	풍화암	1 : 1.0
	연암	1 : 1.0
	경암	1 : 0.5

(※ 관련 규정 2021 개정 내용으로 본서에서는 이와 관련된 문제의 선지 내용을 수정하여 정답 처리하였다.)

38-1. 산업안전보건기준에 관한 규칙에 따른 굴착면의 기울기 기준으로 틀린 것은? [14.3]

① 보통흙(건지)−1 : 0.5∼1 : 1
② 연암−1 : 1.0
③ 경암−1 : 0.2
④ 풍화암−1 : 1.0

해설 ③ 암반의 경암 지반 굴착면의 기울기는 1 : 0.5이다.

정답 ③

38-2. 지반의 종류가 다음과 같을 때 굴착면의 기울기 기준으로 옳은 것은? [17.3/20.2]

보통흙의 습지

① 1 : 0.5∼1 : 1
② 1 : 1∼1 : 1.5
③ 1 : 0.8
④ 1 : 0.5

해설 보통흙의 습지 지반 굴착면의 기울기는 1 : 1∼1 : 1.5이다.

정답 ②

38-3. 지반 등의 굴착작업 시 연암의 굴착면 기울기로 옳은 것은? [20.3/22.1]

① 1 : 0.3
② 1 : 0.5
③ 1 : 0.8
④ 1 : 1.0

해설 암반의 연암 지반 굴착면의 기울기는 1 : 1.0이다.

정답 ④

38-4. 풍화암의 굴착면 붕괴에 따른 재해를 예방하기 위한 굴착면의 적정한 기울기 기준은? [09.2/12.3/16.2/17.1/21.3]

① 1 : 1
② 1 : 0.8
③ 1 : 0.5
④ 1 : 0.3

해설 암반의 풍화암 지반 굴착면의 기울기는 1 : 1.0이다.

정답 ①

38-5. 보통흙의 건지를 다음 그림과 같이 굴착하고자 한다. 굴착면의 기울기를 1 : 0.5로 하고자 할 경우 L의 길이로 옳은 것은? [18.1]

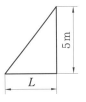

① 2m
② 2.5m
③ 5m
④ 10m

해설 $1 : 0.5 = 5 : L$
→ $L = 5 \times 0.5 = 2.5m$

정답 ②

39. 토사붕괴의 외적원인으로 볼 수 없는 것은?
[11.1/12.2/13.1/13.2/15.2/17.3]

① 사면, 법면의 경사 증가
② 절토 및 성토 높이의 증가
③ 토사의 강도 저하
④ 공사에 의한 진동 및 반복하중의 증가

해설 • 토사붕괴 외적원인
㉠ 사면, 법면의 경사 및 기울기의 증가
㉡ 절토 및 성토 높이의 증가
㉢ 공사에 의한 진동 및 반복하중의 증가
㉣ 지표수 및 지하수의 침투에 의한 토사 중량의 증가
㉤ 지진, 차량, 구조물의 하중 작용
㉥ 토사 및 암석의 혼합층 두께
• 토사붕괴 내적원인
㉠ 절토 사면의 토질·암질
㉡ 성토 사면의 토질구성과 분포
㉢ 토석의 강도 저하

39-1. 다음의 토사붕괴 원인 중 외부의 힘이 작용하여 토사붕괴가 발생되는 외적요인이 아닌 것은?
[12.1]

① 사면, 법면의 경사 및 기울기의 증가
② 공사에 의한 진동 및 반복하중의 증가
③ 지표수 및 지하수의 침투에 의한 토사 중량의 증가
④ 함수비 증가로 인한 점착력 증가

해설 ④ 함수비가 높은 토사는 강도 저하로 인해 붕괴할 우려가 있다(내적원인).

정답 ④

39-2. 토사붕괴 원인으로 옳지 않은 것은?

① 경사 및 기울기 증가 [22.2]
② 성토 높이의 증가
③ 건설기계 등 하중 작용

④ 토사 중량의 감소

해설 ④ 토사 중량이 증가하면 토사붕괴의 원인이 된다.

정답 ④

39-3. 건설현장 토사붕괴의 원인으로 옳지 않은 것은?
[10.2/18.3]

① 지하수위의 증가
② 지반 내부 마찰각의 증가
③ 지반 점착력의 감소
④ 차량에 의한 진동하중 증가

해설 ② 지반 내부 마찰각이 감소하면 토사붕괴의 원인이 된다.

정답 ②

40. 다음 중 토사붕괴의 예방 대책으로 틀린 것은?
[14.3]

① 적절한 경사면의 기울기를 계획한다.
② 활동할 가능성이 있는 토석은 제거하여야 한다.
③ 지하수위를 높인다.
④ 말뚝(강관, H형강, 철근콘크리트)을 타입하여 지반을 강화시킨다.

해설 ③ 지하수위를 낮춘다.
Tip) 지하수위가 높으면 토사붕괴의 원인이 된다.

40-1. 토사붕괴의 발생을 예방하기 위한 조치사항으로 옳지 않은 것은?
[10.1]

① 적절한 경사면의 기울기 계획
② 절토 및 성토 높이의 증가
③ 활동할 가능성이 있는 토석 제거
④ 말뚝(강관, H형강, 철근콘크리트)을 타입하여 지반 강화

해설 ② 절토 및 성토 높이가 증가하면 토사 붕괴의 원인이 된다.

정답 ②

40-2. 토석붕괴 방지방법에 대한 설명으로 옳지 않은 것은? [16.1]
① 말뚝(강관, H형강, 철근콘크리트)을 박아 지반을 강화시킨다.
② 활동의 가능성이 있는 토석을 제거한다.
③ 지표수가 침투되지 않도록 배수시키고 지하수위 저하를 위해 수평보링을 하여 배수시킨다.
④ 활동에 의한 붕괴를 방지하기 위해 비탈면, 법면의 상단을 다진다.

해설 ④ 활동에 의한 붕괴를 방지하기 위해 비탈면, 법면의 하단을 다져야 한다.

정답 ④

40-3. 법면붕괴에 의한 재해예방 조치로서 옳은 것은? [22.1]
① 지표수와 지하수의 침투를 방지한다.
② 법면의 경사를 증가한다.
③ 절토 및 성토 높이를 증가한다.
④ 토질의 상태에 관계없이 구배 조건을 일정하게 한다.

해설 ① 지표수 및 지하수의 침투에 의한 토사 중량의 증가로 법면이 붕괴된다.

정답 ①

40-4. 다음 중 토석붕괴의 위험이 있는 사면에서 작업할 경우의 행동으로 옳지 않은 것은? [14.2]
① 동시작업의 금지
② 대피공간의 확보
③ 2차 재해의 방지
④ 급격한 경사면 계획

해설 ④ 급격한 경사면 계획은 붕괴위험이 크므로 적절한 경사면의 기울기를 계획하여야 한다.

정답 ④

40-5. 다음 중 토사붕괴에 따른 재해를 방지하기 위한 흙막이 지보공 부재로 옳지 않은 것은? [11.1/15.1/22.2]
① 흙막이판
② 말뚝
③ 턴버클
④ 띠장

해설 흙막이 지보공 설비를 구성하는 부재는 흙막이판, 말뚝, 버팀대, 띠장 등이다.
Tip) 턴버클은 두 점 사이에 연결된 나사막대, 와이어 등을 죄는데 사용하는 부품이다.

정답 ③

떨어짐(낙하), 날아옴(비래)재해 대책

41. 건설현장에서 작업으로 인하여 물체가 떨어지거나 날아올 위험이 있는 경우에 대한 안전조치에 해당하지 않는 것은? [21.2]
① 수직보호망 설치
② 방호선반 설치
③ 울타리 설치
④ 낙하물방지망 설치

해설 낙하, 비래재해 대책
• 낙하물방지망과 수직보호망 설치
• 방호선반 설치와 보호구 착용
• 출입금지구역의 설정
Tip) 울타리 설치 – 떨어짐(추락)재해 대책

41-1. 작업으로 인하여 물체가 떨어지거나 날아올 위험이 있는 경우 그 위험을 방지하기 위하여 필요한 조치사항으로 거리가 먼 것은? [09.3/19.3]

① 낙하물방지망의 설치
② 출입금지구역의 설정
③ 보호구의 착용
④ 작업지휘자 선정

해설 낙하, 비래재해 대책
• 낙하물방지망과 수직보호망 설치
• 방호선반 설치와 보호구 착용
• 출입금지구역의 설정

정답 ④

41-2. 물체가 떨어지거나 날아올 위험이 있을 때의 재해예방 대책과 거리가 먼 것은?

① 낙하물방지망 설치 [10.1/13.2]
② 출입금지구역 설정
③ 안전대 착용
④ 안전모 착용

해설 낙하, 비래재해 대책
• 낙하물방지망과 수직보호망 설치
• 방호선반 설치와 보호구 착용
• 출입금지구역의 설정
Tip) 안전대 착용 – 떨어짐(추락)재해 대책

정답 ③

41-3. 건설공사 중 물체의 낙하 또는 비래에 의하여 재해가 발생할 위험이 있을 때 이에 대한 방지 대책으로 가장 거리가 먼 것은 어느 것인가? [09.1/10.2]

① 낙하물방지망 또는 방호선반을 설치한다.
② 출입금지구역을 설정하여 출입통제를 한다.
③ 안전난간을 설치한다.
④ 보호구를 착용하고 작업하도록 한다.

해설 ③ 안전난간은 떨어짐(추락)재해의 위험이 있는 장소에 설치한다.

정답 ③

41-4. 작업으로 인하여 물체가 떨어지거나 날아올 위험이 있는 경우 필요한 조치와 가장 거리가 먼 것은? [15.3/20.1]

① 투하설비 설치
② 낙하물방지망 설치
③ 수직보호망 설치
④ 출입금지구역 설정

해설 투하설비 설치 : 높이가 최소 3m 이상인 곳에서 물체를 투하하는 경우 투하설비를 갖춰야 한다.

정답 ①

42. 다음은 산업안전보건법령에 따른 투하설비 설치에 관련된 사항이다. ( ) 안에 들어갈 내용으로 옳은 것은? [09.3/13.2/13.3/21.3]

사업주는 높이가 ( )미터 이상인 장소로부터 물체를 투하하는 때에는 적당한 투하설비를 설치하거나 감시인을 배치하는 등 위험방지를 위하여 필요한 조치를 하여야 한다.

① 1 ② 2
③ 3 ④ 4

해설 높이가 최소 3m 이상인 곳에서 물체를 투하하는 때에는 투하설비를 갖춰야 한다.

43. 다음 중 물체가 떨어지거나 날아올 위험을 방지하기 위한 낙하물방지망 또는 방호선반을 설치할 때 수평면과의 적정한 각도는 얼마인가? [10.1/12.2/14.1/16.1/19.3]

① 10°~20°

② 20°~30°

③ 30°~40°

④ 40°~45°

해설 방호선반의 설치기준

• 설치높이는 10m 이내마다 설치하고, 내민 길이는 벽면으로부터 2m 이상으로 할 것

• 수평면과의 각도는 20° 이상 30° 이하를 유지할 것

44. 작업 중이던 미장공이 상부에서 떨어지는 공구에 의해 상해를 입었다면 어느 부분에 대한 결함이 있었겠는가? [10.3/18.1/21.3]

① 작업대 설치

② 작업방법

③ 낙하물 방지시설 설치

④ 비계 설치

해설 상부에서 떨어지는 공구에 의해 상해를 입었다면 낙하물 방지시설 설치에 결함이 있다.

화재 및 대책

45. 다음 중 물질의 자연발화를 촉진시키는 요인으로 가장 거리가 먼 것은? [산업안전기사 10.2/11.2/18.1/20.2]

① 표면적이 넓고, 발열량이 클 것

② 열전도율이 클 것

③ 주위온도가 높을 것

④ 적당한 수분을 보유할 것

해설 자연발화 조건

• 발열량이 크고, 열전도율이 작을 것

• 표면적이 넓고, 주위의 온도가 높을 것

• 수분이 적당량 존재할 것

46. 다음 중 유류화재의 화재급수에 해당하는 것은? [산업안전기사 10.2/11.1/18.3/20.2]

① A급

② B급

③ C급

④ D급

해설 화재의 종류

구분	가연물	구분색	소화제
A급	일반	백색	물, 강화액, 산·알칼리
B급	유류	황색	포말, 분말, CO_2
C급	전기	청색	분말, CO_2
D급	금속	색 없음	건조사, 팽창질석
E급	가스	황색	없음
K급	부엌	–	(주방화재)

47. 다음 중 화재예방에 있어 화재의 확대방지를 위한 방법으로 적절하지 않은 것은 어느 것인가? [산업안전기사 10.3/16.1]

① 가연물량의 제한

② 난연화 및 불연화

③ 화재의 조기 발견 및 초기 소화

④ 공간의 통합과 대형화

해설 ④ 공간의 통합과 대형화는 화재 발생 시 화염과 유독가스가 확산되어 대형화재로 확산된다.

Tip) ①, ②, ③ 외의 방지책으로 대형건물의 중간 중간에 방화셔터의 설치가 있다.

5 건설 가시설물 설치기준

비계 I

1. 다음은 산업안전보건법령에 따른 시스템 비계의 구조에 관한 사항이다. ( ) 안에 들어갈 내용으로 옳은 것은? [13.1/13.2/16.2/21.2]

> 비계 밑단의 수직재와 받침철물은 밀착되도록 설치하고, 수직재와 받침철물의 연결부의 겹침길이는 받침철물 전체길이의 ( ) 이상이 되도록 할 것

① 2분의 1 ② 3분의 1
③ 4분의 1 ④ 5분의 1

해설 수직재와 받침철물의 연결부의 겹침길이는 받침철물 전체길이의 3분의 1 이상이 되도록 할 것

2. 다음은 강관틀비계를 조립하여 사용하는 경우 준수해야 할 기준이다. ( ) 안에 알맞은 숫자를 나열한 것은? [11.2/14.3/20.2]

> 길이가 띠장 방향으로 (㉠)미터 이하이고 높이가 (㉡)미터를 초과하는 경우에는 (㉢)미터 이내마다 띠장 방향으로 버팀기둥을 설치할 것

① ㉠ : 4, ㉡ : 10, ㉢ : 5
② ㉠ : 4, ㉡ : 10, ㉢ : 10
③ ㉠ : 5, ㉡ : 10, ㉢ : 5
④ ㉠ : 5, ㉡ : 10, ㉢ : 10

해설 강관틀비계 설치기준
• 벽이음 간격은 수직 방향으로 6m, 수평 방향으로 8m 이내마다 벽이음을 할 것

• 길이가 띠장 방향으로 4m 이하이고 높이가 10m를 초과하는 경우에는 10m 이내마다 띠장 방향으로 버팀기둥을 설치할 것
• 높이 20m를 초과하거나 중량물의 적재를 수반하는 작업을 할 경우에는 주틀 간의 간격을 1.8m 이하로 할 것
• 주틀 간에 교차가새를 설치하고 최상층 및 5층 이내마다 수평재를 설치할 것

2-1. 강관틀비계를 조립하여 사용하는 경우 준수해야 할 사항으로 옳지 않은 것은? [21.2]

① 비계기둥의 밑둥에는 밑받침 철물을 사용할 것
② 높이가 20m를 초과하거나 중량물의 적재를 수반하는 작업을 할 경우에는 주틀 간의 간격을 1.8m 이하로 할 것
③ 주틀 간에 교차가새를 설치하고 최하층 및 3층 이내마다 수평재를 설치할 것
④ 길이가 띠장 방향으로 4m 이하이고 높이가 10m를 초과하는 경우에는 10m 이내마다 띠장 방향으로 버팀기둥을 설치할 것

해설 ③ 주틀 간에 교차가새를 설치하고 최상층 및 5층 이내마다 수평재를 설치할 것

정답 ③

2-2. 강관틀비계를 조립하여 사용하는 경우 준수해야 할 기준으로 옳지 않은 것은? [19.3]

① 비계기둥의 밑둥에는 밑받침 철물을 사용하여야 하며 밑받침에 고저차(高低差)가 있는 경우에는 조절형 밑받침 철물을 사용하여 각각의 강관틀비계가 항상 수평 및 수직을 유지하도록 할 것

② 높이가 20m를 초과하고 중량물의 적재를 수반하는 작업을 할 경우에는 주틀 간의 간격을 1.8m 이하로 할 것

③ 주틀 간의 교차가새를 설치하고 최상층 및 5층 이내마다 수평재를 설치할 것

④ 수직 방향으로 5m, 수평 방향으로 5m 이내마다 벽이음을 할 것

해설 ④ 수직 방향으로 6m, 수평 방향으로 8m 이내마다 벽이음을 할 것

정답 ④

2-3. 다음 중 강관틀비계를 조립하여 사용하는 경우 준수해야 할 기준으로 옳지 않은 것은? [10.3/22.1]

① 수직 방향으로 6m, 수평 방향으로 8m 이내마다 벽이음을 할 것

② 높이가 20m를 초과하거나 중량물의 적재를 수반하는 작업을 할 경우에는 주틀 간의 간격을 2.4m 이하로 할 것

③ 길이가 띠장 방향으로 4m 이하이고 높이가 10m를 초과하는 경우에는 10m 이내마다 띠장 방향으로 버팀기둥을 설치할 것

④ 주틀 간에 교차가새를 설치하고 최상층 및 5층 이내마다 수평재를 설치할 것

해설 ② 높이 20m를 초과하거나 중량물의 적재를 수반하는 작업을 할 경우에는 주틀 간의 간격을 1.8m 이하로 할 것

정답 ②

3. 강관비계의 설치기준으로 옳은 것은? [19.2]

① 비계기둥의 간격은 띠장 방향에서는 1.5m 이상 1.8m 이하로 하고, 장선 방향에서는 2.0m 이하로 한다.

② 띠장 간격은 1.8m 이하로 설치하되, 첫 번째 띠장은 지상으로부터 2m 이하의 위치에 설치한다.

③ 비계기둥 간의 적재하중은 400kg을 초과하지 않도록 한다.

④ 비계기둥의 제일 윗부분으로부터 21m 되는 지점 밑 부분의 비계기둥은 2개의 강관으로 묶어 세운다.

해설 강관비계 설치기준

• 강관비계의 띠장 간격은 2m 이하로 설치할 것

• 비계기둥 간의 적재하중은 400kg을 초과하지 않도록 할 것

• 비계기둥의 간격은 띠장 방향에서는 1.85m 이하, 장선 방향에서는 1.5m 이하로 할 것

• 비계기둥의 제일 윗부분으로부터 31m 되는 지점 밑 부분의 비계기둥은 2개의 강관으로 묶어 세울 것

(※ 관련 규정 개정 전 문제로 본서에서는 정답으로 발표한 ③번을 정답으로 한다. 자세한 내용은 해설참조)

3-1. 강관을 사용하여 비계를 구성할 때의 설치기준으로 옳지 않은 것은? [11.1]

① 비계기둥의 간격은 띠장 방향에서는 1.5m~1.8m 이하로 한다.

② 띠장 간격은 1m 이하로 설치한다.

③ 비계기둥의 최고부로부터 31m 되는 지점 밑 부분의 비계기둥은 2본의 강관으로 묶어 세운다.

④ 비계기둥 간의 적재하중은 400kg을 초과하지 아니하도록 한다.

해설 ② 강관비계의 띠장 간격은 2m 이하로 설치할 것

Tip) ① 비계기둥의 간격은 띠장 방향에서는 1.85m 이하, 장선 방향에서는 1.5m 이하로 할 것(개정 내용)

(※ 관련 규정 개정 전 문제로 본서에서는 정답으로 발표한 ②번을 정답으로 한다. 자세한 내용은 해설참조)

정답 ②

3-2. 다음은 강관을 사용하여 비계를 구성하는 경우에 대한 내용이다. 다음 (   ) 안에 들어갈 내용으로 옳은 것은?   [13.2/17.1]

> 비계기둥의 간격은 띠장 방향에서는 (   ), 장선 방향에서는 1.5m 이하로 할 것

① 1.2m 이상 1.5 이하
② 1.2m 이상 2.0 이하
③ 1.5m 이상 1.8 이하
④ 1.5m 이상 2.0 이하

해설 비계기둥의 간격은 띠장 방향에서는 1.85m 이하, 장선 방향에서는 1.5m 이하로 할 것(개정 내용)
(※ 관련 규정 개정 전 문제로 답은 없으나, 본서에서는 정답으로 발표한 ③번을 정답으로 한다. 자세한 내용은 해설참조)

정답 ③

3-3. 다음은 강관비계의 구조에 관한 사항이다. (   ) 안에 들어갈 내용을 순서대로 옳게 나열한 것은?   [15.3]

> 띠장 간격은 1.5m 이하로 설치하되, 첫 번째 띠장은 지상으로부터 (   ) 이하의 위치에 설치하고, 비계기둥의 제일 윗부분으로부터 31m 되는 지점 밑 부분의 비계기둥은 (   )의 강관으로 묶어 세울 것

① 1.5m, 2개   ② 1.5m, 3개
③ 2.0m, 2개   ④ 2.0m, 3개

해설 • 강관비계의 띠장 간격은 2m 이하로 설치할 것
• 비계기둥의 제일 윗부분으로부터 31m 되는 지점 밑 부분의 비계기둥은 2개의 강관으로 묶어 세울 것
(※ 관련 규정 개정 전 문제로 답은 없으나, 본서에서는 정답으로 발표한 ③번을 정답으로 한다. 자세한 내용은 해설참조)

정답 ③

3-4. 다음 중 강관을 사용하여 비계를 구성하는 경우 준수해야 할 사항으로 옳지 않은 것은?   [21.1/21.2/21.3]

① 비계기둥의 간격은 띠장 방향에서는 1.85m 이하, 장선(長線) 방향에서는 1.5m 이하로 할 것
② 띠장 간격은 2.0m 이하로 할 것
③ 비계기둥의 제일 윗부분으로부터 31m 되는 지점 밑 부분의 비계기둥은 3개의 강관으로 묶어 세울 것
④ 비계기둥 간의 적재하중은 400kg을 초과하지 않도록 할 것

해설 ③ 비계기둥의 제일 윗부분으로부터 31m 되는 지점 밑 부분의 비계기둥은 2개의 강관으로 묶어 세울 것

정답 ③

3-5. 52m 높이로 강관비계를 세우려면 지상에서 몇 미터까지 2개의 강관으로 묶어 세워야 하는가?   [12.3/14.1/16.3/19.3]

① 11m   ② 16m   ③ 21m   ④ 26m

해설 비계기둥의 가장 윗부분으로부터 31m 되는 지점 밑 부분의 비계기둥은 2개의 강관으로 묶어 세울 것
∴ 설치높이 기준=52-31=21m

정답 ③

4. 강관비계 조립 시의 준수사항으로 옳지 않은 것은? [19.1]

① 비계기둥에는 미끄러지거나 침하하는 것을 방지하기 위하여 밑받침 철물을 사용한다.

② 지상 높이 4층 이하 또는 12m 이하인 건축물의 해체 및 조립 등의 작업에서만 사용한다.

③ 교차가새로 보강한다.

④ 외줄비계·쌍줄비계 또는 돌출비계에 대해서는 벽이음 및 버팀을 설치한다.

해설 ②는 통나무비계 조립 시의 준수사항

4-1. 강관비계 조립 시 준수사항으로 옳지 않은 것은? [17.3]

① 비계기둥에는 미끄러지거나 침하하는 것을 방지하기 위하여 밑받침 철물을 사용하거나 깔판·깔목 등을 사용하여 밑둥잡이를 설치하는 등의 조치를 할 것

② 강관의 접속부 또는 교차부(交叉部)는 적합한 부속 철물을 사용하여 접속하거나 단단히 묶을 것

③ 교차가새의 설치를 금하고 한 방향 가새로 설치할 것

④ 가공전로(架空電路)에 근접하여 비계를 설치하는 경우에는 가공전로를 이설(移設)하거나 가공전로에 절연용 방호구를 장착하는 등 가공전로와의 접촉을 방지하기 위한 조치를 할 것

해설 ③ 강관비계 조립 시 교차가새를 설치하여 보강한다.

정답 ③

5. 건설공사 도급인은 건설공사 중에 가설 구조물의 붕괴 등 산업재해가 발생할 위험이 있다고 판단되면 건축·토목 분야의 전문가의 의견을 들어 건설공사 발주자에게 해당

건설공사의 설계변경을 요청할 수 있는데, 이러한 가설 구조물의 기준으로 옳지 않은 것은? [21.2]

① 높이 20m 이상인 비계

② 작업발판 일체형 거푸집 또는 높이 6m 이상인 거푸집 동바리

③ 터널의 지보공 또는 높이 2m 이상인 흙막이 지보공

④ 동력을 이용하여 움직이는 가설 구조물

해설 ① 높이 31m 이상인 비계

6. 이동식비계 조립 및 사용 시 준수사항이 아닌 것은? [10.1]

① 비계의 최상부에서 작업을 할 때에는 안전난간을 설치하여야 한다.

② 승강용 사다리는 견고하게 설치하여야 한다.

③ 이동 시 작업지휘자는 방향과 높이 측정을 위해 비계 위에 탑승해야 한다.

④ 작업 중 갑작스러운 이동을 방지하기 위해 바퀴는 브레이크 등으로 고정시켜야 한다.

해설 이동식비계 조립 및 사용 시 준수사항

• 승강용 사다리는 견고하게 설치되어야 한다.

• 비계의 최상부에서 작업을 할 때에는 안전난간을 설치하여야 한다.

• 작업 중 갑작스러운 이동을 방지하기 위해 바퀴는 브레이크 등으로 고정시켜야 한다.

• 작업발판의 최대 적재하중은 250kg을 초과하지 않도록 한다.

• 작업발판은 항상 수평을 유지하고 작업발판 위에서 안전난간을 딛고 작업을 하거나 받침대 또는 사다리를 사용하여 작업하지 않도록 한다.

6-1. 이동식비계 조립 및 사용 시 준수사항으로 옳지 않은 것은? [18.1/21.3]

① 비계의 최상부에서 작업을 하는 경우에는 안전난간을 설치할 것
② 승강용 사다리는 견고하게 설치할 것
③ 작업발판은 항상 수평을 유지하고 작업발판 위에서 작업을 위한 거리가 부족할 경우에는 받침대 또는 사다리를 사용할 것
④ 작업발판의 최대 적재하중은 250kg을 초과하지 않도록 할 것

해설 ③ 작업발판은 항상 수평을 유지하고 작업발판 위에서 안전난간을 딛고 작업을 하거나 받침대 또는 사다리를 사용하여 작업하지 않도록 할 것

정답 ③

6-2. 이동식비계를 조립하여 작업을 하는 경우의 준수기준으로 옳지 않은 것은 어느 것인가? [14.2/21.1/22.2]
① 비계의 최상부에서 작업을 할 때에는 안전난간을 설치하여야 한다.
② 작업발판의 최대 적재하중은 400kg을 초과하지 않도록 한다.
③ 승강용 사다리는 견고하게 설치하여야 한다.
④ 작업발판은 항상 수평을 유지하고 작업발판 위에서 안전난간을 딛고 작업을 하거나 받침대 또는 사다리를 사용하여 작업하지 않도록 한다.

해설 ② 작업발판의 최대 적재하중은 250kg을 초과하지 않도록 한다.

정답 ②

6-3. 이동식비계의 안전에 대한 설명 중 옳지 않은 것은 어느 것인가? [13.3]
① 승강용 사다리는 견고하게 부착하여야 한다.
② 작업대에는 안전난간을 설치하여야 한다.

③ 비계의 최대 높이는 밑변 최소 폭의 6배 이하이어야 한다.
④ 이동할 때에는 작업원이 없는 상태이어야 한다.

해설 ③ 비계의 최대 높이는 밑변 최소 폭의 4배 이하이어야 한다.

정답 ③

6-4. 이동식비계를 조립하여 사용할 때 밑변 최소 폭의 길이가 2m라면 이 비계의 사용 가능한 최대 높이는? [13.1/15.3]
① 4m ② 8m ③ 10m ④ 14m

해설 비계의 최대 높이는 밑변 최소 폭의 4배 이내로 한다.
∴ 최대 높이=밑변 최소 폭×4배
=2×4=8m

정답 ②

6-5. 이동식비계를 조립하여 작업을 하는 경우에 작업발판의 최대 적재하중은 몇 kg을 초과하지 않도록 해야 하는가? [12.2]
① 150kg ② 200kg
③ 250kg ④ 300kg

해설 이동식비계 작업발판의 최대 적재하중은 250kg을 초과하지 않도록 한다.

정답 ③

7. 비계의 높이가 2m 이상의 작업장소에 설치하는 작업발판의 설치기준으로 옳지 않은 것은? (단, 달비계, 달대비계 및 말비계는 제외) [20.3]
① 작업발판의 폭은 40cm 이상으로 한다.
② 작업발판 재료는 뒤집히거나 떨어지지 않도록 하나 이상의 지지물에 연결하거나 고정시킨다.

③ 발판재료 간의 틈은 3cm 이하로 한다.

④ 작업발판의 지지물은 하중에 의하여 파괴될 우려가 없는 것을 사용한다.

[해설] ② 작업발판 재료는 뒤집히거나 떨어지지 않도록 2개 이상의 지지물에 연결하거나 고정시킨다.

7-1. 비계(달비계, 달대비계 및 말비계는 제외한다)의 높이가 2m 이상인 작업장소에 설치하여야 하는 작업발판의 기준으로 옳지 않은 것은? [13.2/19.2]

① 작업발판의 폭은 40cm 이상으로 하고, 발판재료 간의 틈은 3cm 이하로 할 것

② 추락의 위험이 있는 장소에는 안전난간을 설치할 것

③ 작업발판의 지지물은 하중에 의하여 파괴될 우려가 없는 것을 사용할 것

④ 작업발판 재료는 뒤집히거나 떨어지지 않도록 1개 이상의 지지물에 연결하거나 고정시킬 것

[해설] ④ 작업발판 재료는 뒤집히거나 떨어지지 않도록 2개 이상의 지지물에 연결하거나 고정시킬 것

[정답] ④

7-2. 비계의 높이가 2m 이상인 작업장소에 작업발판을 설치할 경우 준수하여야 할 기준으로 옳지 않은 것은? [09.2/10.1/12.2/14.3/22.1]

① 작업발판의 폭은 30cm 이상으로 한다.

② 발판재료 간의 틈은 3cm 이하로 한다.

③ 추락의 위험성이 있는 장소에는 안전난간을 설치한다.

④ 발판재료는 뒤집히거나 떨어지지 않도록 2개 이상의 지지물에 연결하거나 고정시킨다.

[해설] ① 작업발판의 폭은 40cm 이상으로 한다.

[정답] ①

비계 II

8. 말비계를 조립하여 사용할 때의 준수사항으로 옳지 않은 것은? [17.2]

① 지주부재의 하단에는 미끄럼 방지장치를 한다.

② 지주부재와 수평면과 기울기는 75° 이하로 한다.

③ 말비계의 높이가 2m를 초과할 경우에는 작업발판의 폭을 30cm 이상으로 한다.

④ 수직갱에 가설된 통로의 길이가 15m 이상인 경우에는 10m 이내마다 계단참을 설치하여야 한다.

[해설] ③ 말비계의 높이가 2m를 초과하는 경우에는 작업발판의 폭을 40cm 이상으로 한다.

8-1. 말비계를 조립하여 사용할 때에 준수하여야 할 기준으로 틀린 것은? [14.3]

① 말비계의 높이가 2m를 초과할 경우에는 작업발판의 폭을 30cm 이상으로 할 것

② 지주부재와 수평면과의 기울기는 75° 이하로 할 것

③ 지주부재의 하단에는 미끄럼 방지장치를 할 것

④ 지주부재와 지주부재 사이를 고정시키는 보조부재를 설치할 것

[해설] ① 말비계의 높이가 2m를 초과하는 경우에는 작업발판의 폭을 40cm 이상으로 한다.

Tip) 말비계의 높이가 5m를 초과하는 경우에는 작업발판의 폭을 20cm 이상으로 한다.

[정답] ①

8-2. 말비계를 조립하여 사용하는 경우 지주부재와 수평면의 기울기는 얼마 이하로 하여야 하는가? [18.2/20.3]

① 65° ② 70° ③ 75° ④ 80°

해설 지주부재와 수평면과의 기울기는 75° 이하로 할 것

정답 ③

8-3. 다음은 말비계를 조립하여 사용하는 경우에 관한 준수사항이다. ( ) 안에 들어갈 내용으로 옳은 것은? [12.1/17.3/20.2]

> • 지주부재와 수평면의 기울기를 (㉠)° 이하로 하고 지주부재와 지주부재 사이를 고정시키는 보조부재를 설치할 것
> • 말비계의 높이가 2m를 초과하는 경우에는 작업발판의 폭을 (㉡)cm 이상으로 할 것

① ㉠ : 75, ㉡ : 30 ② ㉠ : 75, ㉡ : 40
③ ㉠ : 85, ㉡ : 30 ④ ㉠ : 85, ㉡ : 40

해설 지주부재와 수평면의 기울기를 75° 이하로 하고, 작업발판의 폭을 40cm 이상으로 할 것

정답 ②

9. 다음 중 달비계의 구조에서 달비계 작업발판의 폭은 최소 얼마 이상으로 하여야 하는가? [14.2/15.3/17.1/19.1/21.3]
① 30cm ② 40cm
③ 50cm ④ 60cm

해설 달비계 작업발판의 폭은 40cm 이상으로 하고 틈새가 없도록 하여야 한다.

9-1. 다음은 산업안전보건법령에 따른 달비계를 설치하는 경우에 준수해야 할 사항이다. ( ) 안에 들어갈 내용으로 옳은 것은? [18.2]

> 작업발판은 폭을 ( ) 이상으로 하고 틈새가 없도록 할 것

① 15cm ② 20cm
③ 40cm ④ 60cm

해설 달비계 또는 높이 2m 이상의 비계를 조립·해체하거나 변경하는 작업을 하는 경우에는 폭을 40cm 이상으로 하고 틈새가 없도록 할 것

정답 ③

9-2. 달비계의 구조에서 달비계 작업발판의 폭과 틈새기준으로 옳은 것은? [21.3]
① 작업발판의 폭 30cm 이상, 틈새 3cm 이하
② 작업발판의 폭 40cm 이상, 틈새 3cm 이하
③ 작업발판의 폭 30cm 이상, 틈새 없도록 할 것
④ 작업발판의 폭 40cm 이상, 틈새 없도록 할 것

해설 달비계 작업발판의 폭은 40cm 이상으로 하고 틈새가 없도록 하여야 한다.
Tip) 비계의 높이가 5m를 초과하는 경우에는 작업발판의 폭을 20cm 이상으로 한다.

정답 ④

10. 다음은 달비계 또는 높이 5m 이상의 비계를 조립·해체하거나 변경하는 작업을 하는 경우에 대한 내용이다. ( )에 알맞은 숫자는? [11.3/12.1/15.2/19.2]

> 비계재료의 연결·해체작업을 하는 경우에는 폭 ( )cm 이상의 발판을 설치하고 근로자로 하여금 안전대를 사용하도록 하는 등 추락을 방지하기 위한 조치를 할 것

① 15 ② 20 ③ 25 ④ 30

해설 높이가 5 m 이상인 경우에는 폭이 20 cm 이상인 발판을 설치한다.

11. 비계의 부재 중 기둥과 기둥을 연결시키는 부재가 아닌 것은? [20.2]

① 띠장   ② 장선
③ 가새   ④ 작업발판

해설 비계의 부재 중 기둥과 기둥을 연결시키는 부재는 띠장, 장선, 가새, 장선대 등이다.

12. 강관비계의 수직 방향 벽이음 조립 간격 (m)으로 옳은 것은? (단, 틀비계이며, 높이가 5m 이상일 경우이다.) [12.1/20.1]

① 2m   ② 4m
③ 6m   ④ 9m

해설 비계 조립 간격(m)

비계의 종류		수직 방향	수평 방향
강관	단관비계	5	5
	틀비계(높이 5 m 미만은 제외)	6	8
통나무비계		5.5	7.5

12-1. 단관비계를 조립하는 경우 벽이음 및 버팀을 설치할 때의 수평 방향 조립 간격 기준으로 옳은 것은? [10.2/13.2/13.3/16.2/19.3]

① 3m   ② 5m
③ 6m   ④ 8m

해설 단관비계의 수직·수평 방향 조립 간격 기준 : 5 m

정답 ②

12-2. 외줄비계·쌍줄비계 또는 돌출비계는 벽이음 및 버팀을 설치하여야 하는데 강관비계 중 단관비계로 설치할 때의 조립 간격으로 옳은 것은? (단, 수직 방향, 수평 방향의 순서이다.) [16.1]

① 4m, 4m   ② 5m, 5m
③ 5.5m, 7.5m   ④ 6m, 8m

해설 단관비계의 수직·수평 방향 조립 간격 기준 : 5 m

정답 ②

12-3. 강관틀비계(높이 5 m 이상)의 넘어짐을 방지하기 위하여 사용하는 벽이음 및 버팀의 설치 간격 기준으로 옳은 것은? [21.2]

① 수직 방향 5m, 수평 방향 5m
② 수직 방향 6m, 수평 방향 7m
③ 수직 방향 6m, 수평 방향 8m
④ 수직 방향 7m, 수평 방향 8m

해설 • 강관틀비계의 수직 방향 조립 간격 기준 : 6 m
• 강관틀비계의 수평 방향 조립 간격 기준 : 8 m

정답 ③

12-4. 강관비계(외줄·쌍줄 및 돌출비계)의 벽이음 및 버팀 설치에 관한 기준으로 옳은 것은? [09.2/15.3]

① 인장재와 압축재와의 간격은 70 cm 이내로 할 것
② 단관비계의 수직 방향 조립 간격은 7m 이하로 할 것
③ 틀비계의 수평 방향 조립 간격은 10 m 이하로 할 것
④ 강관·통나무 등의 재료를 사용하여 견고한 것으로 할 것

해설 ① 인장재와 압축재와의 간격은 100 cm 이내로 할 것

② 단관비계의 수직 방향 조립 간격은 5m 이하로 할 것

③ 틀비계의 수평 방향 조립 간격은 8m 이하로 할 것

정답 ④

12-5. 통나무비계를 사용할 때 벽연결은 수직 방향에서 몇 미터 이하로 하여야 하는가? [09.1]

① 3m 이하   ② 4.5m 이하

③ 5.5m 이하   ④ 7.5m 이하

해설 • 통나무비계의 수직 방향 조립 간격 기준 : 5.5m

• 통나무비계의 수평 방향 조립 간격 기준 : 7.5m

정답 ③

13. 통나무비계를 조립할 때 준수하여야 할 사항에 대한 아래 내용에서 (   )에 가장 적합한 것은? [09.2]

> 비계기둥의 이음이 맞댄이음인 때에는 비계기둥을 쌍기둥틀로 하거나 (㉠)미터 이상의 덧댐목을 사용하여 (㉡)개소 이상을 묶을 것

① ㉠ : 1.0, ㉡ : 4   ② ㉠ : 1.8, ㉡ : 4

③ ㉠ : 1.0, ㉡ : 2   ④ ㉠ : 1.8, ㉡ : 2

해설 비계기둥의 이음이 맞댄이음인 때에는 비계기둥을 쌍기둥틀로 하거나 1.8m 이상의 덧댐목을 사용하여 4개소 이상을 묶을 것

14. 달비계의 와이어로프의 사용금지기준에 해당하지 않는 것은? [15.2]

① 와이어로프의 한 꼬임에서 끊어진 소선의 수가 10% 이상인 것

② 지름 감소가 공칭지름의 7%를 초과하는 것

③ 심하게 변형되거나 부식된 것

④ 균열이 있는 것

해설 와이어로프의 사용금지기준

• 이음매가 있는 것

• 와이어로프의 한 꼬임에서 끊어진 소선의 수가 10% 이상인 것

• 지름 감소가 공칭지름의 7%를 초과하는 것

• 꼬인 것, 변형되거나 부식된 것

• 열과 전기충격에 의해 손상된 것

14-1. 달비계에 사용하는 와이어로프의 사용금지기준으로 옳지 않은 것은? [15.3/20.1/22.2]

① 이음매가 있는 것

② 열과 전기충격에 의해 손상된 것

③ 지름 감소가 공칭지름의 7%를 초과하는 것

④ 와이어로프의 한 꼬임에서 끊어진 소선의 수가 7% 이상인 것

해설 ④ 와이어로프의 한 꼬임에서 끊어진 소선의 수가 10% 이상인 것

정답 ④

14-2. 다음 중 달비계 설치 시 와이어로프를 사용할 때 사용 가능한 와이어로프의 조건은? [10.2/10.3/14.2]

① 지름의 감소가 공칭지름의 8%인 것

② 이음매가 없는 것

③ 심하게 변형되거나 부식된 것

④ 와이어로프의 한 꼬임에서 끊어진 소선의 수가 10%인 것

해설 ② 이음매가 있는 것이 와이어로프로 사용할 수 없다.

정답 ②

15. 달비계(곤돌라의 달비계는 제외)의 최대 적재하중을 정하는 경우에 사용하는 안전계수의 기준으로 옳은 것은?　[09.2/16.1/19.1]
① 달기체인의 안전계수 : 10 이상
② 달기강대와 달비계의 하부 및 상부지점의 안전계수(목재의 경우) : 2.5 이상
③ 달기 와이어로프의 안전계수 : 5 이상
④ 달기강선의 안전계수 : 10 이상

해설 달비계의 최대 적재하중을 정하는 안전계수 기준
• 달기체인 및 달기 훅의 안전계수 : 5 이상
• 달기 와이어로프의 안전계수 : 10 이상
• 달기강선의 안전계수 : 10 이상
• 달기강대와 달비계의 하부 및 상부지점의 안전계수
　㉠ 목재의 경우 : 5 이상
　㉡ 강재의 경우 : 2.5 이상

15-1. 다음 중 달비계의 최대 적재하중을 정하는 경우 그 안전계수 기준으로 옳지 않은 것은?　[11.2/20.1]
① 달기 와이어로프 및 달기강선의 안전계수 : 10 이상
② 달기체인 및 달기 훅의 안전계수 : 5 이상
③ 달기강대와 달비계의 하부 및 상부지점의 안전계수 : 강재의 경우 3 이상
④ 달기강대와 달비계의 하부 및 상부지점의 안전계수 : 목재의 경우 5 이상

해설 ③ 달기강대와 달비계의 하부 및 상부지점의 안전계수 : 강재의 경우 2.5 이상

정답 ③

15-2. 다음 중 달비계의 최대 적재하중을 정함에 있어서 활용하는 안전계수의 기준으로 옳은 것은? (단, 곤돌라의 달비계를 제외한다.)　[09.3/10.3/15.1/17.2/18.1]
① 달기 와이어로프 : 5 이상
② 달기강선 : 5 이상
③ 달기체인 : 3 이상
④ 달기 훅 : 5 이상

해설 ① 달기 와이어로프 : 10 이상
② 달기강선 : 10 이상
③ 달기체인 : 5 이상

정답 ④

16. 다음 중 시스템비계를 사용하여 비계를 구성하는 경우의 준수사항으로 옳지 않은 것은?　[17.3]
① 수직재·수평재·가새재를 견고하게 연결하는 구조가 되도록 할 것
② 비계 밑단의 수직재와 받침철물은 밀착되도록 설치하고, 수직재와 받침철물의 연결부의 겹침길이는 받침철물 전체 길이의 4분의 1 이상이 되도록 할 것
③ 수평재는 수직재와 직각으로 설치하여야 하며, 체결 후 흔들림이 없도록 견고하게 설치할 것
④ 수직재와 수직재의 연결철물은 이탈되지 않도록 견고한 구조로 할 것

해설 ② 비계 밑단의 수직재와 받침철물은 밀착되도록 설치하고, 수직재와 받침철물의 연결부의 겹침길이는 받침철물 전체 길이의 3분의 1 이상이 되도록 할 것

17. 비계에서 벽고정을 하고 기둥과 기둥을 수평재나 가새로 연결하는 가장 큰 이유는 무엇인가?　[11.1/15.1]
① 작업자의 추락재해를 방지하기 위해
② 좌굴을 방지하기 위해
③ 인장파괴를 방지하기 위해
④ 해체를 용이하게 하기 위해

해설 비계에서 벽고정을 하고 기둥과 기둥을 수평재나 가새로 연결하는 이유는 비계 전체의 좌굴을 방지하기 위해서이다.

17-1. 비계 설치 시 벽이음을 하는 가장 중요한 이유는? [14.3]

① 비계 설치의 작업성을 높이기 위하여
② 비계 점검 및 보수의 편의를 위하여
③ 비계의 도괴방지와 좌굴을 방지하기 위하여
④ 비계 작업발판의 설치를 위하여

해설 비계에서 벽고정을 하고 기둥과 기둥을 수평재나 가새로 연결하는 이유는 비계 전체의 좌굴을 방지하기 위해서이다.

정답 ③

작업통로 및 발판

18. 가설통로를 설치하는 경우 준수해야 할 기준으로 옳지 않은 것은? [17.2/17.3/18.2/22.2]

① 경사는 30° 이하로 할 것
② 경사가 25°를 초과하는 경우에는 미끄러지지 아니하는 구조로 할 것
③ 건설공사에 사용하는 높이 8m 이상인 비계다리에는 7m 이내마다 계단참을 설치할 것
④ 수직갱에 가설된 통로의 길이가 15m 이상인 때에는 10m 이내마다 계단참을 설치할 것

해설 가설통로의 설치에 관한 기준
• 견고한 구조로 할 것
• 경사각은 30° 이하로 할 것
• 경사로 폭은 90cm 이상으로 할 것
• 경사각이 15° 이상이면 미끄러지지 아니하는 구조로 할 것

• 높이 8m 이상인 다리에는 7m 이내마다 계단참을 설치할 것
• 수직갱에 가설된 통로의 길이가 15m 이상인 경우에는 10m 이내마다 계단참을 설치할 것

18-1. 가설통로의 설치기준으로 옳지 않은 것은? [09.3/11.2/12.3/15.3/18.3/20.1/22.1]

① 경사가 15°를 초과하는 때에는 미끄러지지 않는 구조로 한다.
② 건설공사에 사용하는 높이 8m 이상인 비계다리에는 7m 이내마다 계단참을 설치한다.
③ 수직갱에 가설된 통로의 길이가 15m 이상일 경우에는 15m 이내마다 계단참을 설치한다.
④ 추락의 위험이 있는 장소에는 안전난간을 설치한다.

해설 ③ 수직갱에 가설된 통로의 길이가 15m 이상일 경우에는 10m 이내마다 계단참을 설치할 것

정답 ③

18-2. 가설통로를 설치하는 경우 준수해야 할 기준으로 틀린 것은? [15.2]

① 건설공사에 사용하는 높이 8m 이상인 비계다리에는 5m 이내마다 계단참을 설치할 것
② 수직갱에 가설된 통로의 길이가 15m 이상의 경우에는 10m 이내마다 계단참을 설치할 것
③ 경사가 15°를 초과하는 경우에는 미끄러지지 아니하는 구조로 할 것
④ 추락할 위험이 있는 장소에는 안전난간을 설치할 것

해설 ① 건설공사에 사용하는 높이 8m 이상인 비계다리에는 7m 이내마다 계단참을 설치할 것

정답 ①

정답 18. ②

18-3. 가설통로를 설치하는 경우 경사는 최대 몇 도 이하로 하여야 하는가? [15.1]

① 20 　　　　　② 25
③ 30 　　　　　④ 35

해설 가설통로를 설치하는 경우 경사각은 30° 이하로 하여야 한다.

정답 ③

18-4. 가설통로 설치에 있어 경사가 최소 얼마를 초과하는 경우에는 미끄러지지 아니하는 구조로 하여야 하는가? [21.2]

① 15도 　　　　② 20도
③ 30도 　　　　④ 40도

해설 가설통로를 설치하는 경우 경사각이 15° 이상이면 미끄러지지 아니하는 구조로 할 것

정답 ①

18-5. 다음은 가설통로를 설치하는 경우의 준수사항이다. ( ) 안에 알맞은 숫자를 고르면? [19.2]

> 건설공사에 사용하는 높이 8m 이상인 비계다리에는 ( )m 이내마다 계단참을 설치할 것

① 7 　　　　　② 6
③ 5 　　　　　④ 4

해설 높이 8m 이상인 비계다리에는 7m 이내마다 계단참을 설치할 것

정답 ①

18-6. 가설통로와 관련된 아래의 빈칸에 들어갈 숫자로 옳게 짝지어진 것은? [10.3]

> • 수직갱에 가설된 통로의 길이가 15m 이상인 때에는 (㉠)m 이내마다 계단참을 설치할 것
> • 건설공사에 사용하는 높이 8m 이상인 비계다리에는 (㉡)m 이내마다 계단참을 설치할 것

① ㉠ : 5, ㉡ : 7 　　　② ㉠ : 5, ㉡ : 10
③ ㉠ : 10, ㉡ : 7 　　④ ㉠ : 10, ㉡ : 10

해설 • 통로의 길이가 15m 이상인 경우에는 10m 이내마다 계단참을 설치할 것
• 높이 8m 이상인 비계다리에는 7m 이내마다 계단참을 설치할 것

정답 ③

19. 사다리식 통로의 길이가 10m 이상일 때 얼마 이내마다 계단참을 설치하여야 하는가? [13.3/18.3/20.2]

① 3m 이내마다 　　② 4m 이내마다
③ 5m 이내마다 　　④ 6m 이내마다

해설 사다리 통로 계단참 설치기준
• 견고한 구조로 할 것
• 손상, 부식 등이 없는 재료를 사용할 것
• 발판 간격은 일정하게 설치할 것
• 폭은 30cm 이상으로 할 것
• 벽과 발판 사이는 15cm 이상의 간격을 유지할 것
• 사다리 상단은 걸쳐 놓은 지점에서 60cm 이상 올라가도록 할 것
• 사다리 통로 길이가 10m 이상인 경우에는 5m 이내마다 계단참을 설치할 것
• 사다리 통로 기울기는 75° 이하로 할 것, 고정식 사다리 통로 기울기는 90° 이하이고, 그 높이가 7m 이상인 경우에는 바닥에서 2.5m가 되는 지점부터 등받이울을 설치할 것

19-1. 사다리식 통로 등의 구조에 대한 설치 기준으로 옳지 않은 것은? [11.3/17.2/20.3/22.2]

① 발판의 간격은 일정하게 할 것
② 발판과 벽과의 사이는 15cm 이상의 간격을 유지할 것
③ 사다리식 통로의 길이가 10m 이상인 때에는 7m 이내마다 계단참을 설치할 것
④ 사다리의 상단은 걸쳐 놓은 지점으로부터 60cm 이상 올라가도록 할 것

해설 ③ 사다리 통로 길이가 10m 이상인 경우에는 5m 이내마다 계단참을 설치할 것

정답 ③

19-2. 사다리식 통로 등을 설치하는 경우 통로 구조로서 옳지 않은 것은? [22.1]

① 발판의 간격은 일정하게 한다.
② 발판과 벽과의 사이는 15cm 이상의 간격을 유지한다.
③ 사다리의 상단은 걸쳐 놓은 지점으로부터 60cm 이상 올라가도록 한다.
④ 폭은 40cm 이상으로 한다.

해설 ④ 폭은 30cm 이상으로 할 것

정답 ④

19-3. 다음은 사다리식 통로 등을 설치하는 경우의 준수사항이다. ( ) 안에 들어갈 숫자로 옳은 것은? [11.1/19.2]

> 사다리의 상단은 걸쳐 놓은 지점으로부터
> ( )cm 이상 올라가도록 할 것

① 30　　② 40　　③ 50　　④ 60

해설 사다리 상단은 걸쳐 놓은 지점에서 60cm 이상 올라가도록 할 것

정답 ④

19-4. 사다리식 통로 등을 설치하는 경우 고정식 사다리식 통로의 기울기는 최대 몇 도 이하로 하여야 하는가? [19.1]

① 60도　　　　② 75도
③ 80도　　　　④ 90도

해설 사다리 통로 기울기는 75° 이하로 할 것, 고정식 사다리 통로 기울기는 90° 이하로 설치할 것

정답 ④

20. 갱내에 설치한 사다리식 통로에 권상장치가 설치된 경우 권상장치와 근로자의 접촉에 의한 위험이 있는 장소에 설치해야 하는 것은? [19.3]

① 판자벽　　　　② 울
③ 건널다리　　　④ 덮개

해설 갱내에 설치한 사다리식 통로에 권상장치가 설치된 경우 권상장치와 근로자의 접촉에 의한 위험이 있는 장소에 판자벽을 설치해야 한다.

21. 작업장에 계단 및 계단참을 설치하는 경우 매 제곱미터당 최소 몇 킬로그램 이상의 하중에 견딜 수 있는 강도를 가진 구조로 설치하여야 하는가? [09.1/11.2/14.2/16.3/19.2/20.1]

① 300kg　　　　② 400kg
③ 500kg　　　　④ 600kg

해설 계단 및 계단참의 강도는 500kg/m² 이상이어야 하며, 안전율은 4 이상으로 하여야 한다.

22. 작업장으로 통하는 장소 또는 작업장 내에 근로자가 사용할 통로설치에 대한 준수사항 중 다음 ( ) 안에 알맞은 숫자는? [12.2]

- 통로의 주요 부분에는 통로표시를 하고, 근로자가 안전하게 통행할 수 있도록 하여야 한다.
- 통로면으로부터 높이 (   )m 이내에는 장애물이 없도록 하여야 한다.

① 2   ② 3   ③ 4   ④ 5

해설 통로면으로부터 높이 2m 이내에는 장애물이 없도록 하여야 한다.

23. 사업주는 높이가 3m를 초과하는 계단에는 높이 3m 이내마다 최소 얼마 이상의 너비를 가진 계단참을 설치하여야 하는가?

① 3.5m   ② 2.5m   [11.1]
③ 1.2m   ④ 1.0m

해설 가설계단의 안전
- 계단 기둥 간격은 2m 이하로 하여야 한다.
- 계단 난간의 강도는 100kg 이상의 하중에 견딜 수 있어야 한다.
- 가설계단을 설치하는 경우 높이 3m를 초과하는 계단에는 높이 3m 이내마다 너비 최소 1.2m 이상의 계단참을 설치한다.

24. 가설공사 표준안전 작업지침에 따른 통로 발판을 설치하여 사용함에 있어 준수사항으로 옳지 않은 것은?   [22.2]

① 추락의 위험이 있는 곳에는 안전난간이나 철책을 설치하여야 한다.
② 작업발판의 최대 폭은 1.6m 이내이어야 한다.
③ 비계발판의 구조에 따라 최대 적재하중을 정하고 이를 초과하지 않도록 하여야 한다.
④ 발판을 겹쳐 이음하는 경우 장선 위에서 이음을 하고 겹침길이는 10cm 이상으로 하여야 한다.

해설 ④ 발판을 겹쳐 이음하는 경우 장선 위에서 이음을 하고 겹침길이는 20cm 이상으로 하여야 한다.

25. 다음 중 가설 구조물의 특징으로 옳지 않은 것은?   [22.2]

① 연결재가 적은 구조로 되기 쉽다.
② 부재 결합이 간략하여 불안전 결합이다.
③ 구조물이라는 개념이 확고하여 조립의 정밀도가 높다.
④ 사용부재는 과소단면이거나 결함재가 되기 쉽다.

해설 ③ 구조물이라는 통상의 개념이 확고하지 않으며 조립의 정밀도가 낮다. 구조상의 결함이 있는 경우 중대재해로 이어질 수 있다.

25-1. 가설 구조물의 문제점으로 옳지 않은 것은?   [22.1]

① 도괴재해의 가능성이 크다.
② 추락재해의 가능성이 크다.
③ 부재의 결합이 간단하나 연결부가 견고하다.
④ 구조물이라는 통상의 개념이 확고하지 않으며 조립의 정밀도가 낮다.

해설 ③ 부재의 결합이 간략하여 연결부가 불안전한 결합이다.

정답 ③

거푸집 및 동바리

26. 다음 중 거푸집 동바리 등을 조립하는 경우에 준수해야 할 기준으로 옳지 않은 것은?   [09.3/10.3/21.2]

① 동바리의 상하 고정 및 미끄러짐 방지조치를 하고, 하중의 지지상태를 유지한다.
② 강재와 강재의 접속부 및 교차부는 볼트·클램프 등 전용 철물을 사용하여 단단히 연결한다.
③ 파이프 서포트를 제외한 동바리로 사용하는 강관은 높이 2m마다 수평연결재를 2개 방향으로 만들고 수평연결재의 변위를 방지하여야 한다.
④ 동바리로 사용하는 파이프 서포트는 4개 이상 이어서 사용하지 않도록 한다.

해설 ④ 동바리로 사용하는 파이프 서포트는 3개 이상 이어서 사용하지 않도록 할 것

26-1. 동바리로 사용하는 파이프 서포트는 최대 몇 개 이상 이어서 사용하지 않아야 하는가? [17.2]

① 2개 ② 3개 ③ 4개 ④ 5개

해설 동바리로 사용하는 파이프 서포트는 3개 이상 이어서 사용하지 않도록 할 것

정답 ②

26-2. 다음 중 거푸집 동바리 등을 조립하는 경우에 준수하여야 할 사항으로 옳지 않은 것은? [19.3]

① 거푸집이 곡면의 경우에는 버팀대의 부착 등 그 거푸집의 부상(浮上)을 방지하기 위한 조치를 할 것
② 동바리의 이음은 맞댄이음이나 장부이음으로 하고 같은 품질의 재료를 사용할 것
③ 동바리로 사용하는 강관(파이프 서포트는 제외)은 높이 2m 이내마다 수평연결재를 4개 방향으로 만들고 수평연결재의 변위를 방지할 것
④ 동바리로 사용하는 파이프 서포트는 3개 이상 이어서 사용하지 않도록 할 것

해설 ③ 동바리로 사용하는 강관(파이프 서포트는 제외)은 높이 2m 이내마다 수평연결재를 2개 방향으로 만들고 수평연결재의 변위를 방지할 것

정답 ③

26-3. 다음은 거푸집 동바리 등을 조립하는 경우의 준수사항이다. ( ) 안에 알맞은 내용을 순서대로 옳게 나열한 것은? [15.3]

> 동바리로 사용하는 강관(파이프 서포트 제외)에 대하여는 다음 각 목의 정하는 바에 의할 것
> 높이 ( ) 이내마다 수평연결재를 ( ) 방향으로 만들고 수평연결재의 변위를 방지할 것

① 1m, 1개 ② 1m, 2개
③ 2m, 1개 ④ 2m, 2개

해설 동바리로 사용하는 강관(파이프 서포트는 제외)은 높이 2m 이내마다 수평연결재를 2개 방향으로 만들고 수평연결재의 변위를 방지할 것

정답 ④

26-4. 다음 중 거푸집 동바리 등을 조립하는 경우에 준수하여야 하는 기준으로 옳지 않은 것은? [13.1/13.2/20.2/21.1]

① 동바리로 사용하는 파이프 서포트를 이어서 사용하는 경우에는 3개 이상의 볼트 또는 전용 철물을 사용하여 이을 것
② 동바리로 사용하는 강관은 높이 2m 이내마다 수평연결재를 2개 방향으로 만들 것
③ 깔목의 사용, 콘크리트 타설, 말뚝박기 등 동바리의 침하를 방지하기 위한 조치를 할 것
④ 동바리로 사용하는 파이프 서포트를 3개 이상 이어서 사용하지 않도록 할 것

해설 ① 파이프 서포트를 이어서 사용할 경우에는 4개 이상의 볼트 또는 전용 철물을 사용하여 이을 것

정답 ①

26-5. 다음 중 거푸집 동바리 등을 조립하는 경우에 준수하여야 할 사항으로 옳지 않은 것은? [18.1/20.3]

① 깔목의 사용, 콘크리트 타설, 말뚝박기 등 동바리의 침하를 방지하기 위한 조치를 할 것
② 개구부 상부에 동바리를 설치하는 경우에는 상부 하중을 견딜 수 있는 견고한 받침대를 설치할 것
③ 거푸집이 곡면인 경우에는 버팀대의 부착 등 그 거푸집의 부상(浮上)을 방지하기 위한 조치를 할 것
④ 동바리의 이음은 맞댄이음이나 장부이음을 피할 것

해설 ④ 동바리의 이음은 맞댄이음이나 장부이음으로 하고 같은 품질의 재료를 사용할 것

정답 ④

26-6. 거푸집 동바리의 침하를 방지하기 위한 직접적인 조치로 옳지 않은 것은?

① 수평연결재 사용 [18.3/22.2]
② 깔목의 사용
③ 콘크리트의 타설
④ 말뚝박기

해설 연직하중에 대한 조치로서 깔목의 사용, 콘크리트의 타설, 말뚝박기 등은 동바리의 침하를 방지하기 위한 직접적인 조치이다.

정답 ①

26-7. 산업안전보건법령에 따른 거푸집 동바

리를 조립하는 경우의 준수사항으로 옳지 않은 것은? [14.2/19.1]

① 개구부 상부에 동바리를 설치하는 경우에는 상부 하중을 견딜 수 있는 견고한 받침대를 설치할 것
② 동바리의 이음은 맞댄이음이나 장부이음으로 하고 같은 품질의 제품을 사용할 것
③ 강재와 강재의 접속부 및 교차부는 철선을 사용하여 단단히 연결할 것
④ 거푸집이 곡면인 경우에는 버팀대의 부착 등 그 거푸집의 부상(浮上)을 방지하기 위한 조치를 할 것

해설 ③ 강재와 강재의 접속부 및 교차부는 볼트·클램프 등 전용 철물을 사용하여 단단히 연결할 것

정답 ③

26-8. 건설현장에 거푸집 동바리 설치 시 준수사항으로 옳지 않은 것은? [22.2]

① 파이프 서포트 높이가 4.5m를 초과하는 경우에는 높이 2m 이내마다 2개 방향으로 수평연결재를 설치한다.
② 동바리의 침하방지를 위해 깔목의 사용, 콘크리트 타설, 말뚝박기 등을 실시한다.
③ 강재와 강재의 접속부는 볼트 또는 클램프 등 전용 철물을 사용한다.
④ 강관틀 동바리는 강관틀과 강관틀 사이에 교차가새를 설치한다.

해설 ① 파이프 서포트 높이가 3.5m를 초과하는 경우에는 높이 2m 이내마다 2개 방향으로 수평연결재를 설치한다.

정답 ①

26-9. 다음 내용의 ( ) 안에 알맞은 숫자는? [18.1]

동바리로 사용하는 파이프 서포트의 높이가 (   )m를 초과하는 경우에는 높이 2m 이내마다 수평연결재를 2개 방향으로 만들고 수평연결재의 변위를 방지할 것

① 3   ② 3.5   ③ 4   ④ 4.5

해설 파이프 서포트의 높이가 3.5m를 초과하는 경우에는 높이 2m 이내마다 수평연결재를 2개 방향으로 만들고 수평연결재의 변위를 방지할 것

정답 ②

26-10. 다음 내용의 (   ) 안에 알맞은 숫자는?
[10.2]

동바리용 파이프 서포트는 (㉠)본 이상 이어서 사용하지 아니하여야 하며, 또한 높이가 (㉡)미터 이상의 경우 높이 (㉢)미터 이내마다 수평연결재를 2개 방향으로 설치하여야 한다.

① ㉠ : 3, ㉡ : 3.5, ㉢ : 2
② ㉠ : 2, ㉡ : 3.5, ㉢ : 2
③ ㉠ : 3, ㉡ : 3.5, ㉢ : 3
④ ㉠ : 2, ㉡ : 3.5, ㉢ : 3

해설 동바리로 사용하는 파이프 서포트 안전기준
• 동바리로 사용하는 파이프 서포트를 3개 이상 이어서 사용하지 아니하도록 할 것
• 파이프 서포트를 이어서 사용할 경우에는 4개 이상의 볼트 또는 전용 철물을 사용하여 이을 것
• 높이 3.5m를 초과할 경우에는 높이 2m 이내마다 수평연결재를 2개 방향으로 만들고 수평연결재의 변위를 방지할 것

정답 ①

27. 거푸집 동바리 등을 조립 또는 해체하는 작업을 하는 경우의 준수사항으로 옳지 않은 것은?
[17.2/19.1/21.1]

① 재료, 기구 또는 공구 등을 올리거나 내리는 경우에는 근로자로 하여금 달줄 · 달포대 등의 사용을 금하도록 할 것
② 낙하 · 충격에 의한 돌발적 재해를 방지하기 위하여 버팀목을 설치하고 거푸집 동바리 등을 인양장비에 매단 후에 작업을 하도록 하는 등 필요한 조치를 할 것
③ 비, 눈, 그 밖의 기상상태의 불안정으로 날씨가 몹시 나쁜 경우에는 그 작업을 중지할 것
④ 해당 작업을 하는 구역에는 관계근로자가 아닌 사람의 출입을 금지할 것

해설 ① 재료, 기구 또는 공구 등을 올리거나 내리는 경우에는 근로자로 하여금 달줄 · 달포대 등을 사용할 것

28. 거푸집 해체작업 시 유의사항으로 옳지 않은 것은?
[14.3/19.2/22.1]

① 일반적으로 수평부재의 거푸집은 연직부재의 거푸집보다 빨리 떼어낸다.
② 해체된 거푸집이나 각목 등에 박혀 있는 못 또는 날카로운 돌출물은 즉시 제거하여야 한다.
③ 상하 동시작업은 원칙적으로 금지하며 부득이한 경우에는 긴밀히 연락을 취하며 작업을 하여야 한다.
④ 거푸집 해체작업장 주위에는 관계자를 제외하고는 출입을 금지시켜야 한다.

해설 ① 일반적으로 연직부재의 거푸집은 수평부재의 거푸집보다 빨리 떼어낸다.

29. 콘크리트 타설을 위한 거푸집 동바리의 구조검토 시 가장 선행되어야 할 작업은?
[14.1/20.2]

정답 27. ①   28. ①   29. ②

① 각 부재에 생기는 응력에 대하여 안전한 단면을 산정한다.
② 가설물에 작용하는 하중 및 외력의 종류, 크기를 산정한다.
③ 하중 및 외력에 의하여 각 부재에 생기는 응력을 구한다.
④ 사용할 거푸집 동바리의 설치 간격을 결정한다.

해설 선행되어야 할 작업으로 가설물에 작용하는 하중 및 외력의 종류, 크기를 산정한다.

30. 로드(rod) · 유압잭(jack) 등을 이용하여 거푸집을 연속적으로 이동시키면서 콘크리트를 타설할 때 사용되는 것으로 silo 공사 등에 적합한 거푸집은? [10.1/17.2]

① 메탈 폼
② 슬라이딩 폼
③ 워플 폼
④ 페코빔

해설 거푸집을 연속적으로 이동시키면서 콘크리트를 타설, silo 공사 등에 적합한 거푸집은 슬라이딩 폼(활동 거푸집)이다.

31. 거푸집 동바리 구조에서 높이가 $l = 3.5\,m$인 파이프 서포트의 좌굴하중은? (단, 상부받이판과 하부받이판은 힌지로 가정하고, 단면 2차 모멘트 $I = 8.31\,cm^4$, 탄성계수 $E = 2.1 \times 10^6\,MPa$이다.) [13.3]

① 140600 N
② 150600 N
③ 160600 N
④ 170600 N

해설 좌굴하중$(P_B) = n\pi^2 \dfrac{EI}{l^2}$

$= 1 \times \pi^2 \times \dfrac{(2.1 \times 10^6 \times 10^2) \times 8.31}{350^2}$

$\fallingdotseq 140600\,N$

여기서, n : 1(양단 힌지의 경우), E : 탄성계수,
　　　　I : 단면 2차 모멘트, l : 부재길이
　　　　$1\,MPa = 1 \times 10^6\,N/m^2 = 1 \times 10^2\,N/cm^2$

32. 산업안전보건법령에 따른 작업발판 일체형 거푸집에 해당되지 않는 것은? [14.2/21.2]

① 갱 폼(gang form)
② 슬립 폼(slip form)
③ 유로 폼(euro form)
④ 클라이밍 폼(climbing form)

해설 일체형 거푸집의 종류 : 갱 폼, 슬립 폼, 클라이밍 폼, 터널 라이닝 폼 등
Tip) 유로 폼 : 타 거푸집과 조합하여 사용

32-1. 건설현장에서 사용되는 작업발판 일체형 거푸집의 종류에 해당되지 않는 것은?

① 갱 폼(gang form)　　　　　　　[17.3]
② 슬립 폼(slip form)
③ 클라이밍 폼(climbing form)
④ 테이블 폼(table form)

해설 일체형 거푸집의 종류 : 갱 폼, 슬립 폼, 클라이밍 폼, 터널 라이닝 폼 등
Tip) 테이블 폼 : 거푸집널, 장선, 멍에, 서포트를 하나로 제작한 바닥슬래브의 콘크리트를 타설하기 위한 거푸집

정답 ④

33. 콘크리트 타설 시 거푸집 측압에 관한 설명으로 옳지 않은 것은? [16.3/17.1/18.3/20.1]

① 기온이 높을수록 측압은 크다.
② 타설속도가 클수록 측압은 크다.
③ 슬럼프가 클수록 측압은 크다.
④ 다짐이 과할수록 측압은 크다.

해설 거푸집에 작용하는 콘크리트 측압에 영향을 미치는 요인
• 대기의 온도가 낮고, 습도가 높을수록 크다.
• 콘크리트 타설속도가 빠를수록 크다.
• 콘크리트 타설높이가 높을수록 크다.
• 콘크리트의 다짐이 좋을수록 크다.
• 슬럼프가 크고, 배합이 좋을수록 크다.

6과목 건설안전기술

34. 다음은 산업안전기준에 관한 규칙의 콘크리트 타설작업에 관한 사항이다. 괄호 안에 들어갈 적절한 용어는? [11.1]

> 당일의 작업을 시작하기 전에 해당 작업에 관한 거푸집 동바리 등의 (㉠), 변위 및 (㉡) 등을 점검하고 이상을 발견한 때에는 이를 보수할 것

① ㉠ : 변형, ㉡ : 지반의 침하 유무
② ㉠ : 변형, ㉡ : 개구부 방호설비
③ ㉠ : 균열, ㉡ : 깔판
④ ㉠ : 균열, ㉡ : 지주의 침하

해설 작업시작 전 거푸집 동바리 등의 변형, 변위 및 지반의 침하 유무 등을 점검한다.

흙막이

35. 다음 중 흙막이 가시설 공사 시 사용되는 각 계측기 설치 목적으로 옳지 않은 것은 어느 것인가? [14.1/16.2/19.2/21.3]

① 지표침하계-지표면 침하량 측정
② 수위계-지반 내 지하수위의 변화 측정
③ 하중계-상부 적재하중 변화 측정
④ 지중경사계-지중의 수평변위량 측정

해설 계측장치의 설치 목적
• 지표면 침하계(level and staff) : 지반에 대한 지표면의 침하량 측정
• 건물경사계(tilt meter) : 인접 구조물의 기울기 측정
• 지중경사계(inclino meter) : 지중의 수평변위량 측정, 기울어진 정도 파악
• 지중침하계(extension meter) : 지중의 수직변위 측정

• 변형률계(strain gauge) : 흙막이 버팀대의 변형 파악
• 하중계(load cell) : 축하중의 변화상태 측정
• 토압계(earth pressure meter) : 토압의 변화 파악
• 간극수압계(piezo meter) : 지하의 간극수압 측정
• 지하수위계(water level meter) : 지반 내 지하수위의 변화 측정
• 지중 수평변위계(inclino meter) : 지반의 수평변위량과 위치, 방향 및 크기를 실측

35-1. 버팀보, 앵커 등의 축하중 변화상태를 측정하여 이들 부재의 지지 효과 및 그 변화 추이를 파악하는데 사용되는 계측기기는?

① water level meter [18.3]
② load cell
③ piezo meter
④ strain gauge

해설 하중계(load cell) : 축하중의 변화상태 측정

정답 ②

35-2. 다음 계측기와 그 설치 목적이 잘못 연결된 것은? [10.2]

① 지표침하계-지표면의 침하량 변화 측정
② 간극수압계-지반 내 지하수위 변화 측정
③ 변위계-토류 구조물의 각 부재와 콘크리트 등의 응력 변화 측정
④ 하중계-버팀보, 어스앵커(earth anchor) 등의 실제 축하중 변화 측정

해설 ② 간극수압계(piezo meter) – 지하의 간극수압 측정

정답 ②

35-3. 다음 중 지하수위 측정에 사용되는 계측기는? [17.2/21.1]

① load cell
② inclino meter
③ extenso meter
④ piezo meter

해설 • 하중계(load cell) : 축하중의 변화상태 측정
• 지중경사계(inclino meter) : 지중의 수평변위량 측정, 기울어진 정도 파악
• 지중침하계(extension meter) : 지중의 수직변위 측정
• 간극수압계(piezo meter) : 지하의 간극수압 측정

(※ 문제 오류로 가답안 발표 시 ④번으로 발표되었지만, 확정 답안 발표 시 모두 정답으로 처리되었다. 본서에서는 가답안인 ④번을 정답으로 한다.)

정답 ④

36. 지하수위 상승으로 포화된 사질토지반의 액상화 현상을 방지하기 위한 가장 직접적이고 효과적인 대책은? [21.1]

① well point 공법 적용
② 동다짐 공법 적용
③ 입도가 불량한 재료를 입도가 양호한 재료로 치환
④ 밀도를 증가시켜 한계간극비 이하로 상대밀도를 유지하는 방법 강구

해설 웰 포인트(well point) 공법 : 모래질지반에 지하수위를 일시적으로 저하시켜야 할 때 사용하는 공법으로 모래 탈수공법이라고 한다.

37. 터널 출입구 부근의 지반의 붕괴 또는 토석의 낙하에 의하여 근로자가 위험해질 우려가 있을 경우에 위험을 방지하기 위해 필요한 조치에 해당하는 것은? [15.3]

① 물의 분사
② 보링에 의한 가스 제거
③ 흙막이 지보공 설치
④ 감시인의 배치

해설 터널 출입구 부근의 지반의 붕괴 또는 토석의 낙하에 의하여 근로자가 위험해질 우려가 있을 경우에 흙막이 지보공 설치 등 위험을 방지하기 위해 필요한 조치를 하여야 한다.

38. 흙막이 지보공을 설치하였을 때 정기적으로 점검하여 이상 발견 시 즉시 보수하여야 할 사항이 아닌 것은? [09.1/17.1/20.1]

① 굴착깊이의 정도
② 버팀대의 긴압의 정도
③ 부재의 접속부 · 부착부 및 교차부의 상태
④ 부재의 손상 · 변형 · 부식 · 변위 및 탈락의 유무와 상태

해설 흙막이 지보공 정기점검사항
• 기둥침하의 유무 및 상태
• 침하의 정도와 버팀대의 긴압의 정도
• 부재의 접속부 · 부착부 및 교차부의 상태
• 부재의 손상 · 변형 · 부식 · 변위 및 탈락의 유무와 상태

38-1. 흙막이 지보공을 설치하였을 때 정기적으로 점검하여야 할 사항과 거리가 먼 것은? [13.1/19.1]

① 경보장치의 작동상태
② 부재의 손상 · 변형 · 부식 · 변위 및 탈락의 유무와 상태
③ 버팀대의 긴압(緊壓)의 정도
④ 부재의 접속부 · 부착부 및 교차부의 상태

해설 ①은 터널작업 등 건설작업의 작업시작 전 점검사항

정답 ①

38-2. 흙막이 지보공을 설치하였을 때에 정기적으로 점검하고 이상을 발견하면 즉시 보수하여야 하는 사항과 거리가 먼 것은 어느 것인가? [09.2/17.3/21.3]

① 부재의 손상·변형·부식·변위 및 탈락의 유무와 상태
② 부재의 접속부·부착부 및 교차부의 상태
③ 침하의 정도
④ 설계상 부재의 경제성 검토

해설 ④는 흙막이 지보공 설계 시 점검사항

정답 ④

39. 흙막이 지보공의 안전조치로 옳지 않은 것은? [12.3/17.2]

① 굴착배면에 배수로 미설치
② 지하매설물에 대한 조사 실시
③ 조립도의 작성 및 작업 순서 준수
④ 흙막이 지보공에 대한 조사 및 점검 철저

해설 ① 굴착배면에 배수로 설치

40. 흙막이 지보공을 조립하는 경우 미리 조립도를 작성하여야 하는데 이 조립도에 명시되어야 할 사항과 가장 거리가 먼 것은? [18.1]

① 부재의 배치
② 부재의 치수
③ 부재의 긴압 정도
④ 설치방법과 순서

해설 ③은 흙막이 지보공 정기점검사항

40-1. 다음 중 흙막이 지보공을 조립하는 경우 작성하는 조립도에 명시되어야 하는 사항과 가장 거리가 먼 것은? [12.2]

① 부재의 치수
② 버팀대의 긴압의 정도

③ 부재의 재질
④ 설치방법과 순서

해설 ②는 흙막이 지보공 정기점검사항

정답 ②

41. 다음 중 옹벽의 안정 조건에 해당하는 사항이 아닌 것은? [11.3]

① 전도
② 활동
③ 지반지지력
④ 부마찰력

해설 옹벽의 안정 검토 조건 : 활동, 전도, 지반지지력 등

42. 지반의 굴착작업에 있어서 지반의 붕괴 등에 의하여 근로자에게 위험을 미칠 우려가 있는 때에 작업장소 및 그 주변의 지반에 대하여 적절한 방법으로 조사하여야 하는 사항에 해당되지 않는 것은? [09.3]

① 형상, 지질 및 지층의 상태
② 균열, 함수, 용수 및 동결의 유무 또는 상태
③ 지반의 배수상태
④ 매설물 등의 유무 또는 상태

해설 ③ 지반의 지하수위 상태가 굴착작업 시 사전조사 사항이다.

43. 지하매설물의 인접작업에 대한 안전지침으로 옳지 않은 것은? [09.3]

① 사전 조사
② 매설물의 방호조치
③ 지하매설물의 파악
④ 소규모 구조물의 방호

해설 지하매설물의 인접작업 시 안전지침
• 지하매설물 사전 조사
• 매설물 위치 파악 및 지하매설물의 파악
• 지하매설물의 방호조치

6 건설 구조물 공사 안전

콘크리트 구조물 공사 안전

1. 콘크리트 타설 시 안전수칙으로 옳지 않은 것은? [18.2/20.3/21.2]
① 타설 순서는 계획에 의하여 실시하여야 한다.
② 진동기는 최대한 많이 사용하여야 한다.
③ 콘크리트를 치는 도중에는 거푸집, 지보공 등의 이상 유무를 확인하여야 한다.
④ 손수레로 콘크리트를 운반할 때에는 손수레를 타설하는 위치까지 천천히 운반하여 거푸집에 충격을 주지 아니하도록 타설하여야 한다.

해설 ② 진동기의 지나친 진동은 거푸집이 도괴될 수 있으므로 주의하여야 한다.

1-1. 콘크리트 타설작업을 하는 경우에 준수해야 할 사항으로 옳지 않은 것은?[16.2/22.1]
① 당일의 작업을 시작하기 전에 해당 작업에 관한 거푸집 동바리 등의 변형·변위 및 지반의 침하 유무 등을 점검하고 이상이 있으면 보수한다.
② 작업 중에는 거푸집 동바리 등의 변형·변위 및 침하 유무 등을 감시할 수 있는 감시자를 배치하여 이상이 있으면 작업을 빠른 시간 내 우선 완료하고 근로자를 대피시킨다.
③ 콘크리트 타설작업 시 거푸집 붕괴의 위험이 발생할 우려가 있으면 충분한 보강조치를 한다.
④ 콘크리트를 타설하는 경우에는 편심이 발생하지 않도록 골고루 분산하여 타설한다.

해설 ② 작업 중에는 거푸집 동바리 등의 변형·변위 및 침하 유무 등을 감시할 수 있는

감시자를 배치하여 이상이 있으면 작업을 중지하고 근로자를 대피시켜야 한다.

정답 ②

1-2. 콘크리트 타설작업을 하는 경우에 준수해야 할 사항으로 옳지 않은 것은? [12.1]
① 당일의 작업을 시작하기 전에 해당 작업에 관한 거푸집 동바리 등의 변형·변위 및 지반의 침하 유무 등을 점검하고 이상이 있으면 보수할 것
② 작업 중에는 거푸집 동바리 등의 변형·변위 및 침하 유무 등을 감시할 수 있는 감시자를 배치하여 이상이 있으면 작업을 중지하고 근로자를 대피시킬 것
③ 설계도서상의 콘크리트 양생기간을 준수하여 거푸집 동바리 등을 해체할 것
④ 거푸집 붕괴의 위험이 발생할 우려가 있는 때에는 보강조치 없이 즉시 해체할 것

해설 ④ 거푸집 붕괴의 위험이 발생할 우려가 있는 때에는 충분한 보강조치를 할 것

정답 ④

1-3. 콘크리트 타설작업을 하는 경우 안전 대책으로 옳지 않은 것은? [14.3/16.1/19.3]
① 당일의 작업을 시작하기 전에 해당 작업에 관한 거푸집 동바리 등의 변형·변위 및 지반의 침하 유무 등을 점검하고 이상이 있으면 보수할 것
② 작업 중에는 거푸집 동바리 등의 변형·변위 및 침하 유무 등을 감시할 수 있는 감시자를 배치하여 이상이 있으면 작업을 중지하고 근로자를 대피시킬 것

③ 설계도서상의 콘크리트 양생기간을 준수하여 거푸집 동바리 등을 해체할 것

④ 슬래브의 경우 한쪽부터 순차적으로 콘크리트를 타설하는 등 편심을 유발하여 빠른 시간 내 타설이 완료되도록 할 것

[해설] ④ 슬래브 콘크리트 타설은 편심이 발생하지 않도록 골고루 분산 타설하여 붕괴재해를 방지해야 한다.

[정답] ④

2. 겨울철 공사 중인 건축물의 벽체 콘크리트 타설 시 거푸집이 터져서 콘크리트가 쏟아지는 사고가 발생하였다. 이 사고의 발생 원인으로 추정 가능한 사안 중 가장 타당한 것은? [12.3/21.3]

① 진동기를 사용하지 않았다.
② 철근 사용량이 많았다.
③ 콘크리트의 슬럼프가 작았다.
④ 콘크리트의 타설속도가 빨랐다.

[해설] 콘크리트의 타설속도가 빠르고 온도가 낮으면 측압은 커져 콘크리트가 쏟아지는 사고의 원인이 된다.

3. 지름이 15cm이고 높이가 30cm인 원기둥 콘크리트 공시체에 대해 압축강도시험을 한 결과 460kN에 파괴되었다. 이때 콘크리트 압축강도는? [10.2/12.2]

① 16.2MPa   ② 21.5MPa
③ 26MPa   ④ 31.2MPa

[해설] 압축강도 $= \dfrac{\text{압축하중}}{\dfrac{\pi d^2}{4}} = \dfrac{460000}{\dfrac{\pi \times 0.15^2}{4}}$

$= 26030675 \, \text{N/m}^2 = 26.0 \, \text{MPa}$

여기서, 460kN = 460000N,
$\text{N/m}^2 = \text{Pa}$, $\text{MPa} = 10^6 \text{Pa}$

4. 일반적인 콘크리트의 압축강도는 표준양생을 실시한 재령 며칠을 기준으로 하는가?

① 7일   ② 21일   [09.1]
③ 28일   ④ 30일

[해설] 표준양생을 실시한 재령은 28일을 기준으로 한다.

철골공사 안전

5. 건립 중 강풍에 의한 풍압 등 외압에 대한 내력이 설계에 고려되었는지 확인하여야 하는 철골 구조물의 기준으로 옳지 않은 것은? [16.2/19.2]

① 높이 20m 이상의 구조물
② 구조물의 폭과 높이의 비가 1 : 4 이상인 구조물
③ 이음부가 공장제작인 구조물
④ 연면적당 철골량이 50kg/m² 이하인 구조물

[해설] ③ 이음부가 현장용접인 구조물

5-1. 건립 중 강풍에 의한 풍압 등 외압에 대한 내력이 설계에 고려되었는지 확인하여야 하는 철골 구조물이 아닌 것은? [18.1]

① 단면이 일정한 구조물
② 기둥이 타이플레이트형인 구조물
③ 이음부가 현장용접인 구조물
④ 구조물의 폭과 높이의 비가 1 : 4 이상인 구조물

[해설] ① 건물 등에서 단면 구조에 현저한 차이가 있는 구조물

[정답] ①

[정답] 2. ④   3. ③   4. ③   5. ③

5-2. 건립 중 강풍에 의한 풍압 등 외압에 대한 내력이 설계에 고려되었는지 확인하여야 하는 철골 구조물이 아닌 것은? [15.3]

① 높이 20m 이상인 구조물
② 폭과 높이의 비가 1 : 4 이상인 구조물
③ 연면적당 철골량이 60kg/m² 이상인 구조물
④ 이음부가 현장용접인 구조물

해설 ③ 연면적당 철골량이 50kg/m² 이하인 구조물

정답 ③

5-3. 건립 중 강풍에 의한 풍압 등 외압에 대한 내력이 설계에 고려되었는지 확인하여야 하는 철골 구조물이 아닌 것은? [10.1/11.2/15.2]

① 이음부가 현장용접인 건물
② 높이 15m인 건물
③ 기둥이 타이플레이트(tie plate)형인 구조물
④ 구조물의 폭과 높이의 비가 1 : 5인 건물

해설 ② 높이 20m 이상인 구조물

정답 ②

6. 철골 건립준비를 할 때 준수하여야 할 사항으로 옳지 않은 것은? [15.1/19.1/22.2]

① 지상 작업장에서 건립준비 및 기계 기구를 배치할 경우에는 낙하물의 위험이 없는 평탄한 장소를 선정하여 정비하여야 한다.
② 건립작업에 다소 지장이 있다하더라도 수목은 제거하거나 이설하여서는 안 된다.
③ 사용 전에 기계 기구에 대한 정비 및 보수를 철저히 실시하여야 한다.
④ 기계에 부착된 앵커 등 고정장치와 기초구조 등을 확인하여야 한다.

해설 ② 건립작업에 지장이 되는 수목은 제거하거나 이식하여야 한다.

7. 철골작업에서의 승강로 설치기준 중 (   ) 안에 알맞은 숫자는? [11.2/14.2]

> 사업주는 근로자가 수직 방향으로 이동하는 철골부재에는 답단 간격이 (   )센티미터 이내인 고정된 승강로를 설치하여야 한다.

① 20   ② 30   ③ 40   ④ 50

해설 사업주는 근로자가 수직 방향으로 이동하는 철골부재에는 답단 간격이 30cm 이내인 고정된 승강로를 설치하여야 한다.

7-1. 철골작업 시 철골부재에서 근로자가 수직 방향으로 이동하는 경우에 설치하여야 하는 고정된 승강로의 최대 답단 간격은 얼마 이내인가? [12.3/16.2/18.3/22.1]

① 20cm   ② 25cm   ③ 30cm   ④ 40cm

해설 근로자가 수직 방향으로 이동하는 철골부재에는 답단 간격이 30cm 이내인 고정된 승강로를 설치하여야 한다.

정답 ③

8. 철골보 인양 시 준수해야 할 사항으로 옳지 않은 것은? [11.2/16.2/18.3]

① 인양 와이어로프의 매달기 각도는 양변 60°를 기준으로 한다.
② 크램프로 부재를 체결할 때는 크램프의 정격용량 이상 매달지 않아야 한다.
③ 크램프는 부재를 수평으로 하는 한 곳의 위치에만 사용하여야 한다.
④ 인양 와이어로프는 후크의 중심에 걸어야 한다.

해설 크램프를 인양 부재로 체결 시 준수해야 할 사항
• 크램프는 수평으로 체결하고 2곳 이상 설치한다.

- 크램프로 부재를 체결할 때는 크램프의 정격용량 이상 매달지 않아야 한다.
- 부득이 한 곳만 매어 사용할 경우는 부재길이의 1/3 지점을 기준으로 한다.
- 인양 와이어로프는 후크의 중심에 걸어야 한다.
- 인양 와이어로프의 매달기 각도는 양변 60°를 기준으로 한다.

9. 다음 중 추락재해를 방지하기 위한 고소작업 감소 대책으로 옳은 것은? [12.2]

① 방망 설치
② 철골기둥과 빔을 일체 구조화
③ 안전대 사용
④ 비계 등에 의한 작업대 설치

해설 철골기둥, 빔 및 트러스 등의 철골 구조물을 일체화 또는 지상에서 조립하는 이유는 고소작업의 감소를 목적으로 한다.

9-1. 철골기둥, 빔 및 트러스 등의 철골 구조물을 일체화 또는 지상에서 조립하는 이유로 가장 타당한 것은? [18.2]

① 고소작업의 감소
② 화기사용의 감소
③ 구조체 강성 증가
④ 운반물량의 감소

해설 철골기둥, 빔 및 트러스 등의 철골 구조물을 일체화 또는 지상에서 조립하는 이유는 고소작업의 감소를 목적으로 한다.

정답 ①

10. 철골공사 시 구조물의 건립 후에 가설부재나 부품을 부착하는 것은 고소작업 등 위험한 작업이 수반됨에 따라 사전안전성 확보를 위해 미리 공작도에 반영하여야 하는 항목이 있는데 이에 해당하지 않는 것은? [12.2/17.3]

① 주변 고압전주
② 외부 비계받이
③ 기둥승강용 트랩
④ 방망 설치용 부재

해설 공작도에 반영하여야 할 사항
- 기둥승강용 트랩
- 비계 연결용 부재
- 구명줄 설치용 고리
- 안전난간 설치용 부재
- 방망 설치용 부재
- 방호선반 설치용 부재
- 양중기 설치용 보강재
- 외부 비계 및 화물승강설비용 브래킷
- 건립에 필요한 와이어로프 걸이용 고리
- 기둥 및 보 중앙의 안전대 설치용 고리

11. 건설공사 시공 단계에 있어서 안전관리의 문제점에 해당되는 것은? [12.3/17.1]

① 발주자의 조사, 설계 발주능력 미흡
② 용역자의 조사, 설계능력 부실
③ 발주자의 감독, 소홀
④ 사용자의 시설 운영관리 능력 부족

해설 시공 단계에 있어서 안전관리
- 발주자의 공사 감독 및 감리 철저
- 시공 계획 적정성 검토 철저
- 기성, 검사시험 및 준공검사 철저

12. 철골 건립기계 선정 시 사전 검토사항과 가장 거리가 먼 것은? [15.3]

① 입지 조건
② 인양물 종류
③ 건물형태
④ 작업반경

해설 건립기계 선정 시 사전에 작업반경, 입지 조건, 건립기계의 소음 영향, 건물형태, 인양능력 등을 검토하여야 한다.

정답 9. ② 10. ① 11. ③ 12. ②

13. 훅걸이용 와이어로프 등이 훅으로부터 벗겨지는 것을 방지하기 위한 장치는? [11.3/15.2]

① 해지장치
② 권과방지장치
③ 과부하방지장치
④ 턴버클

해설 해지장치 : 훅걸이용 와이어로프 등이 훅으로부터 벗겨지는 것을 방지하기 위한 장치

14. 철골구조의 앵커볼트 매립과 관련된 사항 중 옳지 않은 것은? [10.3/14.1]

① 기둥 중심은 기준선 및 인접기둥의 중심에서 3mm 이상 벗어나지 않을 것
② 앵커볼트는 매립 후에 수정하지 않도록 설치할 것
③ 베이스 플레이트의 하단은 기준 높이 및 인접기둥의 높이에서 3mm 이상 벗어나지 않을 것
④ 앵커볼트는 기둥 중심에서 2mm 이상 벗어나지 않을 것

해설 ① 기둥 중심은 기준선 및 인접기둥의 중심에서 5mm 이상 벗어나지 않을 것

PC(Precast Concrete) 공사 안전

15. 말뚝을 절단할 때 내부응력에 가장 큰 영향을 받는 말뚝은? [14.2]

① 나무말뚝
② PC말뚝
③ 강말뚝
④ RC말뚝

해설 PC말뚝 : 프리스트레스를 도입하여 제작한 중공 원통상의 콘크리트로 PC강선을 넣어 인장하는 방식인데 말뚝을 절단하면 PC강선이 절단되어 내부응력을 상실한다.

16. 철근콘크리트 현장 타설공법과 비교한 PC(Precast Concrete)공법의 장점으로 볼 수 없는 것은? [산업안전산업기사 20.2]

① 기후의 영향을 받지 않아 동절기 시공이 가능하고, 공기를 단축할 수 있다.
② 현장 작업이 감소되고, 생산성이 향상되어 인력절감이 가능하다.
③ 공사비가 매우 저렴하다.
④ 공장 제작이므로 콘크리트 양생 시 최적 조건에 의한 양질의 제품생산이 가능하다.

해설 PC공법의 장점
• 인력절감, 공기단축
• 균등한 품질확보
• 규격화로 대량생산 가능
• 공사비 절감, 생산성 향상
• 날씨에 영향을 받지 않으므로 동절기 시공 가능

Tip) PC공법은 공장에서 제작한 P.C 부재를 현장에서 조립하는 공사로 공사기간은 줄어드나, 공사비는 상대적으로 많이 든다.

17. 다음 중 건설현장에서의 PC(Precast Concrete) 조립 시 안전 대책으로 옳지 않은 것은? [산업안전산업기사 20.1]

① 달아 올린 부재의 아래에서 정확한 상황을 파악하고 전달하여 작업한다.
② 운전자는 부재를 달아 올린 채 운전대를 이탈해서는 안 된다.
③ 신호는 사전에 정해진 방법에 의해서만 실시한다.
④ 크레인 사용 시 PC판의 중량을 고려하여 아우트리거를 사용한다.

해설 ① 달아 올린 부재의 아래 있으면 물체 낙하 시 위험하다.

17-1. PC(Precast Concrete) 조립 시 안전 대책으로 틀린 것은? [산업안전산업기사 15.1]

① 신호수를 지정한다.

② 인양 PC 부재 아래에 근로자 출입을 금지한다.

③ 크레인에 PC 부재를 달아 올린 채 주행한다.

④ 운전자는 PC 부재를 달아 올린 채 운전대에서 이탈을 금지한다.

해설 ③ 크레인에 PC 부재를 달아 올린 채 주행하면 위험하다.

정답 ③

---

7 운반, 하역작업

운반작업

1. 미리 작업장소의 지형 및 지반상태 등에 적합한 제한속도를 정하지 않아도 되는 차량계 건설기계의 속도기준은? [18.1/21.1]

① 최대 제한속도가 10km/h 이하

② 최대 제한속도가 20km/h 이하

③ 최대 제한속도가 30km/h 이하

④ 최대 제한속도가 40km/h 이하

해설 제한속도를 정하지 않아도 되는 차량계 건설기계의 최대 제한속도 : 10km/h 이하

1-1. 제한속도의 지정을 받지 않은 차량계 건설기계의 최대 제한속도 기준은? [11.3]

① 5km/hr 이하   ② 10km/hr 이하

③ 15km/hr 이하   ④ 20km/hr 이하

해설 제한속도를 정하지 않아도 되는 차량계 건설기계의 최대 제한속도 : 10km/h 이하

정답 ②

2. 운반작업을 인력운반작업과 기계운반작업으로 분류할 때 기계운반작업으로 실시하기에 부적당한 대상은? [20.2]

① 단순하고 반복적인 작업

② 표준화되어 있어 지속적이고 운반량이 많은 작업

③ 취급물의 형상, 성질, 크기 등이 다양한 작업

④ 취급물이 중량인 작업

해설 인력과 기계운반작업

• 인력운반작업
  ㉠ 다품종 소량 취급 작업
  ㉡ 취급물이 경량물인 작업
  ㉢ 검사 · 판독 · 판단이 필요한 작업
  ㉣ 취급물의 형상, 성질, 크기 등이 다양한 작업

• 기계운반작업
  ㉠ 단순하고 반복적인 작업
  ㉡ 취급물이 중량물인 작업
  ㉢ 취급물의 형상, 성질, 크기 등이 일정한 작업
  ㉣ 표준화되어 있어 지속적이고 운반량이 많은 작업

3. 중량물을 운반할 때의 바른 자세로 옳은 것은? [19.1]

① 허리를 구부리고 양손으로 들어 올린다.

② 중량은 보통 체중의 60%가 적당하다.

정답 1. ① 2. ③ 3. ④

③ 물건은 최대한 몸에서 멀리 떼어서 들어 올린다.
④ 길이가 긴 물건은 앞쪽을 높게 하여 운반한다.

해설 인력운반 안전기준
• 중량물의 무게는 25 kg 정도의 적절한 무게로 무리한 운반을 금지한다.
• 2인 이상의 팀이 되어 어깨메기로 운반하는 등 안전하게 운반한다.
• 길이가 긴 물건을 운반 시 앞쪽을 높게 하여 어깨에 메고 뒤쪽 끝을 끌면서 운반한다.
• 여러 개의 물건을 운반 시 묶어서 운반한다.
• 내려놓을 때는 던지지 말고 천천히 내려놓는다.
• 공동작업 시 신호에 따라 작업한다.

3-1. 운반작업 시 주의사항으로 옳지 않은 것은? [12.3/15.3]
① 단독으로 긴 물건을 어깨에 메고 운반할 때에는 뒤쪽을 위로 올린 상태로 운반한다.
② 운반 시의 시선은 진행 방향을 향하고 뒷걸음 운반을 하여서는 안 된다.
③ 무거운 물건을 운반할 때 무게중심이 높은 하물은 인력으로 운반하지 않는다.
④ 어깨 높이보다 높은 위치에서 하물을 들고 운반하여서는 안 된다.

해설 ① 단독으로 긴 물건을 운반 시 앞쪽을 높게 하여 어깨에 메고 뒤쪽 끝을 끌면서 운반한다.

정답 ①

3-2. 인력운반작업에 대한 안전준수사항으로 옳지 않은 것은? [14.2/15.2/19.3]
① 보조기구를 효과적으로 사용한다.
② 긴 물건은 뒤쪽을 높이고 원통인 물건은 굴려서 운반한다.

③ 물건을 들어 올릴 때에는 팔과 무릎을 이용하며 척추는 곧게 한다.
④ 무거운 물건은 공동작업으로 실시한다.

해설 ② 긴 물건은 앞쪽을 높이고 원통인 물건은 굴려서 운반하여야 한다.

정답 ②

3-3. 다음 중 철근인력운반에 대한 설명으로 옳지 않은 것은? [10.1]
① 긴 철근은 두 사람이 한 조가 되어 어깨메기로 운반하는 것이 좋다.
② 운반할 때에는 중앙부를 묶어 운반한다.
③ 운반 시 1인당 무게는 25 kg 정도가 적당하다.
④ 긴 철근을 한사람이 운반할 때는 한쪽을 어깨에 메고 한쪽 끝을 땅에 끌면서 운반한다.

해설 ② 운반할 때에는 양 끝을 묶어 운반하여야 한다.

정답 ②

4. 다음 중 취급·운반의 원칙으로 옳지 않은 것은? [11.1/13.2/18.2/22.1]
① 운반작업을 집중하여 시킬 것
② 생산을 최고로 하는 운반을 생각할 것
③ 곡선운반을 할 것
④ 연속운반을 할 것

해설 ③ 직선운반을 할 것

5. 산업안전보건법령에 따른 중량물 취급작업 시 작업계획서에 포함시켜야 할 사항이 아닌 것은? [21.3]
① 협착위험을 예방할 수 있는 안전 대책
② 감전위험을 예방할 수 있는 안전 대책
③ 추락위험을 예방할 수 있는 안전 대책
④ 전도위험을 예방할 수 있는 안전 대책

해설 중량물 취급작업 시 작업계획서에는 협 착위험, 추락위험, 전도위험, 낙하위험, 붕괴 위험을 예방할 수 있는 안전 대책을 포함하여 야 한다.

하역작업

6. 다음 중 화물취급작업과 관련한 위험방지를 위해 조치하여야 할 사항으로 옳지 않은 것은? [09.2/09.3/11.3/17.2/20.3]

① 하역작업을 하는 장소에서 작업장 및 통로 의 위험한 부분에는 안전하게 작업할 수 있 는 조명을 유지할 것

② 하역작업을 하는 장소에서 부두 또는 안벽 의 선을 따라 통로를 설치하는 경우에는 폭 을 50cm 이상으로 할 것

③ 차량 등에서 화물을 내리는 작업을 하는 경 우에 해당 작업에 종사하는 근로자에게 쌓여 있는 화물 중간에서 화물을 빼내도록 하지 말 것

④ 꼬임이 끊어진 섬유로프 등을 화물운반용 또는 고정용으로 사용하지 말 것

해설 ② 하역작업을 하는 장소에서 부두 또는 안벽의 통로 설치는 폭을 90cm 이상으로 할 것

6-1. 부두·안벽 등 하역작업을 하는 장소에 서 부두 또는 안벽의 선을 따라 통로를 설치 하는 경우에는 폭을 최소 얼마 이상으로 하 여야 하는가? [13.1/14.1/17.3/18.2/21.2]

① 85cm ② 90cm ③ 100cm ④ 120cm

해설 하역작업을 하는 장소에서 부두 또는 안 벽의 통로 설치는 폭을 90cm 이상으로 할 것

정답 ②

7. 산업안전보건법상 화물취급작업 시 관리감 독자의 유해·위험방지 업무와 가장 거리가 먼 것은? [10.2]

① 관계근로자 외의 자의 출입을 금지시키는 일

② 기구 및 공구를 점검하고 불량품을 제거하 는 일

③ 대피방법을 미리 교육하는 일

④ 작업방법 및 순서를 결정하고 작업을 지휘 하는 일

해설 단위 화물의 무게가 100kg 이상인 화물 을 싣거나 내리는 작업의 지휘자 준수사항

• 기구와 공구를 점검하고 불량품을 제거할 것

• 작업 순서 및 그 순서마다의 작업방법을 정 하고 작업을 지휘할 것

• 해당 작업을 하는 장소에 관계근로자가 아 닌 사람이 출입하는 것을 금지할 것

• 로프 풀기 작업 또는 덮개 벗기기 작업은 적재함의 화물이 떨어질 위험이 없음을 확 인한 후에 하도록 할 것

7-1. 산업안전보건법상 차량계 하역운반기계 등에 단위 화물의 무게가 100kg 이상인 화 물을 싣는 작업 또는 내리는 작업을 하는 경 우에 해당 작업지휘자가 준수하여야 할 사항 과 가장 거리가 먼 것은? [12.1/13.2]

① 작업 순서 및 그 순서마다의 작업방법을 정 하고 작업을 지휘할 것

② 기구와 공구를 점검하고 불량품을 제거할 것

③ 대피방법을 미리 교육하는 일

④ 로프 풀기 작업 또는 덮개 벗기기 작업은 적재함의 화물이 떨어질 위험이 없음을 확인 한 후에 하도록 할 것

해설 단위 화물의 무게가 100kg 이상인 화물 을 싣거나 내리는 작업의 지휘자 준수사항

• 기구와 공구를 점검하고 불량품을 제거할 것

- 작업 순서 및 그 순서마다의 작업방법을 정하고 작업을 지휘할 것
- 해당 작업을 하는 장소에 관계근로자가 아닌 사람이 출입하는 것을 금지할 것
- 로프 풀기 작업 또는 덮개 벗기기 작업은 적재함의 화물이 떨어질 위험이 없음을 확인한 후에 하도록 할 것

정답 ③

8. 화물을 적재하는 경우의 준수사항으로 옳지 않은 것은? [17.2/19.2/21.1]
① 침하 우려가 없는 튼튼한 기반 위에 적재할 것
② 건물의 칸막이나 벽 등이 화물의 압력에 견딜만큼의 강도를 지니지 아니한 경우에는 칸막이나 벽에 기대어 적재하지 않도록 할 것
③ 불안정할 정도로 높이 쌓아 올리지 말 것
④ 하중이 한쪽으로 치우치더라도 화물을 최대한 효율적으로 적재할 것

해설 ④ 하중이 한쪽으로 치우치지 않도록 균등하게 적재한다.

8-1. 다음 중 차량계 하역운반기계에 화물을 적재하는 때의 준수사항으로 옳지 않은 것은? [10.3/13.1]
① 하중이 한쪽으로 치우치지 않도록 적재할 것
② 구내운반차 또는 화물자동차의 경우 화물의 붕괴 또는 낙하에 의한 위험을 방지하기 위하여 화물에 로프를 거는 등 필요한 조치를 할 것
③ 운전자의 시야를 가리지 않도록 화물을 적재할 것
④ 차륜의 이상 유무를 점검할 것

해설 ④는 지게차 작업시작 전 점검사항이다.

정답 ④

9. 화물자동차에서 짐을 싣는 작업 또는 내리는 작업을 행하는 때에 추락위험을 방지하기 위해 근로자로 하여금 안전모를 착용하여야 하는 경우에 해당하는 조건은 바닥으로부터 짐 윗면과의 높이가 몇 m 이상인가? [09.2]
① 2m ② 4m ③ 6m ④ 8m

해설 바닥으로부터 짐 윗면과의 높이가 2m 이상인 경우에 안전모를 착용하여야 한다.

10. 하역운반기계에 화물을 적재하거나 내리는 작업을 할 때 작업지휘자를 지정해야 하는 경우는 단위 화물의 무게가 몇 kg 이상일 때인가? [09.1]
① 100kg ② 150kg ③ 200kg ④ 250kg

해설 화물을 싣고 내리는 작업을 할 때 작업지휘자를 지정하는 단위 화물의 무게는 100kg 이상이다.

11. 차량계 하역운반기계를 사용하여 작업을 할 때 기계의 전도, 전락에 의해 근로자에게 위험을 미칠 우려가 있는 경우에 사업주가 조치하여야 할 사항 중 옳지 않은 것은? [18.3]
① 운전자의 시야를 살짝 가리는 정도로 화물을 적재
② 하역운반기계를 유도하는 사람을 배치
③ 지반의 부동침하방지 조치
④ 갓길의 붕괴를 방지하기 위한 조치

해설 ① 운전자의 시야를 가리지 않도록 화물을 적재할 것

12. 차량계 하역운반기계의 안전조치사항 중 옳지 않은 것은? [12.1/17.3]
① 최대 제한속도가 시속 10km를 초과하는 차량계 건설기계를 사용하여 작업을 하는 경우 미리 작업장소의 지형 및 지반상태 등에

적합한 제한속도를 정하고, 운전자로 하여금 준수하도록 할 것

② 차량계 건설기계의 운전자가 운전위치를 이탈하는 경우 해당 운전자로 하여금 포크 및 버킷 등의 하역장치를 가장 높은 위치에 둘 것

③ 차량계 하역운반기계 등에 화물을 적재하는 경우 하중이 한쪽으로 치우치지 않도록 적재할 것

④ 차량계 건설기계를 사용하여 작업을 하는 경우 승차석이 아닌 위치에 근로자를 탑승시키지 말 것

해설 ② 차량계 건설기계의 운전자가 운전위치를 이탈하는 경우 해당 운전자로 하여금 포크, 버킷, 디퍼 등의 장치를 가장 낮은 위치 또는 지면에 내려 둘 것

13. 화물운반하역 작업 중 걸이작업에 관한 설명으로 옳지 않은 것은? [18.1]

① 와이어로프 등은 크레인의 후크 중심에 걸어야 한다.

② 인양 물체의 안정을 위하여 2줄 걸이 이상을 사용하여야 한다.

③ 매다는 각도는 60° 이상으로 하여야 한다.

④ 근로자를 매달린 물체 위에 탑승시키지 않아야 한다.

해설 ③ 매다는 각도는 60° 이하로 한다.

14. 다음은 항만 하역작업 시 통행설비의 설치에 관한 내용이다. (   ) 안에 알맞은 숫자는? [14.1]

> 사업주는 갑판의 윗면에서 선창 밑바닥까지의 깊이가 (   )를 초과하는 선창의 내부에서 화물취급작업을 하는 경우에 그 작업에 종사하는 근로자가 안전하게 통행할 수 있는 설비를 설치하여야 한다.

① 1.0m ② 1.2m ③ 1.3m ④ 1.5m

해설 사업주는 갑판의 윗면에서 선창 밑바닥까지의 깊이가 최소 1.5m를 초과할 경우 근로자가 안전하게 통행할 수 있는 설비를 설치하여야 한다.

14-1. 선창의 내부에서 화물취급작업을 하는 근로자가 안전하게 통행할 수 있는 설비를 설치하여야 하는 기준은 갑판의 윗면에서 선창 밑바닥까지의 깊이가 최소 얼마를 초과할 때인가? [12.2]

① 1.3m ② 1.5m ③ 1.8m ④ 2.0m

해설 사업주는 갑판의 윗면에서 선창 밑바닥까지의 깊이가 최소 1.5m를 초과할 경우 근로자가 안전하게 통행할 수 있는 설비를 설치하여야 한다.

정답 ②

15. 항만 하역작업에서의 선박승강설비 설치기준으로 옳지 않은 것은? [12.2/14.3/17.3/20.2]

① 200톤급 이상의 선박에서 하역작업을 하는 경우에 근로자들이 안전하게 오르내릴 수 있는 현문(舷門) 사다리를 설치하여야 하며, 이 사다리 밑에 안전망을 설치하여야 한다.

② 현문 사다리는 견고한 재료로 제작된 것으로 너비는 55cm 이상이어야 한다.

③ 현문 사다리의 양측에는 82cm 이상의 높이로 울타리를 설치하여야 한다.

④ 현문 사다리는 근로자의 통행에만 사용하여야 하며, 화물용 발판 또는 화물용 보판으로 사용하도록 해서는 아니 된다.

해설 ① 300톤급 이상의 선박에서 하역작업을 하는 경우에 근로자들이 안전하게 오르내릴 수 있는 현문 사다리를 설치하여야 하며, 이 사다리 밑에 안전망을 설치하여야 한다.

1. 과년도 출제문제
2. CBT 실전문제

1. 과년도 출제문제와 해설

2020년도(1, 2회차) 출제문제

1과목 **산업안전관리론**

1. 다음은 산업안전보건법령상 공정안전 보고서의 제출시기에 관한 기준 내용이다. ( ) 안에 들어갈 내용을 올바르게 나열한 것은?

> 사업주는 산업안전보건법 시행령에 따라 유해하거나 위험한 설비의 설치·이전 또는 주요 구조 부분의 변경공사의 착공일 (㉠) 전까지 공정안전 보고서를 (㉡) 작성하여 공단에 제출해야 한다.

① ㉠ : 1일, ㉡ : 2부
② ㉠ : 15일, ㉡ : 1부
③ ㉠ : 15일, ㉡ : 2부
④ ㉠ : 30일, ㉡ : 2부

해설 유해·위험설비의 설치·이전 또는 주요 구조 부분의 변경공사의 착공일 30일 전까지 공정안전 보고서를 2부 작성하여 안전보건공단에 제출해야 한다.

2. 안전보건관리조직 중 스탭(staff)형 조직에 관한 설명으로 옳지 않은 것은?

① 안전정보 수집이 신속하다.
② 안전과 생산을 별개로 취급하기 쉽다.

③ 권한 다툼이나 조정이 용이하여 통제수속이 간단하다.
④ 스탭 스스로 생산라인의 안전업무를 행하는 것은 아니다.

해설 스태프형(staff) 조직(참모형 조직)
• 중규모 사업장(100~1000명 정도의 사업장)에 적용한다.
• 장점은 안전정보 수집이 용이하고 빠르다.
• 단점은 안전과 생산을 별개로 취급한다.

3. 시설물의 안전 및 유지관리에 관한 특별법상 시설물 정기안전점검의 실시시기로 옳은 것은? (단, 시설물의 안전등급이 A등급인 경우)

① 반기에 1회 이상   ② 1년에 1회 이상
③ 2년에 1회 이상   ④ 3년에 1회 이상

해설 특별법상 시설물 안전점검의 실시시기

안전 등급	정밀안전점검		정기안전점검
	건축물	그 외의 시설물	
A	4년에 1회	3년에 1회	반기에 1회
B, C	3년에 1회	2년에 1회	반기에 1회
D, E	2년에 1회	1년에 1회	1년에 3회

4. 정보 서비스업의 경우, 상시근로자의 수가 최소 몇 명 이상일 때 안전보건관리규정을 작성하여야 하는가?

① 50명 이상 ② 100명 이상

③ 200명 이상 ④ 300명 이상

해설 상시근로자 300명 이상에서 안전보건관리규정을 작성하여야 하는 사업장

- 농업
- 정보 서비스업
- 어업
- 임대업(부동산 제외)
- 금융 및 보험업
- 사회복지 서비스업
- 사업지원 서비스업
- 전문, 과학 및 기술 서비스업
- 소프트웨어 개발 및 공급업
- 컴퓨터 프로그래밍, 시스템 통합 및 관리업

5. 100명의 근로자가 근무하는 A기업체에서 1주일에 48시간, 연간 50주를 근무하는데 1년에 50건의 재해로 총 2400일의 근로손실일수가 발생하였다. A기업체의 강도율은?

① 10 ② 24

③ 100 ④ 240

해설 강도율 $= \dfrac{근로손실일수}{연근로\ 총\ 시간\ 수} \times 1000$

$= \dfrac{2400}{100 \times 48 \times 50} \times 1000$

$= 10$

6. 아파트 신축 건설현장에 산업안전보건법령에 따른 안전·보건표지를 설치하려고 한다. 용도에 따른 표지의 종류를 올바르게 연결한 것은?

① 금연 – 지시표시

② 비상구 – 안내표시

③ 고압전기 – 금지표시

④ 안전모 착용 – 경고표시

해설 ① 금연 – 금지표지

③ 고압전기 – 경고표지

④ 안전모 착용 – 지시표지

7. 설비의 안전에 있어서 중요 부분의 피로, 마모, 손상, 부식 등에 대한 장치의 변화 유무 등을 일정 기간마다 점검하는 안전점검의 종류는?

① 수시점검 ② 임시점검

③ 정기점검 ④ 특별점검

해설 정기점검 : 일정한 기간마다 정기적으로 실시하는 법적기준으로 책임자가 실시

8. 하인리히 사고예방 대책 5단계 중 각 단계와 기본원리가 잘못 연결된 것은?

① 제1단계 – 안전조직

② 제2단계 – 사실의 발견

③ 제3단계 – 점검 및 검사

④ 제4단계 – 시정방법의 선정

해설 ③ 제3단계 – 원인 분석·평가

9. 산업안전보건법령상 안전관리자의 업무에 명시되지 않은 것은?

① 사업장 순회점검, 지도 및 조치의 건의

② 물질안전보건자료의 게시 또는 비치에 관한 보좌 및 지도·조언

③ 산업재해에 관한 통계의 유지·관리·분석을 위한 보좌 및 지도·조언

④ 해당 사업장 안전교육계획의 수립 및 안전교육 실시에 관한 보좌 및 지도·조언

해설 ②는 보건관리자의 업무내용

10. 시몬즈(Simonds)의 총 재해 코스트 계산방식 중 비보험 코스트 항목에 해당하지 않는 것은?

① 사망재해 건수

② 통원상해 건수

③ 응급조치 건수

④ 무상해사고 건수

정답 5. ① 6. ② 7. ③ 8. ③ 9. ② 10. ①

해설 • 비보험 코스트=(휴업상해 건수×A)
+(통원상해 건수×B)+(응급조치 건수×C)
+(무상해사고 건수×D)

• 상해의 종류

분류	재해사고 내용
휴업상해(A)	영구 부분 노동 불능, 일시 전 노동 불능
통원상해(B)	일시 부분 노동 불능, 의사의 조치를 요하는 통원상해
응급처치(C)	응급조치, 20달러 미만의 손실, 8시간 미만의 의료조치상해
무상해사고(D)	의료조치를 필요로 하지 않는 정도의 경미한 상해

11. 위험예지훈련의 4라운드 기법에서 문제점을 발견하고 중요 문제를 결정하는 단계는?

① 현상파악
② 본질추구
③ 목표설정
④ 대책수립

해설 문제해결의 4라운드

1R	2R	3R	4R
현상파악	본질추구	대책수립	행동 목표 설정

12. 재해조사의 주된 목적으로 옳은 것은?

① 재해의 책임소재를 명확히 하기 위함이다.
② 동일 업종의 산업재해 통계를 조사하기 위함이다.
③ 동종 또는 유사재해의 재발을 방지하기 위함이다.
④ 해당 사업장의 안전관리계획을 수립하기 위함이다.

해설 재해조사의 목적은 동종재해 및 유사재해의 발생을 방지하기 위함이다.

13. 위험예지훈련의 기법으로 활용하는 브레인스토밍(brain storming)에 관한 설명으로 옳지 않은 것은?

① 발언은 누구나 자유분방하게 하도록 한다.
② 가능한 한 무엇이든 많이 발언하도록 한다.
③ 타인의 아이디어를 수정하여 발언할 수 없다.
④ 발표된 의견에 대하여는 서로 비판을 하지 않도록 한다.

해설 브레인스토밍(brain storming)
• 비판금지 : 좋다, 나쁘다 등의 비판은 하지 않는다.
• 자유분방 : 마음대로 자유로이 발언한다.
• 대량발언 : 무엇이든 좋으니 많이 발언한다.
• 수정발언 : 타인의 생각에 동참하거나 보충 발언해도 좋다.

14. 버드(Frank Bird)의 도미노 이론에서 재해 발생과정에 있어 가장 먼저 수반되는 것은?

① 관리의 부족
② 전술 및 전략적 에러
③ 불안전한 행동 및 상태
④ 사회적 환경과 유전적 요소

해설 버드(Bird)의 도미노 이론

1단계	2단계	3단계	4단계	5단계
제어부족 : 관리부족	기본원인 : 기원	직접원인 : 징후	사고 : 접촉	상해 : 손실

15. 다음 중 재해사례연구의 진행 순서로 옳은 것은?

① 재해상황의 파악 → 사실의 확인 → 문제점 발견 → 근본적 문제점 결정 → 대책수립
② 사실의 확인 → 재해상황의 파악 → 근본적 문제점 결정 → 문제점 발견 → 대책수립

③ 문제점 발견 → 사실의 확인 → 재해상황의 파악 → 근본적 문제점 결정 → 대책수립

④ 재해상황의 파악 → 문제점 발견 → 근본적 문제점 결정 → 대책수립 → 사실의 확인

해설 재해사례연구 진행 단계

1단계	2단계	3단계	4단계	5단계
상황 파악	사실 확인	문제점 발견	문제점 결정	대책 수립

16. 사고예방 대책의 기본원리 5단계 시정책의 적용 중 3E에 해당하지 않는 것은?

① 교육(Education)

② 관리(Enforcement)

③ 기술(Engineering)

④ 환경(Environment)

해설 3E : 교육적 측면(Education), 기술적 측면(Engineering), 관리적 측면(Enforcement)

17. 다음 중 산업재해발견의 기본원인 4M에 해당하지 않는 것은?

① Media　　　　② Material

③ Machine　　　④ Management

해설 4M : 인간(Man), 기계(Machine), 작업매체(Media), 관리(Management)

18. 산업안전보건법령상 안전보건 총괄책임자의 직무에 해당하지 않는 것은?

① 도급 시 산업재해 예방조치

② 위험성 평가의 실시에 관한 사항

③ 해당 사업장 안전교육계획의 수립에 관한 보좌 및 지도 · 조언

④ 산업안전보건관리비의 관계수급인 간의 사용에 관한 협의 · 조정 및 그 집행의 감독

해설 ③은 안전관리자의 직무내용

19. 보호구 안전인증제품에 표시할 사항으로 옳지 않은 것은?

① 규격 또는 등급

② 형식 또는 모델명

③ 제조번호 및 제조연월

④ 성능기준 및 시험방법

해설 안전인증제품의 안전인증표시 외 표시사항 : 형식 또는 모델명, 규격 또는 등급, 제조자명, 제조번호 및 제조연월, 안전인증번호

20. 산업안전보건법령상 자율안전확인대상 기계 등에 해당하지 않는 것은?

① 연삭기　　　　② 곤돌라

③ 컨베이어　　　④ 산업용 로봇

해설 ②는 안전인증대상 기계

2과목　　산업심리 및 교육

21. 집단 간 갈등의 해소방안으로 틀린 것은?

① 공동의 문제 설정

② 상위 목표의 설정

③ 집단 간 접촉 기회의 증대

④ 사회적 범주화 편향의 최대화

해설 ④ 사회적 범주화 편향의 최소화

22. 의사소통의 심리구조를 4영역으로 나누어 설명한 조하리의 창(Johari's Window)에서 "나는 모르지만 다른 사람은 알고 있는 영역"을 무엇이라 하는가?

① blind area　　② hidden area

③ open area　　④ unknown area

해설 조하리의 창
- 보이지 않는 창(blind area) : 나는 모르지만 다른 사람은 아는 영역
- 숨겨진 창(hidden area) : 나는 알지만 다른 사람은 모르는 영역
- 열린 창(open area) : 나도 알고 다른 사람도 아는 영역
- 미지의 창(unknown area) : 나도 모르고 다른 사람도 모르는 영역

23. project method의 장점으로 볼 수 없는 것은?

① 창조력이 생긴다.
② 동기부여가 충분하다.
③ 현실적인 학습방법이다.
④ 시간과 에너지가 적게 소비된다.

해설 ④ 시간과 에너지가 많이 소비된다(구안법의 단점).

24. 존 듀이(Jone Dewey)의 5단계 사고과정을 순서대로 나열한 것으로 맞는 것은?

> ㉠ 행동에 의하여 가설을 검토한다.
> ㉡ 가설(hypothesis)을 설정한다.
> ㉢ 지식화(intellectualization)한다.
> ㉣ 시사(suggestion)를 받는다.
> ㉤ 추론(reasoning)한다.

① ㉤ → ㉡ → ㉣ → ㉠ → ㉢
② ㉣ → ㉢ → ㉡ → ㉤ → ㉠
③ ㉤ → ㉢ → ㉡ → ㉣ → ㉠
④ ㉣ → ㉠ → ㉡ → ㉢ → ㉤

해설 존 듀이의 사고과정 5단계
- 1단계(문제제기) : 시사를 받는다. (suggestion)
- 2단계(문제인식) : 머리로 생각한다. (intellectualization)
- 3단계(현상분석) : 가설을 설정한다. (hypothesis)
- 4단계(가설정렬) : 추론한다.(reasoning)
- 5단계(가설검증) : 행동에 의하여 가설을 검토한다.

25. 주의(attention)에 대한 설명으로 틀린 것은?

① 주의력의 특성은 선택성, 변동성, 방향성으로 표현된다.
② 한 자극에 주의를 집중하여도 다른 자극에 대한 주의력은 약해지지 않는다.
③ 여러 종류의 자극을 지각할 때 소수의 특정한 것을 선택하여 집중하는 특성을 갖는다.
④ 의식작용이 있는 일에 집중하거나 행동의 목적에 맞추어 의식수준이 집중되는 심리상태를 말한다.

해설 ② 한 자극에 주의를 집중하면 다른 자극에 대한 주의력은 약해진다.

26. 안전교육 계획수립 및 추진에 있어 진행 순서를 나열한 것으로 맞는 것은?

① 교육의 필요점 발견 → 교육대상 결정 → 교육 준비 → 교육 실시 → 교육의 성과를 평가
② 교육대상 결정 → 교육의 필요점 발견 → 교육 준비 → 교육 실시 → 교육의 성과를 평가
③ 교육의 필요점 발견 → 교육 준비 → 교육대상 결정 → 교육 실시 → 교육의 성과를 평가
④ 교육대상 결정 → 교육 준비 → 교육의 필요점 발견 → 교육 실시 → 교육의 성과를 평가

해설 안전교육 계획수립 및 추진 진행 순서

1단계	2단계	3단계	4단계	5단계
교육의 필요점 발견	교육대상 결정	교육 준비	교육 실시	교육의 성과를 평가

27. 인간의 동작 특성을 외적조건과 내적조건으로 구분할 때 내적조건에 해당하는 것은?

① 경력　　　　　② 대상물의 크기
③ 기온　　　　　④ 대상물의 동적 성질

해설 내적조건 : 근무경력, 적성, 개성, 개인차, 생리적 조건 등
Tip) 외적조건
• 높이, 폭, 길이, 크기 등의 조건
• 기온, 습도, 조명, 소음 등의 조건
• 대상물의 동적 성질에 따른 조건

28. 산업안전보건법령상 사업 내 안전보건교육 중 관리감독자의 지위에 있는 사람을 대상으로 실시하여야 할 정기교육의 교육시간으로 맞는 것은?

① 연간 1시간 이상
② 매분기 3시간 이상
③ 연간 16시간 이상
④ 매분기 6시간 이상

해설 정기교육

사무직 종사 근로자		매분기 3시간 이상
사무직 외 근로자	판매업무에 직접 종사하는 근로자	매분기 3시간 이상
	판매업무에 직접 종사자 외 근로자	매분기 6시간 이상
관리감독자의 지위에 있는 사람		연간 16시간 이상

29. 교육방법에 있어 강의방식의 단점으로 볼 수 없는 것은?

① 학습내용에 대한 집중이 어렵다.
② 학습자의 참여가 제한적일 수 있다.
③ 인원대비 교육에 필요한 비용이 많이 든다.
④ 학습자 개개인의 이해도를 파악하기 어렵다.

해설 ③ 다수의 대상에게 교육이 가능한 다른 교육에 비하여 비용이 상대적으로 저렴하다(장점).

30. 리더십의 행동이론 중 관리그리드(managerial grid)에서 인간에 대한 관심보다 업무에 대한 관심이 매우 높은 유형은?

① (1,1)형　② (1,9)형　③ (5,5)형　④ (9,1)형

해설 관리그리드 이론

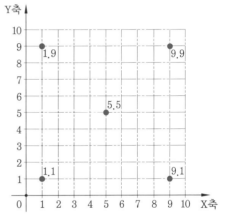

X축은 과업에 대한 관심, Y축은 인간관계 유지에 대한 관심이다.
• (1,1)형 : 무관심형　• (1,9)형 : 인기형
• (5,5)형 : 타협형　• (9,1)형 : 과업형
• (9,9)형 : 이상형

31. 교육의 3요소로만 나열된 것은?

① 강사, 교육생, 사회인사
② 강사, 교육생, 교육자료
③ 교육자료, 지식인, 정보
④ 교육생, 교육자료, 교육장소

해설 안전교육의 3요소

교육 요소	교육의 주체	교육의 객체	교육의 매개체
형식적 요소	교수자 (강사)	교육생 (수강자)	교재 (교육자료)

32. 판단과정 착오의 요인이 아닌 것은?

① 자기합리화
② 능력 부족
③ 작업경험 부족
④ 정보 부족

해설 판단과정 착오 : 합리화, 능력 부족, 정보 부족, 자신 과잉(과신), 작업 조건 불량

33. 직업적성검사 중 시각적 판단검사에 해당하지 않는 것은?

① 조립검사
② 명칭판단검사
③ 형태비교검사
④ 공구판단검사

해설 시각적 판단검사 : 언어판단검사, 형태비교검사, 평면도 판단검사, 입체도 판단검사, 공구판단검사, 명칭판단검사 등

34. 조직에 의한 스트레스 요인으로 역할 수행자에 대한 요구가 개인의 능력을 초과하거나 주어진 시간과 능력이 허용하는 것 이상을 달성하도록 요구받고 있다고 느끼는 상황을 무엇이라 하는가?

① 역할갈등
② 역할 과부하
③ 업무수행 평가
④ 역할 모호성

해설 역할 과부하 : 역할 수행자에 기대하는 요구가 개인의 능력을 초과하거나 주어진 시간과 능력이 허용하는 것 이상을 달성하도록 요구받고 있다고 느끼며, 성급함과 부주의가 발생한다.

35. 매슬로우(Abraham Maslow)의 욕구위계설에서 제시된 5단계의 인간의 욕구 중 허츠버그(Herzberg)가 주장한 2요인(인자) 이론의 동기요인에 해당하지 않는 것은?

① 성취 욕구
② 안전의 욕구
③ 자아실현의 욕구
④ 존경의 욕구

해설 허츠버그의 2요인 이론
• 위생요인(직무환경의 유지 욕구) : 정책 및 관리, 개인 상호 간의 관계, 임금(보수) 및 지위, 작업 조건, 감독 형태, 안전 등
• 동기요인(직무내용의 만족 욕구) : 성취감, 책임감, 안정감, 도전감, 발전과 성장, 존경 등

36. 인간의 행동 특성에 있어 태도에 관한 설명으로 맞는 것은?

① 인간의 행동은 태도에 따라 달라진다.
② 태도가 결정되면 단시간 동안만 유지된다.
③ 집단의 심적 태도 교정보다 개인의 심적 태도 교정이 용이하다.
④ 행동결정을 판단하고, 지시하는 외적 행동체계라고 할 수 있다.

해설 ② 한 번 태도가 결정되면 오랫동안 유지된다.
③ 개인의 심적 태도 교정보다 집단의 심적 태도 교정이 더 용이하다.
④ 행동결정을 판단하고, 지시하는 것은 내적 행동체계이다.

37. 손다이크(Thorndike)의 시행착오설에 의한 학습법칙과 관계가 가장 먼 것은?

① 효과의 법칙
② 연습의 법칙
③ 동일성의 법칙
④ 준비성의 법칙

해설 손다이크(Thorndike)의 시행착오설 : 연습(반복)의 법칙, 효과의 법칙, 준비성의 법칙

38. 산업안전보건법령상 근로자 정기안전·보건교육의 교육내용이 아닌 것은?

① 산업안전 및 사고예방에 관한 사항
② 건강증진 및 질병예방에 관한 사항
③ 산업보건 및 직업병예방에 관한 사항

정답 32. ③ 33. ① 34. ② 35. ② 36. ① 37. ③ 38. ④

④ 작업공정의 유해ㆍ위험과 재해예방 대책에 관한 사항

해설 ④는 관리감독자 정기안전ㆍ보건교육 내용

39. 에너지 소비량(RMR)의 산출방법으로 맞는 것은?

[20.1/21.3]

① $\dfrac{\text{작업 시의 소비에너지}-\text{기초대사량}}{\text{안정 시의 소비에너지}}$

② $\dfrac{\text{전체 소비에너지}-\text{작업 시의 소비에너지}}{\text{기초대사량}}$

③ $\dfrac{\text{작업 시의 소비에너지}-\text{안정 시의 소비에너지}}{\text{기초대사량}}$

④ $\dfrac{\text{작업 시의 소비에너지}-\text{안정 시의 소비에너지}}{\text{안정 시의 소비에너지}}$

해설 에너지 소비량(RMR) $= \dfrac{\text{운동대사량}}{\text{기초대사량}}$

$= \dfrac{\text{작업 시의 소비에너지}-\text{안정 시의 소비에너지}}{\text{기초대사량}}$

40. 레윈의 3단계 조직변화모델에 해당되지 않는 것은?

① 해빙 단계
② 체험 단계
③ 변화 단계
④ 재동결 단계

해설 레윈(Lewin)의 3단계 조직변화모델

1단계(해빙)	2단계(변화)	3단계(재동결)
현재 상태의 해빙	원하는 상태로의 변화	변화를 위한 재동결

3과목 **인간공학 및 시스템 안전공학**

41. 인체에서 뼈의 주요 기능이 아닌 것은?

① 인체의 지주
② 장기의 보호
③ 골수의 조혈
④ 근육의 대사

해설 뼈의 역할 및 기능
• 신체 중요 부분을 보호하는 역할
• 신체의 지지 및 형상을 유지하는 역할
• 신체활동을 수행하는 역할
• 골수에서 혈구세포를 만드는 조혈기능
• 칼슘, 인 등의 무기질 저장 및 공급기능

42. FT도에서 사용하는 기호 중 다음 그림과 같이 OR 게이트이지만, 2개 또는 그 이상의 입력이 동시에 존재할 때 출력이 생기지 않는 경우 사용하는 것은?

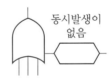

동시발생이 없음

① 부정 OR 게이트
② 배타적 OR 게이트
③ 억제 게이트
④ 조합 OR 게이트

해설 배타적 OR 게이트

기호	발생 현상
동시발생이 없음	입력사상 중 한 개의 발생으로만 출력사상이 생성되는 논리 게이트, 2개 이상의 입력이 동시에 존재할 때에 출력사상이 발생하지 않는다.

(※ 문제의 그림 오류로 가답안 발표 시 ②번으로 발표되었지만, 확정 답안 발표 시 모두 정답으로 처리되었다. 본서에서는 문제의 그림을 수정하여 가답안인 ②번을 정답으로 한다.)

정답 39. ③ 40. ② 41. ④ 42. ②

43. 손이나 특정 신체부위에 발생하는 누적손상장애(CTD)의 발생인자와 가장 거리가 먼 것은?

① 무리한 힘
② 다습한 환경
③ 장시간의 진동
④ 반복도가 높은 작업

해설 CTDs(누적손상장애)의 원인
• 부적절한 자세와 무리한 힘의 사용
• 반복도가 높은 작업과 비 휴식
• 장시간의 진동, 낮은 온도(저온) 등

44. FTA에 의한 재해사례연구 순서 중 2단계에 해당하는 것은?

① FT도의 작성
② 톱사상의 선정
③ 개선계획의 작성
④ 사상의 재해 원인을 규명

해설 FTA에 의한 재해사례연구 순서

1단계	2단계	3단계	4단계	5단계
톱사상 선정	재해 원인 규명	FT도 작성	개선계획 작성	개선계획 실시

45. 산업안전보건법령상 사업주가 유해·위험방지 계획서를 제출할 때에는 사업장별로 관련 서류를 첨부하여 해당 작업시작 며칠 전까지 해당 기관에 제출하여야 하는가?

① 7일 ② 15일 ③ 30일 ④ 60일

해설 유해·위험방지 계획서 제출
• 제조업의 경우 해당 작업시작 15일 전까지, 건설업은 착공 전날까지 제출한다.
• 한국산업안전보건공단에 2부를 제출한다.

46. 반사율이 85%, 글자의 밝기가 400cd/m² 인 VDT 화면에 350lux의 조명이 있다면 대비는 약 얼마인가?

① -6.0 ② -5.0 ③ -4.2 ④ -2.8

해설 ㉠ 화면의 밝기 계산
㉮ 반사율 $=\dfrac{광속발산도(fL)}{조명(fc)}\times100\%$이므로

$\therefore$ 광속발산도 $=\dfrac{반사율\times조명}{100}=\dfrac{85\times350}{100}$
$=297.5$

㉯ 광속발산도 $=\pi\times$휘도이므로

$\therefore$ 휘도(화면 밝기) $=\dfrac{광속발산도}{\pi}=\dfrac{297.5}{\pi}$
$=94.7\,\text{cd/m}^2$

㉡ 글자 총 밝기 $=$ 글자 밝기 $+$ 휘도
$=400+94.7=494.7\,\text{cd/m}^2$

㉢ 대비 $=\dfrac{배경의 밝기-표적 물체의 밝기}{배경의 밝기}$

$=\dfrac{94.7-494.7}{94.7}=-4.22$

47. 휴먼 에러(human error)의 요인을 심리적 요인과 물리적 요인으로 구분할 때, 심리적 요인에 해당하는 것은?

① 일이 너무 복잡한 경우
② 일의 생산성이 너무 강조될 경우
③ 동일 형상의 것이 나란히 있을 경우
④ 서두르거나 절박한 상황에 놓여있을 경우

해설 휴먼 에러(human error)의 요인

심리적 요인	물리적 요인
• 의욕이나 사기 결여 • 서두르거나 절박한 상황 • 과다·과소자극 • 체험적 습관이나 선입관 • 주의 소홀, 피로, 지식 부족	• 너무 복잡하거나 단순 작업 • 재촉하거나 생산성 강조 • 동일 형상·유사 형상 배열 • 양립성에 맞지 않는 경우 • 공간적 배치 위치에 위배

48. 각 부품의 신뢰도가 다음과 같을 때 시스템의 전체 신뢰도는 약 얼마인가?

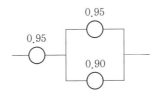

① 0.8123 ② 0.9453
③ 0.9553 ④ 0.9953

해설 신뢰도 $R_s = a \times \{1 - (1-b) \times (1-c)\}$
$= 0.95 \times \{1 - (1-0.95) \times (1-0.90)\}$
$= 0.9453$

49. 시스템 안전 MIL−STD−882B 분류기준의 위험성 평가 매트릭스에서 발생 빈도에 속하지 않는 것은?

① 거의 발생하지 않는(remote)
② 전혀 발생하지 않는(impossible)
③ 보통 발생하는(reasonably probable)
④ 극히 발생하지 않을 것 같은(extremely improbable)

해설 ② 전혀 발생하지 않음은 위험성 평가 매트릭스의 발생 빈도에서 제외하기도 한다.

50. 적절한 온도의 작업환경에서 추운환경으로 온도가 변할 때 우리의 신체가 수행하는 조절작용이 아닌 것은?

① 발한(發汗)이 시작된다.
② 피부의 온도가 내려간다.
③ 직장(直腸)온도가 약간 올라간다.
④ 혈액의 많은 양이 몸의 중심부를 위주로 순환한다.

해설 발한(發汗) : 피부의 땀샘에서 땀이 분비되는 현상이다.

51. 의자설계 시 고려해야 할 일반적인 원리와 가장 거리가 먼 것은?

① 자세고정을 줄인다.
② 조정이 용이해야 한다.
③ 디스크가 받는 압력을 줄인다.
④ 요추 부위의 후만 곡선을 유지한다.

해설 ④ 등받이는 요추의 전만 곡선을 유지한다.

52. 인체계측자료의 응용원칙이 아닌 것은?

① 기존 동일제품을 기준으로 한 설계
② 최대치수와 최소치수를 기준으로 한 설계
③ 조절범위를 기준으로 한 설계
④ 평균치를 기준으로 한 설계

해설 인체계측자료의 응용 3원칙
• 최대치수와 최소치수(극단치 설계)를 기준으로 한 설계 : 최대·최소치수를 기준으로 설계한다.
• 조절범위(조절식 설계)를 기준으로 한 설계 : 크고 작은 많은 사람에 맞도록 만들며, 조절범위는 통상 5~95%로 설계한다.
• 평균치를 기준으로 한 설계 : 최대·최소치수, 조절식으로 하기에 곤란한 경우 평균치로 설계한다.

53. 컷셋(cut set)과 패스셋(path set)에 관한 설명으로 옳은 것은?

① 동일한 시스템에서 패스셋의 개수와 컷셋의 개수는 같다.
② 패스셋은 동시에 발생했을 때 정상사상을 유발하는 사상들의 집합이다.
③ 일반적으로 시스템에서 최소 컷셋의 개수가 늘어나면 위험수준이 높아진다.
④ 최소 컷셋은 어떤 고장이나 실수를 일으키지 않으면 재해는 일어나지 않는다고 하는 것이다.

해설 컷셋과 패스셋

- 컷셋(cut set) : 정상사상을 발생시키는 기본사상의 집합, 모든 기본사상이 발생할 때 정상사상을 발생시키는 기본사상들의 집합
- 패스셋(path set) : 모든 기본사상이 발생하지 않을 때 처음으로 정상사상이 발생하지 않는 기본사상들의 집합, 시스템의 고장을 발생시키지 않는 기본사상들의 집합
- 최소 컷셋(minimal cut set) : 모든 기본사상 발생 시 정상사상을 발생시키는 기본사상의 최소 집합으로 시스템의 위험성을 말한다.
- 최소 패스셋(minimal path set) : 모든 고장이나 실수가 발생하지 않으면 재해는 발생하지 않는다는 것으로, 즉 기본사상이 일어나지 않으면 정상사상이 발생하지 않는 기본사상의 집합으로 시스템의 신뢰성을 말한다.

54. 모든 시스템에서 안전분석에서 제일 첫 번째 단계의 분석으로 실행되고 있는 시스템을 포함한 모든 것의 상태를 인식하고 시스템의 개발 단계에서 시스템 고유의 위험상태를 식별하여 예상되고 있는 재해의 위험수준을 결정하는 것을 목적으로 하는 위험분석 기법은?

① 결함위험분석(FHA : Fault Hazard Analysis)
② 시스템 위험분석(SHA : System Hazard Analysis)
③ 예비위험분석(PHA : Preliminary Hazard Analysis)
④ 운용위험분석(OHA : Operating Hazard Analysis)

해설 예비위험분석(PHA) : 모든 시스템 안전 프로그램 중 최초 단계의 분석으로 시스템 내의 위험요소가 얼마나 위험한 상태에 있는지를 정성적으로 평가하는 분석 기법

55. 다음 FT도에서 시스템에 고장이 발생할 확률이 약 얼마인가? (단, X_1과 X_2의 발생확률은 각각 0.05, 0.03이다.)

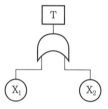

① 0.0015 ② 0.0785 ③ 0.9215 ④ 0.9985

해설 고장발생확률 $= 1 - (1 - X_1) \times (1 - X_2)$
$= 1 - (1 - 0.05) \times (1 - 0.03) = 0.0785$

56. 조종장치를 촉각적으로 식별하기 위하여 사용되는 촉각적 코드화의 방법으로 옳지 않은 것은?

① 색감을 활용한 코드화
② 크기를 이용한 코드화
③ 조종장치의 형상 코드화
④ 표면촉감을 이용한 코드화

해설 조종장치의 촉각적 암호화는 형상, 크기, 표면촉감이며, 기계적 진동이나 전기적 임펄스이다.
Tip) 색감은 시각적 코드화는 가능하지만, 촉각적 코드화의 방법은 아니다.

57. 인간-기계 시스템을 설계할 때에는 특정 기능을 기계에 할당하거나 인간에게 할당하게 된다. 이러한 기능할당과 관련된 사항으로 옳지 않은 것은? (단, 인공지능과 관련된 사항은 제외한다.)

① 인간은 원칙을 적용하여 다양한 문제를 해결하는 능력이 기계에 비해 우월하다.
② 일반적으로 기계는 장시간 일관성이 있는 작업을 수행하는 능력이 인간에 비해 우월하다.
③ 인간은 소음, 이상온도 등의 환경에서 작업을 수행하는 능력이 기계에 비해 우월하다.

④ 일반적으로 인간은 주위가 이상하거나 예기치 못한 사건을 감지하여 대처하는 능력이 기계에 비해 우월하다.

해설 ③ 기계는 소음, 이상온도 등의 환경에서 작업을 수행하는 능력이 인간에 비해 우월하다.

58. 화학설비에 대한 안전성 평가 중 정량적 평가 항목에 해당되지 않는 것은?

① 공정
② 취급 물질
③ 압력
④ 화학설비 용량

해설 화학설비에 대한 안전성 평가 항목
• 정량적 평가 항목 : 화학설비의 취급 물질, 용량, 온도, 압력, 조작 등
• 정성적 평가 항목 : 입지 조건, 공장 내의 배치, 소방설비, 공정기기, 수송, 저장, 원재료, 중간재, 제품, 공정, 건물 등

59. 시각장치와 비교하여 청각장치 사용이 유리한 경우는?

① 메시지가 길 때
② 메시지가 복잡할 때
③ 정보전달 장소가 너무 소란할 때
④ 메시지에 대한 즉각적인 반응이 필요할 때

해설 ①, ②, ③은 시각적 표시장치의 특성

60. 인간공학 연구조사에 사용되는 기준의 구비조건과 가장 거리가 먼 것은?

① 다양성
② 적절성
③ 무오염성
④ 기준 척도의 신뢰성

해설 인간공학 연구조사에 사용되는 구비조건 : 무오염성(순수성), 적절성(타당성), 신뢰성(반복성), 민감도

4과목 **건설시공학**

61. 흙의 이김에 의해서 약해지는 강도를 나타내는 흙의 성질은?

① 간극비
② 함수비
③ 예민비
④ 항복비

해설 예민비(sensitivity ratio) : 흙의 이김에 의해 약해지는 정도를 말하는 것으로 자연시료의 강도에 이긴시료의 강도를 나눈 값으로 나타낸다.

62. 콘크리트 타설 중 응결이 어느 정도 진행된 콘크리트에 새로운 콘크리트를 이어치면 시공 불량의 이음부가 발생하여 경화 후 누수의 원인 및 철근의 녹 발생 등 내구성에 손상을 일으키는 것은?

① expansion joint
② construction joint
③ cold joint
④ sliding joint

해설 콜드 조인트(cold joint) : 시공과정상 불가피하게 콘크리트를 이어치기 할 때 발생하는 줄눈을 말한다.

63. 표준관입시험의 N치에서 추정이 곤란한 사항은?

① 사질토의 상대밀도와 내부마찰각
② 선단지지층이 사질토지반일 때 말뚝지지력
③ 점성토의 전단강도
④ 점성토지반의 투수계수와 예민비

해설 표준관입시험 N치로 추정이 가능한 사항
• 사질토 : 상대밀도, 허용지지력, 탄성계수, 내부마찰각 등
• 점성토 : 연경도, 압축강도, 점착, 지지력 등

정답 58. ① 59. ④ 60. ① 61. ③ 62. ③ 63. ④

64. 공동도급(joint venture contract)의 장점이 아닌 것은?

① 융자력의 증대
② 위험의 분산
③ 이윤의 증대
④ 시공의 확실성

해설 ③ 기술 확충 및 우량시공은 가능하나 공사비는 증가할 수 있다.

65. 철골 내화피복 공법의 종류에 따른 사용재료의 연결이 옳지 않은 것은?

① 타설공법－경량콘크리트
② 뿜칠공법－암면흡음판
③ 조적공법－경량콘크리트 블록
④ 성형판 붙임공법－ALC판

해설 ② 뿜칠공법 – 내화피복재를 피복
Tip) 멤브레인 공법－암면흡음판

66. 기초공사 시 활용되는 현장타설 콘크리트 말뚝공법에 해당되지 않는 것은?

① 어스드릴(earth drill) 공법
② 베노토 말뚝(benoto pile)공법
③ 리버스 서큘레이션(reverse circulation pile) 공법
④ 프리보링(preboring) 공법

해설 현장타설 콘크리트 말뚝공법 : 어스드릴 공법, 베노토 말뚝공법, 리버스 서큘레이션 공법
Tip) 프리보링 공법 – 매입공법

67. 벽돌벽 두께 1.0B, 벽 높이 2.5m, 길이 8m인 벽면에 소요되는 점토벽돌의 매수는 얼마인가? (단, 규격은 190×90×57mm, 할증은 3%로 하며, 소수점 이하 결과는 올림하여 정수매로 표기한다.)

① 2980매
② 3070매
③ 3278매
④ 3542매

해설 점토벽돌의 매수
= 쌓을 면적 × 규격 쌓기(매) × 할증
= (2.5 × 8) × 149 × 1.03 ≒ 3070매
Tip) 표준형 벽돌쌓기 규격(매)

종류	0.5B	1.0B	1.5B	2.0B	2.5B
190×90×57	75	149	224	298	373

68. 금속제 천장틀 공사 시 반자틀의 적정한 간격으로 옳은 것은? (단, 공사시방서가 없는 경우)

① 450mm 정도
② 600mm 정도
③ 900mm 정도
④ 1200mm 정도

해설 반자틀 간격은 공사시방서가 없는 경우는 900mm 정도로 한다.
Tip) 반자틀 간격은 공사시방서가 있는 경우에는 공사시방서에 의한다.

69. 철근이음에 관한 설명으로 옳지 않은 것은?

① 철근의 이음부는 구조내력상 취약점이 되는 곳이다.
② 이음위치는 되도록 응력이 큰 곳을 피하도록 한다.
③ 이음이 한 곳에 집중되지 않도록 엇갈리게 교대로 분산시켜야 한다.
④ 응력 전달이 원활하도록 한 곳에서 철근 수의 반 이상을 이어야 한다.

해설 ④ 응력 전달이 원활하도록 한 곳에서 철근 수의 반 이상을 이어서는 안 된다.

70. 철골 용접이음 후 용접부의 내부결함 검출을 위하여 실시하는 검사로서 빠르고 경제적이어서 현장에서 주로 사용하는 초음파를 이용한 비파괴 검사법은?

① MT(magnetic particle testing)

---

② UT(ultrasonic testing)

③ RT(radiogtaphy testing)

④ PT(liquid penetrant testing)

해설 초음파 탐상검사(UT, ultrasonic testing) : 짧은 파장의 음파를 검사물의 내부에 입사시켜 내부의 결함을 검출하는 방법이다. 주파수가 20 kHz를 넘는 진동수를 갖는 초음파를 사용한다.

71. 건설의 전 과정에 걸쳐 프로젝트를 보다 효율적이고 경제적으로 수행하기 위하여 각 부문의 전문가들로 구성된 통합관리기술을 발주자에게 서비스하는 것을 무엇이라고 하는가?

① Cost Management

② Cost Manpower

③ Construction Manpower

④ Construction Management

해설 CM 방식 : 건설의 전 과정에 걸쳐 프로젝트를 보다 효율적이고 경제적으로 수행하기 위하여 각 부문의 전문가들로 구성된 통합관리기술(기획, 설계, 시공, 유지관리)을 건축주에게 서비스하는 방식

72. 네트워크 공정표에서 후속작업의 가장 빠른 개시시간(EST)에 영향을 주지 않는 범위 내에서 한 작업이 가질 수 있는 여유시간을 의미하는 것은?

① 전체여유(TF)

② 자유여유(FF)

③ 간섭여유(IF)

④ 종속여유(DF)

해설 자유여유(FF) : 최초의 개시일에 작업을 시작하고 후속작업을 최초 개시일에 시작하여도 생기는 여유시간

73. 다음 중 강 구조물 제작 시 절단 및 개선(그루브)가공에 관한 일반사항으로 옳지 않은 것은?

① 주요 부재의 강판 절단은 주된 응력의 방향과 압연 방향을 직각으로 교차시켜 절단함을 원칙으로 하며, 절단작업 착수 전 재단도를 작성해야 한다.

② 강재의 절단은 강재의 형상, 치수를 고려하여 기계절단, 가스절단, 플라즈마 절단 등을 적용한다.

③ 절단할 강재의 표면에 녹, 기름, 도료가 부착되어 있는 경우에는 제거 후 절단해야 한다.

④ 용접선의 교차 부분 또는 한 부재를 다른 부재에 접합시킬 때 불필요한 접촉을 피하기 위하여 모퉁이따기를 할 경우에는 10 mm 이상 둥글게 해야 한다.

해설 ① 주요 부재의 강판 절단은 주된 응력의 방향과 압연 방향을 일치시켜 절단함을 원칙으로 하며, 절단작업 착수 전 재단도를 작성해야 한다.

74. 공사계약 방식 중 직영공사 방식에 관한 설명으로 옳은 것은?

① 사회간접자본(SOC : Social Overhead Capital)의 민간투자 유치에 많이 이용되고 있다.

② 영리 목적의 도급공사에 비해 저렴하고 재료 선정이 자유로운 장점이 있으나, 고용기술자 등에 의한 시공관리능력이 부족하면 공사비 증대, 시공성의 결함 및 공기가 연장되기 쉬운 단점이 있다.

③ 도급자가 자금을 조달하면 설계, 엔지니어링, 시공의 전부를 도급받아 시설물을 완성하고 그 시설을 일정기간 운영하는 것으로, 운영수입으로부터 투자자금을 회수한 후 발주자에게 그 시설을 인도하는 방식이다.

정답 **71.** ④ **72.** ② **73.** ① **74.** ②

④ 수입을 수반한 공공 혹은 공익 프로젝트(유료도로, 도시철도, 발전도 등)에 많이 이용되고 있다.

해설 직영공사 방식의 장단점

장점	단점
• 확실한 공사 가능	• 예산 및 공사비 증대
• 입찰 및 계약에 구속 없이 덤핑 등 임기응변 처리가 가능	• 재료의 낭비, 시공성의 결함 및 공기의 연장
• 재료 선정이 자유로움	• 시공관리능력 부족

75. 보강블록공사 시 벽 가로근의 시공에 관한 설명으로 옳지 않은 것은?

① 가로근은 배근상세도에 따라 가공하되, 그 단부는 90°의 갈구리로 구부려 배근한다.

② 모서리에 가로근의 단부는 수평 방향으로 구부려서 세로근의 바깥쪽으로 두르고, 정착길이는 공사시방서에 정한 바가 없는 한 40d 이상으로 한다.

③ 창 및 출입구 등의 모서리 부분에 가로근의 단부를 수평 방향으로 정착할 여유가 없을 때에는 갈구리로 하여 단부 세로근에 걸고 결속선으로 결속한다.

④ 개구부 상하부의 가로근을 양측 벽부에 묻을 때의 정착길이는 40d 이상으로 한다.

해설 ① 가로근은 배근상세도에 따라 가공하되, 그 단부는 180°의 갈구리로 구부려 배근한다.

76. 철근 배근 시 콘크리트의 피복두께를 유지해야 되는 가장 큰 이유는?

① 콘크리트의 인장강도 증진을 위하여

② 콘크리트의 내구성, 내화성 확보를 위하여

③ 구조물의 미관을 좋게 하기 위하여

④ 콘크리트 타설을 쉽게 하기 위하여

해설 피복두께 확보의 목적은 내화성 확보, 내구성 확보, 구조내력의 확보 등이다.

77. 흙막이 지지공법 중 수평버팀대 공법의 특징에 관한 설명으로 옳지 않은 것은?

① 가설 구조물이 적어 중장비 작업이나 토량 제거 작업의 능률이 좋다.

② 토질에 대해 영향을 적게 받는다.

③ 인근 대지로 공사범위가 넘어가지 않는다.

④ 고저차가 크거나 상이한 구조인 경우 균형을 잡기 어렵다.

해설 ① 가설 구조물이 많아 중장비가 들어가기 곤란하여 작업능률이 좋지 않다.

78. 다음 중 터널 폼에 관한 설명으로 옳지 않은 것은?

① 거푸집의 전용횟수는 약 10회 정도로 매우 적다.

② 노무절감, 공기단축이 가능하다.

③ 벽체 및 슬래브 거푸집을 일체로 제작한 거푸집이다.

④ 이 폼의 종류에는 트윈 쉘(twin shell)과 모노 쉘(mono shell)이 있다.

해설 ① 거푸집의 전용횟수는 약 100회 정도이다.

79. 철근콘크리트 공사에서 거푸집의 간격을 일정하게 유지시키는데 사용되는 것은?

① 클램프

② 쉐어 커넥터

③ 세퍼레이터

④ 인서트

해설 세퍼레이터 : 거푸집의 간격을 일정하게 유지하고, 측벽 두께를 유지시키는 부속재료

80. 지정에 관한 설명으로 옳지 않은 것은?

① 잡석지정-기초 콘크리트 타설 시 흙의 혼입을 방지하기 위해 사용한다.

② 모래지정-지반이 단단하며 건물이 중량일 때 사용한다.

③ 자갈지정-굳은 지반에 사용되는 지정이다.

④ 밑창 콘크리트 지정-잡석이나 자갈 위 기초 부분의 먹매김을 위해 사용한다.

해설 ② 모래지정 – 지반이 약하며 건물의 무게가 경량일 때 사용한다.

5과목   **건설재료학**

81. 도료의 저장 중 또는 용기 내 방치 시 도료의 표면에 피막이 형성되는 현상의 발생 원인과 가장 관계가 먼 것은?

① 피막방지제의 부족이나 건조제가 과잉일 경우

② 용기 내의 공간이 커서 산소의 양이 많을 경우

③ 부적당한 시너로 희석하였을 경우

④ 사용잔량을 뚜껑을 열어둔 채 방치하였을 경우

해설 표면에 피막이 형성되는 현상의 발생 원인

• 피막방지제의 부족이나 건조제가 과잉일 경우

• 용기 내의 공간이 커서 산소의 양이 많을 경우

• 사용잔량을 뚜껑을 열어둔 채 방치하였을 경우

82. 다음 중 무기질 단열재에 해당하는 것은?

① 발포폴리스티렌 보온재

② 셀룰로오스 보온재

③ 규산칼슘판

④ 경질폴리우레탄 폼

해설 무기질 단열재 : 규산칼슘판, 유리판, 펄라이트, 마그네시아 분말 등

83. 통풍이 잘 되지 않는 지하실의 미장재료로서 가장 적합하지 않은 것은?

① 시멘트 모르타르

② 석고 플라스터

③ 킨즈 시멘트

④ 돌로마이트 플라스터

해설 돌로마이트 플라스터는 통풍이 잘 되지 않는 지하실이나 습윤장소의 미장재료로 부적합하다.

84. 지붕공사에 사용되는 아스팔트 싱글제품 중 단위 중량이 10.3kg/m² 이상 12.5kg/m² 미만인 것은?

① 경량 아스팔트 싱글

② 일반 아스팔트 싱글

③ 중량 아스팔트 싱글

④ 초중량 아스팔트 싱글

해설 아스팔트 싱글제품의 건설기준

구분	단위 중량(kg/m²)
일반	10.3 이상 12.5 미만인 아스팔트 싱글제품
중량	12.5 이상 14.2 미만인 아스팔트 싱글제품
초중량	14.2 이상인 아스팔트 싱글제품

85. 점토벽돌 1종의 압축강도는 최소 얼마 이상인가?

① 17.85MPa ② 19.53MPa

③ 20.59MPa ④ 24.50MPa

정답 80. ②   81. ③   82. ③   83. ④   84. ②   85. ④

해설 점토벽돌의 압축강도(KS L 4201)

구분	1종	2종
흡수율(%)	10.0 이하	15.0 이하
압축강도(MPa)	24.50 이상	14.70 이상

86. 골재의 함수상태에 따른 질량이 다음과 같을 경우 표면수율은?

> • 절대건조 상태 : 490g
> • 표면건조 상태 : 500g
> • 습윤상태 : 550g

① 2%   ② 3%   ③ 10%   ④ 15%

해설 표면수율

$$=\frac{습윤상태\ 질량-표면건조\ 상태\ 질량}{표면건조\ 상태\ 질량}\times100$$

$$=\frac{550-500}{500}\times100=10\%$$

87. 콘크리트의 건조수축에 관한 설명으로 옳지 않은 것은?

① 시멘트의 제조성분에 따라 수축량이 다르다.
② 골재의 성질에 따라 수축량이 다르다.
③ 시멘트량의 다소에 따라 수축량이 다르다.
④ 된비빔일수록 수축량이 많다.

해설 ④ 된비빔일수록 수축량이 적다.

88. 목재의 나뭇결 중 아래의 설명에 해당하는 것은?

> 나이테에 직각 방향으로 켠 목재면에 나타나는 나뭇결로 일반적으로 외관이 아름답고 수축변형이 적으며 마모율도 낮다.

① 무늬결 ② 곧은결 ③ 널결   ④ 엇결

해설 지문은 곧은결에 대한 설명이다.

89. 조이너(joiner)의 설치 목적으로 옳은 것은?

① 벽, 기둥 등의 모서리에 미장바름의 보호
② 인조석깔기에서의 신축 균열방지나 의장 효과
③ 천장에 보드를 붙인 후 그 이음새를 감추기 위한 목적
④ 환기구멍이나 라디에이터의 덮개 역할

해설 ①은 코너비드의 목적
②는 줄눈대, 사춤대의 목적
④는 스틸그레이팅의 목적

90. 각 석재별 주 용도를 표기한 것으로 옳지 않은 것은?

① 화강암 : 외장재
② 석회암 : 구조재
③ 대리석 : 내장재
④ 점판암 : 지붕재

해설 ② 석회암 – 시멘트의 원료

91. 암석의 구조를 나타내는 용어에 관한 설명으로 옳지 않은 것은?

① 절리란 암석 특유의 천연적으로 갈라진 금을 말하며, 규칙적인 것과 불규칙적인 것이 있다.
② 층리란 퇴적암 및 변성암에 나타나는 퇴적할 당시의 지표면과 방향이 거의 평행한 절리를 말한다.
③ 석리란 암석이 가장 쪼개지기 쉬운 면을 말하며, 절리보다 불분명하지만 방향이 대체로 일치되어 있다.
④ 편리란 변성암에 생기는 절리로서 방향이 불규칙하고 얇은 판자모양으로 갈라지는 성질을 말한다.

해설 ③ 석리란 암석의 구성조직을 말한 것으로 조암광물의 집합상태에 의해서 조직상 갈라진 눈을 말한다.

정답 86. ③   87. ④   88. ②   89. ③   90. ②   91. ③

Tip) 석목 : 암석이 가장 쪼개지기 쉬운 면을 말하며, 절리보다 불분명하지만 방향이 대체로 일치되어 있다.

92. 강은 탄소함유량의 증가에 따라 인장강도가 증가하지만 어느 이상이 되면 다시 감소한다. 이때 인장강도가 가장 큰 시점의 탄소함유량은?

① 약 0.9%   ② 약 1.8%

③ 약 2.7%   ④ 약 3.6%

해설 탄소함유량이 약 0.85%까지는 인장강도가 증가하지만, 그 이상이 되면 다시 감소한다.

93. 아스팔트의 물리적 성질에 관한 설명으로 옳은 것은?

① 감온성은 블로운 아스팔트가 스트레이트 아스팔트보다 크다.

② 연화점은 블로운 아스팔트가 스트레이트 아스팔트보다 낮다.

③ 신장성은 스트레이트 아스팔트가 블로운 아스팔트보다 크다.

④ 점착성은 블로운 아스팔트가 스트레이트 아스팔트보다 크다.

해설 스트레이트 아스팔트는 신장성, 접착력, 방수성이 우수하고 좋으며, 연화점이 낮고 온도에 의한 감온성이 크다.

94. 킨즈 시멘트 제조 시 무수석고의 경화를 촉진시키기 위해 사용하는 혼화재료는?

① 규산백토   ② 플라이애쉬

③ 화산회   ④ 백반

해설 킨즈 시멘트는 경석고에 백반 등의 촉진제를 배합한 것으로 약간 붉은 빛을 띠는 백색 플라스터이다.

95. 초기강도가 아주 크고 초기 수화발열이 커서 긴급 공사나 동절기 공사에 가장 적합한 시멘트는?

① 알루미나 시멘트

② 보통 포틀랜드 시멘트

③ 고로시멘트

④ 실리카 시멘트

해설 알루미나 시멘트

• 성분 중에 Al_2O_3가 많으므로 조기강도가 높고 염분이나 화학적 저항성이 크다.

• 수화열량이 커서 대형 단면부재에 사용하기는 적당하지 않고, 긴급 공사나 동절기 공사에 좋다.

96. 일반적으로 단열재에 습기나 물기가 침투하면 어떤 현상이 발생하는가?

① 열전도율이 높아져 단열성능이 좋아진다.

② 열전도율이 높아져 단열성능이 나빠진다.

③ 열전도율이 낮아져 단열성능이 좋아진다.

④ 열전도율이 낮아져 단열성능이 나빠진다.

해설 단열재에 습기나 물기가 침투하면 열전도율이 높아져 단열성능이 나빠진다.

97. 도장재료 중 래커(lacquer)에 관한 설명으로 옳지 않은 것은?

① 내구성은 크나 도막이 느리게 건조된다.

② 클리어래커는 투명 래커로 도막은 얇으나 견고하고 광택이 우수하다.

③ 클리어래커는 내후성이 좋지 않아 내부용으로 주로 쓰인다.

④ 래커에나멜은 불투명 도료로서 클리어래커에 안료를 첨가한 것을 말한다.

해설 ① 내구성이 크며, 도막이 빠르게 건조된다.

---

98. 도료의 건조제 중 상온에서 기름에 용해되지 않는 것은?

① 붕산망간
② 이산화망간
③ 초산염
④ 코발트의 수지산

해설 코발트의 수지산 : 도료의 건조제 중 상온에서 기름에 용해되지 않고, 가열하면 기름에 용해된다.

Tip) 상온에서 기름에 용해되는 건조제 : 붕산망간, 이산화망간(MnO_2), 초산염, 일산화연, 연단 등

99. 시멘트의 분말도에 관한 설명으로 옳지 않은 것은?

① 분말도가 클수록 수화반응이 촉진된다.
② 분말도가 클수록 초기강도는 작으나 장기강도는 크다.
③ 분말도가 클수록 시멘트 분말이 미세하다.
④ 분말도가 너무 크면 풍화되기 쉽다.

해설 분말도가 클수록 초기강도가 크고, 장기강도의 증진도가 크다.

100. 목재의 방부처리법 중 압력용기 속에 목재를 넣어 처리하는 방법으로 가장 신속하고 효과적인 방법은?

① 가압주입법
② 생리적 주입법
③ 표면탄화법
④ 침지법

해설 가압주입법 : 압력용기 속에 목재를 넣어 압력을 가하고 방부제를 주입하는 방법으로 방부 효과가 좋다.

6과목 **건설안전기술**

101. 지면보다 낮은 땅을 파는데 적합하고 수중굴착도 가능한 굴착기계는?

① 백호우
② 파워쇼벨
③ 가이데릭
④ 파일드라이버

해설 백호(back hoe)는 기계가 위치한 지면보다 낮은 땅을 파는데 적합하고, 수중굴착도 가능하다.

102. 굴착공사에서 비탈면 또는 비탈면 하단을 성토하여 붕괴를 방지하는 공법은?

① 배수공
② 배토공
③ 공작물에 의한 방지공
④ 압성토공

해설 압성토 공법(surchange)은 비탈면 또는 비탈면 하단을 성토하여 붕괴를 방지하는 공법으로 점성토 연약지반 개량공법이다.

103. 작업장에 계단 및 계단참을 설치하는 경우 매 제곱미터당 최소 몇 킬로그램 이상의 하중에 견딜 수 있는 강도를 가진 구조로 설치하여야 하는가?

① 300 kg
② 400 kg
③ 500 kg
④ 600 kg

해설 계단 및 계단참의 강도는 $500 kg/m^2$ 이상이어야 하며, 안전율은 4 이상으로 하여야 한다.

104. 작업으로 인하여 물체가 떨어지거나 날아올 위험이 있는 경우 필요한 조치와 가장 거리가 먼 것은?

① 투하설비 설치
② 낙하물방지망 설치

③ 수직보호망 설치

④ 출입금지구역 설정

해설 투하설비 설치 : 높이가 최소 3m 이상인 곳에서 물체를 투하하는 경우 투하설비를 갖춰야 한다.

105. 크레인의 운전실 또는 운전대를 통하는 통로의 끝과 건설물 등의 벽체의 간격은 최대 얼마 이하로 하여야 하는가?

① 0.2m ② 0.3m ③ 0.4m ④ 0.5m

해설 크레인의 운전대를 통하는 통로의 끝과 건설물 등의 벽체의 간격은 0.3m 이하로 하여야 한다.

106. 철골공사 시 안전작업방법 및 준수사항으로 옳지 않은 것은?

① 강풍, 폭우 등과 같은 악천후 시에는 작업을 중지하여야 하며 특히 강풍 시에는 높은 곳에 있는 부재나 공구류가 낙하·비래하지 않도록 조치하여야 한다.

② 철골부재 반입 시 시공 순서가 빠른 부재는 상단부에 위치하도록 한다.

③ 구명줄 설치 시 마닐라 로프 직경 10mm를 기준하여 설치하고 작업방법을 충분히 검토하여야 한다.

④ 철골보의 두 곳을 매어 인양시킬 때 와이어 로프의 내각은 60° 이하이어야 한다.

해설 ③ 구명줄 설치 시 마닐라 로프 직경 16mm를 기준하여 설치하고 작업방법을 충분히 검토하여야 한다.

107. 강관비계의 수직 방향 벽이음 조립 간격 (m)으로 옳은 것은? (단, 틀비계이며, 높이가 5m 이상일 경우이다.)

① 2m ② 4m ③ 6m ④ 9m

해설 비계 조립 간격(m)

비계의 종류		수직 방향	수평 방향
강관	단관비계	5	5
	틀비계(높이 5m 미만은 제외)	6	8
통나무비계		5.5	7.5

108. 공정률이 65%인 건설현장의 경우 공사 진척에 따른 산업안전보건관리비의 최소 사용기준으로 옳은 것은? (단, 공정률은 기성 공정률을 기준으로 함)

① 40% 이상 ② 50% 이상

③ 60% 이상 ④ 70% 이상

해설 공정률이 50% 이상 70% 미만인 경우 최소 50% 이상 사용 가능하다.

109. 달비계에 사용이 불가한 와이어로프의 기준으로 옳지 않은 것은?

① 이음매가 있는 것

② 와이어로프의 한 꼬임에서 끊어진 소선의 수가 7% 이상인 것

③ 지름의 감소가 공칭지름의 7%를 초과하는 것

④ 심하게 변형되거나 부식된 것

해설 ② 와이어로프의 한 꼬임에서 끊어진 소선의 수가 10% 이상인 것

110. 구축물에 안전차단 등 안전성 평가를 실시하여 근로자에게 미칠 위험성을 미리 제거하여야 하는 경우가 아닌 것은?

① 구축물 또는 이와 유사한 시설물의 인근에서 굴착·항타작업 등으로 침하·균열 등이 발생하여 붕괴의 위험이 예상될 경우

정답 105. ② 106. ③ 107. ③ 108. ② 109. ② 110. ④

② 구조물, 건축물, 그 밖의 시설물이 그 자체의 무게·적설·풍압 또는 그 밖에 부가되는 하중 등으로 붕괴 등의 위험이 있을 경우
③ 화재 등으로 구축물 또는 이와 유사한 시설물의 내력(耐力)이 심하게 저하되었을 경우
④ 구축물의 구조체가 안전 측으로 과도하게 설계가 되었을 경우

해설 ④ 구축물의 구조체가 과도하게 안전 측으로 설계가 되었을 경우 안전성 평가를 실시해야 하는 것은 아니다.

111. 흙막이 지보공을 설치하였을 때 정기적으로 점검하여 이상 발견 시 즉시 보수하여야 할 사항이 아닌 것은?

① 굴착깊이의 정도
② 버팀대의 긴압의 정도
③ 부재의 접속부·부착부 및 교차부의 상태
④ 부재의 손상·변형·부식·변위 및 탈락의 유무와 상태

해설 흙막이 지보공 정기점검사항
• 기둥침하의 유무 및 상태
• 침하의 정도와 버팀대의 긴압의 정도
• 부재의 접속부·부착부 및 교차부의 상태
• 부재의 손상·변형·부식·변위 및 탈락의 유무와 상태

112. 다음 중 달비계의 최대 적재하중을 정하는 경우 그 안전계수 기준으로 옳지 않은 것은?

① 달기 와이어로프 및 달기강선의 안전계수 : 10 이상
② 달기체인 및 달기 훅의 안전계수 : 5 이상
③ 달기강대와 달비계의 하부 및 상부지점의 안전계수 : 강재의 경우 3 이상
④ 달기강대와 달비계의 하부 및 상부지점의 안전계수 : 목재의 경우 5 이상

해설 ③ 달기강대와 달비계의 하부 및 상부지점의 안전계수 : 강재의 경우 2.5 이상

113. 다음은 안전대와 관련된 설명이다. 아래 내용에 해당되는 용어로 옳은 것은?

로프 또는 레일 등과 같은 유연하거나 단단한 고정줄로서 추락 발생 시 추락을 저지시키는 추락방지대를 지탱해 주는 줄 모양의 부품

① 안전블록　② 수직구명줄
③ 죔줄　④ 보조죔줄

해설 지문은 수직구명줄에 대한 설명이다.

114. 사업주가 유해·위험방지 계획서 제출 후 건설공사 중 6개월 이내마다 안전보건공단의 확인을 받아야 할 내용이 아닌 것은?

① 유해·위험방지 계획서의 내용과 실제공사 내용이 부합하는지 여부
② 유해·위험방지 계획서 변경 내용의 적정성
③ 자율안전관리 업체 유해·위험방지 계획서 제출·심사 면제
④ 추가적인 유해·위험요인의 존재 여부

해설 사업주가 건설공사 중 6개월 이내마다 유해·위험방지 계획서를 공단에 확인받아야 할 내용은 다음과 같다.
• 유해·위험방지 계획서의 내용과 실제공사 내용이 부합하는지 여부
• 유해·위험방지 계획서 변경 내용의 적정성
• 추가적인 유해·위험요인의 존재 여부

115. 다음 중 방망사의 폐기 시 인장강도에 해당하는 것은? (단, 그물코의 크기는 10cm이며 매듭 없는 방망의 경우임)

① 50kg　② 100kg　③ 150kg　④ 200kg

정답 111. ①　112. ③　113. ②　114. ③　115. ③

해설 방망사의 신품과 폐기 시 인장강도

그물코의 크기(cm)	매듭 없는 방망		매듭 방망	
	신품	폐기 시	신품	폐기 시
10	240 kg	150 kg	200 kg	135 kg
5	–	–	110 kg	60 kg

116. 산업안전보건법령에 따른 지반의 종류별 굴착면의 기울기 기준으로 옳지 않은 것은?

① 보통흙 습지－1 : 1～1 : 1.5
② 보통흙 건지－1 : 0.3～1 : 1
③ 풍화암－1 : 1.0
④ 연암－1 : 1.0

해설 ② 보통흙 건지 － 1 : 0.5～1 : 1
(※ 관련 규정 2021 개정 내용으로 본서에서는 이와 관련된 문제의 선지 내용을 수정하여 정답 처리하였다.)

117. 가설통로의 설치에 관한 기준으로 옳지 않은 것은?

① 경사는 30° 이하로 한다.
② 건설공사에 사용하는 높이 8m 이상인 비계다리에는 7m 이내마다 계단참을 설치한다.
③ 작업상 부득이한 경우에는 필요한 부분에 한하여 안전난간을 임시로 해체할 수 있다.
④ 수직갱에 가설된 통로의 길이가 10m 이상인 경우에는 5m 이내마다 계단참을 설치한다.

해설 ④ 수직갱에 가설된 통로의 길이가 15 m 이상인 경우에는 10 m 이내마다 계단참을 설치할 것

118. 콘크리트 타설 시 거푸집 측압에 관한 설명으로 옳지 않은 것은?

① 기온이 높을수록 측압은 크다.
② 타설속도가 클수록 측압은 크다.

③ 슬럼프가 클수록 측압은 크다.
④ 다짐이 과할수록 측압은 크다.

해설 ① 대기의 온도가 낮고, 습도가 높을수록 측압은 크다.

119. 다음 중 해체공사 시 작업용 기계ㆍ기구의 취급 안전기준에 관한 설명으로 옳지 않은 것은?

① 철제 해머와 와이어로프의 결속은 경험이 많은 사람으로서 선임된 자에 한하여 실시하도록 하여야 한다.
② 팽창제 천공간격은 콘크리트 강도에 의하여 결정되나 70～120 cm 정도를 유지하도록 한다.
③ 쐐기타입으로 해체 시 천공구멍은 타입기 삽입 부분의 직경과 거의 같아야 한다.
④ 화염방사기로 해체작업 시 용기 내 압력은 온도에 의해 상승하기 때문에 항상 40℃ 이하로 보존해야 한다.

해설 ② 팽창제 천공간격은 콘크리트 강도에 의하여 결정되나 30～70 cm 정도를 유지하도록 한다.
Tip) 천공재 직경은 30～50 mm 정도로 한다.

120. 굴착과 싣기를 동시에 할 수 있는 토공기계가 아닌 것은?

① power shovel
② tractor shovel
③ back hoe
④ motor grader

해설 굴착과 싣기를 동시에 하는 토공기계 : 트랙터셔블(tractor shovel), 백호(back hoe), 파워셔블(power shovel)
Tip) 모터그레이더(motor grader) : 끝마무리 작업, 지면의 정지작업을 하며, 전륜을 기울게 할 수 있어 비탈면 고르기 작업도 가능하다.

2020년도(3회차) 출제문제

|건|설|안|전|기|사|

1과목 산업안전관리론

1. 재해손실비의 평가방식 중 시몬즈 방식에서 비보험 코스트에 반영되는 항목에 속하지 않는 것은?

① 휴업상해 건수 ② 통원상해 건수
③ 응급조치 건수 ④ 무손실사고 건수

해설 • 비보험 코스트=(휴업상해 건수×A)
+(통원상해 건수×B)+(응급조치 건수×C)
+(무상해사고 건수×D)

• 상해의 종류

분류	재해사고 내용
휴업상해(A)	영구 부분 노동 불능, 일시 전 노동 불능
통원상해(B)	일시 부분 노동 불능, 의사의 조치를 요하는 통원상해
응급처치(C)	응급조치, 20달러 미만의 손실, 8시간 미만의 의료조치 상해
무상해사고(D)	의료조치를 필요로 하지 않는 정도의 경미한 상해

2. 산업안전보건법령상 중대재해에 속하지 않는 것은?

① 사망자가 2명 발생한 재해
② 부상자가 동시에 7명 발생한 재해
③ 직업성 질병자가 동시에 11명 발생한 재해
④ 3개월 이상의 요양이 필요한 부상자가 동시에 3명 발생한 재해

해설 ② 부상자 또는 직업성 질병자가 동시에 10명 이상 발생한 재해

3. 산업안전보건법령상 공정안전 보고서에 포함되어야 하는 내용 중 공정안전자료의 세부 내용에 해당하는 것은?

① 안전운전지침서
② 공정위험성 평가서
③ 도급업체 안전관리계획
④ 각종 건물·설비의 배치도

해설 공정안전자료의 세부 내용

• 각종 건물·설비의 배치도
• 유해·위험설비의 목록 및 사양
• 유해·위험물질에 대한 물질안전보건자료
• 유해·위험설비의 운전방법을 알 수 있는 공정도면
• 취급·저장하고 있거나 취급·저장하고자 하는 유해·위험물질의 종류 및 수량
• 폭발위험장소 구분도 및 전기단선도
• 위험설비의 안전 설계 제작 및 설치 관련 지침서

4. 산업안전보건법령상 금지표시에 속하는 것은?

①   ②

③   ④

해설 ① 산화성물질 경고 – 경고표지
② 방독마스크 착용 – 지시표지
③ 급성독성물질 경고 – 경고표지
④ 탑승금지 – 금지표지

5. 도수율이 25인 사업장의 연간 재해 발생 건수는 몇 건인가? (단, 이 사업장의 당해 연도 총 근로시간은 80000시간이다.)

① 1건   ② 2건

③ 3건   ④ 4건

해설 ㉠ 도수율

$$= \frac{\text{연간 재해 발생 건수}}{\text{연근로 총 시간 수}} \times 10^6$$

㉡ 연간 재해 발생 건수

$$= \frac{\text{도수율} \times \text{연근로 총 시간 수}}{10^6}$$

$$= \frac{25 \times 80000}{10^6} = 2건$$

6. 산업안전보건법령상 건설공사 도급인은 산업안전보건관리비의 사용명세서를 건설공사 종료 후 몇 년간 보존해야 하는가?

① 1년   ② 2년

③ 3년   ④ 5년

해설 건설공사 도급인은 산업안전보건관리비의 사용명세서를 건설공사 종료 후 1년간 보존해야 한다.

7. 산업안전보건법령에 따른 안전보건 총괄책임자의 직무에 속하지 않는 것은?

① 도급 시 산업재해 예방조치

② 위험성 평가의 실시에 관한 사항

③ 안전인증대상 기계와 자율안전확인대상 기계 구입 시 적격품의 선정에 관한 지도

④ 산업안전보건관리비의 관계수급인 간의 사용에 관한 협의·조정 및 그 집행의 감독

해설 ③은 안전관리자의 직무내용

8. 다음 중 재해 발생 시 긴급조치사항을 올바른 순서로 배열한 것은?

㉠ 현장보존

㉡ 2차 재해방지

㉢ 피재기계의 정지

㉣ 관계자에게 통보

㉤ 피해자의 응급처리

① ㉤ → ㉢ → ㉡ → ㉠ → ㉣

② ㉢ → ㉤ → ㉣ → ㉡ → ㉠

③ ㉢ → ㉤ → ㉣ → ㉠ → ㉡

④ ㉢ → ㉤ → ㉠ → ㉣ → ㉡

해설 긴급처리

1단계	2단계	3단계	4단계	5단계	6단계
피재 기계 정지	피해자 구출	피해자 응급 조치	관계자 에게 통보	2차 재해 방지	현장 보존

9. 직계(line)형 안전조직에 관한 설명으로 옳지 않은 것은?

① 명령과 보고가 간단·명료하다.

② 안전정보의 수집이 빠르고 전문적이다.

③ 안전업무가 생산현장 라인을 통하여 시행된다.

④ 각종 지시 및 조치사항이 신속하게 이루어진다.

해설 ②는 스태프형(staff) 조직 또는 참모형 조직의 특성

10. 보호구 안전인증 고시에 따른 가죽제안전화의 성능시험방법에 해당되지 않는 것은?

① 내답발성시험   ② 박리저항시험

③ 내충격성시험   ④ 내전압성시험

해설 안전화의 성능시험방법

• 가죽제안전화 : 내답발성시험, 박리저항시험, 내충격성시험, 내압박성시험 등

• 고무제안전화 : 내유성시험, 내화학성시험, 내알칼리시험, 누출방지성시험 등

11. 위험예지훈련 4R(라운드) 중 2R(라운드)에 해당하는 것은?

① 목표설정　　　② 현상파악
③ 대책수립　　　④ 본질추구

해설 문제해결의 4라운드

1R	2R	3R	4R
현상파악	본질추구	대책수립	행동 목표 설정

12. 기계·기구 또는 설비를 신설하거나 변경 또는 고장·수리 시 실시하는 안전점검의 종류는?

① 정기점검　　　② 수시점검
③ 특별점검　　　④ 임시점검

해설 특별점검 : 기계·기구, 설비의 신설, 변경 또는 중대재해(태풍, 지진 등) 발생 직후 등 비정기적으로 실시, 책임자가 실시

13. 산업안전보건법령상 안전인증대상 기계 또는 설비에 속하지 않는 것은?

① 리프트　　　② 압력용기
③ 곤돌라　　　④ 파쇄기

해설 ④는 자율안전확인대상 기계

14. 브레인스토밍의 4가지 원칙 내용으로 옳지 않은 것은?

① 비판하지 않는다.
② 자유롭게 발언한다.
③ 가능한 정리된 의견만 발언한다.
④ 타인의 생각에 동참하거나 보충 발언해도 좋다.

해설 브레인스토밍(brain storming)
• 비판금지 : 좋다, 나쁘다 등의 비판은 하지 않는다.
• 자유분방 : 마음대로 자유로이 발언한다.
• 대량발언 : 무엇이든 좋으니 많이 발언한다.
• 수정발언 : 타인의 생각에 동참하거나 보충 발언해도 좋다.

15. 안전관리는 PDCA 사이클의 4단계를 거쳐 지속적인 관리를 수행하여야 한다. 다음 중 PDCA 사이클의 4단계를 잘못 나타낸 것은?

① P : Plan
② D : Do
③ C : Check
④ A : Analysis

해설 PDCA 사이클의 4단계

P단계	D단계	C단계	A단계
Plan (계획)	Do (실시)	Check (검토)	Action (조치)

16. 재해의 발생 형태 중 재해가 일어난 장소나 그 시점에 일시적으로 요인이 집중되어 사고가 발생하는 유형은?

① 연쇄형
② 복합형
③ 결합형
④ 단순자극형

해설 산업재해의 발생 형태
• 단순자극형 :
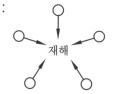
• 단순연쇄형 :

• 복합연쇄형 :

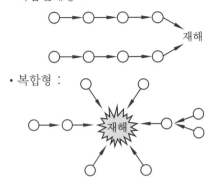

• 복합형 :

17. 안전보건관리계획 수립 시 고려할 사항으로 옳지 않은 것은?

① 타 관리계획과 균형이 맞도록 한다.
② 안전보건을 저해하는 요인을 확실히 파악해야 한다.
③ 수립된 계획은 안전보건관리 활동의 근거로 활용된다.
④ 과거 실적을 중요한 것으로 생각하고, 현재 상태에 만족해야 한다.

해설 안전보건관리계획 수립 시 고려할 사항
• 타 관리계획과 균형이 맞도록 한다.
• 직장 단위로 구체적인 내용으로 작성해야 한다.
• 안전보건을 저해하는 요인을 확실히 파악해야 한다.
• 수립된 계획은 안전보건관리 활동의 근거로 활용된다.
• 사업장의 실태에 맞도록 독자적인 방법으로 수립하되, 실천 가능성이 있도록 해야 한다.
• 계획의 목표는 점진적으로 높은 수준이 되도록 하여야 한다.

18. 다음은 안전보건개선계획의 제출에 관한 기준 내용이다. ( ) 안에 알맞은 것은?

안전보건개선 계획서를 제출해야 하는 사업주는 안전보건개선 계획서 수립·시행 명령을 받은 날부터 ( )일 이내에 관할 지방고용노동관서의 장에게 해당 계획서를 제출(전자문서로 제출하는 것을 포함한다)해야 한다.

① 15
② 30
③ 45
④ 60

해설 안전보건개선계획의 수립·시행 명령을 받은 사업주는 고용노동부장관이 정하는 바에 따라 안전보건개선 계획서를 작성하여 그 명령을 받은 날부터 60일 이내에 관할 지방고용노동관서의 장에게 제출하여야 한다.

19. 재해의 간접적 원인과 관계가 가장 먼 것은?

① 스트레스
② 안전수칙의 오해
③ 작업준비 불충분
④ 안전 방호장치 결함

해설 • 직접원인 : 인적, 물리적 원인
• 간접원인 : 기술적, 교육적, 관리적, 신체적, 정신적 원인 등

20. 다음 중 재해예방의 4원칙에 해당하지 않는 것은?

① 예방가능의 원칙
② 원인계기의 원칙
③ 손실필연의 원칙
④ 대책선정의 원칙

해설 손실우연의 원칙 : 사고의 결과 손실 유무 또는 대소는 사고 당시 조건에 따라 우연적으로 발생한다.

정답 17. ④   18. ④   19. ④   20. ③

2과목 산업심리 및 교육

21. 다음 중 학습전이의 조건으로 가장 거리가 먼 것은?

① 학습 정도
② 시간적 간격
③ 학습 분위기
④ 학습자의 지능

해설 학습전이의 조건 : 학습 정도, 유사성, 시간적 간격, 학습자의 태도, 학습자의 지능

22. 인간의 동기에 대한 이론 중 자극, 반응, 보상의 3가지 핵심변인을 가지고 있으며, 표출된 행동에 따라 보상을 주는 방식에 기초한 동기이론은?

① 강화이론
② 형평이론
③ 기대이론
④ 목표설정이론

해설 강화이론 : 자극, 반응, 보상의 3가지 핵심변인을 가지고 있으며, 종업원들의 수행을 높이기 위해 보상을 주는 방식에 기초한 동기이론

23. 다음 중 산업안전심리의 5대 요소가 아닌 것은?

① 동기
② 감정
③ 기질
④ 지능

해설 안전심리의 5대 요소 : 동기, 기질, 감정, 습성, 습관
Tip) 작업자 적성요인 : 성격(인간성), 지능, 흥미

24. 사고에 관한 표현으로 틀린 것은?

① 사고는 비변형된 사상(unstrained event)이다.
② 사고는 비계획적인 사상(unplaned event)이다.
③ 사고는 원하지 않는 사상(undesired event)이다.

④ 사고는 비효율적인 사상(inefficient event)이다.

해설 불안전한 행동이나 불안전한 상태에 의해 사고는 계획되지 않고, 원하지 않는 비효율적인 사상이다.

25. 집단이 가지는 효과로 두 개 이상의 서로 다른 개체가 힘을 합쳐 둘이 지닌 힘 이상의 효과를 내는 현상은?

① 시너지 효과
② 동조 효과
③ 응집성 효과
④ 자생적 효과

해설 시너지 효과는 두 힘이 합쳐져 힘의 상승 효과를 발휘하는 것이다.

26. 교육방법 중 하나인 사례연구법의 장점으로 볼 수 없는 것은?

① 의사소통 기술이 향상된다.
② 무의식적인 내용의 표현 기회를 준다.
③ 문제를 다양한 관점에서 바라보게 된다.
④ 강의법에 비해 현실적인 문제에 대한 학습이 가능하다.

해설 사례연구법의 장점
• 흥미가 있고, 학습동기를 유발할 수 있다.
• 강의법에 비해 현실적인 문제에 대한 학습이 가능하다.
• 관찰력과 분석력을 높일 수 있다.
• 문제를 다양한 관점에서 바라보게 된다.
• 커뮤니케이션 기술이 향상된다.

27. 직무와 관련한 정보를 직무명세서(job specification)와 직무기술서(job description)로 구분할 경우 직무기술서에 포함되어야 하는 내용과 가장 거리가 먼 것은?

① 직무의 직종
② 수행되는 과업

③ 직무수행 방법

④ 작업자의 요구되는 능력

해설 직무명세서는 작업자의 요구되는 능력, 기술수준, 교육수준, 작업경험 등을 포함한다.

28. 판단과정에서의 착오 원인이 아닌 것은?

① 능력 부족　　　② 정보 부족

③ 감각차단　　　④ 자기합리화

해설 판단과정 착오 : 합리화, 능력 부족, 정보 부족, 자신 과잉(과신), 작업 조건 불량

Tip) 감각차단 현상 – 인지과정 착오

29. 다음 중 ATT(American Telephone & Telegram) 교육훈련기법의 내용이 아닌 것은?

① 인사관계　　　② 고객관계

③ 회의의 주관　　④ 종업원의 향상

해설 ATT는 작업의 감독, 인간관계, 고객관계, 안전작업계획 및 인원배치 등을 교육하며, 직급 상하를 떠나 부하직원이 상사를 교육하는 강사가 될 수 있다.

30. 미국 국립산업안전보건연구원(NIOSH)이 제시한 직무 스트레스 모형에서 직무 스트레스 요인을 작업요인, 조직요인, 환경요인으로 구분할 때 조직요인에 해당하는 것은?

① 관리유형　　　② 작업속도

③ 교대근무　　　④ 조명 및 소음

해설 미국 국립산업안전보건연구원의 직무 스트레스 모형

• 작업요인 : 작업부하, 작업속도, 교대근무

• 조직요인 : 역할갈등, 과중한 역할 요구, 관리유형, 고용 불확실성

• 환경요인 : 소음·진동, 열·냉방 등 환기 불량, 조명

31. 다음 중 안전교육의 목적과 가장 거리가 먼 것은?

① 생산성이나 품질의 향상에 기여한다.

② 작업자를 산업재해로부터 미연에 방지한다.

③ 재해의 발생으로 인한 직접적 및 간접적 경제적 손실을 방지한다.

④ 작업자에게 작업의 안전에 대한 자신감을 부여하고 기업에 대한 충성도를 증가시킨다.

해설 ④ 작업자에게 안정감을 부여하고 기업에 대한 신뢰를 높인다.

32. 안전교육에서 안전기술과 방호장치 관리를 몸으로 습득시키는 교육방법으로 가장 적절한 것은?

① 지식교육　　　② 기능교육

③ 해결교육　　　④ 태도교육

해설 제2단계(기능교육) : 현장실습교육을 통해 경험을 체득하는 단계

33. 안전교육의 형태와 방법 중 OFF.J.T(Off the Job Training)의 특징이 아닌 것은?

① 공통된 대상자를 대상으로 일괄적으로 교육할 수 있다.

② 업무 및 사내의 특성에 맞춘 구체적이고 실제적인 지도교육이 가능하다.

③ 외부의 전문가를 강사로 초청할 수 있다.

④ 다수의 근로자에게 조직적 훈련이 가능하다.

해설 ②는 O.J.T 교육의 특징

34. 레윈(Lewin)이 제시한 인간의 행동 특성에 관한 법칙에서 인간의 행동(B)은 개체(P)와 환경(E)의 함수관계를 가진다고 하였다. 다음 중 개체(P)에 해당하는 요소가 아닌 것은?

① 연령　　　② 지능

③ 경험　　　④ 인간관계

해설 P : 개체(person) — 연령, 경험, 심신상태, 성격, 지능, 소질 등

35. 다음 중 피들러(Fiedler)의 상황 연계성 리더십 이론에서 중요시하는 상황적 요인에 해당하지 않는 것은?

① 과제의 구조화
② 부하의 성숙도
③ 리더의 직위상 권한
④ 리더와 부하 간의 관계

해설 • 피들러의 상황 연계성 리더십 이론의 상황적 요인에 의해 리더의 영향력이 결정된다.
• 상황적 요인에는 리더 — 부하와의 관계, 리더의 직위 권한, 과제의 구조화 등이 있다.

36. 조직에 있어 구성원들의 역할에 대한 기대와 행동은 항상 일치하지는 않는다. 역할기대와 실제 역할행동 간에 차이가 생기면 역할갈등이 발생하는데, 역할갈등의 원인으로 가장 거리가 먼 것은?

① 역할마찰
② 역할 민첩성
③ 역할 부적합
④ 역할 모호성

해설 역할갈등의 원인은 역할마찰, 역할 부적합, 역할 모호성 등이 있다.
Tip) 역할이론에는 역할갈등, 역할기대, 역할연기, 역할조성이 있다.

37. 다음 중 안전교육방법에 있어 도입 단계에서 가장 적합한 방법은?

① 강의법 ② 실연법
③ 반복법 ④ 자율학습법

해설 강의법은 수업의 도입이나 초기 단계에 적용하며, 단시간에 많은 내용을 교육하는 경우에 가장 적절한 방법이다.

38. 부주의의 발생 방지방법은 발생 원인별로 대책을 강구해야 하는데 다음 중 발생 원인의 외적요인에 속하는 것은?

① 의식의 우회
② 소질적 문제
③ 경험 · 미경험
④ 작업 순서의 부자연성

해설 작업 순서의 부자연성 : 인간공학적 접근으로 해결이 가능하며, 부주의 발생의 외적요인이다.
Tip) ①, ②, ③은 내적요인이다.

39. 역할연기(role playing)에 의한 교육의 장점으로 틀린 것은?

① 관찰능력을 높이고 감수성이 향상된다.
② 자기의 태도에 반성과 창조성이 생긴다.
③ 정도가 높은 의사결정의 훈련으로서 적합하다.
④ 의견 발표에 자신이 생기고 고착력이 풍부해진다.

해설 롤 플레잉(역할연기) : 참가자에게 역할을 주어 실제 연기를 시킴으로써 본인의 역할을 인식하게 하는 방법으로 높은 수준의 의사결정에 대한 훈련에는 효과를 기대할 수 없다.

40. 상황성 누발자의 재해유발 원인으로 가장 적절한 것은?

① 소심한 성격
② 주의력의 산만
③ 기계설비의 결함
④ 침착성 및 도덕성의 결여

정답 35. ② 36. ② 37. ① 38. ④ 39. ③ 40. ③

해설 ①, ②, ④는 소질성 누발자의 재해유발 원인

3과목 인간공학 및 시스템 안전공학

41. 후각적 표시장치(olfactory display)와 관련된 내용으로 옳지 않은 것은?

① 냄새의 확산을 제어할 수 없다.

② 시각적 표시장치에 비해 널리 사용되지 않는다.

③ 냄새에 대한 민감도의 개별적 차이가 존재한다.

④ 경보장치로서 실용성이 없기 때문에 사용되지 않는다.

해설 후각적 표시장치

• 냄새를 이용하는 표시장치로서의 활용이 저조하며, 다른 표준장치에 보조 수단으로 활용된다.

• 경보장치로서의 활용은 gas 회사의 gas 누출 탐지, 광산의 탈출 신호용 등이다.

42. HAZOP 기법에서 사용하는 가이드워드와 그 의미가 잘못 연결된 것은?

① No/Not – 설계의도의 완전한 부정

② More/Less – 정량적인 증가 또는 감소

③ Part of – 성질상의 감소

④ Other Than – 기타 환경적인 요인

해설 ④ Other Than : 완전한 대체

43. 그림과 같은 FT도에서 $F_1 = 0.015$, $F_2 = 0.02$, $F_3 = 0.05$이면, 정상사상 T가 발생 확률은 약 얼마인가?

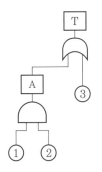

① 0.0002   ② 0.0283

③ 0.0503   ④ 0.9500

해설 $T = 1 - (1-A) \times (1-③)$
$= 1 - \{1 - (① \times ②)\} \times (1-③)$
$= 1 - \{1 - (0.015 \times 0.02)\} \times (1-0.05)$
$= 0.0503$

44. 다음은 유해 · 위험방지 계획서의 제출에 관한 설명이다. ( ) 안에 들어갈 내용으로 옳은 것은?

> 산업안전보건법령상 "대통령령으로 정하는 사업의 종류 및 규모에 해당하는 사업으로서 해당 제품의 생산공정과 직접적으로 관련된 건설물 · 기계 · 기구 및 설비 등 일체를 설치 · 이전하거나 그 주요 구조 부분을 변경하려는 경우"에 해당하는 사업주는 유해 · 위험방지 계획서에 관련 서류를 첨부하여 해당 작업시작 (㉠)까지 공단에 (㉡)부를 제출하여야 한다.

① ㉠ : 7일 전, ㉡ : 2

② ㉠ : 7일 전, ㉡ : 4

③ ㉠ : 15일 전, ㉡ : 2

④ ㉠ : 15일 전, ㉡ : 4

해설 유해 · 위험방지 계획서 제출

• 제조업의 경우 해당 작업시작 15일 전까지, 건설업은 착공 전날까지 제출한다.

• 한국산업안전보건공단에 2부를 제출한다.

정답 41. ④   42. ④   43. ③   44. ③

45. 차폐 효과에 대한 설명으로 옳지 않은 것은?

① 차폐음과 배음의 주파수가 가까울 때 차폐 효과가 크다.

② 헤어드라이어 소음 때문에 전화음을 듣지 못한 것과 관련이 있다.

③ 유의적 신호와 배경소음의 차이를 신호/소음(S/N) 비로 나타낸다.

④ 차폐 효과는 어느 한 음 때문에 다른 음에 대한 감도가 증가되는 현상이다.

해설 차폐(은폐) 현상 : 높은 음과 낮은 음이 공존할 때 낮은 음이 강한 음에 가로막혀 감도가 감소되는 현상

46. 그림과 같이 FTA로 분석된 시스템에서 현재 모든 기본사상에 대한 부품이 고장 난 상태이다. 부품 X_1부터 부품 X_5까지 순서대로 복구한다면 어느 부품을 수리 완료하는 시점에서 시스템이 정상 가동되는가?

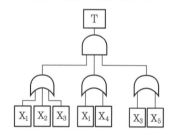

① 부품 X_2 ② 부품 X_3

③ 부품 X_4 ④ 부품 X_5

해설 시스템 복구

㉠ 3개의 OR 게이트가 AND 게이트로 연결되어 있으므로 OR 게이트 3개가 모두 정상이 되면 전체 시스템은 정상 가동된다.

㉡ 부품 X_3를 수리하면 3개의 OR 게이트가 모두 정상으로 바뀐다.

∴ 부품 X_3를 수리 완료하면 전체 시스템이 정상 가동된다.

47. 다음 중 인간이 기계보다 우수한 기능으로 옳지 않은 것은? (단, 인공지능은 제외한다.)

① 암호화된 정보를 신속하게 대량으로 보관할 수 있다.

② 관찰을 통해서 일반화하여 귀납적으로 추리한다.

③ 항공사진의 피사체나 말소리처럼 상황에 따라 변화하는 복잡한 자극의 형태를 식별할 수 있다.

④ 수신상태가 나쁜 음극선관에 나타나는 영상과 같이 배경잡음이 심한 경우에도 신호를 인지할 수 있다.

해설 ①은 기계의 장점

48. THERP(Technique for Human Error Rate Prediction)의 특징에 대한 설명으로 옳은 것을 모두 고른 것은?

㉠ 인간-기계 계(system)에서 여러 가지의 인간의 에러와 이에 의해 발생할 수 있는 위험성의 예측과 개선을 위한 기법

㉡ 인간의 과오를 정성적으로 평가하기 위하여 개발된 기법

㉢ 가지처럼 갈라지는 형태의 논리구조와 나무형태의 그래프를 이용

① ㉠, ㉡   ② ㉠, ㉢

③ ㉡, ㉢   ④ ㉠, ㉡, ㉢

해설 THERP는 정량적 평가이다.

49. 설비의 고장과 같이 발생확률이 낮은 사건의 특정시간 또는 구간에서의 발생횟수를 측정하는데 가장 적합한 확률분포는?

① 이항분포(binomial distribution)

② 푸아송분포(Poisson distribution)

③ 와이블분포(Welbull distribution)

④ 지수분포(exponential distribution)

해설 푸아송분포 : 어떤 사건이 단위 시간당 몇 번 발생할 것인지를 표현하는 이산확률분포

50. 인간공학을 기업에 적용할 때의 기대 효과로 볼 수 없는 것은?

① 노사 간의 신뢰 저하
② 작업 손실시간의 감소
③ 제품과 작업의 질 향상
④ 작업자의 건강 및 안전 향상

해설 인간공학을 기업에 적용하면 노사 간의 신뢰가 향상된다.

51. 인간 에러(human error)에 관한 설명으로 틀린 것은?

① omission error : 필요한 작업 또는 절차를 수행하지 않는데 기인한 에러
② commission error : 필요한 작업 또는 절차의 수행지연으로 인한 에러
③ extraneous error : 불필요한 작업 또는 절차를 수행함으로써 기인한 에러
④ sequential error : 필요한 작업 또는 절차의 순서착오로 인한 에러

해설 작위적오류(commission error) : 필요한 작업 또는 절차의 불확실한 수행으로 발생한 에러(선택, 순서, 시간, 정성적 착오)

52. 눈과 물체의 거리가 23cm, 시선과 직각으로 측정한 물체의 크기가 0.03cm일 때 시각(분)은 얼마인가? (단, 시각은 600 이하이며, radian 단위를 분으로 환산하기 위한 상수값은 57.3과 60을 모두 적용하여 계산하도록 한다.)

① 0.001　② 0.007　③ 4.48　④ 24.55

해설 시각(분)$=\dfrac{57.3\times60\times L}{D}$

$=\dfrac{57.3\times60\times0.03}{23}=4.48$

여기서, D : 눈과 물체 사이의 거리
　　　　L : 시선과 직각으로 측정한 물체의 크기

53. 산업안전보건기준에 관한 규칙상 "강렬한 소음작업"에 해당하는 기준은?

① 85데시벨 이상의 소음이 1일 4시간 이상 발생하는 작업
② 85데시벨 이상의 소음이 1일 8시간 이상 발생하는 작업
③ 90데시벨 이상의 소음이 1일 4시간 이상 발생하는 작업
④ 90데시벨 이상의 소음이 1일 8시간 이상 발생하는 작업

해설 하루 강렬한 소음작업 허용노출시간

dB 기준	90	95	100	105	110	115
노출시간	8시간	4시간	2시간	1시간	30분	15분

54. 컴퓨터 스크린상에 있는 버튼을 선택하기 위해 커서를 이동시키는데 걸리는 시간을 예측하는데 가장 적합한 법칙은?

① Fitts의 법칙　② Lewin의 법칙
③ Hick의 법칙　④ Weber의 법칙

해설 Fitts의 법칙
• 목표까지 움직이는 거리와 목표의 크기에 요구되는 정밀도가 동작시간에 걸리는 영향을 예측한다.
• 목표물과의 거리가 멀고, 목표물의 크기가 작을수록 동작에 걸리는 시간은 길어진다.

55. 직무에 대하여 청각적 자극 제시에 대한 음성응답을 하도록 할 때 가장 관련 있는 양립성은?

① 공간적 양립성   ② 양식 양립성
③ 운동 양립성   ④ 개념적 양립성

해설 양식 양립성(modality) : 소리로 제시된 정보는 소리로 반응하게 하는 것, 시각적으로 제시된 정보는 손으로 반응하게 하는 것

56. NIOSH lifting guideline에서 권장무게한계(RWL) 산출에 사용되는 계수가 아닌 것은?

① 휴식 계수   ② 수평 계수
③ 수직 계수   ④ 비대칭 계수

해설 권장무게한계(RWL)

$$RWL(Kd) = LC \times HM \times VM \times DM \times AM \times FM \times CM$$

LC	부하상수	23kg 작업물의 무게
HM	수평계수	25/H
VM	수직계수	$1-(0.003 \times |V-75|)$
DM	거리계수	$0.82+(4.5/D)$
AM	비대칭계수	$1-(0.0032 \times A)$
FM	빈도계수	분당 들어 올리는 횟수
CM	결합계수	커플링 계수

57. Sanders와 McCormick의 의자설계의 일반적인 원칙으로 옳지 않은 것은?

① 요부 후만을 유지한다.
② 조정이 용이해야 한다.
③ 등근육의 정적부하를 줄인다.
④ 디스크가 받는 압력을 줄인다.

해설 ① 등받이는 요추의 전만 곡선을 유지한다.

58. 화학설비의 안전성 평가에서 정량적 평가의 항목에 해당되지 않는 것은?

① 훈련   ② 조작
③ 취급 물질   ④ 화학설비 용량

해설 화학설비에 대한 안전성 평가 항목
• 정량적 평가 항목 : 화학설비의 취급 물질, 용량, 온도, 압력, 조작 등
• 정성적 평가 항목 : 입지 조건, 공장 내의 배치, 소방설비, 공정기기, 수송, 저장, 원재료, 중간재, 제품, 공정, 건물 등

59. 그림과 같이 신뢰도 95%인 펌프 A가 각각 신뢰도 90%인 밸브 B와 밸브 C의 병렬 밸브계와 직렬계를 이룬 시스템의 실패확률은 약 얼마인가?

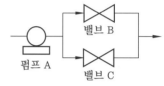

① 0.0091   ② 0.0595
③ 0.9405   ④ 0.9811

해설 ㉠ 성공확률 R_s
$$= A \times \{1-(1-B) \times (1-C)\}$$
$$= 0.95 \times \{1-(1-0.9) \times (1-0.9)\}$$
$$= 0.9405$$
㉡ 실패확률 = 1 - 성공확률
$$= 1 - 0.9405 = 0.0595$$

60. FTA에서 사용되는 최소 컷셋에 관한 설명으로 옳지 않은 것은?

① 일반적으로 fussell algorithm을 이용한다.
② 정상사상(top event)을 일으키는 최소한의 집합이다.
③ 반복되는 사건이 많은 경우 limnios 와 ziani algorithm을 이용하는 것이 유리하다.
④ 시스템에 고장이 발생하지 않도록 하는 모든 사상의 집합이다.

해설 최소 컷셋(minimal cut set) : 정상사상을 일으키기 위한 최소한의 컷으로 컷셋 중에 타 컷셋을 포함하고 있는 것을 배제하고 남은 컷

셋들을 의미한다. 즉, 모든 기본사상 발생 시 정상사상을 발생시키는 기본사상의 최소 집합으로 시스템의 위험성을 말한다.

4과목 　건설시공학

61. 지하연속벽 공법에 관한 설명으로 옳지 않은 것은?

① 흙막이 벽의 강성이 적어 보강재를 필요로 한다.
② 지수벽의 기능도 갖고 있다.
③ 인접건물의 경계선까지 시공이 가능하다.
④ 암반을 포함한 대부분의 지반에 시공이 가능하다.

해설 ① 지하연속벽 공법의 흙막이 벽은 강성이 우수하기 때문에 보강재는 불필요하다.

62. 벽돌공사 중 벽돌쌓기에 관한 설명으로 옳지 않은 것은?

① 가로 및 세로줄눈의 너비는 도면 또는 공사시방서에 정한 바가 없을 때에는 10 mm를 표준으로 한다.
② 벽돌쌓기는 도면 또는 공사시방서에서 정한 바가 없을 때에는 불식쌓기 또는 미식쌓기로 한다.
③ 연속되는 벽면의 일부를 트이게 하여 나중쌓기로 할 때에는 그 부분을 층단 들여쌓기로 한다.
④ 벽돌은 각부를 가급적 동일한 높이로 쌓아 올라가고, 벽면의 일부 또는 국부적으로 높게 쌓지 않는다.

해설 ② 벽돌쌓기는 도면 또는 공사시방서에서 정한 바가 없을 때에는 영식쌓기 또는 화란식쌓기로 한다.

63. 프리플레이스트 콘크리트 말뚝으로 구멍을 뚫어 주입관과 굵은 골재를 채워 넣고 관을 통하여 모르타르를 주입하는 공법은?

① MIP 파일(Mixed In Place pile)
② CIP 파일(Cast In Place pile)
③ PIP 파일(Packed In Place pile)
④ NIP 파일(Nail In Place pile)

해설 CIP 파일(Cast In Place pile) : 어스오거로 구멍을 뚫고 그 내부에 철근과 자갈을 채운 후, 미리 삽입해 둔 파이프를 통해 저면에서부터 모르타르를 채워 올라오게 한 방법

64. 철근이음의 종류 중 기계적 이음의 검사 항목에 해당되지 않는 것은?

① 위치
② 초음파 탐상검사
③ 인장시험
④ 외관검사

해설 초음파 탐상검사 : 짧은 파장의 음파를 검사물의 내부에 입사시켜 내부의 결함을 검출하는 방법으로 용접의 비파괴검사이다.

65. 강 구조 건축물의 현장조립 시 볼트시공에 관한 설명으로 옳지 않은 것은?

① 마찰내력을 저감시킬 수 있는 틈이 있는 경우에는 끼움판을 삽입해야 한다.
② 볼트조임 작업 전에 마찰접합면의 흙, 먼지 또는 유해한 도료, 유류, 녹, 밀 스케일 등 마찰력을 저감시키는 불순물을 제거하여야 한다.
③ 1군의 볼트조임은 가장자리에서 중앙부의 순으로 한다.
④ 현장조임은 1차 조임, 마킹, 2차 조임(본조임), 육안검사의 순으로 한다.

해설 ③ 현장조립 시 볼트시공은 중앙부에서 가장자리의 순으로 한다.

66. 거푸집 설치와 관련하여 다음 설명에 해당하는 것으로 옳은 것은?

> 보, 슬래브 및 트러스 등에서 그의 정상적 위치 또는 형상으로부터 처짐을 고려하여 상향으로 들어 올리는 것 또는 들어 올린 크기

① 폼타이   ② 캠버
③ 동바리   ④ 턴버클

해설 지문은 캠버에 관한 내용이다.

67. 품질관리를 위한 통계수법으로 이용되는 7가지 도구(tools)를 특징별로 조합한 것 중 잘못 연결된 것은?

① 히스토그램-분포도
② 파레토그램-영향도
③ 특성요인도-원인결과도
④ 체크시트-상관도

해설 체크시트 : 계수치의 데이터가 분류 항목별로 어디에 집중되어 있는가를 표로 나타낸 것이다(집중도).

68. 말뚝지정 중 강재말뚝에 관한 설명으로 옳지 않은 것은?

① 기성콘크리트 말뚝에 비해 중량으로 운반이 쉽지 않다.
② 자재의 이음 부위가 안전하여 소요길이의 조정이 자유롭다.
③ 지중에서의 부식 우려가 높다.
④ 상부 구조물과의 결합이 용이하다.

해설 ① 강재말뚝은 기성콘크리트 말뚝에 비해 경량으로 운반 및 취급이 쉽다.

69. 지반 조사 시 시추주상도 보고서에서 확인 사항과 거리가 먼 것은?

① 지층의 확인   ② slime의 두께 확인
③ 지하수위 확인   ④ N값의 확인

해설 시추주상도 보고사항
• 지하수위 확인
• 지층의 확인 : 지층 두께 및 구성, 심도에 따른 토질 상태
• N값의 확인 : 사질토의 상대밀도, 점성토의 전단강도 확인
• 시료채취 : 흙의 물리적, 역학적 성질 확인
• 발주기관 및 시공기관
• 보링방법 및 샘플링 방법

70. 철골부재 절단방법 중 가장 정밀한 절단방법으로 앵글커터(angle cutter) 등으로 작업하는 것은?

① 가스절단   ② 전단절단
③ 톱절단   ④ 전기절단

해설 톱절단은 절단선을 따라 절단하므로 가장 정밀하게 절단할 수 있다.

71. CM 제도에 관한 설명으로 옳지 않은 것은?

① 대리인형 CM(CM for fee) 방식은 프로젝트 전반에 걸쳐 발주자의 컨설턴트 역할을 수행한다.
② 시공자형 CM(CM at risk) 방식은 공사관리자의 능력에 의해 사업의 성패가 좌우된다.
③ 대리인형 CM(CM for fee) 방식에 있어서 독립된 공종별 수급자는 공사관리자와 공사계약을 한다.
④ 시공자형 CM(CM at risk) 방식에 있어서 CM 조직이 직접 공사를 수행하기도 한다.

해설 ③ 대리인형 CM(CM for fee) 방식에 있어서 독립된 공종별 수급자는 공사관리자와 공사계약을 하지 않는다.

72. 다음 [보기]의 블록쌓기 시공 순서로 옳은 것은?

┌─ 보기 ─┐
㉠ 접착면 청소
㉡ 세로규준틀 설치
㉢ 규준 쌓기
㉣ 중간부 쌓기
㉤ 줄눈누르기 및 파기
㉥ 치장줄눈
└────────┘

① ㉠ → ㉣ → ㉡ → ㉢ → ㉥ → ㉤
② ㉠ → ㉡ → ㉣ → ㉢ → ㉥ → ㉤
③ ㉠ → ㉢ → ㉡ → ㉣ → ㉤ → ㉥
④ ㉠ → ㉡ → ㉢ → ㉣ → ㉤ → ㉥

해설 접착면 청소 → 세로규준틀 설치 → 규준 쌓기 → 중간부 쌓기 → 줄눈누르기 및 파기 → 치장줄눈

73. 강 구조 부재의 내화피복 공법이 아닌 것은?

① 조적공법 ② 세라믹울 피복공법
③ 타설공법 ④ 메탈라스 공법

해설 철골공사의 내화피복 공법
• 습식공법 : 타설공법, 조적공법, 미장공법, 뿜칠공법
• 건식공법 : 성형판 붙임, 세라믹 피복
• 합성공법
Tip) 메탈라스 – 매립형 일체식 거푸집

74. 콘크리트 공사 시 콘크리트를 2층 이상으로 나누어 타설할 경우 허용 이어치기 시간간격의 표준으로 옳은 것은? (단, 외기온도가 25℃ 이하일 경우이며, 허용 이어치기 시간간격은 하층 콘크리트 비비기 시작에서부터 콘크리트 타설 완료한 후, 상층 콘크리트가 타설되기까지의 시간을 의미한다.)

① 2.0시간 ② 2.5시간
③ 3.0시간 ④ 3.5시간

해설 이어치기 시간간격
• 외기온도가 25℃ 초과일 때 : 2시간
• 외기온도가 25℃ 이하일 때 : 2.5시간

75. 대규모 공사에서 지역별로 공사를 분리하여 발주하는 방식이며 공사기일 단축, 시공기술 향상 및 공사의 높은 성과를 기대할 수 있어 유리한 도급방법은?

① 전문공종별 분할도급
② 공정별 분할도급
③ 공구별 분할도급
④ 직종별, 공종별 분할도급

해설 공구별 분할도급 : 대규모 공사에서 지역별로 분리 발주하는 방식으로 일식도급체제로 운영된다.

76. 단순조적 블록공사 시 방수 및 방습처리에 관한 설명으로 옳지 않은 것은?

① 방습층은 도면 또는 공사시방서에서 정한 바가 없을 때에는 마루밑이나 콘크리트 바닥판 밑에 접근되는 세로줄눈의 위치에 둔다.
② 물빼기 구멍은 콘크리트의 윗면에 두거나 물끊기 및 방습층 등의 바로 위에 둔다.
③ 도면 또는 공사시방서에서 정한 바가 없을 때 물빼기 구멍의 직경은 10mm 이내, 간격 1.2m 마다 1개소로 한다.
④ 물빼기 구멍에는 다른 지시가 없는 한 직경 6mm, 길이 100mm가 되는 폴리에틸렌 플라스틱 튜브를 만들어 집어넣는다.

해설 ① 방습층은 도면 또는 공사시방서에서 정한 바가 없을 때에는 마루밑이나 콘크리트 바닥판 밑에 접근되는 가로줄눈의 위치에 둔다.
Tip) 액체 방수 모르타르를 10mm 두께로 블록 윗면 전체에 바른다.

77. 기초 굴착방법 중 굴착공에 철근망을 삽입하고 콘크리트를 타설하여 말뚝을 형성하는 공법이며, 안정액으로 벤토나이트 용액을 사용하고 표층부에서만 케이싱을 사용하는 것은?

① 리버스 서큘레이션 공법
② 베노토 공법
③ 심초공법
④ 어스드릴 공법

해설 어스드릴 공법 : 콘크리트 말뚝 타설을 위한 굴착방법의 일종으로 안정액으로 벤토나이트 용액을 사용하고 표층부에서만 케이싱을 사용하는 공법

78. 철근콘크리트의 부재별 철근의 정착위치로 옳지 않은 것은?

① 작은 보의 주근은 기둥에 정착한다.
② 기둥의 주근은 기초에 정착한다.
③ 바닥 철근은 보 또는 벽체에 정착한다.
④ 지중보의 주근은 기초 또는 기둥에 정착한다.

해설 ① 작은 보의 주근은 큰 보에 정착한다.

79. 콘크리트를 타설 시 주의사항으로 옳지 않은 것은?

① 콘크리트는 그 표면이 한 구획 내에서는 거의 수평이 되도록 타설하는 것을 원칙으로 한다.
② 한 구획 내의 콘크리트는 타설이 완료될 때까지 연속해서 타설하여야 한다.
③ 타설한 콘크리트를 거푸집 안에서 횡 방향으로 이동시켜 밀실하게 채워질 수 있도록 한다.
④ 콘크리트 타설의 1층 높이는 다짐능력을 고려하여 결정하여야 한다.

해설 ③ 타설한 콘크리트를 거푸집 안에서 횡 방향으로 이동시켜서는 안 된다.

80. 다음 각 거푸집 공법에 관한 설명으로 옳지 않은 것은?

① 플라잉 폼 : 벽체 전용 거푸집으로 거푸집과 벽체 마감공사를 위한 비계틀을 일체로 조립한 거푸집을 말한다.
② 갱 폼 : 대형벽체 거푸집으로서 인력절감 및 재사용이 가능한 장점이 있다.
③ 터널 폼 : 벽체용, 바닥용 거푸집을 일체로 제작하여 벽과 바닥 콘크리트를 일체로 하는 거푸집 공법이다.
④ 트래블링 폼 : 수평으로 연속된 구조물에 적용되며 해체 및 이동에 편리하도록 제작된 이동식 거푸집 공법이다.

해설 ① 플라잉 폼 : 바닥에 콘크리트를 타설하기 위한 거푸집으로 멍에, 장선 등을 일체로 제작하여 수평, 수직 이동이 가능한 전용성 및 시공정밀도가 우수하고, 외력에 대한 안전성이 크다.

5과목 **건설재료학**

81. 통풍이 좋지 않은 지하실에 사용하는데 가장 적합한 미장재료는?

① 시멘트 모르타르
② 회사벽
③ 회반죽
④ 돌로마이트 플라스터

해설 통풍이 좋지 않은 지하실의 미장재료로는 수경성 재료인 시멘트 모르타르가 적합하다.

82. 점토의 성분 및 성질에 관한 설명으로 옳지 않은 것은?

① Fe_2O_3 등의 부성분이 많으면 제품의 건조수축이 크다.

② 점토의 주성분은 실리카, 알루미나이다.

③ 소성 색상은 석회물질이 많을수록 짙은 적색이 된다.

④ 가소성은 점토입자가 미세할수록 좋다.

해설 ③ 색상은 철 산화물 또는 석회물질에 의해 나타나며, 철 산화물이 많으면 적색이 되고, 석회물질이 많으면 황색을 띠게 된다.

83. 석재를 성인에 의해 분류하면 크게 화성암, 수성암, 변성암으로 대별하는데 다음 중 수성암에 속하는 것은?

① 사문암   ② 대리암

③ 현무암   ④ 응회암

해설 석재의 성인에 의한 분류

• 수성암 : 응회암, 석회암, 사암

• 화성암 : 현무암, 화강암, 안산암, 부석 등

• 변성암 : 사문암, 대리암, 석면, 트래버틴 등

84. 블리딩 현상이 콘크리트에 미치는 가장 큰 영향은?

① 공기량이 증가하여 결과적으로 강도를 저하시킨다.

② 수화열을 발생시켜 콘크리트에 균열을 발생시킨다.

③ 콜드 조인트의 발생을 방지한다.

④ 철근과 콘크리트의 부착력 저하, 수밀성 저하의 원인이 된다.

해설 블리딩 현상이 콘크리트에 미치는 영향은 철근과 콘크리트의 부착력 저하, 수밀성 저하이다.

85. 미장공사에서 사용되는 바름재료 중 여물에 관한 설명으로 옳지 않은 것은?

① 바름에 있어서 재료에 끈기를 주어 흘러내림을 방지한다.

② 흙 손질을 용이하게 하는 효과가 있다.

③ 바름 중에는 보수성을 향상시키고, 바름 후에는 건조에 따라 생기는 균열을 방지한다.

④ 여물의 섬유는 질기고 굵으며, 색이 짙고 빳빳한 것일수록 양질의 제품이다.

해설 ④ 여물의 섬유는 질기고 가늘며, 백색으로 부드러운 것일수록 양질이 제품이다.

Tip) 여물의 섬유는 굵으며, 색이 짙고 빳빳한 것일수록 하급제품이다.

86. 플로트 판유리를 연화점 부근까지 가열 후 양 표면에 냉각공기를 흡착시켜 유리의 표면에 20 이상 60 이하(N/mm^2)의 압축응력층을 갖도록 한 가공유리는?

① 강화유리

② 열선반사유리

③ 로이유리

④ 배강도유리

해설 배강도유리

• 압축응력이 일반 판유리보다는 강하나 강화유리보다는 약하다.

• 유리 코킹에 물려 있거나 일반 유리처럼 깨진다.

Tip) 강화유리는 깨지면 잘게 깨지면서 비산한다.

87. 고로슬래그 쇄석에 관한 설명으로 옳지 않은 것은?

① 철을 생산하는 과정에서 용광로에서 생기는 광재를 공기 중에서 서서히 냉각시켜 경화된 것을 파쇄하여 입도를 고른 것이다.

② 다른 암석을 사용한 콘크리트보다 고로슬래
그 쇄석을 사용한 콘크리트가 건조수축이 매
우 큰 편이다.
③ 투수성은 보통골재를 사용한 콘크리트보다
크다.
④ 다공질이기 때문에 흡수율이 높다.

해설 ② 다른 암석을 사용한 쇄석보다 다공질
이어서 투수성이 크며, 수화열과 수축균열이
적고 초기강도가 낮다.

88. 유리공사에 사용되는 자재에 관한 설명으로 옳지 않은 것은?

① 흡습제는 작은 기공을 수억 개 갖고 있는
입자로 기체분자를 흡착하는 성질에 의해 밀
폐공간에 건조상태를 유지하는 재료이다.
② 세팅블록은 새시 하단부의 유리끼움용 부재
료로서 유리의 자중을 지지하는 고임재이다.
③ 단열간봉은 복층유리의 간격을 유지하는 재
료로 알루미늄 간봉을 말한다.
④ 백업재는 실링시공인 경우에 부재의 측면과
유리면 사이에 연속적으로 충전하여 유리를
고정하는 재료이다.

해설 ③ 알루미늄은 열전도율이 높아 복층유
리의 간격을 유지하는 재료인 단열간봉 재료
로 적합하지 않다.

89. 목재 또는 기타 식물질을 절삭 또는 파쇄하고 소편으로 하여 충분히 건조시킨 후 합성수지 접착제와 같은 유기질의 접착제를 첨가하여 열압제판한 보드로서 상판, 칸막이벽, 가구 등에 사용되는 것은?

① 파키트리 보드   ② 파티클 보드
③ 플로링 보드   ④ 파키트리 블록

해설 파티클 보드 : 목재를 작은 조각으로 하
여 충분히 건조시킨 후 합성수지와 같은 유기
질의 접착제로 열압제판한 목재가공품

90. 금속재료의 일반적인 부식방지를 위한 대책으로 옳지 않은 것은?

① 가능한 다른 종류의 금속을 인접 또는 접촉
시켜 사용한다.
② 가공 중에 생긴 변형은 뜨임질, 풀림 등에
의해서 제거한다.
③ 표면은 깨끗하게 하고, 물기나 습기가 없도
록 한다.
④ 부분적으로 녹이 나면 즉시 제거한다.

해설 ① 가능한 다른 종류의 금속을 인접 또
는 접촉시켜 사용하지 않는다.
Tip) 금속재료를 다른 종류의 금속과 인접 또
는 접촉시켜 사용할 경우 전기적 작용에 의
해 부식이 촉진된다.

91. 목재용 유성 방부제의 대표적인 것으로 방부성이 우수하나, 악취가 나고 흑갈색으로 외관이 불미하여 눈에 보이지 않는 토대, 기둥, 도리 등에 이용되는 것은?

① 유성페인트
② 크레오소트오일
③ 염화아연 4% 용액
④ 불화소다 2% 용액

해설 크레오소트오일 : 유성 방부제의 대표
적인 것으로 방부성이 우수하나, 흑갈색으로
외관이 좋지 못해 눈에 보이지 않는 토대, 기
둥, 도리 등에 이용되는 방부제이다.

92. 다음 중 알루미늄과 같은 경금속 접착에 가장 적합한 합성수지는?

① 멜라민수지   ② 실리콘수지
③ 에폭시수지   ④ 푸란수지

해설 에폭시수지
• 내수성, 내습성, 내약품성, 내산·알칼리
성, 전기절연성이 우수하다.

정답 88. ③ 89. ② 90. ① 91. ② 92. ③

- 접착력이 강해 금속, 나무, 유리 등 특히 경금속 항공기 접착에도 사용한다.
- 피막이 단단하고 유연성이 부족하다.

93. 리녹신에 수지, 고무물질, 코르크 분말 등을 섞어 마포(hemp cloth) 등에 발라 두꺼운 종이모양으로 압면 · 성형한 제품은 무엇인가?

① 스펀지 시트　　　② 리놀륨
③ 비닐 시트　　　　④ 아스팔트 타일

해설 리놀륨 : 리녹신에 수지, 고무물질, 코르크 분말 등을 섞어 마포, 삼베 등에 발라 두꺼운 종이모양으로 압면 · 성형한 제품이다. 유지계 마감재료로 바닥이나 벽에 붙인다.

94. 단백질계 접착제에 해당하는 것은?

① 카세인 접착제
② 푸란수지 접착제
③ 에폭시수지 접착제
④ 실리콘수지 접착제

해설 카세인 접착제 : 대두, 우유 등에서 추출한 단백질계 접착제이다.

95. 고로시멘트의 특성에 관한 설명으로 옳지 않은 것은?

① 수화열이 낮고 수축률이 적어 댐이나 항만 공사 등에 적합하다.
② 보통 포틀랜드 시멘트에 비하여 비중이 크고 풍화에 대한 저항성이 뛰어나다.
③ 응결시간이 느리기 때문에 특히 겨울철 공사에 주의를 요한다.
④ 다량으로 사용하게 되면 콘크리트의 화학저항성 및 수밀성, 알칼리 골재반응 억제 등에 효과적이다.

해설 ② 보통 포틀랜드 시멘트에 비하여 비중이 작고 풍화에 대한 저항성이 뛰어나다.

96. 비철금속에 관한 설명으로 옳지 않은 것은?

① 청동은 구리와 아연을 주체로 한 합금으로 건축용 장식철물에 사용된다.
② 알루미늄은 산 및 알칼리에 약하다.
③ 아연은 산 및 알칼리에 약하나 일반대기나 수중에서는 내식성이 크다.
④ 동은 전기 및 열전도율이 매우 크다.

해설 ① 청동은 구리와 주석을 주체로 한 합금으로 건축장식 부품 또는 미술공예 재료로 사용된다.

97. 콘크리트의 압축강도에 영향을 주는 요인에 관한 설명으로 옳지 않은 것은?

① 양생온도가 높을수록 콘크리트의 초기강도는 낮아진다.
② 일반적으로 물-시멘트비가 같으면 시멘트의 강도가 큰 경우 압축강도가 크다.
③ 동일한 재료를 사용하였을 경우에 물-시멘트비가 작을수록 압축강도가 크다.
④ 습윤양생을 실시하게 되면 일반적으로 압축강도는 증진된다.

해설 ① 양생온도가 낮을수록 콘크리트의 초기강도는 낮아진다.

98. 목재의 강도에 관한 설명으로 옳지 않은 것은?

① 목재의 건조는 중량을 경감시키지만 강도에는 영향을 끼치지 않는다.
② 벌목의 계절은 목재의 강도에 영향을 끼친다.
③ 일반적으로 응력의 방향이 섬유 방향에 평행인 경우 압축강도가 인장강도보다 작다.

④ 섬유포화점 이하에서는 함수율 감소에 따라 강도가 증대한다.

해설 ① 목재는 건조할수록 중량을 경감시키며 강도는 커진다.

99. 목재제품 중 합판에 관한 설명으로 옳지 않은 것은?

① 방향에 따른 강도차가 작다.
② 곡면가공을 하여도 균열이 생기지 않는다.
③ 여러 가지 아름다운 무늬를 얻을 수 있다.
④ 함수율 변화에 의한 신축변형이 크다.

해설 ④ 함수율 변화에 따라 팽창·수축의 방향성이 없다.

100. 어떤 재료의 초기 탄성 변형량이 2.0cm 이고, 크리프(creep) 변형량이 4.0cm라면 이 재료의 크리프 계수는 얼마인가?

① 0.5   ② 1.0   ③ 2.0   ④ 4.0

해설 크리프 계수$=\dfrac{크리프\ 변형량}{탄성\ 변형량}=\dfrac{4}{2}=2$

6과목 **건설안전기술**

101. 다음 중 해체작업용 기계·기구로 가장 거리가 먼 것은?

① 압쇄기   ② 핸드 브레이커
③ 철제 해머   ④ 진동 롤러

해설 ④는 지반 다짐장비

102. 산업안전보건관리비 계상기준에 따른 일반건설공사(갑), 대상액 「5억 원 이상 50억 원 미만」의 안전관리비 비율 및 기초액으로 옳은 것은?

① 비율 : 1.86%, 기초액 : 5,349,000원
② 비율 : 1.99%, 기초액 : 5,449,000원
③ 비율 : 2.35%, 기초액 : 5,400,000원
④ 비율 : 1.57%, 기초액 : 4,411,000원

해설 건설공사 종류 및 규모별 안전관리비 계상기준표

건설 공사 구분	대상액 5억 원 이상 50억 원 미만	
	비율(X) [%]	기초액(C) [원]
일반건설공사(갑)	1.86	5,349,000
일반건설공사(을)	1.99	5,499,000
중건설공사	2.35	5,400,000
철도·궤도 신설공사	1.57	4,411,000
특수 및 그 밖에 공사	1.20	3,250,000

103. 다음은 말비계를 조립하여 사용하는 경우에 관한 준수사항이다. (   ) 안에 들어갈 내용으로 옳은 것은?

• 지주부재와 수평면의 기울기를 (㉠)°이하로 하고 지주부재와 지주부재 사이를 고정시키는 보조부재를 설치할 것
• 말비계의 높이가 2m를 초과하는 경우에는 작업발판의 폭을 (㉡)cm 이상으로 할 것

---

① ㉠ : 75, ㉡ : 30   ② ㉠ : 75, ㉡ : 40
③ ㉠ : 85, ㉡ : 30   ④ ㉠ : 85, ㉡ : 40

해설 지주부재와 수평면의 기울기를 75° 이하로 하고, 작업발판의 폭을 40cm 이상으로 할 것

104. 토질시험 중 연약한 점토지반의 점착력을 판별하기 위하여 실시하는 현장시험은?

① 베인테스트(vane test)

② 표준관입시험(SPT)

③ 하중재하시험

④ 삼축압축시험

해설 베인테스트(vane test) : 점토(진흙)지반의 점착력을 판별하기 위하여 실시하는 현장시험

105. 터널 등의 건설작업을 하는 경우에 낙반 등에 의하여 근로자가 위험해질 우려가 있는 경우에 필요한 직접적인 조치사항과 거리가 먼 것은?

① 터널지보공 설치　② 부석의 제거

③ 울 설치　　　　　④ 록볼트 설치

해설 터널작업 시 낙반 등에 의한 근로자 위험방지 조치사항은 터널지보공 설치, 록볼트 설치, 부석의 제거 등이다.

106. 다음 중 유해·위험방지 계획서 제출대상 공사가 아닌 것은?

① 지상높이가 30m인 건축물 건설공사

② 최대 지간길이가 50m인 교량 건설공사

③ 터널 건설공사

④ 깊이가 11m인 굴착공사

해설 ① 지상높이가 31m 이상인 건축물 건설공사

107. 사다리식 통로의 길이가 10m 이상일 때 얼마 이내마다 계단참을 설치하여야 하는가?

① 3m 이내마다　② 4m 이내마다

③ 5m 이내마다　④ 6m 이내마다

해설 사다리 통로길이가 10m 이상인 경우에는 5m 이내마다 계단참을 설치할 것

108. 비계의 부재 중 기둥과 기둥을 연결시키는 부재가 아닌 것은?

① 띠장　　　　　② 장선

③ 가새　　　　　④ 작업발판

해설 비계의 부재 중 기둥과 기둥을 연결시키는 부재는 띠장, 장선, 가새, 장선대 등이다.

109. 지반의 종류가 다음과 같을 때 굴착면의 기울기 기준으로 옳은 것은?

보통흙의 습지

① 1 : 0.5~1 : 1　② 1 : 1~1 : 1.5

③ 1 : 0.8　　　　④ 1 : 0.5

해설 보통흙의 습지 지반 굴착면의 기울기는 1 : 1~1 : 1.5이다.

110. 콘크리트 타설을 위한 거푸집 동바리의 구조검토 시 가장 선행되어야 할 작업은?

① 각 부재에 생기는 응력에 대하여 안전한 단면을 산정한다.

② 가설물에 작용하는 하중 및 외력의 종류, 크기를 산정한다.

③ 하중 및 외력에 의하여 각 부재에 생기는 응력을 구한다.

④ 사용할 거푸집 동바리의 설치 간격을 결정한다.

해설 거푸집 동바리의 구조검토 시 가설물에 작용하는 하중 및 외력의 종류, 크기를 산정한다.

111. 항만 하역작업에서의 선박승강설비 설치 기준으로 옳지 않은 것은?

① 200톤급 이상의 선박에서 하역작업을 하는 경우에 근로자들이 안전하게 오르내릴 수 있

는 현문(舷門) 사다리를 설치하여야 하며, 이 사다리 밑에 안전망을 설치하여야 한다.

② 현문 사다리는 견고한 재료로 제작된 것으로 너비는 55cm 이상이어야 한다.

③ 현문 사다리의 양측에는 82cm 이상의 높이로 울타리를 설치하여야 한다.

④ 현문 사다리는 근로자의 통행에만 사용하여야 하며, 화물용 발판 또는 화물용 보판으로 사용하도록 해서는 아니 된다.

해설 ① 300톤급 이상의 선박에서 하역작업을 하는 경우에 근로자들이 안전하게 오르내릴 수 있는 현문 사다리를 설치하여야 하며, 이 사다리 밑에 안전망을 설치하여야 한다.

112. 장비 자체보다 높은 장소의 땅을 굴착하는데 적합한 장비는?

① 파워쇼벨(power shovel)

② 불도저(bulldozer)

③ 드래그라인(drag line)

④ 클램쉘(clam shell)

해설 파워쇼벨(power shovel) : 지면보다 높은 곳의 땅파기에 적합하다.

113. 터널작업 시 자동경보장치에 대하여 당일의 작업시작 전 점검하여야 할 사항으로 옳지 않은 것은?

① 검지부의 이상 유무

② 조명시설의 이상 유무

③ 경보장치의 작동상태

④ 계기의 이상 유무

해설 자동경보장치의 작업시작 전 점검사항

• 계기의 이상 유무

• 검지부의 이상 유무

• 경보장치의 작동상태

114. 타워크레인을 자립고(自立高) 이상의 높이로 설치할 때 지지벽체가 없어 와이어로프로 지지하는 경우의 준수사항으로 옳지 않은 것은?

① 와이어로프를 고정하기 위한 전용 지지프레임을 사용할 것

② 와이어로프 설치각도를 수평면에서 60° 이내로 하되, 지지점은 4개소 이상으로 하고, 같은 각도로 설치할 것

③ 와이어로프와 그 고정 부위는 충분한 강도와 장력을 갖도록 설치하되, 와이어로프를 클립·샤클(shackle) 등의 기구를 사용하여 고정하지 않도록 유의할 것

④ 와이어로프가 가공전선(架空電線)에 근접하지 않도록 할 것

해설 ③ 와이어로프와 그 고정 부위는 충분한 강도와 장력을 갖도록 설치하고, 와이어로프를 클립·샤클(shackle) 등의 고정기구를 사용하여 견고하게 고정시켜 풀리지 않도록 하며, 사용 중에는 충분한 강도와 장력을 유지하도록 할 것

115. 다음은 강관틀비계를 조립하여 사용하는 경우 준수해야 할 기준이다. (   ) 안에 알맞은 숫자를 나열한 것은?

> 길이가 띠장 방향으로 (㉠)미터 이하이고 높이가 (㉡)미터를 초과하는 경우에는 (㉢)미터 이내마다 띠장 방향으로 버팀기둥을 설치할 것

① ㉠ : 4, ㉡ : 10, ㉢ : 5

② ㉠ : 4, ㉡ : 10, ㉢ : 10

③ ㉠ : 5, ㉡ : 10, ㉢ : 5

④ ㉠ : 5, ㉡ : 10, ㉢ : 10

해설 길이가 띠장 방향으로 4m 이하이고 높

이가 10m를 초과하는 경우에는 10m 이내마다 띠장 방향으로 버팀기둥을 설치할 것

116. 동력을 사용하는 항타기 또는 항발기에 대하여 무너짐을 방지하기 위하여 준수하여야 할 기준으로 옳지 않은 것은?

① 연약한 지반에 설치하는 경우에는 각부(脚部)나 가대(架臺)의 침하를 방지하기 위하여 깔판·깔목 등을 사용할 것
② 각부나 가대가 미끄러질 우려가 있는 경우에는 말뚝 또는 쐐기 등을 사용하여 각부나 가대를 고정시킬 것
③ 버팀대만으로 상단 부분을 안정시키는 경우에는 버팀대는 3개 이상으로 하고 그 하단 부분은 견고한 버팀·말뚝 또는 철골 등으로 고정시킬 것
④ 버팀줄만으로 상단 부분을 안정시키는 경우에는 버팀줄을 2개 이상으로 하고 같은 간격으로 배치할 것

[해설] ④ 버팀줄만으로 상단 부분을 안정시키는 경우에는 버팀줄을 3개 이상으로 하고 같은 간격으로 배치할 것

117. 운반작업을 인력운반작업과 기계운반작업으로 분류할 때 기계운반작업으로 실시하기에 부적당한 대상은?

① 단순하고 반복적인 작업
② 표준화되어 있어 지속적이고 운반량이 많은 작업
③ 취급물의 형상, 성질, 크기 등이 다양한 작업
④ 취급물이 중량인 작업

[해설] ③은 인력운반작업

118. 거푸집 동바리 등을 조립하는 경우에 준수하여야 할 안전조치기준으로 옳지 않은 것은?

① 동바리로 사용하는 강관은 높이 2m 이내마다 수평연결재를 2개 방향으로 만들고 수평연결재의 변위를 방지할 것
② 동바리로 사용하는 파이프 서포트는 3개 이상 이어서 사용하지 않도록 할 것
③ 동바리로 사용하는 파이프 서포트를 이어서 사용하는 경우에는 3개 이상의 볼트 또는 전용 철물을 사용하여 이을 것
④ 동바리로 사용하는 강관틀과 강관틀 사이에 교차가새를 설치할 것

[해설] ③ 파이프 서포트를 이어서 사용하는 경우에는 4개 이상의 볼트 또는 전용 철물을 사용하여 이을 것

119. 본 터널(main tunnel)을 시공하기 전에 터널에서 약간 떨어진 곳에 지질 조사, 환기, 배수, 운반 등의 상태를 알아보기 위하여 설치하는 터널은?

① 프리패브(prefab) 터널
② 사이드(side) 터널
③ 쉴드(shield) 터널
④ 파일럿(pilot) 터널

[해설] 파일럿(pilot) 터널 : 본 터널을 시공하기 전에 터널에 관한 자료 조사를 위해 설치하는 터널

120. 추락방지용 설치 시 그물코의 크기가 10cm인 매듭 있는 방망의 신품에 대한 인장강도 기준으로 옳은 것은?

① 100kgf 이상   ② 200kgf 이상
③ 300kgf 이상   ④ 400kgf 이상

[해설] 방망사의 신품과 폐기 시 인장강도

그물코의	매듭 없는 방망		매듭 방망	
크기(cm)	신품	폐기 시	신품	폐기 시
10	240kg	150kg	200kg	135kg
5	–	–	110kg	60kg

2020년도(4회차) 출제문제

|건설|안|전|기|사| ⛑

1과목 산업안전관리론

1. 위험예지훈련 4라운드의 진행방법을 올바르게 나열한 것은?

① 현상파악 → 목표설정 → 대책수립 → 본질추구

② 현상파악 → 본질추구 → 대책수립 → 목표설정

③ 현상파악 → 본질추구 → 목표설정 → 대책수립

④ 본질추구 → 현상파악 → 목표설정 → 대책수립

해설 문제해결의 4라운드

1R	2R	3R	4R
현상파악	본질추구	대책수립	행동 목표 설정

2. 다음 중 재해예방의 4원칙에 속하지 않는 것은?

① 손실우연의 원칙

② 예방교육의 원칙

③ 원인계기의 원칙

④ 예방가능의 원칙

해설 하인리히 산업재해예방의 4원칙 : 손실우연의 원칙, 원인계기(연계)의 원칙, 예방가능의 원칙, 대책선정의 원칙

3. A사업장의 도수율이 18.9일 때 연천인율은 얼마인가?

① 4.53 ② 9.46 ③ 37.86 ④ 45.36

해설 • 연천인율$=\dfrac{\text{연간 재해자 수}}{\text{연평균 근로자 수}}\times 1000$

• 연천인율=도수율×2.4=18.9×2.4=45.36

4. 산업안전보건법령상 관리감독자가 수행하는 안전 및 보건에 관한 업무에 속하지 않는 것은?

① 해당 작업의 작업장 정리·정돈 및 통로 확보에 대한 확인·감독

② 해당 작업에서 발생한 산업재해에 관한 보고 및 이에 대한 응급조치

③ 해당 사업장 안전교육계획의 수립 및 안전교육 실시에 관한 보좌 및 지도·조언

④ 관리감독자에게 소속된 근로자의 작업복·보호구 및 방호장치의 점검과 그 착용·사용에 관한 교육·지도

해설 ③은 안전관리자의 업무내용

5. 산업안전보건법령상 안전 및 보건에 관한 노사협의체의 근로자위원 구성기준 내용으로 옳지 않은 것은? (단, 명예 산업안전감독관이 위촉되어 있는 경우)

① 근로자 대표가 지명하는 안전관리자 1명

② 근로자 대표가 지명하는 명예 산업안전감독관 1명

③ 도급 또는 하도급 사업을 포함한 전체 사업의 근로자 대표

④ 공사금액이 20억 원 이상인 공사의 관계수급인의 각 근로자 대표

해설 ① 사용자위원으로 안전관리자 1명을 구성한다.

6. 다음 중 브레인스토밍(brain storming)의 원칙에 관한 설명으로 옳지 않은 것은?

① 최대한 많은 양의 의견을 제시한다.
② 누구나 자유롭게 의견을 제시할 수 있다.
③ 타인의 의견에 대하여 비판하지 않도록 한다.
④ 타인의 의견을 수정하여 본인의 의견으로 제시하지 않도록 한다.

해설 브레인스토밍(brain storming)
• 비판금지 : 좋다, 나쁘다 등의 비판은 하지 않는다.
• 자유분방 : 마음대로 자유로이 발언한다.
• 대량발언 : 무엇이든 좋으니 많이 발언한다.
• 수정발언 : 타인의 생각에 동참하거나 보충 발언해도 좋다.

7. 안전관리의 수준을 평가하는데 사고가 일어나는 시점을 전후하여 평가를 한다. 다음 중 사고가 일어나기 전의 수준을 평가하는 사전 평가 활동에 해당하는 것은?

① 재해율 통계
② 안전활동률 관리
③ 재해손실비용 산정
④ Safe-T-Score 산정

해설 안전활동률
• 1,000,000시간당 안전 활동 건수를 말한다.
• 안전활동률
$$= \frac{\text{안전 활동 건수}}{\text{연근로 총 시간 수} \times \text{평균근로자 수}} \times 10^6$$

8. 시설물의 안전 및 유지관리에 관한 특별법상 국토교통부장관은 시설물이 안전하게 유지관리 될 수 있도록 하기 위하여 몇 년마다 시설물의 안전 및 유지관리에 관한 기본계획을 수립·시행하여야 하는가?

① 2년   ② 3년
③ 5년   ④ 10년

해설 국토교통부장관은 시설물이 안전하게 유지관리 될 수 있도록 하기 위하여 5년마다 시설물의 안전 및 유지관리에 관한 기본계획을 수립·시행하여야 한다.

9. 산업안전보건법령상 해당 사업장의 연간재해율이 같은 업종의 평균재해율의 2배 이상인 경우 사업주에게 관리자를 정수 이상으로 증원하게 하거나 교체하여 임명할 것을 명할 수 있는 자는?

① 시·도지사
② 고용노동부장관
③ 국토교통부장관
④ 지방고용노동관서의 장

해설 안전관리자 등의 증원·교체 임명권자 : 지방고용노동관서의 장

10. 재해의 간접원인 중 기술적 원인에 속하지 않는 것은?

① 경험 및 훈련의 미숙
② 구조, 재료의 부적합
③ 점검, 정비, 보존 불량
④ 건물, 기계장치의 설계 불량

해설 ①은 교육적 원인

11. 보호구 안전인증 고시에 따른 추락 및 감전위험방지용 안전모의 성능시험대상에 속하지 않는 것은?

① 내유성   ② 내수성
③ 내관통성   ④ 턱끈풀림

해설 추락 및 감전위험방지용 안전모의 성능시험대상 : 내수성, 내관통성, 턱끈풀림 등

12. 재해의 통계적 원인 분석방법 중 사고의 유형, 기인물 등 분류 항목을 큰 순서대로 도표화한 것은?

정답 6. ④   7. ②   8. ③   9. ④   10. ①   11. ①   12. ②

① 관리도   ② 파레토도
③ 크로스도   ④ 특성요인도

해설 파레토도 : 사고의 유형, 기인물 등 분류 항목을 큰 값에서 작은 값의 순서대로 도표화한다.

13. 시설물의 안전 및 유지관리에 관한 특별법상 다음과 같이 정의되는 용어는?

> 시설물의 물리적·기능적 결함을 발견하고 그에 대한 신속하고 적절한 조치를 하기 위하여 구조적 안전성과 결함의 원인 등을 조사·측정·평가하여 보수·보강 등의 방법을 제시하는 행위

① 성능평가   ② 정밀안전진단
③ 긴급안전점검 ④ 정기안전진단

해설 정밀안전점검 : 정기안전점검 결과 보수·보강 등의 조치가 필요한 경우 시설물 주요 부재의 상태를 확인할 수 있는 수준의 외관 조사 및 측정, 시험 장비를 이용한 조사를 실시하는 안전점검

14. 다음 중 재해조사의 목적 및 방법에 관한 설명으로 적절하지 않은 것은?

① 재해조사는 현장보존에 유의하면서 재해 발생 직후에 행한다.
② 피해자 및 목격자 등 많은 사람으로부터 사고 시의 상황을 수집한다.
③ 재해조사의 1차적 목표는 재해로 인한 손실 금액을 추정하는데 있다.
④ 재해조사의 목적은 동종재해 및 유사재해의 발생을 방지하기 위함이다.

해설 ③ 재해조사의 1차적 목적은 동종재해 및 유사재해의 발생을 방지하기 위함이다.

15. 사업장의 안전·보건관리계획 수립 시 유의사항으로 옳은 것은?

① 사고 발생 후의 수습 대책에 중점을 둔다.
② 계획의 실시 중에는 변동이 없어야 한다.
③ 계획의 목표는 점진적으로 수준을 높이도록 한다.
④ 대기업의 경우 표준 계획서를 작성하여 모든 사업장에 동일하게 적용시킨다.

해설 사업장의 안전·보건관리계획 이행 중 환경 변화에 따라 계획의 목표는 점진적으로 수준을 높이도록 한다.

16. 안전보건관리조직의 유형 중 직계(line)형에 관한 설명으로 옳은 것은?

① 대규모의 사업장에 적합하다.
② 안전지식이나 기술축적이 용이하다.
③ 안전지시나 명령이 신속히 수행된다.
④ 독립된 안전 참모조직을 보유하고 있다.

해설 line형(직계형) : 모든 안전관리 업무가 생산라인을 통하여 직선적으로 이루어지는 조직이다.
• 장점
  ㉠ 정확히 전달·실시된다.
  ㉡ 100인 이하의 소규모 사업장에 활용된다.
  ㉢ 안전에 관한 명령과 지시는 생산라인을 통해 신속하게 이루어진다.
• 단점
  ㉠ 생산과 안전을 동시에 지시하는 형태이다.
  ㉡ 라인에 과도한 책임이 부여된다.
  ㉢ 안전의 정보가 불충분하다.

17. 다음 중 웨버(D.A. Weaver)의 사고 발생 도미노 이론에서 "작전적 에러"를 찾아내기 위한 질문의 유형과 가장 거리가 먼 것은?

① what   ② why
③ where   ④ whether

해설 웨버의 작전적 에러를 찾아내기 위한 질문유형으로 what → why → whether의 과정을 도표화하여 제시하였다.

Tip) 재해 발생 시 조치 순서 중 재해조사 단계
- 누가(who)
- 발생일시(언제 : when)
- 발생장소(어디서 : where)
- 재해 관련 작업유형(왜 : why)
- 재해 발생 당시 상황(어떻게 : how)
- 무엇을(무엇 : what)

18. 산업안전보건법령에 따른 안전보건표지의 종류 중 지시표지에 속하는 것은?

① 화기금지   ② 보안경 착용
③ 낙하물 경고   ④ 응급구호표지

해설 ① 화기금지 : 금지표지
③ 낙하물 경고 : 경고표지
④ 응급구호표지 : 안내표지

19. 산업안전보건기준에 관한 규칙상 공기압축기를 가동할 때의 작업시작 전 점검사항에 해당하지 않는 것은?

① 윤활유의 상태
② 언로드 밸브의 기능
③ 압력방출장치의 기능
④ 비상정지장치 기능의 이상 유무

해설 ④는 컨베이어의 작업시작 전 점검사항

20. 다음 중 하인리히(H.W. Heinrich)의 재해 코스트 산정방법에서 직접손실비와 간접손실비의 비율로 옳은 것은? (단, 비율은 "직접손실비 : 간접손실비"로 표현한다.)

① 1 : 2   ② 1 : 4
③ 1 : 8   ④ 1 : 10

해설 하인리히(H.W. Heinrich)의 재해손실 비용=직접비 : 간접비=1 : 4

2과목   **산업심리 및 교육**

21. 안전보건교육을 향상시키기 위한 학습지도의 원리에 해당되지 않는 것은?

① 통합의 원리   ② 자기활동의 원리
③ 개별화의 원리   ④ 동기유발의 원리

해설 학습지도의 원리
- 자발성의 원리   • 개별화의 원리
- 목적의 원리   • 사회화의 원리
- 통합의 원리   • 직관의 원리
- 생활화의 원리   • 자연화의 원리

22. 생체리듬(biorhythm)에 대한 설명으로 옳은 것은?

① 감각의 리듬이 (−)에서의 최저점에 이르렀을 때를 위험일이라 한다.
② 감성적 리듬은 영문으로 S라 표시하며, 23일을 주기로 반복된다.
③ 육체적 리듬은 영문으로 P라 표시하며, 28일을 주기로 반복된다.
④ 지성적 리듬은 영문으로 I라 표시하며, 33일을 주기로 반복된다.

해설 생체리듬(biorhythm)
- 위험일 : 안정기(+)와 불안정기(−)의 교차점
- 육체적 리듬(P) : 23일 주기로 식욕, 소화력, 활동력, 지구력 등을 좌우하는 리듬
- 감성적 리듬(S) : 28일 주기로 주의력, 창조력, 예감 및 통찰력 등을 좌우하는 리듬
- 지성적 리듬(I) : 33일 주기로 상상력, 사고력, 기억력, 인지력, 판단력 등을 좌우하는 리듬

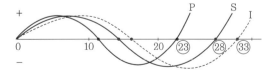

23. 다음 중 안전교육을 위한 시청각교육법에 대한 설명으로 가장 적절한 것은?

① 지능, 적성, 학습속도 등 개인차를 충분히 고려할 수 있다.
② 학습자들에게 공통의 경험을 형성시켜 줄 수 있다.
③ 학습의 다양성과 능률화에 기여할 수 없다.
④ 학습자료를 시간과 장소에 제한 없이 제시할 수 있다.

해설 안전교육을 위한 시청각교육법
• 학습자들에게 공통의 경험을 형성시켜 줄 수 있다.
• 교재의 구조화를 기할 수 있다.
• 학습의 다양성과 능률화를 기할 수 있다.
• 대량 수업체제가 확립될 수 있다.
• 교수의 평준화를 기할 수 있다.
• 강사의 개인차에서 오는 교수법의 평준화를 기할 수 있다.

24. 새로운 기술과 학습에서는 연습이 매우 중요하다. 연습방법과 관련된 내용으로 틀린 것은?

① 새로운 기술을 학습하는 경우에는 일반적으로 배분연습보다 집중연습이 더 효과적이다.
② 교육훈련 과정에서는 학습자료를 한꺼번에 묶어서 일괄적으로 연습하는 방법을 집중연습이라고 한다.
③ 충분한 연습으로 완전학습한 후에도 일정량 연습을 계속하는 것을 초과학습이라고 한다.
④ 기술을 배울 때는 적극적 연습과 피드백이 있어야 부적절하고 비효과적 반응을 제거할 수 있다.

해설 ① 새로운 기술을 학습하는 경우에는 일반적으로 집중연습보다 배분연습이 더 효과적이다.

25. 다음 중 교육지도의 원칙과 가장 거리가 먼 것은?

① 반복적인 교육을 실시한다.
② 학습자에게 동기부여를 한다.
③ 쉬운 것부터 어려운 것으로 실시한다.
④ 한 번에 여러 가지의 내용을 실시한다.

해설 ④ 한 번에 한 가지씩 교육을 실시한다.

26. 직무수행 평가 시 평가자가 특정 피평가자에 대해 구체적으로 잘 모름에도 불구하고 모든 부분에 대해 좋게 평가하는 오류는 무엇인가?

① 후광 오류
② 엄격화 오류
③ 중앙집중 오류
④ 관대화 오류

해설 후광 효과 : 어떤 대상의 한 가지 특성에 기초하여 그 사람의 전반에 걸쳐 좋게 평가하는 오류

27. 다음 중 정상적 상태이지만 생리적 상태가 휴식할 때에 해당하는 의식수준은?

① phase Ⅰ ② phase Ⅱ
③ phase Ⅲ ④ phase Ⅳ

해설 2단계(이완 상태) : 안정 기거, 휴식, 정상 작업(신뢰성 : 0.99~1 이하)

28. 다음 중 하버드학파의 5단계 교수법에 해당되지 않는 것은?

① 추론한다.
② 교시한다.
③ 연합시킨다.
④ 총괄시킨다.

정답 23. ② 24. ① 25. ④ 26. ① 27. ② 28. ①

해설 하버드학파의 5단계 교수법

1단계	2단계	3단계	4단계	5단계
준비 시킨다.	교시 시킨다.	연합 한다.	총괄 한다.	응용 시킨다.

29. 다음 중 리더십과 헤드십에 관한 설명으로 옳은 것은?

① 헤드십은 부하와의 사회적 간격이 좁다.
② 헤드십에서의 책임은 상사에 있지 않고 부하에 있다.
③ 리더십의 지휘형태는 권위주의적인 반면, 헤드십의 지휘형태는 민주적이다.
④ 권한 행사 측면에서 보면 헤드십은 임명에 의하여 권한을 행사할 수 있다.

해설 헤드십은 공식 규정에 의해 임명되어 권한을 행사할 수 있다.

30. 다음 중 산업안전심리의 5대 요소에 속하지 않는 것은?

① 감정
② 습관
③ 동기
④ 시간

해설 안전심리의 5대 요소 : 동기, 기질, 감정, 습성, 습관

31. 인간의 착각 현상 가운데 암실 내에서 하나의 광점을 보고 있으면 그 광점이 움직이는 것처럼 보이는 것을 자동운동이라 하는데 다음 중 자동운동이 생기기 쉬운 조건이 아닌 것은?

① 광점이 작을 것
② 대상이 단순할 것
③ 광의 강도가 클 것
④ 시야의 다른 부분이 어두울 것

해설 ③ 광의 강도가 작을 것

32. 다음 중 데이비스(K. Davis)의 동기부여 이론에서 "능력(ability)"을 올바르게 표현한 것은?

① 기능(skill)×태도(attitude)
② 지식(knowledge)×기능(skill)
③ 상황(situation)×태도(attitude)
④ 지식(knowledge)×상황(situation)

해설 데이비스(Davis)의 동기부여 이론
• 경영의 성과=사람의 성과×물질의 성과
• 능력=지식×기능
• 동기유발=상황×태도
• 인간의 성과=능력×동기유발

33. 인간이 충족시키고자 추구하는 욕구에 있어 가장 강력한 욕구는?

① 생리적 욕구
② 안전의 욕구
③ 자아실현의 욕구
④ 애정 및 귀속의 욕구

해설 1단계(생리적 욕구) : 기아, 갈등, 호흡, 배설, 성욕 등 인간의 기본적인 욕구

34. 다음 중 면접 결과에 영향을 미치는 요인들에 관한 설명으로 틀린 것은?

① 한 지원자에 대한 평가는 바로 앞의 지원자에 의해 영향을 받는다.
② 면접자는 면접 초기와 마지막에 제시된 정보에 의해 많은 영향을 받는다.
③ 지원자에 대한 부정적 정보보다 긍정적 정보가 더 중요하게 영향을 미친다.
④ 지원자의 성과 직업에 있어서 전통적 고정관념은 지원자와 면접자 간의 성의 일치 여부보다 더 많은 영향을 미친다.

해설 ③ 지원자에 대한 부정적 정보가 긍정적 정보보다 더 중요하게 영향을 미친다.

35. 안전사고와 관련하여 소질적 사고요인이 아닌 것은?

① 시각기능   ② 지능
③ 작업자세   ④ 성격

해설 소질적 사고요인은 지능, 성격, 시각기능 등이다.

36. 교육 및 훈련방법 중 다음의 특징을 갖는 방법은?

> • 다른 방법에 비해 경제적이다.
> • 교육대상 집단 내 수준차로 인해 교육의 효과가 감소할 가능성이 있다.
> • 상대적으로 피드백이 부족하다.

① 강의법   ② 사례연구법
③ 세미나법   ④ 감수성 훈련

해설 지문은 강의법에 대한 내용이다.

37. 다음 중 관계지향적 리더가 나타내는 대표적인 행동 특징으로 볼 수 없는 것은?

① 우호적이며 가까이 하기 쉽다.
② 집단구성원들을 동등하게 대한다.
③ 집단구성원들의 활동을 조정한다.
④ 어떤 결정에 대해 자세히 설명해 준다.

해설 ③ 집단구성원들의 활동 조정은 과업지향적 리더의 특성이다.

38. 다음 중 주의의 특성에 관한 설명으로 틀린 것은?

① 변동성이란 주의집중 시 주기적으로 부주의의 리듬이 존재함을 말한다.
② 방향성이란 주의는 항상 일정한 수준을 유지할 수 있으므로 장시간 고도의 주의집중이 가능함을 말한다.

③ 선택성이란 인간은 한 번에 여러 종류의 자극을 지각·수용하지 못함을 말한다.
④ 선택성이란 소수의 특정 자극에 한정해서 선택적으로 주의를 기울이는 기능을 말한다.

해설 방향성 : 공간에 사선의 초점이 맞았을 때는 인지가 쉬우나, 사선에서 벗어난 부분은 무시되기 쉽다.

39. 안전교육의 강의안 작성 시 교육할 내용을 항목별로 구분하여 핵심 요점사항만을 간결하게 정리하여 기술하는 방법은?

① 게임방식   ② 시나리오식
③ 조목열거식   ④ 혼합형 방식

해설 조목열거식 : 교육할 내용을 항목별로 구분하여 핵심적인 사항만을 간결하게 정리하여 기술하는 방법

40. 교육방법 중 O.J.T(On the Job Training)에 속하지 않는 교육방법은?

① 코칭   ② 강의법
③ 직무순환   ④ 멘토링

해설 ②는 OFF.J.T 교육의 특징

3과목   인간공학 및 시스템 안전공학

41. 결함수 분석법에서 path set에 관한 설명으로 옳은 것은?

① 시스템의 약점을 표현한 것이다.
② top사상을 발생시키는 조합이다.
③ 시스템이 고장 나지 않도록 하는 사상의 조합이다.
④ 시스템 고장을 유발시키는 필요불가결한 기본사상들의 집합이다.

정답   35. ③   36. ①   37. ③   38. ②   39. ③   40. ②   41. ③

해설 패스셋 : 모든 기본사상이 발생하지 않을 때 처음으로 정상사상이 발생하지 않는 기본사상들의 집합. 시스템의 고장을 발생시키지 않는 기본사상들의 집합

42. 촉감의 일반적인 척도의 하나인 2점 문턱값(two-point threshold)이 감소하는 순서대로 나열된 것은?

① 손가락 → 손바닥 → 손가락 끝
② 손바닥 → 손가락 → 손가락 끝
③ 손가락 끝 → 손가락 → 손바닥
④ 손가락 끝 → 손바닥 → 손가락

해설 촉각(감)적 표시장치
2점 문턱값은 손가락 끝으로 갈수록 감각이 감소하며, 감각을 느끼는 점 사이의 최소거리이다.

43. 결함수 분석의 기호 중 입력사상이 어느 하나라도 발생할 경우 출력사상이 발생하는 것은?

① NOR GATE ② AND GATE
③ OR GATE ④ NAND GATE

해설 GATE 진리표

OR		NOR		AND		NAND	
입력	출력	입력	출력	입력	출력	입력	출력
0 0	0	0 0	1	0 0	0	0 0	1
0 1	1	0 1	0	0 1	0	0 1	1
1 0	1	1 0	0	1 0	0	1 0	1
1 1	1	1 1	0	1 1	1	1 1	0

44. FTA 결과 다음과 같은 패스셋을 구하였다. 최소 패스셋(minimal path sets)으로 옳은 것은?

$\{X_2, X_3, X_4\}$ $\{X_1, X_3, X_4\}$ $\{X_3, X_4\}$

① $\{X_3, X_4\}$
② $\{X_1, X_3, X_4\}$
③ $\{X_2, X_3, X_4\}$
④ $\{X_2, X_3, X_4\}$와 $\{X_3, X_4\}$

해설 3개의 패스셋 중 최소한의 컷이 최소 패스셋 = $\{X_3, X_4\}$이다.

45. 인체측정에 대한 설명으로 옳은 것은?

① 인체측정은 동적측정과 정적측정이 있다.
② 인체측정학은 인체의 생화학적 특징을 다룬다.
③ 자세에 따른 인체치수의 변화는 없다고 가정한다.
④ 측정항목에 무게, 둘레, 두께, 길이는 포함되지 않는다.

해설 인체측정의 동적측정과 정적측정
• 동적측정(기능적 인체치수) : 일상생활에 적용하는 분야 측정, 신체적 기능을 수행할 때 움직이는 신체치수 측정, 인간공학적 설계를 위한 자료 목적
• 정적측정(구조적 인체치수) : 정지상태에서 신체치수를 기본으로 신체 각 부위의 무게, 무게중심, 부피, 운동범위, 관성 등의 물리적 특성을 측정

46. 시스템 안전분석 방법 중 예비위험분석(PHA) 단계에서 식별하는 4가지 범주에 속하지 않는 것은?

① 위기상태
② 무시가능상태
③ 파국적상태
④ 예비조치상태

해설 예비위험분석 단계에서의 4가지 범주는 파국적, 중대(위기적), 한계적, 무시가능으로 구분된다.

47. 다음은 불꽃놀이용 화학물질 취급 설비에 대한 정량적 평가이다. 해당 항목에 대한 위험등급이 올바르게 연결된 것은?

항목	A (10점)	B (5점)	C (2점)	D (0점)
취급 물질	○	○	○	
조작		○		○
화학설비의 용량	○		○	
온도	○	○		
압력			○	○

① 취급 물질-Ⅰ등급, 화학설비의 용량-Ⅰ등급
② 온도-Ⅰ등급, 화학설비의 용량-Ⅱ등급
③ 취급 물질-Ⅰ등급, 조작-Ⅳ등급
④ 온도-Ⅱ등급, 압력-Ⅲ등급

해설 정량적 평가

Ⅰ등급	16점 이상	위험도 높음
Ⅱ등급	11점 이상 16점 미만	다른 설비와 관련해서 평가
Ⅲ등급	11점 미만	위험도 낮음

㉠ 취급 물질 : 10+5+2=17점, Ⅰ등급
㉡ 조작 : 5+0=5점, Ⅲ등급
㉢ 화학설비의 용량 : 10+2=12점, Ⅱ등급
㉣ 온도 : 10+5=15점, Ⅱ등급
㉤ 압력 : 5+2+0=7점, Ⅲ등급

48. 인간-기계 시스템에서 시스템의 설계를 다음과 같이 구분할 때 제3단계인 기본 설계에 해당되지 않는 것은?

> 1단계 : 시스템의 목표와 성능 명세 결정
> 2단계 : 시스템의 정의
> 3단계 : 기본 설계
> 4단계 : 인터페이스 설계
> 5단계 : 보조물 설계
> 6단계 : 시험 및 평가

① 화면 설계　　② 작업 설계
③ 직무 분석　　④ 기능 할당

해설 3단계(기본 설계) : 시스템의 형태를 갖추기 시작하는 단계(직무 분석, 작업 설계, 기능 할당)

49. 어떤 소리가 1000Hz, 60dB인 음과 같은 높이임에도 4배 더 크게 들린다면, 이 소리의 음압수준은 얼마인가?

① 70dB　　② 80dB
③ 90dB　　④ 100dB

해설 소리의 음압수준
• 음압수준이 10dB 증가 시 소음은 2배 증가
• 음압수준이 20dB 증가 시 소음은 4배 증가
따라서 음압수준은 60dB+20dB=80dB이다.

50. 다음 중 연구기준의 요건과 내용이 옳은 것은?

① 무오염성 : 실제로 의도하는 바와 부합해야 한다.
② 적절성 : 반복시험 시 재현성이 있어야 한다.
③ 신뢰성 : 측정하고자 하는 변수 이외의 다른 변수의 영향을 받아서는 안 된다.
④ 민감도 : 피실험자 사이에서 볼 수 있는 예상 차이점에 비례하는 단위로 측정해야 한다.

해설 인간공학 연구조사에 사용되는 구비조건
• 무오염성(순수성) : 측정하고자 하는 변수 이외의 다른 변수에 영향을 받아서는 안 된다.
• 적절성(타당성) : 기준이 의도한 목적에 적합해야 한다.
• 신뢰성(반복성) : 반복시험 시 재연성이 있어야 한다. 척도의 신뢰성은 반복성을 의미한다.
• 민감도 : 피실험자 사이에서 볼 수 있는 예상 차이점에 비례하는 단위로 측정해야 한다.

51. 어느 부품 1000개를 100000시간 동안 가동하였을 때 5개의 불량품이 발생하였을 경우 평균동작시간(MTTF)은?

① 1×10^6시간   ② 2×10^7시간

③ 1×10^8시간   ④ 2×10^9시간

해설 평균동작시간 계산

㉠ 고장률(A) = $\dfrac{\text{고장 건수}}{\text{총 가동시간}}$

$= \dfrac{5}{1000 \times 100000} = 5 \times 10^{-8}$건/시간

㉡ MTTF = $\dfrac{1}{\text{고장률}} = \dfrac{1}{5 \times 10^{-8}} = 2 \times 10^7$시간

52. 시스템 안전분석 방법 중 HAZOP에서 "완전 대체"를 의미하는 것은?

① NOT   ② REVERSE

③ PART OF   ④ OTHER THAN

해설 유인어(guide words)
- No/Not : 설계의도의 완전한 부정
- More/Less : 정량적인 증가 또는 감소
- Part of : 성질상의 감소, 일부 변경
- Other Than : 완전한 대체
- Reverse : 설계의도와 논리적인 역을 의미
- As Well As : 성질상의 증가로 설계의도와 운전 조건 등 부가적인 행위와 함께 나타나는 것

53. 실린더 블록에 사용하는 가스켓의 수명분포는 $X \sim N(10000, 200^2)$인 정규분포를 따른다. $t = 9600$시간일 경우에 신뢰도 $(R(t))$는? (단, $P(Z \leq 1) = 0.8413$, $P(Z \leq 1.5) = 0.9332$, $P(Z \leq 2) = 0.9772$, $P(Z \leq 3) = 0.9987$이다.)

① 84.13%   ② 93.32%

③ 97.72%   ④ 99.87%

해설 정규분포 $P\left(Z \geq \dfrac{X - \mu}{\sigma}\right)$

여기서, X : 확률변수, μ : 평균, σ : 표준편차

$\rightarrow P\left(Z \geq \dfrac{9600 - 10000}{200}\right)$

$= P(Z \geq -2) = P(Z \leq 2) = 0.9772$

∴ 신뢰도 $R(t) = 0.9772 \times 100 = 97.72\%$

54. 신체활동의 생리학적 측정법 중 전신의 육체적인 활동을 측정하는데 가장 적합한 방법은?

① Flicker 측정
② 산소소비량 측정
③ 근전도(EMG) 측정
④ 피부전기반사(GSR) 측정

해설 ① Flicker - 정신적 피로도 측정
③ 근전도(EMG) - 국부적 근육활동 측정
④ 피부전기반사(GSR) - 정신적 피로도 측정

55. 신호검출이론(SDT)의 판정 결과 중 신호가 없었는데도 있었다고 말하는 경우는?

① 긍정(hit)
② 누락(miss)
③ 허위(false alarm)
④ 부정(correct rejection)

해설 신호검출이론은 긍정(hit), 허위(false alarm), 누락(miss), 부정(correct rejection)의 4가지가 있으며, 신호가 없었는데도 있었다고 하는 경우는 허위를 말한다.

56. 가스밸브를 잠그는 것을 잊어 사고가 발생했다면 작업자는 어떤 인적 오류를 범한 것인가?

① 생략오류(omission error)
② 시간지연오류(time error)
③ 순서오류(sequential error)

④ 작위적오류(commission error)

해설 인간 에러(human error)
- 생략, 누설, 부작위오류 : 작업공정 절차를 수행하지 않은 것에 기인한 에러
- 시간지연오류 : 시간지연으로 발생하는 에러
- 순서오류 : 작업공정의 순서착오로 발생한 에러
- 작위적오류, 실행오류 : 필요한 작업 또는 절차의 불확실한 수행으로 발생한 에러(선택, 순서, 시간, 정성적 착오)
- 과잉행동오류 : 불필요한 작업절차의 수행으로 발생한 에러

57. 산업안전보건법령상 유해·위험방지 계획서의 제출대상 제조업은 전기 계약용량이 얼마 이상인 경우에 해당되는가? (단, 기타 예외사항은 제외한다.)
① 50kW ② 100kW
③ 200kW ④ 300kW

해설 다음 각 호의 어느 하나에 해당하는 사업으로서 유해·위험방지 계획서의 제출대상 사업장의 전기 계약용량은 300kW 이상이어야 한다.
- 비금속 광물제품 제조업
- 금속가공제품(기계 및 가구는 제외) 제조업
- 기타 기계 및 장비 제조업
- 자동차 및 트레일러 제조업
- 목재 및 나무제품 제조업
- 고무제품 및 플라스틱 제품 제조업
- 화학물질 및 화학제품 제조업
- 1차 금속 제조업
- 전자부품 제조업
- 반도체 제조업
- 식료품 제조업
- 가구 제조업
- 기타 제품 제조업

58. 다음 중 열 중독증(heat illness)의 강도를 올바르게 나열한 것은?

> ㉠ 열소모(heat exhaustion)
> ㉡ 열발진(heat rash)
> ㉢ 열경련(heat cramp)
> ㉣ 열사병(heat stroke)

① ㉢<㉡<㉠<㉣ ② ㉢<㉡<㉣<㉠
③ ㉡<㉢<㉠<㉣ ④ ㉡<㉣<㉠<㉢

해설 열에 의한 손상은 열발진<열경련<열소모<열사병 순서이다.

59. 암호체계의 사용 시 고려해야 할 사항과 거리가 먼 것은?
① 정보를 암호화한 자극은 검출이 가능하여야 한다.
② 다차원의 암호보다 단일차원화 된 암호가 정보전달이 촉진된다.
③ 암호를 사용할 때는 사용자가 그 뜻을 분명히 알 수 있어야 한다.
④ 모든 암호 표시는 감지장치에 의해 검출될 수 있고, 다른 암호 표시와 구별될 수 있어야 한다.

해설 ② 색과 숫자의 중복으로 된 다차원 시각적 암호가 색이나 숫자로 된 단일 암호보다 정보전달이 촉진된다.

60. 사무실 의자나 책상에 적용할 인체측정자료의 설계원칙으로 가장 적합한 것은?
① 평균치 설계 ② 조절식 설계
③ 최대치 설계 ④ 최소치 설계

해설 조절식 설계 : 크고 작은 많은 사람에 맞도록 만들며, 조절범위는 통상 5~95%로 설계한다.

정답 57. ④ 58. ③ 59. ② 60. ②

4과목 건설시공학

61. 철골공사의 내화피복 공법에 해당하지 않는 것은?

① 표면탄화법   ② 뿜칠공법

③ 타설공법   ④ 조적공법

해설 철골공사의 내화피복 공법

- 습식공법 : 타설공법, 조적공법, 미장공법, 뿜칠공법
- 건식공법 : 성형판 붙임, 세라믹 피복
- 합성공법

Tip) 표면탄화법 - 목재의 내화피복 공법

62. 강관틀비계에서 주틀의 기둥관 1개당 수직하중의 한도는 얼마인가? (단, 견고한 기초 위에 설치하게 될 경우이다.)

① 16.5kN   ② 24.5kN

③ 32.5kN   ④ 38.5kN

해설 강관틀비계에서 주틀의 기둥관 1개당 수직하중은 24.5kN 이하로 한다.

63. 고압증기양생 경량 기포콘크리트(ALC)의 특징으로 거리가 먼 것은?

① 열전도율이 보통콘크리트의 1/10 정도이다.

② 경량으로 인력에 의한 취급이 가능하다.

③ 흡수율이 매우 낮은 편이다.

④ 현장에서 절단 및 가공이 용이하다.

해설 ③ 기포 공극이 많아 흡수율이 매우 좋은 편이다.

64. 콘크리트 타설 시 진동기를 사용하는 가장 큰 목적은?

① 콘크리트 타설 시 용이함

② 콘크리트의 응결, 경화 촉진

③ 콘크리트의 밀실화 유지

④ 콘크리트의 재료분리 촉진

해설 진동기의 사용 목적은 콘크리트를 밀실화하여 균질한 콘크리트를 얻기 위함이다.

65. 철골용접 부위의 비파괴검사에 관한 설명으로 옳지 않은 것은?

① 방사선검사는 필름의 밀착성이 좋지 않은 건축물에서도 검출이 우수하다.

② 침투탐상검사는 액체의 모세관 현상을 이용한다.

③ 초음파 탐상검사는 인간의 귀로 들을 수 없는 주파수를 갖는 초음파를 사용하여 결함을 검출하는 방법이다.

④ 외관검사는 용접을 한 용접공이나 용접관리 기술자가 하는 것이 원칙이다.

해설 ① 방사선검사는 물체에 X선, γ선을 투과하여 물체의 결함을 검출하는 방법으로 필름의 밀착성이 좋아야 한다.

66. 단순조적 블록쌓기에 관한 설명으로 옳지 않은 것은?

① 단순조적 블록쌓기의 세로줄눈은 도면 또는 공사시방서에서 정한 바가 없을 때에는 막힌 줄눈으로 한다.

② 살 두께가 작은 편을 위로 하여 쌓는다.

③ 줄눈 모르타르는 쌓은 후 줄눈누르기 및 줄눈파기를 한다.

④ 특별한 지정이 없으면 줄눈은 10mm가 되게 한다.

해설 ② 살 두께가 작은 편을 아래로 하고 큰 편을 위로 하여 쌓는다.

67. 다음 중 네트워크 공정표의 단점이 아닌 것은?

정답 61. ①   62. ②   63. ③   64. ③   65. ①   66. ②   67. ④

① 다른 공정표에 비하여 작성시간이 많이 필요하다.
② 작성 및 검사에 특별한 기능이 요구된다.
③ 진척관리에 있어서 특별한 연구가 필요하다.
④ 개개의 관련 작업이 도시되어 있지 않아 내용을 알기 어렵다.

해설 ④ 개개의 관련 작업이 도시되어 있어 내용을 알기 쉽다(장점).

68. 주문받은 건설업자가 대상 계획의 기업, 금융, 토지조달, 설계, 시공 등을 포괄하는 도급계약 방식을 무엇이라 하는가?

① 실비정산 보수가산도급
② 정액도급
③ 공동도급
④ 턴키도급

해설 턴키도급 : 건설업자가 금융, 토지조달, 설계, 시공, 시운전, 기계·기구 설치까지 조달해 주는 것으로 건축에 필요한 모든 사항을 포괄적으로 계약하는 방식

69. ALC 블록공사 시 내력벽쌓기에 관한 내용으로 옳지 않은 것은?

① 쌓기 모르타르는 교반기를 사용하여 배합하여, 1시간 이내에 사용해야 한다.
② 가로 및 세로줄눈의 두께는 3~5mm 정도로 한다.
③ 하루 쌓기 높이는 1.8m를 표준으로 하며, 최대 2.4m 이내로 한다.
④ 연석되는 벽면의 일부를 나중쌓기로 할 때에는 그 부분을 층단 떼어쌓기로 한다.

해설 ② 가로 및 세로줄눈의 두께는 1~3mm 정도로 한다.

70. 시험말뚝에 변형률계(strain gauge)와 가속도계(accelerometer)를 부착하여 말뚝항

타에 의한 파형으로부터 지지력을 구하는 시험은?

① 정재하시험
② 비비시험
③ 동재하시험
④ 인발시험

해설 동적재하시험
• 게이지 부착 : 시험말뚝에 천공한 구멍에 변형률계와 가속도계를 부착한다.
• 측정 : 지지력 확인을 위한 말뚝에 발생되는 압축력, 인장력, 응력파의 전달속도 등의 데이터를 얻어 타격 관입 중에 발생하는 힘과 속도를 검출하는 시험이다.

71. 지하 합벽 거푸집에서 측압에 대비하여 버팀대를 삼각형으로 일체화한 공법은 무엇인가?

① 1회용 리브라스 거푸집
② 와플 거푸집
③ 무폼타이 거푸집
④ 단열 거푸집

해설 무폼타이 거푸집 : 벽체 거푸집 설치 시 벽체 양면에 거푸집 설치가 곤란한 경우 한 면에만 거푸집을 설치하여, 폼타이 없이 거푸집에 작용하는 콘크리트 측압을 지지하도록 한 공법

72. 부재별 철근의 정착위치에 관한 설명으로 옳지 않은 것은?

① 작은 보의 주근은 슬래브에 정착한다.
② 기둥의 주근은 기초에 정착한다.
③ 바닥 철근은 보 또는 벽체에 정착한다.
④ 벽 철근은 기둥, 보 또는 바닥판에 정착한다.

해설 ① 작은 보의 주근은 큰 보에 정착한다.

73. 다음은 표준시방서에 따른 기성말뚝 세우기 작업 시 준수사항이다. (   ) 안에 들어

갈 내용으로 옳은 것은? (단, 보기항의 D는 말뚝의 바깥지름이다.)

> 말뚝의 연직도나 경사도는 (ⓐ) 이내로 하고, 말뚝박기 후 평면상의 위치가 설계 도면의 위치로부터 (ⓑ)와 100mm 중 큰 값 이상으로 벗어나지 않아야 한다.

① ⓐ : 1/50, ⓑ : D/4
② ⓐ : 1/150, ⓑ : D/4
③ ⓐ : 1/100, ⓑ : D/2
④ ⓐ : 1/150, ⓑ : D/2

해설 말뚝의 연직도나 경사도는 1/50 이내로 하고, 말뚝박기 후 평면상의 위치가 설계 도면의 위치로부터 D/4(D는 말뚝의 외경)와 100mm 중 큰 값 이상으로 벗어나지 않아야 한다.(21년도 개정)
(※ 관련 규정 개정 전 문제로 본서에서는 기존 정답인 ①번을 수정하여 정답으로 한다. 개정된 내용은 해설참조)

74. 제자리 콘크리트 말뚝지정 중 베노트 파일의 특징에 관한 설명으로 옳지 않은 것은?

① 기계가 저가이고 굴착속도가 비교적 빠르다.
② 케이싱을 지반에 압입해 가면서 관 내부토사를 특수한 버킷으로 굴착 배토한다.
③ 말뚝구멍의 굴착 후에는 철근콘크리트 말뚝을 제자리치기 한다.
④ 여러 지질에 안전하고 정확하게 시공할 수 있다.

해설 ① 기계가 고가이고 대형 기계이다.

75. 철골공사 중 현장에서 보수도장이 필요한 부위에 해당되지 않는 것은?

① 현장용접을 한 부위
② 현장접합 재료의 손상 부위

③ 조립상 표면접합이 되는 면
④ 운반 또는 양중 시 생긴 손상 부위

해설 보수도장이 필요한 부위 : 현장용접을 한 부위, 현장접합 재료의 손상 부위, 현장접합에 의한 볼트류의 두부, 너트, 와셔, 운반 또는 양중 시 생긴 손상 부위
Tip) ③은 보수도장할 필요는 없다.

76. 웰 포인트(well point) 공법에 관한 설명으로 옳지 않은 것은?

① 강제 배수공법의 일종이다.
② 투수성이 비교적 낮은 사질 실트층까지도 배수가 가능하다.
③ 흙의 안전성을 대폭 향상시킨다.
④ 인근 건축물의 침하에 영향을 주지 않는다.

해설 ④ 강제 배수공법으로서 지하수, 공극수 배출에 의한 압밀침하가 주변 지반에 영향을 미친다.

77. 갱 폼(gang form)에 관한 설명으로 옳지 않은 것은?

① 타워크레인, 이동식크레인 같은 양중장비가 필요하다.
② 벽과 바닥의 콘크리트 타설을 한 번에 가능하게 하기 위하여 벽체 및 슬래브 거푸집을 일체로 제작한다.
③ 공사 초기 제작기간이 길고 투자비가 큰 편이다.
④ 경제적인 전용횟수는 30~40회 정도이다.

해설 갱 폼은 대형벽체 거푸집이다.
Tip) ② : 터널 폼(tunnel form)

78. 철골기둥의 이음 부분 면을 절삭가공기를 사용하여 마감하고 충분히 밀착시킨 이음에 해당하는 용어는?

① 밀 스케일(mill scale)
② 스캘럽(scallop)
③ 스패터(spatter)
④ 메탈터치(metal touch)

해설 메탈터치 : 기둥의 이음면 밀착을 좋게 하여 축력의 이음면을 통해 직접 전달하는 이음방식이다.

79. 공사의 도급계약에 명시하여야 할 사항과 가장 거리가 먼 것은? (단, 첨부서류가 아닌 계약서상 내용을 의미한다.)

① 공사내용
② 구조설계에 따른 설계방법의 종류
③ 공사착수의 시기와 공사완성의 시기
④ 하자담보 책임기간 및 담보방법

해설 도급계약에 명시하여야 할 사항
• 공사내용에 관한 사항
• 공사착수의 시기와 공사완성의 시기
• 하자담보 책임기간 및 담보방법
• 도급액 지불방법, 지불시기에 관한 사항
• 인도, 검사 및 인도시기에 관한 사항
• 설계변경, 공사 중지의 경우 도급액 변경, 손해부담에 관한 사항

80. 지하연속벽(slurry wall) 굴착공사 중 공벽 붕괴의 원인으로 보기 어려운 것은?

① 지하수위의 급격한 상승
② 안정액의 급격한 점도 변화
③ 물 다짐하여 매립한 지반에서 시공
④ 공사 시 공법의 특성으로 발생하는 심한 진동

해설 ④ 공사 시 공법의 특성으로 소음과 진동이 발생하지 않는다.

5과목 **건설재료학**

81. 다음 미장재료 중 수경성 재료인 것은?

① 회반죽
② 회사벽
③ 석고 플라스터
④ 돌로마이트 플라스터

해설 기경성 재료 : 회반죽, 회사벽, 돌로마이트 플라스터, 진흙질, 소석회, 아스팔트 모르타르 등

82. 부재 두께의 증가에 따른 강도 저하, 용접성 확보 등에 대응하기 위해 열간압연 시 냉각 조건을 조절하여 냉각속도에 의해 강도를 상승시킨 구조용 특수강재는?

① 일반구조용 압연강재
② 용접구조용 압연강재
③ TMC 강재
④ 내후성 강재

해설 TMC 강재 : 용접성 확보 등에 대응하기 위해 열간압연 시 냉각 조건을 조절하여 강도를 상승시킨 구조용 특수강재로 열처리와 소성가공을 결합시킨 방법으로 제작한다.

83. 다음 중 고로시멘트의 특징으로 옳지 않은 것은?

① 고로시멘트는 포틀랜드 시멘트 클링커에 급랭한 고로슬래그를 혼합한 것이다.
② 초기강도는 약간 낮으나 장기강도는 보통 포틀랜드 시멘트와 같거나 그 이상이 된다.
③ 보통 포틀랜드 시멘트에 비해 화학저항성이 매우 낮다.
④ 수화열이 적어 매스콘크리트에 적합하다.

해설 ③ 보통 포틀랜드 시멘트에 비해 화학저항성이 높다.

84. 목재를 이용한 가공제품에 관한 설명으로 옳은 것은?

① 집성재는 두께 1.5～3cm의 널을 접착제로 섬유 평행 방향으로 겹쳐 붙여서 만든 제품이다.

② 합판은 3매 이상의 얇은 판을 1매마다 접착제로 섬유 평행 방향으로 겹쳐 붙여서 만든 제품이다.

③ 연질섬유판은 두께 50mm, 너비 100mm의 긴 판에 표면을 리브로 가공하여 만든 제품이다.

④ 파티클 보드는 코르크 나무의 수피를 분말로 가열, 성형, 접착하여 만든 제품이다.

해설 집성재

• 제재판재 또는 소각재 등의 각판재를 서로 섬유 방향을 평행하게 길이·너비 및 두께 방향으로 겹쳐 접착제로 붙여서 만든 것을 말한다.

• 두께 1.5～3cm의 단판을 접착한 제품이다.

85. 플라스틱 제품 중 비닐레더(vinyl leather)에 관한 설명으로 옳지 않은 것은?

① 색채, 모양, 무늬 등을 자유롭게 할 수 있다.

② 면포로 된 것은 찢어지지 않고 튼튼하다.

③ 두께는 0.5～1mm이고 길이는 10m의 두루마리로 만든다.

④ 커튼, 테이블크로스, 방수막으로 사용된다.

해설 비닐레더(vinyl leather)

• 색채, 모양, 무늬 등을 자유롭게 할 수 있다.

• 면포로 된 것은 찢어지지 않고 튼튼하다.

• 두께는 0.5～1mm이고 길이는 10m의 두루마리로 만든다.

Tip) 커튼, 테이블크로스, 방수막으로는 자기 점착성 필름이 사용된다.

86. 알루미늄의 성질에 관한 설명으로 옳지 않은 것은?

① 비중이 철에 비해 약 1/3 정도이다.

② 황산, 인산 중에서는 침식되지만 염산 중에서는 침식되지 않는다.

③ 열, 전기의 양도체이며 반사율이 크다.

④ 부식률은 대기 중의 습도와 염분함유량, 불순물의 양과 질 등에 관계되며 0.08mm/년 정도이다.

해설 ② 황산, 인산, 질산, 염산 중에서 침식

87. 목재 건조 시 생재를 수중에 일정기간 침수시키는 주된 이유는?

① 재질을 연하게 만들어 가공하기 쉽게 하기 위하여

② 목재의 내화도를 높이기 위하여

③ 강도를 크게 하기 위하여

④ 건조기간을 단축시키기 위하여

해설 목재 건조 시 생재를 수중에 일정기간 침수시키면 자연상태에서 건조하는 것보다 건조기간이 단축되며, 목재의 변형도 적다.

88. 다음 중 방청도료에 해당되지 않는 것은?

① 광명단 조합페인트

② 클리어래커

③ 에칭프라이머

④ 징크로메이트 도료

해설 방청도료 : 광명단 조합페인트, 에칭프라이머, 징크로메이트 도료, 알루미늄 도료, 규산도료, 크롬산아연, 워시프라이머 등

Tip) ②는 광택이 있는 내부 목재용

89. 보통 시멘트 콘크리트와 비교한 폴리머 시멘트 콘크리트의 특징으로 옳지 않은 것은?

① 유동성이 감소하여 일정 워커빌리티를 얻는 데 필요한 물-시멘트비가 증가한다.
② 모르타르, 강재, 목재 등의 각종 재료와 잘 접착한다.
③ 방수성 및 수밀성이 우수하고 동결융해에 대한 저항성이 양호하다.
④ 휨, 인장강도 및 신장능력이 우수하다.

해설 ① 포틀랜드 시멘트에 폴리머를 혼입한 콘크리트로 물-시멘트비가 증가하지 않는다.

90. 실리콘(silicon)수지에 관한 설명으로 옳지 않은 것은?

① 실리콘수지는 내열성, 내한성이 우수하여 -60~260℃의 범위에서 안정하다.
② 탄성을 지니고 있고, 내후성도 우수하다.
③ 발수성이 있기 때문에 건축물, 전기절연물 등의 방수에 쓰인다.
④ 도료로 사용할 경우 안료로서 알루미늄 분말을 혼합한 것은 내화성이 부족하다.

해설 ④ 알루미늄 도료는 방청도료이다.

91. 다음 제품 중 점토로 제작된 것이 아닌 것은?

① 경량벽돌
② 테라코타
③ 위생도기
④ 파키트리 패널

해설 ④는 목재 마루판재

92. 다음 각 도료에 관한 설명으로 옳지 않은 것은?

① 유성페인트 : 건조시간이 길고 피막이 튼튼하고 광택이 있다.
② 수성페인트 : 유성페인트에 비하여 광택이 매우 우수하고 내구성 및 내마모성이 크다.
③ 합성수지페인트 : 도막이 단단하고 내산성 및 내알칼리성이 우수하다.

④ 에나멜페인트 : 건조가 빠르고, 내수성 및 내약품성이 우수하다.

해설 ② 수성페인트 : 유성페인트에 비하여 광택이 없으며, 내수성 및 내구성이 약하다.

93. 경질우레탄 폼 단열재에 관한 설명으로 옳지 않은 것은?

① 규격은 한국산업표준(KS)에 규정되어 있다.
② 공사현장에서 발포시공이 가능하다.
③ 사용시간이 경과함에 따라 부피가 팽창하는 결점이 있다.
④ 초저온 장치용 보냉제로 사용된다.

해설 ③ 경질우레탄 폼 단열재는 사용시간이 경과함에 따라 변형률이 매우 작다.

94. 콘크리트용 골재의 요구성능에 관한 설명으로 옳지 않은 것은?

① 골재의 강도는 경화한 시멘트 페이스트 강도보다 클 것
② 골재의 형태가 예각이며, 표면은 매끄러울 것
③ 골재의 입형이 둥글고 입도가 고를 것
④ 먼지 또는 유기 불순물을 포함하지 않을 것

해설 ② 골재는 표면이 거칠고, 둔각으로 된 것이 좋다.

95. 양질의 도토 또는 장석분을 원료로 하며, 흡수율이 1% 이하로 거의 없고 소성온도가 약 1230~1460℃인 점토제품은?

① 토기
② 석기
③ 자기
④ 도기

해설 점토제품의 종류

구분	소성온도(℃)	흡수율(%)	점토제품
토기	790~1000	20 이상	기와, 벽돌, 토관

도기	1100~1230	10	타일, 테라코타, 위생도기
석기	1160~1350	3~10	타일, 클링커 타일
자기	1250~1430	0~1	자기질 타일, 모자이크 타일, 위생도기

96. 콘크리트의 워커빌리티(workability)에 관한 설명으로 옳지 않은 것은?

① 과도하게 비빔시간이 길면 시멘트의 수화를 촉진하여 워커빌리티가 나빠진다.

② 단위 수량을 너무 증가시키면 재료분리가 생기기 쉽기 때문에 워커빌리티가 좋아진다고 볼 수 없다.

③ AE제를 혼입하면 워커빌리티가 좋아진다.

④ 깬자갈이나 깬모래를 사용할 경우, 잔골재율을 작게 하고 단위 수량을 감소시켜 워커빌리티가 좋아진다.

[해설] ④ 깬자갈이나 깬모래를 사용할 경우, 워커빌리티가 저하된다.

97. 건축물에 사용되는 천장마감재의 요구성능으로 옳지 않은 것은?

① 내충격성 ② 내화성

③ 흡음성 ④ 차음성

[해설] 천장마감재의 요구성능은 내화성, 흡음성, 방음 및 차음성 등이다.

98. 세라믹 재료의 일반적인 특성에 관한 설명으로 옳지 않은 것은? [20.3]

① 내열성, 화학저항성이 우수하다.

② 전·연성이 매우 뛰어나 가공이 용이하다.

③ 단단하고, 압축강도가 높다.

④ 전기절연성이 있다.

[해설] ② 전·연성이 없어 변형 가공이 어렵다.

99. 한중콘크리트의 배합에 관한 설명으로 옳지 않은 것은?

① 한중콘크리트에는 일반콘크리트만을 사용하고, AE콘크리트의 사용을 금한다.

② 단위 수량은 초기동해를 적게 하기 위하여 소요의 워커빌리티를 유지할 수 있는 범위 내에서 되도록 적게 정하여야 한다.

③ 물-결합재비는 원칙적으로 60% 이하로 하여야 한다.

④ 배합강도 및 물-결합재비는 적산온도 방식에 의해 결정할 수 있다.

[해설] ① 한중콘크리트에는 물의 사용량을 적게 하고, AE감수제 등의 표면활성제를 사용한다.

100. 유리의 주성분 중 가장 많이 함유되어 있는 것은?

① CaO ② SiO_2 ③ Al_2O_3 ④ MgO

[해설] 유리는 주성분으로 이산화규소(SiO_2) 99.5%를 함유하고 있다.

6과목 **건설안전기술**

101. 비계의 높이가 2m 이상의 작업장소에 설치하는 작업발판의 설치기준으로 옳지 않은 것은? (단, 달비계, 달대비계 및 말비계는 제외)

① 작업발판의 폭은 40cm 이상으로 한다.

② 작업발판 재료는 뒤집히거나 떨어지지 않도록 하나 이상의 지지물에 연결하거나 고정시킨다.

③ 발판재료 간의 틈은 3cm 이하로 한다.

④ 작업발판의 지지물은 하중에 의하여 파괴될 우려가 없는 것을 사용한다.

해설 ② 작업발판 재료는 뒤집히거나 떨어지지 않도록 2개 이상의 지지물에 연결하거나 고정시킨다.

102. NATM 공법 터널공사의 경우 록 볼트 작업과 관련된 계측 결과에 해당되지 않는 것은?

① 내공변위 측정 결과

② 천단침하 측정 결과

③ 인발시험 결과

④ 진동 측정 결과

해설 터널작업 시 계측관리사항

- 터널 내부 육안 조사
- 내공변위 측정
- 천단침하 측정
- 록볼트 축력 측정
- 인발시험 결과
- 지표면 침하, 지중 침하
- 지중변위 측정, 지중 수평변위, 지하수위 측정

103. 거푸집 동바리 등을 조립하는 경우에 준수하여야 할 사항으로 옳지 않은 것은?

① 깔목의 사용, 콘크리트 타설, 말뚝박기 등 동바리의 침하를 방지하기 위한 조치를 할 것

② 개구부 상부에 동바리를 설치하는 경우에는 상부 하중을 견딜 수 있는 견고한 받침대를 설치할 것

③ 거푸집이 곡면인 경우에는 버팀대의 부착

등 그 거푸집의 부상(浮上)을 방지하기 위한 조치를 할 것

④ 동바리의 이음은 맞댄이음이나 장부이음을 피할 것

해설 ④ 동바리의 이음은 맞댄이음이나 장부이음으로 하고 같은 품질의 재료를 사용할 것

104. 불도저를 이용한 작업 중 안전조치사항으로 옳지 않은 것은?

① 작업종료와 동시에 삽날을 지면에서 띄우고 주차 제동장치를 건다.

② 모든 조종간은 엔진 시동 전에 중립위치에 놓는다.

③ 장비의 승차 및 하차 시 뛰어내리거나 오르지 말고 안전하게 잡고 오르내린다.

④ 야간작업 시 자주 장비에서 내려와 장비 주위를 살피며 점검하여야 한다.

해설 ① 작업종료와 동시에 삽날을 지면에 내리고 주차 제동장치를 건다.

105. 콘크리트 타설작업과 관련하여 준수하여야 할 사항으로 가장 거리가 먼 것은?

① 당일의 작업을 시작하기 전에 해당 작업에 관한 거푸집 동바리 등의 변형·변위 및 지반의 침하 유무 등을 점검하고 이상이 있으면 보수할 것

② 콘크리트를 타설하는 경우에는 편심이 발생하지 않도록 골고루 분산하여 타설할 것

③ 진동기의 사용은 많이 할수록 균일한 콘크리트를 얻을 수 있으므로 가급적 많이 사용할 것

④ 설계도서상의 콘크리트 양생기간을 준수하여 거푸집 동바리 등을 해체할 것

해설 ③ 진동기의 지나친 진동은 거푸집이 도괴될 수 있으므로 주의하여야 한다.

106. 다음 중 화물취급작업과 관련한 위험방지를 위해 조치하여야 할 사항으로 옳지 않은 것은?

① 하역작업을 하는 장소에서 작업장 및 통로의 위험한 부분에는 안전하게 작업할 수 있는 조명을 유지할 것

② 하역작업을 하는 장소에서 부두 또는 안벽의 선을 따라 통로를 설치하는 경우에는 폭을 50cm 이상으로 할 것

③ 차량 등에서 화물을 내리는 작업을 하는 경우에 해당 작업에 종사하는 근로자에게 쌓여 있는 화물 중간에서 화물을 빼내도록 하지 말 것

④ 꼬임이 끊어진 섬유로프 등을 화물운반용 또는 고정용으로 사용하지 말 것

해설 ② 하역작업을 하는 장소에서 부두 또는 안벽의 통로 설치는 폭을 90cm 이상으로 할 것

107. 다음 중 유해·위험방지 계획서를 제출하려고 할 때 그 첨부서류와 가장 거리가 먼 것은?

① 공사개요서
② 산업안전보건관리비 작성요령
③ 전체 공정표
④ 재해 발생 위험 시 연락 및 대피방법

해설 유해·위험방지 계획서 제출 시 첨부서류
• 공사개요서
• 전체 공정표
• 안전관리조직표
• 산업안전보건관리비 사용계획
• 재해 발생 위험 시 연락 및 대피방법
• 건설물, 사용 기계설비 등의 배치를 나타내는 도면
• 공사현장의 주변 현황 및 주변과의 관계를 나타내는 도면(매설물 현황을 포함한다.)

108. 건설재해 대책의 사면 보호공법 중 식물을 생육시켜 그 뿌리로 사면의 표층토를 고정하여 빗물에 의한 침식, 동상, 이완 등을 방지하고, 녹화에 의한 경관조성을 목적으로 시공하는 것은?

① 식생공
② 쉴드공
③ 뿜어 붙이기공
④ 블록공

해설 식생공 : 법면에 식물을 심어 번식시켜 법면의 침식과 동상, 이완 등을 방지하는 공법

109. 건설현장에 설치하는 사다리식 통로의 설치기준으로 옳지 않은 것은?

① 발판과 벽과의 사이는 15cm 이상의 간격을 유지할 것
② 발판의 간격은 일정하게 할 것
③ 사다리의 상단은 걸쳐 놓은 지점으로부터 60cm 이상 올라가도록 할 것
④ 사다리식 통로의 길이가 10m 이상인 경우에는 3m 이내마다 계단참을 설치할 것

해설 ④ 사다리식 통로의 길이가 10m 이상인 경우에는 5m 이내마다 계단참을 설치할 것

110. 표준관입시험에 관한 설명으로 옳지 않은 것은?

① N치(N-value)는 지반을 30cm 굴진하는데 필요한 타격횟수를 의미한다.
② N치가 4~10일 경우 모래의 상대밀도는 매우 단단한 편이다.
③ 63.5kg 무게의 추를 76cm 높이에서 자유낙하하여 타격하는 시험이다.
④ 사질지반에 적용하며, 점토지반에서는 편차가 커서 신뢰성이 떨어진다.

해설 타격횟수에 따른 지반밀도

타격횟수		구분
모래지반	점토지반	
3 이하	2 이하	아주 느슨(연약)
4~10	3~4	느슨(연약)
10~30	4~8	보통
30~50	8~15	조밀(접착력)
50 이상	15~30	아주 조밀(강한 접착력)
-	30 이상	견고(경질)

111. 건설공사의 산업안전보건관리비 계상 시 대상액이 구분되어 있지 않은 공사는 도급계약 또는 자체사업 계획상의 총 공사금액 중 얼마를 대상액으로 하는가?

① 50%   ② 60%   ③ 70%   ④ 80%

해설 대상액이 구분되어 있지 않은 공사는 도급계약 또는 자체사업 계획상의 총 공사금액의 70%를 대상액으로 안전관리비를 계산한다.

112. 흙막이 지보공을 설치하였을 경우 정기적으로 점검하고 이상을 발견하면 즉시 보수하여야 하는 사항과 가장 거리가 먼 것은?

① 부재의 접속부·부착부 및 교차부의 상태
② 버팀대의 긴압(緊壓)의 정도
③ 부재의 손상·변형·부식·변위 및 탈락의 유무와 상태
④ 지표수의 흐름상태

해설 ④ 지반의 지하수위 상태 – 굴착작업 시 사전조사사항

113. 작업발판 및 통로의 끝이나 개구부로서 근로자가 추락할 위험이 있는 장소에서 난간 등의 설치가 매우 곤란하거나 작업의 필요상 임시로 난간 등을 해체하여야 하는 경우에 설치하여야 하는 것은?

① 구명구   ② 수직보호망
③ 석면포   ④ 추락방호망

해설 • 추락의 방지 : 사업주는 작업장이나 기계·설비의 바닥·작업발판 및 통로 등의 끝이나 개구부로부터 근로자가 추락하거나 넘어질 위험이 있는 장소에는 안전난간, 울, 손잡이 또는 충분한 강도를 가진 덮개 등을 설치하는 등의 필요한 조치를 하여야 한다.
• 작업발판 및 통로의 끝이나 개구부로서 근로자가 추락할 위험이 있는 장소에 난간, 울타리 등의 설치가 매우 곤란한 경우 추락방호망(안전망) 등의 안전조치를 충분히 하여야 한다.

114. 산업안전보건법령에 따른 양중기의 종류에 해당하지 않는 것은?

① 곤돌라   ② 리프트
③ 클램쉘   ④ 크레인

해설 양중기의 종류에는 크레인, 이동식 크레인, 리프트, 곤돌라, 승강기 등이 있다.

115. 철골용접부의 내부결함을 검사하는 방법으로 가장 거리가 먼 것은?

① 알칼리 반응시험
② 방사선 투과시험
③ 자기분말 탐상시험
④ 침투탐상시험

해설 용접 결함검사

내부검사	• 방사선 투과시험 • 초음파 탐상시험
표면검사	• 육안검사 • 자분탐상시험 • 액체침투 탐상시험
알칼리 반응시험(KS F 2545)은 골재시험	

(※ 문제 오류로 가답안 발표 시 ①번으로 발표되었지만, 확정 답안 발표 시 ①, ③, ④번 모두 정답으로 발표되었다. 본서에서는 ①번을 정답으로 한다.)

116. 도심지 폭파 해체공법에 관한 설명으로 옳지 않은 것은?

① 장기간 발생하는 진동, 소음이 적다.
② 해체속도가 빠르다.
③ 주위의 구조물에 끼치는 영향이 적다.
④ 많은 분진 발생으로 민원을 발생시킬 우려가 있다.

해설 ③ 도심지 폭파 해체공법은 주위의 구조물에 끼치는 영향이 매우 크다.

117. 근로자의 추락 등의 위험을 방지하기 위한 안전난간의 설치요건에서 상부 난간대를 120 cm 이상 지점에 설치하는 경우 중간 난간대를 최소 몇 단 이상 균등하게 설치하여야 하는가?

① 2단　② 3단　③ 4단　④ 5단

해설 안전난간의 구성
• 상부 난간대는 90 cm 이상 120 cm 이하 지점에 설치하며, 120 cm 이상 지점에 설치할 경우 중간 난간대를 2단 이상으로, 최소 60 cm마다 균등하게 설치할 것
• 발끝막이판은 바닥면 등으로부터 10 cm 이상의 높이를 유지할 것
• 난간대의 지름은 2.7 cm 이상의 금속 파이프나 그 이상의 강도를 가지는 재료일 것
• 임의의 방향으로 움직이는 100 kg 이상의 하중에 견딜 수 있을 것

118. 말비계를 조립하여 사용하는 경우 지주부재와 수평면의 기울기는 얼마 이하로 하여야 하는가?

① 65°　② 70°
③ 75°　④ 80°

해설 지주부재와 수평면과의 기울기는 75° 이하로 할 것

119. 지반 등의 굴착 시 위험을 방지하기 위한 연암 지반 굴착면의 기울기 기준으로 옳은 것은?

① 1 : 0.3　② 1 : 0.8
③ 1 : 1.0　④ 1 : 1.5

해설 암반의 연암 지반 굴착면의 기울기는 1 : 1.0이다.

120. 흙막이공법을 흙막이 지지방식에 의한 분류와 구조방식에 의한 분류로 나눌 때 다음 중 지지방식에 의한 분류에 해당하는 것은 어느 것인가?

① 수평 버팀대식 흙막이공법
② H–Pile 공법
③ 지하연속법 공법
④ top down method 공법

해설 흙막이공법
• 지지방식
　㉠ 자립식 공법 : 줄기초 흙막이, 어미말뚝식 흙막이, 연결재 당겨매기식 흙막이
　㉡ 버팀대식 공법 : 수평 버팀대식, 경사 버팀대식, 어스앵커 공법
• 구조방식
　㉠ 널말뚝공법 : 목재, 철재 널말뚝공법
　㉡ 지하연속벽 공법
　㉢ 구체흙막이 공법
　㉣ H–Pile 공법
　㉤ top down method 공법

2021년도(1회차) 출제문제

|건|설|안|전|기|사|

1과목 산업안전관리론

1. 다음 중 안전관리에 있어 5C운동(안전행동 실천운동)에 해당하지 않는 것은?

① 통제관리(Control)
② 정리정돈(Clearance)
③ 청소청결(Cleaning)
④ 전심전력(Concentration)

해설 5C운동(안전행동 실천운동)
• 복장단정(Correctness)
• 정리정돈(Clearance)
• 청소청결(Cleaning)
• 점검확인(Checking)
• 전심전력(Concentration)

2. 연평균 200명의 근로자가 작업하는 사업장에서 연간 2건의 재해가 발생하여 사망이 2명, 50일의 휴업일수가 발생했을 때, 이 사업장의 강도율은? (단, 근로자 1명당 연간 근로시간은 2400시간으로 한다.)

① 약 15.7
② 약 31.3
③ 약 65.5
④ 약 74.3

해설 강도율 $= \dfrac{\text{근로손실일수}}{\text{연근로 총 시간 수}} \times 1000$

$= \dfrac{(7500 \times 2) + \left(50 \times \dfrac{300}{365}\right)}{200 \times 2400} \times 1000$

$= 31.33$

3. 산업안전보건법령상 안전보건표지의 색채와 색도기준의 연결이 옳은 것은? (단, 색도

기준은 한국산업표준(KS)에 따른 색의 3속성에 의한 표시방법에 따른다.)

① 흰색 : N0.5
② 녹색 : 5G 5.5/6
③ 빨간색 : 5R 4/12
④ 파란색 : 2.5PB 4/10

해설 ① 흰색 : N9.5, ② 녹색 : 2.5G 4/10, ③ 빨간색 : 7.5R 4/14

4. 위험예지훈련의 문제해결 4단계(4R)에 속하지 않는 것은?

① 현상파악
② 본질추구
③ 대책수립
④ 후속조치

해설 문제해결의 4라운드

1R	2R	3R	4R
현상파악	본질추구	대책수립	행동 목표 설정

5. 산업안전보건법령상 건설업의 경우 안전보건관리규정을 작성하여야 하는 상시근로자수 기준으로 옳은 것은?

① 50명 이상
② 100명 이상
③ 200명 이상
④ 300명 이상

해설 건설업의 경우 상시근로자 수가 100명 이상이면 안전보건관리규정을 작성하여야한다.

6. 작업자가 기계 등의 취급을 잘못해도 사고가 발생하지 않도록 방지하는 기능은?

① back up 기능
② fail safe 기능
③ 다중계화 기능
④ fool proof 기능

정답 1. ① 2. ② 3. ④ 4. ④ 5. ② 6. ④

해설 풀 프루프(fool proof)
- 사용자의 실수가 있어도 안전장치가 설치되어 재해로 연결되지 않는 구조이다.
- 오조작을 하여도 사고가 발생하지 않는다.
- 초보자가 작동을 시켜도 안전하다는 뜻이다.

7. 시설물의 안전 및 유지관리에 관한 특별법상 다음과 같이 정의되는 것은?

> 시설물의 붕괴, 전도 등으로 인한 재난 또는 재해가 발생할 우려가 있는 경우에 시설물의 물리적·기능적 결함을 신속하게 발견하기 위하여 실시하는 점검

① 긴급안전점검 ② 특별안전점검
③ 정밀안전점검 ④ 정기안전점검

해설 지문은 긴급안전점검에 관한 설명이다.

8. 재해의 분석에 있어 사고유형, 기인물, 불안전한 상태, 불안전한 행동을 하나의 축으로 하고, 그것을 구성하고 있는 몇 개의 분류 항목을 크기가 큰 순서대로 나열하여 비교하기 쉽게 도시한 통계 양식의 도표는?

① 직선도 ② 특성요인도
③ 파레토도 ④ 체크리스트

해설 파레토도 : 사고의 유형, 기인물 등 분류 항목을 큰 값에서 작은 값의 순서대로 도표화한다.

9. 산업안전보건법령상 사업주의 의무에 해당하지 않는 것은?

① 산업재해예방을 위한 기준 준수
② 사업장의 안전 및 보건에 관한 정보를 근로자에게 제공
③ 산업안전 및 보건 관련 단체 등에 대한 지원 및 지도·감독

④ 근로자의 신체적 피로와 정신적 스트레스 등을 줄일 수 있는 쾌적한 작업환경의 조성 및 근로 조건 개선

해설 ③은 정부의 책무이다.

10. 재해조사 시 유의사항으로 틀린 것은?

① 인적, 물적 양면의 재해요인을 모두 도출한다.
② 책임 추궁보다 재발방지를 우선하는 기본태도를 갖는다.
③ 목격자 등이 증언하는 사실 이외의 추측의 말은 참고만 한다.
④ 목격자의 기억보존을 위하여 조사는 담당자 단독으로 신속하게 실시한다.

해설 ④ 조사는 신속히 행하고, 제3자의 입장에서 공정하게 조사하며 그러기 위해 조사는 2인 이상이 한다.

11. 재해 발생의 간접원인 중 교육적 원인에 속하지 않는 것은?

① 안전수칙의 오해
② 경험훈련의 미숙
③ 안전지식의 부족
④ 작업지시 부적당

해설 ④는 작업 관리상 원인이다.

12. 산업안전보건법령상 산업안전보건관리비 사용명세서는 건설공사 종료 후 얼마간 보존해야 하는가? (단, 공사가 1개월 이내에 종료되는 사업은 제외한다.)

① 6개월간 ② 1년간
③ 2년간 ④ 3년간

해설 산업안전보건관리비 사용명세서는 건설공사 종료 후 1년간 보존해야 한다.

정답 7. ① 8. ③ 9. ③ 10. ④ 11. ④ 12. ②

13. 보호구 안전인증 고시상 성능이 다음과 같은 방음용 귀마개(기호)로 옳은 것은?

> 저음부터 고음까지 차음하는 것

① EP-1   ② EP-2
③ EP-3   ④ EP-4

해설 귀마개와 귀덮개의 등급과 적용범위
• 귀마개(EP)

등급	기호	성능
1종	EP-1	저음부터 고음까지 차음하는 것
2종	EP-2	주로 고음을 차음하고, 저음인 회화음영역은 차음하지 않는 것

• 귀덮개(EM)

14. 산업안전보건기준에 관한 규칙상 지게차를 사용하는 작업을 하는 때의 작업시작 전 점검사항에 명시되지 않은 것은?
① 제동장치 및 조종장치 기능의 이상 유무
② 하역장치 및 유압장치 기능의 이상 유무
③ 와이어로프가 통하고 있는 곳 및 작업장소의 지반상태
④ 전조등·후미등·방향지시기 및 경보장치 기능의 이상 유무

해설 ③은 이동식 크레인 작업시작 전 점검사항

15. 산업안전보건법령상 산업안전보건위원회의 심의·의결사항에 명시되지 않은 것은? (단, 그 밖에 해당 사업장 근로자의 안전 및 보건을 유지·증진시키기 위하여 필요한 사항은 제외)
① 사업장의 산업재해 예방계획의 수립에 관한 사항
② 산업재해에 관한 통계의 기록 및 유지에 관한 사항

③ 작업환경 측정 등 작업환경의 점검 및 개선에 관한 사항
④ 안전장치 및 보호구 구입 시 적격품 여부 확인에 관한 사항

해설 ④는 안전보건관리책임자의 업무내용

16. 재해손실비 중 직접비에 속하지 않는 것은?
① 요양급여   ② 장해급여
③ 휴업급여   ④ 영업손실비

해설 ④는 간접비이다.

17. 버드(F. Bird)의 사고 5단계 연쇄성 이론에서 제3단계에 해당하는 것은?
① 상해(손실)   ② 사고(접촉)
③ 직접원인(징후)   ④ 기본원인(기원)

해설 버드(Bird)의 도미노 이론

1단계	2단계	3단계	4단계	5단계
제어부족 : 관리부족	기본원인 : 기원	직접원인 : 징후	사고 : 접촉	상해 : 손실

18. 브레인스토밍(brain storming) 4원칙에 속하지 않는 것은?
① 비판수용   ② 대량발언
③ 자유분방   ④ 수정발언

해설 브레인스토밍의 4원칙 : 비판금지, 자유분방, 대량발언, 수정발언

19. 산업안전보건법령상 안전인증대상 기계 등에 명시되지 않은 것은?
① 곤돌라   ② 연삭기
③ 사출성형기   ④ 고소작업대

해설 ②는 자율안전확인대상 기계

정답 13. ① 14. ③ 15. ④ 16. ④ 17. ③ 18. ① 19. ②

20. 안전관리조직의 유형 중 라인형에 관한 설명으로 옳은 것은?

① 대규모 사업장에 적합하다.

② 안전지식과 기술축적이 용이하다.

③ 명령과 보고가 상하관계뿐이므로 간단명료하다.

④ 독립된 안전 참모조직에 대한 의존도가 크다.

해설 line형(직계형) : 모든 안전관리 업무가 생산라인을 통하여 직선적으로 이루어지는 조직이다.

• 장점

　㉠ 정확히 전달·실시된다.

　㉡ 100인 이하의 소규모 사업장에 활용된다.

　㉢ 안전에 관한 명령과 지시는 생산라인을 통해 신속하게 이루어진다.

• 단점

　㉠ 생산과 안전을 동시에 지시하는 형태이다.

　㉡ 라인에 과도한 책임이 부여된다.

　㉢ 안전의 정보가 불충분하다.

2과목 　**산업심리 및 교육**

21. 정신상태 불량에 의한 사고의 요인 중 정신력과 관계되는 생리적 현상에 해당되지 않는 것은?

① 신경계통의 이상

② 육체적 능력의 초과

③ 시력 및 청각의 이상

④ 과도한 자존심과 자만심

해설 정신력과 관계되는 생리적 현상

• 극도의 피로

• 신경계통의 이상

• 육체적 능력의 초과

• 시력 및 청각의 이상

• 근육운동의 부적합

Tip) ④는 개성적 결함요소

22. 선발용으로 사용되는 적성검사가 잘 만들어졌는지를 알아보기 위한 분석방법과 관련이 없는 것은?

① 구성 타당도

② 내용 타당도

③ 동등 타당도

④ 검사 – 재검사 신뢰도

해설 적성검사 구비요건

• 구성 타당도 : 수렴 타당도, 변별 타당도

• 준거 관련 타당도 : 동시 타당도, 예측 타당도

• 내용 타당도, 안면 타당도

• 검사 – 재검사 신뢰도

23. 상황성 누발자의 재해유발 원인과 가장 거리가 먼 것은?

① 기능 미숙 때문에

② 작업이 어렵기 때문에

③ 기계설비에 결함이 있기 때문에

④ 환경상 주의력의 집중이 혼란되기 때문에

해설 ①은 미숙성 누발자의 재해유발 원인

24. 생산작업의 경제성과 능률 제고를 위한 동작경제의 원칙에 해당하지 않는 것은?

① 신체의 사용에 의한 원칙

② 작업장의 배치에 관한 원칙

③ 작업표준 작성에 관한 원칙

④ 공구 및 설비 디자인에 관한 원칙

해설 Barnes(반즈)의 동작경제의 3원칙

• 신체의 사용에 관한 원칙

• 작업장의 배치에 관한 원칙

• 공구 및 설비 디자인에 관한 원칙

25. 매슬로우(Maslow)의 욕구 5단계를 낮은 단계에서 높은 단계의 순서대로 나열한 것은?

① 생리적 욕구 → 안전 욕구 → 사회적 욕구 → 자아실현의 욕구 → 인정의 욕구
② 생리적 욕구 → 안전 욕구 → 사회적 욕구 → 인정의 욕구 → 자아실현의 욕구
③ 안전 욕구 → 생리적 욕구 → 사회적 욕구 → 자아실현의 욕구 → 인정의 욕구
④ 안전 욕구 → 생리적 욕구 → 사회적 욕구 → 인정의 욕구 → 자아실현의 욕구

해설 Maslow가 제창한 인간의 욕구 5단계
1단계(생리적 욕구) → 2단계(안전 욕구) → 3단계(사회적 욕구) → 4단계(존경의 욕구) → 5단계(자아실현의 욕구)

26. 강의계획 시 설정하는 학습 목적의 3요소에 해당하는 것은?

① 학습방법 ② 학습성과
③ 학습자료 ④ 학습정도

해설 학습 목적의 3요소
• 목표 : 학습의 목적, 지표
• 주제 : 목표 달성을 위한 주제
• 학습정도 : 주제를 학습시킬 범위와 내용의 정도

27. 집단과 인간관계에서 집단의 효과에 해당하지 않는 것은?

① 동조 효과 ② 견물 효과
③ 암시 효과 ④ 시너지 효과

해설 집단 효과 3가지
• 동조 효과는 대중의 의견을 중요시한다.
• 견물 효과는 집단의 가치를 중요시한다.
• 시너지 효과는 두 힘이 합쳐져 힘의 상승 효과를 발휘하는 것이다.

28. 안전보건교육의 단계별 교육 중 태도교육의 내용과 가장 거리가 먼 것은?

① 작업동작 및 표준 작업방법의 습관화
② 안전장치 및 장비 사용능력의 빠른 습득
③ 공구·보호구 등의 관리 및 취급태도의 확립
④ 작업지시·전달·확인 등의 언어·태도의 정확화 및 습관화

해설 ②는 제2단계(기능교육)

29. O.J.T(On the Job Training)의 장점이 아닌 것은?

① 개개인에게 적절한 지도훈련이 가능하다.
② 전문가를 강사로 초빙하는 것이 가능하다.
③ 훈련에 필요한 업무의 계속성이 끊어지지 않는다.
④ 직장의 실정에 맞게 실제적 훈련이 가능하다.

해설 ②는 OFF.J.T 교육의 특징

30. 인간의 심리 중에는 안전수단이 생략되어 불안전 행위를 나타내는 경우가 있다. 안전수단이 생략되는 경우로 가장 적절하지 않은 것은?

① 의식과잉이 있을 때
② 교육훈련을 실시할 때
③ 피로하거나 과로했을 때
④ 부적합한 업무에 배치될 때

해설 • 안전수단을 생략하는 경우 3가지는 의식과잉, 피로(과로), 주변 영향이다.
• 교육훈련을 실시할 때 안전수단이 생략된다고 보기 어렵다.

31. 산업안전심리학에서 산업안전심리의 5대 요소에 해당하지 않는 것은?

① 감정 ② 습성 ③ 동기 ④ 피로

해설 안전심리의 5대 요소 : 동기, 기질, 감정, 습성, 습관

32. 구안법(project method)의 단계를 올바르게 나열한 것은?

① 계획 → 목적 → 수행 → 평가
② 계획 → 목적 → 평가 → 수행
③ 수행 → 평가 → 계획 → 목적
④ 목적 → 계획 → 수행 → 평가

해설 구안법(project method)의 4단계

1단계	학습 목적(목표) 설정 단계
2단계	계획의 수립 단계
3단계	수행(실행) 또는 행동 단계
4단계	평가 단계

33. 산업안전보건법령상 근로자 안전·보건교육에서 채용 시 교육 및 작업내용 변경 시의 교육에 해당하는 것은?

① 사고 발생 시 긴급조치에 관한 사항
② 건강증진 및 질병예방에 관한 사항
③ 유해·위험 작업환경 관리에 관한 사항
④ 작업공정의 유해·위험과 재해예방 대책에 관한 사항

해설 ②는 근로자 정기안전보건교육 내용
③은 근로자, 관리감독자 정기안전보건교육 내용
④는 관리감독자 정기안전보건교육 내용

34. 학습이론 중 S-R 이론에서 조건반사설에 의한 학습이론의 원리에 해당되지 않는 것은?

① 시간의 원리
② 일관성의 원리
③ 기억의 원리
④ 계속성의 원리

해설 파블로프 조건반사설의 원리는 시간의 원리, 강도의 원리, 일관성의 원리, 계속성의 원리이다.

35. 허시(Hersey)와 브랜차드(Blanchard)의 상황적 리더십 이론에서 리더십의 4가지 유형에 해당하지 않는 것은?

① 통제적 리더십
② 지시적 리더십
③ 참여적 리더십
④ 위임적 리더십

해설 허시와 브랜차드의 상황적 리더십 모델
• 지시적 리더 : 능력과 의지가 모두 낮은 경우 면밀하게 감독하는 리더십
• 설득적 리더 : 능력은 낮으나 의지가 높은 경우 소통하는 리더십
• 참여적 리더 : 능력은 높으나 의지가 낮은 경우 업무달성을 지원하는 리더십
• 위임형 리더 : 능력과 의지가 높은 경우 의사결정과 책임을 부하에게 위임하는 리더십

36. 안전교육훈련의 기술교육 4단계에 해당하지 않는 것은?

① 준비 단계
② 보습지도의 단계
③ 일을 완성하는 단계
④ 일을 시켜보는 단계

해설 안전교육훈련의 기술적 교육 4단계

1단계 (도입)	2단계 (실연)	3단계 (실습)	4단계 (확인)
준비 단계	일을 해 보이는 단계	일을 시켜보는 단계	보습지도의 단계

37. 휴먼 에러의 심리적 분류에 해당하지 않는 것은?

① 입력오류(input error)
② 시간지연오류(time error)
③ 생략오류(omission error)
④ 순서오류(sequential error)

해설 휴먼 에러의 심리적 분류에서 독립행동에 관한 분류
- 시간지연오류(time error) : 시간지연으로 발생한 에러
- 순서오류(sequential error) : 작업공정의 순서착오로 발생한 에러
- 생략, 누설, 부작위오류(omission errors) : 작업공정 절차를 수행하지 않는 것에 기인한 에러
- 작위적오류, 실행오류(commission error) : 필요한 작업 또는 절차의 불확실한 수행으로 발생한 에러
- 과잉행동오류(extraneous error) : 불필요한 작업절차의 수행으로 발생한 에러

38. 다음 설명에 해당하는 안전교육방법은?

> ATP라고도 하며, 당초 일부 회사의 톱 매니지먼트(top management)에 대하여만 행하여졌으나, 그 후 널리 보급되었으며, 정책의 수립, 조직, 통제 및 운영 등의 교육내용을 다룬다.

① TWI(Training Within Industry)
② CCS(Civil Communication Section)
③ MTP(Management Training Program)
④ ATT(American Telephone & Telegram Co.)

해설
- TWI : 작업방법, 작업지도, 인간관계, 작업안전 훈련이다.
- CCS : 강의법에 토의법이 가미된 것으로 정책의 수립, 조직, 통제 및 운영으로 되어 있다.
- MTP : 관리자 및 중간 관리층을 대상으로 하는 관리자 훈련이다.
- ATT : 직급 상하를 떠나 부하직원이 상사에게 강사가 될 수 있다.

39. 다음은 리더가 가지고 있는 어떤 권력의 예시에 해당하는가?

> 종업원의 바람직하지 않은 행동들에 대해 해고, 임금 삭감, 견책 등을 사용하여 처벌한다.

① 보상권력
② 강압권력
③ 합법권력
④ 전문권력

해설 지문은 강압권력에 대한 설명이다.

40. 몹시 피로하거나 단조로운 작업으로 인하여 의식이 뚜렷하지 않은 상태의 의식수준으로 옳은 것은?

① phase I
② phase II
③ phase III
④ phase IV

해설 인간 의식 레벨의 단계

단계	의식의 모드	생리적 상태
0단계	무의식	수면, 뇌발작, 주의작용, 실신
1단계	의식 흐림	피로, 단조로운 일, 수면, 졸음, 몽롱
2단계	이완상태	안정 기거, 휴식, 정상 작업
3단계	상쾌한 상태	적극적 활동, 활동 상태, 최고 상태
4단계	과긴장 상태	일점으로 응집, 긴급 방위 반응

3과목 인간공학 및 시스템 안전공학

41. 불필요한 작업을 수행함으로써 발생하는 오류로 옳은 것은?

① command error

② extraneous error

③ secondary error

④ commission error

해설 과잉행동오류(extraneous error) : 불필요한 작업절차의 수행으로 발생한 에러

42. 동작경제의 원칙에 해당하지 않는 것은?

① 공구의 기능을 각각 분리하여 사용하도록 한다.

② 두 팔의 동작은 동시에 서로 반대 방향으로 대칭적으로 움직이도록 한다.

③ 공구나 재료는 작업동작이 원활하게 수행되도록 그 위치를 정해준다.

④ 가능하다면 쉽고도 자연스러운 리듬이 작업동작에 생기도록 작업을 배치한다.

해설 ① 공구의 기능은 결합하여 사용하도록 한다.

43. 컷셋(cut sets)과 최소 패스셋(minimal path sets)의 정의로 옳은 것은?

① 컷셋은 시스템 고장을 유발시키는 필요 최소한의 고장들의 집합이며, 최소 패스셋은 시스템의 신뢰성을 표시한다.

② 컷셋은 시스템 고장을 유발시키는 기본고장들의 집합이며, 최소 패스셋은 시스템의 불신뢰도를 표시한다.

③ 컷셋은 그 속에 포함되어 있는 모든 기본사상이 일어났을 때 정상사상을 일으키는 기본사상의 집합이며, 최소 패스셋은 시스템의 신뢰성을 표시한다.

④ 컷셋은 그 속에 포함되어 있는 모든 기본사상이 일어났을 때 정상사상을 일으키는 기본사상의 집합이며, 최소 패스셋은 시스템의 성공을 유발하는 기본사상의 집합이다.

해설 • 컷셋(cut set) : 정상사상을 발생시키는 기본사상의 집합, 모든 기본사상이 발생할 때 정상사상을 발생시키는 기본사상들의 집합

• 최소 패스셋(minimal path set) : 모든 고장이나 실수가 발생하지 않으면 재해는 발생하지 않는다는 것으로, 즉 기본사상이 일어나지 않으면 정상사상이 발생하지 않는 기본사상의 집합으로 시스템의 신뢰성을 말한다.

44. 다음 시스템의 신뢰도 값은?

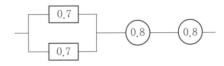

① 0.5824

② 0.6682

③ 0.7855

④ 0.8642

해설 신뢰도 $R_s = \{1 - (1-a) \times (1-b)\} \times c \times d$
$= \{1 - (1-0.7) \times (1-0.7)\} \times 0.8 \times 0.8$
$= 0.5824$

45. Chapanis가 정의한 위험의 확률수준과 그에 따른 위험발생률로 옳은 것은?

① 전혀 발생하지 않는(impossible) 발생 빈도 : 10^{-8}/day

② 극히 발생할 것 같지 않은(extremely unlikely) 발생 빈도 : 10^{-7}/day

③ 거의 발생하지 않는(remote) 발생 빈도 : 10^{-6}/day

정답 41. ② 42. ① 43. ③ 44. ① 45. ①

④ 가끔 발생하는(occasional) 발생 빈도 : 10^{-5}/day

해설 Chapanis의 위험발생률 분석
- 자주 발생하는(frequent) : 10^{-2}/day
- 가끔 발생하는(occasional) : 10^{-4}/day
- 거의 발생하지 않는(remote) : 10^{-5}/day
- 전혀 발생하지 않는(impossible) : 10^{-8}/day

46. 화학설비에 대한 안전성 평가 중 정성적 평가방법의 주요 진단 항목으로 볼 수 없는 것은?

① 건조물　　② 취급 물질
③ 입지 조건　　④ 공장 내 배치

해설 화학설비에 대한 안전성 평가 항목
- 정량적 평가 항목 : 화학설비의 취급 물질, 용량, 온도, 압력, 조작 등
- 정성적 평가 항목 : 입지 조건, 공장 내의 배치, 소방설비, 공정기기, 수송, 저장, 원재료, 중간재, 제품, 공정, 건물 등

47. 불(Boole) 대수의 정리를 나타낸 관계식으로 틀린 것은?

① $A \cdot A = A$　　② $A + \overline{A} = 0$
③ $A + AB = A$　　④ $A + A = A$

해설 보수법칙 : $A + \overline{A} = 1$, $A \cdot \overline{A} = 0$

48. 인체측정자료를 장비, 설비 등의 설계에 적용하기 위한 응용원칙에 해당하지 않는 것은?

① 조절식 설계
② 극단치를 이용한 설계
③ 구조적 치수기준의 설계
④ 평균치를 기준으로 한 설계

해설 인체계측의 설계원칙
- 최대치수와 최소치수(극단치 설계)를 기준으로 한 설계 : 최대·최소치수를 기준으로 설계한다.
- 조절범위(조절식 설계)를 기준으로 한 설계 : 크고 작은 많은 사람에 맞도록 만들며, 조절범위는 통상 5~95%로 설계한다.
- 평균치를 기준으로 한 설계 : 최대·최소치수, 조절식으로 하기에 곤란한 경우 평균치로 설계한다.

49. 작업 공간의 배치에 있어 구성요소 배치의 원칙에 해당하지 않는 것은?

① 기능성의 원칙
② 사용 빈도의 원칙
③ 사용 순서의 원칙
④ 사용방법의 원칙

해설 부품(공간)배치의 원칙
- 중요성(도)의 원칙(위치 결정) : 중요한 순위에 따라 우선순위를 결정한다.
- 사용 빈도의 원칙(위치 결정) : 사용하는 빈도에 따라 우선순위를 결정한다.
- 기능별(성) 배치의 원칙(배치 결정) : 기능이 관련된 부품들을 모아서 배치한다.
- 사용 순서의 원칙(배치 결정) : 사용 순서에 따라 장비를 배치한다.

50. 인간의 위치 동작에 있어 눈으로 보지 않고 손을 수평면상에서 움직이는 경우 짧은 거리는 지나치고, 긴 거리는 못 미치는 경향이 있는데 이를 무엇이라고 하는가?

① 사정 효과(range effect)
② 반응 효과(reaction effect)
③ 간격 효과(distance effect)
④ 손동작 효과(hand action effect)

해설 사정 효과 : 눈으로 보지 않고 손을 수평면상에서 움직이는 경우에 짧은 거리는 지나치고, 긴 거리는 못 미치는 것을 사정 효과라 하며, 조작자가 작은 오차에는 과잉반응, 큰 오차에는 과소반응을 보이는 현상이다.

51. 다음 현상을 설명한 이론은?

> 인간이 감지할 수 있는 외부의 물리적 자극 변화의 최소범위는 표준자극의 크기에 비례한다.

① 피츠(Fitts) 법칙
② 웨버(Weber) 법칙
③ 신호검출이론(SDT)
④ 힉−하이만(Hick−Hyman) 법칙

해설 웨버(Weber) 법칙에 대한 내용이다.

52. 시각적 표시장치보다 청각적 표시장치를 사용하는 것이 더 유리한 경우는?

① 정보의 내용이 복잡하고 긴 경우
② 정보가 공간적인 위치를 다룬 경우
③ 직무상 수신자가 한 곳에 머무르는 경우
④ 수신장소가 너무 밝거나 암순응이 요구될 경우

해설 ①, ②, ③은 시각적 표시장치의 특성

53. 서브 시스템, 구성요소, 기능 등의 잠재적 고장형태에 따른 시스템의 위험을 파악하는 위험분석 기법으로 옳은 것은?

① ETA(Event Tree Analysis)
② HEA(Human Error Analysis)
③ PHA(Preliminary Hazard Analysis)
④ FMEA(Failure Mode and Effect Analysis)

해설 FMEA(Failure Mode and Effect Analysis) : 고장형태 및 영향분석 기법으로

시스템에 영향을 미치는 모든 요소의 고장을 형태별로 분석하여 그 영향을 최소로 하고자 검토하는 전형적인 정성적, 귀납적 분석방법이다.

54. 정신작업 부하를 측정하는 척도를 크게 4가지로 분류할 때 심박수의 변동, 뇌 전위, 동공반응 등 정보처리에 중추신경계 활동이 관여하고 그 활동이나 징후를 측정하는 것은?

① 주관적(subjective) 척도
② 생리적(physiological) 척도
③ 주 임무(primary task) 척도
④ 부 임무(secondary task) 척도

해설 생리적 척도의 특징
• 정신작업 부하를 측정하는 척도를 분류할 때 심박수의 변동, 뇌 전위, 동공반응, 호흡속도 등의 변화이다.
• 정보처리에 중추신경계 활동이 관여하고, 그 활동이나 그 징후를 측정할 수 있다.

55. 그림과 같은 FT도에서 정상사상 T의 발생확률은? (단, X_1, X_2, X_3의 발생확률은 각각 0.1, 0.15, 0.1이다.)

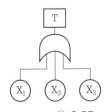

① 0.3115
② 0.35
③ 0.496
④ 0.9985

해설 $T = 1 - (1 - X_1) \times (1 - X_2) \times (1 - X_3)$
$= 1 - (1 - 0.1) \times (1 - 0.15) \times (1 - 0.1)$
$= 0.3115$

56. 인간이 기계보다 우수한 기능이라 할 수 있는 것은? (단, 인공지능은 제외한다.)

① 일반화 및 귀납적 추리
② 신뢰성 있는 반복 작업
③ 신속하고 일관성 있는 반응
④ 대량의 암호화된 정보의 신속한 보관

해설 ②, ③, ④는 기계의 장점

57. 시스템의 수명 및 신뢰성에 관한 설명으로 틀린 것은?

① 병렬 설계 및 디레이팅 기술로 시스템의 신뢰성을 증가시킬 수 있다.
② 직렬 시스템에서는 부품들 중 최소 수명을 갖는 부품에 의해 시스템 수명이 정해진다.
③ 수리가 가능한 시스템의 평균수명(MTBF)은 평균고장률(λ)과 정비례 관계가 성립한다.
④ 수리가 불가능한 구성요소로 병렬구조를 갖는 설비는 중복도가 늘어날수록 시스템 수명이 길어진다.

해설 평균수명(MTBF)과 신뢰도의 관계
평균수명(MTBF)은 평균고장률(λ)과 반비례 관계이다.

$$고장률(\lambda)=\frac{1}{MTBF}, \quad MTBF=\frac{1}{\lambda}$$

58. 산업안전보건법령상 해당 사업주가 유해·위험방지 계획서를 작성하여 제출해야 하는 대상은?

① 시·도지사
② 관할 구청장
③ 고용노동부장관
④ 행정안전부장관

해설 유해·위험방지 계획서 제출
• 제조업의 경우 해당 작업시작 15일 전까지, 건설업은 착공 전날까지 제출한다.
• 고용노동부에서 한국산업안전보건공단으로 업무가 위임되어 있다.

59. 작업면상의 필요한 장소만 높은 조도를 취하는 조명은?

① 완화조명
② 전반조명
③ 투명조명
④ 국소조명

해설 국소조명 : 빛이 필요한 곳만 큰 조도로 조명하는 방법으로 초정밀작업 또는 시력을 집중시켜 줄 수 있는 조명방식이다.

60. 자동차를 생산하는 공장의 어떤 근로자가 95dB(A)의 소음수준에서 하루 8시간 작업하며 매시간 조용한 휴게실에서 20분씩 휴식을 취한다고 가정하였을 때, 8시간 시간가중평균(TWA)은? (단, 소음은 누적소음 노출량 측정기로 측정하였으며, OSHA에서 정한 95dB(A)의 허용시간은 4시간이라 가정한다.)

① 약 91dB(A)
② 약 92dB(A)
③ 약 93dB(A)
④ 약 94dB(A)

해설 시간가중평균(TWA)
$$=16.61\times\log\frac{D}{100}+90$$
$$=16.61\times\log\frac{133}{100}+90=약\ 92.057dB(A)$$
$$여기서,\ D=\frac{가동시간}{기준시간}=\frac{\frac{8\times(60-20)}{60}}{4}\times100$$
$$=133\%$$

4과목 건설시공학

61. 시공의 품질관리를 위한 7가지 도구에 해당되지 않는 것은?

① 파레토그램
② LOB 기법
③ 특성요인도
④ 체크시트

해설 품질관리를 위한 7가지 도구 : 파레토도, 특성요인도, 히스토그램, 산점도, 체크시트, 그래프, 관리도
Tip) LOB 기법은 공정관리 방법이다.

62. 벽돌공사 시 벽돌쌓기에 관한 설명으로 옳은 것은?

① 연속되는 벽면의 일부를 트이게 하여 나중 쌓기로 할 때에는 그 부분을 층단 들여쌓기로 한다.
② 벽돌쌓기는 도면 또는 공사시방서에서 정한 바가 없을 때에는 미식쌓기 또는 불식쌓기로 한다.
③ 하루의 쌓기 높이는 1.8m를 표준으로 한다.
④ 세로줄눈은 구조적으로 우수한 통줄눈이 되도록 한다.

해설 ② 벽돌쌓기는 도면 또는 공사시방서에서 정한 바가 없을 때에는 영식쌓기 또는 화란식쌓기로 한다.
③ 하루 벽돌의 쌓는 높이는 1.2m를 표준으로 하고 최대 1.5m 이내로 한다.
④ 세로줄눈은 통줄눈이 되지 않도록 한다.

63. 다음 설명에 해당하는 공정표의 종류로 옳은 것은?

> 한 공종의 작업이 하나의 숫자로 표기되고 컴퓨터에 적용하기 용이한 이점 때문에 많이 사용되고 있다. 각 작업은 node로 표기하고 더미의 사용이 불필요하며 화살표는 단순히 작업의 선후관계만을 나타낸다.

① 횡선식 공정표   ② CPM
③ PDM   ④ LOB

해설 지문은 PDM 공정표에 대한 설명이다.
Tip) 공정표(공정관리 기법)의 종류

- Gantt Chart : 횡선식 공정표, 사선식 공정표
- Net Work 공정표 : PERT, CPM, ADM, PDM
- Mile Stone Chart(이정계획)
- 곡선식 공정표(공정관리 곡선)

64. 콘크리트 구조물의 품질관리에서 활용되는 비파괴시험(검사) 방법으로 경화된 콘크리트 표면의 반발경도를 측정하는 것은?

① 슈미트해머 시험
② 방사선 투과시험
③ 자기분말 탐상시험
④ 침투탐상시험

해설 슈미트해머 시험 : 경화된 콘크리트면에 해머로 타격하여 반발경도를 측정하는 비파괴시험(검사) 방법

65. 일명 테이블 폼(table form)으로 불리는 것으로 거푸집널에 장선, 멍에, 서포트 등을 기계적인 요소로 부재화한 대형 바닥판 거푸집은?

① 갱 폼(gang form)
② 플라잉 폼(flying form)
③ 유로 폼(euro form)
④ 트래블링 폼(traveling form)

해설 플라잉 폼(flying form) : 바닥에 콘크리트를 타설하기 위한 거푸집으로 멍에, 장선 등을 일체로 제작하여 수평, 수직 이동이 가능한 전용성 및 시공정밀도가 우수하고, 외력에 대한 안전성이 크다.

66. 시험말뚝에 변형률계(strain gauge)와 가속도계(accelerometer)를 부착하여 말뚝항타에 의한 파형으로부터 지지력을 구하는 시험은?

① 정재하시험   ② 비비시험
③ 동재하시험   ④ 인발시험

해설 동적재하시험
- 게이지 부착 : 시험말뚝에 천공한 구멍에 변형률계와 가속도계를 부착한다.
- 측정 : 지지력 확인을 위한 말뚝에 발생되는 압축력, 인장력, 응력파의 전달속도 등의 데이터를 얻어 타격 관입 중에 발생하는 힘과 속도를 검출하는 시험이다.

67. 콘크리트 공사 시 철근의 정착위치에 관한 설명으로 옳지 않은 것은?
① 작은 보의 주근은 벽체에 정착한다.
② 큰 보의 주근은 기둥에 정착한다.
③ 기둥의 주근은 기초에 정착한다.
④ 지중보의 주근은 기초 또는 기둥에 정착한다.

해설 ① 작은 보의 주근은 큰 보에 정착한다.

68. 지반개량 지정공사 중 응결공법이 아닌 것은?
① 플라스틱 드레인 공법
② 시멘트 처리공법
③ 석회처리공법
④ 심층혼합 처리공법

해설 ①은 흙을 개량하는 탈수공법

69. 공사계약 중 재계약 조건이 아닌 것은?
① 설계도면 및 시방서(specification)의 중대결함 및 오류에 기인한 경우
② 계약상 현장 조건 및 시공 조건이 상이(difference)한 경우
③ 계약사항에 중대한 변경이 있는 경우
④ 정당한 이유 없이 공사를 착수하지 않은 경우

해설 ④는 계약 취소 사유이다.

70. 콘크리트에서 사용하는 호칭강도의 정의로 옳은 것은?
① 레디믹스트 콘크리트 발주 시 구입자가 지정하는 강도
② 구조 계산 시 기준으로 하는 콘크리트의 압축강도
③ 재령 7일의 압축강도를 기준으로 하는 강도
④ 콘크리트의 배합을 정할 때 목표로 하는 압축강도로 품질의 표준편차 및 양생온도 등을 고려하여 설계기준 강도에 할증한 것

해설 콘크리트에서 사용하는 호칭강도는 구입자가 발주 시 지정하는 강도

71. 다음 [조건]에 따른 백호의 단위 시간당 추정 굴삭량으로 옳은 것은?

조건
버켓용량 : 0.5m³, 사이클타임 : 20초, 작업효율 : 0.9, 굴삭계수 : 0.7, 굴삭토의 용적변화계수 : 1.25

① 94.5m³   ② 80.5m³
③ 76.3m³   ④ 70.9m³

해설 굴삭량$(V)=Q\times\dfrac{3600}{C_m}\times E\times K\times f$

$=0.5\times\dfrac{3600}{20}\times0.9\times0.7\times1.25≒70.9\,m^3$

여기서, V : 굴삭토량, Q : 버켓용량,
C_m : 사이클타임(s), E : 작업효율,
K : 굴삭계수, f : 용적변화계수

72. 강 구조 부재의 용접 시 예열에 관한 설명으로 옳지 않은 것은?
① 모재의 표면온도가 0℃ 미만인 경우는 적어도 20℃ 이상 예열한다.

② 이종금속 간에 용접을 할 경우는 예열과 층간온도는 하위등급을 기준으로 하여 실시한다.

③ 버너로 예열하는 경우에는 개선면에 직접 가열해서는 안 된다.

④ 온도관리는 용접선에서 75mm 떨어진 위치에서 표면온도계 또는 온도쵸크 등에 의하여 온도관리를 한다.

해설 ② 이종금속 간에 용접을 할 경우 예열과 층간온도는 상위등급을 기준으로 하여 실시한다.

73. 공동도급 방식의 장점에 해당하지 않는 것은?

① 위험의 분산
② 시공의 확실성
③ 이윤 증대
④ 기술 자본의 증대

해설 ③ 기술 확충 및 우량시공은 가능하나 공사비는 증가할 수 있다.

74. 지하수가 없는 비교적 경질인 지층에서 어스오거로 구멍을 뚫고 그 내부에 철근과 자갈을 채운 후, 미리 삽입해 둔 파이프를 통해 저면에서부터 모르타르를 채워 올라오게 한 것은?

① 슬러리 월
② 시트 파일
③ CIP 파일
④ 프랭키 파일

해설 CIP 파일은 어스오거로 구멍을 뚫고 그 내부에 철근과 자갈을 채운 후, 미리 삽입해 둔 파이프를 통해 저면에서부터 모르타르를 채워 올라오게 한 방법

75. 기초의 종류 중 지정형식에 따른 분류에 속하지 않는 것은?

① 직접기초
② 피어기초
③ 복합기초
④ 잠함기초

해설 기초의 종류
• 기초 슬래브의 형식 : 푸팅기초(독립기초, 복합기초, 연속기초), 온통기초
• 지정형식 : 얕은 기초(전체기초, 프로팅기초, 지반개량), 깊은 기초(말뚝기초, 피어기초, 잠함기초)

76. 철골공사에서 발생할 수 있는 용접 불량에 해당되지 않는 것은?

① 스캘럽(scallop)
② 언더컷(undercut)
③ 오버랩(overlap)
④ 피트(pit)

해설 • 언더컷(undercut) : 용착금속이 채워지지 않고 남아 있는 홈
• 오버랩(overlap) : 용착금속이 변 끝에서 모재에 융합되지 않고 겹친 부분
• 피트(pit) : 용융금속이 튀어 발생한 용접부의 바깥면에서 나타나는 작고 오목한 구멍
Tip) 스캘럽(scallop) : 용접의 교차부에서 용접의 겹침을 방지하기 위해 설치한 노치

77. 미장공법, 뿜칠공법을 통한 강 구조 부재의 내화피복 시공 시 시공면적 얼마당 1개소 단위로 핀 등을 이용하여 두께를 확인하여야 하는가?

① $2m^2$
② $3m^2$
③ $4m^2$
④ $5m^2$

해설 내화피복 시공 시 시공면적 $5m^2$당 1개소 단위로 핀 등을 이용하여 두께를 확인하여야 한다.

78. 다음은 표준시방서에 따른 철근의 이음에 관한 내용이다. 빈칸에 공통으로 들어갈 내용으로 옳은 것은?

(　　)를 초과하는 철근은 겹침이음을 할 수 없다. 다만, 서로 다른 크기의 철근을 압축부에서 겹침이음 하는 경우 (　　) 이하의 철근과 (　　)를 초과하는 철근은 겹침이음을 할 수 있다.

① D29　　　　② D25
③ D32　　　　④ D35

해설 겹침이음의 기준은 D35이다.

79. 다음 중 슬라이딩 폼(sliding form)에 관한 설명으로 옳지 않은 것은?

① 1일 5~10m 정도 수직시공이 가능하므로 시공속도가 빠르다.
② 타설작업과 마감작업을 병행할 수 없어 공정이 복잡하다.
③ 구조물 형태에 따른 사용 제약이 있다.
④ 형상 및 치수가 정확하며 시공오차가 적다.

해설 ② 슬라이딩 폼은 타설작업과 마감작업을 병행할 수 있고 공정이 단순하다.

80. 속빈 콘크리트 블록의 규격 중 기본 블록 치수가 아닌 것은? (단, 단위 : mm)

① 390×190×190
② 390×190×150
③ 390×190×100
④ 390×190×80

해설 속빈 콘크리트 블록의 규격

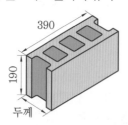

기본 블록 치수(mm)			허용차 (mm)
길이	높이	두께	
390	190	190	±2
		150	
		100	

5과목　　**건설재료학**

81. 석재의 종류와 용도가 잘못 연결된 것은?

① 화산암 – 경량골재
② 화강암 – 크리트용 골재
③ 대리석 – 조각재
④ 응회암 – 건축용 구조재

해설 ④ 응회암 – 장식재료

82. 표면건조 포화상태 질량 500g의 잔골재를 건조시켜, 공기 중 건조상태에서 측정한 결과 460g, 절대건조 상태에서 측정한 결과 450g이었다. 이 잔골재의 흡수율은 얼마인가?

① 8%　　② 8.8%　　③ 10%　　④ 11.1%

해설 흡수율

$$= \frac{표면건조 \ 포화상태 \ 질량 - 절대건조 \ 상태 \ 질량}{절대건조 \ 상태 \ 질량} \times 100$$

$$= \frac{500-450}{450} \times 100 = 11.1\%$$

83. 목재의 압축강도에 영향을 미치는 원인에 관한 설명으로 옳지 않은 것은?

① 기건비중이 클수록 압축강도는 증가한다.
② 가력 방향이 섬유 방향과 평행일 때의 압축강도가 직각일 때의 압축강도보다 크다.

③ 섬유포화점 이상에서 목재의 함수율이 커질수록 압축강도는 계속 낮아진다.

④ 옹이가 있으면 압축강도는 저하하고 옹이 지름이 클수록 더욱 감소한다.

해설 ③ 섬유포화점 이상에서 목재의 함수율 증감에도 압축강도의 변화는 없다.

84. 다음 중 콘크리트용 혼화제의 사용 용도와 혼화제 종류를 연결한 것으로 옳지 않은 것은?

① AE감수제 : 작업성능이나 동결융해 저항성능의 향상

② 유동화제 : 강력한 감수 효과와 강도의 대폭적인 증가

③ 방청제 : 염화물에 의한 강재의 부식 억제

④ 증점제 : 점성, 응집작용 등을 향상시켜 재료분리를 억제

해설 유동화제 : 콘크리트의 유동성을 크게 개선하여 증가시킨다.

85. 고강도 강선을 사용하여 인장응력을 미리 부여함으로써 큰 응력을 받을 수 있도록 제작된 것은?

① 매스콘크리트

② 프리플레이스트 콘크리트

③ 프리스트레스트 콘크리트

④ AE콘크리트

해설 프리스트레스트 콘크리트는 고강도 강선을 사용하여 인장응력을 증가시켜 휨저항을 크게 한 것을 말한다.

86. 유리의 중앙부와 주변부와의 온도 차이로 인해 응력이 발생하여 파손되는 현상을 유리의 열 파손이라 한다. 열 파손에 관한 설명으로 옳지 않은 것은?

① 색유리에 많이 발생한다.

② 동절기의 맑은 날 오전에 많이 발생한다.

③ 두께가 얇을수록 강도가 약해 열팽창응력이 크다.

④ 균열은 프레임에 직각으로 시작하여 경사지게 진행된다.

해설 ③ 두께가 두꺼울수록 강도가 크고 열팽창응력이 크다.

87. KS L 4201에 따른 1종 점토벽돌의 압축강도는 최소 얼마 이상이어야 하는가?

① 9.80MPa 이상

② 14.70MPa 이상

③ 20.59MPa 이상

④ 24.50MPa 이상

해설 점토벽돌의 압축강도(KS L 4201)

구분	1종	2종
흡수율(%)	10.0 이하	15.0 이하
압축강도(MPa)	24.50 이상	14.70 이상

88. 아스팔트를 천연 아스팔트와 석유 아스팔트로 구분할 때 천연 아스팔트에 해당되지 않는 것은?

① 로크 아스팔트

② 레이크 아스팔트

③ 아스팔타이트

④ 스트레이트 아스팔트

해설 천연 아스팔트의 종류 : 로크 아스팔트, 레이크 아스팔트, 아스팔타이트, 암석 아스팔트, 사암 아스팔트
Tip) 스트레이트 아스팔트는 석유 아스팔트의 종류이다.

89. 점토의 성질에 관한 설명으로 옳지 않은 것은?

① 양질의 점토는 건조상태에서 현저한 가소성을 나타내며, 점토 입자가 미세할수록 가소성은 나빠진다.
② 점토의 주성분은 실리카와 알루미나이다.
③ 인장강도는 점토의 조직에 관계하며 입자의 크기가 큰 영향을 준다.
④ 점토제품의 색상은 철 산화물 또는 석회물질에 의해 나타난다.

해설 ① 양질의 점토는 습윤상태에서 현저한 가소성을 나타내며, 점토 입자가 미세할수록 가소성은 좋아진다.

90. 도료의 사용 용도에 관한 설명으로 옳지 않은 것은?

① 유성바니쉬는 투명도료이며, 목재마감에도 사용 가능하다.
② 유성페인트는 모르타르, 콘크리트면에 발라 착색 방수피막을 형성한다.
③ 합성수지 에멀션페인트는 콘크리트면, 석고보드 바탕 등에 사용된다.
④ 클리어래커는 목재면의 투명도장에 사용된다.

해설 ② 유성페인트를 모르타르, 콘크리트면에 발라도 착색 방수피막은 형성되지 않는다.

91. 습윤상태의 모래 780g을 건조로에서 건조시켜 절대건조 상태 720g으로 되었다. 이 모래의 표면수율은? (단, 이 모래의 흡수율은 5%이다.)

① 3.08%   ② 3.17%
③ 3.33%   ④ 3.52%

해설 ㉠ 흡수율

$$=\frac{\text{표면조 포화상태 질량}-\text{절대건조 상태 질량}}{\text{절대건조 상태 질량}}\times100$$

→ 표면건조 포화상태 질량

$$=\left(\frac{\text{흡수율}\times\text{절대건조 상태 질량}}{100}\right)+\text{절대건조 상태 질량}$$

$$=\left(\frac{5\times720}{100}\right)+720=756\,g$$

㉡ 표면수율

$$=\frac{\text{습윤상태 질량}-\text{표면건조 포화상태 질량}}{\text{표면건조 포화상태 질량}}\times100$$

$$=\frac{780-756}{756}\times100=3.17\%$$

92. 미장재료 중 회반죽에 관한 설명으로 옳지 않은 것은?

① 경화속도가 느린 편이다.
② 일반적으로 연약하고, 비내수성이다.
③ 여물은 접착력 증대를, 해초풀은 균열방지를 위해 사용된다.
④ 소석회가 주원료이다.

해설 ③ 소석회에 여물, 모래, 해초풀 등을 넣는 것은 수축균열 방지를 위해서이다.

93. 다음 합성수지 중 열가소성 수지가 아닌 것은?

① 알키드수지   ② 염화비닐수지
③ 아크릴수지   ④ 폴리프로필렌수지

해설 열가소성 수지 : 염화비닐수지, 아크릴수지, 폴리프로필렌수지, 폴리에틸렌수지 등
Tip) 열가소성 수지 : 열을 가하여 자유로이 변형할 수 있는 성질의 합성수지

94. 전기절연성, 내열성이 우수하고 특히 내약품성이 뛰어나며, 유리섬유로 보강하여 강화플라스틱(F.R.P)의 제조에 사용되는 합성수지는?

정답 90. ② 91. ② 92. ③ 93. ① 94. ②

① 멜라민수지

② 불포화 폴리에스테르수지

③ 페놀수지

④ 염화비닐수지

해설 불포화 폴리에스테르수지 : 전기절연성, 내열성이 우수하고, 유리섬유로 보강하여 강화 플라스틱(F.R.P)의 제조에 사용되는 합성수지

Tip) 강화플라스틱(F.R.P) : 불포화 폴리에스테르수지에 유리섬유, 석면 따위의 보강재를 더하여 단단하게 만든 플라스틱

95. 강의 열처리방법 중 결정을 미립화하고 균일하게 하기 위해 800~1000℃까지 가열하여 소정의 시간까지 유지한 후에 로(爐)의 내부에서 서서히 냉각하는 방법은?

① 풀림　　　　② 불림

③ 담금질　　　④ 뜨임질

해설 풀림 : 풀림온도는 아공석강인 경우 A_3점 이상 약 30~50℃, 과공석강인 경우 A_1점 이상 약 50℃ 높게 가열한 후 노랭한다.

96. 다음 중 단열재료에 관한 설명으로 옳지 않은 것은?

① 열전도율이 높을수록 단열성능이 좋다.

② 같은 두께인 경우 경량재료인 편이 단열에 더 효과적이다.

③ 일반적으로 다공질의 재료가 많다.

④ 단열재료의 대부분은 흡음성도 우수하므로 흡음재료로서도 이용된다.

해설 ① 열전도율이 높을수록 단열성능이 나빠진다.

97. 목재 건조의 목적에 해당되지 않는 것은?

① 강도의 증진

② 중량의 경감

③ 가공성의 증진

④ 균류 발생의 방지

해설 목재 건조의 목적

• 강도의 증진

• 중량의 경감

• 수축에 의한 손상방지

• 균류 발생의 방지

98. 금속부식에 관한 대책으로 옳지 않은 것은?

① 가능한 한 이종금속은 이를 인접, 접속시켜 사용하지 않을 것

② 균질한 것을 선택하고, 사용할 때 큰 변형을 주지 않도록 할 것

③ 큰 변형을 준 것은 가능한 한 풀림하여 사용할 것

④ 표면을 거칠게 하고 가능한 한 습윤상태로 유지할 것

해설 ④ 표면을 깨끗하게 하고 가능한 한 건조상태로 유지할 것

Tip) 금속의 표면을 거칠게 하면 산소(공기, 습기)와 접촉면적이 커지고, 산소와 접촉상태를 유지하면 녹이 발생한다.

99. 콘크리트용 골재의 품질요건에 관한 설명으로 옳지 않은 것은?

① 골재는 청정·견경해야 한다.

② 골재는 소요의 내화성과 내구성을 가져야 한다.

③ 골재는 표면이 매끄럽지 않으며, 예각으로 된 것이 좋다.

④ 골재는 밀실한 콘크리트를 만들 수 있는 입형과 입도를 갖는 것이 좋다.

해설 ③ 골재는 표면이 거칠고, 둔각으로 된 것이 좋다.

100. 미장재료별 경화형태로 옳지 않은 것은?

① 회반죽 : 수경성
② 시멘트 모르타르 : 수경성
③ 돌로마이트 플라스터 : 기경성
④ 테라조 현장바름 : 수경성

해설 ① 회반죽 – 기경성 재료

6과목 **건설안전기술**

101. 유해·위험방지 계획서를 고용노동부장관에게 제출하고 심사를 받아야 하는 대상 건설공사 기준으로 옳지 않은 것은?

① 최대 지간길이가 50m 이상인 다리의 건설 등 공사
② 지상높이 25m 이상인 건축물 또는 인공 구조물의 건설 등 공사
③ 깊이 10m 이상인 굴착공사
④ 다목적 댐, 발전용 댐, 저수용량 2천만 톤 이상의 용수 전용 댐 및 지방상수도 전용 댐의 건설 등 공사

해설 ② 지상높이가 31m 이상인 건축물 또는 인공 구조물의 건설공사

102. 사면 보호공법 중 구조물에 의한 보호공법에 해당되지 않는 것은?

① 블록공
② 식생구멍공
③ 돌 쌓기공
④ 현장타설 콘크리트 격자공

해설 식생공 : 법면에 식물을 심어 번식시켜 법면의 침식과 동상, 이완 등을 방지하는 식생공법

103. 미리 작업장소의 지형 및 지반상태 등에 적합한 제한속도를 정하지 않아도 되는 차량계 건설기계의 속도기준은?

① 최대 제한속도가 10km/h 이하
② 최대 제한속도가 20km/h 이하
③ 최대 제한속도가 30km/h 이하
④ 최대 제한속도가 40km/h 이하

해설 제한속도를 정하지 않아도 되는 차량계 건설기계의 최대 제한속도 : 10km/h 이하

104. 발파구간 인접 구조물에 대한 피해 및 손상을 예방하기 위한 건물기초에서의 허용 진동치(cm/sec) 기준으로 옳지 않은 것은? (단, 기존 구조물에 금이 가 있거나 노후 구조물 대상일 경우 등은 고려하지 않는다.)

① 문화재 : 0.2cm/sec
② 주택, 아파트 : 0.5cm/sec
③ 상가 : 1.0cm/sec
④ 철골콘크리트 빌딩 : 0.8~1.0cm/sec

해설 건물기초에서의 발파 허용진동치

구분	문화재	주택·아파트	상가	철골 콘크리트 빌딩
진동치 (cm/sec)	0.2	0.5	1.0	1.0~4.0

105. 거푸집 동바리 등을 조립하는 경우에 준수하여야 하는 기준으로 옳지 않은 것은?

① 동바리로 사용하는 파이프 서포트를 이어서 사용하는 경우에는 3개 이상의 볼트 또는 전용 철물을 사용하여 이을 것
② 동바리로 사용하는 강관은 높이 2m 이내마다 수평연결재를 2개 방향으로 만들 것
③ 깔목의 사용, 콘크리트 타설, 말뚝박기 등 동바리의 침하를 방지하기 위한 조치를 할 것

④ 동바리로 사용하는 파이프 서포트를 3개 이상 이어서 사용하지 않도록 할 것

해설 ① 동바리로 사용하는 파이프 서포트를 이어서 사용하는 경우에는 4개 이상의 볼트 또는 전용 철물을 사용하여 이을 것

106. 안전계수가 4이고 2000MPa의 인장강도를 갖는 강선의 최대 허용응력은?

① 500MPa
② 1000MPa
③ 1500MPa
④ 2000MPa

해설 최대하중 $= \dfrac{인장강도}{안전계수} = \dfrac{2000}{4}$
$= 500 \text{MPa}$

107. 화물을 적재하는 경우의 준수사항으로 옳지 않은 것은?

① 침하 우려가 없는 튼튼한 기반 위에 적재할 것
② 건물의 칸막이나 벽 등이 화물의 압력에 견딜만큼의 강도를 지니지 아니한 경우에는 칸막이나 벽에 기대어 적재하지 않도록 할 것
③ 불안정할 정도로 높이 쌓아 올리지 말 것
④ 하중이 한쪽으로 치우치더라도 화물을 최대한 효율적으로 적재할 것

해설 ④ 하중이 한쪽으로 치우치지 않도록 균등하게 적재한다.

108. 공사 진척에 따른 공정률이 다음과 같을 때 안전관리비 사용기준으로 옳은 것은? (단, 공정률은 기성공정률을 기준으로 한다.)

> 공정률 : 70퍼센트 이상 90퍼센트 미만

① 50퍼센트 이상
② 60퍼센트 이상
③ 70퍼센트 이상
④ 80퍼센트 이상

해설 공사 진척에 따른 안전관리비 사용기준

공정률	50% 이상 70% 미만	70% 이상 90% 미만	90% 이상
사용기준	50% 이상	70% 이상	90% 이상

109. 차량계 건설기계를 사용하여 작업을 하는 경우 작업계획서 내용에 포함되지 않는 사항은?

① 사용하는 차량계 건설기계의 종류 및 성능
② 차량계 건설기계의 운행경로
③ 차량계 건설기계에 의한 작업방법
④ 차량계 건설기계 사용 시 유도자 배치 위치

해설 차량계 건설기계 작업계획서
• 사용하는 차량계 건설기계의 종류 및 성능
• 차량계 건설기계의 운행경로
• 차량계 건설기계에 의한 작업방법

110. 산업안전보건법령에서 규정하는 철골작업을 중지하여야 하는 기후 조건에 해당하지 않는 것은?

① 풍속이 초당 10m 이상인 경우
② 강우량이 시간당 1mm 이상인 경우
③ 강설량이 시간당 1cm 이상인 경우
④ 기온이 영하 5℃ 이하인 경우

해설 철골공사 시 작업 중지 기준
• 풍속이 10m/sec 이상인 경우
• 1시간당 강우량이 1mm 이상인 경우
• 1시간당 강설량이 1cm 이상인 경우

111. 지하수위 상승으로 포화된 사질토지반의 액상화 현상을 방지하기 위한 가장 직접적이고 효과적인 대책은?

① well point 공법 적용
② 동다짐 공법 적용
③ 입도가 불량한 재료를 입도가 양호한 재료로 치환

④ 밀도를 증가시켜 한계간극비 이하로 상대밀도를 유지하는 방법 강구

[해설] 웰 포인트(well point) 공법 : 모래질지반에 지하수위를 일시적으로 저하시켜야 할 때 사용하는 공법으로 모래 탈수공법이라고 한다.

112. 다음 중 강관을 사용하여 비계를 구성하는 경우 준수해야 할 사항으로 옳지 않은 것은?

① 비계기둥의 간격은 띠장 방향에서는 1.85m 이하, 장선(長線) 방향에서는 1.5m 이하로 할 것

② 띠장 간격은 2.0m 이하로 할 것

③ 비계기둥의 제일 윗부분으로부터 31m 되는 지점 밑 부분의 비계기둥은 3개의 강관으로 묶어 세울 것

④ 비계기둥 간의 적재하중은 400kg을 초과하지 않도록 할 것

[해설] ③ 비계기둥의 제일 윗부분으로부터 31m 되는 지점 밑 부분의 비계기둥은 2개의 강관으로 묶어 세울 것

113. 이동식비계를 조립하여 작업을 하는 경우에 준수하여야 할 기준으로 옳지 않은 것은?

① 승강용 사다리는 견고하게 설치할 것

② 비계의 최상부에서 작업을 하는 경우에는 안전난간을 설치할 것

③ 작업발판의 최대 적재하중은 400kg을 초과하지 않도록 할 것

④ 작업발판은 항상 수평을 유지하고 작업발판 위에서 안전난간을 딛고 작업을 하거나 받침대 또는 사다리를 사용하여 작업하지 않도록 할 것

[해설] ③ 작업발판의 최대 적재하중은 250kg을 초과하지 않도록 할 것

114. 가설통로를 설치하는 경우 준수하여야 할 기준으로 옳지 않은 것은?

① 경사는 30° 이하로 할 것

② 경사가 15°를 초과하는 경우에는 미끄러지지 아니하는 구조로 할 것

③ 추락할 위험이 있는 장소에는 안전난간을 설치할 것

④ 수직갱에 가설된 통로의 길이가 15m 이상인 경우에는 7m 이내마다 계단참을 설치할 것

[해설] ④ 수직갱에 가설된 통로의 길이가 15m 이상인 경우에는 10m 이내마다 계단참을 설치할 것

115. 흙의 투수계수에 영향을 주는 인자에 관한 설명으로 옳지 않은 것은?

① 포화도 : 포화도가 클수록 투수계수도 크다.

② 공극비 : 공극비가 클수록 투수계수는 작다.

③ 유체의 점성계수 : 점성계수가 클수록 투수계수는 작다.

④ 유체의 밀도 : 유체의 밀도가 클수록 투수계수는 크다.

[해설] 공극비 : 공극비가 클수록 투수계수는 크다.

116. 거푸집 동바리 등을 조립 또는 해체하는 작업을 하는 경우의 준수사항으로 옳지 않은 것은?

① 재료, 기구 또는 공구 등을 올리거나 내리는 경우에는 근로자로 하여금 달줄·달포대 등의 사용을 금하도록 할 것

② 낙하·충격에 의한 돌발적 재해를 방지하기 위하여 버팀목을 설치하고 거푸집 동바리 등을 인양장비에 매단 후에 작업을 하도록 하는 등 필요한 조치를 할 것

③ 비, 눈, 그 밖의 기상상태의 불안정으로 날씨가 몹시 나쁜 경우에는 그 작업을 중지할 것

④ 해당 작업을 하는 구역에는 관계근로자가 아닌 사람의 출입을 금지할 것

해설 ① 재료, 기구 또는 공구 등을 올리거나 내리는 경우에는 근로자로 하여금 달줄·달포대 등을 사용할 것

117. 터널공사의 전기발파작업에 관한 설명으로 옳지 않은 것은?

① 전선은 점화하기 전에 화약류를 충진한 장소로부터 30m 이상 떨어진 안전한 장소에서 도통시험 및 저항시험을 하여야 한다.

② 점화는 충분한 허용량을 갖는 발파기를 사용하고 규정된 스위치를 반드시 사용하여야 한다.

③ 발파 후 발파기와 발파모선의 연결을 유지한 채 그 단부를 절연시킨 후 재점화가 되지 않도록 한다.

④ 점화는 선임된 발파책임자가 행하고 발파기의 핸들을 점화할 때 이외는 시건장치를 하거나 모선을 분리하여야 하며 발파책임자의 엄중한 관리하에 두어야 한다.

해설 ③ 발파 후 발파기를 발파모선에서 분리하여 재점화되지 않도록 한다.

118. 터널지보공을 조립하거나 변경하는 경우에 조치하여야 하는 사항으로 옳지 않은 것은?

① 목재의 터널지보공은 그 터널지보공의 각 부재에 작용하는 긴압 정도를 체크하여 그 정도가 최대한 차이가 나도록 할 것

② 강(鋼)아치 지보공의 조립은 연결볼트 및 띠장 등을 사용하여 주재 상호 간을 튼튼하게 연결할 것

③ 기둥에는 침하를 방지하기 위하여 받침목을 사용하는 등의 조치를 할 것

④ 주재(主材)를 구성하는 1세트의 부재는 동일 평면 내에 배치할 것

해설 ① 목재의 터널지보공은 그 터널지보공의 각 부재에 작용하는 긴압 정도가 균등하게 되도록 할 것

119. 다음 중 지하수위 측정에 사용되는 계측기는?

① load cell
② inclino meter
③ extenso meter
④ piezo meter

해설 • 하중계(load cell) : 축하중의 변화상태 측정
• 지중경사계(inclino meter) : 지중의 수평변위량 측정, 기울어진 정도 파악
• 지중침하계(extension meter) : 지중의 수직변위 측정
• 간극수압계(piezo meter) : 지하의 간극수압 측정
(※ 문제 오류로 가답안 발표 시 ④번으로 발표되었지만, 확정 답안 발표 시 모두 정답으로 처리되었다. 본서에서는 가답안인 ④번을 정답으로 한다.)

120. 크레인 등 건설장비의 가공전선로 접근 시 안전 대책으로 옳지 않은 것은?

① 안전 이격거리를 유지하고 작업한다.
② 장비를 가공전선로 밑에 보관한다.
③ 장비의 조립, 준비 시부터 가공전선로에 대한 감전방지 수단을 강구한다.
④ 장비 사용 현장의 장애물, 위험물 등을 점검 후 작업계획을 수립한다.

해설 ② 크레인 장비를 가공전선로 밑에 보관하는 것은 감전의 위험이 있다.

2021년도(2회차) 출제문제

|건|설|안|전|기|사|

1과목 **산업안전관리론**

1. 산업안전보건법령상 자율안전확인 안전모의 시험성능기준 항목으로 명시되지 않는 것은?

① 난연성   ② 내관통성

③ 내전압성   ④ 턱끈풀림

해설 • 자율안전확인 안전모의 시험성능기준 항목 : 내관통성, 충격흡수성, 난연성, 턱끈풀림
• 자율안전확인 안전모는 물체의 낙하, 비래에 의한 위험을 방지하기 위한 성능기준이며, 머리 부위 감전에 의한 위험을 견디기 위한 성능기준인 내전압성은 해당되지 않는다.

2. 산업재해의 발생 형태에 따른 분류 중 단순연쇄형에 속하는 것은? (단, ○는 재해 발생의 각종 요소를 나타냄)

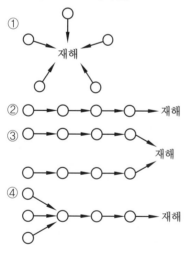

해설 산업재해의 발생 형태

• 단순자극형 :

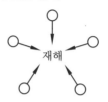

• 단순연쇄형 :

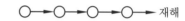

• 복합연쇄형 :

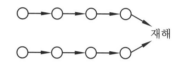

• 복합형 :

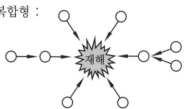

3. 산업안전보건법령상 안전인증대상 기계에 해당하지 않는 것은?

① 크레인   ② 곤돌라

③ 컨베이어   ④ 사출성형기

해설 ③은 자율안전확인대상 기계

4. 하인리히의 1 : 29 : 300 법칙에서 "29"가 의미하는 것은?

① 재해   ② 중상해

③ 경상해   ④ 무상해사고

해설 하인리히의 1 : 29 : 300의 법칙

• 잠재된 위험상태(α) $= \dfrac{1}{1+29+300} = \dfrac{1}{330}$

정답   1. ③   2. ②   3. ③   4. ③

- 재해 건수＝1＋29＋300＝330건

5. A사업장에서는 산업재해로 인한 인적·물적손실을 줄이기 위하여 안전행동 실천운동(5C운동)을 실시하고자 한다. 5C운동에 해당하지 않는 것은?

① Control　　　　② Correctness
③ Cleaning　　　　④ Checking

해설 5C운동(안전행동 실천운동)
- 복장단정(Correctness)
- 정리정돈(Clearance)
- 청소청결(Cleaning)
- 점검확인(Checking)
- 전심전력(Concentration)

6. 기구, 설비의 신설, 변경 내지 고장·수리 시 실시하는 안전점검의 종류로 옳은 것은?

① 특별점검　　　　② 수시점검
③ 정기점검　　　　④ 임시점검

해설 특별점검 : 기계·기구, 설비의 신설, 변경 또는 중대재해(태풍, 지진 등) 발생 직후 등 비정기적으로 실시, 책임자가 실시

7. 건설기술진흥법령상 건설사고 조사위원회의 구성기준 중 다음 (　　)에 알맞은 것은?

> 건설사고 조사위원회는 위원장 1명을 포함한 (　)명 이내의 위원으로 구성한다.

① 9　　② 10　　③ 11　　④ 12

해설 건설사고 조사위원회는 위원장 1명을 포함한 12명 이내의 위원으로 구성한다.

8. 작업자가 불안전한 작업대에서 작업 중 추락하여 지면에 머리가 부딪혀 다친 경우의 기인물과 가해물로 각각 옳은 것은?

① 기인물−지면, 가해물−지면
② 기인물−작업대, 가해물−지면
③ 기인물−지면, 가해물−작업대
④ 기인물−작업대, 가해물−작업대

해설 기인물과 가해물
- 기인물(작업대) : 재해 발생의 주원인으로 근원이 되는 기계, 장치, 기구, 환경 등
- 가해물(지면) : 직접 인간에게 접촉하여 피해를 주는 기계, 장치, 기구, 환경 등

9. 무재해운동의 이념 3원칙 중 잠재적인 위험요인을 발견·해결하기 위하여 전원이 협력하여 각자의 위치에서 의욕적으로 문제해결을 실천하는 원칙은?

① 무의 원칙　　　　② 선취의 원칙
③ 관리의 원칙　　　　④ 참가의 원칙

해설 무재해운동의 이념 3원칙 : 무의 원칙, 참가의 원칙, 선취해결의 원칙

10. 하인리히의 사고예방 대책 기본원리 5단계에 있어 "시정방법의 선정" 바로 이전 단계에서 행하여지는 사항으로 옳은 것은?

① 분석
② 사실의 발견
③ 안전조직 편성
④ 시정책의 적용

해설 하인리히 사고예방 대책 기본원리 5단계

1단계	2단계	3단계	4단계	5단계
조직	사실 (현상) 발견	분석 · 평가	시정책 (대책) 선정	시정책 (대책) 적용

11. 산업안전보건법령상 산업안전보건위원회의 심의 · 의결사항으로 틀린 것은? (단, 그 밖에 해당 사업장 근로자의 안전 및 보건을 유지 · 증진시키기 위하여 필요한 사항은 제외한다.)

① 사업장 경영체계 구성 및 운영에 관한 사항
② 작업환경 측정 등 작업환경의 점검 및 개선에 관한 사항
③ 안전보건관리규정의 작성 및 변경에 관한 사항
④ 유해하거나 위험한 기계 · 기구 · 설비를 도입한 경우 안전 및 보건 관련 조치에 관한 사항

해설 산업안전보건위원회의 심의 · 의결사항
- 산업재해 예방계획수립에 관한 사항
- 작업환경 측정 등 작업환경의 점검 및 개선에 관한 사항
- 안전보건관리규정의 작성 및 변경에 관한 사항
- 유해하거나 위험한 기계 · 기구 · 설비를 도입한 경우 안전 및 보건 관련 조치에 관한 사항
- 근로자 안전 및 건강진단 등 보건관리에 관한 사항
- 근로자 안전보건교육에 관한 사항
- 산업재해의 원인 조사 및 재발방지 대책의 수립에 관한 사항

12. 산업안전보건법령상 안전보건개선계획의 제출에 관한 사항 중 ( )에 알맞은 내용은?

안전보건개선 계획서를 제출해야 하는 사업주는 안전보건개선 계획서 수립 · 시행 명령을 받은 날부터 ( )일 이내에 관할 지방고용노동관서의 장에게 해당 계획서를 제출해야 한다.

① 15   ② 30
③ 60   ④ 90

해설 안전보건개선계획의 수립 · 시행 명령을 받은 사업주는 고용노동부장관이 정하는 바에 따라 안전보건개선 계획서를 작성하여 그 명령을 받은 날부터 60일 이내에 관할 지방고용노동관서의 장에게 제출하여야 한다.

13. 산업안전보건법령상 명예 산업안전감독관의 업무에 속하지 않는 것은? (단, 산업안전보건위원회 구성 대상 사업의 근로자 중에서 근로자 대표가 사업주의 의견을 들어 추천하여 위촉된 명예 산업안전감독관의 경우)

① 사업장에서 하는 자체 점검 참여
② 보호구의 구입 시 적격품의 선정
③ 근로자에 대한 안전수칙 준수 지도
④ 사업장 산업재해 예방계획 수립 참여

해설 ②는 안전보건관리책임자의 업무내용

14. 산업안전보건법령상 다음 ( )에 알맞은 내용은?

안전보건관리규정의 작성대상 사업의 사업주는 안전보건관리규정을 작성해야 할 사유가 발생한 날부터 ( ) 이내에 안전보건관리규정의 세부 내용을 포함한 안전보건관리규정을 작성하여야 한다.

① 10일   ② 15일
③ 20일   ④ 30일

해설 안전보건관리규정을 작성해야 할 사유가 발생한 날로부터 30일 이내에 안전보건관리규정의 세부 내용을 포함하여 작성하여야 한다.

15. 산업안전보건법령상 안전보건표지의 용도가 금지일 경우 사용되는 색채로 옳은 것은?

① 흰색　　　　② 녹색
③ 빨간색　　　④ 노란색

해설 안전 · 보건표지의 색채와 용도

색채	색도기준	용도
빨간색	7.5R 4/14	금지
		경고
노란색	5Y 8.5/12	경고
파란색	2.5PB 4/10	지시
녹색	2.5G 4/10	안내
흰색	N9.5	–
검은색	N0.5	–

16. 연평균 근로자 수가 400명인 사업장에서 연간 2건의 재해로 인하여 4명의 사상자가 발생하였다. 근로자가 1일 8시간씩 연간 300일을 근무하였을 때 이 사업장의 연천인율은?

① 1.85　　　　② 4.4
③ 5　　　　　④ 10

해설 연천인율 $= \dfrac{\text{연간 재해자 수}}{\text{연평균 근로자 수}} \times 1000$

$= \dfrac{4}{400} \times 1000 = 10$

17. 하인리히의 재해손실비 평가방식에서 간접비에 속하지 않는 것은?

① 요양급여　　　② 시설복구비
③ 교육훈련비　　④ 생산손실비

해설 ①은 직접비에 해당한다.

18. 다음에서 설명하는 무재해운동 추진 기법은 무엇인가?

> 피부를 맞대고 같이 소리치는 것으로서 팀의 일체감, 연대감을 조성할 수 있고 동시에 대뇌피질에 좋은 이미지를 불어 넣어 안전행동을 하도록 하는 것

① 역할연기(role playing)
② TBM(Tool Box Meeting)
③ 터치 앤 콜(touch and call)
④ 브레인스토밍(brain storming)

해설 터치 앤 콜(touch and call) : 현장에서 팀 전원이 각자의 왼손을 맞잡아 원을 만들어 팀 행동 목표를 지적확인하는 것을 말한다.

19. 시설물의 안전 및 유지관리에 관한 특별법상 제1종 시설물에 명시되지 않은 것은?

① 고속철도 교량
② 25층인 건축물
③ 연장 300m인 철도 교량
④ 연면적이 70000m²인 건축물

해설 ③ 연장 500m 이상의 교량

20. 산업안전보건법령상 중대재해가 아닌 것은?

① 사망자가 1명 발생한 재해
② 부상자가 동시에 10명 발생한 재해
③ 직업성 질병자가 동시에 10명 발생한 재해
④ 1개월의 요양이 필요한 부상자가 동시에 2명 발생한 재해

해설 ④ 3개월 이상의 요양이 필요한 부상자가 동시에 2명 이상 발생한 재해

2과목 산업심리 및 교육

21. 참가자 앞에서 소수의 전문가들이 과제에 관한 견해를 자유롭게 토의한 후 참가자 전원이 참가하여 사회자의 사회에 따라 토의하는 방법은?

① 포럼(forum)
② 심포지엄(symposium)
③ 버즈세션(buzz session)
④ 패널 디스커션(panel discussion)

해설 패널 디스커션(panel discussion) : 패널 멤버가 피교육자 앞에서 토의하고, 이어 피교육자 전원이 참여하여 토의하는 방법

22. 교육법의 4단계 중 일반적으로 적용시간이 가장 긴 것은?

① 도입   ② 제시
③ 적용   ④ 확인

해설 안전교육방법의 4단계

제1단계	제2단계	제3단계	제4단계
도입 : 학습할 준비	제시 : 작업설명	적용 : 작업진행	확인 : 결과
강의식 5분	강의식 40분	강의식 10분	강의식 5분
토의식 5분	토의식 10분	토의식 40분	토의식 5분

(※ 문제 오류로 가답안 발표 시 ③번으로 발표되었지만, 확정 답안 발표 시 ②, ③번을 정답으로 발표하였다. 본서에서는 가답안인 ③번을 정답으로 한다.)

23. 안전심리의 5대 요소에 관한 설명으로 틀린 것은?

① 기질이란 감정적인 경향이나 반응에 관계되는 성격의 한 측면이다.

② 감정은 생활체가 어떤 행동을 할 때 생기는 객관적인 동요를 뜻한다.
③ 동기는 능동적인 감각에 의한 자극에서 일어난 사고의 결과로서 사람의 마음을 움직이는 원동력이 되는 것이다.
④ 습성은 한 종에 속하는 개체의 대부분에서 볼 수 있는 일정한 생활양식으로 본능, 학습, 조건반사 등에 따라 형성된다.

해설 ② 감정은 희로애락, 감성 등 사람이 행동할 때 생기는 의식을 말한다.

24. 스트레스(stress)에 영향을 주는 요인 중 환경이나 외적요인에 해당하는 것은?

① 자존심의 손상
② 현실에서의 부적응
③ 도전의 좌절과 자만심의 상충
④ 직장에서의 대인관계 갈등과 대립

해설 스트레스 자극요인

내부적 요인	외부적 요인
• 자존심의 손상	• 경제적 빈곤
• 업무상의 죄책감	• 가족관계의 불화
• 현실에서의 부적응	• 직장에서 갈등과 대립
• 경쟁과 욕심	• 가족의 죽음, 질병
• 좌절감과 자만심	• 자신의 건강 문제

25. 권한의 근거는 공식적이며, 지휘형태가 권위주의적이고 임명되어 권한을 행사하는 지도자로 옳은 것은?

① 헤드십(head ship)
② 리더십(leader ship)
③ 멤버십(member ship)
④ 매니저십(manager ship)

해설 헤드십은 지휘형태가 권위주의적이고, 공식 규정에 의해 임명되어 권한을 행사한다.

26. 다음의 내용에서 교육지도의 5단계를 순서대로 바르게 나열한 것은?

> ㉠ 가설의 설정
> ㉡ 결론
> ㉢ 원리의 제시
> ㉣ 관련된 개념의 분석
> ㉤ 자료의 평가

① ㉢ → ㉣ → ㉠ → ㉤ → ㉡
② ㉠ → ㉢ → ㉣ → ㉤ → ㉡
③ ㉢ → ㉠ → ㉤ → ㉣ → ㉡
④ ㉠ → ㉢ → ㉤ → ㉣ → ㉡

해설 교육지도의 5단계

1단계	2단계	3단계	4단계	5단계
원리의 제시	관련된 개념의 분석	가설의 설정	자료의 평가	결론

27. 호손(Hawthorne) 실험의 결과 생산성 향상에 영향을 준 가장 큰 요인은?

① 생산기술
② 임금 및 근로시간
③ 인간관계
④ 조명 등 작업환경

해설 호손실험 : 작업자의 태도, 감독자, 비공식 집단 등의 물리적 작업 조건보다 인간관계(심리적 태도, 감정)에 의해 생산성 향상에 영향을 미친다는 결론이다.

28. 훈련에 참가한 사람들이 직무에 복귀한 후에 실제 직무수행에서 훈련 효과를 보이는 정도를 나타내는 것은?

① 전이 타당도
② 교육 타당도
③ 조직 간 타당도
④ 조직 내 타당도

해설 전이 타당도 : 훈련에 참가한 사람이 직무에 복귀한 후에 실제 직무수행에서 훈련 효과를 보이는 정도 – 외적준거

29. 착각 현상 중에서 실제로는 움직이지 않는데 움직이는 것처럼 느껴지는 심리적인 현상은?

① 잔상
② 원근 착시
③ 가현운동
④ 기하학적 착시

해설 가현운동 : 물체가 착각에 의해 움직이는 것처럼 보이는 현상, 영화의 영상처럼 대상물이 움직이는 것처럼 인식되는 현상

30. 다음 설명의 리더십 유형은 무엇인가?

> 과업을 계획하고 수행하는데 있어서 구성원과 함께 책임을 공유하고 인간에 대하여 높은 관심을 갖는 리더십

① 권위적 리더십
② 독재적 리더십
③ 민주적 리더십
④ 자유방임형 리더십

해설 민주적 리더십 : 의사결정은 집단의 의사소통을 통해 조정하며, 구성원들의 의사를 종합하여 정책을 결정한다.

31. 의식수준이 정상이지만 생리적 상태가 적극적일 때에 해당하는 것은?

① phase 0
② phase I
③ phase III
④ phase IV

해설 3단계(상쾌한 상태) : 적극적 활동, 활동상태, 최고 상태(신뢰성 : 0.999 이상)

32. 직무수행 평가에 대한 효과적인 피드백의 원칙에 대한 설명으로 틀린 것은?

① 직무수행 성과에 대한 피드백의 효과가 항상 긍정적이지는 않다.
② 피드백은 개인의 수행 성과뿐만 아니라 집단의 수행 성과에도 영향을 준다.

정답 26. ①   27. ③   28. ①   29. ③   30. ③   31. ③   32. ③

③ 부정적 피드백을 먼저 제시하고 그 다음에 긍정적 피드백을 제시하는 것이 효과적이다.

④ 직무수행 성과가 낮을 때, 그 원인을 능력 부족의 탓으로 돌리는 것보다 노력 부족 탓으로 돌리는 것이 더 효과적이다.

해설 ③ 긍정적 피드백을 먼저 제시하고 그 다음에 부정적 피드백을 제시하는 것이 효과적이다.

33. 안드라고지(Andragogy) 모델에 기초한 학습자로서의 성인의 특징과 가장 거리가 먼 것은?

① 성인들은 타인주도적 학습을 선호한다.
② 성인들은 과제 중심적으로 학습하고자 한다.
③ 성인들은 다양한 경험을 가지고 학습에 참여한다.
④ 성인들은 왜 배워야 하는지에 대해 알고자 하는 욕구를 가지고 있다.

해설 ① 성인들은 자기주도적 학습을 선호한다.

34. 안전태도교육 기본 과정을 순서대로 나열한 것은?

① 청취 → 모범 → 이해 → 평가 → 장려·처벌
② 청취 → 평가 → 이해 → 모범 → 장려·처벌
③ 청취 → 이해 → 모범 → 평가 → 장려·처벌
④ 청취 → 평가 → 모범 → 이해 → 장려·처벌

해설 안전태도교육 기본 과정의 순서

1단계 : 청취	2단계 : 이해	3단계 : 모범	4단계 : 평가	5단계 : 상·벌
청취 한다.	이해 및 납득 시킨다.	모범을 보인다.	평가 한다.	장려· 처벌 한다.

35. 산업심리에서 활용되고 있는 개인적인 카운슬링 방법에 해당하지 않는 것은?

① 직접 충고
② 설득적 방법
③ 설명적 방법
④ 토론적 방법

해설 개인적인 카운슬링 방법 : 직접 충고, 설득적 방법, 설명적 방법

36. 맥그리거(Douglas McGregor)의 X, Y이론 중 X이론과 관계 깊은 것은?

① 근면, 성실
② 물질적 욕구 추구
③ 정신적 욕구 추구
④ 자기 통제에 의한 자율관리

해설 ①, ③, ④는 Y이론의 특징

37. 교육의 3요소를 바르게 나열한 것은?

① 교사–학생–교육재료
② 교사–학생–교육환경
③ 학생–교육환경–교육재료
④ 학생–부모–사회지식인

해설 안전교육의 3요소

교육 요소	교육의 주체	교육의 객체	교육의 매개체
형식적 요소	교수자 (강사)	교육생 (수강자)	교재 (교육자료)

38. 어느 철강회사의 고로작업 라인에 근무하는 A씨의 작업강도가 힘든 중작업으로 평가되었다면 해당되는 에너지 대사율(RMR)의 범위로 가장 적절한 것은?

① 0~1
② 2~4
③ 4~7
④ 7~10

해설 작업의 난이도별 에너지 대사율

경작업	중(中)작업	중(重)작업
0~2	2~4	4~7

39. 교육방법 중 OFF.J.T의 특징이 아닌 것은?

① 우수한 강사를 확보할 수 있다.

② 교재, 시설 등을 효과적으로 이용할 수 있다.

③ 개개인의 능력 및 적성에 적합한 세부 교육이 가능하다.

④ 다수의 대상자를 일괄적, 체계적으로 교육을 시킬 수 있다.

해설 ③은 O.J.T 교육의 특징

40. 인간의 적응기제(adjustment mechanism) 중 방어적 기제에 해당하는 것은?

① 보상   ② 고립

③ 퇴행   ④ 억압

해설 적응기제 3가지

• 도피기제 : 갈등을 회피, 도망감

구분	특징
억압	무의식으로 억압
퇴행	유아 시절로 돌아감
백일몽	꿈나라(공상)의 나래를 펼침
고립	외부와의 접촉을 단절(거부)

• 방어기제 : 갈등의 합리화와 적극성

구분	특징
보상	스트레스를 다른 곳에서 강점으로 발휘함
합리화	변명, 실패를 합리화, 자기미화
승화	열등감과 욕구불만이 사회적·문화적 가치로 나타남
동일시	힘과 능력 있는 사람을 통해 대리만족 함
투사	열등감을 다른 것에서 발견해 열등감에서 벗어나려 함

• 공격기제 : 조소, 욕설, 비난 등 직·간접적 기제

3과목 인간공학 및 시스템 안전공학

41. FTA에서 사용하는 다음 사상기호에 대한 설명으로 맞는 것은?

① 시스템 분석에서 좀 더 발전시켜야 하는 사상

② 시스템의 정상적인 가동상태에서 일어날 것이 기대되는 사상

③ 불충분한 자료로 결론을 내릴 수 없어 더 이상 전개할 수 없는 사상

④ 주어진 시스템의 기본사상으로 고장 원인이 분석되었기 때문에 더 이상 분석할 필요가 없는 사상

해설 생략사상

기호	기호 설명
◇	정보 부족, 해석기술의 불충분으로 더 이상 전개할 수 없는 사상

42. 다음 FT도에서 시스템의 신뢰도는 얼마인가? (단, 모든 부품의 발생확률은 0.1이다.)

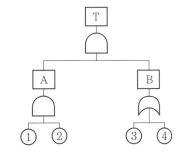

① 0.0033   ② 0.0062

③ 0.9981   ④ 0.9936

해설 ㉠ 불신뢰도(T)
$$=①×②×\{1-(1-③)×(1-④)\}$$
$$=0.1×0.1×\{1-(1-0.1)×(1-0.1)\}$$
$$=0.0019$$
㉡ 신뢰도$=1-$불신뢰도
$$=1-0.0019=0.9981$$

43. 일반적으로 은행의 접수대 높이나 공원의 벤치를 설계할 때 가장 적합한 인체측정자료의 응용원칙은?

① 조절식 설계
② 평균치를 이용한 설계
③ 최대치수를 이용한 설계
④ 최소치수를 이용한 설계

해설 평균치를 기준으로 한 설계 : 최대 · 최소치수, 조절식으로 하기에 곤란한 경우 평균치로 설계하며, 은행창구나 슈퍼마켓의 계산대를 설계하는데 적합하다.

44. 감각저장으로부터 정보를 작업기억으로 전달하기 위한 코드화 분류에 해당되지 않는 것은?

① 시각코드
② 촉각코드
③ 음성코드
④ 의미코드

해설 코드화 분류에는 시각코드, 음성코드, 의미코드가 있다.

45. 작업장의 설비 3대에서 각각 80 dB, 86 dB, 78 dB의 소음이 발생되고 있을 때 작업장의 음압수준은?

① 약 81.3 dB
② 약 85.5 dB
③ 약 87.5 dB
④ 약 90.3 dB

해설 합성소음도(L)
$$=10×\log(10^{L_1/10}+10^{L_2/10}+\cdots+10^{Ln/10})$$
$$=10×\log(10^{80/10}+10^{86/10}+10^{78/10})$$
$$=87.5\,dB$$

46. 인간공학 연구방법 중 실제의 제품이나 시스템이 추구하는 특성 및 수준이 달성되는지를 비교하고 분석하는 연구는?

① 조사연구
② 실험연구
③ 분석연구
④ 평가연구

해설 인간공학의 정의 : 인간의 특성과 한계 능력을 공학적으로 분석, 평가하여 이를 복잡한 체계의 설계에 응용함으로써 효율을 최대로 활용할 수 있도록 하는 학문분야

47. 위험분석 기법 중 고장이 시스템의 손실과 인명의 사상에 연결되는 높은 위험도를 가진 요소나 고장의 형태에 따른 분석법은 무엇인가?

① CA
② ETA
③ FHA
④ FTA

해설 치명도 분석(CA, Criticality Analysis) : 고장모드가 기기 전체의 고장에 어느 정도 영향을 주는가를 정량적으로 평가하는 해석 기법

48. 실효온도(effective temperature)에 영향을 주는 요인이 아닌 것은?

① 온도
② 습도
③ 복사열
④ 공기유동

해설 실효온도(체감온도, 감각온도)에 영향을 주는 요인 : 온도, 습도, 공기유동(대류)

49. 의도는 올바른 것이었지만, 행동이 의도한 것과는 다르게 나타나는 오류는?

① slip
② mistake
③ lapse
④ violation

해설 실수(slip) : 의도는 올바른 것이었지만, 행동이 의도한 것과는 다르게 나타나는 오류

50. 일반적인 화학설비에 대한 안전성 평가 (safety assessment) 절차에 있어 안전 대책 단계에 해당되지 않는 것은?

① 보전
② 위험도 평가
③ 설비적 대책
④ 관리적 대책

해설 화학설비에 대한 안전성 평가의 안전 대책 단계 : 보전, 설비적 대책, 관리적 대책 등
Tip) 안전 대책 단계는 안전성 평가 6단계 중 4단계이다.

51. 인간-기계 시스템 설계과정 중 직무 분석을 하는 단계는?

① 제1단계 : 시스템의 목표와 성능 명세 결정
② 제2단계 : 시스템의 정의
③ 제3단계 : 기본 설계
④ 제4단계 : 인터페이스 설계

해설 제3단계(기본 설계) : 시스템의 형태를 갖추기 시작하는 단계(직무 분석, 작업 설계, 기능 할당)

52. 중량물 들기작업 시 5분간의 산소소비량을 측정한 결과 90L의 배기량 중에 산소가 16%, 이산화탄소가 4%로 분석되었다. 해당 작업에 대한 산소소비량(L/min)은 약 얼마인가? (단, 공기 중 질소는 79vol%, 산소는 21vol%이다.)

① 0.948
② 1.948
③ 4.74
④ 5.74

해설 산소소비량 작업에너지

㉠ 분당 배기량($V_{배기}$)

$$= \frac{배기량}{시간} = \frac{90}{5} = 18 \text{L/min}$$

㉡ 분당 흡기량($V_{흡기}$)

$$= \frac{100 - 배기\ 중\ O_2 - 배기\ 중\ CO_2}{100 - 흡기\ 중\ O_2}$$
$$\times 분당\ 배기량$$

$$= \frac{100 - 16 - 4}{100 - 21} \times 18 = 18.228 \text{L/min}$$

㉢ 산소소비량 = (분당 흡기량×흡기 중 O_2)
  − (분당 배기량×배기 중 O_2)
$$= (18.228 \times 0.21) - (18 \times 0.16)$$
$$= 0.948 \text{L/min}$$

53. 시스템 수명주기에 있어서 예비위험분석 (PHA)이 이루어지는 단계에 해당하는 것은?

① 구상 단계
② 점검 단계
③ 운전 단계
④ 생산 단계

해설 예비위험분석(PHA) : 모든 시스템 안전 프로그램 중 최초 단계의 분석으로 시스템 내의 위험요소가 얼마나 위험한 상태에 있는지를 정성적으로 평가하는 방법
Tip) 시스템 수명주기 5단계

1단계	2단계	3단계	4단계	5단계
구상	정의	개발	생산	운전

54. 어떤 설비의 시간당 고장률이 일정하다고 할 때 이 설비의 고장간격은 다음 중 어떤 확률분포를 따르는가?

① t분포
② 와이블 분포
③ 지수분포
④ 아이링(eyring) 분포

해설 고장률이 일정한 설비의 고장간격의 확률분포 : $m = 1$(지수분포)

55. 정보를 전송하기 위해 청각적 표시장치보다 시각적 표시장치를 사용하는 것이 더 효과적인 경우는?

① 정보의 내용이 간단한 경우
② 정보가 후에 재참조되는 경우
③ 정보가 즉각적인 행동을 요구하는 경우
④ 정보의 내용이 시간적인 사건을 다루는 경우

해설 ①, ③, ④는 청각적 표시장치의 특성

56. 욕조곡선에서의 고장형태에서 일정한 형태의 고장률이 나타나는 구간은?

① 초기고장 구간 ② 마모고장 구간
③ 피로고장 구간 ④ 우발고장 구간

해설 • 욕조곡선(bathtub curve) : 고장률이 높은 값에서 점차 감소하여 일정한 값을 유지한 후 다시 점차로 높아지는, 즉 제품의 수명을 나타내는 곡선
• 기계설비의 고장유형 : 초기고장(감소형 고장), 우발고장(일정형 고장), 마모고장(증가형 고장)

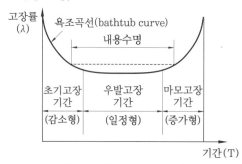

▲ 욕조곡선(bathtub curve)

• 초기고장 기간 : 감소형, 디버깅 기간, 번인 기간이다.
• 우발고장 기간 : 일정형으로 고장률이 비교적 낮고 일정한 현상이 나타난다.
• 마모고장 기간 : 증가형(FR)으로 정기적인 검사가 필요, 설비의 피로에 의해 생기는 고장이다.

57. 설비보전방법 중 설비의 열화를 방지하고 그 진행을 지연시켜 수명을 연장하기 위한 점검, 청소, 주유 및 교체 등의 활동은?

① 사후보전 ② 개량보전
③ 일상보전 ④ 보전예방

해설 일상보전 : 설비의 열화예방에 목적이 있으며, 수명을 연장하기 위한 설비의 점검, 청소, 조임, 주유 및 교체, 일상점검 등의 보전 활동

58. 두 가지 상태 중 하나가 고장 또는 결함으로 나타나는 비정상적인 사건은?

① 톱사상 ② 결함사상
③ 정상적인 사상 ④ 기본적인 사상

해설 결함사상 : 고장 또는 결함으로 나타나는 비정상적인 사건

59. 동작경제의 원칙과 가장 거리가 먼 것은?

① 급작스런 방향의 전환은 피하도록 할 것
② 가능한 관성을 이용하여 작업하도록 할 것
③ 두 손의 동작은 같이 시작하고 같이 끝나도록 할 것
④ 두 팔의 동작은 동시에 같은 방향으로 움직일 것

해설 ④ 두 팔의 동작은 동시에 서로 반대 방향으로 대칭적으로 움직이도록 한다.

60. 음량수준을 평가하는 척도와 관계없는 것은?

① dB ② HSI ③ phon ④ sone

해설 음의 크기의 수준 3가지 척도
• phon에 의한 순음의 음압수준(dB)
• sone에 의한 음압수준을 가진 순음의 크기
• 인식소음수준은 소음의 측정에 이용되는 척도
Tip) HSI(Heat Stress Index) : 열압박지수

4과목   건설시공학

61. 용접작업 시 주의사항으로 옳지 않은 것은?

① 용접할 소재는 수축변형이 일어나지 않으므로 치수에 여분을 두지 않아야 한다.

② 용접할 모재의 표면에 녹·유분 등이 있으면 접합부에 공기포가 생기고 용접부의 재질을 약화시키므로 와이어 브러시로 청소한다.

③ 강우 및 강설 등으로 모재의 표면이 젖어 있을 때나 심한 바람이 불 때는 용접하지 않는다.

④ 용접봉을 교환하거나 다층용접일 때는 슬래그와 스패터를 제거한다.

해설 ① 용접할 소재는 수축변형이 일어나므로 소재 치수에 여분을 두어야 한다.

62. 철근콘크리트 구조물(5～6층)을 대상으로 한 벽, 지하 외벽의 철근 고임재 및 간격재의 배치표준으로 옳은 것은?

① 상단은 보 밑에서 0.5m
② 중단은 상단에서 2.0m 이내
③ 횡 간격은 0.5m
④ 단부는 2.0m 이내

해설 벽, 지하 외벽의 철근 고임재 및 간격재의 배치표준
• 상단은 보 밑에서 0.5m
• 중단은 상단에서 1.5m 이내
• 횡 간격은 1.5m 정도
• 단부는 1.5m 이내

63. 벽식 철근콘크리트 구조를 시공할 경우, 벽과 바닥의 콘크리트 타설을 한 번에 가능하게 하기 위하여 벽체용 거푸집과 슬래브 거푸집을 일체로 제작하여 한 번에 설치하고 해체할 수 있도록 한 시스템 거푸집은?

① 유로 폼
② 클라이밍 폼
③ 슬립 폼
④ 터널 폼

해설 터널 폼 : 벽체용, 바닥용 거푸집을 일체로 제작하여 벽과 바닥 콘크리트를 일체로 하는 거푸집 공법이다.

64. 갱 폼(gang form)에 관한 설명으로 옳지 않은 것은?

① 대형화 패널 자체에 버팀대와 작업대를 부착하여 유니트화 한다.
② 수직, 수평 분할 타설공법을 활용하여 전용도를 높인다.
③ 설치와 탈형을 위하여 대형 양중장비가 필요하다.
④ 두꺼운 벽체를 구축하기에는 적합하지 않다.

해설 ④ 갱 폼은 옹벽이나 외벽의 두꺼운 벽체에 사용된다.

65. 철근콘크리트 공사 중 거푸집 해체를 위한 검사가 아닌 것은?

① 각종 배관슬리브, 매설물, 인서트, 단열재 등 부착 여부
② 수직, 수평부재의 존치기간 준수 여부
③ 소요의 강도 확보 이전에 지주의 교환 여부
④ 거푸집 해체용 콘크리트 압축강도 확인시험 실시 여부

해설 ①은 거푸집 시공 후 검사사항이다.

66. 강재 중 SN 355 B에 관한 설명으로 옳지 않은 것은?

① 건축 구조물에 사용된다.
② 냉간 압연강재이다.
③ 강재의 두께가 6mm 이상 40mm 이하일 때 최소 항복강도가 355N/mm²이다.
④ 용접성에 있어 중간 정도의 품질을 갖고 있다.

해설 ② 건축구조용 압연강재(KS D 3861)

67. 말뚝재하시험의 주요 목적과 거리가 먼 것은?

① 말뚝길이의 결정　② 말뚝관입량 결정
③ 지하수위 추정　④ 지지력 추정

해설 말뚝재하시험의 목적은 말뚝길이의 결정, 말뚝관입량 결정, 지지력 추정 등
Tip) 지하수위 추정은 지반 조사의 목적이다.

68. 조적식 구조에서 조적식 구조인 내력벽으로 둘러 쌓인 부분의 최대 바닥면적은 얼마인가?

① 60㎡　② 80㎡　③ 100㎡　④ 120㎡

해설 조적식 구조인 내력벽으로 둘러 쌓인 한 개실의 바닥면적은 80㎡ 이하, 내력벽의 길이는 10m 이하로 하여야 한다.

69. 철골세우기용 기계설비가 아닌 것은?

① 가이데릭
② 스티프 레그 데릭
③ 진폴
④ 드래그라인

해설 철골세우기용 기계설비 : 가이데릭, 스티프 레그 데릭, 진폴, 크레인, 이동식 크레인 등
Tip) 드래그라인(dragline) : 차량계 건설기계로 지면보다 낮은 땅의 굴착에 적당하고, 굴착 반지름이 크다.

70. 철근의 피복두께 확보 목적과 가장 거리가 먼 것은?

① 내화성 확보
② 내구성 확보
③ 구조내력의 확보
④ 블리딩 현상 방지

해설 피복두께 확보 목적 : 내화성 확보, 내구성 확보, 구조내력의 확보 등
Tip) 블리딩 현상은 콘크리트 재료분리 현상

71. 유동화 콘크리트를 제조할 때 유동화제를 첨가하기 전 기본 배합 콘크리트인 베이스 콘크리트의 슬럼프 기준은? (단, 보통콘크리트의 경우)

① 150mm 이하　② 180mm 이하
③ 210mm 이하　④ 240mm 이하

해설 베이스 콘크리트의 슬럼프 기준은 150mm 이하
Tip) 유동화 콘크리트의 슬럼프 기준은 210mm 이하

72. 분할도급 발주방식 중 지하철공사, 고속도로공사 및 대규모 아파트단지 등의 공사에 채용하면 가장 효과적인 것은?

① 직종별 공종별 분할도급
② 공정별 분할도급
③ 공구별 분할도급
④ 전문공종별 분할도급

해설 공구별 분할도급 : 대규모 공사에서 지역별로 분리 발주하는 방식으로 일식도급체제로 운영된다.

73. 흙이 소성상태에서 반고체상태로 바뀔 때의 함수비를 의미하는 용어는?

① 예민비　　　② 액성한계
③ 소성한계　　④ 소성지수

해설 소성한계 : 흙이 소성상태에서 반고체상태로 바뀌는 경계의 함수비

정답 68. ②　69. ④　70. ④　71. ①　72. ③　73. ③

74. 다음 네트워크 공정표에서 주 공전선에 의한 총 소요공기(일수)로 옳은 것은? (단, 결함점 사이의 숫자는 작업일수임)

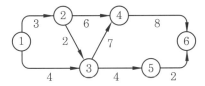

① 17일　　　　② 19일
③ 20일　　　　④ 22일

해설 총 소요공기(일수)=① → ② → ③ → ④ → ⑥=3+2+7+8=20일

75. 조적 벽면에서의 백화방지에 대한 조치로서 옳지 않은 것은?

① 소성이 잘 된 벽돌을 사용한다.
② 줄눈으로 비가 새어들지 않도록 방수처리 한다.
③ 줄눈 모르타르에 석회를 혼합한다.
④ 벽돌벽의 상부에 비막이를 설치한다.

해설 ③ 석회 성분은 화학반응으로 백화 현상이 더욱 심해지고 자국이 남게 된다.

76. 다음 각 기초에 관한 설명으로 옳은 것은?

① 온통기초 : 기둥 1개에 기초판이 1개인 기초
② 복합기초 : 2개 이상의 기둥을 1개의 기초판으로 받치게 한 기초
③ 독립기초 : 조적조의 벽을 지지하는 하부 기초
④ 연속기초 : 건물 하부 전체 또는 지하실 전체를 기초판으로 구성한 기초

해설 기초의 종류
• 독립기초 : 독립된 푸팅으로 단일기둥의 하중을 지지하는 기초판이 받친다.
• 연속기초 : 연속된 기초판이 벽, 기둥을 지지하는 형식의 기초이다.

• 복합기초 : 2개 이상의 기둥을 1개의 기초판으로 받치게 한 기초이다.
• 온통(전체) 기초 : 건물 하부 전체의 주하중을 하나의 기초판으로 지지하는 기초이다.

77. 지반개량공법 중 배수공법이 아닌 것은?

① 집수정공법　　② 동결공법
③ 웰 포인트 공법　④ 깊은 우물 공법

해설 ②는 지하수의 오염 우려가 없는 응결(고결)공법이다.

78. 발주자가 직접 설계와 시공에 참여하고 프로젝트 관련자들이 상호 신뢰를 바탕으로 team을 구성해서 프로젝트의 성공과 상호 이익 확보를 공동 목표로 하여 프로젝트를 추진하는 공사수행 방식은?

① PM 방식(Project Management)
② 파트너링 방식(partnering)
③ CM 방식(Construction Management)
④ BOT 방식(Build Operate Transfer)

해설 파트너링 방식 : 발주자가 직접 설계와 시공에 참여하고 프로젝트 관련자들이 상호 신뢰를 바탕으로 team을 구성해서 프로젝트의 성공과 상호 이익 확보를 공동 목표로 하여 프로젝트를 추진하는 방식

79. 지하연속벽 공법(slurry wall)에 관한 설명으로 옳지 않은 것은?

① 저진동, 저소음의 공법이다.
② 강성이 높은 지하 구조체를 만든다.
③ 타 공법에 비하여 공기, 공사비 면에서 불리한 편이다.
④ 인접 구조물에 근접하도록 시공이 불가하여 대지이용의 효율성이 낮다.

해설 ④ 인접 구조물에 근접하도록 시공이 가능하며, 안정적 공법이다.

80. 공사용 표준시방서에 기재하는 사항으로 거리가 먼 것은?

① 재료의 종류, 품질 및 사용처에 관한 사항
② 검사 및 시험에 관한 사항
③ 공정에 따른 공사비 사용에 관한 사항
④ 보양 및 시공상 주의사항

해설 ③은 공사계약 시 작성사항

5과목　　건설재료학

81. 각종 금속에 관한 설명으로 옳지 않은 것은?

① 동은 건조한 공기 중에서는 산화하지 않으나, 습기가 있거나 탄산가스가 있으면 녹이 발생한다.
② 납은 비중이 비교적 작고 융점이 높아 가공이 어렵다.
③ 알루미늄은 비중이 철의 1/3 정도로 경량이며 열·전기전도성이 크다.
④ 청동은 구리와 주석을 주체로 한 합금으로 건축장식 부품 또는 미술공예 재료로 사용된다.

해설 ② 납은 비중이 비교적 크고 용융점이 낮아 가공이 쉽다.
Tip) 납의 비중은 11.34, 용융점은 327.46℃ 이다.

82. 목재의 함수율과 섬유포화점에 관한 설명으로 옳지 않은 것은?

① 섬유포화점은 세포 사이의 수분은 건조되고, 섬유에만 수분이 존재하는 상태를 말한다.
② 벌목 직후 함수율이 섬유포화점까지 감소하는 동안 강도 또한 서서히 감소한다.
③ 전건상태에 이르면 강도는 섬유포화점 상태에 비해 3배로 증가한다.
④ 섬유포화점 이하에서는 함수율의 감소에 따라 인성이 감소한다.

해설 ② 벌목 직후 함수율이 섬유포화점까지 감소하는 동안 강도의 변화는 없다.

83. 재료의 단단한 정도를 나타내는 용어는?

① 연성　　　　② 인성
③ 취성　　　　④ 경도

해설 •연성 : 재료가 가늘고 길게 늘어나는 성질
•인성 : 재료가 파괴되지 않고 견딜 수 있는 성질
•취성 : 재료가 작은 변형에도 파괴되는 성질
•경도 : 재료의 단단한 정도를 나타내는 기계적 성질

84. 콘크리트용 골재 중 깬자갈에 관한 설명으로 옳지 않은 것은?

① 깬자갈의 원석은 안산암·화강암 등이 많이 사용된다.
② 깬자갈을 사용한 콘크리트는 동일한 워커빌리티의 보통자갈을 사용한 콘크리트보다 단위 수량이 일반적으로 약 10% 정도 많이 요구된다.
③ 깬자갈을 사용한 콘크리트는 강자갈을 사용한 콘크리트보다 시멘트 페이스트와의 부착 성능이 매우 낮다.
④ 콘크리트용 굵은 골재로 깬자갈을 사용할 때는 한국산업표준(KS F 2527)에서 정한 품질에 적합한 것으로 한다.

해설 ③ 깬자갈을 사용한 콘크리트는 강자갈을 사용한 콘크리트보다 시멘트 페이스트와의 부착성능이 매우 높다.
Tip) 깬자갈은 접촉단면적이 커서 부착력이 증가한다.

85. 일종의 못박기총을 사용하여 콘크리트나 강재 등에 박는 특수못을 의미하는 것은?

① 드라이브핀   ② 인서트
③ 익스팬션볼트   ④ 듀벨

해설 드라이브핀 : 못박기총을 사용하여 콘크리트나 강재 등에 박는 특수못

86. 다음 중 건축용 단열재와 거리가 먼 것은?

① 유리면(glass wool)
② 암면(rock wool)
③ 테라코타
④ 펄라이트판

해설 건축용 단열재 : 유리면, 암면, 펄라이트판 등

Tip) 테라코타는 대리석보다 풍화에 강하므로 외장재료로 쓰인다.

87. 석고보드에 관한 설명으로 옳지 않은 것은?

① 부식이 잘 되고 충해를 받기 쉽다.
② 단열성, 차음성이 우수하다.
③ 시공이 용이하여 천장, 칸막이 등에 주로 사용된다.
④ 내수성, 탄력성이 부족하다.

해설 ① 부식이 안 되고, 충해를 받지 않는다.

88. 주로 석기질 점토나 상당히 철분이 많은 점토를 원료로 사용하며, 건축물의 패러핏, 주두 등의 장식에 사용되는 공동의 대형 점토제품은?

① 테라조   ② 도관
③ 타일   ④ 테라코타

해설 테라코타 : 건축물의 패러핏, 주두 등의 장식에 사용되는 공동의 대형 점토제품으로 바닥이나 벽에 사용한다.

89. 경량 기포콘크리트(autoclaved lightweight concrete)에 관한 설명으로 옳지 않은 것은?

① 보통콘크리트에 비하여 탄산화의 우려가 낮다.
② 열전도율은 보통콘크리트의 약 1/10 정도로 단열성이 우수하다.
③ 현장에서 취급이 편리하고 절단 및 가공이 용이하다.
④ 다공질이므로 흡수성이 높은 편이다.

해설 ① 보통콘크리트에 비하여 탄산화의 우려가 높다.
Tip) 탄산화는 콘크리트가 알칼리성을 잃게 되는 현상으로 부식하는 것이다.

90. KS L 4201에 따른 1종 점토벽돌의 압축강도는 최소 얼마 이상이어야 하는가?

① 9.80MPa 이상   ② 14.70MPa 이상
③ 20.59MPa 이상   ④ 24.50MPa 이상

해설 점토벽돌의 압축강도(KS L 4201)

구분	1종	2종
흡수율(%)	10.0 이하	15.0 이하
압축강도(MPa)	24.50 이상	14.70 이상

91. 안료가 들어가지 않는 도료로서 목재면의 투명도장에 쓰이며, 내후성이 좋지 않아 외부에 사용하기에는 적당하지 않고 내부용으로 주로 사용하는 것은?

① 수성페인트   ② 클리어래커
③ 래커에나멜   ④ 유성에나멜

해설 클리어래커(clear lacquer)
- 질산셀룰로오스(질화면)를 주성분으로 하는 속건성의 투명 마무리 도료로 용제 증발에 의해 막을 만든다.
- 담색으로서 우아한 광택이 있고 내부 목재용으로 쓰인다.

92. 중량 5kg인 목재를 건조시켜 전건중량이 4kg이 되었다. 건조 전 목재의 함수율은 몇 %인가?

① 20% ② 25% ③ 30% ④ 40%

해설 함수율

$$= \frac{습윤상태의 질량 - 건조상태의 질량}{건조상태의 질량} \times 100$$

$$= \frac{5-4}{4} \times 100 = 25\%$$

93. 미장재료에 관한 설명으로 옳은 것은?

① 보강재는 결합재의 고체화에 직접 관계하는 것으로 여물, 풀, 수염 등이 이에 속한다.
② 수경성 미장재료에는 돌로마이트 플라스터, 소석회가 있다.
③ 소석회는 돌로마이트 플라스터에 비해 점성이 높고, 작업성이 좋다.
④ 회반죽에 석고를 약간 혼합하면 수축균열을 방지할 수 있는 효과가 있다.

해설 회반죽은 소석회에 여물, 모래, 해초풀 등을 넣어 반죽한 것으로 회반죽에 석고를 약간 혼합하면 수축균열을 방지할 수 있는 효과가 있다.

94. 아스팔트 침입도시험에 있어서 아스팔트의 온도는 몇 ℃를 기준으로 하는가?

① 15℃ ② 25℃ ③ 35℃ ④ 45℃

해설 아스팔트 침입도시험에 있어서 25℃, 100g, 5초가 표준이다.

95. 실적률이 큰 골재로 이루어진 콘크리트의 특성이 아닌 것은?

① 시멘트 페이스트의 양이 커져 콘크리트 제조 시 경제성이 낮다.
② 내구성이 증대된다.
③ 투수성, 흡습성의 감소를 기대할 수 있다.

④ 건조수축 및 수화열이 감소된다.

해설 ① 시멘트 페이스트의 양이 적게 소모되어 경제성이 높다.
Tip) 실적률이 크면 공극이 적어져 시멘트 페이스트의 양을 줄일 수 있어 경제적이다.

96. 석재의 화학적 성질에 관한 설명으로 옳지 않은 것은?

① 규산분을 많이 함유한 석재는 내산성이 약하므로 산을 접하는 바닥은 피한다.
② 대리석, 사문암 등은 내장재로 사용하는 것이 바람직하다.
③ 조암광물 중 장석, 방해석 등은 산류의 침식을 쉽게 받는다.
④ 산류를 취급하는 곳의 바닥재는 황철광, 갈철광 등을 포함하지 않아야 한다.

해설 ① 규산분을 많이 함유한 석재는 내산성이 강하다.

97. 수화열의 감소와 황산염 저항성을 높이려면 시멘트에 다음 중 어느 화합물을 감소시켜야 하는가?

① 규산3칼슘 ② 알루민산 철4칼슘
③ 규산2칼슘 ④ 알루민산 3칼슘

해설 수화열의 속도와 발열량

명칭	규산2칼슘 (C₂S)	규산3칼슘 (C₃S)	알루민산3칼슘 (C₃A)	알루민산철4칼슘 (C₄AF)
조기 강도	작다	크다	크다	작다
장기 강도	크다	보통	작다	작다
수화작용 속도	느리다	보통	빠르다	보통
수화 발열량	작다	크다	매우 크다	보통

98. 유리가 불화수소에 부식하는 성질을 이용하여 5mm 이상 판유리면에 그림, 문자 등을 새긴 유리는?

① 스테인드유리　　　② 망입유리
③ 에칭유리　　　　　④ 내열유리

해설 에칭유리 : 유리가 불화수소에 부식하는 성질을 이용하여 화학처리하여 판유리면에 그림, 문자 등을 새긴 유리
Tip) 에칭(etching) : 화학적인 부식작용을 이용한 가공법

99. 아스팔트 방수시공을 할 때 바탕재와의 밀착용으로 사용하는 것은?

① 아스팔트 컴파운드
② 아스팔트 모르타르
③ 아스팔트 프라이머
④ 아스팔트 루핑

해설 아스팔트 프라이머는 블로운 아스팔트를 용제에 녹인 것으로 액상을 하고 있으며, 아스팔트의 방수나 바탕처리재로 사용된다.

100. 인조석 갈기 및 테라조 현장갈기 등에 사용되는 구획용 철물의 명칭은?

① 인서트(insert)
② 앵커볼트(anchor bolt)
③ 펀칭메탈(punching metal)
④ 줄눈대(metallic joiner)

해설 줄눈대는 인조석 갈기 및 테라조 현장갈기 등에 사용되는 구획용 철물 또는 이음새를 감추는데 사용하는 장식용 철물이다.

6과목 **건설안전기술**

101. 굴착공사에 있어서 비탈면 붕괴를 방지하기 위하여 실시하는 대책으로 옳지 않은 것은?

① 지표수의 침투를 막기 위해 표면 배수공을 한다.
② 지하수위를 내리기 위해 수평 배수공을 설치한다.
③ 비탈면 하단을 성토한다.
④ 비탈면 상부에 토사를 적재한다.

해설 ④ 비탈면 상부에 토사를 제거하고, 비탈면 하부에 토사를 적재한다.

102. 다음은 산업안전보건법령에 따른 시스템 비계의 구조에 관한 사항이다. (　　) 안에 들어갈 내용으로 옳은 것은?

> 비계 밑단의 수직재와 받침철물은 밀착되도록 설치하고, 수직재와 받침철물의 연결부의 겹침길이는 받침철물 전체길이의 (　　) 이상이 되도록 할 것

① 2분의 1　　　　　② 3분의 1
③ 4분의 1　　　　　④ 5분의 1

해설 수직재와 받침철물의 연결부의 겹침길이는 받침철물 전체길이의 3분의 1 이상이 되도록 할 것

103. 콘크리트 타설 시 안전수칙으로 옳지 않은 것은?

① 타설 순서는 계획에 의하여 실시하여야 한다.
② 진동기는 최대한 많이 사용하여야 한다.
③ 콘크리트를 치는 도중에는 거푸집, 지보공 등의 이상 유무를 확인하여야 한다.

④ 손수레로 콘크리트를 운반할 때에는 손수레를 타설하는 위치까지 천천히 운반하여 거푸집에 충격을 주지 아니하도록 타설하여야 한다.

해설 ② 진동기의 지나친 진동은 거푸집이 도괴될 수 있으므로 주의하여야 한다.

104. 터널지보공을 조립하는 경우에는 미리 그 구조를 검토한 후 조립도를 작성하고, 그 조립도에 따라 조립하도록 하여야 하는데 이 조립도에 명시하여야 할 사항과 가장 거리가 먼 것은?

① 이음방법　　② 단면규격
③ 재료의 재질　④ 재료의 구입처

해설 터널지보공 조립도에는 재료의 재질, 단면규격, 설치 간격, 이음방법 등을 명시한다.

105. 산업안전보건법령에 따른 양중기의 종류에 해당하지 않는 것은?

① 고소작업차　　② 이동식 크레인
③ 승강기　　　④ 리프트(lift)

해설 양중기의 종류에는 크레인, 이동식 크레인, 리프트, 곤돌라, 승강기 등이 있다.

106. 가설통로 설치에 있어 경사가 최소 얼마를 초과하는 경우에는 미끄러지지 아니하는 구조로 하여야 하는가?

① 15도　② 20도　③ 30도　④ 40도

해설 가설통로를 설치하는 경우 경사각이 15° 이상이면 미끄러지지 아니하는 구조로 할 것

107. 부두·안벽 등 하역작업을 하는 장소에서 부두 또는 안벽의 선을 따라 통로를 설치하는 경우에는 폭을 최소 얼마 이상으로 하여야 하는가?

① 85cm　② 90cm　③ 100cm　④ 120cm

해설 하역작업을 하는 장소에서 부두 또는 안벽의 통로 설치는 폭을 90cm 이상으로 할 것

108. 흙막이 가시설 공사 중 발생할 수 있는 보일링(boiling) 현상에 관한 설명으로 옳지 않은 것은?

① 이 현상이 발생하면 흙막이 벽의 지지력이 상실된다.
② 지하수위가 높은 지반을 굴착할 때 주로 발생한다.
③ 흙막이 벽의 근입장 깊이가 부족할 경우 발생한다.
④ 연약한 점토지반에서 굴착면의 융기로 발생한다.

해설 ④는 히빙 현상에 대한 내용이다.

109. 강관틀비계를 조립하여 사용하는 경우 준수해야 할 사항으로 옳지 않은 것은?

① 비계기둥의 밑둥에는 밑받침 철물을 사용할 것
② 높이가 20m를 초과하거나 중량물의 적재를 수반하는 작업을 할 경우에는 주틀 간의 간격을 1.8m 이하로 할 것
③ 주틀 간에 교차가새를 설치하고 최하층 및 3층 이내마다 수평재를 설치할 것
④ 길이가 띠장 방향으로 4m 이하이고 높이가 10m를 초과하는 경우에는 10m 이내마다 띠장 방향으로 버팀기둥을 설치할 것

해설 ③ 주틀 간에 교차가새를 설치하고 최상층 및 5층 이내마다 수평재를 설치할 것

110. 장비가 위치한 지면보다 낮은 장소를 굴착하는데 적합한 장비는?

① 트럭크레인　　② 파워셔블

③ 백호　　　　④ 진폴

해설 백호(back hoe)는 기계가 위치한 지면보다 낮은 땅을 파는데 적합하고, 수중굴착도 가능하다.

111. 건설공사 도급인은 건설공사 중에 가설 구조물의 붕괴 등 산업재해가 발생할 위험이 있다고 판단되면 건축 · 토목 분야의 전문가의 의견을 들어 건설공사 발주자에게 해당 건설공사의 설계변경을 요청할 수 있는데, 이러한 가설 구조물의 기준으로 옳지 않은 것은?

① 높이 20m 이상인 비계
② 작업발판 일체형 거푸집 또는 높이 6m 이상인 거푸집 동바리
③ 터널의 지보공 또는 높이 2m 이상인 흙막이 지보공
④ 동력을 이용하여 움직이는 가설 구조물

해설 ① 높이 31m 이상인 비계

112. 거푸집 동바리 등을 조립하는 경우에 준수해야 할 기준으로 옳지 않은 것은?

① 동바리의 상하 고정 및 미끄러짐 방지조치를 하고, 하중의 지지상태를 유지한다.
② 강재와 강재의 접속부 및 교차부는 볼트 · 클램프 등 전용 철물을 사용하여 단단히 연결한다.
③ 파이프 서포트를 제외한 동바리로 사용하는 강관은 높이 2m마다 수평연결재를 2개 방향으로 만들고 수평연결재의 변위를 방지하여야 한다.
④ 동바리로 사용하는 파이프 서포트는 4개 이상 이어서 사용하지 않도록 한다.

해설 ④ 동바리로 사용하는 파이프 서포트는 3개 이상 이어서 사용하지 않도록 한다.

113. 강관틀비계(높이 5m 이상)의 넘어짐을 방지하기 위하여 사용하는 벽이음 및 버팀의 설치 간격 기준으로 옳은 것은?

① 수직 방향 5m, 수평 방향 5m
② 수직 방향 6m, 수평 방향 7m
③ 수직 방향 6m, 수평 방향 8m
④ 수직 방향 7m, 수평 방향 8m

해설 강관틀비계(높이 5m 이상)의 설치 간격 기준은 수직 방향 6m, 수평 방향 8m이다.

114. 다음 중 강관을 사용하여 비계를 구성하는 경우 준수해야 할 사항으로 옳지 않은 것은?

① 비계기둥의 간격은 띠장 방향에서는 1.85m 이하, 장선(長線) 방향에서는 1.5m 이하로 할 것
② 띠장 간격은 2.0m 이하로 할 것
③ 비계기둥의 제일 윗부분으로부터 31m 되는 지점 밑 부분의 비계기둥은 3개의 강관으로 묶어 세울 것
④ 비계기둥 간의 적재하중은 400kg을 초과하지 않도록 할 것

해설 ③ 비계기둥의 제일 윗부분으로부터 31m 되는 지점 밑 부분의 비계기둥은 2개의 강관으로 묶어 세울 것

115. 굴착과 싣기를 동시에 할 수 있는 토공기계가 아닌 것은?

① 트랙터셔블(tractor shovel)
② 백호(back hoe)
③ 파워셔블(power shovel)
④ 모터그레이더(motor grader)

해설 굴착과 싣기를 동시에 하는 토공기계 : 트랙터셔블, 백호, 파워셔블

정답 111. ①　112. ④　113. ③　114. ③　115. ④

Tip) 모터그레이더(motor grader) : 끝마무리 작업, 지면의 정지작업을 하며, 전륜을 기울게 할 수 있어 비탈면 고르기 작업도 가능하다.

116. 지반의 굴착작업에 있어서 비가 올 경우를 대비한 직접적인 대책으로 옳은 것은?

① 측구 설치
② 낙하물방지망 설치
③ 추락방호망 설치
④ 매설물 등의 유무 또는 상태 확인

해설 측구 : 도로 양쪽 또는 한쪽 도로에 평행하게 만든 배수구

117. 다음은 산업안전보건법령에 따른 산업안전보건관리비의 사용에 관한 규정이다. ( ) 안에 들어갈 내용을 순서대로 옳게 작성한 것은?

> 건설공사 도급인은 고용노동부장관이 정하는 바에 따라 해당 건설공사를 위하여 계상된 산업안전보건관리비를 그가 사용하는 근로자와 그의 관계수급인이 사용하는 근로자의 산업재해 및 건강장해 예방에 사용하고, 그 사용명세서를 ( ) 작성하고 건설공사 종료 후 ( )간 보존해야 한다.

① 매월, 6개월
② 매월, 1년
③ 2개월마다, 6개월
④ 2개월마다, 1년

해설 산업안전보건관리비 사용명세서를 매월 작성하고 건설공사 종료 후 1년간 보존해야 한다.

118. 건설현장에서 작업으로 인하여 물체가 떨어지거나 날아올 위험이 있는 경우에 대한 안전조치에 해당하지 않는 것은?

① 수직보호망 설치
② 방호선반 설치
③ 울타리 설치
④ 낙하물방지망 설치

해설 낙하, 비래재해 대책
• 낙하물방지망과 수직보호망 설치
• 방호선반 설치와 보호구 착용
• 출입금지구역의 설정
Tip) 울타리 설치 – 떨어짐(추락)재해 대책

119. 산업안전보건법령에 따른 건설공사 중 다리 건설공사의 경우 유해·위험방지 계획서를 제출하여야 하는 기준으로 옳은 것은?

① 최대 지간길이가 40m 이상인 다리의 건설 등 공사
② 최대 지간길이가 50m 이상인 다리의 건설 등 공사
③ 최대 지간길이가 60m 이상인 다리의 건설 등 공사
④ 최대 지간길이가 70m 이상인 다리의 건설 등 공사

해설 최대 지간길이가 50m 이상인 교량 건설 등의 공사는 유해·위험방지 계획서를 제출하여야 한다.

120. 산업안전보건법령에 따른 작업발판 일체형 거푸집에 해당되지 않는 것은?

① 갱 폼(gang form)
② 슬립 폼(slip form)
③ 유로 폼(euro form)
④ 클라이밍 폼(climbing form)

해설 일체형 거푸집의 종류 : 갱 폼, 슬립 폼, 클라이밍 폼, 터널 라이닝 폼 등
Tip) 유로 폼 : 타 거푸집과 조합하여 사용

2021년도(3회차) 출제문제

|건|설|안|전|기|사|

부록 2021

1과목 산업안전관리론

1. 하인리히의 도미노 이론에서 재해의 직접원인에 해당하는 것은?

① 사회적 환경
② 유전적 요소
③ 개인적인 결함
④ 불안전한 행동 및 불안전한 상태

해설 하인리히 재해 발생 도미노 5단계

1단계 (간접원인)	2단계 (1차원인)	3단계 (직접원인)	4단계	5단계
선천적 (사회적 환경 및 유전적) 결함	개인적 결함	불안전한 행동 · 상태	사고	재해

2. 안전관리조직의 형태 중 직계식 조직의 특징이 아닌 것은?

① 소규모 사업장에 적합하다.
② 안전에 관한 명령 및 지시가 빠르다.
③ 안전에 대한 정보가 불충분하다.
④ 별도의 안전관리 전담요원이 직접 통제한다.

해설 ④는 스태프형 조직의 특징이다.

3. 건설기술진흥법령상 안전점검의 시기 · 방법에 관한 사항으로 ( )에 알맞은 내용은?

정기안전점검 결과 건설공사의 물리적 · 기능적 결함 등이 발견되어 보수 · 보강 등의 조치를 위하여 필요한 경우에는 ( )을 할 것

① 긴급점검
② 정기점검
③ 특별점검
④ 정밀안전점검

해설 정기안전점검 결과 보수 · 보강 등의 조치가 필요한 경우에는 정밀안전점검을 하여야 한다.

4. 산업안전보건법령상 타워크레인 지지에 관한 사항으로 ( )에 알맞은 내용은?

타워크레인을 와이어로프로 지지하는 경우, 설치각도는 수평면에서 (㉠)도 이내로 하되, 지지점은 (㉡)개소 이상으로 하고, 같은 각도로 설치하여야 한다.

① ㉠ : 45, ㉡ : 3
② ㉠ : 45, ㉡ : 4
③ ㉠ : 60, ㉡ : 3
④ ㉠ : 60, ㉡ : 4

해설 타워크레인을 와이어로프로 지지하는 경우, 설치각도는 수평면에서 60도 이내로 하되, 지지점은 4개소 이상으로 하고, 같은 각도로 설치하여야 한다.

5. 사고예방 대책의 기본원리 5단계 중 3단계의 분석 평가에 관한 내용으로 옳은 것은?

정답 1. ④ 2. ④ 3. ④ 4. ④ 5. ①

① 현장 조사
② 교육 및 훈련의 개선
③ 기술의 개선 및 인사 조정
④ 사고 및 안전 활동 기록 검토

해설 3단계 : 원인 분석 · 평가
• 사고 조사 결과의 분석
• 불안전 상태와 행동 분석
• 작업공정과 형태 분석
• 교육 및 훈련 분석
• 안전기준 및 수칙 분석

6. 산업안전보건법령상 노사협의체에 관한 사항으로 틀린 것은?

① 노사협의체 정기회의는 1개월마다 노사협의체의 위원장이 소집한다.
② 공사금액이 20억 원 이상인 공사의 관계수급인의 각 대표자는 사용자위원에 해당된다.
③ 도급 또는 하도급 사업을 포함한 전체 사업의 근로자 대표는 근로자위원에 해당된다.
④ 노사협의체의 근로자위원과 사용자위원은 합의하여 노사협의체에 공사금액이 20억 원 미만인 공사의 관계수급인 및 관계수급인 근로자 대표를 위원으로 위촉할 수 있다.

해설 ① 노사협의체 정기회의는 2개월마다 노사협의체의 위원장이 소집한다.

7. 버드(Bird)의 도미노 이론에서 재해 발생과정 중 직접원인은 몇 단계인가?

① 1단계　　　② 2단계
③ 3단계　　　④ 4단계

해설 버드(Bird)의 도미노 이론

1단계	2단계	3단계	4단계	5단계
제어부족 : 관리 부족	기본원인 : 기원	직접원인 : 징후	사고 : 접촉	상해 : 손실

8. 산업안전보건법령상 상시근로자 20명 이상 50명 미만인 사업장 중 안전보건관리담당자를 선임하여야 할 업종이 아닌 것은?

① 임업
② 제조업
③ 건설업
④ 하수, 폐수 및 분뇨처리업

해설 사업주는 상시근로자 20명 이상 50명 미만인 다음 사업장에 안전보건관리담당자를 1명 이상 선임하여야 한다.
㉠ 임업
㉡ 제조업
㉢ 환경 정화 및 복원업
㉣ 하수, 폐수 및 분뇨처리업
㉤ 폐기물 수집, 운반, 처리 및 원료 재생업 등

9. 산업안전보건법령상 안전보건표지의 용도 및 색도기준이 바르게 연결된 것은?

① 지시표지 : 5N 9.5
② 금지표지 : 2.5G 4/10
③ 경고표지 : 5Y 8.5/12
④ 안내표지 : 7.5R 4/14

해설 ① 지시표지 : 2.5PB 4/10
② 금지표지 : 7.5R 4/14
④ 안내표지 : 2.5G 4/10

10. A사업장에서 중상이 10명 발생하였다면 버드(Bird)의 재해 구성 비율에 의한 경상해자는 몇 명인가?

① 50명　　　② 100명
③ 145명　　　④ 300명

해설 버드의 법칙

버드 이론(법칙)	1 : 10 : 30 : 600
$X \times 10$	10 : 100 : 300 : 6000

11. 산업재해 발생 시 조치 순서에 있어 긴급 처리의 내용으로 볼 수 없는 것은?

① 현장 보존
② 잠재위험요인 적출
③ 관련 기계의 정지
④ 재해자의 응급조치

해설 긴급처리

1단계	2단계	3단계	4단계	5단계	6단계
피재 기계 정지	피해자 구출	피해자 응급 조치	관계자에게 통보	2차 재해 방지	현장 보존

12. 산업안전보건법령상 안전보건진단을 받아 안전보건개선계획을 수립하여야 하는 대상을 모두 고른 것은?

> ㉠ 산업재해율이 같은 업종 평균 산업재해율의 2배 이상인 사업장
> ㉡ 사업주가 필요한 안전조치 또는 보건조치를 이행하지 아니하여 중대재해가 발생한 사업장
> ㉢ 상시근로자 1천 명 이상 사업장에서 직업성 질병자가 연간 2명 이상 발생한 사업장

① ㉠, ㉡
② ㉠, ㉢
③ ㉡, ㉢
④ ㉠, ㉡, ㉢

해설 안전보건개선계획의 수립·시행을 명할 수 있는 사업장
- 사업주가 필요한 안전·보건조치의무를 이행하지 아니하여 중대재해가 발생한 사업장
- 산업재해율이 같은 업종 평균 산업재해율의 2배 이상인 사업장
- 직업성 질병자가 연간 2명(상시근로자 1000명 이상 사업장의 경우 3명) 이상 발생한 사업장

- 산업안전보건법 제106조에 따른 유해인자 노출기준을 초과한 사업장
- 그 밖에 작업환경 불량, 화재·폭발 또는 누출사고 등으로 사회적 물의를 일으킨 사업장

13. 산업안전보건법령상 중대재해에 해당하지 않는 것은?

① 사망자 1명이 발생한 재해
② 12명의 부상자가 동시에 발생한 재해
③ 2명의 직업성 질병자가 동시에 발생한 재해
④ 5개월의 요양이 필요한 부상자가 동시에 3명 발생한 재해

해설 ③ 부상자 또는 직업성 질병자가 동시에 10명 이상 발생한 재해

14. T.B.M 활동의 5단계 추진법의 진행 순서로 옳은 것은?

① 도입 → 확인 → 위험예지훈련 → 작업지시 → 정비점검
② 도입 → 정비점검 → 작업지시 → 위험예지훈련 → 확인
③ 도입 → 작업지시 → 위험예지훈련 → 정비점검 → 확인
④ 도입 → 위험예지훈련 → 작업지시 → 정비점검 → 확인

해설 T.B.M 활동의 5단계

1단계	2단계	3단계	4단계	5단계
도입	정비 점검	작업 지시	위험 예지훈련	확인

15. 보호구 안전인증 고시상 저음부터 고음까지 차음하는 방음용 귀마개의 기호는?

① EM
② EP-1
③ EP-2
④ EP-3

해설 귀마개와 귀덮개의 등급과 적용범위

• 귀마개(EP)

등급	기호	성능
1종	EP-1	저음부터 고음까지 차음하는 것
2종	EP-2	주로 고음을 차음하고, 저음인 회화음영역은 차음하지 않는 것

• 귀덮개(EM)

16. 산업재해보상보험법령상 명시된 보험급여의 종류가 아닌 것은?

① 장례비   ② 요양급여
③ 휴업급여   ④ 생산손실급여

해설 ④는 간접비이다.

17. 맥그리거의 X, Y이론 중 X이론의 관리 처방에 해당하는 것은?

① 조직구조의 평면화
② 분권화와 권한의 위임
③ 자체평가제도의 활성화
④ 권위주의적 리더십의 확립

해설 ④는 X이론의 특징

18. 산업안전보건법령상 안전보건관리책임자의 업무에 해당하지 않는 것은? (단, 그 밖의 고용노동부령으로 정하는 사항은 제외한다.)

① 근로자의 적정배치에 관한 사항
② 작업환경의 점검 및 개선에 관한 사항
③ 안전보건관리규정의 작성 및 변경에 관한 사항
④ 안전장치 및 보호구 구입 시 적격품 여부 확인에 관한 사항

해설 안전보건관리책임자의 업무
• 산업재해 예방계획의 수립에 관한 사항

• 안전보건관리규정의 작성 및 변경에 관한 사항
• 유해ㆍ위험성 평가 실시에 관한 사항
• 근로자의 안전보건교육에 관한 사항
• 근로자의 유해ㆍ위험 또는 건강장애의 방지에 관한 사항
• 작업환경의 측정 등 작업환경의 점검 및 개선에 관한 사항
• 근로자의 건강진단 등 건강관리에 관한 사항
• 산업재해의 원인 조사 및 재발방지 대책수립에 관한 사항
• 산업재해에 관한 통계의 기록 및 유지에 관한 사항
• 안전ㆍ보건에 관련된 안전장치 및 보호구 구입 시의 적격품 여부 확인에 관한 사항

19. 산업안전보건법령상 명시된 안전검사대상 유해하거나 위험한 기계ㆍ기구ㆍ설비에 해당하지 않는 것은?

① 리프트
② 곤돌라
③ 산업용 원심기
④ 밀폐형 롤러기

해설 안전검사대상 기계ㆍ기구ㆍ설비 종류
㉠ 프레스   ㉡ 산업용 로봇
㉢ 전단기   ㉣ 압력용기
㉤ 리프트   ㉥ 곤돌라
㉦ 컨베이어
㉧ 원심기(산업용만 해당)
㉨ 롤러기(밀폐형 구조 제외)
㉩ 크레인(정격하중 2t 미만 제외)
㉪ 국소배기장치(이동식 제외)
㉫ 사출성형기(형체결력 294kN 미만 제외)
㉬ 고소작업대(자동차관리법에 한 한다.)

20. 다음 중 재해사례연구의 진행 단계로 옳은 것은?

⊙ 대책수립
ⓛ 사실의 확인
ⓒ 문제점의 발견
ⓔ 재해상황의 파악
ⓜ 근본적 문제점의 결정

① ⓒ → ⓔ → ⓛ → ⓜ → ⊙
② ⓒ → ⓔ → ⓜ → ⓛ → ⊙
③ ⓔ → ⓛ → ⓒ → ⓜ → ⊙
④ ⓔ → ⓒ → ⓜ → ⓛ → ⊙

해설 재해사례연구 진행 단계

1단계	2단계	3단계	4단계	5단계
상황 파악	사실 확인	문제점 발견	문제점 결정	대책 수립

2과목 **산업심리 및 교육**

21. 인간 착오의 메커니즘으로 틀린 것은?

① 위치의 착오
② 패턴의 착오
③ 느낌의 착오
④ 형(形)의 착오

해설 착오(mistake) : 상황해석을 잘못하거나 목표를 착각하여 행하는 인간의 실수(위치, 순서, 패턴, 형상, 기억오류 등)

22. 산업안전보건법령상 명시된 건설용 리프트 · 곤돌라를 이용한 작업의 특별교육 내용으로 틀린 것은? (단, 그 밖에 안전 · 보건관리에 필요한 사항은 제외한다.)

① 신호방법 및 공동작업에 관한 사항
② 화물의 취급 및 작업방법에 관한 사항
③ 방호장치의 기능 및 사용에 관한 사항
④ 기계 · 기구의 특성 및 동작원리에 관한 사항

해설 ② 화물의 권상 · 권하, 작업방법 및 안전작업 지도에 관한 사항

23. 테일러(Taylor)의 과학적 관리와 거리가 가장 먼 것은?

① 시간-동작연구를 적용하였다.
② 생산의 효율성을 상당히 향상시켰다.
③ 인간중심의 관점으로 일을 재설계한다.
④ 인센티브를 도입함으로써 작업자들을 동기화시킬 수 있다.

해설 ③ 과업중심의 관점으로 일하는 과학적 관리법이다.

24. 프로그램 학습법(programmed self-instruction method)의 단점은?

① 보충학습이 어렵다.
② 수강생의 시간적 활용이 어렵다.
③ 수강생의 사회성이 결여되기 쉽다.
④ 수강생의 개인적인 차이를 조절할 수 없다.

해설 학습자가 혼자서 학습하므로 사회성이 결여되기 쉬운 것이 단점이다.

25. 작업의 어려움, 기계설비의 결함 및 환경에 대한 주의력의 집중 혼란, 심신의 근심 등으로 인하여 재해를 많이 일으키는 사람을 지칭하는 것은?

① 미숙성 누발자
② 상황성 누발자
③ 습관성 누발자
④ 소질성 누발자

해설 상황성 누발자
• 작업에 어려움이 많은 자
• 기계설비의 결함
• 심신에 근심이 있는 자
• 환경상 주의력의 집중이 혼란되기 때문에 발생되는 자

26. 안전사고가 발생하는 요인 중 심리적인 요인에 해당하는 것은?

① 감정의 불안정
② 극도의 피로감
③ 신경계통의 이상
④ 육체적 능력의 초과

해설 ②, ③, ④는 생리적인 요인

27. 허츠버그(Herzberg)의 2요인 이론 중 동기요인(motivator)에 해당하지 않는 것은?

① 성취
② 작업 조건
③ 인정
④ 작업 자체

해설 작업 조건, 임금수준, 감독 형태, 보수, 지위 등은 위생요인이다.

28. 작업의 강도를 객관적으로 측정하기 위한 지표로 옳은 것은?

① 강도율
② 작업시간
③ 작업속도
④ 에너지 대사율(RMR)

해설 에너지 소비량(RMR)$=\dfrac{\text{운동대사량}}{\text{기초대사량}}$

$=\dfrac{\text{작업 시의 소비에너지}-\text{안정 시의 소비에너지}}{\text{기초대사량}}$

29. 지도자가 부하의 능력에 따라 차별적으로 성과급을 지급하고자 하는 리더십의 권한은?

① 전문성 권한
② 보상적 권한
③ 합법적 권한
④ 위임된 권한

해설 보상적 권한 : 능력에 따라 차별적 성과급을 지급하는 리더십의 권한
Tip) • 조직이 리더에게 부여하는 권한 : 보상적 권한, 강압적 권한, 합법적 권한

• 리더 본인이 본인에게 부여하는 권한 : 위임된 권한, 전문성의 권한

30. 인간의 욕구에 대한 적응기제(adjustment mechanism)를 공격적 기제, 방어적 기제, 도피적 기제로 구분할 때 다음 중 도피적 기제에 해당하는 것은?

① 보상
② 고립
③ 승화
④ 합리화

해설 인간의 적응기제
• 방어적 기제 : 보상, 합리화, 동일시, 승화, 치환, 투사
• 도피적 기제 : 고립, 퇴행, 억압, 백일몽
• 공격적 기제 : 조소, 욕설, 비난 등 직·간접적 기제

31. 알더퍼(Alderfer)의 ERG 이론에서 인간의 기본적인 3가지 욕구가 아닌 것은?

① 관계 욕구
② 성장 욕구
③ 생리 욕구
④ 존재 욕구

해설 알더퍼(Alderfer)의 ERG 이론
• 존재 욕구(Existence) : 생리적 욕구, 물리적 측면의 안전 욕구, 저차원적 욕구
• 관계 욕구(Relatedness) : 인간관계(대인관계) 측면의 안전 욕구
• 성장 욕구(Growth) : 자아실현의 욕구

32. 주의력의 특성과 그에 대한 설명으로 옳은 것은?

① 지속성 : 인간의 주의력은 2시간 이상 지속된다.
② 변동성 : 인간의 주의집중은 내향과 외향의 변동이 반복된다.
③ 방향성 : 인간이 주의력을 집중하는 방향은 상하 좌우에 따라 영향을 받는다.
④ 선택성 : 인간의 주의력은 한계가 있어 여러 작업에 대해 선택적으로 배분된다.

정답 26. ① 27. ② 28. ④ 29. ② 30. ② 31. ③ 32. ④

해설 선택성 : 한 번에 여러 종류의 자극을 자각하거나 수용하지 못하며, 소수 특정한 것을 선택하는 기능이다.

33. 파악하고자 하는 연구과제에 대해 언어를 매개로 구조화된 질의응답을 통하여 교육하는 기법은?

① 면접(interview)
② 카운슬링(counseling)
③ CCS(Civil Communication Section)
④ ATT(American Telephone & Telegram Co.)

해설 면접법 : 자료의 수집에 많은 시간과 노력이 들고, 수량화된 정보를 얻기가 힘들다.

34. 안전교육방법 중 새로운 자료나 교재를 제시하고, 거기에서의 문제점을 피교육자로 하여금 제기하게 하거나, 의견을 여러 가지 방법으로 발표하게 하고, 다시 깊게 파고들어서 토의하는 방법은?

① 포럼(forum)
② 심포지엄(symposium)
③ 버즈세션(buzz session)
④ 패널 디스커션(panel discussion)

해설 포럼 : 새로운 자료나 교재를 제시하고 문제점을 피교육자로 하여금 제기하게 하여 토의하는 방법이다.

35. 산업안전보건법령상 근로자 안전보건교육의 교육과정 중 건설 일용근로자의 건설업 기초 안전 · 보건교육 교육시간 기준으로 옳은 것은?

① 1시간 이상   ② 2시간 이상
③ 3시간 이상   ④ 4시간 이상

해설 건설업 기초 안전보건교육

건설 일용근로자	4시간 이상

36. 안전교육의 방법을 지식교육, 기능교육 및 태도교육 순서로 구분하여 맞게 나열한 것은?

① 시청각교육 – 현장실습교육 – 안전작업 동작지도
② 시청각교육 – 안전작업 동작지도 – 현장실습교육
③ 현장실습교육 – 안전작업 동작지도 – 시청각교육
④ 안전작업 동작지도 – 시청각교육 – 현장실습교육

해설 안전교육은 제1단계(지식교육) – 제2단계(기능교육) – 제3단계(태도교육) 순서이다.

37. O.J.T(On the Job Training)의 장점이 아닌 것은?

① 직장의 실정에 맞게 실제적 훈련이 가능하다.
② 교육을 통한 훈련 효과에 의해 상호 신뢰, 이해도가 높아진다.
③ 대상자의 개인별 능력에 따라 훈련의 진도를 조정하기가 쉽다.
④ 교육훈련 대상자가 교육훈련에만 몰두할 수 있어 학습 효과가 높다.

해설 ④는 OFF.J.T 교육의 특징이다.

38. 학습 목적의 3요소가 아닌 것은?

① 목표(goal)
② 주제(subject)
③ 학습정도(level of learning)
④ 학습방법(method of learning)

해설 학습 목적의 3요소 : 목표, 주제, 학습정도

39. 학습된 행동이 지속되는 것을 의미하는 용어는?

① 회상(recall)　　② 파지(retention)

③ 재인(recognition)　④ 기명(memorizing)

해설 2단계(파지) : 간직, 인상이 보존되는 것

40. 작업자들에게 적성검사를 실시하는 가장 큰 목적은?

① 작업자의 협조를 얻기 위함

② 작업자의 인간관계 개선을 위함

③ 작업자의 생산능률을 높이기 위함

④ 작업자의 업무량을 최대로 할당하기 위함

해설 작업자의 적성검사 목적은 생산능률을 향상하기 위함이다.

3과목　**인간공학 및 시스템 안전공학**

41. 다음 중 인간공학적 수공구 설계원칙이 아닌 것은?

① 손목을 곧게 유지할 것

② 반복적인 손가락 동작을 피할 것

③ 손잡이 접촉면적을 작게 설계할 것

④ 조직(tissue)에 가해지는 압력을 피할 것

해설 ③ 손잡이는 손바닥의 접촉면적을 크게 설계하여 손바닥 부위에 압박이 가해지지 않도록 한다.

42. NIOSH 지침에서 최대허용한계(MPL)는 활동한계(AL)의 몇 배인가?

① 1배　　　　　　② 3배

③ 5배　　　　　　④ 9배

해설 NIOSH 지침의 최대허용한계(MPL)

최대허용한계(MPL)=활동한계(AL)×3

43. FMEA의 특징에 대한 설명으로 틀린 것은?

① 서브 시스템 분석 시 FTA보다 효과적이다.

② 양식이 비교적 간단하고 적은 노력으로 특별한 훈련 없이 해석이 가능하다.

③ 시스템 해석 기법은 정성적·귀납적 분석법 등에 사용된다.

④ 각 요소 간 영향 해석이 어려워 2가지 이상 동시 고장은 해석이 곤란하다.

해설 ① 서브 시스템 분석 시 FTA가 FMEA보다 효과적이다.

44. 인간공학에 대한 설명으로 틀린 것은?

① 제품의 설계 시 사용자를 고려한다.

② 환경과 사람이 격리된 존재가 아님을 인식한다.

③ 인간공학의 목표는 기능적 효과, 효율 및 인간가치를 향상시키는 것이다.

④ 인간의 능력 및 한계에는 개인차가 없다고 인지한다.

해설 인간공학 : 물건, 기계·기구, 환경 등의 물적조건을 인간의 목적과 특성에 잘 조화하도록 설계하기 위한 수단과 방법을 연구하는 학문분야

45. 인간-기계 시스템에서의 여러 가지 인간에러와 그것으로 인해 생길 수 있는 위험성의 예측과 개선을 위한 기법은?

① PHA　　　　　② FHA

③ OHA　　　　　④ THERP

해설 THERP : 인간의 과오를 정량적으로 평가하기 위해 Swain 등에 의해 개발된 기법으로 인간의 과오율 추정법 등 5개의 스텝으로 되어 있다.

46. 개선의 ECRS의 원칙에 해당하지 않는 것은?

① 제거(Eliminate)
② 결합(Combine)
③ 재조정(Rearrange)
④ 안전(Safety)

해설 작업개선원칙(ECRS)
• 제거(Eliminate) : 생략과 배제의 원칙
• 결합(Combine) : 결합과 분리의 원칙
• 재조정(Rearrange) : 재편성과 재배열의 원칙
• 단순화(Simplify) : 단순화의 원칙

47. 표시장치로부터 정보를 얻어 조종장치를 통해 기계를 통제하는 시스템은?

① 수동 시스템
② 무인 시스템
③ 반자동 시스템
④ 자동 시스템

해설 반자동 시스템은 운전자의 조종에 의해 기계를 통제하는 시스템이다.

48. Q10 효과에 직접적인 영향을 미치는 인자는?

① 고온 스트레스
② 한랭한 작업장
③ 중량물의 취급
④ 분진의 다량 발생

해설 Q10 : 생화학 반응속도는 온도와 함께 증대하며, 온도가 10℃ 상승할 경우 반응속도가 몇 배로 증가하는지에 대한 수치를 Q10치라고 한다.
Tip) Q10 효과에 직접적인 영향을 미치는 인자는 고온이다.

49. 결함수 분석(FTA)에 의한 재해사례의 연구 순서로 옳은 것은?

㉠ FT(Fault Tree)도 작성
㉡ 개선안 실시계획
㉢ 톱사상의 선정
㉣ 사상마다 재해 원인 및 요인 규명
㉤ 개선계획 작성

① ㉡ → ㉣ → ㉢ → ㉤ → ㉠
② ㉢ → ㉣ → ㉠ → ㉤ → ㉡
③ ㉣ → ㉤ → ㉢ → ㉠ → ㉡
④ ㉤ → ㉢ → ㉡ → ㉠ → ㉣

해설 FTA에 의한 재해사례연구 순서

1단계	2단계	3단계	4단계	5단계
톱사상 선정	재해 원인 규명	FT도 작성	개선계획 작성	개선계획 실시

50. 물체의 표면에 도달하는 빛의 밀도를 뜻하는 용어는?

① 광도
② 광량
③ 대비
④ 조도

해설 $조도(lux) = \dfrac{광도}{(거리)^2}$

51. 시각적 표시장치와 청각적 표시장치 중 시각적 표시장치를 선택하는 것이 더 유리한 경우는?

① 메시지가 긴 경우
② 메시지가 후에 재참조되지 않는 경우
③ 직무상 수신자가 자주 움직이는 경우
④ 메시지가 시간적 사상(event)을 다룬 경우

해설 ②, ③, ④는 청각적 표시장치의 특성

52. 조작과 반응과의 관계, 사용자의 의도와 실제반응과의 관계, 조종장치와 작동 결과에 관한 관계 등 사람들이 기대하는 바와 일치하는 관계가 뜻하는 것은?

① 중복성   ② 조직화
③ 양립성   ④ 표준화

해설 양립성 : 제어장치와 표시장치의 연관성이 인간의 예상과 어느 정도 일치하는 것을 의미한다.

Tip) 양립성은 인간의 기대와 모순되지 않는 자극과 반응의 조합이다.

53. FT도에 사용되는 다음 기호의 명칭은?

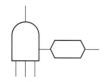

① 억제 게이트   ② 조합 AND 게이트
③ 부정 게이트   ④ 배타적 OR 게이트

해설 조합 AND 게이트

기호	발생 현상
2개의 출력 Ai Aj Ak	3개 이상의 입력 현상 중에 2개가 일어나면 출력이 발생한다.

54. 일정한 고장률을 가진 어떤 기계의 고장률이 시간당 0.008일 때 5시간 이내에 고장을 일으킬 확률은?

① $1+e^{0.04}$ ② $1-e^{-0.004}$
③ $1-e^{0.04}$ ④ $1-e^{-0.04}$

해설 고장확률$(R)=1-e^{-\lambda t}$
$=1-e^{-0.008\times5}=1-e^{-0.04}$
여기서, λ : 고장률
       t : 앞으로 고장 없이 사용할 시간

55. HAZOP 기법에서 사용하는 가이드워드와 그 의미가 틀린 것은?

① Other Than : 기타 환경적인 요인

② No/Not : 디자인 의도의 완전한 부정
③ Reverse : 디자인 의도의 논리적 반대
④ More/Less : 정량적인 증가 또는 감소

해설 ① Other Than : 완전한 대체

56. 음압수준이 60 dB일 때 1000 Hz에서 순음의 phon의 값은?

① 50 phon   ② 60 phon
③ 90 phon   ④ 100 phon

해설 1000 Hz에서 1 dB = 1 phon이므로 1000 Hz에서 60 dB = 60 phon이다.

57. 인간의 오류모형에서 상황해석을 잘못하거나 목표를 잘못 이해하고 착각하여 행하는 경우를 뜻하는 용어는?

① 실수(slip)   ② 착오(mistake)
③ 건망증(lapse)   ④ 위반(violation)

해설 착오(mistake) : 상황해석을 잘못하거나 목표를 착각하여 행하는 인간의 실수(순서, 패턴, 형상, 기억오류 등)

58. 프레스기의 안전장치 수명은 지수분포를 따르며 평균수명이 1000시간일 때 ㉠, ㉡에 알맞은 값은 약 얼마인가?

> ㉠ : 새로 구입한 안전장치가 향후 500시간 동안 고장 없이 작동할 확률
> ㉡ : 이미 1000시간을 사용한 안전장치가 향후 500시간 이상 견딜 확률

① ㉠ : 0.606, ㉡ : 0.606
② ㉠ : 0.606, ㉡ : 0.808
③ ㉠ : 0.808, ㉡ : 0.606
④ ㉠ : 0.808, ㉡ : 0.808

정답 53. ②   54. ④   55. ①   56. ②   57. ②   58. ①

해설 안전장치 수명

$$고장률(\lambda)=\frac{1}{평균수명}=\frac{1}{1000}$$

㉠ 평균수명은 1000시간, 구입한 안전장치가 향후 500시간 동안 고장 없이 작동할 확률

$$R_A=e^{-\lambda t}=e^{-\frac{1}{1000}\times 500}=e^{-0.5}=0.606$$

㉡ 1000시간을 사용한 안전장치가 향후 500시간 이상 견딜 확률

$$R_B=e^{-\lambda t}=e^{-\frac{1}{1000}\times 500}=e^{-0.5}=0.606$$

59. 다음 FT도에서 신뢰도는? (단, A 발생확률은 0.01, B 발생확률은 0.02이다.)

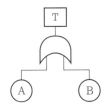

① 96.02%　　　　② 97.02%

③ 98.02%　　　　④ 99.02%

해설 ㉠ 불신뢰도(T)=1−(1−A)(1−B)
＝1−(1−0.01)(1−0.02)=0.0298

㉡ 신뢰도=1−불신뢰도
＝1−0.0298=0.9702×100=97.02%

60. 위험성 평가 시 위험의 크기를 결정하는 방법이 아닌 것은?

① 덧셈법　　　　② 곱셈법

③ 뺄셈법　　　　④ 행렬법

해설 위험의 크기를 결정하는 방법
• 더하는 방법
• 곱하는 방법
• 행렬을 이용하여 조합하는 방법

4과목　　**건설시공학**

61. 기존에 구축된 건축물 가까이에서 건축공사를 실시할 경우 기존 건축물의 지반과 기초를 보강하는 공법은?

① 리버스 서큘레이션 공법

② 슬러리 월 공법

③ 언더피닝 공법

④ 탑다운 공법

해설 언더피닝 공법 : 인접한 기존 건축물 인근에서 건축공사를 실시할 경우 기존 건축물의 지반과 기초를 보강하는 공법

62. 다음은 기성말뚝 세우기에 관한 표준시방서 규정이다. (　) 안에 순서대로 들어갈 내용으로 옳게 짝지어진 것은? (단, 보기항의 D는 말뚝의 바깥지름이다.)

> 말뚝의 연직도나 경사도는 (　) 이내로 하고, 말뚝박기 후 평면상의 위치가 설계 도면의 위치로부터 (　)와 100 mm 중 큰 값 이상으로 벗어나지 않아야 한다.

① 1/50, D/4　　　　② 1/100, D/3

③ 1/150, D/4　　　　④ 1/150, D/3

해설 말뚝의 연직도나 경사도는 1/50 이내로 하고, 말뚝박기 후 평면상의 위치가 설계 도면의 위치로부터 D/4(D는 말뚝의 외경)와 100 mm 중 큰 값 이상으로 벗어나지 않아야 한다.(21년도 개정)

(※ 관련 규정 개정 전 문제로 본서에서는 기존 정답인 ①번을 수정하여 정답으로 한다. 개정된 내용은 해설참조)

63. 철골공사에서 발생하는 용접 결함이 아닌 것은?

① 피트(pit)
② 블로우 홀(blow hole)
③ 오버랩(overlap)
④ 가우징(gouging)

해설 가우징(gouging) : 용접부의 홈파기로서 다층용접 시 먼저 용접한 부위의 결함 제거나 주철의 균열 보수를 하기 위하여 좁은 홈을 파내는 것

64. 원심력 고강도 프리스트레스트 콘크리트 말뚝의 이음방법 중 가장 강성이 우수하고 안전하여 많이 사용하는 이음방법은?

① 충전식 이음　② 볼트식 이음
③ 용접식 이음　④ 강관말뚝 이음

해설 원심력 고강도 프리스트레스트 콘크리트 말뚝(PHC 말뚝)의 이음방법 중 가장 강성이 우수하고 안전한 이음방법은 용접식 이음이다.

65. 철근이음의 종류 중 나사를 가지는 슬리브 또는 커플러, 에폭시나 모르타르 또는 용융금속 등을 충전한 슬리브, 클립이나 편체 등의 보조장치 등을 이용한 것을 무엇이라 하는가?

① 겹침이음　② 가스압접 이음
③ 기계적 이음　④ 용접이음

해설 기계적 이음 : 슬리브 또는 커플러, 에폭시나 모르타르 또는 용융금속 등을 충전한 슬리브, 클립이나 편체 등의 보조장치 등을 이용한 이음

66. R.C.D(리버스 서큘레이션 드릴) 공법의 특징으로 옳지 않은 것은?

① 드릴파이프 직경보다 큰 호박돌이 있는 경우 굴착이 불가하다.

② 깊은 심도까지 굴착이 가능하다.
③ 시공속도가 빠른 장점이 있다.
④ 수상(해상)작업이 불가하다.

해설 ④ 수상(해상)작업이 가능하다.

67. 보강블록공사 시 벽의 철근 배치에 관한 설명으로 옳지 않은 것은?

① 가로근을 배근상세도에 따라 가공하되, 그 단부는 180°의 갈구리로 구부려 배근한다.
② 블록의 공동에 보강근을 배치하고 콘크리트를 다져 넣기 때문에 세로줄눈은 막힌줄눈으로 하는 것이 좋다.
③ 세로근은 기초 및 테두리 보에서 위층의 테두리 보까지 잇지 않고 배근하여 그 정착길이는 철근 직경의 40배 이상으로 한다.
④ 벽의 세로근은 구부리지 않고 항상 진동 없이 설치한다.

해설 ② 보강블록 쌓기는 통줄눈쌓기를 원칙적으로 한다.

68. 철근공사 시 철근의 조립과 관련된 설명으로 옳지 않은 것은?

① 철근이 바른 위치를 확보할 수 있도록 결속선으로 결속하여야 한다.
② 철근을 조립한 다음 장기간 경과한 경우에는 콘크리트의 타설 전에 다시 조립검사를 하고 청소하여야 한다.
③ 경미한 황갈색의 녹이 발생한 철근은 콘크리트와의 부착이 매우 불량하므로 사용이 불가하다.
④ 철근의 피복두께를 정확하게 확보하기 위해 적절한 간격으로 고임재 및 간격재를 배치하여야 한다.

해설 ③ 경미한 황갈색의 녹이 발생한 철근은 콘크리트와의 부착에 큰 저해가 없으므로 사용할 수 있다.

정답 64. ③　65. ③　66. ④　67. ②　68. ③

69. 공사계약 방식에서 공사실시 방식에 의한 계약제도가 아닌 것은?

① 일식도급

② 분할도급

③ 실비정산 보수가산도급

④ 공동도급

해설 ③은 공사비 지불방식이다.

70. 알루미늄 거푸집에 관한 설명으로 옳지 않은 것은?

① 경량으로 설치시간이 단축된다.

② 이음매(joint) 감소로 건출작업이 감소된다.

③ 주요 시공 부위는 내부벽체, 슬래브, 계단실 벽체이며, 슬래브 필러 시스템이 있어서 해체가 간편하다.

④ 녹이 슬지 않는 장점이 있으나 전용횟수가 매우 적다.

해설 ④ 녹이 슬지 않는 장점이 있으며 전용횟수는 20~150회로 많다.

71. 철거작업 시 지중장애물 사전 조사항목으로 가장 거리가 먼 것은?

① 주변 공사장에 설치된 모든 계측기 확인

② 기존 건축물의 설계도, 시공기록 확인

③ 가스, 수도, 전기 등 공공매설물 확인

④ 시험굴착, 탐사 확인

해설 철거작업 시 지중장애물 사전 조사항목

• 기존 건축물의 설계도, 시공기록 확인

• 가스, 수도, 전기 등 공공매설물 확인

• 시험굴착, 탐사 확인

72. 벽돌쌓기 시 사전준비에 관한 설명으로 옳지 않은 것은?

① 줄기초, 연결보 및 바닥 콘크리트의 쌓기면은 작업 전에 청소하고, 오목한 곳은 모르타르로 수평지게 고른다.

② 벽돌에 부착된 흙이나 먼지는 깨끗이 제거한다.

③ 모르타르는 지정한 배합으로 하되 시멘트와 모래는 건비빔으로 하고, 사용할 때에는 쌓기에 지장이 없는 유동성이 확보되도록 물을 가하고 충분히 반죽하여 사용한다.

④ 콘크리트 벽돌은 쌓기 직전에 충분한 물 축이기를 한다.

해설 ④ 콘크리트 벽돌은 쌓으면서 약간의 물을 뿌린다.

Tip) 붉은 벽돌은 쌓기 전에 물 축임을 한 후 쌓는다.

73. 콘크리트는 신속하게 운반하여 즉시 타설하고, 충분히 다져야 하는데 비비기로부터 타설이 끝날 때까지의 시간은 원칙적으로 얼마를 넘어서면 안 되는가? (단, 외기온도가 25℃ 이상일 경우)

① 1.5시간   ② 2시간

③ 2.5시간   ④ 3시간

해설 비비기로부터 타설이 끝날 때까지의 시간

• 외기온도가 25℃ 이상일 때 : 1.5시간

• 외기온도가 25℃ 미만일 때 : 2시간

74. 피어기초 공사에 관한 설명으로 옳지 않은 것은?

① 중량 구조물을 설치하는데 있어서 지반이 연약하거나 말뚝으로도 수직지력이 부족하여 그 시공이 불가능한 경우와 기초지반의 교란을 최소화해야 할 경우에 채용한다.

② 굴착된 흙을 직접 탐사할 수 있고 지지층의 상태를 확인할 수 있다.

③ 진동과 소음이 발생하는 공법이긴 하나 여타 기초형식에 비하여 공기 및 비용이 적게 소요된다.

정답   69. ③   70. ④   71. ①   72. ④   73. ①   74. ③

④ 피어기초를 채용한 국내의 초고층 건축물에는 63빌딩이 있다.

해설 ③ 피어기초 공사는 무진동, 무소음공법이 가능하며, 공사비용이 고가이다.

75. 다음 각 거푸집에 관한 설명으로 옳은 것은?

① 트래블링 폼(travelling form) : 무량판 시공 시 2방향으로 된 상자형 기성재 거푸집이다.
② 슬라이딩 폼(sliding form) : 수평 활동 거푸집이며 거푸집 전체를 그대로 떼어 다음 사용장소로 이동시켜 사용할 수 있도록 한 거푸집이다.
③ 터널 폼(tunnel form) : 한 구획 전체의 벽판과 바닥판을 ㄱ자형 또는 ㄷ자형으로 짜서 이동시키는 형태의 기성재 거푸집이다.
④ 워플 폼(waffle form) : 거푸집 높이는 약 1m이고 하부가 약간 벌어진 원형 철판 거푸집을 요오크(yoke)로 서서히 끌어 올리는 공법으로 silo 공사 등에 적당하다.

해설 거푸집의 종류
• 트래블링 폼(travelling form) : 수평으로 연속된 구조물에 적용되며 해체 및 이동에 편리하도록 제작된 이동식 거푸집 공법
• 슬라이딩 폼(sliding form, 활동 거푸집) : 거푸집을 연속적으로 이동시키면서 콘크리트를 타설, silo 공사 등에 적합한 거푸집이다.
• 터널 폼(tunnel form) : 벽체용, 바닥용 거푸집을 일체로 제작하여 벽과 바닥 콘크리트를 일체로 하는 거푸집 공법이다. 한 구획 전체의 벽과 바닥판을 ㄱ자형 또는 ㄷ자형으로 만들어 이동시킨다.
• 워플 폼(waffle form) : 무량판구조 또는 평판구조에서 벌집모양의 특수상자 형태의 기성재 거푸집으로 2방향 장선 바닥판 구조를 만드는 거푸집이다.

76. 강 구조물 부재 제작 시 마킹(금긋기)에 관한 설명으로 옳지 않은 것은?

① 주요 부재의 강판에 마킹할 때에는 펀치(punch) 등을 사용하여야 한다.
② 강판 위에 주요 부재를 마킹할 때에는 주된 응력의 방향과 압연 방향을 일치시켜야 한다.
③ 마킹할 때에는 구조물이 완성된 후에 구조물의 부재로서 남을 곳에는 원칙적으로 강판에 상처를 내어서는 안 된다.
④ 마킹 시 용접열에 의한 수축 여유를 고려하여 최종 교정, 다듬질 후 정확한 치수를 확보할 수 있도록 조치해야 한다.

해설 ① 주요 부재의 강판에 마킹할 때에는 펀치(punch) 등을 사용하지 않아야 한다.

77. 건축공사 시 각종 분할도급의 장점에 관한 설명으로 옳지 않은 것은?

① 전문공종별 분할도급은 설비업자의 자본, 기술이 강화되어 능률이 향상된다.
② 공정별 분할도급은 후속공사를 다른 업자로 바꾸거나 후속공사 금액의 결정이 용이하다.
③ 공구별 분할도급은 중소업자에 균등기회를 주고, 업자 상호 간 경쟁으로 공사기일 단축, 시공기술 향상에 유리하다.
④ 직종별, 공종별 분할도급은 전문직종으로 분할하여 도급을 주는 것으로 건축주의 의도를 철저하게 반영시킬 수 있다.

해설 공정별 분할도급 : 정지, 기초, 구체, 마무리 공사 등 공사의 각 과정별로 나누어서 도급을 주는 방식이다.

78. 두께 110 mm의 일반구조용 압연강재 SS275의 항복강도(f_y) 기준값은?

① 275MPa 이상 ② 265MPa 이상
③ 245MPa 이상 ④ 235MPa 이상

해설 압연강재의 기계적 성질

강재의 두께(mm)	항복강도(MPa)	
	SS400	SS275
16 이하	245	275
16 초과 40 이하	235	265
40 초과 100 이하	215	245
100 초과	205	235
인장강도(N/mm^2)	400~510	410~550

79. 건설사업이 대규모화, 고도화, 다양화, 전문화되어감에 따라 종래의 단순 기술에 의한 시공만이 아닌 고부가가치를 추구하기 위하여 업무영역의 확대를 의미하는 것은?

① BTL ② EC
③ BOT ④ SOC

해설 EC : 건설사업이 대규모화, 고도화, 다양화, 전문화되어감에 따라 단순 기술에 의한 시공만이 아닌 고부가가치를 추구하기 위한 업무영역의 확대를 의미한다.

80. 콘크리트 공사 시 시공이음에 관한 설명으로 옳지 않은 것은?

① 시공이음은 될 수 있는 대로 전단력이 작은 위치에 설치하고, 부재의 압축력이 작용하는 방향과 직각이 되도록 하는 것이 원칙이다.
② 외부의 염분에 의한 피해를 받을 우려가 있는 해양 및 항만 콘크리트 구조물 등에 있어서는 시공이음부를 최대한 많이 설치하는 것이 좋다.
③ 이음부의 시공에 있어서는 설계에 정해져 있는 이음의 위치와 구조는 지켜져야 한다.
④ 수밀을 요하는 콘크리트에 있어서는 소요의 수밀성이 얻어지도록 적절한 간격으로 시공이음부를 두어야 한다.

해설 ② 외부의 염분에 의한 피해를 받을 우려가 있는 해양 및 항만 콘크리트 구조물 등에 있어서는 시공이음부를 두지 않는 것이 좋다.

5과목 **건설재료학**

81. 건축재료의 성질을 물리적 성질과 역학적 성질로 구분할 때 물체의 운동에 관한 성질인 역학적 성질에 속하지 않는 항목은 무엇인가?

① 비중 ② 탄성 ③ 강성 ④ 소성

해설 건축 구조재료의 역학적 성능에는 강도, 강성, 내피로성, 탄성, 소성 등이 있다.
Tip) 비중 – 물리적 성질

82. 강재(鋼材)의 일반적인 성질에 관한 설명으로 옳지 않은 것은?

① 열과 전기의 양도체이다.
② 광택을 가지고 있으며, 빛에 불투명하다.
③ 경도가 높고 내마멸성이 크다.
④ 전성이 일부 있으나 소성변형 능력은 없다.

해설 ④ 가공이 용이하고, 연·전성이 좋다.

83. 콘크리트 혼화재 중 하나인 플라이애시가 콘크리트에 미치는 작용에 관한 설명으로 옳지 않은 것은?

① 내황산염에 대한 저항성을 증가시키기 위하여 사용한다.
② 콘크리트 수화 초기 시의 발열량을 감소시키고 장기적으로 시멘트의 석회와 결합하여 장기강도를 증진시키는 효과가 있다.
③ 입자가 구형이므로 유동성이 증가되어 단위수량을 감소시키므로 콘크리트의 워커빌리티의 개선, 압송성을 향상시킨다.

④ 알칼리 골재반응에 의한 팽창을 증가시키고 콘크리트의 수밀성을 약화시킨다.

해설 ④ 알칼리를 감소시켜 중성화를 촉진시킬 염려가 있고, 콘크리트의 수밀성을 향상시킨다.

84. 대리석의 일종으로 다공질이며 황갈색의 반문이 있고 갈면 광택이 나서 우아한 실내 장식에 사용되는 것은?

① 테라조 ② 트래버틴
③ 석면 ④ 점판암

해설 트래버틴 : 다공질이며 황갈색의 반문이 있고 갈면 광택이 나서 실내 장식재로 쓰인다.

85. 비스페놀과 에피클로로하이드린의 반응으로 얻어지며 주제와 경화제로 이루어진 2성분계의 접착제로서 금속, 플라스틱, 도자기, 유리 및 콘크리트 등의 접합에 널리 사용되는 접착제는?

① 실리콘수지 접착제
② 에폭시 접착제
③ 비닐수지 접착제
④ 아크릴수지 접착제

해설 에폭시 접착제 : 2성분계의 접착제로서 에폭시기(epoxy基)를 가지는 저분자량 중합체로부터 만들어지는 강력한 접착제이다. 내약품성이 좋아 도료 따위에도 쓰인다.

86. 외부에 노출되는 마감용 벽돌로서 벽돌면의 색깔, 형태, 표면의 질감 등의 효과를 얻기 위한 것은?

① 광재벽돌 ② 내화벽돌
③ 치장벽돌 ④ 포도벽돌

해설 치장벽돌 : 구조물의 외부에 노출되는 마감용 벽돌로서 벽돌면의 색깔이나 질감 등의 효과를 얻을 수 있다.

87. 콘크리트의 블리딩 현상에 의한 성능 저하와 가장 거리가 먼 것은?

① 골재와 시멘트 페이스트의 부착력 저하
② 철근과 시멘트 페이스트의 부착력 저하
③ 콘크리트의 수밀성 저하
④ 콘크리트의 응결성 저하

해설 블리딩 현상은 콘크리트의 응결이 시작하기 전 침하하는 현상이다.
Tip) 블리딩 현상은 콘크리트의 응결과는 관계가 없다.

88. 직사각형으로 자른 얇은 나뭇조각을 서로 직각으로 겹쳐지게 배열하고 방수성 수지로 강하게 압축 가공한 보드는?

① O.S.B ② M.D.F
③ 플로어링 블록 ④ 시멘트 사이딩

해설 O.S.B : 작은 조각들을 잘게 부순 나무를 접착, 압착하여 성형한 보드
Tip) M.D.F : 잘게 부순 나무 입자를 접착제와 섞어 압축, 가공한 목재합판

89. 발포제로서 보드상으로 성형하여 단열재로 널리 사용되며 천장재, 전기용품, 냉장고 내부상자 등으로 쓰이는 열가소성 수지는?

① 폴리스티렌수지
② 폴리에스테르수지
③ 멜라민수지
④ 메타크릴수지

해설 폴리스티렌수지
• 무색투명하고 착색하기 쉬우며, 내수성, 내마모성, 내화학성, 전기절연성, 가공성이 우수하다.
• 단단하나 부서지기 쉽고, 충격에 약하고, 내열성이 작은 단점이 있다.
• 전기용품, 절연재, 저온 단열재로 쓰이고, 건축물의 천장재, 블라인드 등으로 사용한다.

정답 84. ② 85. ② 86. ③ 87. ④ 88. ① 89. ①

2021

90. 블로운 아스팔트의 내열성, 내한성 등을 개량하기 위해 동물섬유나 식물섬유를 혼합하여 유동성을 증대시킨 것을 무엇이라고 하는가?

① 아스팔트 펠트(asphalt felt)
② 아스팔트 루핑(asphalt roofing)
③ 아스팔트 프라이머(asphalt primer)
④ 아스팔트 컴파운드(asphalt compound)

해설 아스팔트 컴파운드는 블로운 아스팔트의 내열성, 내한성 등을 개량하기 위해 동식물성 유지와 광물질 분말을 혼입한 것이다.

91. 목모 시멘트판을 보다 향상시킨 것으로서 폐기목재의 삭편을 화학처리하여 비교적 두꺼운 판 또는 공동블록 등으로 제작하여 마루, 지붕, 천장, 벽 등의 구조체에 사용되는 것은?

① 펄라이트 시멘트판 ② 후형 슬레이트
③ 석면 슬레이트   ④ 듀리졸(durisol)

해설 듀리졸 : 폐기목재의 삭편을 화학처리하여 두꺼운 판 또는 공동블록 등으로 제작하여 마루, 지붕, 천장, 벽 등의 구조체에 사용한다.

92. 역청재료의 침입도시험에서 질량 100g의 표준 침이 5초 동안에 10mm 관입했다면 이 재료의 침입도는 얼마인가?

① 1   ② 10
③ 100   ④ 1000

해설 침입도
$$= \frac{5초 동안의 관입깊이(mm)}{0.1mm} = \frac{10}{0.1} = 100$$

93. 지름이 18mm인 강봉을 대상으로 인장시험을 행하여 항복하중 27kN, 최대하중 41kN을 얻었다. 이 강봉의 인장강도는?

① 약 106.3MPa   ② 약 133.9MPa
③ 약 161.1MPa   ④ 약 182.3MPa

해설 인장강도 $= \dfrac{W}{\dfrac{\pi d^2}{4}} = \dfrac{41}{\dfrac{\pi \times 18^2}{4}}$

$= 0.1611 \times 1000 = 161.1\,MPa$

여기서, W : 최대하중, d : 강봉의 지름

94. 열경화성 수지에 해당하지 않는 것은?

① 염화비닐수지
② 페놀수지
③ 멜라민수지
④ 에폭시수지

해설 열가소성 수지 : 가열하면 연화되어 변형을 일으키나 냉각시키면 그대로 굳어지는 수지로 비닐계수지, 아크릴수지, 폴리에틸렌수지, 폴리프로필렌수지 등이 있다.

95. 자기질 점토제품에 관한 설명으로 옳지 않은 것은?

① 조직이 치밀하지만, 도기나 석기에 비하여 강도 및 경도가 약한 편이다.
② 1230~1460℃ 정도의 고온으로 소성한다.
③ 흡수성이 매우 낮으며, 두드리면 금속성의 맑은 소리가 난다.
④ 제품으로는 타일 및 위생도기 등이 있다.

해설 ① 도기나 석기에 비하여 굽는 온도가 높아서 강도 및 경도가 강한 편이다.

96. 접착제를 동물질 접착제와 식물질 접착제로 분류할 때 동물질 접착제에 해당되지 않는 것은?

① 아교
② 덱스트린 접착제
③ 카세인 접착제
④ 알부민 접착제

정답 90. ④   91. ④   92. ③   93. ③   94. ①   95. ①   96. ②

해설 덱스트린 접착제 : 녹말을 산이나 아밀라아제 따위로 가수분해시킬 때 얻어지는 생성물로 물에 녹으면 점착력이 강하다(식물질 접착제).

97. 대규모 지하 구조물, 댐 등 매스콘크리트의 수화열에 의한 균열 발생을 억제하기 위해 벨라이트의 비율을 중용열 포틀랜드 시멘트 이상으로 높인 시멘트는?

① 저열 포틀랜드 시멘트
② 보통 포틀랜드 시멘트
③ 조강 포틀랜드 시멘트
④ 내황산염 포틀랜드 시멘트

해설 저열 포틀랜드 시멘트 : 지하 구조물, 댐 등 매스콘크리트의 수화열에 의한 균열 발생을 억제하기 위해 벨라이트의 비율을 높인 시멘트로 초기강도는 낮으나 장기강도는 크다.

98. 목재의 방부처리법과 가장 거리가 먼 것은?

① 약제도포법   ② 표면탄화법
③ 진공탈수법   ④ 침지법

해설 목재의 방부처리법 : 가압주입법, 표면탄화법, 침지법, 도포법

99. 2장 이상의 판유리 등을 나란히 넣고, 그 틈새에 대기압에 가까운 압력의 건조한 공기를 채우고 그 주변을 밀봉·봉착한 것은?

① 열선흡수유리   ② 배강도유리
③ 강화유리   ④ 복층유리

해설 복층유리 : 2장 이상의 판유리 등을 나란히 넣고, 그 틈새에 대기압에 가까운 압력의 건조한 공기를 채우고 그 주변을 밀봉·봉착한 것

Tip) 복층유리는 단열 효과가 크고, 결로 현상이 잘 발생하지 않는다.

100. 미장재료의 구성재료에 관한 설명으로 옳지 않은 것은?

① 부착재료는 마감과 바탕재료를 붙이는 역할을 한다.
② 무기혼화재료는 시공성 향상 등을 위해 첨가된다.
③ 풀재는 강도증진을 위해 첨가된다.
④ 여물재는 균열방지를 위해 첨가된다.

해설 ③ 풀재는 균열방지를 위해 첨가된다.

6과목 **건설안전기술**

101. 10cm 그물코인 방망을 설치한 경우에 망 밑 부분에 충돌위험이 있는 바닥면 또는 기계설비와의 수직거리는 얼마 이상이어야 하는가? (단, L[1개의 방망일 때 단변 방향 길이]=12m, A[장변 방향 방망의 지지간격]=6m)

① 10.2m   ② 12.2m
③ 14.2m   ④ 16.2m

해설 수직거리(H)
$$=0.85 \times L = 0.85 \times 12 = 10.2m$$

102. 비계의 높이가 2m 이상인 작업장소에 작업발판을 설치할 때 그 폭은 최소 얼마 이상이어야 하는가?

① 30cm   ② 40cm
③ 50cm   ④ 60cm

해설 비계의 높이가 2m를 초과하는 경우에는 작업발판의 폭을 40cm 이상으로 한다.

103. 크레인의 와이어로프가 감기면서 붐 상단까지 후크가 따라 올라올 때 더 이상 감기

지 않도록 하여 크레인 작동을 자동으로 정지시키는 안전장치로 옳은 것은?

① 권과방지장치　　② 후크해지장치
③ 과부하방지장치　④ 속도조절기

해설 양중기의 안전장치는 과부하방지장치, 권과방지장치, 비상정지장치, 제동장치, 속도조절기, 출입문 인터록(interlock) 등이며, 권과방지장치는 과다감기를 방지하는 장치이다.

104. 터널공사 시 자동경보장치가 설치된 경우에 이 자동경보장치에 대하여 당일 작업시작 전 점검하고 이상을 발견하면 즉시 보수하여야 하는 사항이 아닌 것은?

① 계기의 이상 유무
② 검지부의 이상 유무
③ 경보장치의 작동상태
④ 환기 또는 조명시설의 이상 유무

해설 자동경보장치의 작업시작 전 점검사항
• 계기의 이상 유무
• 검지부의 이상 유무
• 경보장치의 작동상태

105. 달비계의 구조에서 달비계 작업발판의 폭과 틈새기준으로 옳은 것은?

① 작업발판의 폭 30cm 이상, 틈새 3cm 이하
② 작업발판의 폭 40cm 이상, 틈새 3cm 이하
③ 작업발판의 폭 30cm 이상, 틈새 없도록 할 것
④ 작업발판의 폭 40cm 이상, 틈새 없도록 할 것

해설 달비계 작업발판의 폭은 40cm 이상으로 하고 틈새가 없도록 하여야 한다.
Tip) 비계의 높이가 5m를 초과하는 경우에는 작업발판의 폭을 20cm 이상으로 한다.

106. 강관을 사용하여 비계를 구성하는 경우의 준수사항으로 옳지 않은 것은?

① 비계기둥의 간격은 띠장 방향에서는 1.85미터 이하, 장선(長繕) 방향에서는 1.5미터 이하로 할 것
② 띠장 간격은 2.0미터 이하로 할 것
③ 비계기둥 간의 적재하중은 400킬로그램을 초과하지 않도록 할 것
④ 비계기둥의 제일 윗부분으로부터 31미터 되는 지점 밑 부분의 비계기둥은 3개의 강관으로 묶어 세울 것

해설 ④ 비계기둥의 제일 윗부분으로부터 31m 되는 지점 밑 부분의 비계기둥은 2개의 강관으로 묶어 세울 것

107. 유해·위험방지 계획서 제출 시 첨부서류에 해당하지 않는 것은?

① 안전관리조직표
② 전체 공정표
③ 공사현장의 주변 현황 및 주변과의 관계를 나타내는 도면
④ 교통처리계획

해설 유해·위험방지 계획서 제출 시 첨부서류
• 공사개요서
• 전체 공정표
• 안전관리조직표
• 산업안전보건관리비 사용계획
• 재해 발생 위험 시 연락 및 대피방법
• 건설물, 사용 기계설비 등의 배치를 나타내는 도면
• 공사현장의 주변 현황 및 주변과의 관계를 나타내는 도면(매설물 현황을 포함한다.)

108. 흙막이 가시설 공사 시 사용되는 각 계측기 설치 목적으로 옳지 않은 것은?

① 지표침하계 – 지표면 침하량 측정
② 수위계 – 지반 내 지하수위의 변화 측정
③ 하중계 – 상부 적재하중 변화 측정
④ 지중경사계 – 인접지반의 수평변위량 측정

해설 ③ 하중계 – 축하중의 변화상태 측정

109. 일반건설공사(갑)으로서 대상액이 5억 원 이상 50억 원 미만인 경우에 산업안전보건관리비의 비율(㉠) 및 기초액(㉡)으로 옳은 것은?

① ㉠ : 1.86%, ㉡ : 5,349,000원
② ㉠ : 1.99%, ㉡ : 5,499,000원
③ ㉠ : 2.35%, ㉡ : 5,400,000원
④ ㉠ : 1.57%, ㉡ : 4,411,000원

해설 건설공사 종류 및 규모별 안전관리비 계상기준표

건설 공사 구분	대상액 5억 원 이상 50억 원 미만	
	비율(X) [%]	기초액(C) [원]
일반건설공사(갑)	1.86	5,349,000
일반건설공사(을)	1.99	5,499,000
중건설공사	2.35	5,400,000
철도 · 궤도 신설공사	1.57	4,411,000
특수 및 그 밖에 공사	1.20	3,250,000

110. 겨울철 공사 중인 건축물의 벽체 콘크리트 타설 시 거푸집이 터져서 콘크리트가 쏟아지는 사고가 발생하였다. 이 사고의 발생 원인으로 추정 가능한 사안 중 가장 타당한 것은?

① 진동기를 사용하지 않았다.
② 철근 사용량이 많았다.
③ 콘크리트의 슬럼프가 작았다.
④ 콘크리트의 타설속도가 빨랐다.

해설 콘크리트의 타설속도가 빠르고 온도가 낮으면 측압은 커져 콘크리트가 쏟아지는 사고의 원인이 된다.

111. 다음은 산업안전보건법령에 따른 투하설비 설치에 관련된 사항이다. ( ) 안에 들어갈 내용으로 옳은 것은?

> 사업주는 높이가 ( )미터 이상인 장소로부터 물체를 투하하는 때에는 적당한 투하설비를 설치하거나 감시인을 배치하는 등 위험방지를 위하여 필요한 조치를 하여야 한다.

① 1   ② 2   ③ 3   ④ 4

해설 높이가 최소 3m 이상인 곳에서 물체를 투하하는 때에는 투하설비를 갖춰야 한다.

112. 작업 중이던 미장공이 상부에서 떨어지는 공구에 의해 상해를 입었다면 어느 부분에 대한 결함이 있었겠는가?

① 작업대 설치
② 작업방법
③ 낙하물 방지시설 설치
④ 비계 설치

해설 상부에서 떨어지는 공구에 의해 상해를 입었다면 낙하물 방지시설 설치에 결함이 있다.

113. 건설현장에서 동력을 사용하는 항타기 또는 항발기에 대하여 무너짐을 방지하기 위하여 준수하여야 할 사항으로 옳지 않은 것은?

① 버팀줄만으로 상단 부분을 안정시키는 경우에는 버팀줄을 4개 이상으로 하고 같은 간격으로 배치할 것

② 버팀대만으로 상단 부분을 안정시키는 경우에는 버팀대는 3개 이상으로 하고 그 하단 부분은 견고한 버팀·말뚝 또는 철골 등으로 고정시킬 것

③ 궤도 또는 차로 이동하는 항타기 또는 항발기에 대해서는 불시에 이동하는 것을 방지하기 위하여 레일 클램프(rail clamp) 및 쐐기 등으로 고정시킬 것

④ 연약한 지반에 설치하는 경우에는 각부나 가대의 침하를 방지하기 위하여 깔판·깔목 등을 사용할 것

해설 ① 버팀줄만으로 상단 부분을 안정시키는 경우에는 버팀줄을 3개 이상으로 하고 같은 간격으로 배치할 것

114. 토공사에서 성토용 토사의 일반 조건으로 옳지 않은 것은?

① 다져진 흙의 전단강도가 크고 압축성이 작을 것

② 함수율이 높은 토사일 것

③ 시공장비의 주행성이 확보될 수 있을 것

④ 필요한 다짐 정도를 쉽게 얻을 수 있을 것

해설 ② 함수율이 높은 토사는 강도 저하로 인해 붕괴할 우려가 있다.

115. 지반의 종류가 암반 중 풍화암일 경우 굴착면 기울기 기준으로 옳은 것은?

① 1 : 0.5　② 1 : 0.8　③ 1 : 1.0　④ 1 : 1.5

해설 암반의 풍화암 지반 굴착면의 기울기는 1 : 1.0이다.

116. 차량계 건설기계를 사용하는 작업을 할 때에 그 기계가 넘어지거나 굴러떨어짐으로써 근로자가 위험해질 우려가 있는 경우에 필요한 조치로 가장 거리가 먼 것은?

① 지반의 부동침하방지

② 안전통로 및 조도 확보

③ 유도하는 사람 배치

④ 갓길의 붕괴방지 및 도로 폭의 유지

해설 차량계 건설기계 전도전락방지 대책
• 갓길의 붕괴방지
• 유도자 배치
• 도로의 폭의 유지
• 지반의 부동침하방지

117. 파쇄하고자 하는 구조물에 구멍을 천공하여 이 구멍에 가력봉을 삽입하고 가력봉에 유압을 가압하여 천공한 구멍을 확대시킴으로써 구조물을 파쇄하는 공법은?

① 핸드 브레이커(hand breaker) 공법

② 강구(steel ball) 공법

③ 마이크로파(microwave) 공법

④ 록잭(rock jack) 공법

해설 록잭(rock jack) 공법은 천공 구멍에 가력봉을 삽입하고 가력봉에 유압을 가압하여 구멍을 확대시킴으로써 구조물을 파쇄한다.

118. 이동식비계 조립 및 사용 시 준수사항으로 옳지 않은 것은?

① 비계의 최상부에서 작업을 하는 경우에는 안전난간을 설치할 것

② 승강용 사다리는 견고하게 설치할 것

③ 작업발판은 항상 수평을 유지하고 작업발판 위에서 작업을 위한 거리가 부족할 경우에는 받침대 또는 사다리를 사용할 것

④ 작업발판의 최대 적재하중은 250kg을 초과하지 않도록 할 것

해설 ③ 작업발판은 항상 수평을 유지하고 작업발판 위에서 안전난간을 딛고 작업을 하거나 받침대 또는 사다리를 사용하여 작업하지 않도록 할 것

정답 114. ②　115. ③　116. ②　117. ④　118. ③

119. 산업안전보건법령에 따른 중량물 취급 작업 시 작업계획서에 포함시켜야 할 사항이 아닌 것은?

① 협착위험을 예방할 수 있는 안전 대책
② 감전위험을 예방할 수 있는 안전 대책
③ 추락위험을 예방할 수 있는 안전 대책
④ 전도위험을 예방할 수 있는 안전 대책

해설 중량물 취급작업 시 작업계획서에는 협착위험, 추락위험, 전도위험, 낙하위험, 붕괴위험을 예방할 수 있는 안전 대책을 포함하여야 한다.

120. 흙막이 지보공을 설치하였을 때에 정기적으로 점검하고 이상을 발견하면 즉시 보수하여야 하는 사항과 거리가 먼 것은?

① 부재의 손상 · 변형 · 부식 · 변위 및 탈락의 유무와 상태
② 부재의 접속부 · 부착부 및 교차부의 상태
③ 침하의 정도
④ 설계상 부재의 경제성 검토

해설 흙막이 지보공 정기점검사항
• 기둥침하의 유무 및 상태
• 침하의 정도와 버팀대의 긴압의 정도
• 부재의 접속부 · 부착부 및 교차부의 상태
• 부재의 손상 · 변형 · 부식 · 변위 및 탈락의 유무와 상태

2022년도(1회차) 출제문제

1과목 **산업안전관리론**

1. 산업안전보건법령상 안전보건표지의 종류 중 안내표지에 해당되지 않는 것은?

① 금연 ② 들것
③ 세안장치 ④ 비상용기구

해설 ①은 금지표지

2. 산업안전보건법령상 산업안전보건위원회에 관한 사항 중 틀린 것은?

① 근로자위원과 사용자위원은 같은 수로 구성 된다.
② 산업안전보건회의의 정기회의는 위원장이 필요하다고 인정할 때 소집한다.
③ 안전보건교육에 관한 사항은 산업안전보건 위원회의 심의·의결을 거쳐야 한다.
④ 상시근로자 50인 이상의 자동차 제조업의 경우 산업안전보건위원회를 구성·운영하여 야 한다.

해설 ② 회의는 정기회의와 임시회의로 구분하 되, 정기회의는 분기마다 위원장이 소집한다.

3. 재해 원인 중 간접원인이 아닌 것은?

① 물적 원인 ② 관리적 원인
③ 사회적 원인 ④ 정신적 원인

해설 재해의 간접원인 : 기술적 원인, 교육적 원인, 작업관리상의 원인, 정신적 원인, 신체 적 원인 등
Tip) 재해의 직접원인 : 인적원인(불안전한 행동), 물적원인(불안전한 상태)

4. 산업재해 통계업무 처리규정상 재해 통계 관련 용어로 (   )에 알맞은 용어는?

> (   )는 근로복지공단의 유족급여가 지 급된 사망자 및 근로복지공단에 최초 요양 신청서(재진 요양신청이나 전원 요양신청 서는 제외)를 제출한 재해자 중 요양승인 을 받은 자(산재 미보고 적발 사망자 수를 포함)로 통상의 출퇴근으로 발생한 재해는 제외된다.

① 재해자 수 ② 사망자 수
③ 휴업재해자 수 ④ 임금근로자 수

해설 재해자 수(재해를 입은 자) : 근로복지공 단의 유족급여가 지급된 사망자, 요양승인을 받은 자

5. 시몬즈(Simonds)의 재해손실비의 평가방식 중 비보험 코스트의 산정항목에 해당하지 않 는 것은?

① 사망사고 건수
② 통원상해 건수
③ 응급조치 건수
④ 무상해사고 건수

해설 시몬즈 방식의 재해 코스트 산정법
• 총 재해 코스트=보험 코스트+비보험 코 스트
• 비보험 코스트=(휴업상해 건수×A)+(통 원상해 건수×B)+(응급조치 건수×C)+ (무상해사고 건수×D)
• 상해의 종류(A, B, C, D는 장해 정도별에 의한 비보험 코스트의 평균치)

정답 1. ① 2. ② 3. ① 4. ① 5. ①

분류	재해사고 내용
휴업상해 (A)	영구 부분 노동 불능, 일시 전 노동 불능
통원상해 (B)	일시 부분 노동 불능, 의사의 조치를 요하는 통원상해
응급처치 (C)	응급조치, 20달러 미만의 손실, 8시간 미만의 의료조치상해
무상해 사고(D)	의료조치를 필요로 하지 않는 정도의 경미한 상해

6. 산업안전보건법령상 용어와 뜻이 바르게 연결된 것은?

① "사업주 대표"란 근로자의 과반수를 대표하는 자를 말한다.

② "도급인"이란 건설공사 발주자를 포함한 물건의 제조·건설·수리 또는 서비스의 제공, 그 밖의 업무를 도급하는 사업주를 말한다.

③ "안전보건평가"란 산업재해를 예방하기 위하여 잠재적 위험성을 발견하고 그 개선 대책을 수립할 목적으로 조사·평가하는 것을 말한다.

④ "산업재해"란 노무를 제공하는 사람이 업무에 관계되는 건설물·설비·원재료·가스·증기·분진 등에 의하거나 작업 또는 그 밖의 업무로 인하여 사망 또는 부상하거나 질병에 걸리는 것을 말한다.

해설 ① "사업주"란 근로자를 사용하여 사업을 하는 자를 말한다.

② "도급인"이란 건설공사 발주자를 제외한 물건의 제조·건설·수리 또는 서비스의 제공, 그 밖의 업무를 도급하는 사업주를 말한다.

③ "안전보건진단"이란 산업재해를 예방하기 위하여 잠재적 위험성을 발견하고 그 개선 대책을 수립할 목적으로 조사·평가하는 것을 말한다.

7. 재해조사 시 유의사항으로 틀린 것은?

① 피해자에 대한 구급조치를 우선으로 한다.

② 재해조사 시 2차 재해 예방을 위해 보호구를 착용한다.

③ 재해조사는 재해자의 치료가 끝난 뒤 실시한다.

④ 책임 추궁보다는 재발방지를 우선하는 기본 태도를 가진다.

해설 ③ 조사는 신속히 행하고, 공정하게 조사하기 위해 2인 이상이 한다.

8. 산업안전보건법령상 상시근로자 20명 이상 50명 미만인 사업장 중 안전보건관리 담당자를 선임하여야 하는 업종이 아닌 것은? (단, 안전관리자 및 보건관리자가 선임되지 않은 사업장으로 한다.)

① 임업

② 제조업

③ 건설업

④ 환경 정화 및 복원업

해설 사업주는 상시근로자 20명 이상 50명 미만인 다음 사업장에 안전보건관리담당자를 1명 이상 선임하여야 한다.

㉠ 임업

㉡ 제조업

㉢ 환경 정화 및 복원업

㉣ 하수, 폐수 및 분뇨처리업

㉤ 폐기물 수집, 운반, 처리 및 원료 재생업 등

9. 건설기술진흥법령상 안전관리계획을 수립해야 하는 건설공사에 해당하지 않는 것은?

① 15층 건축물의 리모델링

② 지하 15m를 굴착하는 건설공사

③ 항타 및 항발기가 사용되는 건설공사

④ 높이가 21m인 비계를 사용하는 건설공사

[해설] ④ 높이가 31m인 비계를 사용하는 건설공사

10. 다음의 재해에서 기인물과 가해물로 옳은 것은?

> 공구와 자재가 바닥에 어지럽게 널려 있는 작업통로를 작업자가 보행 중 공구에 걸려 넘어져 통로바닥에 머리를 부딪쳤다.

① 기인물 : 바닥, 가해물 : 공구
② 기인물 : 바닥, 가해물 : 바닥
③ 기인물 : 공구, 가해물 : 바닥
④ 기인물 : 공구, 가해물 : 공구

[해설] • 사고유형 : 전도
• 기인물(공구) : 재해 발생의 주원인으로 근원이 되는 기계, 장치, 기구, 환경 등
• 가해물(바닥) : 직접 인간에게 접촉하여 피해를 주는 기계, 장치, 기구, 환경 등

11. 보호구 안전인증 고시상 안전인증을 받은 보호구의 표시사항이 아닌 것은?

① 제조자명
② 사용유효기간
③ 안전인증번호
④ 규격 또는 등급

[해설] 안전인증제품의 안전인증표시 외 표시사항 : 형식 또는 모델명, 규격 또는 등급, 제조자명, 제조번호 및 제조연월, 안전인증번호

12. 위험예지훈련 진행방법 중 대책수립에 해당하는 단계는?

① 제1라운드
② 제2라운드
③ 제3라운드
④ 제4라운드

[해설] 문제해결의 4라운드

1R	2R	3R	4R
현상파악	본질추구	대책수립	행동 목표 설정

13. 산업안전보건법령상 안전보건관리규정을 작성해야 할 사업의 종류를 모두 고른 것은? (단, ㉠~㉤은 상시근로자 300명 이상의 사업이다.)

> ㉠ 농업
> ㉡ 정보 서비스업
> ㉢ 금융 및 보험업
> ㉣ 사회복지 서비스업
> ㉤ 과학 및 기술 연구개발업

① ㉡, ㉣, ㉤
② ㉠, ㉡, ㉢, ㉣
③ ㉠, ㉡, ㉢, ㉤
④ ㉠, ㉢, ㉣, ㉤

[해설] 상시근로자 300명 이상에서 안전보건관리규정을 작성하여야 하는 사업장
• 농업 • 금융 및 보험업
• 어업 • 임대업(부동산 제외)
• 정보 서비스업 • 사회복지 서비스업
• 사업지원 서비스업
• 전문, 과학 및 기술 서비스업
• 소프트웨어 개발 및 공급업
• 컴퓨터 프로그래밍, 시스템 통합 및 관리업

14. 산업안전보건법령상 중대재해의 범위에 해당하지 않는 것은?

① 사망자가 1명 발생한 재해
② 부상자가 동시에 10명 이상 발생한 재해
③ 2개월 이상의 요양이 필요한 부상자가 동시에 2명 이상 발생한 재해
④ 직업성 질병자가 동시에 10명 이상 발생한 재해

[해설] ② 3개월 이상의 요양이 필요한 부상자가 동시에 2명 이상 발생한 재해

15. 1000명 이상의 대규모 사업장에서 가장 적합한 안전관리조직의 형태는?

① 경영형   ② 라인형

③ 스태프형   ④ 라인-스태프형

해설 라인-스태프형(line-staff) 조직(혼합형 조직)

- 대규모 사업장(1000명 이상 사업장)에 적용한다.
- 장점
  ㉠ 안전전문가에 의해 입안된 것을 경영자가 명령하므로 명령이 신속·정확하다.
  ㉡ 안전정보 수집이 용이하고 빠르다.
- 단점
  ㉠ 명령계통과 조언·권고적 참여의 혼돈이 우려된다.
  ㉡ 스태프의 월권행위가 우려되고 지나치게 스태프에게 의존할 수 있다.

16. A사업장의 현황이 다음과 같을 때, A사업장의 강도율은?

- 상시근로자 : 200명
- 요양재해 건수 : 4건
- 사망 : 1명
- 휴업 : 1명(500일)
- 연근로시간 : 2400시간

① 8.33   ② 14.53

③ 15.31   ④ 16.48

해설 강도율$=\dfrac{근로손실일수}{연근로\ 총\ 시간\ 수}\times 1000$

$=\dfrac{7500+\left(500\times\dfrac{300}{365}\right)}{2400\times 200}\times 1000$

$=16.48$

17. 산업안전보건법령상 관계수급인 근로자가 도급인의 사업장에서 작업을 하는 경우 건설업 도급인의 작업장 순회·점검주기는?

① 1일에 1회 이상   ② 2일에 1회 이상

③ 3일에 1회 이상   ④ 7일에 1회 이상

해설 순회·점검주기

업종	주기
건설업, 제조업, 토사석 광업, 서적, 잡지 및 기타 인쇄물 출판업, 음악, 기타 비디오물 출판업, 금속 및 비금속 원료 재생업	2일에 1회 이상
위 사업을 제외한 사업	1주에 1회 이상

18. 재해사례연구의 진행 단계로 옳은 것은?

㉠ 사실의 확인
㉡ 대책의 수립
㉢ 문제점의 발견
㉣ 문제점의 결정
㉤ 재해상황의 파악

① ㉢ → ㉤ → ㉠ → ㉣ → ㉡

② ㉢ → ㉤ → ㉣ → ㉠ → ㉡

③ ㉤ → ㉢ → ㉠ → ㉣ → ㉡

④ ㉤ → ㉠ → ㉢ → ㉣ → ㉡

해설 재해사례연구 진행 단계

1단계	2단계	3단계	4단계	5단계
상황 파악	사실 확인	문제점 발견	문제점 결정	대책 수립

19. 산업안전보건법령상 건설현장에서 사용하는 크레인의 안전검사의 주기는? (단, 이동식 크레인은 제외한다.)

① 최초로 설치한 날부터 1개월마다 실시

② 최초로 설치한 날부터 3개월마다 실시

③ 최초로 설치한 날부터 6개월마다 실시

④ 최초로 설치한 날부터 1년마다 실시

해설 크레인은 설치한 날부터 3년 이내에 최초 안전검사를 실시하여야 한다(건설현장에서 사용하는 것은 최초로 설치한 날부터 6개월마다 실시한다).

20. 재해예방의 4원칙에 해당하지 않는 것은?

① 손실적용의 원칙
② 원인연계의 원칙
③ 대책선정의 원칙
④ 예방가능의 원칙

해설 하인리히 산업재해예방의 4원칙
- 손실우연의 원칙 : 사고의 결과 손실 유무 또는 대소는 사고 당시 조건에 따라 우연적으로 발생한다.
- 원인계기(연계)의 원칙 : 재해 발생은 반드시 원인이 있다.
- 예방가능의 원칙 : 재해는 원칙적으로 원인만 제거하면 예방이 가능하다.
- 대책선정의 원칙 : 재해예방을 위한 가능한 안전 대책은 반드시 존재한다.

2과목 산업심리 및 교육

21. 감각 현상이 하나의 전체적이고 의미 있는 내용으로 체계화되는 과정을 의미하는 것은?

① 유추(analogy)
② 게슈탈트(gestalt)
③ 인지(cognition)
④ 근접성(proximity)

해설 게슈탈트(gestalt) : 시각정보의 조직화를 의미하는 용어로 형태나 형상이라는 뜻이다.

22. 다음에서 설명하는 리더십의 유형은 무엇인가?

> 과업 완수와 인간관계 모두에 있어 최대한의 노력을 기울이는 리더십 유형

① 과업형 리더십
② 이상형 리더십
③ 타협형 리더십
④ 무관심형 리더십

해설 지문은 이상형(9,9형) 리더십에 대한 내용이다.

23. 집단역학에서 소시오메트리(sociometry)에 관한 설명 중 틀린 것은?

① 소시오메트리 분석을 위해 소시오메트릭스와 소시오그램이 작성된다.
② 소시오메트릭스에서는 상호작용에 대한 정량적 분석이 가능하다.
③ 소시오메트리는 집단구성원들 간의 공식적 관계가 아닌 비공식적인 관계를 파악하기 위한 방법이다.
④ 소시오그램은 집단구성원들 간의 선호, 거부 혹은 무관심의 관계를 기호로 표현하지만, 이를 통해 다양한 집단 내의 비공식적 관계에 대한 역학관계는 파악할 수 없다.

해설 ④ 소시오메트리는 집단구성원들 간의 선호, 거부 혹은 무관심의 관계를 기호로 표현하여 이를 통해 다양한 집단 내의 비공식적 관계에 대한 역학관계를 파악하기 위한 방법이다.

24. 생체리듬(biorhythm)의 종류에 해당하지 않는 것은?

① critical rhythm
② physical rhythm
③ intellectual rhythm
④ sensitivity rhythm

해설 생체리듬 : 육체적 리듬(P), 감성적 리듬(S), 지성적 리듬(I)

25. 사회행동의 기본 형태에 해당하지 않는 것은?

① 협력 ② 대립 ③ 모방 ④ 도피

해설 사회행동의 기본 형태는 대립, 협력, 도피, 융합이다.

26. O.J.T(On the Job Training)의 특징이 아닌 것은?

① 효과가 곧 업무에 나타난다.
② 직장의 실정에 맞는 실제적 훈련이다.
③ 다수의 근로자에게 조직적 훈련이 가능하다.
④ 교육을 통한 훈련 효과에 의해 상호 신뢰, 이해도가 높아진다.

해설 ③은 OFF.J.T 교육의 특징

27. 어떤 과업을 성취할 수 있는 자신의 능력에 대한 스스로의 믿음을 나타내는 것은?

① 자아존중감(self-esteem)
② 자기효능감(self-efficacy)
③ 통제의 착각(illusion of control)
④ 자기중심적 편견(egocentric bias)

해설 자기효능감 : 과업을 성취할 수 있는 자신의 능력에 대한 스스로의 믿음

28. 모랄 서베이(morale survey)의 주요 방법으로 적절하지 않은 것은?

① 관찰법 ② 면접법
③ 강의법 ④ 질문지법

해설 모랄 서베이의 주요 방법
• 질문지법 • 면접법
• 관찰법 • 투사법
• 문답법 • 집단토의법

29. 산업안전보건법령상 2미터 이상인 구축물을 콘크리트 파쇄기를 사용하여 파쇄작업을 하는 경우 특별교육의 내용이 아닌 것은? (단, 그 밖에 안전·보건관리에 필요한 사항은 제외한다.)

① 작업안전조치 및 안전기준에 관한 사항
② 비계의 조립방법 및 작업절차에 관한 사항
③ 콘크리트 해체요령과 방호거리에 관한 사항
④ 파쇄기의 조작 및 공통작업 신호에 관한 사항

해설 파쇄기로 파쇄작업을 하는 경우(2미터 이상인 구축물의 파쇄작업만 해당) 특별교육 내용
• 작업안전조치 및 안전기준에 관한 사항
• 보호구 및 방호장비 등에 관한 사항
• 콘크리트 해체요령과 방호거리에 관한 사항
• 파쇄기의 조작 및 공통작업 신호에 관한 사항
• 그 밖에 안전·보건관리에 필요한 사항

30. 안전보건교육에 있어 역할연기법의 장점이 아닌 것은?

① 흥미를 갖고, 문제에 적극적으로 참가한다.
② 자기 태도의 반성과 창조성이 생기고, 발표력이 향상된다.
③ 문제의 배경에 대하여 통찰하는 능력을 높임으로써 감수성이 향상된다.
④ 목적이 명확하고, 다른 방법과 병용하지 않아도 높은 효과를 기대할 수 있다.

해설 ④ 역할연기법만으로 직접적인 높은 효과를 기대하기 어려운 것이 단점이다.

31. 학습 정도(level of learning)의 4단계에 해당하지 않는 것은?

① 회상(to recall)
② 적용(to apply)
③ 인지(to recognize)
④ 이해(to understand)

해설 학습 정도의 4단계

1단계	2단계	3단계	4단계
인지(to acquaint) : 인지해야 한다.	지각(to know) : 알아야 한다.	이해(to understand) : 이해해야 한다.	적용(to apply) : 적용할 수 있다.

32. 스트레스 반응에 영향을 주는 요인 중 개인적 특성에 관한 요인이 아닌 것은?

① 심리상태
② 개인의 능력
③ 신체적 조건
④ 작업시간의 차이

해설 스트레스에 대한 반응의 개인 차이는 심리상태, 개인의 능력, 신체적 조건, 성(性)의 차이, 강인성의 차이, 자기 존중감의 차이 등에 의해 발생한다.

33. 산업안전보건법령상 일용근로자의 작업내용 변경 시 교육시간의 기준은?

① 1시간 이상
② 2시간 이상
③ 3시간 이상
④ 4시간 이상

해설 작업내용 변경 시의 교육

일용근로자	1시간 이상
일용근로자를 제외한 근로자	2시간 이상

34. 교육심리학의 연구방법 중 인간의 내면에서 일어나고 있는 심리적 사고에 대하여 사물을 이용하여 인간의 성격을 알아보는 방법은?

① 투사법
② 면접법
③ 실험법
④ 질문지법

해설 투사법 : 인간의 내면에서 일어나고 있는 심리적 사고에 대하여 사물과 연관시켜 인간의 성격을 알아보는 방법

35. 안전교육의 3단계 중 작업방법, 취급 및 조작행위를 몸으로 숙달시키는 것을 목적으로 하는 단계는?

① 안전지식교육
② 안전기능교육
③ 안전태도교육
④ 안전의식교육

해설 제2단계(기능교육) : 현장실습교육을 통해 경험을 체득하는 단계

36. 호손(Hawthorne) 연구에 대한 설명으로 옳은 것은?

① 소비자들에게 효과적으로 영향을 미치는 광고 전략을 개발했다.
② 시간−동작연구를 통해서 작업도구와 기계를 설계했다.
③ 채용과정에서 발생하는 차별요인을 밝히고 이를 시정하는 법적 조치의 기초를 마련했다.
④ 물리적 작업환경보다 근로자들의 의사소통 등 인간관계가 더 중요하다는 것을 알아냈다.

해설 호손 실험 : 작업자의 태도, 감독자, 비공식 집단 등의 물리적 작업 조건보다 인간관계(심리적 태도, 감정)에 의해 생산성 향상에 영향을 미친다는 결론이다.

37. 지름길을 사용하여 대상물을 판단할 때 발생하는 지각의 오류가 아닌 것은?

① 후광 효과
② 최근 효과
③ 결론 효과
④ 초두 효과

해설
• 후광 효과 : 한 가지 특성에 기초하여 그 인간의 모든 측면을 판단하는 것
• 최근 효과 : 가장 최근의 인상으로 그 대상을 판단하는 것
• 초두 효과 : 최초 제시된 중요한 정보가 큰 인상을 남기는 경향성

정답 32. ④ 33. ① 34. ① 35. ② 36. ④ 37. ③

38. 다음은 인간관계 메커니즘 중 무엇에 관한 설명인가?

> 다른 사람으로부터의 판단이나 행동을 무비판적으로 받아들이는 것

① 모방(imitation)
② 투사(projection)
③ 암시(suggestion)
④ 동일화(identification)

해설 지문은 암시에 대한 설명이다.

39. 산업안전심리의 5대 요소가 아닌 것은?

① 동기(motive)
② 기질(temper)
③ 감정(emotion)
④ 지능(intelligence)

해설 안전심리의 5대 요소 : 동기, 기질, 감정, 습성, 습관
Tip) 작업자 적성요인 : 성격(인간성), 지능, 흥미

40. 직무수행에 대한 예측변인 개발 시 작업표본(work sample)에 관한 사항 중 틀린 것은?

① 집단검사로 감독과 통제가 요구된다.
② 훈련생보다 경력자 선발에 적합하다.
③ 실시하는데 시간과 비용이 많이 든다.
④ 주로 기계를 다루는 직무에 효과적이다.

해설 ① 작업표본은 개인별 집단검사로 작업행동을 관찰할 수 있는 검사이다.

3과목 인간공학 및 시스템 안전공학

41. 태양광이 내리쬐지 않는 옥내의 습구흑구온도지수(WBGT) 산출식은?

① 0.6×자연습구온도+0.3×흑구온도
② 0.7×자연습구온도+0.3×흑구온도
③ 0.6×자연습구온도+0.4×흑구온도
④ 0.7×자연습구온도+0.4×흑구온도

해설 태양광이 내리쬐지 않는 옥내의 습구흑구 온도지수=0.7×자연습구온도+0.3×흑구온도
Tip) 태양광이 내리쬐는 옥외의 습구흑구 온도지수=0.7×자연습구온도+0.2×흑구온도+0.1×건구온도

42. 부품배치의 원칙 중 기능적으로 관련된 부품들을 모아서 배치한다는 원칙은?

① 중요성의 원칙
② 사용 빈도의 원칙
③ 사용 순서의 원칙
④ 기능별 배치의 원칙

해설 기능별(성) 배치의 원칙(배치 결정) : 기능이 관련된 부품들을 모아서 배치한다.

43. 인간공학의 목표와 거리가 가장 먼 것은?

① 사고 감소   ② 생산성 증대
③ 안전성 향상   ④ 근골격계 질환 증가

해설 인간공학의 목표
• 에러 감소(사고 감소) : 안전성 향상과 사고방지
• 생산성 증대 : 기계조작의 능률성과 생산성의 향상
• 안전성 향상 : 작업환경의 쾌적성

44. 시각적 식별에 영향을 주는 각 요소에 대한 설명 중 틀린 것은?

① 조도는 광원의 세기를 말한다.
② 휘도는 단위 면적당 표면에 반사 또는 방출되는 광량을 말한다.
③ 반사율은 물체의 표면에 도달하는 조도와 광도의 비를 말한다.
④ 광도대비란 표적의 광도와 배경의 광도의 차이를 배경광도로 나눈 값을 말한다.

해설 ① 조도는 물체의 표면에 도달하는 빛의 밀도로 거리 제곱에 반비례하고, 광도에 비례한다.

45. A사의 안전관리자는 자사 화학설비의 안전성 평가를 실시하고 있다. 그 중 제2단계인 정성적 평가를 진행하기 위하여 평가 항목을 설계관계대상과 운전관계대상으로 분류하였을 때 설계관계항목이 아닌 것은?

① 건조물
② 공장 내 배치
③ 입지 조건
④ 원재료, 중간제품

해설 정성적 평가 항목
• 설계관계항목 : 입지 조건, 공장 내의 배치, 건조물, 소방설비 등
• 운전관계항목 : 원재료, 중간재, 공정, 공정기기, 수송, 저장 등

46. 다음 중 양립성의 종류가 아닌 것은?

① 개념의 양립성
② 감성의 양립성
③ 운동의 양립성
④ 공간의 양립성

해설 양립성의 종류 : 운동 양립성, 공간 양립성, 개념 양립성, 양식 양립성

47. 그림과 같은 시스템에서 부품 A, B, C, D의 신뢰도가 모두 r로 동일할 때 이 시스템의 신뢰도는?

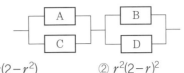

① $r(2-r^2)$
② $r^2(2-r)^2$
③ $r^2(2-r^2)$
④ $r^2(2-r)$

해설 신뢰도 R_s
$= \{1-(1-r)\times(1-r)\} \times \{1-(1-r)\times(1-r)\}$
$= (2r-r^2)\times(2r-r^2) = r^2(2-r)^2$

48. FTA에서 사용되는 논리 게이트 중 입력과 반대되는 현상으로 출력되는 것은?

① 부정 게이트
② 억제 게이트
③ 배타적 OR 게이트
④ 우선적 AND 게이트

해설 부정 게이트 : 입력과 반대 현상의 출력 사상이 발생한다.

49. 어떤 결함수를 분석하여 minimal cut set을 구한 결과가 다음과 같았다. 각 기본사상의 발생확률을 q_i, $i=1, 2, 3$이라 할 때, 다음 중 정상사상의 발생확률 함수로 맞는 것은?

$$k_1=[1, 2], k_2=[1, 3], k_3=[2, 3]$$

① $q_1q_2+q_1q_2-q_2q_3$
② $q_1q_2+q_1q_3-q_2q_3$
③ $q_1q_2+q_1q_3+q_2q_3-q_1q_2q_3$
④ $q_1q_2+q_1q_3+q_2q_3-2q_1q_2q_3$

해설 정상사상의 발생확률 함수

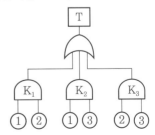

$$T = 1 - \{(1-K_1) \times (1-K_2) \times (1-K_3)\}$$
$$= 1 - (1 - K_2 - K_1 + K_1K_2 - K_3 + K_2K_3 + K_1K_3 - K_1K_2K_3)$$
$$= 1 - 1 + K_2 + K_1 - K_1K_2 + K_3 - K_2K_3 - K_1K_3 + K_1K_2K_3$$
$$= K_1 + K_2 + K_3 - K_1K_2 - K_1K_3 - K_2K_3 + K_1K_2K_3$$
$$= q_1q_2 + q_1q_3 + q_2q_3 - q_1q_2q_3 - q_1q_2q_3 - q_1q_2q_3 + q_1q_2q_3$$
$$= q_1q_2 + q_1q_3 + q_2q_3 - 2q_1q_2q_3$$

50. 부품 고장이 발생하여도 기계가 추후 보수될 때까지 안전한 기능을 유지할 수 있도록 하는 기능은?

① fail-soft
② fail-active
③ fail-operational
④ fail-passive

해설 fail-operational : 병렬로 여분계의 부품을 구성한 경우 부품의 고장이 있어도 운전이 가능한 구조

51. 반사경 없이 모든 방향으로 빛을 발하는 점광원에서 3m 떨어진 곳의 조도가 300 lux라면 2m 떨어진 곳에서 조도(lux)는?

① 375
② 675
③ 875
④ 975

해설 ㉠ 조도(lux) $= \dfrac{광도}{(거리)^2}$ 이므로

∴ 광도 = 조도(lux) × (거리)^2
$$= 300 \times 3^2 = 2700 \, cd$$

㉡ 2m에서의 조도(lux) $= \dfrac{광도}{(거리)^2} = \dfrac{2700}{2^2}$

$$= 675 \, lux$$

52. 통화 이해도 척도로서 통화 이해도에 영향을 주는 잡음의 영향을 추정하는 지수는?

① 명료도 지수
② 통화간섭수준
③ 이해도 점수
④ 통화공진수준

해설 통화간섭수준(SIL) : 통화 이해도에 영향을 주는 잡음의 영향을 추정하는 지수

53. 예비위험분석(PHA)에서 식별된 사고의 범주가 아닌 것은?

① 중대(critical)
② 한계적(marginal)
③ 파국적(catastrophic)
④ 수용가능(acceptable)

해설 PHA에서 위험의 정도 분류 4가지 범주
• 범주 Ⅰ. : 파국적(catastrophic)
• 범주 Ⅱ. : 위기적(critical)
• 범주 Ⅲ. : 한계적(marginal)
• 범주 Ⅳ. : 무시가능(negligible)

54. 인간공학적 연구에 사용되는 기준 척도의 요건 중 다음 설명에 해당하는 것은?

> 기준 척도는 측정하고자 하는 변수 외의 다른 변수들의 영향을 받아서는 안 된다.

① 신뢰성
② 적절성
③ 검출성
④ 무오염성

해설 무오염성(순수성) : 측정하고자 하는 변수 이외의 다른 변수에 영향을 받아서는 안 된다.

55. James Reason의 원인적 휴먼 에러 종류 중 다음 설명의 휴먼 에러 종류는?

자동차가 우측 운행하는 한국의 도로에 익숙해진 운전자가 좌측 운행을 해야 하는 일본에서 우측 운행을 하다가 교통사고를 냈다.

① 고의 사고(violation)
② 숙련 기반 에러(skill based error)
③ 규칙 기반 착오(rule based mistake)
④ 지식 기반 착오(knowledge based mistake)

해설 지문은 규칙 기반 착오에 대한 예시이다.

56. 근골격계 부담작업의 범위 및 유해요인 조사방법에 관한 고시상 근골격계 부담작업에 해당하지 않는 것은? (단, 상시작업을 기준으로 한다.)

① 하루에 10회 이상 25kg 이상의 물체를 드는 작업
② 하루에 총 2시간 이상 쪼그리고 앉거나 무릎을 굽힌 자세에서 이루어지는 작업
③ 하루에 총 2시간 이상 시간당 5회 이상 손 또는 무릎을 사용하여 반복적으로 충격을 가하는 작업
④ 하루에 4시간 이상 집중적으로 자료입력 등을 위해 키보드 또는 마우스를 조작하는 작업

해설 ③ 하루에 총 2시간 이상 시간당 10회 이상 손 또는 무릎을 사용하여 반복적으로 충격을 가하는 작업

57. 다음 중 HAZOP 분석 기법의 장점이 아닌 것은?

① 학습 및 적용이 쉽다.
② 기법 적용에 큰 전문성을 요구하지 않는다.
③ 짧은 시간에 저렴한 비용으로 분석이 가능하다.

④ 다양한 관점을 가진 팀 단위 수행이 가능하다.

해설 위험 및 운전성 분석 기법(HAZOP) : 각각의 장비에 대해 잠재된 위험이나 기능 저하 등 시설에 결과적으로 미칠 수 있는 영향을 평가하기 위하여 공정이나 설계도 등에 체계적인 검토를 행하는 것

58. 서브 시스템 분석에 사용되는 분석방법으로 시스템 수명주기에서 ㉠에 들어갈 위험분석 기법은?

① PHA ② FHA ③ FTA ④ ETA

해설 결함위험분석(FHA) : 분업에 의하여 분담 설계한 서브 시스템 간의 인터페이스를 조정하여 전 시스템의 안전에 악영향이 없게 하는 분석 기법

59. 불(Boole) 대수의 관계식으로 틀린 것은?

① $A + \overline{A} = 1$ ② $A + AB = A$
③ $A(A+B) = A+B$ ④ $A + \overline{A}B = A+B$

해설 ③ $A(A+B) = A + (A \cdot B) = A(A \cdot B = 0)$

60. 정신적 작업부하에 관한 생리적 척도에 해당하지 않는 것은?

① 근전도 ② 뇌파도
③ 부정맥 지수 ④ 점멸융합주파수

해설 근전도(EMG : electromyogram) : 국부적 근육활동이다.

4과목　　　**건설시공학**

61. 석재붙임을 위한 앵커긴결공법에서 일반적으로 사용하지 않는 재료는?

① 앵커　　　　　　② 볼트
③ 모르타르　　　　④ 연결철물

해설 석재붙임을 위한 앵커긴결공법에서는 앵커, 볼트, 연결철물, 축, 철재 핀 등을 사용한다.

62. 강제 널말뚝(steel sheet pile) 공법에 관한 설명으로 옳지 않은 것은?

① 무소음 설치가 어렵다.
② 타입 시 체적변형이 작아 항타가 쉽다.
③ 강제 널말뚝에는 U형, Z형, H형 등이 있다.
④ 관입, 철거 시 주변 지반침하가 일어나지 않는다.

해설 ④ 관입, 철거 시 주변 지반침하가 일어나기 쉽다.

63. 철근조립에 관한 설명으로 옳지 않은 것은?

① 철근의 피복두께를 정확히 확보하기 위해 적절한 간격으로 고임재 및 간격재를 배치한다.
② 거푸집에 접하는 고임재 및 간격재는 콘크리트 제품 또는 모르타르 제품을 사용하여야 한다.
③ 경미한 황갈색의 녹이 발생한 철근은 일반적으로 콘크리트와의 부착을 해치므로 사용해서는 안 된다.
④ 철근의 표면에는 흙, 기름 또는 이물질이 없어야 한다.

해설 ③ 경미한 황갈색의 녹이 발생한 철근은 콘크리트와의 부착에 큰 저해가 없으므로 사용할 수 있다.

64. 소규모 건축물을 조적식 구조로 담을 쌓을 경우 최대 높이 기준으로 옳은 것은?

① 2m 이하　　　　② 2.5m 이하
③ 3m 이하　　　　④ 3.5m 이하

해설 조적조 담의 최대 높이 기준은 3m 이하이다.

65. 다음 모살용접(fillet welding)의 단면상 이론 목두께에 해당하는 것은?

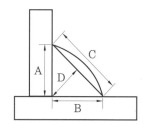

① A　　② B　　③ C　　④ D

해설 모살용접의 용입 깊이의 치수 표시방법

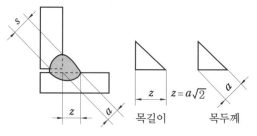

▲ 목길이와 목두께

66. 네트워크 공정표에 사용되는 용어에 관한 설명으로 옳지 않은 것은?

① 크리티컬 패스(Critical Path) : 개시 결합점에서 종료 결합점에 이르는 가장 긴 경로
② 더미(Dummy) : 결합점이 가지는 여유시간
③ 플로트(Float) : 작업의 여유시간

④ 패스(Path) : 네트워크 중에서 둘 이상의 작업이 이어지는 경로

해설 ② 더미(Dummy) : 작업이나 시간요소가 없는 가상작업

67. 콘크리트의 측압에 영향을 주는 요소에 관한 설명으로 옳지 않은 것은?

① 콘크리트 타설속도가 빠를수록 측압은 커진다.

② 콘크리트 온도가 낮으면 경화속도가 느려 측압은 작아진다.

③ 벽 두께가 얇을수록 측압은 작아진다.

④ 콘크리트의 슬럼프 값이 클수록 측압은 커진다.

해설 ② 대기의 온도가 낮고, 습도가 높을수록 측압이 크다.

68. 석공사에 사용하는 석재 중에서 수성암계에 해당하지 않는 것은?

① 사암   ② 석회암   ③ 안산암   ④ 응회암

해설 ③은 화성암계 석재이다.

69. 매스콘크리트(mass concrete) 시공에 관한 설명으로 옳지 않은 것은?

① 매스콘크리트의 타설온도는 온도균열을 제어하기 위한 관점에서 가능한 한 낮게 한다.

② 매스콘크리트 타설 시 기온이 높을 경우에는 콜드 조인트가 생기기 쉬우므로 응결촉진제를 사용한다.

③ 매스콘크리트 타설 시 침하 발생으로 인한 침하균열을 예방을 하기 위해 재진동다짐 등을 실시한다.

④ 매스콘크리트 타설 후 거푸집 탈형 시 콘크리트 표면의 급랭을 방지하기 위해 콘크리트 표면을 소정의 기간 동안 보온해 주어야 한다.

해설 ② 매스콘크리트 타설 시 외기온도가 25℃ 미만일 때는 2시간, 25℃ 이상에서는 1.5시간으로 하며, 기온이 높을 경우 응결지연제를 사용한다.

70. 거푸집 공사(form work)에 관한 설명으로 옳지 않은 것은?

① 거푸집널은 콘크리트의 구조체를 형성하는 역할을 한다.

② 콘크리트 표면에 모르타르, 플라스터 또는 타일붙임 등의 마감을 할 경우에는 평활하고 광택있는 면이 얻어질 수 있도록 철제 거푸집(metal form)을 사용하는 것이 좋다.

③ 거푸집 공사비는 건축 공사비에서의 비중이 높으므로, 설계 단계부터 거푸집 공사의 개선과 합리화 방안을 연구하는 것이 바람직하다.

④ 폼타이(form tie)는 콘크리트를 타설할 때, 거푸집이 벌어지거나 우그러들지 않게 연결, 고정하는 긴결재이다.

해설 ② 콘크리트 표면에 모르타르, 플라스터 또는 타일붙임 등의 마감을 할 경우에는 마감재를 부착하여야 하는데 철제 거푸집이나 플라스틱 패널 등을 사용할 경우 미장 모르타르가 잘 접착되지 않을 수 있으므로 사용을 피해야 한다.

71. 철근콘크리트 말뚝머리와 기초와의 접합에 관한 설명으로 옳지 않은 것은?

① 두부를 커팅기계로 정리할 경우 본체에 균열이 생김으로 응력손실이 발생하여 설계내력을 상실하게 된다.

② 말뚝머리 길이가 짧은 경우는 기초저면까지 보강하여 시공한다.

③ 말뚝머리 철근은 기초에 30cm 이상의 길이로 정착한다.

④ 말뚝머리와 기초와의 확실한 정착을 위해 파일앵커링을 시공한다.

해설 ① 두부를 커팅기계로 정리할 경우 본체에 균열이 생기지 않도록 하여야 한다.

72. 다음 중 철근콘크리트 보에 사용된 굵은 골재의 최대치수가 25mm일 때, D22 철근(동일 평면에서 평행한 철근)의 수평 순간격으로 옳은 것은? (단, 콘크리트를 공극 없이 칠 수 있는 다짐방법을 사용할 경우에는 제외한다.)

① 22.2mm ② 25mm
③ 31.25mm ④ 33.3mm

해설 ㉠ 철근의 순간격

$$=\frac{4}{3}\times 굵은\ 골재의\ 최대치수=\frac{4}{3}\times 25$$

$$=33.3mm$$

㉡ 철근의 순간격 $=1.5\times$ 철근 지름

$$=1.5\times 22=33mm$$

Tip) 둘 중 큰 값을 철근의 순간격으로 한다.

73. 철근의 피복두께를 유지하는 목적이 아닌 것은?

① 부재의 소요 구조내력 확보
② 부재의 내화성 유지
③ 콘크리트의 강도 증대
④ 부재의 내구성 유지

해설 피복두께 확보 목적 : 내화성 확보, 내구성 확보, 구조내력의 확보 등

74. 불량품, 결점, 고장 등의 발생 건수를 현상과 원인별로 분류하고, 여러 가지 데이터를 항목별로 분류해서 문제의 크기 순서로 나열하여, 그 크기를 막대그래프로 표기한 품질관리 도구는?

① 파레토그램 ② 특성요인도
③ 히스토그램 ④ 체크시트

해설 파레토도 : 불량품, 고장, 결점 등의 발생 건수를 원인과 현상별로 분류하고, 문제가 큰 값에서 작은 값의 순서대로 도표화한다.

75. 강 구조 공사 시 앵커링(anchoring)에 관한 설명으로 옳지 않은 것은?

① 필요한 앵커링 저항력을 얻기 위해서는 콘크리트에 피해를 주지 않도록 적절한 대책을 수립하여야 한다.
② 앵커볼트 설치 시 베이스 플레이트 위치의 콘크리트는 설계도면 레벨보다 $-30mm\sim$ $-50mm$ 낮게 타설하고, 베이스 플레이트 설치 후 그라우팅 처리한다.
③ 구조용 앵커볼트를 사용하는 경우 앵커볼트 간의 중심선은 기둥 중심선으로부터 3mm 이상 벗어나지 않아야 한다.
④ 앵커볼트로는 구조용 혹은 세우기용 앵커볼트가 사용되어야 하고, 나중 매입공법을 원칙으로 한다.

해설 ④ 나중 매입공법은 기초 콘크리트 타설 전 앵커볼트를 매입할 구멍을 만들어 두었다가 콘크리트가 양성된 다음에 매입하는 공법으로 구조용으로는 적합하지 않다.

76. 모래지반 흙막이 공사에서 널말뚝의 틈새로 물과 토사가 유실되어 지반이 파괴되는 현상은?

① 히빙 현상(heaving)
② 파이핑 현상(piping)
③ 액상화 현상(liquefaction)
④ 보일링 현상(boiling)

해설 파이핑 현상 : 흙막이에 대한 수밀성이 불량하여 널말뚝의 틈새로 물과 토사가 흘러들어, 기초저면의 모래지반을 들어 올리는 현상

정답 72. ④ 73. ③ 74. ① 75. ④ 76. ②

77. 공사관리계약(construction management contract) 방식의 장점이 아닌 것은?

① 시공 시 단계별 시공법을 적용할 수 있어 설계 및 시공기간을 단축시킬 수 있다.

② 설계과정에서 설계가 시공에 미치는 영향을 예측할 수 있어 설계도서의 현실성을 향상시킬 수 있다.

③ 기획 및 설계과정에서 발주자와 설계자 간의 의견대립 없이 설계대안 및 특수공법의 적용이 가능하다.

④ 대리인형 CM(CM for fee) 방식은 공사비와 품질에 직접적인 책임을 지는 공사관리계약 방식이다.

해설 ④ 대리인형 CM 방식은 프로젝트 전반에 걸쳐 발주자의 컨설턴트 역할만을 수행하고, 품질에 직접적인 책임이 없는 형태이다.

78. 철골구조의 내화피복에 관한 설명으로 옳지 않은 것은?

① 조적공법은 용접철망을 부착하여 경량모르타르, 펄라이트 모르타르와 플라스터 등을 바름하는 공법이다.

② 뿜칠공법은 철골 표면에 접착제를 혼합한 내화피복재를 뿜어서 내화피복을 한다.

③ 성형판 공법은 내화 단열성이 우수한 각종 성형판을 철골 주위에 접착제와 철물 등을 설치하고 그 위에 붙이는 공법으로 주로 기둥과 보의 내화피복에 사용된다.

④ 타설공법은 아직 굳지 않은 경량콘크리트나 기포모르타르 등을 강재 주위에 거푸집을 설치하여 타설한 후 경화시켜 철골을 내화피복하는 공법이다.

해설 ① 조적공법은 경량콘크리트 블록, 벽돌, 시멘트 벽돌 등을 시공하는 공법이다.
Tip) 미장공법 : 용접철망을 부착하여 경량모

르타르, 펄라이트 모르타르와 플라스터 등을 바름하는 공법

79. 철근콘크리트에서 염해로 인한 철근의 부식방지 대책으로 옳지 않은 것은?

① 콘크리트 중의 염소이온량을 적게 한다.

② 에폭시수지 도장 철근을 사용한다.

③ 방청제 투입을 고려한다.

④ 물-시멘트비를 크게 한다.

해설 ④ 물-시멘트비를 적게(적당량) 한다.
Tip) 물-시멘트비를 적게 해야 염해에 대한 저항성이 증가된다.

80. 웰 포인트 공법(well point method)에 관한 설명으로 옳지 않은 것은?

① 사질지반보다 점토질지반에서 효과가 좋다.

② 지하수위를 낮추는 공법이다.

③ 1~3m의 간격으로 파이프를 지중에 박는다.

④ 인접지반 침하의 우려에 따른 주의가 필요하다.

해설 ① 모래질지반에 지하수위를 일시적으로 저하시켜야 할 때 사용하는 공법이다.

 5과목 **건설재료학**

81. 깬자갈을 사용한 콘크리트가 동일한 시공연도의 보통콘크리트보다 유리한 점은?

① 시멘트 페이스트와의 부착력 증가

② 단위 수량 감소

③ 수밀성 증가

④ 내구성 증가

해설 깬자갈은 접촉단면적이 커서 시멘트 페이스트와의 부착력이 증가한다.

82. 목재를 작은 조각으로 하여 충분히 건조시킨 후 합성수지와 같은 유기질의 접착제를 첨가하여 열압 제판한 목재가공품은?

① 파티클 보드(paricle board)
② 코르크판(cork board)
③ 섬유판(fiber board)
④ 집성목재(glulam)

해설 파티클 보드 : 목재를 작은 조각으로 하여 충분히 건조시킨 후 합성수지와 같은 유기질의 접착제로 열압 제판한 목재가공품

83. 도료상태의 방수재를 바탕면에 여러 번 칠하여 얇은 수지피막을 만들어 방수 효과를 얻는 것으로 에멀션형, 용제형, 에폭시계 형태의 방수공법은?

① 시트방수
② 도막방수
③ 침투성 도포방수
④ 시멘트 모르타르 방수

해설 도막방수 : 방수재를 바탕면에 여러 번 칠하여 얇은 수지피막을 만들어 방수 효과를 얻는 것으로 에멀션형, 용제형, 에폭시계 형태의 방수공법

84. 합성수지의 종류 중 열가소성 수지가 아닌 것은?

① 염화비닐수지   ② 멜라민수지
③ 폴리프로필렌수지 ④ 폴리에틸렌수지

해설 열가소성 수지 : 열을 가하여 자유로이 변형할 수 있는 성질의 합성수지로 염화비닐수지, 아크릴수지, 폴리프로필렌수지, 폴리에틸렌수지 등
Tip) 멜라민수지 – 열경화성 수지

85. 수성페인트에 대한 설명으로 옳지 않은 것은?

① 수성페인트의 일종인 에멀션페인트는 수성페인트에 합성수지와 유화제를 섞은 것이다.
② 수성페인트를 칠한 면은 외관은 온화하지만 독성 및 화재 발생의 위험이 있다.
③ 수성페인트의 재료로 아교 · 전분 · 카세인 등이 활용된다.
④ 광택이 없으며 회반죽면 또는 모르타르면의 칠에 적당하다.

해설 ② 수성페인트를 칠한 면은 독성 및 화재 발생의 위험이 없다.
Tip) 유성페인트는 독성 및 화재 발생의 위험이 있다.

86. 금속판에 관한 설명으로 옳지 않은 것은?

① 알루미늄 판은 경량이고 열반사도 좋으나 알칼리에 약하다.
② 스테인리스 강판은 내식성이 필요한 제품에 사용된다.
③ 함석판은 아연도금 철판이라고도 하며 외관미는 좋으나 내식성이 약하다.
④ 연판은 X선 차단 효과가 있고 내식성도 크다.

해설 ③ 함석판은 아연도금 철판이라고도 하며 외관미가 좋고 내식성이 강하다.

87. 다음 중 열전도율이 가장 낮은 것은?

① 콘크리트   ② 코르크판
③ 알루미늄   ④ 주철

해설 열전도율 순서는 알루미늄>주철>콘크리트>코르크판이다.
Tip) 열전도율이 좋은 금속은 은>구리>백금>알루미늄 등의 순서이다.

88. 콘크리트의 혼화재료 중 혼화제에 속하는 것은?

① 플라이애시

② 실리카흄

③ 고로슬래그 미분말

④ 고성능 감수제

해설 혼화제의 종류 : AE제, AE감수제, 유동화제, 경화촉진제, 고성능 감수제 등

89. 점토의 성질에 관한 설명으로 옳지 않은 것은?

① 사질점토는 적갈색으로 내화성이 좋다.

② 자토는 순백색이며 내화성이 우수하나 가소성은 부족하다.

③ 석기점토는 유색의 견고 치밀한 구조로 내화도가 높고 가소성이 있다.

④ 석회질 점토는 백색으로 용해되기 쉽다.

해설 ① 사질점토는 적갈색으로 내화성이 높지 않다.

90. 콘크리트에 AE제를 첨가했을 경우 공기량 증감에 큰 영향을 주지 않는 것은?

① 혼합시간

② 시멘트의 사용량

③ 주위온도

④ 양생방법

해설 콘크리트에 AE제를 첨가했을 경우 혼합시간, 시멘트의 사용량, 주위온도 등이 공기량 증감에 영향을 준다.

91. 슬럼프시험에 대한 설명으로 틀린 것은?

① 슬럼프시험 시 각 층을 50회 다진다.

② 콘크리트의 시공연도를 측정하기 위하여 행한다.

③ 슬럼프 콘에 콘크리트를 3층으로 분할하여 채운다.

④ 슬럼프 값이 높을 경우 콘크리트는 묽은 비빔이다.

해설 ① 슬럼프시험 시 각 층을 25회 다진다.

92. 목재 섬유포화점의 함수율은 대략 얼마 정도인가?

① 약 10%

② 약 20%

③ 약 30%

④ 약 40%

해설 목재에서 흡착수만이 최대한도로 존재하고 있는 상태인 섬유포화점의 함수율은 30% 정도이다.

93. 각 창호철물에 관한 설명으로 옳지 않은 것은?

① 피벗 힌지(pivot hinge) : 경첩 대신 촉을 사용하여 여닫이문을 회전시킨다.

② 나이트 래치(night latch) : 외부에서는 열쇠, 내부에서는 작은 손잡이를 틀어 열 수 있는 실린더 장치로 된 것이다.

③ 크레센트(crescent) : 여닫이문의 상하단에 붙여 경첩과 같은 역할을 한다.

④ 래버터리 힌지(lavatory hinge) : 스프링 힌지의 일종으로 공중용 화장실 등에 사용된다.

해설 ③ 크레센트 : 오르내리창이나 미서기창의 걸쇠로 잠금장치(자물쇠) 철물이다.

94. 건축재료 중 마감재료의 요구성능으로 거리가 먼 것은?

① 화학적 성능

② 역학적 성능

③ 내구성능

④ 방화·내화성능

해설 건축물의 바닥, 내외벽, 천장 등에 적당한 두께로 발라 마무리하는 마감재료는 화학적 성능, 내구성능, 방화·내화성능 등이 요구된다.

Tip) 마감재료는 역학적 성능의 필요성이 적다.

95. PVC 바닥재에 대한 일반적인 설명으로 옳지 않은 것은?

① 보통 두께 3mm 이상의 것을 사용한다.

② 접착제는 비닐계 바닥재용 접착제를 사용한다.

③ 바닥시트에 이용하는 용접봉, 용접액 혹은 줄눈재는 제조업자가 지정하는 것으로 한다.

④ 재료보관은 통풍이 잘 되고 햇빛이 잘 드는 곳에 보관한다.

해설 ④ 재료보관은 통풍이 잘 되고 햇빛이 들지 않는 곳에 보관한다.

96. 점토기와 중 훈소와에 해당하는 설명은 어느 것인가?

① 소소와에 유약을 발라 재소성한 기와

② 기와 소성이 끝날 무렵에 식염증기를 충만시켜 유약 피막을 형성시킨 기와

③ 저급 점토를 원료로 900～1000℃로 소소하여 만든 것으로 흡수율이 큰 기와

④ 건조제품을 가마에 넣고 연료로 장작이나 솔잎 등을 써서 검은 연기로 그을려 만든 기와

해설 훈소와 : 성형 건조제품을 가마에 넣고 연료로 장작이나 솔잎 등을 써서 검은 연기로 그을려 만든 기와, 회흑색 표면으로 방수성이 우수하고 강도도 크다.

97. 골재의 실적률에 관한 설명으로 옳지 않은 것은?

① 실적률은 골재 입형의 양부를 평가하는 지표이다.

② 부순 자갈의 실적률은 그 입형 때문에 강자갈의 실적률보다 적다.

③ 실적률 산정 시 골재의 밀도는 절대건조 상태의 밀도를 말한다.

④ 골재의 단위 용적질량이 동일하면 골재의 비중이 클수록 실적률도 크다.

해설 ④ 골재의 단위 용적질량이 동일하면 골재의 밀도가 클수록 실적률은 작아진다.

98. 미장재료 중 돌로마이트 플라스터에 대한 설명으로 옳지 않은 것은?

① 보수성이 크고 응결시간이 길다.

② 소석회에 모래, 해초풀, 여물 등을 혼합하여 바르는 미장재료이다.

③ 회반죽에 비하여 조기강도 및 최종강도가 크고 착색이 쉽다.

④ 여물을 혼입하여도 건조수축이 크기 때문에 수축균열이 발생한다.

해설 돌로마이트 플라스터는 소석회보다 점성이 높고, 풀을 넣지 않아 냄새, 곰팡이가 없어 변색될 염려가 없으며 경화 시 수축률이 큰 미장재료이다.

99. 파손방지, 도난방지 또는 진동이 심한 장소에 적합한 망입(網入)유리의 제조 시 사용되지 않는 금속선은?

① 철선(철사)　　　② 황동선

③ 청동선　　　　　④ 알루미늄선

해설 망입유리 : 두꺼운 판유리에 망 구조물을 넣어 만든 유리로 철선(철사), 황동선, 알루미늄 망 등이 사용되며, 충격으로 파손될 경우에도 파편이 흩어지지 않는다.

100. 목재의 결점 중 벌채 시의 충격이나 그밖의 생리적 원인으로 인하여 세로축에 직각으로 섬유가 절단된 형태를 의미하는 것은 무엇인가?

① 수지낭

② 미숙재

③ 컴프레션페일러

④ 옹이

해설 컴프레션페일러 : 목재의 결점 중 벌채 시의 충격이나 생리적 원인으로 인하여 세로축에 직각으로 섬유가 절단된 형태

6과목 건설안전기술

101. 유해 · 위험방지 계획서 제출 시 첨부서류로 옳지 않은 것은?

① 공사현장의 주변 현황 및 주변과의 관계를 나타내는 도면
② 공사개요서
③ 전체 공정표
④ 작업인부의 배치를 나타내는 도면 및 서류

해설 유해 · 위험방지 계획서 제출 시 첨부서류
- 공사개요서
- 전체 공정표
- 안전관리조직표
- 산업안전보건관리비 사용계획
- 건설물, 사용 기계설비 등의 배치를 나타내는 도면
- 재해 발생 위험 시 연락 및 대피방법
- 공사현장의 주변 현황 및 주변과의 관계를 나타내는 도면(매설물 현황을 포함한다.)

102. 추락재해 방지설비 중 근로자의 추락재해를 방지할 수 있는 설비로 작업발판 설치가 곤란한 경우에 필요한 설비는?

① 경사로
② 추락방호망
③ 고정사다리
④ 달비계

해설 • 추락의 방지 : 사업주는 작업장이나 기계 · 설비의 바닥 · 작업발판 및 통로 등의 끝이나 개구부로부터 근로자가 추락하거나 넘어질 위험이 있는 장소에는 안전난간, 울, 손잡이 또는 충분한 강도를 가진 덮개 등을 설치하는 등의 필요한 조치를 하여야 한다.
• 작업발판 및 통로의 끝이나 개구부로서 근로자가 추락할 위험이 있는 장소에 난간, 울타리 등의 설치가 매우 곤란한 경우 추락

방호망(안전망) 등의 안전조치를 충분히 하여야 한다.

103. 건설업 산업안전보건관리비 계상 및 사용기준에 따른 안전관리비의 개인보호구 및 안전장구 구입비 항목에서 안전관리비로 사용이 가능한 경우는?

① 안전 · 보건관리자가 선임되지 않은 현장에서 안전 · 보건업무를 담당하는 현장관계자용 무전기, 카메라, 컴퓨터, 프린터 등 업무용 기기
② 혹한 · 혹서에 장기간 노출로 인해 건강장해를 일으킬 우려가 있는 경우 특정 근로자에게 지급되는 기능성 보호장구
③ 근로자에게 일률적으로 지급하는 보냉 · 보온장구
④ 감리원이나 외부에서 방문하는 인사에게 지급하는 보호구

해설 • 안전관리비로 사용 가능한 장구는 혹한 · 혹서에 장기간 노출로 인해 건강장해를 일으킬 우려가 있는 경우 특정 근로자에게 지급하는 기능성 보호장구이다.
• 안전관리비로 사용할 수 없는 장구
  ㉠ 근로자 보호 목적으로 보기 어려운 피복, 장구, 용품 등으로 작업복, 방한복, 면장갑, 코팅장갑 등
  ㉡ 근로자에게 일률적으로 지급하는 보냉 · 보온장구(핫팩, 장갑, 아이스조끼, 아이스팩 등을 말한다) 구입비
  ㉢ 감리원이나 외부에서 방문하는 인사에게 지급하는 보호구

104. 다음 중 가설통로의 설치기준으로 옳지 않은 것은?

① 경사가 15°를 초과하는 때에는 미끄러지지 않는 구조로 한다.

② 건설공사에 사용하는 높이 8m 이상인 비계다리에는 7m 이내마다 계단참을 설치한다.

③ 수직갱에 가설된 통로의 길이가 15m 이상일 경우에는 15m 이내마다 계단참을 설치한다.

④ 추락의 위험이 있는 장소에는 안전난간을 설치한다.

해설 ③ 수직갱에 가설된 통로의 길이가 15m 이상일 경우에는 10m 이내마다 계단참을 설치할 것

105. 비계의 높이가 2m 이상인 작업장소에 작업발판을 설치할 경우 준수하여야 할 기준으로 옳지 않은 것은?

① 작업발판의 폭은 30cm 이상으로 한다.

② 발판재료 간의 틈은 3cm 이하로 한다.

③ 추락의 위험성이 있는 장소에는 안전난간을 설치한다.

④ 발판재료는 뒤집히거나 떨어지지 않도록 2개 이상의 지지물에 연결하거나 고정시킨다.

해설 ① 작업발판의 폭은 40cm 이상으로 한다.

106. 가설 구조물의 문제점으로 옳지 않은 것은?

① 도괴재해의 가능성이 크다.

② 추락재해의 가능성이 크다.

③ 부재의 결합이 간단하나 연결부가 견고하다.

④ 구조물이라는 통상의 개념이 확고하지 않으며 조립의 정밀도가 낮다.

해설 ③ 부재의 결합이 간략하여 연결부가 불안전한 결합이다.

107. 거푸집 해체작업 시 유의사항으로 옳지 않은 것은?

① 일반적으로 수평부재의 거푸집은 연직부재의 거푸집보다 빨리 떼어낸다.

② 해체된 거푸집이나 각목 등에 박혀 있는 못 또는 날카로운 돌출물은 즉시 제거하여야 한다.

③ 상하 동시작업은 원칙적으로 금지하며 부득이한 경우에는 긴밀히 연락을 취하며 작업을 하여야 한다.

④ 거푸집 해체작업장 주위에는 관계자를 제외하고는 출입을 금지시켜야 한다.

해설 ① 일반적으로 연직부재의 거푸집은 수평부재의 거푸집보다 빨리 떼어낸다.

108. 법면붕괴에 의한 재해예방 조치로서 옳은 것은?

① 지표수와 지하수의 침투를 방지한다.

② 법면의 경사를 증가한다.

③ 절토 및 성토 높이를 증가한다.

④ 토질의 상태에 관계없이 구배 조건을 일정하게 한다.

해설 지표수 및 지하수의 침투에 의한 토사 중량의 증가로 법면이 붕괴된다.

109. 취급·운반의 원칙으로 옳지 않은 것은?

① 운반작업을 집중하여 시킬 것

② 생산을 최고로 하는 운반을 생각할 것

③ 곡선운반을 할 것

④ 연속운반을 할 것

해설 ③ 직선운반을 할 것

110. 철골작업 시 철골부재에서 근로자가 수직 방향으로 이동하는 경우에 설치하여야 하는 고정된 승강로의 최대 답단 간격은 얼마 이내인가?

① 20cm　　② 25cm
③ 30cm　　④ 40cm

해설 근로자가 수직 방향으로 이동하는 철골 부재에는 답단 간격이 30cm 이내인 고정된 승강로를 설치하여야 한다.

111. 재해사고를 방지하기 위하여 크레인에 설치된 방호장치로 옳지 않은 것은?

① 공기정화장치

② 비상정지장치

③ 제동장치

④ 권과방지장치

해설 공기정화장치는 공기 속의 먼지나 세균 따위를 깨끗하게 걸러내는 장치이다.

112. 작업장 출입구 설치 시 준수해야 할 사항으로 옳지 않은 것은?

① 출입구의 위치·수 및 크기가 작업장의 용도와 특성에 맞도록 한다.

② 출입구에 문을 설치하는 경우에는 근로자가 쉽게 열고 닫을 수 있도록 한다.

③ 주된 목적이 하역운반기계용인 출입구에는 보행자용 출입구를 따로 설치하지 않는다.

④ 계단이 출입구와 바로 연결된 경우에는 작업자의 안전한 통행을 위하여 그 사이에 1.2m 이상 거리를 두거나 안내표지 또는 비상벨 등을 설치한다.

해설 ③ 주된 목적이 하역운반기계용인 출입구에는 바로 옆에 보행자용 출입구를 따로 설치해야 한다.

113. 옥외에 설치되어 있는 주행크레인에 대하여 이탈방지장치를 작동시키는 등 그 이탈을 방지하기 위한 조치를 하여야 하는 순간풍속에 대한 기준으로 옳은 것은?

① 순간풍속이 초당 10m를 초과하는 바람이 불어올 우려가 있는 경우

② 순간풍속이 초당 20m를 초과하는 바람이 불어올 우려가 있는 경우

③ 순간풍속이 초당 30m를 초과하는 바람이 불어올 우려가 있는 경우

④ 순간풍속이 초당 40m를 초과하는 바람이 불어올 우려가 있는 경우

해설 풍속에 따른 안전기준

• 순간풍속이 초당 10m 초과 : 타워크레인의 수리·점검·해체작업 중지

• 순간풍속이 초당 15m 초과 : 타워크레인의 운전작업 중지

• 순간풍속이 초당 30m 초과 : 타워크레인의 이탈방지 조치

• 순간풍속이 초당 35m 초과 : 건설용 리프트, 옥외용 승강기가 붕괴되는 것을 방지 조치

114. 지반 등의 굴착작업 시 연암의 굴착면 기울기로 옳은 것은?

① 1 : 0.3   ② 1 : 0.5

③ 1 : 0.8   ④ 1 : 1.0

해설 암반의 연암 지반 굴착면의 기울기는 1 : 1.0이다.

115. 다음 중 사면지반 개량공법으로 옳지 않은 것은?

① 전기화학적 공법   ② 석회 안정처리 공법

③ 이온교환방법   ④ 옹벽공법

해설 ④는 사면 보강공법

116. 흙막이 벽 근입깊이를 깊게 하고, 전면의 굴착 부분을 남겨 두어 흙의 중량으로 대항하게 하거나, 굴착 예정 부분의 일부를 미리 굴착하여 기초 콘크리트를 타설하는 등의 대책과 가장 관계가 깊은 것은?

정답 111. ① 112. ③ 113. ③ 114. ④ 115. ④ 116. ②

① 파이핑 현상이 있을 때

② 히빙 현상이 있을 때

③ 지하수위가 높을 때

④ 굴착깊이가 깊을 때

해설 히빙 현상 : 굴착작업 시 흙막이 밖에 있는 흙이 안으로 밀려 들어와 솟아오르는 현상

117. 사다리식 통로 등을 설치하는 경우 통로 구조로서 옳지 않은 것은?

① 발판의 간격은 일정하게 한다.

② 발판과 벽과의 사이는 15cm 이상의 간격을 유지한다.

③ 사다리의 상단은 걸쳐 놓은 지점으로부터 60cm 이상 올라가도록 한다.

④ 폭은 40cm 이상으로 한다.

해설 ④ 폭은 30cm 이상으로 할 것

118. 콘크리트 타설작업을 하는 경우에 준수해야 할 사항으로 옳지 않은 것은?

① 당일의 작업을 시작하기 전에 해당 작업에 관한 거푸집 동바리 등의 변형·변위 및 지반의 침하 유무 등을 점검하고 이상이 있으면 보수한다.

② 작업 중에는 거푸집 동바리 등의 변형·변위 및 침하 유무 등을 감시할 수 있는 감시자를 배치하여 이상이 있으면 작업을 빠른 시간 내 우선 완료하고 근로자를 대피시킨다.

③ 콘크리트 타설작업 시 거푸집 붕괴의 위험이 발생할 우려가 있으면 충분한 보강조치를 한다.

④ 콘크리트를 타설하는 경우에는 편심이 발생하지 않도록 골고루 분산하여 타설한다.

해설 ② 작업 중에는 거푸집 동바리 등의 변형·변위 및 침하 유무 등을 감시할 수 있는 감시자를 배치하여 이상이 있으면 작업을 중지하고 근로자를 대피시켜야 한다.

119. 건설작업장에서 근로자가 상시 작업하는 장소의 작업면 조도기준으로 옳지 않은 것은? (단, 갱내 작업장과 감광재료를 취급하는 작업장의 경우는 제외)

① 초정밀작업 : 600럭스(lux) 이상

② 정밀작업 : 300럭스(lux) 이상

③ 보통작업 : 150럭스(lux) 이상

④ 초정밀, 정밀, 보통작업을 제외한 기타작업 : 75럭스(lux) 이상

해설 조명(조도)기준

• 초정밀작업 : 750lux 이상

• 정밀작업 : 300lux 이상

• 보통작업 : 150lux 이상

• 기타작업 : 75lux 이상

120. 다음 중 강관틀비계를 조립하여 사용하는 경우 준수해야 할 기준으로 옳지 않은 것은?

① 수직 방향으로 6m, 수평 방향으로 8m 이내마다 벽이음을 할 것

② 높이가 20m를 초과하거나 중량물의 적재를 수반하는 작업을 할 경우에는 주틀 간의 간격을 2.4m 이하로 할 것

③ 길이가 띠장 방향으로 4m 이하이고 높이가 10m를 초과하는 경우에는 10m 이내마다 띠장 방향으로 버팀기둥을 설치할 것

④ 주틀 간에 교차가새를 설치하고 최상층 및 5층 이내마다 수평재를 설치할 것

해설 ② 높이 20m를 초과하거나 중량물의 적재를 수반하는 작업을 할 경우에는 주틀 간의 간격을 1.8m 이하로 할 것

2022년도(2회차) 출제문제

|건|설|안|전|기|사| ⛑

| 1과목 | 산업안전관리론 |

1. 산업안전보건법령상 안전보건관리규정 작성에 관한 사항으로 ( )에 알맞은 기준은?

> 안전보건관리규정을 작성하여야 할 사업의 사업주는 안전보건관리규정을 작성하여야 할 사유가 발생한 날부터 ( )일 이내에 안전보건관리규정을 작성해야 한다.

① 7 ② 14 ③ 30 ④ 60

해설 사업주는 안전보건관리규정을 작성하여야 할 사유가 발생한 날부터 30일 이내에 안전보건관리규정의 세부 내용을 포함하여 작성하여야 한다.

2. 산업안전보건법령상 안전관리자를 2인 이상 선임하여야 하는 사업이 아닌 것은? (단, 기타 법령에 관한 사항은 제외한다.)

① 상시근로자가 500명인 통신업
② 상시근로자가 700명인 발전업
③ 상시근로자가 600명인 식료품 제조업
④ 공사금액이 1000억이며 공사진행률(공정률) 20%인 건설업

해설 안전관리자를 선임하여야 하는 기준 사업

사업 종류	상시근로자 수	안전관리자 수
우편 및 통신, 운수 및 창고,	50명 이상 1천명 미만	1명 이상
농업, 임업 및 어업	1천명 이상	2명 이상

발전업, 토사석 광업, 식료품, 음료 제조업, 목재 및 나무 제품 제조업	50명 이상 500명 미만	1명 이상
	500명 이상	2명 이상
건설업 (공사금액으로 결정)	50억 원 이상 800억 원 미만	1명 이상
	800억 원 이상 1500억 원 미만	2명 이상
	1500억 원 이상 2200억 원 미만	3명 이상

3. 산업재해보상보험법령상 보험급여의 종류를 모두 고른 것은?

> ㉠ 장례비 ㉡ 요양급여
> ㉢ 간병급여 ㉣ 영업손실비용
> ㉤ 직업재활급여

① ㉠, ㉡, ㉣
② ㉠, ㉡, ㉢, ㉤
③ ㉠, ㉢, ㉣, ㉤
④ ㉡, ㉢, ㉣, ㉤

해설 직접비와 간접비

직접비(법적으로 지급되는 산재보상비)	간접비(직접비를 제외한 비용)
휴업급여, 장해급여 간병급여, 유족급여, 상병보상연금, 장의비, 기타비용(상해특별급여, 유족특별급여)	인적손실, 물적손실, 생산손실, 임금손실, 시간손실, 기타손실 등

4. 안전관리조직의 형태에 관한 설명으로 옳은 것은?

① 라인형 조직은 100명 이상의 중규모 사업장에 적합하다.

② 스태프형 조직은 100명 이상의 중규모 사업장에 적합하다.

③ 라인형 조직은 안전에 대한 정보가 불충분하지만 안전지시나 조치에 대한 실시가 신속하다.

④ 라인·스태프형 조직은 1000명 이상의 대규모 사업장에 적합하나 조직원 전원의 자율적 참여가 불가능하다.

해설 ① 라인형 조직은 100명 이하의 소규모 사업장에 적합하다.

② 스태프형 조직은 100∼1000명의 중규모 사업장에 적합하다.

④ 라인·스태프형 조직은 1000명 이상의 대규모 사업장에 적합하며, 조직원 전원의 자율적 참여가 가능하다.

5. 재해예방을 위한 대책선정에 관한 사항 중 기술적 대책(engineering)에 해당되지 않는 것은?

① 작업행정의 개선 ② 환경설비의 개선

③ 점검 보존의 확립 ④ 안전수칙의 준수

해설 ④는 관리적 대책

6. 산업안전보건법령상 산업안전보건위원회의 심의·의결을 거쳐야 하는 사항이 아닌 것은? (단, 그 밖에 필요한 사항은 제외한다.)

① 작업환경 측정 등 작업환경의 점검 및 개선에 관한 사항

② 산업재해에 관한 통계의 기록 및 유지에 관한 사항

③ 안전장치 및 보호구 구입 시 적격품 여부 확인에 관한 사항

④ 사업장의 산업재해 예방계획의 수립에 관한 사항

해설 ③은 안전보건관리책임자의 업무내용

7. 산업안전보건법령상 안전보건표지의 색채를 파란색으로 사용하여야 하는 경우는?

① 주의표지 ② 정지신호

③ 차량통행표지 ④ 특정 행위의 지시

해설 ④ 특정 행위의 지시 및 사실의 고지의 색채는 파란색(2.5PB 4/10)으로 한다.

8. 시설물의 안전 및 유지관리에 관한 특별법령상 안전등급별 정기안전점검 및 정밀안전진단 실시시기에 관한 사항으로 ( )에 알맞은 기준은?

안전등급	정기안전점검	정밀안전진단
A등급	(㉠)에 1회 이상	(㉡)에 1회 이상

① ㉠ : 반기, ㉡ : 4년

② ㉠ : 반기, ㉡ : 6년

③ ㉠ : 1년, ㉡ : 4년

④ ㉠ : 1년, ㉡ : 6년

해설 특별법상 시설물 안전점검의 실시시기

안전등급	정기안전점검	정밀안전진단
A	반기에 1회	6년에 1회
B, C		5년에 1회
D, E	1년에 3회	4년에 1회

9. 다음의 재해사례에서 기인물과 가해물은?

작업자가 작업장을 걸어가던 중 작업장 바닥에 쌓여 있던 자재에 걸려 넘어지면서 바닥에 머리를 부딪쳐 사망하였다.

① 기인물 : 자재, 가해물 : 바닥

② 기인물 : 자재, 가해물 : 자재

③ 기인물 : 바닥, 가해물 : 바닥

④ 기인물 : 바닥, 가해물 : 자재

해설 기인물과 가해물

- 기인물(자재) : 재해 발생의 주원인으로 근원이 되는 기계, 장치, 기구, 환경 등
- 가해물(바닥) : 직접 인간에게 접촉하여 피해를 주는 기계, 장치, 기구, 환경 등

10. 산업재해 통계업무 처리규정상 산업재해 통계에 관한 설명으로 틀린 것은?

① 총 요양 근로손실일수는 재해자의 총 요양 기간을 합산하여 산출한다.

② 휴업재해자 수는 근로복지공단의 휴업급여를 지급받은 재해자 수를 의미하며, 체육행사로 인하여 발생한 재해는 제외된다.

③ 사망자 수는 통상의 출 · 퇴근에 의한 사망을 포함하여 근로복지공단의 유족급여가 지급된 사망자 수를 말한다.

④ 재해자 수는 근로복지공단의 유족급여가 지급된 사망자 및 근로복지공단에 최초 요양신청서를 제출한 재해자 중 요양승인을 받은 자를 말한다.

해설 무재해가 인정되는 기준

- 출 · 퇴근 도중에 발생한 재해
- 제3자의 행위에 의한 업무상 재해
- 운동경기 등 각종 행사 중 발생한 재해
- 사고 중 천재지변 또는 돌발적인 사고 우려가 많은 장소에서 사회통념상 인정되는 업무수행 중 발생한 사고
- 업무수행 중의 사고 중 천재지변 또는 돌발적인 사고로 인한 구조행위 또는 긴급피난 중 발생한 사고
- 업무상 질병에 대한 인정기준 중 뇌혈관질환 또는 심장질환에 의한 재해

- 업무시간 외에 발생한 재해, 다만 사업주가 제공한 사업장 내의 시설물에서 발생한 재해 또는 작업개시 전의 작업준비 및 작업종료 후의 정리 정돈 과정에서 발생한 재해는 제외
- 도로에서 발생한 사업장 밖의 교통사고, 소속 사업장을 벗어난 출장 및 외부기관으로 위탁교육 중 발생한 사고, 회식 중의 사고, 전염병 등 사업주의 법 위반으로 인한 것이 아니라고 인정되는 재해

11. 건설업 산업안전보건관리비 계상 및 사용 기준상 건설업 안전보건관리비로 사용할 수 있는 것을 모두 고른 것은?

> ㉠ 전담 안전 · 보건관리자의 인건비
> ㉡ 현장 내 안전보건 교육장 설치비용
> ㉢ 「전기사업법」에 따른 전기안전대행비용
> ㉣ 유해 · 위험방지 계획서의 작성에 소요되는 비용
> ㉤ 재해예방 전문지도기관에 지급하는 기술지도비용

① ㉡, ㉢, ㉣

② ㉠, ㉡, ㉣, ㉤

③ ㉠, ㉢, ㉣, ㉤

④ ㉠, ㉡, ㉢, ㉤

해설 건설업 산업안전보건관리비로 사용 가능한 항목

- 안전시설비
- 보호구 구입비
- 전담 안전 · 보건관리자의 임금
- 건설재해예방 전문지도기관 기술지도비
- 안전보건진단비, 안전보건교육비 등
- 근로자 건강장해예방비, 위험성 평가 등의 비용

12. 다음에서 설명하는 위험예지훈련 단계는?

- 위험요인을 찾아내는 단계
- 가장 위험한 것을 합의하여 결정하는 단계

① 현상파악   ② 본질추구
③ 대책수립   ④ 목표설정

해설 문제해결의 4라운드
- 현상파악(1R) : 어떤 위험이 잠재하고 있는 요인을 토론을 통해 잠재한 위험요인을 발견한다.
- 본질추구(2R) : 위험요인 중 중요한 위험 문제점을 파악한다.
- 대책수립(3R) : 위험요소를 어떻게 해결하는 것이 좋을지 구체적인 대책을 세운다.
- 행동 목표설정(4R) : 중점적인 대책을 실천하기 위한 행동 목표를 설정한다.

13. 산업안전보건법령상 안전검사대상 기계가 아닌 것은?

① 리프트
② 압력용기
③ 컨베이어
④ 이동식 국소배기장치

해설 국소배기장치의 이동식은 안전검사대상 기계의 종류에서 제외한다.

14. 산업안전보건법령상 사업장에서 산업재해 발생 시 사업주가 기록·보존하여야 하는 사항이 아닌 것은? (단, 산업재해 조사표와 요양신청서의 사본은 보존하지 않았다.)

① 사업장의 개요
② 근로자의 인적사항
③ 재해 재발방지 계획
④ 안전관리자 선임에 관한 사항

해설 산업재해 발생 시 사업주가 기록·보존하여야 할 사항

- 사업장의 개요 및 근로자의 인적사항
- 재해 발생의 일시 및 장소
- 재해 발생의 원인 및 과정
- 재해 재발방지 계획서

15. A사업장의 상시근로자 수가 1200명이다. 이 사업장의 도수율이 10.5이고 강도율이 7.5일 때 이 사업장의 총 요양 근로손실일수(일)는? (단, 연근로시간 수는 2400시간이다.)

① 21.6   ② 216
③ 2160   ④ 21600

해설 ㉠ 강도율 $= \dfrac{\text{근로손실일수}}{\text{연근로 총 시간 수}} \times 1000$

㉡ 근로손실일수
$$= \dfrac{\text{강도율} \times \text{연근로 총 시간 수}}{1000}$$
$$= \dfrac{7.5 \times 1200 \times 2400}{1000} = 21600$$

16. 산업재해의 기본원인으로 볼 수 있는 4M으로 옳은 것은?

① Man, Machine, Maker, Media
② Man, Management, Machine, Media
③ Man, Machine, Maker, Management
④ Man, Management, Machine, Material

해설 4M : 인간(Man), 기계(Machine), 작업매체(Media), 관리(Management)

17. 보호구 안전인증 고시상 안전대 충격흡수장치의 동하중 시험성능기준에 관한 사항으로 (　)에 알맞은 기준은?

- 최대 전달충격력은 (㉠)kN 이하
- 감속거리는 (㉡)mm 이하이어야 함

① ㉠ : 6.0, ㉡ : 1000
② ㉠ : 6.0, ㉡ : 2000
③ ㉠ : 8.0, ㉡ : 1000
④ ㉠ : 8.0, ㉡ : 2000

해설 안전대 등의 충격흡수장치의 동하중 시험성능기준

• 최대 전달충격력은 6kN 이하이어야 한다.
• 감속거리는 1000mm 이하이어야 한다.

18. 산업안전보건기준에 관한 규칙상 공기압축기 가동 전 점검사항을 모두 고른 것은? (단, 그 밖에 사항은 제외한다.)

> ㉠ 윤활유의 상태
> ㉡ 압력방출장치의 기능
> ㉢ 회전부의 덮개 또는 울
> ㉣ 언로드 밸브(unloading valve)의 기능

① ㉢, ㉣
② ㉠, ㉡, ㉢
③ ㉠, ㉡, ㉣
④ ㉠, ㉡, ㉢, ㉣

해설 공기압축기의 가동 전 점검사항
• 윤활유의 상태
• 언로드 밸브의 기능
• 압력방출장치의 기능
• 회전부의 덮개 또는 울

19. 버드(Bird)의 재해 구성 비율 이론상 경상이 10건일 때 중상에 해당하는 사고 건수는?

① 1   ② 30   ③ 300   ④ 600

해설 버드 이론(법칙)은 중상(1건) : 경상(10건) : 무상해 물적손실 사고(30건) : 무상해, 무손실사고(600건)이다.

20. 재해의 원인 중 불안전한 상태에 속하지 않는 것은?

① 위험장소 접근   ② 작업환경의 결함
③ 방호장치의 결함   ④ 물적 자체의 결함

해설 불안전한 상태(물적원인) : 물 자체 결함, 생산공정의 결함, 물의 배치 및 작업장소 결함, 안전 방호장치 결함, 작업환경의 결함
Tip) 위험장소 접근–불안전한 행동(인적원인)

2과목 **산업심리 및 교육**

21. 다음 적응기제 중 방어적 기제에 해당하는 것은?

① 고립(isolation)
② 억압(repression)
③ 합리화(rationalization)
④ 백일몽(day–dreaming)

해설 합리화(방어적 기제) : 변명, 실패를 합리화, 자기미화

22. 알고 있는 지식을 심화시키거나 어떠한 자료에 대해 보다 명료한 생각을 갖도록 하는 경우 실시하는 교육방법으로 가장 적절한 것은?

① 구안법   ② 강의법
③ 토의법   ④ 실연법

해설 토의법 : 모든 구성원들이 특정한 문제에 대하여 서로 의견을 발표하여 결론에 도달하는 교육방법

23. 조직이 리더(leader)에게 부여하는 권한으로 부하직원의 처벌, 임금 삭감을 할 수 있는 권한은?

① 강압적 권한   ② 보상적 권한
③ 합법적 권한   ④ 전문성의 권한

해설 강압적 권한 : 부하의 해고, 승진 탈락, 임금 삭감, 견책 등 강압적 힘을 갖는 권한

24. 운동에 대한 착각 현상이 아닌 것은?

① 자동운동　　　② 항상운동
③ 유도운동　　　④ 가현운동

해설 인간의 착각 현상 : 유도운동, 자동운동, 가현운동

25. 자동차 엑셀레이터와 브레이크 간 간격, 브레이크 폭, 소프트웨어상에서 메뉴나 버튼의 크기 등을 결정하는데 사용할 수 있는 인간공학 법칙은?

① Fitts의 법칙　　② Hick의 법칙
③ Weber의 법칙　　④ 양립성 법칙

해설 Fitts의 법칙

- 목표까지 움직이는 거리와 목표의 크기에 요구되는 정밀도가 동작시간에 걸리는 영향을 예측한다.
- 목표물과의 거리가 멀고, 목표물의 크기가 작을수록 동작에 걸리는 시간은 길어진다.

26. 개인적 카운슬링(counseling)의 방법이 아닌 것은?

① 설득적 방법　　② 설명적 방법
③ 강요적 방법　　④ 직접적인 충고

해설 개인적인 카운슬링 방법 : 직접 충고, 설득적 방법, 설명적 방법

27. 산업안전보건법령상 근로자 안전보건교육 중 특별교육대상 작업에 해당하지 않는 것은?

① 굴착면의 높이가 5m 되는 지반 굴착작업
② 콘크리트 파쇄기를 사용하여 5m의 구축물을 파쇄하는 작업

③ 흙막이 지보공의 보강 또는 동바리를 설치하거나 해체하는 작업
④ 휴대용 목재가공기계를 3대 보유한 사업장에서 해당 기계로 하는 작업

해설 특별교육대상 : 2시간 이상(흙막이 지보공의 보강 또는 동바리를 설치하거나 해체하는 작업, 콘크리트 파쇄기를 사용하여 5m의 구축물을 파쇄하는 작업, 굴착면의 높이가 5m 되는 지반 굴착에 종사하는 일용근로자)

28. 학습지도의 원리와 거리가 가장 먼 것은?

① 감각의 원리　　② 통합의 원리
③ 자발성의 원리　　④ 사회화의 원리

해설 학습지도의 원리 : 통합의 원리, 사회화의 원리, 개별화의 원리, 자발성의 원리, 직관의 원리

29. 매슬로우(Maslow)의 욕구 5단계 중 안전욕구에 해당하는 단계는?

① 1단계　　　② 2단계
③ 3단계　　　④ 4단계

해설 2단계(안전 욕구) : 안전을 구하려는 자기보존의 욕구

30. 생체리듬에 관한 설명 중 틀린 것은?

① 감각의 리듬이 (−)로 최대가 되는 경우에만 위험일이라고 한다.
② 육체적 리듬은 "P"로 나타내며, 23일을 주기로 반복된다.
③ 감성적 리듬은 "S"로 나타내며, 28일을 주기로 반복된다.
④ 지성적 리듬은 "I"로 나타내며, 33일을 주기로 반복된다.

해설 위험일 : 안정기(+)와 불안정기(−)의 교차점이다.

정답 24. ②　25. ①　26. ③　27. ④　28. ①　29. ②　30. ①

31. 에너지 대사율(RMR)에 따른 작업의 분류에 따라 중(보통)작업의 RMR 범위는?

① 0~2　　　　　② 0~4
③ 4~7　　　　　④ 7~9

해설 작업의 난이도별 에너지 대사율

경작업	중(中)작업	중(重)작업
0~2	2~4	4~7

32. 조직구성원의 태도는 조직성과 밀접한 관계가 있는데 태도(attitude)의 3가지 구성요소에 포함되지 않는 것은?

① 인지적 요소　　　② 정서적 요소
③ 성격적 요소　　　④ 행동경향 요소

해설 태도(attitude)의 3가지 구성요소는 인지적 요소, 정서적 요소, 행동경향 요소이다.

33. 다음에서 설명하는 학습방법은?

> 학생이 생활하고 있는 현실적인 장면에서 당면하는 여러 문제들을 해결해 나가는 과정으로 지식, 기능, 태도, 기술 등을 종합적으로 획득하도록 하는 학습방법

① 롤 플레잉(role playing)
② 문제법(problem method)
③ 버즈세션(buzz session)
④ 케이스 메소드(case method)

해설 지문은 문제법(problem method)에 대한 설명이다.

34. 호손(Hawthorne) 실험의 결과 작업자의 작업능률에 영향을 미치는 주요 원인으로 밝혀진 것은?

① 작업 조건
② 인간관계
③ 생산기술
④ 행동규범의 설정

해설 호손 실험 : 작업자의 태도, 감독자, 비공식 집단 등의 물리적 작업 조건보다 인간관계(심리적 태도, 감정)에 의해 생산성 향상에 영향을 미친다는 결론이다.

35. 심리학에서 사용하는 용어로 측정하고자 하는 것을 실제로 적절히, 정확히 측정하는지의 여부를 판별하는 것은?

① 표준화　　　　　② 신뢰성
③ 객관성　　　　　④ 타당성

해설 타당성 : 심리검사의 특징 중 측정하고자 하는 것을 실제로 잘 측정하는지의 여부를 판별하는 것이다.

36. Kirkpatrick의 교육훈련 평가 4단계를 바르게 나열한 것은?

① 학습 단계 → 반응 단계 → 행동 단계 → 결과 단계
② 학습 단계 → 행동 단계 → 반응 단계 → 결과 단계
③ 반응 단계 → 학습 단계 → 행동 단계 → 결과 단계
④ 반응 단계 → 학습 단계 → 결과 단계 → 행동 단계

해설 교육훈련 평가의 4단계

제1단계	제2단계	제3단계	제4단계
반응 단계	학습 단계	행동 단계	결과 단계

37. 사고 경향성 이론에 관한 설명 중 틀린 것은?

① 사고를 많이 내는 여러 명의 특성을 측정하여 사고를 예방하는 것이다.

② 개인의 성격보다는 특정 환경에 의해 훨씬 더 사고가 일어나기 쉽다.

③ 어떠한 사람이 다른 사람보다 사고를 더 잘 일으킨다는 이론이다.

④ 사고 경향성을 검증하기 위한 효과적인 방법은 다른 두 시기 동안에 같은 사람의 사고 기록을 비교하는 것이다.

해설 ② 환경보다는 개인의 성격에 의해 훨씬 더 사고가 일어나기 쉽다.

38. OFF.J.T(Off the Job Training)의 특징으로 옳은 것은?

① 전문 강사를 초빙하는 것이 가능하다.

② 개개인에게 적절한 지도훈련이 가능하다.

③ 직장의 실정에 맞게 실제적 훈련이 가능하다.

④ 훈련에 필요한 업무의 계속성이 끊어지지 않는다.

해설 ②, ③, ④는 O.J.T 교육의 특징

39. 직무분석을 위한 정보를 얻는 방법과 거리가 가장 먼 것은?

① 관찰법
② 직무수행법
③ 설문지법
④ 서류함기법

해설 직무분석 방법 : 면접법, 관찰법, 설문지법, 중요사건법, 일지작성법 등

40. 산업안전보건법령상 타워크레인 신호작업에 종사하는 일용근로자의 특별교육 교육시간 기준은?

① 1시간 이상
② 2시간 이상
③ 4시간 이상
④ 8시간 이상

해설 특별교육1

[별표 5] 제1호 '라' 항목 각 호(제40호는 제외한다)의 어느 하나에 해당하는 작업에 종사하는 일용근로자	2시간 이상
[별표 5] 제1호 '라' 항목 제40호의 타워크레인 신호작업에 종사하는 일용근로자	8시간 이상

3과목 인간공학 및 시스템 안전공학

41. A작업의 평균 에너지소비량이 다음과 같을 때, 60분간의 총 작업시간 내에 포함되어야 하는 휴식시간(분)은?

- 휴식 중 에너지소비량 : 1.5kcal/min
- A작업 시 평균 에너지소비량 : 6kcal/min
- 기초대사를 포함한 작업에 대한 평균 에너지소비량 상한 : 5kcal/min

① 10.3 ② 11.3 ③ 12.3 ④ 13.3

해설 휴식시간$(R)=60\times\dfrac{E-5}{E-1.5}$

$=60\times\dfrac{6-5}{6-1.5}=13.3$분

42. 다음 중 인간공학에 대한 설명으로 틀린 것은?

① 인간-기계 시스템의 안전성, 편리성, 효율성을 높인다.

② 인간을 작업과 기계에 맞추는 설계 철학이 바탕이 된다.

③ 인간이 사용하는 물건, 설비, 환경의 설계에 적용된다.

④ 인간의 생리적, 심리적인 면에서의 특성이나 한계점을 고려한다.

해설 인간공학 : 물건, 기계·기구, 환경 등의 물적조건을 인간의 목적과 특성에 잘 조화하도록 설계하기 위한 수단과 방법을 연구하는 학문분야

43. 다음 중 근골격계 질환 작업분석 및 평가방법인 OWAS의 평가요소를 모두 고른 것은?

| ㉠ 상지 | ㉡ 무게(하중) |
| ㉢ 하지 | ㉣ 허리 |

① ㉠, ㉡
② ㉠, ㉢, ㉣
③ ㉡, ㉢, ㉣
④ ㉠, ㉡, ㉢, ㉣

해설 근골격계 질환예방을 위한 유해요인 평가방법
• OWAS : 작업자의 작업 자세를 정의하고 평가하기 위해 개발한 방법으로 현장에서 적용하기 쉬우나, 팔목, 손목 등에 정보가 미반영되어 있다.
• RULA : 목, 어깨, 팔목, 손목 등의 상지를 중심으로 작업 자세, 작업부하를 쉽고 빠르게 평가한다.

44. 밝은 곳에서 어두운 곳으로 갈 때 망막에 시홍이 형성되는 생리적 과정인 암조응이 발생하는데 완전암조응(dark adaptation)에 걸리는데 소요되는 시간은?

① 약 3~5분
② 약 10~15분
③ 약 30~40분
④ 약 60~90분

해설 완전암조응(암순응) 소요시간 : 보통 30~40분 소요
Tip) 완전명조응 소요시간 : 보통 2~3분 소요

45. FTA(Fault Tree Analysis)에 관한 설명으로 옳은 것은?

① 정성적 분석만 가능하다.
② 복잡하고 대형화된 시스템의 신뢰성 분석 및 안정성 분석에 이용되는 기법이다.
③ FT에 동일한 사건이 중복되어 나타나는 경우 상향식(bottom-up)으로 정상사건 T의 발생확률을 계산할 수 있다.
④ 기초사건과 생략사건의 확률 값이 주어지게 되더라도 정상사건의 최종적인 발생확률을 계산할 수 없다.

해설 FTA의 정의 : 특정한 사고에 대하여 사고의 원인이 되는 장치 및 기기의 결함이나 작업자 오류 등을 연역적이며 정량적으로 평가하는 분석법

46. 불(Bool) 대수의 정리를 나타낸 관계식 중 틀린 것은?

① $A \cdot 0 = 0$
② $A + 1 = 1$
③ $A \cdot \bar{A} = 1$
④ $A(A+B) = A$

해설 보수법칙 : $A \cdot \bar{A} = 0$, $A + \bar{A} = 1$

47. FTA(Fault Tree Analysis)에서 사용되는 사상기호 중 통상의 작업이나 기계의 상태에서 재해의 발생 원인이 되는 요소가 있는 것은?

①
②
③
④

해설 통상사상

기호	기호 설명
(집모양 기호)	통상적으로 발생이 예상되는 사상 (예상되는 원인)

48. HAZOP 기법에서 사용하는 가이드워드와 그 의미가 잘못 연결된 것은?

① Part of : 성질상의 감소
② As well As : 성질상의 증가
③ Other Than : 기타 환경적인 요인
④ More/Less : 정량적인 증가 또는 감소

해설 Other Than : 완전한 대체

49. 좌식작업이 가장 적합한 작업은?

① 정밀조립작업
② 4.5kg 이상의 중량물을 다루는 작업
③ 작업장이 서로 떨어져 있으며 작업장 간 이동이 적은 작업
④ 작업자의 정면에서 매우 높거나 낮은 곳으로 손을 자주 뻗어야 하는 작업

해설 ① 정밀한 작업이나 장기간 수행하여야 하는 작업은 좌식작업이 바람직하다.

50. 양식 양립성의 예시로 가장 적절한 것은?

① 자동차 설계 시 고도계 높낮이 표시
② 방사능 사업장에 방사능 폐기물 표시
③ 청각적 자극 제시와 이에 대한 음성응답
④ 자동차 설계 시 제어장치와 표시장치의 배열

해설 양식 양립성(modality) : 소리로 제시된 정보는 소리로 반응하게 하는 것, 시각적으로 제시된 정보는 손으로 반응하게 하는 것

51. 시스템의 수명곡선(욕조곡선)에 있어서 디버깅(debugging)에 관한 설명으로 옳은 것은?

① 초기고장의 결함을 찾아 고장률을 안정시키는 과정이다.
② 우발고장의 결함을 찾아 고장률을 안정시키는 과정이다.
③ 마모고장의 결함을 찾아 고장률을 안정시키는 과정이다.
④ 기계결함을 발견하기 위해 동작시험을 하는 기간이다.

해설 디버깅 기간 : 기계의 초기결함을 찾아내 고장률을 안정시키는 기간으로 초기고장의 예방보존 기간이다.

52. sone에 관한 설명으로 ( )에 알맞은 수치는?

> 1sone : (㉠)Hz, (㉡)dB의 음압수준을 가진 순음의 크기

① ㉠ : 1000, ㉡ : 1   ② ㉠ : 4000, ㉡ : 1
③ ㉠ : 1000, ㉡ : 40   ④ ㉠ : 4000, ㉡ : 40

해설 음의 크기의 수준
• 1phon : 1000Hz는 순음의 음압수준 1dB의 크기를 나타낸다.
• 1sone : 1000Hz는 음압수준 40dB의 크기이며, 순음의 크기 40phon은 1sone이다.

53. 경계 및 경보신호의 설계지침으로 틀린 것은?

① 주의를 환기시키기 위하여 변조된 신호를 사용한다.
② 배경소음의 진동수와 다른 진동수의 신호를 사용한다.
③ 귀는 중음역에 민감하므로 500∼3000Hz의 진동수를 사용한다.
④ 300m 이상의 장거리용으로는 1000Hz를 초과하는 진동수를 사용한다.

해설 ④ 300m 이상의 장거리용으로는 1000Hz 이하의 진동수를 사용하며, 고음은 멀리가지 못한다.

54. 인간-기계 시스템에 관한 설명으로 틀린 것은?

① 자동 시스템에서는 인간요소를 고려하여야 한다.
② 자동차 운전이나 전기드릴 작업은 반자동 시스템의 예시이다.
③ 자동 시스템에서 인간은 감시, 정비유지, 프로그램 등의 작업을 담당한다.
④ 수동 시스템에서 기계는 동력원을 제공하고 인간의 통제하에서 제품을 생산한다.

해설 ④ 수동 시스템에서 인간은 동력원을 제공하고, 수공구를 사용하여 제품을 생산한다.

55. n개 요소를 가진 병렬 시스템에 있어 요소의 수명(MTTF)이 지수분포를 따를 경우, 이 시스템의 수명으로 옳은 것은?

① $\text{MTTF} \times n$
② $\text{MTTF} \times \frac{1}{n}$
③ $\text{MTTF} \times \left(1 + \frac{1}{2} + \cdots + \frac{1}{n}\right)$
④ $\text{MTTF} \times \left(1 \times \frac{1}{2} \times \cdots \times \frac{1}{n}\right)$

해설 • 직렬계 $= \text{MTTF} \times \frac{1}{n}$
• 병렬계 $= \text{MTTF} \times \left(1 + \frac{1}{2} + \cdots + \frac{1}{n}\right)$

56. 다음에서 설명하는 용어는?

유해 · 위험요인을 파악하고 해당 유해 · 위험요인에 의한 부상 또는 질병의 발생 가능성(빈도)과 중대성(강도)을 추정 · 결정하고 감소 대책을 수립하여 실행하는 일련의 과정을 말한다.

① 위험성 결정
② 위험성 평가
③ 위험 빈도 추정
④ 유해 · 위험요인 파악

해설 지문은 위험성 평가에 대한 내용이다.

57. 상황해석을 잘못하거나 목표를 잘못 설정하여 발생하는 인간의 오류 유형은?

① 실수(slip) ② 착오(mistake)
③ 위반(vioation) ④ 건망증(lapse)

해설 착오(mistake) : 상황해석을 잘못하거나 목표를 착각하여 행하는 인간의 실수(순서, 패턴, 형상, 기억오류 등)

58. 위험분석 기법 중 시스템 수명주기 관점에서 적용 시점이 가장 빠른 것은?

① PHA ② FHA ③ OHA ④ SHA

해설 예비위험분석(PHA) : 모든 시스템 안전 프로그램 중 최초 단계의 분석으로 시스템 내의 위험요소가 얼마나 위험한 상태에 있는지를 정성적으로 평가하는 방법

59. 태양광선이 내리쬐는 옥외장소의 자연습구온도 20℃, 흑구온도 18℃, 건구온도 30℃일 때 습구흑구 온도지수(WBGT)는?

① 20.6℃ ② 22.5℃
③ 25.0℃ ④ 28.5℃

해설 태양광이 내리쬐는 옥외의 습구흑구 온도지수 = 0.7 × 자연습구온도 + 0.2 × 흑구온도 + 0.1 × 건구온도 = (0.7 × 20) + (0.2 × 18) + (0.1 × 30) = 20.6℃

60. 다음 그림과 같은 FT도에 대한 최소 컷셋(minimal cut sets)으로 옳은 것은? (단, Fussell의 알고리즘을 따른다.)

정답 54. ④ 55. ③ 56. ② 57. ② 58. ① 59. ① 60. ②

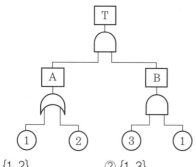

① {1, 2}　　② {1, 3}
③ {2, 3}　　④ {1, 2, 3}

해설　$T = AB = \begin{pmatrix} 1 \\ 2 \end{pmatrix}(3\ 1)$

$= (1\ 3)$
$(1\ 2\ 3)$

㉠ 컷셋 : {1, 3}, {1, 2, 3}
㉡ 최소 컷셋 : {1, 3}

4과목　　건설시공학

61. 통상적으로 스팬이 큰 보 및 바닥판의 거푸집을 걸 때에 스팬의 캠버(camber) 값으로 옳은 것은?

① 1/300〜1/500
② 1/200〜1/350
③ 1/150〜1/250
④ 1/100〜1/300

해설　통상적으로 스팬이 큰 보 및 바닥판의 거푸집을 걸 때에 스팬의 캠버 값은 1/300〜1/500이다.

62. 지반개량공법 중 동다짐(dynamic compaction) 공법의 특징으로 옳지 않은 것은?

① 시공 시 지반진동에 의한 공해문제가 발생하기도 한다.

② 지반 내에 암괴 등의 장애물이 있으면 적용이 불가능하다.
③ 특별한 약품이나 자재를 필요로 하지 않는다.
④ 깊은 심도의 지반개량에 대해서는 초대형 장비가 필요하다.

해설　② 동다짐 공법은 지반 내에 암괴, 사력, 모래 등 광범위한 토질에 적용이 가능하다.

63. 기성콘크리트 말뚝에 표기된 PHC−A·450−12의 각 기호에 대한 설명으로 옳지 않은 것은?

① PHC−원심력 고강도 프리스트레스트 콘크리트 말뚝
② A−A종
③ 450−말뚝 바깥지름
④ 12−말뚝 삽입간격

해설　④ 12−말뚝길이(12m)

64. 흙막이공법과 관련된 내용의 연결이 옳지 않은 것은?

① 버팀대 공법−띠장, 지지말뚝
② 지하연속벽 공법−안정액, 트레미관
③ 자립식 공법−안내벽, 인터로킹 파이프
④ 어스앵커 공법−인장재, 그라우팅

해설　③ 자립식 흙막이공법 – 의자형 흙막이공법

65. 흙막이공법 중 지하연속벽(slurry wall) 공법에 대한 설명으로 옳지 않은 것은?

① 흙막이 벽 자체의 강도, 강성이 우수하기 때문에 연약지반의 변형 및 이면침하를 최소한으로 억제할 수 있다.
② 차수성이 좋아 지하수가 많은 지반에도 사용할 수 있다.
③ 시공 시 소음, 진동이 작다.

④ 다른 흙막이 벽에 비해 공사비가 적게 든다.

해설 ④ 다른 흙막이 벽에 비해 공사비가 많이 든다.

66. 건축물의 지하공사에서 계측관리에 관한 설명으로 틀린 것은?

① 계측관리의 목적은 위험의 징후를 발견하는 것이다.

② 계측관리의 중점관리사항으로는 흙막이 변위에 따른 배면지반의 침하가 있다.

③ 계측관리는 인적이 뜸하고 위험이 적은 안전한 곳에 설치하여 주기적으로 실시한다.

④ 일일 점검항목으로는 흙막이 벽체, 주변 지반, 지하수위 및 배수량 등이 있다.

해설 ③ 계측관리는 예상하지 못한 위험을 찾아내어야 하는 만큼 인적이 많은 곳에 설치하여 주기적으로 확인한다.

67. 벽 길이 10m, 벽 높이 3.6m인 블록벽체를 기본블록(390mm×190mm×150mm)으로 쌓을 때 소요되는 블록의 수량은? (단, 블록은 온장으로 고려하고, 줄눈 너비는 가로, 세로 10mm, 할증은 고려하지 않는다.)

① 412매   ② 468매
③ 562매   ④ 598매

해설 블록의 수량
=쌓을 면적×규격 쌓기(매)×할증
=(10×3.6)×13×1=468매
Tip) 기본형 150×190×390mm 규격의 블록은 13매이다.

68. 외관검사 결과 불합격된 철근 가스압접 이음부의 조치내용으로 옳지 않은 것은?

① 심하게 구부러졌을 때는 재가열하여 수정한다.

② 압접면의 엇갈림이 규정값을 초과했을 때는 재가열하여 수정한다.

③ 형태가 심하게 불량하거나 또는 압접부에 유해하다고 인정되는 결함이 생긴 경우는 압접부를 잘라내고 재압접한다.

④ 철근 중심축의 편심량이 규정값을 초과했을 때는 압접부를 떼어내고 재압접한다.

해설 ② 압접면의 엇갈림이 규정값을 초과했을 때는 잘라내고 다시 압접한다.

69. 철골부재 조립 시 구멍의 위치가 다소 다를 때 구멍을 맞추기 위한 작업은?

① 송곳뚫기(driling)   ② 리밍(reaming)
③ 펀칭(punching)   ④ 리벳치기(riveting)

해설 리밍(reaming) : 철골부재 조립 시 구멍의 위치가 다소 다를 때 수정하는 작업
Tip) 구멍의 편심거리는 최대 1.5mm 이하이다.

70. 철골작업용 장비 중 절단용 장비로 옳은 것은?

① 프릭션 프레스(frixtion press)

② 플레이트 스트레이닝 롤(plate straining roll)

③ 파워 프레스(power press)

④ 핵 소우(hack saw)

해설 핵 소우(hack saw)는 띠톱날을 이용한 절단용 기계이다.

71. 다음 중 시방서 및 설계도면 등이 서로 상이할 때의 우선순위에 대한 설명으로 옳지 않은 것은?

① 설계도면과 공사시방서가 상이할 때는 설계도면을 우선한다.

② 설계도면과 내역서가 상이할 때는 설계도면을 우선한다.

③ 표준시방서와 전문시방서가 상이할 때는 전문시방서를 우선한다.

④ 설계도면과 상세도면이 상이할 때는 상세도면을 우선한다.

해설 ① 설계도면과 공사시방서가 상이할 때는 현장감독자, 현장감리자와 협의한다.

72. 예정가격 범위 내에서 최저가격으로 입찰한 자를 낙찰자로 선정하는 낙찰자 선정방식은?

① 최적격 낙찰제

② 제한적 최저가 낙찰제

③ 최저가 낙찰제

④ 적격 심사 낙찰제

해설 최저가 낙찰제 : 예정가격 범위 내에서 가장 낮은 금액으로 입찰한 자를 낙찰자로 선정하는 방식이다.

73. 설계도와 시방서가 명확하지 않거나 설계는 명확하지만 공사비 총액을 산출하기 곤란하고 발주자가 양질의 공사를 기대할 때 채택될 수 있는 가장 타당한 도급방식은 무엇인가?

① 실비정산 보수가산식 도급

② 단가도급

③ 정액도급

④ 턴키도급

해설 실비정산 보수가산식 도급은 공사비 지불방식이다.

74. 철근공사에 대하여 옳지 않은 것은?

① 조립용 철근은 철근을 구부리기 할 때 철근의 위치를 확보하기 위하여 쓰는 보조적인 철근이다.

② 철근의 용접부에 순간최대풍속 2.7m/s 이상의 바람이 불 때는 철근을 용접할 수 없으며, 풍속을 2.7m/s 이하로 저감시킬 수 있는 방풍시설을 설치하는 경우에만 용접할 수 있다.

③ 가스압접 이음은 철근의 단면을 산소-아세틸렌 불꽃 등을 사용하여 가열하고 기계적 압력을 가하여 용접한 맞댄이음을 말한다.

④ D35를 초과하는 철근은 겹침이음을 할 수 없다. 다만, 서로 다른 크기의 철근을 압축부에서 겹침이음하는 경우 D35 이하의 철근과 D35를 초과하는 철근은 겹침이음을 할 수 있다.

해설 ① 조립용 철근은 주 철근을 조립할 때 철근의 위치를 확보하기 위하여 쓰는 보조 철근이다.

75. 철골공사의 용접접합에서 플럭스(flux)를 옳게 설명한 것은?

① 용접 시 용접봉의 피복재 역할을 하는 분말상의 재료

② 압연강판의 층 사이에 균열이 생기는 현상

③ 용접작업의 종단부에 임시로 붙이는 보조판

④ 용접부에 생기는 미세한 구멍

해설 플럭스(flux) : 자동용접 시 용접봉의 피복재 역할을 하는 분말상의 재료이다.

76. 착공 단계에서의 공사계획을 수립할 때 우선 고려하지 않아도 되는 것은?

① 현장직원의 조직 편성

② 예정공정표의 작성

③ 유지관리 지침서의 변경

④ 실행예산 편성

해설 착공 단계에서의 공사계획수립 시 고려사항 : 현장직원의 조직 편성, 예정공정표의 작성, 실행예산 편성, 설비 및 자재의 설치계획 등

정답 72. ③ 73. ① 74. ① 75. ① 76. ③

77. AE콘크리트에 관한 설명으로 옳은 것은?

① 공기량은 기계비빔이 손비빔의 경우보다 적다.

② 공기량은 비벼놓은 시간이 길수록 증가한다.

③ 공기량은 AE제의 양이 증가할수록 감소하나 콘크리트의 강도는 증대한다.

④ 시공연도가 증진되고 재료분리 및 블리딩이 감소한다.

해설 AE콘크리트는 혼화제 AE제를 사용하여 콘크리트 속에 미세한 공기를 섞어 성질을 개선하는 콘크리트로 워커빌리티(시공연도)가 증진되고 재료분리 및 블리딩이 감소한다.

78. 콘크리트의 고강도화와 관계가 적은 것은?

① 물−시멘트비를 작게 한다.

② 시멘트의 강도를 크게 한다.

③ 폴리머(polymer)를 함침(含浸)한다.

④ 골재의 입자분포를 가능한 한 균일 입자분포로 한다.

해설 콘크리트의 고강도화

• 물−시멘트비를 작게 한다.

• 시멘트의 강도를 크게 한다.

• 폴리머(polymer)를 함침(含浸)한다.

79. 벽돌쌓기법 중에서 마구리를 세워 쌓는 방식으로 옳은 것은?

① 옆세워쌓기 ② 허튼쌓기

③ 영롱쌓기 ④ 길이쌓기

해설 옆세워쌓기 : 경사, 문턱 등에 사용하는 마구리를 세워 쌓는 방식이다.

80. 다음 중 바닥판 거푸집의 구조계산 시 고려해야 하는 연직하중에 해당하지 않는 것은?

① 작업하중

② 충격하중

③ 고정하중

④ 굳지 않은 콘크리트의 측압

해설 연직하중 : 고정하중, 작업하중, 충격하중, 굳지 않은 콘크리트 중량

Tip) 굳지 않은 콘크리트 측압−수평하중

5과목 **건설재료학**

81. 플라이애쉬 시멘트에 관한 설명으로 옳은 것은?

① 수화할 때 불용성 규산칼슘 수화물을 생성한다.

② 화력발전소 등에서 완전 연소한 미분탄의 회분과 포틀랜드 시멘트를 혼합한 것이다.

③ 재령 1~2시간 안에 콘크리트 압축강도가 20MPa에 도달할 수 있다.

④ 용광로의 선철 제작 부산물을 급랭시키고 파쇄하여 시멘트와 혼합한 것이다.

해설 플라이애시 시멘트

• 화력발전소 등에서 완전 연소한 미분탄의 회분과 포틀랜드 시멘트를 혼합한 것이다.

• 초기 수화열이 낮고 장기강도 증진이 크며, 화학저항성, 수밀성이 커서 해수층의 황산염에 대한 저항을 높인다.

82. 건축용 접착제로서 요구되는 성능에 해당되지 않는 것은?

① 진동, 충격의 반복에 잘 견딜 것

② 취급이 용이하고 독성이 없을 것

③ 장기부하에 의한 크리프가 클 것

④ 고화 시 체적수축 등에 의한 내부변형을 일으키지 않을 것

해설 크리프 : 외력이 일정할 때, 장기적으로 재료의 변형이 증대하는 현상

83. 골재의 함수상태에서 유효흡수량의 정의로 옳은 것은?

① 습윤상태와 절대건조 상태의 수량의 차이
② 표면건조 포화상태와 기건상태의 수량의 차이
③ 기건상태와 절대건조 상태의 수량의 차이
④ 습윤상태와 표면건조 포화상태의 수량의 차이

해설 골재의 유효흡수량 : 대기 중 건조상태에서 골재의 입자가 표면건조 포화상태로 되기까지의 유효흡수량이다.

84. 도장재료 중 물이 증발하여 수지입자가 굳는 융착건조경화를 하는 것은?

① 알키드수지 도료
② 에폭시수지 도료
③ 불소수지 도료
④ 합성수지 에멀션페인트

해설 물이 증발하여 수지입자가 굳는 융착건조경화를 하는 도장재료는 합성수지 에멀션페인트이다.

85. 목재의 역학적 성질에 대한 설명으로 옳지 않은 것은?

① 목재 섬유 평행 방향에 대한 인장강도가 다른 여러 강도 중 가장 크다.
② 목재의 압축강도는 옹이가 있으면 증가한다.
③ 목재를 휨부재로 사용하여 외력에 저항할 때는 압축, 인장, 전단력이 동시에 일어난다.
④ 목재의 전단강도는 섬유 간의 부착력, 섬유의 곧음, 수선의 유무 등에 의해 결정된다.

해설 ② 목재는 옹이 등의 흠이 있으면 강도가 떨어진다.

86. 합판에 대한 설명으로 옳지 않은 것은?

① 단판을 섬유 방향이 서로 평행하도록 홀수로 적층하면서 접착시켜 합친 판을 말한다.
② 함수율 변화에 따라 팽창·수축의 방향성이 없다.
③ 뒤틀림이나 변형이 적은 비교적 큰 면적의 평면 재료를 얻을 수 있다.
④ 균일한 강도의 재료를 얻을 수 있다.

해설 ① 단판을 섬유 방향이 서로 수직하도록 홀수로 적층하면서 접착시켜 합친 판을 말한다.

87. 미장바탕의 일반적인 성능 조건과 가장 거리가 먼 것은?

① 미장층보다 강도가 클 것
② 미장층과 유효한 접착강도를 얻을 수 있을 것
③ 미장층보다 강성이 작을 것
④ 미장층의 경화, 건조에 지장을 주지 않을 것

해설 ③ 미장층보다 강성이 클 것

88. 절대건조 밀도가 2.6g/cm³이고, 단위 용적질량이 1750kg/m³인 굵은 골재의 공극률은?

① 30.5%   ② 32.7%
③ 34.7%   ④ 36.2%

해설 공극률 $= \left(1 - \dfrac{\text{단위 용적질량}}{\text{비중}}\right) \times 100$

$= \left(1 - \dfrac{1.75}{2.6}\right) \times 100 = 32.7\%$

여기서, 단위 용적질량이 $1750\text{kg/m}^3 = 1.75\text{g/cm}^3$

정답 83. ②　84. ④　85. ②　86. ①　87. ③　88. ②

89. 목재의 내연성 및 방화에 대한 설명으로 옳지 않은 것은?

① 목재의 방화는 목재 표면에 불연소성 피막을 도포 또는 형성시켜 화염의 접근을 방지하는 조치를 한다.

② 방화재로는 방화페인트, 규산나트륨 등이 있다.

③ 목재가 열에 닿으면 먼저 수분이 증발하고 160℃ 이상이 되면 소량의 가연성 가스가 유출된다.

④ 목재는 450℃에서 장시간 가열하면 자연발화하게 되는데, 이 온도를 화재위험 온도라고 한다.

해설 ④ 목재는 450℃에서 장시간 가열하면 자연발화하게 되는데, 이 온도를 자연발화점이라고 하며, 260℃는 인화점이라고 한다.

90. 금속의 부식방지를 위한 관리 대책으로 옳지 않은 것은?

① 부분적으로 녹이 발생하면 즉시 제거할 것

② 큰 변형을 준 것은 가능한 한 풀림하여 사용할 것

③ 가능한 한 이종금속을 인접 또는 접촉시켜 사용할 것

④ 표면을 평활하고 깨끗이 하며, 가능한 한 건조상태로 유지할 것

해설 ③ 가능한 한 이종금속은 이를 인접, 접촉시켜 사용하지 않을 것

91. 다음의 미장재료 중 균열저항성이 가장 큰 것은?

① 회반죽바름
② 소석고 플라스터
③ 경석고 플라스터
④ 돌로마이트 플라스터

해설 경석고 플라스터는 점성이 큰 재료이므로 여물이나 풀이 필요 없는 미장재료이다.

92. 점토의 물리적 성질에 관한 설명으로 옳지 않은 것은?

① 점토의 인장강도는 압축강도의 약 5배 정도이다.

② 입자의 크기는 보통 $2\mu m$ 이하의 미립자지만 모래알 정도의 것도 약간 포함되어 있다.

③ 공극률은 점토의 입자 간에 존재하는 모공용적으로 입자의 형상, 크기에 관계한다.

④ 점토입자가 미세하고, 양질의 점토일수록 가소성이 좋으나, 가소성이 너무 클 때는 모래 또는 샤모트를 섞어서 조절한다.

해설 ① 점토의 압축강도는 인장강도의 약 5배 정도이다.

93. 일반콘크리트 대비 ALC의 우수한 물리적 성질로서 옳지 않은 것은?

① 경량성
② 단열성
③ 흡음·차음성
④ 수밀성, 방수성

해설 ALC는 습기에 취약하고 동해에 약해 수밀성, 방수성이 낮다.

94. 콘크리트 바탕에 이음새 없는 방수피막을 형성하는 공법으로, 도료상태의 방수재를 여러 번 칠하여 방수막을 형성하는 방수공법은?

① 아스팔트 루핑방수
② 합성고분자 도막방수
③ 시멘트 모르타르 방수
④ 규산질 침투성 도포방수

해설 합성고분자 도막방수 : 콘크리트 바탕에 이음새 없는 방수피막을 형성하는 공법으로, 도료상태의 방수재를 여러 번 칠하여 방수막을 형성하는 방수공법이다.

95. 다음 중 열경화성 수지가 아닌 것은?

① 페놀수지
② 요소수지
③ 아크릴수지
④ 멜라민수지

해설 ③은 열가소성 수지

96. 블로운 아스팔트(blown asphalt)를 휘발성 용제에 녹이고 광물분말 등을 가하여 만든 것으로 방수, 접합부 충전 등에 쓰이는 아스팔트 제품은?

① 아스팔트 코팅(asphalt coating)
② 아스팔트 그라우트(asphalt grout)
③ 아스팔트 시멘트(asphalt cement)
④ 아스팔트 콘크리트(asphalt concrete)

해설 아스팔트 코팅 : 블로운 아스팔트를 휘발성 용제에 녹이고 광물분말 등을 가하여 만든 것으로 방수, 접합부 충전 등에 쓰이는 아스팔트 제품

97. 다음 중 연강판에 일정한 간격으로 그물눈을 내고 늘여 철망모양으로 만든 것으로 옳은 것은?

① 메탈라스(metal lath)
② 와이어메시(wire mesh)
③ 인서트(insert)
④ 코너비드(coner bead)

해설 메탈라스(metal lath) : 얇은 강판에 마름모꼴의 구멍을 일정간격으로 연속적으로 뚫어 철망처럼 만든 것으로 천장·벽 등의 미장바탕에 사용한다.

98. 고로슬래그 쇄석에 대한 설명으로 옳지 않은 것은?

① 철을 생산하는 과정에서 용광로에서 생기는 광재를 공기 중에서 서서히 냉각시켜 경화된 것을 파쇄하여 만든다.
② 투수성은 보통골재의 경우보다 작으므로 수밀콘크리트에 적합하다.
③ 고로슬래그 쇄석을 활용한 콘크리트는 다른 암석을 사용한 콘크리트보다 건조수축이 적다.
④ 다공질이기 때문에 흡수율이 크므로 충분히 살수하여 사용하는 것이 좋다.

해설 ② 투수성은 보통골재를 사용한 콘크리트보다 크다.

99. 점토제품 중 소성온도가 가장 고온이고 흡수성이 매우 작으며 모자이크 타일, 위생도기 등에 주로 쓰이는 것은?

① 토기
② 도기
③ 석기
④ 자기

해설 점토의 종류별 소성온도(℃)

종류	토기	도기	석기	자기
소성온도	790~1000	1100~1230	1160~1350	1250~1430

100. 목재에 사용되는 크레오소트오일에 대한 설명으로 옳지 않은 것은?

① 냄새가 좋아서 실내에서도 사용이 가능하다.
② 방부력이 우수하고 가격이 저렴하다.
③ 독성이 적다.
④ 침투성이 좋아 목재에 깊게 주입된다.

해설 ① 냄새가 나며 외관이 좋지 못해 눈에 보이지 않는 곳에 사용한다.

정답 95. ③ 96. ① 97. ① 98. ② 99. ④ 100. ①

6과목 **건설안전기술**

101. 건설업의 공사금액이 850억 원일 경우 산업안전보건법령에 따른 안전관리자의 수로 옳은 것은? (단, 전체 공사기간을 100으로 할 때 공사 전·후 15에 해당하는 경우는 고려하지 않는다.)

① 1명 이상   ② 2명 이상
③ 3명 이상   ④ 4명 이상

해설 공사금액 800억 원 이상 1500억 원 미만 건설업의 안전관리자 선임기준은 2명 이상이다.

102. 건설현장에 거푸집 동바리 설치 시 준수사항으로 옳지 않은 것은?

① 파이프 서포트 높이가 4.5m를 초과하는 경우에는 높이 2m 이내마다 2개 방향으로 수평연결재를 설치한다.
② 동바리의 침하방지를 위해 깔목의 사용, 콘크리트 타설, 말뚝박기 등을 실시한다.
③ 강재와 강재의 접속부는 볼트 또는 클램프 등 전용 철물을 사용한다.
④ 강관틀 동바리는 강관틀과 강관틀 사이에 교차가새를 설치한다.

해설 ① 파이프 서포트 높이가 3.5m를 초과하는 경우에는 높이 2m 이내마다 2개 방향으로 수평연결재를 설치한다.

103. 가설통로를 설치하는 경우 준수해야 할 기준으로 옳지 않은 것은?

① 경사는 30° 이하로 할 것
② 경사가 25°를 초과하는 경우에는 미끄러지지 아니하는 구조로 할 것
③ 건설공사에 사용하는 높이 8m 이상인 비계다리에는 7m 이내마다 계단참을 설치할 것

④ 수직갱에 가설된 통로의 길이가 15m 이상인 때에는 10m 이내마다 계단참을 설치할 것

해설 ② 경사가 15°를 초과하는 경우에는 미끄러지지 아니하는 구조로 할 것

104. 항타기 또는 항발기의 사용 시 준수사항으로 옳지 않은 것은?

① 증기나 공기를 차단하는 장치를 작업관리자가 쉽게 조작할 수 있는 위치에 설치한다.
② 해머의 운동에 의하여 증기호스 또는 공기호스와 해머의 접속부가 파손되거나 벗겨지는 것을 방지하기 위하여 그 접속부가 아닌 부위를 선정하여 증기호스 또는 공기호스를 해머에 고정시킨다.
③ 항타기나 항발기의 권상장치의 드럼에 권상용 와이어로프가 꼬인 경우에는 와이어로프에 하중을 걸어서는 안 된다.
④ 항타기나 항발기의 권상장치에 하중을 건 상태로 정지하여 두는 경우에는 쐐기장치 또는 역회전방지용 브레이크를 사용하여 제동하는 등 확실하게 정지시켜 두어야 한다.

해설 ① 증기나 공기를 차단하는 장치를 운전자가 쉽게 조작할 수 있는 위치에 설치한다.

105. 가설공사 표준안전 작업지침에 따른 통로발판을 설치하여 사용함에 있어 준수사항으로 옳지 않은 것은?

① 추락의 위험이 있는 곳에는 안전난간이나 철책을 설치하여야 한다.
② 작업발판의 최대 폭은 1.6m 이내이어야 한다.
③ 비계발판의 구조에 따라 최대 적재하중을 정하고 이를 초과하지 않도록 하여야 한다.
④ 발판을 겹쳐 이음하는 경우 장선 위에서 이음을 하고 겹침길이는 10cm 이상으로 하여야 한다.

해설 ④ 발판을 겹쳐 이음하는 경우 장선 위에서 이음을 하고 겹침길이는 20cm 이상으로 하여야 한다.

106. 다음 중 토사붕괴에 따른 재해를 방지하기 위한 흙막이 지보공 부재로 옳지 않은 것은?

① 흙막이판   ② 말뚝
③ 턴버클   ④ 띠장

해설 흙막이 지보공 설비를 구성하는 부재는 흙막이판, 말뚝, 버팀대, 띠장 등이다.
Tip) 턴버클은 두 정 사이에 연결된 나사막대, 와이어 등을 죄는데 사용하는 부품이다.

107. 토사붕괴 원인으로 옳지 않은 것은?

① 경사 및 기울기 증가
② 성토 높이의 증가
③ 건설기계 등 하중 작용
④ 토사 중량의 감소

해설 ④ 토사 중량이 증가하면 토사붕괴의 원인이 된다.

108. 이동식비계를 조립하여 작업을 하는 경우의 준수기준으로 옳지 않은 것은?

① 비계의 최상부에서 작업을 할 때에는 안전난간을 설치하여야 한다.
② 작업발판의 최대 적재하중은 40kg을 초과하지 않도록 한다.
③ 승강용 사다리는 견고하게 설치하여야 한다.
④ 작업발판은 항상 수평을 유지하고 작업발판 위에서 안전난간을 딛고 작업을 하거나 받침대 또는 사다리를 사용하여 작업하지 않도록 한다.

해설 ② 작업발판의 최대 적재하중은 250kg을 초과하지 않도록 한다.

109. 건설용 리프트의 붕괴 등을 방지하기 위해 받침의 수를 증가시키는 등 안전조치를 하여야 하는 순간풍속 기준은?

① 초당 15미터 초과
② 초당 25미터 초과
③ 초당 35미터 초과
④ 초당 45미터 초과

해설 순간풍속이 초당 35m 초과 : 건설용 리프트, 옥외용 승강기가 붕괴되는 것을 방지 조치

110. 건설작업용 타워크레인의 안전장치로 옳지 않은 것은?

① 권과방지장치   ② 과부하방지장치
③ 비상정지장치   ④ 호이스트 스위치

해설 크레인 방호장치 : 과부하방지장치, 권과방지장치, 비상정지장치, 제동장치 등
Tip) 호이스트 : 소형 화물용 크레인(기중기)

111. 달비계에 사용하는 와이어로프의 사용금지기준으로 옳지 않은 것은?

① 이음매가 있는 것
② 열과 전기충격에 의해 손상된 것
③ 지름 감소가 공칭지름의 7%를 초과하는 것
④ 와이어로프의 한 꼬임에서 끊어진 소선의 수가 7% 이상인 것

해설 ④ 와이어로프의 한 꼬임에서 끊어진 소선의 수가 10% 이상인 것

112. 건설업 산업안전보건관리비 계상 및 사용기준은 산업재해보상보험법의 적용을 받는 공사 중 총 공사금액이 얼마 이상인 공사에 적용하는가? (단, 전기공사업법, 정보통신공사업법에 의한 공사는 제외)

① 4천만 원   ② 3천만 원

③ 2천만 원   ④ 1천만 원

해설 산업재해보상보험법의 적용을 받는 공사 중 총 공사금액이 2천만 원 이상인 공사에 적용한다.

113. 다음 중 가설 구조물의 특징으로 옳지 않은 것은?

① 연결재가 적은 구조로 되기 쉽다.

② 부재 결합이 간략하여 불안전 결합이다.

③ 구조물이라는 개념이 확고하여 조립의 정밀도가 높다.

④ 사용부재는 과소단면이거나 결함재가 되기 쉽다.

해설 ③ 구조물이라는 통상의 개념이 확고하지 않으며 조립의 정밀도가 낮다. 구조상의 결함이 있는 경우 중대재해로 이어질 수 있다.

114. 거푸집 동바리의 침하를 방지하기 위한 직접적인 조치로 옳지 않은 것은?

① 수평연결재 사용

② 깔목의 사용

③ 콘크리트의 타설

④ 말뚝박기

해설 연직하중에 대한 조치로서 깔목의 사용, 콘크리트의 타설, 말뚝박기 등은 동바리의 침하를 방지하기 위한 직접적인 조치이다.

115. 건설공사의 유해 · 위험방지 계획서 제출 기준일로 옳은 것은?

① 당해공사 착공 1개월 전까지

② 당해공사 착공 15일 전까지

③ 당해공사 착공 전날까지

④ 당해공사 착공 15일 후까지

해설 유해 · 위험방지 계획서 제출시기 및 부수

• 제조업에 해당하는 유해 · 위험방지 계획서를 제출하려면 작업시작 15일 전까지 공단에 2부 제출

• 건설업에 해당하는 유해 · 위험방지 계획서를 제출하려면 공사 착공 전날까지 공단에 2부 제출

116. 건설업 중 유해 · 위험방지 계획서 제출 대상 사업장으로 옳지 않은 것은?

① 지상높이가 31m 이상인 건축물 또는 인공구조물, 연면적 30000m² 이상인 건축물 또는 연면적 5000m² 이상의 문화 및 집회시설의 건설공사

② 연면적 3000m² 이상의 냉동 · 냉장창고시설의 설비공사 및 단열공사

③ 깊이 10m 이상인 굴착공사

④ 최대 지간길이가 50m 이상인 다리의 건설공사

해설 ② 연면적 5000m² 이상인 냉동 · 냉장창고시설의 설비공사 및 단열공사

117. 사다리식 통로 등의 구조에 대한 설치기준으로 옳지 않은 것은?

① 발판의 간격은 일정하게 할 것

② 발판과 벽과의 사이는 15cm 이상의 간격을 유지할 것

③ 사다리식 통로의 길이가 10m 이상인 때에는 7m 이내마다 계단참을 설치할 것

④ 사다리의 상단은 걸쳐 놓은 지점으로부터 60cm 이상 올라가도록 할 것

해설 ③ 사다리 통로 길이가 10m 이상인 경우에는 5m 이내마다 계단참을 설치할 것

118. 철골 건립준비를 할 때 준수하여야 할 사항으로 옳지 않은 것은?

① 지상 작업장에서 건립준비 및 기계 기구를 배치할 경우에는 낙하물의 위험이 없는 평탄한 장소를 선정하여 정비하여야 한다.

② 건립작업에 다소 지장이 있다하더라도 수목은 제거하거나 이설하여서는 안 된다.

③ 사용 전에 기계 기구에 대한 정비 및 보수를 철저히 실시하여야 한다.

④ 기계에 부착된 앵커 등 고정장치와 기초구조 등을 확인하여야 한다.

해설 ② 건립작업에 지장이 되는 수목은 제거하거나 이식하여야 한다.

119. 고소작업대를 설치 및 이동하는 경우에 준수하여야 할 사항으로 옳지 않은 것은?

① 와이어로프 또는 체인의 안전율은 3 이상일 것

② 붐의 최대 지면경사각을 초과 운전하여 전도되지 않도록 할 것

③ 고소작업대를 이동하는 경우 작업대를 가장 낮게 내릴 것

④ 작업대에 끼임·충돌 등 재해를 예방하기 위한 가드 또는 과상승방지장치를 설치할 것

해설 ① 고소작업대를 와이어로프 또는 체인으로 올리거나 내릴 경우 와이어로프 또는 체인의 안전율은 5 이상일 것

120. 터널공사에서 발파작업 시 안전 대책으로 옳지 않은 것은?

① 발파 전 도화선 연결 상태, 저항치 조사 등의 목적으로 도통시험 실시 및 발파기의 작동상태에 대한 사전점검 실시

② 모든 동력선은 발원점으로부터 최소한 15m 이상 후방으로 옮길 것

③ 지질, 암의 절리 등에 따라 화약량에 대한 검토 및 시방기준과 대비하여 안전조치 실시

④ 발파용 점화회선은 타동력선 및 조명회선과 한 곳으로 통합하여 관리

해설 ④ 발파용 점화회선은 타동력선 및 조명회선과 각각 분리하여 관리한다.

2. CBT 실전문제와 해설

제1회 CBT 실전문제

|건설|안전|기사|

1과목 산업안전관리론

1. 산업안전보건법상 안전보건개선 계획서에 포함되어야 하는 사항이 아닌 것은?

① 시설의 개선을 위하여 필요한 사항
② 작업환경의 개선을 위하여 필요한 사항
③ 작업절차의 개선을 위하여 필요한 사항
④ 안전·보건교육의 개선을 위하여 필요한 사항

해설 안전보건개선 계획서에 반드시 포함되어야 할 사항
• 시설의 개선을 위하여 필요한 사항
• 안전보건관리체제의 개선을 위하여 필요한 사항
• 안전·보건교육의 개선을 위하여 필요한 사항
• 산업재해예방 및 작업환경의 개선을 위하여 필요한 사항

2. 산업안전보건법령상 AB형 안전모에 관한 설명으로 옳은 것은?

① 물체의 낙하 또는 비래에 의한 위험을 방지 또는 경감하기 위한 것
② 물체의 낙하 또는 비래 및 추락에 의한 위험을 방지 또는 경감시키기 위한 것
③ 물체의 낙하 또는 비래에 의한 위험을 방지 또는 경감하고, 머리 부위 감전에 의한 위험을 방지하기 위한 것
④ 물체의 낙하 또는 비래 및 추락에 의한 위험을 방지 또는 경감하고, 머리 부위 감전에 의한 위험을 방지하기 위한 것

해설 안전모의 종류 및 용도
• AB : 물체의 낙하, 비래, 추락에 의한 위험을 방지하고 경감시키는 것으로 비내전압성이다.
• AE : 물체의 낙하, 비래에 의한 위험을 방지 또는 경감하고, 머리 부위 감전에 의한 위험을 방지하기 위한 것으로 내전압성 7000 V 이하이다.
• ABE : 물체의 낙하 또는 비래, 추락 및 감전에 의한 위험을 방지하기 위한 것으로 내전압성 7000 V 이하이다.

3. 산업안전보건법령상 담배를 피워서는 안 될 장소에 사용되는 금연표지에 해당하는 것은?

① 지시표지   ② 경고표지
③ 금지표지   ④ 안내표지

해설 금연은 금지표지에 해당한다.

4. 위험예지훈련에 대한 설명으로 옳지 않은 것은?

① 직장이나 작업의 상황 속 잠재위험요인을 도출한다.

② 행동하기에 앞서 위험요소를 예측하는 것을 습관화하는 훈련이다.

③ 위험의 포인트나 중점 실시사항을 지적확인 한다.

④ 직장 내에서 최대 인원의 단위로 토의하고 생각하며 이해한다.

해설 ④ 직장 내에서 최소 인원의 단위로 토 의하고 생각하며 이해한다.

5. 산업안전보건법령상 안전관리자를 2인 이상 선임하여야 하는 사업에 해당하지 않는 것은?

① 공사금액이 1000억인 건설업

② 상시근로자가 500명인 통신업

③ 상시근로자가 1500명인 운수업

④ 상시근로자가 600명인 식료품 제조업

해설 안전관리자를 선임하여야 하는 기준 사업

사업 종류	상시근로자 수	안전관리자 수
우편 및 통신, 운수 및 창고, 농업, 임업 및 어업	50명 이상 1천명 미만	1명 이상
	1천명 이상	2명 이상
토사석 광업, 식료품, 음료 제조업, 목재 및 나무 제품 제조업	50명 이상 500명 미만	1명 이상
	500명 이상	2명 이상
건설업 (공사금액으로 결정)	50억 원 이상 800억 원 미만	1명 이상
	800억 원 이상 1500억 원 미만	2명 이상
	1500억 원 이상 2200억 원 미만	3명 이상

6. 안전표지 종류 중 금지표시에 대한 설명으로 옳은 것은?

① 바탕은 노란색, 기본모양은 흰색, 관련 부호 및 그림은 파란색

② 바탕은 노란색, 기본모양은 흰색, 관련 부호 및 그림은 검정색

③ 바탕은 흰색, 기본모양은 빨간색, 관련 부호 및 그림은 파란색

④ 바탕은 흰색, 기본모양은 빨간색, 관련 부호 및 그림은 검정색

해설 안전 · 보건표지의 형식

구분	금지 표지	경고 표지		지시 표지	안내 표지	출입 금지
바탕	흰색	흰색	노란색	파란색	흰색	흰색
기본 모양	빨간색	빨간색	검은색	–	녹색	흑색 글자
부호 및 그림	검은색	검은색	검은색	흰색	흰색	적색 글자

7. 재해 발생 건수 등의 추이를 파악하여 목표관리를 행하는데 필요한 월별 재해 발생 건수를 그래프화하여 관리선을 설정 관리하는 통계 분석방법은?

① 파레토도   ② 특성요인도

③ 크로스도   ④ 관리도

해설 관리도 : 재해 발생 건수 등을 시간에 따라 대략적인 파악에 사용한다.

8. 산업안전보건법령상 안전보건 총괄책임자의 직무가 아닌 것은?

① 위험성 평가의 실시에 관한 사항

② 수급인의 산업안전보건관리비의 집행 감독

③ 자율안전확인대상 기계 · 기구 등의 사용 여부 확인

---

④ 해당 사업장 안전교육계획의 수립

해설 ④는 안전관리자의 직무내용

9. 산업안전보건법령상 안전·보건에 관한 노사협의체 구성의 근로자위원으로 구성기준 중 틀린 것은?

① 근로자 대표가 지명하는 안전관리자 1명
② 근로자 대표가 지명하는 명예감독관 1명
③ 도급 또는 하도급 사업을 포함한 전체 사업의 근로자 대표
④ 공사금액이 20억 원 이상인 도급 또는 하도급 사업의 근로자 대표

해설 ① 안전관리자는 사용자위원이다.

10. 산소가 결핍되어 있는 장소에서 사용하는 마스크는?

① 방진마스크　　② 송기마스크
③ 방독마스크　　④ 특급 방진마스크

해설 공기 중 산소농도가 부족한 경우 송기마스크를 사용한다.

11. 재해예방의 4원칙이 아닌 것은?

① 손실필연의 원칙　② 원인계기의 원칙
③ 예방가능의 원칙　④ 대책선정의 원칙

해설 재해예방의 4원칙 : 손실우연의 원칙, 원인계기(연계)의 원칙, 예방가능의 원칙, 대책선정의 원칙

12. 산업안전보건법령상 건설업 중 고용노동부령으로 정하는 자격을 갖춘 자의 의견을 들은 후 유해·위험방지 계획서를 작성하여 고용노동부장관에게 제출하여야 하는 대상 사업장의 기준 중 다음 (　　) 안에 알맞은 것은?

연면적 (　　) 이상의 냉동·냉장창고시설의 설비공사 및 단열공사

① 3000 m^2　　② 5000 m^2
③ 7000 m^2　　④ 10000 m^2

해설 연면적 5000 m^2 이상의 냉동·냉장창고시실의 실비공사 및 단열공사

13. 100인 이하의 소규모 사업장에 적합한 안전보건관리조직의 형태는?

① 라인(line)형
② 스탭(staff)형
③ 라운드(round)형
④ 라인-스탭(line-staff)의 복합형

해설 • 라인(line)형 : 100인 이하의 소규모 사업장에 적용
• 스탭(staff)형 : 100~1000인의 중규모 사업장에 적용
• 라인-스탭(line-staff)형 : 1000인 이상의 대규모 사업장에 적용

14. 버드의 재해 구성 비율 이론에 따라 중상이 5건 발생한 경우 경상이 발생할 건수는?

① 150　　② 145
③ 100　　④ 50

해설 버드의 법칙

버드 이론(법칙)	1 : 10 : 30 : 600
$X \times 5$	5 : 50 : 150 : 3000

15. 무재해운동을 추진하기 위한 중요한 세 개의 기둥에 해당하지 않는 것은?

① 본질 추구
② 소집단 자주 활동의 활성화
③ 최고경영자의 경영자세
④ 관리감독자(line)의 적극적 추진

정답 9. ①　10. ②　11. ①　12. ②　13. ①　14. ④　15. ①

해설 무재해운동의 3요소 : 최고경영자의 안전 경영자세, 소집단 자주 안전 활동의 활성화, 관리감독자에 의한 안전보건의 추진

16. 재해손실비 평가방식 중 하인리히 방식에 있어 간접비에 해당되지 않는 것은?

① 시설복구비용　　② 교육훈련비용
③ 장의비용　　　　④ 생산손실비용

해설 ③은 직접비이다.

17. 산업안전보건법령상 안전·보건표지 중 색채와 색도기준의 연결이 옳은 것은?

① 흰색 : N0.5
② 녹색 : 5G 5.5/6
③ 빨간색 : 5R 4/12
④ 파란색 : 2.5PB 4/10

해설 안전·보건표지의 색채와 용도

색채	색도기준	용도
빨간색	7.5R 4/14	금지, 경고
노란색	5Y 8.5/12	경고
파란색	2.5PB 4/10	지시
녹색	2.5G 4/10	안내
흰색	N9.5	파란색 또는 녹색의 보조색
검은색	N0.5	빨간색 또는 노란색의 보조색

18. 사고예방 대책의 기본원리 5단계 중 제2단계는?

① 안전조직　　　　② 사실의 발견
③ 분석 평가　　　　④ 시정책 적용

해설 2단계 : 사실의 발견(현상파악)
• 작업 분석
• 사고 조사
• 안전점검 및 검사

• 각종 안전회의 및 토의
• 사고 및 안전 활동 기록 검토
• 애로 및 건의사항

19. 1년간 연근로시간이 240000시간의 공장에서 3건의 휴업재해가 발생하여 219일의 휴업일수를 기록한 경우의 강도율은? (단, 연간 근로일수는 300일이다.)

① 750　② 75　③ 0.75　④ 0.075

해설 강도율 $= \dfrac{\text{근로손실일수}}{\text{연근로 총 시간 수}} \times 1000$

$$= \dfrac{219 \times \dfrac{300}{365}}{240000} \times 1000 = 0.75$$

20. 보호구 안전인증 고시에 따른 안전화 종류에 해당하지 않는 것은?

① 경화안전화　　　② 발등안전화
③ 정전기안전화　　④ 고무제안전화

해설 보호구 안전인증 고시에 따른 안전화의 종류 : 가죽제안전화, 고무제안전화, 정전기안전화, 발등안전화, 절연화, 절연장화, 화학물질용 안전화

2과목 　산업심리 및 교육

21. 강의식 교육에 대한 설명으로 틀린 것은?

① 기능적, 태도적인 내용의 교육이 어렵다.
② 사례를 제시하고, 그 문제점에 대해서 검토하고 대책을 토의한다.
③ 수강자의 집중도나 흥미의 정도가 낮다.
④ 짧은 시간 동안 많은 내용을 전달해야 하는 경우에 적합하다.

정답 16. ③　17. ④　18. ②　19. ③　20. ①　21. ②

해설 ② 강의식 교육은 일방적으로 강의하는 방식으로 사례를 제시하고, 그 문제점에 대해 검토하고 대책을 토의하기 어렵다.

22. 그림과 같이 수직 평행인 세로의 선들이 평행하지 않은 것으로 보이는 착시 현상에 해당하는 것은?

① 죌러(Zöller)의 착시
② 쾰러(Köhler)의 착시
③ 헤링(Hering)의 착시
④ 포겐도르프(Poggendorf)의 착시

해설 죌러(zöfler)의 착시 : 수직선인 세로의 선이 굽어 보이는 착시 현상

23. 리더의 기능수행과 리더로서의 지위 획득 및 유지가 리더 개인의 성격이나 자질에 의존한다는 리더십 이론은?

① 행동이론   ② 상황이론
③ 관리이론   ④ 특성이론

해설 특성이론 : 유능하고 훌륭한 리더의 성격 특성을 분석·연구하여 특성을 찾아내는 것이다.

24. 산업안전보건법령상 산업안전·보건 관련 교육과정별 교육시간 중 교육대상별 교육시간이 맞게 연결된 것은?

① 일용근로자의 채용 시 교육 : 2시간 이상
② 일용근로자의 작업내용 변경 시 교육 : 1시간 이상
③ 사무직 종사 근로자의 정기교육 : 매분기 2시간 이상

④ 관리감독자의 지위에 있는 사람의 정기교육 : 연간 6시간 이상

해설 ① 일용근로자의 채용 시 교육 : 1시간 이상
③ 사무직 종사 근로자의 정기교육 : 매분기 3시간 이상
④ 관리감독자의 지위에 있는 사람의 정기교육 : 연간 16시간 이상

25. 적응기제(adjustment mechanism) 중 도피기제에 해당하는 것은?

① 투사   ② 보상   ③ 승화   ④ 고립

해설 고립(도피기제) : 외부와의 접촉을 단절(거부)

26. 맥그리거(Douglas McGregor)의 Y이론에 해당되는 것은?

① 인간은 게으르다.
② 인간은 남을 잘 속인다.
③ 인간은 남에게 지배받기를 즐긴다.
④ 인간은 부지런하고 근면하며, 적극적이고 자주적이다.

해설 ①, ②, ③은 X이론의 특징

27. 운동에 대한 착각 현상이 아닌 것은?

① 자동운동(自動運動)
② 항상운동(恒常運動)
③ 유도운동(誘導運動)
④ 가현운동(假現運動)

해설 인간의 착각 현상 : 유도운동, 자동운동, 가현운동

28. 산업심리의 5대 요소에 해당하지 않는 것은?

① 습관   ② 규범   ③ 기질   ④ 동기

정답 22. ①   23. ④   24. ②   25. ④   26. ④   27. ②   28. ②

해설 안전심리의 5대 요소 : 동기, 기질, 감정, 습성, 습관

29. 스트레스에 대한 설명으로 틀린 것은?

① 사람이 스트레스를 받게 되면 감각기관과 신경이 예민해진다.
② 스트레스 수준이 증가할수록 수행성과는 일정하게 감소한다.
③ 스트레스는 환경의 요구가 지나쳐 개인의 능력한계를 벗어날 때 발생한다.
④ 스트레스 요인에는 소음, 진동, 열 등과 같은 환경 영향뿐만 아니라 개인적인 심리적 요인들도 포함된다.

해설 ② 스트레스 수준이 증가할수록 수행성과는 급속하게 감소한다.

30. 리더십에 대한 연구방법 중 통솔력이 리더 개인의 특별한 성격과 자질에 의존한다고 설명하는 이론은?

① 특질접근법
② 상황접근법
③ 행동접근법
④ 제한된 특질접근법

해설 특질접근법 : 통솔력이 리더 개인의 특별한 성격과 자질에 의존한다.

31. 안전교육의 방법 중 전개 단계에서 가장 효과적인 수업방법은?

① 토의법
② 시범
③ 강의법
④ 자율학습법

해설 토의법 : 모든 구성원들이 특정한 문제에 대하여 서로 의견을 발표하여 결론에 도달하는 교육방법

32. 안전사고와 관련하여 소질적 사고요인이 아닌 것은?

① 지능
② 작업자세
③ 성격
④ 시각기능

해설 소질적 사고요인은 지능, 성격, 시각기능 등이다.

33. 시간 연구를 통해서 근로자들에게 차별 성과급제를 적용하면 효율적이라고 주장한 과학적 관리법의 창시자는?

① 게젤(A.L. Gesell)
② 테일러(F. Taylor)
③ 웨슬리(D. Wechsler)
④ 샤인(Edgar H. Schein)

해설 테일러는 미분학 분야에서 함수의 급수 전개에 관한 '테일러의 정리'를 발견하였으며, 미분 방정식과 진동에 관하여 연구하였다.

34. 새로운 자료나 교재를 제시하고 문제점을 피교육자로 하여금 제기하게 하거나 그것에 관한 피교육자의 의견을 여러 가지 방법으로 발표하게 하고, 청중과 토론자 간에 활발한 의견 개진과 충돌로 바람직한 합의를 도출해 내는 교육 실시방법은?

① 포럼(forum)
② 심포지엄(symposium)
③ 패널 디스커션(panel discussion)
④ 자유토의법(free discussion method)

해설 포럼(forum) : 새로운 자료나 교재를 제시하고 문제점을 피교육자로 하여금 제기하게 하여 토의하는 방법이다.

35. 안전교육의 행태와 방법 중 OFF.J.T(Off the Job Training)의 특징이 아닌 것은?

① 외부의 전문가를 강사로 초청할 수 있다.

정답 29. ② 30. ① 31. ① 32. ② 33. ② 34. ① 35. ④

② 다수의 근로자에게 조직적 훈련이 가능하다.

③ 공통된 대상자를 대상으로 일관적으로 교육할 수 있다.

④ 업무 및 사내의 특성에 맞춘 구체적이고 실제적인 지도교육이 가능하다.

해설 ④는 O.J.T 교육의 특징

36. 안전교육의 내용을 지식교육, 기능교육 및 태도교육 순서로 구분하여 맞게 나열한 것은?

① 시청각교육–안전작업 동작지도–현장실습교육

② 현장실습교육–안전작업 동작지도–시청각교육

③ 안전작업 동작지도–시청각교육–현장실습교육

④ 시청각교육–현장실습교육–안전작업 동작지도

해설 안전교육의 3단계

• 제1단계(지식교육) : 시청각교육 등을 통해 지식을 전달하는 단계

• 제2단계(기능교육) : 현장실습교육을 통해 경험을 체득하는 단계

• 제3단계(태도교육) : 안전작업 동작지도 등을 통해 안전행동을 습관화하는 단계

37. 생체리듬에 관한 설명 중 틀린 것은?

① 감각의 리듬이 (−)로 최대가 되는 경우에만 위험일이라고 한다.

② 육체적 리듬은 "P"로 나타내며, 23일을 주기로 반복된다.

③ 감성적 리듬은 "S"로 나타내며, 28일을 주기로 반복된다.

④ 지성적 리듬은 "I"로 나타내며, 33일을 주기로 반복된다.

해설 생체리듬(biorhythm)

• 위험일 : 안정기(+)와 불안정기(−)의 교차점

• 육체적 리듬(P) : 23일 주기로 식욕, 소화력, 활동력, 지구력 등을 좌우하는 리듬

• 감성적 리듬(S) : 28일 주기로 주의력, 창조력, 예감 및 통찰력 등을 좌우하는 리듬

• 지성적 리듬(I) : 33일 주기로 상상력, 사고력, 기억력, 인지력, 판단력 등을 좌우하는 리듬

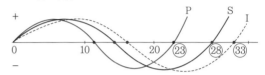

38. 인간의 행동에 대하여 심리학자 레윈(K. Lewin)은 다음과 같은 식으로 표현했다. 이때 각 요소에 대한 내용으로 틀린 것은?

$$B=f(P \cdot E)$$

① B : behavior(행동)

② f : function(함수관계)

③ P : person(개체)

④ E : engineering(기술)

해설 E : 심리적 환경(environment) – 인간관계, 작업환경 등

39. 테일러(Taylor)의 과학적 관리와 거리가 가장 먼 것은?

① 시간–동작연구를 적용하였다.

② 생산의 효율성을 상당히 향상시켰다.

③ 인간중심의 관점으로 일을 재설계한다.

④ 인센티브를 도입함으로써 작업자들을 동기화시킬 수 있다.

해설 ③ 과업중심의 관점으로 일하는 과학적 관리법이다.

40. 안전 · 보건교육의 목적이 아닌 것은?

① 행동의 안전화
② 작업환경의 안전화
③ 의식의 안전화
④ 노무관리의 적정화

해설 안전 · 보건교육의 목적
- 행동의 안전화
- 작업환경의 안전화
- 설비와 물자의 안전화
- 인간정신의 안전화

3과목 **인간공학 및 시스템 안전공학**

41. 작위실수(commission error)의 유형이 아닌 것은?

① 선택착오
② 순서착오
③ 시간착오
④ 직무누락착오

해설 작위적오류(commission error) : 필요한 작업 또는 절차의 불확실한 수행으로 발생한 에러(선택, 순서, 시간, 정성적 착오)

42. 압박이나 긴장에 대한 척도 중 생리적 긴장의 화학적 척도에 해당하는 것은?

① 혈압
② 호흡수
③ 혈액성분
④ 심전도

해설 생리적 긴장의 척도
- 화학적 척도 : 혈액정보, 산소소비량, 분뇨정보 등
- 전기적 척도 : 뇌전도(EEG), 근전도(EMG), 심전도(ECG) 등
- 신체적 변화 측정대상 : 혈압, 부정맥, 심박수, 호흡 등

43. 산업안전보건법에 따라 유해 · 위험방지 계획서의 제출대상 사업은 해당 사업으로서 전기 계약용량이 얼마 이상인 사업을 말하는가?

① 150kw
② 200kw
③ 300kw
④ 500kw

해설 다음 각 호의 어느 하나에 해당하는 사업으로서 유해 · 위험방지 계획서의 제출대상 사업장의 전기 계약용량은 300kW 이상이어야 한다.
- 금속가공제품(기계 및 가구는 제외) 제조업
- 비금속 광물제품 제조업
- 기타 기계 및 장비 제조업
- 자동차 및 트레일러 제조업
- 목재 및 나무제품 제조업
- 고무제품 및 플라스틱 제품 제조업
- 화학물질 및 화학제품 제조업
- 1차 금속 제조업
- 전자부품 제조업
- 반도체 제조업
- 식료품 제조업
- 가구 제조업
- 기타 제품 제조업

44. 어떤 결함수를 분석하여 minimal cut set을 구한 결과가 다음과 같았다. 각 기본사상의 발생확률을 q_i, i=1, 2, 3이라 할 때, 다음 중 정상사상의 발생확률 함수로 맞는 것은?

$$k_1 = [1, 2], \ k_2 = [1, 3], \ k_3 = [2, 3]$$

① $q_1 q_2 + q_1 q_2 - q_2 q_3$
② $q_1 q_2 + q_1 q_3 - q_2 q_3$
③ $q_1 q_2 + q_1 q_3 + q_2 q_3 - q_1 q_2 q_3$
④ $q_1 q_2 + q_1 q_3 + q_2 q_3 - 2 q_1 q_2 q_3$

해설 정상사상의 발생확률 함수

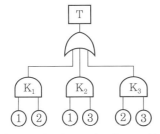

$T = 1 - \{(1-K_1) \times (1-K_2) \times (1-K_3)\}$
$= 1 - (1-K_2-K_1+K_1K_2-K_3+K_2K_3 + K_1K_3-K_1K_2K_3)$
$= 1 - 1 + K_2 + K_1 - K_1K_2 + K_3 - K_2K_3 - K_1K_3 + K_1K_2K_3$
$= K_1 + K_2 + K_3 - K_1K_2 - K_1K_3 - K_2K_3 + K_1K_2K_3$
$= q_1q_2 + q_1q_3 + q_2q_3 - q_1q_2q_3 - q_1q_2q_3 - q_1q_2q_3 + q_1q_2q_3$
$= q_1q_2 + q_1q_3 + q_2q_3 - 2q_1q_2q_3$

45. 음량수준을 측정할 수 있는 3가지 척도에 해당되지 않는 것은?

① sone
② 럭스
③ phon
④ 인식소음수준

해설 음의 크기의 수준 3가지 척도
• phon에 의한 순음의 음압수준(dB)
• sone에 의한 음압수준을 가진 순음의 크기
• 인식소음수준은 소음의 측정에 이용되는 척도

46. 점광원으로부터 0.3m 떨어진 구면에 비추는 광량이 5Lumen일 때, 조도는 약 몇 럭스인가?

① 0.06
② 16.7
③ 55.6
④ 83.4

해설 조도$(lux) = \dfrac{광도}{(거리)^2} = \dfrac{5}{(0.3)^2} = 55.6 \, lux$

47. FTA에 의한 재해사례연구 순서에서 가장 먼저 실시하여야 하는 상황은?

① FT도의 작성
② 개선계획의 작성
③ 톱(top)사상의 선정
④ 사상의 재해 원인의 규명

해설 FTA에 의한 재해사례연구 순서

1단계	2단계	3단계	4단계	5단계
톱사상 선정	재해 원인 규명	FT도 작성	개선계획 작성	개선계획 실시

48. 부품성능이 시스템 목표달성의 긴요도에 따라 우선순위를 설정하는 부품배치 원칙에 해당하는 것은?

① 중요성의 원칙
② 사용 빈도의 원칙
③ 사용 순서의 원칙
④ 기능별 배치의 원칙

해설 중요성(도)의 원칙(위치 결정) : 중요한 순위에 따라 우선순위를 결정한다.

49. 시스템의 수명 및 신뢰성에 관한 설명으로 틀린 것은?

① 병렬 설계 및 디레이팅 기술로 시스템의 신뢰성을 증가시킬 수 있다.
② 직렬 시스템에서는 부품들 중 최소 수명을 갖는 부품에 의해 시스템 수명이 정해진다.
③ 수리가 가능한 시스템의 평균수명(MTBF)은 평균고장률(λ)과 정비례 관계가 성립한다.
④ 수리가 불가능한 구성요소로 병렬구조를 갖는 설비는 중복도가 늘어날수록 시스템 수명이 길어진다.

해설 평균수명(MTBF)과 신뢰도의 관계
평균수명(MTBF)은 평균고장률(λ)과 반비례 관계이다.

$$고장률(\lambda) = \frac{1}{MTBF}, \quad MTBF = \frac{1}{\lambda}$$

50. 결함수 분석법(FTA)의 특징으로 볼 수 없는 것은?

① top down 형식
② 특정사상에 대한 해석
③ 정성적 해석의 불가능
④ 논리기호를 사용한 해석

해설 결함수 분석법(FTA)의 특징
• top down 방식(연역적)
• 정성적 평가 후 정량적 해석 기법(해석 가능)
• 논리기호를 사용한 특정사상에 대한 해석
• 서식이 간단하고 비교적 적은 노력으로 분석이 가능하다.
• 논리성의 부족, 2가지 이상의 요소가 고장 날 경우 분석이 곤란하며, 요소가 물체로 한정되어 인적원인 분석이 곤란하다.

51. 동작의 합리화를 위한 물리적 조건으로 적절하지 않은 것은?

① 고유진동을 이용한다.
② 접촉면적을 크게 한다.
③ 대체로 마찰력을 감소시킨다.
④ 인체표면에 가해지는 힘을 적게 한다.

해설 동작의 합리화를 위한 물리적 조건
• 고유진동을 이용한다.
• 접촉면적을 작게 하여, 마찰력을 감소시킨다.
• 인체표면에 가해지는 힘을 적게 한다.

52. 산업안전보건법령상 유해하거나 위험한 장소에서 사용하는 기계·기구 및 설비를 설치·이전하는 경우 유해·위험방지 계획서를 작성, 제출하여야 하는 대상이 아닌 것은?

① 화학설비   ② 금속 용해로
③ 건조설비   ④ 전기용접장치

해설 유해·위험방지 계획서의 제출대상 기계·설비
• 금속 용해로, 가스집합 용접장치

• 화학설비, 건조설비, 분진작업 관련 설비
• 제조금지물질 또는 허가대상물질 관련 설비

53. PCB 납땜작업을 하는 작업자가 8시간 근무시간을 기준으로 수행하고 있고, 대사량을 측정한 결과 분당 산소소비량이 1.3L/min으로 측정되었다. Murrell 방식을 적용하여 이 작업자의 노동활동에 대한 설명으로 틀린 것은?

① 납땜작업의 분당 에너지소비량은 6.5kcal/min이다.
② 작업자는 NIOSH가 권장하는 평균 에너지소비량을 따른다.
③ 작업자는 8시간의 작업시간 중 이론적으로 144분의 휴식시간이 필요하다.
④ 납땜작업을 시작할 때 발생한 작업자의 산소결핍은 작업이 끝나야 해소된다.

해설 ① 분당 에너지소비량＝분당 산소소비량$\times 5$kcal/L$=1.3\times 5=6.5$kcal/min
② NIOSH가 권장하는 평균 에너지소비량은 1일 8시간 작업 시 남자는 5kcal/min, 여자는 3.5kcal/min을 초과하지 않도록 권장한다.
③ 휴식시간$(R)=480\times\dfrac{6.5-5}{6.5-1.5}=144$분

54. 기계를 10000시간 작동시키는 동안 부품에서 3번의 고장이 발생하였다. 3번의 수리를 하는 동안 6시간의 시간이 소요되었다면 가용도는 약 얼마인가?

① 0.9994   ② 0.9995
③ 0.9996   ④ 0.9997

해설 실제가동시간(MTBF)
＝기계작동시간－수리시간
＝10000－6＝9994시간
∴ 가용도＝$\dfrac{\text{실제가동시간}}{\text{총 운용시간}}=\dfrac{9994}{10000}=0.9994$

정답 50. ③   51. ②   52. ④   53. ②   54. ①

55. 산업안전보건법상 유해 · 위험방지 계획서를 제출한 사업주는 건설공사 중 얼마 이내마다 관련법에 따라 유해 · 위험방지 계획서 내용과 실제공사 내용이 부합하는지의 여부 등을 확인받아야 하는가?

① 1개월　② 3개월　③ 6개월　④ 12개월

해설 사업주는 건설공사 중 6개월 이내마다 법에 따라 다음 각 호의 사항에 관하여 공단의 확인을 받아야 한다.
- 유해 · 위험방지 계획서의 내용과 실제공사 내용이 부합하는지의 여부를 확인한다.
- 유해 · 위험방지 계획서 변경내용의 적정성을 확인한다.
- 추가적인 유해 · 위험요인의 존재 여부를 확인한다.

56. 반사율이 85%, 글자의 밝기가 $400\,cd/m^2$인 VDT 화면에 350 lux의 조명이 있다면 대비는 약 얼마인가?

① −6.0　② −5.0　③ −4.2　④ −2.8

해설 ㉠ 화면의 밝기 계산

㉮ 반사율 $=\dfrac{광속발산도(fL)}{조명(fc)}\times100\%$이므로

∴ 광속발산도 $=\dfrac{반사율\times조명}{100}=\dfrac{85\times350}{100}$
$=297.5$

㉯ 광속발산도 $=\pi\times$휘도이므로

∴ 휘도(화면 밝기) $=\dfrac{광속발산도}{\pi}=\dfrac{297.5}{\pi}$
$=94.7\,cd/m^2$

㉡ 글자 총 밝기 = 글자 밝기 + 휘도
$=400+94.7=494.7\,cd/m^2$

㉢ 대비 $=\dfrac{배경의 밝기-표적 물체의 밝기}{배경의 밝기}$

$=\dfrac{94.7-494.7}{94.7}=-4.22$

57. 의자설계에 대한 조건 중 틀린 것은?

① 좌판의 깊이는 작업자의 등이 등받이에 닿을 수 있도록 설계한다.
② 좌판은 엉덩이가 앞으로 미끄러지지 않는 재질과 구조로 설계한다.
③ 좌판의 넓이는 작은 사람에게 적합하도록 깊이는 큰 사람에게 적합하도록 설계한다.
④ 등받이는 충분한 넓이를 가지고 요추 부위부터 어깨 부위까지 편안하게 지지하도록 설계한다.

해설 ③ 좌판의 넓이는 큰 사람에게 적합하도록, 깊이는 작은 사람에게 적합하도록 설계한다.

58. 건구온도 30℃, 습구온도 35℃일 때의 옥스퍼드(Oxford) 지수는 얼마인가?

① 20.75℃　② 24.58℃
③ 32.78℃　④ 34.25℃

해설 옥스퍼드 지수(WD) $=0.85W+0.15d$
$=(0.85\times35)+(0.15\times30)=34.25$℃
여기서, W : 습구온도, d : 건구온도

59. 운용위험분석(OHA)의 내용으로 틀린 것은?

① 위험 혹은 안전장치의 제공, 안전방호구를 제거하기 위한 설계변경이 준비되어야 한다.
② 운용위험분석(OHA)은 일반적으로 결함위험분석(FHA)이나 예비위험분석(PHA)보다 복잡하다.
③ 운용위험분석(OHA)은 시스템이 저장되고 실행됨에 따라 발생하는 작동 시스템의 기능 등의 위험에 초점을 맞춘다.
④ 안전의 기본적 관련 사항으로 시스템의 서비스, 훈련, 취급, 저장, 수송하기 위한 특수한 절차가 준비되어야 한다.

해설 운용위험분석(OHA)은 시스템이 저장, 이동, 실행됨에 따라 발생하는 작동 시스템의 기능이나 과업, 활동으로부터 발생되는 위험 분석에 사용한다.

60. 그림과 같이 여러 구성요소가 직렬과 병렬로 혼합 연결되어 있을 때, 시스템의 신뢰도는 약 얼마인가? (단, 숫자는 각 구성요소의 신뢰도이다.)

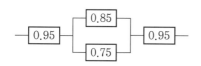

① 0.741　　　　② 0.812
③ 0.869　　　　④ 0.904

해설 신뢰도 $R_s = a \times \{1-(1-b) \times (1-c)\} \times d$
$= 0.95 \times \{1-(1-0.85) \times (1-0.75)\} \times 0.95$
$= 0.869$

4과목　　**건설시공학**

61. 지하수위 저하공법 중 강제 배수공법이 아닌 것은?

① 전기침투 공법
② 웰 포인트 공법
③ 표면 배수공법
④ 진공 deep well 공법

해설 ③은 중력 배수공법이다.

62. 철골공사에서 용접접합의 장점과 거리가 먼 것은?

① 강재량을 절약할 수 있다.
② 소음을 방지할 수 있다.

③ 일체성 및 수밀성을 확보할 수 있다.
④ 접합부의 품질검사가 매우 간단하다.

해설 ④ 용접접합부의 품질검사가 매우 곤란하며, 시간과 비용이 많이 소요된다.

63. 다음 [보기]에서 일반적인 철근의 조립 순서로 옳은 것은?

> **보기**
> ㉠ 계단 철근　　　㉡ 기둥 철근
> ㉢ 벽 철근　　　　㉣ 보 철근
> ㉤ 바닥 철근

① ㉠-㉡-㉢-㉣-㉤
② ㉡-㉢-㉣-㉤-㉠
③ ㉠-㉡-㉢-㉤-㉣
④ ㉡-㉢-㉠-㉣-㉤

해설 기둥 철근 → 벽 철근 → 보 철근 → 바닥 철근 → 계단 철근

64. 건설현장에서 시멘트 벽돌쌓기 시공 중에 붕괴사고가 가장 많이 일어날 것으로 예상할 수 있는 경우는?

① 0.5B쌓기를 1.0B쌓기로 변경하여 쌓을 경우
② 1일 벽돌쌓기 기준 높이를 초과하여 높게 쌓을 경우
③ 습기가 있는 시멘트 벽돌을 사용할 경우
④ 신축줄눈을 설치하지 않고 시공할 경우

해설 1일 벽돌쌓기 기준 높이를 초과하여 높게 쌓을 경우에 붕괴사고가 가장 많이 일어난다.

65. 거푸집이 콘크리트 구조체의 품질에 미치는 영향과 역할이 아닌 것은?

① 콘크리트가 응결하기까지의 형상, 치수의 확보
② 콘크리트 수화반응의 원활한 진행을 보조

③ 철근의 피복두께 확보

④ 건설 폐기물의 감소

해설 ④는 거푸집이 콘크리트 구조체의 품질에 영향을 미치지는 않는다.

66. 철근콘크리트 보강블록공사에 관한 설명으로 옳지 않은 것은?

① 보강블록조 쌓기에서 세로줄눈은 막힌줄눈으로 하는 것이 좋다.

② 블록을 쌓을 때 지나치게 물 축이기하면 팽창수축으로 벽체에 균열이 생기기 쉬우므로, 접착면에 적당히 물 축여 모르타르 경화강도에 지장이 없도록 한다.

③ 보강블록공사 시 철근은 굵은 것보다 가는 철근을 많이 넣는 것이 좋다.

④ 벽체를 일체화시키기 위한 철근콘크리트조의 테두리 보의 춤은 내력벽 두께의 1.5배 이상으로 한다.

해설 ① 보강블록조 쌓기는 통줄눈쌓기를 원칙적으로 한다.

67. 자연상태로서의 흙의 강도가 1MPa이고, 이긴상태로의 강도는 0.2MPa라면 이 흙의 예민비는?

① 0.2   ② 2   ③ 5   ④ 10

해설 예민비 $= \dfrac{\text{자연상태로서의 흙의 강도}}{\text{이긴상태로서의 흙의 강도}}$

$= \dfrac{1}{0.2} = 5$

68. 연질의 점토지반에서 흙막이 바깥에 있는 흙의 중량과 지표 위에 적재하중의 중량에 못 견디어 저면 흙이 붕괴되고 흙막이 바깥에 있는 흙이 안으로 밀려 불룩하게 되는 현상을 무엇이라고 하는가?

① 보일링 파괴   ② 히빙파괴

③ 파이핑 파괴   ④ 언더피닝

해설 히빙(heaving) 현상 : 연약 점토지반에서 굴착작업 시 흙막이 벽체 내·외의 토사의 중량차에 의해 흙막이 밖에 있는 흙이 안으로 밀려 들어와 솟아오르는 현상

69. 조적조의 벽체 상부에 철근콘크리트 테두리 보를 설치하는 가장 중요한 이유는?

① 벽체에 개구부를 설치하기 위하여

② 조적조의 벽체와 일체가 되어 건물의 강도를 높이고 하중을 균등하게 전달하기 위하여

③ 조적조의 벽체의 수직하중을 특정 부위에 집중시키고 벽돌 수량을 절감하기 위하여

④ 상층부 조적조 시공을 편리하게 하기 위하여

해설 콘크리트 테두리 보는 조적조의 벽체와 일체가 되어 건물에 균등한 분포하중이 전달되어 강도를 높이기 위함이다.

70. 벽돌쌓기에 관한 설명으로 틀린 것은?

① 붉은 벽돌은 쌓기 전 벽돌을 완전히 건조시켜야 한다.

② 하루 벽돌의 쌓는 높이는 1.2m를 표준으로 하고 최대 1.5m 이내로 한다.

③ 벽돌벽이 블록벽과 서로 직각으로 만날 때는 연결철물을 만들어 블록 3단마다 보강하며 쌓는다.

④ 연속되는 벽면의 일부를 트이게 하여 나중 쌓기로 할 때에는 그 부분을 층단 들여쌓기로 한다.

해설 ① 붉은 벽돌은 쌓기 전에 물 축임을 한 후 쌓는다.

71. 블록의 하루 쌓기 높이는 최대 얼마를 표준으로 하는가?

부록 실전문제

① 1.5m 이내   ② 1.7m 이내
③ 1.9m 이내   ④ 2.1m 이내

해설 블록쌓기의 하루 표준 높이는 최대 1.5m 이내이다.

72. 해체 및 이동에 편리하도록 제작된 수평 활동 시스템 거푸집으로 터널, 교량, 지하철 등에 주로 적용되는 거푸집은?

① 유로 폼(euro form)
② 트래블링 폼(traveling form)
③ 워플 폼(waffle form)
④ 갱 폼(gang form)

해설 트래블링 폼 : 수평으로 연속된 구조물에 적용되며 해체 및 이동에 편리하도록 제작된 이동식 거푸집 공법

73. 벽돌치장면의 청소방법 중 옳지 않은 것은?

① 벽돌치장면에 부착된 모르타르 등의 오염은 물과 솔을 사용하여 제거하며 필요에 따라 온수를 사용하는 것이 좋다.
② 세제세척은 물 또는 온수에 중성세제를 사용하여 세정한다.
③ 산세척은 다른 방법으로 오염물을 제거하기 곤란한 장소에 적용하고, 그 범위는 가능한 작게 한다.
④ 산세척은 오염물을 제거한 후 물세척을 하지 않는 것이 좋다.

해설 ④ 산세척은 오염물을 제거한 후 깨끗하게 물세척을 한다.

74. 거푸집 구조설계 시 고려해야 하는 연직하중에서 무시해도 되는 요소는?

① 작업하중   ② 거푸집 중량
③ 콘크리트 자중 ④ 충격하중

해설 연직하중에서 거푸집 중량은 미미해서 무시한다.

75. 건설공사의 입찰 및 계약의 순서로 옳은 것은?

① 입찰통지 → 입찰 → 개찰 → 낙찰 → 현장설명 → 계약
② 입찰통지 → 현장설명 → 입찰 → 개찰 → 낙찰 → 계약
③ 입찰통지 → 입찰 → 현장설명 → 개찰 → 낙찰 → 계약
④ 현장설명 → 입찰통지 → 입찰 → 개찰 → 낙찰 → 계약

해설 입찰 및 계약의 순서

1단계	2단계	3단계	4단계	5단계	6단계
입찰통지	현장설명	입찰	개찰	낙찰	계약

76. "슬래브 및 보의 밑면" 부재를 대상으로 콘크리트 압축강도를 시험할 경우 거푸집널의 해체가 가능한 콘크리트 압축강도의 기준으로 옳은 것은? (단, 콘크리트 표준시방서 기준)

① 설계기준 압축강도의 3/4배 이상 또한, 최소 5MPa 이상
② 설계기준 압축강도의 2/3배 이상 또한, 최소 5MPa 이상
③ 설계기준 압축강도의 3/4배 이상 또한, 최소 14MPa 이상
④ 설계기준 압축강도의 2/3배 이상 또한, 최소 14MPa 이상

해설 거푸집널의 해체가 가능한 콘크리트 압축강도 기준(슬래브 및 보의 밑면)
• 단층구조 : 설계기준 압축강도의 2/3배 이상 또한, 최소 14MPa 이상
• 다층구조 : 설계기준 압축강도 이상

정답 72. ②   73. ④   74. ②   75. ②   76. ④

Tip) 확대기초, 보, 기둥 등의 측면 : 5 MPa 이상

77. 석재 사용상 주의사항으로 옳지 않은 것은?

① 압축 및 인장응력을 크게 받는 곳에 사용한다.

② 석재는 중량이 크고 운반에 제한이 따르므로 최대치를 정한다.

③ 되도록 흡수율이 낮은 석재를 사용한다.

④ 가공 시 예각은 피한다.

해설 ① 압축응력을 크게 받는 곳에 사용한다.
Tip) 석재는 인장강도가 매우 약하다.

78. 지하 흙막이 벽을 시공할 때 말뚝구멍을 하나 걸러 뚫고 콘크리트를 부어 넣은 후 다시 그 사이를 뚫어 콘크리트를 부어 넣어 말뚝을 만드는 공법은?

① 베노토 공법   ② 어스드릴 공법

③ 칼웰드 공법   ④ 이코스 파일공법

해설 이코스 파일공법 : 흙막이 벽을 시공할 때 말뚝구멍을 하나 걸러 뚫고 콘크리트를 부어 넣은 후 다시 그 사이를 뚫어 콘크리트를 부어 넣어 말뚝을 만드는 공법

79. 폼타이, 컬럼밴드 등을 의미하며, 거푸집을 고정하여 작업 중의 콘크리트 측압을 최종적으로 부담하는 것은?

① 박리재 ② 간격재 ③ 격리재 ④ 긴결재

해설 긴결재 : 거푸집을 고정하여 작업 중 콘크리트 측압에 의해 거푸집이 벌어지거나 변형되지 않도록 하는 볼트나 철선

80. 석공사 건식공법의 종류가 아닌 것은?

① 앵커긴결공법

② 개량압착공법

③ 강재트러스 지지공법

④ GPC공법

해설 석공사 건식공법의 종류 : 앵커긴결공법, 강재트러스 지지공법, GPC공법, 지지공법 등

5과목 **건설재료학**

81. 점토에 관한 설명으로 옳지 않은 것은?

① 습윤상태에서 가소성이 좋다.

② 압축강도는 인장강도의 약 5배 정도이다.

③ 점토를 소성하면 용적, 비중 등의 변화가 일어나며 강도가 현저히 증대된다.

④ 점토의 소성온도는 점토의 성분이나 제품의 종류에 상관없이 같다.

해설 ④ 점토의 소성온도는 점토의 성분이나 제품의 종류에 따라 다르다.

82. 수밀성, 기밀성 확보를 위하여 유리와 새시의 접합부, 패널의 접합부 등에 사용되는 재료로서 내후성이 우수하고 부착이 용이한 특징이 있으며, 형상이 H형, Y형, ㄷ형으로 나누어지는 것은?

① 유리 퍼티(glass putty)

② 2액형 실링재(two-part liquid sealing compound)

③ 개스킷(gasket)

④ 아스팔트 코킹(asphalt caulking materials)

해설 개스킷은 실린더의 이음매나 파이프의 접합부 따위를 메우는데 쓰는 얇은 판 모양의 패킹이다.

83. 시멘트의 경화시간을 지연시키는 용도로 일반적으로 사용하고 있는 지연제와 거리가 먼 것은?

① 리그닌설폰산염　　② 옥시카르본산

③ 알루민산소다　　　④ 인산염

해설 ③은 콘크리트의 급결제(촉진제)이다.

84. 콘크리트의 강도 및 내구성 증가에 가장 큰 영향을 주는 것은?

① 물과 시멘트의 배합비

② 모래와 자갈의 배합비

③ 시멘트와 자갈의 배합비

④ 시멘트와 모래의 배합비

해설 콘크리트의 강도 및 내구성 증가에 영향을 주는 것은 시멘트 중량에 대한 물의 중량비를 표시한 물-시멘트비이다.

85. 점토제품에서 SK 번호가 의미하는 바로 옳은 것은?

① 점토원료를 표시

② 소성온도를 표시

③ 점토제품의 종류를 표시

④ 점토제품 제법 순서를 표시

해설 ② 소성온도에 따라 붙여지는 SK 번호를 제게르 번호라고 한다.

86. 유리가 불화수소에 부식하는 성질을 이용하여 5mm 이상 판유리면에 그림, 문자 등을 새긴 유리는?

① 스테인드유리　　② 망입유리

③ 에칭유리　　　　④ 내열유리

해설 에칭유리 : 유리가 불화수소에 부식하는 성질을 이용하여 화학처리하여 판유리면에 그림, 문자 등을 새긴 유리

Tip) 에칭(etching) : 화학적인 부식작용을 이용한 가공법

87. 다음 중 이온화 경향이 가장 큰 금속은?

① Mg　　② Al　　③ Fe　　④ Cu

해설 이온화 경향이 큰 금속의 순서는 Mg>Al>Zn>Fe>Ni>Sn>Pb>(H)>Cu이다.

88. 콘크리트의 성질을 개선하기 위해 사용하는 각종 혼화제의 작용에 포함되지 않는 것은?

① 기포작용　　　　② 분산작용

③ 건조작용　　　　④ 습윤작용

해설 혼화제의 작용 : 기포작용, 분산작용, 습윤작용

89. 고로슬래그 분말을 혼화재로 사용한 콘크리트의 성질에 관한 설명으로 옳지 않은 것은?

① 초기강도는 낮지만 슬래그의 잠재수경성 때문에 장기강도는 크다.

② 해수, 하수 등의 화학적 침식에 대한 저항성이 크다.

③ 슬래그 수화에 의한 포졸란 반응으로 공극 충전 효과 및 알칼리 골재반응 억제 효과가 크다.

④ 슬래그를 함유하고 있어 건조수축에 대한 저항성이 크다.

해설 ④ 슬래그를 함유하고 있어 건조수축에 대한 저항성이 작다.

90. 목재의 화재 시 온도별 대략적인 상태변화에 관한 설명으로 옳지 않은 것은?

① 100℃ 이상 : 분자 수준에서 분해

② 100~150℃ : 열 발생률이 커지고 불이 잘 꺼지지 않게 됨

③ 200℃ 이상 : 빠른 열분해

④ 260~350℃ : 열분해 가속화

해설 $100 \sim 150℃$: 목재의 가열 단계로 수분이 증발하고 가스가 발생하는 상태이다.

91. 도막방수재 및 실링재로서 이용이 증가하고 있는 합성수지로서 기포성 보온재로도 사용되는 것은?

① 실리콘수지
② 폴리우레탄수지
③ 폴리에틸렌수지
④ 멜라민수지

해설 폴리우레탄수지 : 도막방수재 및 실링재로서 이용이 증가하고 있는 합성수지로서 기포성 보온재로 신축성이 좋아 고무의 대체제로 사용된다.

92. 골재의 함수상태에서 유효흡수량의 정의로 옳은 것은?

① 습윤상태와 절대건조 상태의 수량의 차이
② 표면건조 포화상태와 기건상태의 수량의 차이
③ 기건상태와 절대건조 상태의 수량의 차이
④ 습윤상태와 표면건조 포화상태의 수량의 차이

해설 골재의 유효흡수량 : 대기 중 건조상태에서 골재의 입자가 표면건조 포화상태로 되기까지의 유효흡수량이다.

93. 플라스틱 제품 중 비닐레더(vinyl leather)에 관한 설명으로 옳지 않은 것은?

① 색채, 모양, 무늬 등을 자유롭게 할 수 있다.
② 면포로 된 것은 찢어지지 않고 튼튼하다.
③ 두께는 $0.5 \sim 1 \text{mm}$이고, 길이는 10 m 두루마리로 만든다.
④ 커튼, 테이블크로스, 방수막으로 사용된다.

해설 비닐레더(vinyl leather)
• 색채, 모양, 무늬 등을 자유롭게 할 수 있다.
• 면포로 된 것은 찢어지지 않고 튼튼하다.

• 두께는 $0.5 \sim 1 \text{mm}$이고, 길이는 10 m의 두루마리로 만든다.
Tip) 커튼, 테이블크로스, 방수막으로는 자기점착성 필름이 사용된다.

94. 재료배합 시 간수($MgCl_2$)를 사용하여 백화 현상이 많이 발생되는 재료는?

① 돌로마이트 플라스터
② 무수석고
③ 마그네시아 시멘트
④ 실리카 시멘트

해설 마그네시아 시멘트
• 염화마그네슘과 산화마그네슘의 수용액을 가하면 경화된다.
• 재료배합 시 간수($MgCl_2$)를 사용하므로 백화 현상이 많이 발생한다.

95. 목재를 작은 조각으로 하여 충분히 건조시킨 후 합성수지와 같은 유기질의 접착제를 첨가하여 열압 제판한 목재가공품은?

① 섬유판(fiber board)
② 파티클 보드(particle board)
③ 코르크판(cork board)
④ 집성목재(glulam)

해설 파티클 보드(particle board) : 목재를 작은 조각으로 하여 충분히 건조시킨 후 합성수지와 같은 유기질의 접착제로 열압 제판한 목재가공품

96. 목재의 일반적 성질에 관한 설명으로 틀린 것은?

① 섬유포화점 이상의 함수상태에서는 함수율의 증감에도 신축을 일으키지 않는다.
② 섬유포화점 이상의 함수상태에서는 함수율이 증가할수록 강도는 감소한다.

정답 91. ② 92. ② 93. ④ 94. ③ 95. ② 96. ②

③ 기건상태란 통상 대기의 온도 · 습도와 평형한 목재의 수분 함유상태를 말한다.

④ 섬유 방향에 따라서 전기전도율은 다르다.

[해설] ② 목재의 함수율은 섬유포화점인 30% 이상의 범위에서는 목재 강도의 증감이 없다.

97. 다음 중 한중콘크리트에 관한 설명으로 옳지 않은 것은? (단, 콘크리트 표준시방서 기준)

① 한중콘크리트에는 공기 연행 콘크리트를 사용하는 것을 원칙으로 한다.

② 단위 수량은 초기동해를 적게 하기 위하여 소요의 워커빌리터를 유지할 수 있는 범위 내에서 되도록 적게 정하여야 한다.

③ 물−결합재비는 원칙적으로 50% 이하로 하여야 한다.

④ 배합강도 및 물−결합재비는 적산온도 방식에 의해 결정할 수 있다.

[해설] ③ 물−결합재비는 원칙적으로 60% 이하로 하여야 한다.

98. 미장공사의 바탕 조건으로 옳지 않은 것은?

① 미장층보다 강도는 크지만 강성은 작을 것

② 미장층과 유해한 화학반응을 하지 않을 것

③ 미장층의 경화, 건조에 지장을 주지 않을 것

④ 미장층의 시공에 적합한 흡수성을 가질 것

[해설] ① 미장층보다 강도와 강성이 있을 것

99. 목재의 섬유 방향 강도에 대한 일반적인 대소관계를 옳게 표기한 것은?

① 압축강도>휨강도>인장강도>전단강도

② 전단강도>인장강도>압축강도>휨강도

③ 인장강도>휨강도>압축강도>전단강도

④ 휨강도>압축강도>인장강도>전단강도

[해설] 목재의 섬유 방향의 강도 크기 : 인장강도>휨강도>압축강도>전단강도

100. 건물의 외장용 도료로 가장 적합하지 않은 것은?

① 유성페인트

② 수성페인트

③ 페놀수지 도료

④ 유성바니시

[해설] 유성바니시(니스) : 내부용 목재의 도료로 사용되는 투명도료

6과목 **건설안전기술**

101. 토질시험 중 액체상태의 흙이 건조되어 가면서 액성, 소성, 반고체, 고체상태의 경계선과 관련된 시험의 명칭은?

① 아터버그 한계시험

② 압밀시험

③ 삼축압축시험

④ 투수시험

[해설] 아터버그(atterberg) 한계 : 함수비에 따라 다르게 나타나는 흙의 특성을 구분하기 위해 사용하는 함수비의 기준으로 액성한계(LL), 소성한계(PL), 수축한계(SL)이다.

102. 구축물 또는 이와 유사한 시설물에 대하여 자중(自重), 적재하중, 적설, 풍압(風壓), 지진이나 진동 및 충격 등에 의하여 붕괴 · 전도 · 도괴 · 폭발하는 등의 위험을 예방하기 위하여 필요한 조치로 거리가 먼 것은?

① 설계도서에 따라 시공했는지 확인

② 건설공사 시방서(示方書)에 따라 시공했는지 확인

③ 소방시설법령에 의해 소방시설을 설치했는지 확인

④ 「건축물의 구조기준 등에 관한 규칙」에 따른 구조기준을 준수했는지 확인

해설 구축물 또는 이와 유사한 시설물의 안전 조치
- 설계도서에 따라 시공했는지 확인
- 건설공사 시방서(示方書)에 따라 시공했는지 확인
- 「건축물의 구조기준 등에 관한 규칙」에 따른 구조기준을 준수했는지 확인

103. 흙막이 가시설 공사 시 사용되는 각 계측기 설치 목적으로 옳지 않은 것은?

① 지표침하계 – 지표면 침하량 측정
② 수위계 – 지반 내 지하수위의 변화 측정
③ 하중계 – 상부 적재하중 변화 측정
④ 지중경사계 – 지중의 수평변위량 측정

해설 하중계(load cell) : 축하중의 변화상태 측정

104. 건설현장의 가설계단 및 계단참을 설치하는 경우 얼마 이상의 하중에 견딜 수 있는 강도를 가진 구조로 설치하여야 하는가?

① $200\,\mathrm{kg/m^2}$
② $300\,\mathrm{kg/m^2}$
③ $400\,\mathrm{kg/m^2}$
④ $500\,\mathrm{kg/m^2}$

해설 계단 및 계단참의 강도는 $500\,\mathrm{kg/m^2}$ 이상이어야 하며, 안전율은 4 이상으로 하여야 한다.

105. 추락방지용 방망의 그물코의 크기가 10cm인 신품 매듭 방망사의 인장강도는 몇 킬로그램 이상이어야 하는가?

① 80　②　110　③　150　④　200

해설 그물코의 크기가 10cm인 신품 매듭 방망사의 인장강도 : $200\,\mathrm{kg}$

106. 산업안전보건법령에 따른 거푸집 동바리를 조립하는 경우의 준수사항으로 옳지 않은 것은?

① 개구부 상부에 동바리를 설치하는 경우에는 상부 하중을 견딜 수 있는 견고한 받침대를 설치할 것
② 동바리의 이음은 맞댄이음이나 장부이음으로 하고 같은 품질의 제품을 사용할 것
③ 강재와 강재의 접속부 및 교차부는 철선을 사용하여 단단히 연결할 것
④ 거푸집이 곡면인 경우에는 버팀대의 부착 등 그 거푸집의 부상(浮上)을 방지하기 위한 조치를 할 것

해설 ③ 강재와 강재의 접속부 및 교차부는 볼트·클램프 등 전용 철물을 사용하여 단단히 연결할 것

107. 강관비계를 사용하여 비계를 구성하는 경우 준수해야 할 기준으로 옳지 않은 것은?

① 비계기둥의 간격은 띠장 방향에서는 1.85m 이하, 장선(長線) 방향에서는 1.5m 이하로 할 것
② 띠장 간격은 2.0m 이하로 할 것
③ 비계기둥의 제일 윗부분으로부터 31m 되는 지점 밑 부분의 비계기둥은 2개의 강관으로 묶어 세울 것
④ 비계기둥 간의 적재하중은 600kg을 초과하지 않도록 할 것

해설 ④ 비계기둥 간의 적재하중은 $400\,\mathrm{kg}$을 초과하지 않도록 할 것

108. 터널 굴착작업 작업계획서에 포함해야 할 사항으로 가장 거리가 먼 것은?

① 암석의 분할방법
② 터널지보공 및 복공의 시공방법
③ 용수(湧水)의 처리방법
④ 환기 또는 조명시설을 설치할 때에는 그 방법

해설 터널 굴착작업 시 작업계획서 내용
- 굴착의 방법

부록 실전문제

- 터널지보공 및 복공의 시공방법과 용수의 처리방법
- 환기 또는 조명시설을 설치할 때에는 그 방법

109. 사면 보호공법 중 구조물에 의한 보호공법에 해당되지 않는 것은?

① 블록공
② 식생구멍공
③ 돌 쌓기공
④ 현장타설 콘크리트 격자공

해설 식생공 : 법면에 식물을 심어 번식시켜 법면의 침식과 동상, 이완 등을 방지하는 식생공법

110. 강관틀비계를 조립하여 사용하는 경우 준수해야 하는 사항으로 옳지 않은 것은?

① 길이가 띠장 방향으로 4m 이하이고 높이가 10m를 초과하는 경우에는 10m 이내마다 띠장 방향으로 버팀기둥을 설치할 것
② 높이가 20m를 초과하거나 중량물의 적재를 수반하는 작업을 할 경우에는 주틀 간의 간격을 1.8m 이하로 할 것
③ 주틀 간에 교차가새를 설치하고 최상층 및 10층 이내마다 수평재를 설치할 것
④ 수직 방향으로 6m, 수평 방향으로 8m 이내마다 벽이음을 할 것

해설 ③ 주틀 간에 교차가새를 설치하고 최상층 및 5층 이내마다 수평재를 설치할 것

111. 건립 중 강풍에 의한 풍압 등 외압에 대한 내력이 설계에 고려되었는지 확인하여야 하는 철골 구조물이 아닌 것은?

① 단면이 일정한 구조물
② 기둥이 타이플레이트형인 구조물
③ 이음부가 현장용접인 구조물

④ 구조물의 폭과 높이의 비가 1 : 4 이상인 구조물

해설 ① 건물 등에서 단면 구조에 현저한 차이가 있는 구조물

112. 사업의 종류가 건설업이고, 공사금액이 850억 원일 경우 산업안전보건법령에 따른 안전관리자를 최소 몇 명 이상 두어야 하는가? (단, 상시근로자는 600명으로 가정한다.)

① 1명 이상
② 2명 이상
③ 3명 이상
④ 4명 이상

해설 800억 원 이상 1500억 원 미만의 건설업의 안전관리자 선임기준은 2명 이상이다.

113. 토공작업 시 굴착과 싣기를 동시에 할 수 있는 토공장비가 아닌 것은?

① 모터그레이더(motor grader)
② 파워셔블(power shovel)
③ 백호(back hoe)
④ 트랙터셔블(tractor shovel)

해설 굴착과 싣기를 동시에 하는 토공기계 : 트랙터셔블, 백호, 파워셔블

Tip) 모터그레이더(motor grader) : 끝마무리 작업, 지면의 정지작업을 하며, 전륜을 기울게 할 수 있어 비탈면 고르기 작업도 가능하다.

114. 부두·안벽 등 하역작업을 하는 장소에서 부두 또는 안벽의 선을 따라 통로를 설치하는 경우에 그 폭을 최소 얼마 이상으로 하여야 하는가?

① 90cm
② 100cm
③ 120cm
④ 150cm

해설 하역작업을 하는 장소에서 부두 또는 안벽의 통로 설치는 폭을 90cm 이상으로 할 것

115. 양중기에 사용하는 와이어로프로 화물의 하중을 직접 지지하는 달기 와이어로프 또는 달기체인의 안전계수 기준은?

① 3 이상
② 4 이상
③ 5 이상
④ 10 이상

해설 화물의 하중을 직접 지지하는 달기 와이어로프 또는 달기체인의 안전계수는 5 이상이어야 한다.

116. 건설현장에 설치하는 사다리식 통로의 설치기준으로 옳지 않은 것은?

① 발판과 벽과의 사이는 15cm 이상의 간격을 유지할 것
② 발판의 간격은 일정하게 할 것
③ 사다리의 상단은 걸쳐 놓은 지점으로부터 60cm 이상 올라가도록 할 것
④ 사다리식 통로의 길이가 10m 이상인 경우에는 3m 이내마다 계단참을 설치할 것

해설 ④ 사다리식 통로의 길이가 10m 이상인 경우에는 5m 이내마다 계단참을 설치할 것

117. 흙막이 지보공을 설치하였을 때 정기적으로 점검하여 이상 발견 시 즉시 보수하여야 할 사항이 아닌 것은?

① 굴착깊이의 정도
② 버팀대의 긴압의 정도
③ 부재의 접속부·부착부 및 교차부의 상태
④ 부재의 손상·변형·부식·변위 및 탈락의 유무와 상태

해설 흙막이 지보공 정기점검사항
• 기둥침하의 유무 및 상태
• 침하의 정도와 버팀대의 긴압의 정도
• 부재의 접속부·부착부 및 교차부의 상태
• 부재의 손상·변형·부식·변위 및 탈락의 유무와 상태

118. 크레인의 운전실 또는 운전대를 통하는 통로의 끝과 건설물 등의 벽체의 간격은 최대 얼마 이하로 하여야 하는가?

① 0.2m
② 0.3m
③ 0.4m
④ 0.5m

해설 벽체의 간격
• 크레인의 운전대를 통하는 통로의 끝과 건설물 등의 벽체의 간격은 0.3m 이하
• 크레인 통로의 끝과 크레인 거더의 간격은 0.3m 이하
• 크레인 거더로 통하는 통로의 끝과 건설물 등의 벽체의 간격은 0.3m 이하

119. 물이 결빙되는 위치로 지속적으로 유입되는 조건에서 온도가 하강함에 따라 토중수가 얼어 생성된 결빙 크기가 계속 커져 지표면이 부풀어 오르는 현상은?

① 압밀침하(consolidation settlement)
② 연화(frost boil)
③ 동상(frost heave)
④ 지반경화(hardening)

해설 동상 현상 : 겨울철에 대기온도가 0℃ 이하로 하강함에 따라 흙 속의 수분이 얼어 동결상태가 된 흙이 지표면에 부풀어 오르는 현상

120. 안전대의 종류는 사용 구분에 따라 벨트식과 안전그네식으로 구분되는데 이 중 안전그네식에만 적용하는 것은?

① 추락방지대, 안전블록
② 1개 걸이용, U자 걸이용
③ 1개 걸이용, 추락방지대
④ U자 걸이용, 안전블록

해설 안전대의 종류
• 벨트식 : 1개 걸이용, U자 걸이용
• 안전그네식 : 추락방지대, 안전블록

정답 115. ③ 116. ④ 117. ① 118. ② 119. ③ 120. ①

제2회 CBT 실전문제

|건|설|안|전|기|사| 🏗

1과목 **산업안전관리론**

1. 상해의 종류 중, 스치거나 긁히는 등의 마찰력에 의하여 피부표면이 벗겨진 상해는?

① 자상   ② 타박상   ③ 창상   ④ 찰과상

해설 상해(외적상해) 종류 : 골절, 동상, 부종, 자상, 타박상, 절단, 중독, 질식, 찰과상, 창상, 화상 등

2. 재해예방의 4원칙이 아닌 것은?

① 손실우연의 원칙   ② 예방가능의 원칙
③ 사고연쇄의 원칙   ④ 원인계기의 원칙

해설 산업재해예방의 4원칙 : 손실우연의 원칙, 원인계기(연계)의 원칙, 예방가능의 원칙, 대책선정의 원칙

3. 시설물의 안전관리에 관한 특별법령에 제시된 등급별 정기안전점검의 실시시기로 옳지 않은 것은?

① A등급인 경우 반기에 1회 이상이다.
② B등급인 경우 반기에 1회 이상이다.
③ C등급인 경우 1년에 3회 이상이다.
④ D등급인 경우 1년에 3회 이상이다.

해설 특별법상 시설물 안전점검의 실시시기

안전 등급	정밀안전점검		정기안전 점검
	건축물	그 외의 시설물	
A	4년에 1회	3년에 1회	반기에 1회
B, C	3년에 1회	2년에 1회	반기에 1회
D, E	2년에 1회	1년에 1회	1년에 3회

4. 산업안전보건법령상 건설업의 도급인 사업주가 작업장을 순회 · 점검하여야 하는 주기로 올바른 것은?

① 1일에 1회 이상   ② 2일에 1회 이상
③ 3일에 1회 이상   ④ 7일에 1회 이상

해설 순회 · 점검주기

업종	주기
건설업, 제조업, 토사석 광업, 서적, 잡지 및 기타 인쇄물 출판업, 음악, 기타 비디오물 출판업, 금속 및 비금속 원료 재생업	2일에 1회 이상
위 사업을 제외한 사업	1주에 1회 이상

5. 아담스(Adams)의 재해연쇄 이론에서 작전적 에러(operational error)로 정의한 것은?

① 선천적 결함
② 불안전한 상태
③ 불안전한 행동
④ 경영자나 감독자의 행동

해설 아담스의 사고연쇄반응 이론

1단계	2단계 (작전적 에러)	3단계 (전술적 에러)	4단계 (사고)	5단계 (손실)
관리 조직	관리자 에러	불안전한 행동	물적 사고	상해

6. 크레인(이동식은 제외한다)은 사업장에 설치한 날로부터 몇 년 이내에 최초 안전검사를 실시하여야 하는가?

---

① 1년   ② 2년   ③ 3년   ④ 5년

해설 크레인은 사업장에 설치한 날로부터 3년 이내에 최초 안전검사를 실시하여야 한다 (건설현장에서 사용하는 것은 최초로 설치한 날로부터 6개월마다 실시한다).

7. 산업안전보건법령에 따른 안전 · 보건표지의 종류별 해당 색채기준 중 틀린 것은?

① 금연 : 바탕은 흰색, 기본모형은 검은색, 관련 부호 및 그림은 빨간색
② 인화성물질 경고 : 바탕은 무색, 기본모형은 빨간색(검은색도 가능)
③ 보안경 착용 : 바탕은 파란색, 관련 그림은 흰색
④ 고압전기 경고 : 바탕은 노란색, 기본모형, 관련 부호 및 그림은 검은색

해설 안전 · 보건표지의 형식

구분	금지표지	경고표지		지시표지	안내표지	출입금지
바탕	흰색	흰색	노란색	파란색	흰색	흰색
기본모양	빨간색	빨간색	검은색	–	녹색	흑색글자
부호 및 그림	검은색	검은색	검은색	흰색	흰색	적색글자

8. 신규 채용 시의 근로자 안전 · 보건교육은 몇 시간 이상 실시해야 하는가? (단, 일용근로자를 제외한 근로자인 경우이다.)

① 3시간   ② 8시간
③ 16시간   ④ 24시간

해설 채용 시의 근로자 안전 · 보건교육

일용근로자	1시간 이상
일용근로자를 제외한 근로자	8시간 이상

9. 산업안전보건법령상 산업안전보건관리비 사용명세서의 공사 종료 후 보존기간은?

① 6개월간   ② 1년간
③ 2년간   ④ 3년간

해설 건설공사 도급인은 산업안전보건관리비의 사용명세서를 건설공사 종료 후 1년간 보존해야 한다.

10. 산업안전보건법령상 안전보건진단을 받아 안전보건개선계획을 수립 · 제출하도록 명할 수 있는 사업장이 아닌 것은?

① 근로자가 안전수칙을 준수하지 않아 중대재해가 발생한 사업장
② 산업재해율이 같은 업종 평균 산업재해율의 2배 이상인 사업장
③ 작업환경 불량, 화재 · 폭발 또는 누출사고 등으로 사회적 물의를 일으킨 사업장
④ 직업병에 걸린 사람이 연간 2명 이상(상시 근로자 1천 명 이상 사업장의 경우 3명 이상) 발생한 사업장

해설 ① 사업주가 필요한 안전 · 보건조치의 의무를 이행하지 아니하여 중대재해가 발생한 사업장

11. 산업안전보건법령상 안전인증대상 기계 · 기구 등에 해당하지 않는 것은?

① 곤돌라
② 고소작업대
③ 활선작업용 기구
④ 교류 아크 용접기용 자동전격방지기

해설 ④는 자율안전확인대상 방호장치
Tip) 활선작업용 기구 – 안전인증대상 방호장치

12. 재해 발생의 간접원인 중 2차 원인이 아닌 것은?

① 안전 교육적 원인   ② 신체적 원인
③ 학교 교육적 원인   ④ 정신적 원인

해설 ③은 기초원인

13. 물체의 낙하 또는 비래에 의한 위험을 방지 또는 경감하고, 머리 부위 감전에 의한 위험을 방지하기 위한 안전모의 종류(기호)로 옳은 것은?

① A   ② AE   ③ AB   ④ ABE

해설 AE : 물체의 낙하, 비래에 의한 위험을 방지 또는 경감하고, 머리 부위 감전에 의한 위험을 방지하기 위한 것으로 내전압성 7000 V 이하이다.

14. 연평균 200명의 근로자가 작업하는 사업장에서 연간 8건의 재해가 발생하여 사망이 1명, 50일의 요양이 필요한 인원이 1명 있었다면 이때의 강도율은? (단, 1인당 연간 근로시간은 2400시간으로 한다.)

① 13.61   ② 15.71   ③ 17.61   ④ 19.71

해설 강도율 $= \dfrac{\text{근로손실일수}}{\text{연근로 총 시간 수}} \times 1000$

$$= \dfrac{7500 + \left(50 \times \dfrac{300}{365}\right)}{2400 \times 200} \times 1000$$

$$= 15.71$$

15. 산업안전보건법령상 안전검사대상 유해·위험기계 등의 기준 중 틀린 것은?

① 롤러기(밀폐형 구조는 제외)
② 국소배기장치(이동식은 제외)
③ 사출성형기(형체결력 294 kN 미만은 제외)
④ 크레인(정격하중이 2톤 이상인 것은 제외)

해설 ④ 크레인(정격하중이 2톤 미만인 것은 제외)

16. 재해 발생의 원인 중 간접원인에 해당되지 않는 것은?

① 기술적 원인   ② 불안전한 상태
③ 관리적인 원인   ④ 교육적 원인

해설
· 직접원인 : 인적원인(불안전한 행동), 물적원인(불안전한 상태)
· 간접원인 : 기술적, 교육적, 관리적, 신체적, 정신적 원인 등

17. 위험예지훈련 4R 방식 중 위험 포인트를 결정하여 지적확인하는 단계로 옳은 것은?

① 1단계(현상파악)   ② 2단계(본질추구)
③ 3단계(대책수립)   ④ 4단계(목표설정)

해설 2단계(본질추구) : 위험요인 중 중요한 위험 문제점을 파악한다.

18. 산업안전보건법령상 안전인증대상 기계·기구 등에 해당하지 않는 것은?

① 크레인   ② 곤돌라
③ 컨베이어   ④ 사출성형기

해설 ③은 자율안전확인대상 기계

19. 재해사례연구의 진행 단계로 옳은 것은?

① 재해상황의 파악→사실의 확인→문제점 발견→근본적 문제점 결정→대책수립
② 사실의 확인→재해상황의 파악→근본적 문제점 결정→문제점 발견→대책수립
③ 문제점 발견→사실의 확인→재해상황의 파악→근본적 문제점 결정→대책수립
④ 재해상황의 파악→문제점 발견→근본적 문제점 결정→대책수립→사실의 확인

해설 재해사례연구의 진행 단계

1단계	2단계	3단계	4단계	5단계
상황 파악	사실 확인	문제점 발견	문제점 결정	대책 수립

20. 건설기술진흥법상 안전관리계획을 수립해야 하는 건설공사에 해당하지 않는 것은?

① 높이가 21 m인 비계를 사용하는 건설공사
② 지하 15 m를 굴착하는 건설공사
③ 15층 건축물의 리모델링
④ 항타 및 항발기가 사용되는 건설공사

해설 ① 높이가 31 m 이상인 비계를 사용하는 건설공사

2과목 **산업심리 및 교육**

21. 동일 부서 직원 6명의 선호관계를 분석한 결과 다음과 같은 소시오그램이 작성되었다. 이 소시오그램에서 실선은 선호관계, 점선은 거부관계를 나타낼 때, 4번 직원의 선호신분지수는 얼마인가?

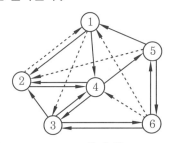

① 0.2
② 0.33
③ 0.4
④ 0.6

해설 선호신분지수

$$= \frac{\text{선호관계} - \text{거부관계}}{\text{구성원 수} - 1} = \frac{3-1}{6-1} = 0.4$$

22. 과업과 직무를 수행하는데 요구되는 인적 자질에 의해 직무의 내용을 정의하는 절차에 해당하는 것은?

① 직무분석(job analysis)
② 직무평가(job evaluation)
③ 직무확충(job enrichment)
④ 직무만족(job satisfaction)

해설 직무분석(job analysis) : 직무에서 수행하는 과업과 직무를 수행하는데 요구되는 일의 내용, 필요로 하는 숙련ㆍ지식ㆍ능력 및 책임, 직위의 구분 기준을 정하는 것

23. 다음 중 직무분석을 위한 자료수집 방법에 관한 설명으로 옳은 것은?

① 관찰법은 직무의 시작에서 종료까지 많은 시간이 소요되는 직무에 적용하기 쉽다.
② 면접법은 자료의 수집에 많은 시간과 노력이 들고, 수량화된 정보를 얻기가 힘들다.
③ 중요사건법은 일상적인 수행에 관한 정보를 수집하므로 해당 직무에 대한 포괄적인 정보를 얻을 수 있다.
④ 설문지법은 많은 사람들로부터 짧은 시간 내에 정보를 얻을 수 있으며, 양적인 자료보다 질적인 자료를 얻을 수 있다.

해설 직무분석을 위한 자료수집 방법
• 관찰법 : 직무의 시작에서 종료까지 많은 시간이 소요되는 직무에는 적용이 곤란하다.
• 면접법 : 자료의 수집에 많은 시간과 노력이 들고, 수량화된 정보를 얻기가 힘들다.
• 설문지법 : 많은 사람들로부터 짧은 시간 내에 정보를 얻을 수 있고, 관찰법이나 면접법과는 달리 양적인 정보를 얻을 수 있다.
• 중요사건법 : 직무수행에서 효과적인 직무수행과 비효과적인 수행들의 사례를 수집하여 효과적인 직무수행 패턴을 추출하는 방법이다.

정답 20. ① 21. ③ 22. ① 23. ②

24. S-R 이론 중에서 긍정적 강화, 부정적 강화, 처벌 등이 이론의 원리에 속하며, 사람들이 바람직한 결과를 이끌어 내기 위해 단지 어떤 자극에 대해 수동적으로 반응하는 것이 아니라 환경상의 어떤 능동적인 행위를 한다는 이론으로 옳은 것은?

① 파블로프(Pavlov)의 조건반사설
② 손다이크(Thorndike)의 시행착오설
③ 스키너(Skinner)의 조작적 조건화설
④ 구쓰리에(Guthrie)의 접근적 조건화설

해설 스키너의 조작적 조건화설 : S-R 이론 원리에 속하며, 사람들이 바람직한 결과를 이끌어 내기 위해 자극에 대해 수동적으로 반응하는 것이 아니라 환경상의 어떤 능동적인 행위를 한다는 이론

25. 참가자 앞에서 소수의 전문가들이 과제에 관한 견해를 발표하고 토론한 뒤 참가자 전원이 참가하여 사회자의 사회에 따라 토의하는 방법은?

① 포럼　　　　② 심포지엄
③ 패널 디스커션　④ 버즈세션

해설 패널 디스커션 : 패널멤버가 피교육자 앞에서 토의하고, 이어 피교육자 전원이 참여하여 토의하는 방법

26. 조직에 있어 구성원들의 역할에 대한 기대와 행동은 항상 일치하지는 않는다. 역할기대와 실제 역할행동 간에 차이가 생기면 역할갈등이 발생하는데, 역할갈등의 원인으로 가장 거리가 먼 것은?

① 역할마찰
② 역할 민첩성
③ 역할 부적합
④ 역할 모호성

해설 역할갈등의 원인은 역할마찰, 역할 부적합, 역할 모호성 등이 있다.
Tip) 역할이론에는 역할갈등, 역할기대, 역할연기, 역할조성이 있다.

27. 다음은 각기 다른 조직형태의 특성을 설명한 것이다. 각 특징에 해당하는 조직형태를 연결한 것으로 맞는 것은?

> ㉠ 중규모 형태의 기업에서 시장상황에 따라 인적자원을 효과적으로 활용하기 위한 형태이다.
> ㉡ 목적 지향적이고 목적 달성을 위해 기존의 조직에 비해 효율적이며 유연하게 운영될 수 있다.

① ㉠ : 위원회 조직, ㉡ : 프로젝트 조직
② ㉠ : 사업부제 조직, ㉡ : 위원회 조직
③ ㉠ : 매트릭스형 조직, ㉡ : 사업부제 조직
④ ㉠ : 매트릭스형 조직, ㉡ : 프로젝트 조직

해설 조직형태의 특성
• 매트릭스형 조직 : 중규모 형태의 기업에서 시장상황에 따라 인적자원을 효율적으로 활용하는 조직형태
• 프로젝트 조직 : 목적 지향적이고 목적 달성을 위해 기존의 조직에 비해 효율적이며 유연하게 운영하는 조직형태

28. 사회행동의 기본 형태와 내용이 잘못 연결된 것은?

① 대립 - 공격, 경쟁　② 조직 - 경쟁, 통합
③ 협력 - 조력, 분업　④ 도피 - 정신병, 자살

해설 사회행동의 기본 형태
• 대립(opposition) : 공격, 경쟁
• 협력(cooperation) : 조력, 분업
• 도피(escape) : 고립, 정신병, 자살
• 융합(accomodation) : 강제, 타협, 통합

정답 24. ③　25. ③　26. ②　27. ④　28. ②

29. 개인적 차원에서의 스트레스 관리 대책으로 관계가 먼 것은?

① 긴장 이완법 ② 직무 재설계
③ 적절한 운동 ④ 적절한 시간관리

해설 개인적 차원에서의 스트레스 관리 대책은 긴장 이완법, 적절한 운동, 적절한 시간관리 등이다.

30. 다음 중 직무평가의 방법에 해당되지 않는 것은?

① 서열법 ② 분류법
③ 투사법 ④ 요소비교법

해설 ③은 모랄 서베이의 태도조사법(의견조사)

31. 안전교육의 목적과 가장 거리가 먼 것은?

① 환경의 안전화
② 경험의 안전화
③ 인간정신의 안전화
④ 설비와 물자의 안전화

해설 안전교육의 목적
- 교육을 실시하여 작업자를 산업재해로부터 미연에 방지한다.
- 교육을 실시하여 인적, 물적, 환경 및 행동의 안전화를 도모한다.
- 작업자에게 안정감을 부여하고 기업에 대한 신뢰를 높인다.
- 재해의 발생으로 인한 직접적 및 간접적 경제적 손실을 방지한다.
- 생산성이나 품질의 향상에 기여한다.

32. 심리검사의 구비요건이 아닌 것은?

① 표준화 ② 신뢰성 ③ 규격화 ④ 타당성

해설 심리검사의 구비요건 : 표준화, 객관성, 규준성, 신뢰성, 타당성, 실용성

33. 인간의 오류 모형에서 착오(mistake)의 발생 원인 및 특성에 해당하는 것은?

① 목표와 결과의 불일치로 쉽게 발견된다.
② 주의산만이나 주의결핍에 의해 발생할 수 있다.
③ 상황을 잘못 해석하거나 목표에 대한 이해가 부족한 경우 발생한다.
④ 목표 해석은 제대로 하였으나 의도와 다른 행동을 하는 경우 발생한다.

해설 착오(mistake) : 상황해석을 잘못하거나 목표를 착각하여 행하는 인간의 실수(위치, 순서, 패턴, 형상, 기억오류 등)

34. 안전교육방법 중 OFF.J.T(Off the Job Training) 교육의 특징이 아닌 것은?

① 훈련에만 전념하게 된다.
② 전문가를 강사로 활용할 수 있다.
③ 개개인에게 적절한 지도훈련이 가능하다.
④ 다수의 근로자에게 조직적 훈련이 가능하다.

해설 ③은 O.J.T 교육의 특징

35. 생리적 피로와 심리적 피로에 대한 설명으로 틀린 것은?

① 심리적 피로와 생리적 피로는 항상 동반해서 발생한다.
② 심리적 피로는 계속되는 작업에서 수행 감소를 주관적으로 지각하는 것을 의미한다.
③ 생리적 피로는 근육조직의 산소 고갈로 발생하는 신체능력 감소 및 생리적 손상이다.
④ 작업수행이 감소하더라도 피로를 느끼지 않을 수 있고, 수행이 잘 되더라도 피로를 느낄 수 있다.

해설 ① 심리적 피로와 생리적 피로가 항상 동반해서 발생하는 것은 아니다.
Tip) 심리적 피로는 정신적 스트레스, 생리적 피로는 육체적 피로이다.

정답 29. ②　30. ③　31. ②　32. ③　33. ③　34. ③　35. ①

36. 라스무센의 정보처리 모형은 원인차원의 휴먼 에러 분류에 적용되고 있다. 이 모형에서 정의하고 있는 인간의 행동 단계 중 다음의 특징을 갖는 것은?

> • 생소하거나 특수한 상황에서 발생하는 행동이다.
> • 부적절한 추론이나 의사결정에 의해 오류가 발생한다.

① 규칙 기반 행동　　② 인지 기반 행동
③ 지식 기반 행동　　④ 숙련 기반 행동

해설 라스무센의 인간의 행동 단계 중 지식 기반 행동에 대한 설명이다.

37. 산업안전보건법령상 일용직 근로자를 제외한 근로자 신규 채용 시 실시해야 하는 안전·보건교육 시간으로 맞는 것은?

① 8시간 이상　　② 매분기 3시간
③ 16시간 이상　　④ 매분기 6시간

해설 채용 시의 교육

일용근로자	1시간 이상
일용근로자를 제외한 근로자	8시간 이상

38. 동기유발(motivation) 방법이 아닌 것은?

① 결과의 지식을 알려준다.
② 안전의 참 가치를 인식시킨다.
③ 상벌제도를 효과적으로 활용한다.
④ 동기유발의 수준을 최대로 높인다.

해설 ④ 동기유발의 최적수준을 유지한다.

39. 관리그리드(managerial grid) 이론에 따른 리더십의 유형 중 과업에는 높은 관심을 보이고 인간관계 유지에는 낮은 관심을 보이는 리더십의 유형은?

① 과업형　　② 무기력형
③ 이상형　　④ 무관심형

해설 (9, 1)형 : 과업형
Tip) X축은 과업에 대한 관심, Y축은 인간관계 유지에 대한 관심이다.

40. 재해 빈발자 중 기능의 부족이나 환경에 익숙하지 못하기 때문에 재해가 자주 발생되는 사람을 의미하는 것은?

① 상황성 누발자　　② 습관성 누발자
③ 소질성 누발자　　④ 미숙성 누발자

해설 미숙성 누발자
• 기능 미숙련자
• 환경에 적응하지 못한 자

3과목 인간공학 및 시스템 안전공학

41. 인체측정자료에서 극단치를 적용하여야 하는 설계에 해당하지 않는 것은?

① 계산대
② 문 높이
③ 통로 폭
④ 조종장치까지의 거리

해설 평균치를 기준으로 한 설계 : 최대·최소치수, 조절식으로 하기에 곤란한 경우 평균치로 설계하며, 은행창구나 슈퍼마켓의 계산대를 설계하는데 적합하다.

42. 사용 조건을 정상사용 조건보다 강화하여 적용함으로써 고장 발생시간을 단축하고, 검사비용의 절감 효과를 얻고자 하는 수명시험은?

① 중도중단시험　　② 가속수명시험

③ 감속수명시험　　④ 정시중단시험

해설 가속수명시험은 고장 발생시간을 단축하고, 검사비용을 절감하기 위한 시험이다.

Tip) 수명시험 종류 : 중도중단시험, 가속수명시험, 정상수명시험 등

43. 그림과 같이 7개의 기기로 구성된 시스템의 신뢰도는 약 얼마인가? (단, 네모 안의 숫자는 각 부품의 신뢰도이다.)

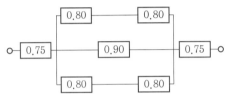

① 0.5552　　　　② 0.5427

③ 0.6234　　　　④ 0.9740

해설 신뢰도 $R_s = 0.75 \times \{1 - (1 - 0.8 \times 0.8) \times (1 - 0.9) \times (1 - 0.8 \times 0.8)\} \times 0.75 = 0.5552$

44. n개 요소를 가진 병렬 시스템에 있어 요소의 수명(MTTF)이 지수분포를 따를 경우, 이 시스템의 수명으로 옳은 것은?

① $\mathrm{MTTF} \times n$

② $\mathrm{MTTF} \times \dfrac{1}{n}$

③ $\mathrm{MTTF} \times \left(1 + \dfrac{1}{2} + \cdots + \dfrac{1}{n}\right)$

④ $\mathrm{MTTF} \times \left(1 \times \dfrac{1}{2} \times \cdots \times \dfrac{1}{n}\right)$

해설 • 직렬계 $= \mathrm{MTTF} \times \dfrac{1}{n}$

• 병렬계 $= \mathrm{MTTF} \times \left(1 + \dfrac{1}{2} + \cdots + \dfrac{1}{n}\right)$

45. 동작경제의 원칙에 해당되지 않는 것은?

① 신체 사용에 관한 원칙

② 작업장 배치에 관한 원칙

③ 사용자 요구 조건에 관한 원칙

④ 공구 및 설비 디자인에 관한 원칙

해설 Barnes(반즈)의 동작경제의 3원칙

• 신체의 사용에 관한 원칙

• 작업장의 배치에 관한 원칙

• 공구 및 설비 디자인에 관한 원칙

46. 쾌적환경에서 추운환경으로 변화 시 신체의 조절작용이 아닌 것은?

① 피부온도가 내려간다.

② 직장온도가 약간 내려간다.

③ 몸이 떨리고 소름이 돋는다.

④ 피부를 경유하는 혈액순환량이 감소한다.

해설 ② 직장(直腸)온도가 약간 올라간다.

47. 중이소골(ossicle)이 고막의 진동을 내이의 난원창(oval window)에 전달하는 과정에서 음파의 압력은 어느 정도 증폭되는가?

① 2배　　② 12배　　③ 22배　　④ 220배

해설 고막의 진동을 내이의 난원창에 전달하는 과정에서 음파의 압력은 22배로 증폭되어 전달된다.

48. 일반적인 화학설비에 대한 안전성 평가(safety assessment) 절차에 있어 안전 대책 단계에 해당되지 않는 것은?

① 위험도 평가　　　② 보전

③ 관리적 대책　　　④ 설비적 대책

해설 화학설비에 대한 안전성 평가의 안전 대책 단계 : 보전, 설비적 대책, 관리적 대책 등

Tip) 안전 대책 단계는 안전성 평가 6단계 중 4단계이다.

부록 실전문제

49. 다음 그림과 같은 직·병렬 시스템의 신뢰도는? (단, 병렬 각 구성요소의 신뢰도는 R이고, 직렬 구성요소의 신뢰도는 M이다.)

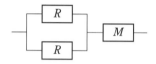

① RM^3　　　　② $R^2(1-MR)$
③ $M(R^2+R)-1$　④ $M(2R-R^2)$

해설 신뢰도 $R_s = \{1-(1-R)\times(1-R)\}\times M$
$= (2R-R^2)\times M$

50. 작업장 배치 시 유의사항으로 적절하지 않은 것은?

① 작업의 흐름에 따라 기계를 배치한다.
② 생산효율 증대를 위해 기계설비 주위에 재료나 반제품을 충분히 놓아둔다.
③ 공장 내외는 안전한 통로를 두어야 하며, 통로는 선을 그어 작업장과 명확히 구별하도록 한다.
④ 비상시에 쉽게 대비할 수 있는 통로를 마련하고 사고 진압을 위한 활동통로가 반드시 마련되어야 한다.

해설 ② 기계설비의 주위에는 충분한 공간을 두고 안전한 통로를 확보하여야 한다.

51. FMEA의 특징에 대한 설명으로 틀린 것은?

① 서브 시스템 분석 시 FTA보다 효과적이다.
② 시스템 해석 기법은 정성적·귀납적 분석법 등에 사용된다.
③ 각 요소 간 영향 해석이 어려워 2가지 이상 동시 고장은 해석이 곤란하다.
④ 양식이 비교적 간단하고 적은 노력으로 특별한 훈련 없이 해석이 가능하다.

해설 ① 서브 시스템 분석 시 FTA가 FMEA보다 효과적이다.

52. 다음 중 정량적 표시장치에 관한 설명으로 맞는 것은?

① 정확한 값을 읽어야 하는 경우 일반적으로 디지털보다 아날로그 표시장치가 유리하다.
② 동목(moving scale)형 아날로그 표시장치는 표시장치의 면적을 최소화할 수 있는 장점이 있다.
③ 연속적으로 변화하는 양을 나타내는 데에는 일반적으로 아날로그보다 디지털 표시장치가 유리하다.
④ 동침(moving pointer)형 아날로그 표시장치는 바늘의 진행 방향과 증감 속도에 대한 인식적인 암시신호를 얻는 것이 불가능한 단점이 있다.

해설 ① 정확한 값을 읽어야 하는 경우에는 아날로그보다 디지털 표시장치가 유리하다.
③ 연속적으로 변화하는 양을 나타내는 데에는 일반적으로 디지털보다 아날로그 표시장치가 유리하다.
④ 동침(moving pointer)형 아날로그 표시장치는 바늘의 진행 방향과 증감 속도에 대한 인식적인 암시신호를 얻는 것이 장점이다.

53. 인체측정에 대한 설명으로 옳은 것은?

① 인체측정은 동적측정과 정적측정이 있다.
② 인체측정학은 인체의 생화학적 특징을 다룬다.
③ 자세에 따른 인체치수의 변화는 없다고 가정한다.
④ 측정항목에 무게, 둘레, 두께, 길이는 포함되지 않는다.

해설 인체측정의 동적측정과 정적측정
• 동적측정(기능적 인체치수) : 일상생활에 적용하는 분야 측정, 신체적 기능을 수행할 때 움직이는 신체치수 측정, 인간공학적 설계를 위한 자료 목적

정답 49. ④　50. ②　51. ①　52. ②　53. ①

- 정적측정(구조적 인체치수) : 정지상태에서 신체치수를 기본으로 신체 각 부위의 무게, 무게중심, 부피, 운동범위, 관성 등의 물리적 특성을 측정

54. 다음 중 중복사상이 있는 FT(Fault Tree)에서 모든 컷셋(cut set)을 구한 경우에 최소 컷셋(minimal cut set)의 설명으로 맞는 것은?

① 모든 컷셋이 바로 최소 컷셋이다.
② 모든 컷셋에서 중복되는 컷셋만이 최소 컷셋이다.
③ 최소 컷셋은 시스템의 고장을 방지하는 기본고장들의 집합이다.
④ 중복되는 사상의 컷셋 중 다른 컷셋에 포함되는 셋을 제거한 컷셋과 중복되지 않는 사상의 컷셋을 합한 것이 최소 컷셋이다.

해설 최소 컷셋(minimal cut set) : 정상사상을 일으키기 위한 최소한의 컷으로 컷셋 중에 타 컷셋을 포함하고 있는 것을 배제하고 남은 컷셋들을 의미한다. 즉, 모든 기본사상 발생 시 정상사상을 발생시키는 기본사상의 최소 집합으로 시스템의 위험성을 말한다.

55. 결함수 분석법에서 path set에 관한 설명으로 옳은 것은?

① 시스템의 약점을 표현한 것이다.
② top사상을 발생시키는 조합이다.
③ 시스템이 고장 나지 않도록 하는 사상의 조합이다.
④ 시스템 고장을 유발시키는 필요불가결한 기본사상들의 집합이다.

해설 패스셋 : 모든 기본사상이 발생하지 않을 때 처음으로 정상사상이 발생하지 않는 기본사상들의 집합, 시스템의 고장을 발생시키지 않는 기본사상들의 집합

56. 경보 사이렌으로부터 10 m 떨어진 곳에서 음압수준이 140 dB이면 100 m 떨어진 곳에서 음의 강도는 얼마인가?

① 100 dB   ② 110 dB
③ 120 dB   ④ 140 dB

해설 음의 강도(dB)

$$dB_2 = dB_1 - 20\log\frac{d_2}{d_1}$$

$$= 140 - 20\log\frac{100}{10} = 120\,dB$$

여기서, dB_1 : 소음기계로부터 d_1 떨어진 곳의 소음
dB_2 : 소음기계로부터 d_2 떨어진 곳의 소음

57. 산업안전보건법령상 유해·위험방지 계획서 제출대상 사업은 기계 및 기구를 제외한 금속가공제품 제조업으로서 전기 계약용량이 얼마 이상인 사업을 말하는가?

① 50 kW   ② 100 kW
③ 200 kW   ④ 300 kW

해설 다음 각 호의 어느 하나에 해당하는 사업으로서 유해·위험방지 계획서의 제출대상 사업장의 전기 계약용량은 300 kW 이상이어야 한다.
- 금속가공제품(기계 및 가구는 제외) 제조업
- 비금속 광물제품 제조업
- 기타 기계 및 장비 제조업
- 자동차 및 트레일러 제조업
- 목재 및 나무제품 제조업
- 고무제품 및 플라스틱 제품 제조업
- 화학물질 및 화학제품 제조업
- 1차 금속 제조업
- 전자부품 제조업
- 반도체 제조업
- 식료품 제조업
- 가구 제조업
- 기타 제품 제조업

정답 54. ④   55. ③   56. ③   57. ④

58. 일반적으로 위험(risk)은 3가지 기본 요소로 표현되며 3요소(triplets)로 정의된다. 3요소에 해당되지 않는 것은?

① 사고 시나리오(S_i)
② 사고 발생확률(P_i)
③ 시스템 불이용도(Q_i)
④ 파급 효과 또는 손실(X_i)

해설 위험(risk)의 기본 요소
• 사고 시나리오(S_i)
• 사고 발생확률(P_i)
• 파급 효과 또는 손실(X_i)

59. 인간의 눈의 부위 중에서 실제로 빛을 수용하여 두뇌로 전달하는 역할을 하는 부분은?

① 망막　② 각막　③ 눈동자　④ 수정체

해설 눈의 구조
• 각막 : 최초로 빛이 통과하는 막
• 망막 : 상이 맺히는 막
• 맥락막 : 망막 $0.2\sim0.5$mm의 두께가 얇은 암흑갈색의 막
• 수정체 : 렌즈의 역할로 빛을 굴절시킴

60. 다음 중 FT의 작성방법에 관한 설명으로 틀린 것은?

① 정성·정량적으로 해석·평가하기 전에는 FT를 간소화해야 한다.
② 정상(top)사상과 기본사상과의 관계는 논리게이트를 이용해 도해한다.
③ FT를 작성하려면, 먼저 분석대상 시스템을 완전히 이해하여야 한다.
④ FT 작성을 쉽게 하기 위해서는 정상(top)사상을 최대한 광범위하게 정의한다.

해설 ④ FT도의 정상(top)사상은 분석대상이 되는 고장사상을 광범위하게 정의하지 않는다.

4과목　건설시공학

61. 강관말뚝 지정의 특징에 해당되지 않는 것은?

① 강한 타격에도 견디며 다져진 중간 지층의 관통도 가능하다.
② 지지력이 크고 이음이 안전하고 강하므로 장척말뚝에 적당하다.
③ 상부 구조와의 결합이 용이하다.
④ 길이 조절이 어려우나 재료비가 저렴한 장점이 있다.

해설 ④ 길이 조절이 용이하나 재료비가 고가이다.

62. 웰 포인트 공법에 관한 설명으로 옳지 않은 것은?

① 지하수위를 낮추는 공법이다.
② 1~3m의 간격으로 파이프를 지중에 박는다.
③ 주로 사질지반에 이용하면 유효하다.
④ 기초파기에 히빙 현상을 방지하기 위해 사용한다.

해설 ④ 기초터파기 작업 시 지하수위가 높은 사질토의 보일링 현상을 방지하기 위해 사용한다.

63. 실비에 제한을 붙이고 시공자에게 제한된 금액 이내에 공사를 완성할 책임을 주는 공사방식은?

① 실비 비율 보수가산식
② 실비 정액 보수가산식
③ 실비 한정비율 보수가산식
④ 실비 준동률 보수가산식

해설 실비 한정비율 보수가산식 : 실비에 제한을 붙이고 시공자에게 제한된 금액 이내에 공사를 완성할 책임을 주는 공사방식

---

64. 시간이 경과함에 따라 콘크리트에 발생되는 크리프(creep)의 증가 원인으로 옳지 않은 것은?

① 단위 시멘트량이 적을 경우
② 단면의 치수가 작을 경우
③ 재하시기가 빠를 경우
④ 재령이 짧을 경우

해설 ① 단위 시멘트량이 많을수록 크리프는 증가한다.
Tip) 크리프(creep) : 변화 없이 응력이 일정하게 작용하여도 변형률은 시간경과에 따라 증가하는 현상

65. 다음 중 철근공사의 배근 순서로 옳은 것은?

① 벽 → 기둥 → 슬래브 → 보
② 슬래브 → 보 → 벽 → 기둥
③ 벽 → 기둥 → 보 → 슬래브
④ 기둥 → 벽 → 보 → 슬래브

해설 기둥 → 벽 → 보 → 슬래브 순서이다.

66. 프리플레이스트 콘크리트의 서중 시공 시 유의사항으로 옳지 않은 것은?

① 애지데이터 안의 모르타르 저류시간을 짧게 한다.
② 수송관 주변의 온도를 높여 준다.
③ 응결을 지연시키며 유동성을 크게 한다.
④ 비빈 후 즉시 주입한다.

해설 ② 수송관 주변의 온도를 높여 주면 프리플레이스트 콘크리트는 주입 모르타르의 유동성이 저하하고 빠르게 팽창하여 작업이 불가능하다.

67. 콘크리트 측압에 관한 설명으로 옳지 않은 것은?

① 콘크리트의 비중이 클수록 측압이 크다.
② 외기의 온도가 낮을수록 측압이 크다.
③ 거푸집의 강성이 작을수록 측압이 크다.
④ 진동다짐의 정도가 클수록 측압이 크다.

해설 ③ 거푸집의 강성이 클수록 측압이 크다.

68. 철근 용접이음 방식 중 cad welding 이음의 장점이 아닌 것은?

① 실시간 육안검사가 가능하다.
② 기후의 영향이 적고 화재위험이 감소된다.
③ 각종 이형철근에 대한 적용범위가 넓다.
④ 예열 및 냉각이 불필요하고 용접시간이 짧다.

해설 ① 실시간 육안검사가 불가능하다(단점).

69. 다음 중 철골구조의 녹막이 칠 작업을 실시하는 곳은?

① 콘크리트에 매입되지 않는 부분
② 고력 볼트 마찰 접합부의 마찰면
③ 폐쇄형 단면을 한 부재의 밀폐된 면
④ 조립상 표면접합이 되는 면

해설 녹막이 칠을 피해야 할 부분
• 조립상 표면접합이 되는 면
• 고력 볼트 마찰 접합부의 마찰면
• 폐쇄형 단면을 한 부재의 밀폐된 면
• 현장에서 깎기 마무리가 필요한 부분
• 콘크리트에 밀착 또는 매입되는 부분
• 현장용접 부위 및 그곳에 인접하는 양측 10cm 이내

70. 거푸집 해체 시 확인해야 할 사항이 아닌 것은?

① 거푸집의 내공 치수
② 수직, 수평부재의 존치기간 준수 여부
③ 소요 강도 확보 이전에 지주의 교환 여부
④ 거푸집 해체용 압축강도 확인시험 실시 여부

해설 거푸집 해체 시 확인해야 할 사항
- 수직, 수평부재의 존치기간 준수 여부
- 소요 강도 확보 이전에 지주의 교환 여부
- 거푸집 해체용 압축강도 확인시험 실시 여부

71. 흙의 함수율을 구하기 위한 식으로 옳은 것은?

① (물의 용적/입자의 용적)×100%
② (물의 중량/토립자의 중량)×100%
③ (물의 용적/전체의 용적)×100%
④ (물의 중량/흙 전체의 중량)×100%

해설 함수율=(물의 중량/흙 전체의 중량)
×100%

Tip) 함수비=(물의 중량/토립자의 중량)
×100%

72. 외관검사 결과 불합격된 철근 가스압접 이음부의 조치내용으로 옳지 않은 것은?

① 심하게 구부러졌을 때는 재가열하여 수정한다.
② 압접면의 엇갈림이 규정값을 초과했을 때는 재가열하여 수정한다.
③ 형태가 심하게 불량하거나 또는 압접부에 유해하다고 인정되는 결함이 생긴 경우는 압접부를 잘라내고 재압접한다.
④ 철근 중심축의 편심량이 규정값을 초과했을 때는 압접부를 떼어내고 재압접한다.

해설 ② 압접면의 엇갈림이 규정값을 초과했을 때는 잘라내고 다시 압접한다.

73. 철근이음에 관한 설명으로 옳지 않은 것은?

① 철근의 이음부는 구조내력상 취약점이 되는 곳이다.
② 이음위치는 되도록 응력이 큰 곳을 피하도록 한다.

③ 이음이 한 곳에 집중되지 않도록 엇갈리게 교대로 분산시켜야 한다.
④ 응력 전달이 원활하도록 한 곳에서 철근 수의 반 이상을 이어야 한다.

해설 ④ 응력 전달이 원활하도록 한 곳에서 철근 수의 반 이상을 이어서는 안 된다.

74. 건식 석재공사에 관한 설명으로 옳지 않은 것은?

① 촉구멍 깊이는 기준보다 3mm 이상 더 깊이 천공한다.
② 석재는 두께 30mm 이상을 사용한다.
③ 석재의 하부는 고정용으로, 석재의 상부는 지지용으로 설치한다.
④ 모든 구조재 또는 트러스 철물은 반드시 녹막이 처리한다.

해설 ③ 석재의 하부는 지지용으로, 석재의 상부는 고정용으로 설치한다.

75. 시공의 품질관리를 위한 7가지 도구에 해당되지 않는 것은?

① 파레토그램　　② LOB 기법
③ 특성요인도　　④ 체크시트

해설 ②는 공정관리 방법이다.

76. 다음 중 벽돌공사에 관한 설명으로 옳은 것은?

① 연속되는 벽면의 일부를 트이게 하여 나중 쌓기로 할 때에는 그 부분을 층단 들여쌓기로 한다.
② 모르타르는 벽돌 강도 이하의 것을 사용한다.
③ 1일 쌓기 높이는 1.5m～3.0m를 표준으로 한다.
④ 세로줄눈은 통줄눈이 구조적으로 우수하다.

해설 ② 모르타르는 벽돌 강도 이상의 것을 사용한다.

③ 1일 쌓기 높이는 $1.2m \sim 1.5m$를 표준으로 한다.

④ 세로줄눈은 통줄눈이 되지 않도록 한다.

정답 ①

77. 일반적인 공사의 시공속도에 관한 설명으로 옳지 않은 것은?

① 시공속도를 느리게 할수록 직접비는 증가된다.

② 급속공사를 강행할수록 품질은 나빠진다.

③ 시공속도는 간접비와 직접비의 합이 최소가 되도록 함이 가장 적절하다.

④ 시공속도를 빠르게 할수록 간접비는 감소된다.

해설 ① 시공속도를 빠르게 할수록 직접비는 증가하고, 간접비는 감소된다.

78. 필릿용접(fillet welding)의 단면상 이론 목두께에 해당하는 것은?

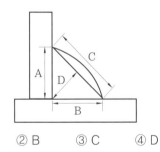

① A ② B ③ C ④ D

해설 필릿용접의 용입 깊이의 치수 표시방법

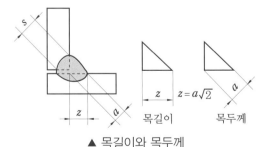

$z = a\sqrt{2}$

목길이   목두께

▲ 목길이와 목두께

79. 지정 및 기초공사 용어에 관한 설명으로 옳지 않은 것은?

① 드레인 재료 : 지반개량을 목적으로 간극수 유출을 촉진하는 수로로서의 역할을 하는 재료

② 슬라임 : 지반을 천공할 때 천공벽 또는 공저에 모인 침전물

③ 히빙 : 굴착면 저면이 부풀어 오르는 현상

④ 원위치 시험 : 현지의 지반과 유사한 지반에서 행하는 시험

해설 ④ 원위치 시험 : 현지의 지표 또는 보링공을 이용하여 직접 현장에서 측정하는 시험

80. 경량 철골공사에서 녹막이 도장에 관한 설명으로 옳지 않은 것은?

① 경량 철골 구조물에 이용되는 강재는 판 두께가 얇아서 녹막이 조치가 불필요하다.

② 강재는 물의 고임에 의해 부식될 수 있기 때문에 부재배치에 충분히 주의하고, 필요에 따라 물구멍을 설치하는 등 부재를 건조상태로 유지한다.

③ 녹막이 도장의 도막은 노화, 타격 등에 의한 화학적, 기계적 열화에 따라 재도장을 할 수 있다.

④ 재도장이 곤란한 건축물 및 녹이 발생하기 쉬운 환경에 있는 건축물의 녹막이는 녹막이 용융 아연도금을 활용한다.

해설 ① 경량 철골 구조물에 이용되는 강재는 판 두께가 얇아서 구조내력의 저하가 현저하기 때문에 녹막이 조치를 해야 한다.

5과목 **건설재료학**

81. 콘크리트에 사용되는 혼화재인 플라이애시에 관한 설명으로 옳지 않은 것은?

① 단위 수량이 커져 블리딩 현상이 증가한다.
② 초기 재령에서 콘크리트 강도를 저하시킨다.
③ 수화 초기의 발열량을 감소시킨다.
④ 콘크리트의 수밀성을 향상시킨다.

해설 ① 단위 수량이 작아 블리딩 현상이 감소한다.

82. 콘크리트의 탄산화에 관한 설명으로 옳지 않은 것은?

① 탄산가스의 농도, 온도, 습도 등 외부 환경 조건도 탄산화 속도에 영향을 준다.
② 물-시멘트비가 클수록 탄산화의 진행속도가 빠르다.
③ 탄산화 된 부분은 페놀프탈레인액을 분무해도 착색되지 않는다.
④ 일반적으로 보통콘크리트가 경량골재 콘크리트보다 탄산화 속도가 빠르다.

해설 ④ 일반적으로 보통콘크리트가 경량골재 콘크리트보다 탄산화 속도가 느리다.
Tip) 경량골재 콘크리트는 내부에 공극이 많아 탄산화 속도가 빠르다.

83. ALC 제품에 관한 설명으로 옳지 않은 것은?

① 보통콘크리트에 비하여 중성화의 우려가 높다.
② 열전도율은 보통콘크리트의 1/10 정도이다.
③ 압축강도에 비해서 휨강도나 인장강도는 상당히 약하다.
④ 흡수율이 낮고 동해에 대한 저항성이 높다.

해설 ④ 흡수율이 높고 동해에 대한 방습처리가 필요하다.

84. 금속 중 연(鉛)에 관한 설명으로 옳지 않은 것은?

① X선 차단 효과가 큰 금속이다.
② 산, 알칼리에 침식되지 않는다.
③ 공기 중에서 탄산연($PbCO_3$) 등이 표면에 생겨 내부를 보호한다.
④ 인장강도가 극히 작은 금속이다.

해설 ② 알칼리에 잘 침식된다.
Tip) 연(鉛) : 납의 비중은 11.34, 용융점은 327.46℃으로 연성이 크며, 방사선실의 방사선 차폐용으로 사용되는 금속이다.

85. 목재의 내연성 및 방화에 대한 설명으로 옳지 않은 것은?

① 목재의 방화는 목재 표면에 불연소성 피막을 도포 또는 형성시켜 화염의 접근을 방지하는 조치를 한다.
② 방화재로는 방화페인트, 규산나트륨 등이 있다.
③ 목재가 열에 달으면 먼저 수분이 증발하고 160℃ 이상이 되면 소량의 가연성 가스가 유출된다.
④ 목재는 450℃에서 장시간 가열하면 자연발화하게 되는데, 이 온도를 화재위험 온도라고 한다.

해설 ④ 목재는 450℃에서 장시간 가열하면 자연발화하게 되는데, 이 온도를 자연발화점이라고 하며, 260℃는 인화점이라고 한다.

86. 회반죽에 여물을 넣는 가장 주된 이유는?

① 균열을 방지하기 위하여
② 점성을 높이기 위하여
③ 경화를 촉진하기 위하여
④ 내수성을 높이기 위하여

해설 소석회에 여물, 모래, 해초풀 등을 넣는 것은 수축균열 방지를 위해서이다.

87. 점토에 관한 설명으로 옳지 않은 것은?

① 가소성은 점토입자가 클수록 좋다.
② 소성된 점토제품의 색상은 철 화합물, 망간 화합물, 소성온도 등에 의해 나타난다.
③ 저온으로 소성된 제품은 화학변화를 일으키기 쉽다.
④ Fe_2O_3 등의 성분이 많으면 건조수축이 커서 고급 도자기 원료로 부적합하다.

해설 ① 가소성은 점토입자가 미세할수록 좋다.

88. 돌로마이트 플라스터에 관한 설명으로 옳지 않은 것은?

① 건조수축에 대한 저항성이 크다.
② 소석회에 비해 점성이 높고 작업성이 좋다.
③ 변색, 냄새, 곰팡이가 없으며 보수성이 크다.
④ 회반죽에 비해 조기강도 및 최종강도가 크다.

해설 ① 건조수축이 커 수축균열이 발생하기 쉽다.

89. 건축용 코킹재의 일반적인 특징에 관한 설명으로 옳지 않은 것은?

① 수축률이 크다.
② 내부의 점성이 지속된다.
③ 내산 · 내알칼리성이 있다.
④ 각종 재료에 접착이 잘 된다.

해설 ① 수축률이 작다.

90. 자갈 시료의 표면수를 포함한 중량이 2100 g이고 표면건조 내부 포화상태의 중량이 2090 g이며 절대건조 상태의 중량이 2070 g이라면 흡수율과 표면수율은 약 몇 %인가?

① 흡수율 : 0.48%, 표면수율 : 0.48%
② 흡수율 : 0.48%, 표면수율 : 1.45%
③ 흡수율 : 0.97%, 표면수율 : 0.48%
④ 흡수율 : 0.97%, 표면수율 : 1.45%

해설 ㉠ 흡수율

$$= \frac{\text{표면건조 포화상태 중량} - \text{절대건조 상태 중량}}{\text{절대건조 상태 중량}} \times 100$$

$$= \frac{2090 - 2070}{2070} \times 100 = 0.97\%$$

㉡ 표면수율

$$= \frac{\text{습윤상태 중량} - \text{표면건조 포화상태 중량}}{\text{표면건조 포화상태 중량}} \times 100$$

$$= \frac{2100 - 2090}{2090} \times 100 = 0.48\%$$

91. ALC(Autoclaved Lightweight Concrete)에 관한 설명으로 옳지 않은 것은?

① 규산질, 석회질 원료를 주원료로 하여 기포제와 발포제를 첨가하여 만든다.
② 경량이며 내화성이 상대적으로 우수하다.
③ 별도의 마감 없이도 수분이 차단되어 주로 외벽에 사용된다.
④ 동일 용도의 건축자재 중 상대적으로 우수한 단열성능을 가지고 있다.

해설 ③ ALC는 습기에 취약하고 동해에 약해 외벽에 사용하기에는 부적합하다.

92. 콘크리트의 블리딩 현상에 의한 성능 저하와 가장 거리가 먼 것은?

① 골재와 시멘트 페이스트의 부착력 저하
② 철근과 시멘트 페이스트의 부착력 저하
③ 콘크리트의 수밀성 저하
④ 콘크리트의 응결성 저하

해설 블리딩 현상은 콘크리트의 응결이 시작하기 전 침하하는 현상이다.

Tip) 블리딩 현상은 콘트리트의 응결과는 관계가 없다.

93. 열가소성 수지 제품은 전기절연성, 가공성이 우수하며 발포제품은 저온 단열재로서 널리 쓰이는 것은?

① 폴리스티렌수지
② 폴리프로필렌수지
③ 폴리에틸렌수지
④ ABS수지

해설 폴리스티렌수지

- 무색투명하고 착색하기 쉬우며, 내수성, 내마모성, 내화학성, 전기절연성, 가공성이 우수하다.
- 단단하나 부서지기 쉽고, 충격에 약하고, 내열성이 적은 단점이 있다.
- 전기용품, 절연재, 저온 단열재로 쓰이고, 건축물의 천장재, 블라인드 등으로 사용한다.

94. 중용열 포틀랜드 시멘트에 관한 설명으로 옳지 않은 것은?

① C_3S나 C_3A가 적고, 장기강도를 지배하는 C_2S를 많이 함유한 시멘트이다.
② 내황산염성이 작기 때문에 댐 공사에는 사용이 불가능하다.
③ 수화속도를 지연시켜 수화열을 작게 한 시멘트이다.
④ 건조수축이 작고 건축용 매스콘크리트에 사용된다.

해설 ② 중용열 포틀랜드 시멘트는 댐, 도로 포장 콘크리트, 원자로 차폐용 콘크리트 등 대형 구조물 시공에 사용된다.

95. 굳지 않은 콘크리트의 성질을 표시한 용액이 아닌 것은?

① 워커빌리티(workability)
② 펌퍼빌리티(pumpability)
③ 플라스티시티(plasticity)
④ 크리프(creep)

해설 굳지 않은 콘크리트의 성질 : 워커빌리티, 펌퍼빌리티, 플라스티시티, 피니셔빌리티 등
Tip) 크리프(creep) : 콘크리트에 외력을 일정하게 가하면 시간의 흐름에 따라 콘크리트의 변형이 증대되는 현상

96. 다음 각 접착제에 관한 설명으로 옳지 않은 것은?

① 페놀수지 접착제는 용제형과 에멀전형이 있고, 멜라민, 초산비닐 등과 공중합시킨 것도 있다.
② 요소수지 접착제는 내열성이 200℃이고 내수성이 매우 크며 전기절연성도 우수하다.
③ 멜라민수지 접착제는 열경화성 수지 접착제로 내수성이 우수하여 내수합판용으로 사용된다.
④ 비닐수지 접착제는 값이 저렴하여 작업성이 좋으며, 에멀전형은 카세인의 대용품으로 사용된다.

해설 ② 요소수지 접착제는 비닐계 접착제보다는 크지만 비교적 내수성이 부족하고 값이 저렴하다.

97. 목재의 성질에 관한 설명으로 옳지 않은 것은?

① 물속에 담가 둔 목재, 땅속 깊이 묻은 목재 등은 산소 부족으로 균의 생육이 정지되고 썩지 않는다.
② 목재의 함유 수분 중 자유수는 목재의 물리적 또는 기계적 성질에 많은 영향을 끼친다.
③ 목재는 열전도도가 아주 낮아 여러 가지 보온재료로 사용된다.

④ 목재는 섬유포화점 이상의 함수상태에서는 함수율의 증감에도 불구하고 신축을 일으키지 않는다.

해설 ② 목재의 함유 수분 중 자유수는 목재의 중량과 함수율에 영향을 끼친다.
Tip) 목재의 함유 수분 중 자유수는 목재의 물리적, 기계적 성질과는 관계가 없다.

98. 비철금속의 성질 또는 용도에 관한 설명 중 옳지 않은 것은?

① 동은 전연성이 풍부하므로 가공하기 쉽다.
② 납은 산이나 알칼리에 강하므로 콘크리트에 침식되지 않는다.
③ 아연은 이온화 경향이 크고 철에 의해 침식된다.
④ 대부분의 구조용 특수강은 니켈을 함유한다.

해설 ② 납은 알칼리에 잘 침식되므로 콘크리트에 침식된다.

99. 소석회에 모래, 해초풀, 여물 등을 혼합하여 바르는 미장재료로서 목조바탕, 콘크리트 블록 및 벽돌바탕 등에 사용되는 것은?

① 회반죽
② 돌로마이트 플라스터
③ 시멘트 모르타르
④ 석고 플라스터

해설 회반죽은 소석회에 여물, 모래, 해초풀 등을 넣어 반죽한 것으로 회반죽에 석고를 약간 혼합하면 수축균열을 방지할 수 있는 효과가 있다.

100. 골재의 함수상태에 관한 설명으로 옳지 않은 것은?

① 유효흡수량이란 절건상태와 기건상태의 골재 내에 함유된 수량의 차를 말한다.

② 함수량이란 습윤상태의 골재의 내외에 함유하는 전체 수량을 말한다.
③ 흡수량이란 표면건조 내부 포수상태의 골재 중에 포함하는 수량을 말한다.
④ 표면수량이란 함수량과 흡수량의 차를 말한다.

해설 골재의 유효흡수량 : 대기 중 건조상태에서 골재의 입자가 표면건조 포화상태로 되기까지의 유효흡수량이다.

6과목 **건설안전기술**

101. 유해 · 위험방지 계획서를 제출해야 될 대상공사의 기준으로 옳은 것은?

① 최대 지간길이가 50m 이상인 교량 건설 등의 공사
② 다목적 댐, 발전용 댐 및 저수용량 1천만 톤 이상의 용수 전용 댐, 지방상수도 전용 댐 등의 공사
③ 깊이가 8m 이상인 굴착공사
④ 연면적 3000㎡ 이상의 냉동 · 냉장창고시설의 설비공사 및 단열공사

해설 ② 다목적 댐, 발전용 댐 및 저수용량 2천만 톤 이상의 용수 전용 댐, 지방상수도 전용 댐 건설 등의 공사
③ 깊이 10m 이상인 굴착공사
④ 연면적 5000㎡ 이상인 냉동 · 냉장창고시설의 설비공사 및 단열공사

102. 건설작업장에서 재해예방을 위해 작업 조건에 따라 근로자에게 지급하고 착용하도록 하여야 할 보호구로 옳지 않은 것은?

① 물체가 떨어지거나 날아올 위험 또는 근로자가 추락할 위험이 있는 작업 : 안전모

정답 98. ② 99. ① 100. ① 101. ① 102. ③

② 높이 또는 깊이 2m 이상의 추락할 위험이 있는 장소에서 하는 작업 : 안전대

③ 용접 시 불꽃이나 물체가 흩날릴 위험이 있는 작업 : 보안경

④ 물체의 낙하 · 충격, 물체에의 끼임, 감전 또는 정전기의 대전에 의한 위험이 있는 작업 : 안전화

해설 ③ 용접 시 불꽃이나 물체가 흩날릴 위험이 있는 작업 : 보안면

103. 다음은 가설통로를 설치하는 경우의 준수사항이다. ( ) 안에 알맞은 숫자를 고르면?

> 건설공사에 사용하는 높이 8m 이상인 비계다리에는 ( )m 이내마다 계단참을 설치할 것

① 7　　　② 6　　　③ 5　　　④ 4

해설 높이 8m 이상인 비계다리에는 7m 이내마다 계단참을 설치할 것

104. 보통흙의 건조된 지반을 흙막이 지보공 없이 굴착하려 할 때 적합한 굴착면의 기울기 기준으로 옳은 것은?

① 1 : 1～1 : 1.5　　② 1 : 0.5～1 : 1
③ 1 : 1.8　　　　　④ 1 : 2

해설 보통흙의 건조된 지반 굴착면의 기울기는 1 : 0.5～1 : 1이다.

105. 건설작업장에서 근로자가 상시 작업하는 장소의 작업면 조도기준으로 옳지 않은 것은? (단, 갱내 작업장과 감광재료를 취급하는 작업장의 경우는 제외)

① 초정밀작업 : 600럭스(lux) 이상
② 정밀작업 : 300럭스(lux) 이상

③ 보통작업 : 150럭스(lux) 이상
④ 초정밀, 정밀, 보통작업을 제외한 기타작업 : 75럭스(lux) 이상

해설 조명(조도)기준
• 초정밀작업 : 750lux 이상
• 정밀작업 : 300lux 이상
• 보통작업 : 150lux 이상
• 기타작업 : 75lux 이상

106. 중량물을 운반할 때의 바른 자세로 옳은 것은?

① 허리를 구부리고 양손으로 들어 올린다.
② 중량은 보통 체중의 60%가 적당하다.
③ 물건은 최대한 몸에서 멀리 떼어서 들어 올린다.
④ 길이가 긴 물건은 앞쪽을 높게 하여 운반한다.

해설 인력운반 안전기준
• 중량물의 무게는 25kg 정도의 적절한 무게로 무리한 운반을 금지한다.
• 2인 이상의 팀이 되어 어깨메기로 운반하는 등 안전하게 운반한다.
• 길이가 긴 물건을 운반 시 앞쪽을 높게 하여 어깨에 메고 뒤쪽 끝을 끌면서 운반한다.
• 여러 개의 물건을 운반 시 묶어서 운반한다.
• 내려놓을 때는 던지지 말고 천천히 내려놓는다.
• 공동작업 시 신호에 따라 작업한다.

107. 거푸집 동바리의 침하를 방지하기 위한 직접적인 조치로 옳지 않은 것은?

① 수평연결재 사용　　② 깔목의 사용
③ 콘크리트의 타설　　④ 말뚝박기

해설 연직하중에 대한 조치로서 깔목의 사용, 콘크리트의 타설, 말뚝박기 등은 동바리의 침하를 방지하기 위한 직접적인 조치이다.

정답 103. ①　104. ②　105. ①　106. ④　107. ①

108. 그물코의 크기가 10cm인 매듭 없는 방망사 신품의 인장강도는 최소 얼마 이상이어야 하는가?

① 240kg ② 320kg
③ 400kg ④ 500kg

해설 그물코의 크기가 10cm인 매듭 없는 방망사 신품의 인장강도 : 240kg

109. 로프 길이 2m의 안전대를 착용한 근로자가 추락으로 인한 부상을 당하지 않기 위한 지면으로부터 안전대 고정점까지의 높이(H)의 기준으로 옳은 것은? (단, 로프의 신율은 30%, 근로자의 신장은 180cm이다.)

① $H > 1.5m$ ② $H > 2.5m$
③ $H > 3.5m$ ④ $H > 4.5m$

해설 높이(H)

$$= 로프\ 길이 + 로프\ 신장길이 + \frac{작업자\ 키}{2}$$

$$= 2 + (2 \times 0.3) + \frac{1.8}{2} = 3.5m$$

Tip) (안전)$H > 3.5m > H$(중상 또는 사망)

110. 말비계를 조립하여 사용하는 경우에 지주부재와 수평면의 기울기는 최대 몇 도 이하로 하여야 하는가?

① 30° ② 45°
③ 60° ④ 75°

해설 지주부재와 수평면과의 기울기는 75° 이하로 할 것

111. 터널공사에서 발파작업 시 안전 대책으로 옳지 않은 것은?

① 발파 전 도화선 연결 상태, 저항치 조사 등의 목적으로 도통시험 실시 및 발파기의 작동상태에 대한 사전점검 실시

② 모든 동력선은 발원점으로부터 최소한 15m 이상 후방으로 옮길 것

③ 지질, 암의 절리 등에 따라 화약량에 대한 검토 및 시방기준과 대비하여 안전조치 실시

④ 발파용 점화회선은 타동력선 및 조명회선과 한 곳으로 통합하여 관리

해설 ④ 발파용 점화회선은 타동력선 및 조명회선과 각각 분리하여 관리한다.

112. 이동식 크레인을 사용하여 작업을 할 때 작업시작 전 점검사항이 아닌 것은?

① 주행로의 상측 및 트롤리(trolley)가 횡행하는 레일의 상태

② 권과방지장치 그 밖의 경보장치의 기능

③ 브레이크·클러치 및 조정장치의 기능

④ 와이어로프가 통하고 있는 곳 및 작업장소의 지반상태

해설 ①은 크레인 작업시작 전 점검사항

113. 표준 안전난간의 설치장소가 아닌 것은?

① 흙막이 지보공의 상부
② 중량물 취급 개구부
③ 작업대
④ 리프트 입구

해설 표준 안전난간의 설치장소 : 흙막이 지보공의 상부, 중량물 취급 개구부, 작업대, 경사로 등

114. 토사붕괴의 외적원인으로 볼 수 없는 것은?

① 사면, 법면의 경사 증가
② 절토 및 성토 높이의 증가
③ 토사의 강도 저하
④ 공사에 의한 진동 및 반복하중의 증가

해설 ③은 토사붕괴의 내적원인

정답 108. ① 109. ③ 110. ④ 111. ④ 112. ① 113. ④ 114. ③

115. 동바리로 사용하는 파이프 서포트는 최대 몇 개 이상 이어서 사용하지 않아야 하는가?

① 2개   ② 3개   ③ 4개   ④ 5개

해설 동바리로 사용하는 파이프 서포트는 3개 이상 이어서 사용하지 않도록 할 것

116. 철골작업 시 기상 조건에 따라 안전상 작업을 중지하여야 하는 경우에 해당되는 기준으로 옳은 것은?

① 강우량이 시간당 5mm 이상인 경우
② 강우량이 시간당 10mm 이상인 경우
③ 풍속이 초당 10m 이상인 경우
④ 강설량이 시간당 20mm 이상인 경우

해설 철골공사 시 작업 중지 기준
- 풍속이 10m/sec 이상인 경우
- 1시간당 강우량이 1mm 이상인 경우
- 1시간당 강설량이 1cm 이상인 경우

117. 산소결핍이라 함은 공기 중 산소농도가 몇 퍼센트(%) 미만일 때를 의미하는가?

① 20%   ② 18%
③ 15%   ④ 10%

해설 산소결핍이란 공기 중 산소의 농도가 18% 미만인 상태를 의미한다.

118. 산업안전보건관리비 계상 및 사용기준에 따른 공사 종류별 계상기준으로 옳은 것은? (단, 철도 · 궤도 신설공사이고, 대상액이 5억 원 미만인 경우)

① 1.85%   ② 2.45%
③ 3.09%   ④ 3.43%

해설 철도 · 궤도 신설공사이고, 대상액이 5억 원 미만인 경우 계상기준은 2.45%이다.

119. 항타기 또는 항발기의 사용 시 준수사항으로 옳지 않은 것은?

① 해머의 운동에 의하여 증기호스 또는 공기호스와 해머의 접속부가 파손되거나 벗겨지는 것을 방지하기 위하여 그 접속부가 아닌 부위를 선정하여 증기호스 또는 공기호스를 해머에 고정시킨다.
② 증기나 공기를 차단하는 장치를 작업지휘자가 쉽게 조작할 수 있는 위치에 설치한다.
③ 항타기 또는 항발기의 권상장치의 드럼에 권상용 와이어로프가 꼬인 경우에는 와이어로프에 하중을 걸어서는 아니 된다.
④ 항타기 또는 항발기의 권상장치에 하중을 건 상태로 정지하여 두는 경우에는 쐐기장치 또는 역회전방지용 브레이크를 사용하여 제동하는 등 확실하게 정지시켜 두어야 한다.

해설 ② 증기나 공기를 차단하는 장치를 운전자가 쉽게 조작할 수 있는 위치에 설치한다.

120. 구축물이 풍압 · 지진 등에 의하여 붕괴 또는 전도하는 위험을 예방하기 위한 조치와 가장 거리가 먼 것은?

① 설계도서에 따라 시공했는지 확인
② 건설공사 시방서에 따라 시공했는지 확인
③ 「건축물의 구조기준 등에 관한 규칙」에 따른 구조기준을 준수했는지 확인
④ 보호구 및 방호장치의 성능검정 합격품을 사용했는지 확인

해설 ①, ②, ③은 구축물 풍압 · 지진 등에 의한 위험을 예방하기 위한 조치사항

제3회 CBT 실전문제

|건|설|안|전|기|사|

1과목 **산업안전관리론**

1. 다음 재해사례의 분석 내용으로 옳은 것은?

> 작업자가 벽돌을 손으로 운반하던 중, 벽돌을 떨어뜨려 발등을 다쳤다.

① 사고유형 : 낙하, 기인물 : 벽돌, 가해물 : 벽돌
② 사고유형 : 충돌, 기인물 : 손, 가해물 : 벽돌
③ 사고유형 : 비래, 기인물 : 사람, 가해물 : 손
④ 사고유형 : 추락, 기인물 : 손, 가해물 : 벽돌

해설 • 사고유형 : 낙하
• 기인물(벽돌) : 재해 발생의 주원인으로 근원이 되는 기계, 장치, 기구, 환경 등
• 가해물(벽돌) : 직접 인간에게 접촉하여 피해를 주는 기계, 장치, 기구, 환경 등

2. 산업안전보건법령상 안전 · 보건표지의 색채와 사용사례의 연결이 틀린 것은?

① 빨간색(7.5R 4/14)−탑승금지
② 파란색(2.5PB 4/10)−방진마스크 착용
③ 녹색(2.5G 4/10)−비상구
④ 노란색(5Y 6.5/12)−인화성물질 경고

해설 ④ 노란색(5Y 8.5/12)−주의표지

3. 산업안전보건법령상 내전압용 절연장갑의 성능기준에 있어 절연장갑의 등급과 최대사용전압이 옳게 연결된 것은? (단, 전압은 교류로 실효값을 의미한다.)

① 00등급 : 500V
② 0등급 : 1500V
③ 1등급 : 11250V
④ 2등급 : 25500V

해설 절연장갑의 등급 및 최대사용전압

등급	등급별 색상	최대사용전압		비고
		교류(V)	직류(V)	
00	갈색	500	750	직류값 : 교류값 = 1 : 1.5
0	빨간색	1000	1500	
1	흰색	7500	11250	
2	노란색	17000	25500	
3	녹색	26500	39750	
4	등색	36000	54000	

4. 산업안전보건법령상 안전보건관리규정에 포함해야 할 내용이 아닌 것은?

① 안전보건교육에 관한 사항
② 사고 조사 및 대책 수립에 관한 사항
③ 안전보건관리조직과 그 직무에 관한 사항
④ 산업재해보상보험에 관한 사항

해설 ④는 관리감독자의 정기안전보건교육 내용

5. 강도율 1.25, 도수율 10인 사업장의 평균강도율은?

① 8   ② 10   ③ 12.5   ④ 125

해설 평균강도율 $= \dfrac{\text{강도율}}{\text{도수율}} \times 1000$

$= \dfrac{1.25}{10} \times 1000 = 125$

6. 재해의 간접원인 중 기초원인에 해당하는 것은?

① 불안전한 상태   ② 관리적 원인
③ 신체적 원인   ④ 불안전한 행동

정답 1. ①   2. ④   3. ①   4. ④   5. ④   6. ②

해설 • 기초원인 : 관리적 원인, 학교 교육적
원인, 사회적 원인, 역사적 원인
• 1차 물적원인 : 불안전한 상태
• 1차 인적원인 : 불안전한 행동
• 2차 원인 : 신체적 원인, 정신적 원인, 안
전 교육적 원인

7. 보호구 안전인증 고시에 따른 안전블록이
부착된 안전대의 구조기준 중 안전블록의 줄
은 와이어로프인 경우 최소지름이 몇 mm 이
상이어야 하는가?

① 2　　　② 4　　　③ 8　　　④ 10

해설 안전블록의 줄은 와이어로프인 경우 최
소지름이 4mm 이상이어야 한다.

8. 산업안전보건법령에 따른 안전 · 보건에 관
한 노사협의체의 사용자위원 구성기준 중 틀
린 것은?

① 해당 사업의 대표자
② 안전관리자 1명
③ 공사금액이 20억 원 이상인 도급 또는 하도
급 사업의 사업주
④ 근로자 대표가 지명하는 명예감독관 1명

해설 ④는 근로자위원에 해당한다.

9. 안전보건관리조직에 있어 100명 미만의 조
직에 적합하며, 안전에 관한 지시나 조치가
철저하고 빠르게 전달되나 전문적인 지식과
기술이 부족한 조직의 형태는?

① 라인 · 스탭형　　　② 스탭형
③ 라인형　　　　　　④ 관리형

해설 라인형(line) 조직(직계형 조직)
• 100인 이하의 소규모 사업장에 적용한다.
• 생산과 안전을 동시에 지시하는 형태이다.
• 장점은 명령 및 지시가 신속 · 정확하다.

• 단점은 안전정보가 불충분하며, 라인에 과
도한 책임이 부여될 수 있다.

10. 안전대의 완성품 및 각 부품의 동하중 시
험성능기준 중 충격흡수장치의 최대 전달충
격력은 몇 kN 이하이어야 하는가?

① 6　　　② 7.84　　　③ 11.28　　　④ 5

해설 안전대 등의 충격흡수장치의 최대 전달
충격력은 6kN 이하이어야 한다.

11. 시설물의 안전 및 유지관리에 관한 특별법
상 국토교통부장관은 시설물이 안전하게 유
지관리 될 수 있도록 하기 위하여 몇 년마다
시설물의 안전 및 유지관리에 관한 기본계획
을 수립 · 시행하여야 하는가?

① 1년　　　② 2년　　　③ 3년　　　④ 5년

해설 국토교통부장관은 시설물이 안전하게
유지관리 될 수 있도록 하기 위하여 5년마다
시설물의 안전 및 유지관리에 관한 기본계획
을 수립 · 시행하여야 한다.

12. 산업안전보건법령상 안전보건관리규정의
작성대상 사업의 사업주는 안전보건관리규
정을 작성하여야 할 사유가 발생한 날부터
며칠 이내에 안전보건관리규정의 세부 내용
을 포함한 안전보건관리규정을 작성하여야
하는가?

① 10　　　② 15　　　③ 20　　　④ 30

해설 안전보건관리규정을 작성하여야 할 사
유가 발생한 날부터 30일 이내에 안전보건관
리규정의 세부 내용을 포함하여 작성하여야
한다.

13. 다음 중 하인리히의 재해손실비의 평가방
식에 있어서 간접비에 해당하지 않는 것은?

정답 7. ②　8. ④　9. ③　10. ①　11. ④　12. ④　13. ①

① 사망 시 장의비용
② 신규직원 섭외비용
③ 재해로 인한 본인의 시간손실비용
④ 시설복구로 소비된 재산손실비용

해설 ①은 직접비

14. 연평균 근로자 수가 1100명인 사업장에서 한 해 동안 17명의 사상자가 발생하였을 경우 연천인율은 약 얼마인가? (단, 근로자가 1일 8시간, 연간 250일을 근무하였다.)

① 7.73　　　　② 13.24
③ 15.45　　　　④ 18.55

해설 연천인율 $= \dfrac{\text{연간 재해자 수}}{\text{연평균 근로자 수}} \times 1000$

$= \dfrac{17}{1100} \times 1000 = 15.45$

15. 추락 및 감전위험방지용 안전모의 성능기준 중 일반구조 기준으로 틀린 것은?

① 턱끈의 폭은 10mm 이상일 것
② 안전모의 수평 간격은 1mm 이내일 것
③ 안전모는 모체, 착장체 및 턱끈을 가질 것
④ 안전모의 착용 높이는 85mm 이상이고 외부 수직거리는 80mm 미만일 것

해설 ② 안전모의 수평 간격은 5mm 이상일 것

16. 버드(Frank Bird)의 새로운 도미노 이론으로 연결이 옳은 것은?

① 제어의 부족 → 기본원인 → 직접원인 → 사고 → 상해
② 관리구조 → 작전적 에러 → 전술적 에러 → 사고 → 상해
③ 유전과 환경 → 인간의 결함 → 불안전한 행동 및 상태 → 재해 → 상해
④ 유전적 요인 및 사회적 환경 → 개인적 결함 → 불안전한 행동 및 상태 → 사고 → 상해

해설 버드(Bird)의 최신 연쇄성 이론

1단계	2단계	3단계	4단계	5단계
제어 부족 (관리)	기본 원인 (기원)	직접 원인 (징후)	사고 (접촉)	상해 (손해)

17. 매슬로우의 욕구 5단계 이론 중 2단계에 해당하는 것은?

① 생리적 욕구
② 사회적(애정적) 욕구
③ 안전에 대한 욕구
④ 존경과 긍지에 대한 욕구

해설 매슬로우(Maslow)의 욕구 5단계

1단계	2단계	3단계	4단계	5단계
생리적 욕구	안전 욕구	사회적 욕구	존경의 욕구	자아실현의 욕구

18. 무재해운동 기본이념의 3원칙이 아닌 것은?

① 무의 원칙　　② 상황의 원칙
③ 참가의 원칙　　④ 선취의 원칙

해설 무재해운동 이념 3원칙 : 무의 원칙, 참가의 원칙, 선취해결의 원칙

19. 산업안전보건기준에 관한 규칙에 따른 근로자가 상시 작업하는 장소의 작업면의 최소 조도기준으로 옳은 것은? (단, 갱내 작업장과 감광재료를 취급하는 작업장은 제외한다.)

① 초정밀작업 : 1000럭스 이상
② 정밀작업 : 500럭스 이상
③ 보통작업 : 150럭스 이상
④ 그 밖의 작업 : 50럭스 이상

해설 조명(조도)수준
- 초정밀작업 : 750lux 이상
- 정밀작업 : 300lux 이상
- 보통작업 : 150lux 이상
- 그 밖의 일반작업 : 75lux 이상

20. 방독마스크 정화통의 종류와 외부 측면 색상의 연결이 옳은 것은?

① 유기화합물−노란색
② 할로겐용−회색
③ 아황산용−녹색
④ 암모니아용−갈색

해설 ① 유기화합물−갈색
③ 아황산용−노란색
④ 암모니아용−녹색

2과목 **산업심리 및 교육**

21. 피로의 측정 분류 시 감각기능검사(정신·신경기능검사)의 측정대상 항목으로 가장 적합한 것은?

① 혈압 　　　　② 심박수
③ 에너지 대사율　④ 플리커

해설 플리커 검사(융합점멸주파수)는 피곤해지면 눈이 둔화되는 성질을 이용한 피로의 정도 측정법이다.

22. 동기부여에 관한 이론 중 동기부여 요인을 중요시하는 내용이론에 해당하지 않는 것은?

① 브룸의 기대이론
② 알더퍼의 ERG 이론
③ 매슬로우의 욕구위계설
④ 허츠버그의 2요인 이론(이원론)

해설 브룸의 기대이론 : 의사결정을 하는 인지적 요소와 의사결정을 위해 동기부여 하는 과정에 대한 이론이다.

23. 생활하고 있는 현실적인 장면에서 당면하는 여러 문제들에 대한 해결방안을 찾아내는 것으로 지식, 기능, 태도, 기술 등을 종합적으로 획득하도록 하는 학습방법으로 옳은 것은?

① 롤 플레잉(role playing)
② 문제법(problem method)
③ 버즈세션(buzz session)
④ 케이스 메소드(case method)

해설 문제법 : 생활하고 있는 현실에서 당면하는 문제들에 대한 해결방안을 찾아내는 것으로 지식, 기능, 태도, 기술 등을 종합적으로 획득하는 학습방법이다.

24. 안전교육 시 강의안의 작성원칙에 해당되지 않는 것은?

① 구체적　② 논리적　③ 실용적　④ 추상적

해설 강의안의 작성원칙은 구체적, 논리적, 실용적이며, 쉽게 작성하여야 한다.

25. 주의(attention)에 대한 특성으로 가장 거리가 먼 것은?

① 고도의 주의는 장시간 지속할 수 없다.
② 주의와 반응의 목적은 대부분의 경우 서로 독립적이다.
③ 동시에 두 가지 일에 중복하여 집중하기 어렵다.
④ 여러 종류의 자극을 지각할 때 소수의 특정한 것을 선택하여 집중한다.

해설 주의의 특성
- 고도의 주의는 장시간에 걸쳐 집중이 어렵다.

- 주의가 집중이 되면 주의의 영역은 좁아진다.
- 주의는 동시에 2개 이상의 방향에 집중이 어렵다.
- 주의의 방향과 시선의 방향이 일치할수록 주의의 정도가 높다.

26. 사고 경향성 이론에 관한 설명으로 틀린 것은?

① 개인의 성격보다는 특정 환경에 의해 훨씬 더 사고가 일어나기 쉽다.
② 어떠한 사람이 다른 사람보다 사고를 더 잘 일으킨다는 이론이다.
③ 사고를 많이 내는 여러 명의 특성을 측정하여 사고를 예방하는 것이다.
④ 검증하기 위한 효과적인 방법은 다른 두 시기 동안에 같은 사람의 사고 기록을 비교하는 것이다.

해설 ① 환경보다는 개인의 성격에 의해 훨씬 더 사고가 일어나기 쉽다.

27. 단조로운 업무가 장시간 지속될 때 작업자의 감각기능 및 판단능력이 둔화 또는 마비되는 현상은?

① 착각 현상   ② 망각 현상
③ 피로 현상   ④ 감각 차단 현상

해설 감각 차단 현상 : 단조로운 업무가 장시간 지속될 때 작업자의 감각기능 및 판단능력이 둔화 또는 마비되는 현상

28. 현장의 관리감독자 교육을 위하여 가장 바람직한 교육방식은?

① 강의식(lectuer method)
② 토의식(discussion method)
③ 시범(demonstration method)
④ 자율식(self−instruction method)

해설 토의식 교육방식은 현장의 관리감독자 교육방식이다.

29. 강의식 교육에 있어 일반적으로 가장 많은 시간이 소요되는 단계는?

① 도입   ② 제시
③ 적용   ④ 확인

해설 안전교육방법의 4단계

제1단계	제2단계	제3단계	제4단계
도입 : 학습할 준비	제시 : 작업설명	적용 : 작업진행	확인 : 결과
강의식 5분	강의식 40분	강의식 10분	강의식 5분
토의식 5분	토의식 10분	토의식 40분	토의식 5분

30. 교육심리학에 있어 일반적으로 기억과정의 순서를 나열한 것으로 맞는 것은?

① 파지 → 재생 → 재인 → 기명
② 파지 → 재생 → 기명 → 재인
③ 기명 → 파지 → 재생 → 재인
④ 기명 → 파지 → 재인 → 재생

해설 기억의 과정

1단계	2단계	3단계	4단계
기명	파지	재생	재인

31. 호손 실험(Hawthorne experiment)의 결과 작업자의 작업능률에 영향을 미치는 주요 원인으로 밝혀진 것은?

① 인간관계   ② 작업 조건
③ 작업환경   ④ 생산기술

해설 호손 실험 : 작업자의 태도, 감독자, 비공식 집단 등의 물리적 작업 조건보다 인간관계(심리적 태도, 감정)에 의해 생산성 향상에 영향을 미친다는 결론이다.

32. 다른 사람의 행동 양식이나 태도를 자기에게 투입하거나 그와 반대로 다른 사람 가운데서 자기의 행동 양식이나 태도와 비슷한 것을 발견하는 것은?

① 모방(imitation)
② 투사(projection)
③ 암시(suggestion)
④ 동일시(identification)

해설 동일화 : 다른 사람의 행동 양식이나 태도를 투입시키거나 다른 사람 가운데서 본인과 비슷한 점을 발견하는 것

33. 다음 설명에 해당하는 안전교육방법은?

> ATP라고도 하며, 당초 일부회사의 톱 매니지먼트(top management)에 대하여만 행하여졌으나, 그 후 널리 보급되었으며, 정책의 수립, 조직, 통제 및 운영 등의 교육내용을 다룬다.

① TWI(Training Within Industry)
② CCS(Civil Communication Section)
③ MTP(Management Training Program)
④ ATT(American Telephone & Telegram Co.)

해설 CCS : 강의법에 토의법이 가미된 것으로 정책의 수립, 조직, 통제 및 운영으로 되어 있다.

34. 허츠버그(Herzberg)의 2요인 이론 중 동기요인(motivator)에 해당하지 않는 것은?

① 성취　　　② 작업 조건
③ 인정　　　④ 작업 자체

해설 작업 조건, 임금수준, 감독 형태, 보수, 지위 등은 위생요인이다.

35. 정신상태 불량으로 일어나는 안전사고 요인 중 개성적 결함요소에 해당하는 것은?

① 극도의 피로
② 과도한 자존심
③ 근육운동의 부적합
④ 육체적 능력의 초과

해설 과도한 자존심과 자만심은 개성적 결함요소이다.

Tip) 정신력과 관계되는 생리적 현상
- 극도의 피로
- 신경계통의 이상
- 육체적 능력의 초과
- 시력 및 청각의 이상
- 근육운동의 부적합

36. 강의법 교육과 비교하여 모의법(simulation method) 교육의 특징으로 맞는 것은?

① 시간의 소비가 거의 없다.
② 시설의 유지비가 저렴하다.
③ 학생 대비 교사의 비율이 작다.
④ 단위 시간당 교육비가 많이 든다.

해설 모의법(simulation method) 교육의 특징
- 시간의 소비가 많다.
- 시설의 유지비가 많이 소요된다.
- 학생 대 교사의 비율이 높다.
- 단위 시간당 교육비가 많이 든다.

Tip) 모의법 : 실제의 장면을 극히 유사하게 인위적으로 만들어 그 속에서 학습하도록 하는 교육방법

37. 피로 단계 중 이상발한, 구갈, 두통, 탈력감이 있고, 특히 관절이나 근육통이 수반되어 신체를 움직이기 귀찮아지는 단계는?

① 잠재기　　② 현재기
③ 진행기　　④ 축적피로기

해설 피로 단계

1단계	2단계	3단계	4단계
잠재기	현재기	진행기	축적피로기

38. 프로그램 학습법(programmed self – instruction method)의 장점이 아닌 것은?

① 학습자의 사회성을 높이는데 유리하다.

② 한 강사가 많은 수의 학습자를 지도할 수 있다.

③ 지능, 학습적성, 학습속도 등 개인차를 충분히 고려할 수 있다.

④ 매 반응마다 피드백이 주어지기 때문에 학습자가 흥미를 갖는다.

해설 ① 학습자가 혼자서 학습하므로 사회성이 결여되기 쉬운 것이 단점이다.

39. 헤드십에 관한 설명 중 맞는 것은?

① 권위주의적이기보다는 민주주의적 지휘형태를 따른다.

② 리더십 중 최고의 통솔력을 발휘하는 리더십이다.

③ 공식적인 규정에 의거하여 권한의 귀속범위가 결정된다.

④ 전문적 지식을 발휘해 조직구성원들을 결집시키는 리더십이다.

해설 헤드십의 권한 귀속은 공식 규정에 의한다.

40. 산업안전보건법령상 근로자 안전보건교육 중 특별교육대상 작업에 해당하지 않는 것은?

① 굴착면의 높이가 5m 되는 지반 굴착작업

② 콘크리트 파쇄기를 사용하여 5m의 구축물을 파쇄하는 작업

③ 흙막이 지보공의 보강 또는 동바리를 설치하거나 해체하는 작업

④ 휴대용 목재가공기계를 3대 보유한 사업장에서 해당 기계로 하는 작업

해설 ④ 휴대용 목재가공기계를 5대 보유한 사업장이 특별안전·보건교육 대상이다.

3과목	인간공학 및 시스템 안전공학

41. 산업안전보건법령에 따라 기계·기구 및 설비의 설치·이전 등으로 인해 유해·위험방지 계획서를 제출하여야 하는 대상에 해당하지 않는 것은?

① 건조설비

② 공기압축기

③ 화학설비

④ 가스집합 용접장치

해설 ②는 유해·위험방지를 위한 방호조치가 필요한 기계·기구

42. 다음 중 안전성 평가 단계가 순서대로 올바르게 나열된 것으로 옳은 것은?

① 정성적 평가–정량적 평가–FTA에 의한 재평가–재해정보로부터의 재평가–안전 대책

② 정량적 평가–재해정보로부터의 재평가–관계 자료의 작성 준비–안전 대책–FTA에 의한 재평가

③ 관계 자료의 작성 준비–정성적 평가–정량적 평가–안전 대책–재해정보로부터의 재평가–FTA에 의한 재평가

④ 정량적 평가–재해정보로부터의 재평가–FTA에 의한 재평가–관계 자료의 작성 준비–안전 대책

부록 실전문제

해설 안전성 평가의 6단계

1단계	2단계	3단계	4단계	5단계	6단계
관계자료 작성 준비	정성적 평가	정량적 평가	안전 대책 수립	재해 정보에 의한 재평가	FTA에 의한 재평가

43. 소음방지 대책에 있어 가장 효과적인 방법은?

① 음원에 대한 대책
② 수음자에 대한 대책
③ 전파경로에 대한 대책
④ 거리감쇠와 지향성에 대한 대책

해설 소음방지 대책
- 소음원의 통제 : 기계설계 단계에서 소음에 대한 반영, 차량에 소음기 부착 등
- 소음의 격리 : 방, 장벽, 창문, 소음차단벽 등을 사용
- 차폐장치 및 흡음재 사용
- 배경음악 및 음향처리제 사용
- 저소음기계로 대체하고 적절히 배치(layout)시킨다.
- 소음 발생원을 제거하거나 밀폐, 소음의 경로를 차단한다.
- 방음보호구 사용 : 귀마개, 귀덮개 등을 사용한다(소극적인 대책).

44. 다음 중 결함수 분석의 기대 효과와 가장 관계가 먼 것은?

① 시스템의 결함 진단
② 시간에 따른 원인 분석
③ 사고 원인 규명의 간편화
④ 사고 원인 분석의 정량화

해설 결함수 분석(FTA)의 기대 효과
- 시스템의 결함 진단
- 사고 원인 규명의 간편화

- 사고 원인 분석의 정량화
- 사고 원인 분석의 일반화
- 안전점검 체크리스트 작성
- 노력, 시간의 절감

45. 인체계측자료의 응용원칙 중 조절범위에서 수용하는 통상의 범위는 얼마인가?

① 5~95%tile
② 20~80%tile
③ 30~70%tile
④ 40~60%tile

해설 조절식 설계를 기준으로 한 설계 : 크고 작은 많은 사람에 맞도록 만들며, 조절범위는 통상 5~95%로 설계한다.

46. 정신적 작업부하에 관한 생리적 척도에 해당하지 않는 것은?

① 부정맥 지수
② 근전도
③ 점멸융합주파수
④ 뇌파도

해설 근전도(EMG : electromyogram) : 국부적 근육활동이다.

47. 100분 동안 8kcal/min으로 수행되는 삽질작업을 하는 40세의 남성 근로자에게 제공되어야 할 적합한 휴식시간은 얼마인가? (단, Murrel의 공식 적용)

① 10.00분
② 46.15분
③ 51.77분
④ 85.71분

해설 휴식시간(R)＝작업시간$\times \dfrac{E-5}{E-1.5}$

$=100\times\dfrac{8-5}{8-1.5}=46.15$분

48. 수공구 설계의 원리로 틀린 것은?

① 양손잡이를 모두 고려하여 설계한다.
② 손바닥 부위에 압박을 주는 손잡이 형태로 설계한다.

③ 손잡이의 길이는 95% 남성의 손 폭을 기준으로 한다.

④ 동력공구 손잡이는 최소 두 손가락 이상으로 작동하도록 설계한다.

해설 ② 손잡이는 손바닥의 접촉면적을 크게 설계하여 손바닥 부위에 압박이 가해지지 않도록 한다.

49. FMEA에서 고장평점을 결정하는 5가지 평가요소에 해당하지 않는 것은?

① 생산능력의 범위
② 고장 발생의 빈도
③ 고장방지의 가능성
④ 영향을 미치는 시스템의 범위

해설 FMEA 고장평점의 5가지 평가요소
• 기능적 고장영향의 중요도
• 영향을 미치는 시스템의 범위
• 고장 발생의 빈도
• 고장방지의 가능성
• 신규설계의 정도

50. 산업안전보건법령에 따라 제조업 등 유해·위험방지 계획서를 작성하고자 할 때 관련 규정에 따라 1명 이상 포함시켜야 하는 사람의 자격으로 적합하지 않은 것은?

① 한국산업안전보건공단이 실시하는 관련 교육을 8시간 이수한 사람
② 기계, 재료, 화학, 전기, 전자, 안전관리 또는 환경 분야 기술사 자격을 취득한 사람
③ 관련 분야 기사 자격을 취득한 사람으로서 해당 분야에서 3년 이상 근무한 경력이 있는 사람
④ 기계안전, 전기안전, 화공안전 분야의 산업안전지도사 또는 산업보건지도사 자격을 취득한 사람

해설 ① 한국산업안전보건공단이 실시하는 관련 교육을 20시간 이상 이수한 사람

51. 기계설비 고장유형 중 기계의 초기결함을 찾아내 고장률을 안정시키는 기간은?

① 마모고장 기간
② 우발고장 기간
③ 에이징(aging) 기간
④ 디버깅(debugging) 기간

해설 디버깅 기간 : 기계의 초기결함을 찾아내 고장률을 안정시키는 기간으로 초기고장의 예방보존 기간이다.

52. 신뢰성과 보전성 개선을 목적으로 한 효과적인 보전기록자료에 해당하는 것은?

① 자재관리표　② 주유지시서
③ 재고관리표　④ MTBF 분석표

해설 평균고장간격(MTBF) : 수리가 가능한 기기 중 고장에서 다음 고장까지 걸리는 평균 시간으로 보전성 개선 목적을 가진다(보전기록자료).

53. 신호검출이론에 대한 설명으로 틀린 것은?

① 신호와 소음을 쉽게 식별할 수 없는 상황에 적용된다.
② 일반적인 상황에서 신호 검출을 간섭하는 소음이 있다.
③ 통제된 실험실에서 얻은 결과를 현장에 그대로 적용 가능하다.
④ 긍정(hit), 허위(false alarm), 누락(miss), 부정(correct rejection)의 네 가지 결과로 나눌 수 있다.

해설 신호검출이론
• 신호와 소음을 쉽게 식별할 수 없는 상황에 적용된다.

- 일반적인 상황에서 신호 검출을 간섭하는 소음이 있다.
- 긍정(hit), 허위(false alarm), 누락(miss), 부정(correct rejection)의 네 가지 결과로 나눌 수 있다.

54. 의자설계의 인간공학적 원리로 틀린 것은?

① 쉽게 조절할 수 있도록 한다.
② 추간판의 압력을 줄일 수 있도록 한다.
③ 등근육의 정적 부하를 줄일 수 있도록 한다.
④ 고정된 자세로 장시간 유지할 수 있도록 한다.

해설 ④ 고정된 작업 자세를 피해야 한다.

55. 다음 FT도에서 최소 컷셋을 올바르게 구한 것은?

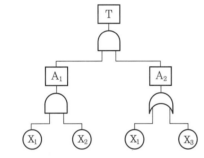

① (X_1, X_2)
② (X_1, X_3)
③ (X_2, X_3)
④ (X_1, X_2, X_3)

해설 $T = A_1A_2$

$$= (X_1X_2)\binom{X_1}{X_3} = (X_1X_2)(X_1X_2X_3)$$

㉠ 컷셋 : $(X_1X_2)(X_1X_2X_3)$
㉡ 최소 컷셋 : (X_1X_2)

56. 화학설비의 안전성 평가의 5단계 중 제2단계에 속하는 것은?

① 작성 준비
② 정량적 평가
③ 안전 대책
④ 정성적 평가

해설 안전성 평가의 5단계

1단계	2단계	3단계	4단계	5단계
관계 자료 작성 준비	정성적 평가	정량적 평가	안전 대책 수립	재해 정보에 의한 재평가

57. 화학설비의 안전성 평가 단계 중 "관계 자료의 작성 준비"에 있어 관계 자료의 조사항목과 가장 관계가 먼 것은?

① 온도, 압력
② 화학설비 배치도
③ 공정기기 목록
④ 입지에 관한 도표

해설 ①은 정량적 평가(3단계) 항목

58. 다음 설명에 해당하는 인간의 오류모형은?

> 상황이나 목표의 해석은 정확하나 의도와는 다른 행동을 한 경우

① 실수(slip)
② 착오(mistake)
③ 위반(violation)
④ 건망증(lapse)

해설 지문은 실수(slip)에 대한 내용이다.

59. 소음에 의한 청력손실이 가장 크게 나타나는 주파수대는?

① 2000 Hz
② 10000 Hz
③ 4000 Hz
④ 20000 Hz

해설 소음에 의한 청력손실이 가장 크게 나타나는 주파수대는 3000~4000 Hz이다.

60. 육체작업의 생리학적 부하 측정척도가 아닌 것은?

① 맥박수
② 산소소비량
③ 근전도
④ 점멸융합주파수

해설 점멸융합주파수는 정신피로도를 측정하는 척도로 정신적으로 피로하면 주파수 값이 감소한다.

4과목   **건설시공학**

61. 조적공사의 백화 현상을 방지하기 위한 대책으로 옳지 않은 것은?

① 석회를 혼합한 줄눈 모르타르를 활용하여 바른다.
② 흡수율이 낮은 벽돌을 사용한다.
③ 쌓기용 모르타르에 파라핀 도료와 같은 혼화제를 사용한다.
④ 돌림대, 차양 등을 설치하여 빗물이 벽체에 직접 흘러내리지 않게 한다.

해설 ① 석회 성분은 화학반응으로 백화 현상이 더욱 심해지고 자국이 남게 된다.

62. 프리스트레스 하지 않는 부재의 현장치기 콘크리트의 최소 피복두께 기준 중 가장 큰 것은?

① 수중에서 치는 콘크리트
② 흙에 접하여 콘크리트를 친 후 영구히 흙에 묻혀 있는 콘크리트
③ 옥외의 공기나 흙에 직접 접하지 않는 콘크리트 중 슬래브
④ 옥외의 공기나 흙에 직접 접하지 않는 콘크리트 중 벽체

해설 수중에서 치는 콘크리트의 피복두께가 100mm로 가장 두껍다.

63. 원가절감에 이용되는 기법 중 VE(Value Engineering)에서 가치를 정의하는 공식은?

① 품질/비용
② 비용/기능
③ 기능/비용
④ 비용/품질

해설 $VE = \dfrac{F}{C}$

여기서, F : 기능, C : 비용

64. 다음 중 콘크리트 타설과 관련하여 거푸집 붕괴사고 방지를 위하여 우선적으로 검토·확인하여야 할 사항 중 가장 거리가 먼 것은?

① 콘크리트 측압 확인
② 조임철물 배치간격 검토
③ 콘크리트의 단기 집중타설 여부 검토
④ 콘크리트의 강도 측정

해설 ④는 콘크리트를 타설하고, 양생 후에 측정할 수 있다.

65. 지반개량공법 중 강제압밀 또는 강제압밀 탈수공법에 해당하지 않는 것은?

① 프리로딩 공법
② 페이퍼드레인 공법
③ 고결공법
④ 샌드드레인 공법

해설 ③은 소결, 동결, 생석회 파일공법

66. 잡석지정의 다짐량이 5m³일 때 틈막이로 넣는 자갈의 양으로 가장 적당한 것은?

① 0.5m³
② 1.5m³
③ 3.0m³
④ 5.0m³

해설 틈막이로 넣는 자갈의 양
= 잡석량 × 30% = 5 × 0.3 = 1.5m³

67. 철골공사의 용접접합에서 플럭스(flux)를 옳게 설명한 것은?

① 용접 시 용접봉의 피복재 역할을 하는 분말상의 재료
② 압연강판의 층 사이에 균열이 생기는 현상

정답   61. ①   62. ①   63. ③   64. ④   65. ③   66. ②   67. ①

③ 용접작업의 종단부에 임시로 붙이는 보조판

④ 용접부에 생기는 미세한 구멍

[해설] 플럭스(flux) : 자동용접 시 용접봉의 피복재 역할을 하는 분말상의 재료

68. 공사계약 중 재계약 조건이 아닌 것은?

① 설계도면 및 시방서(specification)의 중대결함 및 오류에 기인한 경우

② 계약상 현장 조건 및 시공 조건이 상이(difference)한 경우

③ 계약사항에 중대한 변경이 있는 경우

④ 정당한 이유 없이 공사를 착수하지 않은 경우

[해설] ④는 계약 취소 사유이다.

69. 콘크리트의 수화작용 및 워커빌리티에 영향을 미치는 요소에 관한 설명으로 옳지 않은 것은?

① 시멘트의 분말도가 클수록 수화작용이 빠르다.

② 단위 수량을 증가시킬수록 재료분리가 감소하여 워커빌리티가 좋아진다.

③ 비빔시간이 길어질수록 수화작용을 촉진시켜 워커빌리티가 저하된다.

④ 쇄석의 사용은 워커빌리티를 저하시킨다.

[해설] ② 단위 수량을 과도하게 증가시키면 재료분리를 일으키기 쉬워 워커빌리티가 좋아진다고 볼 수 없다.

70. KS L 5201에 정의된 포틀랜드 시멘트의 종류가 아닌 것은?

① 고로 포틀랜드 시멘트

② 조강 포틀랜드 시멘트

③ 저열 포틀랜드 시멘트

④ 중용열 포틀랜드 시멘트

[해설] ①은 혼합 시멘트

71. 시트 파일(steel sheet pile)공법의 주된 이점이 아닌 것은?

① 타입 시 지반의 체적변형이 커서 항타가 어렵다.

② 용접접합 등에 의해 파일의 길이연장이 가능하다.

③ 몇 회씩 재사용이 가능하다.

④ 적당한 보호처리를 하면 물 위나 아래에서 수명이 길다.

[해설] ① 타입 시 지반의 체적변형이 작아서 항타가 쉽다.

72. 보링방법 중 연속적으로 시료를 채취할 수 있어 지층의 변화를 비교적 정확히 알 수 있는 것은?

① 수세식 보링　　② 충격식 보링

③ 회전식 보링　　④ 압입식 보링

[해설] 회전식 보링(rotary boring) : 비트(bit)를 회전시키고, 펌프를 이용하여 지상으로 흙을 퍼내 지층의 변화를 비교적 정확히 알 수 있는 방법이다.

73. 지내력시험을 한 결과 침하곡선이 그림과 같이 항복 상황을 나타냈을 때 이 지반의 단기하중에 대한 허용지내력은 얼마인가? (단, 허용지내력은 m²당 하중의 단위를 기준으로 한다.)

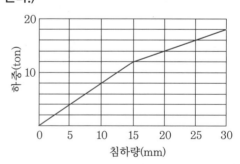

① 6ton/m^2 ② 7ton/m^2

③ 12ton/m^2 ④ 14ton/m^2

해설 단기하중은 그래프의 하중 – 침하량 곡선의 변곡점이다. 하중이 12ton일 때 그래프의 기울기가 꺾이므로 허용지내력은 12ton/m^{2}이다.

74. 다음 중 슬라이딩 폼(sliding form)에 관한 설명으로 옳지 않은 것은?

① 1일 5~10m 정도 수직시공이 가능하므로 시공속도가 빠르다.

② 타설작업과 마감작업을 병행할 수 없어 공정이 복잡하다.

③ 구조물 형태에 따른 사용 제약이 있다.

④ 형상 및 치수가 정확하며 시공오차가 적다.

해설 ② 슬라이딩 폼은 타설작업과 마감작업을 병행할 수 있고 공정이 단순하다.

75. 주문받은 건설업자가 대상 계획의 기업, 금융, 토지조달, 설계, 시공 등을 포괄하는 도급계약 방식을 무엇이라 하는가?

① 실비정산 보수가산도급

② 정액도급

③ 공동도급

④ 턴키도급

해설 턴키도급 : 건설업자가 금융, 토지조달, 설계, 시공, 시운전, 기계 · 기구 설치까지 조달해 주는 것으로 건축에 필요한 모든 사항을 포괄적으로 계약하는 방식

76. ALC의 특징에 관한 설명으로 틀린 것은?

① 흡수율이 낮은 편이며 동해에 대해 방수 · 방습처리가 불필요하다.

② 열전도율은 보통콘크리트의 약 1/10 정도로 단열성이 우수하다.

③ 건조수축률이 작으므로 균열 발생이 적다.

④ 경량으로 인력에 의한 취급이 가능하고, 필요에 따라 현장에서 절단 및 가공이 용이하다.

해설 ① 흡수율이 높은 편이며 동해에 대한 동결융해 저항이 낮으므로 방습처리가 필요하다.

77. 철근을 피복하는 이유와 가장 거리가 먼 것은?

① 철근의 순간격 유지

② 철근의 좌굴방지

③ 철근과 콘크리트의 부착응력 확보

④ 화재, 중성화 등으로부터 철근 보호

해설 ① 철근의 순간격은 철근 표면 간의 최단거리를 의미한다.

78. 건설공사 현장의 철근재료 시험항목에 속하지 않는 것은?

① 압축강도시험   ② 인장강도시험

③ 휨 시험   ④ 연신율시험

해설 ①은 콘크리트 강도시험이다.

79. 순환수와 함께 지반을 굴착하고 배출시키면서 공 내에 철근망을 삽입, 콘크리트를 타설하여 말뚝기초를 형성하는 현장타설 말뚝공법은?

① S.I.P(Soil cement Injected Pile)

② D.R.A(Double Rod Auger)

③ R.C.D(Reverse Circulation Drill)

④ S.I.G(Super Injection Grouting)

해설 리버스 서큘레이션 드릴(R.C.D)공법 : 역순환 굴착공법이라고 하며, 순환수와 함께 지반을 굴착하고 배출시키면서 공 내에 철근망을 삽입, 콘크리트를 타설하여 말뚝기초를 형성하는 현장타설 말뚝공법

부록 실전문제

80. 대규모 공사에서 지역별로 공사를 분리하여 발주하는 방식이며 공사기일 단축, 시공기술 향상 및 공사의 높은 성과를 기대할 수 있어 유리한 도급방법은?

① 전문공종별 분할도급
② 공정별 분할도급
③ 공구별 분할도급
④ 직종별, 공종별 분할도급

해설 공구별 분할도급 : 대규모 공사에서 지역별로 분리 발주하는 방식으로 일식도급체제로 운영된다.

5과목 건설재료학

81. 다음 중 열경화성 수지에 속하지 않는 것은?

① 멜라민수지
② 요소수지
③ 폴리에틸렌수지
④ 에폭시수지

해설 열경화성 수지 : 가열하면 연화되어 변형하나, 냉각시키면 그대로 굳어지는 수지로 페놀수지, 폴리에스테르수지, 요소수지, 멜라민수지, 실리콘수지, 푸란수지, 에폭시수지, 알키드수지 등

Tip) 열가소성 수지 : 열을 가하여 자유로이 변형할 수 있는 성질의 수지로 폴리에틸렌수지, 비닐계 수지, 아크릴수지, 폴리스티렌수지, 플루오르수지 등

82. 골재의 실적률에 관한 설명으로 옳지 않은 것은?

① 실적률은 골재 입형의 양부를 평가하는 지표이다.
② 부순 자갈의 실적률은 그 입형 때문에 강자갈의 실적률보다 적다.

③ 실적률 산정 시 골재의 밀도는 절대건조 상태의 밀도를 말한다.
④ 골재의 단위 용적질량이 동일하면 골재의 비중이 클수록 실적률도 크다.

해설 ④ 골재의 단위 용적질량이 동일하면 골재의 밀도가 클수록 실적률은 작아진다.

83. 내열성이 크고 발수성을 나타내어 방수제로 쓰이며 저온에서도 탄성이 있어 gasket, packing의 원료로 쓰이는 합성수지는?

① 페놀수지
② 폴리에스테르수지
③ 실리콘수지
④ 멜라민수지

해설 실리콘(silicon)수지 : 내열성, 내수성, 내한성이 우수하고 방수제로 쓰이며, 저온에서도 탄성이 있어 gasket, packing의 원료로 쓰이는 합성수지, 규소수지라고도 한다.

84. 비닐수지 접착제에 관한 설명으로 옳지 않은 것은?

① 용제형과 에멀션(emulsion)형이 있다.
② 작업성이 좋다.
③ 내열성 및 내수성이 우수하다.
④ 목재 접착에 사용 가능하다.

해설 ③ 내열성 및 내수성이 나쁘다.

85. 부재 혹은 구조물의 치수가 커서 시멘트의 수화열에 의한 온도상승 및 강하를 고려하여 설계 · 시공해야 하는 콘크리트를 무엇이라 하는가?

① 매스콘크리트
② 한중콘크리트
③ 고강도 콘크리트
④ 수밀콘크리트

해설 매스콘크리트 : 구조물의 치수가 커서 시멘트의 수화열이 증대되어 외부의 온도상승 및 강하를 고려하여 설계 · 시공하는 콘크리트

86. 기성 배합 모르타르 바름에 관한 설명으로 옳지 않은 것은?

① 현장에서의 시공이 간편하다.
② 공장에서 미리 배합하므로 재료가 균질하다.
③ 접착력 강화제가 혼입되기도 한다.
④ 주로 바름 두께가 두꺼운 경우에 많이 쓰인다.

해설 ④ 주로 바름 두께가 얇은 경우에 많이 쓰인다.

87. 다음 제품의 품질시험으로 옳지 않은 것은?

① 기와 : 흡수율과 인장강도
② 타일 : 흡수율
③ 벽돌 : 흡수율과 압축강도
④ 내화벽돌 : 내화도

해설 기와 : 흡수율과 휨 파괴하중 등

88. 자연에서 용제가 증발해서 표면에 피막이 형성되어 굳는 도료는?

① 유성조합 페인트
② 에폭시수지 도료
③ 알키드수지
④ 염화비닐수지 에나멜

해설 염화비닐수지 에나멜은 자연에서 용제가 증발해서 표면에 피막이 형성되는 도료이다.

89. 다음 각 비철금속에 관한 설명으로 옳지 않은 것은?

① 알루미늄 : 융점이 낮기 때문에 용해 주조도는 좋으나 내화성이 부족하다.
② 납 : 비중이 11.4로 아주 크고 연질이며 전·연성이 크다.
③ 구리 : 건조한 공기 중에서는 산화하지 않으나, 습기가 있거나 탄산가스가 있으면 녹이 발생한다.

④ 주석 : 주조성·단조성은 좋지 않으나 인장강도가 커서 선재(線材)로 주로 사용된다.

해설 주석 : 주조성·단조성이 좋아 선박용, 베어링 메탈용, 청동, 철제도금(함석 또는 양철판), 땜납 등에 사용한다.

90. 다음 중 콘크리트의 비파괴시험에 해당되지 않는 것은?

① 방사선 투과시험
② 초음파시험
③ 침투탐상시험
④ 표면경도시험

해설 ③은 강재의 비파괴시험 방법이다.
Tip) 콘크리트의 비파괴시험
• 반발경도시험 : 콘크리트의 경도를 측정하여 콘크리트의 강도를 추정한다.
• 초음파법 : 초음파를 이용하여 콘크리트 내부의 결함을 검사한다.
• 자기법 : 철근의 피복두께, 위치 및 직경을 확인하는데 사용한다.
• 레이더법 : 레이더를 이용하여 구조물, 지하매설물 등을 확인하는데 사용한다.
• 방사선법 : 감마광선으로 콘크리트를 투과하여 콘크리트를 검사하는 방법이다.

91. 건설용 강재(철근 등)의 재료시험 항목에서 일반적으로 제외되는 것은?

① 압축강도시험
② 인장강도시험
③ 굽힘시험
④ 연신율시험

해설 강재(철근 등)의 재료시험 항목 : 항복점과 항복강도, 인장강도, 연신율, 굽힘, 겉모양과 치수
Tip) 경화된 콘크리트의 압축시험으로 압축강도시험을 한다.

92. 목재 및 기타 식물의 섬유질 소편에 합성 수지 접착제를 도포하여 가열압착 성형한 판상제품은?

① 합판　　　　　② 시멘트 목질판
③ 집성목재　　　④ 파티클 보드

해설 파티클 보드(particle board) : 목재를 작은 조각으로 하여 충분히 건조시킨 후 합성수지와 같은 유기질의 접착제로 열압 제판한 목재가공품

93. 콘크리트의 중성화에 관한 설명으로 옳지 않은 것은?

① 콘크리트 중의 수산화석회가 탄산가스에 의해서 중화되는 현상이다.
② 물 시멘트비가 크면 클수록 중성화의 진행 속도는 빠르다.
③ 중성화되면 콘크리트는 알칼리성이 된다.
④ 중성화되면 콘크리트 내 철근은 녹이 슬기 쉽다.

해설 ③ 중성화는 콘크리트가 알칼리성을 점차 잃어 중성화되는 과정이다.

94. 다음 중 도장공사에 사용되는 투명도료는?

① 오일바니쉬　　② 에나멜페인트
③ 래커에나멜　　④ 합성수지 페인트

해설 오일바니시 : 건성유와 유용성 수지 등을 가열 융합시키고, 건조제를 첨가한 용제로 희석한 것으로 내구성, 내수성이 큰 투명도료

95. 내화벽돌의 내화도의 범위로 가장 적절한 것은?

① 500～1000℃
② 1500～2000℃
③ 2500～3000℃
④ 3500～4000℃

해설 내화벽돌의 내화도의 범위는 제품에 따라 다르나 보통 1500～2000℃이다.

96. 콘크리트의 워커빌리티에 영향을 주는 인자에 관한 설명으로 옳지 않은 것은?

① 골재의 입도가 적당하면 워커빌리티가 좋다.
② 시멘트의 성질에 따라 워커빌리티가 달라진다.
③ 단위 수량이 증가할수록 재료분리를 예방할 수 있다.
④ AE제를 혼입하면 워커빌리티가 좋게 된다.

해설 ③ 단위 수량이 증가할수록 재료분리가 발생하기 쉽다.

97. 어떤 재료의 초기 탄성 변형량이 2.0cm이고, 크리프(creep) 변형량이 4.0cm라면 이 재료의 크리프 계수는 얼마인가?

① 0.5　　　　　② 1.0
③ 2.0　　　　　④ 4.0

해설 크리프 계수 $= \dfrac{\text{크리프 변형량}}{\text{탄성 변형량}} = \dfrac{4}{2} = 2$

98. 건축용 뿜칠마감재의 조성에 관한 설명 중 옳지 않은 것은?

① 안료 : 내알칼리성, 내후성, 착색력, 색조의 안정
② 유동화제 : 재료를 유동화시키는 재료(물이나 유기용제 등)
③ 골재 : 치수 안정성을 향상시키고 흡음성, 단열성 등의 성능 개선(모래, 석분, 펄프입자, 질석 등)
④ 결합재 : 바탕재의 강도를 유지하기 위한 재료(골재, 시멘트 등)

해설 결합재 : 혼화재료, 잔골재, 굵은 골재 등의 결합을 위한 재료(골재, 시멘트 등)

99. 점토제품 시공 후 발생하는 백화에 관한 설명으로 옳지 않은 것은?

① 타일 등의 시유소성한 제품은 시멘트 중의 경화제가 백화의 주된 요인이 된다.

② 작업성이 나쁠수록 모르타르의 수밀성이 저하되어 투수성이 커지게 되고, 투수성이 커지면 백화 발생이 커지게 된다.

③ 점토제품의 흡수율이 크면 모르타르 중의 함유수를 흡수하여 백화 발생을 억제한다.

④ 물−시멘트비가 크게 되면 잉여수가 증대되고, 이 잉여수가 증발할 때 가용 성분의 용출을 발생시켜 백화 발생의 원인이 된다.

해설 ③ 점토제품의 흡수율이 크면 백화 발생이 많아지므로 흡수율이 작은 벽돌이나 타일을 사용한다.

100. 소재의 질에 의한 타일의 구분에서 흡수율이 가장 낮은 것은?

① 토기질 타일   ② 석기질 타일
③ 자기질 타일   ④ 도기질 타일

해설 점토제품의 종류

구분	소성온도(℃)	흡수율(%)	점토제품
토기	790~1000	20 이상	기와, 벽돌, 토관
도기	1100~1230	10	타일, 테라코타, 위생도기
석기	1160~1350	3~10	타일, 클링커 타일
자기	1250~1430	0~1	자기질 타일, 모자이크 타일, 위생도기

6과목   **건설안전기술**

101. 단관비계를 조립하는 경우 벽이음 및 버팀을 설치할 때의 수평 방향 조립 간격 기준으로 옳은 것은?

① 3m   ② 5m
③ 6m   ④ 8m

해설 비계 조립 간격(m)

비계의 종류		수직 방향	수평 방향
강관	단관비계	5	5
	틀비계(높이 5m 미만은 제외)	6	8
	통나무비계	5.5	7.5

102. 차량계 건설기계 작업 시 그 기계가 넘어지거나 굴러떨어짐으로써 근로자가 위험해질 우려가 있는 경우에 필요한 조치사항으로 거리가 먼 것은?

① 변속기능의 유지
② 갓길의 붕괴방지
③ 도로 폭의 유지
④ 지반의 부동침하방지

해설 차량계 건설기계 전도전락방지 대책
• 유도자 배치
• 갓길의 붕괴방지
• 도로 폭의 유지
• 지반의 부동침하방지

103. 그물코의 크기가 5cm인 매듭 방망사의 폐기 시 인장강도 기준으로 옳은 것은?

① 200kg   ② 100kg
③ 60kg   ④ 30kg

해설 그물코의 크기가 5cm인 매듭 방망사의 폐기 시 인장강도 : 60kg

부록 실전문제

104. 다음은 사다리식 통로 등을 설치하는 경우의 준수사항이다. ( ) 안에 들어갈 숫자로 옳은 것은?

> 사다리의 상단은 걸쳐 놓은 지점으로부터 ( )cm 이상 올라가도록 할 것

① 30　② 40　③ 50　④ 60

해설 사다리 상단은 걸쳐 놓은 지점으로부터 60cm 이상 올라가도록 할 것

105. 철골 건립준비를 할 때 준수하여야 할 사항으로 옳지 않은 것은?

① 지상 작업장에서 건립준비 및 기계 기구를 배치할 경우에는 낙하물의 위험이 없는 평탄한 장소를 선정하여 정비하여야 한다.
② 건립작업에 다소 지장이 있다하더라도 수목은 제거하거나 이설하여서는 안 된다.
③ 사용 전에 기계 기구에 대한 정비 및 보수를 철저히 실시하여야 한다.
④ 기계에 부착된 앵커 등 고정장치와 기초구조 등을 확인하여야 한다.

해설 ② 건립작업에 지장이 되는 수목은 제거하거나 이식하여야 한다.

106. 건설현장에서 높이 5m 이상인 콘크리트 교량의 설치작업을 하는 경우 재해예방을 위해 준수해야 할 사항으로 옳지 않은 것은?

① 작업을 하는 구역에는 관계근로자가 아닌 사람의 출입을 금지할 것
② 재료, 기구 또는 공구 등을 올리거나 내릴 경우에는 근로자로 하여금 크레인을 이용하도록 하고 달줄, 달포대 등의 사용을 금하도록 할 것
③ 중량물 부재를 크레인 등으로 인양하는 경우에는 부재에 인양용 고리를 견고하게 설치

하고, 인양용 로프는 부재에 두 군데 이상 결속하여 인양하여야 하며, 중량물이 안전하게 거치되기 전까지는 걸이로프를 해체시키지 아니할 것
④ 자재나 부재의 낙하·전도 또는 붕괴 등에 의하여 근로자에게 위험을 미칠 우려가 있을 경우에는 출입금지구역의 설정, 자재 또는 가설시설의 좌굴(坐屈) 또는 변형방지를 위한 보강재 부착 등의 조치를 할 것

해설 ② 재료, 기구 또는 공구 등을 올리거나 내리는 경우 근로자는 달줄 또는 달포대 등을 사용할 것

107. 건설업 산업안전보건관리비 계상에 관한 설명으로 옳지 않은 것은?

① 재료비와 직접노무비의 합계액을 계상대상으로 한다.
② 안전관리비 계상기준은 산업재해보상보험법의 적용을 받는 공사 중 총 공사금액이 2천만 원 이상인 공사에 적용한다.
③ 발주자 또는 자기공사자는 설계변경 등으로 대상액의 변동이 있는 경우라도 특별한 경우를 제외하고는 안전관리비를 조정 계상하지 않는다.
④ 「전기공사업법」 제2조에 따른 전기공사로 저압·고압 또는 특별고압 작업으로 이루어지는 공사로서 단가계약에 의하여 행하는 공사에 대하여는 총 계약금액을 기준으로 적용한다.

해설 ③ 발주자 또는 자기공사자는 설계변경 등으로 대상액의 변동이 있는 경우, 지체 없이 안전관리비를 조정 계상하여야 한다.

108. 철골보 인양 시 준수해야 할 사항으로 옳지 않은 것은?

① 인양 와이어로프의 매달기 각도는 양변 60°를 기준으로 한다.

② 크램프로 부재를 체결할 때는 크램프의 정격용량 이상 매달지 않아야 한다.

③ 크램프는 부재를 수평으로 하는 한 곳의 위치에만 사용하여야 한다.

④ 인양 와이어로프는 후크의 중심에 걸어야 한다.

해설 ③ 크램프는 수평으로 체결하고 2곳 이상 설치한다.

109. 추락의 위험이 있는 개구부에 대한 방호조치와 거리가 먼 것은?

① 안전난간, 울타리, 수직형 추락방망 등으로 방호조치를 한다.

② 충분한 강도를 가진 구조의 덮개를 뒤집히거나 떨어지지 않도록 설치한다.

③ 어두운 장소에서도 식별이 가능한 개구부 주의표지를 부착한다.

④ 폭 30cm 이상의 발판을 설치한다.

해설 ④ 폭 40cm 이상의 발판을 설치한다.

110. 가설통로의 설치기준으로 옳지 않은 것은?

① 추락할 위험이 있는 장소에는 안전난간을 설치할 것

② 경사가 10°를 초과하는 경우에는 미끄러지지 아니하는 구조로 할 것

③ 경사는 30° 이하로 할 것

④ 건설공사에 사용하는 높이 8m 이상인 비계다리에는 7m 이내마다 계단참을 설치할 것

해설 가설통로의 설치에 관한 기준
• 견고한 구조로 할 것
• 경사각은 30° 이하로 할 것

• 경사로 폭은 90cm 이상으로 할 것
• 경사각이 15° 이상이면 미끄러지지 아니하는 구조로 할 것
• 높이 8m 이상인 다리에는 7m 이내마다 계단참을 설치할 것
• 수직갱에 가설된 통로의 길이가 15m 이상인 경우에는 10m 이내마다 계단참을 설치할 것

111. 미리 작업장소의 지형 및 지반상태 등에 적합한 제한속도를 정하지 않아도 되는 차량계 건설기계의 속도기준은?

① 최대 제한속도가 10km/h 이하
② 최대 제한속도가 20km/h 이하
③ 최대 제한속도가 30km/h 이하
④ 최대 제한속도가 40km/h 이하

해설 제한속도를 정하지 않아도 되는 차량계 건설기계의 최대 제한속도 : 10km/h 이하

112. 선박에서 하역작업 시 근로자들이 안전하게 오르내릴 수 있는 현문 사다리 및 안전망을 설치하여야 하는 것은 선박이 최소 몇 톤급 이상일 경우인가?

① 500톤급　　　　② 300톤급
③ 200톤급　　　　④ 100톤급

해설 300톤급 이상은 현문 사다리와 이 사다리 밑에 안전망을 설치하여야 한다.

113. 유해·위험방지 계획서 제출 시 첨부서류가 아닌 것은?

① 공사현장의 주변 현황 및 주변과의 관계를 나타내는 도면
② 공사개요서
③ 전체 공정표
④ 작업인부의 배치를 나타내는 도면 및 서류

해설 유해 · 위험방지 계획서 첨부서류
- 공사개요서
- 전체 공정표
- 안전관리조직표
- 산업안전보건관리비 사용계획
- 건설물, 사용 기계설비 등의 배치를 나타내는 도면
- 재해 발생 위험 시 연락 및 대피방법
- 공사현장의 주변 현황 및 주변과의 관계를 나타내는 도면(매설물 현황을 포함한다.)

114. 건립 중 강풍에 의한 풍압 등 외압에 대한 내력이 설계에 고려되었는지 확인하여야 할 철골 구조물이 아닌 것은?

① 구조물의 폭과 높이의 비가 1 : 4 이상인 구조물
② 이음부가 현장용접인 구조물
③ 높이 10m 이상의 구조물
④ 단면구조에 현저한 차이가 있는 구조물

해설 ③ 높이 20m 이상의 구조물

115. 타워크레인을 자립고(自立高) 이상의 높이로 설치할 때 지지벽체가 없어 와이어로프로 지지하는 경우의 준수사항으로 옳지 않은 것은?

① 와이어로프를 고정하기 위한 전용 지지프레임을 사용할 것
② 와이어로프 설치각도를 수평면에서 60° 이내로 하되, 지지점은 4개소 이상으로 하고, 같은 각도로 설치할 것
③ 와이어로프와 그 고정 부위는 충분한 강도와 장력을 갖도록 설치하되, 와이어로프를 클립 · 샤클(shackle) 등의 기구를 사용하여 고정하지 않도록 유의할 것
④ 와이어로프가 가공전선(架空電線)에 근접하지 않도록 할 것

해설 ③ 와이어로프와 그 고정 부위는 충분한 강도와 장력을 갖도록 설치하고, 와이어로프를 클립 · 샤클(shackle) 등의 고정기구를 사용하여 견고하게 고정시켜 풀리지 않도록 하며, 사용 중에는 충분한 강도와 장력을 유지하도록 할 것

116. 공정률이 65%인 건설현장의 경우 공사 진척에 따른 산업안전보건관리비의 최소 사용기준으로 옳은 것은? (단, 공정률은 기성 공정률을 기준으로 함)

① 40% 이상
② 50% 이상
③ 60% 이상
④ 70% 이상

해설 공정률이 50% 이상 70% 미만인 경우 최소 50% 이상 사용 가능하다.

117. 다음 중 차량계 건설기계에 속하지 않는 것은?

① 불도저
② 스크레이퍼
③ 타워크레인
④ 항타기

해설 ③은 양중기에 해당된다.

118. 흙의 투수계수에 영향을 주는 인자에 관한 설명으로 옳지 않은 것은?

① 포화도 : 포화도가 클수록 투수계수도 크다.
② 공극비 : 공극비가 클수록 투수계수는 작다.
③ 유체의 점성계수 : 점성계수가 클수록 투수계수는 작다.
④ 유체의 밀도 : 유체의 밀도가 클수록 투수계수는 크다.

해설 공극비 : 공극비가 클수록 투수계수는 크다.

정답 114. ③ 115. ③ 116. ② 117. ③ 118. ②

119. 동바리로 사용하는 파이프 서포트에서 높이 2m 이내마다 수평연결재를 2개 방향으로 연결해야 하는 경우에 해당하는 파이프 서포트 설치높이 기준은?

① 높이 2m 초과 시
② 높이 2.5m 초과 시
③ 높이 3m 초과 시
④ 높이 3.5m 초과 시

[해설] 파이프 서포트의 높이가 3.5m를 초과할 경우에는 높이 2m 이내마다 수평연결재를 2개 방향으로 만들고 수평연결재의 변위를 방지할 것

120. 산업안전보건관리비 사용과 관련하여 산업안전보건법령에 따른 재해예방 전문지도기관의 지도를 받아야 하는 경우는? (단, 재해예방 전문지도기관의 지도를 필요로 하는 산업안전보건법령상 공사금액 기준을 만족한 것으로 가정)

① 공사기간이 3개월 이상인 공사
② 육지와 연결되지 아니한 섬 지역(제주특별자치도 제외)에서 이루어지는 공사
③ 안전관리자의 자격을 가진 사람을 선임하여 안전관리자의 업무만을 전담하도록 하는 공사
④ 유해·위험방지 계획서를 제출하여야 하는 공사

[해설] 재해예방 전문지도기관의 지도를 받지 않아도 되는 공사
• 공사기간이 1개월 미만인 공사
• 육지와 연결되지 아니한 섬 지역(제주특별자치도 제외)에서 이루어지는 공사
• 안전관리자의 자격을 가진 사람을 선임하여 안전관리자의 업무만을 전담하도록 하는 공사
• 유해·위험방지 계획서를 제출하여야 하는 공사

Tip) 공사기간이 1개월 이상인 공사는 재해예방 전문지도기관의 지도를 받아야 한다.

건설안전기사 필기
과년도 출제문제

2023년 1월 15일 인쇄
2023년 1월 20일 발행

저자 : 이광수
펴낸이 : 이정일

펴낸곳 : 도서출판 **일진사**
www.iljinsa.com

04317 서울시 용산구 효창원로 64길 6
대표전화 : 704-1616, 팩스 : 715-3536
이메일 : webmaster@iljinsa.com
등록번호 : 제1979-000009호(1979.4.2)

값 36,000원

ISBN : 978-89-429-1759-4